U0184813

# 金元茶诗辑注

老犁 辑注

UNITY PRESS 团结出版社

**图书在版编目(CIP)数据**

金元茶诗辑注 / 老犁辑注. -- 北京 : 团结出版社, 2022.12

ISBN 978-7-5126-4313-0

Ⅰ. ①金… Ⅱ. ①老… Ⅲ. ①茶文化-中国②古典诗歌-诗集-中国 Ⅳ. ①TS971.21②I222

中国版本图书馆 CIP 数据核字(2022)第 204998 号

---

出　　版：团结出版社
(北京市东城区东皇城根南街 84 号　邮编：100006)
电　　话：(010) 65228880　65244790
网　　址：www.tjpress.com
E - mail ：65244790@163.com
出版策划：书香力扬
经　　销：全国新华书店
印　　刷：成都兴怡包装装潢有限公司

---

开　　本：185mm×260mm　1/16
印　　张：37
字　　数：668 千字
版　　次：2022 年 12 月第 1 版
印　　次：2023 年 3 月第 1 次印刷

---

书　　号：ISBN 978-7-5126-4313-0
定　　价：98.00 元

# 序 言

我平素爱茶，闲暇时间阅读茶诗相对较多。我骨子里又好顶真，读起诗词来好刨根问底，每读一首茶诗都要读懂方能罢休。但读懂过后又怕忘记，故把词语含义、典故来源、作者生平、时代背景等等知识点，都细心地整理成文档存放在电脑上，以备查考。多年下来，回头一看，整理的资料竟浩然可观。再看看如今网络资料和市面上书籍，很多都只录原诗，对诗的注释几无查考，加之古诗词中的词语、典故等，让今人读起来一头雾水。虽然自己的注解考释还有诸多瑕疵，但如果整理成书，成为爱好者的一种参考，节省大家翻阅古籍时间，这应当是一件好事。况 2019 年 5 月后我又退了职，闲着也是闲着，找点事做，何乐而不为。

故此下决心开始辑注此书。当时估计，手头材料大体有了，剩下的就是按体例去归整完善而已，整理起来几个月就应能完成。可随着辑注不断深入，越发觉得时间不够用，况且我又不忍心随手糊弄了事，既然做了就要做好，于是就开启了自讨苦吃的模式。

开弓没有回头箭，负轭前行吧！三更四更还在挑灯夜战就成了我近三年的生活常态。最近两年恰逢百年之大疫情，我趁机放下一切与狐朋狗友唱和往来等俗事，浮躁之心偃旗息鼓，走动外游几近绝迹，这为我换来了大把的时间，也是我能静下心来辑注此书的底气。

一张写字台，一条木椅，一台电脑成为我每天的标配。有时都想学学欧阳永叔自谓“六一居士”的做法，把自己称为“四一居士”，但想想人家是珠穆朗玛峰，我是小土粒，我算哪根葱？“四一居士”的称谓，以后再说吧，先老实做好手头的事。

小时候在水塘里游泳，喜欢一个猛子扎下去长时间潜游，一口气到达彼岸。如今辑注为文亦本性难移，一头扎进古纸堆中，在混沌和寂静中潜行，远离表面的喧嚣和陆离，享受着一种别样的，很多人不能理解的，我称之为“孤独的快乐”！

收集注释中，如查阅材料，现在网络虽很方便，但谬误甚多，为厘清一个问题，不得不化大量时间去查阅浩繁古籍影印件，有时一查就是几天时间。有些古籍晦涩难懂，有些排版混乱不清，版本不同，需多方比对，才能在泥沙中淘得真金。反反复复，甄别再甄别，才能换来一点小小的成果。个中酸甜苦辣只有自己知道。有些书籍图书馆找不到，只得花钱从网上购买，有时买来一本书仅仅为了查阅一个知识点而已，那也得硬着头皮买回来。钱是拿来花的，温饱解决了，钱用在该用的地方就值了。所有这一切，当问题被一一解决，难关被一一攻破，先前的辛苦和疑惑，顿时就烟消云散了。这就是所谓的“苦中之乐”吧，一种不可言状的乐趣。

成稿的第二天早上，打开窗户一看，只见窗外雪花纷飞，这是2021年年末的第一场雪，下的时间虽不长，雪花落在地上很快就化了。但心想，这老天应是被我的笔耕精神所感动，特意扬起漫天大雪，以此来为我庆贺。想到此，我一时诗情爆棚，旋即写下《七律·辛丑冬月廿五清晨喜雪》，以表达受宠若惊的心情。

注罢诗文夜四更，三年心血喜垂成。纷飞窗外本无意，轻落阶前似有声。
孤寂尽头光始显，苦寒彻底雪方生。漫天晓絮皆来贺，天地伴吾同隐盟。

寒来暑往，时光荏苒。从2019年5月5日开始全力收集补遗相关资料，至2020年6月7日资料收集补遗结束，接着开始全面注释，到2021年12月28日完成书稿。不算先前积累资料所花的时间，光归整注释全程就历时二年零七个月。到此，也算实现自己的诺言，近三年时间没白忙活，有点小成果，甚慰！

辑注完此书，发了上述几句感慨，算是对自己过去近三年苦行生活的小结，牢骚和显摆都有，好与不好姑且不论，毕竟还能有点痕迹留下来让后人去劈斧一番，这不失为一种快哉幸事！是为序。

**辛丑冬月廿七（2021. 12. 30）**

**老犁写于仰箕斋**

# 凡　例

1. 内容编排先后顺序为：诗、词、散曲。其中诗的排序为：五绝，五律，七绝，七律，长律，歌行。为美观见，绝、律作分行排列，每行排四句。长律或歌行由于篇幅太长（有的做了节选），作不分行排列，一排到底。词作不分行排列，上下阕间用空两格的方式处理。带过曲和套曲中有两阕以上排列的，也作连续排列，曲间、阕间用空两格方式处理。

2. 诗词曲中的大标题与小标题间、词牌与题目之间、曲调与曲牌之间用“·”隔开。同一题目的诗（词）由多首组成的，在题目后用“总首数+其一、其二……”依次排列。有些词只有词牌没有题目的，为便于查找，选首句或首句中前几字作为该词的题目。

3. 曲调和曲牌用【】括起，题目加在【】之后。没有题目的曲，以首句或首句中前几字作为该曲的题目。同一曲调曲牌由多首组成的，在曲调曲牌后用“总首数+其一、其二……+题目”依次排列。散套中间曲还有小标题的用“（）”标出，加在【】之后。散套节选中间曲时，因通常没有题目，为便于查找，以散套首曲的首句或首句中前几字为题目。

4. 作者按生卒划分年代，如揭傒斯（1274－1344），因其出生在南宋灭亡（1279）之前，虽为元朝诗人，与南宋一朝庶可忽略，但也把其划入“南宋末元初”之列。每个朝代的作者按姓氏笔划数从少到多依次排序，每一姓氏下按名字字数多少从少到多依次排序，名字中字数相同按笔划多少依次排序，名字中字数和笔划数两者都相同的按笔划先后（横竖撇捺〈点〉折）排序。

# 目录 Contents

## 第四章　南宋末元初

第五章 元

## 第六章　元末明初

01

# 北宋末金初

J IN YUAN CHA SHI J I ZHU

**马钰**（1123~1183）：字元宝，号丹阳子。初名从义，字宜甫。凤翔扶风（今陕西省宝鸡扶风县）人，徙居登州宁海（今山东省烟台牟平区），海陵王贞元间进士。世宗大定中遇重阳子王哲，从其学道术，与妻孙不二同时出家。后游莱阳，入游仙宫。相传妻孙氏与钰先后仙去。赐号丹阳顺化真人、抱一无为真人、抱一无为普化真君等。

## 添字丑奴儿·自戒十四首其三

茶来酒去人情事，匪①道根由。惟②献惟酬。酒去无茶回奉③休，便为雠④。

怜贫设粥⑤非求报，建德如偷⑥。更好真修⑦。定是将来看十洲⑧，步云游。

老犁注：①匪：通非。②惟：起调节音节的作用，无实义。③回奉：奉还。④雠：同仇。⑤设粥：施粥。⑥建德如偷：刚健看起来反倒像是懒惰。语出《道德经四十一章》“大白若辱，广德若不足。建德若偷，质真若渝。”建德：刚健之德。建通健。偷：偷惰（偷安怠惰）。⑦真修：精诚修持。⑧十洲：道教称大海中神仙居住的十处名山胜境。亦泛指仙境。

## 清心镜·戒掉粉洗面

出家儿①，贪美膳。不顾抛撒②，掉粉洗面③。吃素签④、包子假鼋⑤，甚道家体面。　美口腹，非长便⑥。粗茶淡饭，且填坑堑。乐清贫、恬淡优游⑦，别是般识见⑧。

老犁注：①出家儿：出家人。②抛撒：丢弃散落。③掉粉洗面：因贪吃而浪费粉和面。这个“面”是“麵”字的简写，是指粮食磨成的粉。④素签：据有关美食家考证，宋时产生过一种全新的烹饪方法，叫做“签菜”。签就是制作签菜的工具——竹帘子，签菜就是用竹帘子将食料卷成一卷卷的食品。根据食材不同，签菜分为许多种类，如房签、兔脯奶房签、羊舌签、蝤蛑签、鹅鸭签、肫掌签、羊头签、莲花鸭签、鸡签、荤素签、素签、锦鸡签等。这一做菜方法如同现今日本寿司的做法。素签就是用竹帘子将素食包裹起来的食品。⑤假鼋：假鼋鱼羹，一种用鸡肉、羊肉经过精加工而成圆丸样的美食。见元陈元靓《事林广记别集》。⑥长便：谓长久方便之计。⑦优游：悠闲自得。⑧别是般：别是一般。识见：见解；见识。

## 长思仙·茶

一枪茶，二旗茶。休献机心①名利家，无眠为作差②。　无为③茶，自然茶。天赐休心④与道家，无眠功行加⑤。

老犁注：①机心：机巧功利之心。②无眠为作差：茶能让人清醒不睡觉，而讲功利的人却将此作为一种伤害。为作：犹作为。差：过错。③无为：道家主张清静寡欲，顺应自然，称为无为。④休心：安心，平心。⑤无眠功行加：茶能让人清醒不睡觉，道家将此视为增加修行功夫的良机。

## 苏幕遮·在南京乞化

穿茶坊，入酒店。后巷前街，日日常游遍。只为饥寒仍未免。度日随缘，展手心无倦。　　愿人人，怀吉善。舍一文钱，亦是行方便。休笑山侗[①]无识见。内养灵明[②]，自有长生验。

老犁注：①马钰经常用“山侗”自称。见《教祖碑》：“又梦随真人（王重阳）入山，及旦，真人便呼马公曰山侗。”于是他以山侗为小字，并多以此自称。如《卜算子》：“人识山侗字，谁晓山侗意。大貌山侗人倚山，故作山侗谜。财色山侗弃，玄妙山侗秘。一日山侗乐道成，永占山侗位。”②灵明：明洁无杂念的思想境界。

## 苏幕遮·别乡

弃荣华，披破席。养假崇真[①]，茶饭须求觅。忘了从前亲与识。此别乡关[②]，恣意闲游历[③]。　　主人翁[④]，须爱惜。六贼三尸[⑤]，慧剑[⑥]频频劈。逗引灵童常跳踯[⑦]。真乐真闲，大道成无极[⑧]。

老犁注：①养假崇真：养生是假，崇尚自然是真。②乡关：犹故乡。③游历：游览或到远地游览。④主人翁：对主人的尊称。⑤六贼三尸：六贼指佛教讲的贪、嗔、痴、慢、疑、恶见等六种根本烦恼。三尸指道家说的三尸神，又称三毒、三彭。它们分别住在人的头、腹、脚。上尸好华饰，中尸好滋味，下尸好淫欲。⑥慧剑：佛教语。谓能斩断一切烦恼的智慧。⑦跳踯：上下跳跃。⑧无极：形成宇宙万物的本原。以其无形无象，无声无色，无始无终，无可指名，故曰无极。

## 南柯子·悟彻梨和枣[①]

悟彻[②]梨和枣，宁贪[③]酒与茶。我今云水[④]作生涯，奉劝依予，早早早离家。
我得醉醒趣，君当生死趖[⑤]。同予物外炼丹砂，九转[⑥]功成，步步步烟霞[⑦]。

老犁注：①原词有序：予戒酒肉茶果久矣，特蒙公见惠梨枣，就义成乱道一篇。②悟彻：指觉悟得透彻、彻底。③宁贪：岂贪。④云水：指僧道云游四方，如行云流水，故用以称僧道。⑤趖 suō：走；移动。⑥九转：九次提炼。道教谓丹的炼制有一至九转之别，而以九转为贵。⑦烟霞：云霞。泛指山水隐居地。

## 桃源忆故人·五台月长老来点茶

五台月老通三要[1]，便把三彭[2]除剿。运用三车皎皎[3]，般载三乘[4]妙。　　龙华三会[5]心明晓，顿觉三光[6]并照。个内三坛设醮[7]，目已三清[8]了。

老犁注：①五台：五台山。月老：指题中说的月长老，一个名号叫月的长老。长老：对住持僧的尊称，也用为对普通僧人的尊称。三要：指内丹修炼的三大要点。分为外三要眼、耳、口和内三要精、炁、神。②三彭：即三尸神。③三车：佛教语。喻三乘。谓以羊车喻声闻乘（小乘），以鹿车喻缘觉乘（中乘），以牛车喻菩萨乘（大乘）。皎皎：明白貌；分明貌。④般载：运载。三乘：佛教语。一般指小乘（声闻乘）、中乘（缘觉乘）和大乘（菩萨乘）。三者均为浅深不同的解脱之道。亦泛指佛法。⑤龙华三会：佛教语。度人出世的法会。弥勒菩萨在龙华树下开法会三次济度世人，分初会、二会、三会。⑥三光：日、月、星。⑦三坛设醮：道教中有“三坛大戒”科仪，它是全真道授受传承之根本戒律，亦称“三堂大戒”。第一坛叫“初真戒”，第二坛叫“中极戒”，第三坛叫“仙大戒”。设醮 jiào：道士设立道场祈福消灾。⑧三清：道教所指玉清、上清、太清三清境。

## 满庭芳·证仙果

牝锁玄通[1]，龙奔虎走，微微调息绵绵。清风透户，不放马猿颠[2]。姹女婴儿[3]相遇，论清净、至妙根源。无作做，自然成道，决上大罗天[4]。　　愚男[5]专恳告，十方[6]父母，听取儿言。愿茶坊酒肆，递互[7]相传。莫以狐言貉语[8]，是端的、秘密幽玄[9]。凭斯[10]用，人人有分，个个做神仙。

老犁注：①牝锁：锁孔关闭。指人身与外界联系的各种关口都关闭，即闭关。牝 pìn：雌性的禽兽。引申为锁孔。玄通：暗通；谓与天相通。②马猿颠：犹心猿意马。③姹女婴儿：道家炼丹，称水银为姹女，称铅为婴儿。④决：一定，必定。大罗天：道教所称三十六天中最高一重天。⑤愚男：对人谦称己子。⑥十方：佛教谓东南西北及四维上下。⑦递互：交替；替换。⑧狐言貉 hé 语：犹妖言。貉通称貉子，也叫狸。⑨端的：真的；确实。幽玄：幽深玄妙。⑩斯：此。

## 瑞鹧鸪·咏茶

卢仝七碗已升天[1]，拨雪黄芽傲睡仙[2]。虽是旗枪[3]为绝品，亦凭水火结良缘。
兔毫盏热铺金蕊[4]，蟹眼[5]汤煎泻玉泉。昨日一杯醒宿酒，至今神爽不能眠。

老犁注：①此句：卢仝《走笔谢孟谏议寄新茶》中有喝完七碗茶就如升仙的描述。②拨雪黄芽：分开雪一样的茶沫，借指饮茶。黄芽：原是道家术语。本指外丹家炼丹时丹鼎内所产生的一种芽状物，外丹家认为这是生机开始萌生的征兆，又因为它的颜色为黄色，故得名黄芽。后来为内丹家借用，意思是指先天之气开始萌发的象征。张伯端在《悟真篇》中有“只因火力调和后，种得黄芽渐长成”之句。也常被诗人拿来比喻大地回春阳气开始滋长。茶芽是早春里最早萌芽的植物之一，故也拿来借指茶芽。睡仙：称善睡的人。③旗枪：新长的茶叶。新长出的茶叶分顶芽和展开的嫩叶，顶芽称枪，嫩叶称旗。④此句：兔毫盏在热气升腾中一只只地铺开来，像一朵朵开放的金蕊花。兔毫盏：是宋代福建建阳窑烧制的黑釉茶盏（建盏）经窑变后的名贵品种。其窑变色彩流纹似兔毫，故名。⑤蟹眼：水煮开时的小水泡。如蟹眼般大小，汤水品质最好，如鱼眼般大小，那是水煮过头，品质就差。

## 踏云行·仵寿之生日设醮索词[①]

谨写青词[②]，专修黄箓[③]，香茶酒果并香烛。钟声磬韵透青霄[④]，科仪款款[⑤]当宣读。　瑞气氤氲[⑥]，祥烟馥郁[⑦]，金童玉女[⑧]传言速。不惟寿永过松筠[⑨]，仁人[⑩]可以同仙福。

老犁注：①仵寿之：人之姓名，生平不详。设醮 jiào：道士设立道场祈福消灾。索词：索求为其作词。②青词：道士上奏天庭或征召神将的符箓。用朱笔书写在青藤纸上，故称。又称绿素。③黄箓 lù：指道士所做道场。道士设坛祈祷，所用符箓，皆为黄色，故称。④青霄：青天；高空。⑤科仪：科式，法式。指宗教仪式。款款：从容自如貌。⑥氤氲：形容烟或云气浓郁。⑦祥烟：祥瑞的烟气。馥郁：形容香气浓厚。⑧金童玉女：道教谓供神仙役使的童男童女。⑨不惟：不仅；不但。寿永：长寿。松筠：松树和竹子。⑩仁人：有德行的人。

## 踏云行·茶

绝品堪称，奇名甚当，消磨睡思功无量。仲尼不复梦周公[①]，山侗大笑陈抟强[②]。　七碗庐仝[③]，赵州和尚[④]，曾知滋味归无上[⑤]。宰予[⑥]若得一杯尝，永无昼寝神清爽。

老犁注：①周公：孔子仰慕周公，故梦中常梦见周公，后来孔子所梦就被称为“周公之梦”，或“梦见周公”。仲尼：孔子，名丘，字仲尼。②山侗：侗 tóng：幼稚，无知。马钰经常用“山侗”自称。陈抟：五代北宋时道士，字图南，号扶摇子。隐居武当山九室岩20余年，后移居华山云台观，摄生修炼。《宋史》有传。陈抟通经史百家言，尤精于《易》。据云曾从麻衣道者得《正易心要》42章，演为《先天图》《无极图》等，对北宋理学家影响甚巨。相传宋太祖登极后，陈大笑坠骡，谓“天下自此定矣”。③七碗庐仝：卢仝有《走笔谢孟谏议寄新茶》诗言“饮七碗成仙”之内容。④赵州和尚：指唐代赵州观音院和尚从谂 shěn。禅门著名的“吃茶去”公案就出自他。无论遇到谁他总以“吃茶去”一句话来引导人领悟禅机奥义。⑤无上：至高，无出其上。⑥宰予：春秋时鲁国人，字子我，亦称宰我。孔子弟子，长于言语。《论语·雍也》载，宰予昼寝，在课堂上打瞌睡，被孔子形容为“朽木”和“粪土之墙”。

## 万年春·冬至阳生

冬至阳生[①]，迎春拨雪黄芽[②]好。人惊早，香如芝草[③]，玉碾胜磨捣[④]。　　神水[⑤]烹煎，自是除阴耗[⑥]。金童[⑦]报，绝品珍宝，啜罢游蓬岛[⑧]。

老犁注：①冬至阳生：如果冬是阴夏是阳，冬至就是极阴，这天开始阳就慢慢开始生长了，故冬至也称阳生。②迎春：古代官员于立春前一日，率士绅僚佐，鼓乐迎春牛、芒神于东郊，谓之“迎春”。拨雪黄芽：分开雪一样的茶沫，借指饮茶。黄芽：原是道家术语。这里借指茶芽。③芝草：灵芝草。古以为瑞草，服之能成仙。这里借指茶。④此句：用玉碾来碾胜过用磨来磨和臼来捣。玉碾：碾的美称。⑤神水：古指有神奇功效的灵水。这里指茶水。⑥阴耗：阴气耗伤。⑦金童：仙人的侍童。⑧蓬岛：蓬莱仙岛。古代传说中的海上仙山。亦常泛指仙境。

## 西江月·江畔溪边

江畔溪边雪里，阴阳造化希奇。黄芽瑞草出幽微[①]，别是一般香美。　　用玉轻轻研细，烹煎神水相宜。山侗[②]啜罢赴瑶池，不让卢仝知味[③]。

老犁注：①此句：阳气滋生中的瑞草（指茶叶）发出微弱的香气。②山侗 tóng：马钰自称。③此句：卢仝是茶仙，让他知道了，自然要来分享。这是作者戏言茶味之好，不想与人分享。

## 无梦令·啜尽卢仝七碗

啜尽卢仝七碗[①]，方把赵州[②]呼唤。烹碎这机关[③]，明月清风堪玩。光灿[④]，光灿，此日同超彼岸。

老犁注：①卢仝：唐诗人，有著名的《走笔谢孟谏议寄新茶》的七碗茶诗，被后人誉为茶仙。②赵州：指唐代赵州观音院和尚从谂 shěn。禅门著名的“吃茶去”公案就出自他。无论遇到谁他总以“吃茶去”一句话来引导人领悟禅机奥义。③机关：控制悟道的开关。④光灿：光辉灿烂。

## 无梦令·不论赵州几碗

不论赵州[①]几碗，更不卢仝请唤[②]。祷告太原公[③]，免了睡魔厮玩[④]。明灿[⑤]，明灿，得见长生道岸[⑥]。

老犁注：①赵州：指唐代赵州观音院和尚从谂 shěn。禅门著名的“吃茶去”公案就出自他。无论遇到谁他总以“吃茶去”一句话来引导人领悟禅机奥义。②卢仝：唐诗人，有著名的《走笔谢孟谏议寄新茶》的七碗茶诗，被后人誉为茶仙。请唤：招请呼唤。③太原公：吕纂，十六国时后凉第三任国君，吕光庶长子，初封太原公。光死，杀太子绍自立。在位游田无度，荒耽酒色。后因昏醉，为从弟吕超所杀。④睡魔：谓使人昏睡的魔力。比喻强烈的睡意。这里指太原公吕纂醉酒不醒。厮玩：相互玩耍。厮：相互。⑤明灿：明亮，灿烂。⑥道岸：佛教语。菩提岸；彻悟的境界。

---

**马定国**（？~约 1138）：字子卿，自号齐堂先生，茌平（今山东聊城茌平区）人。自少志趣不群。宣、政末题诗酒家壁，坐讥讪得罪，亦因以知名。阜昌初，游历下，以诗撼齐王豫，豫大悦，授监察御史，仕至翰林学士。尝考《石鼓》为宇文周时所造。有《齐堂集》行世。

---

## 招康元质[1]

此生住着[2]定何如，不傍耕畴即钓蓑。北阜平芜[3]随鸟远，东湖[4]新涨与天多。

诗成重墨题飞叶，睡起轻芒[5]踏软莎。犹有客愁销不尽，风轩[6]茶灶待君过。

老犁注：①招：邀请。康元质：人之姓名，生平不详。②住着：在佛教中是执着的意思。③北阜：北面的山岗。平芜：草木丛生的平旷原野。④东湖：东面的湖。⑤轻芒：轻便的芒鞋。芒鞋：用芒茎外皮编织成的鞋。亦泛指草鞋。⑥风轩：有窗槛的长廊或小室。

---

**王哲**（1112~1170）：原名中孚，字允卿，后改名世雄，字德威。入道后，改名喆（同哲，多用于人名），字知明，号重阳子。自呼王三（排行第三）或王害疯。咸阳（今陕西咸阳）人，金代道士，道教全真道的创始人。

---

## 因茶坊贾四郎换茶[1]

□灵木德[2]岁新芽，□舌甘津别有华。□得风生胜杖柱，□翁欢喜换新茶。

老犁注：①标题注释：王哲喜好作藏头诗词，就是把每句的前一字或前两字隐藏空缺不写，让读者自行揣摸。由于有一字或两字省缺，故这类诗词很难解读。因：主动靠近。贾四郎：一位姓贾在家排行老四的男人。换茶：有新客到，主人换新茶以表示对客人的尊重。这是中国茶文化中的待客之道。②木德：谓上天生育草木之德，亦特指春天之德，谓其能化育万物。

## 请史四哥啜茶[1]

□金间隔并无邪，□正其心趁彩霞。□段接生云外物[2]，□儿回首得新茶。

老犁注：①史四哥：一位姓史在家排行老四的男人。啜 chuò 茶：喝茶。②云外物：天外之物。

## 咏　茶

昔时曾见赵州[1]来，今日卢仝七碗[2]猜。烹罢还知何处去，清风送我到蓬莱。

老犁注：①赵州：指唐代赵州观音院和尚从谂 shěn。禅门著名的“吃茶去”公案就出自他。无论遇到谁他总以“吃茶去”一句话来引导人领悟禅机奥义。②卢仝：唐代诗人，号玉川子，其作的《走笔谢孟谏议寄新茶》又被称为《七碗茶诗》。

## 题茶坊

已吃蟠桃胜买瓜，此般风味属予家[1]。直须换假全真性[2]，指路蓬莱跨彩霞。

老犁注：①予家：我家。②直须：应当。换假：换借，借助。全真性：保全天性。王哲入道后改名王重阳，创立道教全真派，形成“内炼成丹，外用为法”的雷法系统。因内修“求返其真”，主张功行双全，以其成仙证真，所以叫全真。北方全真派与南方正一派成为道教的两大派别。

## 一字至七字诗·咏茶

茶。

瑶萼，琼芽[1]。

生空慧[2]，出虚华。

清爽神气，招召[3]云霞。

正是吾心事，休言世味夸。

一杯唯李白兴[4]，七碗属卢仝[5]家。

金[6]则独能烹玉蕊，便令传透放金花[7]。

老犁注：①瑶、琼：形容珍贵美好，常用作称美之辞。②空慧：佛教语。谓悟入空理的智慧。③招召：招引。④李白兴：李白饮用了出家为僧的族侄送的“仙人掌茶”后，兴致所至写了《答族侄僧中孚赠玉泉仙人掌茶并序》。⑤卢仝：唐诗人，有著名的《走笔谢孟谏议寄新茶》的七碗茶诗，被后人誉为茶仙。⑥金：指用铜、铁等制成的金属鼎。⑦最后两句：玉蕊和金花都是内丹道中的两个概念。玉蕊：道家内丹道以躯体为炉进行修炼，炼得的精（是自然赋予人体的一种元气，是支撑生命的原始力量）就是玉蕊。精在内丹书中隐名极多，还有如真精、真阳、神水、坎水、白虎等等。金花：内丹炼成后，双目内观，丹所发之光为黄光（如黄豆芽般大），故有黄芽或金花、蟾光之名。这里把“从炉鼎烹茶，直至饮茶后获得神仙一样感觉”的全过程比作炼成内丹的全过程。传透：传遍透彻。

## 述怀（节选）

自在真人归岳顶[①]，手携芝草步莲宫[②]。茶言汤语是风[③]哥，芝草闲谈果若何。

老犁注：①真人：道教中谓修行得道的人。多用作称号修行得道高人，如太乙真人、玉鼎真人。归岳顶：回归山顶。②芝草：喻茶。步莲宫：可以轻松达到禅茶的境界。这跟全真派性命双修的理念有关，这里指饮茶进入了丹禅同修境界。似也暗示着道茶比禅茶境界更高的意味。莲宫：原指寺庙。③风：六淫之一。颠狂病，也指颠狂。

## 和传长老分茶[①]

坐间总是神仙客，天上灵芝[②]今日得。采时惟我识根源，碾处无人知品格。尘散琼瑶[③]分外香，汤浇雪浪于中白。清怀不论死生分，爽气每嫌天地窄。七碗道情通旧因，一传禅味开心特。荡涤方虚[④]寂静真，从兹更没凡尘隔。

老犁注：①传长老：一个名号叫传的长老。长老：对住持僧的尊称，也用为对普通僧人的尊称。分茶：是宋元时一种泡茶技艺，亦称茶百戏。就是用筅击拂茶汤，使其表面涌起茶沫，然后将茶沫表面划开使之呈现出各种图案和文字。程序为：碾茶为末，注汤冲末，击拂起沫，划沫呈画。（前三步完成后，看击拂出的茶沫的成色、高度等，来判定茶的好坏，宋人谓之斗茶。）宋杨万里《澹庵坐上观显上人分茶》诗：“分茶何似煎茶好，煎茶不似分茶巧。蒸水老禅弄泉手，隆兴元春新玉爪。二者相遭兔瓯面，怪怪奇奇真善幻。纷如擘絮行太空，影落寒江能万变。银瓶首下仍尻高，注汤作字势嫖姚。不须更师屋漏法，只问此瓶当响答。”②天上灵芝：喻茶。③琼瑶：美玉。喻茶。④虚：使空出。

## 临江仙·题赠道友三首其三[①]

□□昌时须默默[②]，□□清彻名澄。□□总弃总无能[③]，□□轩好景，□□便依登。　□□赵州茶[④]味好，□□悟晓[⑤]如冰。□□云友与霞朋[⑥]。□□分别[⑦]得，□□正升腾[⑧]。

老犁注：①此词为藏头词，藏两字。道友：一同修道的朋友。②昌时：人发达时。默默：缄口不说话。③无能：不能有所作为。④赵州茶：唐代赵州观音院和尚从谂 shěn，无论遇到谁他总以“吃茶去”一句话来引导人领悟禅机奥义，故称。后也有以“赵州茶”来指代寺院招待的茶水。⑤悟晓：感悟知晓。⑥云友、霞朋：与云霞为朋友的人。指避世隐居的人。⑦分别：各自。⑧升腾：谓超脱尘世。

## 特地新·劝世

骋俏[①]多能，身呈体段。把衣衫、频频脱换。穿茶坊，入酒店，总夸好汉。蓦然遇天高[②]，这精神早减了一半。　奉劝风流，惺惺[③]早断。保元阳、休教紊乱。稍回头，开道眼[④]，金莲[⑤]长看。玉花[⑥]放，异香来，吐光明，满空炳焕[⑦]。

老犁注：①骋俏：纵情卖俏（犹耍酷）。②天高：意即天外有天。③惺惺：清醒貌。④道眼：佛教语。指能洞察一切，辨别真妄的眼力。⑤金莲：指莲座。呈莲花形的佛座。⑥玉花：指华丽的花纹装饰。⑦炳焕：鲜明华丽。

## 菊花天·风

此药神功别有华[①]。专医遍体顽麻[②]。下事是三家[③]。不拘[④]温酒，选甚盐茶。

服了便令筋骨换，亦教结就丹砂。顿觉神清气爽。最嘉最嘉。步步云霞[⑤]。

老犁注：①华：精华。②顽麻：麻木。③下事：下来治理。三家：道家的三个派别。这里说，无论什么派别，风对他们都有治理的神功。④不拘：不计较。⑤云霞：彩云。喻远离尘世的地方。

## 如梦令·赠僧子哲[①]

□口中校祖叶[②]。□德茶香点爇[③]。□灭与烟消，□似圭峰[④]秘诀。□切，言□，忉利天[⑤]中子哲。

老犁注：①此词为藏头词。对照《如梦令》词谱，有人将此词补充为“口口中校祖叶，木德茶香点爇。火灭与烟消，月似圭峰秘诀。言切，言切，忉利天中子哲。子哲：一位僧人的名号。②校祖叶：校理先祖世代的典籍。祖：即历代高僧。叶：世；代。③德茶：德化出茶。德：这里指上天生育草木之德。亦特指春天之德，谓其能化育万物。点爇 ruò：点燃。④圭峰：终南山之别峰，位于陕西鄠 hù 县（即户县）东南，紫阁峰东面之山。其形如圭，山下有草堂寺。有“圭峰夜月”之景。据传在圭峰山梁上，夜观东方明月，远处山脊轮廓凹陷形如上弦月，与下弦月两尖锥相对接，合成一圆，十分精妙，故有“镜架镶明月，奇巧在圭峰”之说。故圆满之秘诀就藏在圭峰。⑤忉 dāo 利天：佛经称欲界六天中的第二天（按藏头要求，忉字本应省缺，但古本中被抄了出来）。

## 红窗迴・磨着墨

磨着墨，木砚瓦[①]。窗前竹，我看真个潇洒。试问点茶人人，得行行行[②]者。慈悲慈悲不可舍。作善缘、敲盏何须音哑。试问自在逍遥，教积善得也。

老犁注：①木砚瓦：木制砚台。砚瓦：砚台。②行行 hàng：刚强负气貌。

## 解佩令・茶肆茶无绝品至真

茶无绝品，至真为上。相邀命、贵宾来往。盏热瓶煎，水沸时、云翻雪浪。轻轻吸、气清神爽。　　卢仝七碗[①]，吃来豁畅。知滋味、赵州和尚[②]。解佩新词，王害风[③]、新成同唱。月明中、四人分朗。

老犁注：①卢仝七碗：唐卢仝《走笔谢孟谏议寄新茶》诗亦被世称为《七碗茶》诗。②赵州和尚：指唐代赵州观音院和尚从谂 shěn。禅门著名的“吃茶去”公案就出自他。无论遇到谁他总以“吃茶去”一句话来引导人领悟禅机奥义。③王害风：自指。王重阳出道前，行为怪异反常，故称“王害风”。“害风”就是疯子的意思。

## 踏莎行・奉酬人惠

毡袜[①]余留，木盔[②]分纳。微诚用表相[③]酬答。百般茶饭任经营[④]，千般滋味堪呜咂[⑤]。　　恬淡真人，朴纯菩萨。都缘此物成超达[⑥]。好将铅汞[⑦]里头收，须教盈满休抛撒。

老犁注：①毡袜：毡制的袜子。②木盔：木制头盔。③微诚：微小的诚意。常用作谦词。表相：外貌。谦指表面上（酬答）。④经营：往来。⑤呜咂 zā：亲吻。借指吃。⑥超达：超脱旷达。⑦铅汞：道教语。指先天元气。

---

**刘著**（？～约 1140）。字鹏南，号玉照老人，北宋舒州皖城（今安徽安庆潜山北）人。宋宣、政末进士。入金历仕州县职。年六十余始入翰林，为修撰。未几出知遂武，官终忻州刺史。事见元好问所辑的《中州集》卷二。

---

## 伯坚惠新茶绿橘香味郁然便如一到江湖之上戏作小诗[①]二首其一

建溪玉饼[②]号无双，双井为奴日铸[③]降。忽听松风翻蟹眼[④]，却疑春雪落寒江。

老犁注：①标题断句及注释：伯坚惠新茶、绿橘，香味郁然，便如一到江湖之上，戏作小诗。伯坚：蔡松年，字伯坚，号萧闲老人，金真定人。官至右丞相，封卫国公。文词清丽，尤工乐府，与吴激齐名，时号吴、蔡体。有《明秀集》。②建溪玉饼：指建州茶，简称建茶。产于福建的建溪流域，宋代起成为著名贡茶，宋代以建安县（今建瓯）的北苑凤凰山一带为主产区。建茶以圆形团茶为主，玉饼是对其形状的美称。③双井、日铸：都是名茶。双井茶为黄庭坚老家江西修水双井村所产的茶，经其推荐而名扬天下。日铸茶又名日注茶、日铸雪芽，产于绍兴东南五十里的会稽山日铸岭，宋时为贡茶。奴：酪奴。因北方人不识茶叶，把茶叶说成是奶酪的奴仆。据北魏杨衒之《洛阳伽蓝记·正觉寺》载："羊比齐鲁大邦，鱼比邾莒小国。惟茗不中，与酪作奴……彭城王重谓曰：'卿明日顾我，为卿设邾莒之食，亦有酪奴。'因此复号茗饮为酪奴。"酪奴后来就成为茶的别名。④松风：喻煮水发出的声响。蟹眼：水煮开时的小气泡。

**吴激**（1090~1142）：字彦高，号东山，北宋瓯宁（今福建南平建瓯）人。字彦高，号东山。吴栻之子，米芾之婿。工诗能文，尤精乐府，字画得芾笔意。曾知苏州。出使金，被留，授翰林待制。出知深州，到官之日卒。有《东山集》十卷，已佚。事见元好问所辑的《中州集》卷一，《金史》卷一二五有传。

# 偶成二首其二

蟹汤兔盏斗旗枪①，风雨山中枕簟②凉。学道穷年何所得，只工扫地与焚香。

老犁注：①蟹汤：冒着蟹眼般水泡的茶汤。兔盏：即兔毫盏。是宋代福建建阳窑烧制的黑釉茶盏（建盏）中的窑变类名贵品种，其窑变色彩流纹似兔毫，故名。旗枪：喻新长的茶叶。新长出的茶叶分顶芽和展开的嫩叶，顶芽称枪，嫩叶称旗。②枕簟 diàn：枕席。

**张子羽**（？~约1120）：字叔翔，宋金间东阿（今山东聊城东阿）人。于文章无所不能。仕金，官洛阳。其存诗载于元好问所辑的《中州集》中。

# 宿宝应①（节选）

徂年②能几时，变灭等③轻雾。禅房伴茗饮④，岂待酒中趣⑤。

老犁注：①宝应：今江苏扬州宝应县。②徂 cú 年：流年，光阴。③变灭：变化幻灭。等：等同。④茗饮：茶。⑤酒中趣：饮酒的乐趣。

**祝简**（？~1120前后）：字廉夫，宋金间单父（今山东省菏泽单县）人。北宋末登科，并任洺州教官。金初，出任同知，仕至朝奉太常寺丞，兼直史馆。工诗，著有《呜呜集》传世。存诗载于元好问所辑的《中州集》中。

## 和常祖命[1]二首其一

著书不得自名家[2]，卷里蝇头[3]散眼花。未用一杯张翰酒④，正须七碗玉川茶[5]。

老犁注：①常祖命：人之姓名，生平不详。②自名家：自称大家。③蝇头：指像苍蝇头那样小的字。④一杯张翰酒：张翰，字季鹰，西晋吴郡吴人。《世说新语·笺疏下卷上·任诞》载：张季鹰纵任不拘，时人号为江东步兵。或谓之曰："卿乃可纵适一时，独不为身后名邪？"答曰："使我有身后名，不如即时一杯酒！"后以此典形容人不求荣名，旷达适情，以酒为乐。"莼羹鲈脍"之典亦出自张翰。据《晋书·张翰传》载：翰因见秋风起，乃思吴中菰菜、莼羹、鲈鱼脍。曰："人生贵适志，何能羁宦数千里，以邀名爵乎？"遂命驾而归。⑤七碗玉川茶：唐卢仝，号玉川子，他在《走笔谢孟谏议寄新茶》一诗中有描写畅饮"七碗茶"感受的诗句。

**高士谈**（？~1146）：字子文，一字季默，金燕（京冀一带）人。任宋忻州户曹。入金授翰林直学士。熙宗皇统初，以宇文虚中案牵连被害。有《蒙城集》。

## 好事近·次蔡丞相[1]韵首倡

谁打玉川门，白绢斜封团月[2]。晴日小窗活火[3]，响一壶春雪。　　可怜桑苎[4]一生颠，文字更清绝。直拟驾风归去，把三山登彻[5]。

老犁注：①蔡丞相：蔡松年，字伯坚，号萧闲老人，金真定人。官至右丞相，封卫国公。文词清丽，尤工乐府，与吴激齐名，时号吴、蔡体。有《明秀集》。蔡松年原词《好事近·咏茶》"天上赐金奁，不减壑源三月。午碗春风纤手，看一时如雪。幽人只惯茂林前，松风听清绝。无奈十年黄卷，向枯肠搜彻。"②前两句：卢仝《走笔谢孟谏议寄新茶》中有"日高丈五睡正浓，军将打门惊周公。口云谏议送书信，白绢斜封三道印。开缄宛见谏议面，手阅月团三百片。"团月：亦称月团，宋贡茶，形如满月，故称。③活火：新火。④桑苎：茶圣陆羽，号桑苎翁。⑤三山：指方丈、蓬莱、瀛洲三座仙山。登彻：登遍。

**蔡松年**（1107~1159）：字伯坚，号萧闲老人，真定（今河北正定）人。父蔡靖，宋宣和末守燕山，降金。松年初为元帅府令史，后随军攻宋。熙宗时，为都元帅宗弼总军中六部事。海陵王时，擢迁户部尚书。海陵迁中都，徙榷货务以实都城，复钞引法，皆自松年启之。官至右丞相，封卫国公。文词清丽，尤工乐府，与吴激齐名，时号吴、蔡体。有《明秀集》。

## 七月还祁①（节选）

灯火未可亲，露坐②茅堂东。西山月中淡，夜茶煮松风③。

老犁注：①祁：指今山西祁县。②露坐：露天闲坐。③松风：喻煮水的响声。

## 西江月·古殿苍松①

古殿苍松偃蹇②，孤云丈室清深。茶声破睡午风阴。不用凉泉石枕。　　枯木人忘独坐，白莲意可相寻③。归时团月印天心④。更作逃禅小饮⑤。

老犁注：①原词有序：己酉四月暇日，冒暑游太平寺，古松阴间，闻破茶声，意颇欣惬。晚归对月小酌，赋西江月记之。②偃蹇 yǎnjiǎn：高耸貌。③相寻：相继；接连不断。④天心：天空中央。⑤逃禅：遁世而参禅。小饮：犹小酌。

## 满江红·伯平舍人①亲友得意西归

老境骎骎②，归梦绕、白云茅屋。何处有、可人襟韵③，慰子心目。犹喜平生佳友戚④，一杯情话开幽独⑤。爱夜阑、山月洗京尘⑥，颓山玉⑦。　　天香⑧近，清班肃⑨。公衮⑩裔，千钟⑪禄。笑年来游戏，寄身糟曲⑫。富贵寻人⑬知不免，家园清夏聊休沐⑭。向暮凉、风簟炯茶烟⑮，眠修竹。

老犁注：①伯平：人之名号，生平不详。舍人：左右亲信或门客的通称。②骎骎 qīn：渐进貌。③襟韵：胸怀气度。④戚：亲近，亲密。⑤幽独：独处。⑥夜阑：夜残；夜将尽时。京尘：京洛尘。语出晋陆机《为顾彦先赠妇》之一："京洛多风尘，素衣化为緇。"后以"京洛尘"比喻功名利禄等尘俗之事。⑦颓山玉："醉玉颓山"的省称。形容男子风姿挺秀，酒后醉倒的风采。⑧天香：芳香的美称。有时也特指桂、梅、牡丹等花香。⑨清班：清贵的官班（官职的等级位次）。肃：恭敬。⑩公衮 gǔn：指三公一类的显职。⑪千钟：极言粮多。古以六斛四斗为一钟，一说八斛为一钟，又谓十斛为一钟。错指优厚的俸禄。⑫糟曲：酒母。亦泛指酒。⑬寻人：谓寻衅生事。⑭清夏：清和的初夏。休沐：休息洗沐，犹休假。⑮此句：以风簟为背景使茶烟更加清晰突出了。风簟 diàn：挡风的竹席。炯：光亮。茶烟：指烧茶时产生的水汽或烟雾。

## 江城子慢·赋瑞香①

紫云点枫叶②，岩树小、婆娑岁寒节③，占高洁。纤苞煖、酿出梅魂兰魄④，照浓碧。茗碗添春花气重，芸窗晚、濛濛浮霁月⑤。小眠鼻观先通，庐山梦旧清绝⑥。

萧闲⑦平生淡泊，独芳温⑧一念。犹未衰歇，种种陈迹。而今老、但觅茶烟禅榻⑨，寄闲寂。风外天花⑩无梦也，鸳鸯债、从渠千万劫⑪。夜寒回施⑫幽香与愁客。

老犁注：①瑞香：也称睡香。常绿灌木，叶为长椭圆形。春季开花，花集生顶端，有红紫色或白色等，有浓香。宋陶谷《清异录·睡香》："庐山瑞香花，始缘一比丘昼寝盘石上，梦中闻花香烈酷不可名，既觉，寻香求之，因名睡香。四方奇之，谓乃花中祥瑞，遂以'瑞'易'睡'。"②此句：写秋天。紫云：紫色云。古以为祥瑞之兆。③此句：写冬天。婆娑：犹扶疏，纷披貌。岁寒：一年的严寒时节。④此句：写春天。纤苞：纤细的花苞。煖 nuǎn：同暖。⑤芸窗：指书斋。濛濛：水汽迷茫的样子。霁月：明月。雨后或雪后，天空中的月亮特别明亮，故有"霁月"之称。⑥此两句：讲的是庐山比丘睡梦闻香的典故。鼻观：鼻孔。指嗅觉。清绝：清雅至极。⑦萧闲：萧洒悠闲。⑧芳温：春的温暖（借指瑞香）。芳：春天。⑨禅榻：禅僧坐禅用的坐具。⑩风外：风边；风旁。即贴近风的地方。天花：佛教语。指天界仙花。⑪鸳鸯债：比喻情侣间未了却的夙愿。从渠：任凭他。从同纵。渠：他；他们。千万劫：喻很长久。佛家把所有生灵灭绝一次叫做一劫。⑫回施：犹报效。

## 尉迟杯·紫云暖

紫云暖。恨翠雏珠树、双栖晚①。小花静院相逢，的的风流心眼②。红潮③照玉碗。午香重、草绿宫罗淡④。喜银屏、小语私分⑤，麝月春心⑥一点。　　华年共有好愿。何时定妆鬟，暮雨零乱。梦似花飞，人归月冷，一夜小山⑦新怨。刘郎兴、寻常⑧不浅。况不似、桃花春溪远。觉情随、晓马东风⑨，病酒馀香相半⑩。

老犁注：①翠雏：翠色小鸟。珠树：神话、传说中的仙树。引为树的美称。双栖：飞禽雌雄共同栖止。②的的：分明貌。宋贺铸《河传》词有"彼美箇人，的的风流心眼"之句。风流心眼：指满含情深仪态的心灵和眼波。风流：风韵，多指好仪态。③红潮：因害羞、醉酒或感情激动而两颊泛起的红晕。④午香：旧俗阴历五月每日中午用以祭祀的香。宫罗：一种质地较薄的丝织品。⑤银屏：镶银的屏风。小语：细语。私分：偷偷地分（麝月茶）。⑥麝月：茶名。明杨慎《词品·麝月》："麝月，茶名。麝言香，月言圆也。"春心：春景所引发的意兴或情怀。借指男女之间相思爱慕的情怀。⑦小山：眉妆的名目，指小山眉，弯弯的眉毛。⑧刘郎：指东汉刘晨。相传东汉永平年间，刘晨与阮肇入天台山采药迷路，遇二仙女，蹉跎半年始归。时已入晋，子孙已过七代。后复入天台山寻访，旧踪渺然。见南朝宋刘义庆

《幽明录》。刘郎兴：寻觅仙女的兴致，此处指寻访歌伎的兴致。寻常：八尺为寻；一丈六尺为常。喻（情）深。⑨晓马东风：早晨春风里的马。喻生气勃勃。东风：春风。⑩病酒：饮酒沉醉。相半：各半；相等。指体香与酒香各半。

## 好事近·咏茶[①]

天上赐金奁[②]，不减壑源三月[③]。午碗春风纤手[④]，看一时如雪[⑤]。　　幽人[⑥]只惯茂林前，松风听清绝[⑦]。无奈十年黄卷[⑧]，向枯肠[⑨]搜彻。

老犁注：①此词，元德明、高士谈、杨慎皆有词唱和。②此句：皇上赐予金色的茶盒（用于装贡茶）。③此句：指壑源的三月春意未减，正是最盛的时期。壑源茶，宋代茶名，因产于壑源而得名。黄儒《品茶要录》："壑源在建溪。"其地与北苑（御茶园）相邻，所产私茶与北苑贡茶齐名，"其绝品可敌官焙"。④午碗：饮午茶用的碗。纤手：女子柔细的手。⑤雪：喻涌起的白色茶沫。⑥幽人：幽隐之人；隐士。⑦松风：水煮开时的声响。清绝：清雅至极。⑧黄卷：书籍。⑨枯肠：喻枯竭的文思。卢仝《走笔谢孟谏议寄新茶》诗中有"三椀搜枯肠，唯有文字五千卷"之句。

## 汉宫春·次高子文[①]韵

雪与幽人，正一年佳处，清晓[②]开门。萧然[③]半华鬓发，相与销魂。披衣倚柱[④]，向轻寒、醽醁[⑤]微温。端好在[⑥]，垂鞭信马[⑦]，小桥南畔烟村。　　呵手冻吟[⑧]未了，烂银钩呼我[⑨]，玉粒晨饙[⑩]。六花做成蟹眼[⑪]，凤味[⑫]香翻。小梅疏竹，际壁间、横出江天。那更有，青松怪石，一声鹤唳前轩[⑬]。

老犁注：①高子文：高士谈，字子文，一字季默，金燕人。任宋为忻州户曹。入金授翰林直学士。熙宗皇统初，以宇文虚中案牵连被害。有《蒙城集》。②清晓：天刚亮时。③萧然：稀疏。④此句：披衣靠着柱子。苏轼《和陶杂诗十一首其二》诗中有"披衣起视夜，海阔河汉永"之句。杜牧《宣州留赠原文》中有"当春离恨杯长满，倚柱关情日渐曛"之句。⑤醽醁 línglù：美酒名。⑥端好在：问讯语。意为果真安好吗。好在：安好。多用于问候。⑦信马：任马行走而不加约制。⑧呵手：向手嘘气使暖。冻吟：寒冷中吟诵。⑨烂银钩：耀眼虬劲的笔法。银钩：书法中有"铁画银钩"之说。呼我：称呼我。⑩玉粒：米、粟。饙 fēn：蒸饭。杜甫《行官张望补稻畦水归》中有"玉粒足晨炊，红鲜任霞散"之句。⑪六花：雪花。蟹眼：水煮开时的小气泡。⑫凤味：凤团（茶名）的香味。⑬前轩：住房前部的廊檐下。

---

**谭处端**（1123~1185）：字通正，初名玉，宋金间东牟（今山东烟台牟平区）人。道士，号长真子，全真道北七真之一。博学，工草隶书。师王重阳，传袭其道，往

来于洛川之上。有《水云前后集》。

## 阮郎归·咏茶

阴阳初会一声雷，灵芽吐细微。玉人制造得玄机[1]，烹时雪浪[2]飞。　　明道眼，醒昏迷③。苦中甘最奇。些儿真味你还知[4]，烟霞[5]独步归。

老犁注：①玉人：仙女。玄机：天机。②雪浪：喻烹茶时泛起的白色茶沫。③此两句：明亮眼力，唤醒昏迷。道眼：佛教语。指能洞察一切，辨别真妄的眼力。④些儿：少许。真味：纯正的味道。⑤烟霞：云霞。泛指山水隐居地。

# 02

# 金

J I N YUAN CHA SHI J I ZHU

**王寂**（1128~1194）字元老，号拙轩，金蓟州玉田（今河北唐山玉田县）人。海陵王天德三年进士，历仕太原祁县令，真定少尹兼河北西路兵马副都总管，迁通州刺史，兼知军事，后以中都路转运使致仕。卒谥文肃。工诗文，诗境清刻镵露，古文博大疏畅，著有《拙轩集》。

## 哭僧义和①二首其一

瘦权平昔事风骚②，痛矣吟魂③不可招。庙里香炉从此去，杖头明月更谁挑。

云披山顶浮螺髻④，风鼓松声振海潮。他日东坡作真供⑤，石泉槐火忆参寥⑥。

老犁注：①义和：僧人的名号，生平不详。②瘦权：僧善权，字巽中，江西靖安人，宋庐山高僧，世称瘦权或权巽中，江西诗派人物。有诗："桃李纷已华，草木俱怒长。"撰有《真隐集》。这里将僧义和比作僧善权。风骚：本指《诗经》中的《国风》和《楚辞》中的《离骚》。后借指诗文。③吟魂：诗人的灵魂。④螺髻：比喻耸起如髻的峰峦。⑤此句：苏轼曾经用怪石供僧（将财物等施舍给僧人），先后供给僧人佛印和参寥，还为此先后写过两篇《怪石供》。能让苏轼供奉怪石（苏轼被贬黄州当地产的一种奇石）的僧人，交情非比寻常。这里借指作者与义和的交情之深。⑥此句：《苏轼文集》："仆在黄州，参寥自吴中来访，馆之东坡。一日，梦见参寥所作诗，"寒食清明都过了，石泉槐火一时新"。后苏轼与参寥在杭州孤山智果寺相逢，见参寥在寺中凿石得泉，撷茶瀹泉，与梦中所诗竟然相同。苏轼为此曾作《参寥泉铭并序》，名此泉为参寥泉。参寥：即参寥子，苏轼好友道潜和尚的别号。槐火：相传古时随季节变化，要变换燃烧不同的木柴以防时疫，叫换新火。《周礼·夏官·司爟》"四时变国火，以救时疫"。汉郑玄注："郑司农说以鄹子曰：'春取榆柳之火，夏取枣杏之火，秋取柞楢之火，冬取槐檀之火。'"随着这种习俗渐行淡化，后多用"槐火"泛指"新火"了。

## 送人官满①二首其二

草堂②新成长独吟，故人不来黄叶深。茶烟昼消倦扫榻，梅月夜冷慵调琴。

我歌骊驹③饯君酒，君出阳关④伤我心。长江东去浮画鹢⑤，怅望云树怀知音。

老犁注：①官满：官吏任职期满。②草堂：茅草盖的堂屋。旧时文人常以"草堂"名其所居，以标风操之高雅。③骊 lí 驹：《逸诗》篇名（《诗经》散轶的篇名之一）。古代告别时所赋的歌词，后因以为典，指告别。④阳关：古关名。在今甘肃敦煌市西南古董滩附近，因位于玉门关以南，故称。一般指送别之地。唐王维《送元二使安西》有"劝君更进一杯酒，西出阳关无故人。"⑤画鹢 yì：鹢，大鸟也。画其像于船头，故曰鹢首。后以"画鹢"为船的别称。

## 题雪桥清晓[1]图（节选）

从来支许事幽寻[2]，放意茶颠恣诗癖[3]。虎溪[4]相送尚迟留，更待林梢挂苍璧[5]。

老犁注：①清晓：天刚亮时。②支许：晋高僧支遁和高士许询的并称。两人友善，皆善谈佛经与玄理。南朝宋刘义庆《世说新语·文学》："支道林、许掾（许洵曾任司徒掾，故称）诸人共在会稽王斋头（书房），支为法师，许为都讲，支通一义，四坐莫不厌心（心服）；许送一难（论说），众人莫不抃舞（拍手跳舞），但共（只是一齐）嗟咏二家之美，不辩其理之所在。"后以喻僧人和文士的交谊。幽寻：深深地寻觅、品味。幽：深；深邃。③茶颠：《茶录》载："陆羽嗜茶，人曰茶颠。"诗癖：对诗的癖好。④虎溪：在江西九江庐山东林寺前。相传晋慧远法师居此，送客不过溪，过此，虎辄号鸣，故名虎溪。⑤苍璧：灰白色玉璧。借指月亮。

## 题刘德文乐轩[1]（节选）

思君清乐[2]不可得，对此况味[3]殊不佳。何时径往君家去，主孟莫厌煎盐茶[4]。

老犁注：①刘德文：人之姓名，生平不详。乐：轩名。轩：以敞朗为特点的房屋，多设为书斋、琴房、茶室、客厅等。②清乐：清闲安逸的快乐。③况味：景况和情味。④主孟：晋大夫里克之妻。韦昭为《国语·晋语二》作注："大夫之妻称主，从夫称也。孟，里克妻字。"后借指主人之妻。盐茶：盐与茶混合成的一种药茶，有消炎降火防止中暑的作用。这里指饭和茶。盐为饭食之用，故借指饭。

## 题画（节选）

茶瓜却去[1]香火冷，曦驭[2]不转松阴迟。口钳未欲作诗债[3]，坐隐聊尔逃禅[4]痴。

老犁注：①却去：后退；离去。②曦驭：羲和（古代神话传说中驾御日车的神）驭车。指太阳运行。③口钳：口紧闭。诗债：谓他人索诗或要求和作，未及酬答，如同负债。④坐隐：下围棋的别称。聊尔：姑且；暂且。逃禅：指遁世而参禅。

## 题高敬之[1]所藏云溪独钓图（节选）

疏帘[2]留客昼偏长，茗碗告罢[3]新炉香。主人不恤寒具手[4]，为出牙签古锦囊[5]。

老犁注：①高敬之：人之姓名，生平不详。②疏帘：指稀疏的竹织窗帘。③告罢：放下茶盏离开茶桌。告：告别；离开。④不恤：不忧虑。寒具手：抓过寒具的手。寒具：一种油炸的面食。即今馓子。⑤牙签：用牙骨等制成的签牌，系在书卷上作为标识，以便翻检书页。借指书籍。古锦囊：用年代久远的锦缎制成的袋。

## 王子告竹溪清集[①]图（节选）

岂知城市有林泉，杖屦相从都咫尺。寻常四友会真率[②]，茗具酒尊随所适[③]。

老犁注：①王子告：人之姓名，生平不详。竹溪：在山东徂徕山，是李白与山东名士孔巢父、韩准、裴政、张叔明、陶沔的隐居地。他们在此纵酒酣歌，啸傲泉石，举杯邀月，诗思骀荡，世人皆称他们为“竹溪六逸”。清集：犹雅集。②四友：借指文房四宝，即笔、墨、纸、砚。真率：纯真坦率。③随所适：随兴所适。随你的兴致到你所想到的地方。适：往，到。

## 醉落魄·叹世

百年旋磨[①]，等闲[②]事莫教眉锁，功名画饼相谩[③]我。冷暖人情，都在这些个[④]。

璠玙不怕经三火[⑤]，莲花未信淤泥涴[⑥]，而今笑看浮生破。禅榻[⑦]茶烟，随分[⑧]与他过。

老犁注：①旋磨：往复转动。②等闲：平常。③谩：瞒哄；欺骗。④这些个：指代比较近的两个以上的事物。这里指功名和人情这两样都是差不多的况味。⑤璠玙 fányú：美玉名。三火：燃烧三个日夜的炉火。⑥涴 wò：弄脏。⑦禅榻：禅僧坐禅用的坐具。有大有小，大如床者，小如凳者。后来民间得以采用。如床者，中间摆上小案，放上茶具，即为茶榻。⑧随分：照样；依旧。

## 大江东去·芳姿蕙态

芳姿蕙态[①]，笑人间脂粉[②]，寻常红白[③]。大抵风流天也惜，赋与梅魂兰魄。袁相名姝[④]，谢家尤物[⑤]，缥缈真仙格[⑥]。朝来酒恶[⑦]，可人一笑冰释[⑧]。　　韩郎[⑨]老矣情怀，鬓丝禅榻[⑩]，花落茶烟湿。心字慇懃[⑪]通一线，千劫消磨不得。被底春温，樽前风味，回首伤春客。却愁云散，等闲[⑫]好梦难觅。

老犁注：①芳姿蕙态：芳是花草的统称。蕙是蕙草，是一种香草，是花草中的一种。芳姿和蕙态表达的是一个意思，就是指酒后梦中仙女的美好的姿态。芳姿和蕙态叠用，是修辞的用法，其作用近似于叠词。②脂粉：胭脂和香粉。借指妇女。③红白：指妇女化妆用的胭脂（红）和铅粉（白）。与梦中仙女相比世间普通女子的红白两色还是暗然失色。④袁相：为《搜神后记·会稽民》中人物。他与根硕一同在山中猎羊，追羊于赤城崖下，入一瀑布洞中，遇两仙女，遂成为夫妻的故事。名姝：著名的美女。⑤谢家：指闺房。唐温庭筠《更漏子》词：“香雾薄，透重幙，惆怅谢家池阁。”华钟彦注：“唐李太尉德裕有妾谢秋娘，太尉以华屋贮之，眷之甚隆，词人因用其事，而称谢家。盖泛指金闺之意，不必泥于秋娘也。”尤物：绝色美女。⑥仙格：道家谓仙人中的品级；借喻清雅高洁的人品。⑦酒恶 è：醉酒。因多喝了酒身体不适。南唐李煜《浣溪沙》词："酒恶时拈花蕊嗅。"詹安泰注："酒恶，就是喝酒到带醉的时候，普通叫'中酒'。"⑧冰释：原谓冰溶化消失。后用以喻指涣散或离散。上阕最后两句就是指早上酒醒，忆梦中人一笑就烟消云散了。⑨韩郎：指"韩寿偷香"中的韩寿。传说西晋贾充之女贾午与韩寿私通，偷取其父的异香以赠。见《晋书·贾谧传》、南朝宋刘义庆《世说新语·惑溺》。后因作男女私会的代名词，"韩寿偷香"也与"相如窃玉、张敞画眉、沈约瘦腰"一起成为"风流四事"之一。⑩禅榻：禅僧坐禅用的坐具。有大有小，大如床者，小如凳者。后来民间得以采用。如床者，中间摆上小案，放上茶具，即为茶榻。⑪心字：心字香。借指"韩寿偷香"之香。慇懃：同殷勤。衷情，心意。⑫等闲：寻常。

## 渔家傲·瑞香[①]

岩秀不随桃李伴，国香未许幽兰换。小睡最宜醒鼻观[②]。檐月转，紫云娘拥青罗扇[③]。　半世庐山清梦[④]断，天涯邂逅春风面。茗碗不来羞自荐。空恋恋[⑤]，野芹炙背[⑥]谁能献。

老犁注：①瑞香：也称睡香。常绿灌木，叶为长椭圆形。春季开花，花集生顶端，有红紫色或白色等，有浓香。宋陶谷《清异录·睡香》："庐山瑞香花，始缘一比丘昼寝盘石上，梦中闻花香烈酷不可名，既觉，寻香求之，因名睡香。四方奇之，谓乃花中祥瑞，遂以'瑞'易'睡'。"②鼻观：鼻孔。指嗅觉。③紫云娘：唐代有《紫云曲》相传是天上乐曲，由仙女传授给唐玄宗，紫云娘指仙女或据此而来。又，《本事诗》记杜牧指名欲见李司徒（李绅）伎人紫云事。可知"紫云娘"在文学作品中指歌妓。青罗扇：青色丝织物做成的扇子。诗中用月夜中的美人，指月夜里的瑞香。④清梦：美梦。这里指庐山僧梦瑞香之梦。⑤恋恋：指依依不舍之情。⑥野芹炙背：三国魏嵇康《与山巨源绝交书》："野人有快炙背（以太阳晒背取暖为快事）而美芹子者，欲献之至尊，虽有区区之意，亦已（又太）疏（迂阔；不切合实际）矣。"炙背：晒背。

---

**王渥**（？~1232）：字仲泽，金太原人。博学，字画清美，长于词赋。宣宗兴定二年进士，辟宁陵令，入为尚书省令史。正大七年，使宋议和，应对敏给，宋人重之。后以左右司员外郎从完颜思烈军，殁于阵。

---

## 有寄

十年铁马[①]暗京华，客子飘零处处家。征雁久疏河朔[②]信，小梅重见汝南[③]花。

栖栖[④]活计依檐雀，冉冉年光赴壑蛇[⑤]。旧雨故人应念我，不来联句[⑥]夜煎茶。

老犁注：①铁马：配有铁甲的战马。借指战事。②河朔：古代泛指黄河以北的地区。③汝南：地名，在河南。④栖栖：忙碌不安貌。⑤赴壑蛇：沟壑之蛇转眼不见。喻时间流逝之快。⑥联句：作诗方式之一。由两人或多人先后出句，合而成篇。旧传始于汉武帝和诸臣合作的《柏梁诗》。

**王元节**（约1123~1189）：字子元，号遁斋老人，金弘州襄阴县（今河北张家口阳原县）人。海陵天德三年进士。雅尚气节，不随时俯仰，仕途颇不顺利，以密州观察判官罢归。逍遥乡里，诗酒自娱。年五十余卒。有《遁斋诗集》（一作《王元节诗集》），今佚。

## 与党世杰军判丁亭会饮[①]

望断西州[②]万里家，又将新火[③]试新茶。青油幕[④]下成何事，两见常山[⑤]山杏花。

老犁注：①党怀英：字世杰，号竹溪。金泰安奉符人。少与辛弃疾同师亳州刘瞻。工诗文，能篆籀。世宗大定十年进士。调莒州军事判官，累除翰林待制兼同修国史。官至翰林学士承旨。修《辽史》未成，卒。军判：官名，是军事判官的简称。党怀英曾任莒州军判。会饮：聚饮。②西州：汉晋时西州指中原之西。后泛指中原之西的广大区域。③新火：古代钻木取火，四季各用不同的木材，易季时新取之火称新火。唐以后多指寒食节禁火到清明节再起的火为“新火”。④青油幕：省作青油。高官乘车之帘为青色油布制成，后因以“青油”表示高官显爵。⑤常山：古北岳恒山，在真定（今正定）县东北。清顺治前的恒山都是指这里。清顺治十八年（1661）改封山西天峰岭（在今浑源境内）为北岳。

**王丹桂**（生卒不详）：字昌龄，号五峰白云子，利州（今四川广元市）人，金代道士。师事金代道教宗师马钰（马丹阳），修习全真教义。隐于昆嵛山神清洞。工填词，与马钰同一格调，多赠寄答和之作，内容均是宣说早期全真教义，以求达仙真之位。笔调流畅清雅，有词集《草堂集》一卷。

## 玉炉三涧雪[①]·和秦先生

策杖水云[②]游历，一身到处为家。洞天高卧养丹砂[③]。茅屋柴篱入画。　收拾黄芽白雪[④]，合和玉液金茶[⑤]。就中甘味不须夸。夺个仙魁无价。

老犁注：①原诗题注：本名西江月。②水云：水和云。多指水云相接之景。借指在山上。③养丹砂：把丹砂炼成丹药。④黄芽：道家术语。指外丹家炼丹时丹鼎内所产生的一种芽状物，外丹家认为这是生机开始萌生的征兆，又因为它的颜色为黄色，故得名黄芽。白雪：道教语。指水银。一说指唾液。⑤合和：掺合；调制。玉液：道家炼成的所谓仙液。金茶：茶的美称。

## 秋霁·继古韵述怀

肥遁[①]人家，对东南万里，鲸海[②]横碧。兰苑芝田[③]，暖香风送，不灭凤城[④]春色。寿松[⑤]径里，绿茵嫩□纹如织。又还是、鹤诏乍回[⑥]，犹听九霄唳。 天教[⑦]赋我，此段嘉期，寸心澄寂，百虑蠲息[⑧]。向闲中、呼童煮茗，玉瓯轻泛浪花白。神爽气和何有隔。况真常道[⑨]，时时默运玄功[⑩]，湛然[⑪]无为，澹然[⑫]自得。

老犁注：①肥遁：肥意为富足，引申为充实。充实的隐遁。即指自得其乐的隐居生活。②鲸海：大海。③兰苑芝田：仙人养兰花种灵芝的地方。这里借指隐居地。④凤城：京都的美称。⑤寿松：松是长寿的象征，故称寿松。⑥鹤诏：指仙鹤诏告帝王所发的文书命令。乍回：才回。⑦天教：上天示意，以为教诲。⑧蠲 juān 息：犹废止。⑨真常道：确切恒久的规律。⑩玄功：犹神功，谓宇宙自然之功。⑪湛然：安然貌。⑫澹然：恬淡安静貌。

---

**元德明**（1156~1203）：元格，字德明，号东岩，太原秀容（县治在今山西忻州市西北杨庄，元至元二年废）人。金朝大臣元好问的父亲。幼嗜书，布衣蔬食，处之自若。人负债不能偿，往往毁券。多次参加科举，没有及第。放浪山水，饮酒赋诗以自适。卒年四十八。著有《东岩集》三卷行于世。

---

## 好事近·次蔡丞相[①]韵首倡

梦破打门声，有客袖携团月[②]。唤起玉川[③]高兴，煮松檐晴雪。 蓬莱千古一清风，人境两超绝。觉我胸中黄卷[④]，被春云香彻。

老犁注：①蔡丞相：蔡松年，字伯坚，号萧闲老人，金真定人。官至右丞相，封卫国公。文词清丽，尤工乐府，与吴激齐名，时号吴、蔡体。有《明秀集》。蔡松年原词《好事近·咏茶》“天上赐金奁，不减壑源三月。午碗春风纤手，看一时如雪。幽人只惯茂林前，松风听清绝。无奈十年黄卷，向枯肠搜彻。”②此两句：卢仝《走笔谢孟谏议寄新茶》中有“日高丈五睡正浓，军将打门惊周公。口云谏议送书信，白绢斜封三道印。开缄宛见谏议面，手阅月团三百片。”团月：亦称月团。宋贡茶，形如满月，故称。③玉川：卢仝，唐诗人，号玉川子。有著名的《走笔谢孟谏议寄新茶》的七碗茶诗，被后人誉为茶仙。④黄卷：书籍。

**史旭**（？~约1175）：字景阳，里居不详。中进士第，历官临真、秀容二县令。元德明尝从之游。工诗，存诗载于元好问所辑的《中州集》中。

## 梨花

少年携酒日寻花，老去①花前欲饮茶。今日传觞②似年少，一枝香雪③上乌纱。

老犁注：①老去：谓人渐趋衰老。引申为老年；晚年。②传觞 shāng：宴饮中传递酒杯劝酒。觞：酒杯。③香雪：指白色的花。这指梨花。

**史肃**（？~约1195）：字舜元，京兆（今陕西西安）人，侨居北京路大定府合众县（今辽宁省凌源县西北）。幼孤，养于外家，天资挺特，高才博学。承安（金章宗的第二个年号）进士第。优于政事，所至有声。历赤县及幕官，入为监察史，迁治书，出为通州刺史。曾两度连坐被贬，卒于汾州同知官上。工于诗及字画，著有诗集《澹轩遗稿》已佚。存诗载于元好问所辑的《中州集》中。

## 晚兴

秋虫已息又还吟，晚雨初晴又作阴。水面微风掠苍玉①，云头落日缘黄金②。

年丰酒价应须贱，睡起茶瓯③未要深。人道双清④到心迹，年来无迹亦无心。

老犁注：①苍玉：青绿色玉石。借指苍色河流。古佚诗《早春游园》（载自近代陈志岁的《载敬堂集·江南靖士诗稿》）："杂树鸣禽欢紫旭，前河涨水移苍玉。居家三日未观园，不觉池塘春草绿。"②缘：沿着，围绕着。黄金：喻太阳。③茶瓯：茶杯。④双清：谓思想及行事皆无尘俗气。

## 放言二首其二

清风明月无人管，茶鼎薰炉①与客同。壮岁羞为褦襶子②，而今却羡嗫嚅翁③。

老犁注：①茶鼎：唐陆羽称其为风炉，有铁制和泥制。形如古鼎，有三足两耳，炉内有厅，可放置炭火，炉身下腹有三孔窗孔，用于通风。上有三个支架（格），用来承接煎茶的茶壶。炉底有一个洞口，用以通风出灰，其下有一盘用于承接炭灰。后将专用于煮茶的炉子都称之为茶鼎。薰炉：用于熏香的炉子。②壮岁：壮年。褦襶 nàidài 子：指不晓事的人。③嗫嚅 nièrú 翁：《新唐书·窦巩传》："巩字友封，雅裕（谓举止文雅，为人宽厚），有名于时。平居与人言若不出口，世号'嗫嚅翁'。"

后因以称懦弱畏事或不善辞令之人。白居易曾被称为嗫嚅翁。宋苏轼有诗曰“小蛮知在否，试问嗫嚅翁。”王文诰辑注：“次公曰：嗫嚅翁，乃乐天也。”

**史士举**（1135~1213）：字仲升，金荥泽（今河南郑州荥阳市）人。以荫补官，历铜鞮、三川两县令。初任京兆录事，岁旱，因赈贫祷雨而得名。为人雅重，知义理，褒衣缓带，逍遥山水间，宛然一老书生也。贞祐之乱，避于太行，保聚失守，老幼皆出降，其义不受辱，投绝涧而死。年七十九。

## 超化[①]

石根寒溜迸珠玑[②]，寻丈惊看雪浪飞[③]。我是玉川烟水客[④]，暂来盘礴[⑤]亦忘归。

老犁注：①超化：超世化仙。指过隐居而超世的生活。②石根：岩石的底部；山脚。寒溜：指寒冷的水流。珠玑：珠子。喻泉中泛起的水花。③寻丈：泛指八尺到一丈之间的长度。雪浪：白色浪花。④玉川：指卢仝。玉川本为井名，卢仝尝汲此井泉煎茶，因自号玉川子。烟水客：犹隐士。⑤盘礴：不拘形迹，旷放自适。

**丘处机**（1148~1227）：字通密，号长春子，金登州栖霞（山东烟台栖霞市）人。十九岁出家，为重阳真人王哲弟子，全真道教七真之一。金大定间，居磻溪、陇州等地，结交士人，曾应金世宗召至中都。后仍还居栖霞山中。成吉思汗十四年，应召率弟子李志常等西行。见成吉思汗于西域雪山。问长生之道，则告以清心寡欲为要，并以天道好生为言。赐爵大宗师，掌管天下道教。十八年东还。在燕以玺书释奴为良达二三万人。弟子李志常撰《长春真人西游记》，述其事甚详。有《磻溪集》《鸣道集》《大丹直指》等。

## 清兴

三冬[①]游海上，六出[②]满天涯。为访神仙窟，经过道士家。

酒倾金露[③]滑，茶点玉芝[④]香。神爽得三昧[⑤]，清和消百殃。

老犁注：①三冬：冬季三月；冬季。②六出：雪花的别名。花分瓣叫出，雪花六角，因而称六出。③金露：珍贵之露。常喻酒。④玉芝：白芝，芝草的一种。传说为神仙的饮饵。这里用来比喻茶。⑤三昧：是佛教重要修行方法。意指止息杂念，使心神平静。借指事物的要领、真谛。

## 忆江南·四时四首·冬

山中好，末后称三冬[①]。纸帐蒲团香淡碧[②]，竹炉[③]茶灶火深红。交袖坐和冲[④]。人如梦，百岁等闲中。梅蕊绽时泉脉[⑤]动，雪花飞处雁书空[⑥]。一醉待春风。

老犁注：①末后：后来；最后。三冬：冬季三月。②纸帐：以藤皮茧纸缝制的帐子。亦指粗陋的帐子，一般为清贫之家或隐士所用。淡碧：指新做的纸帐、蒲团淡淡的青绿色。③竹炉：一种外壳为竹编，内安小钵，用以盛炭火取暖的用具。④交袖：打坐入静。坐和冲：坐于中和淡泊之境界。和冲：谦和淡泊。⑤泉脉：地下伏流的泉水。⑥雁书空：雁在空中成列而飞，其行如字，故称。

## 忆江南·四时四首·春

山中好，最好是春时。红白野花千种样，间关[①]幽鸟百般啼。空翠[②]湿人衣。茶自采，笋蕨更同薇[③]。百结[④]布衫忘世虑，几壶村酒适天机[⑤]。一醉任东西。

老犁注：①间关：象声词。形容宛转的鸟鸣声。②空翠：指林间青色的潮湿的雾气。③笋蕨：竹笋与蕨菜。薇：野菜名，又名野豌豆。④百结：形容衣多补缀。⑤天机：谓天之机密，犹天意。

---

**冯延登**（1176～1233）：字子俊，号横溪翁，金吉州吉乡（今山西临汾吉县）人。章宗承安二年词赋进士。调临真主簿。转宁边令，岁荒，发粟赈贷，全活甚众。从州刺史赵秉文学诗。累迁国子祭酒，哀宗正大八年，以翰林学士承旨使蒙古，被扣留。命招凤翔帅，不从。以刀截其须，岸然不动。后放还。历礼、吏二部侍郎。汴京被围时，仓猝逃难，为骑兵所缉，不屈，投井死。年五十八。有《横溪集》。

---

## 玉楼春·宴河中瑞云亭[①]

长原迤逦孤麋[②]卧。野色微茫河界破[③]。草承行屦绿云[④]深，花触飞丸红雨妥[⑤]。高亭[⑥]初试煎茶火。醉玉[⑦]渐哗春满座。行杯莫厌转筹频[⑧]，佳节等闲飞鸟过[⑨]。

老犁注：①河中：指河中府，今山西运城市永济市。瑞云：亭名。②长原：连片的原野。迤逦：延伸貌。麋 mí：麋鹿。③微茫：隐秘暗昧；隐约模糊。河界破：河流的界线不清了。④屦 jù：用麻、葛等制成的单底鞋，后泛指鞋。绿云：喻绿叶。⑤飞丸：抛出的纸丸。这里指诗札。红雨：喻落花。妥：通堕。落下；掉下。⑥高亭：高处的亭子。⑦醉玉："醉玉颓山"的省称。南朝宋刘义庆《世说新语·容止》："嵇叔夜之为人也，岩岩若孤松之独立；其醉也，傀俄若玉山之将崩。"后以"醉玉颓山"

形容男子风姿挺秀，酒后醉倒的风采。⑧行杯：流觞；流杯。每年逢上巳节（后定在三月初三），古代文人雅士于环曲的水渠边高会，置酒杯于水上，使之顺流而下，酒杯停于谁前，谁便取饮。称之为“曲水流觞”。转筹频：上巳节中还有投壶游戏，投筹入壶多者为胜，负者罚酒。投得快，喝酒就轮转得快。筹：壶矢。古代投壶用的签子，形如箭笴。⑨等闲：轻易。飞鸟过：像飞鸟一样飞过去了。

**朱澜**（1129~?）：字巨观，金洛西三乡（今洛阳宜阳县三乡镇）人。学问该洽，能世其家。大定二十八年进士，时年已六十，意气不少衰。历诸王文学，应奉翰林文字，终于待制。颇为党怀英、赵秉文所推重。工诗，元好问所辑的《中州集》中有其诗存世。因其尝入教宫掖，故其诗多为宫词。

## 寒食不出

地偏无客过吾庐，寒食清明入燕居[①]。骥子捧瓯仍腊茗[②]，孟光举按[③]只春蔬。

蝇沾香篆浑[④]伤字，蜂蹙瓶花半堕[⑤]书。习气未除还自笑，却将佳节付三馀[⑥]。

老犁注：①燕居：闲居之所。②骥子：良马。喻英俊的人才。腊茗：亦称腊茶。腊指农历十二月。腊茶就是指腊后第一茬新茶，即早春之茶。此茶以其汁泛乳色，与溶蜡相似，故称。③孟光：东汉隐士梁鸿之妻，字德曜。有“举案齐眉”之典。后作为古代贤妻的典型。举按：同举案。④香篆：香名，形似篆文。浑：简直。⑤蹙 cù：聚拢。半堕：一半坠落。⑥三馀：出自东汉明帝时大司农董遇之言：“冬者岁之馀，夜者日之馀，阴雨者时之馀。”后因以“三馀”泛指空闲时间。

**刘迎**（？~1180）：字无党，号无净居士，金东莱人（今山东烟台莱州市）。世宗大定十四年进士。除豳王府记室，改太子司经。从驾凉陉，因病去世。有诗文词作集于《山林长语》，金章宗时诏国学刊行，今佚。其所存诗词载于元好问所辑的《中州集》和《中州乐府》。

## 明日复会客普照继呈此诗去及瓜不数日矣[①]

室中呼起散花[②]天，来伴维摩[③]到处禅。百刻篆香消昼永[④]，一番风雨破春妍。

云山真欲追聱叟[⑤]，风腋何妨借玉川[⑥]。他日相思共明月，旧游应说禁烟[⑦]前。

老犁注：①标题断句及注释：明日复会客普照，继呈此诗，去及瓜不数日矣。普照：寺院名。去及瓜：距离任职期满。去：相距。及瓜：《左传·庄公八年》：“齐侯使连称、管至父（两位为齐国大夫）戍葵丘，瓜时而往，曰：‘及瓜而代’。”

言戍边任期一年，今年长瓜时去，来年长瓜时派人代之，让他们回来。后因以“及瓜”指任职期满。②散花：有“天女散花”之典。《维摩诘所说经·观众生品》载：“时维摩诘室有一天女，见诸大人闻所说法，便现其身，即以天华散诸菩萨大弟子身上。”本以花着身与不着身来验证诸菩萨弟子向道之心诚与不诚，凡结习（指人世的欲望、烦恼）未尽，花即着身；结习已尽，花不着身。后因用为咏佛事之典，又用以比喻大雪纷飞的景象。③维摩：维摩诘的省称。维摩诘是梵语 Vimalakīrti 的音译，意译为“净名”或“无垢称”。《维摩诘经》中说他和释迦牟尼同时，是毘耶离城中的一位大乘居士。尝以称病为由，向释迦遣来问讯的舍利弗和文殊师利等宣扬教义。为佛典中现身说法、辩才无碍的代表人物。后常用以泛指修大乘佛法的居士。④百刻：古代用刻漏计时，一昼夜分百刻。篆香：香名。因形如篆文，故称。昼永：白昼漫长。⑤聱叟 áosǒu：唐诗人元结的别号。元结自称浪士，及有官，人呼为漫郎。后客居樊上，左右皆渔者，少长相戏，又呼为聱叟。聱：《广雅》解释为“聱，不入人语也。”即不接受意见，不随世俗。⑥风腋：卢仝号玉川子，他在《走笔谢孟谏议寄新茶》中有“七碗吃不得也，唯觉两腋习习清风生”之句。⑦禁烟：犹禁火。亦指寒食节。

## 盘山招隐图（节选）

红龙雪浪①涌，白塔苍烟孤。冰弦写天籁②，茶瓯泛云腴③。

老犁注：①红龙：赤龙。喻太阳。雪浪：白色浪花。②冰弦：琴弦的美称。传说用冰蚕丝作的琴弦，故称。天籁：自然界的声响，如风声、鸟声、流水声等。③云腴 yú：茶的别称。

## 淮安行（节选）

迩来①户口虽增出，主户中间十无一②。里闾风俗乐过从③，学得南人煮茶吃。

老犁注：①迩来：犹近来。②主户：指土著的原有民户。与“客户”相对。十无一：十户里也没有一户。指人口增加而本地人占比不到十分之一。③里闾：里巷；乡里。过从：互相往来。

---

**刘昂**（？～约 1206）：字之昂，金兴州（今山西吕梁兴县）人。天资警悟，律赋自成一家，尤工绝句。世宗大定十九年进士，为尚书省掾，擢为左司郎中。坐事降上京留守判官卒。

---

## 赠张秦娥二首其一[①]

远山句好画难成，柳眼[②]才多总是情。今日衰颜人不识，倚炉空听煮茶声。

老犁注：①元好问所辑的《中州集》在介绍刘昂时涉载此诗。张秦娥：金代女诗人。少有才华，喜欢作诗，后来流落。一生无子孙，孤独一人。家境贫寒。张秦娥有《远山》五言绝句："秋水一抹碧，残霞几缕红。水穷霞尽处，隐隐两三峰。"刘昂读后赞不绝口，并回赠诗二首。②柳眼：早春初生的柳叶如人睡眼初展，因以为称。这里喻女诗人张秦娥。

---

**刘勋**（约1165~约1232）：字少宣（初名讷，字辩老），先为云中（今山西大同与朔州怀仁一带）人，幼随官，客居济南二十余年。卒年五十余岁。与其兄谯庭老工诗，俱有声场屋（戏场）间。后南渡居陈（今河南周口市淮阳县），数与刘从益相唱和。为人俊爽滑稽，每尊俎间，一谈一笑可喜。连举终不第。陈为元兵所陷，勋遂被难。

---

## 不寐

酪奴[①]作祟搅秋眠，追咎前非[②]四十年。一夜虫声相计会[③]，并催白发到愁边。

老犁注：①酪奴：茶的别名。作祟：本指鬼怪妖物害人。这里指茶水作怪，令人不能入眠。②追咎 jiù：追究责怪。前非：昨非；以前的过错。③计会：商量。

---

**刘铎**（？~1233）：字文仲，金冀州枣强（今河北衡水枣强县）人，自号柳溪先生。其未能言已识百馀字，及授学颖悟过人。承安五年进士，入为太常博士，正大初改兵部员外郎，以武昌军节度副使致仕，癸巳岁病殁于京师。为人诚实守分，不徇流俗，不慕荣利。其存诗载于元好问所辑的《中州集》中。

---

## 渑池驿舍用苑极之郎中[①]韵

惯从鞍马作生涯，宿处依依[②]认是家。炉火相看衣袖暖，盘餐未办驿厨哗。

淹留[③]岁月头如雪，汩没[④]风尘眼更花。永夜如何得消遣[⑤]，新诗吟罢自煎茶。

老犁注：①渑池：今河南渑池县。驿舍：驿站内客舍。苑极之：人之姓名，生平不详。郎中：官员。多指朝廷各部中，位在尚书、侍郎之下的高级官员。②依依：依恋不舍的样子。③淹留：羁留；逗留。④汩 gǔ 没：淹没；埋没。⑤永夜：长夜。消遣：用自己感觉愉快的事来度过空闲时间；消闲解闷。

**刘邦彦**（生平里籍不详）：其作品存于清四库全书《全金诗增补中州集》中。

## 海会寺宴集以禅房花木深为韵得深字①

凌晨策蹇②从知音，来谒龙泉溪路深。一派寒流通乱石，万竿修竹哢幽禽。

虚檐列坐茶酣③战，小径闲行酒旋斟④。珍重老僧延倦客，清谈亹亹涤尘襟⑤。

老犁注：①标题断句及注释：海会寺宴集，以“禅房花木深”为韵得“深”字。海会寺：在山西省晋城市。宴集：宴饮集会。②策蹇 jiǎn：策蹇驴，指乘跛足驴。策：用鞭棒驱赶骡马等。引申为驾驭。蹇：跛 bǒ 足。③酣：形容茶喝得很畅快。④旋斟：随意斟酒。⑤亹亹 wěi：没有倦意。尘襟：世俗的胸襟。

**刘仲尹**（生卒不详）：字致居，号龙山。金盖州（今辽宁营口盖县）人，一说辽阳人，后徙沃州（今河北赵县）。约熙宗、世宗时在世。家世豪富，勤奋好学。海陵炀王正隆二年（1157）进士。官潞州节度副使，召为都水监丞卒。有《龙山集》，今佚，其存诗词载于元好问所辑的《中州集》及《中州乐府》中。

## 夏日

床头书册聚麻沙①，病起经旬②不煮茶。更为炎蒸设方略③，细烹山蜜破松花④。

老犁注：①麻沙：麻沙本的省称。麻沙本为古书版本名。福建建阳麻沙镇附近，盛产榕树等木材，质地松柔，易于雕板，自南宋至明，该地书籍刻印业极为发达，所印书销行全国。然讹误多，其质量次于杭州及四川所刻本。宋周煇《清波杂志》卷八：“若麻沙本之差舛，误后学多矣。”程千帆、徐有富《校雠广义》第四章第三节：“还有一点应当说明的就是建阳麻沙镇所刻书，由于粗制滥造，当时及后世都获得了不好的名声。麻沙本几乎成了劣本的代称。”②经旬：经历十天。泛指十天左右。③炎蒸：暑热熏蒸。方略：方法。④山蜜：山间野蜂所酿的蜜。松花：松球。松子脱落时木质鳞片张开如莲花状，故称。可用作烧炉的燃料。

**刘志渊**（？～约1234）：字海南，号元冲子，金河中万泉（今山西运城万荣县东部）人，金代道士。童时不作嬉戏，事亲至孝。慕仙学道，后遇长春真人丘处机于栖游庵。金末兵乱，避于绵山。卒年七十九。

## 金盏儿·放心闲[①]

放心闲，乐林泉。山檀瓦鼎龙涎暖[②]。寒樽[③]兴，冷茶烟。情湛湛[④]，腹便便[⑤]。陪游鹿，伴啼猿。　　净灵源[⑥]，火生莲[⑦]。清凉照见诸尘[⑧]遣。明五眼[⑨]，证重玄[⑩]。珠莹海，月沉渊。圆明[⑪]相，应无边。

老犁注：①似无“金盏儿”的词牌，有曲牌【双调·金盏儿】。②山檀瓦鼎：檀树旁的瓦鼎。檀在印度的梵语中，有“布施”的意思，所以其与佛教结缘很深。檀香是供佛专用香，佛像、佛珠等物都以檀木制作为优，有的寺院还专门栽种檀木。瓦鼎：陶制有耳有足的炊器。龙涎：龙涎香，一种有奇香的高级香料，实质是抹香鲸肠内分泌物的干燥品。③寒樽：清凉的酒杯。④湛湛：深厚貌。⑤便便：肥胖貌。⑥灵源：远离尘世的隐居之地。⑦火生莲：佛教语。喻虽身处烦恼中而能解脱，达到清凉境界。⑧诸尘：佛教语。指色、声、香、味、触五尘。⑨五眼：佛教语。指肉眼、天眼、慧眼、法眼、佛眼。凡夫所见为肉眼，天人禅定所见为天眼，小乘照见真空之理为慧眼，菩萨照见普度众生的一切法门为法眼，佛陀具种种眼而照见中道实相为佛眼。⑩重玄：指很深的哲理。⑪圆明：佛教语。谓彻底领悟。

---

**李纯甫**（1185~约1231）：字之纯，金弘州襄阴（今河北张家口阳原县）人。初工词赋，后治经义，学术文章为后进所宗。章宗承安二年经义进士。两次上疏，策宋金战争胜负，后多如所料。荐入翰林，官至京兆府判官。中年即无仕进意，旋即归隐，日与禅僧士子游，以文酒为事。虽沉醉，亦未尝废著书。有《中庸集解》《鸣道集解》等。

---

## 杂诗六首其四

空译流沙[①]语，难参少室[②]禅。泥牛耕海底[③]，玉犬[④]吠云边。

仰峤[⑤]圆茶梦，曹山[⑥]放酒颠。书生眼如月[⑦]，休被衲僧穿[⑧]。

老犁注：①流沙：指西域地区。②少室：中岳嵩山有三十六峰，东曰太室，西曰少室，以其下各有石室，故称。小室山的少林寺是禅宗的发源地。③泥牛耕海底：犹“泥牛入海”。泥做的牛一入海就会化掉。喻一去不复返。泥牛：泥塑制的牛。④玉犬：仙犬。⑤峤：指峤岳。特指昆仑丘的峤山。这里指神仙居住的地方。⑥曹山：在江西省宜黄县，曹山宝积寺始建于唐代咸通（870~873）年间。由佛教禅宗南岳青原法系弟子本寂禅师所创，宝积寺是中国佛教禅宗五大派系之一曹洞宗祖庭。酒颠：酒后态度狂放。⑦眼如月：读书人眼睛明亮如月。⑧衲僧：僧人。穿：说穿。

**岳行甫**（约1171~1226）：字仁老，金鄜州洛川（今陕西延安洛川县）人。在关中夙有诗名。泰和初，以《时病》诗达之道陵（金章宗）者，道陵大加赏异，授以官，不就。士论高之。有诗百余篇，佳句甚多，多不存，其存诗载于元好问所辑的《中州集》中。

## 立春日

银线青丝翠碗①堆，争牛②击鼓欲惊雷。翻风斗巧春头③胜，漉雪浮香臈尾④杯。
迎暖梢梢金着柳⑤，逗寒叶叶粉飘梅⑥。不成一事人空老，半百光阴又七回⑦。

老犁注：①银线青丝翠碗：立春日做祭祀用的精美饰品和翠色玉碗。②争牛：立春节的一种习俗，也叫鞭春牛。鞭打泥做的土牛，鞭碎后大家抢碎土，以图吉利。谓之抢春。③翻风：随风翻动。斗巧：以智巧争胜。春头：春初。④漉lù雪：把雪水过滤干净用来烹茶。漉：过滤。臈尾：腊月终尾。臈：同腊。⑤梢梢：条条柳梢。金着柳：金芽已长柳梢上。⑥逗寒：逗留的寒气。叶叶：片片。粉飘梅：粉红飘落的是梅花。⑦又七回：加七岁。

**周昂**（？~1211）：金真定（今河北正定）人，字德卿。年二十四进士擢第。调南和主簿。有异政。拜监察御史。以诗得罪，废谪十余年。起为隆州都军，以边功召为三司官。大安三年，权行六部员外郎，从完颜承裕军御蒙古。易州陷落时死难。

## 偶书①

幽阴不放终年树②，好味仍馀尽日③茶。诗业未降心有种④，世缘初尽眼无花。

老犁注：①偶书：随意书写下来。②此句：一年到头幽阴离不开树木。幽阴：阴静；幽深。③尽日：犹终日，整天。④诗业：诗歌创作的成就。有种：有骨气。

## 清放①斋

平生眼白②嫌物俗，此身谁要冠带③束。茶瓯饭饱一饮足，卧听松风仰看屋。

老犁注：①清放：斋名。②眼白：以白眼相看。表示轻视。③冠带：帽子与腰带。借指官吏、士绅。

## 寄金山老[1]

庭前双柏树[2]，作别似晨朝[3]。书信随溪茗[4]，音声[5]落海潮。

岭云闲可玩，边月苦无憀[6]。相见愁他日，风沙两鬓凋。

老犁注：①金山老：金山寺的长老。长老：寺院住持僧。②此句：佛教禅宗有出自赵州和尚（从谂禅师）的“庭前柏树子”公案。有僧问“如何是祖师西来意？”师云：“庭前柏树子。”云：“和尚莫将境示人。”师云：“我不将境示人。”这段话的意思是说明：不光柏树子，其实任何东西都有佛性，都可从中悟出禅意。关键看自悟，无须专注某一事物（祖师西来意）去妄想。就是一时把一件事弄清，那也只是一件事而已，而事物却有千千万万件，都去弄清不可能也没必要。只要立足当前，潜心修禅，终会修禅成功的一天。后以“庭前柏树子”指“去妄想重在自悟”的修禅典实。后也用来借指禅院。③作别：分手，告别。晨朝：清晨。④溪茗：摘自溪涧的茶叶，指野生茶。⑤音声：声音。⑥边：泛指崖边、岸边、水边。无憀 liáo：无所依赖。引为空闲而烦闷的心情。

## 寒林七贤[1]

苦寒如此欲何之，雪帽风裘意自奇[2]。纵有清诗[3]三百首，未应肯得党家儿[4]。

老犁注：①寒林七贤：指宋末元初时著名画家钱选（字舜举）画的《寒林七贤图》。②雪帽：一种挡风雪的帽子。风裘：挡风的皮衣。自奇：自负不凡；亦谓自得奇趣。③清诗：清新的诗篇。④此句：未必能得到党姬的高看。党家儿：即党姬。五代宋初时，翰林学士承旨陶谷将太尉党进家的歌姬收作小妾。以烹茶为清雅的陶谷让其妾（即党姬）取雪烹茶，其妾却认为这是寒酸的生活。后因以“党姬烹茶”为“雅者为俗者轻看”或“高士雅兴”的典故。

---

**宗道**（生卒不详）：字云叟，金山阴（今山西山阴县）人。以足疾不仕。其有诗云：“家藏千卷富，身得一生闲。茅屋经年补，柴门尽日关。”其自处可见。

---

## 宝岩[1]僧舍

寂寂钟鱼[2]柏满轩，午风轻飏煮茶烟。西堂[3]竟日无人到，只许山人借榻眠。

老犁注：①宝岩：寺院名。②钟鱼：寺院撞钟之木。因制成鲸鱼形，故称。亦借指钟或钟声。③西堂：他山退院僧人（唐宋时的退院高僧，他们闲居养静，再不问事，或者闭关专修。多半飘然远引，不会在原寺院恋栈）居住的地方。

**郝俣**（？～1170 前后）：字子玉，自号虚舟居士，金太原人。正隆二年（1157）进士。仕至河东北路转运使。工诗，殊有古意，有《虚舟居士集》行世。存诗载于元好问辑的《中州集》中。

## 题温容村寺壁[1]

草树醒朝雨[2]，乌鸢快晚晴[3]。山光自明润，野气亦凄清。

茗碗闲中味，纹楸[4]静里声。此怀能自适[5]，未要缚簪缨[6]。

老犁注：①温容：村名，在何处不详。村寺：乡村寺庙。一般由村民自建并管理，或请一二位僧人来看管。②朝雨：晨雨。③乌鸢 yuān：乌鸦和老鹰。晚晴：谓傍晚晴朗的天色。④纹楸：围棋棋盘。⑤自适：悠然闲适而自得其乐。⑥簪 zān 缨：古代官吏的冠饰。比喻官宦显贵。

**赵秉文**（1159～1232）：字周臣，晚号闲闲老人，金磁州滏阳（今河北邯郸磁县）人。世宗大定二十五年进士。调安塞主簿。历平定州刺史，为政宽简。累拜礼部尚书。哀宗即位，改翰林学士，同修国史。工诗书画。历仕五朝，自奉如寒士。性好学，自幼至老，未尝一日废书。工诗，律诗壮丽，小诗精绝，又工草书。有《资暇录》《滏水集》等。

## 听雪[1]轩

冰花唾琅玕[2]，窗外留半月。萧然[3]煮茶兴，似倩此君说[4]。

玉龙[5]卧无力，时送窗纸湿。夜久沉无声，风枝堕残屑。

老犁注：①听雪：轩名。②琅玕 lánggān：形容竹之青翠，亦指竹。③萧然：萧洒；悠闲。④倩：请。此君：竹子的代称。说 yuè：同悦。⑤玉龙：喻雪。卧无力：喻雪化了。

## 观音院

栋宇悬崖上，风烟胜槩[1]中。塞通汾渚[2]月，清带雪山风。

茗水垂[3]瓶得，棋灯[4]凿牖通。仍闻马头寺[5]，别业[6]乱山丛。

老犁注：①胜槩 gài：亦作胜概。美景；美好的境界。②汾渚 zhǔ：汾水中的小沙洲。③垂：低下。④棋灯：下棋所用之灯。⑤马头寺：码头边寺庙。⑥别业：别墅。

## 夏至

玉堂[1]睡起苦思茶，别院铜轮碾露芽[2]。红日转阶帘影薄，一双蝴蝶上葵花。

老犁注：①玉堂：官署名。汉侍中有玉堂署，宋以后翰林院亦称玉堂。②别院：正宅之外的宅院。铜轮：铜碾。露芽：茶名。

## 春雪（节选）

急扫枝上玉[1]，为我试新茶。不须待明月，汤好客更佳。

老犁注：①枝上玉：枝上雪。

## 陪赵文孺路宣叔分韵赋雪[1]（节选）

松竹泻清声[2]，窗户明幽辉[3]。呼童设茶具，巡檐收落霏[4]。

老犁注：①赵文孺：赵沨 féng，字文孺，号黄山，金东平人。世宗大定二十二年进士。终礼部郎中。性冲淡，工篆书，时人以比党怀英，称"党赵"。有《黄山集》。路宣叔：路铎，字宣叔，金冀州人。章宗时，为左三部司正，上书言事，召见便殿，迁右拾遗。累官景州刺史。后为孟州防御使。蒙古兵破城，投沁水死。②清声：清亮的声音。③幽辉：清幽的月光。④巡檐：来往于檐前。落霏：落雪。

## 试院中愁坐叔献学博忽送红梅小桃数枝坐念春物骀荡西园开钥不得一观作诗破闷兼简张文学仲山[1]（节选）

天上公子[2]被花恼，一笑回波嘲栲栳[3]。不须区区索酒钱，但可煎茶对花前。

老犁注：①标题断句及注释：试院中愁坐，叔献学博，忽送红梅、小桃数枝，坐念春物骀荡。西园开钥不得一观，作诗破闷，兼简张文学仲山。叔献：人之字号，生平不详。学博：教授学生的学官。骀 dài 荡：舒缓荡漾的样子，常用来形容春天的景色。西园：园林名。开钥：开锁。简：寄给。张文学仲山：一位姓张的文学（官名），字仲山。生平不详。②天下公子：普天下的公子哥。③回波：回转秋波。指女子含情回头而视。嘲栲栳 kǎolǎo：嘲笑栲栳。本是嘲笑人（公子哥为花而恼的事），却装作在嘲笑栲栳。栲栳：用柳条编成的盛物器具。亦称笆斗。

---

**赵思文**（1165~1232）：字庭玉，永平（今河北保定顺平县）人。金明昌五年进士，官至礼部尚书，逝于任上。他为政清简，所任职的地方百姓安宁。为政之余，以诗

酒为乐，他好吹笛，所著乐章，多为人传诵。

## 试院中呈同官崔伯善李顺之[①]

睡起松阴鸟雀哗，忽惊霜果堕檐牙[②]。简书迫促全疏酒[③]，眼力眵昏[④]只费茶。

不学道人餐柏叶[⑤]，却随举子踏槐花[⑥]。提衡[⑦]文字非吾事，崔李风流有故家[⑧]。

老犁注：①试院：旧时科举考试的考场。同官：在同一官署任职的人，同僚。崔伯善、李顺之：两者皆人之姓名。②霜果：经霜成熟的果实。檐牙：檐际翘出如牙的部分。③此句：大量文牍忙着要处理已完全疏远了酒。简书：文牍。④眵 chī 昏：目多眵而昏花。眵：眼屎。⑤柏叶：柏树的叶子。可入药或浸酒。柏叶酒可增寿。⑥举子踏槐花：有“槐花黄，举子忙”之典。宋钱易《南部新书》卷乙：“长安举子自六月以后，落第者不出京，谓之过夏。多借静坊庙院及闲宅居住，作新文章，谓之夏课。亦有十人五人醵（jù 凑钱喝酒。泛指凑钱，集资）率酒馔，请题目于知己、朝达（朝廷中的达官贵人）谓之私试。七月后设献新课（将新文章投献给有关官员），并于诸州府拔解［不经外府（相对于朝廷或礼部而言的其他官署）考试，而直接送礼部考试］的人，为语曰：‘槐花黄，举子忙。’”这是落第考生为来年再考，通过找关系，跳过各地州府考试，而直接参加礼部考试的一种方式。国槐开花时间正好是夏末，大约农历七月，正是落第考生向有关官员设献新文的时间，故有“槐花黄，举子忙”之说。后以此典形容考生准备科举考试。⑦提衡：亦作提珩。谓用秤称物，以平轻重。亦指简选官吏。⑧崔李：指同官崔伯善、李顺之。故家：世家大族；世代仕宦之家。

**侯善渊**（？~1189 前后）：号太玄子，骊山（今陕西临潼）人。金代全真道士，金世宗前后在世。隐于姑射山。长于玄理，有《上清太玄集》，共收论六篇，铭二十一篇，诗、词千馀首。其诗词多言存养精气神以修炼内丹，又多以论奉答同道，论道谈玄。

## 西江月·寂静茅庵

寂静茅庵潇洒[①]，危峰密锁烟霞。朝阳轩外[②]一枝斜。待客清茶淡话[③]。　　默坐翛然净洁[④]，不占半点尘沙。冰台[⑤]心似白莲花。长在西江[⑥]月下。

老犁注：①潇洒：幽雅、整洁。②轩：房屋。常用作称书斋。③淡话：犹闲谈。④翛 xiāo 然：无拘无束貌。净洁：干净。⑤冰台：北方河流初结冰时，在江面上形成一片片莲花状的的流凌。⑥西江：古人常用作指流经居住地西边的河流。

**党怀英**（1134~1211）：字世杰，号竹溪，金泰安奉符（今山东泰安）人。世宗大定十年进士。调莒州军事判官，累除翰林待制兼同修国史。官至翰林学士承旨。修《辽史》未成而卒。擅诗文，工画篆，称当时第一，为金朝文坛领袖，著有《竹溪集》十卷。

## 书因叔北轩[①]壁

生涯自分老林泉[②]，欲止还行信有缘。未许纶竿[③]归醉手，且教烟水入吟鞭[④]。

云山聊欲追聱叟[⑤]，风腋[⑥]何妨借玉川。独卧北轩元不寐，竹间寒雨夜琅然[⑦]。

老犁注：①因叔：人之名号，生平不详。北轩：临北的书房。②生涯：语本《庄子·养生主》："吾生也有涯，而知也无涯。"原谓生命有边际、限度。后指生命、人生。自分老林泉：在古老树林中独自挹取泉水。③纶竿：钓竿。④烟水：雾霭迷蒙的水面。吟鞭：诗人的马鞭。多以形容行吟的诗人。⑤聱叟 áosǒu：唐诗人元结的别号。⑥风腋：卢仝号玉川子，他在《走笔谢孟谏议寄新茶》中有"七碗吃不得也，唯觉两腋习习清风生"之句。⑦琅 láng 然：声音清朗貌。

## 青玉案·癸巳暮冬小雪家集[①]作

红莎绿箬春风饼[②]。趁梅驿、来云岭[③]。紫桂岩空琼窦冷[④]。佳人却恨[⑤]，等闲分破，缥缈双鸾影[⑥]。　　一瓯月露[⑦]心魂醒。更送清歌助清兴。痛饮休辞今夕永[⑧]。与君洗尽，满襟烦暑[⑨]，别作高寒境[⑩]。

老犁注：①家集：家人宴集聚会。②莎：莎草或蓑草。绿箬 ruò：绿色的箬竹。做草垫的莎草和箬叶都可用来编织裹物。春风：指茶。宋陆游《余邦英惠小山新芽作小诗以谢》之三："谁遣春风入牙颊，诗成忽带小山香。"③趁梅驿，沿着驿道。梅驿：古代驿站的美称。云岭：高耸入云的山峰。④此句：指雪后月出时仙境般的清冷境界。借指隐逸处正逢雪后寒冷时候。紫桂：前秦王嘉《拾遗记·颛顼》："暗河之北，有紫桂成林，其实如枣，群仙饵焉。"紫桂岩：指仙境。琼窦：冰洞；仙洞。⑤此句：佳人不懂饮茶之雅反而以为俗，故恨之。⑥此两句：等闲：无意地，随意地。分破：把茶饼破开。由破茶想到破镜，再到鸾镜（鸾影对镜为失偶之典）。意即佳人以为破茶如破情，让人无奈至极。⑦月露：月光下的露滴。这里指茶水。⑧辞：借口。今夕永：今夜太长了。⑨烦暑：闷热。借指心中的烦闷。⑩高寒境：饮茶欲仙后的境界。

**麻九畴**（1183~1232）：初名文纯，字知几，金易州（河北保定易县）人。幼颖悟，善草书，能诗，号神童。弱冠入太学，有文名。博通《五经》，尤长于《易》《春秋》。宣宗兴定末，试开封府，词赋得第二名，经义居魁首，廷试，以误落第。后以荐赐进士，授太常寺太祝，迁应奉翰林文字。天兴元年，避兵确山，为蒙古兵所俘，病死广平。

## 和伯玉食蒿酱[1]韵（节选）

书生喜倒说[2]，食亦变精粗。借问冰茶[3]者，何如羔酒[4]乎。

老犁注：①伯玉：人之名号，生平不详。蒿酱：一种以蒿为食材做成的酱。②倒说：反话，倒过来说。③冰茶：用冰井（即冰窖）之冰浸过的茶水。古之有藏冰于深窖中，待来年度夏时取用。曹操时建有三台（铜雀台、金虎台和冰井台），其中冰井台，其下就建有冰井用于藏冰。④羔酒：烹羔饮酒。

## 复次韵[1]二首其二（节选）

不义获八珍[2]，弃之犹堇荼[3]。相对话终日，茗碗无盐酥[4]。

老犁注：①原诗有序：翼日，又为履道（耶律履，字履道）所戏，其意似欲穷吾技，再和前章书呈伯玉。②不义：不合乎道义。八珍：古代八种烹饪法。泛指珍馐美味。③堇荼 jǐntú：堇和荼。泛指野菜。④盐酥：用牛羊奶加盐制成的食品。

## 松筅同希颜钦叔裕之[1]赋

牺尊青黄灾木[2]命，羁绊剪剔伤马性[3]。折松为筅得之天，此君幸免戕残[4]横。初象形似有代无，不料奇功乃差胜[5]。人间斤斧不须劳，坐中活火鸣笙箫[6]。千秋蛰骨养霜雪[7]，一日奋鬣翻云涛[8]。岩烟击拂殷雷[9]起，颠风蹴踏银山[10]高。莫嫌勺水懦无力，如卷三江[11]都一吸。借汝岁寒[12]姿，扶我衰朽质。埽除幻梦不到眼[13]，洗刷埃霾下胸臆。扪霞真与羡门期[14]，一笑桑田海波[15]白。

老犁注：①松筅 xiǎn：用松梢制成的茶筅。希颜：雷渊，字希颜，一字季默，金应州浑源人。累拜监察御史，弹劾不避权贵，所至有威誉。后迁翰林修撰。钦叔：李献能，字钦叔，金河中人。苦学博览，尤长于四六文。宣宗贞祐三年进士第一。授应奉翰林文字，在翰苑凡十年，迁修撰。哀宗时，充河中帅府经历官。蒙古兵破城，奔陕州，权左右司郎中，兵变遇害。裕之：元好问，字裕之，号遗山，金忻州秀容人。官至行尚书省左司员外郎。金亡，不仕。所辑《中州集》，录金二百四十九人诗词，各附小传以存史。有《遗山集》。②牺尊：古代酒器。作牺牛形，背上开孔以盛酒。或说于尊腹刻画牛形。青黄：谓用彩色加以修饰。语出《庄子·天地》："百年之木，破为牺尊，青黄而文之，其断在沟中。"灾木：毁灾之木。唐韩愈《祭柳子厚文》："凡物之生，不愿为材。牺尊青黄，乃木之灾。"③剪剔：剪理整刷。马性：马的习性。④戕 qiāng 残：伤残。⑤乃差胜：竟然尚可胜任。⑥活火：有焰的火；烈火。鸣笙箫：发出笙箫般的响声。⑦蛰骨：藏着的傲骨。霜雪：喻白色的茶沫。⑧奋鬣 liè：鬣是兽、畜等扬起的颈上长毛。奋鬣是形容奋发或狂怒。这里形容茶沫涌起。云涛：翻涌的茶沫。⑨殷雷：大雷。这里指水烧开时如雷般的声响。⑩蹴 cù 踏：踩；踏。银山：白色茶沫小山般涌起。⑪三江：古代各地众多水道的总称。⑫岁寒：喻忠贞不屈的节操（或品行）。⑬埽 sǎo 除：扫除；去除。埽同扫。到眼：见到，看见。⑭扪霞：挽霞。扪：攀；挽。羡门：古代传说中的神仙。期：会。⑮海波：大海的波浪。

---

**魏道明**（生卒不详）：金易县（今河北保定易县）人，字元道，号雷溪子，晚居雷溪。第进士。官终安国军节度使。曾为蔡松年《明秀集》作注。有诗名。有《鼎新诗话》，今佚。

---

## 佛岩寺①

虎谷西垠北口南②，横桥过尽见松庵。旧游新梦犹能记，般若真如③得遍参。

霜圃④撷蔬充早供，石泉煮茗荐⑤馀甘。残年便拟依僧⑥住，过眼空花久已谙⑦。

老犁注：①佛岩寺：始建于唐。位于北京昌平南口镇羊台子弯子村，在“八达岭——十三陵自然风景区”内。距南口镇约 10 公里，紧临今八达岭下高速公路。据传宋时杨家将中的杨五郎兵败后曾在佛岩寺中避难为僧。②西垠：犹西边。垠：边际。北口：北边长城的关口。元周伯琦《九月一日还自上京途中纪事十首其十》诗中有“北口七十二，居庸第一关”之句。③般若 bōrě：佛教语。梵语的译音。或译为“波若”，意译“智慧”。佛教用以指如实理解一切事物的智慧，为表示有别于一般所指的智慧，故用音译。真如：佛教语。谓永恒存在的实体、实性，亦即宇宙万有的本体。与实相、法界等同义。④霜圃：落有白霜的菜圃。⑤石泉：山石中的流泉。荐：进上，奉上。⑥拟：打算。依僧：指依附佛门。⑦空花：佛教语。隐现于病眼者视觉中的繁花状虚影。比喻纷繁的妄想和假相。谙 ān：熟悉。

# 03

## 金末元初

JIN YUAN CHA SHI JI ZHU

**王恽**（1227~1304）：字仲谋，号秋涧，金元间卫州汲县（今河南卫辉）人。中统元年姚枢宣抚东平，辟王恽为详仪官。至京师，上书论时政，擢中书省详定官。拜监察御史，出为河南、河北、山东、福建等地提刑按察副使，授翰林学士。参修国史，奉旨纂修《世祖实录》。卒赠翰林学士承旨，资善大夫，追封太原郡公，谥文定。师从元好问，好学善为文，也能诗词。著有《相鉴》《汲郡志》《秋涧先生大全集》等。

## 首夏家居即事①二首其二

竹茂资泉润，花荣藉圃沙②。钩帘③来舞燕，锁树④护栖鸦。

客至留酤酒⑤，吟长待煮茶。几时容却扫⑥，一向⑦似仙家。

老犁注：①首夏：始夏，初夏。指农历四月。即事：指以当前事物为题材写的诗。②藉：借。圃沙：园圃中的沙质土壤。其土不板结具有通透性，利于花木生长。③钩帘：钩挂起窗帘。④锁树：指用篱笆把树围起来不让人接近袭扰。⑤酤 gū 酒：买酒。⑥容：容许自己。却扫：不再扫径迎客。谓闭门谢客。⑦一向：霎时。

## 灵岩寺①二十六韵（节选）

法护双椤树②，经严七宝函③。巢栖松鹤赭④，茗瀹露泉甘⑤。

老犁注：①灵岩寺：地处泰山西北（今山东济南西南的长清区），始建于东晋，至唐代鼎盛，自唐代起就与南京栖霞寺、浙江天台国清寺、湖北江陵玉泉寺并称天下“四大名刹”。②双椤树：两棵娑罗树。相传释迦牟尼涅槃于拘尸那城（古印度末罗国都城，今联合邦之迦夏城郊）娑罗双树间。③严：敬，尊。七宝函：装有七种珍宝的函子。七宝：佛经中说法不一，《法华经》是指以金、银、琉璃、砗磲、码碯、真珠、玫瑰为七宝。④巢栖：指隐居。松鹤：松上鹤。赭 zhě：鹤顶为赭色。⑤茗瀹 yuè：茶煮。即煮茶。露泉：圣岩寺内有甘露泉。

## 清霜怨①

我因未事得闲在，尽日饮客前溪芽②。天教世务不挂口③，遮眼幸有诗书葩④。

老犁注：①清霜：寒霜。喻头发花白。原诗题注：赠吴省参君璋。省参：元代官名。是参议中书省事的省称，是宰相的首席僚属，相当于幕僚长。君璋：吴元珪，字君璋，元广平府永年（今邯郸市永年区）人。自幼稳重，深沉好思，深得父吴鼎征谋、法律、令章之学问。初为元世祖所赞赏，授后卫经历，后历任枢密判官，参议中书省事，吏部、工部尚书，枢密副使，江浙行省左丞，卒谥忠简，封赵国公。

②尽日：犹终日，整天。饮客：让客饮，即用茶饮待客。前溪芽：前溪所产之茶。前溪：前面的溪流。③天教：上天示意，以为教诲。世务：谋身治世之事。挂口：犹言提及，谈到。④葩：华丽；华美。

## 煮茶

枯肠拍塞贮春云[①]，洗尽嚣烦[②]六腑香。出木策勋存夜气[③]，大河流润[④]下昆仑。胸中宿酒哄残兵[⑤]，一碗浇来阵敌[⑥]平。蒙顶得仙疑妄语[⑦]，月波千丈与诗清[⑧]。潇潇风雪薄虚窗[⑨]，细贮旗枪煮夜缸[⑩]。若论廓清贞武事[⑪]，一天幽思为诗降[⑫]。

老犁注：①此句：枯竭的思路已经充满了春天的云彩。意即春天来临诗兴开始萌发。枯肠：喻写诗作文时贫乏的思路。拍塞：充满。②嚣烦：喧嚣，烦扰。③出木：拿出木策（用木片做的策）。策勋：记功勋于策书之上。夜气：儒家谓晚上静思所产生的良知善念。④流润：流布滋润。⑤宿酒：隔夜仍使人醉而不醒的酒力。哄残兵：闹哄哄的残兵败勇。⑥阵敌：敌阵。⑦蒙顶：山名，指四川雅安的蒙顶山。此地产蒙顶山茶。妄语：虚妄不实的话。⑧月波：月光。诗清：诗句清雅。⑨薄：通迫。迫近；接近。虚窗：纸窗，糊纸的窗户。⑩旗枪：喻新长的茶叶。新长出的茶叶分顶芽和展开的嫩叶，顶芽称枪，嫩叶称旗。煮夜缸：夜里用陶缸烧煮。⑪廓清：梳理清楚。贞武事：唐武德至贞观间的玄武门之变，李世民弑兄而登皇位。⑫幽思：指隐藏在内心的思想感情。为诗降：为诗而降。最后两句诗的意思是指，与其花时间去廓清官场的勾心斗角，不如每天把幽思寄托到诗里好了。

## 好事近·尝点东坡橘药汤[①]作

石鼎[②]松风，茗饮老来多怯。唤起雪堂[③]清兴，瀹鹧斑金屑[④]。　　橘中有乐胜商山[⑤]，香味不容[⑥]说。觉我胸中磈磊[⑦]，被春江澄彻[⑧]。

老犁注：①尝点：尝试冲泡。橘药汤：用橘皮泡或煮成的药汤。②石鼎：陶制的烹茶炉具。③雪堂：宋苏轼在黄州，寓居临皋亭，在东坡筑雪堂。④鹧斑：茶盏名。因有鹧鸪斑点的花纹，故称。金屑：指捣碎的陈皮。⑤此句：苏东坡《洞庭春色赋》中有“吾闻橘中之乐，不减商山”之句。“橘中之乐”语出《玄怪录·巴邛人》：巴邛人在橘园中发现两个巨大的橘子，剖开后每个橘子里各有两个白发红颜的老人游戏其中。受惊的老人从袖中抽出一根草，化为飞龙，四人高飞远去。赋中苏东坡由此感悟到人生如泡影，纵使千里江山，也不过橘中之核瓣也。商山：在今陕西丹凤县。秦时曾有“四皓”隐居于此。⑥不容：不须。⑦磈磊：垒积不平的石块。因以喻郁结在胸中的不平之气。⑧澄彻：即澄澈。清澈，水清见底。

## 木兰花慢·老西山倦客[①]

老西山倦客，喜今岁，是归年。笑镜里衰容，吟边华发，薄宦留连[②]。功名事元有分[3]，且著鞭、休羡祖生先[4]。望重芙蓉天府[5]，梦馀禅榻[6]茶烟。　　恨无明[7]略卧林泉。平子太拘牵[8]。尽俯首辕驹[9]，寸心能了，犹胜归田[10]。前途事，如抹漆，又向谁、重理伯牙弦[11]。自是一生心苦，非关六印[12]腰悬。

老犁注：①原诗有序：十三年平阳秩满，清明日赋。老西山：人老西山。倦客：客游他乡而对旅居生活感到厌倦的人。②薄宦：卑微的官职。有时用为谦辞。留连：耽搁；拖延。③元：本来。有分 fèn：有分享功名的资格。④著鞭：今写作着鞭，意为鞭打或用鞭子赶。《晋书·刘琨传》："与范阳祖逖为友，闻逖被用，与亲故书曰：'吾枕戈待旦，志枭逆虏，常恐祖生先吾著鞭。'"由此"著鞭"引申为"着手进行，开始做"的意思。后常用以勉人努力进取。祖生：东晋名将祖逖，率部渡长江时中流击楫，誓复中原。后收复黄河以南大片地区，但由于东晋内部迭起纠纷，对他不加支持，他大功未成，忧愤而死。后称祖逖为祖生。⑤望重：名望大。芙蓉天府：开满芙蓉的富饶之地。⑥梦馀：梦后。禅榻：禅僧坐禅用的坐具。⑦无明：梵语的意译。谓痴愚无智慧。⑧平子：张衡，字平子。拘牵：牵挂。⑨辕驹："辕下驹"的省称。指车辕下尚不惯驾车之幼马。亦比喻少见世面器局不大之人。文人常用作自谦之辞。⑩归田：汉张衡《归田赋》的省称。⑪伯牙弦：同"伯牙琴"。见"高山流水"之典。⑫非关：无关。六印：谓六国相印。《史记·苏秦列传》："且使我有雒阳负郭田二顷，吾岂能佩六国相印乎！"

## 鹧鸪天·谒太一宫赠王季祥[1]

来谒斋宫[2]又五年，道人邀我坐前轩[3]。只惊前度刘郎[4]老，不见庭松偃盖[5]圆。
人与境，两翛然[6]。呼童茶罢炷炉烟[7]。壁间一轴烟萝子[8]，依约风流堕眼前[9]。

老犁注：①太一宫：祭祀太一神的宫殿。王季祥：人之姓名，生平不详。诗中称其为道人。②斋宫：供斋戒用的宫室、屋舍。③前轩：靠前廊檐的部分房子。④前度刘郎：相传东汉永平年间，刘晨、阮肇在天台桃源洞遇仙，还乡后，又重到天台。后因称去而重来者为"前度刘郎"。⑤偃盖：形容松树枝叶横垂，张大如伞盖之状。⑥翛 xiāo 然：无拘无束貌；超脱貌。⑦炷：点燃。炉烟：香炉中的烟。⑧一轴：犹言一幅。烟萝子：相传为古代学仙得道者。亦泛指隐士。宋苏轼《游张山人园》诗："壁间一轴烟萝子，盆里千枝锦被堆。"⑨依约：仿佛；隐约。风流：风雅潇洒。堕：脱落。犹言从画里出来站在作者的面前。

## 感皇恩·书叶散芸香[1]

书叶散芸香，牙签[2]无数。案上藜羹当膏乳[3]。地偏心远，日与圣贤晤语[4]。市声飞不到、横披处[5]。　　一炷龙涎[6]，满瓯春露[7]。旋扫幽轩[8]约宾住。清谈有味，总是故家[9]风度。子云亭[10]户好、龙津[11]路。

老犁注：①原诗有序：夏日，同延陵君过签事顺之心远堂，以感皇恩歌之。延陵、顺之：两者皆人之名号，生平不详。签事：官名。宋后各代，各州府的幕僚。心远：堂号。芸香：香草名。多年生草本植物，其下部为木质，故又称芸香树。夏季开黄花。花叶香气浓郁，古人常用来书本驱虫。②牙签：系在书卷上作为标识，用牙骨等制成的以便翻检书页的签牌。③藜羹：用藜菜作的羹。泛指粗劣的食物。膏乳：喻甘美的果汁或山泉。④晤语：见面交谈。⑤市声：街市或市场的喧闹声。横披：长条形横幅字画。⑥龙涎：即龙涎香。是抹香鲸肠胃内分泌物的干燥品。类似结石，呈黄、灰乃至黑色的蜡状物质，点燃后有奇香，且香气持久，是极名贵的香料。⑦春露：春茶。⑧幽轩：幽静有窗的小室。⑨故家：指世家大族或指世代仕宦之家。⑩子云亭：为西汉学者扬雄读书处，扬雄字子云，故名。⑪龙津：即龙门。龙门一名河津，故称。喻仕宦腾达之路。

---

**元好问**（1190~1257）：字裕之，号遗山，金元间忻州秀容（县治在今山西忻州市西北杨庄，元至元二年废）人。元德明子。七岁能诗。宣宗兴定五年进士，历内乡令。官至行尚书省左司员外郎。金亡，不仕。以著作为己任，收集金朝君臣言论遗事，为元人修《金史》所取资。所辑《中州集》，录金二百四十九人诗词，各附小传以存史。为文备众体，诗尤奇崛，且以身处金元之际，特多兴亡之感。为一代宗匠。有《遗山集》。

---

## 山居二首其二

诗肠搜苦怯茶瓯[①]，信手拈书却枕头[②]。檐溜滴残山院静，碧花红穗[③]媚凉秋。

老犁注：①此句：卢仝《走笔谢孟谏议寄新茶》中有“三碗搜枯肠，惟有文字五千卷”之句。既然喝茶令诗肠搜尽，自然令我胆怯茶杯。其实是在说，我山居的日子里，喝茶作诗思索太久想休息一下。②却枕头：没有躺在枕头上。却：拒绝，避开。③碧花：白中泛青绿色的花。如秋季里开的菊花和桂花都有这类品种。红穗：秋季开花的红蓼，花形成穗状。

## 德华小女五岁能诵予诗数首以此诗为赠[①]

牙牙娇语总堪夸，学念新诗似小茶[②]。好个通家女兄弟[②]，海棠红点紫兰芽[④]。

老犁注：①标题断句及注释：德华小女五岁，能诵予诗数首，以此诗为赠。德华：人之字号，生平不详。②小茶：对小女孩的美称。③通家：犹世交。女兄弟：似男儿一样的女性。有巾帼不让须眉的意思。④紫兰芽：兰花苞尖略呈紫色的嫩芽。常比喻子弟挺秀。

## 台山[①]杂咏十六首其十三

石罅[②]飞泉冰齿牙，一杯龙焙[③]雪生花。车尘马足长桥水[④]，汲得中泠未要夸[⑤]。

老犁注：①台山：五台山。②石罅 xià：石头裂缝、缺口。③龙焙：茶名。④此句：一路跑来，车上落满了尘土，马足奔跑要经过多少桥梁和河流。⑤此句：汲取了中泠水也未必比得过五台山的清新山泉，还是不要夸口为好。

## 野谷道中怀昭禅师[①]

行行汾沁欲分疆[②]，渐喜人声挟两乡[③]。野谷青山空自绕，金城白塔[④]已相望。

汤翻豆饼银丝[⑤]滑，油点茶心雪蕊[⑥]香。说向阿师[⑦]应被笑，人生生处[⑧]果难忘。

老犁注：①野谷：无名的荒野山谷。昭禅师：一位叫昭的禅师。②行行 hàng：刚强负气貌。《论语・先进》："子路，行行如也；冉有、子贡，侃侃如也。子乐。"汾沁：指汾河和沁河。所经流域在今天忻州以南的晋中南地区。两河在山西中南部境内由北往南平行走势，最后汾河拐向西注入黄河。沁河拐向东经河南注入黄河。《新唐书・志二十九・地理三》："河东道，盖古冀州之域……其大川汾、沁、丹、潞。"分疆：区分疆界。③两乡：两地。以雁门关为界，指南边的忻州与北边的应州。④金城：唐末置应州，以龙首、雁门二山南北相应，故名。领金城、浑源二县，治所在金城县。故金城常代指应州（今山西应县）。白塔：既然远处能相望，大概率是指应县木塔，但为何称其为白塔原因不明？⑤豆饼：用豆粉制成的食品。饼：指用粮食种子碾成的粉做成的食品。与今所说的饼不同。银丝：指豆饼形如银色丝线。⑥油点茶心：元时蒙古人按他们的饮用习惯而创造出来的一种用油浇茶叶的方法，其类似于酥油茶，但是比酥油茶更为清爽。雪蕊：雪色花蕊。喻浇茶的奶油。⑦阿师：僧人。⑧生处：生长的地方。

## 别冠氏诸人[①]

东舍茶浑[②]酒味新，西城红艳杏园春。衣冠[③]会集今为盛，里社[④]追随分更亲。

分手共伤千里别，低眉常愧六年[⑤]贫。他时细数平原客[⑥]，看到还乡第几人[⑦]？

老犁注：①原诗题注：戊辰秋八月初二日。冠氏：冠氏县，今山东冠县。②东舍：东边的房屋。茶浑：品质较差的茶叶，其泡出的茶汤会比较浑浊。首联的意思：虽然在东舍饮的是粗茶淡酒，但送别之情却像西城红艳的杏花一样浓。③衣冠：代称缙绅、士大夫。④里社：指乡里。⑤六年：指金朝灭亡后，元好问羁旅山东聊城、东平（冠氏县在东平府境内）的六年时间（1233~1238）。⑥平原客：平原君门下客。⑦此句：作者羁旅山东，受到东平路行台严实父子的器重。而平原君的封地正在山东的武城县（邻近冠县），因此作者自比门客，同时与平原君门客有家难回甚至要献出生命相比，对自己能安然还乡觉得十分庆幸了。

## 茗饮

宿酲未破厌觥船[①]，紫笋[②]分封入晓煎。槐火[③]石泉寒食后，鬓丝禅榻[④]落花前。

一瓯春露[⑤]香能永，万里清风意已便[⑥]。邂逅华胥[⑦]犹可到，蓬莱未拟[⑧]问群仙。

老犁注：①宿酲 chéng：犹宿醉。觥 gōng 船：容量大的饮酒器。②紫笋：茶名。分封：原指皇帝分地封诸侯。这里借指皇帝分赏。③槐火：相传古时随季节变化，要变换燃烧不同的木柴以防时疫，叫换新火。《周礼·夏官·司爟》“四时变国火，以救时疫”。汉郑玄注：“郑司农说以鄹子曰：‘春取榆柳之火，夏取枣杏之火，秋取柞楢之火，冬取槐檀之火。’”随着这种习俗渐行淡化，后多用“槐火”泛指“新火”了。④禅榻：禅僧坐禅用的坐具。⑤春露：春茶。⑥便 pián：安适；轻盈。⑦华胥：华胥国，指理想的安乐和平之境，或作梦境的代称。⑧未拟：没有拟好，没有想好。

## 密公宝章小集[①]（节选）

承平故态耿[②]犹在，拂拭[③]宝墨生辉光。恰似如庵连榻[④]坐，一瓯春露澹相忘[⑤]。

老犁注：①密公：完颜璹 shú（1172~1232）本名寿孙，字仲实，一字子瑜，号樗轩老人。金世宗孙，越王完颜永功长子，累封密国公。博学有俊才，喜为诗。平生诗文甚多，自删其诗存三百首，乐府一百首，号《如庵小稿》。诗词赖《中州集》以传。元好问推为“百年以来，宗室中第一流人也”。多写随缘忘机、萧散淡泊意绪。宝章：珍贵的书法真迹。小集：部分作品积聚成的书册。②承平：治平相承；太平。故态：泛指从前的状况。耿：通炯。明亮，光明。③拂拭：掸拂；揩擦。④如庵：密公所居曰如庵。连榻：并榻。多形容关系密切。⑤春露：春茶。澹：消除。相忘：彼此忘却。

---

**长筌子**（生卒不详）：金末道士。名不详，龟山（由其生平活动范围以及全真教的传教区域，可能指山东枣庄孟庄镇的龟山）人，后逃战乱到了古唐（今山西），再避居于河南沁阳。有《洞渊集》五卷，收入《正统道藏》，其中有文赋三十一篇，诗词百馀首。

---

## 凤栖梧·逃暑

逃暑绳床聊慰兴[①]。翠箨[②]森森，几处花阴[③]衬。萱草[④]池塘人不问。绿荷暗窃薰风[⑤]信。　　懒把霜纨[⑥]嫌力困。沉李[⑦]嚼冰，煮茗清泉近。裸袒[⑧]襟怀无郁闷。算来唯有神仙分。

老犁注：①逃暑：消暑；避暑。绳床：一种可以折迭的类椅的轻便坐具。以木为架，用绳穿织而成。又称胡床、交床。聊慰兴：略微抚慰我让我有了一些兴致。聊：略微。②箨 tuò：竹皮、笋壳。③花阴：因花丛遮蔽而不见日光之处。④萱草：俗称金针菜、黄花菜。古人以为种此草可忘忧，因称忘忧草。⑤薰风：和暖的风。指初夏时的东南风。⑥霜纨 wán：洁白精致的细绢。⑦沉李：有“浮瓜沉李”成语，指吃在冷水里浸过的瓜果。形容暑天消夏的生活。⑧裸袒 tǎn：赤身露体。

---

**白朴**（1226～1306）：本名桓，字仁甫，一字太素，号兰谷。金枢密院判官白华之子。祖籍隩州（今山西忻州河曲县），出生汴梁，随父入元迁真定（今河北正定）人。受业于元好问。与元家为世交，元好问视其如弟。宋亡次年，卜居建康（今南京），日与诸名流放情于山水诗酒间。晚年游历于杭州、扬州。以杂剧蜚声，与关汉卿、马致远、郑光祖并称“元曲四大家”。有《梧桐雨》《墙头马上》等存世。其词源出苏辛，亦为有元一代之作手。词集名《天籁集》。

---

## 水调歌头·北风下庭绿

北风下庭绿[①]，客鬓入霜华[②]。回首北望乡国[③]，双泪落清笳[④]。天地悠悠逆旅[⑤]，岁月匆匆过客，吾也岂瓠瓜[⑥]。四海有知己，何地不为家。　　五溪[⑦]鱼，千里菜[⑧]，九江茶[⑨]。从他造物[⑩]留住，办作老生涯[⑪]。不愿酒中有圣[⑫]，但愿心头无事，高枕卧烟霞[⑬]。晚节忆吹帽[⑭]，篱菊渐开花。

老犁注：①庭绿：庭中之草木。②客鬓：旅人的鬓发。霜华：喻指白色须发。③乡国：故国；家乡。④清笳：谓凄清的胡笳声。⑤逆旅：指旅馆。这里引为旅居。⑥此句：典出自《论语·阳货》“吾岂匏瓜也哉？焉能系而不食？”意即任成熟的瓠挂着，不采而食之，那是白白浪费！这里指漂泊之人岂能与挂而不食的瓠瓜一样，白白浪费时光。⑦五溪：地名。指雄溪、樠溪、无溪、酉溪、辰溪。汉属武陵郡，为少数民族聚居地，在今湘西和黔东。⑧千里菜：指南方千里湖（传在今江苏溧阳）产的莼菜。⑨九江茶：九江坐拥优良的港口水路优势，是元时全国最大的茶叶集散地，故从九江贩销出来的茶，就被称之为九江茶。⑩造物：运气；福份。⑪老生涯：旧生涯。⑫酒中有圣：有“清圣浊贤”之典。徐邈是三国魏燕国蓟人，是一位志高行洁，忠心耿直，忧国忘家，治理有方的好官。但因嗜酒，且酒后言称自己是“中圣人”（酒客有“清圣浊贤”之戏说，即“谓酒清者为圣人，浊者为贤人。”喝清酒而醉自然就合乎为圣人，故称为“中圣人”）而差占被曹操所杀，多亏度辽将军鲜于辅进言解释才得免死。也说明曹操确实爱才。⑬烟霞：云霞。泛指山水隐居地。⑭吹帽：有“孟嘉落帽”之典。《晋书·孟嘉传》：“九月九日，温（桓温）宴龙山，僚佐毕集。……有风至，吹嘉帽堕落，嘉不之觉。温使左右勿言，欲观其举止。嘉良久如厕。温令取还之，命孙盛作文嘲嘉，著嘉坐处。嘉还见，即答之，其文甚美，四坐嗟叹。”后因以形容才子“文思敏捷、举止洒脱”之典。也有以“吹帽”指重阳登高聚会。这里指前者。

## 沁园春·流水高山[1]

流水高山，独许钟期，最知伯牙。愧我投木李[2]，得酬琼玖[3]，人惊玉树[4]，有倚蒹葭[5]。风雨十年，江湖千里，望美人兮天一涯[6]。重携手，似仲宣去国[7]，江令还家[8]。　　门前柳拂堤沙。便好系、天津泛斗槎[9]。看金鞍闹簇[10]，花边置酒，玉盂[11]旋洗，竹里[12]供茶。朱雀桥荒，乌衣巷古，莫笑斜阳野草花[13]。寒食近，算人生行乐[14]，少住为佳。

老犁注：①原词有序：吕道山左丞觐回，过金陵别业。至元丙子，予识道山于九江，今十年矣。吕道山：人之姓名，生平不详。左丞：最高长官的副官，各级衙门皆有设。流水高山：亦作高山流水。《列子·汤问》：“伯牙善鼓琴，钟子期善听。伯牙鼓琴，志在登高山，钟子期曰：‘善哉，峩峩兮若泰山。’志在流水，钟子期曰：‘善哉，洋洋兮若江河。’”后以“流水高山”指为知音、知己或美妙乐曲的典故。②木李：果名。即榠樝 míngzhā，又名木梨。③琼玖：琼和玖。泛指美玉。④玉树：仙树。常用指美佳男子。⑤蒹葭：蒹和葭都是价值低贱的水草，因喻微贱。有“蒹葭玉树”之典。南朝宋刘义庆《世说新语·容止》：“魏明帝使后弟毛曾与夏侯玄共坐，时人谓‘蒹葭依玉树’。”蒹葭，指毛曾，玉树指夏侯玄。谓两个品貌极不相称的人在一起。后以“蒹葭玉树”表示地位低的人仰攀、依附地位高贵的人。亦常用作谦辞。⑥天一涯：天边的一个角落。⑦仲宣去国：也作王粲去国。王粲字仲宣，山阳高平人，为建安七子之一。青年时，遭逢汉末战乱，曾离开长安避难荆州，投奔刘表，共十五年之久。后因以作咏滞留异乡的典故。⑧江令还家：江总，南朝陈时官至尚书令，故世称“江令”，好艳侧之诗。陈亡后，江总一度入隋为官，后来放归江南，终老江都（今江苏扬州）。刘禹锡在《江令宅》中“南朝词臣北朝客，归来唯见秦淮碧”就是对江总一生的经典概括。仲宣和江令两者皆漂泊不得志，这里借指自己不得志，想归来与吕道山总叙高山流水之情。⑨天津：银河。泛斗槎：神话谓乘槎上天观星斗。⑩金鞍：装饰华美的马鞍。闹簇：热闹簇拥。⑪玉盂：玉制水盂。⑫竹里：竹林里。⑬朱雀桥、乌衣巷：南京古地名，东晋时王导、谢安等豪门巨宅多在其内。斜阳野草花：唐刘禹锡《乌衣巷》诗：“朱雀桥边野草花，乌衣巷口夕阳斜。旧时王谢堂前燕，飞入寻常百姓家。”⑭算：谋划。行乐：消遣娱乐。

## 踏莎行·咏雪

冻结南云[①]，寒风朔吹[②]。纷纷六出飞花[③]坠。海仙剪水看施工[④]，仙人种玉[⑤]来呈瑞。　　梅萼[⑥]清香，竹梢点地。画栏倚湿[⑦]湖山翠。先生方喜就[⑧]烹茶，销金帐[⑨]里何人醉。

老犁注：①南云：南来之云。常以寄托思亲、怀乡之情。②朔吹：北吹。③六出飞花：花分瓣叫出，雪花为六角，因以为雪的别名。④海仙：海上仙人。剪水：把天上水剪碎。看施工：观看（仙人）在巧手剪裁。施工：制作。⑤种玉：形容在大地上散下雪花。⑥梅萼：梅花的花萼，借指梅花。⑦画栏：亦作画阑。有画饰的栏杆。倚湿：被雪花染湿。⑧先生：年长有学问的人或指文人雅士。就：趁着。⑨销金帐：嵌金色线的精美的帷幔、床帐。在“党姬烹茶”之典中，陶谷让其妾（原是太尉党进家的歌姬，被陶谷收为妾）烹茶，并问党家是否也有烹雪煮茶的雅事，党姬回答说，党家只有“销金帐下，浅斟低唱，饮羊羔美酒”。

## 满庭芳·雅燕飞觞[①]

雅燕飞觞，清谈挥麈[②]，主人终夜留欢[③]。密云双凤[④]，碾破缕金团[⑤]。斗品香泉[⑥]味好，须臾看、蟹眼[⑦]汤翻。银瓶注，花浮兔碗[⑧]，雪点鹧鸪斑[⑨]。　　双鬟[⑩]。微步稳，春纤擎露[⑪]，翠袖[⑫]生寒。觉清风扶我，醉玉颓颜[⑬]。照眼红纱绛蜡[⑭]，金鞭送、月满吟鞍[⑮]。归来晚，芸窗[⑯]未寝，相伴卸妆残。

老犁注：①原词有序：屡欲作茶词，未暇也。近选《宋名公乐府》，黄、贺、陈（黄庭坚、贺铸、陈师道）三集中，凡载满庭芳四首，大概相类，互有得失。复杂用元寒删先韵，而语意若不伦。仆不揆（我不自量），狂妄合三家奇句，试为一首，必有能辨之者。雅燕：即雅宴。高雅的宴饮。飞觞：举杯或行觞。亦指传杯行酒令。②挥麈 zhǔ：晋人清谈时，常挥动麈尾以为谈助。后因称谈论为挥麈。③留欢：留客欢宴。④密云：茶名，指密云龙茶。双凤：茶名，即双凤团。⑤缕金团：茶饼名。因有金缕制于茶饼之上，故称。⑥斗品：斗茶品评。香泉：泉水有香气，故名。⑦蟹眼：水煮开时的小气泡。⑧花浮：如白花浮沫。指浮起的白色茶沫。兔碗：兔毫盏。⑨雪：喻茶汤颜色。鹧鸪斑：茶盏上形似鹧鸪斑点的花纹。⑩双鬟：古代年轻女子的两个环形发髻。⑪春纤：形容女子的手指。擎露：指少女举着茶水。⑫翠袖：青绿色衣袖。泛指女子的装束。⑬醉玉颓颜：即醉玉颓山。南朝宋刘义庆《世说新语·容止》：“嵇叔夜（嵇康，字叔夜）之为人也，岩岩若孤松之独立；其醉也，傀俄若玉山之将崩。”后以“醉玉颓山”形容男子风姿挺秀，酒后醉倒的风采。⑭照眼：犹耀眼。形容物体明亮或光度强。红纱：红纱制作的灯笼。绛蜡：红色蜡烛。⑮金鞭：以金为饰物的马鞭。吟鞍：指吟诗者所骑的马鞍。⑯芸窗：书斋。

## 【双调·得胜乐】冬

密布云，初交腊[①]。偏宜去扫雪烹茶，羊羔酒添价[②]。胆瓶内温水浸[③]梅花。

老犁注：①腊：冬天。②此两句：化用“党姬烹茶”之典，雅人冬天扫雪烹茶，俗人销金帐中畅饮羊羔酒（令酒价抬高）。③浸 jìn：泡在水里。

## 【仙吕·点绛唇】忆疏狂

【穿窗月】忆疏狂[①]阻隔天涯，怎知人埋冤他。吟鞭醉袅[②]青骢马，莫吃秦楼[③]酒，谢家[④]茶，不思量执手临歧话[⑤]。

老犁注：①疏狂：豪放，不受拘束。②吟鞭：诗人的马鞭。多以形容行吟的诗人。醉袅：醉得摇摇晃晃。袅：摇曳。③秦楼：妓院。④谢家：指闺房。唐温庭筠《更漏子》词：“香雾薄，透重幙，惆怅谢家池阁。”华钟彦注：“唐李太尉德裕有妾谢秋娘，太尉以华屋贮之，眷之甚隆，词人因用其事，而称谢家。盖泛指金闺之意，不必泥于秋娘也。”⑤不思量：强忍着不去思念。临歧话：临别时的话。临歧：亦作临岐。本为面临歧路，后用为赠别之辞。

---

**冯璧**（1162~1240）：字叔献，别字天粹，金元间真定（今河北正定）人。章宗承安二年经义进士。调莒州军事判官。宣宗时，累官大理丞，劾奏奸赃之尤者十数人。累官集庆军节度使。以同知集庆军节度使致仕。居嵩山龙潭十余年，诸生多从之游。赋诗饮酒，放浪山水间，人以为神仙。

---

## 东坡海南烹茶图

讲筵分赐密云龙[①]，春梦分明觉亦空。地恶九钻黎洞火[②]，天游两腋玉川风[③]。

老犁注：①讲筵：讲经、讲学的处所。亦特指设天子经筵的处所。经筵，是指汉唐以来帝王为讲论经史而特设的御前讲席。宋代始称经筵，置讲官以翰林学士或其他官员充任或兼任。宋代以每年二月至端午节、八月至冬至节为讲期，逢单日入侍，轮流讲读。元、明、清三代沿袭此制，而明代尤为重视。除皇帝外，太子出阁（出就封国）后，亦有讲筵之设。密云龙：比小团龙茶更精制的茶。宋蔡絛《铁围山丛谈》卷六：“密云龙者，其云纹细密，更精绝于小龙团也。”②地恶：土地贫瘠。九钻：九年钻燧，喻艰辛的经历。黎洞：亦作黎峒。指海南岛上的黎人部落。③天游：谓放任自然。两腋玉川风：卢仝号玉川子，他在《走笔谢孟谏议寄新茶》中有“七碗吃不得也，唯觉两腋习习清风生”之句。

**刘秉忠**（1216~1274）：初名侃，字仲晦，金元间邢州（今河北邢台）人。博学多艺，尤邃于《易》及邵雍《皇极经世》。初为邢台节度使府令史，寻弃去。隐武安山中为僧，法名子聪，号藏春散人。乃马真后元年，忽必烈在潜邸，召留备顾问。上书数千百言，引汉初陆贾“以马上取天下，不可以马上治”之言，陈说天下大计。宪宗时，从灭大理，每以天地之好生，力赞于上，所至全活不可胜计。及即位，秉忠采祖宗旧典宜于今者，条列以闻。中统五年，还俗改名，拜太保，参领中书省事。建议以燕京为首都，改国号为大元，以中统五年为至元元年。一代成宪，皆自秉忠发之。卒谥文正。有《藏春集》。

## 尝云芝茶

铁色皴皮带老霜[1]，含英咀美入诗肠[2]。舌根未得天真味[3]，鼻观先通圣妙香[4]。
海上精华难品第[5]，江南草木属寻常。待将肤凑[6]浸微汗，毛骨[7]生风六月凉。

老犁注：①此句：指对云芝茶观感。铁色且多皴皱，还有一层粗霜。②含英咀美：亦作含英咀华。含着精华咀嚼着美味。喻吸取茶的精华。诗肠：诗思；诗情。③天真味：老天所赋有的纯正味道。④鼻观：鼻孔。指嗅觉。圣妙香：圣洁美妙的香味。⑤海上：海边；海岛。难品第：难有机会来品评。品第：谓评定并分列次第。⑥肤腠 còu：亦作肤凑。指肌肤。⑦毛骨：毛发与骨骼。代指身体。

## 试高丽茶[1]

含味芳英[2]久始真，咀回微涩得甘津。翠成海上三峰[3]秀，夺得江南百苑春。
香袭芝兰开窍气，清挥冰雪爽精神。平生尘虑消融后，馀韵骎骎[4]正可人。

老犁注：①高丽茶：元朝实行与高丽和亲的政策，有多位公主嫁到高丽国，史上称之为“舅甥之好”。这期间赠赐和进贡频繁，高丽茶此时开始在元朝渐渐享有盛名。②含味：味含。芳英：香花，借指茶。③翠成：使茶叶的翠色显现出来。翠：作动词。海上三峰：指海上蓬莱、方丈、瀛洲三座仙山。④骎骎 qīn：盛貌。

## 春闲遣兴

自任张衡说四愁[1]，不令一点上眉头。是非海里有何论，名利场中无所求。
扫睡拟将茶作帚，钓诗须著酒为钩。春风吹绿山前草，尽日携壶胜处游。

老犁注：①自任：自从接受了。四愁：指东汉张衡的《四愁诗》。

## 客中

人间机事[1]细如麻，落魄身心到处家。无帚扫清堂下地，有书遮静眼前花。

两杯粉泼猫头笋[2]，一碗酥烹雀舌[3]茶。只此一朝公事毕，焚香高枕卧烟霞[4]。

老犁注：①机事：机巧之事。②粉泼：用粉泼，犹勾欠。猫头笋：毛笋，即竹笋的嫩苗。③酥烹：用奶乳烹制。雀舌：茶名。④烟霞：云霞。泛指山水隐居地。

## 三奠子・念我行藏

念我行藏有命[1]，烟水无涯。嗟去雁，羡归鸦。半生人累影，一事鬓生华[2]。东山客[3]，西蜀道，且还家。　　壶中日月，洞里烟霞。春不老，景长嘉。功名眉上锁[4]，富贵眼前花。三杯酒，一觉睡，一瓯茶。

老犁注：①行藏 cáng：出处或行止。有命：由命运主宰。②生华：生出白发。③东山客：泛指隐士。④眉上锁：愁眉上的锁，意即功名上升的通道已经锁死。

## 南乡子・游子绕天涯

游子绕天涯。才离蛮烟[1]烟塞沙。岁岁年年寒食里，无家。尚惜飘零看落花。

闲客卧烟霞。应笑劳生[2]鬓早华。惊破石泉槐火梦[3]，啼鸦。扫地焚香自煮茶。

老犁注：①蛮烟：南方少数民族山区中的瘴气。②劳生：辛苦劳累的生活。③石泉槐火梦：《苏轼文集》："仆在黄州，参寥自吴中来访，馆之东坡。一日，梦见参寥所作诗，"寒食清明都过了，石泉槐火一时新"。后苏轼与参寥在杭州孤山智果寺相逢，见参寥在寺中凿石得泉，撷茶瀹泉，与梦中所诗竟然相同。苏轼为此作《参寥泉铭并序》，名此泉为参寥泉。参寥：即参寥子，苏轼好友道潜和尚的别号。槐火：相传古时随季节变化要换烧不同木柴防疫，叫换新火。后多用槐火泛指新火。

## 卜算子・晓角才初弄

晓角[1]才初弄。惊觉幽人[2]梦。珠压花梢的的圆[3]，春露昨宵重。　　小鼎香浮动。闲把新诗诵。坐客同尝碧月团[4]，擘破双飞凤[5]。

老犁注：①晓角：报晓的号角。②幽人：幽隐之人。③的的圆：滚圆貌。④碧月团：月团茶，形如碧月，故称。⑤擘 bò 破：掰开。凤：月团茶上的凤形纹。

---

**关汉卿**（约 1220～约 1300）：原名不详，字汉卿，号一斋、已斋叟，大都（今北京）人。传曾为太医院尹，在大都长期从事杂剧创作，与剧作家杨显之、梁进之、费君

祥，散曲家王和卿，名演员珠帘秀等相交往。晚年南下漫游，居杭州。其多才多艺，能吟诗演剧，歌舞吹弹，是中国古代戏剧的伟大奠基人。所作杂剧今存15种，《拜月亭》《窦娥冤》《救风尘》《蝴蝶梦》等尤为著名。另有散曲14套、小令52首。与马致远、白朴、郑光祖为元曲四大家。

## 【中吕·普天乐】崔张[①]十六事其六·虚意谢诚

东阁玳筵[②]开，不强如西厢和月等[③]。红娘来请："万福先生。""请"字儿未出声，"去"字儿连忙应。下功夫将额颅十分挣[④]，酸溜溜螫[⑤]得牙疼。茶饭未成，陈仓[⑥]老米，满瓮蔓菁[⑦]。

老犁注：①崔张：指《西厢记》中的崔莺莺、张生（名珙，字君瑞）。②玳筵，即玳瑁筵 dàimàoyán，亦作"瑇瑁筵"。谓豪华、珍贵的宴席。③不强如：一作"煞 shà 强如"。指确实胜过，超过。西厢和月等：只有西厢和月亮的等待。④十分挣：用力支持。⑤螫 shì（口语也念 zhē）：有毒腺的虫子刺人或动物。这里指刺激。⑥陈仓：贮存陈谷的粮仓。⑦蔓菁：即芜菁。一种长得像萝卜的蔬菜。

## 【双调·碧玉箫】十首其一·黄召风虔

黄召风虔[①]，盖下丽春园。员外[②]心坚，使了贩茶船。金山寺心事传，豫章城人月圆。苏氏[③]贤，嫁了双知县[④]。天，称了他风流愿。

老犁注：①黄召：亦称黄肇。"双渐与苏卿"故事中纠缠苏卿不放的小官吏，为讨好苏卿他甚至专门为苏卿建造了一座丽春园。风虔，意思是呆傻。②员外：指茶商冯魁。③苏氏：指苏卿。④双知县：双渐高中后当了临川县知县。

## 【南吕·一枝花】杭州景

【梁州】百十里街衢整齐，万余家楼阁参差，并无半答儿闲田地。松轩竹径，药圃花蹊，茶园稻陌，竹坞梅溪。一陀儿[①]一句诗题，行一步扇面屏帏[②]。西盐场便似一带琼瑶[③]，吴山[④]色千叠翡翠。兀良[⑤]望钱塘江万顷玻璃。更有清溪，绿水，画船儿来往闲游戏。浙江亭紧相对，相对着险岭高峰长怪石，堪羡堪题。

老犁注：①一陀儿：俗语，意思是一块儿。②屏帏：用来隔开内室和外室的屏帐，上面常画有一些山水图画。这里指看到上面画的西湖山水。③西盐场：杭州滨江区西兴街道一带，元、明、清时在此置有盐场。琼瑶：美玉。④吴山：在今杭州西湖东南。又名胥山。俗称城隍山。⑤兀 wū 良：元曲常用语，也作兀剌。语气词，一般作衬词，无义。用以加强语气，有表示惊叹的作用，相当于今天的"呀"。

## 【南吕·一枝花】不伏老[①]

【梁州】我是个普天下郎君领袖，盖世界浪子班头。愿朱颜不改常依旧，花中消遣，酒内忘忧。分茶攧竹[②]，打马藏阄[③]；通五音六律滑熟[④]，甚闲愁到我心头！伴的是银筝女银台前理银筝笑倚银屏[⑤]，伴的是玉天仙携玉手并玉肩同登玉楼，伴的是金钗客[⑥]歌《金缕》捧金樽满泛金瓯。你道我老也，暂休。占排场风月功名首[⑦]，更玲珑又剔透。我是个锦阵花营都帅头[⑧]，曾玩府游州。

老犁注：①伏老，自认年老精力衰退。②分茶：宋元时一种泡茶技艺，亦称茶百戏。就是用筅击拂茶汤，使其表面涌起茶沫，然后将茶沫表面划开使之呈现出各种图案和文字。后泛指烹茶待客之礼。攧 diān 竹：博戏名，颠动竹筒使筒中某一支竹签跌出，视签上标志以决胜负。③打马：即打马棋，一种博戏名。藏阄 jiū：一种游戏。饮宴时设阄，拈出时，依其所言而决胜负。④滑熟：非常熟练。⑤银筝：用银装饰的筝。银台：银质或银色的烛台。银屏：镶银的屏风。⑥金钗客：指年轻女子，后又因妓女多头戴金钗，故也称金钗客。⑦风月功名首：风月场上最有名的头号老手。⑧锦阵花营：喻指风月场所。都帅头：犹统领的头。

## 【越调·斗鹌鹑】女校尉[①]

换步那踪[②]，趋前退后，侧脚傍行，垂肩軃[③]袖。若说过论茶头[④]，膁答板搂[⑤]，入来的掩，出去的兜。子要论道儿着人[⑥]，不要无拽样顺纽[⑦]。　【寨儿令】得自由，莫刚求[⑧]。茶余饭饱邀故友，谢馆秦楼[⑨]，散闷消愁，惟蹴踘[⑩]最风流。演习得踢打温柔，施逞得解数滑熟[⑪]。引脚蹑龙斩眼[⑫]，担枪拐[⑬]凤摇头。一左一右[⑭]，折叠鹘胜游[⑮]。

老犁注：①女校尉：指踢气毬的女球员。校尉本为古代武官的官名。宋元时，盛行气毬（球内实以毛发并鼓气）之戏，称毬员为“校尉”。②那踪：移动步子。③軃 duǒ：下垂。④茶头：旧时一些地区对茶馆、赌场中沏茶抹桌工役之称谓。⑤膁答板搂：喻像官员一样点头哈腰地应承。膁 qiǎn 答：弯腰点头应答。膁：腰两侧肋骨和胯骨之间的虚软处。板搂：搂着手板（笏）。⑥论道儿：犹说话儿。着人：讨人喜欢。⑦拽样：以为自己什么都能拉动（对付）的样子，就是骄傲张扬的样子。顺纽：顺活的结，意即很容易解开的结。这句指不要过分地讨乖。⑧莫刚求：犹莫强求。⑨谢馆秦楼：指妓院。⑩蹴鞠 cùjū：古人一种踢皮球的活动，类似今日的足球。与气毬不同，蹴鞠内中填充料为米糠。⑪施逞：施展。解数：招式。滑熟：非常熟练。⑫蹑 niè：踩踏。斩眼：眨眼。⑬担枪：扛枪，挑枪。拐：用臂肘碰。⑭一左一右：指左右两支球队对垒。⑮折叠：进攻退守，来回折返。鹘 hú 胜游：像一只鹘鸟一样凯旋。胜游：快意的游玩。这里指得胜而回。

## 【双调·新水令】楚台云雨[1]会

【收江南】好风吹绽牡丹花，半合儿揉损绛裙纱[2]。冷丁丁舌尖上送香茶，都不到半霎[3]，森森[4]一向遍身麻。

老犁注：①楚台：楚怀王梦与神女欢会之地。云雨：男女欢会。②半合儿：一会儿。揉损：扯坏。绛裙纱：红裙纱。③半霎：极短的时间。④森森：形容寒冷。

---

**李俊民**（1176~1260）：字用章，号鹤鸣道人，金泽州晋城（今山西晋城）人。得程氏之学及邵雍《皇极经世》学。章宗承安五年进士第一，授应奉翰林文字，未几，弃官教授乡里。宣宗南迁，隐嵩州鸣皋山，后徙西山。蒙古忽必烈在潜藩，以安车召之，问以祯祥。卒年八十。有《庄靖集》。

---

## 一字百题示商君祥[1]其五十七·茶

人多愁水厄[2]，若个有诗情。灵草[3]还知我，平生[4]事不平。

老犁注：①商君祥：此人是李俊民侨居河南福昌（今洛阳宜阳）时遇到的一位县学里的学官。此百题诗原诗序：余年三十有九，遭甲戌之变。乙亥秋七月南迈，时侄谦甫主河南福昌簿，迎至西山，侨居厅事之东斋。小学师商君祥投诗索和，顷刻间往回数十纸。谦甫曰："一鼓作气未可敌，姑坚垒以待。"侄婿郭鸿渐曰："可以单师挫其锐"，乃出百字题请赋以酬之。遂信笔而书，殊无意义，付其徒孙男乐山示之，三日不报。谦甫笑曰："五言长城不复敢攻也。"君祥于是携酒来乞盟，大会所友，极欢而罢。②愁水厄：愁喝茶。这是因为金朝地处北方，很多人都不习惯饮茶，把喝茶当作水厄（遭受水灾）。若个：哪个。可指人，亦可指物。③灵草：仙草，瑞草。指茶。④平生：一生。

## 一字百题示商君祥其七十六·卧

一室散天花[1]，一榻飏茶烟。家风嗣阿谁[2]，残月晓风禅[3]。

老犁注：①天花：佛教语。天界仙花。②家风：禅宗五家各自的教学特色。也称为"祖风""宗风"。阿谁：疑问代词。犹言谁，何人。③禅：指禅房。

## 新样团茶

春风倾倒在灵芽，才到江南百草花。未试人间小团月[1]，异香先入玉川[2]家。

老犁注：①小团月：宋代作为贡品的精制茶叶，圆形似月，故名。②玉川：茶仙卢仝，号玉川子。

## 陶学士[1]烹茶图

斗室天寒对酪奴[2]，竹间雪鼎与风炉[3]。书生事业真堪笑，却谓粗人此景无。

老犁注：①陶学士：指五代宋初人陶谷。北宋建立后，陶谷出任礼部尚书，后又历任刑部尚书、户部尚书。开宝三年（970）病逝，追赠右仆射。之前曾历仕后晋、后汉，至后周为翰林学士承旨，故称。他得党进家姬为妾。一天陶谷命党姬扫雪烹茶，问妾："党家有这样的风味吗?"妾答道："他家只有销金帐下浅斟低唱，饮羊羔美酒，哪有这种风味。"后"陶学士"遂为风雅之士的代名词。②酪奴：茶的别名。北魏杨衒之《洛阳伽蓝记・正觉寺》："羊比齐鲁大邦，鱼比邾莒小国。惟茗不中，与酪作奴……彭城王重谓曰：'卿明日顾我，为卿设邾莒之食，亦有酪奴。'因此复号茗饮为酪奴。"③雪鼎：煮雪之鼎。风炉：一种小型的炉子。古代多用于煮茶烫酒等。

## 游青莲分韵得春字[1]

四面山围故故[2]青，茶烟榻畔坐忘身。与师贪论安心法[3]，门外飞花送却春。

老犁注：①原诗有序：己亥暮春十有八日，刘巨川济之、瀛汉臣王特升用亨、郭甫仲山、姚升子昂、史显忠遂良，同游福严禅院，与巨川、彦广二山主，道旧兵革之馀，不胜感叹，仍以"春山多胜事"为韵赋诗，以纪其来。青莲：青莲寺，初名硖石寺，位于山西省晋城市区东南17公里处的寺南庄北侧硖石山中。因寺内的释迦牟尼端坐于莲花座之上，故名青莲寺，寺院分为古青莲寺和新青莲寺两个部分。古青莲寺在下，新青莲寺居于上。古青莲寺始建于北齐天保三年（552），唐懿宗咸通八年（867）赐名"青莲寺"。新青莲寺始建于隋唐，宋太宗太平兴国三年（978）赐名"福严禅院"。②故故：特意，特地。③安心法：安定心情的方法。

## 客中寒食[1]

断蓬[2]踪迹寄天涯，剑戟林中阅岁华。又值禁烟焦举[3]节，柰无对月少陵[4]家。

惊心咄咄[5]催归鸟，触目冥冥[6]溅泪花。老后愁怀[7]谁遣得，未应端的[8]酒胜茶。

老犁注：①客中：谓旅居他乡。寒食：节日名。在清明前一日或二日。②断蓬：犹飞蓬。比喻漂泊无定。③禁烟：犹禁火。亦指寒食节。焦举：一作周举，东汉人，顺帝时为并州刺史。郡内百姓为祀介子推，每冬辄寒食一月，老小不堪，岁多死者，乃下令革此陋俗，改一月为三日，使民复还温食。故又有称寒食节为焦举节。④柰无：奈何没有。柰通奈。少陵：指杜甫。其《一百五日夜对月》诗中有"无家对寒食，有泪如金波。斫却月中桂，清光应更多。”之句。⑤咄咄：感叹声。表示感慨。⑥冥冥 míng：昏暗貌。⑦愁怀：忧伤的心怀。⑧未应：不应当。端的：真的。

**杨奂**（1186~1255）：又名知章，字焕然，号紫阳，金元间乾州奉天（今陕西咸阳乾县）人。金末举进士不中，教授乡里。金亡，北渡寓冠氏。元太宗诏试诸道进士，其两中赋论第一，荐授河南路征收课税所长官，政事约束，一以简易为事。在官十年，请老归。卒谥文宪。奂博览强记，作文务去陈言，以蹈袭古人为耻，家贫而喜周人之急。有《还山遗稿》。

## 同完颜惟洪至楼观闻耗①

蓬莱隔沧海，虎豹护天关②。白发知谁免，青牛③竟不还。

茶分丹井④水，诗入草楼⑤山。顾我负何事⑥，区区鞍马⑦间。

老犁注：①完颜惟洪：人之姓名，金代人，生平不详。楼观：即楼观台，又称说经台，位于陕西省周至县城东南十五公里的终南山北麓，道文化的发祥之地，我国著名的道教圣地。耗：消息；音信。②天关：犹天门。③青牛：原指黑毛的牛。因老子骑青牛出函谷关之典，后为老子的代称。④丹井：炼丹取水的井。⑤草楼：指草楼观。春秋函谷关令尹喜在此结草为楼，以观天象，因名草楼观。老子西行至函谷关，尹喜辞关令之职，迎老子至草楼观，执弟子之礼。老子在此著《道德经》五千言，并在楼南高岗筑台授经，即楼观台，又名说经台。⑥顾：回头看。负：背负，承担。⑦鞍马：马和鞍子。借指战斗生涯。

**杨弘道**（约1196~约1255）：亦作杨宏道，字叔能，号素庵，金元间淄川（今山东淄博）人。气高古，不事举业，磊落有大志。生于金末，宣宗兴定末始与元好问会于京师。入宋在理宗端平元年为襄阳府教谕，二年（1235）北迁寓家济源，不久寓地为元所占。入元十四五年后，年已六十矣。其一生南北流离，官禄无名，诗却当时知名，为元好问所赞许。文章极自得之趣。有《小亨集》。

## 吊解飞卿①

一昔传君逝，闻之久怆然②。孤儿几灭性③，嫠姊已华颠④。

与客谒茶⑤去，点酥⑥尝自煎。如何从此别，谁识是终天⑦。

老犁注：①据元好问《济南行记》：“进士解飞卿，从予游者十许日。”及《题解飞卿山水卷》诗，可知是一位进士和画家。余不详。②怆然：悲伤貌。③灭性：

谓因丧亲过哀而毁灭生命。④孀姊：孀居的姐姐。华颠：白头。指年老。⑤客：原诗注指安陆赵仁甫。谒茶：到墓地祭献茶。⑥酥：酥油。牛羊乳制成，成膏状，要用汤或茶水冲煮方能饮用。⑦终天：终身。一般用于死丧永别等不幸的时候。

## 宿普照寺①

被酒暑增剧②，漱茶神少清③。旅人须授馆④，侍者讵⑤忘情。

方篾铺霜滑⑥，虚棂界⑦月明。晨兴求纸笔，枕上有诗成。

老犁注：①普照寺：位于山东省淄博市淄川区留仙湖公园内。约建于南朝陈废帝光大元年（567）。唐时为法相宗三祖慧沼弘法处。②被酒：为酒所醉。犹中酒。增剧：加重；增多。③漱 shù：吮吸，饮。少清：稍微清醒。④授馆：为宾客安排行馆。行馆：旧时官员出行在外的临时居所。⑤侍者：佛门中侍候长老的随从僧徒。讵 jù：岂。⑥方篾：长方形篾席。霜滑：席子用久后很光滑，月光一照有如着霜。⑦虚棂：犹空窗。棂：窗格。界：隔开。

## 代茶榜①

东方有一士，来作木庵②客。尝观贝叶书③，奥义④初未识。丛林⑤蔚青青，秀出庭前柏⑥。满瓯赵州雪⑦，洒向岁寒质⑧。师席有微嫌⑨，授客远公⑩笔。俾之⑪赞一辞，眢井若为汲⑫。低头谢不敏⑬，亦颇习诗律⑭。以诗代茶榜，自我作故实⑮。

老犁注：①原诗题注：归义寺（在何处不详）长老劝余作此诗。长老姓英，字粹中，自号木庵。茶榜：寺院重大茶会的布告。一般在四时节庆、人事更迭、迎来送往等重大礼节性茶会时才张贴。通常告示茶会各项内容。后来因诗僧与往来俗世士大夫推波助澜，使得茶榜成为一种堆砌典故、标榜禅趣的文字禅门类，或文或诗，或骈或散，以风雅趣味为旨归。虽不无流弊，偏离了茶榜的本来面目，但仍不失为恒顺众生、善巧方便逗入佛智的方法。②木庵：归义寺长老自号木庵。③贝叶书：写在贝树叶子上的经文。泛指佛经。④奥义：深奥的含义。⑤丛林：谓僧众聚居的处所。⑥庭前柏：禅宗有“庭前柏树子”这一出禅修公案。赵州和尚曾以此来接引弟子领悟禅机奥义。故“庭前柏”用来借指禅院。⑦赵州雪：犹赵州茶。雪：喻指茶瓯中泛起的白色茶沫。赵州和尚曾以“吃茶去”一句话来引导弟子领悟禅机奥义。后来也用“赵州茶”指代寺院招待的茶水。⑧岁寒质：最寒冷的情境。质：形态。引为情态。⑨师席：坐到讲席上。微嫌：细小的嫌隙。意即怕人议论。⑩远公：东晋庐山东林寺高僧慧远，世人称为远公。后借指大德高僧。这里指木庵长老。⑪俾 bǐ：使。之：代指木庵长老。⑫眢 yuān 井：干枯的井。若为汲：怎能汲出水来。若为：怎堪、怎能。⑬谢不敏：因自己没有才智而辞谢。常用作谦词，表示婉言推辞。不敏：不才；不明达，不敏捷。⑭颇：略微；稍。习：学习。诗律：诗的格律。⑮故实：已经过去但有历史意义的事。

## 灵泉院[①]（节选）

袅袅架苍竹[②]，冰箸县无时[③]。甘冷怯漱齿[④]，雅与烹茶宜。

老犁注：①灵泉院：寺院名。在何处不详。②袅袅 niǎo：摇曳不定貌。苍竹：深绿色的竹子。③冰箸 zhù：冰柱。县：同悬。无时：不知何时。④甘冷：甘美清冷。怯漱齿：害怕放进嘴里漱洗口齿。

## 洛阳别友（节选）

欲往不计程，相逢心莫逆[①]。茗酪[②]以为饮，粱肉[③]以为食。

老犁注：①莫逆：志同道合。②茗酪：犹奶茶；亦指茶和酒。酪 lào：酪浆。指牛羊等动物的乳汁；亦指酒。③粱肉：以粱为饭，以肉为肴。指精美的膳食。

## 玉泉院[①]（节选）

方袍二三子[②]，磬折礼数[③]烦。饭罢啜佳茗，缓行腹自扪。

老犁注：①玉泉院：寺院名，在何处不详。②方袍：僧人所穿的袈裟。因平摊开来为方形，故称。二三子：犹言诸君；几个人。③磬 qìng 折：指人身、物体或自然形态曲折如磬。泛指弯腰。表示谦恭。礼数：犹礼节。

---

**宋景萧**（约 1187~?）：字望之，济川（宋楫，字济川，山西长子县第一位进士）族孙。正大六年（1229）进士，辟令泰安，未赴。遭乱。其诗受外兄刘景玄（刘昂霄，字景玄）影响，为诗家称焉。

---

## 春雪用上官明[①]之韵

唓唓[②]春虫闹扑窗，地炉茶鼎蚓声长[③]。诗中有味清[④]于酒，只欠冰梢数点香[⑤]。

老犁注：①上官明：人之姓名，生平不详。②唓唓 shà：象声词。虫鸣声。③地炉：就地挖砌的火炉。亦指火炕。茶鼎：煮茶的炉子。蚓声：蚯蚓的叫声。这里喻水快要煮开时的声音。④清：清雅。⑤此句：作者因没有把梅花写好而生欠意。冰梢：结冰的树梢。数点香：开在冰梢的数朵梅花。

---

**耶律铸**（1221~1285）：字成仲，号双溪，义州弘政（今辽宁锦州义县）人。耶律楚材子。幼聪敏，善属文，尤工骑射。父卒，嗣领中书省事，上言宜疏禁网，采历

代德政合于时宜者八十一章以进。宪宗攻蜀，诏领侍卫骁果以从，屡出奇计，攻下城邑。世祖即位，拜中书左丞相，征兵扈从，败阿里不哥于上都。奏定法令三十七章，吏民便之。后坐事罢免，卒谥文忠。有《双溪醉隐集》。

## 茶后偶题

嫩香新汲井华[①]调，簪脚浮花[②]碗面高。饮罢酒醒江上月，依稀瀛海[③]一游遨。

老犁注：①井华：即井花水，谓清晨初汲之井水。②簪脚：茶沫与碗壁的连接处。簪：连缀。浮花：泛起的茶沫。③瀛海：海上仙境。

## 和人茶后有怀友人

玉瓯盈溢仙人掌[①]，云脚浮花雪面堆[②]。两腋清风[③]归不去，为谁吹上句楼来[④]。

老犁注：①玉瓯：茶瓯的美称。仙人掌：茶名。②云脚：原指云团下缘与山或水接触的交接处，这里指白色茶沫与杯壁的交接处。浮花：泛起的茶沫。雪面堆：喻成堆的白色茶沫。③两腋清风：唐代诗人卢仝在《走笔谢孟谏议寄新茶》诗中有"七碗吃不得也，唯觉两腋习习清风生"之句。④句楼：句扶家的高楼。句扶：三国时期蜀汉名将，南征北伐，多次立下战功，官至左将军。人们说道："前有王平、句扶，后有廖化、张翼。"可见句扶的地位。常璩也在《华阳国志》称赞句扶"称美荆楚"。最后两句的意思为，喝茶已生两腋清风，已然回不到人世间了，为何还要把他吹到句将军的楼上来了呢？也就是说，干嘛还要让他去建立所谓的功勋呢？

## 题枕流亭[①]

窃期摛藻掞天庭[②]，闲作篇章抒下情。殊喜濂溪爱莲说[③]，未甘桑苎著茶经[④]。

逍遥方外[⑤]无为业，整顿[⑥]人间不朽名。缘洗[⑦]尘嚣耳中事，举家移住枕流亭。

老犁注：①枕流亭：亭名。作为对枕流漱石意象的营造，枕流亭这一亭名常出现于各地园林之中。②窃期：私下期待。摛藻 chīzǎo：铺陈辞藻，指施展文才。掞 yàn：光照。天庭，即是上庭，眉毛至发际之间的额头。③殊喜：特别喜欢。濂溪：湖南省道县水名。宋理学家周敦颐世居溪上。世称其为濂溪先生。《爱莲说》：是周敦颐写的咏荷名篇。④未甘：不甘心。桑苎：《茶经》的作者陆羽，号桑苎翁。⑤方外：世外。⑥整顿：整理。⑦缘洗：因为要洗掉。

**耶律楚材**（1190～1244）：字晋卿，号玉泉老人，又号湛然居士，金元间义州弘政（今辽宁锦州义县）人。汉化契丹族。辽朝东丹王耶律倍八世孙、金朝尚书右丞耶律履之子。博极群书，旁通天文、地理、律历、术数及释老、医卜之说。金末辟为左右司员外郎。蒙古军攻占金中都时，成吉思汗收耶律楚材为臣。耶律楚材先后辅弼成吉思汗父子三十余年，担任中书令十四年之久。提出以儒家治国之道并制定了各种施政方略，为蒙古帝国的发展和元朝的建立奠定了基础。乃马真后称制时，渐失信任，抑郁而死。卒谥文正。有《湛然居士集》等。

## 夜坐弹离骚

一曲离骚[①]一碗茶，个中真味更何加[②]。香销烛烬穹庐[③]冷，星斗阑干[④]山月斜。

老犁注：①离骚：有两指。一指楚国当时一种曲名，与屈原的《离骚》不同；二指唐代琴人陈康士将屈原的《离骚》谱成了古琴曲。这里当指后者。②个中：此中，这当中。更何加：再有什么可增加的。③香销烛烬：香和烛都燃尽了。穹庐：古代游牧民族居住的毡帐。④星斗：北斗星。阑干：横斜貌。

## 从国才索闲闲煎茶赋[①]

闻君久得煎茶赋，故我先吟投李诗[②]。为报君侯[③]休吝惜，照人琼玖算多时[④]。

老犁注：①原诗序：闻国才近得闲闲手书煎茶赋，以诗索之。国才：人之字号，生平不详。闲闲，即闲闲老人，金代著名文学家赵秉文之号。煎茶赋：指赵秉文书写的宋人黄庭坚的《煎茶赋》。②投李诗：指互相赠答报谢之诗。《诗经·大雅·抑》云："投我以桃，报之以李。"③君侯：秦汉时称列侯而为丞相者。汉以后，用为对达官贵人的敬称。④琼玖：琼和玖，美玉。后世常用作对礼物的美称。最后一句的意思是，我关注他人宝物的想法由来已久了。

## 赠景贤[①]

茶邻药物成邪气[②]，琴伴箫声变郑音[③]。可惜龙冈老居士[④]，却教邪教污真心。

老犁注：①景贤：郑师真，字景贤，号龙冈居士。元顺德府（今河北邢台，自隋至北宋，邢台县一直称龙冈县）人。他精通医、易、诗、书、琴，兼富收藏，作为成吉思汗从征医使、窝阔台身边医官，深得其父子信任，并与耶律楚材密切配合，促使成吉思汗父子接受中国传统的儒家学说，从而建立安天下、救生民之功。姚燧因以"廉、让、仁"三字评价郑师真的高风亮节和非凡人生。耶律楚材作为郑师真挚友，投赠唱和郑之诗最多。由于两人关系密切，耶律楚材常用诗戏谑与调侃郑师真。此诗就是其中一首，调侃说郑不会喝茶，让邪教污了真心。②此句：茶是清新之物，与药物为伍就失去它原有的高雅气质。③郑音：本指春秋时郑国的音乐，后多指俗乐。《礼记·乐记》："文侯曰：'敢问溺音何从出也?'子夏对曰：'郑音好滥淫志，宋音燕女溺志，卫音趋数烦志，齐音敖辟乔志。此四者皆淫于色而害于德，是以祭祀弗用也。’”郑师真姓郑，故暗示郑音为郑师真之音。戏谑调侃溢于言表。④龙冈老居士：指郑师真。

## 卜邻一绝寄郑景贤[1]

龙沙幽隐子真[2]家，自拨寒泉出浅沙。我愿卜邻穹帐[3]侧，旋分清酌[4]煮新茶。

老犁注：①卜邻：选择邻居。一绝：一首七绝。郑景贤：指郑师真。见《赠景贤》注释。②龙沙：泛指塞外沙漠之地。子真：郑朴，字子真，汉褒中人。居谷口，世号谷口子真。修道守默，汉成帝时大将军王凤礼聘之，不应。耕于岩石之下，名动京师。见《汉书·王贡两龚鲍传序》。这里借指郑景贤。③穹帐：即穹庐。游牧民族居住的圆顶帐篷，用毡子做成。④旋分：随意地分给。清酌：犹清酒。

## 寄耶律国宝[1]

昔年萍迹[2]旅京华，曾到风流[3]国宝家。居士[4]为予常吃素，先生爱客必烹茶。

明窗挥麈谈禅髓[5]，净几焚香顶佛牙[6]。回首五年如一梦，梦中不觉过流沙[7]。

老犁注：①耶律国宝：人名。耶律：也写作移刺、伊喇等。初为契丹部落名，辽建国改为国族姓。②萍迹：喻人四处漂流，行踪无定。③风流：洒脱放逸。④居士：居家学佛修道的佛教徒。⑤挥麈：挥动麈尾。晋人清谈时，常挥动麈尾以为谈助。后因称谈论为挥麈。禅髓：禅之精髓。⑥顶：顶礼膜拜。佛牙：相传为释迦牟尼遗体火化后所留下的牙齿。原诗有按：公所藏佛牙甚灵异。⑦流沙：沙漠中的沙子常因风吹而流动，故用以称沙漠。借指西域地区。

## 和抟霄韵代水陆疏文因其韵为十诗[1]其七

新诗欬玉起予[2]深，独有抟霄我许心。真迹居尘聊俯仰[3]，高名与世任浮沉。

同成雅会[4]清茶话，共赏枯桐白雪[5]音。他日归休[6]约何处，燕山[7]参谒万松林。

老犁注：①标题断句及注释：和抟霄韵，代水陆疏文，因其韵为十诗。抟 tuán 霄：贾非熊，字抟霄，余不详。耶律楚材与其有多首诗唱和。水陆疏文：水陆法会、法事之上，凡人祈求于神仙的文函，是沟通仙凡之间的桥梁。②欬 kài 玉：“欬唾成珠”的简称。比喻言谈精当，议论高明或文词优美。起予：指启发自己之意。出自《论语·八佾》。③真迹居尘：贾抟霄存世的笔墨真迹。俯仰：形容沉思默想。④雅会：风雅之集会。⑤枯桐：《后汉书·蔡邕传》：“吴人有烧桐以爨者，邕闻火烈之声，知其良木，因请而裁为琴，果有美音，而其尾犹焦，故时人名曰‘焦尾琴’焉。”后遂以“枯桐”为琴的别称。白雪：古琴曲名。传为春秋晋师旷所作。⑥归休：辞官退休；归隐。⑦燕山：燕山是中国北部著名的山脉之一。西起张家口的洋河，东至山海关，是京津冀地区北面的重要屏障。

## 和抟霄韵代水陆疏文因其韵为十诗其九

浪迹西游[①]岁月深，临风谁识湛然心[②]。斯文将丧儒风[③]歇，真智难明佛日[④]沉。
佳茗暂尝轰雪浪[⑤]，正声聊作鼓雷音[⑥]。年来逸兴[⑦]十分切，准备求真入道林[⑧]。

老犁注：①西游：出征西域。②湛然心：我的心。耶律楚材号湛然居士。③儒风：儒家的传统、风尚。④真智：佛教语，亦称“根本智”。指冥符（契合，暗合）佛家真理的智慧。佛日：对佛的敬称。佛教认为佛之法力广大，普济众生，如日之普照大地，故以日为喻。⑤轰：茶水冲泡的隆隆声。雪浪：翻卷的茶沫。⑥正声：纯正的乐声。聊作：暂作。雷音：佛教语。佛说法的声音。谓其如雷震，故称。⑦逸兴：超逸豪放的意兴。⑧道林：为道之林。即指修道的地方。

## 赠蒲察元帅[①]七首其三

主人知我怯金觞[②]，特为先生一改堂[③]。细切黄橙调蜜煎[④]，重罗白饼糁糖霜[⑤]。
几盘绿橘分金缕[⑥]，一碗清茶点玉香[⑦]。明日辞君向东去，这些风味几时忘。

老犁注：①蒲察元帅：此人具体指谁，争议颇多，有的说是元朝大军中的女真族元帅蒲察七斤，但似有存疑。据今人考证，蒲察可能是一位熟悉西域情况，且因功被成吉思汗封为元帅，后又担任蒲华城（今乌兹别克斯坦布哈拉）八思哈（镇守官）的人。是耶律楚材的旧友。②怯金觞：害怕饮酒。金觞：精美珍贵的酒杯。③先生：对文人学者的通称。可自称，亦可他称。堂：堂食。泛指公署膳食。④蜜煎：即蜜饯。⑤重罗：重新排列布置。白饼：犹今之酒酿饼。糁 sǎn：洒，散落。糖霜：绵白糖。⑥金缕：这里指包裹着橘络的金色橘瓣。⑦玉香：香的美称。

## 赠蒲察元帅七首其五

筵前且尽主人心，明烛厌厌[①]饮夜深。素袖佳人学汉舞，碧髯[②]官妓拨胡琴。
轻分茶浪飞香雪[③]，旋擘橙杯破软金[④]。五夜[⑤]欢心犹未已，从教斜月下疏林[⑥]。

老犁注：①厌厌：微弱貌。②碧髯：指中亚人须发的杂色貌。③轻分：小心分开。茶浪：茶杯中漾起的细小波浪。香雪：指白色的花。这里指白色的茶沫。④旋擘 bò：接着又剥开。橙杯：剥开的橙子皮形状如同一个杯子，故称。软金：喻金黄色的橙子的果肉。⑤五夜：即五更。⑥从教：听任；任凭。疏林：稀疏的林木。

## 赠蒲察元帅七首其六

主人开宴醉华胥[①]，一派丝篁沸九衢[②]。黯紫葡萄垂马乳[③]，轻黄杷榄灿牛酥[④]。

金波泛蚁斟欢伯[⑤]，雪浪浮花点酪奴[⑥]。忙里偷闲谁若此，西行万里亦良图[⑦]。

老犁注：①华胥：即华胥国。指理想的安乐和平之境，或作梦境的代称。②一派：一阵。丝篁：弦管乐器。借指音乐。沸：如鼎沸一样声传。九衢：繁华的街市。③马乳：葡萄之一种。成熟时垂下如马乳状。④轻黄：淡黄。杷榄：又叫巴旦杏、巴旦木，其为杏子的优良品种，果大肉肥，味香酸甜，晒干后金黄透明，盛产于中亚地区与新疆南部。牛酥：从牛奶中提炼出来的酥油。⑤金波：喻酒。泛蚁：生长出绿蚁样的浮沫，古代以粮食为原料酿酒时出现的一种现象。欢伯：酒的别名。⑥雪浪：喻鲜白的茶水。浮花：浮起的茶沫。酪奴：茶的别称。⑦良图：远大的谋略。

## 壬午西域河中[①]游春十首其一

幽人[②]呼我出东城，信马[③]寻芳莫问程。春色未如华藏[④]富，湖光不似道心[⑤]明。

土床设馔谈玄旨[⑥]，石鼎烹茶唱道情[⑦]。世路崎岖太尖险[⑧]，随高逐下坦然[⑨]平。

老犁注：①西域：汉以来对玉门关、阳关以西地区的总称。狭义专指葱岭以东而言，广义则凡通过狭义西域所能到达的地区，包括亚洲中西部。河中：指河中府(今乌兹别克斯坦的撒马尔罕)，耶律楚材西征到此后，在此驻守了两年半。②幽人：指幽居之士。③信马：任马行走而不加约制。④华藏：佛教语。莲华藏世界(或华藏世界) 的略称。⑤道心：佛教语。菩提心；悟道之心。⑥土床：泥土夯垒成的床。泛指简陋的床。玄旨：深奥的义理。⑦石鼎：陶制的烹茶炉具。唱道情：民间说唱艺术的一种形式。用渔鼓和简板为伴奏乐器，一般以唱为主，以说为辅，各地种类繁多。⑧世路：人世间的道路。尖险：峰尖险峻。⑨随高逐下：从高处逐渐往下。坦然：平直广阔貌。

## 壬午西域河中游春十首其二

三年春色过边城[①]，萍迹[②]东归未有程。细细和风红杏落，涓涓流水碧湖明。

花林[③]啜茗添幽兴，绿野观耕称野情[④]。何日要荒[⑤]同入贡，普天钟鼓乐清平[⑥]。

老犁注：①边城：靠近国界的或边远的城市。②萍迹：喻人四处漂流，行踪无定。③花林：有花有林的地方。④野情：天然情趣。⑤要荒：泛指远方之国。⑥乐lè清平：享受太平。

## 西域从王君玉乞茶[①]因其韵七首其一

积年不啜建溪茶[②]，心窍黄尘塞五车[③]。碧玉瓯中思雪浪[④]，黄金碾畔忆雷芽[⑤]。

卢仝七碗诗[⑥]难得，谂老三瓯梦亦赊[⑦]。敢乞君侯[⑧]分数饼，暂教清兴绕烟霞[⑨]。

老犁注：①从王君玉乞茶：从王君玉处索要茶叶。王君玉：人之姓名。有两种说法：一说是，从耶律楚材《用前韵送王君玉西征二首其一》有“湛然送客河中西，乘兴何妨过虎溪。……一从西域识君侯，倾盖交欢忘彼此。”由此判断，两人曾在西域相识，且两人都好饮茶喜作诗。另一说是，古代为了表示对人的尊敬，常在姓后加上一个“君”字，故王君玉即指王玉。从耶律楚材《赠东平主事王玉》一诗看，他曾做过山东东平的主事。（元史中记载还有一位定远将军王玉，但没有记载他去过西域，应不是同一人。）②积年：多年；累年。建溪茶：宋贡茶，后称产自福建建溪（今建瓯）的茶。③此句：我的心智因没有茶的滋润因此如被尘土塞满车一样。心窍：心脏中的孔穴。古人以为心有窍才能运思，故亦指思维能力和思想。五车：泛指很多很多车。④碧玉瓯：碧玉制作的茶瓯。亦指精美的茶瓯。雪浪：煮茶时翻起的白色茶沫。⑤黄金碾：金制的茶碾，亦泛指精美的茶碾。畔：边。雷芽：指用惊蛰后萌发的茶芽炒制的茶。⑥卢仝七碗诗：唐代诗人卢仝在《走笔谢孟谏议寄新茶》诗中有“七碗吃不得也，唯觉两腋习习清风生”之句。⑦谂 shěn 老三瓯：谂老是对从谂法师的尊称，俗称赵州和尚。赵州和尚曾用“吃茶去”分别送给新来的和尚与曾经来过的和尚，以及身边的寺主，以此来接引他们参悟禅机奥义。赊：借走。⑧君侯：秦汉时称列侯而为丞相者。汉以后，用为对达官贵人的敬称。⑨暂教：暂且让。清兴：清雅的兴致。烟霞：云霞。泛指山水隐居地。

## 西域从王君玉乞茶因其韵七首其二

厚意江洪[①]绝品茶，先生分出蒲轮车[②]。雪花滟滟浮金蕊[③]，玉屑纷纷碎白芽[④]。
破梦一杯非易得，搜肠三碗不能赊[⑤]。琼瓯啜罢酬平昔[⑥]，饱看西山插翠霞[⑦]。

老犁注：①江洪：江州（今九江）与洪州（今南昌），元时是江南地区茶叶的主要集散地。元代赵显宏《【南吕·一枝花】行乐》有“堪笑多情老双渐，江洪茶价添”之句。②此句：先生将茶饼分送我时，一定是用蒲轮车送来的（或指用蒲轮车一样做足了保护措施。喻非常珍视和小心）。蒲轮：指用蒲草裹起来的车轮。安上蒲轮的车子走动时会使震动减少。古时常将此车用于封禅或迎接贤士，以示礼敬。③雪花：水煮开时的白色水花。滟滟 yàn：水盈溢貌。金蕊：金色花蕊。冲泡茶末形成的金色小泡沫。④玉屑：各种碎末的美称。这里喻茶末。白芽：长有许多白毫的嫩茶芽。⑤搜肠三碗：卢仝在《走笔谢孟谏议寄新茶》诗中有“三碗搜枯肠，唯有文字五千卷。”不能赊：不能赊借。⑥琼瓯：精美的茶瓯。酬平昔：酬谢往日你对我的好。⑦饱看：尽量看。西山：西域之山。翠霞：青色的烟霞。指美景。

## 西域从王君玉乞茶因其韵七首其三

高人惠我岭南茶[①]，烂赏飞花雪没车[②]。玉屑三瓯烹嫩蕊[③]，青旗[④]一叶碾新芽。
顿令衰叟[⑤]诗魂爽，便觉红尘客梦赊[⑥]。两腋清风生[⑦]坐榻，幽欢远胜泛流霞[⑧]。

老犁注：①高人：不同凡俗的人。指王君玉。岭南茶：两广地区所产的茶。岭南：五岭以南地区，即广东、广西一带。②烂赏：纵情玩赏。飞花：喻飘飞的雪花。

雪没车：大雪把车掩没了。③玉屑：各种碎末的美称。这里喻雪末。嫩蕊：像花蕊一样的嫩茶芽。亦指茶名。④青旗：已展开的青绿色茶叶。茶芽称枪，展开后的叶称旗。⑤衰叟：衰弱的老人。⑥客梦赊：游子的思乡梦远了。赊：远。⑦两腋清风生：卢仝在《走笔谢孟谏议寄新茶》诗中有“七碗吃不得也，唯觉两腋习习清风生”之句。⑧幽欢：幽会的欢乐。流霞：传说中天上神仙的饮料，泛指美酒。

## 西域从王君玉乞茶因其韵七首其四

酒仙飘逸不知茶，可笑流涎见曲车[①]。玉杵和云舂素月[②]，金刀带雨剪黄芽[③]。

试将绮语[④]求茶饮，特胜春衫把酒赊[⑤]。啜罢神清淡无寐[⑥]，尘嚣身世便云霞[⑦]。

老犁注：①流涎 xián：淌口水。曲车：酒车。唐杜甫《饮中八仙歌》：“汝阳（汝阳王李琎）三斗始朝天，道逢曲车口流涎。”②玉杵：舂杵的美称。云：舂捣时扬起的灰白色茶尘。素月：明月。喻指团茶。③金刀：佩刀的美称。这是元代西征军人都常见的刀具，这里指用金刀来破开茶饼。带雨：带动着茶粒如雨点般落下。剪：这里有锯、挑的意思。黄芽：黄芽茶饼。④绮 qǐ 语：华美的语句。俗称好话。⑤特胜：远超。春衫把酒赊：用春衫去赊酒喝。据宋吴聿的《观林诗话》记载，王安石在江上人家的壁上看到一首绝句：“一江春水碧揉蓝，船趁归潮未上帆。渡口酒家赊不得，问人何处典春衫。”王安石深味其首句，踌躇久之而去。春衫：指年少时穿的衣服，代指年轻时的自己。这两句意思是，乞茶喝远胜年轻人用春衫赊酒喝，前者比后者更潇洒。⑥无寐：不能入睡。⑦便：即。云霞：喻远离尘世的地方。

## 西域从王君玉乞茶因其韵七首其五

长笑刘伶[①]不识茶，胡为买锸谩随车[②]。萧萧暮雨云千顷，隐隐春雷玉一芽[③]。

建郡深瓯吴地[④]远，金山佳水楚江赊[⑤]。红炉石鼎烹团月[⑥]，一碗和香吸碧霞[⑦]。

老犁注：①刘伶：魏晋名士，竹林七贤之一，放情肆志，嗜酒。②胡为：何为，为什么。锸 chā：铁锹。谩：哄骗（奴仆）。随车：跟在车后面。刘伶有“一锸随身”之典。《晋书·卷四十九·刘伶列传》载：“常乘鹿车，携一壶酒，使人荷锸而随之，谓曰：‘死便埋我。’”③隐隐：象声词。《后汉书·天文志上》：“须臾有声，隐隐如雷。”玉一芽：如玉一般的嫩芽。指茶芽。④此句：建郡：即建州，在今福建建瓯。宋时北苑贡茶的产地。此地还出产建盏。深瓯：深腹的茶瓯。吴地：指今江苏长江以南，浙江钱塘江以北，及皖南部分地区。⑤金山佳水：指镇江金山寺下扬子江江心屿中的泉水，即中泠泉。楚江赊：楚江离得很远。楚江：楚境内的江河。⑥红炉：烧得很旺的火炉。石鼎：陶制的烹茶炉具。团月：团茶成圆形，故称。⑦吸碧霞：仿佛吸进了仙气。碧霞：青色的云霞。多用以指隐士或神仙所居之处。

## 西域从王君玉乞茶因其韵七首其六

枯肠搜尽①数杯茶，千卷胸中到几车②。汤响松风三昧手③，雪香雷震一枪芽④。
满囊垂赐⑤情何厚，万里携来路更赊⑥。清兴无涯腾八表⑦，骑鲸踏破赤城霞⑧。

老犁注：①枯肠搜尽：语出卢仝《走笔谢孟谏议寄新茶》诗“三碗搜枯肠，唯有文字五千卷。”喝茶使人清醒，清醒使人才思奔涌，但事不过三，多次的清醒，才思就挖掘殆尽了。喝到第三杯就让文人骚客才思枯竭了（这是夸张的说法，说明茶叶醒脑功效十分了得），唯有留下五千卷的文章。②此句：千卷文字胸中涌出能达到几车？③松风：喻煮茶发出的声响。三昧手：点茶的诀窍。三昧：是佛家一种去杂平心宁神的修行方法。借指事物的要领、真谛。苏东坡《送南屏谦师》诗有“道人晓出南屏山，来试点茶三昧手”之句，赞美南屏谦师高超的点茶技法。④雪香：喻茶。雷震一枪芽：打雷后长出一支似枪的茶芽。⑤垂赐：长辈或上级的施与。⑥赊：远。⑦清兴无涯：清雅兴致无穷尽。腾：传递。八表：八方之外，指极远的地方。⑧骑鲸：喻隐遁或游仙。赤城霞：仙境中烟霞。赤城：传说中的仙境。

## 西域从王君玉乞茶因其韵七首其七

啜罢江南一碗茶，枯肠历历走雷车①。黄金小碾飞琼屑②，碧玉深瓯点雪芽③。
笔阵陈兵诗思勇④，睡魔卷甲梦魂赊⑤。精神爽逸⑥无馀事，卧看残阳补断霞⑦。

老犁注：①枯肠：空肠。历历：象声词。雷车：雷神的车子，借指雷声。②黄金小碾：金色的小茶碾。琼屑：喻茶末。③碧玉深瓯：碧玉制成的深腹的茶瓯。雪芽：长着白毫的茶芽。④笔阵陈兵：诗文谋篇布局有如排兵布阵，即喻指写文章。诗思勇：做诗的思路清晰果敢。⑤卷甲：收起盔甲。谓撤退或休兵。梦魂赊：梦魂（借指睡意）也赶得远远的了。赊：远。⑥爽逸：爽朗潇洒。⑦断霞：片段的云霞。

## 和杨彦广①韵

三台须要趁琵琶②，知己相逢两会家③。雕斲④勿伤石内玉，纵横须放火中花⑤。
探玄浑似⑥三杯酒，清兴何消⑦七碗茶。谁识湛然端的⑧处，差徭随分纳些些⑨。

老犁注：①杨彦广：人之姓名，生平不详。②此句：演奏《三台》这种曲子需要找到适合的琵琶演奏者。三台：原唐教坊曲名，后用作词调名。趁：古同称，适合。③会家：行家，精通某种技艺的人。宋无名氏《张协状元》戏文第五三出：“正是打鼓弄琵琶，合着两会家。”④雕斲 zhuó：刻削。⑤纵横：雄健奔放。火中花：火焰似花。⑥探玄：探寻妙理。浑似：完全像。⑦何消：犹何须。意谓用不着。⑧湛然：耶律楚材号湛然居士。端的：始末；底细。⑨差徭：派个仆人。随分些些：随意分一些茶给我。

## 西域和王君玉[1]诗二十首其三

君侯乘兴[2]写佳篇，我得琼琚[3]价倍千。妙笔一挥能草圣[4]，新诗独惠过称贤[5]。
半瓶浊酒斟琼斝[6]，七碗清茶泛玉泉[7]。万里西行真我幸，逢君时复一谈玄[8]。

老犁注：①王君玉：人之姓名。详见《西域从王君玉乞茶因其韵七首其一》。②君侯：秦汉时称列侯而为丞相者。汉以后，用为对达官贵人的敬称。乘兴：趁一时高兴。③琼琚 jū：精美的玉佩。喻美好的诗文。④草圣：对在草书艺术上有卓越成就的人的美称。⑤新诗独惠：新写好的诗单独送给我。过称贤：过誉称我为贤人。⑥琼斝 jiǎ：玉制的酒杯。喻精美的酒杯。⑦七碗：七碗茶。卢仝在《走笔谢孟谏议寄新茶》诗中说，茶喝到第七碗就飘飘欲仙了。后人常用“七碗茶”表示喝茶的最高境界。玉泉：泉水的美称。⑧时复：犹时常。谈玄：即谈论玄妙的道理。

## 西域和王君玉诗二十首其十六

物物头头总是禅[1]，观音应现化身千[2]。杜门晏坐[3]无伤道，遁世幽居也是贤。
只为看山开翠竹[4]，偶因煎茗汲清泉。灵云点检真堪笑，不见桃花不悟玄[5]。

老犁注：①物物头头：犹件件桩桩。总是禅：总是深涵禅理。②化身千：化身出千只手。③杜门：闭门，堵门。晏坐：安坐。④开翠竹：拨弄或伐开挡住视线的翠竹。⑤最后两句：化自唐末五代时灵云志勤禅师的开悟诗“三十年来寻剑客，几回落叶又抽枝。自从一见桃花后，直至如今更不疑。”灵云志勤禅师在沩山修禅，因见桃华而悟道。检点：查点，查看。

## 西域蒲华城赠富察[1]元帅

骚人岁杪到君家[2]，土物萧疏[3]一饼茶。相国[4]传呼扶下马，将军[5]忙指买来车。
琉璃钟[6]里葡萄酒，琥珀瓶中杷榄[7]花。万里遐荒[8]获此乐，不妨终老在天涯[9]。

老犁注：①西域蒲华城：在今乌兹别克斯坦布哈拉。富察元帅：见《赠蒲察元帅七首其三》注释。富察：即蒲察，女真族的三十姓之一，只因汉语读音之故，有写成蒲察，也有写成富察。②骚人：诗人，文人。岁杪 miǎo：年底。杪：本指树枝的末梢。引为“末尾”之意。君家：敬词。犹贵府，您家。③土物：本地的物产。萧疏：清丽。④相国：对宰相的尊称。指蒲察元帅邀请来家做客的成吉思汗身边丞相级别的人物。⑤将军：按原注是指蒲察元帅的儿子，当时也是一位将军。⑥琉璃钟：用琉璃制成的酒杯。⑦琥珀瓶：用琥珀制成的花瓶。杷榄：西域一种类似杏子的植物。其仁甘香如杏仁，花如杏花而色微淡，冬季开花。其果仁今人称其为巴坦木。⑧遐方：犹远方。⑨天涯：极远的地方。这里指西域。

## 信之和余酬贾非熊三字韵见寄因再赓元韵以复之[①]其四

旧隐医闾白霫[②]南，故山佳处好停骖[③]。贪嗔痴者元无一[④]，诗酒琴之乐有三。
菱芡香中横短艇[⑤]，松筠声里称危庵[⑥]。有人问道来相访，一碗清茶不放参[⑦]。

老犁注：①标题断句和注释：信之和余《酬贾非熊三字韵见寄》，因再赓元韵以复之。信之：张大节，字信之，金朝代州五台人。累知大兴府事，终震武军节度使。赋性刚直，果于从政，又善弈棋，当世第一。贾非熊：人名，字抟霄，余不详。耶律楚材与其有多首诗唱和。赓：续。元：同原。②旧隐：旧时的隐居处。医闾：医巫闾山，亦称闾山。地处今辽宁省北镇县西，大凌河以东。舜时把全国分为十二州，每州各封一座镇州之山，即祭祖之地，闾山被封为北方幽州的镇山。耶律楚材三岁丧父，其母杨氏在闾山桃花洞南筑读书堂，教其读书。白霫 xí：我国古代少数民族。铁勒十五部之一。《旧唐书·北狄传·铁勒》："铁勒，本匈奴别种。自突厥强盛，铁勒诸郡分散，众渐寡弱。至武德初，有薛延陀……白霫等，散在碛 qì 北(旧称蒙古高原大沙漠以北地)。③故山：旧山。喻家乡。停骖：将马勒住，停止前进。即停车归隐。④贪嗔痴：佛教指三毒，又称三垢、三火。此三毒残害身心，为恶之根源，故又称三不善根。元无一：本就没一个是善的。⑤菱芡香：菱角和芡实花开散发出的香味。艇：轻便小船。⑥松筠：松树和竹子。危庵：高处的寺院。⑦放参：指佛门中放免晚参（结束晚上坐禅）。放参以敲钟三下为号。学生学习结束叫"放学"，同理和尚参禅结束叫"放参"。

## 谢禅师□公寄闾山紫玉[①]

方外闲人天一隅[②]，因风[③]寄我紫云腴。起予妙理欺欢伯[④]，涤我枯肠压酪奴[⑤]。
琥珀精神浑仿佛，葡萄滋味较锱铢[⑥]。禅师远弃桃源路[⑦]，日日寻山摘此无[⑧]。

老犁注：①谢禅师：一位姓谢的禅师。闾山：见上首诗注释②，在今辽宁省北镇县西。紫玉：即诗中写到的紫云腴。闾山当地产的类似茶叶可饮用的一种植物(何种植物，待考)。②方外：世外。这里指僧人的生活环境。一隅：一个角落。③风：风俗。④起予：启发我。妙理：精微的道理。欢伯：酒的别名。⑤枯肠：空肠。压：镇住。酪奴：茶的别称。⑥颈联句：汤色仿佛琥珀具有的精气神一样，葡萄滋味与紫玉的汤味相比也还差一点。锱铢：指很少的钱，喻差距在毫厘之间。⑦桃源路：通往理想境界之路。⑧摘此无：说明紫玉很珍贵，天天去寻摘，竟然很难找到了。

## 用前韵送王君玉[①]西征二首其一（节选）

湛然送客河中西[②]，乘兴何妨过虎溪[③]。清茶佳果饯行路，远胜浊酒烹驼蹄[④]。

老犁注：①王君玉：人之姓名。详见《西域从王君玉乞茶因其韵七首其一》。②湛然：耶律楚材号湛然居士。河中：指河中府，今乌兹别克斯坦撒马尔罕。③过虎溪：《莲社高贤传·百二十三人传》载：时远法师（慧远法师）居东林。其处流泉匝寺下入于溪，每送客过此，辄有虎号鸣，因名虎溪。后送客未尝过。独陶渊明与陆修静至，语道契合不觉过溪，因相与大笑。④驼蹄：骆驼之蹄足，可烹为珍馐。

## 对雪鼓琴①

君不见党侯赏雪斟羊羔②，蛾眉低唱白云谣③。慷慨樽前一绝倒④，高谈阔论夸雄豪。又不见陶谷开轩收竹雪⑤，旋烧活火烹团月⑥。笑撚吟须⑦吟雪诗，冷淡生活太清绝⑧。清欢浊乐⑨争相高，至人⑩视此轻鸿毛。嗜音酣酒元⑪粗俗，癖茶嚼句空劬劳⑫。龙庭⑬飞雪风凄冽，天地模糊同一色。数卮美湩⑭温如春，三弄悲风⑮弦欲折。酪奴欢伯持降旌⑯，诗声歌韵不敢鸣。党武陶文都勘破⑰，真识⑱此心无一个。

老犁注：①此诗与“党姬烹雪”之典密切相关。五代宋初时，翰林学士承旨陶谷之妾本太尉党进之家姬，一日下雪，谷命妾取雪水煎茶，问之曰：“党家有此景？”对曰：“彼粗人，安识此景？但能知销金帐下，浅斟低唱，饮羊羔美酒耳。”后因以“党家”喻粗俗的富豪人家。“陶家”喻风雅之家。②党侯：太尉党进。羊羔：指羊羔酒。③白云谣：古神话中西王母为周穆王所作之歌。这里借指奢华之乐。④绝倒：前仰后合地大笑。⑤开轩：打开房门。竹雪：竹上之雪。⑥旋：接着又。活火：有焰的火；烈火。团月：团茶形圆，故称。也作月团。⑦撚 niǎn：捻。吟须：诗人的胡子。⑧清绝：形容凄清至极。⑨清欢：清雅恬适之乐。浊乐：清欢的反义词。庸俗粗鄙之乐。⑩至人：旧指思想或道德修养最高超的人。⑪嗜音：贪求浮华之音。酣酒：沉湎于酒。元：同原。⑫癖茶：过分爱茶。嚼句：推敲诗句。指爱好吟诗。劬 qú 劳：劳累。⑬龙庭：天庭，天上。⑭数卮 zhī：数杯。卮是古代盛酒的器皿，这里做量词。美湩 dòng：甘美的乳汁。湩：乳汁。⑮三弄：古曲名。即梅花三弄。悲风：琴曲名。唐李白《月夜听卢子顺弹琴》诗：“忽闻《悲风》调，宛若《寒松》吟。”⑯酪奴：茶的别名。欢伯：酒的别名。降旌：投降的旗子。⑰党武陶文：党进尚武陶谷崇文。勘破：犹看破。⑱真识：真正认识。

---

**郝经**（1223~1275）：字伯常，金元间泽州陵川（今山西晋城陵川县）人。郝天挺孙。金亡，徙顺天（今河北保定市），馆于守帅张柔、贾辅家，博览群书。应世祖忽必烈召入王府，条上经国安民之道数十事。及世祖即位，为翰林侍读学士。中统元年，使宋议和，被贾似道扣居真州，遂撰《续后汉书》《易春秋外传》《太极演》等书，十六年方归。旋卒，谥文忠。为学务有用。精通字画，推崇理学，反对“华夷之辨”，主张天下一统。有《陵川文集》。

---

## 橄榄

半青来子[①]味难夸，宜著山僧点蜡茶[②]。若是党家[③]金帐底，只将金橘送流霞[④]。

老犁注：①来子：橄榄的别称。②宜著：宜于安顿。“著”俗写成“着”。蜡茶：饼茶表面有一层蜡质，故称。③党家：指“党姬烹茶”典故中的太尉党进的家，其以奢靡生活为荣。④金橘送流霞：把金橘送去作流霞酒的佐食。后两句诗的意思就是，如果这青橄榄到了党家，那也跟金橘一样最多只能当佐酒的果品。

## 甲子秋怀

江馆[①]无家久似家，西风院落老天涯。黄缠薯蓣[②]犹多叶，绿拥芙蓉尚未花。

纱幕坠尘归晚燕，窞池[③]生草窟秋蛙。枯肠欲断谁濡沫[④]，击柝[⑤]声中夜煮茶。

老犁注：①江馆：江边客舍。②薯蓣 shǔyù：通称山药。③窞 dàn 池：犹坑池。窞：深坑。④濡沫：同处困境，相互救助。有“相濡以沫”之典。⑤击柝 tuò：打更。拆：巡夜打更用的梆子。

## 橄榄（节选）

破鼎煎春芽[①]，嚼此吟湘累[②]。翛然沃[③]肺肝，看山坐支颐[④]。

老犁注：①破鼎：破损的炉鼎。春芽：茶芽。②湘累：指屈原。因其投湘水而死。累：拖累；使受害。③翛 xiāo 然：无拘无束貌，超脱貌。沃：洗濯。④此句：支颐 yí：以手托下巴。颐：颊；腮。有“拄笏看山”之典，也作“支颐看山”。东晋王子猷做桓温手下的车骑参军时，懒散而无所事事。桓温对他说：“卿在府久，比当相料理（近来应当安排公事做了吧）。”初不答，直高视，以手版拄颊云：“西山（首阳山）朝来，致有爽气。”后以“拄笏看山”形容在官而有闲情雅兴。

## 望京府[①]赏红梅（节选）

赏梅不用歌落梅[②]，缓歌却著银笙[③]催。爱香细撷生霞蕊[④]，浮动云腴嚼[⑤]一杯。

老犁注：①京府：京都地区。②落梅：即《梅花落》。古笛曲名。③著：依着。银笙：标有银字（以示音之高低）的笙。是古笙的一种。④细撷：小心采撷。生霞蕊：新生出的花蕊。霞蕊：花蕊。⑤云腴：云腴茶。嚼：嚼味，咀嚼品味。

---

**胡祗遹**（1227~1293）：字绍闻，号紫山，金元间磁州武安（今河北邯郸武安市）人。少孤。既长读书，见知于名流。世祖初辟员外郎，授应奉翰林文字。历左司员

外郎，忤权奸阿合马，出为太原路治中。宋亡，历官河东山西道提刑按察副使，荆湖北道宣慰副使，济宁路总管及山东、浙西提刑按察使等职，以精明干练著称，所至颇具声誉。以疾归。卒谥文靖。善诗文散曲，有《紫山大全集》。明朱权《太和正音谱》评其词“如秋潭孤月”。

## 水调歌头·赏白莲招饮[1]

妖娆厌红紫[2]，来赏玉湖秋。亭亭水花凝伫[3]，万斛[4]冷香浮。初讶西风静婉[5]，又似五湖西子，相对更风流。翠润[6]宝钗滑，重整玉搔头[7]。　　泛云腴[8]，歌白雪[9]，卷琼瓯[10]。尊前[11]共花倾倒，一醉洗闲愁。屈指秋光能几[12]，歌咏太平风景，佳处合迟留[13]。更倩[14]月为烛，散发[15]弄扁舟。

老犁注：①招饮：招人宴饮。②此句：白色莲花的娇艳盖过了红紫色。厌：一物压在另一物上。③亭亭：直立貌。水花：亦作水华。荷花的别名。凝伫 zhù：凝望伫立。④万斛 hú：极言容量之多。古代以十斗为一斛，南宋末年改为五斗。⑤讶 yà：诧异，感到意外。静婉：《梁书·羊侃传》：“侃性豪侈，善音律，自造《採莲》《棹歌》两曲，甚有新致……儛人（wǔ 古代以舞蹈为业的艺人）张净琬，腰围一尺六寸，时人咸推能掌中儛（同舞）。”后因以“静（古也写作净）婉”指代歌舞能手。⑥翠润：喻女子肤色光洁美丽。翠：多与美人有关，一般指美丽的意思。润：细腻光滑。⑦玉搔头：玉簪。因汉武帝李夫人以玉簪搔头，故把玉簪称为玉搔头。⑧云腴：茶的别称。⑨白雪：本指古琴曲名。后喻指高雅的诗词。⑩琼瓯：玉瓯，或泛指精美的茶瓯。⑪尊前：在酒樽之前。⑫几：不多，没有多少。⑬合：适合。迟留：停留。⑭倩：借。⑮散发：披散头发，喻指弃官隐居，逍遥自在。

**段成己**（1199~1279）：字诚之，号菊轩。段克己弟。金元间绛州稷山人（今山西运城稷山县）。与兄克己以文章擅名，赵秉文称为“二妙”。金正大年间中进士。金亡后与兄避地龙门山中（今山西河津黄河边），时人赞为“儒林标榜”。元世祖召其为平阳府儒学提举，坚不赴任，闭门读书。词有《菊轩乐府》一卷，与兄所作诗合刊为《二妙集》。

## 鹧鸪天四首其三·立春后数日盛寒不出因赋鄙语敬呈遁庵尊兄一笑[1]

那得茅斋一饷[2]闲。地炉敲火试龙团[3]。头从白后弹冠[4]懒，脚自顽来应俗[5]难。尘世窄，酒杯宽。百年转首一槐安[6]。是非臧谷[7]何时了，隐几[8]西窗月色寒。

老犁注：①标题断句及注释：立春后数日，盛寒不出，因赋鄙语敬呈遁庵尊兄一笑。鄙语：俗语。遁庵：段克己，字复之，号遁庵。尊兄：对哥哥段克己的敬称。②那得：怎得；安得；怎么能够得到。茅斋：茅盖的屋舍。斋，多指书房、学舍。一饷：片刻。③地炉：就地挖砌的火炉。敲火：敲击火石以取火。龙团：宋代贡茶名。饼状，上有龙纹，故称。④弹冠：弹去冠上的灰尘；整冠。⑤顽来：腿脚不便以来。顽：迟钝。应俗：处理世俗之事。⑥槐安：槐安国或槐安梦的省称，指典故“南柯一梦”。⑦臧谷：有“臧谷亡羊”之典。《庄子·骈拇》：“臧、谷二人牧羊，臧挟策读书，谷博塞（即六博、格五等博戏，是古代流行的中国棋类游戏）以游，皆亡其羊。”喻事不同而实则一。⑧隐几：靠着几案。

---

**段克己**（1196~1254）：字复之，号遁庵，别号菊庄。金元间绛州稷山（今山西运城稷山县）人。早年与弟成己并负才名，赵秉文称其为“二妙”，大书“双飞”二字名其居里。哀宗时与其弟先后中进士，但入仕无门，在山村过着闲居生活。金亡，避乱龙门山中（今山西河津黄河边），时人赞为“儒林标榜”。蒙古汗国时期，与友人遨游山水，结社赋诗，自得其乐。元宪宗四年卒，年五十九。工于词曲，有《遁斋乐府》，与弟所撰《菊轩乐府》合刻为《二妙集》。

---

## 寄张弟器之[①]（节选）

倚壁一蒲团[②]，幽人活计[③]了。日高鼎茶鸣，风细炉烟袅。

老犁注：①张弟器之：弟（比作者年少的同辈人）张器之。②蒲团：用蒲草编成的圆形垫子。多为僧人坐禅和隐士修行跪坐时所用。③幽人：隐居之士。活计：指宗教徒或隐士修行的功课。

---

**徐琰**（约1220~1301）：字子方（一作子芳），号容斋，一号养斋，又号汶叟，金元间东平（今山东泰安东平县）人。少有文才，受学于东平府学宋子贞，与闫复、孟祺、李谦等号称“东平四杰”。世祖至元初荐任太常寺掾，后出为陕西行省郎中。历任岭北湖南道提刑按察使、江南浙西肃政廉访使，召拜翰林学士承旨。文名显于当时，与侯克中、王恽、姚燧、吴澄等有交谊，明朱权《太和正音谱》将其列于“词林英杰”一百五十人之中。今存小令12首，套数1套。有《爱兰轩诗集》。

---

## 【双调·沉醉东风】赠歌者吹箫[①]二首其二

御食饱清茶漱口，锦衣穿翠袖[②]梳头。有几个省部[③]交，朝廷友。樽席[④]上玉盏金瓯，封却公男伯子侯[5]，也强如不识字烟波钓叟[6]。

老犁注：①赠歌者吹箫：这是赠给唱歌吹箫人的一首曲子。此曲以歌者的口吻勾画出一个饱食终日无所用心的官僚的丑恶形象。②锦衣：精美华丽的衣服。旧指显贵者的服装。翠袖：青绿色衣袖。女子的装束，泛指女子。③省部：省和部都指官署名，由“三省六部”组成了中央政府。④樽席：犹筵席。樽：酒器。⑤封却：封罢。公男伯子侯：指公、侯、伯、子、男五种爵位。⑥强如：强过，胜过。烟波钓叟：泛指避世隐居江湖的人。钓叟：钓翁，钓鱼的老者。

**徐世隆**（1206~1285）：字威卿，金元间陈州西华（今河南周口店西华县）人。弱冠，登金正大四年进士第，辟为县令。中统元年，擢燕京等路宣抚使，世隆以新民善俗为务。至元元年，迁翰林侍讲学士，兼太常卿、户部侍郎。七年，拜吏部尚书，出为东昌路总管，擢山东道按察使，移江北淮东道。十七年，召为翰林学士，又召为集贤学士，皆以疾辞不行。二十二年卒，年八十。所著有《瀛洲集》百卷，文集若干卷。

## 送天倪子[1]还泰山

九十行年[2]发未华，道人风骨饱烟霞[3]。洞天福地二千里，神府仙间第一家。

牛膝药灵斟美酝[4]，兔豪盏[5]净啜芳芽。隐居自爱陶弘景[6]，莫作山中宰相夸。

老犁注：①天倪子：张志纯（1220~1316），字布山，号天倪子，又号布金山人，有张炼师之称。泰安州埠上保（今肥城市安驾庄镇张家安村）人。元代著名道士。居岱麓会真宫。道行超群，曾任东岳庙住持，元世祖忽必烈赐号“崇真保德大师”“天倪”，授紫服。元初王奕斐赞其为“赤松宗世远，岳地作神仙”。②行年：年龄。②烟霞：云霞。泛指山水隐居地。④牛膝：中药。美酝：美酒。⑤兔豪盏：豪通毫。即兔毫盏，是宋代福建建州窑烧制的黑釉茶盏（建盏），盏壁以其如兔丝毫般的窑变纹而得名。⑥陶弘景：字通明，号华阳隐居，南梁时丹阳秣陵（现江苏南京）人。道教思想家、医药家、炼丹家、文学家，茅山派代表人物之一。梁代齐而立，其隐居句曲山（茅山）华阳洞，梁武帝请其出山为官未成，但常以朝廷大事与他商讨，人称“山中宰相”。

**高道宽**（1195~1277）：字裕之，全真道士，道号圆明子，金元间应州怀仁（今山西朔州怀仁市）人。正大元年（1224）游大梁，居丹阳观，从李志源（冲虚）修道。宪宗二年（1252）授京兆道录。世祖中统二年（1261）迁提点陕西兴元道教兼领重阳万寿宫（位西安市鄠邑区祖庵镇，为全真道祖庭）事。至元十四年春逝于重阳宫，葬仙蜕园，送葬道俗过万人。

## 西江月·拨转飞天妙本

拨转飞天妙本①，炼就一粒丹砂②。朝求暮采道人茶，圆满一旬点罢③。　玉衡缠教定正④，运动八面云霞⑤。小庵独坐俺仙家，除睡万缘不挂⑥。

老犁注：①飞天：飞向天空。妙本：精妙之根本。②丹砂：指丹砂炼成的丹药。原词有注：乾坤两卦十二爻，二六时中每时八刻四抄（秒），故得一百八铢，刻刻时时而下功夫炼丹。③此句：圆满完成在规定的一旬时间里结束了。这里指采茶时间也就一旬，过了时间就老了不能采了。点：规定的时间、时点。④此句：指修道者用北斗来教正所处的位置和时间。玉衡：北斗第五颗星，借指北斗。缠教：缠绕效法。定正：改正。⑤此句：指能调动八方云霞。喻修道到了非常高的地步。⑥除睡：赶走睡魔。万缘：指一切因缘。不挂：没有了牵挂。

## 望蓬莱·真消息

真消息，明月照天涯。玉兔彩蟾①十五夜，金乌②飞吐红霞。一点③道人茶。　清霄④外，静隐紫丹砂⑤。偃月炉中烹玉蕊⑥，朱砂鼎⑦内结金花。赠与道人家。

老犁注：①玉兔彩蟾：兔和蟾传说是在月亮上的两种动物。借指月亮。②金乌：太阳。③一点：表示甚少或不定的数量。④清霄：天空。⑤此句：指隐居起来炼丹药。静隐：静处隐居。紫丹砂：指炼成的紫色丹药。⑥偃月炉：道家修炼内丹，把躯体当作丹炉来对待。认为在虚空的体内，会合成一个震卦的象，而震卦就像一个翘上的月牙一般，所以称偃月炉。玉蕊、金花：两者皆指内丹。由于外丹道最后结果是炼成丹药并服食成仙，而内丹道是炼就“精、气、神”而成仙，故内丹道把炼得“精、气、神”这一结果形象称为内丹。内丹道有“炼精”的说法，炼得的精就是玉蕊。精在内丹书中隐名极多，还有如真精、真阳、神水、坎水、黄芽、白虎等等。金花：内丹炼成后，双目内观，丹所发之光为黄光（如黄豆芽般大），故有黄芽或金花、蟾光之名。原词有注：夫偃月炉者，自丹鼎而流出乾婴清净，乃坤姹动浊互挟，两卦十二爻，每卦有六爻，五日为一候，炼月中七十二候之丹，十二月之要也。⑦朱砂鼎：跟偃月炉的说法近似，也不是实指。丹道认为，心空如鼎空，空则可入物烹调。

---

**商衟**（生卒不详）：字正叔，一作政叔。金元间曹州济阴（今山东荷泽曹县）人。出身于簪缨世家。其侄即至元元年任参知政事、枢密院副使的商挺（1209～1288），叔侄在曲坛上闻名遐迩。生活年代比元好问（1190～1257）稍晚，与元好问有通家之好。其往来东西，客居秦陇，好问有《陇山行役图》诗二首，记其漂泊生涯及二人友谊。好问《曹南商氏千秋录》又说他“滑稽豪侠，有古人风”。好词曲，善绘画，曾改编南宋初年艺人张五牛所作《双渐小卿诸宫调》，为青楼名妓赵真真、杨

玉娥所传唱，今已不传。与赵孟頫、高克恭同为名妓张怡云绘《怡云图》。明朱权《太和正音谱》评其词“如朝霞散彩”。今存散曲套数7套，小令4首。

## 【南吕·梁州第七】戏三英[①]

【幺】彩结鳌山[②]对耸，箫韶[③]鼓吹喧哗。仕女王孙知多少？宝鞍锦轿，来往交叉。酒豪诗俊，谢馆秦楼[④]。会传杯笑饮流霞[⑤]，见游女行歌尽《落梅花》[⑥]。向杜郎家酒馆里开樽，王厨家食店里饭罢，张胡家茗肆里分茶[⑦]。玉人，娇姹。爱云英辨利绛英天然俊[⑧]，共联臂同把。偶过平康赏茗妭[⑨]，越女吴姬。

老犁注：①三英：“三”不是实指，是指众多的意思。“英”常用于歌妓名，如云英、绛英。②鳌山：宋元时，元宵节闹花灯，用彩灯堆叠成巨鳌形状的灯山。③箫韶：舜乐名。泛指美妙的仙乐。④谢馆秦楼：指妓院。⑤流霞：传说中天上神仙的饮料。泛指美酒。⑥《落梅花》：即梅花落。汉乐府二十八横吹曲之一，传为李延年所作。自魏晋南北朝至明清，一直流传不息，是古代笛子曲的代表作品。⑦分茶：宋元时一种泡茶技艺，亦称茶百戏。就是用筅击拂茶汤，使其表面涌起茶沫，然后将茶沫表面划开使之呈现出各种图案和文字。后泛指烹茶待客之礼。⑧云英、绛英：皆歌妓名，泛指歌妓。辨利：言辞流利，能言善辩。天然俊：天生的美丽。⑨平康：唐长安丹凤街有平康坊，为妓女聚居之地。亦称平康里。赏茗妭 bá：赏好茶与美妇。妭：容貌美丽的妇人。

# 04

## 南宋末元初

JIN YUAN CHA SHI JI ZHU

**王艮**（1278~1348）：字止善，自号鸡游子，宋元绍兴诸暨人。同乡王冕的老师。为人尚气节，读书务明理致用。起家为吏。后历两浙都转运盐使司、海道漕运都万户府经历、江浙行省检校官、江西行省左右司员外郎，以淮东道宣慰副使致仕。弱冠游钱塘，与浦城杨仲弘、鄜州刘师鲁友善。论诗务取法古人之雄浑，而脱去近世萎蘼之习。为文为牟隆山、胡汲仲、穆仲、赵子昂、邓善之所赏识。拂衣归田后，家食者五年，扁所居曰“止止斋”。

## 追和唐询华亭[①]十咏其二·寒穴泉

石窦出寒冽[②]，湛湛天影[③]平。处静[④]能自洁，不汲元[⑤]无声。

饮之烦热除，鉴[⑥]此毛骨清。寄语沉酣[⑦]者，一啜当解酲[⑧]。

老犁注：①唐询：字彦猷，北宋杭州钱塘人。以父（唐肃）荫为将作监主簿。仁宗天圣中赐进士及第。历知归、庐、湖、苏、杭、青等州，任江西、福建、江东等路转运使，三司户部判官，给事中。好收藏名砚，著有《砚录》。华亭：指华亭县（今上海松江区），为松江府治所。②石窦：石穴。寒冽：寒冷。指寒冷泉水。③湛湛：清明澄澈貌。天影：（倒映在泉水里的）天的影子。④处静：居于幽静（之地）。⑤不汲：没有人来汲水。元：犹原。本来，原来。⑥鉴：照看。毛骨：毛发与骨骼。借指心体。⑦沉酣：沉醉；沉浸陶醉。⑧解酲 chéng：醒酒；消除酒病。

**王璋**（1275~1314）：字敬叔，宋元间宛陵（今安徽宣城）人。王圭之弟，与圭并以诗名，与戴表元等交游唱和。涿郡卢挚为宪使，极器重之。

## 小阁呈敬仲[①]兄

小阁才容六尺床，苦寒聊与蛰[②]俱藏。少安书卷偏能熟，谩[③]插瓶花已觉香。

桑火旋分蒸秫[④]灶，松风时和煮茶汤。闲中有事能谈妙[⑤]，不问维摩借道场[⑥]。

老犁注：①小阁：小楼阁。敬仲：王圭，字敬仲，元宁国路宣城人。与弟王璋并以诗名。有《敬仲集》。②蛰：动物冬眠。这里指冬眠的动物。③谩：通漫。散漫。④桑火：用桑树烧的火。秫 shú：古指有黏性的谷物。⑤谈妙：谈说宗教义理。⑥此句：不用向维摩诘借道场，只要全身心为了众生，举手投足皆是道场。

**仇远**（1247~1326）：字仁近，一字仁父，号近村，又号山村民，学者称山村先生，宋元间钱塘人。宋末即以诗名，与白珽并称仇白。入元，为溧阳州儒学教授，旋罢归，优游湖山以终。工诗文，擅书法。有《金渊集》《山村遗集》。

## 集庆寺[①]

平生三宿此招提[②]，眼底[③]交游更有谁。顾恺漫留金粟影[④]，杜陵忍赋玉华诗[⑤]。

旋烹紫笋犹含箨[⑥]，自摘青茶未展旗[⑦]。听彻洞箫清不寐[⑧]，月明正照古松枝。

老犁注：①集庆寺：在杭州九里松附近，于淳祐十一年始建，次年夏天建成，是宋理宗为宠妃阎妃所建，是阎妃的功德院。阎妃，鄞县人，以妖艳专宠后宫。此寺的寺额皆御书，巧丽冠于诸刹，“轮奂极其靡丽”。当时就有人在法堂的鼓上书写“净慈灵隐三天竺，不及阎妃好面皮。”理宗深恨之，大索不得。元末该寺毁于战火，明洪武二十七年重建。留存有宋理宗御容一幅、燕游图一幅。②三宿：多次住宿。三是泛指，指多次。招提：寺院的别称。③眼底：眼前；眼下。④顾恺：指东晋顾恺之。漫：随便；随意。金粟影：顾恺之曾在南京瓦官寺绘过《维摩诘示疾壁画》，而维摩诘又称“金粟如来”，故称。⑤杜陵：指杜甫。玉华诗：《玉华宫》是杜甫创作的一首五言古诗，描写唐代旧宫的凄凉景象。⑥箨 tuò：笋壳。⑦青茶：青绿色的茶芽。未展旗：没有展开的叶片。⑧清不寐：清醒得不能入睡。

**月泉吟社诗**：月泉吟社是元初宋遗民诗人方凤、谢翱、吴思齐等在浙江浦江月泉创立的一个遗民诗社。元至元二十三（1286）年十月六日，月泉吟社以《春日田园杂兴》为题，限五、七言四韵律诗，征诗四方，于次年正月十五日收卷。在短短的三个月间，共得诗二千七百三十五卷，作者遍布浙、苏、闽、桂、赣各省。举办方评隙甲乙，选出二百八十名，于三月三日揭榜。取前60名排出名次，并对未入围但其中某诗句尚佳者作摘句刊录，合编为《月泉吟社诗》。为避元朝统治者找茬，很多作者都以笔名或自号参赛，故生平不详。

## 春日田园杂兴（第四名·仙村人）[①]

芳草东郊外，疏篱野老家。平畴一尺水，小圃百般花。

青箬[②]闲耕雨，红裙[③]半采茶。村村寒食近，插柳遍檐牙[④]。

老犁注：①月泉吟社给其评语为：“颔联十字，一毫不费力，自与黏泥体者不同，馀见杂兴。”仙村人，真名不详，古杭（今余杭区）白云社人。②青箬：青箬编成的斗笠。③红裙：借指采茶的少女。④檐牙：屋檐的檐口。

## 春日田园杂兴（第四十八名·感兴吟）①

儿结蓑衣妇浣纱，暖风疏雨趱桑麻②。金桃接种③连花蕊，紫竹移根带笋芽。
椎鼓踏歌朝祭社④，卖薪挑菜晚回家。前村犬吠无他事，不是搜盐定榷茶⑤。

老犁注：①月泉吟社给其评语为："此诗无一字不佳，末语虽似过直，若使采诗观风，亦足以戒闻者。"感兴吟：真名不详，桐江（今桐庐）人。②趱桑麻：催促做农事。趱 zǎn：催促。桑麻：桑和麻，借指农事。③接种：嫁接。④椎：chuí：槌子，这里指槌鼓。踏歌：指行吟；边走边歌。祭社：祀土地神。⑤搜盐定榷茶：官家来搜查私盐和确定征收的茶税。榷：征税。

## 春日田园杂兴三首其二（第五十一名·闻人仲伯）①

田园兴在半春天②，春事关心夜不眠。护撒③秧畦须拥水，辟栽蔬圃更隄川④。
青囊子粒⑤乡风旧，翠箬灵芽社雨⑥前。独立斜阳无限意，一声拨谷⑦野桥边。

老犁注：①月泉吟社给其评语为："三春分作三首，曲尽变态，非苟为敷演者所能。"闻人仲伯：原名陈希声，义乌人。②半春天：春天过了一半，即仲春。③护撒：农民育秧的水田中，有沟有畦，为使种子精准地抛撒到畦上，防止不小心掉漏到沟中，农夫要护着种子袋小心抛撒。④辟栽：开挖栽种。蔬圃：菜园。更：越发需要。隄川：堤防河川。⑤青囊子粒：指仲春时节，浙中农村很多植物种子接近成熟，如蚕豆、豌豆等，但果粒尚青，故称。⑥灵芽：喻茶叶。社雨：谓社日（古代祭祀土地神的节日，分春社和秋社。自宋代起，以立春、立秋后的第五个戊日为社日）之雨。这里指春社之雨。⑦拨谷：鸟名。即布谷。

## 春日田园杂兴三首其二（第五十二名·戴东老）①

昨夜西郊雷隐鸣，金穰检历②兆秋成。枪旗味向茶畦③蓄，饼饵④香从麦陇生。
拂去梁尘招燕乳，拨开檐网看蜂营⑤。谁家子女群喧笑，竞学卖花吟叫声。

老犁注：①月泉吟社给其评语为："三诗状三春之景，得处亦多，起头一句欠严重。"戴东老：月泉吟社内人，余不详。②金穰：古代根据太岁星运行的方位来预测年成的丰歉。太岁星运行至西宫（正西方，西方属金）称"岁在金"，预示农业丰收。穰：指瓜果的肉，借指丰收。检历：查阅历法。③枪旗：亦称旗枪。喻新长的茶芽。茶畦：种茶的土垄。④饼饵：饼类食品的总称。⑤蜂营：蜂巢。

## 春日田园杂兴（第五十九名·君端）①

白粉②墙头红杏花，竹枪③篱下种丝瓜。厨烟乍熟抽心菜，篝火新干卷叶茶④。

草地雨长应易垦，秧田水足不须车。白头翁妪闲无事，对坐花阴到日斜。

老犁注：①月泉吟社给其评语为："此真杂兴诗，起头便见作手。"君端：桐江（今桐庐）人，余不详。②白粉：刷墙的石灰。③竹枪：杆头削尖的竹杆。插地可编排成篱笆。④卷叶茶：烘干后茶叶成卷曲状。

## 春日田园杂兴（摘句·石姥寄客）[①]

水暖眠秧珥[②]，风香树茗旗[③]。

老犁注：①石姥寄客：生平不详。②秧珥 ěr：新发芽的稻谷呈玉色弯曲状，犹玉珥（珠玉做的耳饰）。故称秧珥。③茗旗：初生的茶芽。

## 春日田园杂兴（摘句·山野人）[①]

社近记穿黄茧子[②]，雨前趱摘紫旗枪[③]。

老犁注：①山野人：生平不详。②黄茧子：指用黄茧丝做成的衣服。陆游在《游山西村》中有"萧鼓追随春社近，衣冠简朴古风存"。指的就是在春社近时，农家有穿布衣素冠的习俗。而黄茧丝是病蚕所产的丝，不值钱，故农家都留自家做衣服穿。③雨前：谷雨前。趱 zǎn：催促。紫旗枪：淡紫色的茶芽。

---

**方一夔**（生卒不详）：一名夔，字时佐，自号知非子。宋元间严州淳安（今浙江淳安）人。方逢辰孙。尝从何梦桂学，累举不第，后以荐为严州教授。宋亡，筑室富山之麓，授徒讲学，学者称为富山先生。有《富山遗稿》。

---

## 春晚杂兴四首其二

懒向风轩[①]扫落花，暮年情态惜韶华。春盘[②]脆响供雷笋，夜焙芳蘚摘露芽[③]。

蚕老住眠[④]催作茧，燕来新乳[⑤]贺成家。狂游无复[⑥]少年梦，聊遣清吟[⑦]送日斜。

老犁注：①风轩：有窗槛的长廊或小室。②春盘：古代风俗，立春日以韭黄、果品、饼饵等簇盘为食，或馈赠亲友，称春盘。③芳蘚：即芳鲜，味美新鲜。也指新鲜美味的食物。露芽：茶芽。④蚕老住眠：蚕宝宝成熟，马上要住进茧子里休眠了。⑤新乳：新生的乳燕。⑥狂游：纵情游逛。无复：不再，不会再次。⑦聊遣：暂且抒发。清吟；清美的吟哦；清雅地吟诵。

---

**尹廷高**（？~1299 尚在世）：字仲明，号六峰，宋元间处州遂昌（今浙江丽水遂昌县）人。遭乱，宋亡二十年，始归故乡。尝掌教永嘉，秩满至京，谢病归。有《玉

井樵唱》。

## 壬午秋自翁村回奕山[①]三首其一

竟别桑乾水[②]，归并却似家[③]。春风故巢燕，夜雨废池蛙。

石径曾栽菊，砖炉旧煮茶。自怜萍梗[④]迹，何日定生涯[⑤]。

老犁注：①翁村、奕山：两者皆地名，在何处不详。②竟：结束。桑乾水：河名。今永定河之上游。相传每年桑椹成熟时河水干涸，故名。今写作桑干。③此句：一同去往奕山却像是到家一样。归：去往。并：并行，一同。④萍梗：浮萍与断梗。喻人行止无定。⑤生涯：人生，生命。

## 惠山泉

石乱香甘凝[①]不流，何人品第到茶瓯。可能一勺长安水，瞒得文饶老舌头[②]。

老犁注：①石乱：各种石头混杂。香甘：味香而甜。凝：停止；静止。②后两句：一勺长安的井水岂能糊弄得住李德裕的味蕾。唐武宗时，宰相李德裕（字文饶）好饮惠山泉，不惜人力，命建立水递铺将惠山泉运到京城长安，供其饮用。可能：能否。

## 中冷泉[①]

衮衮鱼龙[②]浪气腥，江心何处认中灵[③]。茶边滋味人知少，世上空疑[④]陆羽经。

老犁注：①中冷泉：原诗如此，应为中泠泉之误。此泉在镇江金山寺下扬子江江心屿中。中泠又被称为南泠、南零、中濡、南濡。②衮衮：大水奔流貌。鱼龙：鱼和龙。泛指鳞介水族。③中灵：应为中濡之误。④空疑：无端怀疑。

## 绿坡山居

十年离乱谩思家[①]，孤负东山[②]几度花。白鹤有心恋华表[③]，青猿[④]无梦到天涯。

春风添种陶潜菊，暇日重评陆羽茶。甚欲从君赋招隐[⑤]，小舟分钓柳边沙。

老犁注：①离乱：变乱，多指战乱。谩思：乱想；不切实际的空想。谩：通漫，不切实。②东山：据《晋书·谢安传》载，谢安早年曾辞官隐居会稽之东山，经朝廷屡次征聘，方从东山复出，官至司徒要职，成为东晋重臣。后因以“东山”为典。指隐居或游憩之地。③此句：有“华表鹤”之典，典出陶潜《搜神后记·卷一》，“辽东城门有华表柱，忽有一白鹤集柱头，时有少年，举弓欲射之，鹤乃飞，徘徊空中而言曰：‘有鸟有鸟丁令威，去家千岁今来归。城郭如故人民非，何不学仙冢垒垒。’遂高上冲天。”大意为：丁令威学道成仙，千年后化白鹤飞归辽东故乡，感慨城郭如旧而人民已非。常用以表现久别家乡重归，感叹人事变迁；或表现客居异地，对家乡亲故的眷念。华表：古代设在桥梁、宫殿、城垣或陵墓等前兼作装饰用的巨大柱子。④青猿：黑猿。青：黑色。古代高僧常养青猿为伴。南梁宝掌和尚有《题朗禅师壁》诗曰：“白犬衔书至，青猿洗钵回”。⑤招隐：招人归隐。

## 堂成而方外芥室和尚玉溪道士访予玉井峰相对啜茶一笑忘言真会一也[①]

携手孤峰蹑紫霞[②]，船来陆到总无差。从教庐阜传三笑[③]，要学双林[④]会一家。

格物隐然参柏子[⑤]，养心即是炼丹车[⑥]。莫将门户论分别，鼎踞蒲团[⑦]且啜茶。

老犁注：①标题断句及注释：堂成，而方外芥室和尚、玉溪道士访予玉井峰，相对啜茶一笑，忘言真会一也。堂成：指尹廷高的玉井峰会一堂落成。方外：世外，出家人呆的地方。芥室和尚：和尚的名号叫芥室。玉溪道士：道士的名号叫玉溪。玉井峰：清光绪《遂昌县志》卷之二《山水》中记载：“玉井峰，在邑西二十里，元尹六峰筑‘会一堂’而隐焉。”明朝汤显祖在遂昌任知县期间曾有诗云：“君子山前放午衙，湿烟青竹弄云霞；烧将玉井峰前水，来试桃溪雨后茶。”真会一也：真正的会晤一次啊！②蹑 niè：踩踏，有意识地踩踏。紫霞：紫色云霞。道家谓神仙乘紫霞而行。③从教：听任；任凭。庐阜 fù：庐山。传三笑：指“虎溪三笑”之典。④要学双林：指要学庐山东林寺和尚慧远，把儒家的陶潜明和道家的陆修静，叫到东林寺来会晤，喝茶论道。双林：指释迦牟尼涅槃处。借指寺院。这里亦指东林及西林两寺。⑤格物：推究事物之理。参柏子：佛教禅宗有出自赵州和尚的“庭前柏树子”公案，赵州和尚曾以“庭前柏树子”这一句话来接引弟子领悟禅机奥义。后以“庭前柏树子”指“去妄想重在自悟”的修禅典实。⑥炼丹车：指丹道修炼所运用的方法。⑦鼎踞：指三人鼎足而坐。蒲团：蒲草编的扁圆形坐垫。

## 再辟耕云[①]隐居

凿岩重辟旧吟庐[②]，天遣[③]幽居入画图。茶灶笔床[④]清意思，蒲团竹榻静工夫。

田园自觉渊明[⑤]是，泉石甘随柳子[⑥]愚。莫笑吾居仅容膝[⑦]，心闲无事即蓬壶[⑧]。

老犁注：①耕云：在云里耕种，指修道。②重辟：重新开辟，再次开辟。吟庐：犹诗庐。写诗诵诗的房子。③天遣：此指上天派发。④茶灶笔床：亦作笔床茶灶。茶灶即煮茶用的小炉；笔床即笔架。唐陆龟蒙隐居时的标配物件。借指隐士淡泊脱俗的生活。⑤渊明：指东晋田园诗人陶渊明。⑥柳子：指柳宗元。他在散文《愚溪诗序》借写愚溪（在湖南永州市西南，本名冉溪，柳宗元改其名为愚溪，并名其东北小泉为愚泉，意谓己之愚及于溪泉）而进行自我写照，全文用一“愚”字导引贯穿，而点次成章。⑦容膝：仅容两膝，形容居室狭小。汉代韩婴《韩诗外传》卷九："今如结驷列骑（高车骏马连接成队，形容高贵显赫），所安不过容膝，食方丈于前（有成语"食前方丈"，指吃饭时面前一丈见方的地方摆满了食物，形容吃的阔气），所甘不过一肉。"后人常以"容膝之安"或"容膝易安"，形容隐居或在较艰苦的生活条件下，依然心安理得。⑧蓬壶：即蓬莱。古代传说中的海中仙山。

## 谢友人寄梨

大谷[①]风流品最高，筠篮分饷寄边遥[②]。香含白雪凝肌莹，脆嚼清冰到齿消。

饤座恍疑[③]见颜色，捣浆还洗□□□。枯肠[④]得此时沾润，不假[⑤]卢仝茗碗浇。

老梨注：①大谷：地名。又称大谷口、水泉口。在今洛阳市南，其地以产梨著名。②筠 yún 篮：竹篮。饷 xiǎng：本义是给在田间里劳动的人送饭，引申指食物。这里指梨。边遥：遥远的边地。③饤 dìng 座：谓陈设于座席。也指饤座梨，即席间供设之梨。恍疑：犹仿佛。④枯肠：饥渴之肠。喻枯竭的文思。唐卢仝在《走笔谢孟谏议寄新茶》中有"三碗搜枯肠，唯有文字五千卷"之句。⑤不假：不需要。

## 玉井峰会一堂[①]五首其二

阒然空宇[②]悄无声，趺坐安禅[③]境最清。四壁与天元[④]不隔，六窗[⑤]含月喜长明。

投机要识无繻锁[⑥]，煮茗时烧折足铛[⑦]。自笑幽人尚多事[⑧]，长镵带雪斸黄精[⑨]。

老梨注：①玉井峰会一堂：尹廷高在遂昌玉井峰所建的一处取名为"会一"的山堂。②阒 qù 然：寂静貌。空宇：幽寂的居室。③趺坐：盘腿端坐。安禅：安静坐禅，俗称打坐。④元：同原。⑤六窗：佛教指六根。谓眼、耳、鼻、舌、身、意。⑥投机：两相契合。无繻 xū 锁：无须用缯布锁缚。⑦折足铛 chēng：断脚锅。多见于贫寒之士煮茶之用。⑧幽人：幽隐之人；隐士。多事：做多余的事，做不应该做的事。⑨长镵 chán：亦作长搀、踏犁。古踏田农具（先用脚将其踩插入泥土，然后翻起泥土）。斸 zhú：大锄。引申为挖。黄精：药草名。多年生草本，中医以根茎入药。仙家以为芝草之类，以其得坤土之精粹，故谓之黄精。

---

**邓文原**（1259~1328）：字善之，一字匪石，人称素履先生，宋元间绵州（今四川绵阳，古属巴西郡）人，故世称其为"邓巴西"。早年随其父避兵乱，徙钱塘（今杭州）。博学工古文，内严而外恕，家贫而行廉。历官江浙儒学提举、江南浙西道肃政廉访司事、集贤直学士兼国子监祭酒、翰林侍讲学士，卒谥文肃。其政绩卓著，为一代廉吏，其文章出众堪称元初文坛泰斗。著述有《巴西文集》《内制集》《素履斋稿》等。书法为赵孟頫所荐，大显于当世，并与赵孟頫、鲜于枢并称为"元初三大书法家"。

---

## 惠山夏日酌泉燕集[①]

我生懒拙百不堪[②]，放意林壁[③]穷幽探。兹山九龙[④]势飞动，鬐鬣[⑤]错落盘松楠。高风吹衣凌[⑥]险远，太湖渺渺天西南。泉流不逐湖波逝，融为冰镜开尘函[⑦]。六月火云生热恼[⑧]，三嚥[⑨]冰雪开清甘。试将水品证泉味，一语须唤山僧参。层台桑苎[⑩]悄遗像，古屋弥勒空香龛[⑪]。五年两历惠山顶，未办草具来卓庵[⑫]。白鸟翻风[⑬]导先路，黑云垂地随归骖[⑭]。酒醒呼枕听风雨，老龙卷水空溪潭。抚掌欢游[⑮]已陈迹，隐隐孤舟沉暮岚[⑯]。

老犁注：①燕集：宴饮聚会。②不堪：极坏；糟糕。③林壁：林间崖壁。④九龙：惠山在南朝被称为历山，山有九陇（九条山脊），又被称为九龙山。因传惠山曾有十三个泉眼。故又称之为九龙十三泉。⑤鬐鬣 qíliè：鱼、龙的脊鳍。这里指惠山的山脊。⑥凌：迫近。⑦尘函：即尘匣，充满粉尘的梳妆盒。此句意指泉水像冰镜一样从充满粉尘的盒中闪现出来。⑧热脑：谓焦灼苦恼。⑨三嚥：即三咽。吞咽三次。⑩桑苎：陆羽，号桑苎翁。⑪香龛：犹香炉。⑫草具：粗劣的饭食。卓庵：建立草庵。卓：建立，竖立。⑬翻风：随风翻动。⑭归骖：犹归车。谓驱车返归。⑮抚掌：拍手。多表示高兴。欢游：欢聚嬉游。⑯暮岚：傍晚山间升起的雾气。

---

**白珽**（1248~1328）：字廷玉，号湛渊，又号栖霞山人，宋元间钱塘（今杭州）人。少颖敏，博通经史。世祖至元末授太平路儒学正，摄行教授事，建天门、采石二书院。仕至儒学副提举。诗文一主于理，刘辰翁称其诗逼陶、韦，书逼颜、柳。有《湛渊集》。

---

## 题惠山

名山名刹大佳处[①]，绀殿翠宇[②]开云霞。陆羽乃事[③]已千载，九龙诸峰元[④]一家。
雨前茶有如此水，月里树[⑤]岂寻常花。奇奇怪怪心语口，无根[⑥]拄杖任横斜。

老犁注：①大佳处：最美的地方。②绀殿：指佛寺。翠宇：色彩明亮的楼宇。翠：色调鲜明。③乃事：此事。指研究茶经之事。④九龙诸峰：惠山由九陇和九峰组成。元：通原。⑤月里树：月亮上的桂花树。⑥无根：比喻行踪无定。

---

**冯子振**（1257~约1331）：字海粟，自号瀛洲洲客、怪怪道人，宋元间湖南攸县人。为人博闻强记，才气横溢；文思敏捷，下笔万言，倚马可待；以文章称雄天下。至元、大德间，曾任承事郎、集贤殿待制。与天台陈孚友善，与赵孟頫以文字交，与中峰明本禅师有《梅花百咏》唱和。晚年归乡著述，一生著述颇丰，传世有《居庸

赋》《十八公赋》《华清古乐府》《海粟诗集》等书文。以散曲最著，今存小令40余首，以【鹦鹉曲】篇最著名。

## 云林清远[1]四时词四首其四

嘉平腊酿渴茶铛[2]，直待龙沙[3]雪水烹。舞彻瑶台千岁翮[4]，鹤丹回施范长生[5]。

老犁注：①云林：隐居之所。清远：清美，幽远。②嘉平：腊月的别称。渴茶铛：着急想喝茶。渴：喻迫切。茶铛chēng：似釜的煎茶器，深度比釜略浅，与釜的区别在于它是带三足且有一横柄。③直待：一直等到；直要。龙沙：白龙堆沙漠。在新疆天山南路。借指积雪。④瑶台：积雪的楼台。千岁翮hé：千年的羽毛，喻雪。翮：羽毛。⑤此句意思：这"千年翮"（雪）就仿佛是飞来回报范长生的一大群白鹤的羽毛。鹤丹：指鹤。因鹤为丹顶，故称。回施：犹报效。范长生：魏晋时四川青城山道士，是天师道张鲁（张道陵的孙子）的继承者，曾助成汉建国，并拜相，功绩上与诸葛亮相类似，拜相期间，他使蜀地一度出现民生富足，安居乐业的局面。相传青城山有一羽衣道人（名徐佐卿）有化鹤之术，他为感激范长生的功绩，曾在长生宫（其址在今都江堰鹤翔山庄）为范长生变化出"万鹤齐翔"的景象，后来每年春夏之间，这里都有数千仙鹤云集于千年桢楠之上。

## 【正宫·鹦鹉曲】四十二首其十·陆羽风流

儿啼漂向波心[1]住，舍得陆羽[2]唤谁父？杜司空[3]席上从容，点出茶瓯花雨。

【幺】散[4]蓬莱两腋清风，未便玉川仙去[5]。待中泠[6]一滴分时，看满注黄金鼎[7]处。

老犁注：①波心：水中央。②陆羽：茶圣陆羽小时候是个弃婴，"竟陵僧有于水边得婴儿者，育为弟子。"所以陆羽不知道谁是他的父亲。③司空：官名。疑为唐宰相杜审权，其曾任检校司空。故称。这里指饮茶方面出了个风流的陆羽之后，接着达官贵人便开始风靡饮茶了。④散：逍遥。⑤未便：不要立即。玉川仙去：唐代诗人卢仝，自号玉川子。在《走笔谢孟谏议寄新茶》诗中有"七碗吃不得也，唯觉两腋习习清风生。蓬莱山，在何处？玉川子乘此清风欲归去。"之句。⑥中泠：中泠泉，在镇江金山寺下扬子江江心屿中。⑦黄金鼎：即铜风炉。

## 【正宫·鹦鹉曲】四十二首其十一·顾渚紫笋[1]

春风阳羡[2]微喧住，顾渚问茗叟吴父[3]。一枪旗[4]紫笋灵芽，摘得和烟和雨。

【幺】焙香时碾落云飞，纸上凤鸾衔去[5]。玉皇前宝鼎亲尝[6]，味恰到才情写处[7]。

老犁注：①顾渚紫笋：浙江长兴顾渚产紫笋茶。传说此茶被陆羽发现，并建议当地官员推荐给皇上，之后即成为贡品。②阳羡：今江苏宜兴，与浙江长兴毗邻，此地产阳羡茶。③苕叟：苕溪上的老叟。苕：苕溪：发源于天目山，流经湖州入太湖。吴父：吴地的长者。④枪旗：亦称旗枪。喻新长的茶叶。新长出的茶叶分顶芽和展开的嫩叶，顶芽称枪，嫩叶称旗。⑤纸上凤鸾：外包装纸上印着的凤鸾图案。衔去：衔茶去。指包上茶叶进贡。⑥玉皇前宝鼎亲尝：当着玉皇的面，架起宝鼎烹煮亲尝。意指茶到了神仙那里才配尝饮。⑦才情写处：才情有了发挥抒发的地方。

## 【正宫·鹦鹉曲】四十二首其三十五·南城赠丹砂道伴[1]

长松苍鹤[2]相依住，骨老健称褐衣[3]父。坐烧丹[4]忘记春秋，自在溪风山雨。【幺】有人来不问亲疏，淡饭一杯茶去。要茅檐卧看闲云，梅影转幽窗雅处。

老犁注：①南城：地名。疑指北京南城天庆寺（旧址在天坛之北东晓市街上，今天坛少年活动中心）。冯子振曾参加了由鲁国大长公主祥哥剌吉组织的著名的天庆寺雅集。道伴：修道的伙伴。②长松苍鹤：中国古代喻长寿之物。③骨老：犹年老。健：精力充沛。褐衣，粗布衣服。④坐烧丹：因炼丹。

## 【正宫·鹦鹉曲】四十二首其四十一·青衫司马

青衫司马[1]江州住，月夜笛厌听村父[2]。甚有传旧谱琵琶，切切嘈嘈檐雨。【幺】薄情郎又泛茶船，近日又浮梁[3]去。说相逢总是天涯，诉不尽柔肠苦处。

老犁注：①青衫司马：指白居易，曾被贬江州司马。②笛厌：笛声压抑。听村父：犹听村野之声的烦扰。③浮梁：今景德镇市浮梁县，是瓷器和茶叶的集散地。

**任士林**（1253～1309）：字叔实，号松乡，宋元间庆元鄞县（今浙江宁波鄞州区）人。幼颖秀，六岁能属文，诸子百家，无不周览。后讲道会稽，授徒钱塘。武宗至大初，荐授湖州安定书院山长。为文沉厚正大，一以理为主。有《松乡集》。

## 用韵酬陈渭叟林伯清[1]

我本厌尘市[2]，志在栖幽清[3]。还听客城雨，深夜愁寒更[4]。山中两道士，孤铛煮雷鸣。漱沐得清谣[5]，久却世上名。何用王子乔[6]，相从学长生。

老犁注：①陈渭叟：元代葛溪景德观道士。葛溪，发源于临安南天目山皇天坪，流经浙江省富阳新登（古称东安），后汇入富春江。陈渭叟与张翥、马臻、张雨、吾丘衍等诗人多有诗文唱和。诗人张雨《寄题陈渭叟紫云编用张仲举韵》中有“葛溪观主陈渭叟，高行绝人诗益工。”诗人吾丘衍《送陈渭叟还葛溪景德观》“葛溪去钱塘，一百三十里。”《浙江通志》载：渭叟，杭州人，读书学道不混俗，不忤物(触犯人)，赋诗有天然趣，隐居葛溪上，岁一来。杭城中名人胜士争要致之。惟恐其去也，所著《紫阳编叶森类集》题诗云：一度诗来一见君，只应芳杜袭兰薰，有时写到游仙句，绕笔秋香生紫云。林伯清：从诗中判断也是一名道士，余不详。②厌尘市：嫌弃尘世。尘市：犹尘世；市井。③幽清：幽静清雅之境。指隐居的地方。④寒更：寒夜的更点。借指寒夜。⑤漱沐：盥洗沐浴。清谣：指秦汉时商山四皓所作的歌。⑥王子乔：传说中的仙人名。汉刘向《列仙传·王子乔》：“王子乔者，周灵王太子晋也。好吹笙作凤凰鸣。游伊洛间，道士浮丘公接上嵩高山。三十余年后，求之于山上，见柏良曰：‘告我家：七月七日待我于缑氏山巅。’至时，果乘鹤驻山头，望之不可到。举手谢时人，数日而去。”

---

**刘诜**（1268~1350）：字桂翁，号桂隐，宋元间庐陵（今江西吉安）人。两岁失母，七岁失父，九岁宋亡。性颖悟，能文章，十二岁作科场律赋策论，宋遗老一见即以斯文之任期许。成年后以师道自居，教授门徒为生，江南行御史台屡以教职举荐，均未赴职。延祐初恢复科举，十年不第，终生未仕。乃刻意于诗及训诂笺注之学。为文根柢《六经》，蹦跞诸子百家，融液今古，四方求文者日至于门。卒年八十三，私谥文敏。有《桂隐集》。

---

## 山居即事[①]四首其三

竹架[②]已藏扇，陶瓶时煮茶。疏疏[③]十日雨，开尽黄葵花。

老犁注：①即事：指以当前事物为题材写的诗。②竹架：竹制书架。③疏疏：稀疏貌。

## 和萧克有主簿沅州竹枝歌[①]四首其二

沅人健饭[②]无盘蔬，沅土多热无鸡苏[③]。官船自有龙凤茗[④]，试写松风斑鹧鸪[⑤]。

老犁注：①萧克有：人之姓名，生平不详。主簿：州县中主管文书，办理事务的官员，相当现在的秘书长。沅 yuán 州：唐贞观八年（634）分辰州置巫州，天授二年（691）改沅州，治龙标县（今湖南洪江市西北黔城镇），北宋熙宁七年(1074)，移治卢阳县（今芷江县)。辖境相当今怀化、芷江、洪江、麻阳、新晃等市、县。②健饭：食量大，食欲好。盘蔬：盘中果蔬。③鸡苏：草名。即水苏。其叶辛香，可以烹鸡，故名。④龙凤茗：龙凤团茶。宋时制为圆饼形贡茶，上有龙凤纹。⑤松风：喻烹茶的响声。斑鹧鸪：茶汤表面鹧鸪斑样的茶沫。

## 和张汉英见寿[1]

吾里文章小晏[2]家，才情欲学贾长沙[3]。妙书鸿戏[4]秋江水，佳句风行晓苑花。

富贵未来歌扣角[5]，畸穷[6]相对赋煎茶。芳年京国蜚腾[7]近，预想春车堕马挝[8]。

老犁注：①张汉英：人之姓名，生平不详。见寿：对我的祝寿。②吾里：犹我家乡。小晏 yàn：宋晏几道与其父晏殊齐名，世称晏几道为小晏。③贾长沙：一般指贾谊。④妙书鸿戏：精美的字迹像鸿鸟戏玩时留下的痕迹。⑤扣角：亦作扣角歌。汉刘向《新序·杂事五》载：相传春秋时卫人宁戚家贫，在齐，饭牛（喂牛）车下，适遇桓公，因击牛角而歌。桓公闻而以为善，命后车载之归，任为上卿。后以“扣角”为求仕的典故。⑥畸穷：非常贫穷。⑦芳年：美好的年岁。京国：京城；国都。蜚腾：犹言飞黄腾达。蜚通飞。⑧马挝 zhuā：即马檛 zhuā，马鞭子。

## 和友人游永古堂二首其二

胜日[1]偶寻山寺幽，老僧石鼎沸茶沤[2]。市穷[3]路转得此地，人语经声在小楼。

君似渊明来白社[4]，我如苏子说黄州[5]。雪干沙静春晴好，出郭何妨更小留[6]。

老犁注：①胜日：指亲友相聚或风光美好的日子。②石鼎：陶制的烹茶炉具。沸茶沤：沸水点茶时用筅激出的茶沫。③市穷：粗俗贫穷。④渊明来白社：陶渊明来到白莲社。陶渊明经常造访白莲社慧远法师。净土宗白莲社：东晋净土宗始祖释慧远在庐山东林寺，与慧永、慧持、刘遗民、雷次宗等结社精修念佛三昧，誓愿往生西方净土，又掘池植白莲，称白莲社。见晋无名氏《莲社高贤传》。⑤苏子说黄州：指说苏东坡被贬黄州事。⑥小留：暂时留止。小通少。

## 和友人病起自寿[1]

药案[2]常行鼠迹尘，花枝闲结胆瓶春[3]。病馀不放吟诗乐，别久重如识面[4]新。

鹦鹉茶[5]香分供客，荼蘼酒[6]熟足娱亲。与君共语如铜狄[7]，长作比邻还往人[8]。

老犁注：①病起：病愈。自寿：常用作书信套语，谓自我保重。寿：保寿。保延年寿，犹保重身体。②药案：放药的小桌子。③结：扎。胆瓶：长颈大腹的花瓶。④识面：相见。⑤鹦鹉茶：茶名。⑥荼蘼酒：宋元时一种酒，饮时在酒上撒上荼蘼花瓣，故称。亦有说是一种重酿的甜米酒。⑦铜狄：铜人。《汉书·五行志下之上》：“史记秦始皇二十六年，有大人长五丈，五履六尺，皆夷狄服，凡十二人，见于临洮……是岁始皇初并六国，反喜以为瑞，销天下兵器，作金人十二以象之。”常以“摩挲铜狄”之词，慨叹时光消逝，世事变迁。⑧还往人：往来之人。指亲朋。

## 丁巳上元前一夕留饮萧氏盘中和友人韵[①]二首其一

香篆[②]萦帘九曲盘，清尊对客语更阑[③]。不妨小雨留人住，未觉东风到酒寒。

绛烛烧[④]廊春意闹，玉笙连巷市声[⑤]欢。文园元有吟诗渴[⑥]，更爱茶香透舌端。

老犁注：①标题断句及注释：丁巳上元前一夕，留饮萧氏盘中，和友人韵。上元前一夕：元宵节的前一天。留饮萧氏盘中：留在萧家吃饭时。盘中：指吃饭当中。②香篆：指焚香时所起的烟缕。因其曲折似篆文，故称。③清尊：亦作清樽。酒器。亦借指清酒。更阑：更深夜残。④绛烛：红烛。烧：照耀；照射。⑤玉笙：笙的美称。这里措指笙的吹奏声。市声：街市或市场的喧闹声。⑥文园：司马相如曾任文园令。元：同原。渴：口渴。司马相如患有消渴病。

## 清明和李亦愚[①]

煮茶闭户看残编[②]，风味凄凉似玉川[③]。春到名花偏久雨，人逢佳节恨衰年。

棠梨野馆[④]轻寒燕，杨柳人家薄暮烟。新水[⑤]夜来生郭外，麦畦桑陇[⑥]不论钱。

老犁注：①李亦愚：人之姓名，生平不详。②残编：残缺不全的书。③玉川：茶仙卢仝，号玉川子。后世诗文中常以“玉川”代称茶。④棠梨：乔木名，俗称野梨。野馆：乡村旅舍。⑤新水：春水。⑥桑陇：种有桑树的陇头。

## 春寒闲居五首其一（节选）

春寒霰[①]时集，淅沥[②]在高叶。鸟鸣日已宴[③]，寂寂[④]茶鼎歇。

老犁注：①霰 xiàn：霰子。水汽在高空遇冷凝结成的小冰粒，多在雪前落下。②淅沥：象声词。形容霰子打在叶子上的声音。③晏：安静。④寂寂：寂静无声貌。

## 石洞杂赋三首其三・石泉[①]（节选）

蹇步独竛竮[②]，矫想为欣然[③]。瓢汲试茶鼎，庶足凌[④]飞仙。

老犁注：①原诗有序：庐陵罗士奇都事葬母新淦石洞，山水甚佳。丙子冬，其侄履贞邀同游，穿幽觅胜，相与徘徊者连日，择其景之尤佳者赋诗。②蹇 jiǎn 步：谓步履艰难。竛竮 língpíng：行走不稳貌。③矫想：假想。欣然：喜悦貌。④庶足：也许足以。凌：升。

## 萧孚有以左耳陶瓶对客煎茶名快媳妇坐间为赋十六韵[①]

南中土埴坚[②]，妙器出陶火。控抟[③]雅以静，整削平不颇。浑沦[④]象瓜团，短小类橘颗[⑤]。粤椰实尽刳[⑥]，蜀芋肤未剥。喙如柄揭西[⑦]，耳若柳生左[⑧]。油滋饰外锻[⑨]，灰坌增下裹[⑩]。高斋[⑪]奉煎烹，汤势疾轩簸[⑫]。狭束蟹眼[⑬]高，薄逼[⑭]车声播。俄顷润渴喉，巧妇愧其惰。乃知转旋[⑮]工，政要倾酌妥[⑯]。主翁[⑰]嗜吟诗，佳客时满座。呼童汲清深[⑱]，瀹雪浇磊砢[⑲]。急需既能应，闲弃无不可[⑳]。东家重函鼎[㉑]，菌蠢腹徒果[㉒]。美人预为齑[㉓]，常恐迟及祸[㉔]。何如且小用[㉕]，慎勿诮么么[㉖]。

老犁注：①标题断句及注释：萧孚有以左耳陶瓶对客煎茶，名快媳妇，坐间为赋十六韵。萧孚有：人之姓名，生平不详。左耳陶瓶：制有左耳的陶瓶。快媳妇：拟人言之，喻此陶瓶煮水很快。坐间：座席之中。②南中：川南和云贵一带。埴 zhí：黏土。③控抟 tuán：引持，控制。④浑沦：亦作浑仑。囫囵；整个儿。⑤橘颗：橘树的果实。⑥粤椰：广东椰子树的果实。刳 kū：挖，挖空。⑦喙如柄：瓶嘴如柄。揭西：长在西侧。揭：突出；长出。⑧此句：瓶耳如弯垂的柳枝长在左侧。古代主人待客通常坐北朝南，其左侧是东面，右侧是西面。⑨此句：用油将陶瓶外包裹着的金属保养起来。这个金属可能是固定陶瓶的环圈。⑩此句：灰垢把瓶底裹了厚厚一层。坌 bèn：尘埃。⑪高斋：高雅的书斋。常用作对他人屋舍的敬称。⑫汤势疾轩簸：汤煮开的势头快得像掀动簸箕一样。轩：飞扬，翻动。⑬狭束：犹狭窄；范围小。蟹眼：水煮开时的小水泡。⑭薄逼：迫近。薄通迫。⑮转旋：须臾之间。⑯政要：有权有地位的人。这里指高贵的朋友。倾酌妥：刚饮完酒。妥：停止。⑰主翁：犹主人。与“客人”相对。⑱清深：水色清澈。⑲瀹雪：烹雪水。磊砢 luǒ：亦作磊坷、礌砢。形容郁结在心中的不平之气。⑳此两句：指急需饮茶时，马上就可以煮好饮用，不想饮用，闲放在那也没事。㉑重函鼎：喜欢用坛坛罐罐。㉒此句：短小的瓶腹就如一个圆光的果实。菌蠢 chǔn：谓如菌类之短小圆实。徒：光，裸。㉓此句：美人准备研茶烹茶。齑 jī：捣碎的茶末。㉔此句：常常怕烹茶动作太慢给主人带来难堪。㉕此句：简单快速是这种陶瓶烹茶的优点，为什么不可以拿来小用一下呢？㉖诮么么：责备一点点。诮 qiào：责备。么么：微细貌。

---

**贡奎**（1269~1329）：字仲章，号云林，宋元间宁国宣城（今安徽宣城）人。十岁能属文。初为池州齐山书院山长。成宗时中书奏授太常奉礼郎，上书言礼制，朝廷多采其议。迁翰林国史院编修官，转应奉翰林文字，累拜集贤直学士。卒谥文靖。与元明善、袁桷、邓文原、虞集、马祖常、王士熙等唱和，名响词林。有《云林集》。

---

## 和袁伯长冬至燕集[①]韵（节选）

香销神用舒[②]，棋覆心罢战。培花候奇识[③]，煮茗遂清咽[④]。

老犁注：①袁伯长：袁桷，字伯长，号清容居士，元庆元路鄞县人。官至翰林侍讲学士。泰定初辞归。卒谥文清。著有《易说》《春秋说》《延祐四明志》《清容居士集》。燕集：宴饮聚会。②此句：香烟散尽换来的是精神的舒坦。神用：精神的功用。③培花：种花。候奇识：等候新奇的发现。④清咽：清润咽喉。

## 登虎丘山（节选）

煮茗试泉洌[①]，焚香延宿篝[②]。疏雨催晚归，溪波散浮沤[③]。

老犁注：①泉洌：泉水清冽。②宿篝：犹夜篝。夜里取暖的熏笼。③浮沤：水面上的泡沫。因其易生易灭，常用来比喻变化无常的世事和短暂的生命。

---

**杜本**（1276~1350）：字伯原，号清碧，世称清碧先生，宋元间清江（今江西宜春樟树市）人。博学，善属文。自谓得浦城杨仲弘诗法，尝集宋末遗民二十九人诗百篇，题曰《谷音》。隐居武夷山中。文宗即位，闻其名，以币征之，不赴。顺帝时以隐士荐，召为翰林待制，奉议大夫，兼国史院编修官，称疾固辞。为人湛静寡欲，尤笃于义。天文、地理、律历、度数、无不通究，尤工于篆隶。有《四经表义》《清江碧嶂集》等。年七十有五卒于武夷。

---

## 寒月泉

齧冰激[①]齿颊，咽雪[②]涤胃肠。此水若寒月，饮之年命长。

老犁注：①齧 niè：同啮，啃、咬。激：迅疾猛烈地刺激。②雪：喻白色茶沫。

## 咏武夷茶

春从天上来，嘘拂通寰海[①]。纳纳[②]此中藏，万斛珠蓓蕾[③]。

一径入烟霞[④]，青葱渺四涯[⑤]。卧虹桥百尺，宁羡玉川[⑥]家。

老犁注：①嘘拂：轻轻吹拂。寰海：海内；全国。②纳纳：包容貌。③万斛 hú：极言容量之多。古代以十斗为一斛，南宋末年改为五斗。珠蓓蕾：绿豆珠般的花芽。借指茶芽。卢仝在《走笔谢孟谏议寄新茶》中有“仁风暗结珠蓓蕾，先春抽出黄金芽”。④烟霞：云霞。泛指山水隐居地。⑤青葱：树木葱茏的山峰。渺四涯：远四边，让四边显得更遥远。⑥玉川：茶仙卢仝，号玉川子。

---

**李道纯**（生卒不详）：字元素，号清庵，别号莹蟾子。宋末元初道士。都梁（今湖南邵阳武冈市）人，得白玉蟾弟子王金蟾授受。他融合内丹道派南北二宗，同时兼收并蓄宋代理学、佛教特别是禅宗的心性之学，从而成就以“中和”为本的内丹心

性学说，使他成为道兼南北、学贯三教的一代宗师。

## 述工夫十七首其十六·蟾窟

蟾窟[1]清幽境最佳，主人颠倒作生涯[2]。玉炉煅炼[3]黄金液，金鼎烹煎白雪芽[4]。

斡运周天旋斗柄[5]，推迁符火运雷车[6]。自从打透都关[7]锁，恣意银河稳泛槎[8]。

老犁注：①蟾窟：月亮。②生涯：生命，人生。③煅炼：锻炼。煅同锻。④金鼎：鼎的美称。白雪芽：茶芽。⑤斡 wò 运：旋转运行。周天：环绕天球一周，指整个天空。斗柄：北斗之柄。指北斗的第五至第七星，斗柄的指向常用以判断季节变化。⑥推迁：推移变迁。符火：烧符之火。道家有符火、符水之说。雷车：雷神的车子。借指雷声。⑦都关：主关，中心关隘。⑧恣意：放纵，肆意。泛槎：泛仙槎。

**杨载**（1271~1323）：字仲弘，福建浦城人，后徙家于杭。少孤，博涉群书。年四十不仕，以布衣召为翰林编修，与修《武宗实录》。仁宗以科目取士，遂登延祐二年进士第，授承务郎、浮梁州同知，迁宁国路推官，未赴卒。载以文名，自成一家，诗尤有法，一洗宋季之陋。为赵孟頫所推重，其文名动京师，人多传诵。范梈序其诗曰“天禀旷达，气象宏朗。开口论议，直视千古。”与虞集、范梈、揭傒斯为“元诗四大家”。有《杨仲弘集》。

## 咏惠山泉

此泉甘洌冠吴中[1]，举世咸称煮茗功。路转山腰开鹿苑[2]，池攒石骨閟龙宫[3]。

声喧夜雨闻幽谷，彩发朝霞炫[4]太空。万古长流那有尽，探原疑与海相通。

老犁注：①吴中：广义上讲指长江以南，九江以西地域，狭义上讲指今天的苏州地区。这里指前者。②鹿苑：指鹿野苑。根据法显在《佛国记》中的记述，佛祖的前世迦叶佛（辟支佛）曾居住在鹿野苑，此地经常有野鹿出没，故而得名“鹿野苑”。今属印度北方邦瓦拉纳西。是佛陀在此初转法轮和成立僧伽团体的地方，是佛教四大圣地之一。后用“鹿苑”借指佛寺。③此句：泉池中堆聚的石头下面藏有龙宫。攒 cuán：聚集、簇拥。石骨：坚硬的岩石。閟 bì：古同闭。④炫：晃眼。

## 寄沈少微金华山[1]隐居（节选）

梯磴蹦[2]千级，烟霞过万重。缘崖收异荈[3]，步壑[4]数长松。

老犁注：①沈少微：人之姓名，生平不详。金华山：指金华北山。②梯磴：原指梯子的梯级。引指磴道，即登山的石径。踰：同逾。③缘：攀援。异荈：一种奇特的茶叶。④步壑：行走在沟谷之中。

**吾丘衍**（1272～约 1311），又名吾衍、吾邱衍，字子行，号贞白，又号竹房、竹素，别署真白居士、布衣道士，世称贞白先生。浙江衢州开化人，家居钱塘（今杭州）。以操行高洁称，秉性刚直豪放。左目失明，右脚痞跛，行动仍频有风度。好古学，通经史百家，谙音律，精六书。为金石学家，印学奠基人。与赵孟頫齐名。四十未娶，买酒家女为妾，却遇妾娘家讼事而受辱，投西湖而死。另据民国《衢县志》载，说其是借诗假死，隐姓埋名，遁归开化故里而颐养天年。著有《周秦刻石释音》《学古编》《闲居录》《周秦山房诗集》《晋文春秋》《尚书要略》等。

## 陈渭叟[①]赠新茶

新茶细细黄金色，葛水仙人赠所知[②]。正是初春无可侣，东风杨柳未成丝。

老犁注：①陈渭叟：元葛溪（在浙江富阳新登）景德观道士。②葛水仙人：指陈渭叟。所知：相识的人。

## 闲居录绝句[①]

烹茶茅屋掩柴扉，双耸吟肩更撚髭[②]。策杖逋仙[③]山下去，骚人正是兴来时。

老犁注：①原诗有序：晚宋之作诗，多谬句。出游必云‘策杖’，门户必曰‘柴扉’，结句多以梅花为说，尘腐可厌。余因聚其事为一绝云云。”②吟肩：诗人的肩膀。因吟诗时耸动肩膀，故云。撚髭 niǎnzī：撚弄髭须。唐卢延让《苦吟》：“吟安一个字，撚断数茎须。”谓推敲诗句而捋须吟哦，因以形容创作的艰苦。③逋仙：宋林逋隐于西湖孤山，不娶，以种梅养鹤自娱，人谓之“梅妻鹤子”“逋仙”。

## 范令[①]新茶诗

南山发荣秀[②]，金彩布晓阳[③]。惊雷尔何迟，奕叶粲以芳[④]。园夫履晨露，采掇盈篚筐[⑤]。石火不待温[⑥]，变此嘉卉苍[⑦]。仙蕤入京甸[⑧]，兹焉得馀香[⑨]。晨寒井浮花[⑩]，鼎暖雪[⑪]泛光。起坐豁幽思[⑫]，形神共相忘。玉浆琼房仙[⑬]，启齿为我尝。却顾玉川子[⑭]，招携碧云乡[⑮]。

老犁注：①范令：效法命作。②荣秀：茂盛。③金彩：光彩。晓阳：朝阳。④奕叶：重叠的叶子。粲以芳：美丽而鲜艳。⑤采掇 duō：摘取。篚 fěi 筐：盛物的竹器。

方曰筐，圆曰筐。⑥石火：以石敲击，迸发出的火花。其闪现极为短暂。这里指点火焙茶。不待温：不必温火。⑦嘉卉苍：茶叶的青色。嘉卉：美好的花草树木。这里指茶叶。⑧仙蕤 ruí：指茶叶。京甸：京都周围附近地区。泛指京城。⑨此句：此地（京城）啊沾了茶叶的馀香。焉：语气助词。表句中停顿，相当于“啊”。⑩浮花：取水时水面翻动的水花。⑪雪：喻煮茶时鼎中泛起的白色茶沫。⑫豁幽思：打开了郁结于心的思想感情。⑬玉浆：喻茶水。琼房：华美的房子。仙：轻松，自在。⑭玉川子：唐茶仙卢仝，号玉川子。⑮招携：招邀偕行。碧云乡：喻仙境。

---

**吴存**（1257~1339）：字仲退，号月湾，宋元间鄱阳（今江西上饶鄱阳县）人。宋末学者饶鲁私淑弟子。与黎廷瑞、徐瑞、叶兰、刘昺并称“鄱阳五先生”。部使者劝以仕，不赴。仁宗延祐初，强起为本路学正，改宁国教授。后聘主本省乡试，寻卒。有《程朱传义折衷》《月湾集》。

---

## 东湖十咏其七·荐福[①]茶烟

晴霏冉冉[②]上松枝，莫莫堂中茗事[③]迟。欲访赵州[④]消午困，趁渠蟹眼[⑤]未生时。

老犁注：①东湖：在今南昌东湖区，此湖今称八一公园。荐福：祭神以求福。②霏：弥漫的云气。冉冉：光亮闪动貌。③莫莫：肃敬貌。茗事：与茶有关的种茶、制茶、烹茶、饮茶、评茶等活动的统称。这里指烹茶、饮茶。④赵州：唐代高僧从谂曾用“吃茶去”一句话来引导弟子领悟禅机奥义。后以“赵州茶”来指代寺院招待的茶水。这里借指茶水。⑤渠：它。蟹眼：水煮开时的小气泡。

## 新安王仲仪访余不值又来浮梁得会纵游数日而别[①]（节选）

一朝邂逅论三载[②]，如寐得醒饥得啜。浮梁近郭多佛屋[③]，处处煮茶憩清樾[④]。

老犁注：①标题断句及注释：新安王仲仪访余不值，又来浮梁得会，纵游数日而别。新安：古有新安郡（280~758），即徽州（今黄山）与严州（今浙江建德一带）大部，古称新安，后成为徽州、严州地区的代称。本郡位于钱塘江上游的新安江流域，属于古代的浙西地区。王仲仪：人之姓名，生平不详。不值：没遇上。浮梁：即今景德镇浮梁县。是古代重要的瓷器和茶叶集散地。得会：得以相会。②论三载：讨论很久很久。三载，泛指时间之长，③近郭：近城郭的地方，近郊。佛屋：佛寺。④清樾：清静的树荫。樾 yuè：路旁遮阴的树。

## 八声甘州·禊日禁酤[1]

甚无情一信楝花风[2]，卷尽市帘青[3]。对楼台寂寂，管弦悄悄[4]，烟雨冥冥[5]。屋角提壶笑我，不上五峰亭[6]。此日流觞节[7]，宜醉宜醒。　　说与渠仆[8]知否，正门讥太白[9]，巷诟刘伶。网丝沉玉斝[10]，藓晕入银瓶[11]。右将军、兰亭诗序[12]，尽风流、千载事须停。西窗下、焚香昼永[13]，一卷茶经[14]。

老犁注：①禊 xì 日：禊事活动之日。古代民俗，临水祓 fú 除（消除。专指除灾去邪之祭。祓，除恶祭也）宿垢与不祥。一般均在春季三月上巳日进行。酤 gū：一夜酿成的酒，泛指酒。②一信：一候花信风。花信风：应花期而来的风。自小寒至谷雨，凡四月，共八个节气，一百二十日，每五日一候，计二十四候，每候一花，故有"二十四番花信风"之谓。楝花风：二十四番花信风最后一信。时当暮春。③市帘青：店铺外飘动着青色的幌子。市：市肆（市内店铺）。④悄悄：形容声音很轻。⑤冥冥 míng：昏暗迷漫貌。⑥五峰亭：指修禊事的地方。明正德《饶州府志》卷一"山川·鄱阳县"云："芝山，在城北一里。初名土素，刺史薛振于山巅得芝草三茎，因名。旧有芝亭、五峰亭、接山亭。"⑦流觞节：据王羲之《兰亭集序》上巳节有"曲水流觞"之雅集，上巳节亦称"流觞节"。⑧渠仆：他人和自己。⑨讥太白：讥笑李白。李白和刘伶都是嗜酒之人。⑩此句：蜘蛛网把酒杯罩住了。网丝：蜘蛛网。斝通斝。玉斝：玉制酒器。后指对酒杯的美称。⑪此句：苔藓长入了酒瓶。藓晕：若隐若现苔藓。晕，指环形痕迹。银瓶：白色瓷瓶的美称。⑫右将军：书圣王羲之，字逸少，累迁右军将军，人称"王右军"。兰亭诗序：永和九年，王羲之在浙江绍兴兰渚山下以文会友，开展上巳节修禊活动，并为此写下千古名篇《兰亭集序》。⑬昼永：白昼漫长。⑭茶经：指唐代陆羽的《茶经》。

## 木兰花慢·春兴

问东君[1]识我，应怪我，鬓将华。甚破帽蹇驴[2]，清明无酒，寒食无家。东风绿芜[3]千里，怕登楼、归思渺[4]天涯。烟外一双燕子，雨中半树梨花。　　日长孤馆小窗纱。新火试团茶[5]。想明月湾头、家家笋蕨，井井桑麻。年华不饶倦客[6]，早青梅如豆柳藏鸦。欲逐梦魂归去，客窗一夜鸣蛙。

老犁注：①东君：司春之神。②蹇 jiǎn 驴：跛蹇驽弱的驴子。③绿芜：丛生的绿草。④渺：遥远。⑤新火：新换之火。相传古时随季节变化，要变换燃烧不同的木柴以防时疫。团茶：指宋时始制的龙凤团茶。后衍生出很多品种，但外形还大多是团圆形状。⑥倦客：客游他乡而对旅居生活感到厌倦的人。

## 沁园春·舟中九日次韵

万里南还，临江一笑，吾道沧洲[1]。算生来骨相[2]，不堪蝉冕[3]，带来分定[4]，只合羊裘[⑤]。薄酒胜茶，晚餐当肉[⑥]，六印何如二顷谋[⑦]。人间事，看蜃楼[⑧]城郭，蚁穴公侯[⑨]。　　舟中此日风流。拚一酌黄花散百忧[⑩]。甚东篱县令[⑪]，归田自得，西江工部[⑫]，恋阙[⑬]多愁。出处虽殊，襟怀略似，光焰[⑭]文章万古留。聊记取[⑮]，待他时话旧[⑯]，八极[⑰]神游。

老犁注：①沧洲：非地名的沧州，注意“州”和“洲”一字之差。沧洲是指滨水的地方，古时常用以称隐士的居处。②骨相：骨体相貌。③蝉冕：蝉冠。为汉代侍从官所戴的冠。④分定：本分所定；命定。⑤只合：只应；本来就应该。羊裘：羊皮做的衣服。汉严光少有高名，与刘秀同游学，后刘秀即帝位，光变名隐身，披羊裘钓泽中。后因以“羊裘”指隐者或隐居生活。⑥晚餐当肉：晚餐烧蔬菜当肉。语出朱熹《挽蔬园》诗，诗中有“小摘登盘先饷客，晚炊当肉更宜人”之句。⑦六印何如二顷谋：典出《史记·苏秦列传》：“且使我有雒阳负郭田二顷，吾岂能佩六国相印乎！”何如：用反问的语气表示不如。⑧蜃 shèn 楼：古人谓蜃气变幻成的楼阁。喻虚幻的东西。⑨蚁穴公侯：指“南柯一梦”之典。泛指一场梦，或比喻一场空欢喜。⑩拚 biàn：两手相拍，犹捧。一酌：喝一口。黄花：菊花酒。散百忧：化自杜甫《落日》诗“浊醪谁造汝，一酌散千忧”之句。⑪东篱县令：曾任彭泽县令的陶渊明，归田隐居后，在《饮酒》诗中有“采菊东篱下，悠然见南山”之句。⑫西江工部：指杜甫。西江指蜀江，即今成都市的锦江（在杜甫草堂附近一段今称之为南河）。杜甫草堂的浣花溪即其小支流。⑬恋阙：留恋宫阙。旧时用以比喻心不忘君。⑭光焰：光辉；光芒。⑮聊记取：暂时记住。⑯话旧：叙谈往事、旧谊。⑰八极：八方极远之地。

---

**何中**（1265~1332）：字太虚，一字养正，宋元间抚州乐安（江西抚州乐安县）人。少颖拔，以古学自任。无意仕途，以布衣讲学终老。其藏书万卷，手自校雠，其学弘深该博，程钜夫、元明善、姚遂、王构、揭傒斯皆推服之。吴澄为其姻兄弟，亦以文豪相许。文宗至顺间，应行省之请讲授于龙兴路（治所南昌）东湖、宗濂二书院。有《通鉴纲目测海》《通书问》《知非堂稿》。

---

## 壬子元夕[①]

□市人□啼倦鸦，常年歌吹稍喧哗。夜风十里灭灯影，春雪一林寒杏花。

冻泞渐深缄蛰户[②]，新滩微壮[③]夺鸥沙。西林樵客[④]同炉炭，闲试香芳品荈茶[⑤]。

老犁注：①壬子元夕：公元 1312 年元宵。②冻泞 nìng：冰冻的烂泥。缄：闭。蛰 zhé 户：蛰虫伏处的洞穴。蛰：藏；动物冬眠。③微壮：早春时节，河草开始萌动，故远看河滩似乎增高了一点点。④西林：指西林寺，在庐山西麓，其东为东林寺。后因以泛指寺院。樵客：出门采薪的人。⑤闲试：闲时品尝（茶水）。荈 chuǎn

茶：本指采摘时间较晚的茶，即指粗茶。这里泛指茶。

## 由书堂寺入夫容之麓五代时有胡先生隐居其地寺故名云今碑不书有游生者写华严经留寺清整可观生宁宗时人[①]（节选）

苍烟出磬[②]响，深谷藏经声[③]。闲过小兰若[④]，茶香满前楹[⑤]。

老犁注：①标题断句及注释：由书堂寺入夫容之麓（五代时有胡先生隐居其地，寺故名云，今碑不书）。有游生者，写《华严经》留寺，清整可观，生宁宗时人。书堂寺：疑指湖南宁乡市檀树湾乡（在五星村刘家新屋组之西）书堂山，其山为宋代大经学家、理学家胡安国胡宏父子及张栻曾在此游览设堂传道（标题中指为五代时胡先生，恐年代有误）。此山往西南即可达宁乡西南的芙蓉山。游生：游学的学生。②苍烟：苍茫的云雾。磬：原指用石或玉雕成的古代乐器，发展到后代也有用金属制磬，如铁磬、铜磬。后专指僧磬，亦称寺磬、院磬、梵磬，即佛寺中敲击以集僧众的鸣器或钵形铜乐器。钵形磬与磬的形状完成不同了，只因是声音相类而亦称之为磬。③经声：诵经声。④兰若：指寺院。⑤前楹：殿堂前部的柱子。

## 崇仁钟山寺[①]（节选）

衲僧[②]喜客来，觞行[③]续茶煎。仰视慈竹[④]题，俯吟慈竹篇。

老犁注：①原诗题注：宋乐史侍郎有诗在寺。乐史：字子正，为抚州第一个状元，两朝（南唐、宋）进士，是宋初著名的地理学家、文学家、方志学家。钟山寺：江西抚州市崇仁县的一座寺院，在崇仁何处不详。南宋崇仁诗人何异也写有《钟山寺》一诗。②衲僧：和尚，僧人。③觞 shāng 行：行觞，传杯。④慈竹：竹名。又称义竹、慈孝竹、子母竹。丛生，一丛或多至数十百竿，根窠盘结，四时出笋。竹高至二丈许。新竹旧竹密结，高低相倚，若老少相依，故名。

## 游烧香寺于道旁折桂而归遂赋[①]（节选）

钟传靖国[②]声，苔识先朝事。山僮侦茶候[③]，道人玩香穟[④]。

老犁注：①标题断句及注释：游烧香寺，于道旁折桂而归，遂赋。烧香寺：寺院名。在何处不详。②靖国：使国家安定。③茶候：指整个烹茶过程中各步骤的时间点。④香穟 suì：香穗。香头如穗也。指香的顶端部分。穟通穗。

## 安上人兰若[①]（节选）

清心欣有得，澹焉失腥氛[②]。道人煮春茗，离坐与晤言[③]。

老犁注：①安上人：一位叫安的上人（上人是对和尚的尊称）。兰若：指寺院。

②腥氛：犹妖氛。用以指黑暗凶残势力。③晤言：当面谈话。

## 黄氏南园[①]歌（节选）

挟策博塞[②]若为贤，抚掌一笑睨[③]青天。不如花竹之间汲清泉，且取粟粒[④]香芽煎。

老犁注：①黄氏南园：一位黄姓人家的园圃。主人为谁？在何处？均不详。南园：因园圃一般都建在朝阳的地方，故泛称园圃为南园。陆游有《南园》诗四首。②挟策：持鞭。喻到处游逛。博塞：亦作博簺。即六博、格五等博戏。③抚掌一笑：拍手一笑。这里有鼓倒掌的意思。睨 ní：斜视。④粟粒：粟粒状的茶芽。苏轼《荔支叹》诗："君不见武夷溪边粟粒芽，前丁后蔡相笼加。"

---

**何景福**（？~1317 前后在世）：字介夫，号铁牛子，宋末元初睦之淳安（今浙江淳安）人。约元仁宗延佑中前后在世。宋大理寺大卿梦桂族孙，常以任重致远自期，以所遇非其时，累辟不赴，晚年避地武林（杭州）。兵定后，始归乡里，诗酒自娱，以终其身。其诗甚奇伟，为睦州诗派铮铮皎皎者，咏物能极体物之妙。有《铁牛翁诗》一卷，多所散失。

---

## 游白龙寺[①]

步入龙宫路更幽，阴崖虚籁[②]雨飕飕。松根石磴留猿迹，竹外茶烟眩[③]鹤眸。

防客未先[④]藏斗酒，爱山更欲上层楼。一龛已足平生料[⑤]，多景何须二百州[⑥]。

老犁注：①白龙寺：寺院名，在何处不详。②阴崖：背阴的山崖。虚籁：空寂无声。③眩：迷乱。④防客未先：防备客人在其没到来之前。⑤龛：小窟或小屋。料：供人食用的营养物品。⑥二百州：汉代华山以东有两百州之称。亦泛指州之多。

---

**汪炎昶**（1261~1338）：字懋远，号古逸民，学者称古逸先生。婺源（今江西上饶婺源县）人。幼励志力学，受学于孙嵩，得程朱性理之要。家贫而至孝。宋亡，隐于婺源山中，名其所居为雪瓷，以赋诗饮酒为乐，其衣冠、礼度仍沿宋时旧俗。卒年七十八。诗文简净，古穆有法度。有《古逸民先生集》。

---

## 咀从间[①]新茶二绝其一

湿带烟霏绿乍芒[②]，不经烟火韵尤长。铜瓶雪滚[③]伤真味，石硙尘飞[④]泄嫩香。

老犁注：①咀 jǔ：品味。丛间：丛林间。②烟霏：云烟弥漫。乍芒：刚长出芽尖。③雪滚：雪浪翻滚。喻水烧开翻滚。④石硙 wèi：石磨。尘飞：茶末扬起。

## 咀丛间新茶二绝其二

卢仝陆羽事煎烹，谩自夸张立户庭[①]。别向[②]人间传一法，吾诗便把当茶经。

老犁注：①前两句：作者说卢仝和陆羽靠不实之词成为茶界的门阀巨头。谩 mán：瞒哄；欺骗。②别向：真要转过来向。

---

**汪泽民**（1273～1355）：字叔志，号堪老真逸，宁国宣城（今安徽宣城）人。仁宗延祐五年进士。授岳州路同知，历南安、信州、平江三路总管府推官，治狱明敏，去职"行李如来时"。调兖州知州，除国子司业，与修辽金宋三史，书成，迁集贤直学士，寻以礼部尚书致仕。十五年（1355）长枪军叛，城陷被执，大骂不屈，遂遇害，年七十，谥文节。与张师愚合编有《宛陵群英集》。

---

## 八月十七日同游敬亭得并字[①]

湘中三年梦乡井，敬亭重游心目醒。双流[②]夹镜一溪来，千仞齐云[③]两峰并。

丛祠秋报同奠桂[④]，兰若晚酣[⑤]催煮茗。晴岚暖翠[⑥]约花时，往觅丹梯[⑦]登绝顶。

老犁注：①敬亭：指敬亭山。它是中国历史文化名山，位于中国安徽省宣城市区北郊。李白被唐明皇"赐金放还"后，因仰慕谢朓，又受从弟宣城长史李昭的邀请，于是来到敬亭山游历。唐代的崔衍、白居易、杜牧、刘长卿、韩愈，刘禹锡，王维、孟浩然、李商隐、颜真卿、韦应物、陆龟蒙；宋代苏东坡、梅尧臣都来此流连往返，并留下众多诗篇。得并字：指与人分韵作诗，分得"并"字。②双流：指宣城的句溪和宛溪。李白《秋登宣城谢朓北楼》诗中有"两水夹明镜，双桥落彩虹"之句。③齐云：言其高与云齐。④丛祠：建在丛林中的神庙。秋报：古代秋日祭祀社稷，以报神祐。奠桂：祭奠用的桂酒。⑤兰若：指寺院。晚酣：晚饭吃得很痛快。⑥晴岚：晴日山中的雾气。暖翠：晴日青翠的山色。⑦丹梯：指寻仙访道之路。

---

**宋无**（1260～约 1340）：字子虚（原名尤，字晞颜，宋亡后改名字），宋元间平江（今苏州）路人。世祖至元末，举茂才，以奉亲辞。壮岁负气，视富贵如浮云。晚年自称逸士，一生不得志。南宋亡后，周游四方，隐于岩谷，以吟诗自怡。其诗比对精切，造诣新奇。赵子昂称其诗风流蕴藉，皆不经人道语。元世祖至元十八（1281）年，代父从事征东幕府，后作有《鲸背吟集》。晚年隐居翠寒山，自删定其

诗为《翠寒集》。卒年八十馀。

## 寄题无照西园[①]

近地[②]栖禅室，祇园草木薰[③]。鞋香花洞[④]雨，衣润石栏云。

松吹和琴杂，茶烟到树分。遥知道林[⑤]辈，来此论玄文[⑥]。

老犁注：①无照：指释玄鉴，字无照，云南曲靖普鲁吉人（今沾益县松林），是元代临济宗中峰明本禅师的法嗣，是将江南禅宗传播到云南的主要人物。西园：无照建的一个园圃。②近地：靠近山的地方。③祇 qí 园：印度佛教圣地。释迦牟尼成道后，憍 jiāo 萨罗国的给孤独长者用大量黄金购置舍卫城南原属祇陀太子的园地，建筑精舍，请释迦牟尼说法。祇陀太子也奉献了园内的树木，故以给孤独和祇陀的名字命名为“祇孤独园”简称“祇园”后用为佛寺的代称。薰：古书上说的一种香草，泛指花草的香气。④花洞：犹桃花源中洞。⑤道林：东晋高僧，支遁，字道林。他既是当时的名僧，又是当时崇尚清淡的名士。⑥玄文：指玄学，是魏晋时期出现的一种哲学思潮，是对《老子》《庄子》和《周易》的研究和解说。

## 鲸背吟[①]二十二首其十九·讨水

海波咸苦带流沙，岛上清泉味最佳。莫笑行人不风韵[②]，一瓶春水自煎茶。

老犁注：①鲸背吟：指宋无的《鲸背吟集》，其集是宋无描写元代海洋漕运的一本专题诗集，是研究元代海运和海洋文化的珍贵文献。②不风韵：没有风度。

## 如镜伐竹架过墙葡萄断竹插地复生枝叶无住序曰瑞竹余以诗赠之[①]

为引寒藤延晚翠[②]，试栽碧玉动秋根[③]。凤梢依旧生虚籁[④]，龙箨相将添远孙[⑤]。

林月过庭窥断影，茶烟润色到啼痕[⑥]。汤休丽藻[⑦]题还遍，贝叶[⑧]应多此处翻。

老犁注：①标题断句及注释：如镜伐竹架过墙葡萄，断竹插地复生枝叶，无住序曰：“瑞竹”。余以诗赠之。如镜、无住：两者皆僧人名号，余不详。②寒藤：掉了叶的藤。这里指葡萄藤。晚翠：谓植物经冬而苍翠不变。③碧玉：喻插下的竹枝。动秋根：秋天里竟生长出了竹根。④凤梢：竹梢的美称。虚籁：指风。⑤龙箨 tuò：笋壳的美称。相将：行将。远孙：犹远裔。指竹子发出新芽。⑥啼痕：泪痕。这里指竹叶上被茶烟湿润而成的水珠。⑦汤休：南朝宋时诗僧，文采绮艳，后还俗，官至扬州从事史。杜甫《大云寺赞公房》诗有“汤休起我病，微笑索题诗”之句。丽藻：华丽的词藻。亦指华丽的诗文。⑧贝叶：用以写经的树叶。亦借指佛经。

## 初夏别业[①]

别墅清深无俗人，蛛丝窗户网游尘。绿阴镂[②]日新欢夏，红雨鏖[③]花故恼春。

病去情怀逢酒恶[④]，困来天气与茶亲。壁间乌帽长闲却[⑤]，肯学陶家戴漉巾[⑥]。

老犁注：①别业：别墅。②镂：雕刻；凿通。③红雨：落在红花上的雨。鏖：喧扰。④酒恶：中酒。因多喝了酒身体不适。⑤乌帽：黑帽。古代贵者常服。隋唐后多为庶民、隐者之帽。闲却：空闲；空了去。却，助词，相当于“去、掉”。⑥漉巾：即漉酒巾。陶渊明好酒，以至用头巾滤酒，滤后又照旧戴上。南朝梁萧统《陶渊明传》：“值其酿熟，取头上葛巾漉酒，漉毕，还复著之。”后用漉酒葛巾、葛巾漉酒等词形容爱酒成癖，嗜酒为荣，赞羡真率超脱。

## 谢僧遗石鎗[①]

远寄奇鎗紫玉形，寒翁欢喜欲镌铭[②]。茅峰道士传茶诀[③]，林屋山人送水经[④]。

崖瀑松风添瑟缩[⑤]，地炉槐火共青荧[⑥]。矮瓶未罄长镵[⑦]健，且傍云根饱茯苓[⑧]。

老犁注：①石鎗：即石铛。鎗 chēng：鼎类。《六书故》三足釜也。俗作铛。②镌 juān 铭：铭刻文字。③茅峰：指茅山，在江苏句容东南，原名句曲山。是道教茅山派的发源地。道教十大洞天之第八。茶诀：烹茶饮茶的诀窍。④林屋：山名，在江苏吴县洞庭西山。道教十大洞天之第九。水经：专门品评泉水的著作。⑤瑟缩：象声词。形容风雨之声。⑥地炉：就地挖砌的火炉。槐火：相传古时随季节变化，要变换燃烧不同的木柴以防时疫，叫换新火。随着这种习俗渐行淡化，后多用“槐火”泛指“新火”了。青荧 yíng：青光闪映貌。⑦矮瓶：装酒等的器皿。罄：用尽。长镵 chán：古踏田翻土的农具。⑧云根：本指深山云起之处。借指云游僧道歇脚之处，故引指道院僧寺。茯苓：寄生在松树根上的菌类植物，形状像甘薯，外皮黑褐色，里面白色或粉红色。茯苓是道家仙粮，魏晋时，道士服食成风尚。

## 许山人[①]家

桐君种药隐蘅皋[②]，竹祖生孙共养高[③]。茶脚碧云[④]凝午碗，酒声红雨滴春槽[⑤]。

休粮[⑥]貌古添清瘦，饵术身轻长绿毛[⑦]。仙诏未颁迟拔宅[⑧]，家资[⑨]犹恋一溪桃。

老犁注：①许山人：一位姓许的隐居在山中的士人。②桐君：传说为黄帝时医师。曾采药于浙江桐庐的东山，结庐桐树下。人问其姓名，则指桐树示意，遂被称为桐君。蘅皋 hénggāo：长有香草的沼泽。③竹祖：带有笋芽的竹鞭，指老竹。养高：闲居不仕，退隐。④茶脚：指茶沫在茶碗泛起时所到的边际。碧云：喻泛起的茶沫。⑤酒声：滤酒时的声音。红雨：喻滴下的红色酒滴。春槽：滤春酒（一般指冬酿春熟之酒）的酒槽。酒槽：榨酒时用来承酒的容器。⑥休粮：谓停食谷物。晋葛洪《抱朴子·仙药》:“术饵，令人肥健，可以负重涉险，但不及黄精甘美易食，凶年可以与老小休粮，人不能别之，谓为米脯也。”⑦饵术：服食苍术。传说久服苍术可以成仙。绿毛：指仙人身上的绿色毛发。⑧拔宅：指拔宅上升。《太平广记》卷十四引《十二真君传·许真君》:“（真君）家四十二口，拔宅上升而去。”后因以“拔宅上升”指全家成仙。⑨家资：家中的财产。

## 寄眠云处士[①]（节选）

脑虑精[②]难满，心忧影或偏。藓坛[③]情愿扫，茶灶手能煎。

老犁注：①眠云处士：一位名号叫眠云的处士。处士：隐居不仕的人或未做过官的士人。②脑虑：头脑忧虑。精：精气；精力。③藓坛：长有苔藓的坛子。

## 答马怀秀兄弟见访[①]（节选）

老嗟倾盖[②]晚，贫觉布衣[③]单。午灶添茶具，烟蓑[④]罢钓竿。

老犁注：①马怀秀：人之姓名，生平不详。见访：来访问我。②老嗟：老来哀叹。倾盖：途中相遇，停车交谈，双方车盖往一起倾斜。形容交友一见如故。③布衣：布制的衣服。借指平民。④烟蓑：蓑衣。

---

**张玉娘**（1250～1277）：字若琼。号一贞居士，宋元间松阳（今浙江丽水松阳县）人。宋提举官张懋女。生有殊色，敏惠绝伦。嫁沈佺，未婚而佺卒。玉娘郁郁不乐，得疾卒，年二十八。文章酝藉，诗词尤得风人之体，时以班大家比之。有《兰雪集》。1276年南宋临安城陷落，其故里亦为元人占领，她最后一两年处在遗民状态，故将其列入宋元间人。

---

## 清昼[①]

昼静春偏远，诗成兴转赊[②]。看山凭画阁，问竹过邻家。
摘翠闲惊鸟，烧烟晓煮茶。无端[③]双蛱蝶，绕袖错寻花。

老犁注：①清昼：白天。②兴转赊：兴致就转向了远处。③无端：无心。

## 咏史·党奴[①]

江雪寒连酒思豪[②]，歌传锦帐醉烹羔[③]。争如取水陶承旨[④]，茗碗清新兴味高。

老犁注：①党奴：指“党姬烹雪”之典中太尉党进的家姬，多称党姬。②酒思豪：

想喝酒的情怀很豪迈。③锦帐醉烹羔：指“党姬烹雪”之典中党姬所说的“销金帐下，浅斟低唱，饮羊羔美酒”，象征生活奢靡。锦帐：华美的帷帐。销金帐（嵌金色线的精美帷帐）也属锦帐之列。④争如：怎如；怎么比得上。陶承旨：指“党姬烹雪”之典中的翰林学士承旨（犹翰林院院长）陶谷，后世常以陶学士或陶承旨称之。

## 南乡子·清昼

疏雨[①]动轻寒。金鸭无心爇麝兰[②]。深院深深人不到，凭阑[③]。尽日花枝独自看。

销睡报双鬟[④]。茗鼎香分小凤团[⑤]。雪浪不须除酒病[⑥]，珊珊[⑦]。愁绕春丛[⑧]泪未干。

老犁注：①疏雨：稀疏的小雨。②金鸭：一种镀金的鸭形铜香炉。爇麝兰：燃烧发出麝兰的香味。爇 ruò：燃烧。麝兰：麝香与兰香。③凭阑：亦作凭栏。身倚栏杆。④销睡：消除睡眠；消散睡意。这里指午睡醒来。双鬟：古代年轻女子的两个环形发髻。这里指婢女。⑤茗鼎：烹茶用的小鼎。香分：在茶香中分（小凤团茶）。小凤团：宋代茶叶精品。以模压成凤纹，故名。⑥此句：酒逢知己饮，而我是独自饮茶，没必要用茶去解酒。雪浪：指鲜白的茶水。不须：不用。酒病：因饮酒过量而生病，即醉酒。⑦珊珊：缓慢移动貌，常用以形容女子步态。⑧春丛：春日丛生的花木。

---

**张可久**（约 1270~1348 尚在世）：字小山；一作字仲远，号小山；又一作名伯远，字可久，号小山。庆元鄞县（今宁波鄞州区）人。先以路吏转首领官（负责地方税务），后曾为桐庐典史，至正初七十余迁为昆山幕僚。时官时隐，一生不得志，每纵情酒色，放浪山水，曾漫游江南，遍及江苏、浙江、安徽、湖南一带，晚岁久居西湖。工散曲小令，与乔吉并称“双壁”，与张养浩合为“二张”。与马致远、卢挚、贯云石互相作曲唱和。作品大多写记游怀古、赠答唱和、幽阁闺情等。其散曲词藻华美，对仗工整，声律谐协，使散曲诗词化，形成清丽典雅的风格。其在世便享有盛誉，已有《今乐府》《苏堤渔唱》《吴盐》3 种行于世。后又有《小山北曲乐府》《小山乐府》散曲集。隋树森《全元散曲》辑有小令 855 首，套数 9 套。占元散曲的五分之一，数量之巨，叹为观止。元钟嗣成《录鬼簿》把其列入“方今才人相知者”一类。明朱权《太和正音谱》评其词“如瑶天笙鹤”，又称“其词清而且丽，华而不艳，有不吃烟火食气，真可谓不羁之才；若被太华之仙风，招蓬莱之海月，诚词林之宗匠也，当以九方皋之眼相之”。

---

## 【黄钟·人月圆】山中书事[①]

兴亡千古繁华梦，诗眼[②]倦天涯。孔林[③]乔木，吴宫蔓草，楚庙寒鸦。数间茅舍，藏书万卷，投老村家。山中何事？松花酿酒，春水煎茶。

老犁注：①书事：书写眼前所见的事物，即诗人就眼前事物抒写自己顷刻间的感受。②诗眼：诗人的赏鉴能力、观察力。③孔林：又称至圣林，位于山东省曲阜市城北，是孔子及其后裔的家族墓地。

## 【黄钟·人月圆】客垂虹[①]

三高祠[②]下天如镜，山色浸空濛。莼羹张翰[③]，渔舟范蠡[④]，茶灶龟蒙[⑤]。故人何在？前程那里？心事谁同？黄花庭院，青灯夜雨，白发秋风！

老犁注：①客垂虹：客游垂虹桥。垂虹桥：在吴江松陵镇东门外。②三高祠：垂虹桥底原建有三高祠，用做祭祀“吴江三贤”。即战国时期越国大夫范蠡、西晋时期的文学家张翰、唐朝文学家陆龟蒙。③莼羹张翰：西晋张翰有“莼羹鲈脍”之典，他在洛阳做官，想起家乡吴中的美味，立即辞去官职，返回家乡。④渔舟范蠡：春秋时范蠡辅佐勾践打败夫差后，激流勇退，泛舟五湖归隐。⑤茶灶龟蒙：唐陆龟蒙隐居松江甫里，每天与笔床茶灶相伴。

## 【双调·水仙子】春衣洞天[①]

兔毫浮雪[②]煮茶香，鹤羽[③]携风采药忙。兽壶[④]敲玉悲歌壮，蓬莱云水乡[⑤]，群仙容我疏狂[⑥]。即景诗千韵，飞空剑一双，月满秋江。

老犁注：①春衣洞天：春天气息笼罩着的胜景。衣：遮盖，包裹。洞天：道教称神仙的居住处。后常泛指风景胜地。②兔毫浮雪：兔毫盏（杯壁呈现兔毫纹理的茶杯）上泛起的白色茶沫。③鹤羽：像仙人驾鹤一样。④兽壶：做成兽形的壶。⑤蓬莱云水乡：指仙境。⑥疏狂：指豪放，不受拘束。道家哲学思想以疏狂为旨。

## 【双调·折桂令】村庵即事[①]

掩柴门啸傲烟霞[②]，隐隐林峦，小小仙家。楼外白云，窗前翠竹，井底朱砂。五亩宅无人种瓜[③]，一村庵有客分茶[④]。春色无多，开到蔷薇，落尽梨花。

老犁注：①村庵：乡村茅屋。即事：指以当前事物为题材写的诗。②啸傲：放歌长啸，傲然自得。形容放旷不受拘束。烟霞：云霞。泛指山水隐居地。③种瓜：指隐居生活。秦汉时原东陵侯邵平有“青门种瓜”之典。④分茶：宋元时一种泡茶技艺，亦称茶百戏。就是用筅击拂茶汤，使其表面涌起茶沫，然后将茶沫表面划开使之呈现出各种图案和文字。后泛指烹茶待客之礼。

## 【双调·折桂令】元夜宴集[①]

绿窗纱银烛[②]梅花，有美人兮，不御铅华。妆镜羞鸾[③]，娇眉敛翠[④]，巧髻盘鸦[5]。可喜娘春纤过茶[6]，风流煞真字续麻[7]。共饮流霞[8]，月转西楼[9]，不记还家。

老犁注：①元夜宴集：元宵夜宴饮集会。②银烛：蜡烛美称；或指白色蜡烛。③妆镜羞鸾：传说罽 jì 宾（汉朝西域国名）王获一鸾鸟，三年不鸣，夫人告诉他，鸾鸟只有见了同类才会鸣叫。罽宾王就悬一镜子让它照，鸾见影，悲鸣冲天，一奋而死。后以“鸾镜”指妆镜。④翠：指翠眉。古代女子用青黛画眉，故称。⑤鸦：黑色头发。⑥可喜娘：可爱的姑娘。春纤：形容女子的手指。过茶：送茶、奉茶。指茶经过（姑娘）手而送来。⑦煞：甚，很。真字续麻：即顶真续麻。古时诗、词、曲中的一种修辞格式。前句末字或词即作为后句句首的字或词，递接而下。⑧流霞：传说中天上神仙的饮料。泛指美酒。⑨西楼：中国古诗词中常用词，本是实指，后为虚指。因西楼易见明月，西楼常成为睹月思乡、睹月思人的地方，故西楼也就成为相思、愁绪的代名词。

## 【越调·寨儿令】次韵

你见么[1]？我愁他，青门几年不种瓜[2]。世味嚼蜡，尘事抟沙[3]，聚散树头鸦。自休官清煞陶家[4]，为调羹俗了梅花。饮一杯金谷酒[5]，分七碗玉川茶[6]，嗏[7]，不强如[8]坐三日县官衙？

老犁注：①见么：看什么。②种瓜：指隐居生活。秦汉时原东陵侯邵平有“青门种瓜”之典。③抟 tuán 沙：捏沙成团。④清煞陶家：清淡得很，甚至比得过陶谷家。陶谷是五代宋初时一位大臣，好清淡，以饮茶为雅。“党姬烹雪”之典就出自他。⑤金谷酒：豪纵之酒。金谷：园名，晋代石崇建，在今河南省洛阳市西北。当时一班文人雅客常聚集于此，豪饮赋诗。⑥分七碗玉川茶：唐诗人、茶仙卢仝，号玉川子，其《走笔谢孟谏议寄新茶》诗又名《七碗茶诗》。这里指像卢仝一样品饮七碗茶。⑦嗏 chā：叹词。表示提醒。⑧不强如：不胜似。

## 【双调·清江引】湖山避暑

好山尽将图画写，诗会白云社[1]，桃笙卷浪花[2]，茶乳翻冰叶[3]，荷香月明人散也。

老犁注：①白云社：隐居之地多白云，隐者所结之社即白云社。②桃笙：桃枝竹（竹的一种）编的竹席。卷浪花：竹席过水（使凉爽）而卷起的浪花。③冰叶：晶莹的叶子。喻白色茶沫。

## 【中吕·红绣鞋】山中

黄叶青烟丹灶[1]，曲阑明月诗巢[2]，绿波亭下小红桥。老梅盘鹤膝[3]，新柳舞蛮腰[4]，嫩茶舒凤爪[5]。

老犁注：①青烟：一般指火苗刚起来所冒的烟，预示马上要旺盛地燃烧起来。丹灶：炼丹用的炉灶。②曲阑：即曲栏。弯曲的栏杆。诗巢：诗的巢穴。诗人汇集和写诗的地方。③鹤膝：鹤胫。喻梅枝。④蛮腰：唐孟棨《本事诗·事感》载："白尚书（白居易）姬人樊素善歌，妓人小蛮善舞。尝为诗曰：'樱桃樊素口，杨柳小蛮腰。'"后亦以"蛮腰"指善舞女子的细腰。⑤凤爪：指茶泡开后形似凤爪。

## 【越调·天净沙】赤松道宫[①]

松边香煮雷芽[②]，杯中饭糁胡麻[③]，云掩山房几家？弟兄[④]仙话，水流玉洞桃花[⑤]。

老犁注：①赤松道宫：指浙江金华北山上的赤松宫。②雷芽：茶芽。因春雷雨后长出茶芽，故称。③饭糁 sǎn：饭粒。胡麻：指胡麻饭。相传东汉时刘晨、阮肇入天台山采药，遇二女子邀至家，食以胡麻饭。故又称为"神仙饭"。后因以"胡麻饭"表示仙人的食物。④弟兄：指刘晨、阮肇。⑤此句：刘晨、阮肇先摘桃充饥，后循溪流入桃花洞，穿越到另一天地，遇到仙女。

## 【商调·梧叶儿】即事[①]

竹槛敲苍玉[②]，蕉窗[③]映绿纱，笑语间琵琶。月淡娑婆树，风香富贵花，俏人家，小小仙鬟过茶[④]。

老犁注：①即事：指以当前事物为题材写的诗。②竹槛：竹栏杆。苍玉：喻指青翠的竹子。③蕉窗：含芭蕉的窗户。④过茶：送茶，奉茶。

## 【南吕·金字经】湖上书事[①]三首其二

六月芭蕉雨，西湖杨柳风，茶灶诗囊[②]随老翁。红，藕花香座中。笛三弄，鹤鸣来半空。

老犁注：①书事：书写眼前所见的事物，即诗人就眼前事物抒写自己顷刻间的感受。②诗囊：指贮放诗稿的袋子。

## 【南吕·四块玉】乐闲

远是非，寻潇洒，地暖江南燕宜家，人闲水北[①]春无价。一品茶，五色瓜[②]，四季花。

老犁注：①水北：犹江北。②五色瓜：亦作邵平瓜。秦东陵侯邵平，汉时隐居长安东门外种瓜，种得五色瓜。后因以"五色瓜"对退隐之人所种瓜的美称。

## 【中吕·喜春来】永康[1]驿中

荷盘[2]敲丽珠千颗，山背披云玉一蓑[3]，半篇诗景费吟哦[4]。芳草坡，松外采茶歌。

老犁注：①永康：指今浙江永康市。②荷盘：荷叶展开如盘。③玉一蓑：白玉一样的蓑衣。④吟哦：吟咏。

## 【南吕·骂玉郎过感皇恩采茶歌】杨驹儿[1]墓园

莓苔生满苍云径[2]，人去小红亭，题情犹是酸斋[3]赠。我把那诗韵赓[4]，书画评，栏干凭。　茶灶尘凝，墨水冰生。掩幽扃[5]，悬瘦影[6]，伴孤灯。琴已亡伯牙[7]，酒不到刘伶[8]。策短藤[9]，乘暮景，放吟情。　写新声，寄春莺。明年来此赏清明，窗掩梨花庭院静，小楼风雨共谁听？

老犁注：①杨驹儿：名不详。大概是当时一位过世的著名戏曲演员。②苍云径：阴云下的的小路。③酸斋：元散曲家贯云石的别号。④赓：连续，继续。⑤幽扃jiōng：深锁的门户。⑥悬瘦影：化自东汉孙敬悬梁的典故。⑦此句：春秋时俞伯牙在其知音好友钟子期死后，就摔琴绝弦，终身不再操琴。⑧刘伶：魏晋“竹林七贤”之一，好酒。⑨策短藤：柱着用短藤做的拐杖。

## 【双调·水仙子】清明小集

红香[1]缭绕柳围花，翠袖殷勤[2]酒当茶，游春三月清明假[3]。香尘[4]随去马，小帘栊[5]绿水人家。弹仙吕六幺[6]遍，笑女童双髻丫，纤手琵琶。

老犁注：①红香：红香散发出的香气。②翠袖，青绿色衣袖。泛指女子的装束或指女子。殷勤：指热情周到。③假：通遐。远。农历三月已是暮春，故称清明的日子远了。④香尘：芳香之尘。多指女子走过而起。⑤帘栊lóng：窗帘和窗牖。常指闺阁。⑥仙吕：指仙吕宫。乐曲宫调名。六幺yāo：唐代著名的舞曲。

## 【双调·折桂令】湖上道院[1]

鹤飞来一缕青霞[2]，笑富贵飞蚊[3]，名利争蜗[4]。古砚玄香[5]，名琴绿绮[6]，土釜黄芽[7]。双井先春[8]采茶，孤山[9]带月锄花。童子谁家？贪看西湖，懒诵南华[10]。

老犁注：①道院：道士居住的地方。②青霞：犹青云，喻隐居。③富贵飞蚊：指富贵如同飞蚊一样，一到秋天就全结束了。喻富贵短暂。④争蜗：即战蜗。《庄子·则阳》上有一则寓言，说蜗牛左右角上各建有一个国家，右角上的叫蛮氏，左角上的叫触氏，双方常为争地而战，伏尸数万。后以“战蜗”比喻在细小事情上的争夺。⑤玄香：墨的别名。⑥绿绮：古代四大名琴之一。传为西汉司马相如所得。⑦土釜：瓦锅。黄芽：茶名。⑧双井：地名，在江西修水县西。为宋黄庭坚家乡。因黄庭坚的大力推荐，此地产的双井茶，成为了名茶。先春：早春。⑨孤山：在杭州西湖，宋隐逸诗人林逋的隐居地。⑩南华：指南华经。《庄子》又名《南华经》。

## 【双调·水仙子】山斋小集[①]

玉笙[②]吹老碧桃花，石鼎烹来紫笋芽[③]。山斋看了黄筌[④]画，荼蘼[⑤]香满把，自然不尚奢华。醉李白名千载，富陶朱[⑥]能几家？贫不了诗酒生涯。

老犁注：①山斋：山中居室。小集：小会聚。②玉笙：笙的美称。③石鼎：陶制的烹茶炉具。紫笋芽：紫笋茶的嫩芽。④黄筌：五代时西蜀画院的宫廷画家，字要叔，成都人。历仕前蜀、后蜀，官至检校户部尚书兼御史大夫。入宋后任太子左赞善大夫。早以工画得名，与江南徐熙并称“黄徐”。擅花鸟，其笔致工细，设色鲜明，画风富丽典雅，与宫廷欣赏趣味相合，被人称之为“黄筌富贵，徐熙野逸”。⑤荼蘼 túmí：亦写作酴醿、荼縻，是春季最晚开的花，此花一开表示春天就结束了。故有称“开到荼靡花事了”。⑥陶朱：即陶朱公。春秋时越国大夫范蠡的别称。范蠡泛五湖隐居，居于陶，称朱公，以经商致巨富。后以“陶朱公”泛指大富者。

## 【双调·水仙子】三溪道院[①]

断桥杨柳卧枯槎[②]，秋水芙蕖着[③]晚花。蹇驴骑过三溪汊[④]，访白云居士[⑤]家，拂藤床两袖烟霞[⑥]。道童[⑦]能唱，村醪[⑧]当茶，仙枣如瓜。

老犁注：①三溪：道院名。道院：道士居住地。②枯槎：老树的枝杈。③芙蕖 qú：荷花的别称。着：开（花）。④蹇 jiǎn 驴：跛蹇驽弱的驴子。溪汊：溪流的分岔。⑤白云居士：喻归隐的人。⑥藤床：藤制的床。常为隐士的卧具。烟霞：云霞。泛指山水隐居地。⑦道童：为修道者执役的童子。⑧村醪 láo：村酒，浊酒。

## 【双调·折桂令】游金山寺

倚苍云绀宇峥嵘[①]，有听法神龙[②]，渡水胡僧[③]。人立冰壶[④]，诗留玉带[⑤]，塔语金铃[⑥]。摇碎月中流树影[⑦]，撼崩崖半夜江声。误汲南泠[⑧]，笑杀吴侬[⑨]，不记茶经[⑩]。

老犁注：①苍云：青黑色的云。犹阴云，浓云。绀 gàn 宇：佛寺之别称。峥嵘：建筑物高大耸立。②听法神龙：宋代曾慥 zào《类说》卷十九引《幕府燕闲录》：“有僧讲经山寺，常有一叟来听，问其姓氏，曰：‘某乃山下潭中龙也，幸岁旱得闲，来此听法。’僧曰：‘公能救旱乎?’曰：‘上帝封江湖，有水不得辄用。’僧曰：‘此砚中水可用乎?’乃就砚吸水径去。是夕雷雨大作，逮晓视之，雨悉黑水。”大意是龙听法后，违旨吸僧人砚台中的墨水去救旱。③胡僧：一是指用木杯渡水的胡僧；另一指一苇渡江的禅宗始祖达摩。通常多指达摩。④冰壶：喻洁净的世界。⑤诗留玉带：据宋范正敏《遁斋闲览》及《金山志》记载，金山了元佛印法师曾与苏轼参禅，苏轼赌败，留下玉带永镇山门。《苏轼诗集》卷二十四有《以玉带施元长老，元以衲裙相报，次韵二首》的诗作。玉带：饰玉的腰带。古代贵官、贵妇所用。⑥塔语金铃：像塔在说话，发出了阵阵金铃声。⑦中流树影：唐张祜《金山》诗中有"树影中流见，钟声两岸闻。"⑧误汲南泠：唐湖州刺史李季卿欲与陆羽品茶，命兵士载舟去取南泠泉。兵士返程时打翻半桶，即用江水补入。品尝后陆羽说，一半是江水，一半是南泠泉。⑨吴侬：吴人。⑩《茶经》：陆羽论茶的经典著作。

## 【越调·寨儿令】春情

没乱煞[①]，怎禁[②]他，绿杨阴那搭[③]儿堪系马。烟冷香鸭[④]，月淡窗纱，擎[⑤]着泪眼巴巴。媚春光草草花花，惹风声盼盼茶茶[⑥]。合琵琶歌白雪[⑦]，打双陆赌流霞[⑧]。嗏[⑨]，醉了也不来家。

老犁注：①没乱煞：亦作没乱杀，指急得要死或指愁闷不堪。②怎禁：怎能受得了。③那搭：那里。④香鸭：鸭形香炉。⑤擎：通噙。⑥风声：在声色上的仪容举止。盼盼茶茶：泛指妇女。盼盼，原指唐名妓关盼盼；茶茶，金元时对少女的美称。⑦白雪：古琴曲名。以高雅而著称。⑧双陆 liù：古代一种棋盘游戏。流霞：传说中天上神仙的饮料，后泛指美酒。⑨嗏 chā：叹词，表示提醒。

## 【越调·寨儿令】妓怨三首其一

洛浦仙[①]，丽春园[②]，不知音此身谁可怜？大姆[③]埋冤，孛老[④]熬煎，只为养家钱。哆着口不断顽涎[⑤]，腆着脸待吃痴拳[⑥]。禁持向歌扇底[⑦]，僝僽[⑧]做在绣床前。天，只不上贩茶船[⑨]。

老犁注：①洛浦仙：洛水边的仙女。浦：水滨。曹植《洛神赋》中的洛水女神。②丽春园：妓院。③大姆：亦作大姆子，意为伯母，亦用作对老妇人的通称。这里指鸨母。④孛 bèi 老：元剧中一般指代身份卑微的老头儿。这里指妓女的假父（对养父母的不良称呼）。⑤哆 duō：张口貌。顽涎 xián：犹馋涎。比喻强烈的贪欲。⑥腆 tiǎn：厚颜，厚着脸皮。痴拳：愚笨人的拳头。⑦禁持：缠绵、纠缠。歌扇底：犹舞女的裙下。歌扇：歌舞时用的扇子。⑧僝僽 chánzhòu：亦作僝偢。指烦恼；憔悴。⑨上贩茶船：上了嫖客的船。元剧中茶商常用来指嫖客。

## 【双调·清江引】草堂夜坐

三间草堂何所有？月色黄昏又[①]。鹤依松树凉，人伴梅花瘦，客来不须茶当酒。

老犁注：①又：副词做动词，是为了押韵的需要，意思是再次来到。

## 【双调·沉醉东风】客维扬[①]

第一泉边试茶[②]，无双亭[③]上看花。凤锦笺[④]，鲛绡帕[⑤]。金盘露玉[⑥]手琵琶，雪满长街未到家，翠儿唱宜歌且把[⑦]。

老犁注：①维扬：扬州的别称。②试茶：品茶。试：尝试，品尝。③无双亭：亭名。其故址在今扬州市内。扬州后土庙琼花古称天下无双，亭名本于此。相传为宋欧阳修所建。④凤锦笺：精致华美的笺纸。⑤鲛绡帕：传说中鲛人所织的绡帕。借指精美的巾帕。⑥金盘：金属制成的盘。玉露：指秋露。⑦此句：让翠儿唱一些适合我口味的歌，暂且来打发客居的时光吧。翠儿：歌女名。宜歌：适合的歌。且把：副词作动词。暂且来消磨时光。

## 【商调·梧叶儿】雪中

乘兴诗人棹[①]，新烹学士茶[②]，风味属谁家？瓦甃悬冰箸[③]，天风起玉沙[④]，海树放银花[⑤]，愁压拥、蓝关[⑥]去马。

老犁注：①乘兴诗人棹：化自东晋王子猷“雪夜访戴”之典。乘兴：趁着一时高兴。棹：船桨。借指船。②新烹学士茶：化自“党姬烹雪”之典。五代宋初时，翰林学士承旨陶谷，他在雪天让其妾（原太尉党进的家姬）取雪烹茶，并以此为雅。而其妾却向往党进家奢侈的生活，后泛指文人雅士所烹之茶为学士茶。③瓦甃zhòu：屋檐。冰箸：冬天屋檐下挂的冰凌。④玉沙：喻雪花。⑤海树放银花：喻白雪覆盖的树。⑥蓝关：蓝田关的简称。位于陕西省蓝田县东南。唐韩愈的《左迁至蓝关示侄孙湘》诗中有“云横秦岭家何在？雪拥蓝关马不前。”

## 【南吕·金字经】开玄道院[①]

翠崦仙云[②]暗，素琴冰涧[③]长，昼永人闲白玉堂[④]。尝，煮茶春水香。玄泉[⑤]上，鹤飞松露[⑥]凉。

老犁注：①开玄：道院名。道院：道士居住的地方。②翠崦：青翠的山峰。犹青山。崦yān：泛指山。仙云：带仙气的云。③素琴：不加装饰的琴。其与陶渊明有关，《晋书·隐逸传·陶潜》记载说，陶潜“性不解音，而畜素琴一张，弦徽（琴弦与琴徽）不具，每朋酒之会，则抚而和之曰：‘但识琴中趣，何劳弦上声。’”冰涧：这里指琴声如冰涧流水的嘈杂之声。④白玉堂：白玉精饰的殿堂。这里指对道院的美称。⑤玄泉：瀑布。玄通悬。⑥松露：松间的雨露。

## 【双调·水仙子】维扬[①]遇雪

芦汀渐渐蟹行沙[②]，梅月昏昏鹤到家[③]，梨云冉冉蝶初化[④]。透朱帘敲翠瓦，莫吹箫不必烹茶。玉蓑衣[⑤]人堪画，金盘露酒[⑥]旋打，预赏琼花[⑦]。

老犁注：①维扬：扬州的别称。②芦汀：长满芦苇的河滩。蟹行沙：蟹行沙地的细微声响。喻下雪的声音。③梅月：梅开的月夜。鹤到家：喻雪花到家。④梨云：即梨花云，指梦中恍惚所见如云似雪的缤纷梨花。《墨庄漫录》卷六引唐王建《梦看梨花云歌》："薄薄落落雾不分，梦中唤作梨花云。瑶池水光蓬莱雪，青叶白花相次发……落英散粉飘满空，梨花颜色同不同。眼穿臂短取不得，取得亦如从梦中。无人为我解此梦，梨花一曲心珍重。"后用为状雪景之典。冉冉：冉冉悠悠。指行动飘忽貌。蝶初化：喻舞动的雪花。⑤玉蓑衣：衣服上着雪，像玉做的蓑衣一样。⑥金盘露酒：酒名。宋明时流行。南宋时以处州（今浙江丽水）所酿为最佳。李时珍《本草纲目·酒》："处州金盘露，水和姜汁造曲，以浮饭造酿，醇美可尚，而色香少于东阳（指金华酒。今浙江金华古称东阳），以其水不及也。"⑦琼花：雪花的美称。

## 【双调·水仙子】道院即事

炉中真汞长黄芽[①]，亭上仙桃绽碧花[②]，吟边[③]苦茗延清话。玄玄[④]仙子家，小舟横浅水平沙。芳草眠驯兔[⑤]，绿杨啼乳鸦[⑥]，门掩青霞[⑦]。

老犁注：①真汞：纯水银。黄芽：亦作黄牙。道教称从铅里炼出的精华。②碧花：碧桃树的花。泛指粉红色的花。③吟边：吟咏中。④玄玄：深远貌；幽远貌。⑤驯兔：驯养的兔子。⑥乳鸦：雏鸦。⑦青霞：犹青云，喻隐居。

## 【中吕·红绣鞋】题惠山寺

舌底朝朝茶味，眼前处处诗题，旧刻漫漶[①]看新碑。林莺传梵语，岩翠点禅衣[②]，石龙[③]喷净水。

老犁注：①漫漶 huàn：书版、石刻等因年代久远遭磨损而模糊不清。②岩翠点禅衣：僧衣晒在岩石边，翠岩衬着僧衣的颜色。③石龙：泉边的巨石。

## 【中吕·红绣鞋】集庆方丈[①]

月桂峰[②]前方丈，云松[③]径里禅房，玉瓯水乳[④]洗诗肠。莲花香世界，贝叶[⑤]古文章，秋堂[⑥]听夜讲。

老犁注：①集庆方丈：指集庆寺，亦称显庆寺，全称是显慈集庆寺，在杭州九里松，离灵隐寺很近。淳祐、宝祐年间，宋理宗为宠爱阎贵妃所建。时有人写诗于寺内法堂鼓上“净慈灵隐三天竺，不及阎妃好面皮”指的就是这座寺院。方丈：指寺院。②月桂峰：灵隐寺旁边一个山峰，传说就是当年月宫落下桂子的地方。③云松：高大的松树。④玉瓯：茶瓯的美称。水乳：喻茶水。⑤贝叶：古代印度人用以写经的树叶。亦借指佛经。⑥秋堂：秋日的厅堂。常以指书生攻读课业之所。

## 【双调·湘妃怨】山中隐居

丹翁投老[①]得长生，白鹤依人认小名[②]。青山换主[③]随他姓，叹乾坤一草亭，半年不出岩扃[④]。写十卷《续仙传》[⑤]，和一篇《陋室铭》[⑥]，补注《茶经》[⑦]。

老犁注：①丹翁：炼丹的老者。投老：到老。②此句：北宋时在杭州孤山隐居的林逋，他养的两只白鹤，从小就被他叫为“鸣皋”，听到主人的叫唤，白鹤就飞到主人身边。“鸣皋”之名源于《诗·小雅·鹤鸣》“鹤鸣于九皋，声闻于天。”③青山换主：指改朝换代。④岩扃 jiōng：山洞的门。借指隐居之处。⑤《续仙传》：是南唐沈汾撰写的通俗故事集。⑥《陋室铭》：唐刘禹锡所写的一篇托物言志的骈体铭文。全文短短八十一字。⑦《茶经》：唐陆羽论茶的经典著作。

## 【双调·燕引雏】雪晴过扬子渡坐江风山月亭[①]

雪晴初，金山顶上玉浮屠[②]，题诗风月无边[③]处。身在冰壶[④]，天然泛剡[⑤]图。西津渡[⑥]，南归路。茶香陆羽[⑦]，梅隐林逋[⑧]。

老犁注：①扬子渡：即扬州瓜州古渡，地处扬州京杭运河与长江交汇处。与江南对岸的镇江金山遥遥相对。江风山月亭：瓜州古渡上的亭子。②玉浮屠：玉制的佛塔。喻华美的佛塔。③风月无边：极言风景之佳胜。④冰壶：喻洁净的世界。⑤泛剡 shàn：泛舟剡溪。⑥西津渡：指金山下的镇江古渡口。⑦陆羽：字鸿渐，号桑苎翁，唐复州竟陵（今湖北天门市）人。茶学专家，是中国茶学的奠基者，人称茶圣。著有第一部茶学专著《茶经》。⑧林逋：字君复，北宋时隐居杭州孤山的隐士。终生不仕不娶，惟喜植梅养鹤，人称“梅妻鹤子”。仁宗赐谥“和靖”。

## 【双调·清江引】张子坚[①]席上

云林[②]隐居人未知，且把柴门闭。诗床竹雨[③]凉，茶鼎松风[④]细，游仙梦成莺唤起。

老犁注：①张子坚，曾任盐运判官，元代散曲作家，现仅存小令一首。②云林：隐居之所。③诗床：诗人坐卧的用具。竹雨：落在竹叶上的雨滴。④茶鼎：烹茶的炉具。松风：喻煮水的声音。

## 【越调·凭栏人】海口[①]道院

雨后松云生紫岩[②]，花外茶烟生翠岚[③]。袖诗[④]出道庵，探梅来水南[⑤]。

老犁注：①海口：内河通海之处。②松云：青松白云。紫岩：紫色山崖。多指隐者所居。③翠岚：山林中的雾气。④袖诗：袖里藏诗。⑤水南：洛水之南。唐温造曾隐居洛水之南，砥砺名节，人称水南山人。后泛指隐居之地。

## 【中吕·上小楼】春思十五首其四

东风酒家，西施堪画。打令续麻[①]，攧竹分茶[②]，傍柳随花[③]。不上马，手厮把[④]，传情罗帕[⑤]，小红楼断桥直下[⑥]。

老犁注：①打令：打起酒令，行酒令。续麻："顶真续麻"的简称。古时酒令、诗、词、曲中的一种修辞格式。前句末字或词语作为后句句首字或词语，递接而下。②攧 diān 竹：博戏名，颠动竹筒使筒中某一支竹签跌出，视签上标志以决胜负。分茶：宋元时一种泡茶技艺，亦称茶百戏。就是用筅击拂茶汤，使其表面涌起茶沫，然后将茶沫表面划开使之呈现出各种图案和文字。后泛指烹茶待客之礼。③傍柳随花：春天依倚花草柳树而游乐的情调。喻狎妓。④手厮把：手把着手，手牵着手。表示依依不舍。厮：相互。⑤罗帕：丝织方巾。旧时女子既作随身用品，又作佩带饰物。常作为送给情郎的信物。⑥小红楼、断桥：皆喻男女相会场所。断桥：在杭州西湖，是神话故事许仙和白娘子相会的地方。直下：下面，底下。

## 【双调·湘妃怨】瑞安[①]道中

篷低小似白云龛[②]，山好青如碧玉簪[③]。挂渔网茶灶整诗担[④]，沙欧惊笑谈[⑤]，一丝烟两袖晴岚[⑥]。题遍松风阁，来看梅雨潭[⑦]，夜宿仙岩。

老犁注：①瑞安：指浙江温州瑞安市。②篷：竹篾编的车盖。白云龛 kān：白云里的小屋。龛：小窟或小屋。③碧玉簪：碧玉做的簪子。碧玉：半透明呈菠菜绿色的软玉。④此句：指这一带重视渔业劳动，但又好茶读书。大有"耕读传家"的民风。诗担：盛放诗文的担子。⑤沙欧惊笑谈：沙鸥被说笑的声音惊起。表示这里的人们快乐欢笑。沙鸥：栖息于沙滩、沙洲上的鸥鸟。⑥晴岚：晴日山中的雾气。⑦梅雨潭：在浙江温州市瓯海区仙岩，距瑞安市区约30华里。近代有散文家朱自清对其曾做过精彩描写。

## 【中吕·满庭芳】春情·传杯

传杯弄斝[①]，家家浪酒，处处闲茶[②]。是非多不管旁人□，算得个情杂[③]。锦胡洞雕鞍诈马[4]，玉娉婷妖月娆花[5]。朱帘下，香销宝鸭[6]，按舞听琵琶。

老犁注：①斝 jiǎ：古代青铜制的酒器，圆口，三足。②浪酒闲茶：指风月场中的吃喝之事。③情杂：爱情不专一。④锦胡洞：华美的胡同。喻妓院。胡洞：即胡同。雕鞍：雕饰有精美图案的马鞍。诈马："诈马筵"的省称。元代每年六月三日，皇帝回上都（今内蒙锡林郭勒盟正蓝旗闪电河畔）途中，在车驾行幸之处，于御前举行张宴为乐的盛会。这里借指象诈马筵一样的宴会。⑤玉娉婷：形容女子姿态曼妙。妖月娆花：美丽的月亮，妩媚的花朵。喻女子的美丽。⑥宝鸭：鸭形香炉。

## 【中吕·满庭芳】春情·檐前

檐前小打[1]，楼心蹴踘[2]，窗下琵琶。狂轻[3]不管邻□骂，浪酒闲茶[4]。涂醉墨春笺柳芽[5]，弄轻鞭骏马桃花[6]。有多少知心话，玉纤紧把[7]，行到那人家。

老犁注：①小打：旧时的一种球戏。宋孟元老《东京梦华录·驾登宝津楼诸军呈百戏》："先设彩结小毬门于殿前，有花装男子百馀人……分为两队，各有朋头（首领）一名，各执彩画毬杖，谓之小打。"②楼心：犹楼中。疑为楼中的大天井。蹴踘 cùjū：亦作蹴鞠，又名蹋鞠、蹴球、蹴圆、筑球、踢圆等，"蹴"有用脚蹴、蹋、踢的含义，"鞠"为外包皮革、内实米糠的球。因而"蹴鞠"就是指古人以脚蹴、蹋、踢皮球的一种活动，类似今日的足球。③狂轻：即轻狂。指非常轻浮。④浪酒闲茶：指风月场中的吃喝之事。⑤春笺柳芽：倾情的诗文写在柳芽笺上。春笺 jiān：写满春意的笺纸。喻男女倾诉情意的诗文。柳芽：一种精美小巧的笺纸。⑥桃花：指桃花马。毛色白中有红点的马。在明代神仙小说《封神演义》中多为女将们的坐骑。⑦玉纤：纤细如玉的手指。多以指美人的手。紧把：紧紧把牢。

## 【双调·折桂令】春晚有感

燕莺春歌舞排场，几点吴霜[1]，压定疏狂[2]。曲补《霓裳》[3]，茶分凤髓[4]，墨染龙香[5]。千钟酒百年醉乡[6]，十分愁三月韶光。系马仙庄，寄语云娘[7]，老却崔郎[8]。

老犁注：①吴霜：吴地的霜。喻白发。②疏狂：狂放不受约束。③《霓裳》：唐舞曲《霓裳羽衣曲》的省称。④凤髓：茶名。⑤龙香：龙涎香的省称。古代高级墨块掺有龙涎香。⑥醉乡：喝醉以后昏昏沉沉、迷迷糊糊的境界。⑦云娘：犹仙女。⑧崔郎：指唐代诗人崔护。他的《题都城南庄》诗："去年今日此门中，人面桃花相映红。人面不知何处去，桃花依旧笑春风。"泛指情郎。

## 【双调·折桂令】浮石许氏山园小集[1]

上浮石不泛浮槎[2]，当日河源[3]，今夕仙家。煮酒青梅[4]，凉浆老蔗[5]，活水[6]新茶。灵冷兰英玉芽[7]，风香松粉金花[8]。两部[9]鸣蛙，百巧[10]流莺，数点归鸦。

老犁注：①浮石：地名。许氏山园：姓许人家的园林。小集：小会聚。②泛浮槎：乘小筏子。③当日：昔日。河源：河流的发源地，这里指浮石这个地方，是河流的发源处。④煮酒青梅：即指曹操与刘备“煮酒话青梅”的典故。借指彼此都是英雄豪杰。⑤老蔗：冬季窖藏，开春取出食用的甘蔗。⑥活水：流动的水。⑦此句：许氏山园虽冷但有兰花、山笋。灵冷：灵源（许氏山园）山深气寒。玉芽：嫩芽。这里指嫩笋。⑧风香：风中飘着香味。松粉：松花粉。金花：指色彩金黄的松花。⑨两部：唐朝官廷合奏分坐部伎和立部伎，故称“两部”。而蛙鸣声音如两部合奏的声音相似，故蛙鸣被戏称为“两部鼓吹”。⑩百巧：众多灵巧的鸟鸣声。

## 【双调·折桂令】惠山赵蒙泉小隐[①]

缆吴松雪夜渔槎[②]，笑脱青衫[③]，牢裹乌纱[④]。不负鸥盟[⑤]，空惊蝶梦，□厌蜂衙[⑥]。白云外庞居士[⑦]家，锦池中优钵罗华[⑧]。老向烟霞[⑨]，对月看经，递水烹茶。

老犁注：①惠山：指无锡惠山。赵蒙泉：人之姓名，生平不详。小隐：隐居山林的隐士。②吴松：言吴地之松江也。也作吴淞。即今吴淞江（上海段叫苏州河）。这条江亦名松江、吴江、松陵江、笠泽江，发源于苏州市吴江区松陵镇以南太湖瓜泾口，由西向东，穿过江南运河，在今上海外滩黄浦公园北侧外白渡桥以东汇入黄浦江。与东江、娄江共称“太湖三江”。渔槎：渔筏。也指简陋的渔船。③青衫：古时学子所穿之服。④牢裹乌纱：指裹牢帽子，隐居自己。“孟嘉落帽”之典是对官场官员“风雅洒脱、才思敏捷”风采的颂扬。而时下的为官环境，只有裹牢纱帽隐居起来，才是正确是选择。⑤鸥盟：谓与鸥鸟为友，比喻隐退。⑥蜂衙：指群蜂早晚聚集，簇拥蜂王，如旧时衙门官吏上班或下班时去参见衙门最高长官。⑦庞居士：庞蕴，字道玄，唐衡阳人。为达摩东来开立禅宗之后“白衣居士第一人”，素有“东土维摩”之称。⑧锦池：池子的美称。优钵罗华：佛教指青莲花。⑨烟霞：云霞。泛指山水隐居地。

## 【南吕·金字经】客西峰[①]

夜礼天坛月，晓餐仙洞霞[②]，客至西峰小隐[③]家。茶，翠岩□碧牙[④]。松阴下，石苔铺紫花[⑤]。

老犁注：①客西峰：客游西峰。西峰：因王屋山与东岳泰山东西对峙，其主峰谓之西顶（或西峰），俗称老爷顶。绝顶有坛，传为轩辕帝祈天之所，故名天坛。②餐仙洞霞：犹餐霞饮露。指修仙学道。③小隐：隐居山野的隐士。隐士分大、中、小三等。小者隐于野，中者隐于市，大者隐于朝。④碧牙：绿芽，指茶芽。⑤紫花：这里指地丁、酢酱草等野生小草开出的紫色小花。

## 【南吕・金字经】惠山寺①

石刻维摩②像，桂香兜率宫③，一线甘泉饮九龙④，松，翠涛翻半空。若冰洞⑤，试寻桑苎翁⑥。

老犁注：①惠山寺：在无锡。②维摩：即指维摩诘，大乘佛教居士，是著名的在家菩萨。③兜率 shuài 宫：梵语。犹言天宫。④一线甘泉：指一线流出的惠山泉。九龙：惠山由九条冈陇组成，故称九龙。⑤若冰洞：位于惠山泉陆子祠南侧约 20 米处，石洞面东，呈不规则弧形状，高可容人，相传是唐代诗僧若冰刻凿。洞右有泉一眼，名“若冰泉”，因近距二泉，在惠山九龙十三泉中，与龙眼泉、双龙泉、碧露泉一起，较为有名。⑥桑苎翁：唐茶圣陆羽号桑苎翁。

## 【正宫・小梁州】三首其一・篷窗风急

【幺】迎头便说兵戈事①，风流再莫追思。塌了酒楼，焚了茶肆，柳营花市②，更呼甚燕子莺儿③。

老犁注：①兵戈事：战事。②柳营花市：旧指妓院或妓院聚集之处。③燕子莺儿：皆女孩名，借指妓女。

## 【南吕・一枝花】冬景

青山失翠微①，白玉无瑕玷②。梨花和雨舞，柳絮带风挦③。拨粉堆盐④，祥瑞天无欠，丰年气象添。乱飘湿僧舍茶烟，密洒透⑤歌楼酒帘。

老犁注：①翠微：青绿的山色。②瑕玷 diàn：玉上的斑点或裂痕。玷：白玉上的斑点。③挦 xián：拔；扯。④拨粉堆盐：喻覆雪。⑤密洒透：密密的雪花穿透。

## 【仙吕・凤栖梧】惠山寺①

寺下苍山蹲玉几②。两两髯龙③，涧底拏云④起。矮屋低垣祠短李⑤。旧题名胜今余几。驳石⑥阑干曾遍倚。出没烟芜⑦，见客青鼋⑧喜。隐隐蕉花修竹里。老僧自汲煎茶水。

老犁注：①惠山寺：在无锡。②苍山：青山。玉几：玉饰的矮桌。这里指山形像玉几一样的蹲伏着。③两两：犹言稀稀落落。髯龙：指虬枝盘曲的松树。④拏 ná 云：犹凌云。⑤垣 yuán：矮墙。短李：指唐代诗人李绅。《新唐书・李绅传》：“（绅）为人短小精悍，于诗最有名，时号短李。”其在无锡读书并考中进士。⑥驳石：就驳岸石。修造园林的景观石。⑦烟芜：烟雾中的草丛。⑧见客青鼋 yuán 喜：由于是烟芜之地，故池中青鼋非但不怕人，反倒伸长脑袋兴奋的看着来人。鼋：鳖科，鼋属，爬行动物。是鳖类中最大的一种。生活在河中。

## 【大石调·百字令】惠山酌[1]泉

舣舟[2]一笑，正三吴好处[3]，天将僧占。百斛冰泉[4]，醒醉眼、庭下寒光潋滟。云湿阑干[5]，树香[6]楼阁，莺语青山崦[7]。倚花索句，终日登临无厌。　　小瓶声卷松涛[8]，俗尘[9]不到，休把柴门掩。瓯面碧圆珠蓓蕾[10]，强似花浓酒酽。清入心脾，名高秘水[11]，细把《茶经》点[12]。留题石上，风流何处鸿渐[13]。

老犁注：①酌：酌饮。舀取而饮。②舣 yǐ 舟：靠岸停舟。③三吴：指江南的吴郡（治吴县）、吴兴郡（治湖州）、会稽郡（治绍兴）这三个地方。这三郡都是从会稽郡（吴地）中析出。故三地就合称“三吴”。好处：好地方。④百斛 hú：喻容积很大。斛，量具名。古以十斗为斛，南宋末改为五斗。冰泉：清凉之泉。⑤阑干：栏杆。⑥树香：木结构楼房中特有的树木香味。⑦青山崦 yān：青山坳。⑧松涛：喻水煮开的声音。⑨俗尘：世俗人的踪迹。⑩此句：杯面上浮起的是嫩茶芽碾成的茶末。碧圆珠蓓蕾：青绿色圆圆的珠芽。蓓蕾：没开的花。这里指没展开的珠茶。⑪名高：名声高扬。秘水：世上少有的水。⑫《茶经》：唐陆羽著，是中国乃至世界现存最早、最完整、最全面介绍茶的第一部专著，被誉为茶叶百科全书。点：查对，检核。⑬鸿渐：陆羽，字鸿渐。

## 【仙吕·凤栖梧】游雁荡[1]

两袖刚风凌倒景[2]。小磴[3]松声，独上招提[4]境。碧水流云三百顷[5]。白龙[6]飞过青天影。　　折脚铛中留苦茗[7]。野菊生花，犹记丹砂井[8]。吹罢玉箫[9]山月冷。题诗人在芙蓉顶[10]。

老犁注：①雁荡：指雁荡山。在浙江温州乐清。②刚风：同罡风。道家谓高空之风，后亦泛指劲风。凌：升到。倒景：指天的最高处。③小磴：山路上的小石阶。磴 dèng：山路上的石台阶。④招提：寺院的别称。⑤碧水流云：犹蓝天碧水。三百顷：喻面积很大。⑥白龙：形容奔腾直泻的溪流瀑布。⑦折脚铛 chēng：指断脚的茶铛。苦茗：苦茶；粗劣之茶。⑧丹砂井：典出晋葛洪《抱朴子·仙药》：寥氏家宅，居者长寿，人考所因，原是井水中含有丹砂缘故。后遂用“丹砂井”誉水质佳美而使居者长寿，或称地灵人杰。⑨玉箫：箫的美称。⑩芙蓉顶：指雁荡山中的芙蓉峰。

---

**张伯淳**（1242～1302）：字师道，号养蒙，宋元间崇德（今浙江嘉兴桐乡市）人。咸淳七年进士。曾监临安府都税院，升观察推官，授太学录。入元后，于至元二十三年荐授杭州路儒学教授，历浙东道按察司知事、福建廉访司知事。时元世祖诏求江南人才，张伯淳与其内弟赵孟頫同被荐，授翰林院直学士，同修国史。进阶奉训

大夫，改任庆元路总管府治中，受命清理衢（今衢州）、秀（今嘉兴）两地刑狱，处置得宜，颇有政绩。大德四年拜翰林侍讲学士。次年，护驾进都入朝。卒后谥文穆。事迹收录于《元史本传·养蒙先生集》中。

## 齐天乐·送马德昌[①]

人生南北如岐路，相逢自怜不早。倾盖班荆[②]，分灯并[③]壁，吟卷笔床茶灶[④]。交情古道。怕催诏翩翩[⑤]，好风[⑥]吹到。聚久别难，砌蛩那更碎[⑦]怀抱。　　临行谁劝驻马，待将尘土事，妨我吟啸[⑧]。小住虽佳，还堪就否[⑨]，催得云帆缥缈。官梅[⑩]正好。比前度孤山[⑪]，剩[⑫]开多少。两处心旌[⑬]，倚楼同晚照。

老犁注：①马德昌：马煦，字德昌，元磁州滏阳人。幼从杨震亨学，有时名。官至刑部尚书。②倾盖：途中相遇，停车交谈，双方车盖往一起倾斜。形容交友一见如故。班荆：泛指朋友相遇，共叙离情。亦作“班荆道故”。谓朋友相遇于途，铺荆坐地，共叙情怀。典出《左传·襄公二十六年》：“遇之于郑郊，班荆相与食，而言复故。”班：铺开。③分灯：西汉匡衡有“凿壁引光”读书的典故。后因以“分灯”谓借用他人灯烛余光以读书劳作。并：通摒。意为排开。在壁上开个小洞放灯。④吟卷：诗册；诗稿。笔床茶灶：笔床即笔架；茶灶即煮茶用的小炉。借指隐士淡泊脱俗的生活。出自唐人陆龟蒙事迹。⑤催诏：催促的诏书。翩翩：连绵不断貌。⑥好风：好风声，好消息。⑦砌蛩：台阶下的蟋蟀。碎：絮烦。⑧吟啸：高声吟咏。⑨还堪就否：但也还可能带来一些困厄或不顺。⑩官梅：官府所种的梅。⑪前度孤山：指以前林逋在杭州西湖孤山种梅。⑫剩：表示程度，相当于更、更能。⑬心旌：指心神。

**陈孚**（1240~1303）：字刚中，号笏斋，宋元间天台临海（今浙江台州临海市）人。幼颖悟。世祖时以布衣上《大一统赋》，署为上蔡书院山长，调翰林国史院编修，摄礼部郎中，随梁曾使安南，还授翰林待制。遭廷臣嫉忌，出为建德路总管府治中。历迁衢州、台州两路，所至多善政。大德七年，为恤饥民以疾卒，年六十四。谥文惠。天材过人，性任侠不羁，诗文不事雕斲。有《观光稿》《交州稿》和《玉堂稿》。

## 过镜湖[①]

镜水八百里，水光如镜明。偶寻古寺坐，便有清风生。
天阔雁一点，山空猿数声。老僧作茗供[②]，笑下孤舟轻。

老犁注：①镜湖：又称鉴湖，是古代长江以南一处大型农田水利工程，在今浙江绍兴萧绍运河以南、会稽山北麓以北这一地带。东汉永和五年（140）在会稽太守马臻主持下修建。以水平如镜而得名。北宋末，由于大量围垦，使有200多平方公里的水面萎缩殆尽，今鉴湖仅剩狭长河道，面积仅为30平方公里。②作茗供：制茶供饮。

## 马平谒柳侯庙[1]

词华一代日星[2]尊，茶臼村童[3]俨尚存。山左竟令驱厉鬼[4]，庭中已悔乞天孙[5]。

善和[6]里隔生前泪，文惠[7]祠封死后魂。欲奠荔蕉[8]不知处，满池榕叶拥朱门。

老犁注：①马平：指马平县，县治设于今柳州市柳北区雀儿山附近的“双山”。柳侯庙：即广西马平罗池庙，是为纪念柳宗元而造的庙。②词华：文采；辞藻华丽。日星：太阳和星星。③茶臼：捣茶成末的工具，类大碗，内有糙纹，与手杵共用。柳宗元《夏昼偶作》中有“日午独觉无馀声，山童隔竹敲茶臼。”之句。④此句：韩愈在《柳州罗池庙碑》中有“福我兮寿我，驱厉鬼兮山之左。”之句。柳侯祠原有一块《龙城石刻》，上面刻有“龙城柳，神所守；驱厉鬼，出匕首，福四民，制九丑。元和十二年。柳宗元。”山左：山的东侧。⑤此句：柳宗元写过《乞巧文》一文，开头第一句是“柳子夜归自外庭”，此文采用向天孙（织女）乞巧不成的寓言形式，揭露时下弊政，抒发自己不屈和愤懑之情。⑥善和：柳宗元《寄许孟容书》：“家有赐书三千卷，尚在善和里旧宅。”后因以“善和”借指藏书。⑦文惠：柳宗元死时没有谥号，到宋哲宗时才加封为“文惠侯”。⑧荔蕉：韩愈为柳宗元写的《柳州罗池庙碑》中的有《享神体》一段，后来成为祭祀柳宗元的祭歌，其开头有“荔子丹兮蕉黄，杂肴蔬兮进侯堂。”

## 偕承旨野庄公学士刘东崖侍讲张西岩游庆寿寺憩僧窗有作[1]

金碧楼台护紫霞[2]，一尘不到[3]小窗纱。老僧倚杖对疏竹，童子抱琴眠落花。

风起乱飞千万蝶，日斜闲啄两三鸦。自知不是名缰客[4]，消得曹溪一滴茶[5]。

老犁注：①标题断句及注释：偕承旨野庄公、学士刘东崖、侍讲张西岩，游庆寿寺，憩僧窗有作。所偕的三人分别是：翰林学士承旨野庄公、翰林学士刘东崖、翰林侍讲学士张西岩。生平均不详。庆寿寺：原址在南海之西约400米，即在北京西长安街28号（电报大楼西）。该寺创建于金世宗大定二十六年（1186）。寺内有双塔，故又称双塔寺。②金碧：金黄和碧绿的颜色。形容装饰华彩炫烂，多指宫殿等建筑物。紫霞：指紫霞佛光。佛头周围呈现的光环。③一尘不到：形容清净纯洁。④名缰：功名的缰绳。有“名缰利锁”一词：意为名的缰绳，利的锁链。⑤曹溪一滴茶：犹一滴曹溪水，禅宗用语。指六祖慧能作为禅宗顿悟禅的源头，其功不可没。曹溪，慧能的别号。因慧能曾在岭南曹溪开法，传授顿悟禅，故名。

## 金山寺

万顷天光俯可吞，壶中[①]别有小乾坤。云移塔影横江口，潮送钟声过海门[②]。僧榻夜随蛟室[③]涌，佛灯秋隔蜃楼[④]昏。年年只有中泠水[⑤]，不受人间一点尘。

老犁注：①壶中：即壶中天。借指胜景。这里指金山寺。②海门：海口。内河通海之处。③僧榻：僧床，禅床。蛟室：犹龙宫。亦借指大江大海。④佛灯：供于佛前的灯火。蜃楼：古人谓蜃气变幻成的楼阁。⑤中泠水：中泠泉。在镇江金山寺下扬子江江心屿中。相传其水烹茶最佳，有“天下第一泉”之称。

## 洪赞井深有六七十丈者[①]

洪赞山岧峣[②]，势如舞双凤。大井千尺深，窈然[③]见空洞。野人[④]驱十牛，汲以五石[⑤]瓮。滴水宝如珠，一瓮十室[⑥]共。我生海东头[⑦]，涟漪饱清弄[⑧]。尝闻惠山泉，万里驲骑[⑨]送。急呼茗枕[⑩]来，试作清净供[⑪]。

老犁注：①洪赞井：本诗载于《钦定古今图书集成·方舆汇编·职方典·宣化府部》中。据此书记载，此井在宣化龙门县（今并入张家口赤城县）长安岭西。即今张家口赤城县与怀来县交界的长安岭（又名桑干岭）西。②岧峣：tiáoyáo 形容山高。③窈 yǎo 然：幽深貌。④野人：泛指村野之人。⑤五石 dàn：五十斗。石为古代容积单位，十斗为一石。⑥十室：十户。⑦海东头：陈孚为台州临海人，近临东海。⑧此句：水对我来说早摆弄够了。⑨驲骑 rìjì：即驿骑。乘马送信、传递公文的人。驲 rì：古代驿站专用的车，后亦指驿马。⑩茗枕：将干茶装入枕头，这种枕头叫茗枕。⑪清净供：即清供。指放置在案头供观赏的物品摆设。

## 邕州[①]（节选）

驿吏煎茶茱萸[②]浓，槟榔[③]口吐猩血红。飒然毛窍[④]汗为雨，病骨似觉[⑤]收奇功。

老犁注：①邕 yōng 州：地名，今广西南宁市。②驿吏：驿站的胥吏。茱萸：因其能祛邪辟瘴，故南方人常将其制成茱萸茶饮用。③槟榔：指槟榔树的果实。咀嚼槟榔后嘴内呈红色。④飒然：迅疾貌。毛窍：毛孔。⑤病骨：指多病瘦损的身躯。

---

**陈栎**（1252~1334）：字寿翁，晚称东阜老人，所居堂名定宇，学者称定宇先生。宋元间徽州休宁（今安徽黄山休宁县）人。学宗朱熹。宋亡，隐居著书。仁宗延祐开科，栎欲不试，有司强之，中选。不赴礼部试，教授于家。性孝友，刚正，动中礼

法，与人交，不以势合，不以利迁。善诱学者，谆谆不倦。卒年八十三，有《尚书集传纂疏》《历代通略》《勤有堂随录》和《定宇集》。

## 再用易巾韵[①]

随处聊凭制漆纱[②]，岂其官样必京华。竹皮最古今苴履[③]，梛子[④]称奇亦贮茶。

秃发已知头似笔，笑颜底用[⑤]面如靴。小冠子夏[⑥]时方尚，岌嶪[⑦]青云难自夸。

老犁注：①陈栎曾作《易巾偶与子静同日同样同价戏成一首》，后以此韵又次了五首，这是其中的第二首。易巾：旧幞头（头巾）用坏了，更换一块新幞头。②聊凭：暂且凭借。漆纱：以漆胶纱曰漆纱。幞头，朝服也，北周武帝始用漆纱制之。③苴 jū 履：用草做成的鞋垫，用以垫鞋底。苴：腐草，苴麻。履：鞋的意思。④梛 yé 子：即椰子。梛是椰的异体字。原诗注：梛子可为冠，亦可为茶瓶。见山谷诗。⑤底用：何用。⑥小冠子夏：汉代名臣杜延年的儿子杜钦很有学问，尽管满腹经纶，但始终坚持不仕。他与茂陵人杜邺都字号子夏，才学在京城不相上下，因为他一只眼瞎，人称“盲杜子夏”。杜钦最讨厌人说他眼瞎，就自己戴小帽子来与杜邺区别，从此人们开始称他为“小冠子夏”。⑦岌嶪 jíyè：指高峻貌。

## 子静和易巾韵五用韵答之[①]

月移梅影上窗纱，恰读新篇对月华[②]。和似鹅黄[③]盈盏酒，清于兔褐[④]半瓯茶。

金身丈六[⑤]莲生座，汗脚尺三[⑥]霜满靴。选佛选官俱是幻，诗名不朽后人夸。

老犁注：①陈栎曾作《易巾偶与子静同日同样同价戏成一首》，后以此韵再吟五首，友人子静与其进行唱和，为此陈栎以此诗答复。子静：疑为张渊，活动于元末明初年间。浙江吴兴人，字子静，号孟䫇。守道安贫，隐居不仕。与当时吴派山水画大师沈周相友善。工书，以苏轼字为宗。②月华：月光通过云中的小水滴或冰粒时发生衍射，在月亮周围形成的彩色光环，内紫外红。借指月光。③鹅黄：指淡黄色的东西。或指酒。④兔褐 hè：兔毛布，呈黄黑色。以其色似褐兔，故名。这里指兔毫盏。⑤丈六：一丈六尺。指佛化身的长度。后亦借指佛身。⑥汗脚尺三：范成大《新正书怀十首其一》诗有“行年六十旧历日，汗脚尺三新杖藜”之句。

## 清平乐·寄惠山壬戌四月十二日

惠山[①]苍翠。远与毗陵媲[②]。彼处锡泉[③]标第二。此更钟奇毓异[④]。　　年年初度浮觞[⑤]。醉余新瀹[⑥]茶香。山下冰濡雪乳[⑦]，淡中滋味悠长。

老犁注：①惠山：无锡有惠山，惠山有名泉，陆羽评其为天下第二泉。②毗 pí 陵：多指今江苏常州。媲 pì：匹配；媲美。③彼处：那个地方。锡泉：无锡的惠山泉。④钟奇毓异：犹钟灵毓秀。钟：集聚。毓 yù：培育。⑤初度：谓始生之年时。浮觞：浮杯。古人每逢三月上旬的巳日在环曲的水渠旁集会，在上游放置酒杯，任其顺流而下，停在谁的面前，谁就取饮，称“浮觞”。借指饮酒。⑥瀹 yuè：煮。⑦冰濡 rú：冰凉柔顺。濡：通软。柔顺。雪乳：指泉水。

**陈樵**（1278~1365）：字君采，号鹿皮子，婺州东阳（今浙江金华东阳市）人。负经济才，介特自守，性至孝。幼承家学，继受经于程直方。以当事者荐，征之不起，隐居东阳圁谷，专意著述。尤长于说经，与同郡黄晋卿辈友善。尝贻书宋景濂，谆谆以文章相勉励云。好为古赋，组织绵丽，有魏晋人遗风。其诗于题咏为多，属对精巧，时有奇气，有《鹿皮子集》。

## 山房①

冷云堆里散人家，鹿帻羊裘不衣麻②。门外树身无岁月③，山中人语带烟霞④。

云侵坏衲⑤长生菌，风断游丝半度⑥花。采蕺⑦林深人不见，连筒引水自煎茶。

老犁注：①山房：山中的书室。②鹿帻 zé：鹿皮制成的头巾。多为隐士所戴。羊裘 qiú：羊皮做的衣服。《后汉书·逸民传·严光》载，汉严光少有高名，与刘秀同游学，后刘秀即帝位，光变名隐身，披羊裘钓泽中。后因以“羊裘”指隐者或隐居生活。麻：麻衣，即深衣。古代诸侯、大夫、士人家居时穿的常服。③无岁月：无惧岁月变化。④烟霞：烟雾或云霞。⑤坏衲：和尚所着法衣不用正色（正红、正黄、正蓝、正白、正黑的颜色）染成。不正色就是正色以外的颜色，称为坏色。坏色染过的法衣就叫坏衲。用不正色的目的在于，一是为了僧俗有别；二是隔美艳，除爱美之心；三是染坏色（加上割裁）无法他用，息盗贼夺衣之念。后就指和尚的袈裟，或干脆就代指和尚。⑥游丝：飘荡在空中的蜘蛛丝。半度：指花开的一半，没开全。⑦蕺 jí：俗称鱼腥草。

## 玉雪亭①九首其四

六丁凿碎玉崚嶒②，刻玉为花笑裂缯③。石蜜和浆调露蕊④，茶铛无水斲⑤崖冰。

城头看树低三尺，云里有山知几层。欲寄江南问春信⑥，珠玑落纸笔光凝⑦。

老犁注：①玉雪亭：亭名。在浙江东阳圁 yín 谷（今东阳亭塘村），今不存。②六丁：道教认为六丁（丁卯、丁巳、丁未、丁酉、丁亥、丁丑）为阴神，为天帝所役使；道士则可用符箓召请，以供驱使。玉崚嶒：玉山。崚嶒 língcéng：指高峻的山。③裂缯 zēng：碎裂的白绸。缯：丝织品的总称。前两句大概意思是：六丁神将天上的玉山凿碎并刻成花，像撕碎的丝絮一样撒到了人间。④石蜜，冰糖之异称。

露蕊：晶莹的花蕊。指雪花。⑤茶铛 chēng：似釜的煎茶器，深度比釜略浅，与釜的区别在于它是带三足且有一横柄。斵 zhuó：砍，采。⑥问春信：问春天的讯息。⑦珠玑：诗文中常用以比喻晶莹似珠之物。这里指雪花。笔光凝：笔头裸露被冻结了。

## 金华通天洞①

石扉高映碧芙蕖②，二室联翩逼翠虚③。字里苍苔犹自活④，茶边寒木易成枯⑤。

吴中太白争华地⑥，林下青羱化石馀⑦。三洞周回⑧五百里，金堂石室尽仙都⑨。

老犁注：①通天洞：高可通天的洞。②石扉 fēi：石洞的洞口。高映：高高的映照着。碧芙蕖：青莲。这里指洞顶上的钟乳石如倒挂的莲花。③二室：指双龙洞和冰壶洞。联翩：形容连续不断。翠虚：碧空，高空。④此句：洞壁上刻字的地方，青苔尚且能自活。⑤寒木：耐寒不凋的树木，多指松柏之类。易成枯：因洞中福地多隐士，而隐士多种茶饮茶，故松柏易被砍伐做成枯柴，用于烹茶。⑥此句：古代金华亦属吴中地区，而金华是金星（太白星）与婺女两星争华的地方。⑦此句：黄初平叱石成羊典故就发生在金华山（北山）。羱 yuán：羱羊。古书上说的一种大角羊。亦称“北山羊”。⑧三洞：金华北山溶洞有三个，指双龙洞、冰壶洞和朝真洞。周回：周围。⑨金堂：指华丽宏伟之堂。喻石洞。石室：岩洞。仙都：仙人居住的地方。

## 三泉①

泉眼离离傍石棱②，奔流脉脉到轩楹③。诗成石面④花无数，梦冷⑤池头草不生。

江夏茶经有遗谱⑥，南磳水乐⑦变新声。林居渐觉机心⑧断，渴鹿⑨逢人自不惊。

老犁注：①三泉：指陆羽品定的天下第三泉，在湖北浠水县兰溪口（浠水与长江交汇处）上游五里的溪潭坳河滨峭壁石下，西距鄂州市约 25 公里。②离离：清晰貌；分明貌。石棱：石头的棱角。也指多棱的山石。③脉脉：连绵不断貌。轩楹：廊柱。指泉水引流到廊的旁边。④诗成石面：诗刻在石头表面上。⑤梦冷：梦见寒冷。⑥江夏：古竟陵（茶圣陆羽故里，今天门）属江夏郡。故这里借指陆羽。遗谱：遗留下的茶谱。⑦南磳 zēng 水乐：唐元结《水乐说》：“元子于山中尤所耽爱者有水乐。水乐是南磳之悬水，淙淙然，闻之多久，于耳尤便。”南磳：地名。水乐：指流泉所发出的悦耳声响。元结曾两次隐居武昌（今鄂州西山与雷山相接处——退谷），此地古代也曾属江夏郡。⑧机心：机巧功利之心。⑨渴鹿：饥渴之鹿。

---

**陈宜甫**（生卒不详）：字秋岩，宋元间福建人。元世祖时尝为侍从，成宗时又为晋王僚属。工诗，其诗多与卢挚、姚燧、赵孟頫、程钜夫等相唱和，而诸人诗乃罕及

之，其始末遂不可复详矣。有《陈秋岩集》散见《永乐大典》中。

## 谢张畴斋惠[1]笔（节选）

适意添花谱[2]，垂名厌竹青[3]。品茶追陆羽[4]，颂酒[5]继刘伶。

老犁注：①张畴斋：人之姓名，生平不详。惠：惠赠。②适意：称心。花谱：记载四季花卉的书。③厌：压。这里有铭刻之意。竹青：竹子外面的一层青绿色表皮。古时记事用竹简，而竹简制作要杀青，即先烤出竹子里的水分（汗青），再刮去青皮，这样既便于书写，又避免虫蛀。④品茶：唐陆羽著有《茶经》，被誉为茶圣，论茶品饮从其开始。⑤颂酒：赞颂酒的美德。指晋刘伶曾作的《酒德颂》。

**范梈**（1272~1330）：字亨父，一字德机，人称文白先生，宋元间清江（今江西宜春樟树市）人。家贫早孤，刻苦为文章，人罕知者。年三十六，辞家北游，卖卜燕市。荐为左卫教授，迁翰林院编修官，升海南海北道廉访司照磨、福建闽海道知事等职。癯然清寒，若不胜衣，而持身廉正。有政绩，后以疾归。授湖南岭北廉访经历，亲老不赴，以母丧哀毁卒，年五十九。与虞集、杨载、揭傒斯并称为“元诗四大家”。其文学秦汉，诗好为古体，风格清健淳朴，用力精深，有《范德机诗集》和诗话《木天禁语》。

## 至夏庄怀平坡[1]旧游

平坡谷前桃杏花，年时着屐到君家[2]。秖今[3]可买惟村酒，无复能来试石茶[4]。

帘幕高高通紫燕[5]，溪流款款伏青蛇。同游昨有虞公子[6]，却为卢郎得浪夸[7]。

老犁注：①夏庄：指北京石景山区下庄村（今已分为东下庄村和西下庄村），在西山八大处的山脚。平坡：平坡寺。在今西山东麓的翠微山、平坡山、卢师山之间，分布着八座寺庙，人称为西山八大处。其中主寺香界寺，又名平坡寺。范梈于大德十一年丁未（1307）隐居元大都西郊的卢师山东谷。②年时：当年。君家：敬词。犹贵府，您家。③秖今：到今，而今。秖 zhǐ：同祇 zhǐ。适也，仅仅也。④无复：不再，不会再次。石茶：即东北石茶，中药名为华北石韦，是水龙骨科石韦属植物，植株高 5–10 厘米，叶似柳，背面有鳞突，生长在高坡或石崖上，采摘后晾晒，以干茶作为材料将其泡水饮用。⑤帘幕：遮蔽门窗用的大块帷幕。紫燕：燕子的一种，也称越燕，体形小而多声，颔下紫色，营巢于屋檐廊宇之下，分布于江南。这里泛指燕子。⑥虞公子：疑指虞集。⑦卢郎：比喻才高。卢郎指隋卢思道。《北史·卢思道传》：“文宣帝崩，当朝文士各作挽歌十首，择其善者而用之……唯思道独得八篇。故时人称为‘八采卢郎’。”“采”指文章的词藻。后误作“八米卢郎”。浪夸：犹虚夸。谦称自己被他人夸为卢郎。

## 秋日集咏奉和潘李二使君浦编修诸公[①]十首其七

潘公墙角树连汀[②]，曾是笙簧[③]昼夜听。门巷祇今埋粪壤[④]，轮蹄自昔走雷霆[⑤]。
长因午睡思茶灶，却为朝吟款竹扃[⑥]。若续济南名士录，莫令憔悴鹊湖亭[⑦]。

老犁注：①标题断句及注释：秋日集咏，奉和潘李二使君、浦编修、诸公。潘李二使君：潘姓和李姓两位使君。使君：汉时称刺史为使君。后指对州郡长官的尊称，再后来也指对人的尊称。浦编修：一位姓浦的编修。编修：翰林院中主要负责文献修撰工作的官员。位次于修撰，与修撰、检讨同为史官。②潘公：指标题中潘李二使君中的潘使君。从后面末联判断，这位潘使君可能是济南人或在济南做官。汀 tīng：水边平滩。这里指潘公的家宅外面就是湖岸边。③笙簧：指笙的乐音。簧，笙中之簧片。④祇 zhǐ 今：到今，而今。祇 zhǐ：适也，仅仅也。粪壤：掺有肥料的土灰。⑤轮蹄：车轮与马蹄。代指车马。自昔：往昔；从前。雷霆：震雷。⑥朝吟：早上吟诵。款：敲，叩。竹扃 jiōng：竹门。扃：指从外面关门的闩、钩等；借指门扇。⑦鹊湖亭：指山东济南鹊山湖的鹊山亭。此湖在济南黄河边的鹊山脚下，今大部分已经干涸。鹊山亭是鹊山湖上最著名的景观，历史上很多名人都在此留下足迹。

## 山斋

山斋朝雨竹光[①]匀，茶灶催添石火[②]新。对语黄鹂真不俗，飞来白鹭净无邻[③]。
辞荣岂敢要时论[④]，赏静[⑤]犹应愧古人。报道林河[⑥]春涨起，少须重理旧丝纶[⑦]。

老犁注：①山斋：山中居室。竹光：竹林中的光影。②石火：以石敲击，迸发出的火花。③净无邻：没一个邻居。④辞荣：逃避富贵荣华的生活。谓辞官退隐。晋陶潜《感士不遇赋》：“望轩唐（传说中的古代帝王轩辕、唐尧的并称）而永叹，甘贫贱以辞荣。”时论：当时的舆论。⑤赏静：喜爱清幽。意谓看轻名利。唐杜甫《徐九少尹见过》诗：“赏静怜云竹，忘归步月台。”⑥报道：告知。林河：林中河流。⑦少须：稍等，呆会儿。丝纶：钓线。

## 上真应寺观寺后龙湫湫在崖上盖由寺北下马并高数十折得之又数步许得巨石有僧龛其中云即唐卢叟所隐成道处时日斜方焚香诵经间闻客至乃能辍诵相迎作茶云[①]

凭高窃窕辨精蓝[②]，濯佩[③]还思访古潭。字贬孟家题处碣[④]，洞留卢叟[⑤]去时龛。
近人[⑥]野鸟如曾识，问客山精[⑦]不敢谈。闻说平坡[⑧]犹在上，登临虽倦且停骖[⑨]。

老犁注：①标题断句及注释：上真应寺观寺后龙湫，湫在崖上，盖由寺北下马，并高数十折得之。又数步许，得巨石，有僧龛其中，云即唐卢叟所隐成道处。时日斜，方焚香诵经，间闻客至，乃能辍诵相迎作茶云。真应寺：范柠曾在卢师山（在今北京八大处附近）东谷建别墅隐居，别墅之西有真应寺（今清凉寺），是其经常游览的地方。龙湫 qiū：悬瀑下的深潭。②凭高：登临高处。窈窕：深远貌。精蓝：佛寺；僧舍。③濯佩：洗濯玉佩。比喻超脱世俗。④此句：指此处的题诗碑碣比褚遂良的《孟法师碑铭》还要好。⑤卢叟：唐时在此隐居的一位老者，山因其而名卢师山。⑥近人：接近人。⑦山精：传说中的山间怪兽。⑧平坡：指西山八大处的平坡寺。⑨停骖：将马勒住，停止前进。即停车归隐。

## 重登兴真观①小楼

瀕湖观户旧倒颠②，新起小楼明且鲜。道人不惯养白鹤，食豕③却来堂下眠。

偶闻使者④薄暮至，考鼓挝钟吟昊天⑤。春茶煮就且莫试，慷慨凭高⑥询往年。

老犁注：①兴真观：道观名，在何处不详。②观户：门户。旧倒颠：旧楼倒影在湖中。③食豕 shǐ：给猪吃。《庄子．应帝王》："三年不出。为其妻爨，食豕如食人（给猪吃如给人吃的一样，这是庄子倡导人与动物亲密无间的关系）。"这里借用喂养的猪。④使者：受命出使的人，泛指奉命办事的人。这里指来道观办事的人。薄暮而至大多是为了掩人耳目。⑤考：敲，击。挝 zhuā：敲打，击。昊 hào 天：苍天。昊，元气博大貌。⑥凭高：登临高处。

## 由海昏入武宁①道中（节选）

泄云行崦杉②，零露浥涧茗③。玄蝉④振山凄，白鹭团沙整⑤。

老犁注：①海昏：汉地名，汉废帝海昏侯刘贺贬此，在今江西永修、新建一带。武宁：九江武宁县，东与永修为邻。②泄云：飘散的云。崦 yān 杉：山顶的杉木。③零露：降落的露水。浥 yì：湿润。涧茗：山涧中的茶叶。④玄蝉：玄属北，有黑暗阴寒之意。故玄蝉常指寒蝉，即秋蝉。⑤团沙整：围着沙丘齐整地飞过。

## 将赴江浙大府校进士试会疾止建安驿上后山东眺郡城作十二韵①（节选）

山英茗在瀹②，馆饭菰登豆③。勤渠④相国谊，忝窃大夫⑤后。

老犁注：①标题断句及注释：将赴江浙大府校进士试，会疾止建安驿，上后山东眺郡城，作十二韵。大府：泛指上级官府。这里指行省衙门。校进士试：举行进士选考。会疾止：适逢生病而停留。建安驿：福建省建安郡境内的驿站，郡府驻地在今建瓯市。②山英：山之精华。瀹 yuè：煮。③馆饭：馆舍中的饭食。菰 gū：多年生草本植物，生在浅水里，嫩茎称茭白，其果实称菰米。这里指菰米做的饭。登豆：盛入豆中。豆：食器。④勤渠：殷勤。⑤忝窃 tiǎnqiè：谦言辱居其位或愧得其名。大夫：与前句的“相国”都是朝中高官。

**周德清**（1277~1365）：字日湛，号挺斋，高安（今江西宜春高安市）人。家境贫困，终身不仕。精音韵、戏剧，工乐府，善音律。他对元代名家曲作进行了广泛搜集，并认真研究，著成音韵学名著《中原音韵》（书成于泰定元年），其书规范了戏曲作曲、唱曲，促进了戏曲用韵的统一，是研究近代以北方音为主的普通话语音的珍贵资料。清刘熙载称《中原音韵》“永为曲韵之祖”。他本人也善于曲作，《录鬼簿续编》载“时人赞誉其词‘德清三词，不惟江南，实天下之独步也。’”《全元散曲》录存其小令31首，套数3套。

## 【正宫・塞鸿秋】浔阳[1]即景二首其二

灞桥雪拥驴难跨[2]，剡溪冰冻船难驾[3]；秦楼美酝添高价[4]，陶家风味都闲话。羊羔饮兴佳，金帐歌声罢[5]，醉魂不到蓝关下[6]。

老犁注：①浔阳：江西九江的古称。此曲是写九江冬景。②此句：灞桥是西安东郊灞河上的一座桥，这里曾遍植柳树，是古人折柳送别的地方，也是苦吟诗人雪中“骑驴索句”的地方。灞河发源于蓝谷，向北流经西安注入渭河。③此句：取典于东晋王子猷的“雪夜访戴”之典。④此句：雪天里秦楼中的酒也涨价了。秦楼：妓院。酝：酒。⑤以上三句：取典“党姬烹雪”之典。⑥蓝关：在陕西省蓝田县西北，韩愈因反对迎佛骨而被贬潮州，路过蓝关时写下了“云横秦岭家何在？雪拥蓝关马不前”的著名诗句，后人将此句作为命蹇之时的咏雪之典。

## 【中吕・红绣鞋】赏雪偶成

共妾围炉说话，呼童扫雪烹茶，休说羊羔味偏佳[1]。调情须酒兴，压逆[2]索茶芽，酒和茶都俊煞[3]！

老犁注：①此句：不许只说羊羔美酒味道独好，酒和茶应该都好，两者不能偏颇。②压逆：抵抗酒醉（最好的办法）。③俊煞：好得很。

## 【越调・天净沙】嘲歌者茶茶

根窠生长灵芽[1]，旗枪搠立烟花[2]，不许冯魁串瓦[3]。休抬高价，小舟来贩茶茶[4]。

老犁注：①根窠：根穴深处。灵芽：瑞草，用以指代茶叶。②旗枪：喻新长的茶叶。新长出的茶叶分顶芽和展开的嫩叶，顶芽称枪，嫩叶称旗。搠 shuò：插。烟花：美丽春景。此句指小女子如嫩茶一样新长成。③冯魁：为宋元“双渐与小卿”爱情故事中的反面人物，是从丽春园买走小卿一个的贩茶商。串瓦：出入瓦舍。宋吴自牧《梦粱录·瓦舍》：“瓦舍者，谓其‘来时瓦合，去时瓦解’之义，易聚易散也。”开始是指集市中搭建的临时摊铺。集市结束临时摊铺就撤除散去，如瓦一样易散。后来将集市中妓院、茶楼、酒肆（开始为临时，后固定经营）也都归入瓦舍的范畴。到宋元时期，瓦舍与勾栏（原意为曲折的栏杆，因要用栏杆围起来做表演，故就成了演出场所的代称）就成了综合的玩乐场所。④茶茶：对少女的昵称。

## 【双调·蟾宫曲】四首其四·倚蓬窗

倚蓬窗无语嗟呀[①]，七件儿[②]全无，做甚么人家？柴似灵芝，油如甘露，米若丹砂。酱瓮儿恰才梦撒[③]，盐瓶儿又告消乏[④]。茶也无多，醋也无多。七件事尚且艰难，怎生教我折柳攀花？

老犁注：①蓬窗：简陋的窗户。嗟呀 jiēyā：惊叹；叹息。②七件儿：指油盐柴米酱醋茶。③梦撒 sā：跟做梦差不多，就是指没有。④消乏：消耗完了。

---

**赵孟頫**（1254~1322）：字子昂，号松雪道人。宋元间湖州人，宋宗室。幼聪敏，为文操笔立就。以父荫为真州司户参军，宋亡，家居。世祖征入朝，授兵部郎中，迁集贤直学士，出同知济南总管府，历江浙等处儒学提举。延祐中，累拜翰林学士承旨，得请归，至治初卒，年六十九。追封魏国公，谥文敏。诗文清邃奇逸，书法兼工篆、隶、行草，自成一家。绘画亦善山水、竹石、人物、鞍马、花鸟。有《松雪斋文集》。

---

## 天冠山[①]题咏二十八首其九·寒月泉

我尝游惠山，泉味胜牛乳。梦想寒月泉，携茶就泉煮。

老犁注：①天冠山：在江西省贵溪市城南 1 公里处，有三座山峰品峙而立，故称三峰山。又因其巅方正，两隅垂桃如冕，又称天冠山。赵孟頫曾在此立碑，并撰文书丹，留下了描写天冠山二十八景的《天冠山诗帖》。

## 即事[①]二首其一

庭槐风静绿阴多，睡起茶馀[②]日影过。自笑老来无复[③]梦，闲看行蚁上南柯[④]。

老犁注：①即事：指以当前事物为题材写的诗。②茶馀：喝茶之余。喻闲暇时光。③无复：不再。④南柯：朝南的树枝。有“南柯一梦”之典，唐李公佐《南柯太守传》载：一个叫淳于棼的人梦至槐安国，娶公主，封南柯太守，荣华富贵，显赫一时。醒后，在庭前槐树下掘得蚁穴，即梦中之槐安国。后因以指梦境。

## 留题惠山

南朝[①]古寺惠山前，裹茗来寻第二泉[②]。贪恋君恩当北去，野花啼鸟漫留连。

老犁注：①南朝：我国南北朝时期，据有江南地区的宋、齐、梁、陈四朝的总称。②裹：携带。第二泉：无锡惠山泉被陆羽和刘伯刍（唐刑部侍郎，鉴水行家）皆品评为天下第二泉。

## 题苍林叠岫[①]图二首其一

桑苎未成鸿渐隐，丹青聊作虎头痴[②]。久知图画非儿戏，到处云山是我师。

老犁注：①苍林：青黑色的山林。岫 xiù：峰峦。②前两句：没有在桑苎间成为像陆鸿渐（陆羽，字鸿渐，号桑苧翁）一样的隐士，但希望能成为像顾恺之那样的爱丹青的“痴绝”人。虎头痴：东晋杰出画家顾恺之，字虎头，被人誉为“才绝、画绝、痴绝”，“痴绝”是因为他做什么事都十分痴迷。

## 三日后再雪德昌复枉骑见过既而复和前篇见赠辄亦次韵[①]

夜深万籁寂无闻，晓看平阶展素茵[②]。茗碗纵寒终有韵，梅花虽冷自知春。

使君磊落如天骥[③]，老我堆豗似冻鵔[④]。深愧闭门高卧客[⑤]，枉劳车骑已三巡[⑥]。

老犁注：①标题断句及注释：三日后再雪，德昌复枉骑见过，既而复和前篇见赠，辄亦次韵。德昌：马煦，字德昌，元磁州滏阳人。幼从杨震亨学。有政声，以户部尚书致仕。枉骑：犹枉驾。敬辞，指对方来访问自己。见过：谦辞。犹来访。见赠：赠送给我。辄：（我）就，立即。②素茵：白色的褥子。这里借指雪铺地。③使君：汉时称刺史为使君。后指对州郡长官的尊称，再后来也指对人的尊称。磊落：形容胸怀坦荡。天骥：天马。用于对骏马的美称。④老我：老人的自称。堆豗 huī：困顿貌。鵔 jùn：狡兔名。⑤此句：对自己因闭门高卧冷落朋友而深表愧意。高卧：指隐居不仕。⑥三巡：泛指多次。

## 送柳汤佐怀孟总管[①]

河山王屋翠岩峣[②]，玉辇曾临号乐郊[③]。老子分符[④]称太守，诸儿骑竹候前茅[⑤]。

春苗秋实供厨传[⑥]，紫笋朱樱入贡包[⑦]。手种成阴千树柳，政成应有凤来巢。

老犁注：①柳汤佐：人名，余不详。孟总管：一位姓孟的总管。总管：古代官名，多为地方高级军政长官。②王屋：指王屋山，位于河南济源与山西晋城、运城的交界处。岧峣 tiáoyáo：山高峻貌。③玉辇 niǎn：天子所乘之车。相传黄帝曾访道于王屋山。乐郊：乐土。④老子：犹老夫。分符：剖符，就是帝王封官授爵，分与符节的一半作为信物。⑤骑竹候前茅：同“竹马交迎”。《后汉书. 郭伋传》：“有童儿数百，各骑竹马，道次迎拜”。后用为歌颂地方良吏之典。⑥厨传：古代供应过客食宿、车马的处所。⑦紫笋：茶名。朱樱：红色樱桃。贡包：进贡的包裹。

## 送高仁卿[1]还湖州（节选）

长林丰草[2]我所爱，羁靮[3]未脱无由缘。高侯[4]远来肯顾我，裹茗[5]抱被来同眠。

老犁注：①高仁卿：人之姓名，余不详。②长林丰草：三国魏嵇康《与山巨源绝交书》：“虽饰以金镳，飨以嘉肴，逾思长林而志在丰草也。”本谓高大的树林、丰茂的野草，为禽兽栖止之佳处。后用以指隐逸者所居。③羁靮 dí：马络头和缰绳。喻束缚。④高：指高仁卿。侯：古代对士大夫的尊称。⑤裹茗：携带茶叶。

## 苏武慢·北陇耕云[1]

北陇耕云，南溪钓月，此是野人生计。山鸟能歌，山花解笑，无限乾坤生意[2]。看画归来，挑簦[3]闲眺，风景又还光霁[4]。笑人生、奔波如狂，万事不如沉醉。　细看来、聚蚁[5]功名，战蜗[6]事业，毕竟又成何济[7]。有分[8]山林，无心钟鼎[9]，誓与渔樵深契[10]。石上酒醒，山间茶熟，别是水云风味。顺吾生、素位[11]而行，造化[12]任他儿戏。

老犁注：①原诗有注：原误作雨中花，兹据律改。陇：泛指山。耕云：在云中耕作。②生意：生机，生命力。③簦 dēng：古代有柄的笠，类似伞。④光霁 jì：“光风霁月”之省称。指雨过天晴时的明净景象。⑤聚蚁：“南柯一梦”之典所梦槐安国中聚集的蚁民。喻功名之微小。⑥战蜗：蜗牛角上的国家发生争斗。喻在细小事情上的争夺。⑦成何济：有何用处。⑧有分：有缘分。⑨钟鼎：钟和鼎。喻富贵荣华。⑩深契 qì：深厚的交情。⑪素位：安于现在所处的地位。⑫造化：创造演化。

---

**胡助**（1278~1355）：字古愚，一字履信，婺州东阳（今浙江金华东阳市）人。好读书，蔚有文采。身形瘦弱，若不胜衣。举茂才，授建康路儒学录，历美化书院山长，温州路儒学教授，两度为翰林国史院编修官，三为河南、山东、燕南乡试考官，秩满以太常博士致仕。遗言勿丐人（乞求人）状其行、铭其墓。吴澄评其诗如春兰茁芽，夏竹含箨，露滋雨洗之馀，馥馥幽媚，娟娟净好。五七言古近体皆然。有《纯白类稿》三十卷。

---

## 茶屋

武夷新采绿茸茸，满院春香日正融。浮乳[①]自烹幽谷水，轻烟时扬落花风。

醉攲纱帽扃双户[②]，静听松涛起半空。唤醒玉川招陆羽[③]，共排阊阖诉诗穷[④]。

老犁注：①浮乳：茶汤上泛起的白色茶沫。②此句：源自卢仝《走笔谢孟谏议寄新茶》中有“柴门反关无俗客，纱帽笼头自煎吃”之句。攲 yǐ：通倚。斜靠着。纱帽：纱制官帽。但据今人考证，纱帽、笼头是两座山的山名，唐后诸多文人不知实情，皆以讹传讹。扃 jiōng：关门。③玉川、陆羽：卢仝号玉川子，他和陆羽都是嗜茶之人，在中国茶文化发展上影响巨大，后人分别称他们为茶仙和茶圣。④排：推开。阊阖 chānghé：宫门或京都城门。诗穷：指文人遭际坎坷，生活贫困。

## 自灵岩登天平山次柳道传韵[①]（节选）

嵌[②]崖白云泉，掬手玩清泫[③]。煮茗味独奇，醉来和月咽。

老犁注：①灵岩：山名。在苏州木渎镇西北。一名砚石山。春秋末吴王夫差建离宫于此，今灵岩寺即其地。天平山：山名。在苏州市西，位于灵岩山、支硎 xíng 山之间。柳道传：柳贯，字道传，号乌蜀山人，元婺州浦江乌蜀山人（今兰溪横溪镇乌蜀山）人。受性理之学于金履祥，仕至翰林待制，工诗书画，与黄溍、虞集、揭傒斯并称元“儒林四杰”。②嵌：张开的样子。③清泫：清亮的泉滴。

---

**柳贯**（1270~1342）：字道传，号乌蜀山人，宋元间婺州浦江乌蜀山（乌蜀山今属浙江金华兰溪市）人。受性理之学于金履祥。自幼至老，好学不倦。于兵刑、律历、数术、方技、异教外书，无所不通。跟乡先生方凤、吴思齐、谢翱等学作古文，与方回、仇远、戴表元、龚开、胡之纯、胡长孺交游唱和。大德年间，以察举为江山儒学教谕，仕至翰林待制，与黄溍、虞集、揭傒斯齐名，称“儒林四杰”。其官仅止于五品，禄不超过千石，但在当时文坛上影响巨大，人称“文场之帅，士林之雄”，宋濂、危素、王袆、戴良等皆出其门。既卒，门人私谥文肃。其诗古硬奇逸，意味隽永，受到时人广泛尊崇。有《柳待制文集》。

---

## 送朱本初法师赴豫章[①]玉隆宫

锁蛟[②]惟有柱，堕鼠[③]已无家。想到真仙[④]宅，能回俗士[⑤]车。

露坛[⑥]春剪柏，云臼[⑦]夜敲茶。人境今双绝[⑧]，长吟采物华[⑨]。

老犁注：①朱本初：朱思本，字本初，号贞一，元抚州路临川人。龙虎山道士，从吴全节居大都。英宗至治元年主玉隆万寿官（在南昌西山）。工诗文，精舆地之学。豫章：古郡名，治所在今南昌。②锁蛟：锁住蛟龙。③堕鼠：佛家讲不能甘堕落为一只老鼠，不要以为得到点食物就觉得“懂得唯心净土”了。④真仙：仙人。⑤俗士：未出家的世俗之士。⑥露坛：祭祀用的高台。⑦云臼：犹茶臼。云腴是茶的别名，捣云腴的杵臼就称云臼。⑧双绝：名和利都断绝。⑨长吟：哀愁怨慕时发出长而缓的声音。物华：物的精华。

## 北山招隐词四首题李卿月小隐图[①]其二

栟榈布叶寻常[②]大，略彴通溪取次[③]斜。谁送茶烟来北崦[④]，却留梅月在东家[⑤]。

老犁注：①北山：指金华北山。坐落柳贯家乡之南，柳贯写过不少吟咏与北山有关的诗文，如与好友同乡人吴师道、黄溍、胡助一同写过《金华北山纪游八首》诗。李卿月：人之姓名，生平不详。②栟榈 bīnglǘ：即棕榈。布叶：铺开的叶子。寻常：寻和常，皆古代长度单位。八尺为寻；一丈六尺为常。用来喻宽。③略彴 zhuó：小木桥。彴：独木桥。取次：随便，任意。④北崦 yān：北面的山。⑤东家：指东邻。

## 洪州[①]歌十五首其十四

旧闻双井团茶[②]美，近爱麻姑乳酒[③]香。不到洪都[④]领佳绝，吟诗真负九回肠[⑤]。

老犁注：①洪州：古地名，州治在今南昌。②双井团茶：茶叶名。宋代洪州双井乡所产，由黄庭坚（双井人）极力推荐，遂名扬天下。③麻姑乳酒：指麻姑酒。《格致镜原》卷二二引《事物绀珠》：“麻姑酒，麻姑泉水酿，出建昌（今江西抚州南城县）。”④洪都：江西南昌的别称。隋、唐、宋时南昌为洪州治所，唐初曾在此设都督府，因以得名。⑤后两句：指不到洪都看它的佳绝景色，你就是反反复复地想也吟不出好诗的。领：领略。真负：真的要背负。九回肠：形容回环往复的忧思。

## 晚渡扬子江未至甘露寺城下潮退阁舟风雨竟夕[①]（节选）

意令制溟渤，帖帖就疏瀹[②]。奈何潮汐舟，咫尺恨前却[③]。

老犁注：①标题断句及注释：晚渡扬子江，未至甘露寺城下，潮退阁舟，风雨竟夕。甘露寺：寺名。在江苏镇江北固山上。相传三国吴甘露年间建。城：北固山麓的铁瓮城。阁：通搁。指中途搁浅。竟夕：终夜；通宵。②此两句：心想制伏了大海（这里指渡过长江），就可以安闲地（用中泠水）煮茗品饮了。溟渤：溟海和渤海。多泛指大海。帖帖：形容帖伏收敛之貌。疏瀹：特指烹茗。唐颜真卿等《五言月夜啜茶联句》：“流华净肌骨，疏瀹涤心原。”③此两句：奈何潮汐搁舟，北固山就近在咫尺却进退不了。前却：进退。

## 送张子昭经历赴淮东[①]（节选）

想当治曹暇[②]，稍稍事游宴[③]。试茗蜀井冈[④]，看花竹西院[⑤]。

老犁注：①张子昭：张雯，字子昭，元平江吴县人。嗜书，博学，尤精于律吕。时宋亡已久，故官老校犹有存者，从之游，问宋遗事，凡朝廷宗庙，宫室舆服，朝会宴享，生杀除拜，咸得其详，所著书名《继潜录》。经历：官名。元枢密院、大都督府、御史台等衙署，皆设经历。职掌出纳文书。淮东：现一般指江苏江淮之间的扬州、泰州、淮安、盐城、连云港（市区及所属灌云、灌南）以及东海县南部、宿迁（除西部）六个地级市，治所在扬州。②此句：想在管理好官员后的空暇时间里。③游宴：亦作游燕或游讌。游乐宴饮。④蜀井冈：即蜀冈。在扬州城西北四里，绵亘四十余里，上有蜀井，相传地脉通蜀也。⑤竹西院：即竹西寺。又称禅智寺、上方寺、上方禅智寺等名。在蜀冈东边。杜牧《题扬州禅智寺》中有“谁知竹西路，歌吹是扬州”的诗句。张翥有《忆维扬》中有“蜀冈东畔竹西楼，十五年前烂漫游”的诗句。

## 三月十日观南安赵使君[①]所藏书画古器物（节选）

褰帘迎揖[②]坐便坐，深炷炉熏呼茗盂[③]。砚屏方截紫绮段[④]，楚瑶秀列珊瑚株[⑤]。

老犁注：①南安：指福建泉州南安县。使君：汉时称刺史为使君。后世用于对州郡长官的尊称。再后就用于指对人的尊称。②褰 qiān：撩起。迎揖：迎接时作揖为礼。③深炷：长长的一炷香。炉熏：即熏炉。茗盂：盛茶的圆口器皿。④砚屏：砚旁障尘的小屏风。形体较小，常置几案上，又称台屏。方截：截成方形。绮段：有花纹的丝织品。段通缎。⑤楚瑶：楚地的美玉。珊瑚株：珊瑚多为树状，故称。属珍宝之列。

---

**洪焱祖**（1267~1329）：字潜夫，号杏庭，宋元间徽州歙县（今安徽黄山歙县）人。为平江路儒学录，浮梁州长芗书院山长，迁绍兴路儒学正，调衢州路儒学教授，擢处州路遂昌县主簿，以休宁县尹致仕。元翰林学士承旨危素叹其“践履纯笃为政，清慎邅回半生，位不充其才为痛。”称其为文“根极理要，而忧深思远，超然游意于语言文字之表。”后人称其诗虽纯沿宋调，但尚有石湖、剑南风格。有《杏庭摘稿》《尔雅翼音释》《续新安志》等。

---

## 次韵陈山长送春[①]纪事二首其二

越上[②]今春不见春，花枝憔悴柳眉颦[③]。嗟公缧绁元[④]非罪，笑我儒冠早误身。

睡起烹茶聊永日[⑤]，饥来乞米向何人。相期辟谷[⑥]仙山去，行止毋劳问大钧[⑦]。

老犁注：①山长：唐五代时对山居讲学者的敬称。宋元时官立书院设置山长，讲学兼领院务，类似今天的校长。明清时改由地方聘请，清末改书院为学堂，山长之制乃废。送春：旧时一种风俗。立春日，官吏各执彩仗……制小春牛遍送搢绅家，谓之送春。②越上：越（约今天的浙江）地之上。③柳眉：指柳叶。颦 pín：皱眉。④缧绁 léixiè：捆绑犯人的黑绳索。借指囚禁。元：通原。⑤永日：漫长的白天。⑥相期：相约。辟谷：道家一种“不食五谷”的养生方法。⑦大钧：指天或自然。

## 次韵春怀

鸠唤春阴鹊噪[1]晴，静中观动晦[2]还明。山林岁月身将老，湖海[3]风涛梦亦惊。

不饮未应[4]为酒困，忘言何用以诗鸣。看花啜茗须公辈[5]，汤熟银瓶[6]细细倾。

老犁注：①春阴：春日花木的荫翳。鹊噪：鹊鸣声。②晦：昏暗。③湖海：湖泊与海洋。泛指四方各地。④未应：不是。⑤公辈：男性同辈。⑥银瓶：白色瓷瓶。

## 问政山[1]（节选）

飞花去人间，好鸟鸣春阴。黄冠[2]雅好客，瀹茗澹冲襟[3]。

老犁注：①问政山：在安徽歙县。《方舆胜览》徽州：问政山“在歙县东五里。唐有于方外者，自荆南掌书记弃妻从太白山道士学养气之术。时从弟德晦为歙州刺史，方外来访之，德晦为筑室于此，号问政房（因德晦常来此问政于方外，故此山名为问政山）。”②黄冠：黄色冠帽，多道士戴用。③冲襟：指旷淡的胸怀。

## 次韵答天台杨景羲拟杜陵曲江体[1]五首其四

城中帻峰[2]高插天，竹房煮茗僧汲泉，半江云影危阑[3]前。秋风吹去一只鹤，老我回头三十年[4]。

老犁注：①标题断句及注释：次韵答天台杨景羲，拟杜陵曲江体。杨景羲：台州天台人，被元代诗人张仲深（字子渊，庆元路人）誉为：“台州三老宿，词赋独风流。”与台州陈刚中、施省心两先生齐名。余不详。杜陵曲江体：杜甫写《曲江三章章五句》时用的一种诗体。杜陵：指杜甫。杜甫自称杜陵野老、杜陵布衣。②帻 zé 峰：即台州临海城旧郭东南的巾山，顶有双峰，状如帢 qià 帻，故曰帢帻峰，简称帻峰。其北麓有寺曰帻峰寺，已毁。③危阑：高栏。④最后两句：化自晚唐诗人任翻《再游巾子山寺》：“灵江江上帻峰寺，三十年来两度登。野鹤尚巢松树遍，竹房不见旧时僧。”老我：老人的自称。

---

**袁易**（1262~1306）：字通甫，宋元间平江长洲（今江苏苏州）人。力学不求仕进。辟署徽州路石洞书院山长，旋即罢归。居吴淞具区间，筑堂名静春。聚书万卷，手

自校定。挟小舟载笔床茶灶，扣舷高歌，游于江湖。赵孟頫尝为其画《袁公卧雪图》，称其与龚璛、郭麟孙为“吴中三君子”。其词清空骚雅，盖尝与张炎交游。工于诗，有《静春堂诗集》。

## 解连环·与金桂轩虎丘送春[1]

燕忙莺寂。惊千林稚绿[2]，半湾新碧[3]。试送目、官柳[4]河桥，便携酒饯春[5]，去应无迹[6]。岸曲残英[7]，尚勾引、行舟攀摘[8]。茶笋香顿冷[9]，瘦愁易感[10]，旧游难觅。

天开[11]画图绣壁。看岚光似染，云翠[12]疑滴。带暝色、飞入清吟[13]，为小驻兰桡[14]，快寻芳屐[15]。细蹑[16]苔阶，怕踏碎、白云狼藉[17]。恨萧萧[18]、暮烟细雨，又还送客。

老犁注：①金桂轩：人之姓名，生平不详。送春：送别春天。②稚 zhì 绿：嫩绿。③半湾：一半的溪（河）湾。湾作量词。碧：指代绿水。④送目：远眺。官柳：官府种植的柳树。⑤饯春：饮酒送别春光。⑥去应无迹：去应对看不见的逝去的春迹。⑦残英：残存未落的花。⑧勾引：招引。攀摘：摘取。⑨此句：春天乍暖还寒，烹香的茶和笋，转眼就变凉了。⑩此句：消瘦忧愁易生感慨。⑪天开：天空展开。⑫云翠：云雾出没的青山。⑬清吟：清雅地吟诵。⑭小驻：暂停。兰桡 náo：小舟的美称。桡：桨，楫。⑮芳屐：犹芳迹，指前贤的行迹。抑或是美人之屐。⑯细蹑 niè：轻踏。⑰白云狼藉：把白云踩成散乱的样子。⑱萧萧：形容风雨声。

**袁桷**（1266~1327）：字伯长，号清容居士，宋元间庆元路鄞县（今浙江宁波鄞州区）人。始从戴表元学，后师事王应麟，以能文名。20 岁举茂才异等，起为丽泽书院山长。成宗大德初，荐授翰林国史院检阅官。进郊祀十议，礼官推其博，多采用之。升应奉翰林文字、同知制诰，兼国史院编修官。请购求辽、金、宋三史遗书。英宗至治元年，官翰林侍讲学士。泰定元年辞归。卒谥文清。桷在词林，朝廷制册、勋臣碑铭，多出其手。喜蓄典籍，有藏书楼“清容居”，藏书之富，元朝以来甲于浙东。文章博硕，诗亦俊逸，著有《易说》《春秋说》《延祐四明志》《清容居士集》。工书法，有《同日分涂帖》《旧岁北归帖》《跋黄庭坚松风阁诗帖》等存世。好音乐，著有《琴述》。

## 寄开元奎律师[1]二首其一

开元古坛主，老至律精严[2]。洗钵鱼游水，开门鹤入帘。

拾薪供茗具[3]，滴露写经签[4]。已悟如来意[5]，看花不用拈[6]。

老犁注：①开元奎律师：开元：苏州开元寺。奎律师：一个叫奎的律师（佛教律宗称和尚为律师）。②律精严：对律藏的了解更加的精细严整。③茗具：茶具，饮茶所用的器具。④经签：写上经文的纸条（布条或竹木片）。⑤此句：指已经悟到佛的法门了。如来意：如来是佛的别名。禅宗有“佛祖西来意”的公案。禅宗修行主张靠自身参悟，参透之后就自然知道“佛祖西来意”了，根本无须自寻烦恼地提前去探问。⑥此句：意即心领神会。宋·释普济《五灯会元·七佛·释迦牟尼佛》：“世尊在灵山会上，拈花示众，是时众皆默然，唯迦叶尊者破颜微笑。”这就是禅宗故事中，佛祖与大迦叶间的“拈花一笑”的典故，从此大迦叶得到了佛祖的“衣钵真传”。

## 上京杂咏十首其九[①]

市狭难驰马，泥深易没车。冻蝇争日聚，新燕掠风斜。

晚汲喧[②]沙井，晨炊断木楂[③]。闾阎通茗酪[④]，俗简未全奢[⑤]。

老犁注：①上京：元大都（今北京）外的一个陪都。在今内蒙锡林郭勒盟正蓝旗闪电河畔。原诗题注：开平第二集，己未。②喧：喧杂。③楂：树木的枝桠。④此句：意指百姓最了解奶茶的饮用。闾阎 lǘyán：原指古代里巷内外的门，后泛指平民百姓。茗酪：犹奶茶。酪 lào：酪浆，指牛羊等动物的乳汁。⑤此句：习惯简单，不会追求完美与奢侈。俗：习俗、习惯。

## 髫龄侍诸父拜双峰祠堂未尝敢有题咏二十年来接武于玉堂瀛洲霜露之思缺然有腼近闻平石长老兴废补仆光绍前闻遂述旧怀为六诗且伸叹仰[①]六首其五

寒彻[②]清泉底，山童上水华[③]。定金非在井，煮米却成沙[④]。

洗目能生电，搜肠[⑤]可当茶。人持一月去，此月落谁家[⑥]？

老犁注：①标题断句及注释：髫龄侍诸父，拜双峰祠堂，未尝敢有题咏。二十年来接武于玉堂瀛洲，霜露之思，缺然有腼。近闻平石长老兴废补仆、光绍前闻，遂述旧怀为六诗，且伸叹仰。髫 tiáo 龄：幼年。诸父：伯父、叔父的统称。接武：步履相接。谓小步前进。玉堂瀛洲：有“天上玉堂，海外瀛洲”之说。霜露之思：对父母或祖先的怀念。出自《礼记·祭义》：“霜露既降，君子履之，必有凄怆之心，非其寒之谓也。”缺然有腼：知不足而有愧。缺然：有所不足。有腼：有愧。腼：羞愧。平石长老兴废补仆、光绍前闻：平石长老（指宁波天童寺高僧平石如砥）正在做发扬光大接济穷人的事。兴废：盛衰、兴亡；指兴复废毁的事物。补仆：济助仆人。光绍：光大继承。②寒彻：寒透。③水华：即井华水。井华水是早晨第一次汲取的井水。④此两句：虽然定水的金钗没有在井中，但用此井的井水做饭还是能做出如沙粒一样饱满的米饭。原诗有注：罗堠罗尊者语，传昔有一女子坠钗，其水遂定。⑤搜肠：指井水如茶水一样有洗涤肠子的功用。⑥月落谁家：指捧着的水中月不知到了谁家。

## 潜昭九日赠龙团次韵[①]

月碾旧裁玉胯[②]，云炉温浴银芽[③]。九日殷勤[④]相赠，淡罗犹记金花[⑤]。

老犁注：①此诗为六言绝句。潜昭：人名，生平不详。龙团：宋代贡茶名。饼状，上有龙纹，故称。②月碾：茶碾的美称。茶碾内槽如弯月，故称。玉胯：即銙茶。形似带銙的一种茶。③云炉：茶鼎的美称。温浴：炙烤碾碎冲泡。银芽：碾细的茶末。④殷勤：情意深厚。⑤淡罗：浅色丝带。金花：茶饼上的金色菌斑。

## 翰林故事莫盛于唐宋聊述旧闻拟宫词[①]十首其二

御笔圆封草相麻[②]，龙笺香透拥金花[③]。仪鸾敕设庭前候[④]，赐酒方终更赐茶。

老犁注：①标题断句及注释：翰林故事莫盛于唐宋，聊述旧闻拟宫词。聊：略，略微。此诗作者一为马祖常。原诗题注：开平第四集，壬戌。②圆封：圈阅同意。草相麻：起草拜相的诏令。草：制草，起草诏令。相麻：唐宋时拜相的诏书。用白麻纸写，故称。③龙笺：绘有龙形的笺纸，或是皇上御用的纸。金花：指龙笺上的金色的花纹。④仪鸾：仪鸾殿（隋唐洛阳城紫微宫内建筑）。敕设：整饬周备。设，周备。庭前候：庭前等候。

## 游城南次韵陈玉峰[①]

市桥水断绿交加[②]，簇骑隃寻处士[③]家。坐听虫声行木叶[④]，卧看云影落檐花[⑤]。
清晨采露筠笼[⑥]重，薄暮沽春乌帽[⑦]斜。一径寒英端手[⑧]种，好烹晴绿[⑨]代煎茶。

老犁注：①陈玉峰：人之姓名，生平不详。②市桥水断：集市中的桥把河水隔断成了两段。绿交加：绿树错杂相交。③簇骑：簇拥着骑行。隃 yáo 寻：远行找寻。处士：古时候称有德才而隐居不愿做官的人，后亦泛指未做过官的士人。④行木叶：风行（吹动）木叶。⑤檐花：开在屋檐的花。⑥筠 yún 笼：采茶用的竹制盛器。⑦沽春：买春酒。乌帽：黑帽。古代贵者常服。隋唐后多为庶民、隐者之帽。⑧寒英：寒天里开放的花。多指梅花。端手：犹端士，即正直的人。⑨晴绿：草木在阳光照耀下映射出的一片绿色。这里借指春天里新长出的可食用野菜。

## 昌上人游京师欲言禅林弊事甫入国门若使之去者昌余里人幼岁留吴东郡遗老及颖秀自异者多处其地以余所识闻若承天了天平恩穹窿林开元茂皆可依止遂各一诗以问讯虎丘永从游尤久闻其谢世末为一章以悼[①]六首其六

山人[②]归去意何如，八尺方床[③]自卷舒。侧岸采茶敲石火，隔峰剪竹溜[④]清渠。

碧潭印月菱花镜[5]，白雁横空贝叶书[6]。后日相寻定何处？不于吴下即康庐[7]。

老犁注：①标题断句及注释：昌上人游京师，欲言禅林弊事。甫入国门（指刚到京师），若（句首助词）使之去者（袁桷就让他回去了）。昌，余里人，幼岁留吴东郡，遗老及颖秀自异者多处其地，以余所识闻。若（选择）承天了、天平恩、穹隆林、开元茂皆可依止，遂各一诗以问讯，虎丘永从游（虎丘寺的永上人愿意与之相游处，意思就是愿意接纳昌上人）。尤久（更久以后），闻其（昌上人）谢世，末为（最后作）一章以悼。昌上人：鄮 mào 山（秦代县名，在今浙江省鄞县东）人，是袁桷同乡。让昌上人从京师回去，袁桷写诗将其介绍给苏州承天寺的了上人、天平寺的恩上人、穹隆寺的林上人、开元寺的茂上人，虎丘寺的永上人，结果永上人愿意接纳昌上人入寺。后来，昌上人去世，袁桷又写了六首诗哀悼他。②山人：住在山区的人。这里指昌上人。③方床：卧榻。④溜：水向下流。⑤菱花镜：古代铜镜名。镜多为六角形或背面刻有菱花者名菱花镜。⑥贝叶书：亦称贝叶经、贝书、贝编等。佛经之别称。⑦此句：不是吴地就是庐山。

## 安山[1]晓泊

两袖飞仙舞玉龙[2]，晓来朝岳日华[3]东。门当杨柳湾湾[4]碧，水贴芙蕖岸岸[5]红。

隔艇茶香知楚客[6]，连罾鱼熟总吴侬[7]。白头已忘干戈事，不用乘轩[8]问土风。

老犁注：①安山：即安山湖。今山东东平县东平湖。②首句：两袖被风所吹貌。③朝岳：朝拜泰山。日华：日华门。疑是东平州城（老城）之城门。④湾湾：每一个水湾。⑤芙蕖：荷花。岸岸：每一处水岸。⑥楚客：楚地客人。⑦罾 zēng：一种用木杆支吊起的方形渔网。吴侬：吴人。⑧乘轩：乘坐官轿。

## 煮茶图[1]

石窗山樵晋公子[2]，独鹤萧萧[3]烟竹里。月湖一顷碧琉璃[4]，高筑虚堂水中沚[5]。堂深六月生凉秋，万柄风摇红旖旎[6]。遵南更有山泽居[7]，四面晴峰插天倚。忆昔玉门[8]豪盛时，甲族丁黄总朱紫[9]。晓趋黄阁[10]袖香尘，俯首脂韦希隽美[11]。一官远去长安门，德色欣欣[12]对妻子。岂如高怀[13]脱荣辱，妙出清言洗纨绮[14]。郡符一试不挂意[15]，岸帻看云卧林墅[16]。平生嗜茗茗有癖[17]，古井汲泉和石髓[18]。风回翠碾落晴花[19]，汤响云铛衮珠蕊[20]。齿寒意冷复三咽[21]，万事无言归坎止[22]。何人丹青悟天巧[23]，落笔毫芒研妙理[24]。黄粱[25]初炊梦未古，旧事凄零谁复纪[26]？展图缥眇[27]忆遗踪，玉佩珊珊响秋水[28]。

老犁注：①此诗有题注。题注断句及注释：《煮茶图》一卷，仿石窗史处州燕居（闲居）故事所作也。石窗讳文卿，字景贤，外高祖忠定王曾孙。仪观清朗，超然绮纨之习。聚四方奇石，筑堂曰“山泽居”，而自号曰“石窗山樵”。此图左列图卷，比束（紧扎。比：密）如玉笋，锦绣间错。旁有一童，出囊琴拂尘以俟命（待命)。右横重屏(古代绘画中，常是画中有屏，屏上有画，屏上的画就成了画中画。故画中的屏风就叫重屏)，石窗手执乌丝阑书［乌丝阑也作乌丝栏。宋时一种用乌丝(染黑的丝)界栏成格的绢素(未曾染色的白绢)。后亦指有墨线格子的笺纸。乌丝阑书：已写上字的乌丝阑］展玩，疑有所构思。屏后一几，设茶器数十。一童伛背运碾，绿尘满巾。一童篝火候汤，蹙唇望鼎口，若惧主人将索者。如意、麈尾、巾壶、研纸，皆纤悉整具。羽衣乌巾(羽衣是道士或神仙所着的外衣。乌巾：黑头巾，古代多为隐居不仕者的帽子)，玉色(对他人容颜的敬称，犹言尊颜)绚(灿烂多姿)起，望之真飞仙人。予意永和诸贤(指东晋永和九年在兰亭举办雅集的那群人)，放浪泉石，当不过是(受不住这样。当不过：受不住)。而其泊然宦意，翰墨清洒，诚足以方驾(意为比肩。指与永和诸贤媲美)而无愧。甲午冬十月，其孙公畴出以相示，因记而赋之，以发千古之远想云。②石窗山樵：史文卿，字景贤，自号石窗山樵，约南宋高宗时在世，鄞县(今浙江宁波鄞州区)人，是袁桷的堂舅，《煮茶图》中所画的主人公。晋公子：指像东晋那群飘逸洒脱的公子雅士们一样。③萧萧：寂静。④月湖：又名西湖，位于宁波城区西南，开凿于唐贞观年间，湖呈狭长形，面积约0.2平方公里。宋元年间建成月湖十洲。碧琉璃：喻指碧绿色的光莹透明之物。⑤虚堂：高堂。沚 zhǐ：水中的小块陆地。⑥旖旎 yǐnǐ：旌旗从风飘扬貌。⑦遵南：沿着南边。山泽居：史文卿所筑之堂的名字。⑧玉门：宫阙。这里指豪门。⑨甲族：世家大族。丁黄：壮男为丁，幼为黄(还有衰为老)。朱紫：古代官服的颜色。谓朱衣紫绶。这里借指做官。⑩黄阁：汉时指三公官署，唐时指门下省亦称黄阁。泛指高官的衙门。⑪脂韦：油脂和软皮。《楚辞·卜居》："宁廉洁正直以自清乎？将突梯滑稽如脂如韦以絜楹乎？"后因以"脂韦"比喻阿谀或圆滑。隽 jùn 美：犹优美。⑫德色：自以为对人有恩德而表现出来的神色。欣欣：喜乐貌。⑬高怀：高尚的胸怀。⑭纨绮：精美的丝织品。借指纨袴子弟(的恶习)。⑮郡符：郡太守的符玺。借指郡太守。挂意：在意，放在心上。⑯岸帻 zé：推起头巾，露出前额。形容态度洒脱，或衣着简率不拘。岸：动词，头饰高戴，前额外露。林壑：山林陋室。⑰茗有癖：饮茶成了我的癖好。⑱石髓：石中流出的精髓。一指石钟乳，一指石中流出的泉水。这里指后者。⑲翠碾：茶碾的美称。翠：有美丽的意思。晴花：喻碾下的茶末被风吹起，有如晴天里飘落花粉。⑳云铛：因隐士多在山间隐居，常与云相伴，故其所用的茶铛，就雅称为"云铛"。衮：同滚。珠蕊：喻煮开的水花。㉑三咽：吞食三口。《孟子·滕文公下》："陈仲子岂不廉士哉！居于陵，三日不食，耳无闻，目无见也。井上有李，螬(即蛴螬，金龟子的幼虫，俗称地蚕)食实者过半矣，匍匐往，将食之，三咽，然后耳有闻，目有见。"后以"三咽"作为求食以存活的典实。㉒坎止：谓遇险而止。㉓丹青：丹砂和青雘，作画的颜料。借指绘画。天巧：不假雕饰，自然工巧。㉔毫芒：毫毛的细尖。妙理：精微的道理。㉕黄粱：指黄粱梦。㉖纪：通记。记录，记载。㉗缥缈：高远隐约貌。㉘玉珮：古人佩挂的玉制装饰品。珊珊：玉佩声。响秋水：在秋水上鸣响。

## 谢王参议送练春红[①]二枝（节选）

天然生色铸真态，亭午[②]低头睡初足。谁言花后最奇绝？我怪酪奴能污触[③]。

老犁注：①王参议：一位姓王的参议。生平不详。参议：元明时中书省设置参议属官，掌管中书省左右司文牍，参决军国重事。练春红：白色的春花。练：煮后得到的柔而洁白的丝麻。借指白色。春红：春花。②亭午：正午。③此两句：谁在赞说花中皇后是最奇绝的呢？我这里茶水的香气都被花香盖住了。污触：即触污。混杂得不纯净。

**袁裒**（1260~1320）：字德平，宋元间庆元路鄞县（今浙江宁波鄞州区）人。与袁桷为族兄弟。隐居沙家山，善书法，为诗温雅简洁，常作求志赋以叙次先世遗业，诗多失传。以安定书院山长除海盐州儒学教授，未拜而卒。

## 东湖联句[①]（节选）

朗鉴[②]词联写（伯长），玄谈[③]茗更煎。翱翔诚放浪（德平），匍匐类尪孱[④]。

老犁注：①此诗由袁裒与其族兄弟袁桷（字伯长）合写。东湖：指宁波东钱湖。②朗鉴：指（心如）明镜。③玄谈：指汉魏以来以老庄之道和《周易》为依据而辨析名理的谈论。后泛指脱离实际的空谈。④此两句：翱翔的确可放怀，而爬行类同懦弱。放浪：指浪迹；放纵不受拘束。尪孱 wāngchán：羸弱。

**顾文琛**（生卒不详）：字伯玉，宋元间嘉兴（今浙江嘉兴）人。与牟应龙（1247~1324）同辈，曾携诗文见于其父牟巘（官至南宋大理寺少卿），牟巘称之为“卓荦非常者”，并为其诗文集《顾伯玉文稿》作序。其与牟巘父子、陆文圭有诗唱和。恃才傲物。尝入京献《燕都赋》，不得志归。晚年领教岳阳，后为麻阳主簿。

## 题钱舜举画渔翁牵罾[①]图（节选）

蓬窗草户色色[②]具，茶瓶酒碗寻常俱[③]。船头青山立突兀[④]，船后绿树摇扶疏[⑤]。

老犁注：①钱舜举：钱选，字舜举，号玉潭，宋元间湖州吴兴人。宋景定间乡贡进士。入元不仕。工书，善画人物花木。罾 zēng：一种用木棍或竹杆做支架的鱼网。②蓬窗：草窗，意为破败的窗户。色色：样样。③寻常俱：经常同一起。④突兀 wù：高耸貌。⑤扶疏：枝叶繁茂分披貌。

**钱良右**（1278~1344）：字翼之，号江村民，宋元间平江（今苏州）人。武宗至大中署吴县儒学教谕，秩满不复出。闲居三十年，一室萧然，坐客常满，咏歌酣嬉无虚日。工书，篆隶真行小草无不精绝。有《江村先生集》，虞集为之序。

## 至顺四年四月九日同王叔能柳道传胡古愚游天平山次古愚韵[①]

松门一径度萧森[②]，门外澄渊得重临[③]。翠木斩新[④]随地长，白云依旧在山深。

泉分茗碗[⑤]来岩隙，香起熏炉出殿阴[⑥]。篆墨题名志[⑦]崖石，忘形容我亚冠簪[⑧]。

老犁注：①标题断句及注释：至顺四年四月九日，同王叔能、柳道传、胡古愚游天平山，次古愚韵。王叔能：王克敬，字叔能，元大宁路（地处内蒙、辽宁、河北交界处，今秦皇岛以东，辽阳、锦州一带）人。久在两浙为官，曾任吏部尚书、江浙参政。柳道传：柳贯，字道传，号乌蜀山人，元金华浦江乌蜀山人（今兰溪横溪镇乌蜀山）人。受性理之学于金履祥，仕至翰林待制，工诗书画，与黄溍、虞集、揭傒斯并称元“儒林四杰”。胡古愚：胡助，字古愚，一字履信，浙江东阳人。好读书，蔚有文采。身形瘦弱，若不胜衣。举茂才，授建康路儒学录。后以太常博士致仕。天平山：在苏州市西，位于灵岩山、支硎山之间。山高顶平，多林木泉石。②松门：谓以松为门。萧森：草木茂密貌。③澄渊：清澈深潭。重临：再次来到。④斩新：崭新。⑤泉分茗碗：将煮好的泉水分到茶碗。⑥殿阴：宫殿。为了押韵，借“宫殿的影子”来指宫殿。⑦篆墨：篆书墨迹。志：记录。⑧亚冠簪：把冠簪放在其次。亚：次。冠簪：冠和固定冠的簪子，一般是官员配戴，故喻仕宦。

**郭麟孙**（？~1279前后）：字祥卿，宋元间吴郡（镇江以南，钱塘江以西地区，治所在苏州）人。约元世祖至元中前后在世。博学工诗，与袁易、龚璛、汤弥昌、钱重鼎相率酬唱。赵孟頫称其与袁易、龚璛二人为“吴中三君子”。出任镇江淮海书院山长，仕至录事司判官。曾为袁易《静春堂诗集》作序，认为：“诗本原于性情之正，当其遇物与怀，因时感事，形之于诗，何尝拘拘然执笔学似某人而后为诗哉!”《元诗选》辑有《祥卿集》一卷。

## 游虎丘（节选）

遥看青数尖，俯视绿万顷。逃禅问点石[①]，试茗汲憨井[②]。

老犁注：①逃禅：指遁世而参禅。点石：即虎丘白莲池里的石头。东晋的道生和尚曾在此有“生公说法，顽石点头”的典故。②憨井：虎丘上的憨憨（hān）泉。

据说天竺憨憨（也作顸顸 hàn）尊者曾手持锡仗在此插锡涌泉，故在此立寺。

**唐元**（1269～1349）：字长孺，号敬堂，学者称“筠轩先生”，宋元间徽州歙县（今安徽黄山歙县）人。元代著名的新安理学家，明朝开国谋士朱升的老师。历任平江路儒学学录、建德路分水县儒学教谕、集庆路南轩书院山长等职，晚年以徽州路儒学教授致仕，时人誉其为“东南学者师”。诗文集尚存《筠轩集》。其与儿子唐桂芳（世称白云先生）、孙子唐文凤（世称梧冈先生）合称徽州“唐氏三先生”，三人皆著作等身，皆有诗名，被誉为“小三苏”。

## 分韵得隔竹敲茶臼①

南薰②不作凉，空斋③方睡熟。起来四无人，门闲动修竹。晨酣类渴酒④，啮雪⑤亦不足。忽闻竹下童，拈槌⑥声断续。力微振遗响⑦，误听禽啄木。金芽烂若泥⑧，飞硙同清馥⑨。火然⑩枯材薪，水汲深涧瀑。居然捧玉瓷，滟滟日出屋⑪。平生刚制酒⑫，茶经兼水录⑬。谁怜玉川子⑭，白驹在虚谷⑮。

老犁注：①按此诗韵脚可知，其分得“隔竹敲茶臼”中的“竹”字。茶臼：捣茶成末的工具，类大碗，内有糙纹，与手杵共用。②南薰：南风。亦作南熏。③空斋：空阔的书斋。④此句：早晨贪睡如贪酒一样。渴酒：非常想喝酒；渴望喝酒。⑤啮 niè 雪：嚼雪。⑥拈槌：拿槌。拈：持，拿。槌：槌杵。捶杵用的木棒。⑦遗响：余音。⑧此句：茶叶碾细调成膏状。⑨此句：石磨飞快转动并散发着清香。硙 wèi：石磨。清馥：清香。⑩然：同燃。⑪此句：浮动的茶汤伴着早晨的太阳在屋的东面升起。滟滟：茶汤浮动貌。⑫刚制酒：严格戒酒。语出《尚书·酒诰》“刚制于酒”，意思是对（各级官吏）要强行戒酒。刚：刚严，强行。⑬茶经：指唐陆羽写的《茶经》。水录：指唐张又新写的《煎茶水记》，古人在引用时，常将其写作《水品》《水录》《水经》等。⑭玉川子：唐卢仝，号玉川子，被后人誉为茶仙。⑮白驹在虚谷：有“白驹空谷”之典。《诗·小雅·白驹》：“皎皎白驹，在彼空谷。”谓白驹在空谷。比喻贤人在野而不出仕。

**黄玠**（约 1277～1345 尚在世）：字伯成，号弁山小隐，庆元定海（今浙江舟山）人。黄震曾孙。幼励志操，不随世俗，躬行力践，以圣贤自期。隐居教授，孝养双亲。元大德十年（1306）居湖州弁山长达 40 余年。卒年八十。留下诗词颇多，后人辑《弁山小隐吟录》，多吟湖州山川、古迹、风物。

## 素庵旅次[①]

积雨敛溽氛[②]，光风开日华[③]。先生澹怀[④]士，结屋如兰阇[⑤]。

庭下昌歜[⑥]根，门前射千花[⑦]。□□□□□，□香闻煮茶。

老犁注：①素庵：钱霖，字子云，后更名为抱素，号素庵。元松江人。旅次：旅人暂停，或暂居的地方。②积雨：犹久雨。溽 rù 氛：闷热的气氛。③光风：雨止日出时的和风。日华：太阳的光华。④澹 dàn 怀：谓使内心恬淡寡欲。⑤结屋：构筑屋舍。兰阇 shé：兰若和阇梨。即寺和僧。后专指寺院。兰若：梵语“阿兰若”的省称。意为寂净无苦恼烦乱之处。后借指寺院。阇：阇梨。梵语“阿阇梨”的省称。意谓高僧。亦泛指僧。⑥昌歜 chù：菖蒲根的腌制品。又称昌菹 zū（腌菜）。昌通菖。古以昌歜飨他国之来使，以示优礼。⑦射千花：开放千朵花。

## 赋顾梅西[①]煮雪

摇竹取残雪，松声[②]动寒吹。金怀[③]少馀欢，石鼎作雅事[④]。

极清超水品[⑤]，至淡出天味[⑥]。行过梅花西[⑦]，唤起幽人[⑧]睡。

老犁注：①顾梅西：人之姓名，生平不详。②松声：煮水时如松涛般的声音。③金怀：即胸怀。敬辞。④石鼎：陶制的烹茶炉具。雅事：风雅之事。常指有关琴、棋、书、画、花、茶等活动。⑤水品：水的品质等级。唐陆羽为品评沏茶的水质，别天下水味为二十个等级。⑥天味：犹至味。极言味之纯正。⑦梅花西：双关修辞。既指梅花树西侧，又指顾梅西。⑧幽人：幽隐之人；隐士。

## 四时词二首其一·春

酒醒帘外日三竿[①]，陌上晴泥苦未干[②]。人在花深闻笑语，黄金小碾试龙团[③]。

老犁注：①日三竿：太阳升起来离地已有三根竹竿那么高。约为午前八、九点钟。多用以形容天已大亮，时间不早。②晴泥：春天放晴时的地表泥土。苦未干：尽管遇到晴天，但春天泥土里含水量大，地面总是难以干燥。③黄金小碾：铜制的小茶碾。试：尝试，品尝。龙团：宋贡茶名。饼状，上有龙纹，故称。

## 采枸杞子作茶饼子[①]

流水河边见碧树，上有万颗珊瑚珠[②]。此疑仙人不死药，黄鹄衔子来方壶[③]。

露犹未晞[④]手自采，和以玉粉溲云腴[⑤]。卧听松风响[⑥]四壁，未老更读千车书。

老犁注：①枸杞子：枸杞的果实。红色圆卵形。中医入药。性平，味甘，功能补肾益精，养肝明目。茶饼子：一种加入中药等制作而成的饼茶。这里指把枸杞、真粉、茶叶混合一起做成的茶饼。②珊瑚珠：枸杞果实如珊瑚珠子。③黄鹄：本指形貌似鹤且颜色苍黄的鸟类。经历代文学创作演化后，成为一只体量庞大，能翔观山海，具有高贵气质、忠贞不二品格，略带忧思别绪，预示福祉降临的神鸟。来：来自。方壶：亦称方丈。海上三座仙山中的一座。另外两座是瀛洲、蓬莱。④未晞：未干。晞 xī：晒干。⑤玉粉：玉的粉末。这里指白面的美称。溲 sōu：用水调和。云腴：茶的别称。⑥松风响：煮水声响。

## 吴兴杂咏十六首其十五·顾渚茶[①]

夫槩名王渚[②]，西山紫笋茶[③]。水硙生绿尘[④]，小角装金花[⑤]。尽从天使[⑥]去，供奉内人家[⑦]。

老犁注：①吴兴：今湖州。顾渚茶：此茶产自浙江湖州长兴顾渚山，故名。顾渚：原诗题注“因吴夫槩王得名。”②夫槩 gài：吴王阖闾之弟，名子晨。封夫槩（今浙江萧山诸暨一带），因称夫槩王。曾自立为王，为阖闾败，奔楚，为堂溪氏。槩 gài 同概。顾渚是以“夫槩顾其渚，可为都邑”而得名。王渚：王都之渚。③西山：顾渚西面之山。紫笋茶：茶芽若紫笋，产于顾渚，紫笋茶就是顾渚茶的另一名称。唐时已是贡茶。④水硙 wèi：即水磨。绿尘：碾茶时扬起的细尘。⑤小角 jué：犹小茶罐。角是用来温酒和盛酒的饮器。形似爵，无柱与流，有盖。因其有盖，茶人就用它来盛茶，方便实用。后来出现了“茶角”一词，就是指贮茶罐。金花：有两种解释。一是喻金色的茶芽；一是指茶罐上雕刻装饰的花纹。⑥天使：谓天子的使者。即皇帝派来收取贡茶的官员。⑦此句：贡茶收上来后，其实皇帝一人根本用不了，大部分贡茶都是赏赐给皇族、嫔妃及高官等。而一些高官常拿去与女伎品饮作乐。暗指百姓用血汗种出来的茶，大多被用来奢靡挥霍。内人家：唐时宫中女伎艺人的家在教坊（设宫廷内），女伎艺人被称为“内人”，其家称“内人家”。

## 淀山寺[①]（节选）

山僧留客共清夜[②]，竹炉怒吼松涛风[③]。忽疑坐我天竺[④]下，眉间秀色浮葱茏。

老犁注：①淀山寺：指上海青浦淀山上的普光王寺，俗称淀山寺，建于南宋建炎年间。淀山原屹立于淀山湖中，后湖沙淤积，山周围渐变为平田（清光绪《青浦县志》载）。至民国寺院败落，如今难见陈迹。②清夜：清静的夜晚。③松涛风：煮水声。④坐我：留我。坐：居留。天竺：古印度，佛祖诞生的地方。

---

**黄庚**（生卒不详）：字星甫，号天台山人，宋元间天台（今浙江台州天台县）人。出生宋末，早年习举子业。元初“科目不行，始得脱屣场屋，放浪湖海，发平生豪放之气为诗文”。以游幕和教馆为生，曾较长期客越中王英孙、任月山家。与宋遗

民林景熙、仇远等多有交往，释绍嵩《亚愚江浙纪行集句诗》亦摘录其句。卒年八十馀。晚年曾自编其诗为《月屋漫稿》。

## 对客

窗下篝灯[①]坐，相看白发新。共谈为客事，同是异乡人。

诗写梅花月，茶煎谷雨春。明朝愁远别，离思欲沾巾[②]。

老犁注：①篝灯：谓置灯于笼中。②沾巾：沾湿手巾。形容落泪之多。

**黄溍**（1277～1357）：字晋卿，一字文潜，婺州路义乌（今浙江金华义乌市）人。弱冠游钱塘，得见遗老钜工宿学。延祐开科登进士，授宁海丞，至顺初荐应奉翰林，转国子博士，为浙学提举，至正中再起为翰林直学士，知制诰同修国史，进侍讲学士同知经筵，至正十年南还，优游田里，卒八十一，谥文献。文思敏捷，才华横溢，史识丰厚。一生著作颇丰，诗、词、文、赋及书法、绘画无所不精，与柳贯、虞集、揭傒斯，并称为元代“儒林四杰”。其门人宋濂、王祎、金涓、傅藻等皆有名于世。有《日损斋槁》。

## 次韵答陈君采兼简一二同志[①]六首其六

亦有贞居子[②]，难忘太古情[③]。诗筒[④]来绝响，茗碗出新烹。

磊落单传[⑤]意，萧条异代[⑥]名。无为[⑦]念离别，惆怅不能平。

老犁注：①陈君采：陈樵，字君采，号鹿皮子，婺州东阳（今金华东阳）人。负经济才，介特自守，隐居圁谷间，专意著述。尤长于说经，与同郡黄溍（义乌人）辈友善。尝贻书宋濂（金华浦江人），谆谆以文章相勉励云。所著曰《鹿皮子集》。简：写信。同志：指志趣相同的人。②贞居子：张雨，字伯雨，道号贞居子，又自号句曲外史，元杭州钱塘人，好学，工书画，善诗词。年二十遍游诸名山，弃家为茅山道士。有《句曲外史》。③太古情：远古的情怀。即喜欢崇古。④诗筒：盛诗稿以便传递的竹筒。喻指满腹诗才的诗人。⑤磊落：形容胸怀坦荡。单传：一师所传，不杂别派。⑥萧条：寂寞冷落。异代：后代。⑦无为：无须，不必。

## 滦阳邢君隐于药市制芍药芽代茗饮号曰琼芽先朝尝以进御云[①]三首其一

君家药笼有新储[②]，苦口时供茗饮须[③]。一味醍醐充佐使[④]，从今合唤酪为奴[⑤]。

老犁注：①标题断句及注释：滦阳邢君隐于药市，制芍药芽代茗饮，号曰琼芽，先朝尝以进御云。滦阳：河北承德的别称。因在滦河之北，故名。邢君：生平不详。②新储：新的储备。③须：应当。茗饮须：即须茗饮。④一味：一直用。醍醐 tíhú：从酥酪中提制出的油。佐使：即佐史，指地方官署内的书佐和曹史，为辅助性官员。⑤酪为奴：茶叶被北方人称为酪奴，这里反其道而行之，把酪称为奴。

## 滦阳邢君隐于药市制芍药芽代茗饮号曰琼芽先朝尝以进御云三首其二

芳苗簇簇遍山阿[①]，珠蕾金芽未足多[②]。千载茶经有遗恨，吴侬元[③]不过滦河。

老犁注：①簇簇：一丛丛。山阿：山的曲折处。②珠蕾金芽：喻芍药的花苞和嫩叶。未足多：不够多。③吴侬：吴地的人。元：同原。

## 滦阳邢君隐于药市制芍药芽代茗饮号曰琼芽先朝尝以进御云三首其三

春风北苑斗时新[①]，万里函封效贡珍[②]。羡尔托根天尺五[③]，不劳飞骑走红尘[④]。

老犁注：①北苑：宋代贡茶产地。在今福建建瓯市东峰镇。时新：应时而鲜美的东西。②函封：用匣子盛而封之。效：献出。贡珍：进贡的珍宝。③托根：犹寄身。天尺五：极言与宫廷相近。《辛氏三秦记》："城南韦、杜，去天尺五。"汉韦曲、杜曲，三辅地，为贵族豪门聚居地。④此句：指不要像唐朝杨贵妃吃荔枝那样用飞骑送来。见杜牧《过华清宫绝句》"一骑红尘妃子笑，无人知是荔枝来"。

## 次韵答蒋春卿[①]

不谓[②]红尘拂面时，轩然[③]谈笑一舒眉。晴风石鼎浮花乳[④]，夜雨春盘冷碧丝[⑤]。
握手遽成三宿恋[⑥]，论心那[⑦]觉十年迟。酒船渔网归无计[⑧]，未必[⑨]山前白鹭知。

老犁注：①蒋春卿：人之姓名，生平不详。②不谓：没想到。③轩然：形容笑的样子。④石鼎：陶制的烹茶炉具。花乳：喻茶汤上浮起的茶沫。⑤春盘：立春日用于盛放食品的盘子。古代风俗，立春日以韭黄、果品、饼饵等簇盘为食，或馈赠亲友。碧丝：喻葱韭类细状的蔬菜。⑥遽：立刻；马上。三宿恋：喻长久的眷恋之心。⑦论心：谈心，倾心交谈。那：同哪。⑧酒船渔网：载着酒打着鱼，就没想要回去。黄庭坚在《过平舆怀李子先时在并州》一诗中有"酒船渔网归来是，花落故溪深一篙"的诗句。无计：没有打算。⑨未必：不一定。

## 重登云黄山[①]（节选）

是节蕤宾初[②]，野荐首昌歜[③]。煮瀑茶可啜，剖石蜜堪啖[④]。

老犁注：①云黄山：又名松山、九凤山，地处义乌市佛堂镇。②是节：这个节日。蕤 ruí 宾：古乐十二律中之第七律。古人认为十二律与十二月相适应，谓之律应。蕤宾位于午，恰应农历五月。故蕤宾又可借代端午节。③野荐：野外最好的荐送。昌歜 chù：即菖歜，菖蒲根的腌制品。传说周文王嗜昌歜，孔子慕文王而食之以取味。后以指前贤所嗜之物。用菖歜酿成的酒叫菖歜酒。端午节有食菖歜与饮菖歜酒的习俗。④石蜜：野蜂在岩石间所酿的蜜。堪啖 dàn：可以吃。

---

**黄石翁**（约 1258~1317）：字可玉，号松瀑，又号狷叟，宋元间南康（江西九江星子县，今庐山市）人。朱熹门人黄灏的曾孙，家居庐山下。少多疾，父母强使为道士。好学多闻，狷介超逸，春容正大。好收藏，品鉴古物，所居室多唐、宋杂迹。常自作墓铭，卒年近六十。与袁桷、张雨相友善。善诗，有《松瀑集》。工书，有《题跋定武兰亭》存世。

---

## 次韵谢新荔

海国仙人剪绛霞[①]，年年一朵到仙家。眼中玉色如何晏[②]，席上风流得孟嘉[③]。

野客不分唐殿带[④]，老臣并按建溪茶[⑤]。醉来往事都休问，且擘轻红[⑥]对晚花。

老犁注：①海国：海上仙山所在的国度。绛霞：红霞。②何晏：东汉大将军何进之孙，曹操养子，与夏侯玄、王弼等倡导玄学，竞事清谈，遂开一时风气，为魏晋玄学的创始者之一。何晏容貌俊美，有“傅粉何郎”之典。③孟嘉：东晋名士，著名田园诗人陶渊明的外祖父。有“孟嘉落帽”之典，形容才思敏捷，洒脱有风度。④此句：村野之人（吃荔枝）不像唐朝君臣宫女那样要穿上带冕才能吃。野客：村野之人。多指隐逸者。唐殿带：唐朝宫中人穿戴的带冕。⑤此句：老臣在吃荔枝的同时还要同时按着建溪茶的茶碗。建溪茶：宋贡茶，后统称产自福建建溪（今建瓯）的茶。⑥擘：擘开，分开。轻红：荔枝色淡红，故用以借指荔枝。杜甫《宴戎州杨使君东楼》诗：“重碧拈春酒，轻红擘荔枝。”

## 寒食客中二首其一

明朝便典黑貂裘[①]，寒食宁无数日留[②]。烟断旧尝悲介子[③]，火衰今不祀商丘[④]。

百年尽付风吹柳，一雨远随山入楼。安有五侯鲭[⑤]到我，自修茶事试香篝[⑥]。

老犁注：①典：抵押。貂裘 diāoqiú：用貂的毛皮制作的衣服。②寒食：寒食节。宁无数日留：怎能不留下过上数日。③介子：介子推。④商丘：阏伯。相传五帝之一的帝喾高辛氏，其子阏伯被其封在商丘为“火正”，管理火的事务。为了不让火熄灭他鞠躬尽瘁，死后被百姓当作火神祭祀。⑤五侯鲭 qīng：汉代娄护合五侯家珍膳而烹饪成的杂烩。五侯：指汉成帝母舅王谭、王根、王立、王商、王逢，他们五人同日封侯，号五侯。鲭：肉和鱼的杂烩。《西京杂记》卷二：“五侯不相能，宾客不得来往。娄护、丰辩，传食五侯间，各得其欢心，竞致（五侯竞然都送来）奇膳，护乃合以为鲭，世称五侯鲭，以为奇味焉。”后用以指佳肴。⑥香篝：熏笼。与熏炉配套使用的笼子。

---

**曹伯启**（1255~1333）：字士开，宋元间济宁砀山（今安徽宿州砀山县）人。从学于李文正公谦。笃于学问。元世祖至元中，为兰溪主簿，累迁常州路推官，明于决狱。延祐间历真定路总管，治尚宽简，民甚安之。后历官司农丞、集贤学士、侍御史、浙西廉访使。泰定间辞官，优游乡社。天历初，起职不赴。卒年七十九，谥文贞。性庄肃，奉身清约，在中台，所奖借名士尤多。著有《曹文贞公诗集》。

---

## 暮春登鹤皋[①]书楼

官事源源无尽头，偶携佳友共登楼。游丝[②]落絮春将尽，古是今非[③]水自流。

阅历人材温史册[④]，消磨尘虑[⑤]索茶瓯。南邻北里常相望，莫厌贫交杖屦稠[⑥]。

老犁注：①鹤皋：朱子昌（约 1234~1302），字可大，号鹤皋，宋末元初浙江平阳人。早年游学吴中，元初曾任江阴州学教授，后任浙西儒学副提举，人称“鹤皋先生”。晚年定居吴中。与曹伯启、赵孟頫、陆文圭有诗词来往。其子朱梓瑞，承家学，有文行，为赵孟頫弟子。②游丝：飘动着的蛛丝。③古是今非：古今对错得失轮换。④阅历：亲身见过。人材：有才能的人。温史册：犹说在重复着历史。温：重温，重复。⑤尘虑：犹俗念。⑥此句：不要嫌弃穷朋友来得多。屦 jù：用麻、葛等制成的单底鞋。

## 送翟庆之[①]二首其二

一昨荒城识钜儒[②]，丰标[③]高映月轮孤。笑谈有味皆堪纪[④]，崖岸无形未可踰[⑤]。

商古订今朝并几[⑥]，煮茶联句[⑦]夜围炉。李侯[⑧]声价连城重，他日先容肯作无[⑨]。

老犁注：①翟庆之：人之姓名，生平不详。②一昨：前些日子。荒城：荒凉的古城。钜儒：儒家大学者。钜 jù：同巨。③丰标：风度，仪态。④堪纪：可以记录。⑤踰 yú：同逾。越过。⑥商古订今：商讨订正古与今。犹评古论今。朝并几：早晨靠几坐一起。几：有靠背的坐具。⑦联句：几人轮流出句作诗，合而成篇。旧传始于汉武帝和诸臣合作的《柏梁诗》。⑧李侯：指李禄，南宋时吴兴土地神。理宗时潘丙、潘壬于湖州册立济王赵竑为帝，事败，丞相史弥远欲屠长兴一城。理宗梦白衣者（指李禄）求免，遂追回屠城原命，长兴百姓遂得救。湖州人为李禄建庙敬祀，以报威灵，当地人称其为“威济李侯”。⑨此句：要不是以往事先替百姓疏通好，到头来就是有心解救也是来不及的。先容：事先为人疏通。

## 舟至常德出陆由辰抵沅书事[①]三首其二

兰澧分岐望芷沅[②]，渡头杨柳欲飞绵。囊无薏苡防私论[③]，茶有茱萸[④]敌瘴烟。
心定渐忘行役苦，愁浓不觉岁时迁。从今暴殄为明诫[⑤]，曾见山头火种田[⑥]。

老犁注：①标题断句及注释：舟至常德出陆，由辰抵沅，书事。出陆：指从乘船转为陆地行走。由：经由。辰：元称辰州路，治所在今沅陵。沅：元称沅州路，治所在今芷江。书事：书写眼前所见的事物，即诗人就眼前事物抒写自己顷刻间的感受。②此句：在澧水分手，并望着沅水而去。兰澧：澧水。澧水以长兰草闻名。芷沅：沅水以长芷草闻名，故有“沅芷澧兰”之称。③此句：囊中没有薏苡故不用防私下诽谤。薏苡：指薏苡之谤。汉名将马援从交趾运回一车薏苡，马援死后有人诬为珍珠，故使马及妻儿蒙冤。④茶有茱萸：指茱萸茶。⑤暴殄 tiǎn：任意浪费、糟蹋。明诫：亦作“明戒”。明训。⑥此句：曾经见到在山头上举火把种田。

## 西京赵良臣都事四十年之旧以诗见赠走笔述和勉其归家养疾不听逮月馀遂卒官所[①]

归云冉冉[②]送年华，鹤发萧萧[③]不到家。已向九天沾雨露，好于平地乐烟霞[④]。
缅思玄豹[⑤]栖寒雾，应笑黄蜂趁晚衙[⑥]。毕竟世缘何日了，林泉[⑦]留客有茶瓜。

老犁注：①标题断句及注释：西京赵良臣都事，四十年之旧，以诗见赠，走笔述和，勉其归家养疾不听，逮月馀，遂卒官所。西京：今大同。赵良臣：人之姓名，生平不详。都事：官名。朝廷中的省、台、院及行省中所设的辅助官，掌文书及处理日常事务。勉其：力所不及但还强力劝他。逮：到了，过了。②冉冉：渐进地。③鹤发萧萧：白发稀疏。④烟霞：云霞。泛指山水隐居地。⑤缅思：遥想。玄豹：喻怀才又怕被伤害而隐居的人。汉刘向《列女传·陶答子妻》：“南山有玄豹，雾雨七日而不下食者，何也？欲以泽其毛而成文章也，故藏而远害。”⑥黄蜂趁晚衙：黄蜂黄昏归巢正赶上晚衙的时间。晚衙：旧时官署长官一日早晚两次坐衙，受属吏参拜治事。傍晚申时坐衙称晚衙。⑦林泉：山林与泉石。指隐居之地。

---

**曹知白**（1272~1355）：字又元，一字贞素，号云西，宋元间松江华亭（今上海松江

区）人。性机悟，善识事。以荐授昆山教谕，寻辞去。尝游京师，王侯巨公多折节与之交，旋即南归。结交赵孟頫、邓文原、虞集、王冕等名流，与倪瓒、黄公望交往最密，常以书画相唱和。家有园池，藏书及法书名画极多。善画，宗法李成、郭熙。至元三十一年（1294）在开凿吴淞江中功绩居多，大德八年（1304）提出填阏成堤之法，取得良好效果。

## 遂生亭与钱南金陆伯翔陆伯弘邵复孺安雅世长自闻熏师联句[①]（节选）

联诗出雅颂[②]，看剑生光芒（世长）。焚膏照无寐[③]，瀹茗搜枯肠[④]（自闻）。

老犁注：①标题断句及注释：遂生亭与钱南金、陆伯翔、陆伯弘、邵复孺、安雅、世长、自闻熏师联句。遂生亭：亭名。钱南金：钱应庚，字南金，元松江人。以明经教授门生。陆伯翔、陆伯弘：生平不详。邵复孺：邵亨贞，字复孺，号清溪，又号贞溪。元末明初松江华亭人。工篆隶书，善诗文词曲。有《野处集》等。安雅、世长：两人都姓曹，可能是曹知白的族人，故免称姓。自闻熏师：指僧人释自闻，熏是释自闻的字或号的最后一个字，熏师是对释自闻的敬称。联句：由两人或多人各作诗句，并连合成篇。②雅颂：指盛世之乐、庙堂之乐。③焚膏：燃烧灯中的膏油，即点灯。无寐：不睡。④搜枯肠：搜尽才思。卢仝《走笔谢孟谏议寄新茶》中有“三碗搜枯肠，惟有文字五千卷。”

**龚璛**（1266～1331）：字子敬，号谷阳生，宋元间高邮（今江苏扬州高邮市）人，龚卿潗之子。自高邮徙平江（今江苏苏州），与戴表元、仇远等人友好。初在徐琬幕下，后担任和靖、学道两书院的山长。改宁国路儒学教授。后以江浙儒学副提举致仕。有《存悔斋稿》。

## 茶屋

世事有馀味，心交多淡成[①]。树依寒舍种，诗为蚤春[②]萌。

谷雨排檐[③]滴，松风[④]泛鼎鸣。就中[⑤]留小径，饱饭得闲行。

老犁注：①心交：知心，交心。淡成：相互间不追求名利才成朋友。淡：淡泊，不追求名利。②蚤春：早春。蚤通早。③排檐：一排屋檐。④松风：喻煮茶时的响声。⑤就中：居中；从中。

## 题邓觉非[①]观兰图二首其一

小桥流水曲阑[②]西，悄悄寒鸦意欲迷。九畹滋兰[③]香一国，茶烟禅榻是幽栖[④]。

老犁注：①邓觉非：人之姓名，生平不详。②曲阑：曲栏。曲折的栏杆。阑通栏。③九畹：畹是古代计量土地面积的单位。有说十二亩为一畹。另一说三十亩为一畹。因《楚辞·离骚》中有“余既滋兰之九畹兮，又树蕙之百亩”之句，后即以“九畹”为兰花的典实。滋兰：培育兰草。④茶烟：煮茶饮茶时升起的烟雾和水汽。禅榻：禅僧坐禅用的坐具。幽栖：幽僻的栖止之处。借指隐居。

## 玉茶二首其二

乳白晴云[①]瀹嫩茶，秋江一色赋奇花。鬓丝禅榻[②]看花笑，惟有玉川真当家[③]。

老犁注：①乳白：象乳汁一样的白色。晴云：晴空上的云。两者皆喻茶沫颜色。②禅榻：禅僧坐禅用的坐具。③玉川真当家：（从饮茶来说）卢仝才是真正的行家。

## 柬彦达[①]

移床风雨中间卧[②]，散帙诗书取次看[③]。自笑无能成老大[④]，相投一语逼清寒[⑤]。

吾生往往车轮角[⑥]，世事区区茗碗干[⑦]。更约君家[⑧]好兄弟，通群麈尾[⑨]拂悲欢。

老犁注：①柬：信札。这里作动词，指寄信札。彦达：指林彦达，生平不详。②此句：漏雨时的窘境。描写作者家贫。③散帙 zhì：打开书帙。亦借指读书。取次：一个挨一个地；挨次。④老大：成就最大者。⑤逼：接近。清寒：清朗而有寒意的。借指清贫。⑥车轮角：如车轮翻转一样角力搏斗。角 jué：比试；竞争。⑦此句：世间事就如装有少量茶水的茶碗，一口就可以喝干。表达作者把世间之事看得十分渺小。⑧君家：敬称对方。犹您。⑨通群：整个群体。指全体；大家。麈尾：古人闲谈时执以驱虫、掸尘的一种工具，为名流雅器。后不闲谈时，亦常执在手。

## 偕林彦达天平即事[①]（节选）

修廊把臂[②]笑，物色[③]方受句。跏趺赞公[④]房，茶瓯要深注。

老犁注：①林彦达：人之姓名，生平不详。天平：指苏州天平山。即事：指以当前事物为题材写的诗。②修廊：长廊。把臂：握持手臂。谓亲切会晤。③物色：寻找；挑选。受句：交出诗句。受：通授。授予；交给。④跏趺：“结跏趺坐”的略称。修禅者的一种坐法。赞公：曾与杜甫相过从的唐代高僧。后借指高僧。

## 张清夫心远堂[1]（节选）

华榱见芳扁[2]，雅意识素敦[3]。何时载[4]茗碗，妙理迟细论[5]。

老犁注：①张清夫：人之姓名，生平不详。心远：堂号。②华榱 cuī：雕画的屋椽。扁：匾额。扁通匾。③雅意：风雅的情趣。素敦：素雅敦厚。④载：陈设。⑤妙理：精微的道理。细论：详论。

---

**揭傒斯**（1274~1344）：字曼硕，元龙兴路富州（今江西宜春丰城市）人。家贫力学，贯通百氏，有文名。仁宗延祐初，程钜夫、卢挚荐于朝，特授翰林国史院编修官。凡三入翰林。文宗时开奎章阁，首擢授经郎，以教勋戚大臣子孙，帝恒以字呼之而不名。与修《经世大典》。顺帝元统初，迁翰林待制，升集贤学士。及开经筵，升侍讲学士，同知经筵事。诏修辽、金、元三史，为总裁官。留宿史馆，朝夕不敢休，因得寒疾而卒。谥文安。傒斯平生清俭，文章严整简当，诗尤清婉丽密，善楷书、行、草。与虞集、杨载、范梈同为“元诗四大家”，又与虞集、柳贯、黄溍并称“儒林四杰”。有《文安公集》。

---

## 忆昨[1]四首其四

奎章[2]分署隔窗纱，不断香风别殿[3]花。留守日颁中[4]赐果，宣徽[5]月送上供茶。

诸生讲罢仍番直[6]，学士吟成每自夸。五载光阴如过客，九疑无处望重华[7]。

老犁注：①题注：按《揭文安公全集》（豫章丛书本）上说，此诗是寄给虞集（字伯生）的。②奎章：指奎章阁。③别殿：正殿以外的殿堂。④留守：京城留守。日颁：每天颁布公文。中 zhòng：得到。⑤宣徽：宣徽院的简称。⑥番直：值勤。⑦九疑：九疑山，在湖南宁远。重华：虞舜的美称。

## 题百丈辉长老所藏李仲宾之孙岁寒图[1]（节选）

马驹踏人有龙象[2]，东阳老辉[3]在百丈。西江[4]泻入半瓯茶，卧竹眠松九天上。

老犁注：①百丈：指百丈山的百丈禅寺。辉长老：一个叫辉的住持僧。李仲宾：李衎 kàn，字仲宾，号息斋道人，元蓟丘（今北京德胜门外西北隅）人。少警敏，有俊才。以将仕郎累官江浙行省平章政事致仕。善画竹石窠木，驰誉当世。又有《竹谱详录》。李衎其孙不详。②马驹踏人：指百丈禅师的老师马祖道一。道一下有百丈怀海、南泉普愿、西堂智藏……等，多达一百叁十九人。百丈下更开衍出临济、沩仰二宗，转化无量。据《六祖坛经》记载，南岳怀让禅师在悟道后，六祖慧能大师曾告诉他一个秘密说：

“西天般若多罗曾谶言：汝足下出一马驹，踏杀（降伏、收归之意）天下人。”这正应在马祖道一身上。龙象：喻诸阿罗汉中修行勇猛有最大能力者。亦指高僧。③东阳老辉：指辉长老是金华人。金华古称东阳郡。④西江：禅宗有“一口吸尽西江水”的公案，喻修禅不能性急，不能一下子就达到目的，就如西江水不能一口喝尽一样。

**韩奕**（1269~1318）：字仲山，宋元间绍兴路萧山（今浙江杭州萧山区）人，徙钱塘。武宗至大元年授杭州人匠副提举。迁江浙财赋副总管。仁宗延祐四年进总管。以词名，今存词作28首，代表作品《女冠子·元夕》。

## 水龙吟·海萍许氏舟名[①]

软红[②]尘里忙人，有谁能识沧洲[③]趣。飘然一叶，也无根蒂，御风千里。禅客芦茎，仙翁莲瓣，笑他方外[④]。任浮家不繁[⑤]，行踪无定，算前身，岂飞絮。　不着风花浪蕊[⑥]，护篷窗、青帘[⑦]休起。卧游容与[⑧]，笔床茶灶[⑨]，安如屋里。待约灵槎[⑩]，银河秋夕，访牛寻女。且先载我月明中，洗脚唱歌归去[⑪]。

老犁注：①海萍píng许氏舟名：“海萍”是许氏一艘船的名字。萍：古同萍；古代对雨神“萍翳”的省称。②软红：红尘。③沧洲：非地名的沧州，注意“州”和“洲”一字之差。沧洲是指滨水的地方，古时常用以称隐士的居处。④此三句：禅客的芦茎，仙翁的莲瓣，笑他们这种所谓的世外。芦茎：芦苇的茎。指达摩一苇渡江。莲瓣：莲花之瓣。道家以圣洁的莲花为荣，用红莲（太清）、白莲（玉清）、青莲（上清）来敬称“三清”。方外：世俗之外；世外。⑤浮家：有“浮家泛宅”成语。形容以船为家。不繁：没有繁虑。⑥风花浪蕊：亦作浮花浪蕊，指寻常的花草，比喻轻浮的人。⑦青帘：旧时酒店门口挂的幌子。多用青布制成。⑧卧游：以欣赏山水画代替游玩。这里指躺在船上游历。容与：悠闲自得的样子。⑨笔床茶灶：笔床即笔架；茶灶即煮茶用的小炉。借指隐士淡泊脱俗的生活。出自唐人陆龟蒙事迹。⑩灵槎：仙槎，仙舟。⑪此句：屈原《渔父》中渔父曾唱《孺子歌》：“沧浪之水清兮，可以濯我缨；沧浪之水浊兮，可以濯我足。”意即咏而归隐江湖。

**程钜夫**（1249~1318）：名文海（避元武宗讳，以字行），字钜夫，号雪楼，又号远斋。其先由徽州迁郢州京山（今湖北荆门京山市），宋末其随叔父建昌（今辽宁葫芦岛建昌县）通判程飞卿家建昌。叔父降元，入为质子，授千户。世祖赏其识见，使入翰林，累迁集贤直学士。至元十九年，奏陈五事，又请兴建国学，搜访江南遗逸，参用南北之人。均被采纳。二十四年，拜侍御史，行御史台事，求贤江南，荐赵孟頫等二十余人，皆得擢用。丞相桑哥专政，钜夫上疏极谏，几遭杀害。大德间，历江南湖北道肃政廉访使。至大间，预修《成宗实录》，官至翰林学士承旨。历事四朝，为当时名臣。仪状峻伟，音吐如钟。文章议论为海内宗，诗词亦磊落俊伟。卒谥文宪。有《雪楼集》。

## 十一日浯畬[①]登舟十绝其三

瀨头[②]流水绿如油，急取春芽[③]试一瓯。扬子江心堪伯仲[④]，《茶经》从此合重修。

老犁注：①浯畬 wúyú：指浯屿。在今福建省金门岛。②瀨 lài 头：浅流漫过的沙滩。③春芽：春茶。④扬子江心：指镇江金山寺下扬子江江心屿的中泠泉，为唐鉴水专家刑部侍郎刘伯刍品为天下第一泉。伯仲：比喻事物不相上下。

**释英**（约1255~约1342）：字实存，别号白云，宋末元初钱塘（今浙江杭州）人。俗姓厉，幼而力学，稍长喜为诗，为一时名公所知赏，壮益刻苦，慕贯休、齐己。历走闽、海、江、淮、燕、汴。一日登径山，闻钟声，有省，遂弃官为浮屠，结茅天目山中。数年，遍参诸方，有道尊宿，皆印可之，故其诗有超然出世间趣。有《白云集》，可一窥宋末元初的诗禅观念，牟巘、赵孟頫、胡长孺、林昉辈皆为之序。

## 客夜有感

十载红尘海，漂流笑此身。山川孤馆[①]夜，风雨独眠人。

嗜茗真成癖，工诗不疗贫[②]。还家须及早，垂白[③]有双亲。

老犁注：①孤馆：孤寂的客舍。②工诗：工于诗。擅长、善于做诗。疗贫：解除贫乏。③垂白：白发下垂。谓年老。

**释与恭**（生卒不详）：一作允恭，字行己，号懒禅，上虞（今浙江绍兴上虞）人。宋末元初僧人，受戒于余姚九功寺。时有诗名，游杭州时作《冷泉亭》诗，赵孟頫一见而异之，追至净慈寺始与相见，遂成方外好友。年辈与赵孟頫（1254~1322）相近。后游吴中定惠寺，端坐而逝，检行囊，仅有破纸一张，上书《回雁峰》诗。

## 天台石桥[①]歌（节选）

望归来兮庭之帏[②]，烧香瀹茗兮钟鼓交搥[③]。不见来兮劳思[④]坐，蒸饼[⑤]兮泪垂，汝将舍我兮而何之。

老犁注：①天台石桥：指浙江天台山的天生石桥。②帏 wéi：帐子；幔幕。③搥 chuí：同捶。用棒打。④劳思：忧虑，愁思。⑤蒸饼：即馒头。

---

**释月涧**（1231～约1300）：字号不详。受经于黄龙寺，宝祐四年（1256）隶籍庆元府天童寺。景定五年由饶州荐福寺首座入住信州鹅湖仁寿寺。继住栖贤妙果寺。元世祖至元十七年入住饶州荐福寺，于成宗大德三年（1299）秋退出，同年十二月再入。未久或即谢世。为南岳下二十一世，西岩了慧禅师法嗣。有《月涧禅师语录》二卷。

---

## 摘茶

拚双赤手[①]入丛林，要觅春风一寸心[②]。但觉爪牙归掌握[③]，不知烟雾湿衣襟。

老犁注：①拚 biàn：搏。抃的本字。赤手：空手，徒手。②一寸心：微薄心意。③爪牙：喻茶芽。掌握：手掌；手中。

---

**释先睹**（1265～1334）：俗姓叶，字无见，宋元间仙居（今浙江台州仙居县）人。天资聪颖，好读书，过目不忘。父母素望其儒业成家，却遇沙门东洲善公预示其孩童“此法器宜无滞”，遂诺为僧。21岁出家杭州净慈寺，先后师承净慈寺古田垕和方山文宝禅师。后入天台华顶峰善兴寺，为钻研佛法，四十年（1294～1334）不下华顶。期间曾有十余位日僧拜其门下学法，学成回日后，皆成日本名刹古寺住持，对日本禅宗发展产生深远影响。元统二年示寂，世寿七十。有《无见先睹禅师语录》。

---

## 沩山与仰山[①]摘茶

子[②]形不见只闻声，体用全彰[③]撼树鸣。黄莺枝上千般语，不是讴歌不是经。

老犁注：①沩山与仰山：灵佑禅师和他的弟子慧寂先后在潭州的沩山（在今湖南省宁乡县西）、袁州的仰山（在今江西省宜春县南）举扬一家宗风，后世就称它为沩仰宗。②子：你。③体用：本原与表象。全彰：全部显现，尽显。

## 和永明禅师[1]韵六十九首其二十九

茫茫三界转车轮[2]。随力资持养幻身[3]。数颗芋煨经宿火[4]。一瓶茶煮去年春。
深栖禅定蒲龛[5]稳。重写经题贝叶[6]新。罗什广翻三藏教[7]。清名高誉蔼姚秦[8]。

老犁注：①永明禅师：指释延寿，是五代、宋初时天台法眼宗二世德韶禅师的法嗣（是为三世），由于他禅净双修，又被尊为净土宗的第六祖。后居永明寺（杭州净慈寺，吴越国钱弘俶专为其修建）十五载，故称永明延寿禅师。此诗是释先睹和永明禅师的《山居诗》中的一首。永明禅师的原诗为"何如深谷一遗人，宴坐经行不累身。废宅可嗟频换主，凋丛愁见几回春。尖尖石笑烟笼碧，点点苔钱雨先新。堪笑古人非我意，居山多是避强秦。"②三界：佛家指的是欲界、色界、无色界。转车轮：喻三界间转换轮回。③资持：资助支持。幻身：肉身；形骸。佛家认为，身躯由地、水、火、风假合而成，无实如幻，故曰幻身。④宿火：隔夜未熄的火。⑤深栖：长久的栖身。禅定：佛教禅宗修行方法之一。一心审考为禅，息虑凝心为定。修禅者专注一境，静坐敛心，久之达到身心安稳、观照明净的境地，即为禅定。蒲龛：佛堂、寺庙。⑥贝叶：古代印度人用以写经的树叶。⑦罗什：指鸠摩罗什。东晋十六国时期后秦高僧，中国汉传佛教四大佛经翻译家之一。广翻：普遍的翻译。三藏教：指小乘教，又称声闻教。⑧蔼：繁茂，兴盛。姚秦：指十六国时的后秦（384~417），由前秦降将古羌军阀姚苌趁关中空虚擒杀符坚，而建立的政权。历三帝，后被东晋太尉刘裕率兵所灭。后秦第二位皇帝姚兴在灭掉后凉后得到鸠摩罗什，便在长安开辟逍遥园为鸠摩罗什设立译经场，大兴佛事。

## 和永明禅师韵六十九首其四十八[1]

近来四大[2]喜调和。老我无心闲转多。竹户经年长自闭。岳僧昨日忽相过[3]。
春茶旋种[4]庵前地。秋豆先收陇下坡。任汝功名贱如土。掉头不买奈吾何。

老犁注：①此诗是释先睹和永明禅师的《山居诗》中的一首。永明禅师的原诗为"高怀怡淡景相和，才到尘途事便多。碧嶂好期长定计，朱门唯见暂时过。雄雄负气争权路，岌岌新坟占野坡。成败分明刚不悟，未知凡俗意如何。"②四大：即佛教说的四大种（种，有生殖繁衍的作用，如种子）。指地、水、火、风为四种构成物质的基本元素。一切物体皆由四大种所造。③岳僧：犹山僧。岳：高大的山。相过：互相往来。④旋种：重新种上。旋：返回，再次，重复。

## 和永明禅师韵六十九首其六十[1]

参罢归来事宛然[2]。了无一点世情牵。梵音续续终三鼓[3]。清梦频频到五天[4]。
铁钵饭香霜下稻[5]。砂锅茶煮石根[6]泉。庞眉道者[7]来相访。学海澜翻语入玄[8]。

老犁注：①此诗是释先睹和永明禅师的《山居诗》中的一首。永明禅师的原诗为“散诞疏狂得自然，免教拘迫事相牵。潜龙不离滔滔水，孤鹤唯宜远远天。透室寒光松槛月，逼人凉气石渠泉。非吾独了西来意，竹祖桐孙尽入玄。”②宛然：真切貌；清晰貌。③三鼓：古代用打更鼓来报夜间时刻，三鼓表示三更。④清梦：犹美梦。五天：指五更天。天将明时。⑤霜下稻：秋霜打过的稻子。口感比未被霜打过稻子好吃。⑥石根：岩石的底部；山脚。⑦庞眉：庞者大也。原指粗大的眉毛。后用于老当益壮、鹤发童颜者的眉毛（多为黑白杂色），形容健康老者的形貌。有“苍颜庞眉”之谓。道者：得道之人。⑧学海：学问之海。喻广阔无边的学问领域。澜翻：水势翻腾貌。用以比喻言辞滔滔不绝。玄：玄奥，深奥。

## 示文禅人[①]（节选）

问讯了吃茶，一一皆明彻。胡为更觅语，对面成途辙[②]。

老犁注：①文禅人：一个叫文的禅人。禅人：泛指修持佛学、皈依佛法的人。②途辙：路上之车迹。喻行事所遵循的途径或方向。

---

**释行端**（1254~1341）：字元叟，一字景元，自称寒拾里人，俗姓何，临海（今浙江台州临海市）人。世为儒家，6岁随母习儒学。11岁在余杭化城院随其叔父茂上人剃发，参径山藏叟善珍而得法。与径山寺虚谷希陵，灵隐寺东屿德海，净慈寺元熙晦机为莫逆交。大德四年住湖州翔凤山资福禅寺，名闻京国。八年敕住中天竺万寿寺，赐号‘慧文正辩禅师’。未久，住灵隐景德寺。延祐间，有旨设水陆大会于金山，命升坐说法，加赐‘佛日普照’之号。至治二年始，住径山兴圣万寿寺作大护持师达20年。其间，三度受赐金襕袈裟，并受历代皇帝之皈依。至正元年示寂，世寿八十八。工诗文。有《寒拾里人稿》《慧文正辩佛日普照元叟端禅师语录》。

---

## 寄希白藏主[①]

青杉高簇天，仁者此安禅[②]。双涧水回合，四山云接连。

灯分红焰远，茶点白华[③]圆。别后为谁语，祖门玄又玄[④]。

老犁注：①希白：僧名，生平不详。藏主：寺院中负责管理藏经楼（类似图书馆）的主管，又称知藏、藏司。为六头首之一。②仁者：佛教语。对人的尊称。安禅：佛教指静坐入定。俗称打坐。③白华：点茶时泛起的白色泡沫。④玄又玄：深奥又深奥，非常深奥。

## 道旧至上堂①

青山白云里，客来无可迎。草药带烟掘②，野茶和露烹。磐陀石③上坐，长啸时一声。

老犁注：①道旧：叙旧。至上堂：到法堂。②带烟掘：谓在烟雾里挖掘。③磐陀石：凹凸不平的大石头。磐指大石。陀指倾斜不平的样子。最著名的磐陀石在普陀山，相传是观音大士的说法处。

## 山居二首其一

山木交柯莎①满庭，马蹄且不污岩扃②。篝灯对雪坐吟偈③，拥裓绕泉行课经④。

睡少每知茶有验，病多常怪药无灵。金园一岁一牢落⑤，谁似孤松长自青。

老犁注：①交柯：交错的树枝。莎：莎草。多年生草本植物，多生于潮湿地区或河边沙地。②岩扃 jiōng：山洞的门。借指隐居之处。③篝灯：置于笼中的灯。偈：偈颂。梵语称偈佗。即佛经中的唱颂词。每句三字、四字、五字、六字、七字以至多字不等，通常以四句为一偈。亦多指释家隽永的诗作。④裓 gé：和尚穿的衣服。行课经：上课所学经文。⑤金园：寺中园圃。牢落：犹寥落。零落荒芜貌。

## 如何是正法眼藏①

月似弯弓，少雨多风。狞②龙戏海，孤鹤翘松。正法眼藏、瞎驴边灭却③。黄梅衣钵④，付与卢公⑤。拈起簸箕别处舂⑥，熨斗煎茶铫不同⑦。

老犁注：①正法眼藏：禅宗用来指全体佛法（正法）。朗照宇宙谓眼，包含万有谓藏。相传释迦牟尼佛在灵山法会以正法眼藏付与大弟子迦叶，是为禅宗初祖，为佛教以“心传心”授法的开始。②狞：面目凶恶，恶相难看。③此句：指的是临济宗始祖义玄禅师坐化前与其法嗣三圣法师对话的一则公案。表面上义玄是在埋怨和骂人，实为是庆幸，因小我灭却大我（真正的正法眼藏）得存，禅宗的发展走在了正途上。瞎驴：骂人的话，说三圣禅师是瞎眼的驴。灭却：熄掉；消除。④黄梅：指湖北黄梅县。禅宗五祖弘忍禅师曾在黄梅的东山建寺弘法。他有两个高徒，一个叫神秀和一个叫慧能，因慧能悟性高于神秀，故弘忍将衣钵传给了慧能。⑤卢公：慧能，俗姓卢，故称。⑥此句：慧能跟随弘忍学禅时曾在槽厂负责踏碓舂米。簸箕是盛稻米的工具，拿簸箕到别处舂，就是指慧能接过衣钵后离开弘忍到别地弘法。⑦此句：对茶来说，用熨斗煮和用茶铫煮没有实质不同，只是器具不同罢了。喻弘法到哪都一样。慧能后来到岭南（广东省曲江的曹溪）开法，使岭南禅宗大兴。熨斗：宋时熨斗，外形如勺子，底平，勺中放进炭火就可用来熨烫衣服。窘迫的文人常拿来煮茶温酒。

## 送亮上人归甬[1]东（节选）

有口莫吃赵州茶[2]，有眼莫觑灵云华[3]。毗卢心印廓[4]寰宇，今来古来常无差。

老犁注：①亮上人：一位叫亮的上人（对和尚的尊称）。甬：宁波的简称。②赵州茶：唐代赵州和尚从谂以“吃茶去”一句话来引导弟子领悟禅机奥义，故称。③觑 qù：窥视，偷偷地看。灵云华：指灵云志勤禅师见桃花而悟的公案。他参禅三十多年未契悟。一日经行，见桃花灼灼，因而悟道，平生疑处，一时消歇。④毗卢心印：佛教名词。指佛心印。谓禅之本意，不立文字，不依言语，直以心为印，故曰心印。毗卢：指毗卢遮那，密宗法系中是最高身位的如来。廓：廓清平定。

---

**释如砥**（1268~1357）：字平石，自称太白老衲，庆元（今宁波）路天童寺禅师，东岩净日禅师法嗣，临济第十九世。大德三年（1299）入保圣寺，皇庆二年（1313）入定水寺，天历二年（1329）入天童寺。至正十七年（1357）示寂于东堂。有《平石如砥禅师语录》，又名《天童平石和尚语录》。

---

## 黄花

茱萸[1]满泛一瓯茶，冷淡家风[2]亦自佳。不用登临追往事，眼前随分有黄花[3]。

老犁注：①茱萸：植物名。香气辛烈，可入药。古俗农历九月九日重阳节，佩茱萸能祛邪辟恶。古代常与茶配成茱萸茶，据传此茶可祛瘴气。②家风：家是指禅宗的派别，禅宗各派各有风气，这种风气就称为家风。③黄花：菊花。

---

**释明本**（1263~1323）：号中峰，又号智觉，俗姓孙，钱塘新城（今杭州富阳区新登镇）人。出家吴山圣水寺，得法于高峰原妙禅师。诵经学道，毕生清苦自持，行如头陀，虽名高位尊而不变其节，遂成元代最杰出高僧，被世人尊之为“江南古佛”。屡辞名山，屏迹自放。时住一船，或僦居城隅土屋，若入山脱笠，即结茅而栖，俱名曰幻住。其天目山憩止处曰幻住山房。经其努力，蒙古统治者由信藏传佛教改信禅教，元仁宗、英宗、文宗对其尊敬有加。仁宗曾赠金襕袈裟及赐号“佛慈圆照广慧禅师”，并赐谥“普应国师”。云南（元以前为南诏、大理，立国五百余年，不归唐宋版图）唯有南传佛教，因明本禅师努力，禅宗方流布于云南，并出现了一批禅宗高僧。其为云南文化上融入中华大家庭做出了卓越贡献。明本善诗工书。与赵孟頫、冯子振友善，有诗唱和。其书法被称之为柳叶体。著有《中峰广录》。

---

## 和皖山[1]隐者（节选）

云根拨笋，涧底寻茶。粪火深埋魁芋种[2]，砂瓶烂煮黄菁芽[3]。

老犁注：①皖山：即皖公山，又名潜山。今唤天柱山。在今安徽潜山县西北，汉武帝曾封为南岳。②粪火：烧制火粪时燃烧的火。粪：肥料。火粪：将土块放柴草上烧出来的一种农家肥料。即今农民经常烧制的草木灰。方法是将三层柴草夹两层土块（土块相互间会有空隙，利于空气流通），最顶上再用细土覆盖柴草，垒成圆锥形堆体，然后从底部点燃焖烧，用时大约需两三天，烧好后拨开锥堆，经槌打过筛成末状，便可用来施肥了。魁芋：以食母芋为主的芋头。此句意即是将魁芋种（魁芋的种苗。魁芋是用块茎作种苗繁殖的）埋到正在烧制的火粪中煨。③黄菁芽：黄精的芽尖。菁古同精。黄精：为多年生草本，中医以根茎入药。明李时珍《本草纲目・草一・黄精》："仙家以为芝草之类，以其得坤土之精粹，故谓之黄精。"

## 留题惠山寺（节选）

惟恨当年桑苎翁[1]，玉浪翻空煮春雪[2]。何如跨龙飞上天，并与挈过[3]昆仑巅。

老犁注：①此句：只恨当年陆羽著了《茶经》（作者觉得茶饮贵族化的结果是害惨了百姓）。②春雪：煮水时泛起的白色水花。③挈 qiè 过：提升越过。

## 行香子・大槿篱笆

大槿篱笆，雪屋梅花，香馥馥[1]、疏影横斜。久辞阛阓[2]，识破浮华。有云门饼，金牛饭，赵州茶[3]。 验尽龙蛇[4]，凡圣[5]交加，喜清贫、不管骄奢。孤窗独坐，目断[6]天涯。闲伴清风，伴明月，伴烟霞[7]。

老犁注：①馥馥 fù：形容香气很浓。②阛阓 huánhuì：市井。借指民间。③云门饼，金牛饭，赵州茶：皆为禅宗公案。公案：佛教禅宗指前辈祖师的言行范例。云门宗祖师文偃和尚在回答"如何是超佛越祖之谈?"时云："糊饼。"以此来引导弟子领悟禅机奥义。唐代镇州金牛和尚，每日亲自做饭，供养僧众，当大众用斋时，他就担着饭桶到斋堂，一面起舞，一面抚掌大笑说："菩萨们，来吃饭啦"！金牛和尚是用每日亲自做饭这一行为来引导弟子领悟禅机奥义。赵州茶：唐代赵州和尚从谂以"吃茶去"一句话来引导弟子领悟禅机奥义。④龙蛇：喻成功者与失败者。⑤凡圣：凡人与圣人。⑥目断：望断，望尽。⑦烟霞：云霞。泛指山水隐居地。

## 行香子・不爱娇奢

不爱娇奢，不喜繁华，身穿着、百衲袈裟。行中乞化，坐演三车[1]。却怕人知，怕人问，怕人夸。　　雪竹交加，玉树槎牙，一枝开、五叶梅花[2]。东村檀越[3]，西市恩家[4]。但去时斋[5]，闲时讲，坐时茶。

老犁注：①此两句：讨饭化缘也好，坐三车也罢，都是奔向佛祖而去。三车：指三车和尚窥基，召示只要佛缘在，虽纨裤子弟也成大德高僧。传说，窥基（京兆长安人，其父尉迟宗是唐左金吾将军。伯父是大名鼎鼎的右武侯大将军鄂国公尉迟恭。）刚出家时还未脱公子哥的作派，出行常以三车自随，前车载经论书籍，中车自御，后车载家仆妓女、美味佳肴，故关中称其为“三车和尚”。后成为玄奘的法嗣，唯识宗创始人。②此句：指禅宗六祖慧能下面，发展成五家门派。即所谓的“一花开五叶”：沩仰宗、临济宗、曹洞宗、云门宗、法眼宗。③檀越：施主。施与僧众衣食，或出资举行法会的信众。④恩家：有恩于己的人。⑤斋：洁净身心。

---

**释榯堂**（生卒不详）：释益，字榯堂，永嘉（今温州）人，宋末元初庆元奉化（今浙江宁波奉化区）岳林寺僧。大慧宗杲四世法嗣，得法于净慈隐公。以诗名，有《山居诗》四十首。与天童寺释云岫（1242~1324）有诗唱和。

---

## 山居四十首其三

自知疏拙[1]不可变，深入寒云千万层。夜火晴收枫坞叶，午茶寒煮石池冰。
青[2]林有雀安知鹄，碧海非鹍不化鹏。从此世人寻不到，乱山无路石棱棱[3]。

老犁注：①疏拙：粗疏笨拙。②青：深绿色。③石棱棱：石头棱角显露貌。

## 山居四十首其六

异草灵苗世莫栽，萝龛禅起[1]独徘徊。岳僧[2]近写茶经去，海客[3]遥寻药坞来。
晓洞云腥龙孕子，夜天月冷兔怀胎[4]。事殊世异真风[5]远，汉武开池见劫灰[6]。

老犁注：①萝龛：藤萝长成的小窟。禅起：禅思动了起来。②岳僧：犹山僧。③海客：谓航海者。常借指到海上寻找仙山仙药的人。④此两句：是指世间最不可能发生的事现在都发生了。龙喜独居，而兔子在月亮上也遇不上异性，怎么可能怀孕？但这事却发生了，所以下句说“事殊世异”。⑤真风：淳朴的风俗，亦指淳朴的风范。⑥此句：汉武帝元狩四年在长安城西的沣水与潏水之间开凿昆明池，以操演水战。劫灰：劫火的余灰。意思是：能开凿昆明池的汉武帝，也只剩一堆劫灰了。

---

**释清珙**（1272~1352）：字石屋，俗姓温，苏州常熟人。20岁在本州兴教崇福寺出家，后参天目高峰原妙禅师，再嗣法及庵信禅师。后频出入吴越，弘扬禅风。元统

间应请入当湖（今浙江嘉兴平湖东门外）福源禅寺。后退居霅溪（浙江湖州的别称）西之天湖。至正间，朝廷闻其名，降香币（赏赐香和布帛）旌异，赐金襕衣。壬辰秋示寂，年八十一。好隐栖，曾在霞雾山筑草庵而居，以歌咏为助，常吟讽自适。有《石屋诗集》。

## 复举僧问古德颂云[1]

有问冬来意，京师出大黄[2]。地炉深夜火，茶熟透瓶香[3]。

老犁注：①复举：再举例。古德：佛教徒对年高有道高僧的尊称。这里指唐代疏山（在今江西抚州）匡仁禅师。颂云：偈颂明示如下。②前两句出自匡仁（也作光仁）禅师的公案："疏山冬至夜，有僧上堂。僧问：如何是冬来意？师（匡仁）云：京师出大黄。"宋释咸杰《颂古》诗中作了运用："有问冬来事（冬天来了做点什么事呢），京师出大黄。贪他一粒粟，失却半年粮。"大黄：指一种中药或指一种弓。禅家的回答往往是答非所问，是药是弓其实不重要，重要的是有所接引。③后两句：对"冬来意"的提问，清珙禅师的回答是"夜火"与"茶香"。清珙禅师分明是继承了圆悟克勤禅师"禅茶一味"的思想，悟了茶道，也就悟了禅道。

## 山居诗[1]五律十九首其二

一钁[2]足生涯，居山道者家。有功惟种竹，无暇莫栽华。

水碓[3]夜舂米，竹笼春焙茶。人间在何处？隐隐见桑麻。

老犁注：①山居诗：《山居诗》是释清珙写的组诗，有五律十九首、七绝九十四首、七律五十六首。诗前有序：余山林多暇，瞌睡之馀，偶成偈语自娱，纸墨少便不欲记之。云衲禅人请书，盖欲知我山中趣向，于是，静思随意走笔，不觉盈帙。故掩而归之。复嘱慎勿以此为歌咏之助，当须参意，则有激（激发，启迪）焉。②钁 jué：钁头。一种掘土农具，类似镐。③水碓 duì：利用水流力量来自动舂米的机具，以河水流过水车带动轮轴，再带动碓杆上下舂米。

## 山居诗五律十九首其十四

茆庵[1]竹树间，尘世不相关。门对一池水，窗开四面山。

烟熏茶灶黑，塺蒸布裘[2]斑。不悟空王[3]法，缘何得此闲。

老犁注：①茆庵：茅庐。茆 máo 同茅。②塺 méi 蒸：尘土升腾。布裘：用布缝制内装丝绵的衣服。③空王：对佛的尊称。佛说世界一切皆空，故称"空王"。

## 山居寺五律十九首其十七

好山千万叠，屋占最高层。减塑三尊佛[①]，长明一碗灯。

钟敲寒夜月，茶煮石池冰。客问西来意[②]，惟言我不能。

老犁注：①减塑：减少塑造。山顶寺庙简陋，故三尊佛不能全部塑养。三尊佛：多指塑在大雄宝殿的横三世佛，阿弥陀佛、释迦摩尼佛、药师佛。②西来意：是禅宗公案中问禅的话头，全句为“如何是祖师西来意”。

## 送人之五台

短策[①]轻包上五台，银楼金阁[②]正门开。文殊[③]相见吃茶了，收取玻璃盏[④]子来。

老犁注：①短策：短杖。②银楼金阁：喻华美的楼阁。③文殊：文殊菩萨，其道场在五台山。④玻璃盏：古代玻璃盏多在庄重场合上使用，以示对客人的敬重。

## 赠别涧[①]

湛然不入众流数[②]，瞪目观来果必殊[③]。但得煮茶增味好，谁能泛滥落江湖。

老犁注：①别涧：一位僧人的名号。生平不详。②湛然：湛然法师是唐代天台宗高僧，他在当时禅宗风行佛界的情况下，极力中兴天台宗，所以“不入众流数”。众流：喻指当时学术上人数最多的流派。③果未殊：得到果证没有不同。

## 山居诗七绝九十四首其二

满山笋蕨满园茶，一树红花间白花。大抵四时春最好，就中犹好[①]是山家。

老犁注：①就中：其中。犹好：最好。犹：太，最。

## 山居诗七绝九十四首其四十三

长年心里浑[①]无事，每日庵中乐有余。饭罢浓煎茶吃了，池边坐石数游鱼。

老犁注：①浑：全。

## 山居诗七绝其五十

粥去饭来茶吃了，开窗独坐看青山。细推百亿阎浮界[①]，白日无人似我闲。

老犁注：①阎浮界：即阎浮提。多泛指人世间。

## 山居诗七绝九十四首其六十五

离众多年无坐具，入山长久没袈裟。单单有个铁铛子[1]，留待人来煮瀑花[2]。

老犁注：①铁铛子：铁制的铛子。有三足，似锅。可以温酒、煮茶等。②瀑花：瀑布落下溅起的水花。即指瀑布水。

## 山居诗七绝九十四首其七十六

禅余高诵寒山偈[1]，饭后浓煎谷雨茶。尚有闲情无着处，携篮过岭采藤花。

老犁注：①禅余：习禅之余暇。寒山偈：寒山和尚写的偈颂。

## 山居诗七律五十六首其五

纸窗竹屋槿篱笆[1]，客到蒿汤[2]便当茶。多见清贫长快乐，少闻浊富不骄奢。

看经移案就明月，供佛簪[3]瓶折野花。尽说上方兜率[4]好，如何及得[5]老僧家。

老犁注：①槿篱笆：栽上木槿围成圈当篱笆。②蒿汤：蒿叶烹制的汤水。③簪zān：插戴在头上。这里指插在瓶中。④上方：天上；上界。兜率（dōushuài）：兜率天。佛教谓天分许多层，第四层叫兜率天。它的内院是弥勒菩萨的净土，外院是天上众生所居之处。⑤及得：比得上。

## 山居诗七律五十六首其九

三十余年住崦[1]西，镢头边事不吾欺[2]。一园春色熟茶笋，数树秋风老栗梨。

山顶月明长啸[3]夜，水边云煖[4]独行时。旧交多在名场[5]里，竹户长开待阿[6]谁。

老犁注：①崦 yān：泛指山。②镢 jué 头：一种掘土农具，类镐。不吾欺：不会欺负我。意思是淌多少汗水得多少收获。③长啸：撮口发出悠长清越的声音。古人常以此述志。④煖 nuǎn：同暖。⑤名场：追逐声名的场所。⑥待阿：等待曲迎。

## 山居诗七律五十六首其十四

幽居自与世相分，苔厚林深草木薰[1]。山色雨晴常得见，市声朝暮罕[2]曾闻。

煮茶瓦灶烧黄叶，补衲岩台剪白云[3]。人寿希逢年满百，利名何苦竞趋奔[4]。

老犁注：①薰：温和的样子。②市声：街市中的喧闹声。罕：稀，少。③此句：放在岩台上缝补衲衣，挥动的剪刀如在裁剪着白云。④竞趋奔：竞相追逐（名利）。

## 山居诗七律五十六首其十五

入得山来便学呆，寻常有口懒能开。他非莫与他分辨，自过应须自剪裁[1]。
瓦灶通红茶已熟，纸窗生白月初来。古今谁解轻浮世，独许严陵[2]坐钓台。

老犁注：①自剪裁：自我改正提高。②严陵：即严光，字子陵，省称严陵。初为刘秀同学，秀称帝后，隐居浙江富春江，今有严子陵钓台遗存。

## 山居诗七律五十六首其三十一

自入山来万虑澄，平怀一种任腾腾[1]。庭前树色秋来减，槛外泉声雨后增。
挑荠煮茶延野客[2]，买盆移菊送邻僧。锦衣玉食公卿子[3]，不及山僧有此情。

老犁注：①平怀：平淡朴素的情怀。腾腾：比喻旺盛。②荠：荠菜。延：迎请。野客：村野之人。多借指隐逸者。③公卿：原指三公九卿，后泛指朝廷中的高级官员。子：构词后缀。如“房子、车子”中的“子”。

## 山居诗七律五十六首其四十九

细把浮生物理[1]推，输赢难定一盘棋。僧居青嶂闲方好，人在红尘老不知。
风飏[2]茶烟浮竹榻，水流花瓣落青池。如何三万六千日[3]，不放心身静片时。

老犁注：①浮生：人生在世，虚浮不定，故称。语出《庄子·刻意》：“其生若浮，其死若休。”物理：事物的道理、规律。②风飏：风飞扬。竹榻：竹床。③三万六千日：人活百岁也不过三万六千日。

## 会赵初心提举[1]

老来脚力不胜鞋[2]，竹杖扶行步落华[3]。待月伴云眠藓石，寻梅陪客过邻家。
粥香瓦钵山田米，雪泛瓷瓯水磨茶[4]。今日为翁时暂出，此心长只在烟霞[5]。

老犁注：①会：会晤，会见。赵初心：人之姓名，生平不详。提举：官名。②不胜鞋：承受不了鞋的挤压。③落华：落花。④雪：喻茶瓯中泛起的白色茶沫。水磨茶：用水磨碾出来的茶末。⑤烟霞：云霞。泛指山水隐居地。

## 却南州提举再招[1]

自嗟业系在娑婆[2]，一度寻思一叹嗟[3]。世上多逢人面虎[4]，山中少见佛心蛇。
御寒补衲裁荷叶[5]，遣睡煎茶煮瀑华[6]。老拙背时酬应懒[7]，不能从命出烟霞[8]。

老犁注：①却：谢绝。南州提举：两粤（汉指南粤和闽粤的合称。后指两广）

的一位提举官。再招：再次招他出去做官。②自嗟：自叹。业：罪孽。娑婆：指娑婆世界。指人所在的当下世界。③叹嗟：叹息。④人面虎：虽长着人脸却实如老虎。⑤荷叶：指荷叶衣。传说中用荷叶制成的衣裳。多指高人、隐士之服。⑥遣睡：打发走睡魔。瀑华：瀑水花。⑦老拙：老人的自谦之词。背时：过时。酬应懒：懒得应酬。⑧烟霞：云霞。泛指山水隐居地。

## 歌（节选）

自亦不知是凡是圣，他岂能识是牛是驴。客来未暇[1]陪说话，拾枯先去烧茶炉。

老犁注：①未暇：没空。

---

**释善住**（约1278~1328后）：字无住，别号云屋，吴郡（治在今苏州）僧人。尝居郡城之报恩寺，闭关念佛，修净土行，著有《净业往生安养集》。往来吴淞江上，不但与明本、玄鉴、白云等僧人有较多诗歌往来，与白珽、仇远、宋无、虞集等文人交往亦颇深。工诗，存诗七百多首，是元代诗僧中存诗较多的一位。有《谷响集》。

---

## 寄无照[1]

不向峨峰[2]住，还寻旧隐归。苍苔生地遍，白日出门稀[3]。

竹月侵虚几[4]，茶烟上净衣[5]。江湖[6]曾有约，愿子莫相违。

老犁注：①无照：指释玄鉴，字无照，云南曲靖普鲁吉（今沾益县松林）人，是元代临济宗中峰明本禅师的法嗣，是将江南禅宗传播到了云南的主要人物。②峨峰：高大的山峰。③此句：太阳大，出门人就少。④虚几：空无他物的案几。暗指生活清贫。⑤净衣：僧服。⑥江湖：泛指四方各地。

## 书无学壁[1]

净室[2]焚香坐，心将万境空。夜窗山月白，晓殿佛灯红。

无梦到天上，有书来海东[3]。煮茶迎道侣，石鼎响松风[4]。

老犁注：①在无学的室壁上题（诗）。无学：一个名号叫无学的僧人，余不详。②净室：清静、干净的屋子（多指和尚或尼姑的住室）。③此句：当时朝鲜半岛和日本有很多僧人来中国学佛，由此产生的书信来往也就频繁。海东：泛称渤海以东地区。朝鲜、日本都在此区域内。④石鼎：陶制的茶炉。松风：喻煮茶水的响声。

## 清明山行次韵

灌木莫鸦繁[①]，游人取次[②]还。清泉煮茗匊[③]，高竹挂衣攀。

云叶[④]堕平地，松涛起半山。尘埃日扰扰，浮世[⑤]有谁闲。

老犁注：①莫鸦：暮鸦。晚归的乌鸦。莫本是暮的本字。今皆写作暮。繁：众多。②取次：挨次，一个挨一个地。③匊：同掬。④云叶：犹云片，云朵。⑤浮世：人间，人世。旧时认为人世间是浮沉聚散不定的，故称。

## 斋居[①]次韵

萧斋掩深昼[②]，四坐净无埃。汲井青衣[③]出，烹茶白足[④]来。

瓦炉连佛烛[⑤]，揔拂近香台[⑥]。隐计还应遂[⑦]，山图莫浪开[⑧]。

老犁注：①斋居：在书房中居住，即指泡在书房中学习。②萧斋：书斋，书房。掩：关在。深昼：漫长的白天。③青衣：青色或黑色的衣服。汉以后，多为地位低下者所穿。多指婢女、侍童。④白足：指白足和尚。后秦鸠摩罗什弟子昙始，足白于面，虽跣（xiǎn 赤脚）涉泥淖，而未尝污湿，时称“白足和尚”。后亦用以指高僧。⑤瓦炉：用陶土烧制的炉子。佛烛：指供佛的香烛。⑥揔 zōng：数，多次。香台：烧香之台。佛殿的别称。⑦隐计：归隐的打算。遂：心愿得到满足。⑧山图：山川的方位形图。指隐居的地方。浪开：轻易地示人。浪：轻易；随便。

## 秋怀十首其二

茶香醒午梦，炉篆[①]散窗风。淮北伤秋水[②]，江南见蚤鸿[③]。

畅怀非曲蘖[④]，遣兴有丝桐[⑤]。久雨晴何日[⑥]，青山杳霭[⑦]中。

老犁注：①炉篆：香炉中的篆香。②伤秋水：对秋水发出感伤。③蚤鸿：早鸿。最早南飞的鸿雁。蚤通早。④曲蘖 niè：发酵或发芽的谷粒，用来酿酒。⑤丝桐：指琴。古人削桐为琴，练丝为弦，故称。⑥晴何日：何日晴。⑦杳霭：幽深渺茫貌。

## 再用前韵酬无功[①]

出门何所适，清坐掩萧斋[②]。图史[③]有真味，尘埃无好怀[④]。

蛛丝连远树，蜗篆[⑤]满空阶。拟共烹新茗，井浑泉未佳。

老犁注：①酬：酬答。无功：一个名号叫无功的僧人。余不详。②掩萧斋：关闭书斋。③图史：图书和史籍。④好怀：好兴致。⑤蜗篆：蜗牛爬行时留下的涎液痕迹（这里古人有误。在墙上或阶上留下痕迹的是蜒蚰），屈曲如篆文，故称。

## 春日杂兴三首其三

山中三十年，枕石抱云眠。南岳煨黄独[①]，东林种白莲[②]。

碗香供茗饮，帘暖护柴烟。俯仰人间世，清风有昔贤。

老犁注：①南岳：衡山。黄独：植物名。根茎无旁支且内肉呈黄色，故谓之黄独。饥荒时，土人掘以充粮。宋诗僧释绍昙的《煨芋》有“粪火香凝午梦初，烂煨黄独替春蔬”之句。②东林：指庐山东林寺。东晋慧远和尚在东林寺池中遍种白莲，并在此结社，唤白莲社。

## 茶屋

清心修茗事[①]，净室[②]掩春风。瓶泻岩泉碧，童敲石火[③]红。

杯铛今陆羽[④]，文字老卢仝[⑤]。俗客何由至[⑥]，尘埃路不通。

老犁注：①茗事：茗饮之事。②净室：清静、干净的屋子（多指和尚或尼姑的住室)。③石火：石头撞击时发出的一闪即逝的火花。古代点火需敲石火引燃。④此句：指摆弄茶杯茶铛，算得上是今世的陆羽。杯铛：茶杯和茶铛（三足釜)。陆羽著有《茶经》。⑤此句：写出的茶诗就像过去的老卢仝。唐卢仝写有空前绝后的《走笔谢孟谏议寄新茶》的茶诗。⑥何由至：因何而来。

## 松下谈玄[①]画轴

松头风寂寞，松下客淹留[②]。话到天人[③]际，能令神鬼愁。

碗香溪茗熟。岩响野泉流。老怯攀跻[④]倦，晴窗得卧游[⑤]。

老犁注：①谈玄：谈论玄理。②淹留：长期逗留。③天人：天界的众生。④攀跻 jī：犹攀登。⑤卧游：指以欣赏山水画代替游玩。

## 答白云见寄[①]四首其一

巾瓶欣得寓烟霞[②]，绕屋青山引贯花[③]。早晚杖藜[④]终赴约，夜床毋惜建溪茶[⑤]。

老犁注：①答白云见寄：这是对宋元间著名诗僧释英寄来的赠诗所作的答复。白云：释英，字实存，别号白云，钱塘人。历走闽、海、江、淮、燕、汴。一日登径山，闻钟声，有省，遂弃官为浮屠，结茅天目山中。数年，遍参诸方，有道尊宿，皆印可之，故其诗有超然出世间趣，有《白云集》。原诗有序：泰定甲子岁二月初二日，予与诸公送白云间赴（乘隙前往）阳山福严精舍翻阅藏教。然影不出山者，三年始可讫事。予时与之言别，因谓白云：岩桂花开，又当候子于此。天及秋，予以书经，不果。往云，以二诗见促，遂倚韵答之。②巾瓶：指巾瓶侍者。大型寺院中的住持起居会有多名侍者侍奉，其中管理住持巾布、净瓶者称为巾瓶侍者，因以

“巾瓶”代指侍奉。烟霞：云霞。泛指山水隐居地。③贯花：亦作贯华。传说佛祖说法，感动天神，使其散落各色香花。后因以“贯花”喻佛教的精义妙旨；亦借指说偈唱导佛法。这里指后者。④杖藜：谓拄着藜杖行走。藜，野生植物，茎坚韧，可为杖。⑤夜床：夜里的禅床。即夜里坐榻参禅。毋 wú：不要。建溪茶：宋贡茶，后称产自福建建溪（今建瓯）的茶。

## 答白云见寄四首其二

驹隙光阴信有涯[①]，遁身岩壑似莲花[②]，篆烟袅碧[③]经初梦，童子开帘已送茶。

老犁注：①驹隙：喻光阴流逝的迅速。信：的确。有涯：有边际，有限。②似莲花：喻如莲花一样高洁。③篆烟：盘香的烟缕。袅碧：袅袅碧烟（青烟）。

## 阳山道中[①]二首其一

一掬云泉漱齿凉，小亭幽绝背山阳。道人自向峰头住，闭户不知春日长。

老犁注：①阳山：在苏州西北郊。原诗有序：泰定甲子二月初九日，余与友人圆大虎游阳山北阜。过尊相寺，闻有禅者缚屋峰顶，遂扪萝而上。至云泉亭，掬而饮焉，甘凉可啜。得禅者于石室中，为余相劳苦，煮茗为供。既而语散，残阳已挂树梢矣，因以二绝纪之。

## 春日杂兴八首其五

闲房深掩静无哗，石硐[①]浓煎饭后茶。但见玉英[②]飞满地，不知何处落来花。

老犁注：①石硐：应为石铫 diào，指陶制的小烹器。②玉英：花之美称。

## 暮春杂兴十首其十

失喜[①]朝来得句新，篇成惟恐染凡尘。自收草具藏筠箧[②]，且啜花瓷雪乳春[③]。

老犁注：①失喜：喜极不能自制。②草具：指草具之食，即粗劣的饭食。筠箧 yúnqiè：竹箱。筠：竹子的别称。箧：小箱子。大曰箱，小曰箧。③花瓷：有花纹的瓷杯。雪乳春：指茶。雪乳：喻杯面上浮起白色茶沫。

## 次韵答无功[①]见寄六首

漆鬓霜侵晓镜[②]新，敝袍[③]勤拂旧埃尘。瓦瓶分得松陵水[④]，石鼎先烹顾渚春[⑤]。

老犁注：①无功：一位名号叫无功的僧人，余不详。②漆鬓：黑色的鬓发。晓镜：明镜。③敝袍：破败的外衣。④瓦瓶：陶制的瓶子。松陵水：指吴江第四桥下的甘泉，其泉被唐刑部侍郎鉴水专家刘伯刍评为“天下第六泉”。松陵是吴淞江的古称，其发源于太湖，东流与黄浦江汇合，出吴淞口入海。吴淞江发源处的集镇就以江命名，因此松陵也就成吴江县的古称。释善住是苏州报恩寺的僧人，对此松陵泉十分熟悉。⑤石鼎：陶制烹茶炉具。顾渚春：指顾渚茶。

## 春晚

矮窗日月无今古，闭户争知[1]春去来。清镜[2]静临多白发，好花闲看半苍苔。

蛙传鼓吹[3]池塘雨，茶展枪旗[4]涧壑雷。海燕[5]未回寒尚在，暮云重叠锁崔嵬[6]。

老犁注：①争知：犹怎知。②清镜：明镜。③鼓吹：喻蛙鸣声。④枪旗：亦称旗枪。喻新长的茶叶。顶芽称枪，展叶称旗。⑤海燕：燕子的别称。古人认为燕子产于南方，须渡海而至，故名。⑥崔嵬 wéi：本指有石的土山。后泛指高山。

## 山中

寂寥空谷久相容[1]，行道[2]何须向别峰。山腹引泉因煮茗，岭头乘雨为栽松。

倚天杰阁[3]巢灵鹤，彻海澄潭卧毒龙[4]。樵客岂能知住处，草堂终日白云封。

老犁注：①相容：同时并存。指人与环境相适应。②行道：修道。③杰阁：高阁。④彻海：通达到海。澄潭：澄碧之潭。毒龙：指佛。传说佛是条大力毒龙，受害众生，但受戒后，忍受猎人剥皮，小虫食身，以至身干命终，后卒成佛。

## 终日书况寄无照[1]

香冰纸閤[2]昼沉沉，古鉴[3]横陈且照心。乔木天寒风易急[4]，断河雨竭水难深。

炉头煮茗才中饭，庭下观梅已夕阴[5]。老大[6]才疏倦驰骋，漫书幽况寄知音。

老犁注：①书况：书写的心中幽况。幽况：幽闷（抑郁烦闷）的景况。无照：指释玄鉴，字无照。②香冰：麝香和冰片。研墨时加入两者可增加墨香。纸閤：纸阁。用纸糊贴窗、壁的房屋。多为清贫者所居。閤同阁。③古鉴：古镜。喻墨光闪现的砚台。④风易急：树大易招风。⑤夕阴：傍晚阴晦的气象。⑥老大：年老。

## 寄弘道书记[1]

闲愁不入酒杯中，落魄江湖似转蓬[2]。鹤发归来风月[3]在，锦心[4]吐出语言工。

芭蕉叶大窗全绿，芍药花开砌[5]半红。只尺林泉滞形迹[6]，对床[7]煎茗几时同。

老犁注：①弘道书记：一个名号为弘道的书记。书记：寺院中职掌书翰文疏的僧人。②转蓬：随风飘转的蓬草。③鹤发：白发。风月：清风明月。泛指美好的景色。④锦心：比喻优美的文思。⑤砌 qì：台阶。⑥只尺：亦写作只赤、咫尺，形容距离短。形迹：踪迹。⑦对床：朝着禅床。

## 次韵无及长老[1]

蓬藋栖迟[2]亦有年，了无[3]荣辱愿谁怜。道林解讲犹骑马[4]，鲁望能诗却寄船[5]。
苔壁昼深虫吊寂[6]，纸窗秋破鸟窥禅[7]。焚香煮茗皆吾乐，岂但[8]清闲便属仙。

老犁注：①无及长老：一个名号为无及的长老。长老：对住持僧的尊称。后也用为对僧人的尊称。②藋 diào：藜类植物。蓬藋：蓬草和藋草。泛指草丛。栖迟：游息，行止。③了无：一点也没有。④此句：让道林停止说法，如同让他骑马一样。道林：支遁，字道林，世称支公，也称林公，别称支硎。东晋高僧、佛学家、文学家。别人送给他骏马，他好养而不骑，有人因此笑话他，他回答说："我是爱其神骏而养它罢了。"后来又有人送他两只鹤，他倍加爱惜，不久便对鹤说："你本是冲天之物，怎能作耳目玩物呢?"于是将鹤放飞了。解讲：停止讲义，或解散听讲僧众。⑤此句：陆龟蒙能作诗却栖隐于钓船上。鲁望：陆龟蒙，字鲁望，长期隐居松江甫里，与笔床茶灶钓船为伴，悠游人生。⑥昼深：白天漫长。吊寂：抚慰孤独。⑦窥禅：偷窥僧人修禅。⑧岂但：难道只是；何止。

## 己未岁[1]感事二首其二

野径秋深叶满苔，岂堪[2]尘迹此中来。阶前蚁阵[3]冲还破，花底蜂程挽莫回[4]。
童子已提沽酒器[5]，山翁犹奉注茶杯[6]。长松怪石浑[7]依旧，相对何由[8]笑口开。

老犁注：①己未岁：《谷响集》中原写作"巳未岁"，是抄写所误，应为"己未岁"。②岂堪：哪里能承受。③蚁阵：蚂蚁战斗时的阵势。《谷响集》中写作"蚁陈"，是抄写所误，应为"蚁阵"。④此句：蜂在花间采蜜自有它的飞行路径，不是人想挽留就能招回来的。蜂程：蜂飞过的路程。⑤沽酒器：买酒的器具。⑥注茶杯：注入茶水的杯子。⑦浑：全，皆。⑧何由：因何。

## 庚申岁莫[1]三首其一

是非无定底须[2]听，饱食游谭更不经[3]。发短意长犹困学[4]，智生耄及漫劳形[5]。
松涛衮衮[6]翻茶鼎，梅雪纷纷落瓦瓶[7]。门外数峰天削出，乱晖东旭倚空青[8]。

老犁注：①岁莫：即岁暮、岁末。一年将终时。莫通暮。②底须：何须。③游谭：谭同谈，即游谈。闲谈，清谈。不经：谓近乎荒诞，不合常理。④发短意长：也作发短心长。指头发稀少，心计很多。困学：困而学之，即有所不通才学习。后指刻苦学习。⑤智生耄 mào 及：年老是智慧滋生的年龄，但昏愦糊涂也将伴随而来。耄：糊涂。语出《左传·昭公元年》：刘子归，以语王曰："谚所谓'老将知而耄及之'者"。漫劳形：全方位累及身体了。漫：遍，遍及。劳形：谓使身体劳累、疲倦。⑥松涛：喻煮水发出的声响。衮衮：旋转翻滚貌。⑦瓦瓶：陶制的一种容器。⑧乱晖东旭：指如削的山峰把东方旭日遮挡了。空青：青空。

## 山中二首其一

岩屋栖迟信有年①，岂同鱼鸟乐天渊②。身闲尚不耽闲味③，地静何尝住静缘④。
林下昼营⑤烧笋火，石间时引煮茶泉。菜畦香烬⑥青烟散，月满松头鹤未眠。

老犁注：①栖迟：游息，行止。信有年：的确已有很多年。②岂同：怎么能同。天渊：天上和深渊。③耽：沉迷。闲味：闲情，闲暇的情趣。④静缘：即静因。指静因之道，是战国时部分齐国稷下学士提出的认识原则，即用守静的方法去认识世界。⑤昼营：白天扎营。⑥香烬：焚香的余烬。

## 春晚二首其二

丘壑由来迹可逃①，岂容尘土涴云袍②。石鼎汤浮寒蟹眼③，陶杯文刷秋兔毫④。
林塘濔濔⑤白水满，山馆⑥亭亭青树高。得句未能书雪茧⑦，屐齿欲折心忘劳⑧。

老犁注：①由来：历来。迹可逃：行踪可以逃遁。②涴 wò：涴染，污染。云袍：道士穿用的袍子。借指逃隐者穿的衣服。③石鼎：陶制的炉具。蟹眼：喻煮水刚开时泛起的小水泡。④文：指陶杯上的花纹。秋兔毫：秋天的兔毫。指陶杯所显示出的兔毫纹。⑤濔濔：濔同弥。弥弥：水满貌。⑥山馆：山中宅舍。⑦雪茧：指如雪茧（雪白的蚕茧）一样白的纸。⑧屐齿欲折：屐齿都要断了。指在丘壑中隐居久了。忘劳：忘记劳苦，不知疲倦。

## 新居次韵山村先生①

天地茫茫喜定居，莫年应是惜三馀②。青灯③不作前朝梦，白首犹观后世书。
辽海④旧传千岁鹤，谢池今见九洲鱼⑤。清风朗月皆畴侣⑥，鬻茗焚香足晏如⑦。

老犁注：①山村先生：可能是某人的字号，也可能就指山村里略通文墨的人。②莫年：暮年。三馀：泛指空闲时间。读书多在三馀。裴松之在对《三国志·王肃传》作注时，引用了《魏略》上的话："冬者岁之馀，夜者日之馀，阴雨者时之馀也。"③青灯：光线青荧的油灯。多借指孤寂、清苦的生活。④辽海：有"鹤归辽海"之典。辽东人丁令威，学道于灵虚山，去家千年后化鹤归辽。典出陶潜《搜神后记》卷一。⑤谢池：也称谢家池。南朝宋诗人谢灵运家的池塘。后亦泛指诗人家中的池塘。九洲鱼：东海中的鱼。九洲：传东海有九洲，九是泛指，是众多的意思，就是东海上有很多洲屿。⑥畴侣：犹俦偶。成对，两两相伴。畴同俦。⑦鬻 yù 茗：卖茶。晏如：犹安然，安定平静貌。晏通安。"如"相当于"然"，用于语末。

---

**释道惠**（？~1330 尚在世）：字性空，宋元间僧，庐山东林寺悦堂祖訚之弟子。宋末至元天历间在世。一生云游四方，适楚奔吴三十年，历长江南北诸多名山古刹，

热衷交结名流，创作诗歌400余首，编成《庐山外集》。

## 秋日怀庐山旧隐（节选）

入定纵[①]霜落，吟诗任月斜。云霞收露蕨[②]，雪水煮春茶。

老犁注：①入定：定是指佛教徒趺跏闭目而坐，达到了无杂念，清神心定的一种境界。达到这种境界，就叫入定。纵：放任。②此句：云霞升起，蕨上露水随之蒸发。露蕨：带露水的蕨草。

**蒲寿宬**（生卒不详）：名或作寿晟、寿峸。宋元间阿拉伯人。与弟蒲寿庚至泉州贸易。度宗咸淳间，知梅州。益、广二王航海至泉州，时寿庚为泉州守，闭城不纳。寿宬密谕寿庚纳款于元，遂于景炎元年同降元朝。与刘克庄有诗文交往，应与刘年辈相近。晚年着黄冠居泉州法石山，山有心泉，因称心泉处士。有《蒲心泉诗》，已佚。清四库馆臣据《永乐大典》辑为《心泉学诗稿》六卷。

## 约赵委顺北山[①]试泉

拟寻青竹杖，同访白云龛[②]。野茗春深苦，山泉雨后甘[③]。

鸟声尘梦醒，花事午风酣[④]。静趣期心会[⑤]，逢人勿费谈[⑥]。

老犁注：①赵委顺：蒲寿宬的友人，生平不详。北山：指泉州清源山，因居泉州北郊，故称。山上泉眼众多，故又别称泉山。唐武德年间，穆罕默德门徒三贤、四贤来泉州传教，殁葬于清源山之灵山，故山上有伊斯兰圣墓。②白云龛：矗立在白云中的高塔。龛：塔。③雨后甘：雨后污浊的东西被冲刷干净，山泉就更清澈甘纯。④花事：关于花的情事。春季百花盛开，故多指游春看花等事。酣：舒畅痛快。⑤静趣：恬静悠然之趣味。心会：心中领会。⑥勿费谈：不费口舌絮谈。

## 赠老溪孚上人[①]

玉涧双盘略彴[②]过，对人扪虱坐鸡窠[③]。煮茶与客早归去，落日前山路更多。

老犁注：①老溪：地名或寺名。何处不详。孚上人：一个名号叫孚的上人（对僧人的尊称）。②玉涧：溪涧的美称。双盘：来回盘绕。略彴 zhuó：小木桥。③扪虱：前秦王猛去见率兵攻入长安的东晋大将桓温，他一边与桓温侃侃而谈，一边旁若无人的抓着身上的虱子。后以“扪虱”形容放达从容，侃侃而谈。鸡窠 kē：鸡窝。鸡是隐居之人常蓄养的家禽。

## 西岩[①]

石路层层碧藓[②]花，矮窗低户足烟霞[③]。愁闻独鹤悲寒角[④]，静阅群蜂凑晚衙[⑤]。

野菜旋挑奚待糁[⑥]，石泉新汲[⑦]自煎茶。炉熏销尽抛书卷[⑧]，闲倚阑干[⑨]看日斜。

老犁注：①西岩：在今梅州大埔县枫朗镇（与饶平县交界处），山多奇石，是梅州著名的茶乡。②碧藓：青苔。③烟霞：云霞。泛指山水隐居地。④寒角：号角。因于寒夜吹奏，或声音凄厉使人戒惧，故称。⑤静阅：犹静观。凑：聚集。晚衙：傍晚申时旧官署的长官坐衙听取下属列队汇报工作。蜜蜂傍晚归巢就借用“晚衙”称之。⑥旋挑：随时挑拣。奚：奚女，婢女。待糁：等待与饭粒掺和。指做成野菜饭。糁 sǎn：饭粒。⑦石泉：山石中的泉流。新汲：新汲取。⑧此句：炉中薰香燃尽了，人累了，将书抛一边。⑨阑干：栏杆。

## 游金山寺呈茂老[①]（节选）

倚栏檐外水转窄，飞鸿没处明双瞳[②]。与僧煮茗话今古，莫穷幻眇窥鸿濛[③]。

老犁注：①金山寺：在镇江长江边的金山上。茂老：一个名号叫茂的住持僧。②没处：消失处。双瞳：犹两眼。③幻眇：美妙。鸿蒙：宇宙形成前的混沌状态。

## 登北山真武观试[①]泉

莫夸阳羡茗[②]，在彼山之巅。莫夸惠山溜[③]，试此山之泉。不生陆鸿渐，渴死卢玉川[④]。且共春风里，不斗社雨前[⑤]。雀舌最嫩弱植[⑥]耳，嘉树一发如针然[⑦]。灵苗合让武夷贡[⑧]，清香不与罗浮专[⑨]。北山古丘神所授，以泉名郡天下传。置邮[⑩]纵可走千里，不如一掬[⑪]清且鲜。人生适意在所便[⑫]，物各有产尽随天。蹇驴破帽出近郭[⑬]，裹茶[⑭]汲井手自煎。泉鲜水活[⑮]别无法，瓯中沸出酥雪妍[⑯]。山中道士不识此，弹口咋舌[⑰]称神仙。从今决意修茗事[⑱]，典衣买树莳[⑲]井边。道上且莫颠[⑳]，古人作善[㉑]戒所先。山中种茶一百顷，不如山下数亩田。饥餐渴饮无长物[㉒]，何患敲门惊昼眠[㉓]。

老犁注：①北山：指泉州清源山。真武观：清源山上今已无此观。试：尝试，品尝。②阳羡茗：即产自江苏宜兴的阳羡茶，是唐时贡茶。③惠山溜：犹惠山泉。溜：泉溜。④此两句：让陆羽不能生存，让卢仝渴死。意思是说，两位茶界巨星如果来品饮过北山的泉水，宁愿渴死也不会喝其他地方的泉水了。陆羽：字鸿渐。卢仝：号玉川子。⑤此句：因制茶方法不一样，这里所制的好茶不用非要选社前的茶。社雨：谓社日之雨。⑥雀舌：茶名。以嫩芽焙制的上等茶，形如雀舌。弱植：柔弱的植物。⑦嘉树：美树。一发：一生发。如针然：如针一样。⑧灵苗：喻茶叶。合让：谦退相让。合：覆盖。指藏而不争。武夷贡：武夷贡茶。⑨不与罗浮专：不让罗浮茶一家独占。罗浮：罗浮茶。专：独断独行。⑩置邮：用车马传递文书信息。

这里用驿马送泉水。⑪一掬：犹一捧。⑫此句：人生的安闲悠哉就在于便利。⑬蹇驴破帽：骑只跛驴戴个破帽，形容穷愁潦倒的样子。近郭：靠近城郭。⑭裹茶：携茶。⑮水活：活水。⑯酥雪：喻泛起的白色茶沫。妍：美丽。⑰弹口咋舌：拍着嘴巴咬着舌头。形容非常惊讶。⑱茗事：与茶有关的种茶、制茶、烹茶、饮茶、评茶等活动的统称。⑲典衣：典押衣服。莳 shì：栽种。⑳颠：通癫，发狂。㉑作善：行善；做善事。㉒无长物：没有多余的东西。㉓敲门惊昼眠：卢仝《走笔谢孟谏议寄新茶》中有“日高丈五睡正浓，军将打门惊周公”之句。

---

**虞集**（1272~1348）：字伯生，号道园，世称邵庵先生，元临川崇仁（今江西抚州崇仁县）人。先世为蜀人。宋亡，父汲侨居崇仁。少受家学，读诸经，通其大义。尝从吴澄游。成宗大德初，以荐授大都路儒学教授，历国子助教、博士。仁宗时，迁集贤修撰，除翰林待制。文宗即位，累除奎章阁侍书学士。弘才博识，领修《经世大典》。每承顾问，必委曲尽言，随时讽谏。帝崩，以目疾谢病归。卒谥文靖。工诗文，与杨载、范梈、揭傒斯并称“元诗四大家”，与揭傒斯、柳贯、黄溍并称“元儒四家”。有《道园学古录》《道园遗稿》。

---

## 马图①

昔在乾淳抚蜀师②，卖茶买马济时危。乡人啜茗同观画，解说前朝复有谁③。

老犁注：①马图：画马之图。画中的内容是南宋丞相虞允文在四川卖茶买马为北伐战争做准备的事。②乾淳：指南宋孝宗乾道、淳熙间（1165~1189），有“乾淳之治”之说。当时宋孝宗曾派左丞相虞允文先后两次到四川抚慰蜀师，为再次北伐做准备。虞集为南宋丞相虞允文五世孙。③此两句：乡人虽与虞集轻松喝茶并一同看画，可对画的切身感受除了虞集还有谁呢？

## 题蔡端明苏东坡墨迹①后四首其一

衹今②谁是钱塘守，颇解湖中宿画船③。晓起斗茶龙井上，花开陌上载婵娟④。

老犁注：①蔡端明：蔡襄，字君谟，谥忠惠。曾以端明殿学士出知杭州，故称蔡端明。墨迹：书、画的真迹。这里指蔡襄和苏东坡亲手写的字画。原诗有序：东坡墨迹云：“天际乌云含雨重，楼前红日照山明。嵩阳道士今何在？青眼看人万里情。”此蔡君谟梦中诗也。仆在钱塘，一日，谒陈述古，邀余饮堂前小阁中。壁上小书一绝，君谟真迹也：“绰约新娇生眼底，侵寻旧事上眉尖。问君别后愁多少？得似春潮夜夜添。”又有人和云：“长垂玉箸残妆脸，肯为金钗露指尖。万斛闲愁何日尽，一分真态为谁添！”二诗皆可观。后诗不知谁作也。杭州营籍（营中乐籍身份的人，即营妓）周韶多蓄奇茗，尝与君谟斗胜。韶又知作诗。子容（苏颂，字子容）过杭，述古（时为杭州太守）饮之，韶泣求落籍。子容曰：可作一绝，韶援笔立成曰："陇上巢空岁月惊，忍看回首自梳翎！开笼若放雪衣女，长念观音般若经。"韶时有服衣白。一坐嗟叹。遂落籍。同辈皆有诗送之。二人最善，胡楚云："淡妆轻素鹤翎红，移入朱阑便不同。应笑西园旧桃李，强匀颜色待春风。"龙靓云："桃花流水本无尘，一落人间几度春。解佩暂酬交甫意，濯缨还见武陵人。"固知杭人多慧也。诗后又有注：白乐天（白居易，字乐天）、蔡君谟（蔡襄，字君谟）、陈述古（陈襄，字述古）、苏子瞻（苏轼，字子瞻）皆杭守也。②祇 zhī 今：如今。③颇：略微。宿：过夜。画船：装饰华美的游船。④婵娟：美人。

## 题蔡端明苏东坡墨迹后四首其二

老却眉山[①]长帽翁，茶烟轻飏鬓丝风。锦囊旧赐龙团[②]在，谁为分泉[③]落月中。

老犁注：①老却：老了。眉山：因苏轼是四川眉山人，故以眉山称之。长帽：宋代官员戴的长翅帽。②锦囊：用锦制成的袋子。古人多用以藏诗稿或珍贵物品。龙团：一种圆形饼茶，宋时为贡茶。③分泉：把泉水划开后舀起，即取水。

## 子昂竹[①]

忆昔吴兴[②]写竹枝，满堂宾客动秋思。诸公老去风流尽，相对茶烟飏鬓丝。

老犁注：①子昂竹：子昂所画之竹。子昂：赵孟頫，字子昂，吴兴人，元代书画名家。②吴兴：指赵孟頫。

## 东家[①]四时词四首其二

摩挲旧赐碾龙团[②]，紫磨无声玉井寒[③]。鹦鹉不知谁是客，学人言语近栏干。

老犁注：①东家：古代以东为大为上，而星相学中苍龙又居东，故东家常借指皇宫。②摩莎 sā：揉搓。亦作摩娑。龙团：宋代贡茶名。饼状，上有龙纹，故称。③紫磨：上等黄金。这里指饮茶用的金质茶具。玉井：玉井：井的美称。

## 送欧阳元功谒告还浏阳[①]

晓奉新书进御床[②]，解缨随见濯沧浪[③]。归鸿不计[④]江云阔，倦骥空怀[⑤]野水长。
竹簟[⑥]暑风魂梦远，茶烟清昼[⑦]鬓毛苍。篮舆千里宜春[⑧]道，投老相求访石霜[⑨]。

老犁注：①欧阳元功：欧阳玄（1274~1358），字元功，号圭斋。祖籍庐陵（今江西吉安），生于湖南浏阳，为欧阳修族裔，元代史学家、文学家。谒告：请假。浏阳：县名。在湖南。原诗后有注：虞文靖（虞集的谥号）父井斋先生尝分教于潭，见欧阳元功所为文，为之击节，缮写成帙，亲题以寄文靖。时文靖为国子助教。此题前一首云："忆昔先君早识贤，手封制作动成编。交游有道真三益，翰墨同朝又十年。"盖纪其实也。②御床：皇帝用的坐卧之具。③解缨：解去冠系。谓去官。沧浪：古水名。因屈原《渔父》中有渔父曾唱《孺子歌》："沧浪之水清兮，可以濯我缨；沧浪之水浊兮，可以濯我足。"后因以用作"咏归隐江湖"的典故。④不计：不考虑。⑤倦骥：疲倦的良马。空怀：无从实现的抱负、愿望。⑥竹簟 diàn：竹席。⑦清昼：白天。⑧篮舆：古代以人力抬行的一种竹制坐椅，类似后世的轿子。宜春：指江西宜春市，欧阳玄告还浏阳所经之地。⑨投老：临老；告老。石霜：湖南浏阳石霜山。

## 集自郡城归溪山翁寄诗并和申字韵垂教依韵再呈殊愧迟拙①二首其二

待客花阴午过申②，茶香榆火③一时新。千竿④嫩绿摇轻暑，数萼余红⑤坠晚春。

坐忆云林行道迹⑥，梦游仙岛意生身⑦。连根分种如冰雪⑧，来向清池对玉真⑨。

老犁注：①标题断句及注释：集（虞集）自郡城归，溪山翁寄诗并和申字韵垂教，依韵再呈，殊愧迟拙。郡城：郡治所在地。垂教：垂示赐教。迟拙：迟笨。②花阴：花丛遮蔽而不见日光的地方。申：申时，指下午三时至五时。③榆火：本谓春天钻榆、柳之木以取火种，后因以"榆火"为典，表示春景。④千杆：指千杆竹子。⑤馀红：剩馀的花朵。⑥云林：隐居之所。道迹：修道事业。⑦意：挂念。生身：肉身，躯体。⑧冰雪：喻白色的莲藕。⑨清池：华清池。玉真：指杨贵妃。白居易《长恨歌》："中有一人字玉真，雪肤花貌参差是。"

## 寄陈湛堂法师①

月中桂子落岩阿②，想在林间阅贝多③。持足地神④衣拂石，献珠天女袜凌波⑤。

香因结愿留龙受⑥，水为烹茶唤虎趵⑦。寄到竹西⑧无孔笛，吹成动地太平歌⑨。

老犁注：①寄陈：寄言陈述。湛堂法师：俗姓孙，名性澄，字湛堂，又号越溪。宋元间浙江会稽（今绍兴）人。杭州上天竺住持，曾被元英宗召到北京明仁殿问法，并校正大藏，赐法号佛海。②桂子：桂花。岩阿：山的曲折处。③贝多：梵语"树叶"的意思。这里指古代印度人用来写经的贝叶，借指佛经。④持足：保持知足心态。地神：大地之神。⑤凌波：比喻美人步履轻盈，如乘碧波而行。⑥此句：香因结愿而被长期宠受。结愿香：檀越（施主）立下的愿誓，在上界可化为一香，香烟存，生命在，荣至三生（前生、今生、来生）。结愿：立下誓愿。龙受：宠受，宠而受用。龙通宠。⑦虎趵：有"二虎趵泉"的典故。相传唐时，杭州定慧寺（俗称虎跑寺）因缺水，正准备他迁。此时性空禅师忽得一梦，梦中有长老告诉他："南岳有一童子泉，当遣二虎将其搬到这里来。"天明，果见二虎跑（刨）地作穴，穴中清泉源源涌出。故此泉名虎跑泉。⑧竹西：杜牧《题扬州禅智寺》诗："谁知竹西路，歌吹是扬州"后人因而在此处筑竹西亭，又名歌吹亭，在今扬州市北。无孔笛：意指无心笛。无心即心死了。⑨此句：谓法师红尘之心虽死，但心中还会吹响震撼的太平歌，愿世间太平。

## 写庐山图①上

忆昔系船桑落洲②，洲前五老③当船头。风吹云气迷谷起，霜堕枫叶令人愁。

高人祇在第九叠④，太白一去三千秋。石桥二客⑤如有待，裹茶⑥试泉春岩幽。

老犁注：①庐山图：一幅画庐山的山水图。②桑落洲：在江西安徽湖北三省交界的长江上，南临鄱阳湖湖口，可遥望庐山，历来兵家必争之地。洲上有五柳，陶潜在此隐居。③五老：在桑落洲可看到庐山五老峰，借指庐山。④祇：通衹。只。九叠：即庐山九叠屏，呈西北至东南走向，长约700米，相对高差220米，是庐山最为陡峭高大的一个悬崖绝壁，其下曾是李白隐居之地，李白有诗句"屏风九叠云锦张，影落明湖青黛光"。⑤石桥：虎溪上的石桥，"虎溪三笑"中慧远送客闻虎啸而回之桥。二客：指"虎溪三笑"中来访慧远的陶潜和陆修静。⑥裹茶：携茶。

## 次邓文原游龙井①

杖藜入南山，却立②赏奇秀。所怀玉局翁③，来往絇履旧④。空余松在涧，仍作琴筑⑤奏。徘徊龙井上，云气起晴昼。入门避霑洒⑥，脱屐乱苔甃⑦。阳冈扣云石⑧，阴房绝遗构⑨。澄公⑩爱客至，取水挹幽窦⑪。坐我簷葡⑫中，余香不闻嗅。但见瓢中清，翠影落群岫。烹煎黄金芽⑬，不取谷雨后。同来二三子⑭，三咽不忍漱。讲堂⑮集群彦，千磴⑯坐吟究。浪浪⑰杂飞雨，沉沉度清漏⑱。令我怀幼学⑲，胡为裹章绶⑳。

老犁注：①邓文原，字善之，一字匪石，人称素履先生，绵州（今四川绵阳）人，又因绵州古属巴西郡，人称邓文原为"邓巴西"。其父早年避兵入杭，遂迁寓杭州。为官江浙，后授翰林侍讲学士，卒谥文肃。其政绩卓著，为一代廉吏，其文章出众，堪称元初文坛泰斗。与赵孟頫、鲜于枢一起誉为"元初三大书法家"。曾与虞集一同游龙井写了《游龙井》一诗，但其诗不存。②却立：后退站立。③玉局翁：苏轼曾任玉局观提举，故自称玉局翁，其在《永和清都观谢道士求诗》中有："镜湖敕赐老江东，未似西归玉局翁。"④絇qú履：有絇饰的鞋。絇：鞋上饰物。⑤筑：古代弦乐器，形似琴，有十三弦。⑥霑zhān洒：谓水珠或泪珠等洒落并使沾着物濡湿。⑦苔甃：长了青苔的砖砌路面。⑧云石：高耸入云的大石。⑨遗构：前代留下的建筑物。⑩澄公：接待他们的一位僧人。⑪挹：舀。幽窦：幽深的泉眼。⑫簷葡：指薝蔔zhānbǔ，即栀子花。古人常将"薝"误写为"簷"。今简写作薝卜。⑬黄金芽：喻茶芽。⑭二三子：二三个人。⑮讲堂：佛教讲经说法的殿堂，也称法堂。⑯蹬dēng：石阶。⑰浪浪：流貌。⑱沉沉：形容程度深。清漏：清晰的滴漏声。古代以漏壶滴漏计时。借指时间。⑲幼学：指初入学的学童。⑳胡为：何为，为什么要。裹：携。章绶 shòu：官印和系印的丝带。亦泛指官印。

**蔡廷秀**（生卒不详）：字君美，号理垣，宋元间松江（今上海松江区）人，一说福建建阳人。南宋江阴澄江书院山长蔡榆儿子。举明经，授承务郎，历江浙行省理问所知事，江西袁州府推官，蕲寇陷城，被执不屈，遂遇害。

## 茶灶石[①]

仙人应爱武夷茶，旋汲新泉煮嫩芽。啜罢骖鸾[②]归洞府，空馀石灶锁烟霞[③]。

老犁注：①茶灶石：在武夷山隐屏峰西南，九曲溪第五曲处，溪旁是武夷精舍。②骖 cān 鸾：谓仙人驾驭鸾鸟云游。骖：乘、驾驭。③烟霞：云霞。

**熊鉌**（1253~1312）：字去非（初名铄，字位辛），号勿轩，一号退斋。宋元间建宁建阳（今福建南平建阳区）人。度宗咸淳十年进士。授汀州司户参军。入元不仕。幼志于濂、洛之学，从朱熹门人辅广游，后归武夷山，筑鳌峰书堂，子弟甚众。有《三礼考异》《春秋论考》《勿轩集》等。

## 索茶

两帙诗课[①]早已了，三杯酒债[②]亦可休。我去问君去无去，君留任我留不留。

门前雨深泥滑滑[③]，道人[④]四壁风飕飕。且留看诗可罢酒，请烧香鼎调茶瓯。

老犁注：①两帙：两册，两套。诗课：作诗的课。②酒债：答应要喝却还没有喝的酒。③泥滑滑：泥泞。④道人：有极高道德的人；或指修道求仙之士。

## 茶荔谣[①]（节选）

君谟起南服[②]，感知无不为。芹曝[③]犹欲献，茶贡讵非宜[④]。草木贵多识，荔谱何伤而[⑤]。岂知成滥觞[⑥]，岁献妨耕犁。当年东坡老，作诗叹荔枝[⑦]。诗语似成谶[⑧]，采茶武夷溪。

老犁注：①原诗题注：和詹无咎。②君谟：蔡襄，字君谟。福建省仙游县人。北宋名臣，书法家、文学家、茶学家。在建州时，主持制作北苑贡茶“小龙团”。所著《茶录》总结了古代制茶、品茶的经验；其撰的《荔枝谱》则被称赞为“世界上第一部果树分类学著作”。蔡襄的诗文清妙，书法浑厚端庄，淳淡婉美，自成一体，为“宋四家”之一。南服：古代王畿以外地区分为五服，故称南方为“南服”。③芹曝 pù：谦词。谓所献微不足道。④讵非宜：反问句。难道不适宜吗？这里是指蔡襄的想法。讵 jù：岂，难道（用于表示反问）。⑤荔谱：指蔡襄著的《荔枝谱》。何伤：何妨，何害。意谓没有妨害。而：用于句末，相当于“耳”，“哪”。⑥滥觞：比喻事物的起源、发端。⑦叹荔枝：《荔枝叹》是苏轼的一首七言古诗。诗中批判了汉唐上贡荔枝［东汉和帝永元年间便有“永元荔枝来交州（治所在今番禺）”之事；唐“天宝岁贡取之涪（今四川省中部）”，将荔枝进献给杨贵妃］之害，继而抨击了宋朝的“为贡茶实邀宠”的奢靡之风。⑧谶 chèn：将要应验的预言、预兆。

## 婆罗门引·送张监察[1]出关

秋宵[2]倦起，起来风露湿人衣。休休[3]未是早行时。旋[4]摘青蔬炊饭，暖酒就炉围。值[5]青山有意，且把诗题。　　兴阑[6]便归，忽邂逅、故人期。道是游山正叔[7]，消息[8]曾知。茶烟午灶，听击棹[9]、歌声笑语迟。云霭散、皓月呈辉。

老犁注：①张监察：一位姓张的监察。监察：负有监督察看之责的官吏。②秋宵：秋夜。③休休：象声词。这里指秋风的声音。④旋：随即；随意。⑤值：遇到，碰上。⑥兴阑：兴残，兴尽。⑦正叔：正年少。叔：假借为少，指年幼的。⑧消息：消长，增减。⑨击棹：打桨。谓驾船。

## 沁园春·自寿

自笑生身[1]，历事以来，垂[2]六十年。今浮沉闾里，半非识面[3]，交游朋友，各已华颠[4]。富贵不来，少年已去，空见悠悠岁月迁。虽然是，只童心一点，犹自依然。
新阳[5]又长天边。人指似[6]山间诗酒仙。算胸次崔嵬[7]，不胜百榼[8]，笔端枯槁[9]，难足千篇。隐几杖藜[10]，相耕听诵，聊看诸郎[11]相后先。馀何事，但读书煮茗，日晏[12]高眠。

老犁注：①生身：肉体；肉身。②垂：接近，快要。③半非：一半没有。识面：见过面；熟识。④华颠：白头。指年老。⑤新阳：指初春。⑥指似：指与；指点。⑦胸次：胸间。亦指胸怀。崔嵬：显赫；盛大。⑧百榼 kē：犹言很多杯酒。喻善饮。⑨枯槁：草木枯萎。借指诗情干涸枯绝。⑩隐几：靠着几案，伏在几案上。杖藜：藜杖；拐杖。⑪聊：暂且。诸郎：各年轻子弟。⑫日晏 yàn：天色已晚。

---

**缪鉴**（生卒不详）：字君实，号苔石，汴梁（今河南开封）人，居江阴。生于南宋末，躬行孝悌，乐施与。入元不复求仕，以诗酒自娱，有《效颦集》，毁于元至正兵火。后裔孙莲集遗诗为《苔石诗》。今存《苔石效颦集》一卷。

---

## 解嘲[1]

莫笑诗翁懒出门，诗翁乐事在山村。莺啼杨柳金歌舞，蝶宿梨花雪梦[2]魂。

罨画[3]丹青分曙色，压醅醽醁[4]涨溪痕。燕帘[5]风里茶烟外，自选唐诗教子孙。

老犁注：①解嘲：因被人嘲笑而自作解释。②梨花雪梦：有“梨花云”之典。指梦中恍惚所见如云似雪的缤纷梨花。后用为状雪景之典。③罨 yǎn 画：色彩鲜明的绘画。多用以形容自然景物或建筑物艳丽多姿。④压醅：把醅料（由粉碎好的粮食、酒糟、辅料及水混合而成）入池压紧进行发酵。醽醁 línglù：即醽醁，美酒名。醽同醽。⑤燕帘：燕子、窗帘。可以理解为燕子在窗帘前飞过。

## 赠僧

两脚行来铁石坚，相逢去住总随缘。谈空舌本[1]原无语，打破机关[2]不用拳。

山槛看云斋鼓[3]后，竹窗听雨夜灯前。客来瀹茗煨寒柮[4]，味胜庐峰第一泉[5]。

老犁注：①谈空：谈论佛教义理。空，佛教以诸法无实性谓空，与“有”相对。此泛指佛理。舌本：舌根；舌头。②机关：控制悟道的开关。③山槛：山中建筑物的栏杆。斋鼓：佛教法器。佛教指正中午以前的时间为正时，正中午以后的时间为非时。正时内，僧尼可以吃饭。非时里，僧尼不可以吃饭，即是俗语讲的“过午不食”。僧尼可以吃饭的时间，称为斋时，报斋时之鼓声，称为斋鼓。④瀹茗：煮茶。煨 wēi：焚烧。寒柮：发冷的木块。柮：榾柮 gǔduò：意思为木柴块，树根疙瘩。⑤庐峰第一泉：指庐山谷帘泉，谓天下第一泉。

## 纸帐[1]

龟纹薄薄胜纨纱[2]，不用销金学党家[3]。却似矮篷晴载雪，白云横幅乱梅花[4]。

老犁注：①纸帐：以藤皮茧纸缝制的帐子。亦指粗陋的帐子，一般为清贫之家或隐士所用。②龟纹：指纸帐上的龟背纹理。纨纱：上好的绸纱。纨 wán：细致洁白的薄绸。③销金：指销金账，一种嵌金色线的精美的帷帐。多为富豪人家所用。党家：指“党姬烹茶”之典中的太尉党进家。因其家过着“销金帐下，浅斟低唱，饮羊羔美酒”的生活，后因以“党家”比喻粗俗的富豪人家。④白云横幅：指白色纸帐上的一块横幅面。乱梅花：帐面上的梅花纹理。

---

**戴帅初**（1244~1310）：字帅初，一字曾伯，号剡源，宋元间庆元奉化（今浙江宁波奉化区）人。七岁学古诗文，多奇语。初从四明王应麟、天台舒岳祥。宋咸淳七年进士，授建康府教授。元初，授徒卖文为生。成宗大德中，年已六十余，以荐起为信州

教授，调婺州，以疾辞。武宗至大三年卒，年六十七。为文清深雅洁，东南文章大家皆归之。性好山水，策杖游眺，意倦辄止，自称质野翁、充安老人。有《剡源文集》。

## 送旨上人西湖并寄邓善之[①]

闻说西湖也自怜，君行更傍早春天。六桥[②]水暖初杨柳，三竺[③]山深未杜鹃。

旧壁苔生寻旧刻，新岩茶熟试新泉。城中新友须相觅，西蜀遗儒解草玄[④]。

老犁注：①旨上人：一个名号叫旨的上人（对高僧的尊称）。此诗标题一作“送砥平石过天竺兼简邓善之”，这位旨上人是指宋元间天童寺高僧平石如砥禅师。邓善之：邓文原，字善之，绵州（今四川绵阳）人，寓居杭州。②六桥：杭州西湖外湖苏堤之六桥：映波、锁澜、望山、压堤、东浦、跨虹。宋苏轼所建。亦指西湖里湖之六桥：环璧、流金、卧龙、隐秀、景行、濬源。明杨孟瑛所建。③三竺：杭州天竺山有三寺，谓三竺。④西蜀遗儒：指汉扬雄，他曾草作《太玄》。《汉书·扬雄传下》：“哀帝时，丁明、傅晏、董贤用事，诸附离之者或起家至二千石。时雄方草《太玄》，有以自守，泊如（恬淡无欲貌）也。”后因以“草玄”谓淡于势利，潜心著述。有人讥扬雄得不到大官故而作《太玄》，为此扬雄作《解嘲》予以应对。

# 05

## 元

JIN YUAN CHA SHI JI ZHU

**丁复**（？～约 1345）：字仲容，号桧亭，元台州天台县人。仁宗延祐初游京师。被荐，不仕，放情诗酒。为人与作诗，皆与李白相近，其诗必因酒而作，擅长七言诗，以律诗为多。晚年侨居金陵。其诗自然俊逸，不事雕琢。有《桧亭集》。

## 题雪水茶卷子①

驿舍情孤兰自花，貂冠骨相袖中麻②。党家婢子陶家妾，学士方惭雪水茶③。

老犁注：①卷子：字画的卷轴。②貂冠：古代侍中、常侍之冠。因以貂尾为饰，故称。骨相：指形体、相貌。袖中麻：袖中放着一首写得绮靡肉麻的《春光好》词。前两句：写的是“陶谷赠词”的典故。陶谷在北宋建立前曾任后周使臣，奉命出使南唐。当时南唐宰相韩熙载觉得此人假正经，于是便有意戏弄他。韩熙载派了个名叫秦弱兰的女子，在陶谷住的行馆院子里每日打扫，还时不时地献殷勤。没过多久，这位后周大臣果然受不了对方的热情，与她一夜共眠，并在次日分别时写了一首《春光好》词送给她。数日后，南唐主宴请陶谷，命人用琉璃大杯斟酒请他畅饮，但陶谷依旧道貌岸然，不屑一顾。于是韩熙载就请出了秦弱兰，清唱陶谷所撰的词曲来劝酒，至此陶谷只得尴尬地捧腹大笑，不敢不饮，连饮数大杯，醉酒呕吐，极为狼狈。南唐君臣对他甚为不屑，礼数大减。③学士：因陶谷曾任翰林学士承旨，后世故称其为陶学士或陶承旨。后两句：写的是“党姬烹茶”之典。陶谷将太尉党进家的歌姬收作小妾。以烹茶为清雅的陶谷让其妾（即党姬）取雪烹茶，其妾却认为这很寒酸，反倒怀念在党家时“销金帐中畅饮羊羔酒”的奢侈生活。

## 送由上人游金华兼简信上人①

金华东日挂清晓②，玉树③西风吹晚秋。皇郎羊化青山石④，帝子龙飞白下洲⑤。
二阮同居蕃佛寺⑥，双溪⑦独坐野人舟。茶馀倘问西园⑧桧，翠色依然映白头⑨。

老犁注：①标题断句及注释：送由上人游金华，兼简信上人。上人：对和尚的尊称。由、信：是和尚名号中的最后一字，可以与“上人”“长老”“禅师”等组成对某位和尚的尊称。金华：地名，在浙江省中部。兼简：同时也写给。②清晓：天刚亮时。③玉树：美丽的树。④此句：指黄初平在金华山“叱石成羊”的典故。皇郎：黄初平又作皇初平，故称。羊化：即指化石为羊。⑤此句：指南京是龙兴之地（出帝王的地方）。帝子：帝王。白下洲：指南京长江段上的洲屿，借指南京。⑥二阮：指“竹林七贤”中的阮籍和阮咸，他们是叔侄关系。而信上人是由上人的师叔，关系类似二阮。故以二阮借指两位上人。蕃佛寺：即番佛寺，喇嘛教的寺庙。蕃通番。⑦双溪：指金华婺江的两大支流义乌江和武义江。⑧西园：园林名。在河南邺县（今为临漳县）旧治北，传为曹操所建。曹丕（魏文帝）每以月夜集文人才子共游于西园。⑨此句：桧柏依旧苍翠，而人已满头白发。感慨岁月无情。

## 寿龙翔长老訢笑隐[①]（节选）

筵拥方来无数众，仓分邻住有馀春[②]。诗留杜甫频茶碗，社许陶潜更酒钟[③]。

老犁注：①寿：作动词，祝寿。龙翔：指元文宗在南京做怀王时的旧邸上修建的龙翔集庆寺。訢笑隐：释大訢 xīn，元僧，俗姓陈，号笑隐，江州（今江西九江）人。九岁出家，博通经典，旁及儒家道流百氏之说。居杭州之凤山，迁中天竺。文宗自金陵入正大统，命以潜邸（即位前的住邸）之旧，为龙翔集庆寺。文宗天历初，訢被召赴阙，特赐三品文阶，授太中大夫。顺帝时受命校正《禅林清规》。有《蒲室集》。②馀春：有馀粮可舂捣。③社：团体。如庐山慧远和尚组织的东林白莲社。酒钟：酒器。小者如酒杯，用来取饮；大者如酒瓮，用来贮酒。

## 快翁上人还吴中将历游粤瓯闽南[①]（节选）

西施浣纱处[②]，行行过日铸[③]。茶生如谷芽，细摘为之住[④]。山庵老布衲[⑤]，解道吃茶去[⑥]。

老犁注：①标题断句及注释：快翁上人还吴中，将历游粤瓯、闽南。快翁上人：一位叫快翁的上人（和尚的尊称）。吴中：今苏州。粤瓯：今浙江温州一带。闽南：福建南部地区。②西施：本名施夷光，春秋时期越国美女，一般称为西施，后人尊称其西子，春秋末期出生于越国句无苎萝村（今浙江省绍兴市诸暨苎萝村），自幼随母浣纱江边，故又称“浣纱女”。她天生丽质、倾国倾城，是美的化身和代名词。③行行 hàng：刚强负气貌。日铸：指日铸岭。在浙江绍兴县平水镇锁泗桥村。此地产日铸茶，宋朝以来被列为贡品。④为之住：为它而停留。⑤山庵：山中草屋。庵：圆顶草屋。布衲：补有补丁的布衣。有“芒鞋（草鞋）布衲”之说。穿着布衲的人，一般是清修、云游的僧人，或是清贫、落拓的文人，或是追求清净淡泊的隐士。⑥解道：懂得；知道。吃茶去：指唐代赵州观音院从谂 shěn 禅师著名的“吃茶去”公案，无论遇到谁从谂禅师总以“吃茶去”一句话来引导人领悟禅机奥义。

---

**乃贤**（1309~1368）：字易之，号河朔外史，蒙古合鲁（葛逻禄）部人。合鲁部人东迁，散居各地，其家族先居河南南阳。后随其兄塔海仲良宦游江浙，卜居于鄞。再至京师，以能文名。尤长歌诗，每一篇出，士大夫辄传诵之。时浙人韩与玉能书，王子充善古文，易之与二人偕来，人目为“江南三绝”。久之归浙东，退居四明山水之间，与名士诗文唱酬。辟为东湖书院山长。以荐授翰林编修官，出参桑哥失里军事卒。著有《河朔访古记》，今佚。现存诗在《金台集》中，以反映民生疾苦与

表现塞外风情的作品成就最高。其墨迹被收入《三希堂法帖》。

## 送王季境还淮东幕[1]

西京骄马越罗[2]衣，公子风流世绝稀。冠盖一门夸万石[3]，江山千古忆玄晖[4]。

新茶夜试中泠水[5]，美酒春分采石矶[6]。幕府群公多胜赏[7]，一枝芍药[8]待君归。

老犁注：①王季境：王畊gǎng，字季境，又名王畊，是两任江浙行省参知政事王都中的第五子，祖籍福建霞浦赤岸人。年方弱冠，荫补淮东宣慰司奏差（任所在扬州），与父亲故交欧阳玄、吴全节、张起岩、冯思温、乃贤、张翥等酬唱及书画来往。淮东：北宋始设淮南东路。元代置淮东宣慰司，辖扬州路、淮安路、高邮府。现一般指江苏江淮之间的扬州、泰州、淮安、盐城、连云港（市区、灌云、灌南以及东海县南部）、宿迁（除西部）六个地级市。幕：幕府的简称。古代将帅或地方军政长官的府署。②西京：辽金和元前期西京指今天的大同。因元代察哈尔草原是马匹主产区，处在南北交通要道的大同就成了马匹的主要交易地。骄马：壮健的马。越罗：越地所产的丝织品，以轻柔精致著称。③冠盖：泛指官员的冠服和车乘。冠，礼帽；盖，车盖。借指官宦。万石dàn：指一家有五人官至二千石或一家多人为大官者。石：古代容量单位，十斗为一石。官员的奉禄多少以石为单位来称量。④玄晖：南朝齐谢朓，字玄晖，善为诗，后常以指有文才的人。⑤中泠水：即中泠泉。原在江苏镇江金山寺下扬子江江心屿中，又名中濡泉、中零泉、南濡泉、南零水。据唐代张又新《煎茶水记》载，与陆羽同时代的刑部侍郎刘伯刍，曾把宜茶之水分为七等，称"扬子江南零水第一"。今江水改道，泉址已移至江的南岸。⑥采石矶：在今安徽马鞍山长江东岸，为牛渚山北部突出江中而成，江面较狭，形势险要，自古为大江南北重要津渡，也是江防重镇。相传为李白醉酒捉月溺死之处。矶上有太白楼、捉月亭等古迹，为游览胜地。⑦群公：泛指众多有名位者。亦用作一般的尊称。胜赏：美妙地观赏，即快意地观赏。胜：美妙。⑧一枝芍药：化自"溱洧赠"典故。《诗经·郑风·溱洧qínwěi》："溱与洧，方涣涣兮。士与女，方秉蕑jiān（兰草）兮。女曰观乎，士曰既且。且往观乎，洧之外，洵訏xúnxū且乐。维士与女，伊其相谑，赠之以勺药。"溱与洧均为郑国水名。《溱洧》歌咏青年男女同游溱洧河边，相赠芍药以表达情谊。后因用作咏男女交好的典故。

## 和危太朴捡讨叶敬常太史东湖纪游[1]

柳外旌旗拂曙光，使星迢递[2]下江乡。岸花送客乌篷远，山雨催诗翠阁[3]凉。

老衲自分茶灶火，小僮[4]深炷石龛香。故人别去瀛洲[5]远，千里披图[6]思尽长。

老犁注：①危太朴：危素，字太朴，一字云林，元明间江西金溪人。师从吴澄、范梈，通五经。元至正间授经筵检讨，与修宋、辽、金三史，累迁翰林学士承旨。

入明为翰林侍讲学士。与宋濂同修《元史》。兼弘文馆学士备顾问。后以亡国之臣不宜列侍从为由谪居和州，守余阙庙。怨恨卒。有《危学士集》等。捡讨：捡是检的别字，检讨：官名，掌修国史。叶敬常：叶恒，字敬常，元庆元路（今宁波）鄞县人。泰定中登进士第，授馀姚州判官，擢翰林国史编修官，迁国子助教，调淮安路盐城尹。太史：元太史院编修官，专掌修史、历法等。东湖：宁波东钱湖。②使星：使者。迢递：遥远貌。③翠阁：翠色植物掩映的小楼。④小僮：年幼的男仆。⑤瀛洲：唐太宗为网罗人才，设置文学馆，任命杜如晦、房玄龄等十八名文官为学士，轮流宿于馆中，暇日，访以政事，讨论典籍。又命阎立本画像，褚亮作赞，题名字爵里，号“十八学士”。时人慕之，谓“登瀛洲”。事见《新唐书·褚亮传》。后来的诗文中常用“登瀛洲”“瀛洲”比喻士人获得殊荣，如入仙境。⑥披图：展阅图籍、图画等。

## 寄扬州成元璋[①]先生

先生白发好楼居[②]，抱膝长吟乐有馀。睡起茶烟浮几席，春深竹色上图书。

无因东阁论封事[③]，有约南山共结庐[④]。千里停云劳梦想[⑤]，人来应望致双鱼[⑥]。

老犁注：①成元璋：成廷圭，字元章（璋），元扬州人。好读工诗，不求仕进隐于家。与河东张翥为忘年友。晚避乱江南，卒年七十余。有《居竹轩集》。②楼居：楼房。③无因：没有缘由。即不是事先设想，而是随便说起来的。东阁：东厢的居室或楼房。封事：密封的奏章。古时臣下上书奏事，防有泄漏，用皂囊封缄，故称。④南山：泛指南面的山。结庐：构筑房舍。⑤停云：停止不动的云。晋陶潜《停云》诗：“霭霭停云，濛濛时雨。”因其自序称“停云，思亲友也”故后世多用作思亲友之意。劳梦想：苦于虚空的想念。劳：忧愁；愁苦。孟浩然的《夏日南亭怀辛大》诗中有“感此怀故人，中宵劳梦想”之句。⑥双鱼：由“双鲤”一词衍生而来。指一底一盖的的两片木板，合上后为鲤鱼形。古人将书信夹在里面用于传递，故“双鱼”常指代书信。唐代唐彦谦《寄台省知己》诗：“久怀声籍甚，千里致双鱼。”明代刘基《玉楼春》词：“双鱼不见人千里，落絮牵愁和梦起。”

## 挽清溪徐道士[①]三首其二

豫章湖[②]上列仙居，曾借山人夜读书。碧乳分茶[③]烹雪水，青精煮饭荐冰蔬[④]。

携尊屡醉云卿圃[⑤]，著屐同过孺子[⑥]庐。梦断人间如转烛[⑦]，悲歌千里送灵车。

老犁注：①清溪徐道士：即徐清溪道士。原诗注：郏县人。清溪尝创凝真观于豫章，在徐孺子苏云卿二祠之右。②豫章：古郡名，治所在今江西南昌。湖：指南昌东湖。③碧乳：青绿色的茶汤。分茶：宋元时一种泡茶技艺，亦称茶百戏。就是用筅击拂茶汤，使其表面涌起茶沫，然后将茶沫表面划开使之呈现出各种图案和文字。后泛指烹茶待客之礼。④青精：植物名。一名南天烛，又称墨饭草。道家制作青精饭的原料之一。冰蔬：犹言清蔬。⑤云卿：南宋名士苏云卿，曾在南昌隐居务农，曾在东湖的小洲上以种蔬菜为生，后世把苏云卿当年在南昌种菜的园圃称之为苏云卿圃，简称苏圃。⑥孺子：东汉徐稚，字孺子，豫章南昌人，家贫，隐居不仕。后亦以指清贫淡泊，隐居不仕者。王勃《滕王阁序》“徐孺下陈蕃之榻”中的“徐孺”就是指徐稚。⑦转烛：风摇烛火。用以比喻世事变幻莫测。

## 梅花庄为张式良[1]赋

处士山庄浙水涯[2]，一林寒玉[3]映窗纱。诗成稚子[4]能题竹，酒熟邻翁约看花。

雪夜叩门非俗客，月明吹笛是谁家。肯招白鹤[5]山前住，石鼎[6]春泉看煮茶。

老犁注：①梅花庄：山庄名，在钱塘江边，具体何处不详。张式良：人之姓名，生平不详。②处士：本指有才德而隐居不仕的人，后亦泛指未做过官的士人。浙水涯：钱塘江边。③寒玉：喻清冷雅洁的东西，如水、月、竹等。这里指梅。④稚子：幼子；小孩。⑤白鹤：白鹤是中国古典文学动物意象中具有广泛象征意义的君子比德之物，它的惊人叫声象征君子的杰出才华，它的洁白羽毛象征君子的洁净人格，它的生活习性象征君子孤傲不群的生活方式，它的高飞表达了君子高飞远遁的愿望和追求自由的人生理想。白鹤意象汇聚了古代文人的价值取向，蕴含着超越时空的中国诗性智慧。这里明面招白鹤，实在招引君子。⑥石鼎：陶制的烹茶炉具。

---

**于立**（？~1352尚在世）：字彦成，号虚白子，南康庐山（今江西九江庐山）人。宋代将门之后，自幼明敏好学，学道会稽山中，得石室藏书，遂以诗酒放浪江湖。博古通今，善谈笑。不求仕进。尝寓居吴中，与顾瑛友善，为其品题法书名画。善近体五言、七言，顾瑛以为其长吟短咏，有二李之风；杨维桢称其人如行云流水，无所凝滞，游方之外者也。有《会稽外史集》。

---

## 题赵千里临李思训[1]煎茶图

山风吹断煮茶烟，竹外谁惊白鹤眠。写就淮南《招隐》[2]曲，松花离落石床前[3]。

老犁注：①赵千里：赵伯驹，字千里，南宋著名画家，宋宗室。南渡后寓居杭州。官至浙东兵马钤辖。善画山水花禽竹石，尤长于人物，精神清润，能别状貌。高宗极爱重之，尝命画集英殿屏。李思训：字建，一作建景，唐宗室。玄宗时官左羽林大将军，进彭国公。善画，世谓“李将军山水”。②招隐：楚辞中有淮南小山的《招隐士》，《文选》中有左思的《招隐》诗，题目相似，而意趣不同。《招隐士》是召唤隐士离开山林回到人群中来。而左思的《招隐》却是招寻隐士去山林。这里指前者。③离落：犹离散。石床：供人坐卧的石制用具。

**卫立中**（约1290~约1350）：名德辰，字立中。元华亭（今上海松江）人。素以才干称，善书。隐居未仕，曾与阿里西瑛、贯云石交游，年辈亦相若。明朱权《太和正音谱》列其于“词林英杰”一百五十人之中。

## 【双调·殿前欢】二首其二

懒云窝[1]，懒云窝里客来多。客来时伴我闲些个[2]，酒灶茶锅。且停杯听我歌，醒时节披衣坐，醉后也和衣卧。兴来时玉箫绿绮[3]，问甚么天籁云和[4]？

老犁注：①懒云窝：懒云，指天上白云逍遥自在、任意舒卷的样子。“懒云窝”多为文人用于称呼书斋的名号。②些个：一点儿。③绿绮：古琴名。传闻汉代司马相如得之如获珍宝，用其精湛的琴艺，使绿绮琴名噪一时。④天籁：自然界的各种声音。如风声、水流声、鸟啼声等。云和：琴瑟琵琶等弦乐器的统称。

**马熙**（生卒不详）：字明初，元衡州安仁（今湖南衡阳）人。由缑山书院山长，累官右卫率府教授。与许有壬兄弟、父子善。尝撰《圭塘欸乃集》。

## 摸鱼儿十首其五·参知渔艇机务

买陂塘[1]、旋栽杨柳，参知渔艇机务[2]。巨川冒涉[3]风波险，此际缆烟维雨[4]。朝泊渚[5]。到日落苍波[6]，移傍寒梅屿[7]。翠禽[8]无语。甚雪意[9]方深，月明空载，独棹始成趣。　銮坡[10]梦，年少纷纷权许[11]。科名更欲侔吕[12]。桃花浪[13]暖多肥鳜，不识绿蓑词句[14]。常载醑[15]。岂特[16]与、笔床茶灶[17]联文谱。闲忙今古。是世上何人，渊明日涉[18]，董子不窥圃[19]。

老犁注：①买陂bēi塘：词牌名。即《摸鱼儿》。宋晁补之《摸鱼儿·东皋寓居》词：“买陂塘、旋栽杨柳，依稀淮岸江浦”。后遂以《买陂塘》《迈陂塘》《陂塘柳》为《摸鱼儿》的别名。甚至开头第一句都一样。②参知：验证确知。渔艇：小型轻快的渔船。参知机务：唐时职衔名。唐代高官要参知宰相的机要事务，须先行挂上“参知机务”的职衔，方可行使宰相的权利。相反，“停知机务”即罢宰相职。诗里讲的是“参知渔艇机务”，作者煞有介事地把渔艇之事当作宰相的机务一般，含有隐居生活不比当宰相差的意思。③巨川：大河。冒涉：谓不顾艰险而跋涉。④此际：此时，这时候。缆烟维雨：系住烟雨。缆、维：拴；系。⑤泊渚：停泊在水边。⑥苍波：犹沧波。碧波。⑦寒梅屿：梅花开放的小岛。⑧翠禽：翠鸟。⑨甚：

极其，非常。雪意：将欲下雪的景象。⑩銮 luán 坡：唐德宗时，尝移学士院（其与翰林院职能多有重叠，故常以翰林院代指学士院）于金銮殿旁的金銮坡上，后遂以銮坡为翰林院的别称。⑪权许：唐权德舆和许孟容的并称。《新唐书·沈传师传》："时给事中许孟容、礼部侍郎权德舆乐挽彀士（乐于提拔推荐有才之士），号'权许'。"⑫侔吕：谋求名声。侔 móu：谋求。吕：古代音乐十二律中的阴律的总称。这里借指名声。⑬桃花浪：传说河津桃花浪起，江海之鱼集聚龙门下，跃过龙门者化为龙，否则点额暴腮。见辛氏《三秦记》。后遂以比喻春闱。⑭绿蓑词句：隐士写的诗句。⑮醑 xǔ：动词，古代用器物漉酒，去糟取清叫醑。借指美酒。⑯岂特：难道只是；何止。⑰笔床茶灶：笔架和烹茶的小炉灶，这是唐陆龟蒙隐居生活的标配器具。⑱渊明日涉：陶渊明《归去来兮辞并序》中有"园日涉以成趣，门虽设而常关"之句。日涉：每天行走一下。⑲董子不窥圃：《汉书·董仲舒传》："（董仲舒）下帷讲诵……盖三年不窥园，其精如此。"颜师古注："虽有园圃，不窥视之，言专学也。"董子：董仲舒。窥圃：犹窥园，观赏园景。

**马臻**（约 1284~1333 尚在世）：字志道，号虚中，元钱塘（今杭州）人。少慕陶弘景之为人，着道士服，隐居西湖之滨。大德中（约 1302），嗣天师张与材至燕京行内醮（宫内设坛祭神），与名流并集。旋辞归，手画《桑干》《龙门》二图传于世。工画花鸟山水。善诗，多豪逸俊迈之气。有《霞外诗集》。

## 竹窗

竹窗西日晚来明，桂子香中鹤梦[①]清。侍立小童闲不动，萧萧石鼎[②]煮茶声。

老犁注：①鹤梦：谓超凡脱俗的向往。②石鼎：陶制的烹茶炉具。

## 春日闲居杂兴四首其二

茶香庭院一枰棋，柳影侵阶日自移。因见刺桐[①]花满树，等闲忆得故园[②]时。

老犁注：①刺桐：豆科刺桐属落叶乔木。高可达 20 米。花朵美丽，可栽作观赏树木。②等闲：无端；平白地。故园：旧家园；故乡。

## 无事

无事每日不出户，满院松竹森交加。昼眠厌听啄木鸟，早凉喜见牵牛花。

一真[①]自可了生死，万事不必论等差。谁能屑屑管[②]迎送，客来且试山中茶。

老犁注：①一真：指佛教所谓的唯一一个真实的法界。真实并融摄一切万法，曰法界。②屑屑：介意的样子。管：招待。

## 旅兴

客中白日送清尊[①]，灯下裁书[②]眼渐昏。南浦[③]一年云隔梦，西风万里月当门[④]。

酥凝瘿碗茶膏[⑤]熟，火慢篘笼楮被[⑥]温。未觉情怀殊[⑦]冷落，终身衣食是皇恩。

老犁注：①清尊：酒器。亦借指清酒。②裁书：裁笺作书，写信。③南浦：南面的水边。常用称送别之地。④当门：对着门。⑤酥：酥油。瘿碗：瘿木做成的碗。瘿木泛指长有结疤的树木。茶膏：由茶末添水调成的膏状物。宋人点茶之前，要在茶碗里先将茶末调成膏状，然后用沸水冲泡。⑥篘笼：罩在火炉上的竹笼。楮被：楮树皮纤维制作的被子。⑦殊：很，甚。

## 述怀五十韵（节选）

暮景连村雨，薰风[①]一树蝉。野茶伸雀舌[②]，林蕨竖儿拳[③]。

老犁注：①薰风：和暖的风。指初夏时的东南风。②雀舌：如雀舌般的茶芽。③此句：林中蕨菜初长时，形状如孩儿捏着的拳头。

## 为杨简斋题空蒙图[①]（节选）

我家本住湖水边，笔床茶灶[②]依渔船。振衣[③]一别五千里，为君展卷[④]心茫然。

老犁注：①杨简斋：人之姓名，生平不详。空蒙图：绘画作品名。②笔床茶灶：笔床即笔架；茶灶即煮茶用的小炉。借指隐士淡泊脱俗的生活。出自唐人陆龟蒙做隐士的典故。③振衣：抖衣去尘，整衣。④展卷：指展开卷状物。

---

**马祖常**（1279~1338）：字伯庸，世称石田先生，先祖为汪古部（色目）人，曾祖时徙光州（今河南信阳潢川）。仁宗延祐二年进士。授应奉翰林文字，拜监察御史。劾奏丞相铁木迭儿十罪，帝黜罢之。累拜御史中丞，持宪务存大体。终枢密副使。卒谥文贞。文章宏赡精核，以秦汉为法，自成一家言。与虞集、揭傒斯、袁桷、吴澄、贡师泰并称为“元文六大家”。诗圆密清丽。尝预修《英宗实录》。有《石田文集》。

---

## 淮南田歌[①]十首其八

借钱买盐茶，倩人莳[②]早秧。日望秋田熟，仍防野鸭伤。

老犁注：①田歌：农歌。②倩人：雇请之人。莳 shí：栽种。

## 和王左司竹枝词[①]十首其七

红蓝染裙似榴花[②]，盘疏饤饾[③]芍药芽。太官汤羊[④]厌肥腻，玉瓯[⑤]初进江南茶。

老犁注：①王左司：一位姓王的左司，生平不详。左司：官名，元中统二年在中书省置左、右司郎，分掌中书省各房事务。竹枝词：本为巴渝（今四川东部和重庆）一带民歌，唐诗人刘禹锡据以改作新词，歌咏巴渝一带风光和男女恋情，盛行于世。后人所作也多咏各地风土或儿女柔情。其形式为七言绝句，语言通俗，音调轻快。②红蓝：菊科。一年生草本植物。高三四尺，其叶似蓝。夏季开红黄色花，古代以之制胭脂及红色颜料。中医以之入药，称红花。晋崔豹《古今注·草木》："燕支叶似蓟，花似蒲公，出西方，土人以染，名为燕支，中国亦谓为红蓝。以染粉为妇人色，谓之燕支粉。"榴花：石榴花。③盘蔬：盘中果蔬。饤饾 dìngdòu：将食品堆迭在盘中摆设出来。④太官：古代官名。秦有太官令、丞，属少府。两汉因之。掌皇帝膳食及燕享之事。北魏时太官掌百官之馔，属光禄卿。北齐、隋、唐因之。宋代以后，皇帝膳食归尚食局，太官只掌祭物。汤羊：用滚水烫后煺毛而不剥皮的羊。⑤玉瓯：指精美的杯盂一类的盛器。这里指茶瓯。

## 猗绿[①]园（节选）

笋屦[②]新青折，荷衣[③]旧翠凝。浮瓯茶有乳，溢瓮酒无冰。

老犁注：①猗绿：《诗经·卫风·淇澳》有"瞻彼淇澳，菉竹猗猗"，后即以"猗绿"指竹子。菉通绿。②笋屦：传说中用笋壳做的鞋。③荷衣：传说中用荷叶制成的衣裳。荷衣、笋屦都是指高人、隐士的穿着。

---

**马致远**（约 1250~约 1323）：字千里，号东篱，元大都（今北京。一说河北沧州东光县）人，元代戏曲作家、散曲家、散文家。善作杂剧，与关汉卿、郑光祖、白朴并称"元曲四大家"。仕途坎坷，中年中进士，曾为江浙省务提举，后在大都任工部主事。马致远晚年不满时政，隐居杭州田园间，以衔杯击缶自娱。其著有杂剧 15 种，存世的有《江州司马青衫泪》等 7 种；散曲现存辑本《东篱乐府》一卷，收入小令 104 首，套数 17 套。元末明初贾仲明有诗曰："万花丛中马神仙，百世集中说致远""姓名香贯满梨园"。

---

## 【双调·拨不断】十五首其六·笑陶家

笑陶家[①]，雪烹茶，就鹅毛瑞雪初成腊[②]，见蝶翅寒梅正有花，怕羊羔美酝[③]新添价，拖得人冷斋里[④]闲话。

老犁注：①陶家："党姬烹茶"之典中的翰林学士承旨陶谷家。②腊：指一种祭祀的名称，即年终祭祀，时间在古代阴历十二月。故农历十二月叫腊月。③美醖：美酒。④冷斋里：寒冷的房屋里。

## 【仙吕·赏花时】掬水月在手

【赚煞】紧相催，闲笃磨[①]，快道与茶茶嬷嬷[②]。宝鉴[③]妆奁准备着，就这月华明乘兴梳裹，喜无那[④]，非是咱风魔[⑤]，伸玉指盆池内蘸绿波[⑥]。刚绰起半撮[⑦]，小梅香也歇和[⑧]，分明掌上见嫦娥[⑨]。

老犁注：①笃磨：谓徘徊。②茶茶：对少女的昵称。嬷嬷 mó：称老年妇人。③宝鉴：宝镜。镜子的美称。④无那：犹无限。⑤风魔：癫狂。⑥绿波：绿色水波。指盆里的清水。⑦绰 chāo 起：抓起、举起。这里指捧起。撮 cuō：容量单位。10 撮等于 1 勺。1 市撮合 1 毫升。半撮形容数量少。⑧梅香：丫头，旧时婢子的别称。歇和：谓声音相和。⑨掌上见嫦娥：掌中捧起的水如镜子，看到自己美如嫦娥。

## 【大石调·青杏子】悟迷

【赚煞】休更道咱身边没挦剥[①]，便有后半毛也不拔，活缋儿从他套共搨[②]，沾泥絮[③]怕甚狂风刮。唱道尘虑[④]俱绝，兴来诗吟罢酒醒时茶。兀的不快活煞[⑤]，乔公事心头再不罣[⑥]。

老犁注：①挦 xián 剥：拉扯撕剥。挦：拔；扯。②缋 huì：织布帛的头尾。套：互相衔接、重叠。搨 tuò：同拓。扩展。③泥絮：沾泥的柳絮。比喻沉寂之心。④尘虑：犹俗念。对人世间的人和事的思虑。⑤兀的：这，这个。快活煞：快活得恨。煞 shà：很，极。⑥乔公事：混账事。乔，假。罣 guà：同挂。

## 【双调·新水令】题西湖

【尾】渔村偏喜多鹅鸭，柴门一任[①]绝车马。竹引山泉，鼎试雷芽[②]。但得孤山寻梅处，苫间草厦[③]，有林和靖[④]是邻家，喝口水西湖上快活煞[⑤]。

老犁注：①柴门：用柴木做的门。旧时用来比喻贫苦人家。一任：听凭。②雷芽：惊蛰前采摘炒制的茶叶。③苫 shān：用茅草编成的覆盖物。草厦：草盖的披屋（旁屋）。④林和靖：北宋著名隐逸诗人林逋。曾隐居西湖孤山，终生不仕不娶，惟喜植梅养鹤，人称"梅妻鹤子"。宋仁宗赐谥"和靖"。⑤煞 shà：很，极。

**王氏**（生平里籍不详）：元大都（今北京）歌妓。

## 【中吕·粉蝶儿】寄情人

【红绣鞋】往常时冬里卧芙蓉裀褥[1]，夏里铺藤席纱㡡[2]，但出门换套儿好衣服。不应冯魁茶员外[3]，茶员外钞姨夫[4]，我则想俏双生[5]为伴侣。　　【斗鹌鹑】愁多似山市晴岚，泣多似潇湘夜雨。少一个心上才郎，多一个脚头丈夫[6]。每日价[7]茶不茶饭不饭百无是处，教我那里告诉。最高的离恨天[8]堂，最低的相思地狱。

【上小楼】（略）【幺】他争知我嫁人，我知他应过举。翻做了鱼沉雁杳，瓶坠簪折，信断音疏。咫尺地半载余，一字无。双郎[9]何处？我则索[10]随他泛茶船去。

老犁注：①芙蓉裀褥：绣着芙蓉花的褥子，多为结婚时洞房中用。裀褥 yīnrù：坐卧的垫具。宋姚勉的《对厅乐语》诗中有"洞房华褥绣芙蓉，惹得天香馥正浓。"之句。②藤席：以藤类植物茎杆的表皮编制而成的凉席。纱㡡 chú：用纱围成橱形的帐子。③冯魁茶员外：宋元时流传庐州妓女苏小卿与书生双渐相爱的故事，故事中的相关素材常被元曲运用。故事中冯魁是买走苏小卿并拆散其与双渐相爱的茶商，因而元人在曲中常称冯魁为"茶员外"。后文人在曲中常将嫖妓的商人称作"茶员外"。④钞姨夫：有钱钞的嫖客。"姨夫"为当时的市语，是两男共狎一妓之称。⑤双生：指书生双渐。⑥脚头丈夫：用脚头施暴的丈夫。⑦每日价：犹成天价、成日价。指一天到晚意思。价：副词性词尾。⑧离恨天：佛经谓须弥山正中为一重天，四方各为八重天，共三十三重天。民间传说：三十三重天中，最高者是离恨天。后比喻男女生离、抱恨终身的境地。⑨双郎：指书生双渐。⑩则索：只好。

**王晔**（生卒不详）：字日华，号南斋，元杭州人，能词章乐府，所制工巧，今存杂剧《桃花女》一本，还有散曲数首传世。

## 【双调·庆东原】风月所举问汝阳记[1]

【折桂令】（答）平生恨落风尘，虚度年华，减尽精神。月枕云窗，锦衾绣褥，柳户花门。一个将百十引江茶[2]问肯，一个将数十联诗句求亲。心事纷纭：待嫁了茶商，怕误了诗人。　　【水仙子】（招）书生俊俏却无钱，茶客村虔[3]倒有缘。孔方兄教得俺心窑变[4]，胡芦提过遣[5]，如今是走上茶船[6]？拜辞了呆黄肇[7]，上复那双解元[8]，休怪俺不赴临川。

老犁注：①风月所：风月场。多指妓院。举问：发问。汝阳：双渐的书斋名，借指双渐。②江茶：元朝统一茶引后，在江州（今江西九江）置榷茶都转运司，总江淮、荆湖、福广之税。这些地区所产之茶故被称之为江茶。茶引：是贩运销售茶叶的凭证。元朝建立后废除茶马法，统一实行茶引法。中央户部主管全国茶务，并置印造茶盐等引局，由他们印制茶引，并分发各地茶务机构，商人到这些机构卖引交税，凭引贩卖茶叶。茶引有长短引之分，长引每引计茶一百二十斤，短引每引计茶九十斤，常用的为短引。为了便于零卖，又设制了茶由，每由计茶九斤。③茶客：经营茶业的商人。村虔：粗俗的人。④孔方兄：指钱。有诙谐鄙视意。因旧时的铜钱有方形的孔，故名。窑变：本指瓷器烧制中表面釉色发生不确定的自然变化。而元曲中，是指妓女从良为妾、为妇。窑：窑子，妓院。⑤胡芦提：亦作胡卢提、胡卢蹄。糊里糊涂；马里马虎。过遣：过活；打发日子。⑥茶船：贩销茶叶的船。⑦黄肇：苏小卿流落风月场后，一个死皮赖脸追求苏小卿的小官吏。为达到得到苏小卿的目的，他还专门为苏小卿建造了一座丽春园。但到头来还是被茶商冯魁买通老鸨抢先夺走了苏小卿。⑧双解元：指考中解元的双渐。后任江西临川县令。

---

**王冕**（1310~1359）：字元章，号煮石山农，又号食中翁、梅花屋主，元诸暨（今浙江绍兴诸暨市）人。本农家子，七八岁时为人牧牛，窃入书塾听诸生读书，听毕辄默记。安阳韩性闻而录为弟子，性卒，门人事冕为师。长七尺余，仪观甚伟，性格孤傲，鄙视权贵，轻视功名。通《春秋》诸传。一试进士举，不第。隐于九里山，结茅庐三间，自题为“梅花屋”。朱元璋取婺州，兵请其为咨议参军，冕以出家相拒，旋卒于兰亭天章寺。工于画梅，以胭脂作没骨体。创用花乳石刻印章，篆法绝妙。其诗多排忧遣性之气，有《竹斋诗集》。

---

## 漫兴[①]十九首其三

草木何摇撼，工商已破家[②]。饶州沉白器[③]，勾漏伏[④]丹砂。
吴下难移粟[⑤]，江西不运茶[⑥]。朝廷政宽大，应笑井中蛙[⑦]。

老犁注：①漫兴 xìng：谓率意为诗，并不刻意求工。②此两句：草木为何摇撼？原因是兴工商致使国家破败了。在古代农业社会，农是本，工商是末。所以古代常主张“重农抑商”。③饶州：古饶州，府治在今鄱阳，管辖鄱阳、余干、万年、德兴、浮梁、乐平、余江，是瓷器的主产区。白器：白色器皿。④勾漏：亦作勾漏，山名。在今广西北流县东北。此地是古代丹砂的主产区。伏：制伏。谓停止开采。⑤此句：鱼米之乡的吴地不往外运粮食了，意即各地都富足了。⑥此句：江西不往外运茶了（因当时贩茶以江西九江为集散地）。⑦最后两句：希望朝廷宽赋薄税，也希望一些官员不要像井中蛙一样目光短浅。

## 漫兴十九首其九

密树连云湿，荒村入径斜。山童分紫笋，野老卖黄瓜。

忽要千钧弩，寻求百姓家[①]。予生为计拙，见景重咨嗟[②]。

老犁注：①此两句：要想得到千钧弩，应走近老百姓。②最后两句：可我常被自己笨拙的想法束缚住，见此我只能发出重重的叹息声。

## 山中杂兴[①]二十首其十三

山园无定式[②]，力作[③]是生涯。近水多栽竹，依岩半种茶。

春风低小草，夜雨出新沙。不必闻时事，城中减大家[④]。

老犁注：①杂兴 xìng：有感而发，随事吟咏的诗篇。②无定式：种什么怎么种没有固定的模式。③力作：努力劳作。④减大家：少了许多闲人。大家：众人。

## 会友

蜡屐[①]冲寒雨，柴门启晓云。相忘[②]不问讯，长久却论文[③]。

煮茗山泉活，移花野色分。城中甚喧杂，此地寂无闻。

老犁注：①蜡屐：涂蜡的木屐。冲：冒着。②相忘：彼此忘却。③论文：评论文人及其文章。

## 送大机上白云[①]二首其一

水月[②]池头屋，曾同听雨来。故缘经岁别[③]，又过几花开。

且尔酬诗债[④]，深惭乏[⑤]茗杯。明朝出西郭，离思不堪裁[⑥]。

老犁注：①大机：一个人的名号。生平不详。白云：喻归隐。②水月：水中月影。③此句：有意牵出一年前告别时的情境。故：有意。缘：牵出。经岁：经历一年。④此句：正准备要偿还诗债。且尔：将要这样。诗债：他人索诗未及酬答，如同负债。⑤乏：荒废。⑥不堪裁：不可能减少。

## 纪[①]梦

十有一月三十夜，清梦[②]忽然归到家。对母徐徐言世事，呼儿故故问生涯[③]。

庭前修竹不改色，溪上老梅都是花。起坐山窗听茶鼎，又思风雨客三巴[④]。

老犁注：①纪：通记。记录，记载。②清梦：犹美梦。③故故：常常。生涯：生活或生计。④三巴：古地名。巴郡、巴东、巴西的合称。亦泛指四川。

## 九日书怀①

玉露霏凉木渐酡②，每逢佳节惜年华。青山叠叠多归梦，白发萧萧③不在家。

触景漫思④千古事，无钱空对一篱花。相知相见情何已⑤，石鼎⑥山泉且煮茶。

老犁注：①书怀：书写情怀、抒发感想。②玉露：秋露。霏：飘洒。酡：饮酒脸红的样子。这里指树木被霜染红的颜色。③萧萧：稀疏。④漫思：随意地、没有约束地畅想。⑤何已：用反问的语气表示不已、无尽。⑥石鼎：陶制的烹茶炉具。

## 听雪轩①

飞来便与雨声别②，坐久甚忧天下寒。清极自然梅有韵，夜阑③却喜竹平安。

洛阳处士④门深闭，剡曲先生⑤琴不弹。想在此时情思好，煮茶可笑老陶⑥酸。

老犁注：①听雪轩：轩名。在何处不详。②此句：指同样从天上落下，但雨声和雪声是不一样的。喻雪不会哗众取宠。③夜阑：夜残；夜将尽时。④洛阳处士：指东汉洛阳贤士袁安，有“袁安卧雪”之典。⑤剡曲先生：指东晋高士王徽之，字子猷，有“雪夜访戴”“人琴俱亡”之典。⑥老陶：指五代宋初的陶谷。他“扫雪烹茶”的爱好，被俗人笑为迂酸。

## 玄真观①

青冈直上玄真观，即是人间小洞天。花石②掩光龙吐气，芝田散彩玉生烟③。

莓苔满路缀④行屐，杨柳夹堤维钓船。仙客相逢更潇洒，煮茶烧竹夜谈玄⑤。

老犁注：①玄真观：道观名，在何处不详。②花石：表面有花枝图案纹理的石头。③芝田：传说中仙人种灵芝的地方。玉生烟：美玉生长时会有烟云伴生。④缀：连接。⑤谈玄：谈论玄理。

## 济川阻雪九月二十七日客况①四首其三

滕州济州②山不多，平林大野③少人家。解貂且问将军酒④，对雪谁言学士茶⑤？

直北五更闻玉笛⑥，江南十月老梅花⑦。相逢休说凄凉事，湖海诸郎⑧鬓未华。

老犁注：①济川：指济州，今山东济宁。客况：客居的境况。②滕州济州：指鲁西南地区。滕州：古滕州在今山东枣庄一带。比现在的滕州市地域大。③平林：平原上的林木。大野：广大的原野、田野。④解貂：有“解貂换酒”之典。《晋书.阮孚传》：“尝以金貂换酒，复为所司弹劾，帝宥之。”后以“金貂换酒”比喻文人狂放不羁。将军酒：将军所饮之酒。阮孚嗜酒，曾是“兖州八伯”之一，在隐居浙江武义明招寺之前，曾都督交、广、宁三州军事，以镇南将军领平越中郎将、广州刺史。⑤学士茶：指五代宋初翰林学士承旨陶谷“扫雪烹茶”的雅事。⑥直北：正北。玉笛：笛声。⑦十月老梅花：江南十月天气如春，有“十月小阳春”之说。这时有些梅花就会反季节开放。王冕曾在《素梅其六》中就有“江南十月春色早，处处梅花当水开”的吟咏。⑧湖海：泛指四方各地。诸郎：年轻子弟。

## 送圭玉冈[1]

一真四法[2]全吾道，教主云间喜作家[3]。白气拥林龙绕树，紫霞纷日凤衔花[4]。

笑谈不释铁如意[5]，斩斫岂由金莫耶[6]？可是阿师门户别，相逢不吃赵州茶[7]。

老犁注：①圭玉冈：疑为日本僧人。王冕与来中国修行的日本僧人多有交往，曾写过《送颐上人归日本》一诗。②一真四法：佛教所说的“实报庄严土”的地方，这里只有心现，没有识变，没有化生，与佛一样永生，所以叫它作一真法界。它包括事、理、理事无碍、事事无碍四法界。③作家：善作机锋之行家。佛教禅宗对善用机锋者之称。④此两句：描写笃佛得道之人所见到的祥瑞境界。白气：指水蒸气形成的白色雾气。⑤铁如意：铁制的爪杖（俗称痒痒挠）。因如意的外形如灵芝，故又有了祥瑞的寓意，到后来其实用性渐少，寓意祥瑞的象征性越来越突出，达官贵人及僧道们都将其作为祥瑞物珍藏。但金属制作的如意也可以作为武器用于搏击，所以铁如意是不能轻易示人的，否则就有威吓他人的意思。⑥斩斫 zhuó：杀戮；砍杀。莫耶 yē：同莫邪，古剑名。⑦此两句：可是僧人间也有门户之别的，相逢不吃赵州茶也莫见怪。阿师：称僧人。赵州茶：唐代赵州和尚从谂均以“吃茶去”一句话来引导弟子领悟禅机奥义。后也有以“赵州茶”来指代寺院招待的茶水。

## 杂兴

萧萧白发满乌巾[1]，不会趋时任客嗔[2]。种菜每令除宿草[3]，煮茶常自拾枯薪。

屋头流水溅溅[4]响，溪上梅花树树春。寄语儒林赵诗伯[5]，好收风月作比邻[6]。

老犁注：①萧萧：稀疏。乌巾：黑头巾，即乌角巾。古代多为隐居不仕者的帽子。②任客嗔：任客人随意责怪。③宿草：隔年的草。④溅溅：流水声。⑤儒林：指儒家学者之群。诗伯：诗坛宗伯；诗坛领袖。赵诗伯：指赵孟頫。赵孟頫对王冕在诗书画发展上有提携之功。⑥此句：收取清风明月的美好景色来做邻居。

## 送元本忠[1]北上（节选）

岩泉一勺不足留，梦魂飞渡鱼龙海[2]。皇州[3]三月花柳辉，江南此时茶笋肥。

老犁注：①元本忠：人之姓名，生平不详。②鱼龙海：鱼和龙所在的大海。③皇州：帝都；京城。

## 张御史西山雪堂[1]（节选）

清高或作袁老[2]梦，标致不取陶家茶[3]。升高望远忘世虑，写字读书皆有趣。

老犁注：①张御史：一位姓张的御史，生平不详。御史：古代执掌监察的官员。雪堂：堂之名号。②袁老：指东晋时的袁崧，被后人称为袁山松。河南太康人，曾作吴郡太守。他比陶潜年长二十岁，比陶潜更早写过菊花诗，他的《咏菊》诗“灵菊植幽崖，擢颖陵寒飚。春露不染色，秋霜不改条。”菊花被赋予了清高隐逸之美。③标致：显示旨趣。标示出主要的目的和意图。陶家茶：陶谷家饮用的茶。五代宋初时陶谷有“扫雪烹茶”的雅事。

## 吹箫出峡图[1]（节选）

波涛汹涌都不知，横箫自向船中坐。酒壶茶具船上头，江山满眼随处游。

老犁注：①是对《吹箫出峡图》写的一首诗。

## 寄昱东明[1]（节选）

石杯酌茗搜我枯[2]，石床[3]扫苔留我眠。云深不听鸡戒晓[4]，山风落涧松花老。

老犁注：①昱东明：人之姓名，生平不详。②石杯：陶杯。酌茗：犹饮茶。搜我枯：搜尽我的枯肠。枯肠：指饥肠。也喻枯竭的文思。③石床：供人坐卧的石制床具。④戒晓：戒旦，警告天将破晓。

---

**王士熙**（约1265~1343）：字继学，元东平（今山东泰安东平县）人。翰林学士承旨王构的长子。早年师从于蜀郡邓文原，博学工文，声名日振。历官翰林待制、治书侍御史、中书参知政事、江东廉访使，以南台御史中丞卒。与袁桷、马祖常等人有诗词唱和，亦能曲。善画山水，书法清润完整，为名流所慕。

---

## 天冠山[1]二十八首其十·寒月泉

泉清孤月现，夜久空山寒。不用取烹茗，自然涤尘烦[2]。

老犁注：①天冠山：在江西省贵溪市城南信江南岸，有三座山峰品峙而立，故称三峰山。贵溪的别名“三山”即是由此而来。又因其巅方正，两隅垂桃如冕，又称天冠山。宋绍定四年陆九渊在贵溪应天山上清（今贵溪彭乡理源村）创建了“象山书院”，后因荒废而迁移至三峰山的徐岩（徐绍秀才在此隐居而得名，今贵溪一中）。王安石曾在徐绍处居留五天而留下一首赠诗《徐秀才园亭》。赵孟頫曾在此立碑，并撰文书丹，即为天冠山二十八景写的诗帖。②尘烦：尘世间的烦恼。

## 竹枝词[①]十首其六

山上去采芎药花，山前来寻地椒[②]芽。土屋青帘[③]留买酒，石泉老衲唤供茶。

老犁注：①竹枝词：本为巴渝（今四川东部和重庆）一带民歌，唐诗人刘禹锡据以改作新词，歌咏巴渝一带风光和男女恋情，盛行于世。后人所作也多咏各地风土或儿女柔情。其形式为七言绝句，语言通俗，音调轻快。②地椒：我国北方一种蔓生草本植物。全株可入药，其嫩枝叶可食，可做调味料，晒干可做茶饮。③青帘：旧时酒店门口挂的幌子，多用青布制成，故用来借指酒家。

## 送朱真一住西山[①]

官河[②]新柳雪初融，仙客归舟背楚[③]鸿。铁柱昼闲[④]山似玉，石楼人静水如空。

煮茶榻畔延徐孺[⑤]，烧药炉边觅葛洪[⑥]。天上云多白鹤去，子规[⑦]何事怨东风。

老犁注：①原诗题注：一作《送朱本初住玉隆》。朱真一：朱思本，字本初，号贞一（亦作真一），元抚州路临川人。龙虎山道士，从吴全节居大都。英宗至治元年主玉隆万寿宫（在南昌府城西八十里）。工诗文，精舆地之学。有《贞一斋诗文稿》《广舆图》。西山：指南昌西面群山，在其郊县新建境内。玉隆万寿宫就在此地。②官河：运河。③仙客：对隐者或道士的敬称。背楚：背对着楚地。即指离开楚地。④铁柱：指江西南昌城内铁柱宫（即南昌万寿宫，今不存。它与西山玉隆万寿宫，是江西全省万寿宫的祖庭和源头）水井内的铁柱。《明一统志》载：宫前有一口井，水黑色，深不可测，它与江水相消长。井中有一根铁柱，相传是许逊所铸，此铁柱能止蛟害。昼闲：白天闲静。⑤徐孺：即徐稚，字孺子。东汉时豫章（今南昌）名士。豫章太守陈藩设有一榻，专为徐孺造访时使用，徐孺一走就悬挂起来。后因以成“敬贤礼士”之典。⑥烧药：炼制丹药。葛洪：东晋道家、医学家、炼丹术家。字稚川，自号抱朴子，丹阳句容（今属江苏）人。⑦子规：杜鹃鸟的别名。传说为蜀帝杜宇的魂魄所化。常夜鸣，声音凄切，故借以抒悲苦哀怨之情。

## 寄武夷思学斋[①]

武夷山色青于水，君筑高斋[②]第几峰。北苑[③]莺啼春煮茗，西风鹤语夜巢松。

田家送酒芝香[④]泻，道士留书石髓[⑤]封。闻说牙签三万轴[⑥]，欲凭南雁[⑦]约相从。

老犁注：①思学：斋名。是元隐士杜本在武夷山（星村镇黄村附近）所构筑的书斋。与汪士熙同时代的诗人胡助也为此书斋写过一首《寄题杜隐君思学斋》诗。杜本：字伯原，号清碧，元清江（今江西宜春樟树市）人。博学，善属文。隐居武夷山中，在武夷山学友詹景仁的帮助下，于星村镇黄村附近构筑了“思学斋”“怀友轩”，号为“聘君宅”。武宗、文宗皆征召不赴。为人湛静寡欲，尤笃于义。天文、地理、律历、度数，无不通究，尤工于篆隶。有《四经表义》《六书通编》《十原》等书。学者称为清碧先生，年七十有五，卒于武夷。门人程嗣祖录其遗诗为《清江碧嶂集》。②高斋：高雅的书斋。这里指思学斋。③北苑：宋代名茶产地。在今建瓯东15公里，与武夷山市都属今南平市。④芝香：酒名。⑤石髓：即钟乳石。⑥牙签：用牙骨等制成，系在书卷上作为标识，以便翻检书页。故常借指书籍。轴：卷轴。这里做量词，相当于卷。⑦南雁：指大雁南飞之时。

---

**王仁辅**（约1290～1350）：字文友，巩昌（今甘肃省陇西县）人。侨居无锡梅里，为倪瓒的老师。两娶皆吴人，故多知吴中山水人物。知识颇丰，著有《无锡志》28卷，终年61岁，无子，倪瓒赡之终其身，死为之服，址表而葬。

---

## 游惠山寺

红社溪边舣[①]小舟，青莲宇[②]内作清游。土花[③]绣壁淡如昼，岚翠[④]拨云浓欲流。

短李[⑤]清风存古意，大苏[⑥]圆月洗春愁。摩挲[⑦]泉石舒长啸，未羡神仙十二楼[⑧]。

老犁注：①红社溪：此溪不祥，疑指发源于惠山的梁溪。亦称梁清溪、西溪。舣yǐ：停船靠岸。②青莲宇：佛寺。③土花：苔藓。④岚翠：苍翠色的山雾。⑤短李：指唐宰相李绅。《新唐书·李绅传》：“（绅）为人短小精悍，于诗最有名，时号短李。”他曾谓惠泉“在惠山寺松竹之下，甘爽，乃人间灵液，清澄鉴肌骨，含漱开神虑，茶得此水，皆尽芳味”。⑥大苏：指苏东坡。他在《惠山谒钱道人烹小龙团登绝顶望太湖》诗中有“独携天上小团月，来试人间第二泉”千古名句。⑦摩挲suō：用手抚摩。⑧十二楼：仙人所居之处。《汉书·郊祀志下》：颜师古注引后汉应劭shào曰：“昆仑玄圃（昆仑山顶的台名）五城十二楼，仙人之所常居。”

---

**王仲元**（生卒不详）：杭州人。元后期北曲作家。据《录鬼簿》载，他与钟嗣成相交有年，熟稔非常。据孙楷第《元曲家考略》：元人《图绘宝鉴》上有关于王仲元的介绍，称其擅长花鸟工笔，兼善小景之作，“用墨之法温润可喜”。所撰杂剧有《于公高门》等3种，皆亡佚不存。所幸《乐府群玉》尚保留他的散曲套数4套，小令21首。

---

## 【中吕·粉蝶儿】道情

【红绣鞋】亲奉得师父指教，向篱边去打勤劳，摘藤花挑竹笋采茶苗。补云衣翻槲叶[1]，明石洞爇松膏[2]，这的是仙家活计了。

老犁注：①云衣：指云气。槲 hú 叶：槲树的叶子。槲为高大乔木，叶子类似橡树叶。②爇 ruò：烧。松膏：松脂。

## 【越调·斗鹌鹑】咏雪

【尾】唤家童且把毡帘[1]下，教侍妾高烧绛蜡[2]。读书舍烹茶的淡薄多，销金帐里传杯的快活煞[3]。

老犁注：①毡帘：毡制的帘子。②绛蜡：红烛。③快活煞：快活得很。

---

**王和卿**（1242~1320）：原名鼎，字和卿，元太原人。曾在大都为架阁库官，为官多年但没做过高官。《录鬼簿》列其为“前辈名公”，并因“才高名重”，称其为学士。与关汉卿友善，以滑稽佻达闻名。明朱权《太和正音谱》将其列于“词林英杰”一百五十人之中。散曲作品现存小令 20 多首，套数 1 套，残套 2 套。

---

## 【黄钟·文如锦】病恹恹

病恹恹[1]，柔肠九曲闲愁占。精神绝尽，情绪不忺[2]。茶饭减，闷愁添，宝钏鬆[3]，罗裙掩。翠淡蛾眉，红消杏脸。愁在眼底，人在心上，恨在眉尖。对妆奁，新来瘦却，旧时娇艳。　　【幺】空攧金莲搓玉纤[4]。贩茶客船，做了搬愁[5]旅店。谁人不道，何人不唸[6]。娘意悭[7]，恩情险。两行痛泪，千点万点。读书人窘，贩茶客富，爱钱娘严。不中粘[8]，准了[9]书箱，当了琴剑。

老犁注：①恹恹 yān：形容病态。②忺 xiān：高兴。③鬆：通松。④攧 diān：顿脚。金莲：指古代女人畸形的小脚。玉纤：多指美人纤细的手。⑤搬愁：搬弄愁恨。⑥唸 diān：说。⑦悭 qiān：阻滞。⑧不中粘：不让靠近。⑨准了：折抵了。

---

**王举之**（约 1290~约 1350）：元末杭州人。元曲作家，活动于杭州一带，约元文宗至顺年间在世，著有元曲、诗作，现有少量流传于世。明朱权《太和正音谱》将其列于“词林英杰”一百五十人之中。

---

## 【中吕·迎仙客】戏题

双解元[1]，恶姻缘，豫章城[2]月明秋满天。贩茶船，买命钱。占得春先，到称了冯魁[3]愿。

老犁注：①双解元：解元双渐。解元：唐代诸州县送举子赴京应礼部试称解，州县试称解试，名居第一者称解元。明清两代指乡试第一名。宋元时流传庐州妓女苏小卿与书生双渐相爱的故事，故事中的相关素材常被元曲运用。②豫章城：今南昌。③冯魁：买走苏小卿并拆散其与双渐相爱的茶商。亦有称其为“茶员外”。

## 【越调·天净沙】过长春宫[1]

壶中霞养丹砂[2]，窗前云覆桃花，尘外谁分岁华[3]？客来闲话，呼童扫叶烹茶。

老犁注：①长春宫：在元上都（今内蒙锡林郭勒盟正蓝旗闪电河畔），今已不存。②壶中霞：壶中云霞。传说道人能入壶中修炼或过闲静生活，壶中会展现日月云彩，蓝天大地，亭台楼阁等奇景。养丹砂：指道家以自已身体为丹灶，精气神为药物，运用意念之心火进行修炼的行为。③岁华：泛指草木。因其一年一枯荣，故谓。

**王都中**（1279~1341）：字元俞，号本斋，福建宁德霞浦县赤岸人。元时为官四十余载，多有善政。累官至江浙行省参知政事。史称：“元时南人以政事之名闻天下，而位登省宪者，惟都中一人而已”，且在理学和文学上造诣颇深，喜为诗，有《本斋诗集》三卷留传于世。封赠昭文馆大学士，谥“清献”。

## 游胜会寺[1]

寺古唐朝立，山藏一径幽。木生灵寿[2]异，花发蕙兰稠。

瀹茗香浮齿，簪[3]梅雪满头。公馀寻胜会，此地约重游。

老犁注：①胜会寺：在何处不详。灵寿：即椐 jū，亦称灵寿木。多肿节，古时以为手杖。③簪：插戴在头上。

**王懋德**（？~约1330）：字仁父，元高唐州（今山东聊城高唐县）人。由中书掾除户部主事，历河南、燕南两廉访司副使。官至中书左丞卒。擅书工诗，有《仁父集》。

## 舟次陵州[①]

独坐浑如面壁[②]禅，更无馀事恼心天。舟中唯载烹茶具，囊内犹存买酒钱。

秋水经霜鱼自乐，晓林留月鹊堪怜。人生何必东山卧[③]，老我烟霞屋数椽[④]。

老犁注：①舟次：停舟住宿。次：临时驻扎和住宿。陵州：今山东德州陵城。②浑如：浑似；非常像。面壁：称坐禅，谓面向墙壁，端坐静修。③东山卧：即东山高卧，谓安然隐居。东山：据《晋书·谢安传》载，谢安早年曾辞官隐居会稽东山，屡聘不仕，后复出官至司徒要职。后以成典，指隐居或游憩之地。④烟霞：云霞。泛指山水隐居地。数椽 chuán：数间。椽：椽子。也用于古代房屋间数的量词。

---

**王大学士**（1252~1333）：据今人考证，王大学士为王约，字彦博，号豫斋。性颖悟，风格不凡，尝从魏初游，博览经史，工于文辞。其先汴（今河南开封）人，后徙真定（河北正定）。世祖时任翰林国史院编修，后任中书、詹事、集贤大学士，历经世祖、成宗、武宗、仁宗、英宗、泰定、天顺七朝，从事于公文撰拟长达五十年之久。卒年八十二，赠文定公，亦称大梁王文定公。

---

## 【仙吕·混江龙】桔槔[①]闲挂

桔槔闲挂，呼童汲水旋烹茶。柔桑荏苒[②]，古柏槎牙[③]。雾锁草桥[④]三四横，烟笼茅舍数十家。岗盘曲[⑤]，畎兜答[⑥]，莺迁乔，木丘冢[⑦]。一个鸥鹭水面，雁落平沙。喧檐宿雀，啼树栖鸦。柴扉吠犬，鼓吹鸣蛙。依家鹦鹉洲，不入麒麟画[⑧]。百姓每讴歌鼓腹[⑨]，一弄儿[⑩]笑语喧哗。

老犁注：①此曲为【仙吕】套曲的中间过曲。桔槔 gāo：俗称吊杆、称杆，中国传统提水工具。一根横杆中间吊起，一端系水桶，另一端系石头，利用杠杆原理，使提水省力。②柔桑：嫩桑叶。荏苒 rěnrǎn：柔弱。③槎牙：亦作槎枒、槎岈。树木枝杈歧出貌。④草桥：粗陋简易之桥。⑤盘曲：曲折环绕。⑥畎 quǎn：田间水沟。兜答：亦作兜搭。曲折，崎岖。⑦丘冢：坟墓。⑧此二句：意谓我是个山林隐士，不求富贵显达。鹦鹉洲，泛称山林湖海。麒麟画，指建立功名的高官。汉宣帝时将霍光、苏武等十一位功臣的画像放在宫中麒麟阁陈列，后用麒麟画指建功立业做高官。⑨讴歌鼓腹：拍着肚皮歌唱。⑩一弄儿：一片，一派。

---

**无名氏**（生平不详）：凡无名且无从考证其生平的作者，都列此处。

---

## 修竹

修竹深深处，人间俗虑消。时将碧玉[①]调，寄与白云谣[②]。

雪乳[③]临风瀹，冰花[④]对佛烧。思君不可见，乘兴动兰桡[⑤]。

老犁注：①碧玉：乐曲名。唐韩湘《言志》诗："琴弹《碧玉》调，炉炼白硃砂"。②白云谣：古神话中西王母为周穆王所作之歌。③雪乳：指茶水。④冰花：砚台中结成的冰花。砚台放火上将冰炙化后方可蘸墨抄经。⑤兰桡：小舟的美称。

## 无题[①]

书画琴棋诗酒花，当年件件不离它；而今七字都更变，柴米油盐酱醋茶。

老犁注：①此诗为清初大理寺少卿张璨在书斋中题写的一首古歌谣（源自清查为仁《莲坡诗话》）。风格与元曲近，疑为元人所作，故辑入。

## 破屋

一番风雨一番颠，卷我书斋屋顶穿。红日透光来枕上，白云拖影到床前。

小铛煮茗烹明月[①]，古砚濡毫蘸碧天[②]。寒士夜来读周易，灯光直射斗牛[③]边。

老犁注：①烹明月：月光从屋顶破洞照进，倒映在煮水的茶铛上，故说。②濡rú：沾湿。蘸碧天：砚台墨水表面有天的倒影，故说。③斗牛：南斗星和牵牛星。

## 行香子·短短横墙

短短横墙，矮矮疏窗，忔憎[①]儿、小小池塘。高低叠障，绿水边旁。却有些风，有些月，有些凉。　　日用家常，木几藤床，据[②]眼前、水色山光。客来无酒，清话[③]何妨。但细烹茶，热烘盏，浅浇汤。

老犁注：①忔yì憎：可爱；怜爱。②据：占据，占有。③清话：闲谈。

## 沁园春·绝品龙团

绝品龙团[①]，制造幽微[②]，建溪路赊[③]。向南山采的[④]，蟾酥乌血[⑤]，和合北海[⑥]，七宝灵芽[⑦]。时遇阳春，收归璃室[⑧]，碾磨捣、香尘腻水[⑨]加。玉瓯内，仗仙童手巧，烹出金花[⑩]。　　奇茶堪献仙家。但啜罢香生两腋，侥幸赵州[⑪]难遇，卢仝[⑫]不见，苦中甘味，意与谁夸。涤尽凡心，洗开道眼[⑬]，返老还童鬓似鸦。真奇瑞[⑭]，愿人人解饮，同赴烟霞[⑮]。

老犁注：①龙团：宋代贡茶名。饼状，上有龙纹，故称。②幽微：深奥精微。

③建溪：水名。在福建，为闽江北源。在今建瓯北苑，宋产龙团等贡茶。赊：远。④采的：采得。的同得。⑤蟾酥乌血：采茶要细心认真，如采蟾酥和乌血（中药五倍子）一样。蟾酥和乌血都是非常名贵的中药。⑥和合：汇合。北海：帝王宫苑。⑦七宝灵芽：宝物中的瑞草。七宝：泛指宝物。灵芽：瑞草。⑧璚 qióng 室：奢华的帝宫。璚同琼。⑨香尘：芳香茶末。腻水：细腻或细润之水。⑩金花：喻茶汤中沫饽。⑪赵州：指赵州和尚，“吃茶去”公案的始创者。⑫卢仝：唐诗人，《七碗茶诗》的作者，被誉为茶仙。⑬道眼：佛教语。指能洞察一切，辨别真妄的眼力。⑭奇瑞：祥瑞。⑮烟霞：云霞。泛指山水隐居地。

## 解佩令·一生蒙懂

一生蒙懂[①]，世事不晓。吃茶饭、不知饥饱。坐处生根，立一似、顽石当道。任旁人、笑我虚矫[②]。　　文艺[③]不解，岂知典教[④]。说修行、无分剖[⑤]。面上尘埃，发鬔鬆、身披衲袄[⑥]。永长生、浩劫[⑦]不老。

老犁注：①蒙懂：糊涂；不明事理。②虚矫：虚伪做作。③文艺：指撰述和写作方面的学问。④典教：典章教化。⑤无分剖：指不会自我解剖。⑥鬔鬆 péngsōng：蓬松。衲袄 nàǎo：一种斜襟的夹袄或棉袄。⑦浩劫：极长的时间。佛经谓天地从形成至毁灭为一大劫。

## 瑶台第一层·咏茶

一气[①]才交，雷震动一声，吐黄芽。玉人采得，收归鼎内，制造无差。铁轮[②]万转，罗撼[③]渐急，千遍无查[④]。妙如法用[⑤]，工夫了毕[⑥]，随处生涯[⑦]。　　堪夸。仙童手巧，泛瓯春雪[⑧]妙难加。睡魔赶退，分开道眼[⑨]，识破浮华。赵州知味，卢仝达此，总到仙家。这盏茶，愿人人早悟，同赴烟霞。

老犁注：①一气：一个节气。②铁轮：铁制碾轮。将其放在碾槽中，将茶叶碾成末。③罗：茶罗。为了使茶末均匀，碾好的茶末，要用罗筛过，未筛漏下的茶末，重新放在碾中再碾，直到所要结果为止。撼：摇动。④查：渣滓。⑤妙如法用：精微的方法。如：助词，相当于“乎”。⑥了毕：完毕；了结。⑦生涯：生命、人生。⑧春雪：喻泛起的白色茶沫。⑨道眼：佛教语。指能洞察一切，辨别真妄的眼力。

## 折桂令·微雪[①]

朔风寒吹下银沙[②]，蠹砌[③]穿帘，拂柳惊鸦，轻若鹅毛，娇如柳絮，瘦似梨花。

多应是怜贫困天教少洒[④]，止不过庆丰年众与农家。数片琼葩，点缀槎丫[⑤]。孟浩然容易寻梅[⑥]，陶学士不彀[⑦]烹茶。

老犁注：①元人不拘衬字者，莫过此词。《中原音韵》将此词注为“双调”，列入元曲。②朔风：北风。银沙：指雪花。③蠹砌：雪落台阶上，因下得不多，形成不规则的图案，像是被虫蛀出来一般。蠹：蛀虫。这里做动词，指蛀蚀、损害。砌：台阶。④天教少洒：老天让少洒一点雪。⑤槎丫：亦槎牙。树木枝杈歧出貌。⑥寻梅：孟浩然有“踏雪寻梅”之典。⑦陶学士：即陶谷，五代宋初时人，曾任翰林学士承旨。性好茶事。不彀 gòu：不到；不够。

## 【南吕·玉交梭】我已叮咛劝

我已叮咛劝[①]，展手心休倦[②]。后巷前街，茶坊酒肆且遍。绕巡门[③]，散喏好降心[④]，与修行方便。　　一志[⑤]休回转，趁了今生愿。神气冲和[⑥]，阴阳升降，虎龙争斗，迸金[⑦]灿烂。绕丹田[⑧]，看真人出现。

老犁注：①叮咛劝：再三劝勉。②展手：张开手。休倦：不要懈怠。③巡门：沿门，挨门挨户。④散喏：向人打招呼。降心：平抑心气。⑤一志：认定了一个志向。⑥冲和：淡泊平和。⑦迸金：炼丹时迸出的金花。⑧绕丹田：意念围绕丹田。

## 【中吕·普天乐】晓起[①]

脸儿娇，庬[②]儿俊。诸馀[③]可爱，所事[④]聪明。忒可憎[⑤]，无薄幸[⑥]。　　行里坐里相随定，纸幡[⑦]儿引了人魂。滋滋味味，风风韵韵，老老成成。

老犁注：①见《雍熙乐府卷之十八·杂曲》。另一版本稍作改动，并加了一些衬字：“他生得脸儿峥，庞儿正。诸馀里要俏，所事里聪明。忒可憎，没薄幸。行里坐里茶里饭里相随定，恰便似纸幡儿引了人魂灵。想那些个滋滋味味，风风韵韵，老老成成。”②庬 máng：通庞 Páng。③诸馀：其他；一切。④所事：凡事，事事。⑤忒 tuī：太。可憎：可爱。表示男女极度相爱的反语。⑥薄幸：薄情。⑦纸幡：亦称纸引。纸制的招魂幡。旧时丧家用纸作旗幡，上书死者名讳生卒，谓之招魂幡。

## 【中吕·谒金门】早霞[①]

早霞，晚霞，妆点庐山画。仙翁[②]何处炼丹砂，一缕白云下。　　客去斋馀，人来茶罢。叹浮生指落花[③]。楚家，汉家，做了渔樵[④]话。

老犁注：①此曲作者一说周德清。②仙翁：称男性神仙，仙人。③指落花：从指头飘落的花瓣。④渔樵：渔人和樵夫。

## 【双调·水仙子】钟离

超凡入圣汉钟离[①]，沉醉谁扶下玉梯。扇圈一部[②]胡须力，绛云般红肉皮。做伴的是茶药琴棋。头绾著双髽髻[③]，身穿著百衲衣[④]，曾赴阆苑瑶池[⑤]。

老犁注：①汉钟离：八仙之一。道成后，束双髻，衣槲叶。②扇圈一部：扇圈样的一块。一部：表数量。犹一块、一片。如“一部赤髭须”“一部大白须”。③双髽髻：两个扎成角样的发髻。髽 zhā，须发张竖貌。④百衲衣：补丁很多的衣服。⑤阆苑：神仙居住的地方。瑶池：西王母所居住的地方，位于昆仑山上。

## 【双调·雁儿落过得胜令】四首其一·想赴蟠桃玳瑁筵

想赴蟠桃玳瑁筵[①]，休享御酒琼林宴[②]。息争名夺利心，发养性修真愿。 争如纸被[③]裹云眠，茶药倚炉煎。看峻岭衔花鹿，使巅峰献果猿。朝元[④]，在金阙寥阳[⑤]殿。安然，蓬莱洞里仙。

老犁注：①蟠桃：指西王母的蟠桃会。玳瑁筵：指豪华、珍贵的宴席。②休享：美善的供物。琼林宴：古代科举考试后由朝廷主办，招集中举士子所进行的盛大庆祝宴会，以示恩典。文武各两宴，称为“科举四宴”，四宴分别为：文科有鹿鸣宴、琼林宴；武科有鹰扬宴、会武宴。琼林宴起于宋代，“琼林”原为宋代名苑，在汴京（今开封）城西，宋徽宗政和二年（1112）以前，在琼林苑宴请新及第的进士，因此相沿统称“琼林宴”，后一度改为闻喜宴，元、明、清称恩荣宴。③争如：怎么比得上。纸被：古时用藤纤维纸制成的一种被子。④朝元：道教徒朝拜老子；或指道家养生法，谓五脏之气汇聚于天元（脐）。⑤金阙：道家谓天上有黄金阙，为仙人或天帝所居。寥阳：寂寥空阔之境所见的太阳，多为道教用作宫殿名。

## 【□[①]·甜水令】四首其二·炉中炼出灵丹药

炉中炼出灵丹药，雷震采茶苗。明月清风杖头挑，不挂椰瓢[②]。

老犁注：①□：此小令缺宫调。②椰瓢：用椰子壳剖开做成的瓢子。虽是南方所产之物，但从元明开始北方已有人使用。因其比葫芦瓢坚实耐用，故常用做饮酒的器具，很多酒肆就以挂椰瓢来做望子，以招徕顾客。

## 【仙吕·寄生草】冬

彤云布，瑞雪飞。乱飘僧舍茶烟湿，寒欺酒价增添贵，袁安[①]紧把柴门闭。暗香浮动月黄昏，梅花漏泄春消息。

老犁注：①袁安：东汉人。《后汉书·袁安传》李贤注引晋周斐《汝南先贤传》：“时大雪积地丈余，洛阳令身出案行，见人家皆除雪出，有乞食者。至袁安门，无有行路，谓安已死，令人除雪入户，见安僵卧。问何以不出，安曰：‘大雪人皆饿，不宜干（干扰，打扰）人。’令以为贤，举为孝廉。”后以“袁安卧雪或袁安高卧”指身处困穷不乞求于人、坚守节操的行为。

## 【仙吕·锦橙梅】厮收拾

厮收拾厮定当[①]，越拘束着越荒唐。入门来不带酒厮禁持[②]，觑不得娘香胡相[③]。恁娘又不是女娘[④]，绣房中不是茶坊，甘不过这不良[⑤]。唤梅香[⑥]，快扶入那销金帐[⑦]。

老犁注：①厮：相互。定当：妥帖。②厮禁持：相互拘束。禁持：拘束，折磨。③觑不得：见不得。觑 qù：窥视，偷偷地看。香胡相：散着香气且衣衫凌乱的样子。④恁 nèn：这，那。女娘：妇女的通称。⑤甘不过：甜蜜不过。不良：犹冤家，男女间的昵称。⑥梅香：婢女的代称。⑦销金帐：嵌金色线的精美的床帐。

## 【南吕·骂玉郎过感皇恩采茶歌】十首其三·仙家道可道

仙家道可道非常道[①]，山涧下盖一座草团标[②]，一任您龙争虎斗干戈闹。这个是白面猿，朱顶鹤，相随着。　　俺则待丫髻环绦[③]，草履麻袍[④]。闲时节摘藤花，掘竹笋，采茶苗。或时炉中炼丹，闲访渔樵。共知交，饮浊醪[⑤]，乐陶陶。　　系一抹吕公绦[⑥]，挂一个许由瓢[⑦]，不强如乌靴象简紫罗袍[⑧]！白发催人容易老，贵人头上不曾饶。

老犁注：①道可道非常道：此《道德经》首句。②草团标：亦作草团瓢。圆形茅屋。③丫髻：丫形发髻。未成年女子扎此发型。成仙道士也有扎此发型，如汉钟离。环绦：用丝编成的腰带。④草履：草鞋。麻袍：麻布作的袍子，借指粗布衣。⑤浊醪 láo：浊酒。用糯米、黄米等酿制的酒，酒液较混浊。⑥吕公绦：衣带名。两头有五色丝绦，传说八仙中的吕洞宾常用之，故名。⑦许由瓢：泛指隐者舀水的器皿。典出汉蔡邕《琴操·箕山操》："（许由）无杯器，常以手捧水而饮之。人见其无器，以一瓢遗之。由操饮毕，以瓢挂树。风吹树动，历历有声，由以为烦扰，遂取损之。"⑧不强如：不强似，不胜过。乌靴：古代官员所穿的黑色靴子。象简：即象笏，象牙制的手板。古代品位较高的官员朝见君主时所执，供指画和记事。紫罗袍：紫色的丝织袍子。古代三品以上的官员才有资格穿紫袍。泛指高官。

## 【中吕·迎仙客】六月

庭院雅，闹蜂衙[①]，开尽海榴[②]无数花。剖甘瓜，点嫩茶。笋指[③]韶华，又过了今年夏。

老犁注：①蜂衙：指群蜂早晚聚集，簇拥蜂王，如旧时衙门官吏上班或下班时去参见衙门最高长官。②海榴：山茶花。③笋指：形容女子洁白纤嫩的手。

## 【中吕·满庭芳】十九首其十·花残暮春

花残暮春，芳心恨冗[①]，眉黛愁新。幸然有个人存问[②]，婆婆处分特狠[③]。许下物腾本[④]的要稳，苦了钱然后成亲。转首便绝了情分，点茶汤也犯本[⑤]，旦陪笑俺娘嗔[⑥]。

老犁注：①恨冗：恨长。冗：多余。②存问：问候。③婆婆：老年妇女，指媒婆。处分：处理。特狠：特别狠心。④许下物：答应下的物品。腾本：犹翻本。许出去的本钱拿回来。⑤犯本：费本，花费本钱。⑥旦：天亮。嗔 chēn：生气。

## 【中吕·红绣鞋】三十首其四·不甫能

不甫能[①]寻行个题目，点银灯推看[②]文书，被肉铁索夫人[③]紧缠住。又使得他[④]煎茶去，又使得他做衣服。倒熬[⑤]得我先睡去。

老犁注：①不甫能：才能够；好容易。②推看：寻求观看。③肉铁索夫人：指与其偷情的女子。肉铁索：肉欲做成的铁索。④又使得他：又答应他。⑤熬：疲劳。

## 【商调·梧叶儿】惠山寺

梅竹歧[①]通县，伽蓝[②]屋傍崖，泉水篆[③]闲阶。印月曹溪派[④]，松风雪浪[⑤]斋，童子扫莓苔，怕七碗卢仝[⑥]到来。

老犁注：①歧：岔路。②伽蓝：佛寺。③篆：如篆字一样流过。④曹溪派：禅宗六祖慧能在韶州的曹溪山建寺弘佛，成为禅宗南宗，故称“曹溪派”。⑤雪浪：鲜白的茶水。⑥卢仝：唐诗人，他嗜茶成癖，有《七碗茶》诗，被世人誉为茶仙。

## 【双调·沉醉东风】十二首其二·羊羔酒香浮玉杯

羊羔酒香浮玉杯，凤团香冷彻金猊[①]。锦儿掌上珍，红袖楼前立。画堂深醉生春意，一任门前雪片飞，飘不到销金帐[②]里。

老犁注：①凤团：宋时贡茶名。金猊 ní：香炉的一种。炉盖作狻猊形，空腹。焚香时，烟从口出。②销金帐：嵌金色线的精美的床帐。

## 【双调·沉醉东风】十二首其十一·闻晓露

闻晓露藤摘紫花，听春雷茶采萌芽。挑蕨[①]羡煮羹，钓鲤新为鲊[②]。早食罢但得些闲暇，自锄了青门半亩瓜[③]，老瓦盆边醉煞。[④]

老犁注：①挑蕨：挑选蕨菜。②鲊 zhà：一种用盐和红曲腌的鱼。③此句：化自“召平青门种瓜”之典。④老瓦盆：粗糙的陶制饮器。醉煞：醉到极点了。

## 【双调·寿阳曲】妓张五儿

本儿五，利五张[①]，不比那贩茶船纸糊的屏障[②]。得他来买纸风月乡，爱的是脸儿红那些模样[③]。

老犁注：①本儿五，利五张：本是张五儿，利是五儿张。②此句：贩茶的冯魁虽是纸糊的依靠，可我连这都没有。③此句：大意是找他来买张进入风月场的门票，他要的只是我娇美的样子。风月乡：声色场所。

## 【双调·庆宣和】十三首其十·充腹黄粮

充腹黄粮[①]暖炕柴，送老山斋[②]。枸杞茶甜如蕨薇[③]菜，去来[④]，去来。

老犁注：①黄粮：即黄粱。②山斋：山中居室。③蕨薇：蕨和薇都是野菜。④去来：离去。来，语气助词。犹“走了”。

## 【双调·水仙子】冬

彤云[①]密布雪花飞，暖阁毡帘簌[②]地垂。忆当时扫雪烹茶味，争如饮羊羔潋滟杯[③]，胆瓶中温水江梅[④]。试宛转歌《金缕》[⑤]，按蹁跹舞玉围[⑥]，尽醉方归。

老犁注：①彤云：下雪前密布的浓云。②簌 sù：象声词，帘子滑落的声响。③争如：怎么比得上。羊羔：指羊羔酒。潋滟杯：酒水荡漾的杯子。④江梅：一种野生梅花，又称野梅。风雅之人常将其插胆瓶中用于观赏。⑤《金缕》：唐杜秋娘有《金缕衣》诗：劝君莫惜金缕衣，劝君惜取少年时。花开堪折直须折，莫待无花空折枝。⑥蹁跹：形容轻快地跳舞。玉围：玉带围腰。

## 【双调·殿前欢】十一首其二·忆多情

忆多情，忆多情直赶到豫章城[①]。贩茶船险逼煞[②]冯魁命，兀的不见浪子[③]苏卿。他不由粝娘劣柳青[④]，无媒证，直嫁与个临川令[⑤]。知他是双生[⑥]爱我，我爱双生。

老犁注：①豫章城：双渐苏卿爱情故事中，因苏卿被冯魁买走，双渐从金山寺一直追赶到豫章城（今南昌）后，两人相见才双双私奔。②煞：同杀。③兀的：犹言怎的。浪子：指双渐。④柳青：指鸨母。原是唐妓女名，因曲牌有【柳青娘】之故，文人借此以柳青娘来指鸨母，省称柳青。⑤临川令：双渐高中后任了临川县令。⑥双生：双渐。

## 【双调·十棒鼓】四首其一·将家私弃了

将家私弃了，向山间林下；竹篱茅舍，看红叶黄花。待学那邵平[①]，邵平多种瓜；闷采茶芽，闲看青松猿戏耍，麋鹿衔花。舟横在古渡，古渡整钓槎[②]，夕阳西下。把《黄庭》《道德》[③]都看罢，别是生涯[④]。

老犁注：①邵平：秦朝时期被封为东陵侯，负责看护管理始皇帝生母赵姬之陵寝。秦为汉灭，沦为布衣，于长安城东南霸城门外种瓜，瓜味鲜美，皮有五色，世人称之“东陵瓜”。有“东门瓜”之典。②钓槎：钓鱼小船。③《黄庭》《道德》：即《黄庭经》和《道德经》。④别是生涯：另一番人生。生涯：生命、人生。

## 【双调·沽美酒过快活年】二首其一·黄超斯恋缠

黄超[①]断恋缠，冯魁又倚着家缘[②]，俺软弱双郎又无甚钱。苏卿这里频频的祝愿，三件事告神天。　　只愿的霹雳火烧了丽春园，天索[③]告圣贤，圣贤。浪滚处冲翻了贩茶船，休惊着双知县[④]。称了平生愿，深谢天。

老犁注：①黄超：“双渐与苏卿”故事中的小官吏，为达到占有苏卿的目的，专门造了丽春园让苏卿落脚，但终未遂，却让茶商冯魁串通老鸨占了先。元曲中还有称其为“黄肇”或“黄召”。②冯魁：买走苏卿的贩茶客。家缘：妻子。③天索：老天流着泪。索：涕泪流出貌。④双知县：指双渐。双渐高中后出任临川县令。

## 【双调·一锭银过大德乐】双姬二首其一

珍珠包髻翡翠花，一似现世的菩萨。绣袄儿齐腰撒跨[①]，小名儿唤做茶茶[②]。
对月临风想念着他，想着他浅画蛾眉，乌云亸鬓鸦[③]。仙肌香胜雪，娇容美赛花。时时将简贴[④]，暗暗寄与咱。拘束得人怕，章台[⑤]曾系马。更敢胡踏[⑥]，茶房酒肆家。

老犁注：①齐腰撒跨：也作吊腰撒跨。谓扭捏作态。②茶茶：元时称呼少女。③乌云：喻乌发。亸 duǒ：下垂。鬓鸦：形容鬓发稠黑如鸦色。④简帖：书信，书简。⑤章台：汉时长安城中的街名。后泛指妓院聚集之地。⑥胡踏：乱进。

## 【黄钟·醉花阴】思忆

【出队子】（略）【幺篇】二三朝不见，浑如隔了十数年。无一顿茶饭不萦牵，无一刻光阴不怅念，无一个更儿里[①]将他不梦见。

老犁注：①更儿里：“更”的口语化。更：旧时夜间计时单位，一夜分为五更。

## 【正宫·月照庭】古岸苍苍

【幺】古岸苍苍，寂寞渔村数家，茶船上那个娇娃，拥鸳衾[①]，攲珊枕[②]，情绪如麻。愁难尽，闷转加。

老犁注：①鸳衾 qīn：绣着鸳鸯的锦被。②攲 yǐ：古通倚，斜靠着。珊枕：以珊瑚制作或装饰的枕头。

## 【南吕·一枝花】春雪

【梁州第七】担阁了闺院女西园斗草[①]，误了你也富贵郎南陌东郊。只见白茫茫迷却前村道。那里也游蜂采蕊，那里也紫燕寻巢，那里也莺声恰恰，那里也蝶翅飘飘。洒歌楼酒力微消，望江天万里琼瑶。恰便似银砌[②]就枯木寒鸦，玉琢就冰枝冻雀，粉妆成野杏山桃。浅桥，填了。负薪樵子归岩峤[③]，渔翁冷怎垂钓？古寺里山僧煮茗瀹，对景寂寥[④]。

老犁注：①担阁：亦作耽搁。拖延；耽误。斗草：亦称斗百草。一种古代游戏。竞采花草，比赛多寡优劣，常于端午行之。②银砌：结冰的台阶。③岩峤 qiáo：险峻的山峰。④寂寥：寂静空旷。

## 【南吕·一枝花】道情

【梁州】流水绕一村桑柘[①]，乱山围四壁烟岚。颠峰倒影澄波蘸[②]。遥岑叠翠，远水挼蓝。鸢飞鹭落，鱼跃深潭。偃怡场[③]水府山岩，安乐窝土洞石龛。景不嫌物少人稀，食不厌茶浑酒淡，家不离水北山南。有何，不堪？篮舆[④]到水轻舟泛，稼穑外得时暂[⑤]。闲饮渔樵酒半酣，阔论高谈。

老犁注：①桑柘：桑木与柘木。是农村从事农桑劳作所栽种的重要树木。②澄波蘸：峰影沾上了清波。澄波：清波。蘸，沾上。③偃怡场：安乐的地方。犹安乐窝。偃：躺下，指安乐貌。怡：快乐。④篮舆：以人力抬着供人乘坐的古代交通工具（类似后世的轿子），形制不一。⑤时暂：暂时。指耕种收获外可以暂时休闲。

## 【中吕·粉蝶儿】三首其一·男子当途

【二煞】一个要白熟饼烂煮羊，一个要炊香秔辣爨鱼[①]，同茶同饭同樽俎[②]。醉来时枕遍黄金串，情极处亲偎白玉肤，相怜处。到夏里洒扫净凉亭水阁，到冬来安排着暖阁红炉。

老犁注：①秔 jīng：同粳。辣 cì：象声词，指鱼入油锅时的声响。爨 zuǎn：烹。②尊俎 zǔ：古代盛酒肉的器皿。尊（同樽）以盛酒，俎以盛肉。后来常用做宴席的代称。

## 【般涉调·耍孩儿】拘刷行院[1]

【三】江儿里水[2]唱得生，小姑儿听记得熟。入席来把不到三巡酒，索怯薛侧脚安排趄[3]，要赏钱连声不住口，没一盏茶时候，道有教坊散乐[4]，拘刷烟月班头[5]。

老犁注：①拘刷：全部收禁、收缴或扣留。行 háng 院：金、元时代指妓女或优伶的住所，有时也指妓女或优伶。也作衏衏 hángyuàn。②江儿里水：指梨园曲牌【江里水】。③怯薛：又称怯薛军，指代蒙古帝国和元朝的禁卫军，是由成吉思汗亲自组建的的一支军队。趄 qiè：斜靠，身斜。此句意思是缠着怯薛军士放任的往他身上靠。④散乐：包含着各种民间音乐因素的百戏。亦指民间剧团或艺人。这里指艺人。⑤烟月班头：风月场中的班头。烟月：烟花风月。指风流韵事。

## 【越调·斗鹌鹑】元宵九首其三

半世飘蓬，闲茶浪酒[1]，十载追陪，狂朋怪友。倚翠偎红，眠花卧柳[2]。怪胆儿聪，耍性儿柔。成会了心厮爱[3]夫妻，情厮当[4]配偶。

老犁注：①闲茶浪酒：指风月场中的吃喝之事。②倚翠偎红，眠花卧柳：喻狎妓。③心厮爱：心相爱。厮：相互。④情厮当：情相配。

## 【越调·斗鹌鹑】妓好睡

【紫花儿】西厢底莺莺[1]立睡，茶船上小卿[2]着昏，东墙下秀英[3]如痴。真乃是弃生就死，便休想废寝忘食。休题，除睡人间总不知。正是困人天气，啼杀流莺，叫死晨鸡。

老犁注：①莺莺：指唐代元稹小说《莺莺传》中的女主人公崔莺莺。②小卿：《双渐小卿》故事中的苏小卿。③秀英：《杨秀英告状》中的主人公杨秀英。

## 【双调·风入松】四首其三·夜阑深院暮寒加

【沉醉东风】全不想对月撚香剪发[1]，指神誓奠酒[2]浇茶。信口开，连心耍，向娼门买行踏[3]。但有半句儿真诚敬重咱，无样般相思报答。

老犁注：①对月撚香剪发：对着月亮捻香剪发发誓。撚 niǎn：同捻，用手指搓转。②奠酒：祭祀时的一种仪式，把酒撒在地上。③行踏：行走。

## 【南吕·一枝花】急流勇退

【梁州】昨日闹垓垓兵临孟水[①]，今日冷清清草满章华[②]。叹兴亡世事如嚼蜡。则不如半篘绿蚁[③]，啜一盏清茶。感时怀苦，对景嗟呀[④]。水穿云碧玉流霞，山叠翠青锦蒙纱。黄菊绽猛兽睁睛，红叶落火龙退甲。苍松盘怪蟒张牙。景幽，静雅。一轮皓月林梢挂，醉后将骞驴[⑤]跨。稚子[⑥]山妻引到家，煞强如大纛高牙[⑦]。

老犁注：①垓垓 gāi：多而杂乱貌。孟水：黄河支流，在河南孟津。②章华：章华台，楚离宫名。③篘 chōu：一种竹制的滤酒器具。绿蚁：指浮在新酿米酒上的绿色泡沫。借指酒。④嗟呀：惊叹；叹息。⑤蹇 jiǎn 驴：跛蹇驽弱的驴子。⑥稚子：幼子。⑦煞强如：确实胜过，超过。大纛高牙：军中的旗帜，比喻声势显赫。大纛 dào：古代行军中或重要典礼上的大旗。高牙：大纛，高大的牙旗。

---

**勾龙纬**（生卒不详）：据雍正《四川通志·三十三卷》载其为四川人。据清《御选元诗姓名爵里》载，其官太常博士（见荆门志），余不详。

---

## 题惠泉寄知军郎中[①]

崎岖荆门山，丛起为东扼[②]。阳冈[③]盘气势，阴窦融液脉[④]。源濯云根[⑤]移，流喷石罅[⑥]折。呀呀[⑦]两崖间，平阔才数席。环岸贮清泚[⑧]，古镜照秋色。恬风[⑨]不生纹，到底无隐物。鱼窥畏人见，虽渊不敢窟[⑩]。虾鳖性命微，无一来狼籍[⑪]。澄辉泛岚翠[⑫]，净影落天碧。潜花深囧囧[⑬]，荫树高窣窣[⑭]。清光照毛发，爽气洒肌骨。如入仙壶[⑮]中，亭宇何鲜饰[⑯]。瓶罂日来往，岸汲易为力[⑰]。短绠胡劳人[⑱]，轻舠[⑲]恰容客。有客时病痟[⑳]，凉酌咽冰蜜。古瓶试一沸，气烈声怒激。兔毫[㉑]小瓯面，浮起茗花[㉒]白。当时竟陵翁[㉓]，老死脚不历[㉔]。品第十九水，遗此良可惜。古传惠之名，今纪惠之实。饮之以蠲疴[㉕]，甘洁比灵液。决之以救旱，浸润侔膏泽[㉖]。此泉惠此土，惟日流不息。作诗颂惠泉，勉哉君子德[㉗]。

老犁注：①惠泉：在湖北荆门山。苏澈、苏轼各有《荆门惠泉》诗一首。知军郎中：以郎中出任知军的官员。知军：是“权知军州事”的简称。指暂时主持地方军队和民政事务的官员。因其所辖地往往是军事要地，通常以朝官派任，虽军的级别与州相同，但知军是军政一把抓，重要性要比州更大。郎中：朝廷各部中，位在尚书、侍郎之下的高级官员。②东扼：扼守东面。③阳冈：阳面的山冈。④阴窦：背阴面的岩穴。液脉：泉脉。⑤源濯：经山谷水源的洗涤。云根：深山云起之处。⑥石罅 xià：石头的缝隙。⑦呀呀：高耸貌；陡峭貌。⑧清泚 cǐ：清澈的水。⑨恬风：犹和风。恬：平静。⑩不敢窟：不敢巢居。⑪狼籍：纵横散乱貌。没有像鱼一样到处乱窜。⑫澄辉：清光。岚翠：苍翠色的山雾。⑬囧囧 jiǒng：光明的样子。⑭窣窣 sū：象声词。形容细小的声音。⑮仙壶：有“壶中仙客”之典。典出《后汉书·费长房传》载：长房见一个卖药的老翁，收摊即躲入随带的壶中，后老翁邀其入壶，而壶中却别有天地。后道家便称此壶为一壶天。⑯鲜饰：鲜艳装饰。⑰为力：用上力。⑱短绠 gěng：短的汲水绳。胡劳人：（绳短打水）乱劳累人。⑲轻舠 dāo：轻快的小舟。⑳痟 xiāo：痟渴，中医指糖尿病、水崩症等。㉑兔毫：指兔毫盏（一种茶杯）。㉒茗花：煮茶时产生的浮沫。㉓竟陵翁：陆羽，号竟陵子。㉔脚不历：脚走不到。历：遍，到。㉕蠲疴 juānkē：除去疾病。㉖侔 móu：等同。膏泽：滋润的雨水。㉗勉哉君子德：努力实现君子的德行啊！

---

**文质**（生卒不详）：字学古（一作学固），号海屋，晚号雁门叟，元甬东（今浙江舟山）人，寓居吴郡娄江（今江苏昆山）。约1338年前后在世。学行卓然，词章奇放，好为长吉（唐李贺字长吉）体。善酒酣长歌，声若金石。尝与杨维桢夜行，遇挑梅花灯者，杨命赋一诗，立就。年九十六卒。《元诗选》录其诗19首，题为《学古集》。

---

## 和九成韵寄玉山主人[①]二首其一

我爱虎头[②]公子贤，高怀历历泻长川[③]。酒樽花底分秋露，茶灶竹间生白烟。
日落渔庄听雨坐，风微草阁看云眠。西凉[④]进士曾留别，应说相逢十日前。

老犁注：①九成：元湖州吴兴人郯韶（字九成）。玉山主人：指元代昆山人顾瑛（字仲瑛），其在昆山建有著名的玉山草堂。②虎头：谓头形似虎，古时以为贵相。③高怀：大志；高尚的胸怀。历历：清晰貌。长川：长的河流。④西凉：古称凉州，在今甘肃一带。

---

**邓玉宾**（生卒籍里不详）：钟嗣成《录鬼簿》称其为“前辈名公乐章传于世者”，主要活动于元世祖至元末（1294）至文宗天历（1330）之间，约与贯云石同时。曾官同知，后“急流中弃官修道”。工散曲，作品散见《太平乐府》及《北宫词纪》中。《全元散曲》收其小令4首。明朱权《太和正音谱》评其词“如幽谷芳兰”。

---

## 【中吕·粉蝶儿】丫髻环条[①]

【上小楼】（略）【幺】俺只会春来种草．秋间跑药[②]。挽[③]下藤花，班[④]下竹笋，采了茶苗。化下道粮[⑤]，攒[⑥]下菜蔬，蒲团闲靠，则待倚南窗和世人相傲[⑦]。

老犁注：①丫髻：古代，凡未成年或成年但未婚嫁的女子，多将头发集束于头顶两侧，编结成髻，左右各一，与树枝丫杈相似。故有“丫头”之称。环条：应是“环绦 tāo”之误。指用丝编成的腰带。②跑 páo 药：挖掘药材。跑通刨。③挽：拉。④班：分开，即掰断。采集山间细长的野笋将其掰断称“班”。⑤道粮：修道用的口粮。⑥儹 zǎn：同攒。积聚，积蓄。⑦相傲：相互藐视。

---

**卢挚**（1242~1314）：字处道，一字莘老，号疏斋，又号蒿翁。元涿郡（今河北涿县）人。至元五年（1268）进士，任过廉访使、翰林学士。诗文与刘因、姚燧齐名，世称“刘卢”“姚卢”。与白朴、马致远、珠帘秀均有交往。著有《疏斋集》（今佚）《文心选诀》《文章宗旨》。今人李修生有《卢疏斋集辑存》，隋树森《全元散曲》录存其小令 120 首。

---

## 游茅山[①]五首其三

竹杪[②]飞亭枕石泉，松坛[③]香雾散茶烟。鸟声记得夜来雨，鹿梦[④]惊回别有天。

老犁注：①茅山：山名。在江苏句容县，原名句曲山。相传有汉茅盈与弟衷、固采药修道于此，因改名茅山。《南史·隐逸传下·陶弘景》：“止于句容之句曲山，恒曰……昔汉有三茅君得道来掌此山，故谓之茅山。”南梁陶弘景在此创建道教茅山派（即上清派）。②竹杪 miǎo：竹枝的末梢。③松坛：松木搭建的祭坛；或周围遍植松树的台子。④鹿梦：据《列子·周穆王》载，春秋时，郑国樵夫打死一只鹿，怕被别人看见，就盖上蕉叶隐藏起来，后来他去取鹿时，忘了所藏的地方，于是就以为是一场梦。后以“鹿梦”比喻得失荣辱如梦幻。

## 蝶恋花·越水涵秋[①]

越水涵秋光似镜。泛我扁舟，照我纶巾[②]影。野鹤闲云[③]知此兴。无人说与沙鸥省[④]。　　回首天涯江路[⑤]永。远树孤村，数点青山暝[⑥]。梦过煮茶岩下听。石泉呜咽[⑦]松风冷。

老犁注：①原诗题注：鄱江（今鄱阳县境的饶河，鄱阳湖支流）舟夜，有怀余干（鄱阳县西南邻县）诸士，兼寄熊东采甫（熊朝，字东采，江西余干西北人。度宗咸淳七年进士。宋亡不仕。甫通父，对男性长辈的通称）。越水：指江南地区的江河之水。②纶 guān 巾：古代用青色丝带做的头巾。③野鹤闲云：幽闲孤高的鹤和来去无定的云。常用以形容人闲散自由。④沙鸥：栖息于沙滩、沙洲上的鸥鸟。省 xǐng：明白，醒悟。⑤江路：江河航道或航程。⑥暝 míng：天色昏暗；天黑。⑦呜咽：形容低沉凄切的声音。

## 【中吕·朱履曲】十首其五·恰才见同云旋磨[1]

恰才见同云旋磨[2]，便相邀老子婆娑[3]，似台榭杨花点青蛾[4]。那些是风流处，这才是雪儿歌，便有竹间茶也不用他[5]。

老犁注：①原曲有序：雪中，黎正卿招饮，赋此五章，命杨氏歌之。②恰才：刚才。同云：一种自然天象。指下雪之前，天空呈现同一云色，即浓淡一样，这种天象预示着雪花马上下落。因以“同云”为降雪之兆。旋磨：来来回回显现。③老子婆娑：指男子自夸襟怀豪放。婆娑：放逸不羁的样子。出自《晋书·陶侃传》：“将出府门，顾谓愆期曰：‘老子婆娑，正坐诸君辈。’”④杨花：柳絮。喻雪。青蛾：美人的眉毛。⑤此句：即使有竹间茶，我也不想品饮了，因为有了雪花和美女。

## 【双调·沉醉东风】闲居三首其三

学邵平[1]坡前种瓜，学渊明篱下栽花。旋凿开菡萏池[2]，高竖起荼蘼[3]架，闷来时石鼎[4]烹茶。无是无非快活煞[5]，锁住了心猿意马。

老犁注：①邵平：秦故东陵侯邵平，秦灭后为布衣在长安东门外隐居种瓜。有“东门瓜”的典故。②旋 xuán：随即，很快。菡萏 hàndàn：荷花的别称。③荼蘼 túmí：又写作荼縻、酴醿。直立或攀援的落叶灌木，搭架子可利于其攀爬生长，其花开在春末夏初，凋谢后即表示花季结束，所以有完结的意思。“开到荼蘼花事了”出自宋王琪的《春暮游小园》。④石鼎：陶制的烹茶炉具。⑤快活煞：快活得恨。

## 【双调·蟾宫曲】五十五首其三·奴耕婢织

奴耕婢织生涯[1]，门前栽柳，院后桑麻。有客来，汲清泉，自煮茶芽。稚子[2]谦和礼法，山妻[3]软弱贤达。守着些实善[4]邻家，无是无非，问甚么富贵荣华。

老犁注：①生涯：生计。②稚子：小孩。③山妻：隐士之妻。④实善：诚善。

## 【双调·寿阳曲】九首其三·诗谁咏

诗谁咏，画怎描，欠[1]渔翁玉蓑独钓。低唱浅斟金帐[2]晓，胜烹茶党家[3]风调。

老犁注：①欠：痴。②金帐：销金帐。华美的帷帐、床帐。③党家：指“党姬烹茶”之典中太尉党进的家。借指粗俗之家。

---

**卢琦**（1306~1362 年）：字希韩，号圭峰、立斋，元惠州（今福建泉州惠安县）人。顺帝至正二年进士，授州录事，迁永春县尹，赈饥馑，止横敛，均赋役，讼息民安。

改宁德县尹。历官漕司提举，除知平阳州，未上卒。世居圭峰之下，故所著曰《圭峰集》（元陈诚中所编）。其为元末闽中文学四大名士之一，《惠安县志》评价其诗“出元代三十大家之上”。

## 赠片云上人[①]

曾忆相逢月台[②]下，清谈犹自带烟霞[③]。避喧[④]却爱山中寺，访旧还寻海上槎[⑤]。
石鼎烹茶分野水[⑥]，纸窗剪烛看檐花[⑦]。定知归去松萝[⑧]路，犹向云间采药芽。

老犁注：①片云上人：一位叫片云的上人（对和尚的尊称）。②月台：赏月的露天平台。③清谈：清雅的谈论。烟霞：云霞。泛指山水隐居地。④避喧：谓避离喧嚣的尘世。⑤访旧：探望老朋友。海上槎：传说中能乘往天河的船筏。⑥石鼎：陶制的烹茶炉具。野水：野外的水流。⑦剪烛：语出李商隐《夜雨寄北》：“何当共剪西窗烛，却话巴山夜雨时。”后以“剪烛”为促膝夜谈之典。檐花：靠近屋檐开的花。⑧松萝：即女萝。体呈丝状，附着在松树或石上。这里借指山林。

## 客建宁别李季昌[①]

壶公山[②]前曾赋别，越王山[③]下还论文。采茶夜煮南浦[④]雨，寻山晓踏西岩云。
青囊经[⑤]在君能说，丹鼎功[⑥]成我欲分。客舍明朝又南北，凉飙[⑦]送叶秋纷纷。

老犁注：①建宁：今建瓯，建州州（府）治所在地。李季昌：人之姓名，生平不详。②壶公山：在福建莆田。③越王山：公元前334年至前110年，越王勾践的七世孙无诸，曾在闽北建立过一个闽越国，后被汉武帝派兵所灭。闽越王城在今南平市北约20公里的崇阳溪边。王城周围皆山，故称越王山。④南浦：南面的水边。⑤青囊经：为秦末汉初黄石公所撰，是中国历史上第一本有文字记载的风水经书。全书虽只有400多字，但在中国古代哲学体系下，《青囊经》确立了“风水学”的具体哲学思想和理论体系。“青囊”后多指古代术数家盛书和卜具之囊。借指卜筮之术。⑥丹鼎功：道家五大秘门丹鼎门所练的功法。⑦凉飙：秋风。

## 广信[①]道中

瘦马还从广信过，一番天气又清和。青梅[②]树暗人家少，黄犊泥深野水多。
南浦采茶供岁贡，北人缓辔听蛮歌[③]。平生漫说封侯[④]事，不道年来鬓已皤[⑤]。

老犁注：①广信：今上饶。②青梅：梅子立夏后成熟。生者青色，叫青梅；熟者黄色，叫黄梅。③北人：泛称北方之人。缓辔 pèi：谓放松缰绳，骑马缓行。蛮歌：南方少数民族之歌。④漫说：别说，不要说。封侯：封拜侯爵。泛指显赫功名。⑤不道：犹言不知不觉。年来：近年以来或一年以来。皤 pó：白色。

## 寄天竺长老住集庆龙翔寺[①]二首其二

老僧[②]召对金鸾殿，喜动龙颜坐赐茶。三宿观堂谈般若[③]，九重春色[④]上袈裟。

海涛东去龙藏钵[⑤]，鸿雁南飞月在沙。归卧江心旧禅榻[⑥]，妙高峰[⑦]上望京华。

老犁注：①天竺：指杭州天竺山。长老：住持僧的尊称。龙翔集庆寺：又称大龙翔集庆寺。是南京元朝时一座规模巨大，地位显赫的寺庙，号称“金陵首刹”“天下第一禅林”，它是在元文宗图帖睦尔（元朝第八位皇帝）的潜邸（又称潜龙邸，皇帝即位前的住所）上修建。②老僧：指天竺寺高僧大欣禅师。当时他被元文宗图帖睦尔请到南京龙翔集庆寺担任住持。③三宿：三夜。谓时间较久。观堂：斋堂；也称五观堂。僧人吃饭前要“食存五观”，即先做五种观想。般若：最高智慧。④九重春色：指帝王的恩惠。九重：帝王。⑤龙藏：龙宫的经藏。指佛家经典。钵：衣钵。⑥禅榻：禅僧坐禅用的坐具。⑦妙高峰：佛教传说中的最高峰。

## 和叶知事题郁山房[①]

曾到招提[②]旧宿房，衣巾飒飒[③]夜清凉。砌苔绿裛[④]松花嫩，窗日红低竹影长。

时为烹茶薰石鼎[⑤]，频呼沽酒[⑥]过邻墙。追随方外无由得[⑦]，一笑浮生逐稻粱[⑧]。

老犁注：①叶知事：一位姓叶的知事。知事：官名。元朝司一级的属官，为经历之副职，掌理案牍和管辖吏员。郁山房：山房名。②招提：寺院的别称。③飒飒sà：象声词。这里指衣巾被风吹动的声音。④裛yì：同浥，沾湿。⑤石鼎：陶制的烹茶炉具。⑥沽gū酒：买酒。⑦方外：世外。无由得：没有门径去得到结果。⑧浮生：语本《庄子·刻意》：“其生若浮，其死若休。”以人生在世，虚浮不定，因称人生为浮生。稻粱：稻和粱，谷物的总称。这里指一生为了吃饱肚子而奔波。

## 雩都县西禅田寺有生佛甚灵殿后有竹十三竿云是佛在日所敲之竹即今存焉[①]

忽闻生佛到禅关[②]，花木深深作翠团。座上真身[③]千百载，窗前敲竹十三竿。

苔封古砌廊庑[④]尽，秋入山门风雨寒。啜罢茶瓯僧话别，孤舟催客泊前滩。

老犁注：①标题断句及注释：雩都县西禅田寺，有生佛甚灵，殿后有竹十三竿，云是佛在日所敲之竹，即今存焉。雩yú都县：今江西于都县。禅田寺：即今于都福田禅寺，为于都百刹之首。始建于梁天监年间，原址在于都大昌村。至唐开元年间，迁建城西。生佛：活佛。②禅关：禅门。③真身：佛教认为为度脱众生而化现的世间色身（以人的样子出现的身体）。佛、菩萨、罗汉等皆能化成人身。五代宋初时，高僧文佑禅师住锡福田禅寺，因其神异传奇之事流传颇广，被世人尊称为“生佛”。文佑禅师圆寂后，肉身至今犹存，现供奉于新建的福田禅寺之慈佑阁中。④苔封：

青苔长得把物体盖住了。古砌：旧台阶。廊庑：堂前的廊屋。

## 游林肃寺和林清源[1]先生韵

秋到人间才六日，闲寻野寺过莲华[2]。雷声忽度山中雨，雾气遥凝海上霞。

古院疏槐堪系马，荒城[3]落日又啼鸦。老僧不管兴亡事，独闭松扉[4]自煮茶。

老犁注：①林肃寺：寺院名，在何处不详。林清源：林泉生，字清源，号谦牧斋，更号觉是轩，元福州永福（今福建永泰县）人。文宗天历三年进士，授福清州同知，转泉州经历，累官翰林直学士、知制诰、同修国史。为文宏健雅肆，诗豪宕遒逸，为闽中名士，尤邃于《春秋》。有《春秋论断》《觉是集》。②莲华：即荷花。③荒城：荒坟。④松扉：松门。

## 题陈允中[1]山居卷（节选）

兴来即吟诗，客至但烹茗。抱琴暮出游，蕙帐[2]夜深冷。

老犁注：①陈允中：陈大用，字允中，南宋高安（今江宜春高安市）人。少好学，以科举不偶即弃去。②蕙帐：帐的美称。

## 中元[1]回家拜祭感怀（节选）

洁膳孝养复何有[2]，幽轩[3]洒扫花竹妍。青藜之羹荐香饭[4]，翠壶[5]之茗烹清泉。

老犁注：①中元：农历七月十五（南方地区俗称“七月半”），这一天是汉族人祭祀亡故亲人、缅怀祖先的日子。②洁膳：洁净的饭食。孝养：竭尽孝忱，奉养父母。复何有：哪里还有？③幽轩：幽静有窗的小室。④青藜之羹：藜菜做的羹，泛指粗劣的食物。荐：进献。香饭：芳香的饭。⑤翠壶：翠色的玉壶。

## 赣州奉别卢州判[1]（节选）

公署日长绿绮[2]春，闾阎夜静寒机[3]早。等闲拄笏[4]情随逸，七碗月团吃不得[5]。

老犁注：①赣州：地名，在江西南部。卢州判：一位姓卢的州判。州判：官名。是协助州正副长官处理政务的官员。②公署：古代官员办公的处所。绿绮：绿色的丝绸。喻春天绿色的草木。③闾阎：里巷内外的门。后多借指里巷。寒机：寒夜的织布机。④等闲：随意，寻常。拄笏 hù：笏，手版。拄笏是“拄笏看山”之典的省称，形容在官而有闲情雅兴，或悠然自得貌。⑤此句：卢仝《走笔谢孟谏议寄新茶》诗中有“七碗吃不得也，唯觉两腋习习清风生”之句。月团：宋北苑贡茶。

**吉雅谟丁**（生卒不详）：字元德，燕山（今北京和河北北部一带）人，家镇江。鹤年之从兄。登至正戊子进士第，授定海县令，升奉化州（今浙江宁波奉化）知府，寻调昌国（今浙江舟山）知州，升浙东佥都元帅，后以直言忤权要，谪迁江右（约今江西大部），淹死于九江。为官有政绩，尤重农事。能属文作诗，今存诗九首，附《鹤年诗集》后以行。

## 鹤年弟尽弃纨绮故习清心学道特遗楮帐资其澹泊之好仍侑以诗[①]

谁捣霜藤万杵[②]匀，制成鹤帐隔尘氛[③]。香生芦絮[④]秋将老，梦熟梅花[⑤]夜未分。

枕上不迷巫峡雨[⑥]，床头常对剡溪云[⑦]。竹炉松火茶烟暖，一段清贞[⑧]尽属君。

老犁注：①标题断句及注释：鹤年弟尽弃纨绮故习，清心学道，特遗楮帐资其澹泊之好，仍侑以诗。鹤年：丁鹤年，字永庚，号友鹤山人。吉雅谟丁从弟。纨绮wánqǐ：精美的丝织品。故习：旧习惯。清心：指居心清正。遗：赠送。楮帐：纸帐，以藤皮茧纸缝制的帐子。亦指粗陋的帐子，一般为清贫之家或隐士所用。仍侑以诗：仍旧用诗来劝侑你。侑：劝侑。②霜藤：指经处理呈白色的藤皮。制作楮纸的材料，有楮皮、藤皮、茧等。万杵：喻长时间的捣杵。③鹤帐：隐逸者的床帐。这里指作者送的楮帐。尘氛：尘俗的气氛，犹红尘。④香生芦絮：秋天芦花盛开时散发的香气。⑤梅花：指纸帐上的梅花图案。⑥巫峡雨：指男女间幽会情欢。⑦剡溪云：指郯溪上飘荡的白云。郯溪在浙江嵊州市境内，这里曾经是隐士的乐园，阮肇、王羲之、戴逵、谢安等名人都在此流连忘返。王子猷雪夜访戴逵的故事就发生在这里。⑧清贞：清白坚贞。

**成廷圭**（约1298~约1367）：字原常，一字元章，又字礼执，元芜城（今江苏扬州）人。好读书，工诗。奉母居市廛，植竹庭院间，扁其燕息之所曰居竹轩。其自谓曰："吾仕宦无天分，田园无先业，学艺无他能，惟习气在篇什，朝哦夕讽，聊以自娱而已。"与河东（山西西南部，临汾一带）张翥为忘年友，载酒过从，殆无虚日。晚遭乱，避地吴中。卒年七十余。有《居竹轩集》。

## 舟中昼寝

篷窗[①]坐春雨，偏与睡相宜。襆被[②]支头稳，茶瓯破梦迟。

昔年为客惯，今日觉吾衰。无限沧洲[③]意，令人有所思。

老犁注：①篷窗：犹船窗。②襆fú被：用包袱裹束衣被，意为整理行装，犹卷铺盖。引为旅途中所用的铺盖卷。襆 fú：包扎。③沧洲：非地名的沧州，注意“州”和“洲”一字之差。沧洲是指滨水的地方，古时常用以称隐士的居处。

## 送澄上人[1]游浙东二首其一

浙水东边寺，禅房处处家。千崖无虎豹，二月已莺花。

晓饭天童[2]笋，春泉雪窦[3]茶。烦询梦堂[4]叟，面壁几年华。

老犁注：①澄上人：一位叫澄的上人（对和尚的尊称）。②天童：天童寺，在今宁波鄞州区东吴镇太白山。③雪窦：雪窦寺，在今浙江奉化溪口镇雪窦山。④梦堂：昙噩（1285~1373），俗姓王，字梦堂，号酉庵。元末临济宗僧，浙江慈溪人。

## 清泉寺[1]

何人泉上记清游，茶具横陈[2]晚未收。木叶尽随风扫去，万山清立寺门秋。

老犁注：①清泉寺：在今浙江永康市境内，传说三国时吴国太曾因饮此地清泉而病愈，孙权因赐“永保安康”四字以示旌表，并在此析地立县，命名“永康”，吴国太为此捐资建造了永康最早的寺庙“清泉寺”。②横陈：杂陈，横列。

## 同郑德明访宝昙上人[1]不遇赋此二绝其一

白云林下诵经寮[2]，隔岸香风远更飘。欲就禅床[3]吃茶处，倩人[4]扶过木长桥。

老犁注：①郑明德：郑元祐，字明德，号尚左生。处州遂昌人，迁钱塘，后寓平江（今苏州）。宝昙上人：即宝昙禅师，讳示应，江苏吴县人，俗姓王。②诵经寮 liáo：念经的茅舍。③禅床：指禅僧坐禅用的坐具。④倩人：雇请别人。

## 寄乌古孙干卿参议[1]

紫宸奏对出班[2]行，画省论思昼漏[3]长。三月不知烧笋味，一春还忆煮茶香。

几人白发黄花酒[4]，何处青山绿野堂[5]。扶植皇纲[6]在今日，中原草木仰辉光。

老犁注：①乌古：亦作于厥里、羽厥里。我国北方古族名。与敌烈部同为辽代两大强部。辽亡后被金降服，乌古人除有一部分参加耶律大石西征外，余多归服女真。金末元初，逐渐融合入女真、蒙古之内。乌古地域以海勒水（今海拉尔河）为中心，包括额尔古纳河及呼伦湖以东一带。以游牧为主，盛产良马。孙干卿：人之姓名，生平不详。参议：元明时中书省设置参议属官，掌管中书省左右司文牍，参决军国重事。②紫宸：宫殿名，天子所居。奏对：臣属当面回答皇帝提出的问题。出班：走出行列上奏。③画省：指尚书省。汉尚书省以胡粉涂壁，紫青界之（用紫色和青色，画其边框），画古烈士像，故别称“画省”。或称“粉省”“粉署”。昼漏：谓白天的时间。漏：漏壶，古代计时的器具。④黄花酒：菊花酒的别称。⑤绿野堂：唐裴度的别墅名。故址在今洛阳市南。裴度为唐宪宗时宰相，平定藩镇叛乱有功，晚年因宦官专权，辞官退居洛阳。于午桥建别墅，名曰绿野堂。裴度野服萧散，与白居易、刘禹锡等作诗酒之会，穷昼夜相欢，不问人间事。⑥皇纲：朝纲。

## 同诸公游西城木兰院[①]

三月西城风日好，短筇随意踏晴沙[②]。王孙不识蘼芜[③]草，童子来寻枸杞芽。

白发有人中卯酒[④]，清泉无火煮春茶。山扉[⑤]寂寂僧归晚，落尽辛夷[⑥]一树花。

老犁注：①诸公：泛称各位人士。西城木兰院：位于扬州市广陵区文昌中路的一座佛寺，始建于晋代，原在扬州城西门外，南宋嘉熙年间移建于现址，1978 年大部分建筑因道路拓宽而被拆除，今只存唐代开成三年（838）一小部分。②短筇 qióng：短杖。晴沙：阳光照耀下的沙滩。③王孙：指贵族子弟。蘼芜 míwú：多年生草本，叶似芹，秋开白花，有香气。或谓嫩苗未结根时名曰蘼芜，既结根后乃名芎藭（亦写作营窮。根茎皆可入药。以产于四川者为佳，故又名川芎。④中卯酒：醉在晨酒中。中 zhòng：遭受。卯酒：早晨喝的酒。⑤山扉：山野人家的柴门。⑥辛夷：指辛夷树或其花，木兰的别称。

## 宿宁境寺[①]

三月江南访积翁[②]，故人同约向山中。百年刺促[③]何为者，一日高闲[④]不负公。

斋阁对床[⑤]听夜雨，茶堂趺坐[⑥]足春风。雪滩[⑦]借地容吾隐，来往扁舟与子同。

老犁注：①宁境寺：在江苏吴江境内，全名宁境华严讲寺，由梁代卫尉卿陆僧瓒捐庄基而建，清末太平天国中被毁。②积翁：疑为高僧名。③刺促：惶恐不安。④高闲：清高闲适。⑤斋阁：亦作斋閤。指书房。对床：两人对床而卧。喻相聚的欢乐。⑥茶堂：是禅僧辩论佛理、招待施主、品尝香茶的地方。大寺院常设有茶堂。趺 fū 坐：盘腿端坐。⑦雪滩：因滩中砂石呈白色，故称。这里指宁境寺旁古吴淞江边的钓雪滩，“雪滩钓艇”曾是松陵（吴江别称）历史上著名的八景之一，曹孚曾有“雪飞滩上晴，水流滩下平。往来人断绝，独有钓舟横。”钓雪滩上还曾建有三高祠、钓雪亭等建筑。2004 年吴江市政府把宁境寺的华严塔移建该地。

## 甫里先生故宅是时马县尹葺其庙[①]

太湖三万六千顷，一代高贤独此翁。故宅有僧茶灶在，荒池无主鸭阑[②]空。

松陵[③]唱和知谁再，茅屋襟期[④]与我同。最爱长洲马明府[⑤]，艰危犹自挹高风[⑥]。

老犁注：①标题断句及注释：甫里先生故宅，是时，马县尹葺其庙。甫里先生：甫里即今吴县甪 lù 直镇。唐陆龟蒙曾居此。《新唐书·陆龟蒙传》：“或号天随子、甫里先生，自比涪翁、渔父、江上丈人。”马县尹：姓马的县令。葺：修葺。②鸭阑：即鸭栏。陆龟蒙有四大爱好：写作、品茗、斗鸭、钓鱼。他在甪直建有斗鸭池，池边有清风亭，亭四周砌有观鸭栏。他常在此与友人凭栏观斗鸭。③松陵：吴淞江的古称。亦是古吴江县的别称。④襟期：襟怀、志趣。⑤长洲：水中长形陆地。曾是苏州一处古苑名，故址在今苏州市西南、太湖北，是春秋时吴王阖闾游猎处。借指苏州。马明府：指姓马的县令。明府：汉代开始就有用“明府”称县令，唐以后成为县令的专称。⑥挹：引。高风：美善的风教、政绩。

## 和崔元初秋日舒怀感时叙旧情见乎辞[①]三首其三

潇洒君家[②]锦照堂，石泉秋水煮茶香。沿池篠簜[③]鞭尤润，当户蒲萄[④]叶半黄。

东馆[⑤]坏垣尘漠漠，西城残照晚苍苍。春时数听尚书履[⑥]，几送池边月色凉。

老犁注：①标题断句及注释：和崔元《初秋日舒怀感时，叙旧情见乎辞》。崔元：人之姓名，生平不详。感时：感慨时序的变迁或时势的变化。见乎辞：从言辞中流露出来。②君家：敬词。犹贵府，您家。③篠 xiǎo：小竹；簜 dàng，大竹。亦作篆簜、筱簜。④蒲萄：葡萄。⑤东馆：堂东边的学舍。⑥尚书履：典出《汉书·郑崇》载：郑崇被哀帝擢为尚书仆射，他几次求见哀帝进行谏诤，每次都拖着革履而来，哀帝笑着说：“我识郑尚书履声。”后以“尚书履”指尚书的官职。

## 至正二十一年春三月二日同孙大雅张孟肤糜仲明登虎丘访居中禅师不遇留题平远堂[①]

三月二日春增华，泛舟也到王珣[②]家。山中碧泉似醽醁[③]，岩下绿草如袈裟。

荒坟无人见白虎[④]，新城有树啼青鸦。居中老禅不得会，空索剑池[⑤]同煮茶。

老犁注：①标题断句及注释：至正二十一年春三月二日，同孙大雅、张孟肤、糜仲明登虎丘，访居中禅师不遇，留题平远堂。孙大雅、张孟肤、糜仲明：皆为作者友人。前两人都是江阴人。余不详。居中禅师：苏州虎丘云岩寺中一位叫居中的禅师。平远堂：在虎丘云岩寺内，元时就有此堂，明时被毁，后又重建，清时曾做过康熙的行宫。②王珣：东晋大臣、书法家，字元琳，丞相王导之孙。他与弟弟王珉舍宅为寺，终使虎丘成为一座佛教名山。虎丘山门前隔河照墙上有“海涌流辉”就源于他写的《虎丘记》中：“虎丘山，先名海涌山。”③醽醁 línglù：亦作醽渌，美酒名。④白虎：据传吴王阖闾死后葬于此地，三日后有白虎踞于山上，故名虎丘。⑤剑池：指剑池水。虎丘有剑池，传阖闾的扁诸、鱼肠两宝剑殉葬于此。剑池水当年清澈见底，可以汲饮。虎丘水曾被陆羽评为“天下第五泉”。

## 周平叔夜宿崇明寺海云楼偕罗成之隐君文长老及卢隐君以沙头双瓶为韵各赋诗四首次韵卷后[1]其三

天台老衲两眉庞[2]，自起高楼枕石杠[3]。煮茗别开留客处，论文多近坐禅窗。
冥鸿[4]散去犹相逐，独鹤[5]飞来不作双。明发[6]仙舟上霄汉，定传诗话满沧江[7]。

老犁注：①标题断句及注释：周平叔夜宿崇明寺海云楼，偕罗成之隐君、文长老及卢隐君，以“沙头双瓶”为韵，各赋诗四首，次韵卷后。周平叔：人之姓名，生平不详。崇明寺海云楼：在何处不详。罗成之隐君、文长老及卢隐君：前后两位是隐士，中间一位是和尚，生平均不详。沙头双瓶：出自杜甫《醉歌行》：“酒尽沙头双玉瓶，众宾皆醉我独醒”。②眉庞：庞眉。眉毛黑白杂色，形容老貌。庞：杂乱。③枕石杠：枕于石杠上。喻隐居山林。石杠：亦作石矼，置于水中供人渡涉的踏脚石；一说为石桥。④冥鸿：高飞的鸿雁。指高才之士或有远大理想的人。⑤独鹤：孤鹤；离群之鹤。⑥明发：早晨起程。⑦沧江：沧浪之江水。常指归隐之处。

## 熊松云画秋林诗意图送蔡伯雨道士归上清松云在淮阴今其来因见题以赠之就以柬送方壶隐者[1]（节选）

我家山中旧游处，如此长松几千树。仙岩[2]隐者抱琴来，鬼谷[3]高人吃茶去。

老犁注：①标题断句及注释：熊松云画《秋林诗意图》，送蔡伯雨道士归上清。松云在淮阴，今其来因见，题以赠之，就以柬送方壶隐者。熊松云：元画家。蔡伯雨：熊松云托其带画的龙虎山道士。今其来因见，题以赠之：今天来拜见，为的是求我在画上题字赠给方壶隐者。就以柬：顺便就写了封信。方壶隐者：方从义，字无隅，号方壶，又号不芒道人、金门羽客、鬼谷山人等。贵溪（今属江西省）人。龙虎山上清宫正一教派道士。擅长水墨云水，所作大笔水墨云山，苍润浑厚，富于变化，自成一格。工诗文，善古隶、章草。②仙岩：有仙气的山岩。借指隐居地。③鬼谷高人：指方壶隐者方从义。

---

**至谌**（生卒不详）：所辑之诗源自《钦定四库全书·御选元诗·卷四十二》，疑为僧人。

---

## 寄虎丘逢上人[1]

短簿祠[2]前客，才华老更成[3]。题诗临剑阁，把酒对江城[4]。
雪乳[5]香初泛，冰丝[6]韵转清。空山[7]坐相忆，寒月到窗明。

老犁注：①虎丘逢上人：苏州虎丘寺中一个叫逢的上人（对和尚的尊称）。②短簿祠：晋王珣的祠庙，在苏州市虎丘山。王珣初为官任大司马桓温的主簿，因个子矮，被人称之为“短主簿”，后以“短主簿”“短簿”称王珣。③老更成：老年就更加成熟。④剑阁、江城：剑阁是入蜀的要道，江城（武汉）是水上交通要津。两者皆是王珣跟随桓温征西灭亡成汉时所经历的地方。这里指逢上人的才华有如当年王珣一样的志气豪情。⑤雪乳：喻茶水。⑥冰丝：琴弦。因用冰蚕丝做成，故称。⑦空山：幽深且人迹罕至的山林。

**吕止庵**（生卒籍里不详）：疑为吕止轩。散曲作品内容感时悲秋，自伤落拓不遇，间有兴亡之感。可能是一位宋亡不仕的遗民。明朱权《太和正音谱》评其词“如晴霞结绮”。以【后庭花】十首得盛名。现存散曲小令33首，套数4套。

## 【仙吕·后庭花】二十二首其九·江南春已通

江南春已通，陇头人[①]未逢。水浅梅横月，山明雪映松。冷泉冬，烹茶无味，有人锦帐[②]中。

老犁注：①陇头人：守边的将士。陇头：陇山，即地处宁夏南部和甘肃东部的六盘山，古代这一带由于地处边塞，故常用来借指边塞。②锦帐：锦制的帷帐。

**朱斌**（生卒不详）：字文质，元吴江（今苏州）人。至正十三年中乡贡。有传“白日依山尽，黄河入海流。欲穷千里目，更上一重楼。”之诗为其所作。此诗名《登楼》，与王之涣《登鹳雀楼》诗不同的是，倒数第二字为“重”字。

## 题秀野轩[①]

昔年曾作轩中客，今日重题秀野诗。四槛[②]彩云晴缥缈，绕墙苍雪[③]晓参差。

雨馀[④]山气侵茶鼎，风过林香落酒卮[⑤]。念我松楸浑[⑥]咫尺，倚阑长是[⑦]不胜思。

老犁注：①秀野轩：元代苏州隐士周景安在苏州大阳山上所建的别墅。当时著名画家朱德润曾为秀野轩作画，时任江浙行省左丞的周伯琦为其题字，有22名诗人为其赋诗。此诗即其中的一首。参见张监的《题秀野轩图》。②四槛：四围栏杆。③苍雪：灰白的雪色。④雨馀：雨后。⑤酒卮 zhī：盛酒的器皿。⑥松楸：松树与楸树。墓地多植，因以代称坟墓。浑：简直。⑦倚阑：倚栏。长是：时常。

**朱庭玉**（生平里籍不详）：庭或作廷。朱氏曲中多指晋地风物，据此推测，其可能是山西人。今存小令4首，套数22套。

## 【南吕·梁州第七】归隐

【还京乐】不羡穿红骑马，准便[1]玩水观霞。自去携鱼换酒，客来汲水烹茶。家存四壁，诗书抵万金价。岂望皇宣省劄[2]，壮士持鞭，佳人捧斝[3]。草堂深况亦幽嘉[4]，自然身退天之道，免得刑罚。拖藜杖芒鞋剌塔[5]，穿布袍麻绦搭撒[6]，撚衰髯短发鬇鬡[7]。从人笑从人笑[8]，道咱甚娘势霎[9]。篱生竹笋，径落松花。

老犁注：①准便：算就是。②皇宣：皇上诏宣。省劄 zhā：古代中枢各省的文书。劄同札。③斝 jiǎ：古代青铜制的酒器，圆口，三足。④深况：深长或幽深的情形。幽嘉：幽静美丽。⑤藜杖：用藜的老茎做的手杖。质轻而坚实。芒鞋：用植物的叶或杆编织的草鞋。剌塔 làtǎ：犹邋遢。不利落；不整洁。⑥麻绦 tāo：用麻线编织成的带子或绳子。搭撒 sā：犹搭剌。低垂貌。⑦撚 niǎn：同捻，搓捻。衰髯：因衰老而变白的须髯。鬇鬡 zhāsuō：毛发散乱貌。亦作鬖鬡。⑧从人笑：跟随别人笑。⑨道咱甚娘势霎：说咱与娘儿们一样。骂人的话。势霎 shà：即势煞，样子的意思。

**朱晞颜**（生卒不详）：字景渊，元湖州路长兴人。能诗文而为良吏。初以习国书被选为平阳州蒙古掾，又为长林（古县名，明洪武并入湖北荆门）丞，司煮盐赋，又曾为江西瑞州监税，盖以郡邑卑吏终其身者。有《瓢泉吟稿》。

## 经芜湖

平芜连楚甸[1]，古县接通津[2]。酒色澄江[3]雨，茶香客焙春[4]。

鱼盐通远贾[5]，鹅鸭共比邻[6]。昨夜乡山[7]梦，长吟到白蘋[8]。

老犁注：①平芜：草木丛生的平旷原野。楚甸：犹楚地。甸，古代指郊外的地方。②通津：四通八达之津渡。③澄江：清澈的江水。④焙春：烘烤春茶。⑤鱼盐：鱼和盐。远贾：从远方来或到远方去的商贾。⑥比邻：相邻而居。⑦乡山：家乡的山。借指故乡。⑧白蘋：水中浮草。亦写作白苹、白萍。唐刘长卿《送李侍御贬郴州》中有"忆想汀洲畔，伤心向白蘋"之句，"白蘋"因之成为伤心别离之物。

## 寄卫戴叔[1]三首其三

少年惊座纵雄谈，作掾输君只语三[2]。不用归来夸舌[3]在，试烹石鼎与同参[4]。

老犁注：①卫戴叔：人之姓名，生平不详。②此句：当个掾官送给你三句漂亮的应对之语。掾 yuàn：泛指属官。有“三语掾”一词，亦作“三语作掾”，谓以应对隽语优异而被授予幕府官。③夸舌：会说话的舌头。④石鼎：陶制的烹茶炉具。同参：共同参与。最后两句意为：你口才好，就不用回来与我们烹茶隐居了。

## 龙门汲雪芳林之址两山如户旁有石泉夏旱不竭汲以煮茗味极甘美[1]

山深万木偃[2]蛟龙，岩罅渟涵[3]一水中。自拾堕樵供石鼎[4]，细听飞雪洒归篷[5]。

老犁注：①标题断句：龙门汲雪，芳林之址，两山如户，旁有石泉，夏旱不竭。汲以煮茗，味极甘美。②偃：伏卧。③岩罅 xià：岩缝、岩石中的漏洞。渟 tíng 涵：水泽。④堕樵：掉落的树枝。石鼎：陶制的烹茶炉具。⑤飞雪：泉瀑中飞出的细水珠。归篷：犹归舟。篷：篷船。

## 寄茂枯林上人[1]（节选）

山中耆旧[2]人，吟啸[3]相追随。茶笋尽禅味[4]，风月多襟期[5]。

老犁注：①茂枯林：字茂枯，名林。上人：对和尚的尊称。②耆 qí 旧：年高望重者。③吟啸：高声吟唱。④禅味：本指修佛者入于禅定时得到的安稳寂静的妙趣。这里指茶笋给人带来的禅味一样的感受。⑤风月：清风明月。襟期：襟怀。

## 谢李宣差惠采石酒[1]（节选）

使君玉食来天家[2]，日给上尊承世泽[3]。年来[4]净洗豪华姿，苦茗[5]清淡留坐客。

老犁注：①宣差：帝王派遣的使者。采石酒：酒名，产自采石矶。晚年的李白曾在宣城及采石矶一带游历，采石矶上有李白衣冠冢。元代诗人刘嵩《送孙景贤归江东》诗中有“却携采石酒，高咏敬亭诗。”②使君：汉时称刺史为使君。后指对州郡长官的尊称，再后来也指对人的尊称。玉食：美食；珍贵的饮食。天家：指帝王家。③日给：每天供给。上尊：尊奉。世泽：祖先的遗泽。主要指权势、财产等。④年来：近年以来或一年以来。⑤苦茗：苦茶；制作粗糙或口味很差的茶。

## 木兰花慢·陈伯永竹院有魏鹤山题扁名公留题[1]

信吟筇[2]到处，尽可款、个人家。见碧甃横陈[3]，粉墙低亚[4]，乱锁烟霞[5]。森森万竿如束，倚虚檐、风影自交加。一点尘无几研[6]，十分清到窗纱。　堪嘉。玉立瘦穿沙[7]。池色净无瑕。向良夜[8]移床，静临书帙[9]，闲试[10]茶瓜。明月清风仍好，但秦宫、梁苑遍栖鸦[11]。零落残香秀墨[12]，春衣拂遍苔花[13]。

老犁注：①陈伯永：人之姓名，生平不详。竹院：栽竹的庭院。魏鹤山：魏了翁，字华父，号鹤山，南宋邛州蒲江（今四川成都市蒲江县）人，官至端明殿学士、同签书枢密院事，谥文靖。名公：有名望的贵族或达官。②信：放任；随便。吟筇：诗人的手杖。③碧甃 zhòu：青绿色的砖石地。横陈：横卧。④低亚：低垂。亚，低压。⑤烟霞：云霞。泛指山水隐居地。⑥几研：几案和砚台。研 yàn：古同砚，砚台。⑦此句：玉立的瘦竹像要透过窗纱一般。沙：古时通纱。⑧良夜：美好的夜晚。⑨书帙：泛指书籍。⑩闲试：安闲地尝试。⑪梁苑：西汉梁孝王所建的东苑。故址在今河南省开封市东南。园林规模宏大，方三百余里，宫室相连属，供游赏驰猎。梁孝王广纳宾客在此雅集游乐，也称兔园。这句借指竹院人去楼空只留栖鸦了。⑫秀墨：好墨。⑬苔花：苔藓的叶子长得如花瓣，故称。

## 齐天乐·与周可竹会饮[①]和韵

浦潮[②]迎送朝还暮，匆匆燕来鸿去。北牖分茶[③]，西窗剪烛，离合人生由数[④]。狂朋怪侣[⑤]。记筹酒勾吟[⑥]，几回凝伫[⑦]。絮影蘋香[⑧]，梦中犹是少年路。　　词华今度[⑨]尚在，奈相如[⑩]渐老，无计重赋[⑪]。露底冰弦[⑫]，梅边玉麈[⑬]，留得风襟[⑭]如故。情高万古。想脱剑[⑮]呼樽，气吞寰宇。不管春山[⑯]，子规[⑰]啼夜苦。

老犁注：①周可竹：人之姓名，生平不详。会饮：聚饮。②浦潮：水滨潮起。③北牖 yǒu：朝北的窗。分茶：宋元时一种泡茶技艺，亦称茶百戏。就是用筅击拂茶汤，使其表面涌起茶沫，然后将茶沫表面划开使之呈现出各种图案和文字。后泛指烹茶待客之礼。④由数：任由数落、品评。⑤狂朋怪侣：行为狂放不循常轨的朋友。⑥记筹酒：记筹时喝的酒。记筹：喝酒巡数用筹子来记录，这个过程叫记筹。勾吟：引起诗吟。⑦凝伫：凝望伫立。⑧絮影蘋香：飞絮的影子和蘋花的香气。借指容易逝去的美好时光。⑨词华：文采；言词的才华。今度：这次。⑩相如：指西汉的司马相如，作赋名家。⑪无计重赋：不考虑再作赋。⑫露底冰弦：露出的琴弦。露底：显露出底部。⑬玉麈 zhǔ：玉柄麈尾。清谈之士时常执之。⑭风襟：人的襟怀，胸襟。⑮脱剑：解下佩剑。⑯春山：春日的山。⑰子规：杜鹃鸟的别名。传说为蜀帝杜宇的魂魄所化。常夜啼，声音凄切，故借以抒悲苦哀怨之情。

## 八声甘州·题西山爽气[①]楼

向青泥坊底午桥边[②]，新买屋三间。有嘉蔬[③]半席，修篁[④]数个，分占宽闲[⑤]。着取层梯直上，阑楯[⑥]出高寒。不见终南径，惟有西山[⑦]。　　门外红尘似海，待抽手版[⑧]，同拟君看。对熏炉茗椀，扪虱纵雄谭[⑨]。笑当年、多情王粲[⑩]，赋终非吾土[⑪]，泪空弹。任俗子[⑫]、卧之楼下，那许跻攀[⑬]。

老犁注：①西山爽气：楼名。有“西山爽气”之典，也作“拄笏看山”“支颐看山”。东晋王子猷做桓温手下的车骑参军时，懒散而无所事事。桓温对他说：“卿在府久，比当相料理（近来应当安排公事做了吧）。”初不答，直高视，以手版拄颊云："西山（首阳山）朝来，致有爽气。"后以"拄笏看山"形容在官而有闲情雅兴。亦为悠然自得貌。②青泥坊：在陕西蓝田。杜甫《崔氏东山草堂》诗中，有"盘剥白鸦谷口栗，饭煮青泥坊底芹"之句。青泥坊是芹的著名产地。午桥：在洛阳东南15里的伊水边，唐代宰相裴度在此建有"绿野堂"别墅，后宋代宰相张齐贤得此别墅。午桥碧草是洛阳八景之一。此句指向往如青泥坊和午桥这样的好地方。③嘉蔬：嘉美的蔬菜。④修篁：修竹，长竹。⑤宽闲：宽阔僻静；从容，闲暇。⑥阑楯 dùn：栏杆。⑦此两句：不见终南捷径，只有隐居西山了。⑧手板：即笏，古时大臣朝见时，用以记事的狭长板子。⑨扪虱 shī：前秦王猛少年时很穷苦。东晋大将桓温兵进关中时，他去谒见，一面侃侃谈天下事，一面在扪虱，旁若无人。桓温见他不凡，问他：我奉天子之命讨逆，"而三秦豪杰未有至者何也?"王猛说：你不远数千里而来，但"长安咫尺而不渡灞水"，百姓还不知你到底要怎么样，所以不至。桓温无言以对。见《晋书·王猛传》。后以"扪虱"形容放达从容，侃侃而谈。亦泛指任情自适。谭：同谈。⑩王粲：东汉末山阳高平（今山东微山）人，字仲宣。博学多识，善属文作赋，有诗名，为建安七子之一。⑪吾土：我的乡土。王粲《登楼赋》："虽信美而非吾土兮，曾何足以少留!"⑫俗子：指见识浅陋或鄙俗的人。⑬那许：怎么允许。跻攀：犹攀登。

---

**朱德润**（1294~1365）：字泽民，元睢阳（今河南商丘睢阳区）人，徙吴中。工画山水人物，能诗，善书。仁宗延祐末荐授应奉翰林文字，兼国史院编修。英宗嗣位，出为镇东儒学提举，后弃官归。顺帝至正中，起为行中书省照磨，摄守长兴。有《存复斋集》。

---

## 题周仲杰[①]古泉

闻说东园[②]好，浙江[③]暗发源。凿池疏地脉[④]，叠石种云根[⑤]。

涤研鱼鳞[⑥]动，烹茶蟹眼[⑦]温。欲知隐者乐，何日扣柴门。

老犁注：①周仲杰：人之姓名，生平不详。②东园：坐落东面的园圃。泛指园圃。③浙江：浙江，钱塘江。④地脉：地下水脉。⑤云根：云起处。⑥涤研：涤砚。洗涤砚台。鱼鳞：喻水面细碎的波纹。⑦蟹眼：水煮开时的小气泡。

## 和龚子敬[①]先生游春韵

烹茶热旨酒[②]，坐石得嘉宾。好鸟时鸣昼，幽花不放春[③]。

山遗今古事，诗著往来人。楚地龚夫子[④]，诸生数问津[⑤]。

老犁注：①龚璛：字子敬，元镇江人，居吴中。文章卓伟殊绝，自成一家。②

旨 zhǐ 酒：美酒。③幽花：幽微或卑微之花。放春：春天花木萌发生长。④夫子：对老师或学者的称呼。⑤诸生：众弟子。问津：原指询问渡口。借指寻求指点迷津。

## 题子明雪泉①

万壑轻澌渡薄寒②，碧云深处互漫漫③。六花溅沫成天巧④，一脉潜流激暮湍⑤。
石鼎⑥茶温风味冽，玉壶冰皎露华干⑦。荆溪白石⑧天寒夜，误作山阴道⑨上看。

老犁注：①子明雪泉：泉名。在何处不详。②澌 sī：冰。薄寒：微寒。③碧云：碧空中的云。漫漫：广远无际貌。④六花：雪花。雪花结晶六瓣，故名。溅沫：飞溅的水花。天巧：不假雕饰，自然工巧。⑤湍 tuān：急流的水。⑥石鼎：陶制的烹茶炉具。⑦玉壶：玉制的壶。冰皎：冰泉明亮。露华干：因天寒玉壶上已经凝结不出露水了。露华：露水。⑧荆溪：溪名，在江苏宜兴。白石：疑指此泉水旁边的太湖石。⑨山阴道：在今绍兴西南郊古官道上。这里以景物美多而著称。

## 题豫章山房①

豫章林老色参天，拥护山僧丈室前。岂为法身②同草木，要驱尘虑出风烟③。
茶瓯香篆晨斋④后，竹几⑤蒲团夜榻边。独有浏阳欧学士⑥，题诗遥问不空禅⑦。

老犁注：①豫章：古郡名，治所在江西南昌。山房：山中的房舍。②法身：佛身。佛家指能证得清净自性、成就一切的功德之身。③风烟：尘世。④香篆：即篆香。用模具拓印出如篆字形的香体，亦叫拓香或印香。香篆也指焚香时所起的形如篆文的烟缕。晨斋：僧尼朝食，即早餐。⑤竹几：竹夫人。⑥浏阳：地名，在湖南。欧学士：元代的欧阳玄，字原功，号圭斋，浏阳人，累官翰林学士承旨，故称。⑦不空：佛家语。佛家讲“空”，不是指空无一物，而是既指出“事物的本体是看不着摸不着”的，同时也强调“空”是能被我们感知了解的。禅：禅理。

## 天宫寺僧寅叔恭藏宋王元之诗因次韵①

隔屋长松覆满斋，童年竹马②记频来。讲堂经罢僧修史，京国人归袖惹埃③。
古佛岁深花④蠹铁，长廊春净雨生苔。尘缘未结东林社⑤，禅榻⑥留茶日暮回。

老犁注：①天宫寺：据《学佛考训》载：唐太宗以太原旧第为天宫寺。《释氏稽古略》：诏以太原旧第为天宫寺，追奉穆太后。寅叔：和尚的名号。恭藏：怀恭敬之心收藏。王元之：王禹偁，字元之，宋济州钜野人。北宋诗人、散文家，宋初有名的直臣。宋真宗时授知制诰、黄州知州，世称王黄州。②竹马：古时一种儿童玩具。杆子一端有马头模型，另一端拖地，有时装轮子，孩子跨立上面，假作骑马。此词是古代回忆儿童时代生活经常出现的词汇。③京国：京城；国都。袖惹埃：衣袖惹了世间的尘埃。④花：铁质表面因锈蚀形成的锈花。⑤东林社：即白莲社。东晋释慧远于庐山东林寺，同慧永、慧持、刘遗民、雷次宗等结社精修念佛三昧，誓愿往生西方净土，又掘池植白莲，称白莲社。⑥禅榻：禅僧坐禅用的坐具。

**乔吉**（约1280~1345）：一作乔吉甫，字梦符，号笙鹤翁，又号惺惺道人，元太原人。终生不仕，穷困潦倒。中年后流落江湖，纵情诗酒，自称江湖状元、江湖醉仙，后居杭州。《录鬼簿》称其“美姿容，善词章，以威严自饬，人敬畏之”。散曲以婉丽见长，精于音律，工于锤炼，其成就可与张可久并论。今存小令200余首，套曲11套，见于《文湖州集词》《乔梦符小令》中。杂剧有《杜牧之诗酒扬州梦》《李太白匹配金钱记》《玉箫女两世姻缘》等。

## 【正宫·醉太平】乐闲

炼秋霞汞鼎[1]，煮晴雪茶铛[2]。落花流水护茅亭，似春风武陵。唤樵青椰瓢倾云浅松醪[3]剩，倚围屏洞仙酣露冷石床净，挂枯藤野猿啼月淡纸窗明，老先生睡醒。

老梨注：①汞鼎：炼丹的炉鼎。②茶铛chēng：似釜的煎茶器，深度比釜略浅，与釜的区别在于它是带三足且有一横柄。③樵青：渔僮、樵青是唐张志和的奴婢，后因以樵青指女婢。椰瓢：用椰子壳做的瓢子。松醪：用松肪或松花酿制的酒。

## 【南吕·玉交枝】闲适二曲其一

山间林下，有草舍蓬窗幽雅。苍松翠竹堪图画，近烟村三四家。飘飘好梦随落花，纷纷世味如嚼蜡。一任他苍头皓发，莫徒劳心猿意马。自种瓜，自采茶，炉内炼丹砂。看一卷道德经，讲一会渔樵话，闭上槿树[1]篱，醉卧在葫芦架，儘[2]清闲自在煞。

老梨注：①槿jǐn树：即木槿。落叶灌木或小乔木，花钟形，有红、白、紫等颜色。农家常将其种在田边当篱笆。②儘jǐn：“尽”的繁体，极，最。

## 【双调·折桂令】宴支园桂[1]轩

碧云窗户推开，便敲竹催茶，扫叶供柴。如此风流，许多标致[2]，无点尘埃。堆金粟西方[3]世界，散天香夜月亭台。酒令诗牌，烂醉高秋[4]，宋玉[5]多才。

老梨注：①宴支：宴请应付。园桂：轩名。②标致：韵致。③金粟：金粟如来的省称。西方：指西方净土。④高秋：秋高气爽时节。⑤宋玉：字子渊，楚国士大夫，是继屈原之后的辞赋家，后世常将两人合称为“屈宋”。

## 【双调·折桂令】自叙

斗牛边缆住仙槎[①]，酒瓮诗瓢，小隐烟霞[②]。厌行李[③]程途，虚花[④]世态，潦草[⑤]生涯。酒肠渴柳阴中拣云头[⑥]剖瓜，诗句香梅梢上扫雪片烹茶。万事从他，虽是无田，胜似无家。

老犁注：①仙槎：指传说中能乘往天河的船筏。②烟霞：云霞。泛指山水隐居地。③厌：嫌弃。行李：行旅。④虚花：喻虚幻不实。⑤潦草：颓丧，失意。⑥云头：云状的金属头梳。没有刀具时可用来剖瓜。

## 【双调·水仙子】廉香林南园即事[①]

山中富贵相公[②]衙，江左[③]风流学士家，壁间水墨名人画。六一泉阳羡茶[④]，书斋打簇[⑤]得繁华。玉龙笔架，铜雀砚瓦[⑥]，金凤笺花[⑦]。

老犁注：①廉香林：人之姓名，生平不详。南园：泛指园圃，大多数园圃都建在向阳的南面。故称。即事：指以当前事物为题材写的诗。②相公：对宰相的敬称。这里指“山中宰相”，喻隐居的高贤。③江左：一般指江东。即长江以东地区。长江在自九江往南京一段为西南往东北走向，以坐北朝南论，江东地区正好是在长江的左边，故有“江左”之说。④六一泉：欧阳修，晚号六一居士，此泉水因欧阳修而得名。一在杭州孤山，一在安徽滁州。阳羡茶：一种产自江苏宜兴的茶，始于唐代。⑤打簇：犹打扮。⑥砚瓦：砚台。⑦笺花：印有花纹图案的笺纸。

## 【双调·水仙子】嘲人爱姬为人所夺

豫章城锦片凤凰交[①]，临川县[②]花枝翡翠巢，贩茶船铁板鸦青钞[③]。问婆婆那件高，柴铧锹[④]一下掘著。村[⑤]冯魁沾的上，俏苏卿随顺了，双渐眊眊[⑥]。

老犁注：①豫章：今南昌。在“苏卿与双渐”的爱情故事中，苏卿被茶商冯魁带到了豫章城。锦片：一片锦绣。凤凰交：凤与凰正在结交，即女选男正在进行当中。②临川县：在江西抚州。双渐高中后出任县令的地方。③铁板：指钱币。鸦青钞：纸币名。用鸦青纸印制，故称。④柴铧锹：木头做的锹。⑤村：粗俗；土气。⑥眊眊 mào：昏乱；糊涂。

## 【双调·水仙子】瑞安东安寺[①]夏日清思

新蝉风断子弦琴[②]，古鸭烟消午篆[③]沉，孤鹤梦觉三山枕[④]。翠濛濛窗户阴，煮茶芽旋撮黄金[⑤]。俗事天来大，红尘海样深，都不到一片云心。

老犁注：①瑞安东安寺：旧址在今温州瑞安市玉海街道解放东路。此寺始建于梁代天鉴二年。②子弦琴：泛指琴。子弦：弦乐器中所用的较细的丝弦，一般做三弦、琵琶、南胡的外弦用。③古鸭：指鸭形香炉。午篆：中午点燃的篆香。④三山枕：仙枕。三山：指海上三座仙山。⑤黄金：茶芽又被称作黄金芽。

## 【双调·水仙子】为友人作

搅柔肠离恨病相兼，重聚首佳期卦怎占？豫章城开了座相思店。闷勾肆[①]儿逐日添，愁行货[②]顿塌在眉尖。税钱比[③]茶船上欠，斤两去等秤上掂，吃紧的历册般拘钤[④]。

老犁注：①勾肆：古代伎人俳优的卖艺场所。②行货：加工不精细的器具、服装等商品。③税钱比：官府限期征缴的税钱。比：追比。官府限期办好公事。若不能按期完成，就打板子追罚。④历册：记帐本。般：仔细清点。拘钤：拘束；管束。

## 【双调·钱丝泫】避豪杰

避豪杰，隐岩穴，煮茶香扫梅梢雪。中酒酣迷纸帐蝶[①]，枕书睡足松窗月，一灯蜗舍[②]。

老犁注：①纸帐蝶：纸帐上的蝴蝶图案。纸帐：以藤皮茧纸缝制的帐子。亦指粗陋的帐子，一般为穷人或隐士所用。②蜗舍：谦称房舍窄小。也作蜗庐、蜗居。

## 【双调·卖花声】香茶

细研片脑梅花粉[①]，新剥珍珠豆寇[②]仁，依方修合凤团春[③]。醉魂清爽，舌尖香嫩，这孩儿[④]那些风韵。

老犁注：①片脑：又称龙脑香、红梅花脑、梅冰等，古代龙脑是与金冠、象牙齐名的贡品，是养生保健之上品，辟秽之王，《本草经疏》中称其为“百药之冠”“百香之王”。因极具透皮功能，被归于芳香开窍类药材。梅花粉：喻龙脑的外形颜色。②豆蔻：多年生草本植物，外形像芭蕉，叶子细长，花淡黄色，果实扁球形，种子像石榴子，有香气。白豆蔻果仁有如珍珠。常用来比喻少女。③依方：按着方子。修合：指茶的采集、加工、配制过程。凤团春：凤团茶的美称。④孩儿：女孩。

## 【仙吕·赏花时】风情

【幺】打不觉头毒如睡马杓[①]，粘随风絮沾如肉膘胶[②]。藤缠葛数千遭，把丽春园缠倒，吓的那贩茶客五魂消。

老犁注：①此句大意为：头虽未被打着，却歪得像一个斜倒的马杓一样。毒：祸害。睡马杓：犹醉倒马杓。形容喝醉了酒，糊糊涂涂的样子。②肉膘胶：古时一种用猪皮等熬制的胶，此胶黏度高，抗水性强，用于胶接木料等，不怕受潮和水泡。

## 【南吕·一枝花】杂情

【梁州】堪笑这没分晓的妈妈[①]，则抱得不啼哭娃娃。小心儿一见了相牵挂，腿厮捺着[②]说话，手厮把着[③]行踏，额厮拶着[④]作耍，腮厮揾着[⑤]温存，肩厮挨着[⑥]曲和琵琶，寻题目顶真续麻[⑦]。常子是笑没盈弄盏传杯[⑧]，好吃阑[⑨]同床共塌，热兀罗[⑩]过饭供茶。那些，喜呷[⑪]，天来大怪胆儿无些怕[⑫]。这些时变了话，小则小心肠儿到狡猾，显出些情杂。

老梨注：①没分晓：不明事理，胡涂。妈妈：妓院的老鸨。②腿厮捺着：腿搁着腿。表示亲密。厮：互相。捺：搁置。③手厮把着：手把着手。④额厮拶 zǎn 着：头碰着头。拶 zǎn：使劲压或挤。⑤腮厮揾着：脸贴着脸。揾 wèn：贴住。⑥肩厮挨着：肩挨着肩。⑦顶真续麻：也作顶针续麻，一种首尾相连，循环往复的文字游戏。用前一句的结尾字，做为下一句的起头字，使前后句子头尾相联的修辞方法。⑧常子是：犹常常是。笑没盈：笑淹没了脸，即笑满盈。弄盏传杯：谓陪人饮酒。⑨好吃阑：犹好吃完。⑩兀罗：语气词，一般作衬词，无义。⑪呷 xiā：小口儿地喝。⑫天来大怪胆儿：天一样大的怪异胆子。无些怕：不知道哪些叫怕。

## 【越调·斗鹌鹑】歌姬

【尾】丽春园门外是浔阳[①]岸，最险是茶船上跳板。一句话悔时难，两般儿爱处拣[②]。

老梨注：①浔阳：江西省九江的古称。②此句大意为：（夫君）是好是坏要看是否相爱了才能做出选择。两般儿：指好与坏这两个方面。拣：挑选。

## 【双调·乔牌儿】别情

【本调煞】相思成病何时慢，更拚[①]得不茶不饭，直熬个海枯石烂。

老梨注：①拚 pàn：舍弃，不顾惜。

## 【双调·行香子】题情

【锦上花】酒社诗坛，不茶不饭，夜雨愁肠，东风泪眼。海誓山盟，白玉连环[①]，月约星期[②]，泥金小简[③]。

老梨注：①白玉连环：白玉制的手环，此指爱情信物。②星期：指牛郎星与织女星相会之期。后特指婚期。③泥金小简：用金屑涂饰的信笺。泥金：用金屑和胶水制成的金色颜料。用于书画或涂饰笺纸等。小简：简短的书信。这里指婚书。

**任昱**（生卒不详）：字则明，四明（今浙江宁波市）人。与张可久、曹明善为同时人。少时好狎游，一生不仕，所作散曲小令在歌妓中传唱广泛。晚年发奋攻读，工写七言及散曲。今存小令59首，套数1套。早期曲辞工丽，晚年凄婉沉郁。明朱权《太和正音谱》列其于“词林英杰”一百五十人之中。

## 【中吕·朝天子】道院[①]

翠峰，锦宫，香霭丹霞洞[②]。来寻采药鹿皮翁[③]，煮茗为清供[④]。静听松风，闲吟《橘颂》[⑤]，碧天凉月正中。九重，赐宠，一觉黄粱梦。

老犁注：①道院：道士居住的地方。②香霭 ǎi：云气；焚香的烟气。丹霞：红霞。丹霞洞指道家修仙的地方。③鹿皮翁：喻隐士。④清供：室内放置在案头供观赏的物品摆设，如盆景、插花、时令水果、奇石、工艺品等，可以为厅堂、书斋增添生活情趣。⑤橘颂：指战国时期楚国大诗人屈原的《九章·橘颂》，是一首托物言志的咏物诗，表面上歌颂橘树，实际是诗人对自己理想和人格的表白。

## 【中吕·普天乐】花园改道院

锦江[①]滨，红尘外，王孙[②]去后，仙子归来。寒梅不改香，舞榭今何在？富贵浮云流光快，得清闲便是蓬莱。门迎野客，茶香石鼎[③]，鹤守茅斋[④]。

老犁注：①锦江：江的美称，指美丽的江。②王孙：泛指贵族子弟。也用来对人的尊称，尊称一般的青年男子、隐居的人、朋友等。③石鼎：陶制的烹茶炉具。④茅斋：茅盖的屋舍。斋，多指书房、学舍。

**刘因**（1249—1293）：字梦吉（初名骃，字梦骥），号静修，元容城（河北保定容城县）人。天资绝人，六岁能诗。诗才超卓，豪迈不羁。学宗程朱，兼采陆九渊之说。家居教授，随材施教，皆有成就。尝游郎山雷溪间，号雷溪真隐。世祖至元十九年，以学行荐于朝，为承德郎、右赞善大夫，以母疾辞归，后召为集贤学士，固辞不起。延祐中，追赠翰林学士，谥文靖。有《静修文集》。

## 老大

老大[①]情怀随处乐，幽闲气味逐时添。平生长物[②]不入室，一日百钱辄下帘[③]。
题品云山宁有讳[④]，收罗风月不妨廉[⑤]。客来恐说闲兴废[⑥]，茶罢呼棋信手拈。

老犁注：①老大：年纪大。②平生：此生。长 zhàng 物：好的东西。③百钱：有“杖头挂百钱”之典，典出《世说新语·任诞》：“阮宣子（名修）常步行，以百钱挂杖头，至酒店，便独酣畅，虽当世贵盛（趋附权贵），不肯诣（前往）也。”下帘：放下帘子。指关上窗帘睡觉了。④宁有讳：岂有避讳，哪里有避讳。⑤此句：收罗雅事不妨碍清廉。风月：清风明月。泛指美好闲雅之事。⑥兴废：盛衰。

## 书事[①]三首其三

唱彻[②]芙蓉花正开，新声[③]又听采茶哀。秋风叶落踏歌[④]起，已觉江南席卷来。

老犁注：①书事：书写眼前所见的事物，即诗人就眼前事物抒写自己顷刻间的感受。②彻：结束，完结。③新声：新作的乐曲。④踏歌：指行吟；边走边歌。

## 戏题李渤联德高蹈图[①]四首其四

诸生课罢弄烟霞[②]，纺绩[③]乘闲为煮茶。白鹿高风[④]有谁继？草堂贫女晦庵家[⑤]。

老犁注：①李渤：字浚之，唐洛阳人。曾任虔州刺史、江州刺史。曾与兄李涉一同在庐山白鹿洞、栖贤寺一带读书。他在白鹿洞养了一只白鹿，因此，时人称李渤为白鹿先生，其读书处称白鹿洞。他出任江州刺史时，旧地重游，在白鹿洞广植花木，增设台榭、宅舍、书院，修葺一新。至今白鹿洞书院还存有纪念李渤的先贤祠和后人的石雕白鹿。联德高蹈：有高尚德行的隐居者。联德：联绵不绝的德行。高蹈：举足顿地。含有远行之义，又形容喜悦貌、感奋貌。常用来指隐居、隐士。②诸生：众弟子。烟霞：云霞。泛指山水隐居地。③纺绩：把丝麻等纤维纺成纱或线。古代“纺”指纺丝，“绩”指缉麻。④白鹿：指白鹿先生李渤。高风：高尚的风操。⑤草堂：茅草盖的堂屋。旧时文人常以“草堂”名其所居，以标风操之高雅。贫女：贫穷的女子。这里指在草堂中劳作的婢女。晦庵：朱熹，字元晦，又字仲晦，号晦庵，晚称晦翁。宋代理学家朱熹重建白鹿洞书院，并亲自在此讲学。

---

**刘鹗**（1290~1364）：字楚奇，元永丰（今江西吉安永丰县）人。仁宗皇庆间荐授扬州学录，历翰林修撰、江州总管、广东副使、江西参政。守韶州六年，后为红巾军所破，被执死。为文风骨高秀，学者称浮云先生。有《惟实集》。

---

## 浮云道院[①]诗二十二首其十六

知耻斯不辱[②]，知足常有馀。岂无负郭田[③]，亦有堆床书。
春风茶新苗，雨过还当锄。准拟[④]读书暇，茗饮甘如酥[⑤]。

老犁注：①浮云道院：作者在河南书院（院址不详。是由当地河南会馆牵头成立的书院，故称河南书院）任职期满，回到家乡江西吉安永丰坑田，在居室的西面修建三间房屋，作为退息修养之所，内置经史百家各类书籍数以万计，又题匾额为“浮云道院”，并为此写了二十二首诗。后学者多称刘鹗为“浮云先生”。②此句：有羞恶之心就不会受辱没。斯：就。③负郭田：近郊良田。负者背也，近城之地，沃润流泽，最为膏腴，故曰“负郭”也。后泛指田。④准拟：打算。⑤酥：酥油。

## 次舍侄尊谦[①]韵三首其一

灯吐幽花岂我欺[②]，客来惊见墨离离[③]。平安有字[④]诚堪喜，漂泊无家不自知。

此日禁花[⑤]和露看，何时野鹤与云随？每怀竹下相从[⑥]乐，煮茗谈诗事事宜。

老犁注：①舍侄：我的侄子。舍：谦称自己卑幼亲属。尊谦：刘鹗侄子的名字。②幽花：因结灯花而使灯光幽暗，故称。古人有“灯花结，客人来”的说法。岂我欺：岂欺我。③此句：真的客来（舍侄）到了却惊得说不了话了。墨离离：一时语塞，若断若续的样子。墨通默，不语的意思。④有字：有书信。⑤禁花：指木香花。宋朱弁《曲洧旧闻》卷三：“木香有二种……京师初无此花，始禁中有数架，花时民间或得之，相赠遗，号禁花，今则盛矣。”⑥相从：跟随，在一起。

## 寄弟肖庭[①]二首其二（节选）

种茶南山园，秋雨苗应肥。不审木子[②]树，旱暵[③]今稠稀。

老犁注：①肖庭：刘鹗弟弟的名字。②不审：不知；不清楚。木子：果名。即猕猴桃。泛称木本植物的果实。③旱暵 hàn：不雨干热。

## 题礼部尚书巎子山[①]（节选）

笔床茶灶胜具俱[②]，衣冠文物[③]来群儒。清宵[④]管弦岂歌舞，白昼翰墨供欢娱。

老犁注：①巎 náo 子山：即康里巎巎，字子山，号正斋、恕叟，蒙古族康里部。自小博通群书。历任秘书监丞、礼部尚书、翰林学士承旨、知经筵事等职。元代著名书法家，其书法与赵孟頫、鲜于枢、邓文原齐名，世称“北巎南赵”。他的成就主要在行草，代表作有《谪龙说卷》《李白古风诗卷》《述笔法卷》等。②笔床茶灶：笔床即笔架；茶灶即煮茶用的小炉。借指隐士淡泊脱俗的生活。出自唐人陆龟蒙事迹。胜具：是成语“济胜之具”的省称。指能登山渡水的好身体。俱：全。指都有。③衣冠：代称缙绅、士大夫。文物：文人，文士。④清宵：清静的夜晚。

---

**刘濩**（生卒不详）：字声之，元三山（今福州）人。尝以经学教授钱唐，鄜州刘汶

(字师鲁)与濩交最久，而兄事之。殁后，门人瞿士弘集其遗文若干篇，师鲁为序其首，黄溍作跋有赞。

## 寄尤端木编修[1]（节选）

拟筑犁锄舍[2]，相依水竹村。古泉潴[3]寺冷，春茗茁山暄[4]。

老犁注：①尤端木：人之姓名，生平不详。编修：翰林院中主要负责文献修撰工作的官员。位次于修撰，与修撰、检讨同为史官。②此句：打算建造存放犁和锄头等农具的房子。③潴 zhū：泉水蓄积。④茁：生长的样子。山暄：山开始回暖了。

**刘仁本**（？~1367 年）：字德元（一作德玄），号羽庭，羽山人。元黄岩（今浙江台州黄岩区）人。元末进士，历官温州路总管、江浙行省左右司郎中。入方国珍幕，欲借其力以图兴复。受命在庆元、定海、奉化兴儒学，修上虞石塘，建路桥石桥，办黄岩文献书院，修杜范祠。至正二十年，在余姚龙泉山仿兰亭建雩咏亭，邀瓯越名士“续兰亭会”，作《续兰亭序》，刻成诗集。授其为枢密院副使，连续 3 年出没风涛，运粟万里趋京。国珍败，为明兵所擒，明太祖数其罪，鞭背溃烂死。学问淹雅，有称于时。工书法，尝撰并书《元至正修学记》，字意遒媚，清洒甚可爱。善诗文，有《羽庭集》。

## 建宁北苑喊山造茶是日大雷雨高奉御至[1]

建溪[2]三十里，北苑擅[3]茶名。地耸岩峦秀，川洄泷濑[4]萦。溪山元[5]蕴瑞，草木亦敷荣。远土修职贡[6]，官曹任榷征[7]。君惠濡泽降，天助震雷轰。鼓噪千军勇，喧豗[8]万蛰惊。仙灵烦酒醴[9]，使者引旗旌。白玉堂[10]前客，红云岛[11]内行。灵根连夜发，凡草感春生。渐觉龙芽吐，先期凤嘴萌[12]。逻巡分堠卒[13]，掇拾课山丁[14]。紫笋[15]和烟采，金筐带露盛。枪旗[16]俄错落，粟粒[17]进轻盈。散乱碧涛影，玲珑玉杵声。雪香[18]金碾碎，云冷石泉[19]泓。轩翥[20]鸾凰瑞，参差圭璧呈。团团明月起，隐隐翠蛟嵘[21]。包匦殊科第[22]，封函致洁精。荐新[23]夸绝品，驰贡入神京[24]。上为君王寿，下摅[25]民物情。武夷同谱牒[26]，属贡孰稽程[27]。陆羽千年梦，卢仝两腋清[28]。庙堂真燮理[29]，黍稷享精诚。赋羡[30]无遗物，科征念远氓[31]。彤云闳山谷[32]，绚日隔蓬瀛[33]。愿以阳春德[34]，千秋奉圣明。

老犁注：①标题断句及注释：建宁北苑喊山造茶，是日大雷雨，高奉御至。建宁北苑：在今福建建瓯东峰镇，是宋代皇家贡茶产地。喊山：春茶开采之时举行的祭祀活动，其中最重要的环节就是，筑台喊山，在台上冲茶山齐喊“茶发芽!”等语，声响山谷，场面壮观。高：姓。奉御：官名。元礼部侍仪司中掌朝会、进奉等的官员。②建溪：流过北苑的一条溪流。③擅：专长于。④泷 lóng：湍急的流水。濑 lài：从沙石上流过的水。⑤元：向来，本来。⑥职贡：古代称藩属或外国对于朝廷按时的贡纳。⑦任：承担。榷征：是指征收专卖品之税。这里指征收的茶税。⑧喧豗 huī：轰响。⑨此句：烦劳仙灵来享用酒和醴。烦：烦劳。⑩白玉堂：泛指华丽的殿堂。指北苑内的官署殿堂，疑指御茶堂。⑪红云岛：北苑龙凤池（汇龙山和凤凰山两涧山泉而成的大水池子）中的一个小岛。今已不存。⑫龙芽、凤嘴：比喻春茶刚发芽的形态。⑬堠 hòu 卒：守茶园的士兵。堠：古代瞭望敌情的土堡。⑭山丁：指茶园中的茶农。⑮紫笋：喻春天的茶芽。⑯枪旗：喻新长的茶叶。新长出的茶叶分顶芽和展开的嫩叶，顶芽称枪，嫩叶称旗。故称。⑰粟粒：指未长出的粒状茶芽，或指烘焙后形成的细小茶粒。⑱雪香：茶香。嫩茶的毫毛呈白色且散发香气，故称。⑲云冷石泉：云遇冷，落下而成泉。⑳轩翥 zhù：高飞。轩：高。翥：鸟向上飞。㉑翠蛟：翠色蛟龙。形容滚滚流水。嵘：幽深貌。㉒包匦 guǐ：裹束而置于匣中。常用作贡物的代称。匦 guǐ：匣子，小箱子（簋的古字）。殊：区别。科第：等级。㉓荐新：进献时鲜的食品。㉔神京：京城。㉕摅 shū：表达。㉖同谱牒：指同宗同族的人。通俗地说就是乡里乡亲的。谱牒：记述氏族或宗族世系的书籍。㉗属贡：上京朝贡。孰稽程：哪个人会延误行程。㉘此两句：陆羽、卢仝都是唐代著名的茶人。一个著有《茶经》，被后世誉为茶圣；一个赋有《七碗茶歌》，被后世誉为茶仙。两腋清：卢仝《走笔谢孟谏议寄新茶》（俗称《七碗茶歌》）有“七碗吃不得也，唯觉两腋习习清风生。”㉙燮 xiè 理：协和治理。㉚赋羡：即羡赋。指赋税收入在收支相抵后所剩馀的部分。㉛科征：征收赋税。念远氓：百姓住处再偏远也不会被遗忘。氓：百姓。㉜闳山谷：满山谷。闳：通宏，广大。㉝绚日：光彩的太阳。隔蓬瀛：与仙境隔界，即与仙境相邻。㉞阳春德：春天所赐予的恩德。

**刘时中**（约 1310~1354）：号逋斋，江西南昌人。大约是一位生活潦倒的文人。工散曲，曲文质仆，爱憎分明，同情饥民苦难。今存套曲 3 套。

## 【双调·折桂令】渔

鳜鱼肥流水桃花①，山雨溪风，漠漠②平沙。蒻③笠蓑衣，笔床茶灶④，小作生涯⑤。樵青采芳洲蓼牙⑥，渔童薪别浦兼葭⑦。小小渔艖⑧，泛宅浮家，一舸鸥夷⑨，万顷烟霞⑩。

老犁注：①此句：化自张志和的“桃花流水鳜鱼肥”。②漠漠：密布貌。③蒻 ruò：嫩蒲草。④笔床茶灶：笔床即笔架；茶灶即煮茶用的小炉。借指隐士淡泊脱俗的生活。出自唐人陆龟蒙事迹。⑤小作：稍作，略作。生涯：生计。⑥樵青、渔童：

是唐诗人张志和的一婢一奴。蓼牙：蓼草的嫩芽，可食。⑦薪：采薪。别浦：河流入江海之处。宋高观国《烛影摇红》词："别浦潮平，远村帆落烟江冷。"胡云翼注："大水有小口别通曰浦，也称别浦。"兼葭：一般指蒹葭。蒹：没长穗的荻。葭：初生的芦苇。⑧艖 chā：小船。⑨鸱 chī 夷：原指革囊。后因范蠡乘扁舟，浮于江湖，变名易姓，适齐改名为"鸱夷子皮"，也省称"鸱夷"。故用以称范蠡。唐杜牧《杜秋娘诗》："西子下姑苏，一舸逐鸱夷。"⑩烟霞：云霞。泛指山水隐居地。

## 【南吕·一枝花】罗帕[①]传情

【尾声】成就了洞房中夜月花朝[②]事，受用些绿窗前茶余饭饱时。共宾朋厮[③]陪侍，和鸾凤效[④]琴瑟。读一会诗章讲一会文字。掀腾开旧箧笥[⑤]，物见主信有之[⑥]。我见俺一针撚[⑦]一丝，一针针不造次，一针针那真至[⑧]。想俺那不容易的恩情怎敢道待的轻视，先选下个不空忘的日子，后择你个不失脱的口词。这手帕则好遮笼纱帽[⑨]，抚拭瑶琴[⑩]，花前换盏，袖内藏香，直等的称了愿随了心恁时节使[⑪]。

老犁注：①罗帕：丝织方巾。旧时女子既作随身用品，又作佩带饰物，常用作给情郎的信物。②花朝 zhāo：指百花盛开的春晨，亦泛指大好春光。这里指情事。③厮：相互。④效：摹仿。⑤箧笥 qièsì：藏物的竹器（多指箱和笼），在古代主要是用于收藏文书或衣物。⑥物见：犹众见，众人看见。主：女主人。信有之：确实放着那罗帕。⑦撚 niǎn：同捻，搓捻。⑧真至：谓情感真挚。⑨纱帽：官员戴的一种帽子。⑩瑶琴：琴的美称。⑪恁 rèn 时节：这样的时候。使：使用。

---

**刘说道**（生平不详）：元代崇安（今福建武夷山）人。

---

## 御茶园[①]

灵芽[②]得春先，龙焙收奇芬[③]。进入蓬莱宫[④]，翠瓯生白云。坡诗咏粟粒[⑤]，犹记小时闻。

老犁注：①御茶园：在武夷山九曲溪的第四曲。此诗载自董天工《武夷山志卷之九·四曲》。②灵芽：茶芽的美称。③龙焙：茶名。奇芬：奇异的芳香。④蓬莱宫：指仙境。⑤坡诗咏粟粒：苏东坡《荔枝叹》诗有"君不见，武夷溪边粟粒芽，前丁后蔡相宠加。"的诗句。

---

**刘敏中**（1243~1318）：字端甫，号中庵，元章丘（今济南章丘区）人。世祖时由中书掾擢兵部主事，拜监察御史。劾权臣桑哥，不报（不批复），辞归。起为御史台都事。成宗大德中，历集贤学士，商议中书省事，上疏陈十事。武宗立，召至上

京，庶政多所更定。官至翰林学士承旨。卒谥文简。平生义不苟进，进必有所匡救。为文辞理备辞明。有《平宋录》《中庵集》。

## 浣溪沙·瀫瀫清流[1]

瀫瀫清流浅见沙。沙边翠竹野人[2]家。野人延客不堪夸。　　旋扫太初岩顶雪[3]，细烹阳羡贡馀[4]茶。古铜瓶子蜡梅花。

老犁注：①原词有序：元夕前一日，大雪始霁，子京敬甫两张君过余绣江别墅。既坐，皆醉酒，索茶，遂开玉川月团，取太初岩顶雪，和以山西羊酥，以石灶活火烹之。而瓶中蜡梅方烂漫，于是相与嗅梅啜茶，雅咏小酌而罢。作此词以志之。瀫瀫 huò：象声词，流水声。②野人：泛指村野之人，借指隐逸者。③旋扫：随即清扫。太初岩顶雪：今年第一次落下的岩顶雪。太初：地未分之前的混沌元气。借指最早。④阳羡：江苏宜兴的古称，出产阳羡茶。贡馀：御茶赐给官员或民间者谓贡馀。

## 浣溪沙·次前韵

世事恒河[1]水内沙。干忙[2]谁遣强离家。如今老也不矜夸[3]。　　检得闲书能引睡[4]，暖来薄酒胜煎茶。一江风月[5]四时花。

老犁注：①恒河：发源于喜马拉雅山南坡，流经印度、孟加拉国入海。②干忙：空忙。③矜夸：同矜侉。夸耀。④检得闲书 ：翻阅闲书。引睡：使入睡，催眠。⑤风月：清风明月。泛指美好的景色。

## 破阵子·野亭遣兴[1]

老眼偏宜大字，白头好映乌纱[2]。诗不求奇聊遣兴，酒但成醺也胜茶。出家元[3]在家。　　野水旁边种竹，草亭直下[4]栽花。拙妇[5]善供无米粥，稚子能描枯树槎。无涯还有涯[6]。

老犁注：①野亭：野外供人休息的亭子。遣兴：抒发情怀，解闷散心。②乌纱：官帽。③元：原来。④草亭：茅草盖的亭子。犹野亭。直下：下面，底下。⑤拙妇：笨女人。常用以称自己妻子的谦词。⑥有涯：与无涯相对，指有边际，有限。

## 最高楼·次韵答张县尹[1]

高高屋[2]，罗幕卷轻漪[3]。阿堵[4]一周围。雄吞不数针三碗[5]，治生何计韭千畦[6]。是贤乎，既富矣，又时兮。　　我喜踏探梅溪畔月。君爱扫、煮茶枝上雪。

君遣兴⑦，我心夷⑧。东家画鼓⑨更深舞，西家红烛醉时归。莫教他，知我辈，不投机⑩。

老犁注：①张县尹：一位姓张的县令。②高高屋：指官帽高高耸起。高屋：帽子顶部高起。③罗幕卷轻漪：指帷幕飘动如水波一样。罗幕：丝罗帐幕。轻漪：犹轻波。漪 yī：水的波纹。④阿堵 ēdǔ，六朝人口语。犹这，这个。直至清代，还有诗人经常用到“阿堵”这个词。⑤此句：意即不用吞下三碗针那么高的要求来约束自己。三碗：泛指很多的意思。高僧鸠摩罗什被后凉开国皇帝吕光所逼无奈而结婚，为防止信徒学他的样，他告诫诸僧说如果能吞下一碗针，就可以学他一样结婚，结果没一个人敢。他吞下一碗针却无恙，诸僧才知鸠摩罗什有异能，不敢效仿娶妻了。⑥治生：谋生计。何计韭千畦：不用拥有千畦的姜韭。出自《史记》：“若千亩巵茜（封邑的茜草，用来提取染料），千畦姜韭，此其人皆与万户侯等。”⑦遣兴：抒发情怀，解闷散心。⑧心夷：心安。⑨画鼓：有彩绘的鼓。⑩投机：两相契合。

## 水龙吟·物齐各自逍遥①

物齐各自逍遥，何知鴳②小鲲鹏大。乾坤太华③，神麇④相望，两眉争黛⑤。元气遗形⑥，幽人⑦良友，朝看夕对。尽共工⑧怒触，巨灵善擘⑨，众山碎、未吾害⑩。

借问此峰谁得？羡白眉、故家文会⑪。萧然文室眼明⑫，更比寻常宽快⑬。长与安排⑭，名香细茗，芳醪鲜脍⑮。恐不时、便有打门狂客⑯，设元章拜⑰。

老犁注：①原词有序：马观复左司以《九日水龙吟赋神麇峰》邀和，复和之。神麇峰渠家几砚间小石也。观复家广平地有神麇山，因以命石。物齐：万物齐一的意思。逍遥：优游自得；安闲自在。②鴳 yàn：鴳雀。鹑的一种。③乾坤：天地。太华：即西岳华山。④神麇 qún：指朋友马复观砚台上雕砌的小石，因马复观左司（官名，元中统二年在中书省置左、右司郎，分掌中书省各房事务）老家有神麇山，故雅称这小石为神麇峰。神麇山：亦作神囷山。《明史·地理志》磁州：“西北有神麇山，滏水出焉。”在今河北磁县西北四十里。⑤两眉争黛：古代女子用黛（青黑色的颜料）画眉，因称眉为眉黛。这里用两眉指太华、神麇两山。争黛：犹争秀。⑥元气：指天地未分前的混沌之气。泛指宇宙自然之气。遗形：指遗留下来的形貌。⑦幽人：幽隐之人；隐士。⑧共工：古代传说中的天神，与颛顼争帝，有头触不周山的故事。⑨巨灵：神话传说中劈开华山的河神。泛指神灵。擘 bò：分开；剖裂。⑩未吾害：这些碎石未对我造成伤害，倒成了一块赏石。⑪白眉：三国时人马良，其眉毛中长有白毛，故称。《三国志·蜀志·马良传》：“马良，字季常，襄阳宜城人也。兄弟五人，并有才名，乡里为之谚曰：‘马氏五常，白眉最良。’良眉中有白毛，故以称之。”后因以喻兄弟或侪辈中的杰出者。故家：世家大族；世代仕宦之家。文会：文士饮酒赋诗或切磋学问的聚会。⑫萧然：悠闲。文室：文房。眼明：羡慕。⑬宽快：谓面积或容积大。这里借指宽怀舒心。⑭安排：妥善布置。⑮芳醪 láo：美酒。鲜脍 kuài：新鲜的切细的鱼肉。借指美食。⑯狂客：放荡不羁的人。⑰

元章拜：米芾，字元章，嗜石，有“米芾拜石”之典。

## 摸鱼儿·观复以摸鱼子①赋神麇见示次韵答之

莫相疑、爱石如许②，流形我亦随寓③。神麇更有神麇④在，照影几烦清滏⑤。山下路。还记得、当时射虎人曾误⑥。如今文府⑦。但日永闲阶，香凝燕寝⑧，云岫翳⑨还吐。　崔嵬⑩起，欲作飞仙骞翥⑪。依稀老眼如雾。品题好刻奇章字，嗟尔赏音难遇。如砥柱。应笑我心，更欲谁安住⑫。茶余客去，相对静无言，悠然意会，一阵北窗雨。

老犁注：①观复：指作者的朋友马观复左司。摸鱼子：词牌，即摸鱼儿。②爱石：喜欢或痴迷石头。如许：像这样。③流形：谓万物受自然之滋育而运动变化其形体。随寓：走到哪住在哪。犹随处。④神麇 qún：此句中两“神麇”，前指神麇山，后指神仙聚集。麇：成群；麇集。⑤清滏 fǔ：清清滏阳河。滏阳河：滏水，发源于神麇山。⑥射虎人曾误：指西汉射虎英雄李广，未被重用而英雄气短的故事。⑦文府：文章的府库。指收藏图书的地方。⑧燕寝：泛指闲居之处。⑨云岫 xiù：云雾缭绕的峰峦。翳 yì：遮蔽，掩盖。⑩崔嵬：本指有石的土山。后泛指高山。⑪骞翥 qiānzhù：飞举貌。骞通騫。騫 xiān：（鸟）向上飞的样子。⑫安住：安心住下。

## 鹊桥仙·盆梅

孤根如寄①，高标②自整。坐上西湖风景。几回误作杏花看，被梦里、香魂唤省③。　薰炉茶灶，春闲昼永。不似霜清月冷。从今更爱短檠灯④，夜夜看、江边瘦影。

老犁注：①孤根：孤独无依者。如寄：仿佛寄居。②高标：指清高脱俗的风范。③省：醒悟。④短檠 qíng 灯：矮架的灯。古人常以“短檠灯”喻读书生活。

## 蝶恋花·次前韵答智仲敬①

多病多愁心性软。自上疏帘，怕隔双飞燕。梦觉绿窗花影畔。起来翻喜②茶瓯浅。　香压玉炉消欲断。情绪厌厌③，犹傍琴书懒。瞥见壁间蜗引篆④。急将山水图儿卷。

老犁注：①智仲敬：人之姓名，生平不详。②翻喜：更加爱。③厌厌：精神不振貌。④瞥见：一眼看见。蜗引篆：蜗涎在壁上留下的篆字形线痕。

## 蝶恋花·带上乌犀①

带上乌犀谁摘落。方响②匀排，不见朱丝约③。一个④拈来香满阁。矮炉翻动松风壑[5]。　　几日余酲情味恶[6]。七碗何须，一啜[7]都醒却。两腋清风无处着。梦寻卢老[8]翔寥廓。

老犁注：①原词有序：益都冯宽甫号雪谷，尝为江南廉使，以腊茶见贶，茶作方板，光如漆，香味不可言，诚佳品也。感荷作长短句，寄之一笑。乌犀：指用黑犀牛角做的带饰。这里指友人所送茶饼如精美的乌犀带饰一样。②方响：古磬类打击乐器。由十六枚大小相同、厚薄不一的长方铁片组成，分两排悬于架上。用小铁槌击奏，声音清浊不等。这里指友人所送茶的外形如方响。③朱丝：红色的丝绳。约：缠束；环束。④一个：这里指一片茶。⑤松风壑：煮水声如山壑中松树被风吹动的声音。⑥余酲 chéng：犹宿醉。情味恶：什么情趣都没有了。恶 wù：厌恶。⑦一啜：一小口。⑧卢老：指唐诗人卢仝，其《走笔谢孟谏议寄新茶》中有“七碗吃不得也，唯觉两腋习习清风生。蓬莱山，在何处。玉川子，乘此清风欲归去。”之句。

---

**汤公雨**（生卒不详）：字润卿，号碧眼，元江阴（今江苏无锡江阴市）人。

---

## 初至苏州登虎丘

拟从阊阖[1]种胡麻，虎阜[2]山前好问家。何必中秋方待月，尽教经岁可看花。

提筐渔妇夸鲜晚，招涉舟人闹日斜。且叩禅扉假眠息[3]，沙弥[4]延客已烹茶。

老犁注：①阊阖：本指天门。春秋末期，伍子胥开始筑吴都、建阊门，以使“气通阊阖”。故用来借指苏州。②虎阜：即虎丘。③禅扉：禅房。假：借。眠息：卧倒休息。④沙弥：梵语音译指初出家的男佛教徒。

---

**许桢**（生卒不详）：字元干，许有壬子，元汤阴人。少负才，以门功补太祝、应奉翰林。与父有壬、叔有孚唱和，成《圭塘欸乃集》。翰林金台王翰称许氏昆季之贤，群从之才俊，有非他人之所能及者。

---

## 摸鱼儿·买陂塘[1]旋栽杨柳

买陂塘、旋栽杨柳，闲人忙过曹务[2]。山翁溪友[3]来相贺，昨夜应时[4]甘雨。舟泛渚[5]。有茶灶相从[6]，同过东西屿[7]。鸥边[8]自语。是午梦初回，余酲[9]未解，七碗[10]得真趣。　　神仙事，云海茫茫何许[11]。何人岩下逢吕[12]。诗家却有还丹诀[13]，万景点成奇句。公自酹[14]。且山水徜徉，莫考飞升谱[15]。悠悠万古。看一片烟霞[16]，四时风物，吾圃即玄圃[17]。

老犁注：①买陂 bēi 塘：词牌名。即《摸鱼儿》。宋晁补之《摸鱼儿·东皋寓居》词："买陂塘、旋栽杨柳，依稀淮岸江浦。"后遂有《买陂塘》《迈陂塘》《陂塘柳》为《摸鱼儿》的别名。陂塘：犹狭窄的池塘。旋：随即。许桢叔父许有孚以"买陂塘、旋栽杨柳，"为起首句，写有十首《买陂塘》词，许桢与其父许有壬等与之唱和，成为一时佳话。此词是许桢所和词中的一首。②曹务：谓官署分科掌管的事务。相当于今天的科室工作。③山翁：居住山里的老者。溪友：居住溪边寄情山水的朋友。④应时：适时。⑤泛渚：漂浮在洲渚边。⑥相从：随从。⑦东西屿：屿的东面西面。⑧鸥边：鸥鸟旁边。指与鸥鸟在一起。⑨余酲：犹宿醉。⑩七碗：即七碗茶。卢仝在《走笔谢孟谏议寄新茶》诗中有"七碗吃不得也，唯觉两腋习习清风生"之句。⑪何许：何处。⑫吕：吕岩，字洞宾，道号纯阳子，中国道教仙人，八仙之一。⑬还丹诀：道家指在炼成仙丹并服而成仙过程中所用的口诀。这里借指诗人写诗的秘诀。⑭公：指叔父许有孚。自酾 xǔ：独自饮美酒。⑮考：考寻。飞升谱：教人成仙的书籍。⑯烟霞：云霞。泛指山水隐居地。⑰吾圃：我隐居的园圃。玄圃：传说中昆仑山顶的神仙居处，中有奇花异石。

## 渔家傲·万木凋零

万木凋零岩壑峭，一机[①]消长观天道，松竹园亭时一造[②]。谁敢诮[③]？敲冰煮茗供谈笑。　　自负平生心矫矫[④]，三闾何事形容槁[⑤]，琴到无弦谁与操。怀我宝[⑥]，相逢且赋渔家傲。

老犁注：①一机：一个轮回的变化规律。②一造：一次拜访。③诮 qiào：嘲讽。④自负：枉自辜负。矫矫 jiǎo：勇武貌；刚强貌。⑤三闾：指屈原。曾任三闾大夫。形容：容貌神色。槁：枯槁。指消瘦，憔悴。⑥宝：珍贵的东西。

---

**许有壬**（1287~1364）：字可用，元汤阴（河南安阳汤阴县）人，在父亲（许熙载）的为官地琅璪（今湖南长沙县榘梨镇）出生长大。善笔札，工辞章。仁宗延祐二年进士，授同知辽州事，后官至江南行台监察御史、中书参知政事、侍御史、集贤大学士、枢密副使、中书左丞。历事七朝，垂五十年，以老病致仕，卒年七十八，谥曰文忠。有《至正集》《圭塘小稿》。

---

## 夜深酒渴光远扫蓬雪沃崖蜜见饷此时此味世无有也作二十字谢之[①]

齑酸[②]何足传，茶苦谩劳烹[③]。谁浣文园渴[④]，醍醐灌碎琼[⑤]。

老犁注：①标题断句及注释：夜深酒渴，光远扫蓬雪沃崖蜜见饷，此时此味，世无有也。作二十字谢之。酒渴：酒醉后口渴。光远：人之名号，生平不详。沃：

灌入。崖蜜：悬崖上采集来的野蜂蜜。见饷 xiǎng：送给我吃。②齑 jī 酸：酸腌菜。③谩劳烹：不要辛苦地烹煮。④浣：洗除，解除。文园：司马相如，曾任文园令。其患有消渴病。⑤醍醐 tíhú：酥酪上凝聚的油。这里喻指崖蜜。碎琼：雪。

## 次伯庸[①]雪中见赠韵四首其二

茶烟融半湿，檐箸[②]已垂冰。银汉馀波远，瑶天万象澄。

春生小瓮酒，寒入短檠灯[③]。安道[④]何须见，清游但记曾[⑤]。

老犁注：①伯庸：马祖常，字伯庸，元代光州（今河南潢川）人，色目人汪古部著名诗人，自元英宗硕德八剌朝至顺帝朝，历任翰林直学士、礼部尚书、参议中书省事、江南行台中丞、御史中丞、枢密副使等职。②檐箸：屋檐结的冰凌。其形如箸。③短檠 qíng 灯：矮架的灯。④安道：安于道。安心于自己的精神追求。⑤此句：但愿能记住曾经的清游。清游：清雅游赏。

## 次伯庸雪中见赠韵四首其三

占岁欣宜麦[①]，书经贵有冰[②]。两间虚自白[③]，四海秽皆澄。

茶鼎亲融水，书窗遂罢灯[④]。燕山见如席[⑤]，吾与李俱曾[⑥]。

老犁注：①占岁：中国民间以正月初几日的天气阴晴来占本年年成。欣宜麦：高兴于今年可以种麦子。②此句：书写经书贵有一颗明镜之心。冰：指冰鉴，即镜子。③两间：谓天地之间。指人间。虚自白：虚怀自然清白。④此句：因书房窗户上有雪光映入，遂可灭了油灯读书。⑤此句：李白的《北风行》："燕山雪花大如席，片片吹落轩辕台。"⑥此句：我与李白有一样的感受经历。俱曾：同样的曾经。

## 清明日登楼借友人韵六首其四

倦鸟方依树，祥麟祥麟[①]已在郊。开帘纳山色，俯槛见松梢。

江水甘宜茗，畦蔬美胜殽[②]，禽声关乐意[③]，终日任咬咬[④]。

老犁注：①祥麟：瑞兽麒麟。②畦蔬：田间蔬菜。殽：同肴，熟鱼肉。③关乐意：欢快的鸟鸣声。关：关关，鸟鸣声。乐意：甘心愿意。④咬咬：鸟鸣声。

## 催诸公考卷[①]

添烛须教夜达晨[②]，继茶莫遣睡欺人[③]。城南桃李城东柳，政好联镳管领[④]春。

老犁注：①催诸公考卷：催各考官抓紧批阅试卷。②夜达晨：一夜到天明。③继茶：一杯接一杯添茶。睡欺人：睡魔来欺人。④政好：正好。政通正。镳 biāo：马嚼子两端露出嘴外的部分。联镳：两个马头齐头并进。管领：管辖统领。

## 望断美人天一方

野蔌[①]堆盘见蕨芽，珍羞眩眼有天花[②]。宛人[③]自卖葡萄酒，夏客[④]能烹枸杞茶。

老犁注：①野蔌 sù：野菜。②珍羞：同珍馐。指美味。天花：亦作天华。佛教语。天界仙花。③宛人：指汉朝西域的大宛国人，其国出产葡萄酒。④夏客：宋时西夏党项人，其地在中国西北部，今宁夏、甘肃南部一带，其地出产优质枸杞。

## 独坐投壶[①]

绿阴清昼矢鸣壶[②]，庆马[③]何烦用酒娱。有主无宾聊一笑，却呼僮仆煮皋卢[④]。

老犁注：①原诗题注：次可行（其弟许有孚，字可行）圭塘杂咏韵。投壶：古代一种娱乐活动。宾主依次用矢投空酒壶，以投中多少决胜负。矢：投壶用的筹码，外形似箭。②清昼：白天。矢鸣壶：矢入壶中发出的响声。③庆马：《礼记·投壶第四十》载："请为胜者立马。三马既立，请庆多马。"就是先得三马的为胜者，要为他酌酒庆贺。马：即投壶时计算胜局的码子。④皋卢：即皋卢茶，苦丁茶的古称。

## 送术士陈九山[①]归九华

常记乘轺过九华[②]，扑人浓翠湿晴霞[③]。十年空作山中梦，半世犹随海上槎[④]。
紫闼彤闱[⑤]君尽友，清泉白石[⑥]我无家。谈玄[⑦]便约同归隐，听罢松风自煮茶。

老犁注：①术士：指以占卜星相等为职业的人。陈九华：人之姓名，生平不详。②轺 yáo：古代轻便的小马车。九华：九华山，在安徽青阳县境内。③扑人：朝人扑面而来。晴霞：明霞。指灿烂的云霞。④海上槎：即海上仙槎。指神仙乘坐的仙舟。⑤紫闼 tà：宫廷。彤闱 wéi：朱漆宫门。借指宫廷。⑥白石：传说中神仙的粮食。⑦谈玄：指研讨庄子学说的一种活动，多讨论深奥的哲学问题。因虚泛而被后人视为谈论一些不切实际的东西。

## 题赵季文[①]茶屋

山人[②]有屋不容花，自笑平生只爱茶。邹子墅边鸿渐宅[③]，洛阳城里玉川[④]家。
清风梦断膏粱[⑤]气，小鼎云翻粟粒芽[⑥]。不用反关嫌俗客[⑦]，五侯亭馆自芬华[⑧]。

老犁注：①赵季文：赵涣，字季文，浙江人，官湖州从事，知富州。从政之暇，放情诗、画，为时所重。与杨维桢、陆友、屠性、郑元祐等有诗文来往。②山人：山中归隐之人。③邹子：指战国时期著名的阴阳学家邹衍。其后人为无锡望族，在惠山曾建有许多别墅花园等建筑。鸿渐：茶圣陆羽，字鸿渐。④玉川：茶仙卢仝，号玉川子。⑤膏粱：肥肉和细粮，泛指精美的食物，代指富贵生活。⑥粟粒芽：指形如粟米的茶芽。⑦此句：不用反关房门嫌弃俗客来喝茶。化用了卢仝《走笔谢孟谏议寄新茶》中的“柴门反关无俗客，纱帽笼头自煎吃”之句。⑧此句：显贵们，你们就过你们荣耀显达的日子吧。五侯亭馆：五侯家华美的亭楼阁馆。五侯：指汉桓帝时参与铲除外戚梁氏势力的五名宦官，因功在同一天被封侯，故称“五侯”。这里借指达官贵人。芬华：香花，引申为荣耀显达。

## 咏酒兰膏次恕斋韵①

空房丑妇尚须求，七碗何如酹一瓯②？混沌黄中云乳③乱，鹧鸪斑底蜡香④浮。

不教焦氏称欢伯⑤，谁信卢家有莫愁⑥。从此武夷溪上月，好移光彩照青州⑦。

老犁注：①原诗有序：世以酥（奶油一类的奶制品）入茶为兰膏。恕斋取鸡子黄入酥治酒（置办酒食），形色甚相类，而味则迥绝，又谓之酒兰膏云。兰膏：题注中说兰膏是指奶油中加茶的一种饮品，并不指常说的用于点灯的泽兰油。酒兰膏：（恕斋临时起意）在奶油中加入蛋黄（制作方法类似兰膏）做成一种佐酒饮品。恕斋：班惟志，字彦功，号恕斋，元汴梁人。官至集贤待制、江浙儒学提举。善墨戏。②前两句：守寡的丑妇人尚且需要男人主动去求才能得到，何况好茶呢。那个说要喝七碗（指卢仝《七碗茶诗》）才能成仙的人，我倒一碗武夷茶在地上让你喝喝（祭一碗给卢仝喝），看看要不要七碗？这两句大意指，好茶是要通过执着追求才能得到的，武夷茶之好是无需七碗就能升仙的。③混沌黄中：浑然一碗奶油中加了一点黄色（鸡子黄）在其中。混沌：浑然一体，不可分剖貌。云乳：指白色的奶油。④鹧鸪斑：茶盏呈现的鹧鸪斑纹理。蜡香：蜡茶的香味。⑤欢伯：酒的雅称。西汉易学家焦延寿的《易林·坎之兑》篇中有“酒为欢伯，除忧来乐”之句。⑥卢家有莫愁：用卢家的莫愁来喻卢仝的茶。用美女喻好茶。莫愁：传说是战国末期楚国歌舞家。梁武帝萧衍《河中之水歌》诗“十五嫁为卢家妇，十六生儿字阿侯。”李商隐《马嵬其二》中有“如何四纪为天子，不及卢家有莫愁?”之句，指当了四十多年皇帝的唐玄宗保不住杨贵妃的命，而嫁到普通卢家的莫愁却能安享幸福生活。⑦此句：作者希望武夷茶能像月光一样照到青州（今泰山以北至河北南部的区域）。

## 闲居杂诗其一

鬓发苍浪①齿动摇，自知宜退待谁招。茶馀引鹤消春昼②，酒醒闻鸡记早朝。

肥截玉肪羹缩项③，香翻云子饭长腰④。尚嫌门有征诗客⑤，时与山人⑥破寂寥。

老犁注：①苍浪：花白。②春昼：春天的白天。③肥截玉肪：肥美的鳊鱼截开后是如玉般晶莹的脂肪。缩项：即缩项鳊，鱼名，以肥美著称。羹缩项：鳊鱼做成的羹。羹作动词用。④云子：一种白色小石，细长而圆，状如饭粒。借指米粒、米饭。长腰：即长腰米，是稻米中的绝品米。饭长腰：吃长腰米做的饭。饭作动词用。⑤征诗客：求取诗文的人。⑥山人：隐居在山中的士人。

## 和大别石壁禅师[1]韵四首其一

禹柏撑云振古青[2]，老禅相对各忘形[3]。午茶香动风生席，夕磬声沉月转亭。

欲借闲田同放浪[4]，先承佳句慰飘零[5]。汉江[6]秋色将清彻，莫负沙头双玉瓶[7]。

老犁注：①大别石壁：一位禅师的名号。生平不详。②禹柏：大禹手植的柏树。衡山祝圣寺中内有禹柏，并为此建有禹柏庵。振古青：重振古柏的青翠。喻指重振佛寺辉煌。③忘形：指超然物外，忘了自己的形体。④放浪：放纵不受拘束。⑤慰：抚慰。飘零：喻失去依靠，生活不安定。⑥汉江：在湖北境内。⑦沙头：沙洲的边缘，送别的地点。双玉瓶：两酒杯。玉瓶：酒瓶美称。杜甫《醉歌行》有“酒尽沙头双玉瓶，众宾皆醉我独醒”之句。

## 次王君实都事[1]韵二首其二

五车未试发先华[2]，稊米[3]何能效国家。已愧傅岩陈曲蘖[4]，欲从勾漏[5]问丹砂。

内官时馈云腴酿[6]，南仆能烹粟粒芽[7]。回首燕都[8]天咫尺，有人深夜候灯花[9]。

老犁注：①王君实都事：一个叫王君实的都事（元朝于中书省、御史台、枢密院、宣慰司等机构设左、右司，都事是这个司的首领官），生平不详。②此句：指学问还没施展就头发先白了。五车：即五车书。指书多或形容读书多，学问深。典出《庄子·天下》“惠施多方，其书五车”。华通花，花白。③稊 tí 米：小米。喻其小。④此句：已经羞愧去做宰相了。傅岩陈曲蘖 niè：指曾在傅岩为奴筑墙，后来成为殷商时期卓越政治家和军事家的傅说 yuè，他辅佐殷商高宗武丁安邦治国，形成了历史上有名“武丁中兴”。傅岩：古地名，亦称傅险。位于今山西平陆县东，相传傅说为奴隶时曾版筑（筑墙工具。用两块长木板和一块短木板围成三边体，中空盛土夯实为墙，筑好一段后拆板前移，继续筑下一段墙）于此，被武丁起用，傅说便以傅为姓。陈曲蘖：陈年曲蘖。喻良臣贤相。《尚书·商书·说命下》有一段武丁与傅说的话：“尔惟训于朕志，若作酒醴，尔惟曲蘖；若作和羹，尔惟盐梅。”用现在的话说就是：“你归顺我的志向吧，我若做酒，你就做曲和蘖；我若作羹汤，你就做盐和梅。”曲蘖 niè：酒曲。古代曲和蘖是有区别的，曲是发霉谷物，其酿为酒；蘖是发芽谷物，其酿为醴。《孔安国尚书传》：“盐咸梅醋，羹须咸醋以和之。”后将“盐梅”比喻辅佐君主的宰臣。⑤勾漏：山名，在今广西北流东北，盛产丹砂。葛洪在此炼丹升仙。⑥内官：相对地方官而言，在朝廷任职的官员就是内官。馈：赠送。云腴酿：指云腴酒。⑦南仆：南方来的仆人。粟粒芽：指形如粟米的茶芽。⑧燕都：燕都，元朝首都，今北京。⑨候灯花：守候油灯剪弄灯花。

## 代祀寿宁宫赠苏侍郎[1]

粉闱长日簿书闲[2]，礼法拘人一笑难[3]。天子九重颁信币[4]，侍郎三日佐祠官[5]。

茶馀延话风生□，朝退哦诗[⑥]月满坛。但恨无缘驻清景[⑦]，云璈[⑧]声断烛花残。

老犁注：①代祀：古代祭祀活动既烦琐又耗费体力，作为九五之尊的皇帝都要行三跪九叩之大礼，据说一次祭祀要下跪70多次，叩头200多下，需历两个小时之久。年老体衰的皇帝受不了这样的折腾，一般只能派遣亲王或皇子代为祭拜。寿宁宫：元上都所建的道教宫观之一。元上都遗址在今内蒙古自治区锡林郭勒盟正蓝旗闪电河畔。苏侍郎：一位姓苏的侍郎（各部中仅次于尚书的官员）。②粉闱：唐宋时将进士考试的考场设在尚书省。古代尚书省因在墙上用胡粉涂壁，画贤能像，故别称为粉省。闱 wéi：科举时代对考场、试院的称谓。簿 bù 书：官署中的文书簿册。③一笑难：在尚书省上班很严肃，大家都不苟言笑。④九重：指皇位。信币：代表国家信用的纸币。纸币起源宋代的“交子”，真正全国大范围流通是在元代。元代称“交钞”“宝钞”。⑤祠官：掌管祭祀之官。⑥哦诗：吟诗。⑦清景：清丽的景色。⑧云璈 áo：打击乐器，又名云锣。民间称九音锣，由大小相同厚度不同的锣组成，锣的数量有多有少，整组敲击演奏出旋律。

## 和谢敬德学士入关至上都[①]杂诗十二首其二

眩目岩花落又开，避人幽鸟去还来。山僧馈饷[②]惟清茗，石媪[③]衣裳满绿苔。
琴峡注泉成乐奏，梵书随石[④]尽碑材。前途定憩榆林驿[⑤]，游子休歌摽有梅[⑥]。

老犁注：①谢敬德学士：谢端，字敬德，号梠斋，元四川遂宁人，寓居武昌。延祐五年登进士，累迁翰林直学士，阶太中大夫。谢端善为政。卒封陈留郡侯，谥文安。入关：入居庸关。去上都有东路、中路（辇路）和西路三条路，走中路最近，西路和中路（辇路）都要经过居庸关。上都：指元上都，遗址在今内蒙古自治区锡林郭勒盟正蓝旗闪电河畔。②馈饷 xiǎng：馈赠。③石媪 ǎo：形如石头的老媪。媪：对老年妇女的敬称。④梵书随石：梵文刻在石头上。⑤榆林驿：在今北京市延庆区康庄。⑥摽 biào 有梅：《诗·召南·摽有梅》：“摽有梅，其实七兮；求我庶士，迨其吉兮。”有：助词。摽：落。摽梅：谓梅子成熟而落下。后以“摽梅”比喻女子已到结婚年龄。引申为面对事情要赶快下决定，不要犹豫。

## 和谢敬德学士入关至上都杂诗十二首其九

雁落长空迹篆沙[①]，鸣嗃[②]惊起一行斜。小车细马醉时路，丰草甘泉到处家。
已解皮囊倾马湩[③]，更支银铫试龙茶[④]。玉脂响泣炰[⑤]羊熟，鼻观[⑥]风香野韭花。

老犁注：①迹篆沙：雁的足迹如篆文一样留在沙面上。②鸣嗃 hāo：鸣叫。③马湩 dòng：马乳；马乳酿成的酒，马奶酒。④银铫 diào：一种带柄有嘴银制的煮茶器。龙茶：宋时有龙茶和凤茶，即指龙团茶和凤团茶。⑤玉脂：牛羊内脏脂肪熬成的油脂。炰 páo：把带毛的肉用泥包好放在火上烧烤。⑥鼻观：鼻孔。

## 庚辰元日李文远判州访余琅瓈越三日同入长沙值风雪不能进舟中兀坐因次文远见赠韵[①]十首其一

落魄三生李谪仙[②]，丹墀[③]曾见扫云烟。偶无具眼甘怀璞[④]，会有知音莫绝弦。

风雪扁舟茶当酒，江湖清梦夜如年。不因同值东潭渡[⑤]，谁写潇湘水墨天[⑥]。

老犁注：①标题断句及注释：庚辰元日，李文远判州访余琅瓈，越三日，同入长沙，值风雪不能进，舟中兀坐。因次文远见赠韵。李文远判州：一位叫李文远的判州。判州：二品以上内官出领州、府，则为判州、判府。三品及三品以下内官出领州、府，则为知州、知府。琅瓈：指许有壬生长地长沙县琅瓈镇，即今湖南长沙县千年古镇榔梨镇。浏阳河流经榔梨一段称为梨江，故梨江为榔梨的别称。许有壬父亲在此做官，曾在此建有东岗书院（旧址在今准提庵）。值：遇到。兀坐：愣愣地、茫然地坐着。②李谪仙：李白，字太白，号青莲居士，又号谪仙人。③丹墀：宫殿前的红色台阶及台阶上的空地。借指朝廷。这句指李白失意丹墀未被重用。④具眼：谓有识别事物的眼力，或指有眼力的人。璞：蕴藏有玉的石头，或未琢之玉。⑤同值：一同相遇。东潭渡：渡口名。⑥水墨天：下雪时如水墨染出一样的天空。

## 庚辰元日李文远判州访余琅瓈越三日同入长沙值风雪不能进舟中兀坐因次文远见赠韵十首其五

卢家[①]茶碗未通仙，目断[②]旗亭几缕烟。水调[③]还宜绿蓑舞，吴歈何用檿丝弦[④]。

石泷寒濑[⑤]如三峡，泽国[⑥]春风又一年。但恨清漪乱柔橹[⑦]，不教都见水中天。

老犁注：①卢家：茶仙卢仝家。②目断：一直望到看不见。③水调：曲调名。其为唐人演奏的大曲，其开头部分叫“水调歌头”。“歌头”就是大曲中的开头部分。故有了后来的“水调歌头”词牌。④吴歈 yú：指春秋时期吴国的歌。歈：歌。檿 yǎn：檿桑。落叶乔木，叶互生，内皮可做纸，木材坚韧，可做车辕、弓和乐器等。这里做动词用，有“制作”的意思。丝弦：弦乐器上用以发音的丝线。亦借指弦乐器。⑤石泷 lóng：礁石和急流。寒濑 lài：寒凉湍急的水。⑥泽国：水乡。⑦清漪 yī：谓水清澈而有波纹。柔橹：操橹轻摇，亦指船桨轻划之声。

## 庚辰元日李文远判州访余琅瓈越三日同入长沙值风雪不能进舟中兀坐因次文远见赠韵十首其九

处处江梅间水仙，茅蓍飞雪湿茶烟。一时清兴难回棹[①]，半夜尖寒[②]欲折弦。

道路荒凉劳远梦[③]，光阴飘忽叹华年[④]。定知天末[⑤]相思苦，人在危楼月在天。

老犁注：①回棹 zhào：回船。②尖寒：尖冷。指冷得刺骨。③劳：耗损。远梦：思念远方人的梦。④华年：青春年华。⑤天末：天边，天际。

## 紫菊和伯生①韵

天付幽妍处士花②，谁将朝服苦相加。薇垣③有露沾秋色，芝岭无霜抗日华④。

蟹出更宜彭泽酒⑤，笋香谁羡建溪茶⑥。坡仙一语谁鬷蔑⑦，只在姚家与魏家⑧。

老犁注：①紫菊：作动词，指用紫菊诗。伯生：虞集，字伯生，号道园，世称邵庵先生，临川崇仁（今江西省抚州市崇仁县）人。元儒四家，元诗四大家。累官至奎章阁侍书学士、通奉大夫，谥号“文靖”。②天付：上天给予。幽妍：幽雅美丽。处士花：处士即隐士。菊花是花中隐士，故称。③薇垣：元代称行中书省为薇垣。④芝岭：出灵芝的山岭，即指隐士或仙人居住的地方。日华：太阳的光华。⑤彭泽酒：隐士喝的酒。嗜酒的陶渊明曾为彭泽令，后辞官归隐。⑥建溪茶：宋贡茶，后称产自福建建溪（今建瓯）的茶。⑦坡仙一语：坡仙：苏轼，号东坡居士、玉堂仙，仰慕者称之为“坡仙”。据宋蔡绦的《西清诗话》载，王安石与欧阳修有一出“菊花误”的典故，王安石说秋风中菊花会纷纷飘落，为此还写有“黄昏风雨打园林，残菊飘零满地金”的诗句。欧阳修认为傲霜是菊之特性，秋风是不会吹落菊花的，结果他错了。但后人把这“菊花误”栽脏到苏轼头上。鬷蔑 zōngmiè：也写作鬷蔑。先秦时郑国一位贤人，貌恶。这里指丢丑了。⑧此句：就如同品评姚家与魏家的牡丹一样，都是极品，分不出高下的。借指无法将王安石和苏轼分出高下来。

## 腊日雪次房纯德教授①韵四首其一

一宵川媚更山晖②，箫鼓声中乱玉蕤③。天上风云应三戊④，人间道路隐多歧。

春方欲动成佳节⑤，重不能擎愧老枝⑥。蜡酒⑦醒来风味好，鼎⑧香融水煮茶时。

老犁注：①腊日：古时腊祭之日，即农历十二月初八。房纯德教授：一位叫房纯德的教授，生平不详。教授：学官名。元代诸路散府及中州学校置教授，掌管学校课试等事。②川媚：有成语“山辉川媚”，形容风景非常优美。这里指雪后风光。③箫鼓：箫与鼓。泛指乐奏。玉蕤 ruí：喻莹洁的雪花。④三戊：指腊日。汉代以冬至后第三个戊日为腊日。南北朝时始改为农历十二月初八为腊日。⑤佳节：这里特指春节。古代过春节，以腊日这一天为开始。⑥此句：雪重压坏了老树枝而感到惭愧。⑦蜡酒：蜡祭所用之酒。蜡通腊。周时写作蜡，汉后改为腊。⑧鼎：鼎形香炉。

## 和董此宇炼师寄来韵①

茶馀扶杖听幽禽，荷贡②清香柳送阴。无秝③在田犹嗜酒，有弦供耳未忘琴。

仙山云雾梦才见，人海波涛晚更深。何日代祠因过我④，林中同看翠千寻⑤。

老犁注：①董此宇：一位叫董此宇的炼师。炼师：原指德高思精的道士，后作一般道士的敬称。寄来韵：寄来求和的诗韵。②荷贡：拿着炼师寄来的受赏贡品。

③秫 shú：谷物之有粘性者。这里借指庄稼。④代祠因过我：代皇上入祠祭祀而因此路过我这里。⑤千寻：形容极高或极长。古以八尺为一寻。

## 谢鼎珠文参议馈鲫[1]（节选）

但愧负将军，未能出嘉谟[2]。何以消永日[3]，融冰煮皋卢[4]。

老犁注：①鼎珠文参议：一位叫鼎珠文的参议。参议：元明时中书省设置参议属官，掌管中书省左右司文牍，参决军国重事。馈鲫：馈送鲫鱼。②嘉谟：嘉谋。③永日：长日，漫长的白天。④皋卢：即皋卢茶，苦丁茶的古称。

## 和郭子敬祭酒[1]由田舍还城居咏雪四首其一（节选）

乾坤[2]尘垢尽，山川画图展。啜清茶自烹，玩洁[3]帘自卷。

老犁注：①郭子敬祭酒：一位叫郭子敬的祭酒。祭酒：国子监的主管官。②乾坤：天地。③玩洁：爱清洁。

## 小楼对闲闲宗师象[1]因次旧韵寄之（节选）

怀人未免有芥蒂[2]，处世已觉无廉隅[3]。分江小鼎煮粟粒[4]，诛茅别墅营屠苏[5]。

老犁注：①闲闲：吴全节，字成季，号闲闲，又号看云道人，元饶州安仁（今江西鹰潭余江区）人。年十三学道于龙虎山。尝从大宗师张留孙至大都见世祖。英宗至治间，授玄教大宗师、崇文弘道玄德真人，工草书。有《看云集》。象：肖像画。②芥蒂：梗塞的东西，喻心里的嫌隙或不快。③廉隅：棱角。喻人的行为、品性端方不苟。④分江：指从江中分出江水，故称。苏轼《汲江煎茶》诗中有“大瓢贮月归春瓮，小杓分江入夜瓶”。粟粒：形如粟粒的嫩茶芽。⑤诛茅：割来茅草。引为结庐安居。屠苏：本草名，因古代常将屠苏草画于屋上，因此房以草名，用屠苏代指房屋。

## 太常引·速可行治具[1]

忍寒搜句[2]意何如，正因我、腹焦枯[3]。茶灶火慵嘘[4]，高阳侣、元非姓卢[5]。

佳章联叠，新醅寥落[6]，飞梦绕兵厨[7]。新酿取来无，要亲与、梅花饯途[8]。

老犁注：①速：邀请。可行：许有壬弟许有孚，字可行。治具：备办酒食。②搜句：搜求佳句。③腹焦枯：犹枯肠，喻写诗作文时思路枯竭。④慵嘘：懒得吹。⑤高阳：指高阳酒徒。秦末年代，谋士郦食其去追随刘邦时对自己的称呼。现代指嗜酒而放荡不羁的人。元：原。卢：指茶仙卢仝。⑥新醅：新酿的酒。寥落：冷清。⑦兵厨：三国魏阮籍闻步兵校尉厨贮美酒数百斛，营人善酿，乃求为校尉。后因以

“兵厨”代称储存好酒的地方。⑧饯途：以酒食送别上路。

## 如梦令·火榻

火榻[①]只宜春早。纸帐[②]不知天晓。枕上问山童，门外雪深多少。休扫。休扫。收拾老夫茶灶。

老犁注：①火榻：犹火炕。②纸帐：以藤皮茧纸缝制的帐子。是我国古代文人隐士用的一种床具。高雅的还在帐上制作上梅花样纹理，故也称“梅帐”。

## 沁园春·老子当年

老子[①]当年，壮志凌云，巍科[②]起家。被尘嚣沸耳，鏖成重听[③]，簿书[④]眯眼、攻作昏花[⑤]。天上归来，山中绝倒[⑥]，部曲黄牛[⑦]鼓吹蛙。闲官好，判园丁牧竖[⑧]，一日三衙[⑨]。　　平生几度天涯。恰舣住飘飘泛海槎[⑩]。向竹林苔径，时来教鹤，山泉石鼎[⑪]，自为烹茶。庭下花开，楼头雨霁，尽着春风笑鬓华。功名事，问西山爽气[⑫]，多少烟霞[⑬]。

老犁注：①老子：老年人自称。犹老夫。②巍科：犹高第。古代称科举考试名次在前者。③鏖 áo：喧嚷，喧扰。重 zhòng 听：听觉迟钝。④簿书：官署中的文书簿册。⑤攻：攻读；致力研究。昏花：指视力模糊。⑥绝倒：大笑不能自持。⑦部曲：部属。黄牛：黄牛车。⑧牧竖：牧童。⑨三衙：三回。⑩舣 yǐ：停船靠岸。泛海槎：犹乘仙舟。⑪石鼎：陶制的烹茶炉具。⑫西山爽气：东晋王子猷做桓温手下的车骑参军时，懒散而无所事事。桓温对他说：“卿在府久，比当相料理（近来应当安排公事做了吧）。”初不答，直高视，以手版拄颊云：“西山（首阳山）朝来，致有爽气。”后指在官而有闲情雅兴的典故。⑬烟霞：云霞。泛指山水隐居地。

## 望月婆罗门引·紫宸朝罢[①]

紫宸朝罢，东风吹到谪仙[②]家。貂裘抖擞[③]尘沙。一室窗明几净，人境独清华[④]。有息斋[⑤]名画，殿帅高茶[⑥]。　　主人意佳。道分手、即天涯。何事相逢不饮，戚戚嗟嗟[⑦]。黄封旋拆[⑧]，有鹅腊、鸡朐与兔羓[⑨]。公不饮、孤负梅花。

老犁注：①原词有序：偕王仁甫左丞、贾伯坚左司，朝罢过李廷秀参议，因观盆梅，遂成欢酌。廷秀求词，醉中赋此。紫宸：宫殿名，天子所居。泛指宫廷。②谪 zhé 仙：谪居世间的仙人。常用以称誉才学优异的人。③貂裘 qiú：貂皮制成的衣裘。抖擞：以手举物而振拂。④清华：清丽华美。⑤息斋：即李侃，名李衎 kàn，字仲宾，号息斋道人，蓟丘（今属北京）人。元代与柯九思、王冕齐名的湖州派画家。善画枯木竹石，双钩竹尤佳，有《竹谱》一书。⑥殿帅：宋元时代称统领禁军的殿前司长官（都指挥使或殿前指挥使）为殿帅。高茶：指精致、优雅的茶。⑦戚戚嗟嗟：忧伤嗟叹。⑧黄封：宋代官酿酒名，因用黄罗帕或黄纸封口，故名。后泛指酒。旋拆：随即拆开。⑨鹅腊：鹅肉制成的腊肉。鸡朐 qú：鸡肉制成的干肉。朐：屈曲的干肉。兔羓：兔肉制成的干肉。羓 bā：加工而成的大块干肉。

## 浣溪沙·游善应[1]

崖上留题破紫烟[2]。岩前瀹茗挹[3]清泉。烂游三日酒如川[4]。　　有水有山高士宅，无风无雨小春天[5]。人间真见地行仙[6]。

老犁注：①善应：地名或寺名，在何处不详。②紫烟：山谷中的紫色烟雾。古人以紫色烟云为瑞云。③瀹 yuè 茗：煮茶。挹 yì：舀。④烂游：漫游。指漫无目的地游走。酒如川：兴致很高时喝酒的速度快得如川流。指畅快的喝酒；豪饮。⑤小春天：小阳春，指农历十月。⑥地行仙：原为佛典中记载的十种仙中的一种，以长寿而著称。后因以喻高寿或隐逸闲适的人。

## 满庭芳·槐院风清

槐院风清，藓阶尘净，日长镇掩衡门[1]。葛帷藤簟[2]，石枕竹夫人[3]。不作南柯[4]痴梦，要来往、月窟天根[5]。花阴转，间关[6]幽鸟，啼破一窗云。　　起来盘膝坐，松风沸鼎[7]，花雪浮春[8]。便洗除胸次[9]，多少凝尘。更喜秋原有月，篱头贮、小瓮清尊[10]。东篱[11]下，黄花[12]香里，颠倒白纶巾[13]。

老犁注：①镇掩：压住关闭。衡门：横木为门。代称简陋的房屋。②葛帷：葛布（以葛藤纤维为原料制成的布）做的帷帐。藤簟 diàn：藤篾编的席子。③石枕：石制的枕头。竹夫人：古代消暑用具。又称青奴、竹奴，唐时称竹夹膝，又称竹几。其用青竹之篾编成中空的长笼，或取整段竹子，打通内部竹节，并在竹上四周钻出若干小洞以通风，暑时置床席间抱其取凉。④南柯：有“南柯一梦”成语，后因以指梦境。⑤月窟：传说月的归宿处。引指月宫、月亮。天根：星名。即氐宿。东方七宿的第三宿，凡四星。⑥间关：象声词。形容宛转的鸟鸣声。⑦松风：喻煮水声。沸鼎：盛着滚水的鼎。⑧花雪：调茶后茶汤表面浮起的白色茶末。浮春：宛如浮动的春色。⑨胸次：胸间。亦指胸怀。⑩篱头：篱边。清尊：亦作清樽。酒器。借指清酒。⑪东篱：晋陶潜《饮酒》诗之五：“采菊东篱下，悠然见南山。”后因以指种菊之处。⑫黄花：菊花。⑬白纶 guān 巾：用白色丝带做的头巾。

## 水龙吟·己亥中秋用墙[1]韵

一生白浪红尘[2]，得归才见乾坤阔。三升无分[3]，如何料理，文园消渴[4]。衰病禁持[5]，不教杖屦[6]，经丘寻壑。记平生怀抱，曾逢恶处[7]，都不似、今年恶。
见说圭塘[8]如旧，赖山英[9]、好看猿鹤。梦中斗室，蠹残图史[10]，尘凝销杓[11]。蟾桂[12]

香多，莫将长笛，等闲吹落。问嫦娥，我辈何时还又[13]，享清平乐[14]。

老犁注：①壻 xù：古同婿。②白浪：雪白的波涛。红尘：车马扬起的飞尘。借指人世。③三升无分：纵有三升酒，也没有我的分。④文园消渴：司马相如曾任文园令，其患有消渴病（类今糖尿病）。⑤禁持：忍受。⑥杖屦 jù：老者所用的手杖和鞋子。⑦恶处：环境险恶的地方。⑧见说：犹听说。圭塘：至正八年（1348）许有壬因病归籍时，皇帝赐金让其修建的一处私人园林式别墅，位于安阳城西2里余。⑨赖山英：凭借山花。⑩蠹 dù 残：蛀破。图史：图书和史籍。⑪尘凝铛杓：灰尘结在铛杓上，意即很久没品茶了。铛杓 chēngsháo：茶铛与茶杓。⑫蟾桂：月里蟾蜍和丹桂。这里指月中桂花。⑬还又：重新又来观赏你。这里的副词“又”起动词的作用。⑭清平乐：唐代教坊曲名。

---

**许有孚**（？~1330前后在世）：字可行，许有壬弟，元汤阴（河南安阳汤阴县）人。文宗至顺元年进士，授湖广儒学副提举，改湖广行省检校。累除南台御史，迁同佥太常礼仪院事。与许有壬父子唱和，成《圭塘欸乃集》。

---

## 摸鱼儿·买陂塘旋栽杨柳[1]

买陂塘旋栽杨柳，英雄颇识时务。老臣正欲彰君赐[2]，未办万间风雨[3]。安石渚[4]。可无事争墩[5]，吾自安吾屿[6]。从人浪语[7]，且雪后观山，镫前飞盖[8]，不动剡溪[9]趣。　　西湖梦，却要扁舟来许。何时命驾如吕[10]。对梅浑是苏堤[11]上，追和逋仙[12]佳句。茶当醑[13]。有佳客相过，刻烛[14]论诗谱。因评近古[15]。自昼锦[16]归来，观鱼轩[17]后，谁更问园圃[18]。

老犁注：①见许桢《摸鱼儿·买陂塘旋栽杨柳》注①。②彰君赐：彰显君王的恩赐。宋钱公辅《义田记》载，春秋时，一次田桓子侍奉齐景公喝酒，田桓子为出晏子洋相，就对景公说，晏子穿布衣乘柴车劣马，是对君王赐予厚禄的辱没，今天他来了应该罚他喝酒。而晏子来到后对景公解释说，他的奉禄都给了亲人和穷人，这非但不是辱没，反而是大大彰显了君王所赐。景公觉得晏子说得有道理，转身就罚田桓子喝酒。③此句：（老臣想彰君赐）但却做不到用广厦万间来帮百姓挡风遮雨。④安石渚：以东晋良相谢安的表字命名的洲渚。谢安，字安石。⑤争墩：谢安的表字与宋朝王安石的名正好相同，都是“安石”，后来王安石退居金陵，买的宅院正好在谢安的府邸旧址上，宅内有以谢安命名的“谢公墩”。王安石于是戏作诗道：“我名公字偶相同，我屋公墩在眼中。公去我来墩属我，不应墩姓尚随公。”时人评曰：“与死人争地。”⑥吾自安吾屿：我就自安于我的洲屿吧。⑦浪语：妄说；乱说。⑧镫 dèng 前：犹马边。镫指马镫，是一对挂在马鞍两边的脚踏。飞盖：高高的车篷。借指车。⑨剡溪：水名。在浙江嵊州南，为曹娥江的上游。是东晋王子猷

“雪夜访戴”之地。⑩命驾如吕：东平名士吕安钦佩嵇康的清高雅致，与其兴趣相投，惺惺相惜。吕安每一次想念嵇康，他就命人驾车，立即出发前来探望，嵇康每次都认真接待并把他当做好朋友。⑪对梅：面对梅花，即赏梅。浑是：还是，仍是。苏堤：苏轼知杭州时，疏浚西湖而筑的湖堤。⑫逋仙：指宋隐士林逋。其隐于西湖孤山，不娶，以种梅养鹤自娱，人谓之“梅妻鹤子”，后世常以“逋仙”称誉之。⑬醑 xǔ：去糟取清叫醑。借指美酒。⑭刻烛：《南史·王僧孺传》：“竟陵王子良尝夜集学士，刻烛为诗，四韵者则刻一寸，以此为率。文琰曰：‘顿烧一寸烛，而成四韵诗，何难之有。’”后因以喻诗才敏捷。⑮近古：指距今不远的古代。⑯昼锦：《汉书·项籍传》载，秦末项羽入关，屠咸阳。或劝其留居关中，羽见秦宫已毁，思归江东，曰：“富贵不归故乡，如衣锦夜行。”《史记·项羽本纪》作“衣绣夜行”。后遂称富贵还乡为“衣锦昼行”，省作“昼锦”。⑰观鱼：《左传·隐公五年》：“五年春，公将如棠观鱼者。”《三国志·魏志·鲍勋传》：“昔鲁隐公观渔于棠，《春秋》讥之。虽陛下以为务，愚臣所不愿也。”后泛指观看捕鱼或观赏游鱼以为戏乐。轩：轩宇，轩敞的屋宇。⑱园圃：种植果木菜蔬的园地。

---

**孙淑**（1306~1328）：字蕙兰，新喻（今江西新余）傅若金（字与砺）之妻也，其先汴（今河南开封）人，其父为元诗人、散曲家孙周卿。年二十三，归与砺于湘中，五月而卒。善诗，闲雅可诵，然不多为。又恒毁其稿，或窃收之，令勿毁，则云：“女子当治织纴组紃以致孝敬，词翰非所事也。”既卒，与砺编集遗诗，题曰《绿窗遗稿》。

---

## 绿窗[①]诗十八首其二

小阁[②]烹香茗，疏帘下玉钩[③]。灯光翻出鼎[④]，钗影倒沉瓯[⑤]。

婢捧消春困，亲尝散莫愁[⑥]。吟诗因坐久，月转晚妆楼[⑦]。

老犁注：①绿窗：绿色纱窗。指女子居室。②小阁：小木头房子。③疏帘：指稀疏的竹织窗帘。玉钩：喻新月。④翻出鼎：鼎中沸水翻动，使反射的灯光跳跃晃动。⑤此句：头钗倒影在盛满茶水的茶瓯上。钗：古代妇女的一种首饰，形似叉。沉瓯：犹满瓯。瓯中水满而显深，故称。⑥散：乱，散乱。指心绪散乱如莫愁。莫愁：古乐府中传说的女子。为卢家少妇。⑦妆楼：旧称妇女居住的楼房。

---

**孙季昌**（生平里籍不详）：今存散曲套数 3 套。

---

## 【中吕·粉蝶儿】怨别

【一煞】死临侵[①]魂梦劳，呆答孩[②]心似迷，常常思时时想频频记。茶饭中冷暖谁调理？早共晚寒温那个知？撇不下恩和义。我将你俊庞儿[③]时时想念，小名儿悄悄啮题[④]。

老犁注：①死临侵：精神不振，无精打采。也作死个临侵，个，语助词。“临侵”又作“淋浸”“淋侵”。是个表程度的常用词，原是动词，后演变为形容词。元曲中还有“湿淋浸”（即湿漉漉）、“冷淋侵”（即冷飕飕）的用法。②呆答孩：元代口语，犹呆呆地；傻傻地。③俊庞儿：俊俏的面貌。④啮 diàn 题：惦念题说。

---

**孙周卿**（？~1320 前后在世）：名不详，字周卿，孙楷第《元曲家考略》谓其为河南开封市人。有女儿孙蕙兰，元代诗人，嫁诗人傅若金，23 岁病逝，存《绿窗遗稿》。孙周卿工曲，所作以小令为多，今散见各家曲选中。

---

## 【双调·蟾宫曲】自乐二首其二

草团标正对山凹[①]，山竹炊粳[②]，山水煎茶。山芋山薯，山葱山韭，山果山花。山溜响冰敲月牙[③]，扫山云[④]惊散林鸦。山色元佳[⑤]，山景堪夸，山外晴霞，山下人家。

老犁注：①草团标：亦作草团瓢、团焦。圆形茅屋。山凹 āo：山坳 ào，两山间低下的地方。②粳：粳米。③山溜响：山涧泉流哗哗作响。溜：小股水流。冰敲月牙：冰敲月牙玉的声音，喻泉流的声响。④扫山云：喻隐居生活。高山上多云，隐居之人每日洒扫多与云为伴。故称扫云或扫山云。⑤元佳：最美。元：第一。

## 【双调·水仙子】山居自乐四首其一

西风篱菊灿秋花，落日枫林噪[①]晚鸦。数椽[②]茅屋青山下，是山中宰相[③]家，教儿孙自种桑麻。亲眷至煨香芋，宾朋来煮嫩茶，富贵休夸。

老犁注：①噪 zào：许多鸟乱叫。②数椽 chuán：数间。椽：椽子。也用于古代房屋间数的量词。③山中宰相：南朝梁时陶弘景，隐居茅山，屡聘不出，梁武帝常向他请教国家大事，人们称他为“山中宰相”。后比喻隐居的高贤。

## 【双调·水仙子】山居自乐四首其二

小斋容膝[①]窄如舟，苔径无媒[②]翠欲流。衡门[③]半掩黄花瘦，属东篱富贵秋，药炉经卷香篝[4]。野菜炊香饭，云腴[5]涨雪瓯，傲煞王侯[6]。

老犁注：①小斋容膝：小小的书房只能容下双膝，喻书斋之小。②无媒：没有媒人帮助。意即不通过人为帮助而自己生长。③衡门：横木为门。代称简陋的房屋。④香篝：罩在香炉上的熏笼，多为多孔的金属制成，用于熏香时隔离防火。⑤云腴：茶的别称。⑥傲煞王侯：看不起王侯。傲煞：高傲得很。

---

**贡士达**（生卒不详）：字号不详，元宁国宣城（今安徽宣城）人。官韶州检校。

---

## 郊行

溪树汀[1]花接眼明，酒逋吟债[2]此时增。野僧煮茗收黄叶，湖客输租到紫菱[3]。

牛背晚风三弄[4]笛，渔梁寒照两行罾[5]。壮怀尚有元龙气[6]，高卧空山愧未能。

老犁注：①汀 tīng：水边平滩。②酒逋 bū：酒债。逋：拖欠。吟债：犹诗债。指答应为人写但还未写的诗。③输租：交纳租税。紫菱：地名，紫菱洲。④三弄：演奏三次。有古典《梅花三弄》。⑤渔梁：筑堰拦水捕鱼的一种设施。罾 zēng：一种用木棍或竹杆做支架的鱼网。⑥元龙：有“元龙百尺楼”之典。三国时，许汜求田问舍，不被陈登（字元龙）看好，所以许拜访陈时，陈就让许睡下床。刘备与刘表说起这件事，刘备说：“已经便宜许汜了。我要是陈登，我就自己睡百尽高楼，让许汜睡地上。”后以“元龙百尺楼”借指抒发壮怀之处。亦省称“元龙楼”。

---

**贡师泰**（1298～1363），字泰甫，号玩斋，贡奎次子。历任太和州判官、绍兴路总管府推官、翰林待制、监察御史、吏部侍郎、兵部侍郎、礼部尚书、平江路总管、户部尚书。生平著述有《顾穷集》《友迁集》等十数种，多散佚，后辑为《玩斋集》。诗文俱佳，与虞集、马祖常、揭傒斯、袁桷、吴澄并称为“元文六大家”。其诗格与“元四家”不相上下，可谓挺然晚秀矣。

---

## 寄颜经略[1]羊酥

三山[2]五月尚清寒，新滴羊酥冻玉柈[3]。何物风流可相称，兔豪花瀹水龙团[4]。

老犁注：①颜经略：一位姓颜的经略。经略：官名，指经略使，掌各地兵民之政，总制诸将，统帅军旅。②三山：指福州。③羊酥：是一种冷冻奶油点心，类似冰淇淋一样的食品。唐朝至五代时，也有一道叫酥山的冰品，是将奶酥加工至松软融化，然后在盘子上滴淋出山的形状，再经过冷冻定型。经冷冻的酥山，如同霜雪或冰晶，牢牢黏在盘子上，吃起来入口即化。北宋末年，汴京的夜市，在冬天也卖

“滴酥”。至元代这种滴酥还在流行。冻玉柈：冻在玉盘上。柈 pán：通盘。④兔豪花：指兔毫盏上的兔毫纹理。豪通毫。龙团：印有龙纹的团形茶，自北宋始制。

## 送连子奇[1]归隐赣州

蓟门风冷白鹅[2]来，万里孤舟一日开。去路定过彭泽县[3]，到家重上郁孤台[4]。

煮茶林下收黄叶，理钓[5]矶边扫绿苔。太史明朝占处士[6]，少微依旧傍三台[7]。

老犁注：①连子奇：人之姓名，生平不详。②蓟 jì 门：地名，在今北京德胜门外西北隅，原有一土城关，相传是古蓟门遗址。白鹅：喻雪。③彭泽县：地名，在江西九江，陶渊明曾在此任县令。④郁孤台：古台名。在江西赣州市章水和贡水交汇处，此处有高阜郁然孤起，故名。⑤理钓：整理钓竿。意即钓鱼。⑥太史：修史和掌历法的官员。这里指归隐的连子奇。处士：归隐不仕的人。⑦此句：少微和三台都是天体太微垣中的两个星座。它们邻近相傍。按星官与人间官员对应的说法，三台指三公，少微指处士。少微星座中的第一颗星名处士，故少微可借称处士。

---

**苏彦文**（？~1302 前后在世）：名里，字彦文，婺州（今浙江金华）人，与钟嗣成同时。以才学掾江西行省，廉洁平恕，未尝以一毫势力施于人，而又本之以诗书，缘之以词翰，崇论闳议，倾动一时。后进入中书，擢引进之职。今仅存套数 1 套，即【越调·斗鹌鹑】冬景，钟嗣成《录鬼簿》说此曲“有‘地冷天寒’，【越调】及诸乐府，极佳。”

---

## 【越调·斗鹌鹑】冬景

【紫花儿序】这雪袁安难卧[1]，蒙正回窑[2]，买臣还家[3]，退之不爱[4]，浩然休夸[5]。真佳，江上渔翁罢了钓槎[6]。便休题晚来堪画，休强呵映雪读书[7]，且免了这扫雪烹茶。

老犁注：①袁安难卧：东汉袁安寒微时居洛阳，一日天大雪，许多人外出乞食，安僵卧不起。洛阳令巡行至安家门，问他为何不出门乞食，他说：“大雪人皆饿，不宜干（干扰，打扰）人。”洛阳令认为他是贤人，乃荐举他做官。此句意思说：雪这么大，天这么冷，袁安怕也睡卧得不能安稳了。②蒙正回窑：吕蒙正，北宋初年人，曾三度做宰相。他少年时家境贫寒，住在少阳城南破瓦窑中，靠进城替人写字作文过活。这里指，下那么大的雪，吕蒙正也该回到破窑了。③买臣还家：朱买臣，西汉人，做过丞相长史等官。他少年时家贫，靠卖柴度日。这里指，下那么大的雪，朱买臣也该回家去了。④退之不爱：韩愈，字退之，唐代大文学家。因谏阻唐宪宗迎佛骨，被贬为潮州刺史。其侄孙韩湘来送行，韩愈写了一首诗给他，诗中有“雪拥蓝关马不前”的句子。全句意思是说，雪挡住他的去路连马都不敢前行了，所以作者认为韩愈不爱这风雪天。⑤浩然休夸：孟浩然有骑驴“踏雪寻梅”之典。明末张岱的《夜航船·卷一天文部·雪霜》“孟浩然情怀旷达，常冒雪骑驴寻梅，曰：‘吾诗思在灞桥风雪中驴背上。’”这里指雪这样大，孟浩然也不要再夸它有诗意了。⑥钓槎 chá：钓鱼小舟。⑦此句：晋朝的孙康好学而家贫，没有钱买灯油，冬夜利用雪的反光读书。这里说指天气太冷就不要勉强映雪读书了。

---

**李存**（1281～1354）：字明远，更字仲公，元饶州安仁（今江西鹰潭余江区）人。从陈苑（字立大）学。致心于天文、地理、医卜、释道之书，工古文词。延祐开科，一试不第，即决计隐居，从游者满斋舍。有荐皆不就。世称俟庵先生。与祝蕃、舒衍、吴谦合称江东四先生。卒年七十四。有《俟庵集》。

---

## 义役[①]谣（节选）

课程茶酒率倍开[②]，所取盐米何锱铢[③]。逃粮逃金不待[④]论，职田子粒[⑤]尤难输。

老犁注：①义役：宋以后的一种徭役形式。《宋史·食货志上六》：“乾道五年，处州松阳县，倡为义役，众出田谷，助役户轮充。”②课程：按税率交纳的赋税。率倍开：率先加倍开征。③锱铢 zīzhū：锱和铢。喻微小的数量。④不待：用不着；不用。⑤职田：古代按品级授予官吏作俸禄的公田。子粒：粮食作物穗上的种子。

---

**李裕**（1294~1338）：字公饶，元婺州东阳（今浙江金华东阳市）人。少从许谦学，撰《至治圣德颂》。英宗召见玉德殿，补国子生，令宿卫禁中。文宗至顺元年庚午进士，授汴梁路陈州同知，有惠政。其诗篇秀丽，尤工七言乐府，出入二李之间。与宋显夫、杨仲礼、陈居采诸公唱和。所著有《中行斋稿》。

---

## 次宋编修显夫南陌[①]诗四十韵（节选）

只忆愁肠断，宁知别绪牵。宝钗分凤翼[②]，钿合寄龙团[③]。

老犁注：①宋编修显夫：指宋褧 jiǒng，字显夫，元大都人。泰定帝泰定元年进士。曾任监察御史、国子司业，与修宋辽金三史，以翰林直学士兼经筵讲官卒，谥文清。有《燕石集》。南陌：南面的道路。②宝钗：首饰名，用金银珠宝制作的双股簪子。凤翼：本指凤凰的羽翼。这里指带有凤凰纹理图案的头饰。③钿合：亦作钿盒，镶嵌金、银、玉、贝的首饰盒子。这里指装龙团茶的精美盒子。

**李士瞻**（1313～1367）：字彦闻，元南阳新野（今河南南阳新野县）人，徙汉阳（今武汉汉阳区）。顺帝至正十一年进士。辟中书右司掾，历吏、户二部侍郎，迁户部尚书，出督福建海漕，就拜行省左丞，召参议中书省事。条上二十事，帝嘉纳，迁参知政事，拜枢密副使，仕至翰林学士承旨，封楚国公。其襟度弘远，立朝謇谔，有经济之才。有《经济文集》。

## 题刘中守[①]小景

雨后看山更爱山，结茅临水阅人寰。交谈终日频伤往[②]，留客烹泉不许还。

凉月满空邀鹤住，绿阴绕舍听猿闲。道人[③]又有休官意，每忆秋风放白鹇[④]。

老犁注：①刘中守：人之姓名，生平不详。②伤往：伤怀往事。③道人：有极高道德的人。④白鹇 xián：鸟名。又称银雉、白凤凰。雄鸟的冠及下体纯蓝黑色，上体及两翼白色。此鸟高洁纯美，被誉为林中之仙。后人常用其喻山中隐士。

## 题成趣轩[①]

小小蔬园半亩畦，涉[②]能成趣路成蹊。呼儿灌溉汲石井，留客待烹啼竹鸡[③]。

子荆居室称苟美[④]，管宁锄金恒不迷[⑤]。华构[⑥]相承期勿坠，今人应与古人齐。

老犁注：①成趣轩：轩名。原诗题注：为照磨（官名）托尔，留题成趣轩。照磨字明善，盖吾从事也，因书以为勉。②涉：游玩，游览。③竹鸡：鸟名。形似鹧鸪而小，多生活在竹林里。④子荆居室：子荆，指卫国公子荆，孔子对其的评价是“善居室”，就是善于居家过日子，善于管理经济的意思。苟美：犹言差不多算完美了。⑤管宁锄金：东汉三国时，管宁与华歆锄地，管宁看到金块而无动于中，华歆却拣起来，管宁怒视华歆，华歆才不情愿地扔掉。两人在一起读书，有个高贵的人路过，管宁读书如旧，华歆却跑去观看。管宁觉得华歆不是跟自己一路人，就与其“割席断交”了。恒不迷：永远不会迷失自我。⑥华构：壮丽的建筑物。

**李孝光**（1285～1350）：初名同祖，字季和，号五峰、五峰狂客，后学多称其为“李五峰”。元温州乐清人。少博学，笃志复古，隐居雁荡山五峰下，从学者众。顺帝至正初，以秘书监著作郎召，进《孝经图说》，升秘书监丞。辞官南归途中，病逝通州。以文名，法古人而不趋世尚，非先秦两汉语弗道。其志气轩朗，美髯伟干，茅山张伯雨赠诗曰“孰与言诗李髯叟，一日不见已为疏”之句。其诗文自成一家，与当时文坛名流萨都剌、张雨、张翥、柯九思、杨维桢、顾瑛等频相往还唱和。时人语云：“前有虞（集）范（梈），后有李（孝光）杨（维桢）。”与杨维桢创建

"铁雅诗派"，风行元季明初。有《五峰集》。

## 越州郡庠壁和颜氏子[1]韵

岁月渺无涯，居然鬓发华。乾坤鸡屡旦[2]，霜露菊犹花。

城里鉴湖[3]稻，山阴日铸茶[4]。东南好官守，行子[5]莫思家。

老犁注：①郡庠 xiáng：科举时代称府学为郡庠。颜氏子：颜氏后人。②鸡屡旦：鸡常常把天啼亮。旦：天明。③鉴湖：湖名，在绍兴。④山阴：绍兴古县名。日铸茶：绍兴出产的名茶。⑤行子：出行的人。

## 九霞[1]听松图

不到茅山[2]又五年，煮茶更试碧云泉[3]。山中百事便静者[4]，惟苦松声搅醉眠。

老犁注：①九霞：九天的云霞。借指天庭。②茅山：山名，在江苏句容东南，原名句曲山，是道教上清派的发源地。著名茅山道士陶弘景曾结庐于此。③碧云泉：犹高山上的泉水。④静者：深得清静之道及超然恬静的人。多指隐士、僧侣和道徒。

## 送谢仲连小□巡检[1]

承平已久桴鼓[2]息，事简官清只煮茶。山崦[3]东西足僧寺，时时骑马看黄花。

老犁注：①谢仲连：人之姓名，生平不详。巡检：巡检使的省称。宋开始，于京师及沿边、沿江、沿海置巡检司。掌训练甲兵，巡逻州邑，职权颇重，后受所在县令节制。②承平：治平相承。桴 fú 鼓：战鼓。桴：鼓槌。③山崦 yān：山坳。

## 游双峰赠觉上人[1]

茶具酒壶从两童，入山慎莫作匆匆。雪消新水鸭头绿[2]，沙暖小桃猩血红[3]。

吾意生人[4]行乐耳，只今杯酒与君同。依依蓝玉亭前路，他日重来忆远公[5]。

老犁注：①双峰：清《雁山志》载："在石门潭西北十里高山上。一高百余丈，一稍低，如两大华表，参差并竖。南下二三里有双峰寺（在今浙江乐清市大荆镇双峰村）。觉上人：一位叫觉的上人（对和尚的尊称）。②鸭头绿：蓝绿色。鸭头部位羽毛的颜色，故称。③小桃：初春即开花的一种桃树。猩血红：鲜红色。④生人：犹人生。⑤远公：东晋庐山东林寺高僧慧远。这里借指觉上人。

## 次陈辅贤游雁山韵

竹杖棕鞋去去赊[2]，一春红到杜鹃花。山椒[3]雨暗蛇如树，石屋春深燕作家[4]。

老父行寻灵运屐[5]，道人唤吃赵州茶[6]。明朝尘土芙蓉路[7]，犹忆山僧饭一麻[8]。

老犁注：①陈辅贤：人之姓名，生平不详。②去去赊：去很远的地方。去去：谓远去。赊：远。③山椒：山顶。④作家：整理家、筑家。⑤灵运屐：《南史・谢灵运列传》："寻山陟岭，必造幽峻，岩嶂数十重，莫不备尽。登蹑常著木屐，上山则去前齿，下山去其后齿。"因称这种特制的木屐为"灵运屐"。⑥赵州茶：唐代赵州和尚从谂皆以"吃茶去"一句话来引导弟子领悟禅机奥义。后也用来指代寺院招待的茶水。⑦芙蓉：莲花。佛教常用莲花来表现许多美好圣洁的事物。芙蓉路：犹通往佛境的圣洁道路。⑧麻：麻子，麻类植物的子实。世尊苦行每日只食一麻一米。

## 东林废寺[1]

白社寥寥[2]度岁华，客来犹记话分茶[3]。桥横山郭前溪路，树隔厨烟何处家?

官马[4]放归门径草，野僧移去石泉花。荒原相接多邻冢，祭扫人还噪暮鸦。

老犁注：①东林废寺：元末庐山东林寺毁于战火，到明洪武六年才得以修复，但规模大不如以前，地位也渐将没落。②白社：东晋庐山东林寺慧远和尚同慧永、慧持、刘遗民、雷次宗等在庐山结社精修念佛三昧，誓愿往生西方净土，又掘池植白莲，称白莲社。寥寥：空虚貌。③分茶：宋元时一种泡茶技艺，亦称茶百戏。就是用筅击拂茶汤，使其表面涌起茶沫，然后将茶沫表面划开使之呈现出各种图案和文字。④官马：官府供给或饲养的马。

## 与朱希颜会玉山人家[1]书其壁（节选）

祝妇家倾伯伦酿[2]，驱儿手煮卢仝茶[3]。弥明结喉[4]石鼎句，祢生顿足渔阳挝[5]。

老犁注：①朱晞颜：字景渊、子团。元长兴（今浙江长兴）人。初为平阳州蒙古掾，又曾为江西瑞州监税，以郡邑小吏终其身。曾与鲜于枢、杨载等唱酬。"能诗文而为良吏"。著有《瓢泉吟稿》。玉山人家：指顾瑛在昆山所建的玉山草堂。②祝妇：嘱咐家妇。祝，丁宁之意。伯伦：竹林七贤中的刘伶，字伯伦，因其喜酒，故后世以其为蔑视礼法、纵酒避世的典型。③卢仝茶：指嗜茶人喝的茶。唐诗人卢仝，号玉川子，好饮茶，被喻为茶仙，有著名的《走笔谢孟谏议寄新茶》一诗。④弥明：指轩辕弥明，韩愈《石鼎联句诗》中所描写的人物。其诗序中讲，有貌丑道士轩辕弥明与刘师服、侯喜等人以石鼎为题联句作诗，开始刘、侯二人看不起轩辕弥明，但很快刘、侯二人就文思枯竭，道士却"应之如响"，妙句叠出。结喉：谓喉头凸出隆起。⑤祢生：指祢衡。《后汉书．祢衡传》载：祢衡，字正平，汉末名士。在曹操军中供职，他恃才傲物，得罪曹操，曹操降他为鼓吏。一次元宵节晚宴，曹操有意羞辱祢衡，命祢衡为宾客击鼓助兴。祢衡裸身扬棰击鼓，作《渔阳掺挝》曲，音调悲壮，锵锵如金石之声。鼓击三遍，四座宾客皆为之感动。后因以“渔阳掺挝”“渔阳挝”为咏祢衡的典故。亦借喻慷慨激昂的鼓乐。渔阳：地名，在今北京密云县西南，战国燕在此置渔阳郡。掺挝 cànzhuā：古代奏乐中的一种击鼓之法。

## 水调歌头·与于云峰[①]

吾子[②]钓游处，一过[③]一徘徊。旧时酒壶茶碗，重洗古莓苔[④]。点检东头松菊，料理西头水竹，手亲栽。别有古人意，石上五株梅。　　马少游[⑤]，陶元亮[⑥]，大佳哉。世间荣枯宠辱，我辈未须猜。此是君家邱墓[⑦]，此是君家第宅，缘底[⑧]不归来。我有一杯酒，准拟[⑨]拂尘埃。

老犁注：①于云峰：人之姓名，生平不详。②吾子：对对方的敬称。一般用于男子之间。③一过：一遍。④莓苔：青苔。⑤马少游：东汉名将伏波将军马援的从弟，《后汉书·马援传》中记载了马少游规劝马援的故事。后世把马少游作为士人不求仕进知足求安的典型。⑥陶元亮：陶渊明，字元亮。东晋隐士。⑦邱墓：坟墓。⑧缘底：因何；为什么。⑨准拟：准备；打算。

## 满庭芳·赋醉归

昨夜溪头，潇潇风雨，柳边解个渔舟。狂歌击楫，惊起欲眠鸥。笑杀子猷访戴[①]，待到门、兴尽归休。得似我，裳衣[②]颠倒，大叫索茶瓯。　　长怪天翁[③]，赋人以量[④]，偏曲如钩[⑤]。有大于江海，小径盈抔[⑥]。爱酒青莲居士[⑦]，又何苦、枕藉糟邱[⑧]。玉山倒[⑨]，风流脍炙[⑩]，底为[⑪]子孙谋。

老犁注：①子猷访戴：东晋王子猷雪夜兴起想见友人戴逵，立即乘舟前往，到友人家门却不去登门拜访，说已兴尽就返回了。②裳衣：裳与衣。下衣和上衣。③长怪：犹仙风道骨。形容外表长相奇特。天翁：谓天公。④量：酒量。⑤曲如钩：弯曲得像钩。喻曲意奉承。《续汉书·五行志一》：“顺帝之末，京都童谣曰：‘直如弦，死道边；曲如钩，反封侯。’”意思是指直言劝谏的人死于路边，曲意奉承的人能封公侯。⑥抔 póu：用手捧东西。⑦青莲居士：李白的别号。⑧枕藉：亦作枕籍。枕头与垫席。引申为沉溺，埋头。糟邱：即糟丘，积糟成丘。指酒糟堆积如山，喻酿酒极多。⑨玉山倒：有“醉玉颓山”之典。南朝宋刘义庆《世说新语·容止》：“嵇叔夜（嵇康）之为人也，岩岩若孤松之独立；其醉也，傀俄若玉山之将崩。”后以“醉玉颓山”形容男子风姿挺秀，酒后醉倒的风采。⑩脍炙 kuàizhì：脍指细切的肉，炙指烤熟的肉，泛指佳肴。用以称赞美好诗文或风流人物。⑪底为：何为。

**李茂之**（？~1302 前后在世）：里籍生平不详。钟嗣成《录鬼簿》未载其名。明朱权《太和正音谱》将其列于“词林英杰”一百五十人中。元杨朝英的《乐府新编阳春白雪》中有他的散曲。元刘仁本《洞庭集·卷六·李荣贵传》谓李荣贵字茂之，元末居江陵府，中书省宣使李荣祖之弟。至正十二年红巾军破江陵，被杀。刘仁本所载之人疑与李茂之为同一人。

## 【双调·行香子】寄情[1]

【离亭宴带歇指煞】闲来膝上横琴坐，醉时节林下和衣卧。唱得快活，乐天知命随缘过。为伴侣唯三个[2]，明月清风共我。再不把利名侵，且须将是非躲。攧竹分茶[3]，摘叶拈花，圈儿中稍自矜夸。彪眉[4]打眼，料嘴[5]敲牙。要罚馒只除[6]是瓮生根，盆生蔓，甑[7]生芽。

老犁注：①此曲作者一说朱庭玉。②唯三个：只有月亮、我和影子三个。借用李白《月下独酌》“举杯邀明月，对影成三人”之句。③攧 diān 竹：博戏名，颠动竹筒使筒中某一支竹签跌出，视签上标志以决胜负。分茶：宋元时一种泡茶技艺，亦称茶百戏。就是用筅击拂茶汤，使其表面涌起茶沫，然后将茶沫表面划开使之呈现出各种图案和文字。④彪眉：犹愤怒时竖眉。⑤料嘴：犹斗嘴、胡扯。⑥只除：犹除非。⑦甑 zèng：古代蒸煮用的炊具，大多为桶状，底部有许多透气小孔，利于蒸气进入，放于鬲或锅上蒸，将甑内食物蒸熟。

**李致远**（生卒不详）：孙楷第《元曲家考略》据仇远《和李致远君深秀才》诗，以为李致远为溧阳（今江苏常州溧阳市）人，名深，字致远。一生不得意，但因穷忘忧，孤傲清高。明臧晋叔《元曲选》中《还牢末》杂剧署名李致远。明朱权《太和正音谱》评其词“如玉匣昆吾”。存世小令 26 首，套数 4 套。

## 【中吕·喜春来】秋夜二首其二

月将花影移帘幕，风怒松声卷翠涛，呼童涤器煮茶苗[1]。惊睡鹤，长啸仰天高。

老犁注：①茶苗：指茶叶嫩芽。

**李谦亨**（生卒不详）：一说元曲沃（山西临汾曲沃县）人。英宗时以儒进，历内台御史。时英宗在西山升造安寿山兜率寺（建于唐）为皇家寺院，其与御史四人上疏切谏，决杖文面远贬，由是知名。后召还，授浙东海右道廉访使，封陇西郡侯。卒谥忠肃。一说字伯谦，元东阳人（今浙江金华东阳市），余不详。

## 土铿[1]茶烟

荧荧石火[2]新，湛湛[3]山泉冽。汲水煮春芽[4]，清烟半如灭。

香浮石鼎花[5]，淡锁松窗月。随风自悠扬，缥缈林梢雪。

老犁注：①土铿 cuò：炊具，犹今之砂锅。②荧荧：光艳貌。石火：以石敲击，迸发出的火花。其闪现极为短暂。③湛湛：清明澄澈貌。④春芽：指春茶。⑤石鼎花：石鼎中水沸涌起的水花。石鼎：陶制的烹茶炉具。

**李源道**（？~1317 尚在世）：字仲渊，号冲斋，元关中（今陕西中部）人。历官为四川行省员外郎，行乐成都风土，卜居蚕茨，植竹十万个，名万竹亭，与兄弟对床吟哦其中。后入为监察御史，迁翰林直学士，出为云南肃政廉访使、行省参知政事。有《仲渊集》。吴澄语其“心易直而气劲健，其为诗也肖其人”。

## 暮春即事[1]

垂柳阴阴雪拥沙，残阳淡淡水明霞。夜来枕上初闻雨，今日枝头不见花。

啼鸟已传春去信[2]，狂蜂犹趁晚来衙[3]。柴门[4]尽日无人到，读罢离骚更煮茶。

老犁注：①即事：指以当前事物为题材写的诗。②春去信：春天离开的消息。③此句：群蜂傍晚归巢。有如旧时衙门官吏下班时去参见衙门最高长官。④柴门：用柴木做的门。言其简陋，常代指贫寒之家。

**李德载**（生卒里籍不详）：约元仁宗延佑中前后在世。工曲，存小令 10 首。

## 【中吕·阳春曲】赠茶肆十首

茶烟一缕轻轻飏，搅动兰膏[1]四座香，烹煎妙手赛维扬[2]。非是谎，下马试来尝。

黄金碾[3]畔香尘细，碧玉瓯中白雪[4]飞，扫醒破闷和脾胃。风韵美，唤醒睡希夷[5]。

蒙山顶[6]上春光早，扬子江心[7]水味高，陶家学士[8]更风骚。应笑倒，销金帐饮羊羔。

龙团香满三江水[9]，石鼎诗成七步才[10]，襄王无梦到阳台[11]。归去来[12]，随处是蓬莱。

一瓯佳味侵诗梦，七碗清香胜碧筒[13]，竹炉汤沸火初红[14]。两腋风，人在广寒宫。

木瓜香带千林杏[15]，金橘寒生万壑冰[16]，一瓯甘露更驰名。恰二更，梦断酒初醒。
兔毫盏[17]内新尝罢，留得余香在齿牙，一瓶雪水最清佳。风韵煞，到底属陶家[18]。
龙须喷雪[19]浮瓯面，凤髓和云泛盏弦[20]，劝君休惜杖头钱[21]。学玉川[22]，平地便升仙。
金樽满劝羊羔酒，不似灵芽[23]泛玉瓯，声名喧满岳阳楼[24]。夸妙手，博士[25]便风流。
金芽[26]嫩采枝头露，雪乳香浮塞上酥[27]，我家奇品世间无。君听取，声价彻皇都。

老犁注：①兰膏：指奶油中加茶制作而成的一种饮品，犹今天的奶茶。元朝名臣、文学家许有壬在《咏酒兰膏次恕斋韵》诗序中说“世以酥入茶为兰膏”。②维扬：扬州的别称。扬州为灯红酒绿之地，多烹茶高手。③黄金碾：精美的铜质茶碾。④碧玉瓯：碧玉做的茶瓯。泛指精美茶杯。白雪：喻白色茶沫。⑤希夷：指五代宋初著名道教学者陈抟，字图南，自号“扶摇子”，宋太宗赐名“希夷先生”，曾修道于华山，常一睡百天不醒。⑥蒙山顶：蒙山的最高处。蒙山位于四川省雅安市境内，此地出产蒙项山茶，是中国制茶最早的地方。⑦扬子江心：镇江金山寺下扬子江江心屿的中泠泉，被唐品泉家刑部侍郎刘伯刍评为天下第一泉。⑧陶家学士：指五代宋初的翰林承旨陶谷。他买了太尉党进家的歌姬做妾。一次陶谷令妾取雪烹茶，陶以为自己高雅，其妾却向往党家销金帐中饮着羔羊酒的生活，反觉得陶谷这样寒酸。此为“党姬烹茶”之典。⑨龙团：宋时贡茶。三江水：喻全国。⑩石鼎诗：韩愈有《石鼎联句诗》，其诗序中讲，有貌丑道士轩辕弥明与刘师服、侯喜等人以石鼎为题联句作诗，开始刘、侯两人看不起轩辕弥明，但很快刘、侯两人就文思枯竭，道士却“应之如响”，妙句叠出。石鼎：陶制的烹茶炉具。七步才：指轩辕弥明有曹植七步吟诗的才华。⑪阳台：战国楚襄王与宋玉同游云梦之浦，令宋玉作《高唐赋》，其序中说楚怀王梦与神女幽会，离别时神女说：“妾在巫山之阳，高丘之岨，旦为朝云，暮为行雨，朝朝暮暮，阳台之下。”后遂以“阳台”指男女欢会之所。⑫归去来：陶渊明有《归去来兮辞》，后用以归隐之典。⑬七碗：指卢仝的《走笔谢孟谏议寄新茶》中有“七碗吃不得也，唯觉两腋习习清风生”诗句。碧筒：指碧筒杯，一种用荷叶制成的饮酒器。将荷柄中间捣通，将酒盛在荷叶上，嘴通过荷柄吸取荷叶中的酒。这里指碧筒酒。⑭此句：出自宋杜耒《寒夜》诗“寒夜客来茶当酒，竹炉汤沸火初红。”⑮木瓜：指一种形似木瓜的杏子。⑯此句：金橘经过冰冻成为消暑的佳品，故称。木瓜杏和冰金橘是古代皇家或富贵人家消费的奢侈品，是佐茶的佳果。⑰兔毫盏：一种外表呈现兔毫纹理的茶杯。⑱陶家：指“党姬烹茶”之典中的陶谷家。⑲龙须：喻龙团茶，因茶面印制有龙的图案。喷雪：泛起白色茶沫。⑳凤髓：喻凤团茶。因茶面印制有凤的图案。和云：调和生起白云（喻白色茶沫）。盏弦：茶汤表面倒影的半圆形月亮。㉑杖头钱：指买酒钱；或喻人物放荡不羁。《晋书·阮脩传》：“常步行，以百钱挂杖头，至酒店，便独酣畅。”㉒玉川：茶仙卢仝号玉川子。㉓灵芽：茶叶的美称。㉔此句：指范仲淹因写《岳阳楼记》而使岳阳楼名震天下。而范仲淹也写过著名的咏茶诗《和章岷从事斗茶歌》。爱茶之人多是清淡寡欲心怀天下之人，范仲淹能写出《岳阳楼记》与此是有关联的。㉕博士：指茶博士，茶馆里侍茶的伙计。㉖金芽：茶芽的美称。㉗此句：指白色茶沫泛出香气飘浮在油酥上，即制成的兰膏。

**杨文炳**（生卒不详）：字彦昭，宋元间无锡人。居邑之鸿山。

## 游惠山①

骑马西神访远公②，湛君③旧宅且从容。楼台影落双河口④，钟磬声传九陇峰⑤。

自汲清泉煎苦茗⑥，又携美酒看眠松。若冰禅洞⑦寒流静，应是当年养毒龙⑧。

老犁注：①此诗载自元《无锡县志卷四·诗词》。②西神：《枕中记》（一本托名孔子所著的预测未来的著作，全书以六十年一甲子为系列逐年进行预测）载，惠山曾称西神山。惠山脚下今有西神广场。远公：晋高僧慧远，居庐山东林寺，世人称为远公。后常用指大德高僧。这里应指某位在惠山寺中的高僧。③湛君：湛挺，字茂之，南朝宋人。尝为司徒右长史，隐于无锡之惠山，筑草堂读书其中，与南平王刘铄友善，更以诗章唱酬留刻于石，定居无锡惠山。④双河口：梁溪向北至五里桥，与运河通。此地叫双河口。⑤九陇峰：惠山有九条山脊，故称。⑥苦茗：一种较苦的茶，若今苦丁茶。⑦若冰禅洞：在陆子祠南侧，传是唐代诗僧若冰所凿，故称。⑧毒龙：凶恶的龙。古人认为，洞穴寒冷是因洞中有毒龙藏居。北魏杨衒 xuàn 之《洛阳伽蓝记·闻义里》：“其处甚寒，冬夏积雪。山中有池，毒龙居之。”

**杨允孚**（？~1354 前后在世）：字和吉，元吉安吉水（今江西吉安吉水县）人。顺帝时为尚食供奉官。有《滦京杂咏一百八首》传于世。邑人罗大已序之曰：“杨君以布衣襆被，岁走万里，穷西北之胜。凡其山川物产，典章风俗，无不以咏歌记之。”其避暑行幸之典，多史所未详，诗下自注，亦皆赅悉，为元典章风俗之重要参考资料。

## 滦京①杂咏一百首其四

营盘风软②净无沙，乳饼羊酥③当啜茶。底事燕支山下女④，生平马上惯⑤琵琶。

老犁注：①滦京：元上都（在今内蒙古自治区锡林郭勒盟正蓝旗境内）的别称。因近滦河，故称。②营盘：军营。风软：指风吹得软弱无力。犹微风。③乳饼：一种奶酪食品，形状酷似豆腐块。羊酥：羊奶中提炼出来的酥油；亦指羊奶酒。④底事：何事。燕支山下女：燕支山来的女人。燕支山：一般指焉支山，在河西走廊峰腰地带的山丹县、永昌县交界处，又称胭脂山，现代地理常标注为大黄山。属祁连山支脉。古代此地出产胭脂和良马。⑤惯：形容词用作动词，表示惯于弹奏。

## 滦京杂咏一百首其七十三

紫菊花[1]开香满衣，地椒生处乳羊肥。毡房纳实茶[2]添火，有女褰裳[3]拾粪归。

老犁注：①紫菊花、地椒：原注云“紫菊花惟滦京有之，名公多见题品。地椒草，牛羊食之，其肉香肥。”②纳实茶：亦作纳石，鞬鞑 jiāndá 茶（一种蒙古茶）。③褰 qiān 裳：撩起下衣。

---

**杨立斋**（生平里籍不详）：约元文宗至顺初前后在世。工曲，明朱权《太和正音谱》评其词“如风烟花柳”。

---

## 【般涉调·哨遍】烟柳风花锦作园

【耍孩儿】（略）【幺】莫将愁字儿眉尖上挂，得一笑处笑一时半霎[1]。百钱长向杖头挑[2]，没拘束到处行踏。饥时节选着那六局全食店里[3]添些个气，渴时节拣那百尺高楼上咽数盏儿巴[4]。更那碗清茶罢，听俺几回儿把戏也不村[5]呵。　　【四煞】又有个员外村，有个商贾沙[6]，一弄儿黑漆筋红油靶[7]。一个向丽春园大碗里空哝[8]了酒，一个扬子江江船中就与茶。精神儿大，着敲棍也门背后合伏地巴背[9]，中毒拳也教铛里仰卧地寻叉[10]。

老犁注：①一时半霎 shà：指很短的时间。②百钱长向杖头挑：有“杖头钱”一词，指买酒钱；或指人物放荡不羁。③六局：宋代官府显贵家置四司六局，掌筵席排设。京师街市有此行业，以供民户雇用。四司为帐设司、厨司、茶酒司、台盘司；六局为果子局、蜜煎局、菜蔬局、油烛局、香药局、排办局。全食店：指各种食品齐备的店铺，顾客要买的东西店铺里全有。④巴：巴巴，指粪便。引为臭话，气人的话。⑤村：粗俗。⑥商贾沙：粗俗的商人。沙：有粗俗之意。⑦一弄儿：所有、全是。黑漆筋红油靶：黑漆般的筋，红油般皮肤。喻长得丑，犹今“黑皮脸酒糟鼻”。靶 bà：辔革。⑧哝 chuáng：同噇 chuáng。指吃；古代特指大吃大喝。⑨合伏地：同“合扑地”。脸朝下仆倒。巴背：语气衬词，犹今“巴啦”。⑩寻叉：语气衬词，犹今“巴叉”。

---

**杨朝英**（生卒不详）：字英甫，号澹斋，青城（今山东淄博高青县）人。曾任郡守、郎中，后归隐。与贯云石、阿里西瑛等交往甚密，相互酬唱。时人赞为高士。生卒略与贯云石（1286~1324）相近。其选编宋元人词及元人散曲中之小令、套数，辑为《乐府新编阳春白雪》和《朝野新声太平乐府》二集，人称“杨氏二选”。选辑认真，搜罗甚富，元人散曲多赖此二书保存和流传。因而“二选”是研究元代散曲

的重要资料。

## 【双调·水仙子】自足

杏花村里旧生涯①，瘦竹疏梅处士家。深耕浅种收成罢，酒新篘鱼旋打②，有鸡豚③竹笋藤花。客到家常饭，僧来谷雨茶④，闲时节自炼丹砂。

老犁注：①生涯：人生。②篘 chōu：多写作篘。指圆柱形竹制酒笼，漉酒的工具。鱼旋打：刚刚打来的鱼。旋：随即。③鸡豚：鸡和猪。④谷雨茶：谷雨前摘的茶。谷雨茶比明前茶（清明前采摘的茶）耐泡，故常为待客之用。

**孛罗御史**（生卒不详）：蒙古族，先为山北辽阳等路蒙古军万户。延祐三年（1316）周王孛儿只斤·和世㻋称帝（即元明宗）于和宁之北，封孛罗为御史大夫，授开府仪同三司典四番宿卫。不久明宗在大都暴卒，孛罗被迫辞官。后受牵连被诛。今存仅套数《辞官》1首，风格豪放旷达，颇似马致远。

## 【南吕·一枝花】辞官

【梁州】尽燕雀喧檐聒耳①，任豺狼当道磨牙。无官守无言责相牵挂。春风桃李，夏月桑麻，秋天禾黍②，冬月梅茶。四时景物清佳，一门和气欢洽③。叹子牙渭水垂钓④，胜潘岳河阳种花⑤，笑张骞河汉乘槎⑥。这家，那家，黄鸡白酒安排下，撒会顽放会耍。拚着老瓦盆⑦边醉后扶，一任他风落了乌纱⑧。

老犁注：①聒 guō 耳：（声音）嘈杂刺耳。②禾黍：禾与黍。泛指黍稷稻麦等粮食作物。③欢洽：欢乐而融洽。④子牙渭水垂钓：指商末姜子牙在没有出山辅佐周文王之前，曾在渭水垂钓，有“愿者上钩”之典。⑤潘岳河阳种花：据晋潘岳《闲居赋》载，潘岳曾为河阳令，于县中满种桃李，后因以“潘花”为典，形容花美，或称赞官吏勤于政事，善于治理。⑥张骞河汉乘槎：张骞出使西域，被后世传为乘仙槎去了河汉，有“张骞乘槎”之典。⑦拚 biàn：两手相拍，犹捧。老瓦盆：粗糙的陶制饮器。⑧乌纱：官帽。

**吴当**（1297~1361）：字伯尚，元抚州崇仁（今江西抚州崇仁县）人，吴澄孙。幼以颖悟笃实称，长精通经史百家言。从祖父至京师，补国子生。澄卒，从之学者皆就当卒业。用荐为国子助教，与修辽金宋三史，书成，除翰林修撰，累迁翰林直学士。江南兵起，特授江西肃政廉访使，夺回建、抚两郡。不久为忌者所搆而解职，已而知其功状，擢行省参知政事。时陈友谅据江西，欲用之，不从。后隐居庐陵吉水之谷坪，逾年卒。所著有《周礼纂言》及《学言诗稿》。

## 清明日同学士李惟中赵子期及国学官携酒东岳宫后园看杏花[1]六首其三

宫馆凭孤旷[2]，幽林眼底生。药畦[3]晨露重，茶灶[4]午风轻。

酒许麻姑[5]送，羹从海客[6]烹。乡心[7]劳想像，便欲棹舟[8]行。

老犁注：①标题断句及注释：清明日，同学士李惟中、赵子期及国学官，携酒东岳宫后园看杏花。李惟中：李好文，字惟中，元大名东明（今山东东明县）人。英宗至治元年进士，官太常博士、监察御史、礼部尚书，终翰林学士承旨。纂成《太常集礼》，与修辽、金、宋史。赵子期：赵期颐，字子期，宛丘（今河南周口市淮阳）人。泰定丁卯登科，至顺中以礼部郎中使安南，历河南行省参知政事。国学官：国学馆中的学官。东岳宫，道教中祭祀东岳大帝的宫宇。全国分布众多。东岳大帝掌人之魂魄、生死、贵贱和官职，其下设置了72个司，有5900神，分别负责管理十八地狱六案簿籍和七址五司生死之期。故中国人对东岳大帝的崇拜特别虔诚，希望死后不受酷刑而能幸福。②宫馆：这里指东岳宫。孤旷：孤独无伴。③药畦：种药的田块。④茶灶：烹茶的小炉灶。⑤麻姑：酒名，即麻姑酒。⑥海客：浪迹四海者。谓走江湖的人。⑦乡心：思念家乡的心情。⑧棹舟：划船。

## 可叹三首其三

碧桃红杏艳阳天[1]，礼聘相期举按[2]贤。肠断关河[3]时听雁，琵琶却在卖茶船[4]。

老犁注：①碧桃：传说西王母招待仙人的仙桃。后成桃的美称。艳阳天：形容明媚的春天。②礼聘：以礼征聘。相期：期待；相约。举按：亦作举案。举起托盘以进奉食品。③关河：关山河川。④此句：化自白居易的《琵琶行》，指琵琶女年老色衰只能嫁给贩茶叶的商人，而沦落天涯。

## 竹枝词和歌韵自扈跸上都自沙岭至滦京所作九首其六[1]

羽猎长年从翠华[2]，麋鹿生茸[3]草茁芽。射得黄羊充内膳[4]，更喜江南新贡茶。

老犁注：①标题断句及注释：竹枝词和歌韵，自扈跸上都（自沙岭至滦京）所作。竹枝词：本为巴渝（今四川东部和重庆）一带民歌，唐诗人刘禹锡据以改作新词，歌咏巴渝一带风光和男女恋情，盛行于世。后人所作也多咏各地风土或儿女柔情。其形式为七言绝句，语言通俗，音调轻快。扈跸 hùbì：随侍皇帝出行至某处。上都：元初于滦河北岸建开平府，世祖中统五年（1264）加号上都，岁常巡幸，终元一代与大都并称两都。故址在今内蒙古锡林郭勒盟正蓝旗闪电河（滦河上游段）

北岸。滦京：元上都的别称。因近滦河，故称。②羽猎：帝王出猎，士卒负羽箭随从，故称“羽猎”。长年：指一年到头，整年。翠华：天子仪仗中以翠羽为饰的旗帜或车盖。故用作御车或帝王的代称。③麋鹿：属偶蹄目、鹿科的哺乳动物，又名“四不像”。茸：鹿头上长的新角。④内膳：宫中的膳食。

## 翰林上直次周伯温[①]韵二首其二

金鸭香分石鼎[②]茶，日长宫署寂无哗。庭前草树皆生意[③]，壁上丹青有岁华[④]。

禁直[⑤]夜凉初赐被，讲筵秋近又宣麻[⑥]。神光郁郁冲牛斗[⑦]，河汉层阴莫漫遮[⑧]。

老犁注：①翰林：指翰林院。上直：上班，当值。周伯温：周伯琦，字伯温，元饶州（今江西鄱阳）人。累迁参知政事，招谕平江张士诚，拜江浙行省左丞，留平江十余年。仪观温雅，博学工文章，尤以篆隶真草擅名。有《说文字原》《六书正讹》等。②金鸭：一种镀金的鸭形铜香炉。香分：香烟中分享。石鼎：陶制的烹茶炉具。③生意：生机。④丹青：颜料。借指图画。岁华：泛指草木。因其一年一枯荣，故谓。⑤禁直：在宫廷官署中值班。⑥讲筵：讲经、讲学的处所。宣麻：唐宋拜相命将，用白麻纸写诏书公布于朝，称为“宣麻”。后遂以作为诏拜将相之称。⑦牛斗：指天上星宿中，牛宿和斗宿合称。神光冲牛斗是好兆头。⑧河汉：指银河。层阴：指密布的浓云。漫遮：全遮住。

## 次韵答康宗武胡伯文[①]

百年勋业鬓星星[②]，又听流莺[③]绿满庭。茶与仙人分石鼎[④]，酒从豪客[⑤]索银瓶。

一犁春雨苏公圃[⑥]，半曲湖光孺子亭[⑦]。更肯烟霞空寂寞，未应[⑧]尘土叹飘零。

老犁注：①康宗武、胡伯文：两者皆人之姓名，生平不详。②星星：头发花白貌。③流莺：即莺。流，谓其鸣声婉转。④仙人：常用以对道士或隐士的尊称。分石鼎：分享石鼎中的茶水。石鼎：陶制的烹茶炉具。⑤豪客：豪侠之人。⑥苏公圃：南宋名士苏云卿，曾在豫章（今南昌）东湖小洲上隐居种菜，与世无争。好友张浚任宰相后，屡次派人赠金致聘，请他出仕，但苏云卿终不入宦海。后隐遁竟不知所终。⑦孺子亭：为东汉豫章名士徐稚（字孺子）在南昌西湖建的亭子。徐稚家贫，隐居不仕。王勃《滕王阁序》有“徐孺下陈蕃之榻”之句。⑧未应：犹不须。

---

**吴莱**（1297～1340）：初名来，字立夫，号深袅山道人，元婺州浦江（今浙江金华浦江县）人。集贤学士吴直方之子，与黄溍、柳贯同出方凤之门。博极群书，文辞贞敏。门生宋濂称其人为“羸弱如不胜衣，双瞳碧色，烂烂如岩下电。”黄溍称其文为：“崭绝雄深，类秦、汉间人所作。”仁宗延祐七年以《春秋》举进士，不第。退居深袅山中，穷诸书奥旨。后御史行部以茂才荐，授饶州路长芗书院山长，未行卒。

私谥渊颖先生。有《渊颖集》。

## 次韵柳博士五泄山[①]纪游二首其一

日晓行呼野鹤群，山溪五级洗岩氛[②]。虹霓射壁从空现，霹雳搜[③]潭到地闻。

桑苎茶铛[④]遗冻雪，偓佺[⑤]药杵落晴云。飘然早已同仙术，老我曾探岳渎[⑥]文。

老犁注：①柳博士：指柳贯，曾任太常博士，故称之。博士：古代学官名。五泄山：在浙江诸暨。②氛：泛指雾气。③搜：聚集。④桑苎：唐代陆羽，字鸿渐，号桑苎翁。茶铛 chēng：似釜的煎茶器，深度比釜略浅，有三足和一横柄。⑤偓佺 wòquán：古代传说中的仙人。槐山采药父也。好食松实。形体生毛，长七寸，两目更方（能看向不同的方向）。能飞行逐走马。⑥岳渎：五岳和四渎的并称。

## 岭南宜濛子[①]解渴水歌

广州园官进渴水，天风夏熟宜濛子。百花酝作甘露浆，南国烹成赤龙髓[②]。棕榈亭高内撤餐，梧桐井压沧江[③]干。柏观金茎[④]擎未湿，蓝桥玉臼[⑤]捣空寒。小罂[⑥]封出香覆锦，古鼎贡馀声撼寝。酒客心情辟酒兵[⑦]，茶僧手段侵茶品[⑧]。阿瞒[⑨]口酸那得梅，茂陵[⑩]肺消谁赐杯。液夺胡酥[⑪]有气味，波凝海椹[⑫]无尘埃。向来暑殿评汤物[⑬]，沉木紫苏[⑭]闻第一。

老犁注：①岭南：指五岭以南的地区，即广东、广西一带。宜濛子：黎檬（有点像柠檬，但有区别）的别称。制以为浆，甘酸辟暑，名解渴水。②赤龙髓：喻黎檬水。③压：坏。沧江：指江水。④柏观：指柏梁台，汉武帝造，此台在长安城中北阙内。金茎：用以擎承露盘的铜柱。⑤蓝桥：在陕西蓝田县东南蓝溪之上。相传其地有仙窟，为唐裴航遇仙女云英处。常用作男女约会之处。玉臼：云英祖母要求裴航用玉杵玉臼将一粒玄霜捣一百天，练成仙药后，才答应这门亲事。后感动了月宫里的玉兔下凡来助。最后，裴航终于如愿以偿。⑥罂 yīng：泛指小口大腹的瓶。⑦辟：打开。酒兵：《南史·陈暄传》："故江谘议有言：'酒犹兵也，兵可千日而不用，不可一日而不备，酒可千日而不饮，不可一饮而不醉。'"后因谓酒为"酒兵"。⑧茶品：茶的品种。⑨阿瞒：曹操小名。其有"望梅止渴"之典。⑩茂陵：汉司马相如病免后，家居茂陵，后因用以指代司马相如。其患有消渴病。⑪胡酥：胡人的酪浆。⑫海椹：落叶灌木，生长在盐碱滩上，其果实叫海葚子。成熟的果实为紫黑色，味道酸甜略带咸，盛夏成熟季节，摘即可食。⑬暑殿：暑夏的殿堂上。汤物：饮料一类的食品。⑭紫苏：一年生草本植物，叶绿色或紫色。紫苏煮水曾被认为是最佳消暑饮品。其香味可比沉香木。故称其为沉木紫苏。

**吴镇**（1280~1354）：字仲圭，号梅花道人，元嘉兴（今浙江嘉兴）人。少与兄元璋师事毗陵柳天骥，学习易经，得其性命之学。性高介，不求仕进，隐于武塘，所居曰梅花庵，自署梅花庵主。擅水墨山水，兼工竹石，与黄公望、倪瓒、王蒙合称“元四家”。书仿杨凝式，画出关荆董巨。又工词翰，每画山水竹石，辄题诗其上，时人号为三绝。有《梅花道人遗墨》。

## 郭忠恕夏山仙馆[①]（节选）

竹烟浮翠荐龙团[②]，树影当庭映日圆。晚来两两[③]寻幽客，应识溪声六月寒。

老犁注：①郭忠恕夏山仙馆：这是作者为宋朝郭忠恕的《夏山仙馆图》写的一首诗。郭忠恕，字恕先，北宋初河南洛阳人。工篆籀。善画，尤长界画，所图屋室重复之状，颇极精妙。②荐龙团：送龙团茶。③两两：成双成对。

## 忆馀杭·嘉禾八景其八·武水幽澜[①]

一甃[②]幽澜，景德[③]廊西苔藓合，茶经第七品其泉[④]。清冽有灵源[⑤]。　亭间梁栋书题满。翠竹潇森映池馆[⑥]。门前一水接华亭[⑦]。魏武两其名[⑧]。

老犁注：①嘉禾：今浙江嘉兴。武水：今嘉善魏塘市河，又称华亭塘、武塘、武水。幽澜：古井名，在嘉善县景德寺内。原诗有注：在县东三十七里武水景德教寺西廊幽澜井泉品第七也。幽澜泉乃嘉禾八景之一，而亭将摧。在山师欲改作，而力不能给，惟展图者思有以助之，亦清事也。梅花道人饶劝缘。②甃 zhòu：以砖瓦砌的井壁。引指井。③景德：指嘉善景德教寺。寺废，寺址在今嘉善县魏塘街道小寺弄内。④此句：传说幽澜泉为十大名泉中的第七泉。但陆羽《茶经》中并没有对此泉的品评。⑤灵源：泉水源头的美称。⑥潇森：清幽阴冷。池馆：池苑馆舍。⑦华亭：指华亭塘，即今嘉善魏塘市河。⑧此句：这条河既叫魏塘，又称武塘、武水。

**吴弘道**（生卒不详）：字仁卿，号克斋。元蒲阴（今河北保定安国市）人。大德五年（1301）为江西省检校掾史，以府判致仕。致仕后曾寓居杭州。一生致力于散曲创作，享寿颇高，钟嗣成《录鬼簿》列其为“方今才人相知者”。明朱权《太和正音谱》评其词“如山间明月”。曾汇编中州诸老书牍为一编，名《中州启札》。《全元散曲》录存其小令 34 首，套数 4 套。风格较疏放清俊。

## 【南吕·金字经】十一首其九·道人为活计

道人为活计[①]，七件儿[②]为伴侣，茶药琴棋酒画书。世事虚，似草梢擎露珠。还山去，更烧残药炉。

老犁注：①道人：指修道求仙之士。活计：生计。②七件儿：即指后句的“茶药琴棋酒画书”。

## 【中吕·上小楼】题小卿双渐[①]

苏卿告覆[②]，金山题句。行哭行啼[③]，行想行思，行写行读。自应举，赴帝都，双郎何处，又随将贩茶人去。

老犁注：①小卿双渐：“苏卿与双渐”爱情故事中的男女主人公。苏卿又称苏小卿。双渐称双郎。②告覆：告知。③行……行……：又……又……。

## 【中吕·上小楼】闺庭[①]恨别

相知笑他，傍人毁骂。谢馆秦楼，柳陌花街[②]，浪酒闲茶[③]。若到家，下的马，如何干罢[④]？和这吃敲才[⑤]慢慢的说话。

老犁注：①闺庭：闺房。②谢馆秦楼，柳陌花街：都指妓院。③浪酒闲茶：风月场中的吃喝之事。④干罢：作罢。⑤吃敲才：骂人话，即该打的东西。

## 【双调·拨不断】闲乐四首其一

泛浮槎[①]，寄生涯，长江万里秋风驾。稚子和烟煮嫩茶，老妻带月包新鲊[②]，醉时闲话。

老犁注：①泛浮槎：乘仙船。②带月：在月夜里。鲊 zhǎ：用盐和红曲腌的鱼。

---

**吴西逸**（生卒籍里不详）：约元仁宗延祐末前后在世，与贯云石（1286～1324）生卒年代相近。轻名利，工散曲。与阿里西瑛、贯云石间有曲词唱和。散曲内容多写自然景物、离愁别恨或个人的闲适生活，风格清丽疏淡。明朱权《太和正音谱》评其词“如空谷流泉。”现存小令47首。

---

## 【双调·蟾宫曲】游玉隆宫[①]

碧云深隐隐仙家，药杵玄霜[②]，饭煮胡麻[③]。林下樽罍[④]，云中鸡犬，树底茶瓜。香不断灯明绛蜡[5]，火难消炉炼丹砂。朗诵南华[6]，懒上浮槎[7]。笑我尘踪，走遍天涯。

老犁注：①玉隆宫：全名玉隆万寿宫，在江西南昌西山。②玄霜：厚霜。亦指神话中的一种仙药。③胡麻：指胡麻饭。相传东汉时刘晨、阮肇入天台山采药，遇二女子邀至家，食以胡麻饭。故又称为“神仙饭”。后因以“胡麻饭”表示仙人的食物。④樽罍 léi：酒器。⑤绛蜡：红蜡。⑥南华：《南华真经》的省称。即《庄子》的别名。唐玄宗于天宝元年（742）诏封庄子为“南华真人”，《庄子》一书亦被尊为《南华真经》。⑦浮槎：仙船。

## 【双调·殿前欢】六首其二·懒云仙

懒云仙[1]，蓬莱深处恣[2]高眠。笔床茶灶添香篆[3]，尽[4]意留连。闲吟白雪[5]篇，静阅丹砂传，不羡青云[6]选。林泉爱我，我爱林泉。

老犁注：①懒云仙：指元散曲家阿里西瑛（西域人），居号为“懒云窝”。他曾作《殿前欢》三首来自述其居，贯云石、乔吉、卫立中、吴西逸皆有和曲。故以“懒云仙”称之。②恣 zì：放纵；听任。③笔床茶灶：笔床即笔架；茶灶即煮茶用的小炉。借指隐士淡泊脱俗的生活。出自唐人陆龟蒙事迹。香篆：篆形香。④尽：任凭。⑤白雪：《悟真篇三注》：“白雪者，铅汞之气。”⑥青云：喻高官显爵。

## 【双调·殿前欢】六首其五·懒云翁

懒云翁[1]，一襟风月笑谈中。生平傲杀繁华梦，已悟真空。茶香水玉钟[2]，酒竭玻璃瓮[3]，云绕蓬莱洞。冥鸿[4]笑我，我笑冥鸿。

老犁注：①懒云翁：指元散曲家阿里西瑛（西域人），居号为“懒云窝”。②水玉钟：水晶杯。③瓮：通瓮。④冥鸿：指高飞的鸿雁。喻避世隐居之士。

## 【双调·殿前欢】六首其六·懒云凹

懒云凹[1]，按行松菊讯[2]桑麻。声名不在渊明[3]下，冷淡生涯。味偏长凤髓茶[4]，梦已随胡蝶化，身不入麒麟画[5]。莺花[6]厌我，我厌莺花。

老犁注：①懒云凹：指元散曲家阿里西瑛（西域人）的居室“懒云窝”。②按行：按次第成行列。讯：讯问，请教。③渊明：指东晋陶潜。④凤髓茶：茶名。《宋茶名录》中列有一种绿饼茶，名为“青凤髓”。也泛指名贵的茶。⑤麒麟画：汉宣帝时将霍光、苏武等十一位功臣的画像陈列在宫中的麒麟阁内，后用麒麟画指建功立业做高官。⑥莺花：喻妓女。

**吴师道**（1283~1344）：字正传，元婺州兰溪（今浙江金华兰溪市）人。英宗至治元年进士，授高邮县丞，调宁国路录事，迁池州建德（今并入东至县）县尹，皆有惠政。召为国子助教，寻升博士。其教一本朱熹之旨，而遵许衡之成法。以礼部郎中致仕。与同郡黄溍、柳贯友善并有诗唱和。吴莱与其为同宗，对其尤所推重。善记览，工词章。有《吴礼部诗话》《敬乡录》《吴正传文集》等。

## 春日独坐

茶烟淡淡风前少，庭叶沉沉雨后添。何处杨花念幽独[①]，殷勤[②]入室更穿帘。

老犁注：①杨花：指杨柳的种子，即柳絮。柳絮是柳树的种子，种子上附生有茸毛，不能误认为是杨柳花。杨柳不是杨树和柳树的合称，而是柳树的一种，一般指垂柳（亦称垂杨）。幽独：幽静孤独。亦指静寂孤独的人。②殷勤：情意深厚。

## 寄刘士明同知[①]

前望谯楼带[②]古城，濯缨河畔水泠泠[③]。共分草径[④]临门入，最喜书声隔屋听。
宦路[⑤]驰驱足尘土，人生聚合等云萍。琴清[⑥]茗冷何时共，直待秋风月满庭。

老犁注：①刘士明：刘鉴，字士明，宋末元初关中人。顺帝二年著《经史正音切韵指南》。同知：官名。为知府的副职。②谯楼：城门上的瞭望楼。带：连带、连结。③濯 zhuó 缨：洗濯冠缨。《孟子·离娄上》："沧浪之水清兮，可以濯我缨。"后以"濯缨"比喻超脱世俗，操守高洁。泠泠：清白、洁白貌。④共分草径：一同踏开长草的小路。⑤宦路：宦途、官场。⑥琴清：琴声清雅。

**吴全节**（1269~1350）：字成季，号闲闲，又号看云道人，元饶州安仁（今江西鹰潭余江区）人。年十三学道于龙虎山，尝从大宗师张留孙至大都见世祖。英宗时授玄教大宗师、崇文弘道玄德真人，总摄江淮、荆襄等处道教，知集贤院道教事。删定道教诸家所传集为《灵宝玉鉴》，成为玄教道士仅有的一部道教著作。历元八朝，因其才气横溢，为人聪颖达悟，且善识为政大体，故受知于朝廷，成为重要心腹政治谋臣。工草书，善诗文，有诗文集《看云录》26 卷，吴澄赞其诗曰："其诗如风雷振荡，如云霞绚烂，如精金良玉，如长江大河。"

## 二峰[①]

坛高青石古，峰小白云多。乐奏仙君[②]喜，茶香使客[③]过。

神丹藏蕊笈[④]，清露滴松萝[⑤]。路接金鳌背[⑥]，回軿发浩歌[⑦]。

老犁注：①二峰：指茅山二茅峰。茅山有大茅峰、二茅峰、三茅峰等。②仙君：修道成仙之人。泛指修道高人。③使客：使者。④蕊笈：犹蕊简、蕊书，即指道教书籍。蕊：指蕊宫，道教经典中所说的仙宫。笈 jí：竹书箱。⑤松萝：女萝。地衣门植物。丝状悬垂，灰白或灰绿色，根部多附着在松树等的树皮上。⑥金鳌背：即镇江长江边的金山。又称金鳌岭、浮玉山，唐代起通称金山。茅山属镇江地界，金山下的西津渡，是其通向外界的要津。⑦軿 píng：有帷盖的车子。浩歌：放声高歌。

---

**吴克恭**（？~1354 前后）：字寅夫，毗陵（今江苏常州）人。好读书，以举子业无益于学，遂力意古文。其为诗，体格古淡，为时所称。翰林老成皆与之交，多游云林及玉山。至正壬辰（1352），蕲黄寇陷常州，守吏望风奔溃。未几，江浙平章定定来克复，其与赵君谟等俱以从逆伏诛。清顾嗣立《元诗选》辑有其《寅夫集》。

---

## 阳羡茶[①]

南岳[②]高僧开道场，阳羡贡茶传四方。蛇衔事载风土记[③]，客寄手题[④]春雨香。

故人惠泉龙虎蹙[⑤]，吾兄紫笋鸿雁行[⑥]。安得茅斋傍青壁[⑦]，松风石鼎夜联床[⑧]。

老犁注：①阳羡茶：江苏宜兴古称阳羡，所产茶称阳羡茶。唐时阳羡茶与邻县浙江长兴的顾渚紫笋茶都是贡茶。②南岳：宜兴市郊西南七公里有南岳山，山上有南岳寺。③此句：唐玄宗开元年间，宜兴铜官山北麓南岳寺高僧稠锡禅师在寺中一边讲经、一边煮茶一边思念家乡清茶，有一条大白蛇也来听经，不久就帮禅师衔来了茶籽，散落于寺周，从此漫延为茶园，这是阳羡"蛇种茶"的由来。《风土记》：是西晋周处所著的一部记录宜兴等地的地方习俗和风土民情的著作。④手题：亲手题识。⑤蹙 cù：聚拢。⑥吾兄紫笋：先有紫笋茶后有阳羡茶，故称紫笋为兄。鸿雁行：言兄弟出行，弟在兄后。后因以"鸿雁行"为兄弟之称。⑦茅斋：茅盖的屋舍。青壁：青色的山壁；青山。⑧松风：煮水发出的声响。石鼎：陶制的烹茶炉具。联床：兄弟或朋友将床联并一起，以示亲密。

## 惠山泉

九龙[①]之峰秀蜿蜒，玉浆[②]迸出为寒泉。来归石井僧分汲[③]，流入草堂吾独怜。

暗滴洞中云细细[④]，冷穿池上月娟娟[⑤]。好乞茶经与水记[⑥]，俟余岁晚奉周旋[⑦]。

老犁注：①无锡惠山由九条山陇组成，故称九龙。泉边有石井、草堂、题石等。②玉浆：泉水美称。③石井：凿石而成的井。分汲：划开水面放入勺子舀水。④暗滴洞中：阴暗滴水的洞中。据称惠山泉水源于若冰洞，泉水从岩层裂隙中流出。云细细：泉水从暗洞中涌出遇热成细细的雾气。⑤冷穿：因泉水从若冰洞穿出来，故称。娟娟：明媚貌。⑥茶经：唐陆羽所著，是世界上第一部茶学专著。水记：指唐张又新的《煎茶水记》，文中记载了唐刑部侍郎刘伯刍和陆羽对天下名泉所作的评价。两者品评结果虽不尽相同，但不约而同都把惠山泉评为天下第二泉。⑦俟：等待。岁晚：年终。周旋：交际应酬。

---

**吴景奎**（1292~1355）：字文可，元婺州兰溪（今浙江金华兰溪市）人。七岁力学如成人，年十三为乡正。会海道万户刘贞为浙东宪府掾，辟为从事，明年贞去，景奎亦归，绝意仕进。久之，后荐署兴化路儒学录，以母老辞不就。卒年六十四，同郡黄溍为其作墓志。博学，尤善为诗，词句清丽，有唐人风。尤好论诗，钩取骚选粹辞奥语，为书曰《诸家雅言》，其所自著曰《药房樵唱》。

---

## 代呻吟[①]绝句十首其七

鬓丝冉冉[②]飏茶烟，药裹关心[③]手自煎。祸福从来相倚伏[④]，灵氛何必事筳篿[⑤]。

老犁注：①呻吟：诵读；吟咏。②冉冉：柔弱下垂貌。③药裹：药包；药囊。关心：上心、用心。④倚伏：倚，依托；伏，隐藏。《老子》："祸兮福之所倚，福兮祸之所伏。"意谓祸福相因，互相依存，互相转化。⑤灵氛：指古代善占吉凶者。筳篿：在篿上扎上小竹片（筳）占卜。古楚地人占卜的一种方法。筳 tíng 是指卷棉线的用具，用小竹片制成。篿 tuán：指箕匾类竹器。

## 同刘伯善赋觉慈寺玉壶冰泉[①]

古寺寒泉霜雪冷，一泓澄碧绝埃氛[②]。琼浆[③]自注冰壶满，石眼疑从玉井[④]分。
夜落天光常浸[⑤]月，晓腾秋气欲成云。水符乞与[⑥]山僧调，供给茶铛[⑦]日与君。

老犁注：①刘伯善：人之姓名，生平不详。觉慈寺：在何处不详。玉壶：泉名。冰泉：冷泉。②一泓：清水一片或一道。澄碧：清澈而碧绿。埃氛：尘埃弥漫的大气。喻污浊的尘世。③琼浆：喻泉水。④石眼：石上泉眼。玉井：井的美称。⑤浸：淹没。⑥水符：也称竹水符，是提取泉水的凭证。传说为苏东坡创制，为防仆人去寺中取水路远而偷懒，故与僧人约好相互以竹符为证。乞与：给与。⑦茶铛 chēng：似釜的煎茶器，深度比釜略浅，与釜的区别在于它是带三足且有一横柄。

## 奉谢恽东阳见贶白葛水源茶百丈诸石刻墨本[①]二首其二

云衲来归未袚[②]尘，尺书[③]落手见情真。三峰庵[④]下看明月，百丈山中忆故人。
白葛含风升缕[⑤]密，绿花瀹雪[⑥]水源新。摩挲石刻成三绝[⑦]，相送茅檐一笑春。

老犁注：①标题断句及注释：奉谢恽东阳见贶白葛、水源茶、百丈诸石刻墨本。恽东阳：据吴景奎《钱唐旅舍赠恽东阳和尚》诗判断，其为僧人。其俗家姓为恽，疑为东阳县人，故称。见贶 kuàng：赠送东西给我。白葛：白夏布。水源茶：茶名，产何处不详。百丈诸石刻墨本：《百丈清规》的各种石刻的拓本。《百丈清规》是唐百丈怀海禅师首创的佛教寺院及僧团需要遵守的生活规式。为后世寺院丛林所遵循。②云衲：行脚僧。袚 fú：清除。③尺书：指书籍。古代简牍的长度有一定规定，官书等长二尺四寸，书非经律者，短于官书，称为短书。后引指书信。④三峰庵：亦称三峰殿。在兰溪市黄店镇三峰殿口村，因寺位于三峰山麓，寺以山名，称三峰殿，村以寺名称三峰殿口村。⑤升缕：古代布帛经线的量词单位。八十缕为一升。缕：根。⑥绿花：茶名，泛指茶。瀹：煮雪：白色茶沫。⑦此句：称摩娑石上的《百丈清规》刻本，文、书、刻三方面都是绝品。摩挲：指摩娑石。宝石名。

## 草堂访恽东阳不值是夕同胡太常宿大桐江方丈用太常韵奉呈并简东阳[①]三首其二

春尽秋来两度逢，襟期[②]一笑二心同。梦回桐濑[③]千峰外，身在云台五色[④]中。
茶圃[⑤]气清秋露白，松门[⑥]影落夕阳红。夜阑径转回银烛[⑦]，别有岑楼[⑧]倚半空。

老犁注：①标题断句及注释：草堂访恽东阳不值。是夕，同胡太常宿大桐江方丈，用太常韵奉呈并简东阳。恽东阳：详见上一首诗注释。不值：没遇上。胡太常：一位姓胡的太常博士（太常寺内掌教学生的学官）。大桐江：指富春江桐庐段。方丈：指寺院。简：将诗寄给。②襟期：犹心期。指人与人之间的相互期许。③桐濑：即桐庐严陵濑，亦称七里濑。此地两山夹峙，水流湍急奔泻其间，连亘七里。④云台：汉宫中高台名。光武帝时，用作召集群臣议事之所，后用以借指朝廷。五色：本指青、赤、白、黑、黄五种正色。后泛指各种颜色。这里指处在朝廷绚丽的光彩中。⑤茶圃：种植茶树的园圃。⑥松门：松树做成的门或植松为门。⑦夜阑：夜残；夜将尽时。径转：路径曲折回环。银烛：白色蜡烛；亦指银色的烛光。唐王维《从岐王过杨氏别业应教》诗中有"径转回银烛，林开散玉珂。"之句。⑧岑楼：高楼。

## 山中访唐隐居[①]三首其一

雨后春山宜散策[②]，藤梢石角[③]路低回。云为苍狗[④]随风去，水作青龙绕涧来。
短屐有时成独往，幽花无数为谁开。老翁烧竹烹新茗，不饮何烦荐酒[⑤]杯。

老犁注：①唐隐居：一位姓唐的隐士。②散策：拄杖散步。③藤梢石角：布满藤蔓和带棱角的石头。意即险路。④苍狗：样子像青狗的云。因易被吹散，故常喻世事变化无常。杜甫《可叹》诗中有“天上浮云如白衣，斯须改变如苍狗”之句。⑤何烦：何须，何必。荐酒：进献水果以佐酒。

## 寄洞霄宫史玄圃真人①

九锁灵宫隔翠霞②，至人来往驾飞车③。县知④天上神仙宅，只在山中宰相⑤家。

石鼎夜浮丹井⑥月，瑶坛春暖碧桃⑦花。我来不奈尘心⑧渴，愿赐琼田五色瓜⑨。

老犁注：①洞霄宫：道观名。在今浙江省馀杭南大涤、天柱两山之间。汉元封（前110~前105）时为祈福之处。唐建天柱观，宋大中祥符五年（1012）改为今名。元末毁，明初重建。因林壑深秀，名胜古迹甚多，道教列为三十六小洞天、七十二福地之一，称“大涤洞天”。宋代宰相大臣乞退或免官，常以提举临安府洞霄宫系衔。史玄圃：一位真人的姓名。真人指修真得道的人。②九锁：谓道路曲折险阻。灵宫：用以供奉神灵的宫阙楼观。翠霞：青色的烟霞。③至人：道家指超凡脱俗，达到无我境界的人。飞车：传说中乘风飞行的车。④县知：即悬知。料想、预知。⑤山中宰相：南朝梁时陶弘景，隐居茅山，屡聘不出，梁武帝常向他请教国家大事，人们称他为“山中宰相”。后比喻隐居的高贤。⑥石鼎：陶制的烹茶炉具。丹井：炼丹取水的井。⑦瑶坛：用美玉砌成的高台，多指神仙的居处。这里指洞霄宫中的台子。碧桃：古诗文中多特指传说中西王母给汉武帝的仙桃。泛指仙桃。⑧不奈：不耐，忍受不了。尘心：指凡俗之心。⑨琼田：传说中能生灵草的田。五色瓜：即东陵瓜。汉初召（邵）平，本秦东陵侯，秦亡，隐居于长安城东门外种得五色瓜。

---

**岑安卿**（生卒不详）：字静能，自号栲栳山人，以所居近栲栳峰也，元馀姚（今宁波余姚）人。与乐清李孝光（字季和）、金溪危素（字太仆）相善。尝作《三哀诗》，吊宋遗民之在里中者。寄托深远，有俯仰今昔之思焉。岑氏昆季多以科名显者，而静能独沦落不偶。有《栲栳山人集》。

---

## 偶成

溽暑南州①甚，我来成感伤。日长聊假寐②，梦短亦还乡。

水汲龙津渌③，茶烹凤苑④香。长歌忆归去，屈指待清商⑤。

老犁注：①溽 rù 暑：指盛夏气候潮湿闷热。南州：泛指南方地区。②聊：暂且。假寐：谓和衣打盹。③龙津：龙门。渌 lù：渌水。意即清澈的水。④凤苑：皇家园林。⑤清商：指清商乐，又称清商曲，隋唐时简称清乐。它兴于六朝，是占居当时主导地位的一种汉民族传统音乐。

## 送易直县尹兄赴松溪[①]

武夷山水最清佳，路转三衢未觉赊[②]。百里弦歌初作宰[③]，一官琴鹤[④]早辞家。

夜凉灯影连书屋，溪近松声杂吏衙。遥想政成闲暇日，锦笺[⑤]试墨品春茶。

老犁注：①易直：岑良卿，字易直，元余姚人。延祐五年进士第，泰定间任东平宣抚知府事，历奎章阁学士。从此首诗来判定岑良卿还任过福建松溪的县令，是岑安卿的亲哥哥。县尹：县令。松溪：县名，隶今福建南平市（武夷山）。②三衢：泛指通衢。赊：远。③弦歌初作宰：有“弦歌宰”之典。典出《论语注疏·阳货》。“子之武城，闻弦歌之声。”朱熹集注：“时子游为武城宰，以礼乐为教，故邑人皆弦歌也。”后以“弦歌宰”称以礼乐施教化的县令。④琴鹤：琴与鹤。古人常以琴鹤相随，表示清高、廉洁。⑤锦笺：精致华美的笺纸。

## 元正二日喜雪走笔示诸侄[①]二首其一（节选）

气凌市井贵白堕[②]，光粲[③]城郭无黄埃。翰林石鼎月团片，太尉金帐羊羔醅[④]。

老犁注：①元正二日：春节后的第二天，即年初二。喜雪：犹言瑞雪。走笔：谓挥毫疾书。②白堕：酒的别称。③光粲：光明鲜明。④最后两句：化自典故“党姬烹雪”。陶谷让其妾（原是太尉党进家的家姬）烹茶，并问党家是否也有烹雪煮茶的雅事，党姬回答说，党家只有“销金帐下，浅斟低唱，饮羊羔美酒”。翰林：指翰林学士承旨陶谷，石鼎：陶制的烹茶炉具。月团：宋代贡茶，形圆，故称。太尉：指党进。醅：酒。

## 送陈元纲巡检葬亲毕还乌江[①]（节选）

何妨更致明月片[②]，七椀两腋生清风[③]。扫除人世酣醉梦，凌云竟入蓬莱宫[④]。西江[⑤]访旧期再会，撷芳更煮康王淙[⑥]。

老犁注：①陈元纲：人之姓名，生平不详。巡检：巡检使的省称。古代常在沿边、沿江、沿海等地设巡检司，负责关隘守卫、甲兵训练、安防巡逻等职责，巡检使是该官署的最高官员。葬亲毕：处理完父（或母）亲的丧事。乌江：在今南京浦口区和安徽和县的交界处，紧邻长江。秦末楚汉相争时项羽兵败自刎处。②明月片：月团茶，形圆。故称。③此句：化自卢仝《走笔谢孟谏议寄新茶》中“七碗吃不得也，唯觉两腋习习清风生”之句。④蓬莱宫：指仙人所居之宫。⑤西江：明清之际，文人墨客对江西的雅称。⑥撷芳：采摘芳草。康王淙：即被陆羽评为天下第一泉的庐山康王谷谷帘泉。

**余阙**（1303~1358）：字廷心，一字天心，元庐州（今安徽合肥）人。先世为唐兀氏（金朝满族姓氏）居武威。顺帝元统元年进士，授同知泗州事，为政严明，宿吏皆惮之。入为中书刑部主事，以忤权贵，弃官归。寻以修辽、金、宋三史，召为翰林修撰。至正十二年，任淮西副使、佥都元帅府事，守安庆屡败诸寇，升江淮行省参知政事、拜淮南行省左丞。十八年正月，为陈友谅合兵围陷城，自刭。谥忠宣。明太祖嘉阙之忠，立庙忠节坊，命有司岁时致祭。诗体尚江左，篆隶亦古雅可传，为文有气魄。有《青阳集》。

## 送张有恒赴安庆郡经历[①]

晓路通高嶂[②]，春城入大江。草生垂钓浦，人语读书窗。

肃客[③]移茶鼎，行田[④]载酒缸。幕寮谁得似[⑤]，高步绝纷庞[⑥]。

老犁注：①张有恒：人之姓名，生平不详。赴：赴任。安庆：今安徽安庆市。经历：官名。元枢密院、大都督府、御史台等衙署，皆有经历。职掌出纳文书。②嶂：如屏障的山峰。③肃客：恭敬地迎进客人。肃：恭敬地迎进。④行田：走过田间。⑤幕寮：寮通僚。幕僚是指在古代将军幕府中担任参谋、书记等职务的官员，后泛指文武官署中的佐助官员。如长史、参军、主簿、经历等等。得似：怎似，何似。⑥高步：犹高蹈。指隐居。纷庞：纷乱庞杂。

**汪铢**（生卒字号不详）：元宛陵（今安徽宣城）人。其哥汪鑫，存诗见元汪泽民（婺源人）、张师愚（宁国人）主编的《宛陵群英集》。

## 游金山寺

偶向西津[①]唤渡船，金山胜处访高禅。人间车马去无路，水上楼台别有天。

江树日晴孤鹘[②]下，石潭云暗老龙眠。乡僧爱客留煎茗，旋汲岩头[③]第一泉。

老犁注：①西津：镇江金山脚下，长江边的古渡口。②鹘 hú：鸷鸟名。即隼。部分隼属鸟类旧称。③旋汲：随即汲取。岩头：屿上石头。第一泉（中泠泉）：在镇江金山寺下扬子江江心屿的石穴中。

## 水西山[①]中（节选）

经钟[②]朝听击，斋鼓昼闻挝[③]。窃火猿烧笋，淘泉[④]僧煮茶。

老犁注：①水西山：位于安徽泾县城西。山脚泾溪婉转，山上宝刹悠久。山上有崇庆、宝胜、白云三大古寺，总称水西寺。李白、杜牧曾在此留下足迹和诗文。到了明清两代，水西山更成为文人、名士的聚会之所，结诗社，立书院，有了“泾水之西讲学开，一时学者轰如雷”的盛况。②经钟：诵经中所敲之钟磬。③斋鼓：报斋时（僧人的吃饭时间）所用之鼓。挝 zhuā：敲打，击。④淘泉：淘沙取泉。

---

**沙正卿**（？~1322 前后）：字号里籍不详。约元英宗至治中前后在世。有人认为疑指沙可学，永嘉（今浙江温州）人，至正中进士，为行省掾。工曲，有散曲套数 2 套存世。明朱权《太和正音谱》将其列于“词林英杰”一百五十人之中。

---

## 【越调·斗鹌鹑】闺情

挑绣也无心，茶饭不应口[①]。付能打揲[②]起伤春，谁承望睚不过[③]暮秋。暗想情怀，心儿里自羞。两件儿，出尽丑。脸淡似残花，腰纤如细柳。

老犁注：①应口：适合口味。②付能：好容易，方才。打揲 dié：收拾。③承望：指望。睚 yá 不过：亦作捱不过、挨不过。

---

**沈右**（？~1340 前后）：字仲说，号御斋，元平江（今江苏苏州）路人。约元惠宗至正二十年前后在世。本吴中世家，能去豪习，刻志诗书，与缙绅先生游，恂恂若诸生。年四十无子，其妻为其买一妾颇艾，因问知为故人范复初女，即召其母择婿厚嫁之。晚岁仍举一子（据元人笔记《广客谈》载，其子即为元末明初江南巨富沈万三）。所居东林有楼曰“清辉”，王祎、陈基为记。文学行谊，一时重之。有《清辉楼集》。

---

## 与慎独先生[①]

东林[②]薄酒试新尝，中有松花腻粉[③]香。遣送颍川陈有道[④]，书斋渴饮胜茶汤。

老犁注：①慎独先生：陈植：字叔方，号慎独叟，元平江（今苏州）路人。少负才气，性笃孝，刻苦力学。工诗画。以琴书自娱，屡辟召皆不起。卒，私谥慎独处士。原诗有注：廿八字偕一壶薄酒奉寄上，惜不多耳。杨诚斋（南宋杨万里）文稿不曾收得，所谓芍药屋，疑只是用幄帟（yì 小帐幕）覆护者。古人称牡丹为木芍药，白居易有诗云：“上张幕屋芘”，岂亦本诸此，未审是否？更乞考正之，右再拜。②东林：地名。沈右家居苏州东林，有楼曰“清辉”。③松花腻粉：松花上细腻的花粉。做松花酒的材料。④遣送：发送给。颍川陈有道：颍川陈氏中有才艺或有道德的人。指陈植。颍川：今河南许昌长葛，陈姓的兴盛地。

## 叔方先生过咏归亭赋诗二首以志盍簪[1]之喜其一

短棹相过[2]莫便回，咏归亭上且低徊。升堂拜母称觞[3]后，隔竹呼童瀹茗[4]来。
八尺驼尼分紫锦[5]，一双蜡屐[6]破苍苔。空江[7]草木虽摇落，犹有寒花带雨开。

老犁注：①叔方：陈植，字叔方。盍簪 hézān：王弼注《易·豫》：盍，合也；簪，疾也。孔颖达疏：群朋合聚而疾来也。后指士人聚会。②短棹相过：划着小船互相往来。③称觞：举杯祝酒。④瀹茗：煮茶。⑤驼尼：用骆驼毛织成的呢料。分紫锦：把紫锦分列两边。⑥蜡屐：用蜡涂过的木屐。⑦空江：浩瀚寂静的江面。

---

**沈禧**（？~1354 前后）：字廷锡，吴兴（今浙江湖州）人。生平不详，约元惠宗至正中前后在世。工词善曲，散曲 8 套今存于清末朱孝臧（号强村）辑的《强村丛书》中，亦单行，名曰《竹窗乐府》。

---

## 风入松·一溪新水

一溪新水绿涟漪。嫩柳袅金丝[1]。扁舟载得春多少，轻摇过、芦荻[2]沙堤。惊起一双鸂鶒[3]，飞来几点凫鹭[4]。　　笔床茶灶[5]总相随。蓑笠不须披。烟波深处耽[6]清趣，任逍遥、不管伊谁[7]。抱膝吟[8]余好句，回头又得新诗。

老犁注：①金丝：喻柳树的垂条。②芦荻：芦苇与荻草。③鸂鶒 xīchì：亦作鸂鶆 lái。水鸟名。形大于鸳鸯，多紫色，好并游。俗称紫鸳鸯。④凫 fú 鹭：野鸭与鹭鸟。⑤笔床茶灶：笔床即笔架；茶灶即煮茶用的小炉。借指隐士淡泊脱俗的生活。出自唐人陆龟蒙事迹。⑥耽：喜好。⑦伊谁：何人。⑧抱膝吟：《三国志·蜀志·诸葛亮传》"亮躬耕垄亩，好为《梁父吟》"裴松之注三国魏鱼豢《魏略》："每晨夕从容，常抱膝长啸。"后以"抱膝吟"指高人志士吟咏抒怀。

---

**宋褧**（1294~1346）：字显夫，元大都宛平（今北京）人。自少敏悟，出语惊人。延祐中，挟其所作诗歌，从其兄（即宋本）入京师，元明善、张养浩、蔡文渊、王士熙争慰荐之。泰定元年擢进士第，历任秘书监校书郎、监察御史、翰林待制、国子司业，与修宋辽金三史，以翰林直学士兼经筵讲官卒，谥文清。欧阳玄谓其诗"清新秀伟之作，齐鲁老生不能及也。"有《燕石集》。

---

## 南城天庆寺[1]僧雅致亭

一昔到上方[2]，尘虑[3]能相忘。鼎水[4]他山茗，炉烟[5]异国香。

杂芳供春艳[6]，佳木通夕凉[7]。不有[8]草堂咏，那闻赞公[9]房。

老犁注：①天庆寺：天庆寺旧址位于北京东城区（原崇文区）东晓市街。原为辽代的水泰寺。元代至元九年（1272）重建时，发现一口废钟刻有“天庆”二字，故以为寺名。②一昔：一夜。上方：住持僧居住的内室。亦借指佛寺。③尘虑：犹俗念。尘世人的忧虑。④鼎水：茶鼎中的水。⑤炉烟：香炉飘出的烟。⑥此句：众杂花共展春天的艳丽。供通共。⑦佳木：犹言美木，嘉木。夕凉：傍晚的清凉。⑧不有：无有，没有。⑨赞公：唐代僧人。曾与杜甫相过从。杜甫有《别赞上人》诗：“赞公释门老，放逐来上国。”后借指高僧。

## 得周子善书问京师事及贱迹以绝句十首奉答[1]其十

汩没[2]京尘度岁华，胸中千绪乱如麻。南风准拟挥谈麈[3]，剩费君家木杵茶[4]。

老犁注：①标题断句及注释：得周子善书，问京师事及贱迹，以绝句十首奉答。周子善，元代江西湖口人，与宋褧同登泰定元年进士。余不详。贱迹：指对自己的谦称。②汩没 gǔmò：埋没，淹没。③南风：南方的风气。准拟：料想。谈麈 zhǔ：古人清谈时所执的麈尾。④剩费：喝不完剩下那就浪费了。君家：犹贵府。木杵茶：木杵舂捣出来的茶。木杵：舂米或捣物的木棒。

## 送王仲方淮东廉使[1]

薰风殿阁舜琴[2]张，睿念[3]求贤治远方。滦水绣衣[4]朝浥雨，淮壖白简[5]夏飞霜。

九天星直三台[6]近，六辔[7]路增千里长。拔薤抱儿君素志[8]，琼花[9]开处煮茶香。

老犁注：①王仲方：王由义，字仲方，元陕西渭南朝邑县（今属大荔县）人。武宗至大初除彰德路（治所在今河南安阳）总管，济灾民，营庙学，被百姓称为贤人。擢兵部侍郎、礼部侍郎。淮东：相当于今江苏江淮之间的扬州、泰州、淮安、盐城、连云港（市区及所属灌云、灌南）以及东海县南部、宿迁（除西部）六个地级市。廉使：官名。称宋元廉访使以及后世的按察使。②薰风：相传舜时《南风歌》，有“南风之薰兮”句，见《孔子家语·辩乐》。后因以“薰风”指《南风歌》。舜琴：五弦琴。相传为舜创，故云。③睿念：睿智的想法。④滦水：元上都（在今内蒙古自治区锡林郭勒盟正蓝旗境内）旁的河流，此段河流今称闪电河，属滦河上游段。绣衣：彩绣的丝绸衣服。古代贵者所服。⑤淮壖 ruán：是淮安的一种别称。壖亦作堧，有城下、河边隙地的意思。因淮安地处淮水之阴，故称。白简：古时弹劾官员的奏章。⑥九天星：指帝王。直：面对着，当。三台：古代天子有灵台、时台、囿台，合称三台。亦指秦汉时尚书、御史、谒者（掌宾赞受事、朝覲宾飨及奉诏出使）所在的中台、宪台、外台，合称三台。⑦六辔：辔，缰绳。古代一车四马，一马各二辔，而两边骖马之内辔系于轼前，不用驾驭者执住，故驾驭者只须执六辔即可。后以指称车马或驾驭车马。⑧拔薤 xiè 抱孙：拔掉薤草，抱起孙子。比喻铲除黑恶势力，扶助弱小孤苦。《后汉书．庞参传》："拜参为汉阳太守。郡人任棠者，有奇节，隐居教授。参到，先候之。棠不与言，但以薤一大本（株、棵），水一盂，置户屏前，自抱孙儿伏于户下……参思其微意，良久曰：'棠是欲晓太守也。水者，欲吾清也。拔大本薤者，欲吾击强宗也。抱儿当户，欲吾开门恤孤也。'"后以"拔薤"喻打击豪强。素志：平素的志愿。⑨琼花：古歌曲名。或指《玉树后庭花》。这句意指别的官员都在享乐而你却煮茶为乐安守清贫。

## 章台寺①留题

高林过雨晓苍苍②，水木清华古道场③。亭子是谁开四五④，招提缘此异寻常⑤。风声萧飒⑥群松翠，日气醺酣二麦⑦黄。墟墓⑧令人不怡悦，何妨却茗进琼觞⑨。

老犁注：①章台寺：指湖北荆州章台寺，元代在楚灵王章华台遗址上修建，明以后改称章华寺。旧址在湖北荆州沙市区太师渊路，为湖北三大古刹（另两座是汉阳归元寺和当阳玉泉寺）之一。宋褧父亲宋祯在江陵（今荆州）做官，因此他在江陵长大并在此接受教育。原诗有注：寺后圃有巨松二三百株，中有岁寒（岁寒三友中的梅竹）联翠，远尘无垢，诸亭亭畔，古冢甚多。②苍苍：深青色。③水木清华：指园林景色清朗秀丽。道场：供佛、菩萨祭祀或修行学道的处所。④开四五：新建在四五月份。开：建立。⑤招提：寺院的别称。寻常：平常，平时。⑥萧飒：形容风雨吹打草木发出的声音。⑦醺酣：谓天气温暖困人。二麦：大麦、小麦。⑧墟墓：墓地。⑨琼觞 shāng：酒杯的美称。

## 至元三年六月八日史局作休从伯京御史公亮太监伯温秘卿伯循待制暂至城西秘卿待制别去伯京归家予遂偕公亮回憩都水监双清亭监掾平伯钦留饮即席赋五言十八韵①（节选）

心远逾寥廓②，身高不自由。茶瓜延永昼③，絺绤④借清秋。

老犁注：①标题断句及注释：至元三年六月八日，史局作休（史馆安排休息），从伯京御史、公亮太监（这里不是指宦官，而是指太府监长官。太府是指掌国家财用钱谷出纳及宫中各种财物用度的官署。原诗有注：公亮奉定间，尝丞是监故耳）、伯温秘卿、伯循待制暂至城西，秘卿、待制别去，伯京归家，予遂偕公亮回憩都水监（掌管舟船及水运事务的官署）双清亭，监掾平伯钦留（恭敬地留请）饮，即席赋五言十八韵。伯京、公亮、伯温、伯循、平伯：皆人之名号。御史、太监、秘卿、待制、监掾：皆为官名。②心远：心情超逸。寥廓：空旷深远。③永昼：漫长的白天。④絺绤 chīxì：葛布的统称。葛之细者曰絺，粗者曰绤。引申为葛服。

## 送姚子中参政江浙行省[①]（节选）

自公方变鲁[②]，视事肯随酂[③]。保障[④]逾闽海，征财及茗鹾[⑤]。

老犁注：①姚子中：人之姓名，生平不详。参政江浙行省：到江浙行省任参政。参政：是参知政事的省称。原诗有注：时浙省平章曹某罢免。②变鲁：指孔子所在的曲阜先属鲁后又属齐再属楚，但孔子的思想没有变。这里引申为改地作官。③随酂 zàn：指倾听群众意见。酂：周代郊外地方组织单位之一。一百家为一酂。④保障：特指供防御戍守的军事建筑物。⑤茗鹾 cuó：茶叶和盐。这里指茶盐税。

## 知足斋[①]歌（节选）

幅巾黎杖[②]书连屋，孙子田园多厚福。久知薄酒胜茶汤，尤恶得陇复望蜀[③]。

老犁注：①知足斋：斋号。原诗有注：东海（郡名，在今鲁南与苏北一带）蔡平甫，未七十致仕（辞去官职），以知足名斋，其子升卿与予为同舍（同学舍），生江陵（荆州一带）郡庠（府学，郡府一级办的学校）。②幅巾，又称巾帻，或称帕头。是指用整幅帛巾束首。多裁成长度和门幅各三尺的一块方形丝帛做成。从额往后包发，并将巾系紧，余幅使其自然垂后，垂长一般至肩，也有垂长至背，用葛布制成，称为“葛巾”，多为布衣庶人戴用。用细绢制成，称为“缣巾”，多为王公雅士戴用。周武帝在风帽的基础上融合幅巾样式对其形制进行了调整，从幅巾的4个角接出4条带子，其中脑后的两条带子自下而上、由后向前系在发髻上，并在额前打结；额前的两条带子由前向后系于发髻，在脑后下部打结，剩余部分在脑后垂下。这种改造过的幅巾被命名为幞头，深受当时民众的欢迎。黎杖：用藜的老茎制成的手杖。黎通藜。③尤恶：谴责和憎恶。得陇复望蜀：化自成语“得陇望蜀”，指已经取得陇右，还想攻取西蜀，喻贪得无厌。

---

**张氏**（生卒不详）：元伎，其名号、里籍亦不详。

---

## 【南吕·青衲袄（南曲）】偷期[①]

【采茶歌北】都则为[②]女娇羞，端的是忒[③]风流，闪的[④]人不茶不饭几时休。何日相逢同配偶？甚时密约共绸缪[⑤]？

老犁注：①偷期：偷情。②都则为：都只为。③端的：真的。忒 tuī：太。④闪的：害的。⑤甚时：何时。绸缪：犹缠绵，形容缠绵不解的男女恋情。

**张雨**（1283~1350）：初名泽之，字伯雨，一字天雨，号嗣真，又号贞居子、句曲外史、山泽臞者、幻仙等，茅山派道士，元钱塘（今浙江杭州）人。博学多闻，工书画，善诗词。年二十遍游天台、括苍诸名山。弃家为道士，居茅山，师事茅山宗师许道杞弟子周大静，受大洞经箓，豁然有悟。又去杭州开元宫师玄教道士王寿衍，并从其于皇庆二年（1313）入京，居崇真万寿宫。由于素有诗名，京中名公文士，如杨载、袁桷、虞集、范椁、黄溍、赵雍等，皆争相与之交游，被当世名士称为"诗文字画，皆为当朝道品第一"。仁宗欲官之，不就，乃归句曲。往来华阳云石间，作黄篾楼，储古图史甚富，日以著经作诗为业。延祐（1314~1320）初回杭州，与当时文士如杨维桢、仇远、黄公望、倪瓒等多有往来。至治元年（1321），开元宫毁于火，次年回茅山，主崇寿观及镇江崇禧观。晚居三茅观。惠宗至元二年（1336）辞主观事，日与友人行酒赋诗以自娱。杨维桢曾谓其诗作"俊逸清赡，侪辈鲜及。不目之为仙才不可也"。能散曲，清逸超然，有豪迈之气。有《句曲外史集》《贞居词》。

## 东坡书蔡君谟梦中绝句二放营妓绝句三虞伯生题四绝于后真迹藏义兴王子明家要予次韵凡九首其八[①]

听碾龙团怯醉魂[②]，分茶[③]故事与谁论。纤纤玉腕亲曾见，秖有春衫[④]旧酒痕。

老犁注：①标题断句及大意：东坡书蔡君谟梦中绝句二、放营妓绝句三，虞伯生题四绝于后。真迹藏义兴王子明家，要（邀请）予次韵。凡九首其八。意思是说：苏东坡书写蔡襄（字君谟）梦中绝句二首，还书写了三位营妓为求落籍而各写的三首绝句。虞集（字伯生）题四首绝句在最后面。此真迹收藏在宜兴人王子明家，其邀请我就此来次韵作诗。我写了九首，这是其中的第八首。（参见虞集的《题蔡端明苏东坡墨迹后四首其一》）②龙团：指龙团茶。宋时贡茶。怯醉魂：使醉中做梦也胆怯。醉魂：犹醉梦。③分茶：宋元时一种泡茶技艺，亦称茶百戏。就是用筅击拂茶汤，使其表面涌起茶沫，然后将茶沫表面划开使之呈现出各种图案和文字。后泛指烹茶待客之礼。④秖 dī：通衹。只。春衫：指年少时穿的衣服，常引为青春年少时的自己。

## 雪斋

骑驴吟雪诗[①]，煮茶煎雪水。何如埽[②]一室，置身虚白[③]里。君家有故事，高卧殊[④]未已。

老犁注：①骑驴吟雪诗：有人曾问唐相国郑綮："相国近有新诗否?"对曰："诗思在灞桥风雪中驴子上，此处何以得之"后用为苦吟的典故。后被宋人附会成"孟浩然骑驴踏雪寻梅"的典故。②埽 sǎo：古同扫。打扫。③虚白：谓心中纯净无欲。④高卧：形容隐居不仕。殊：死。此句源自"袁安高卧"之典。

## 湖州竹枝词[①]

临湖门外是侬家，郎若闲时来吃茶。黄土筑墙茅盖屋，门前一树紫荆花。

老犁注：①竹枝词：本为巴渝（今四川东部和重庆）一带民歌，唐诗人刘禹锡据以改作新词，歌咏巴渝一带风光和男女恋情，盛行于世。后人所作也多咏各地风土或儿女柔情。其形式为七言绝句，语言通俗，音调轻快。此诗一为陶宗义所作，在其《辍耕录》有载。只是首句前四字改为"盘塘江上"。还有另外一说为清郑板桥所作，也是首句改作"溢江江口是奴家"而已。

## 李宁之[①]煮茶亭

桐君山下一区宅[②]，木茂土肥泉水香。槎头钓鱼秋雨足，亭子煮茶春日长。

两山徒为盘谷[③]隐，一水尚系平泉庄[④]。莫厌身名俱隐约[⑤]，会见輶轩来晦冈[⑥]。

老犁注：①李宁之：李康，字宁之，元建德桐庐人。胡汲仲弟子。事母极孝。工诗文，书画琴弈，冠绝一时。顺帝至正间累征不起。有《杜诗补遗》《桐川诗派》等。②桐君山：在浙江桐庐，是中国古代最早的药学家桐君的结庐处。桐君是黄帝的大臣，他的文献记载于春秋时写成的《世本》一书中。区宅：住宅。③盘谷：唐韩愈《送李愿归盘谷序》："太行之阳有盘谷。盘谷之间，泉甘而土肥，草木丛茂，居民鲜少。或曰：'谓其环两山之间，故曰盘。'或曰：'是谷也，宅幽而势阻，隐者之所盘旋。'友人李愿居之。"后因以"盘谷"咏隐居之地。④平泉庄：唐李德裕游息的别庄。遗址位于洛阳市南 15 公里伊川县鸦岭镇梁村沟。"平泉朝游"是为洛阳八景之一。庄园周围十余里，内有台榭水泉之胜，四方奇花异草毕备。⑤隐约：困厄。⑥輶 yóu 轩：是古代使臣乘坐的一种轻车。晦冈：昏暗的山冈。

## 张参谋席上奉饯高昌别驾朝宗通守如京师并简兼善尚书[①]

梁溪宅里閟烟霞[②]，使者淹留[③]日未斜。天上夔龙[④]图治道，舟中李郭[⑤]望京华。

十三弦送黄柑酒[⑥]，第二泉煎紫笋茶[⑦]。寄谢南宫达夫子[⑧]，会同鸡犬[⑨]忆仙家。

老犁注：①标题断句及注释：张参谋席上，奉饯高昌别驾、朝宗通守如京师，并简兼善尚书。张参谋：一位姓张的参谋。参谋：军事属官。主要负责向主帅提出建议，参与作战计划拟定等。奉饯：饯别。高昌：地名。别驾：官名。指州刺史的佐吏。因随刺史出巡时另乘一车，故称。这里借指元朝时州府长官的副官。朝宗通守：欲入京朝见皇上的通守。朝宗：古代诸侯春、夏朝见天子。后泛称臣下朝见帝王。通守：官名。隋炀帝置。职位次于太守，佐理郡务。如：到。简兼：书信兼寄。善尚书：一位叫善的尚书。②梁溪：水名，为流经无锡市的一条重要河流，其源出于无锡惠山，北接运河，南入太湖。閟 bì：掩蔽。烟霞：云霞。泛指山水隐居地。③淹留：羁留；逗留。④夔 kuí 龙：相传为舜的两位大臣。夔为乐官，龙为谏官。杜甫《奉赠萧十二使君》诗："巢许山林志，夔龙廊庙珍。"后用以喻指辅弼良臣。⑤李郭：指东汉李膺与郭泰。《后汉书》卷六十八《郭太传》载，郭泰（避讳而称郭太），字林宗，初家贫，学成入京师，受到河南尹李膺器重，后归乡里，"衣冠诸儒送至河上，车数千两。林宗唯与李膺同舟而济，众宾望之，以为神仙焉。"后用以"李郭舟"喻指知己相处，亲密无间。⑥十三弦：唐宋时教坊用的筝均为十三根弦，因代指筝。黄柑酒：用黄柑作原料酿的酒。⑦第二泉：在无锡惠山，亦称惠山泉。紫笋茶：一种芽如紫色笋尖的茶。因茶圣陆羽推荐，唐肃宗年间，此茶被定为贡茶。⑧南宫：尚书省的别称。谓尚书省象列宿之南宫，故称。达夫子：见识高超的人。这里指诗题中题到"善尚书"。⑨鸡犬：指隐居者所养的鸡犬。

## 快雨喜晴而开阳室适成赋诗自慰[①]

春来耽[②]酒仍耽困，一枕雨声如蜜甜。老锸栽松宁有待[③]，饥肠食笋独无餍。

峰连笔格安空翠[④]，泉入茶垆斗谷帘[⑤]。吾爱吾庐聊复尔[⑥]，少留佳日[⑦]在茅檐。

老犁注：①标题断句及大意：快雨喜晴而开阳室，适成赋诗自慰。畅快之雨过后，欢快地享受晴天，打开朝阳的房间，恰好可以赋诗自我宽慰。②耽：沉溺。③锸 chā：铁锹。宁有待：哪里有期待？反问句，指没有什么可期待的。④笔格：笔架、笔搁，即架笔之物。空翠：指绿色的草木。⑤茶垆：茶炉。垆通炉。谷帘：指庐山康王谷瀑布。其状如帘，故名。被茶圣陆羽品定为天下第一泉。⑥吾爱吾庐：陶渊明《读山海经十三首其一》中有"众鸟欣有托，吾亦爱吾庐"之诗句。聊复尔：姑且如此而已。是聊复尔耳的省称。⑦佳日：好日子。多指温煦晴明的日子。

## 方广寺石桥[①]

绿玉飞梁碧藓[②]封，羽人[③]来倚瀑帘风。偶翻贝叶经台[④]上，与散昙华[⑤]茗碗中。

有象[⑥]到头终幻灭，无生弹指即虚空[⑦]。春寒大展三衣[⑧]坐，百衲云山[⑨]一线通。

老犁注：①方广寺：在浙江天台山石梁旁，相传为五百应真栖止处。方广寺在谷中分上中下三座寺院，上、中、下各相距不过百米。上方广寺，即古石桥寺，相传是五百应真在中国最早的显化之地。方广寺也因此被认为是五百罗汉的道场。上方广寺毁于 1977 年初一场大火，时寺庙用作竹器厂职工宿舍，是年大雪尺余，职工取暖不慎，引燃大火，千年古寺就此毁于一旦。中方广寺，即昙华亭所在地，居石梁之右，寺侧金溪与大兴坑溪交汇，水流汇合后穿石梁形成瀑布。寺旁跨大兴坑溪有一座古石拱桥。下方广寺（又称古方广寺），居石梁之下，规模略小于中方广寺，内有五百罗汉。石桥：指方广寺旁的石梁，是一座天生石桥。②绿玉：竹的别名。飞梁：凌空飞架的桥。这里指方广寺旁的石梁。碧藓：青苔。③羽人：神话中的飞仙。亦指道家学仙之人，即指道士。④贝叶：古代印度抄写经文的树叶，后借指佛经。经台：用于诵念佛经的平台。⑤昙华：花名，指佛教所说优昙华。世称其花三千年一开，值轮王及佛出世方现，喻极为难得的不世出之物。佛经中常用以喻佛、佛法之难得。南宋理宗时天台籍宰相贾似道在方广寺前建有昙华亭。据说，亭子落成后，寺僧在供茶时，茶杯中出现昙花倏然即逝，于是就命名亭子为“昙华亭”。1972 年亭毁于火，1980 年重修后成为半亭半屋的建筑。⑥有象：有形的东西。⑦无生：佛教语。谓没有生灭，不生不灭。虚空：指一切万物本体虽不存在，但能感觉到。⑧三衣：佛教比丘穿的三种衣服。一种叫僧伽梨，即大衣或名众聚时衣，在大众集会或行授戒礼时穿着。一种叫郁多罗僧，即上衣，礼诵、听讲、说戒时穿着。一种叫安陀会，日常作业和安寝时穿用，即内衣。亦泛指僧衣。⑨百衲：指僧衣。衲谓补缀，百言其多。云山：远离尘世的地方。隐者或出家人的居处。

## 赠别休休庵了堂上人[①]

老僧十年不出户，袈裟搭架风披披[②]。祖衣留在阿兰若[③]，佛法传过高句丽[④]。

客床雪练一瓯茗[⑤]，经藏苔昏三尺碑[⑥]。不向旧房看偃盖[⑦]，卷中[⑧]原有古松枝。

老犁注：①休休：庵名。在何处不详。了堂上人：一位名号为了堂的上人（对和尚的尊称）。②披披：飘动貌。③祖衣：僧人的礼服，即三衣中的大衣，参加法事或见尊长时穿，俗称祖衣。阿兰若：梵语的音译，也省称兰若，意为寂静处或空闲处。原为比丘洁身修行之处，后亦用以称佛寺。④高句丽：于公元前 1 世纪至公元 7 世纪建立的中国古代边疆政权，地跨今中国东北地区与朝鲜半岛北部。⑤此句：旅外之人把铺盖放一边，倒出白色水流，点上一杯茶。客床：客中（谓旅居他乡或外国）所用的床铺。雪练：喻明洁的水流。⑥此句：傍晚时分在藏经处看见一块长满青苔的三尺碑。经藏：佛教经典的一大类，与律藏、论藏合称三藏。引指寺院存放佛经处。⑦偃盖：形容松树枝叶横垂，张大如伞盖之状。⑧卷中：画卷中。

## 闰三月三日北山看花不与盟[①]

应笑黄花厄闰[②]时，后三[③]仍复负芳期。老无刘几簪花分[④]，闲有陶潜止酒[⑤]诗。

谷雨林中先紫笋[⑥]，郁罡[⑦]山口足黄鹂。韩湘自倩奴星去[⑧]，袖得瑶台[⑨]第一枝。

老犁注：①北山：疑指茅山北部的良常山。不与盟：不与别人一起。②厄 èr 闰：旧说谓黄杨木遇闰年不长，因以“厄闰”喻指境遇艰难。③后三：三春中第三个也是最后一个春时。也就是季春。④此句：刘几是北宋时一位士人，由于他写的文章看似华丽但却空洞，而当时很多士子却纷纷效仿，对此欧阳修大加痛斥，并在他当任主考时，明令考生禁止写这类文章。但欧阳修阅卷时还是发现一位考生仍旧这样写，欧阳修判定他一定是刘几，考卷公开后果然是刘几。宋朝官员士人都流行簪花（冠上插花）礼俗，高中进士，当然要簪花以示庆贺。为此，名落深山的刘几当然就没有簪花的分了。但后来刘几发愤努力，改掉从前文章的毛病，再次参加考试，最后被欧阳修荐为状元。⑤止酒：戒酒。⑥紫笋：喻茶芽。⑦郁罡：茂盛的山冈。罡 gāng：山冈，在较平坦地区的一块显著的高地。⑧韩湘：韩湘子，八仙之一。传说是韩愈的侄孙。倩：倩雇，雇请。奴星：韩愈《送穷文》中一位叫星的奴仆。他帮主人将穷鬼送走。《送穷文》表面上是送穷，实则是留穷，留住清白，坚守淡泊清贫的生活，达到忘我胜仙的境界。⑨瑶台：指传说中的神仙居处。

## 书怀二十韵奉呈虞集[①]贤（节选）

玉趾闲迂步[②]，麻衣病鞠躬[③]。茶烟窗苒惹[④]，墨沼树玲珑[⑤]。

老犁注：①书怀：书写情怀。虞集：字伯生，号邵庵，元临川崇仁人，累除奎章阁侍书学士，领修《经世大典》。集弘才博识，工诗文。有《道园学古录》《道园遗稿》。卒谥文靖。②玉趾：对人脚步的敬称。迂步：敬词。犹枉驾，屈驾。③麻衣：即深衣。古代诸侯、大夫、士人家居时穿的常服。鞠躬："鞠躬尽瘁"的省语。④苒惹 rǎnrě：袅袅升腾貌。⑤墨沼：墨池，指洗笔砚的池子。玲珑：精巧貌。

## 游虎邱[①]次东坡先生韵（节选）

茶烟寄禅榻[②]，弄我鬓丝影。散人初无号[③]，奚必烦上请[④]。

老犁注：①虎邱：指虎丘。讳孔丘而改作"邱"。②禅榻：禅僧坐禅用的坐具。③散人：闲散自在的人。无号：得不到召唤。④奚：何。上请：向上请求或请示。

## 游龙井方圆庵阅宋五贤二开士[①]像（节选）

昔贤所栖集[②]，画像藏屋端。山僧启锁鱼[③]，不待啜茗干[④]。

老犁注：①龙井方圆庵：指杭州龙井方圆庵。五贤：指胡则、苏轼、赵抃、苏辙、秦观。开士：菩萨的异名。以能自开觉，又可开他觉，故称。后用作对僧人的敬称。这两位开士，是指参寥和辨才。②所栖集：歇息集聚的地方。③锁鱼：一种锁具。其制鱼形，取其守夜不瞑目之义。④不待啜茗干：不会等到你把茶水喝干再给添水。意思是不会让你空杯，体现主人的热情好客。啜茗：饮茶。

## 上巳日游惠山

水品古来差第一[①]，天下不易[②]第二泉。石池漫流语最胜，江流湍激[③]非自然。

定知有锡藏山腹，泉重而甘滑如玉。调符千里辨淄渑[4]，罢贡[5]百年离宠辱。虚名累物果可逃，我来为泉作解嘲。速唤点茶三昧手[6]，酬我松风吹兔毫[7]。

老犁注：①水品：水的品级。唐陆羽为品评沏茶之水质，别天下水味为二十个等级。差第一：区分等级为第一。②不易：不改变。③湍 tuān 激：水流猛急。与漫流（随意流淌）相对。④调符：调运泉水的凭证。指唐朝从无锡将惠山泉运往长安之事。为了确保泉水不被调换，故以水符为证。淄渑 zīmiǎn：淄水和渑水的并称。皆在今山东省。相传二水味各不同，混合之则难以辨别。后比喻性质截然不同的两种事物。⑤罢贡：叫停这种千里进贡泉水的做法。⑥点茶三昧手：点茶的诀窍。三昧：是佛家一种去杂平心宁神的修行方法。借指事物的要领、真谛。苏东坡《送南屏谦师》诗有“道人晓出南屏山，来试点茶三昧手”之句，赞美南屏谦师高超的点茶技法。⑦兔毫：指兔毫盏，一种杯壁上有兔毫样纹理的茶杯。

## 忆秦娥·兰舟小

兰舟[1]小，沿堤傍着裙腰[2]草。裙腰草，年年青翠，几曾枯槁。　　渔歌一曲随颠倒，酒壶早是容情[3]了。容情了，肯来清坐，吃茶须[4]好。

老犁注：①兰舟：木兰舟。小舟的美称。②裙腰：喻狭长的小路。③容情：宽容。指酒壶不再把紧，任你倒了。④吃茶：宋以前茶的食用方法，是茶与盐、姜等其他食物混合在一起煮，然后将煮好的混合物吃下去，故称吃茶。须：片刻。

## 苏武慢·至正八年夏和虞道园[1]

清露晨流，新桐初引，消受[2]北窗凉晓。经卷[3]熏炉，笔床[4]茶具，长物恁[5]他围绕。老子无情，年光有限，只似木人[6]花鸟。指凝云[7]、数朵奇峰，曾见汉唐池沼[8]。　　还自笑，老学蟫鱼[9]，金题玉躞[10]，书里便容身了。阿对泉[11]头，布衣无恙，占断雨苔风篠[12]，鹤归迟，西山缺处，掠过乱鸦林表[13]。舞琴心三叠胎仙[14]，坐到月高山小。

老犁注：①虞道园：虞集，字伯生，号道园，世称邵庵先生。②消受：享用；受用。③经卷：指宗教经典。这里借指书籍。④笔床：卧置毛笔的器具。⑤长物：好的东西。恁 nèn：任凭。⑥木人：木头人。痴呆不慧的人。⑦凝云：密云。⑧池沼：池和沼。泛指池塘。⑨蟫 yín 鱼：书籍中的蛀虫。⑩玉躞 xiè：玉质的书画卷轴。借指书画。⑪阿对泉：泉名。在今河南灵宝县。汉杨震家僮阿对尝引此泉灌蔬，故名。⑫篠 xiǎo：细竹。简化字为筿。⑬林表：林梢。⑭此句：大意是拨动心弦直达丹田，使心情愉悦有如神鹤飞舞。化自《上清黄清内经·上清章第一》：“琴心三叠舞胎仙。”梁丘子注：“琴，和也，三叠，三丹田，谓与诸宫重叠也。……以其心和则神悦，故舞胎仙也。”胎仙：鹤的别称。鹤为仙禽，相传为胎生，故名。

## 蝶恋花·雨馆[1]

雨馆幽人[2]朝睡美。好趁春晴，茶灶[3]随行李。九朵芙蓉[4]青似洗。天河一夜增新水[5]。　　相送殷勤[6]烦至礼。燕子无情，不管帆樯起。错恨分风[7]三十里。清明小住为佳耳。

老犁注：①原词有序：清明日，去梁溪，元镇买舟追送未至，戏题所坐船窗。梁溪：无锡的一条河流，源出惠山。元镇：倪瓒，字元镇，号云林居士，元末明初画家、诗人。买舟：雇船。②雨馆：雨中馆舍。幽人：指幽隐之人。③茶灶：烹茶的小炉灶。④九朵芙蓉：指惠山九座山峰。⑤新水：春水。⑥殷勤：情意深厚。⑦分风：谓神仙把风分为两个方向。借指分离。

## 【双调·水仙子】归来重整

归来重整旧生涯[1]，潇洒柴桑处士[2]家。草庵儿不用高和大，会清标[3]岂在繁华？纸糊窗，柏木榻。挂一幅单条画，供一枝得意花，自烧香童子煎茶。

老犁注：①生涯：人生。②柴桑处士：指陶渊明。紫桑指今九江，陶渊明曾隐居九江庐山。③清标：谓清美出众。

---

**张监**（生卒不详）：字天民，金坛（今江苏常州金坛区）人。至正间，避地荆溪（江苏宜兴）。余不详。

---

## 题秀野轩图[1]

我忆天池与玉遮[2]，幽轩水木澹清华[3]。笙竽[4]远振风林竹，锦绮晴连晓径[5]花。
山罽[6]敷床朝看雨，涧泉漱石夜分茶[7]。番阳大篆睢阳[8]画，不负春陵处士[9]家。

老犁注：①秀野轩：元代苏州隐士周景安在苏州大阳山上所建的别墅。当时著名画家朱德润曾为秀野轩作画，时任江浙行省左丞周伯琦为其题字，有22名诗人为其赋诗，此诗就是其中的一首。原诗有序：余昔游吴中诸山，至周氏秀野轩，领览天池、玉遮之胜，今数年矣。近归寓轩，获观周侍御（指周伯琦）之大篆，朱提学（指朱德润）之新图，恍然若梦游也。景安求余著语，聊尔塞责，耄馀才尽，愧无佳语耳。②天池：苏州天池山。玉遮山：又名查山、茶山、玉屏山，俗呼遮山。天池、查山都在苏州之西，近太湖。③幽轩：幽静有窗的小室。水木：池水树木。指园林景观。清华：景物清秀美丽。④笙竽：笙和竽两种乐器。因形制相类，故常联用。这里指秀野轩中传出的优美的乐声。⑤锦绮：指美丽的丝织品。喻秀野轩锦绣华美。锦与绮大同小异。锦：有彩色花纹的丝织品。绮：有花纹的丝织品。晓径：清晨中的小径。⑥山罽 jì：山民用羊毛制作的毡毯一类的织物。罽：羊毛织物。⑦分茶：宋元时一种泡茶技艺，亦称茶百戏。就是用筅击拂茶汤，使其表面涌起茶沫，然后将茶沫表面划开使之呈现出各种图案和文字。后泛指烹茶待客之礼。⑧番阳：即鄱阳。这里指时任江浙行省左丞的鄱阳人周伯琦（字伯温，号玉雪坡真逸），他用大篆在朱德润画的画首处题了“秀野图”三字。睢阳：指朱德润，字泽民，元睢阳人，徙吴中，工画山水人物，能诗善书。曾任镇东行省儒学提举。⑨舂陵处士：指湖南道州（属舂陵古郡）人，北宋理学创始人周敦颐。因筑室庐山莲花峰下小溪旁，故以故乡濂溪名此溪，后人遂称其为“濂溪先生”。因秀野轩主人周景安和江浙行省左丞周伯琦都是周姓，故说两人都没有辜负周敦颐所崇尚的高洁的处世之道。

**张埜**（？～约 1323）：字野夫，元邯郸人。元词人。延祐、至治年间在世。官翰林修撰。诗词清丽。有《古山乐府》。其父张之翰，号西岩老人，亦为词人。

## 水龙吟·题湖山胜槩亭[①]

翠微曾共登临[②]，冷光潋滟[③]三千顷。玉京[④]佳处，景虽天造，也因人胜。若把西施，淡妆浓抹，两相比并。道此间如对[⑤]，姮娥[⑥]仙子，慵梳掠，临鸾镜[⑦]。
满意曲阑芳径[⑧]。早安排、雨篷烟艇。茶瓯雪卷[⑨]，纹楸雹碎[⑩]，醉魂初醒。湖海[⑪]高情，林泉清意，几人能领。算知音只有，中宵[⑫]凉月，浸蓬莱影[⑬]。

老犁注：①胜槩：即胜概，即非常好的风景或环境。这里用作亭名。②翠微：指青翠掩映的山腰幽深处。泛指青山。登临：登山临水。也指游览。③冷光：指月光。潋滟 liànyàn：水波荡漾貌。④玉京：泛指仙都。⑤如对：好像对着。⑥姮 héng 娥：神话中的月亮女神。姮本作恒，俗作姮。汉代因避文帝刘恒讳，改称常娥，通作嫦娥。⑦鸾镜：传说罽 jì 宾（汉朝西域国名）王获一鸾鸟，三年不鸣，夫人告诉他，鸾鸟只有见了同类才会鸣叫。罽宾王就悬一镜子让它照，鸾见影，悲鸣冲天，一奋而死。后以“鸾镜”指妆镜。⑧芳径：花径。⑨雪卷：白色茶沫翻卷。⑩纹楸雹碎：围棋盘上放下棋子的声音有如冰雹碎落的声音。⑪湖海、林泉：皆指隐居之地。⑫中宵：半夜。⑬浸：淹没。蓬莱影：指海市蜃楼的幻影。蓬莱指仙境。

## 满江红·寄磁下诸公[①]

枫落衡漳[②]，犹记得、离觞鲸吸[③]。惊又见、宫槐禁柳[④]，绿阴如织。行止难穷天素[⑤]定，功名有分谁能必。任近来、参透妙中玄[⑥]，床头易[⑦]。　　梅雨过，芹池碧。松山月，丹房[⑧]寂。问此时曾念，京尘踪迹。七碗波涛翻白雪[⑨]，一枰冰雹[⑩]消长日。尚得星、多处望麇山[11]，空相忆。

老犁注：①磁下：磁地。指磁州（今河北邯郸磁县，位河北省最南端）。诸公：泛称各位人士。②衡漳：古水名。即漳水。③离觞：离杯。鲸吸：杜甫《饮中八仙歌》："饮如长鲸吸百川，衔杯乐圣称世贤。"后因以"鲸吸"喻狂饮。④宫槐禁柳：宫中槐树和禁苑中柳树。⑤行止：行动和停止，泛指活动。天素：天性。⑥妙中玄：奥妙中的玄机。⑦床头易：即"床头周易"之典。西晋王湛很博学，但从不炫耀，也不爱说话，族人和周围的人都以为他是一个呆子。一次在朝为官的侄子王济去看他，发现他床头有一本周易，王济让他讲解其中章节，王湛的学识令王济大为倾倒。王济把他推荐给晋武帝，武帝亦领教了他的博识，便拜他为太子洗马。后以"床头周易"来形容人怀才不露，以读书排遣。⑧丹房：道教炼丹的地方。亦指道观。⑨七碗：唐卢仝在《走笔谢孟谏议寄新茶》诗中描述，饮茶饮到第七碗茶时，人就有升仙的感觉了。波涛翻白雪：喻碗中涌起的白色茶沫。⑩一枰冰雹：用冰雹落下之声形容下棋声之清脆。⑪尚得星：暂且得见星光下。麇 jūn 山：即神麇山，亦作神囷山。在今河北磁县西四十里。山上建有真武观、宝山寺、麇山书院等。

---

**张渥**（？～约1356）：字叔厚，号贞期生，祖籍淮南（今安徽合肥）人，后居杭州。通文史，好音律，累举落第，遂放意为诗画。能用李龙眠（宋代画家李公麟）法白描人物，前无古人，虽时贵亦罕能得之。与玉山主人（昆山顾瑛）友善，即景绘作《玉山雅集图》，会稽杨廉夫为之序，传者无不叹美云。有画作《九歌图》《雪夜访戴图》《竹西草堂图》等传世。

---

## 和西湖竹枝词[1]

长簪高髻画双鸦[2]，多在湖船少在家。黄衣少年[3]不相识，白日敲门来索茶。

老犁注：①此诗作者一作明代朱同。竹枝词：本为巴渝（今四川东部和重庆）一带民歌，唐诗人刘禹锡据以改作新词，歌咏巴渝一带风光和男女恋情，盛行于世。后人所作也多咏各地风土或儿女柔情。其形式为七言绝句，语言通俗，音调轻快。②双鸦：指少女头上扎的双髻。此句一作"茜红裙子缕金纱"。③黄衣少年：汉时弘农杨宝（九岁时）在华山救黄雀的故事。此黄雀是西王母使者，后化作黄衣少年送给杨宝四枚白玉环，并说将来要让杨宝位居三公。

## 题了堂上人炼雪轩[1]

雪消成水固非异，煮水作雪[2]真为奇。吾师悟此煎茶法，掬泉敲火[3]须临时。手抟[4]清风弄明月，幻作一同滋味别。试看碗面乳浮花[5]，浊恼消除置冰铁[6]。君不见达磨[7]面壁雪山中，至今直指传宗风。又不见玉川先生[8]洛城里，军将扣门日高起[9]。何似松风堂上人，不谈九转丹[10]有神。漱琼咽玉[11]诗清新，华池肥水[12]常津津。

老犁注：①了堂：僧人名号，生平不详。可能与张雨《赠别休休庵了堂上人》是同一僧人。炼雪：轩室名。②作雪：指水煮开后翻涌的水花。③敲火：敲击火石以取火。④抟 tuán：集聚。⑤乳浮花：似乳浮花，喻泛起的白色茶沫。⑥浊恼：混乱烦恼。置冰铁：如同碰到冰铁一样释放掉了。⑦达磨：即达摩。传说达摩在少室山坐禅时，为防嗜睡，竟把眼皮扔到地上，结果眼皮化成了两片茶叶。达摩饮茶后顿觉神清气爽，故饮茶成为佛门的传统。⑧玉川先生：唐诗人、茶仙卢仝，号玉川子。⑨此句：化自卢仝《走笔谢孟谏议寄新茶》"日高丈五睡正浓，军将（犹军官）打门惊周公"之句。⑩九转丹：道教谓经九次提炼、服之能成仙的丹药。⑪漱琼咽玉：喻饮茶。⑫华池肥水：华池中的仙水。华池：神话传说中的池名。在昆仑山上。

---

**张翥**（1287~1368）：字仲举，号蜕庵，元晋宁（今山西临汾）人。豪放不羁，好蹴鞠，喜音乐。随为官的父亲居安仁（今江西鹰潭余江区），学于李存。居杭州学于仇远，以诗文名。顺帝至正初，召为国子助教，寻退淮东（治扬州）。会修辽金元三史，起为翰林编修，史成，升礼仪院判官。累迁河南平章政事，以翰林学士承旨致仕。为诗格调甚高，其近体长短句尤工，词尤婉丽风流。卒于元亡时，故遗稿多散失，今传世有《蜕庵集》。

---

## 怀天目山处士张一无[1]二首其一

一饭[2]了年华，蒲团静结跏[3]。雪蹊抛即栗[4]，风壁[5]裂袈裟。
寒狖[6]窥烧叶，饥禽听施茶[7]。清除亿劫[8]想，吾欲问僧伽[9]。

老犁注：①天目山：山名。在浙江杭州以西，临安境内。处士：本指有才德而隐居不仕的人，后亦泛指未做过官的士人。张一无：人之姓名，生平不详。原诗题注：仙岩道士礼中峰受戒具。（仙岩道士：指处士张一无。礼：礼拜，顶礼膜拜。中峰：释明本，号中峰。世习称其为中峰明本禅师。受戒具：指受戒于中峰明本禅师门下。）②一饭：一餐饭。喻微小的利益或恩惠。③蒲团：用蒲草编成的圆形垫子。多为僧人坐禅和跪拜时所用。结跏：即结跏趺坐，佛教徒坐禅法，即交迭左右足背于左右股上而坐。④雪蹊：有雪的蹊径。即栗：指楖 jí 栗，木名，可为杖。后借为手杖、禅杖的代称。即通楖。⑤风壁：风刮过的崖壁。⑥狖 yòu：古书上说的一种黑色长尾猴。⑦施茶：施行茶事，即指饮茶。⑧亿劫：谓极长久的时间。佛经言天地的形成到毁灭为一劫。⑨僧伽：梵语"大众"的意思。原指出家佛教徒四人以上组成的团体，后单个和尚也称"僧伽"，并简称"僧"。

## 留宿洪洞庆云观刘山甫方丈[1]

旅寓丹房[2]夜，高城[3]乍绝钟。蜡花烧烛短，乳面泼[4]茶浓。

山豁[5]三更月，秋添四壁蛩[6]。殷勤老贞士[7]，清话[8]得从容。

老犁注：①洪洞 tóng：县名，隶属于山西省临汾市。庆云观：观址何处不详。刘山甫：道士姓名，生平不详。方丈：指道观住持的居室。②旅寓：旅居。丹房：道教炼丹的地方。亦指道观。③高城：高大的城墙。④乳面：喻白色茶沫。泼：泡（茶）。⑤山豁：大山豁开一个口。⑥四壁：指屋内的四面。蛩 qióng：蟋蟀。⑦殷勤：热情周到。贞士：志节坚定、操守方正之士。⑧清话：高雅不俗的言谈。

## 鉴堂上人招余游慧山行舟不成往因寄[1]

竟负山游约，长怀第二泉。毁茶[2]休著论，载酒谩回船[3]。

会摘春林[4]雨，来寻午灶烟。从师坐联句[5]，祇恐废安禅[6]。

老犁注：①标题断名及注释：鉴堂上人招余游慧山，行舟不成往，因寄。鉴堂上人：一位叫鉴堂的上人（对和尚的尊称）。慧山：即无锡惠山。天下第二泉在焉。因寄：因去不成而寄诗给他。②毁茶：唐人封演在《封氏闻见录》记载：御史大夫李季卿召陆羽煮茶献艺，“羽衣野服，携具而入，季卿不为礼，羽愧之，更著毁茶论”。明人陈继儒在《茶董》序中“今旗枪标格天然，色香映发，岕为冠，他山辅之，恨苏、黄不及见。若陆季疵复生，忍作《毁茶论》乎?”认为陆羽是因为没有看到好茶，才生出要把茶毁了的想法。但目前对陆羽是不是真正写过《毁茶论》，尚没有说服力的证据。③谩：莫，不要。回船：驾船返回。④春林：春天园林。这里指茶园。⑤从师：跟法师学习。联句：作诗方式之一。由两人或多人各成一句或几句，合而成篇。⑥祇：只。安禅：指佛家静坐入定，俗称打坐。

## 登惠山

到寺日已夕，钟梵满中林[1]。倚崖佛殿古，出云泉水深。

谈诗禅榻[2]上，煮茗涧松阴。况值玄丘[3]似，悠然谐素心[4]。

老犁注：①钟梵：寺院的钟声和诵经声。中林：林中，林野。②禅榻：禅僧坐禅用的坐具。③玄丘：泛称神仙居住处。④谐：协调。素心：本心。

## 游万松庵[1]

黄尘扑马[2]出西城，忽见云林[3]眼倍明。竟日[4]寂无山鸟语，满岚[5]纯是涧松声。

石幢花雨[6]何时洒，禅榻茶烟特地[7]生。客自去来钟梵[8]外，老僧于世已忘情。

老犁注：①万松庵：庵址何处不详。②黄尘：黄色的尘土。扑马：拍马。③云林：隐居之所。这里指寺院。④竟日：终日；整天。⑤岚：山林中的雾气。⑥石幢 chuáng：古代祠庙中刻有经文、图像或题名的大石柱。有座有盖，状如塔。花雨：佛家指诸天为赞叹佛说法之功德而散花如雨。⑦禅榻：禅僧坐禅用的坐具。茶烟：烹茶时升起的烟水气。特地：格外。⑧钟梵：寺院的钟声和诵经声。

## 游武康禺山留宿升元宫[①]

白石西边山更青，杖藜尘外得经行[②]。鸟翻夕照落空翠[③]，人逆松风闻涧声。

道士煮茶留夜话，田家烧草起春耕。也知真境[④]多佳境，拟约衡茅[⑤]寄此生。

老犁注：①武康：古县名，治在今浙江德清武康镇。禺山：今德清东南下渚湖边有禺山、防风山。禺山上的升元宫，今不存。②杖藜：谓拄着手杖行走。藜，野生植物，茎坚韧，可为杖。尘外：犹言世外。经行：经术和品行。③空翠：指绿色的草木。④真境：道教之地。⑤拟：打算。衡茅：衡门茅屋，简陋的居室。

## 听松轩为丹丘杜高士[①]作

长松千树拥前荣[②]，虚籁[③]还从树底鸣。一片海涛云杪[④]堕，几番山雨月中生。

茶香夜煮苓泉[⑤]活，琴思秋翻鹤帐[⑥]清。安得南华老仙[⑦]伯，相随轩上说风声。

老犁注：①听松：轩名。在何处不详。丹丘：传说为神仙所居地。借指修炼者。杜高士：一位姓杜的高士（志行高洁之士）。②前荣：谓先前兴旺或兴盛。③虚籁：指风。④海涛：海浪。喻云涛。云杪 miǎo：云霄，高空。⑤苓泉：犹仙泉。⑥琴思：琴声所含的情思。鹤帐：隐逸者的床帐。⑦南华老仙：亦称南华真人，庄周的封号、别称。

## 冰雪庵为衡岳北山上人[①]赋

衡岳山中老道人，一龛一衲[②]足容身。禅林出定[③]云生室，诗境行吟清入神。

瓶水不凝[④]霞气暖，石门长扫虎蹄新。只应煨芋[⑤]烧茶外，乞火[⑥]时时到寺邻。

老犁注：①冰雪：庵名。在何处不详。衡岳：指南岳衡山。北山上人：一位叫北山的上人（对和尚的尊称）。②一龛 kā：一个小窟或小屋。一衲：一件僧衣。③禅林：寺院。出定：佛家以静心打坐为入定，打坐完毕为出定。④不凝：不结冰。⑤煨芋：唐衡岳寺有僧，性懒而食残，自号懒残。李泌异之，夜半往见。时懒残拨火煨芋。见泌至，授半芋而曰："勿多言，领取十年宰相。"见《宋高僧传》卷十九、《邺侯外传》。后因以"煨芋"为典，多指方外之遇。⑥乞火：求取火种。

## 正一冲和宫杨弘道以虞学士[①]诗求和二首其一

玄都[②]桃是旧时花，曾驻春游送客车。翰墨尚看延阁老[③]，松萝长护羽人[④]家。
丹砂炼得仙翁术，白绢封来谏议茶[⑤]。文采风流徒想见[⑥]，九霄无佩乞飞霞[⑦]。

老犁注：①正一：指道教正一派。原为五斗米道，为东汉张陵（亦称张道陵）所创。冲和宫：宫观名。在何处不详。杨弘道：冲和宫的一位道士。这位道士拿着虞学士的诗向张翥求和诗。虞学士：虞集，字伯生，曾任侍读学士、掌院大学士。②玄都：传说中神仙居住处。这里借指官观。③延阁老：管理藏书（通常是学问高）的老者。延阁：古代帝王藏书之所。④羽人：道家学仙欲升，因称道士为羽人。⑤此句：化自卢仝《走笔谢孟谏议寄新茶》“口云谏议送书信，白绢斜封三道印。开缄宛见谏议面，手阅月团三百片。”⑥徒：仅这一点就可。想见：推想而知。⑦无佩乞飞霞：韩愈《调张籍》诗有“乞君飞霞佩，与我高颉颃。”飞霞佩指仙人的衣服佩饰，表示希望张籍披戴飞霞佩，同自己一道飞上高空。

## 正一冲和宫杨弘道以虞学士诗求和二首其二

往事真成过眼花，前王俱此走降车[①]。鹤归华表千年郭[②]，燕入乌衣百姓家[③]。
雨坏苑墙生野荠，云残候馆老山[④]茶。欲将吊古[⑤]无穷意，高倚披云赋落霞[⑥]。

老犁注：①前王：已故帝王；先王。降车：投降时用的车。语出李商隐的《筹笔驿》诗“徒令上将挥神笔，终见降王走传车。”意即不管诸葛亮怎么神算，最终刘禅还是乘邮车去投降了。历代王朝灭亡皆如此。②此句：晋陶潜《搜神后记·卷一》载：有个叫丁令威的人学道成仙，千年后化白鹤飞归辽东故乡，感慨城郭如旧而人民已非。后常用“鹤归华表”感叹人世的变迁。③此句：化自刘禹锡《乌衣巷》诗“旧时王谢堂前燕，飞入寻常百姓家。”喻指富贵荣华难以常保，都将成过眼烟云。④候馆：指接待过往官员或外国使者的驿馆。老山：深山。⑤吊古：凭吊往古之事。⑥高倚：高天倚靠。披云：拨开云层。落霞：晚霞。

## 寄答莫维贤景行[①]

故人音问[②]久相疏，忽寄新诗良起予[③]。半卷长笺攲[④]枕读，尽拈佳句绕窗书。
此生馆阁嗟留滞[⑤]，何日兵戈见扫除。归觅南屏山[⑥]下隐，酒杯茶灶共闲居。

老犁注：①莫维贤：字景行，元钱塘（今杭州）人。②故人：旧交；老友。音问：音讯。③起予：《论语·八佾》：“子曰：‘起予者，商也，始可与言《诗》已矣。’”何晏《集解》引包咸曰：“孔子言子夏能发明我意，可与共言《诗》。”后因用为启发自己之意。④长笺：长诗笺。攲 yǐ：通倚，斜靠着。⑤馆阁：北宋有昭文馆、史馆、集贤院三馆和秘阁、龙图阁等阁，分掌图书经籍和编修国史等事务，通称“馆阁”。留滞：停留；羁留。⑥南屏山：在杭州西湖边。

## 九月二日揭晓仆以朔旦始得闲复成二诗录奉泰甫侍郎思齐御史本中都事道明敏文伯崇有志诸寮友[①]二首其二

西风渐急早寒严，晓露俄晞[②]日在檐。满鼎松声烹活火[③]，半钩[④]花影卷疏帘。

菊黄又报秋期近，发白空惊老态添。未得山中觅茅屋，去修丹灶养红盐[⑤]。

老犁注：①标题断句及注释：九月二日揭晓（破晓），仆（我）以朔旦（旧历每月初一）始得闲，复成二诗，录奉（抄录奉上）泰甫侍郎，思齐御史，本中都事，道明、敏文、伯崇、有志诸寮友（同僚）。泰甫、思齐、本中、道明、敏文、伯崇、有志皆人之字号。②俄晞：顷刻干了。③活火：有焰的火；烈火。④半钩：似钩半月。⑤丹灶：炼丹用的炉灶。红盐：炼丹用的红色粉末。

## 给事以马乳贶就[①]索诗

挏官载出橐驼[②]马，分得官壶[③]给事家。代饮酪奴宁许敌[④]，蒸豚人乳[⑤]不成夸。

肥凝晓露鸱夷革[⑥]，香带秋风苜蓿花[⑦]。长与诗翁消酒渴[⑧]，肯辞为客住龙沙[⑨]。

老犁注：①给事：官名。给事中的省称。贶 kuàng 就：即赐赠后。②挏 dòng 官：挏马官，汉官名。主掌取马乳制酒。挏：推引，撞击。来回猛烈地摇动或拌动。橐 tuó 驼：指骆驼。③官壶：装有官酿马乳酒的壶。④酪奴：茶的别名。北魏杨衒之《洛阳伽蓝记·正觉寺》：“羊比齐鲁大邦，鱼比邾莒小国。惟茗不中，与酪作奴……彭城王重谓曰：‘卿明日顾我，为卿设邾莒之食，亦有酪奴。’因此复号茗饮为酪奴。”宁许敌：哪里能匹敌。⑤蒸豚人乳：蒸熟的小猪加人乳。都是很奢靡的食品。不成：不可以。⑥肥凝晓露：马乳酒似晓露般甘纯。肥凝：犹凝脂，即指凝冻的油脂。鸱 chī 夷革：一种外形如鸱夷的革囊，是一种盛酒器。⑦苜蓿 mùxu：属豆科多年生牧草，广泛分布我国东北、华北，是一种优良的饲草。⑧消酒渴：解酒渴，醒酒。⑨龙沙：泛指塞外漠北边塞之地；荒漠。

## 行香子·传癖诗逋

传癖诗逋[①]。野逸山臞[②]。是幽人[③]、平日称呼。过如饭袋[④]，胜似钱愚[⑤]。尽我为牛，人如虎，子非鱼[⑥]。　　石铫风炉[⑦]。雪碗冰壶[⑧]。有清茶、可润肠枯[⑨]。生涯何许，机事全疏[⑩]。但伴牢愁[⑪]，盘礴赢[⑫]，鼓咙胡[⑬]。

老犁注：①传癖：好读《左传》成癖，比喻指勤奋读书，钻研学问。诗逋 bū：指诗债。②野逸：指隐逸的人。山臞：山中老叟。③幽人：幽隐之人。④饭袋：喻只会吃饭而无所作为者。⑤钱愚：南朝梁武帝萧衍的弟弟萧宏，字宣达，性情怯懦而贪婪，利用皇室的权势，醉心于经商敛财。由于他爱钱如命，被人讥为“钱愚”。

⑥子非鱼：一般指濠梁之辩，记载于《庄子．秋水》篇中，“子非鱼安知鱼之乐”是惠子说的一句话。⑦石铫 diào：陶制的小烹器。风炉：一种小型的炉子。古代多用于煮茶烫酒等。⑧雪碗：对白色瓷碗的美称。冰壶：对玉壶的美称。⑨可润肠枯：化自卢仝《走笔谢孟谏议寄新茶》中“三碗搜枯肠，惟有文字五千卷”之句。⑩机事：指国家枢机大事。全疏：完全生疏。⑪伴牢愁：即畔牢愁。是汉扬雄所作辞赋篇名，已佚；借指离愁之作。⑫盘礴：徘徊。赢：多余。⑬咙胡：喉咙。

---

**张天英**（？～1335 前后）：字羲上，一字楠渠，号石渠居士，元温州永嘉人。约元惠宗至元初前后在世。酷志读书二十年，穿贯经史，征为国子助教。性刚严，雅不好趋谒，再调不就。游浙西，多居吴下，与玉山主人（即昆山顾瑛）相友善，凡有所作，必邮寄草堂，玉山称其放肆为诗章，尤善古乐府，皆驰骤二李间。有《石渠居士集》。

---

## 奉酬库库秘监①三首其一

青烟竹外煮金芽②，更对山人酌紫霞③。半醉东风催上马，一身香雨湿宫花④。

老犁注：①库库：即康里巎巎（四库本《元史》译为“库库”。据此巎 náo 应是夔 kuí 的误写），字子山，号正斋，别号恕叟，蒙古族人，布呼密次子。昌吉（今新疆昌吉）人。元代书法家。曾任职秘书监。至正中出为江浙行省平章政事，复召拜承旨。卒谥文忠。②金芽：茶芽的美称。③紫霞：指紫霞卮。仙界返老还童药要用紫霞卮品饮。故仙药常用“紫霞”来代称。④宫花：皇宫庭苑中的花木。

## 八月望与项可立约游石湖是夜月蚀又雨次韵就约王山人明日同游①（节选）

酒醒忽忆五湖②寺，亦有中顶③仙人茶。明朝与君买船④去，上山采桂穷幽遐⑤。

老犁注：①标题断句及注释：八月望（农历八月十五），与项可立约游石湖，是夜月蚀又雨，次韵就。约王山人明日同游。项可立：项炯，字可立，台州临海人。端行绩学，通群经大义，为时名儒，晦迹不仕。与金华黄溍、晋宁张翥辈，多从之游。尝居吴中甫里书院，时与玉山唱和。有《可立集》。石湖：相传为范蠡入五湖之湖口，在今太湖东。宋范成大晚年居此，孝宗书“石湖”二字以赐，因自号石湖居士。王山人：何人不详，疑是“玉山人”之误，指顾瑛。②五湖：古代吴越地区湖泊。一说就指太湖。春秋末越国大夫范蠡，辅佐越王勾践灭亡吴国，功成身退，乘轻舟以隐于五湖。后因以“五湖”指隐遁之所。③中顶：群山中最高的山峰。④买船：雇船。⑤采桂：去寻找贤德的人。桂：因其为香木，故常用以比喻贤人。幽遐：幽远。

**张弘范**（1238~1280）：字仲畴，元易州定兴（今河北保定定兴县）人。蔡国公张柔第九子。善马槊，能歌诗。元初著名将领。世祖中统初，授御用局总管。累益都淄莱等路行军万户，领兵攻宋襄阳。后跟随元帅伯颜攻宋，授蒙古汉军都元帅，南下闽广，擒宋丞相文天祥于五坡岭。次年，破张世杰于厓山，消灭南宋残余势力，勒石纪功而还。旋卒，时年四十三。其后在元朝贵族的争权内斗中尽数被害。有《淮阳集》。

## 述怀其一

飘零孤影寄天涯，梦断春风二鼓挝①。闷上心来须赖酒，愁驱睡去胜如②茶。

龙潜北海③收雷迹，豹隐南山④养雾花。天产⑤我材应有意，不成空使二毛⑥华。

老犁注：①二鼓：二更天。挝 zhuā：敲打。②胜如：超过。③北海：古代泛指北方最远僻之地。④南山：南面之山。⑤天产：犹天生。⑥二毛：斑白的头发。常用以指老年人。《左传·僖公二十二年》："君子不重伤，不禽二毛。"杜预注："二毛，头白有二色。"

## 南乡子其一

深院日初长，万卷诗书一炷香。竹掩茅斋①人不到，清凉，茶罢西轩读老庄②。

世事莫论量③，今古都输梦一场。笑煞④利名途上客，干忙⑤。千丈红尘两鬓霜。

老犁注：①茅斋：茅盖的屋舍。斋，多指书房、学舍。②西轩：西面轩敞的屋宇。轩：以敞朗为特点的建筑物。老庄：老子和庄子的并称。春秋、战国时道家的主要思想家。亦指以老子、庄子学说为代表的道教思想。③论量：评论；计较。④笑煞：笑死我了。煞：极，甚。⑤干忙：空忙，白忙。干：白白的。

## 【双调·拨不断】四景四首其四

雪漫漫，拥蓝关①，长安远客心偏惮②。瀹玉③瓯中冰雪寒，销金帐里羊羔镟④，这两般⑤任拣。

老犁注：①蓝关：即蓝田关。唐韩愈《左迁至蓝关示侄孙湘》诗："云横秦岭家何在？雪拥蓝关马不前。"②惮 dàn：畏难，怕麻烦。③瀹玉：煮雪。④销金帐：嵌金色线的精美的床帐。羊羔镟：拿羊羔酒你来我往地畅饮。镟 xuàn：同旋。有来来回回之意。⑤两般：两样。

**张仲深**（？～1338 前后在世）：字子渊，元庆元路鄞城（今浙江宁波鄞州区）人。约元惠宗至元中前后在世。后人将其诗辑为《子渊诗集》六卷。《子渊诗集序》谓其“明敏嗜学，早孤事母以孝闻，后十年余教授徵饶间（征赋繁多的年代里），漫游湖海，正诸有道，以扩其所蕴。”《四库全书·子渊诗集·提要》谓“纳新（新搜集增加）多与乃贤、杨维桢、张雨、危素、袁华、周焕文、韩性、乌本良乌斯道兄弟倡和之作，而纳新为尤夥古诗，冲澹颇具陶韦风格。”

## 答天民①韵三首其一

三春风雨似梅天，欲过苏端履错然②。阿阁不闻仪彩凤③，郊关是处有饥鸢④。

秫荒乏酿⑤茶为酒，鱼熟难赊米当钱。见说卦爻⑥增著述，研池滴露费摩编⑦。

老犁注：①天民：人之字号，生平不详。②苏端：杜甫有《雨过苏端》一诗，写自己冒雨访问苏端并记述苏端的款待之情。履错然：行走错乱。③阿阁：指四面都有檐溜（檐沟，承接雨水用）的楼阁。不闻：没听说。仪：匹也。匹配。彩凤：凤凰。这里指画有凤凰的图案。④郊关：指古代城邑四郊起拱卫防御作用的关门。是处：到处；处处。饥鸢 yuān：饥饿的老鹰。⑤秫荒：指粮食荒芜。秫 shú：古指有黏性的谷物。俗称高粱。乏酿：无酒。⑥见说：犹听说。卦爻：《易》的卦和组成卦的爻。⑦研池：指砚。亦指砚心。编摩：犹编集。

## 严子迪南宅宴①

浦上南阳宅②，人奇似小坡③。论交④虽未久，厚谊许相过⑤。

江暖眠鸂鶒⑥，霜威振薜萝⑦。斋居具薰茗⑧，无梦到南柯⑨。

老犁注：①严子迪：人之姓名，生平不详。南宅：南向的宅第。宴：宴坐，闲坐。②浦上：犹水上。浦指池、塘、江河等水面。南阳宅：南面向阳的宅第。③小坡：苏轼的儿子苏过，有才华。时人将其称为“小坡”，盖以其父为“大坡”也。④论交：结交。⑤许：期许。相过：互相往来。⑥鸂鶒 xīlái：即鸂鶒。水鸟名。形大于鸳鸯，而多紫色，好并游。俗称紫鸳鸯。⑦霜威：寒霜肃杀的威力。薜萝 bìluó：薜荔和女萝。两者皆野生植物，常攀缘于山野林木或屋壁之上。⑧斋居：家居；闲居。具：备。薰茗：香茶。⑨南柯：有“南柯一梦”典故，后因以指梦境。

## 宿广寿方丈①（节选）

新诗纷绮丽②，妙篆焚晶荧③。糟床④夜深注，茗碗更余⑤烹。

老犁注：①广寿方丈：指广寿寺。方丈：指寺院。②绮 qǐ 丽：形容辞藻华丽。

③妙篆：精妙的篆香。晶荧：明亮闪光。④糟床：榨酒的器具。方法是连糟带酒注入槽内，然后通过挤压将酒水榨出。⑤更余：每更结束前所剩余的时间。

## 胡用和听雪窝[1]（节选）

从渠简册纪勋庸[2]，我独忘荣亦忘辱。起呼小姬[3]煮春茗，懒具扁舟泛溪曲[4]。

老犁注：①胡用和：元庆元路天门山（今浙江宁波奉化区）人，元曲家，余不详。听雪窝：听雪的地方。“窝”在汉语中是家或者住所的戏谑说法。②从渠：随他。简册：史籍。纪：通记。记录，记载。勋庸：功勋。③小姬：指年轻的妾侍。④溪曲：小溪的曲折处。

## 题灞桥风雪[1]图（节选）

陶家风味党家奢[2]，煮茗烹羔总庸俗。清标何似襄阳老[3]，一片襟怀[4]自倾倒。

老犁注：①灞桥：在西安通往关东要道的灞河上。今桥已废。古人送客至此桥，折柳赠别，使此地成为送别之地。后因唐相国郑綮一句“诗思在灞桥风雪中驴子上”，又使此地成为“诗境构思的地方”。风雪灞桥成为诗人吟咏和画家描绘的题材。②此句：典出“党姬烹雪”。五代宋初时，翰林学士承旨陶谷之妾本太尉党进之家姬，一日下雪，谷命妾取雪水煎茶，问之曰：“党家有此景?”对曰：“彼粗人，安识此景？但能知销金帐下，浅斟低唱，饮羊羔美酒耳。”见明陈继儒《辟寒部》卷一。后因以“党家”喻粗俗的富豪人家。“陶家”喻风雅之家。③清标：谓清美出众。何似：何如。用反问的语气表示不如。襄阳老：唐代著名山水田园派诗人孟浩然，号孟山人，湖北襄阳人，世称“孟襄阳”。孟浩然骑驴“踏雪寻梅”也被附会到灞桥这个地方。④襟怀：胸怀；怀抱。

---

**陆仁**（生卒不详）：字良贵，号樵雪生，又号乾乾居士。元河南人，寓居昆山。至正丁酉（1357）尚在世。沉静简默，明经好古。工诗文，善书。与顾瑛、郭翼、吕诚、杨维桢等相往来。其翰墨法欧楷章草，皆洒然可观，馆阁诸公推重之，称为陆河南。杨维桢谓其诗学有祖法，清俊奇伟。有《乾乾居士集》。

---

## 芝云堂嘉宴并序[1]（节选）

吴姝起作七槃舞[2]，鸾停鹄翔整复斜[3]。主人投辖[4]客畅饮，既醉啜以龙团茶[5]。

老犁注：①芝云堂：堂号。在元顾瑛于昆山所建的玉山草堂内。嘉宴：盛宴。原诗有序：句吴著姓，比古为多，然好尚不同。不失之侈，则失之俭，不失之鄙，则失之迂。出乎此，未若有玉山顾君仲瑛者：好文而尚礼，好贤而尚义，不侈不俭，不鄙不迂，承具庆之乐，子孙彬彬，如日之方升，如兰之方茁，雍容闲雅，消摇丘园，诵诗读书，冲然而有德，居乎界溪之上，祖宗世泽，亦既三百馀年矣，不其甚乎！然至玉山而益昌，纡朱曳紫，代不乏人。至正辛卯秋九月廿二日，宗族从子翼之氏、仲渊氏适拜官归，玉山遂会亲戚故旧于芝云之堂，行酒献酢，动有礼容，言相劝勉，不吴不敖，深有古人行苇伐木之情。酒既半，玉山赋诗四韵，出以言事君，必尽其忠，入以言事亲，必尽其孝。蔼然忠厚之气，形诸咏歌，益以见醴陵世泽之弗艾，且将大有用于时也。坐客咸赋诗，而淮海秦君文仲为之序，余遂述其事，赋长句以答，以纪胜集云。②吴姝：吴地的美女。七槃舞：即七盘舞。古舞名。在地上排盘七个，舞者穿长袖舞衣，在盘的周围或盘上舞蹈。张衡《舞赋》云："历七盘而纵蹑。"③鸾停鹄翔：喻七盘舞的舞姿。整复斜：正了又歪。指舞姿一会正一会歪，变化多端。④投辖：将客人的车辖投入井中，使客人不能乘车离开。辖，车轴两端的键。后以"投辖"指殷勤留客。⑤既醉：已醉。龙团茶：宋代贡茶。饼状，上有龙纹，故称。

---

**陈方**（生卒不详）：字子贞，自号孤篷倦客，元京口（今江苏镇江）人。约元惠宗至正初前后在世。赴省试来吴，元帅王某招致宾席，因寓吴焉。龚提举璛以女妻之，郑提学元祐辈，皆乐与游，与倪瓒亦有唱和。晚主无锡华氏家塾。工诗，有《孤蓬倦客稿》。其诗随事感发，锻炼最工。尝手钞杜诗，朱书小字，夹注其说，今佚。擅书法，有《致茂实省元契兄尺牍》遗世。

---

## 游惠山

空山微雨后，啼鸟早春时。云气侵衣润，泉声出寺迟。
清茶方破梦，新酒复催诗。了却公家事，重来再与期[①]。

老犁注：①与期：预先期待。

## 过笠泽渔隐[①]

方塘如鉴[②]石如峰，落叶平芜覆一重[③]。云作晚阴低薜荔[④]，水涵秋色乱芙蓉[⑤]。
黄冠[⑥]道士松间过，白雪渔翁月下逢。尚想天随[⑦]无俗伴，应携茶灶与从容。

老犁注：①笠泽：即松江。渔隐：以捕鱼、钓鱼为乐的隐者。指唐陆龟蒙。他曾携笔床、茶灶、钓具隐居笠泽。②方塘：方形池塘。鉴：镜。③平芜：草木丛生的平旷原野。覆一重：覆盖上一层。④晚阴：傍晚时的阴霾。薜荔 bìlì：植物名。又称木莲。常绿藤本，蔓生，叶椭圆形，花极小，隐于花托内。果实富胶汁，可制凉粉，有解暑作用。⑤芙蓉：荷花的别名。⑥黄冠：道士之冠。⑦天随：随顺天然。

## 题迂翁安处斋图①

睡起山斋渴思②长，呼童煎茗涤枯肠③。软尘落碾龙团④绿，活水翻铛蟹眼⑤黄。
耳底雷鸣轻著韵⑥，鼻风⑦过处细闻香。一瓯洗得双瞳豁⑧，饱玩苕溪云水乡⑨。

老犁注：①迂翁：倪瓒，江苏无锡人，初名珽，字元镇。号云林子，亦号倪迂。《安处斋图》为倪瓒避居时所画。安处斋：可能为他避居时的住所。②山斋：山中居室。渴思：口渴想喝茶的念头。③枯肠：喻枯竭的文思。唐卢仝《走笔谢孟谏议寄新茶》诗："三碗搜枯肠，唯有文字五千卷。"④软尘：碾茶时飞扬的茶尘。龙团：宋代贡茶名。饼状，上有龙纹，故称。⑤活水：有源头，常流动的水。铛chēng：茶铛。煎茶的釜。蟹眼黄：用开水烹出的茶汤颜色。蟹眼：水煮开时的小气泡，是煮水恰到好处的标志。⑥著韵：雷声的节拍如吟诵诗歌的韵脚。著：挨着。今写作着。⑦鼻风：指鼻子呼出的气。⑧双瞳：两眼。豁：张开。⑨苕溪：在浙江湖州，发源于天目山。云水乡：云水弥漫，风景清幽的地方。多指隐者游居之地。

---

**陈泰**（约1287~约1320）：字志同，号所安，元潭州路茶陵（今湖南株洲茶陵县）人。仁宗延祐初，以《天马赋》中省试第十二名，会试赐乙卯科张起岩榜进士第，官龙泉主簿，由翰林庶吉士改授龙南令，任江西龙南县尹时率兵征剿信邑（今信丰县）洞寇，战死犁壁山，葬于龙南渡江纱帽岭，谥封忠节公。生平以吟咏自怡，诗语清婉有致，颇多奇句。有《所安遗集》。

---

## 题天湖庵①

交柯梦四荣②，禽鸟集芳树③。沿溪俯清泠④，濯足脱尘屦⑤。
冲襟非慕禅⑥，将以澹浮虑⑦。道人下修廊⑧，迎客吃茶去。

老犁注：①天湖：《明一统志》载："天湖在建宁府建阳县西，朱子母祝氏葬于湖之阳。"庵：圆顶草屋。②交柯：交错的树枝。四荣：佛教语。传说释迦牟尼当年在拘尸那城娑罗双树之间入灭，东西南北各有双树，各为一荣一枯，称之为"四枯四荣"。佛涅盘的四种本相，常、乐、我、净，通过"四荣"来显示，涅盘的四种世相，无常、无乐、无我、无净通过"四枯"来显示。这里借指为"繁茂"之意。③芳树：泛指佳木。④清泠：清凉。⑤濯足：本谓洗去脚污。后喻清除世尘。屦：本指用麻、葛等制成的单底鞋，后泛指鞋。⑥冲襟：旷淡的胸怀。慕禅：仰慕禅意。⑦浮虑：谓世俗的烦恼。⑧道人：指修道求仙之人或隐士。修廊：长廊。

## 赠游学李生[①]

隙光渐暗云垂垂[②]，啾啁冻雀黄桑枝[③]。铜垆茗碗共危坐[④]，敲冰作雪庐陵[⑤]诗。门前沧浪江水浊[⑥]，门前新丰市酤薄[⑦]。明朝南陵有新作[⑧]，天台故人待高阁[⑨]。

老犁注：①游学：指离开本乡到外地求学。李生：一位姓李的儒生。②隙光：时光。垂垂：低垂貌。③啾啁 jiūzhōu：象声词。细碎杂乱声。冻雀：寒天受冻的鸟雀。黄桑枝：寒天发黄的桑树枝。④铜垆：铜炉。危坐：正身而坐。⑤作雪：下雪。庐陵：江西吉安，此地文人辈出，如大诗人周必大、杨万里、欧阳修、文天祥等。⑥沧浪：古水名。屈原《渔父》中渔父曾唱《孺子歌》："沧浪之水清兮，可以濯我缨；沧浪之水浊兮，可以濯我足。"江水浊：借指尘世浑浊。⑦新丰：庄稼刚成熟。市酤 gū 薄：意即新粮还来不及酿新酒，去年的酒又日见少去，故商家冲淡后拿来出售。市酤 gū：市上出售的酒。⑧南陵有新作：大诗人李白晚年曾寓居安微南陵，在此写下许多诗篇。这是作者把游学的李生比作李白。⑨天台故人：指刘晨、阮肇。入天台仙境遇仙女的典故就发生在他两身上。高阁：高大的楼阁。借指仙境。

## 茶灶歌[①]

长安食肉多虎头[②]，大鼎六尺夸函牛[③]。挝钟考鼓燕[④]未足，鼎折还惊覆公餗[⑤]。山中儒生守蠹鱼[⑥]，一朝射策升天衢[⑦]。居官廪禄不及口[⑧]，釜甑[⑨]长年满尘垢。一贫一富俱可伤，一饥一饱俱亡羊[⑩]。今我闭门学祀灶[⑪]，祀灶何用神仙方。敬为告曰：灶兮灶兮，但使我生，不富不贫；适饱适饥，朝从尔餐，夕从尔糜[⑫]。时时得佳茗，与尔同襟期[⑬]。君不见青原山紫芝客[⑭]，独立清风洒兰雪[⑮]。兰雪堂[⑯]中一事无，茶灶笔床相媚悦[⑰]。方其煮茶时，自抚一曲琴。琴声落茶鼎，宛若鸾凤鸣。客来固自佳，客去情亦适。坐看茶烟静，松鹤飞相及[⑱]。烹茶得趣惟此君[⑲]，傲睨钟鼎[⑳]如浮云。名章俊语[㉑]出肝肺，白雪璀璨兰芳芬[㉒]。兰芳芬，云菡萏[㉓]，泻入磁瓯碧香[㉔]满。更从庞老吸西江[㉕]，却笑玉川论七碗[㉖]。

老犁注：①原诗题注：时寓兴隆，为萧兰雪赋。寓兴隆：寄居兴隆（地名），萧兰雪：人之姓名，生平不详。②虎头：谓头形似虎，古时以为贵相。借指富贵之人。③函牛：谓能容纳一头牛。④挝 zhuā 钟考鼓：击钟敲鼓。挝：敲打，击。考：敲，击。燕：通宴。宴饮之意。⑤此句：化自成语"鼎折覆餗 sù"，喻力薄任重，必致灾祸。公餗：鼎中的食物，君主、贵族所享用的盛馔。⑥蠹 dù 鱼：虫名。即蟫。又称衣鱼。蛀蚀书籍衣服的小虫。借指书籍。⑦射策：汉代考试取士方法之一。泛指应试。天衢：指天上的道路。⑧廪禄 lǐnlù：禄米；俸禄。不及口：不及口粮。⑨釜甑 fǔzèng：釜和甑。皆古代炊煮器名。⑩亡羊：喻追逐外物而残生伤性。⑪祀灶：祭祀灶神，古代五祀之一。上古祀灶多在夏月。⑫尔：那。糜 mí：粥。⑬襟期：襟怀、志趣。⑭青原山：在江西吉安，是禅宗六祖下面两大法嗣之一青原行思的弘法之地，其后出曹洞宗、云门宗、法眼宗三大宗支。紫芝客：指秦末商山四皓。相传他们采紫芝来充饥。这里借指隐士。⑮此句：李白《别鲁颂》中有“独立天地间，清风洒兰雪。”之句。兰雪：香雪。⑯兰雪堂：指隐居地的堂室。⑰茶灶笔床：茶灶即煮茶用的小炉；笔床即笔架。借指隐士淡泊脱俗的生活。出自唐人陆龟蒙事迹。媚悦：讨好；取悦。⑱相及：指相遇。⑲此君：指茶灶。⑳傲睨 nì：傲慢斜视。钟鼎：钟和鼎。㉑俊语：高明的言辞，妙语。㉒白雪：喻灶锅中翻滚的水花。兰芳芬：喻灶中水煮开后如兰一样的香气。㉓云：说。菡萏 hàndàn：荷花。㉔碧香：犹清香。㉕庞老吸西江：有“一口吸尽西江水”之典：宋道原《景德传灯录》卷八：居士庞蕴（字道玄）“后之江西，参问马祖云：‘不与万法为侣者是什么人?’祖云：‘待汝一口吸尽西江水，即向汝道。”后形容操之过急，想一下子就达到目的。做人做事都需一心执着，不能还没有开始，就先要最后结果了。㉖玉川论七碗：唐卢仝（号玉川子）《走笔谢孟谏议寄新茶》诗中，论饮茶有“七碗成仙”的描述。最后两句的意思是告诫人们，不要学庞老而笑玉川。

---

**陈高**（1315~1367）：字子上，号不系舟渔者，元温州平阳人。顺帝至正十四年进士。授庆元路录事，明敏刚决。不满三年，自免去。再授慈溪县尹，亦不就。方国珍欲招致之，无从得。平阳陷，浮海过山东，谒河南王扩廓帖木儿，论江南虚实，陈天下之安危。翰林欧阳玄、太常张翥、礼部贡师泰、助教程文，皆相与论荐之。扩廓欲官之，居数月，疾作卒。其才华受金华胡翰独称许，明眉山苏伯衡访其诗文，成帙曰《子上存稿》。《四库全书》辑有《不系舟渔集》。

---

## 谢戴文瑰佥院惠[①]草帽

细结夫须[②]染色新，使君[③]持赠意偏真。玉川便易煎茶帽[④]，元亮还抛漉酒巾[⑤]。

影堕水波浮晚照[⑥]，黑遮霜鬓隔秋尘[⑦]。深惭欲报无琼玖[⑧]，感戴宁忘拂拭[⑨]频。

老犁注：①戴文瑰：人之姓名，生平不详。佥 qiān 院：官名。指签书院事，位在枢密副使之下。惠：惠赠。②细结：精心编结。夫须：指薹 tái 草。今写作苔草。是多年生草本植物，为莎草科苔草属植物，自生于原野沼泽之地，茎杆为三棱形，茎叶可编织蓑笠等。③使君：汉时称刺史为使君。后指对州郡长官的尊称，再后来也指对人的尊称。④此句：玉川是茶仙卢仝的号。这句指他见到这么好的草帽，会把煎茶时戴的纱帽都更换了。其在《走笔谢孟谏议寄新茶》诗中有“柴门反关无俗客，纱帽笼头自煎吃。”⑤此句：元亮是陶渊明（晚年改名陶潜）的表字。这句指他见到这么好的草帽，会把滤酒巾给抛弃了。《宋书》卷九十三《隐逸传·陶潜传》载：“郡将候潜，值其酒熟，取头上葛巾漉酒，毕，还复著之。”⑥影堕：影子投射到。晚照：夕阳的余晖；夕阳。⑦黑：草帽檐下的黑影。霜鬓：白色鬓发。秋尘：

秋天是伤愁哀怨的季节，干燥的空气又易起尘土，故“秋尘”常为感伤的代名词。⑧琼玖 jiǔ：琼和玖，泛指美玉。后世常用以美称礼物。⑨感戴：感激爱戴。宁忘：岂忘，哪里能忘记。拂拭：掸拂。即用掸子轻轻拂打。

## 寓鹿城东山下①

大隐②从来居市城，幽栖借得草堂③清。鸟啼花雨疏疏④落，鹿卧岩云细细⑤生。

石眼汲泉煎翠茗⑥，竹根锄土种黄精⑦。艰危随处安生理⑧，何必青门⑨学邵平。

老犁注：①鹿城：今温州。东山下：疑指温州永嘉县东山下村。②大隐：指身居朝市而志在玄远的人。③幽栖：幽僻的栖止之处。草堂：茅草盖的堂屋。旧时文人常以“草堂”名其所居，以标风操之高雅。④花雨：落花如雨。疏疏：稀疏貌。⑤细细：极细貌。⑥石眼：石上泉眼。汲：从下往上打水。翠茗：绿茶。⑦黄精：草药名。多年生草本，中医以根茎入药。服黄精令人久寿，故汉末陶氏《名医别录》将其列于草部之首，仙家以为芝草之类，以其得坤土之精粹，故谓之黄精。⑧艰危：艰难危急。生理：生计。⑨青门：汉长安城东南门。原秦东陵侯邵平，汉初曾在青门外隐居种瓜。

## 同诸友游宴丰山①（节选）

高论②穷千古，弹棋谩一枰③。旋呼④茶满碗，剩出酒盈罂⑤。

老犁注：①游宴：嬉游聚饮；交游宴饮。丰山：在临海城南，山中有定光寺。原诗有序：至正戊子春正月七日甲辰，永嘉陈高与黄岩商尚敬、施谦，访朱君伯贤于临海之凤屿。越翼日乙巳，伯贤与其季伯良持酒俎邀予登丰山。时黄君顺德、章君子皓、陈君大章欣然从游。已而陈师圣、张子材、偕弟子温亦至，遂相与上绝顶，望巨海，还饮浮图寺。席既撤，复举盏松树间，酒酣，因赋二十八韵。②高论：见解高明的议论。常用以称对方言论的敬辞。③弹棋：弈棋。谩 mán：抵赖。这里戏称自己下棋常抵赖悔棋。枰：棋盘。④旋呼：接着又呼。⑤剩出：剩下多出。酒盈罂：酒满罂。主人好客，宁愿剩下喝不完，也不愿不够喝。故常常是客人喝醉了，酒还满盈没喝。罂 yīng：小口大肚的瓶子。这里指酒罂。

## 迁居（节选）

读书南窗下，奉食老亲①侧。褰裾戏童稚②，煮茗待宾客。

老犁注：①老亲：谓年老的父母。②褰 qiān：撩起；揭起（衣服、帐子等）。裾 jū：衣服的前后部分。童稚：小孩。

**陈旅**（1288~1343）：字众仲，元兴化莆田（今福建莆田）人。幼孤，笃志于学，不以生业为务。以荐为闽海儒学官。御史中丞马祖常按察泉南，一见奇之，勉其游京师。入京后，虞集见其文，称其博学多闻。荐除国子助教，参与修纂《经世大典》。出为江浙儒学副提举，召应奉翰林文字。顺帝至正初，累官国子监丞卒。有《安雅堂集》。

## 次韵陈景忠[1]见寄（节选）

拟泛鸱夷舸[2]，重游泰伯都[3]。山泉鄹雪乳[4]，石荈瀹琼酥[5]。

老犁注：①陈景忠：陈显曾，字景忠，元毗陵（常州）无锡（当时无锡属毗陵）人。博学明经，为文出汉魏间。顺帝至正元年举人。历汉阳、常州教授，累迁儒学提举，以翰林修撰致仕。有《昭先稿》。②鸱夷轲：范蠡乘坐的小船。鸱 chī：一种凶猛的鸟。夷：酒器。鸱夷就是指用皮革把外形做成如鸱一样的酒器。（用整个牛皮做成的话，还可以充当浮水用的筏子，类似近代的牛皮筏子。伍子胥死后曾被吴王用这样的筏子浮之于江中。）《史记·越王勾践世家》："范蠡浮海出齐，变姓名，自谓鸱夷子皮"。司马贞索隐："盖以吴王杀子胥而盛以鸱夷，今蠡自以有罪，故为号也。从此"鸱夷子皮"成为范蠡的别名。③泰伯都：泰伯属地的都城。泰伯：吴太伯，又称泰伯，吴国第一代君主，东吴文化的宗祖。④鄹 jū：舀取。雪乳：泉水泛起的水花。⑤石荈 chuǎn：砾石间长出的粗茶。瀹：煮。琼酥：酥酪的美称。

## 南山[1]诗（节选）

泉香通美竹[2]，云液嫩灵芽[3]。俯涧[4]松偏润，缘崖[5]径自斜。

老犁注：①南山：指江西龙虎山南面的山。原诗题注：山在龙虎山南，张宗师藏剑舄之地，曰丹丘，有小石洞门、玉津涧、月桥、天鉴池、金砂井、跃泉、漱云亭、山云阁、丹桂坞、桃花源云。②泉香：泉水含香。美竹：好看的竹子。③云液：指泉水。灵芽：有仙气的嫩芽。指茶叶。④俯涧：俯瞰山涧。⑤缘崖：沿崖。

**陈谦**（1290~1356）：字子平，元平江路（相当今江苏苏州市、昆山市、常熟市和上海市嘉定区的范围）人。尝从林处士宽、龚教授璛学，以所业就试场屋，目睹吏卒搜捡怀挟者，甚无状，愤而尽弃举子业，折节读书。虞集、黄溍、张翥诸公交口论荐，皆力谢之。兄陈训为江浙行省照磨，张士诚兵突至，谦以身护兄不得，兄弟俱死。精于《易》，善文工诗，尤能古赋及古今体诗。生平著述甚富，惜多毁于兵火。有《子平遗稿》。

## 虎丘三首郑君明德偕廉夫伯雨诸公同赋次东坡先生韵[①]其二（节选）

客游九龙冈[②]，道出白虎岭[③]。拄杖谙[④]独登，煎茶汲僧井[⑤]

老犁注：①标题断句及注释：虎丘三首，郑君明德偕廉夫、伯雨诸公同赋，次东坡先生韵。明德：郑元祐，字明德，号尚左生，元处州遂昌人。少颖悟，刻励于学。迁钱塘。顺帝至正中，除平江儒学教授，升江浙儒学提举，卒于官。为文滂沛豪宕，诗亦清峻苍古。廉夫：杨维桢，字廉夫，元末会稽人。登泰定丁卯进士，授天台县尹，累擢江西儒学提举。后因兵乱，迁杭州，再迁松江。东南才俊之士登门拜访者，殆无虚日。诗名擅一时，号铁崖体。善吹铁笛，自称铁笛道人。伯雨：张雨，字伯雨，道号贞居子，又自号句曲外史，元杭州钱塘人，好学，工书画，善诗词。年二十遍游诸名山，弃家为茅山道士。有《句曲外史》。②九龙冈：即苏州九龙潭所在的山冈（今旺山一带）。距虎丘西南约 13 公里。在古代以水路为主要交通工具的情况下，这里是苏州西出太湖的重要关口。③白虎岭：指虎丘。春秋时吴王阖闾死后，葬于此山，入穴三日后有白虎蹲踞墓上，故名虎丘山。④谙：熟悉。⑤僧井：虎丘上有憨憨井，传为南朝梁代高僧憨憨挖掘而来，据说此井泉可通大海。

---

**陈镒**（？～1367 尚在世）：字伯铢，松阳（今浙江丽水松阳县）人。元惠宗前后在世。与元松阳诗人周权是翁婿关系。出张翥之门。至正十七年任青田主簿，十八年官松阳教授。退官后筑室午溪（在今浙江武义柳城）上，旁筑绿猗亭。工诗，吐言清脱，不失风调，因以溪名，曰《午溪集》。集由平阳孔旸编选，青田刘基校正。前有黄溍、张翥、孙炎、孔旸、刘基序。

---

## 次韵道元上人岁晚[①]二首其二

地偏人迹罕，境寂自无哗[②]。云湿松窗[③]砚，风清竹屋[④]茶。

石梁融雪液[⑤]，山沼落泉花[⑥]。腊近寒梅发，相看鬓易华[⑦]。

老犁注：①道元上人：西岩寺（在丽水市莲都区老竹镇东西岩之西岩上的寺院）僧，号云巢。是陈镒的方外好友。岁晚：年末。②无哗：肃静无声。③松窗：临松之窗。多以指别墅或书斋。④竹屋：竹制的房屋。亦泛指简陋的小屋。⑤石梁：石桥。雪液：雪水。⑥山沼：山中水池。泉花：泉水溅起的水花。⑦易华：变花白。

## 松阳学舍读张修撰诗因用韵述怀[①]二首其一

冷官[②]无一事，诗思[③]日来添。幽鸟闲窥沼[④]，游丝[⑤]静挂檐。

煮茶然小鼎[6]，看竹卷疏帘[7]。无怪居连市[8]，盘餐[9]味可兼。

老犁注：①标题断句及注释：松阳学舍，读张修撰诗，因用韵述怀。松阳：浙江丽水的一个县。学舍：学校的房舍。张修撰：一位姓张的修撰。修撰：官名。翰林院中掌修国史的官员。②冷官：地位不重要、事务不繁忙的官职。③诗思：做诗的思路、情致。④幽鸟：幽林中的鸟。窥沼：偷偷地看池水。⑤游丝：飘动着的蛛丝。⑥然小鼎：烧小炉。然：通燃。⑦疏帘：稀疏的竹织窗帘。⑧无怪：不要怪。居连市：居住地连着集市。即嘈杂的地方。⑨盘餐：盘盛的食物。

## 和吴学正[1]见寄韵二首其二

不见故人久，悠然多所思。郡斋[2]呼茗碗，山馆理桐丝[3]。

望断云凝处，吟残叶落时。风霜岁年晚，还共竹猗猗[4]。

老犁注：①学正：指地方学校的学官。宋元路、州、县学及书院设学正。②郡斋：郡守起居之处。③山馆：山中的宅舍。桐丝：指琴弦。④猗猗 yī：美盛貌。《诗·卫风·淇奥》："瞻彼淇奥，绿竹猗猗。"

## 次韵程渠南[1]

岁月已云暮，霜降林壑清。吟轩忽我过[2]，乐此欢宴[3]并。

舂容接晤语[4]，豁达倾真情。汲泉煮山茗，冻绠[5]引孤瓶。

老犁注：①程渠南：元浙江松阳人。余不详。②吟轩：诗斋。这里借指吟诗声。忽我：忽然向我。曹植《箜篌引》有"盛时不再来，百年（人死的暗称）忽我遒（迫近）。"过：传递。③欢宴：欢聚。④舂 chōng 容：舒缓从容。晤语：见面交谈。⑤冻绠：被冰冻的井绳。

## 次韵吴学录[1]春日山中杂兴七首其五

睡起书斋日正中，松花飘粉满房栊[2]。山童颇解诗翁[3]意，茶灶犹藏宿火[4]红。

老犁注：①学录：指元代路、州、县学学官。协助教授、学正教育所属生员。②房栊 lóng：窗棂。泛指房屋。③山童：隐士的侍者。诗翁：指负有诗名而年事较高者。后亦为对诗人的尊称。④宿火：隔夜未熄的火；预先留下的火种。

## 游苍山道院[1]

松桂苍苍匝道[2]边，林光摇荡拂晴川[3]。桃花流水人间世，石室丹霞洞府[4]天。

一榻[5]清风生竹润，半檐疏雨入茶烟。诗人往往馀[6]吟咏，间剔苍苔看石镌[7]。

老犁注：①苍山：指括苍山，在浙江丽水与台州交界处。系浙东南最高峰。道院：道士居住的地方。②匝 zā 道：环行路。③林光：透过树林的阳光。晴川：晴天下的江面。④石室：石洞之室。丹霞洞府：在仙居与临海交界处，括苍山主峰米筛浪西麓，为中国道教第十大洞天。⑤一榻：榻作量词，犹说有一榻那么大的风量。⑥馀：馀暇，空闲。⑦石镌 juān：勒石所刻的字。即石碑。镌：凿，刻。

## 次韵邓知州会秦邮乾明寺[1]二首其二

解组归来隐乐郊[2]，手开药圃旋[3]除茅。巢云[4]野鹤新添子，亚水苔梅曲引梢[5]。
翰苑曾传坡老[6]句，禅门今结遁公[7]交。日来清思[8]知何在，茶臼[9]时时隔竹敲。

老犁注：①秦邮：今江苏高邮的别称。乾明寺：高邮城内，建于唐时的一座古老寺院，旧址在今高邮市人民医院西，今不存。②解组：犹解绶，解下印绶，谓辞去官职。组：本义是具有文采的宽丝带，古代多用作佩印或佩玉的绶带。乐郊：犹乐土。③旋：接着又。④巢云：做巢于白云端。⑤亚水：滴下的水。亚：垂。苔梅：枝干长有苔藓的梅树。曲引梢：弯曲地接引梅梢。⑥翰苑：翰林院的别称。坡老：对宋苏轼的敬称。⑦禅门：犹佛门。遁公：指东晋高僧、佛学家、文学家支遁，字道林。他初隐余杭山，后于剡县沃洲（浙江新昌）小岭立寺行道。⑧日来：近来。清思：清静地思考。⑨茶臼：捣茶成末的工具，类大碗，内有糙纹，与手杵共用。

## 再次韵呈天岸长老[1]二首其一

妙法无边竟莫参[2]，洗心只欲听清谈[3]。空门枯淡[4]师能守，行路艰难我惯谙[5]。
芸几半窗烟穗[6]碧，茶瓯一掬井花[7]甘。渊明[8]他日重来此，莲社投盟谅自堪[9]。

老犁注：①天岸长老：一位叫天岸的长老（对住持僧的称呼），生平不详。②竟莫参：情境不用去参悟。竟：通境。③洗心：洗涤心胸。比喻除去恶念或杂念。清谈：清雅的谈论。④空门：泛指佛法。大乘以观空为入门，故称。枯淡：指朴素淡泊的生活。⑤惯谙 ān：习惯熟悉。⑥芸几：书斋中的案几。犹书桌。古人藏书用芸香避蠹虫，故借芸称书斋。还有如芸台、芸局（指古代藏书之所，亦指掌管图书的官署，即秘书省）。烟穗：指垂柳的枝叶。⑦一掬 jū：两手所捧，表示少而不定的数量。井花：即井华水，指清晨初汲的水。⑧渊明：指陶渊明。⑨莲社：是晋代庐山东林寺高僧慧远与僧俗十八贤结成的一个念佛社团，因寺池有白莲，故称。投盟：加入盟会。但因理念不同，陶渊明没有加入莲社，他与慧公只做方外朋友。谅自堪：料他是能胜任的。谅：料想，认为。自堪：自能胜任。

## 再次韵答王子愚[1]二首其一

草木城深一雨过，流年如此惜蹉跎[2]。云间后土来天女[3]，风外清淮舞浪婆[4]。
旅邸昼销[5]茶煮雪，歌楼春透酒生波[6]。凭高目断江南路[7]，无限远山归兴多。

老犁注：①王子愚：人之姓名，生平不详。②流年：如水般流逝的光阴、年华。蹉跎：失时。③云间：天上。后土：对大地的尊称。天女：《维摩诘所说经·观众生品》载，时维摩诘室有一天女，见诸大人闻所说法便现其身，即以天华散诸菩萨大弟子身上。因天女能散花，故常用以比喻大雪纷飞的景象。④清淮：酒名。浪婆：波浪之神。⑤旅邸 dǐ：犹旅馆。昼：白天。销：排遣，打发。北齐颜之推《颜氏家训》"饱食醉酒，忽忽无事，以此销日，以此终年。"⑥歌楼：表演歌舞的楼。亦指妓院。春透：春的气息透出来。暗指男女情欲显露。酒生波：酒杯晃荡如生波浪。⑦凭高：登临高处。目断：犹望断。一直望到看不见。江南路：江南这地方的道路。

## 夏日周子符过访用杜工部严公仲夏枉驾草堂诗韵[①]二首其二

深谷幽居类隐盘[②]，喜无俗客枉金鞍[③]。门前修竹笼烟[④]碧，溪上闲云度水[⑤]宽。
茶灶旋[⑥]烧松叶湿，砚池频滴井华[⑦]寒。君来莫讶无供给[⑧]，野水添杯罄一欢[⑨]。

老犁注：①标题断句及注释：夏日，周子符过访，用杜工部《严公仲夏枉驾草堂》诗韵。周子符：人之姓名，生平不详。②隐盘：藏于别的食器中使用的盘子。③俗客：指不高雅的客人。枉金鞍：使俗客精美的马鞍受了委屈。枉：谦词，谓使对方受屈。④笼烟：笼罩的水汽。⑤度水：越过水。⑥旋：随即，接着就。⑦砚池：凹形如小池的砚台。井华：即井花水。清晨初汲的水。⑧讶 yà：诧异，感到意外。供给：给来客提供的生活所需物品。⑨罄一欢：尽情地开心一次。罄：罄尽。

## 赋林亭新霁[①]二首其一

潇洒林亭近翠微[②]，雨馀[③]斜日送清晖。茶香细细苍烟[④]起，树影离离翠羽[⑤]飞。
林下无人敲竹户[⑥]，水边有客制荷衣[⑦]。偶来坐石乘凉久，闲看高松野鹤归。

老犁注：①林亭：林间亭子。新霁 jì：雨雪后初晴。②翠微：指青翠掩映的山林幽处。亦指青山。③雨馀：雨后。④细细：轻微。苍烟：灰白的烟雾。⑤离离：浓密貌。翠羽：翠鸟的羽毛。借指翠鸟。⑥竹户：竹编的门。⑦荷衣：传说中用荷叶制成的衣裳。亦指高人、隐士之服。

## 次韵游溪南野寺

萧然野寺惬清游[①]，禅老诗人总素流[②]。迎客却从云外[③]入，烹茶少为竹间留[④]。
庭空古桂疏疏[⑤]雨，池净青莲淡淡秋。欲效渊明[⑥]同结社，远公[⑦]还许再来否。

老犁注：①萧然：空寂；萧条。野寺：山野寺庙。惬 qiè：惬意。清游：清雅游赏。②禅老：禅门老者。借指高僧。素流：寒素之辈。指门第低微的人。③云外：高山之上。亦指世外。④少为竹间留：很少为隐居之人自己留的。竹间：竹林间。借指隐居的人。⑤疏疏：稀疏貌。⑥渊明：陶渊明。⑦远公：指组织白莲社的东晋庐山东林寺高僧慧远。陶渊明虽与慧远结成方外好友，但他并未加入白莲社。

## 次韵叶训导移居[①]

曾向溪南隐一丘[②]，携家今住市西楼。水声通沼凉生袂[③]，山色卷帘青入眸。
竹灶煮茶销[④]白昼，石床压酒[⑤]醉清秋。安居此外随吾分[⑥]，可效涪翁赋四休[⑦]。

老犁注：①叶训导：一位姓叶的训导。训导：学官名。元明清府、州、县儒学的辅助教职。移居：迁居。②一丘：一座小山。③通沼：连通水池。袂 mèi：指衣袖。④销：排遣，打发。⑤石床：供人坐卧的石制用具。因其重，常用来压酒。压酒：米酒酿制将熟时，压榨取酒。⑥分 fèn：情分，缘分。⑦涪翁：宋黄庭坚别号。四休：宋孙昉别号四休居士。黄庭坚为其写的《四休居士诗序》："太医孙君昉，字景初……自号四休居士。山谷问其说。四休笑曰：'粗茶淡饭饱即休，补破遮寒暖即休，三平二满过即休，不贪不妒老即休。'山谷曰：'此安乐法也。'"

## 次韵答松学诸友[①]二首其一

门掩苍苔人寂寂，树深幽鸟自鸣酬[②]。溪云带雨来池上，林叶随风下屋头。
万卷有馀[③]儿解读，一瓢自乐[④]我何求。山空岁晚[⑤]梅将发，寒夜茶炉肯共不[⑥]。

老犁注：①松学诸友：松阳县学中的各学官。②幽鸟：幽林中的鸣鸟。酬：对答。③万卷有馀：一万多卷的书。④一瓢自乐：指孔子学生颜回的苦乐观。《史记》卷六十七《仲尼弟子列传》载孔子的话："贤哉，回也！一箪食，一瓢饮，在陋巷。人不堪其忧，回也不改其乐。贤哉，回也！"后因以喻生活简单清苦也还乐观向上。⑤山空：山中寂静。岁晚：年末。⑥不 fǒu：古同否。

## 次韵友人过访[①]

溪上东风吹帽斜，故人乘兴到山家。扫云坐石因看竹，拾叶分泉[②]为煮茶。
十载功名如沐漆[③]，半生学业似炊沙[④]。只今拟作郊居[⑤]赋，无奈忧时鬓早华[⑥]。

老犁注：①过访：登门探视访问。②分泉：把泉水划开后舀起，即取水。③沐漆：浇淋了一身漆。④炊沙：蒸煮沙子。指学得很辛苦，但始终没一点变化。⑤郊居：郊外的住所。⑥忧时：忧念时事。华：花白。

## 次韵山庄

一径萦纡[①]绕涧边，东风吹雨涨山泉。绿阴树合编[②]茅屋，黄浊泥深种秫田[③]。
池暖鱼翻云影动，岩空鹤唳谷声联[④]。何因无事能来此，烧竹烹茶扫石眠[⑤]。

老犁注：①萦纡 yíngyū：盘旋环绕。②编：编结。③秫 shú 田：种植黏粟之田。

④岩空：岩壁空静。鹤唳 lì：鹤鸣。谷声：山谷回声。联：相联系。此句原诗注：庄近赤岩。⑤扫石眠：把石头打扫干净躺下睡觉。

## 次韵友人雨后过绿猗亭[1]

山径无人扫白云[2]，苔痕草色雨馀[3]春。款门[4]看竹客无事，汲井烹茶主不贫。

亭外幽花闲自落，林间啼鸟偶相亲。知君未拟归城市，曳杖时还访野人[5]。

老犁注：①绿猗亭：在武义柳城（陈镒晚年隐居此地）午溪边，陈镒在此建有绿猗堂，旁边建有绿猗亭。②扫白云：居山高与云常伴，洒扫落叶若扫白云。喻隐居生活。③雨馀：雨后。④款门：敲门。⑤曳 yè 杖：拖着拐杖。时还：时不时地还去。野人：村野之人。借指隐逸者。

## 五月二十四日游平山庵客怀豁然用前韵呈周济川叶诚中[1]

一庵潇洒[2]何年构，半近青山半近原。群木丛中留古冢，小轩明处[3]见孤村。

灶烧落叶茶烟湿，门掩苍云[4]竹日昏。羡尔主宾无个事[5]，晚凉堂上注芳尊[6]。

老犁注：①标题断句和注释：五月二十四日游平山庵，客怀豁然，用前韵，呈周济川、叶诚中。平山庵：在何处不详。客怀：身处异乡的情怀。豁然：目开貌。眼前忽见很开阔的景象。周济川、叶诚中：两者皆姓名，生平不详。②潇洒：幽雅、整洁。③小轩：小窗。明处：明亮的地方。④苍云：看不到边际的云。苍：灰白。如果是大块的灰白，就称为苍苍，由此引为迷茫或无边无际的意思，而“苍茫”一词正是此意。苍也就有了广大、无边无际的意思。⑤羡尔：羡慕你们。无个事：没有一点儿事。⑥芳尊：精致的酒器。亦借指美酒。

## 友人移居[1]再用前韵

故人移住碧云端[2]，取次[3]寻游兴未阑。地隔城埤沉戍鼓[4]，山连湖水有渔竿。

石边芝草和云采[5]，窗外松枝带雨看。客至尽堪[6]供茗饮，古泓清浸玉泉[7]寒。

老犁注：①移居：迁居。②碧云端：高山上。喻隐居地。碧云：碧空中的云。③取次：随便，任意。④城埤 pí：埤通陴，即城陴，指城上女墙。泛指城郭。沉：隐没，渐渐消失。戍鼓：边防驻军的鼓声。⑤和云采：穿行在云里采摘。和 huò：混杂。⑥尽堪：完全可以。⑦古泓：古潭。清浸：清雅浸润。玉泉：清泉的美称。

## 次韵叶文范训导[1]见寄二首其一

骚客[2]携书过远林，日长无事称闲心。路通岩寺僧供茗，树合山斋[3]鹤听琴。

两处怀思怜[4]近别，一封书札[5]寄新吟。玉溪风月浑如[6]旧，应念青青竹数寻[7]。

老犁注：①叶文范训导：一位叫叶文范的训导。训导：学官名。元明清府、州、县儒学的辅助教职。②骚客：诗人，文人。③山斋：山中居室。④两处：两地。怀思：思念。怜：惜；遗憾。⑤书札：书信。⑥玉溪：溪流的美称。风月：清风明月。泛指美好的景色。浑如：完全像。⑦寻：长度单位，八尺为一寻。

## 次韵伯玉隐君大方上人过访[①]

地僻深门傍竹开，一溪流水碧于苔。云边煮茗延僧坐，石上留棋迟客来。

白社[②]闲居宜老境，青云[③]阔步属英才。艰难世故犹如此，且共筵前有限杯[④]。

老犁注：①伯玉隐君：一位叫伯玉的隐士。大方上人：一位叫大方的上人（对和尚的尊称）。过访：登门探视访问。②白社：隐士所居之处。③青云：高空的云。借指隐居。④筵前：筵几前面。有限杯：数量不多的杯中酒。

## 次韵植竹

森森苍玉谢斤[①]锄，幽玩惟便山泽癯[②]。晓润[③]烟光连别墅，夜凉月色满前湖。

解苞便有风霜[④]节，写影[⑤]真成水墨图。对此翛然忘俗虑[⑥]，一杯拾叶煮云腴[⑦]。

老犁注：①森森：繁密貌。苍玉：指青翠的竹子。谢：避免，避开。斤：斧子一类的工具。②幽玩：幽雅玩赏。惟便：只要便于。山泽癯：山野癯叟，山中清瘦的老者。山泽：山林与川泽。泛指山野。癯 qú：瘦。③晓润：早晨湿润。④苞：箨 tuò，即竹皮、笋壳。风霜：喻竹节上的白色粉末。⑤写影：竹子投下的影子。⑥翛 xiāo 然：无拘无束貌；超脱貌。俗虑：世俗的思想情感。⑦一杯：特指一杯酒。这里指一杯酒下肚后。云腴：茶的别称。

## 次韵题周可翁清修亭[①]（节选）

凉风四面起，戛戛鸣琅玕[②]。此时坐其下，快瀹双月团[③]。

老犁注：①周可翁：人之姓名，生平不详。清修亭：亭名，在何处不详。②戛戛 jiá：象声词。风刮过竹林的声音。琅玕 lánggān：形容竹之青翠，亦指竹。③瀹：煮。月团：团茶，形圆如月。宋时最为著名的团茶就是龙团和凤团。故称双月团。

## 乙未秋九月十五偕季山长登东岩分韵得妙字[①]（节选）

宁将胜士概[②]，下混俗子[③]调。夜投元公[④]房，菊泉试茶铫[⑤]。

老犁注：①标题断句及注释：乙未秋九月十五，偕季山长登东岩，分韵得妙字。季山长：一位姓季的山长。山长：宋元时官立书院的一院之长。东岩：原在浙江宣平县（县治在今武义柳城，1958 年被撤，所属地域分别划归毗邻的丽水莲都区、松阳、武义三地。）境内，其境今属莲都区老竹镇，以丹霞地貌为主，因有东西两岩对峙而立，故名东西岩。东岩四面陡峭，屹立如鼓，因岩壁呈赤色，故又称赤石楼。②胜士：佳士，才识过人的人士。概：节操，风度。③俗子：指见识浅陋或鄙俗的人。④元公：作者对西岩寺僧道元上人（号云巢）的尊称。陈镒还写过《次韵道元上人岁晚二首》《送西岩僧道元住灵泉寺》《次韵答道元上人》《挽道元上人二首》等诗，可见作者与道元上人来往密切。⑤菊泉：在今河南内乡。传说饮其水可长寿。后因泛指仙家之水。这是指仙水一样的山间泉水。试：尝试，品尝。茶铫 diào：是茶鍑的一种变形，有把（或系）、有流，煮好茶可利出汤。

## 次韵题冷泉亭[①]（节选）

回憩[②]泉上亭，载瀹[③]山中茗。浊根已疏雪[④]，至味方隽永[⑤]。

老犁注：①冷泉亭：在杭州灵隐寺山门之左。千百年来，它都是诗人们流连忘返的处所。②憩 qì。歇息。③瀹 yuè：煮。④浊根：心中不干净的根源。疏雪：清除得净如白雪。⑤至味：最美好的滋味。隽 juàn 永：甘美有回味。

## 寄松雪上人[①]（节选）

童子为烧香[②]，汲泉[③]煮春茗。留客听疏钟[④]，声闻发深省[⑤]。

老犁注：①松雪上人：一位名号叫松雪的上人（对和尚的尊称）。②童子：古代指未成年的仆役。烧香：燃起清香。这是为营造清雅之境而燃起的香，有别于礼佛敬神的烧香。③汲 jí 泉：取泉水。④疏钟：稀疏的钟声。⑤声闻：佛家称闻佛之言教。深省：深刻地醒悟。

## 次韵叶文范训导[①]杂咏八首其一·留此岩避暑（节选）

林深远溽暑[②]，池净涵清秋[③]。逢僧作茗供[④]，庶可[⑤]终日留。

老犁注：①叶文范训导：一位叫叶文范的训导。训导：学官名。②溽 rù 暑：指盛夏气候潮湿闷热。③涵：镜涵。即指像镜子一样映照（万物）。清秋：明净爽朗的秋天。④作茗供：制茶供饮。也作修茗供（备茶供饮）。⑤庶可：差不多可以。

## 夏日幽居效建除体[①]呈友人（节选）

建溪粒粟芽[②]，中山千日醇[③]。除忧与破睡[④]，二物可策勋[⑤]。

老犁注：①建除体：古诗体名，为南朝宋鲍照所创。其《建除诗》云："建旗出燉煌，西讨属国羌。除去徒与骑，战车罗万箱。满山又填谷，投鞍合营墙。平原亘千里，旗鼓转相望。定舍后未休，候骑敕前装。执戈无暂顿，弯弧不解张。破灭西零国，生虏郅支王。危乱悉平荡，万里置关梁。成军入玉门，士女献壶浆。收功在一时，历世荷餘光。开壤袭朱绂，左右佩金章。闭帷草《太玄》，兹事殆愚狂。”此诗共二十四句，单句首字为“建、除、满、平、定、执、破、危、成、收、开、闭”十二字，后世以此十二字依序作诗，取“建、除”两字，称其为“建除体”。②建溪：水名。在今福建建瓯，为闽江北源。其地产名茶，号建茶。粒粟芽：茶芽。芽头似粟粒，故称。③中山千日：《搜神记》卷一九曰：“狄希，中山人也，能造千日酒，饮之千日醉。时有州人，姓刘，名玄石，好饮酒，往求之。”后世因用作咏好酒的典故，也常借以表现醉饮。醇：浓厚的美酒。④破睡：使睡意消失。⑤二物：指茶和酒。策勋：记功勋于策书之上。

**陈叮方**（生平里籍不详）：元人。

## 游惠山

空山[②]微雨后，啼鸟早春时。云气侵衣润，泉声出寺迟。
清茶方破梦，新酒复催诗。了却公家事，重来再与期[③]。

老犁注：①空山：幽深人迹少至的山林。②与期：预先期待。

**陈阳复**（生卒不详）：字子建，陈天锡（字载之）第五子。元福宁州（今福建宁德霞浦县）人。工于诗，与兄陈阳盈合著有《棣萼诗》五卷。

## 灵泉寺[①]

上方野马隔嚣纷[②]，山接灵源一派分[③]。夜静锡[④]闲孤塔月，日高禅定[⑤]半窗云。
翠纱笼[⑥]壁诗难续，玉斝流香酒易醺[⑦]。爇柏煮茶清不寐[⑧]，松风吹籁[⑨]隔溪闻。

老犁注：①灵泉寺：指今霞浦城南野猫岭山麓，旧马冠山之坳地的龙峰寺。②上方：住持僧居住的内室。这里借指佛寺。野马：指野外蒸腾的水气。《庄子·逍遥游》：“野马也，尘埃也。生物之以息相吹也。”郭象注：“野马者，游气也。”嚣纷：喧嚷纷扰。③灵源：对水源的美称。一派：一条水流。分：间隔。④锡：锡杖的简称。⑤禅定：佛教禅宗修行方法之一。修行者以为静坐敛心，专注一境，久之达到身心安稳、观照明净的境地。⑥翠纱笼：即指“碧纱笼”之典。唐朝宰相王播穷困时住在扬州惠昭寺木兰院里蹭吃蹭喝，和尚们非常厌恶这个家伙。常常吃完饭再敲钟，使得闻声而来的王播饿肚子。等到王播富贵以后，有一次回到这个寺里，发现自己当年的题壁诗被和尚用“碧纱幕其上”保护了起来。真是此一时彼一时啊！⑦玉斝 jiǎ：酒杯的美称。醺：酒醉。⑧爇 ruò 柏：燃起柏树子制作的香。爇：烧。清不寐：清醒不困。⑨籁：指松风刮出的声响。

**陈阳盈**（生卒不详）：字子谦，陈天锡（字载之）次子，元福宁州（今福建宁德霞浦县）人。以父荫累官侯官县尉，调泉州府税课司副使，遭逢家艰归。工于诗，与弟陈阳复合著有《棣萼诗》五卷。

## 北山尼寺[①]

客中无事强登山，为爱清空压市寰[②]。坏榻火寒[③]茶灶静，古祠香冷石炉[④]闲。

风生春水起龙甲[⑤]，雨落晴阶点豹斑[⑥]。松牖不扃[⑦]人不到，时看[⑧]巢燕自飞还。

老犁注：①北山：霞浦北面之山。尼寺：尼姑所住的寺院。②清空：明朗的天空。或指空灵的神韵。压市寰：压制人间的（杂念）。市寰：犹人寰。③坏榻：破床。火寒：火冷。炭火即灭而冷。④香冷：香燃尽没有了温度。石炉：陶制香炉。⑤龙甲：犹鳞波。⑥豹斑：雨点落在干燥的石阶上留下的印痕。⑦松牖 yǒu：松窗。能看见松树的窗户。不扃 jiōng：不关。扃：从外面关门的门闩。⑧时看：暂看。

**陈乾富**（生卒里籍不详）：元惠宗前后在世。据清《琼山县志》卷二六《蔡九娘传》文中称其为“子珊”，疑为其字。曾任元朝副都元帅引兵入海南。

## 玉环诗[①]

使台归骑准鸣笳[②]，花气茶烟竞院奢[③]。禽慧不须云板[④]约，好窥[⑤]人意唤琵琶。

老犁注：①玉环诗：这是元朝副都元帅陈乾富为其小妾玉环写的诗。《琼台杂咏》载：元至正二十四年（1364），陈元帅乾富控制乾宁（今海南岛，元在此设有乾宁安抚司），侍儿媵（yìng 小妻）爱者数十人，惟玉环极殊色。发初覆额，为陈所宠。家养秦吉了（又称吉了、了哥，与八哥相似，是一种常见的观赏鸟，智商很高，可学人语。因产于秦中，故名秦吉了），慧而能言，每呵驺（呼叫管马的人。驺 zōu 是贵族家掌管车马的人）自公府归，必呼玉环报之。②使台：对高级政务官的尊称，如节度使、转运使。这里是作者自指。鸣笳：吹奏笳笛。③花气茶烟：指妻妾们已经洒好香水，泡好茶水，迎接陈乾富的归来。竞院奢：妻妾们在院中相互邀宠斗艳。奢：出色，美艳。④禽慧：了哥鸟很聪慧。云板：旧时打击乐器，用长铁片做成，两端作云头形，官署和权贵之家多用作报时报事的器具。也作云版。佛教也用作法器。铁铸云彩状之板，击以报时。⑤窥：暗中察看。

**陈颖庆**（生平里籍不详）：其诗见于明张邦翼《岭南文献》和清张其淦《东莞诗录》，疑为岭南人。

## 送徐子贵南恩州学正[①]

笔床茶灶米家船[②]，去结香芹碧藻[③]缘。高士旧闻人下榻[④]，冷官谁谓客无毡[⑤]。

诗成蜃气[⑥]楼台外，目送鸾飞潦雾边。往事沙虫[⑦]堪一慨，海灵[⑧]山下浪浮天。

老犁注：①徐子贵：人之姓名，生平不详。南恩州：宋元设立，治所在今广东阳江。明初废。学正：宋元路、州、县学及书院的学官，掌教育所属生员。②笔床茶灶：笔床即笔架；茶灶即煮茶用的小炉。借指隐士淡泊脱俗的生活。出自唐人陆龟蒙事迹。米家船：北宋书画家米芾，常乘舟载书画游览江湖。后常以“米家船”借指米芾的书画。③香芹碧藻：喻高雅清贫之士。④人下榻：下榻以待贤人，指对贤人的尊敬。有“下陈藩之榻”之典。⑤此句：冷官虽清贫但还是会用毡子招待客人坐的。冷官：地位不重要、事务不繁忙的官职。有成语“官清毡冷”，形容为官清廉生活清苦。⑥蜃气：亦作“蜄气”。一种大气光学折射现象，能使远处景物显现在半空中或地面上的一种奇异幻象。常发生在海上或沙漠地区。古人误以为蜃吐气而成，故称。⑦沙虫：小沙和小虫，喻遭殃的民众。⑧海灵：传说中的海神。

**陈德和**（？～1331 前后）：字号里籍不详，约文宗至顺中前后在世。工曲，作有《雪中十事》等散曲，存《乐府群玉》中。明朱权《太和正音谱》将其列于“词林英杰”一百五十人之中。

## 【双调·落梅风】雪中十事·贫儿翳桑[①]

茶烟细，酒力微，都不索[②]比评风味。翳桑儿悄声私自提[③]：省可里腊前[④]呈瑞！

老犁注：①翳桑 yìsāng：古地名。《左传·宣公二年》载，春秋晋国，灵辄饿于翳桑，赵盾见而赐以饮食。后辄为晋灵公甲士。会灵公欲杀盾，辄倒戈相卫，盾乃得免。后以“翳桑”为饿馁绝粮的典故，喻不忘他人恩惠，并有所回报。有“翳桑饿人”一词。这里“翳桑”是人名，暗示他虽是一个穷人但是一个知恩图报的人。②不索：不需要。③私自提：私下里提醒自己。④省可里：免得。腊前：腊月前。

## 【双调·落梅风】雪中十事·陶谷烹茶[①]

龙团细[②]，蟹眼肥[③]，竹炉红小窗清致。试烹来是觉[④]风韵美，比羊羔较争些[⑤]

滋味！

老犁注：①陶谷烹茶：五代宋初时，翰林学士承旨陶谷将太尉党进的家姬收作小妾。以烹茶为清雅的陶谷让其妾（即党姬）取雪烹茶，其妾却对他说，党家是过着“销金帐下，浅斟低唱，饮羊羔美酒”的生活。②龙团细：指龙团茶制作得很精细。③蟹眼肥：蟹眼汤所泡出的茶水很纯厚。蟹眼：喻水刚煮开时涌起的小气泡，表示煮水煮到恰到好处。肥：喻茶汤之浓。④是觉：是觉得。⑤较争些：差些。

**林泉生**（1299~1361）：字清源，号谦牧斋，更号觉是轩，元福州永福塘前乡（今福建福清市一都镇）人。文宗天历三年进士，授福清州同知，转泉州经历，迁永嘉尹，知福清州、漳州，累官翰林直学士、知制诰、同修国史。卒谥文敏。为文宏健雅肆，诗豪宕遒逸，与卢琦、陈旅、林以顺皆以文学为闽中名士，尤邃于《春秋》。有《春秋论断》《觉是集》。

## 白鹤寺[①]听琴楼（节选）

我今剩有两耳尘，不敢向此溪中洗。山僧煮茗樵父歌，吾亦无如此水何[②]！

老犁注：①白鹤寺：在温州乐清西北隅丹霞山麓，相传晋时隐士张文君舍宅为寺，建寺之日有白鹤飞鸣其上，故命“白鹤寺”。白鹤寺附近有双瀑，瀑在乐清市乐成镇第一中学（原乐清中学）后，分两派冲泻而下。建国后双瀑上游被划为水源地，于五十年代拦水筑坝，使得双瀑径流量大减，左侧瀑布几废，唯有夏汛才能重现双瀑全景。②无如：无奈。常与“何”配搭，表示无法对付或处置。此水：指响若琴声的双瀑。整句意思是指对无人能懂双瀑水而感到万分无奈。

**林锡翁**（生卒不详）：字君用，延平（今福建南平）人。

## 咏贡茶

百草逢春未敢花，御茶蓓蕾拾琼芽[①]。武夷真是神仙境，已产灵芝又产茶。

老犁注：①此句：御茶园的茶叶，在百草尚未开花之时，就开始采摘了。卢仝《走笔谢孟谏议寄新茶》诗中有“天子须尝阳羡茶，百草不敢先开花。仁风暗结珠蓓蕾，先春抽出黄金芽。”之句。蓓蕾：绿豆般的茶芽。拾琼芽：摘取嫩芽。

**欧阳玄**（1283~1357）：字原功（一作元功），号圭斋，元浏阳（今湖南浏阳）人。

祖籍庐陵，与欧阳修同族。幼从张贯之学，有文名。仁宗延祐二年进士，授平江州同知。历芜湖、武冈县尹，入为国子博士、监丞。顺帝至正间，以翰林直学士与修辽、金、元三史，任总裁官。历官四十余年，三任成均，而两为祭酒。六入翰林，而三拜承旨。屡主文衡，两知贡举及读卷官。凡宗庙朝廷文册制诰，多出其手。海内名山大川，释老之宫，王公贵人墓隧之碑，得玄文辞以为荣。有《圭斋文集》。

## 漫题[①]二绝其二

属官分住省郎曹[②]，省树[③]年深过屋高。翰长[④]昼闲来啜茗，下帘危坐听松涛[⑤]。

老犁注：①漫题：信手书写的文字。②属官：属下的官吏。省郎曹：尚书省的郎官。郎曹：指郎中，郎官。③省树：尚书省庭院内生长的树。④翰长：对翰林院前辈的敬称。⑤下帘：犹亲临。帘：原指遮挡用的帘子，后借指科举考试的地方。因古代科举为防舞弊，试官要在帘内阅卷，阅毕才允许撤帘回家。由此产生了帘试、入帘、内帘（在帘内阅卷的试官）、外帘（在帘外负责弥封收掌、监试提调的试官）、下帘（指皇上或高官亲临主持考试）等词语。危坐：古人以两膝着地，耸起上身为“危坐”，即正身而跪，表示严肃恭敬。后泛指正身而坐。松涛：喻煮水声。

## 山庄所藏东坡画古木图（节选）

涪翁[①]对此煮春茶，为公梢上挂长蛇[②]。灯窗细读假山记，秀气终属眉山[③]家。

老犁注：①涪 fú 翁：宋黄庭坚别号。②挂长蛇：黄庭坚戏说苏东坡的字是“石压蛤蟆”，而苏东坡反谑黄庭坚的书法是“树挂长蛇”。③眉山：指苏东坡。

**罗蒙正**（？～1354 前后）：字希吕，元新会（今广东江门新会区）人。其先庐陵，父稽叔，游学新会，因家焉。约元惠宗至正中前后在世。生有异质，博学强记，弱冠从罗斗明学诗，有名于时。檄为高州学正，后以荐授南恩州教授，州判吴元良欲用为幕官，力辞不就。有《希吕集》。

## 登圭峰怀苏长公[①]

久向风尘厌薄游[②]，到来象外且淹留[③]。溪边石枕和云卧，岩畔山茶带雨收。

古寺老僧非旧主，疏林[④]晴色又新秋。坡仙题咏[⑤]今残剥，词客[⑥]登临诵未休。

老犁注：①圭峰：指广东新会圭峰山。苏长公：苏轼。但史学界对苏轼是否到过圭峰仍未定论。②风尘：尘世，纷扰的现实生活境界。厌薄游：不喜欢为官。薄游：为薄禄而宦游于外。常用于自谦辞。③象外：谓尘世之外。淹留：羁留；逗留。④疏林：稀疏的林木。⑤坡仙：苏轼号东坡居士，文才盖世，仰慕者称之为“坡仙”“坡公”。题咏：指《苏东坡先生游圭峰碑记》，但据今人考据，此碑可能是伪作，不足为凭。⑥词客：擅长文词的人。

---

**忠烈祠神**：此诗为陈友定去忠烈祠求签得到的签诗，所以作者未知，只能以“忠烈祠神”代之。

---

## 示陈友定[①]

将军何事访山家，火冷炉灰漫煮茶[②]。若问圣明吾岂敢，只能疗病与驱邪。

老犁注：①陈友定：元末明初居福建，与朱元璋争地盘的元朝著名将领，兵败被朱元璋处死。据徐㶿 bó 的《榕阴新检》载：“至正末，陈友定据闽，过福宁栖云（在今福建福安）忠烈祠，叩己当为天子，悬箕一绝云云。不怿 yì 而去。”陈友定求自己能否成为天子？于是祠中当差的将签放簸箕中悬着放下来，陈友定看了签诗不高兴地离开了。怿：悦也。②此句：火已灭只能靠炉灰余温徒然地煮着茶。此指陈友定眼前虽还有点能量，但去日无多了。漫：徒然。

---

**周权**（1295~1343）：字衡之，号此山。处州松阳（今浙江丽水松阳县）人。通经史，工于诗。磊落负隽才，不得志，一旦束书走京师，见袁伯长（桷），伯长大异之，谓其诗意度简远，而议论雄深，荐为馆职，弗就。后回归故里，筑“此山斋”“清远堂”为居，更专心于诗，唱和日多。当时名流赵孟頫、虞集、揭傒斯、陈旅、欧阳玄皆推许其诗才。欧阳玄谓其诗“简淡和平，语多奇隽。”。陈旅校选其诗，题曰《周此山诗集》。

---

## 次韵僧惠茶

开樽酌溪渌[①]，秋兴何萧骚[②]。重哦惠休句[③]，目送吴鸿[④]高。

老犁注：①溪渌：溪水酿的美酒。渌同醁。②萧骚：萧条凄凉。③重哦：反复的吟咏。惠休句：惠赐美好的句子。休：美好。④吴鸿：吴地的飞鸿。

## 杂兴十三其十一

看松坐危[①]石，瀹茗爨枯箨[②]。振衣[③]下山去，白云满幽壑。

老犁注：①危：高大。②瀹 yuè 茗：煮茶。爨 cuàn：灶。引为烧。枯箨 tuò：干笋壳。③振衣：抖衣去尘，整衣。

## 曙岩上人[1]

岩扉[2]人不到，竹色满僧阑[3]。林雨添经润[4]，窗云入砚寒。

夜龛[5]猫占卧，晨钵[6]鹤分餐。客至无馀事，敲冰煮月团[7]。

老犁注：①曙岩上人：一位叫曙岩的上人（对僧人的尊称）。②岩扉：岩洞的门。借指隐士的住处。③僧阑：僧人住处的栏杆，即寺院的栏杆。④添经润：增添了经书的潮湿程度。⑤夜龛：夜里的壁龛。龛中放上油灯，可用于照明。因龛中暖和，小猫常团在龛中过夜。⑥钵：僧人的食器。⑦月团：团茶的一种。

## 谢僧茗饼

僧达[1]无生机，寂念[2]若冰冷。汲来石根[3]泉，瀹以云腴[4]饼。

舌端味枯禅[5]，了然[6]发深省。归策石林[7]空，清飔[8]下松顶。

老犁注：①僧达：指僧人来访。②寂念：即禅定。禅定时，虑念寂静，称为寂念。③石根：岩石的底部；山脚。④云腴：茶的别称。⑤味：做动词，有“品味缓解”之意。枯禅：枯坐参禅。⑥了然：明白；清楚。⑦归策：归杖。隐士或老者出门多带杖，人归即称归杖。石林：石头林立的地貌。⑧清飔 sī：清凉。

## 客至

闲携雪瀑[1]煮春茶，多病无钱送酒家。怪底[2]今朝来好客，青灯开彻夜来花[3]。

老犁注：①雪瀑：因瀑布洒如飞雪，故其水称为“雪瀑”。②怪底：亦作“怪得”。惊怪，惊讶。③青灯：光线青荧的油灯。多为僧尼所用之灯。开彻：开遍；完全开出。夜来花：夜里结出的灯花。

## 九日山[1]行

玉削云边紫石[2]冈，天风吹瀑下云庄[3]。行行[4]携客寻诗去，浓把茶煎当菊觞[5]。

老犁注：①九日山：在泉州南安市丰州镇，距泉州市区约七公里，有晋代南迁者，每年农历九月初九在此登山高瞻远望，故称之；另说，曾有一道人，从德化戴云山走九日至此，故名。该山历史悠久，自唐以来，文人墨客曾先后登临或隐居于此。山麓原有始建于西晋太康九年（228）的延福寺，乃泉州最早佛教寺院。山上祈风石刻群记载的是泉州海外交通的重要史绩，为宋时我国对外友好的历史见证。②玉削：如玉一样被切削出来。紫石：外表泛紫的石头。③云庄：云雾遮护的村庄。

④行行：刚强负气貌。⑤菊觞：即菊花杯。指重阳节酒会上盛满菊花酒的酒杯。

## 欧阳学士过访[①]

玉堂仙忽枉华镳[②]，客舍如何采涧毛[③]。袖有建溪春一掬[④]，莱山石鼎煮银涛[⑤]。

老犁注：①欧阳学士：欧阳玄，字原功，浏阳人。元文学家，翰林学士承旨。曾编修辽、金、宋三史。其对周权所写诗文词章评价甚高。过访：登门探视访问。②玉堂仙：指翰林学士的雅号。枉华镳 biāo：白费了精美的马勒。镳 biāo：马嚼子两端露出嘴外的部分。马嚼子配上络头、缰绳等，整体就叫马勒。③涧毛：即涧溪毛。指山涧中的草，这里指茶叶。这句意思就是在外地居住如何得到茶叶。④建溪春：建溪春茶。宋代建溪一带（在今福建建瓯）产贡茶。一掬：一捧。⑤莱山：指蓬莱仙山。这里借指隐居地。石鼎：陶制的烹茶炉具。银涛：水煮开后泛起的水泡。

## 赠松崖道士[①]

名山历遍气飘浮，面带风霜雪满头。碧涧寒通丹井曙[②]，青松影落石坛[③]秋。

布袍[④]洗药香犹湿，砂釜藏茶火自留[⑤]。笑问阆风[⑥]何处是，追游还许借青牛[⑦]。

老犁注：①松崖道士：指住在松崖旁的道士。②碧涧：碧绿的山间流水。丹井：炼丹取水的井。曙：天亮时。③石坛：石头筑的高台。古代多用于祭祀。④布袍：布制长袍。一般为平民所穿。⑤砂釜：犹石鼎，煮茶的用具。火自留：古代烧火引火很费工费时，所以要将未燃完的炭火，用炉灰盖上，使之较长留存，方便下次快速起火。⑥阆风：即阆苑，仙境。⑦青牛：老子出函谷关时所骑的牛。

## 有怀

鼎食难登苜蓿盘[①]，齑盐滋味笑儒酸[②]。白云望断亲闱[③]远，红叶吟残客路寒。

心事蹉跎[④]忙里过，人情翻覆静中看。何如归去苍山[⑤]下，闲听松风煮月团[⑥]。

老犁注：①鼎食：列鼎而食，排列鼎器用于吃饭。形容富贵人家豪华奢侈的生活。苜蓿盘：有“盘中何所有？苜蓿长阑干”的句子，后句是指苜蓿菜在盘中纵横错陈的样子。后因以此形容小官吏或塾师生活清苦。②齑 jī 盐：“齑”本有草字头，是指腌菜。齑盐指腌菜和盐。借指素食。亦指清贫生活。儒酸：犹寒酸。形容读书人贫窘之态。③亲闱 wéi：父母所居的内室。因用以代称父母。④蹉跎：失意。⑤何如：用反问的语气表示胜过或不如。苍山：泛指青山。⑥月团：团茶的一种。

## 张氏新居

小雨东风拂袂[①]寒，神仙华屋[②]画图间。茶香入座午烟[③]歇，花影压帘春昼[④]闲。

翠竹白沙泉细细[⑤]，朱阑绿树鸟关关[⑥]。客来一笑推棋局，坐占溪南十里山。

老犁注：①袂 mèi：衣袖。②华屋：华美的屋宇。③午烟：做中饭时的炊烟。④春昼：春季的白天。⑤细细：很小很细的样子。⑥朱阑：同朱栏。朱红色的围栏。关关：鸟类雌雄相和的鸣声。后亦泛指鸟鸣声。

## 赠云趣道人[①]

玉笙[②]声断海风寒，曾访丹丘觅大还[③]。万里蓬瀛黄鹤[④]晚，十年云水白鸥闲。

花开把酒吟消日[⑤]，茶罢携琴坐看山。笑杀[⑥]红尘吹客梦，神仙元只[⑦]在人间。

老犁注：①云趣道人：一位名号叫云趣的道士。②玉笙：笙的美称。③丹丘：传说中神仙所居之地。大还：大还丹。道家仙药，有驻颜、长生之功效。④蓬瀛：蓬莱和瀛洲。神山名，亦泛指仙境。黄鹤：黄鹤与白鸥皆为隐居人或仙人所常伴的动物。⑤消日：消磨时光。⑥笑杀：可笑到极点。⑦元只：原来只有。元同原。

## 刘北山[①]

匆匆聚散若抟沙[②]，感旧交游两鬓华。明月停杯谪仙[③]酒，碧云浮碗玉川[④]茶。

人于罕会襟期[⑤]厚，诗写幽情趣味嘉。别后北山[⑥]堂下桂，秋风黄雪[⑦]几番花。

老犁注：①北山：此人姓刘，北山是其名字或号，余不详。②抟沙：沙无粘性，抟之成团，放之即散。故用于喻人难聚易散。典出苏轼《二公再和亦再答之》，其中有“亲友如抟沙，放手还复散”之句。③谪仙：李白，字太白，号青莲居士，又号谪仙人。④玉川：唐卢仝嗜茶，号玉川子。写下了著名的《走笔谢孟谏议寄新茶》一诗，后人常用“玉川”代称茶。⑤罕会：难得的聚会。罕：少，稀。襟期：犹心期。指人与人之间的相互期许。⑥：北山：指刘北山。⑦黄雪：桂花。

## 懒庵讲主得九江饼茶邓同知分饷其半汲泉试之因次韵[①]

解组[②]归来万事轻，日长门巷澹无营[③]。团香[④]小饼分僧供，折足寒铛[⑤]对客烹。

色卷空云春雪[⑥]涌，影沉江月夜潮生[⑦]。一瓯洗却红尘梦，坐[⑧]爱风前晚笛横。

老犁注：①标题断句及注释：懒庵讲主得九江饼茶，邓同知分饷其半，汲泉试之，因次韵。懒庵：僧人名号。讲主：佛教语，指升座讲经说法的高僧。同知：官名。为知府的副职。分饷：犹获取。②解组：犹解绶，解下印绶，谓辞去官职。③无营：无所谋求。④团香：即团茶。⑤折足寒铛 chēng：冷冰冰的折足铛。折足铛：断脚锅。铛是指三足的平底锅。贫寒之士多用作煮茶。⑥空云春雪：天空之云和春天之雪，喻煮水涌起的白色水泡。⑦此句：指月影投射到翻滚的锅面上，如江面上的夜潮在涌动。⑧坐：因。

## 次韵云山上人①

绿竹数椽茅一把②，生涯③流水意逍遥。当阶苍石平为磴④，跨涧危槎⑤卧作桥。

芳术旋收⑥同茗煮，落花闲入和香烧。月明露冷青松夜，野鹤翩翩不可招⑦。

老犁注：①云山上人：一位名号叫云山的上人（对僧人的尊称）。②此句：绿竹环绕下的数间茅屋。数椽 chuán：数间。③生涯：人生。④当阶：对面台阶。磴 dèng：山路上的石台阶。⑤危槎：大树的横枝。槎 chá：树木的枝桠。⑥芳术：制作合香的技艺。古人常将芳香的花材制成合香，放香炉中焚烧。旋收：随即收入。⑦此句：仙人常与鹤为伴，招鹤即欲为仙人，但红尘中人哪能轻易招来仙鹤呢？

## 次春日即事①韵

吴蚕欲老畴②未秧，拍堤野水回横塘③。淡烟疏树绿阴薄，落花飞絮白日④长。

寒具油干过冷节⑤，匆匆芳事归鶗鴂⑥。枕书睡足午窗明，雪乳浮浮翻兔褐⑦。

老犁注：①即事：指以当前事物为题材写的诗。②吴蚕：吴地之蚕。吴地盛养蚕，故称良蚕为吴蚕。畴：田畴，田地。③横塘：泛指水塘。④白日：白昼；白天。⑤寒具：一种油炸的面食。即今馓子。冷节：寒食节。在清明前一日。⑥芳事：春暖花开的时机。鶗鴂 tíjué：杜鹃鸟。⑦雪乳：白色茶沫。借指茶水。浮浮：水盛貌。兔褐 hè：黄黑色。以其色似褐兔，故名。黄庭坚《煎茶赋》：“亦可以酌兔褐之瓯，瀹鱼眼之鼎者也。”这里兔褐指兔褐之瓯。

## 访友（节选）

从容饭雕胡①，屡瀹粟粒茶②。亦复事文翰③，醉字萦秋蛇④。

老犁注：①从容：悠闲舒缓，不慌不忙。饭雕胡：吃雕胡饭。雕胡饭是指用菰米（茭白子实）做的饭。②瀹：煮。粟粒茶：因茶做成粟粒状，故称。③文翰：指公文书信。也指文章。④此句：醉后书写出缠绕如秋蛇一样的字。这里是谦称自己醉后写出难看的字。有“春蚓秋蛇”的成语，是喻书法拙劣，婉曲无状。

## 白水晁居士名家驹也脱俗嗜饮所居有断崖夕翠轩留偈而化赋此寄悼①（节选）

晁子摩尼珠②，照彻白水源。不啜赵州茶③，不面达磨禅④。

老犁注：①标题断名及注释：白水晁居士，名家驹也，脱俗嗜饮，所居有断崖夕翠轩，留偈而化。赋此寄悼。白水：地名。在何处不详。晁居士：一位姓晁的居士（居家佛教徒）。名家驹也：指名叫家驹。或指其为名门子弟。夕翠：轩名。留偈而化：留下偈诗后逝去。偈 jì：佛教文学的诗歌，无韵。义译为颂。每偈多由四句构成。②晁子：对晁居士的敬称。摩尼珠：如意宝珠。摩尼：梵语，如意珠的意思。此珠常能变出宝物、衣服、饮食等，随意皆得。得此珠者“毒不能害，火不能烧”。《西游记》中说孙悟空是一颗摩尼珠。这里指晁居士是一颗摩尼珠。③赵州茶：唐代赵州和尚从谂法师以“吃茶去”一句话来引导弟子领悟禅机奥义。后也有以“赵州茶”来指代寺院招待的茶水。④达磨：即达摩，禅宗始祖。

## 次韵张洞云[①]（节选）

款客垂磬[②]室，颇感十年别。携琴意已消，酌茗石萝[③]月。

老犁注：①张洞云：人之姓名，生平不详。②垂磬：悬磬。悬挂着的磬。形容空无所有，极贫。《国语・鲁语上》：“室如悬磬，野无青草，何恃而不恐?”③酌茗：酌饮茶水。石萝：附生石上的女萝。

## 徐山民隐居[①]（节选）

素琴与芳茗[②]，宾至适所适[③]。檐枝戛云[④]浮，茑萝自骈织[⑤]。

老犁注：①徐山民：疑指宋“永嘉四灵”之一的徐照，为宋温州永嘉人，字道晖，自号山民。隐居：指隐士的住所。②素琴：不加装饰的琴。芳茗：犹香茶。③适所适：适合宾客所归向的地方。④戛云：上可触到云霄的样子。戛：触摩。⑤茑 niǎo 萝：一种寄生松柏上的草本植物。骈 pián 织：聚集编织。

## 吴僧能诗自号心听必欲求证为著转语庄子至人之息以踵众人之息以喉[①]（节选）

说空[②]已是自缠缚，只此了然皆具足[③]。不如无听亦无心，渴则饮茶饥食粥。

老犁注：①标题断句及注释：吴僧能诗，自号心听，必欲求证为著。转语庄子“至人之息以踵，众人之息以喉”。必欲求证为著：必须要经过求证才可进行著述（说明吴僧为文非常严谨）。转语庄子：用庄子的话来解释。转语：佛教语。禅宗谓拨转心机，使之恍然大悟的机锋话语。至人：犹真人。道家指超凡脱俗，达到无我境界的人。踵息：凭脚后跟呼吸。语出《庄子・大宗师》：“古之真人，其寝不梦，其觉无忧，其食不甘，其息深深。真人之息以踵，众人之息以喉。”②说空：谈说玄理。③只此：就此；唯有这样。了然：明白；清楚。具足：犹具备。

## 寄赵秋水提点（清斋）[①]（节选）

苍精含景紫芒寒[②]，落麈玄谈[③]洒松雪。蓬莱[④]茗碗和香啜，芙蓉露冷秋云滑。

老犁注：①赵秋水：人之姓名，是一位提点官，余不详。提点：官名。寓提举、检点之意。掌司法、刑狱及河渠等事。清斋：长斋，即信佛之人长年吃素。这里疑指赵秋水的字号。②苍精：苍精龙，即四象中的东方苍龙。亦指道术中的青龙符。含景：含日月之影。是道术中能却恶防身的一种方法。景同影。据《抱扑子》载，道术诸经，可以却恶防身者有数千法，如含景、藏形等，不可胜计。杜甫《玄都坛歌寄元逸人》："故人昔隐东蒙峰，已佩含景苍精龙。"紫芒寒：指紫光清冷。此句大意：执苍龙含影之术，尽显紫光寒气逼人。③落麈：放下麈尾。麈 zhǔ 尾：古人闲谈时执以驱虫、掸尘的一种工具，后古人清谈时必执麈尾，相沿成习，为名流雅器。后不谈玄，亦常执在手。玄谈：指汉魏以来以老庄之道和《周易》为依据而辨析名理的谈论。后也泛指脱离实际的空论。④蓬莱：蓬莱山，常泛指仙境。

## 题程南渠①诗卷（节选）

怀哉吾道随舒卷，八风低翅从渠短②。何时握手话雄襟③，为碾春云翻雪④碗。

老犁注：①程南渠：人之姓名，生平不详。因周权与其婿陈镒都为元代浙江松阳县人，这里的程南渠疑与陈镒《次韵程渠南》诗中的程渠南为同一人。②八风：佛教语。谓世间能煽动人心之八事：得可意事名"利"，失可意事名"衰"，背后排拨为"毁"，背后赞美为"誉"，当前赞美为"称"，当前排拨为"讥"，逼迫身心名"苦"，悦适心意名"乐"。见《释氏要览下·躁静》。王维《能禅师碑》："不着三界，徒劳八风。"从渠短：随他续短（补不足）。③雄襟：雄心；远大的抱负。④春云：茶名。翻雪：形容茶汤白沫翻滚。

## 栖碧①（节选）

涉芳洲兮采杜若②，汲清泉兮瀹云腴③。听松声兮宴坐④，和樵歌兮啸舒⑤。

老犁注：①栖碧：隐居青山。栖：隐居，隐遁。②涉：趟水（经过）。芳洲：芳草丛生的小洲。杜若：香草名。《楚辞·九歌·湘君》："采芳洲兮杜若，将以遗兮下女。"③瀹：煮。云腴：茶的别称。④宴坐：闲坐；安坐。⑤啸舒：啸歌舒怀。

## 惠山寺九龙峰下酌泉

惠山郁嵂九龙峰①，磅礴大地包鸿濛②。划然一夕③震风雨，欲启灵境④昭神功。六丁⑤行空怒鞭斥，电火摇光飞霹雳。一声槌破老云根⑥，嵌洞中开迸寒液⑦。道人甃玉⑧深护藏，镜涵⑨万古凝秋光。陆翁甄品⑩亲试尝，翠浪煮出松风香⑪。我来山下讨幽境⑫，自挈瓶罂汲清冷⑬。味如甘雪冻齿牙，绀碧光中敲凤饼⑭。昏尘涤尽清净观⑮，心源点透诗中禅。亟呼陶泓挟玄玉⑯，挥洒⑰字字泉声寒。投闲半日聊此驻⑱，孤棹⑲明朝又东去。红尘人世几浮云，钟鼓空山自朝暮。

老犁注：①郁律：山势险曲突兀貌。九龙峰：惠山有九条山冈，九座山峰，故有九龙峰之称。②鸿蒙：迷漫广大貌。③划然一夕：忽然一夜。④灵境：庄严妙土，吉祥福地。多指寺庙所在的名山胜境。⑤六丁：中国古代用天干、地支两两搭配纪年。六十年一轮回。其中有六个带“丁”字的年分，即丁卯、丁巳、丁未、丁酉、丁亥、丁丑，合称六丁。道教认为六丁是天上的阴神（阳神是六甲），为天帝所役使；道士则可用符箓召请，以供驱使。⑥云根：深山云起之处。⑦嵌洞：深洞。嵌：谷（洞）深的样子。寒液：寒凉的液体。此指泉水。⑧道人：和尚。甃玉：指用玉石砌垒池壁。⑨镜涵：像镜子一样映照。⑩陆翁：指陆羽。甄 zhēn 品：甄别品评。⑪翠浪：碧波。松风香：风刮松涛声带来了茶香味。⑫讨幽境：访幽雅胜境。⑬挈 qiè：提起。汲清冷：舀来清凉之水。⑭绀 gàn 碧：天青色。凤饼：即凤团。用上等茶末制成团状，印有凤纹。泛指好茶。⑮清净观：清净的观念。⑯亟：快速。陶泓：陶制之砚。砚中有蓄水处，故称。玄玉：指墨丸，墨锭。⑰挥洒：挥毫洒墨。形容运笔自如。⑱聊此驻：暂且在此驻足。⑲孤棹：独桨。借指孤舟。

## 洞仙歌·谢欧阳学士偕陈众仲助教过访[①]

京尘[②]满鬓，汗漫游[③]还倦。环佩玲珑[④]惊梦断。恰玉堂仙[⑤]伯，携取圜桥[⑥]，词翰客、枉顾情何恋恋[⑦]。　　衣冠何磊落[⑧]，闲雅雍容，不把声光时自炫[⑨]。漫轻敲团月[⑩]，煮玉泉[⑪]冰，□啸傲、几多萧散[⑫]。笑归去，蓬莱跨清风，任香彻胸中，五千书卷[⑬]。

老犁注：①欧阳学士：欧阳玄，字原功，浏阳人。元代文学家，翰林学士承旨。曾编修辽、金、宋三史。他与陈旅对周权所写诗词评价甚高。陈旅：字众仲，福建莆田人。曾任闽海儒学官，后引为国子监助教，应奉翰林文字。有《安雅堂集》十三卷，为《四库总目》行于世。过访：登门探视访问。②京尘：京洛尘。喻功名利禄等尘俗之事。③汗漫游：世外之游。形容漫游之远。④玲珑：环佩相互碰撞发出的清越之音。⑤玉堂仙：翰林学士的雅号。⑥此句：犹言带着国子监的春风。圜桥：泮池上的环桥。⑦词翰客：犹诗人。词翰：诗文，辞章。枉顾：屈尊看望。称友人来访的敬辞。恋恋：指依依不舍之情。⑧磊落：俊伟貌。⑨声光：声誉和光彩。自炫：炫耀自己。⑩团月：团茶的一种。⑪玉泉：泉的美称。⑫啸傲：傲然自得貌。萧散：犹萧洒。⑬最后三句：化自卢仝《走笔谢孟谏议寄新茶》诗的意境。

---

**周文质**（？~1334）：字仲彬，元建德（今浙江杭州建德市）人，后居杭州。与钟嗣成相交二十余年，其出生与钟略同，钟说他“中年而殁”，则享年似在五十以内。两人情深意笃，形影不离，故《录鬼簿》载其：“体貌清癯，学问渊博，资性工巧，文笔新奇。家世儒业，俯就路吏。善丹青，能歌舞，明曲调，谐音律。性尚豪侠，好事敬客。”明朱权《太和正音谱》评判其曲为“平原孤隼”。所作杂剧今知有4

种。现仅存《苏武还乡》残曲。散曲存有小令43首，套数5套，多写男女恋情，风格秀拔清丽。

## 【越调·斗鹌鹑】咏小卿

释卷挑灯，攀今览古；妒日嫌风，埋云怨雨。因观金斗遗文[①]，故造绿窗新语[②]。自忖度，有窨腹[③]，好做得是也有钞茶商[④]，好行得差也能文士夫。　　【紫花儿】苏娘娘本贪也欲也，冯员外既与之求之，双解元怎羡乎嗟呼？但常见酬歌买笑，谁再睹沾酒当垆。哎！青蚨[⑤]，压碎那茶药琴棋笔砚书。今日小生做个盟甫[⑥]，改正那村纣[⑦]的冯魁，疏驳那俊雅的通叔[⑧]。

老犁注：①金斗遗文：指有关“双渐与苏小卿”故事中遗留下来的诗文。因苏小卿为金斗郡（今安徽合肥）人，故云。②《绿窗新语》：是一本宋代传奇小说和笔记集，内容多为恋爱故事和少量文人才女的诗文。③窨 xūn 腹：思忖的肚腹。窨：思忖；揣度。④钞茶商：拿着钞票的茶商。指贩茶商冯魁。亦称冯员外。⑤青蚨，传说中的虫名，别称蚨蝉、蟱蜗、蒲虻、鱼父、鱼伯等，原型可能是田鳖、桂花蝉的复合体。传说青蚨生子，母与子分离后必会聚回一处。人用青蚨母子血各涂在钱上，分别用出后必会飞回，所以有“青蚨还钱”之说，“青蚨”也成了钱的代称。⑥盟甫：盟中最大，亦即盟主。甫：大。⑦村纣：村中纣王一样的人。即粗野之人。⑧疏驳：上疏驳正。通叔：双渐，字通叔。因其高中解元，又称之为双解元。

**郑东**（？~1354）：字季明，号杲斋，元温州平阳招顺乡湖井（今划归苍南县）人。少嗜学，有天资，明《春秋》。两试行省，不合主司标准，遂弃场屋，肆力于古文辞。出游浙东西，至顺三年客授昆山，晚寓常熟。与杨维祯、顾瑛、郭翼、陈高交游，吕诚师事之。翰林学士承旨欧阳玄奇其材，欲荐于朝，未上，遽以疾卒。弟郑采亦有文名，与之合有《郑氏联璧集》。

## 题佘生山居

野水流花涧[①]，春云拂草亭[②]。地连桐柏观[③]，人识少微星[④]。

养鹤还知相[⑤]，煎茶亦著经。卜邻[⑥]应未晚，休勒北山铭[⑦]。

老犁注：①花涧：花开的山涧。②草亭：茅草铺盖的亭子。③桐柏观：在浙江天台县西北的桐柏山上，道教灵宝派开山宗师葛玄曾在此建桐柏观修炼。北宋年间，天台人张伯端在桐柏观完成了《悟真篇》的创作，孕育出天台山道教南宗文化。④少微星：中国古代天象划分中，将北天极区域分为太微垣、紫微垣、天市垣，而少微星在太微垣的西边，它由一组四颗星组成，第一星处士、第二星议士、第三星博士、第四星大夫。由于其第一星为处士，故《天官占》上说：“少微一名处士星也。”这里指隐居的余生（姓余的儒生）。⑤知相：犹识趣。⑥卜邻：表示愿做你的邻居。⑦北山铭：东汉车骑将军窦宪率大军于永平元年（89）七月大破匈奴，并命随军的班固为此写下著名的《封燕然山铭》。北山泛指北方之山，这里指燕然山（据2017年考古发现，在蒙古国的杭爱山）。这句指不要去当官建功立业。

---

**郑洪**（生卒不详）：字君举，号素轩，元永嘉（今浙江温州）人，一作三衢（今浙江衢州）人。生平活动主要在世祖元贞至惠宗至正初。工诗善书法。其《素轩集》入《元诗选》。

---

## 秀上人饮绿轩[①]

半勺沧浪歌濯缨[②]，一瓢天乳酌灵星[③]。绀云满涨蒲萄瓮[④]，青雨[⑤]长悬玛瑙瓶。

不向苏耽寻橘酒[⑥]，却从陆羽校茶经[⑦]。西江吸尽[⑧]无穷味，浊世浮沉几醉醒。

老犁注：①秀上人：一位叫秀的上人（对和尚的尊称）。饮绿轩：轩名。②沧浪歌濯缨：沧浪是古水名。因在屈原《渔父》诗中，渔父曾唱《孺子歌》：“沧浪之水清兮，可以濯我缨；沧浪之水浊兮，可以濯我足。”后因以用作“咏归隐江湖”的典故。③天乳：天上的琼浆。喻茶水。酌灵星：与灵星酌饮，代指祭祀灵星。灵星：又称天田星、龙星。主农事。古代以壬辰日祀于东南，取祈年报功之义。古祭灵星以后稷配食，故又为后稷之代称。④绀 gàn 云：略微带点红色的黑云。喻茶汤颜色。蒲萄瓮、玛瑙瓶：都是饮茶用的容器。蒲萄：即葡萄。⑤青雨：烟雨。喻升起的茶烟。⑥苏耽：传说中的仙人。又称苏仙公。橘酒：用橘子作原料酿成的酒。⑦茶经：唐代陆羽所撰，是世界上第一部茶学专著。⑧西江吸尽：有“一口吸尽西江水”之典，形容操之过急，想一下子就达到目的。借指反证参禅要顺序渐进的道理。

## 题宋元凯都市寺为中正堂画溪山晚钓图[①]

百亩青山二顷田，金溪[②]南畔竹庵前。绀园薝蔔[③]花香澹，宝地桫椤[④]树影圆。

日日钓丝牵葑雨[⑤]，年年禅榻[⑥]对茶烟。郎星[⑦]昨夜明如月，偏照君家书画船。

老犁注：①标题大义及注释：题宋代一贤士在都市寺为中正堂画的《溪山晚钓图》。元凯：八元八凯的省称。后泛指贤臣、才士。传说高辛氏有才子八人，称为八元；高阳氏有才子八人，称为八凯。此十六人之后裔，世济其美，不陨其名。舜举之于尧，皆以政教称美。都市寺：寺名。在何处不详。中正：堂名。②金溪：地名。在永嘉楠溪江边。《溪山晚钓图》画的是楠溪江风光。③绀园：佛寺的别称。

薝蔔 zhānbǔ：指栀子花。今简写作薝卜。④宝地：佛地。多指佛寺。桫椤 suōluó：桫椤树。佛教谓释迦牟尼佛八十岁时于拘尸那城外桫椤双树林圆寂。⑤葑雨：葑草上的雨。葑：菰根。⑥禅榻：禅僧坐禅用的坐具。⑦郎星：郎官的美称。因郎官上应星宿，地位重要，故称。议郎、中郎、侍郎、郎中等官员统称郎官。

## 映雪斋[①]

八窗阑槛倚冰梁[②]，四座图书贝月光[③]。眼眩欲迷黄竹赋[④]，神游疑在白云乡[⑤]。

琼台[⑥]花满潇潇下，石鼎[⑦]茶烟细细香。想得哦诗清镜[⑧]里，霜娥一夜泣潇湘[⑨]。

老犁注：①映雪斋：斋名。②八窗：房子各方向的窗子。阑槛：栏杆。冰梁：冰冷的梁柱。③四座：四周座位。贝月光：泛着银贝和月亮一样的光。④黄竹赋：亦作黄竹咏、黄竹篇。典出《穆天子传》卷五："日中大寒，北风雨雪，有冻人。天子作诗三章以哀民，曰：我徂黄竹……礼乐其民。"指周穆王曾作四言诗，以首句"黄竹"二字为篇，哀悯风雪中的受冻之民。后因用作咏雪的典故，也用以比喻帝王的诗作。⑤白云乡：谓仙人所居山林云海之处。⑥琼台：指华丽的楼台。⑦石鼎：陶制的烹茶炉具。⑧哦诗：吟诗。清镜：明镜。⑨霜娥：即嫦娥。借指月。潇湘：湘江与潇水的并称。多借指今湖南地区。

---

**郑元祐**（1292～1364）：字明德，号尚左生，处州遂昌（今浙江丽水遂昌县）人，学者称遂昌先生。少随父徙家钱塘，聪颖好学，十五能诗赋。元泰定帝年间父没，侨居吴中，历近四十年，学者云集，东南文士多依之者，最为一时耆宿。年幼时伤右臂，遂以左手楷书，规矩备至，世称一绝，吴中碑碣序文之作多出其手。顺帝至正中，除平江儒学教授，升江浙儒学提举，卒于官。为文滂沛豪宕，诗亦清峻苍古。有《遂昌杂志》《侨吴集》。

---

## 石湖十二咏其八·茶磨峤[①]

孤屿突苍翠，波环郁盘盘[②]。谁嗜先春[③]味？当来制凤团[④]。

老犁注：①石湖：太湖边上与太湖相通的小湖，位太湖上方山东麓，在苏州古城西南 5 公里处。相传越国名臣范蠡在灭吴后，带着西施由此归隐五湖。南宋政治家、田园诗人范成大晚年筑石湖别墅，号石湖居士。茶磨峤：石湖边的山名。峤：高而尖的山。②盘盘：形容回旋曲折的样子。③先春：茶的异名。④凤团：宋代贡茶名，用上等茶末制成团状，印有凤纹。泛指好茶。

## 永定空衲[①]者送茶

尘虑[②]困春华，蒙分[③]谷雨芽。醍醐滋舌本[④]，清气溢诗家。

老犁注：①永定：江苏常州武进县的旧称。空衲：犹贫僧。②尘虑：犹俗念。③蒙分：承蒙分享。④醍醐 tíhú：从酥酪中提制出的油，喻茶。舌本：舌根。

## 炼雪轩[①]

谁炼红炉雪，晴云盏面旋。六花[②]吹作乳，两腋欲成仙[③]。

苍璧龙鳞舞[④]，松花蟹眼[⑤]圆。如何鬻白石[⑥]？一味舌头禅[⑦]。

老犁注：①炼雪轩：据元代诗人张渥《题了堂上人炼雪轩》和张雨《赠别休休庵了堂上人》两诗，还有元诗人陈基《炼雪斋记》一文的记载，炼雪轩是吴郡（镇江以南，钱塘江以西地区，治所在苏州）休休庵（具体何处不详）了堂上人的轩室。②六花：雪花。③此句：化自卢仝《走笔谢孟谏议寄新茶》中“七碗吃不得也，唯觉两腋习习清风生”之句。④此句：青色玉璧（喻茶饼）上印制的舞龙图案。⑤松花：指松球。松子脱落时，松球上的木质鳞片张开如莲花状，故称。由于其疏松干燥，是燃炉煮茶的好材料。蟹眼：水煮开时的小气泡。⑥鬻 yù 白石：一种饮茶方法。元明间大画家倪瓒曾用此法饮茶。具体为：用核桃、松子肉和真粉和在一起，做成假山石，然后把这“白石”置茶水中，取而饮用，名曰清泉白石。鬻：卖。引申为使用。⑦此句：一种用味觉来修禅的方法。我们认识世界有六个渠道，即眼根、耳根、鼻根、舌根、身体和思维，修禅就从这六个方面入手。用清淡静雅的茶味来参悟禅机是一种很好的修禅方法。这种方法就叫舌头禅。

## 赵季文[①]茶屋

萧萧[②]茶屋傍池开，谩谩丛筠[③]带雨栽。窗雪晃晴鸡误唱，炊烟带暝[④]鹤归来。

醉犹烧烛亲黄卷[⑤]，静爱飞花点绿苔。尊酒久违真寂寞，鹧鸪啼上越王台[⑥]。

老犁注：①赵季文：赵涣，字季文，浙江人，官湖州从事，知富州。从政之暇，放情诗、画，为时所重。与杨维桢、陆友、屠性、郑元祐等有诗文来往。②萧萧：寂静。③谩谩：通慢慢。形容很振作的样子。筠 yún：竹子。④暝 míng：天色昏暗。⑤亲黄卷：亲读古书。⑥越王台，是春秋时越王勾践为招纳贤士而建。后常用为招贤或吊古咏史的典故。鹧鸪飞上越王台上泣血哭啼，借指贤士为怀才不遇而啼哭。

## 次韵王季野[①]北归二首其一

黑发黄髯[②]万里归，腰如开国待犀围[③]。楼前花似琴台发[④]，江上鱼如丙穴[⑤]肥。

蛮井[⑥]远民茶税急，槐阴燕席酒觥[⑦]飞。名勋莫负传家笏[⑧]，立尽青云立绣衣[⑨]。

老犁注：①王季野：王畛 zhěn，字季野，王都中（福建霞浦人）之子，官至成都路判官。至正间，与弟畦流寓吴中，与陈植、郑元祐并以文行著于时。②黑发黄髯：指曹操的儿子曹彰，武艺勇猛，深得曹操赏识，三十五岁暴亡，传为曹丕所害。③犀围：指犀角带，饰有犀角的腰带。非品官不能用。④琴台：春秋战国俞伯牙于该处偶遇钟子期，成为知音，后子期亡不能如约回来，伯牙遂绝弦。此琴台在今武汉市汉阳区龟山西脚下的月湖之滨。发：花开放。⑤丙穴：地名。大丙山之穴，在今陕西略阳东南，与勉县接境。此地产嘉鱼，《文选·左思〈蜀都赋〉》："嘉鱼出于丙穴，良木攒于褒谷。"故丙穴，也指嘉鱼。⑥蛮井：蛮夷之地的水井。这里借指边远之地。⑦燕席：宴席。酒觥 gōng：犹酒杯。⑧传家笏 hù：源见"魏公笏"。表示先辈政绩卓越和家世荣显。⑨青云：喻远大的抱负和志向。绣衣：丝绸衣服。古代贵者所服。或称直指御史（西汉时官名），为侍御史之一，因其着绣衣，专门执行皇帝亲自交付的司法案件。

## 送白治中之徽州[①]

高下溪声三百滩[②]，好山高入帝青[③]寒。雄藩择牧金投冶[④]，别驾行春[⑤]锦覆鞍。

茶焙[⑥]香销芽尚采，砚坑云冷石仍刓[⑦]。残民[⑧]久望诗书泽，阙里[⑨]遗编墨未干。

老犁注：①白治中：人之姓名，生平不详。徽州：在今黄山市一带，州治在歙县。②高下溪声：溪涧的流水声高低起伏。三百滩：即新安滩。在今安徽歙县，该段落差大，江中多滩。新安江水库建成后，新安滩已被淹没遗忘。"三百"非实指，泛指众多。明程庆琉 chōng《入垓口》诗有"沙明水碧净无泥，三百滩盘上歙溪。"③帝青：指青天，碧空。④此句：源出"禹收九牧之金，铸九鼎，象九州"的典故。意思是：你去的雄藩之地，就是那个"挑选各州之金铸成鼎"中所说的其中一个州。雄藩：地位重要、实力雄厚的藩镇。择牧：挑选州牧。冶：铸炉。⑤别驾：汉置，为州刺史的佐官。后废置不常。宋各州的通判，职任似别驾，后世因以别驾为通判之习称。行春：谓官吏春日出巡。⑥茶焙 bèi：原指烘茶叶的器具，引指制造茶叶的作坊。焙：用微火烘。⑦砚坑：徽州产歙砚，砚坑就指采制砚原石的矿坑。刓 wán：削磨；雕琢。⑧残民：劫后馀民。⑨阙里：孔子故里。借指儒学。

## 次倪元镇韵寄刚中[①]

缥缈陈王湖里寺[②]，琮琤郑老[③]竹间棋。每因海月参心镜，却笑茶烟袅鬓丝。

墨渍尚嗔龙尾[④]滑，酒酣方忆虎头痴[⑤]。论文未极终宵话，且让韩山一片碑[⑥]。

老犁注：①倪元镇：倪瓒，字元镇，号云林居士，元明无锡人。博学好古，癖洁轻财，工诗善画，其画与黄公望、王蒙、吴镇并称为"元季四家"。刚中：陈孚，字刚中，号笏斋，元浙江临海人。天材过人，性任侠不羁。为官有善政，博学有气节，卒谥文惠。诗文任意即成，不事雕琢。②此句：陈王创制的梵呗之音在湖屿上的寺院中飘荡。陈王：这里指三国曹植。他是中国佛教音乐“梵呗”的创始者。③琮琤 cóngchēng：象声词，形容敲打玉石的声音，这里指棋子落在棋盘上的声音。郑老：指东汉郑玄。集经学大成者，精通术数。④龙尾：歙砚也叫龙尾砚，因产婺源龙尾山而得名。⑤虎头痴：东晋杰出画家顾恺之字虎头，被人誉为“才绝、画绝、痴绝”，“痴绝”是因为他做什么事都十分痴迷。⑥韩山一片碑：南北朝梁时著名文学家庾信，受梁明帝派遣出使北周。他很喜爱北魏文学家温子升所作《韩山碑》。有人问他：“北方怎么样?”庾信说：“只有韩山一片石（即韩山碑）能与之相语，其它所闻就像驴鸣犬吠一般。”

## 答谢白马奭公①送茶

玉川②破屋柴门晓，遣送灵苗③似谷芽。秀句惊看红药④嫩，狂歌起舞白题斜⑤。
篮封外裹藏丹箬⑥，鼎候旁存伏火砂⑦。啜罢东风欲仙去，更从何处觅三车⑧？

老犁注：①白马奭 shì 公：生平不详。②玉川：唐诗人卢仝，号玉川子，嗜茶，被后人誉为茶仙。③灵苗：对茶叶的美称。④秀句：优美的文句。红药：芍药花。⑤白题斜：古代匈奴白题部族人的一种舞蹈。因这个部族俗以白色涂额，故其族名白题。白题人舞蹈多为旋舞，舞时笠作斜戴或斜挎状。杜甫《秦州杂诗》之三：“马骄朱汗落，胡舞白题斜”。⑥篮：都篮。放茶叶和茶具的篾器。藏丹箬：包装好的茶叶放在涂有红色的箬叶中。⑦伏火砂：用来灭火或调低火温用的砂土。⑧三车：这里指道家内丹修炼的三个层次或三个阶段。

## 寄贞居张儒仙①

露冷玄洲②草木疏，砚泉分得涧循除③。钩题石记修人表④，笔削山经⑤作志书。
丹鼎晓温松节酒⑥，茗瓯春点菊苗菹⑦。残骸若有登真⑧分，亦欲西游候羽车⑨。

老犁注：①贞居：犹隐居。张：姓。儒仙：对容貌慈祥的长寿老人的尊称。②玄洲：中国神话中的地名。是虚构的仙境之地。③砚泉：即苏州天平山上的一砚泉，因泉水流入砚形石漕之中，故名。循除：沿着台阶。除：台阶。④此句：题字刻石为有品学的人修造石碑。钩题：用笔钩出字形。石记：刻石为记。修：建造。人表：人的品学堪为表率者。⑤笔削 xuē：指著述。笔，书写记录；削，删改时用刀削刮简牍。山经：泛指记录山脉的舆地之书。⑥丹鼎：炼丹用的鼎。松节酒：以肥松节为主料制作的药酒。⑦菊苗菹：菊的嫩芽腌的咸菜。菹 zū：酸菜，腌菜。⑧登真：登仙；古亦用作称人死亡的婉辞。这里指登仙。⑨羽车：传说中神仙所乘之车。

## 游惠山寺（节选）

空留雪泥①迹，莫究清净观②。煮茗涤烦暑③，晏然有馀欢④。

老犁注：①雪泥："雪泥鸿爪"的略语。苏轼《和子由渑池怀旧》"人生到处知何似？应似飞鸿踏雪泥。泥上偶然留指爪，鸿飞那复计东西。"②清净观：安定无扰的念想。③涤烦暑：洗掉烦恼和暑热。④晏然：安适的样子。馀欢：充分的欢欣。

## 挽虞彦高[1]（节选）

夜雨连书屋，春风动讲帷[2]。扣舷吴子国[3]，鬻茗李绅祠[4]。

老犁注：①虞彦高：人之姓名，生平不详。②讲帷：指天子、太子听讲之处。帷，指宫室的帷幕。这里泛指讲坛。③扣舷：手击船边。多用为歌吟的节拍。有"扣弦而歌"之典。典出《晋书·隐逸传·夏统传》，夏统（字仲御）是晋代吴地的隐士，曾入洛阳，在河边遇到司空贾充，应他的请求，用足踏船，唱了《慕歌》《河女》《小海》三首歌，使同游贵人大惊。贾充以威仪声色去打动他，夏统危坐如故，若无所闻。贾充说："这个吴地男儿是木人石心。"后以"扣舷歌"等指疏放散淡的行为；以"木肠儿"等指不为声色威势所动的人；以"小海唱"等指激越慷慨的歌曲或演唱。吴子：南北朝时北人对南人的蔑称。④鬻 yù：使用。李绅：字公垂，唐朝宰相、诗人。亳州谯县古城人，在无锡长大，是无锡第一个进士。因唐朝牛李党争，其子孙在其逝后皆逃离无锡，故在无锡没有留下李绅的祠堂。

## 寄张仲敏[1]（节选）

客庖妇供馔[2]，茗灶手自鬻[3]。外屦多非却[4]，束脯干可茹[5]。

老犁注：①张仲敏：张逊，字仲敏，号溪云，元南阳人，寓居吴中。善属文，精书画。尤善画竹，作钩勒法，妙绝当世。②此句：外面来的女厨师准备了饭菜。③茗灶：煮茗的炉灶。鬻 yù：使用。自鬻：亲自操作。④此句：门外走动的人（指乡里乡亲）大多情况下不要赶他们走。⑤此句：他们送来报恩的肉干是很好吃的。束脯：一捆干肉。有"施恩获报"的典故。春秋晋大夫赵盾用二束肉救了一对母子，后晋灵公阴谋杀害赵盾，危难时刻，所救子挺身而出救了赵盾。茹 rú：吃。

## 岁晚寄郦尚德马民立[1]（节选）

冒雪梅含英[2]，香露珠纂纂[3]。西窗期同观，赓咏[4]倾茗碗。

老犁注：①岁晚：年末。郦尚德：人之姓名，生平不详。马稷：字民立，元吴郡人。②含英：花含苞而未放。③香露：花草上的露水。纂纂 zuǎn：集聚貌。④赓咏：指相继吟咏唱和。

## 同郑本初基访吴庠郑明德教授元祐俞叔铉学正鼎教授留饮斋中是夕雪因相与联句以纪一时会盍[①]（节选）

拥褐[②]肩独耸（祐），击钵[③]技自痒。诗盟得寒郊[④]（基），茗饮失粗党[⑤]（鼎）。

老犁注：①此诗出自郑元祐诗友王逢的《梧溪集》中，是郑元祐与其诗友所写的一首联句诗。标题断句与注释：同郑本初（基）访吴庠郑明德教授（元祐）、俞叔铉学正（鼎），教授留饮斋中。是夕雪，因相与联句以纪一时会盍。吴庠：元代苏州的州学（官办学校）。教授、学正：皆为州学的学官。郑本初：郑基，字本初，元三山（今福州）人。俞叔铉：俞鼎，字叔铉，为吴庠学正。余不详。会盍 hé：盍簪。友人聚会。②拥褐 hè：穿着粗布衣服。③击钵：有“击钵催诗”之典。《南史·王僧孺传》：“南朝齐竟陵王萧子良，常于夜间邀集才人学士饮酒赋诗，刻烛限时，规定烛燃一寸，诗成四韵。萧文琰认为这并非难事，乃与丘令楷、江洪二人改为击铜钵催诗，要求钵声一止，诗即吟成。后以“击钵催诗”指限时成诗，亦以喻诗才敏捷。④诗盟：诗人的盟会。寒郊：宋苏轼《祭柳子玉文》：“郊寒岛瘦，元轻白俗。”后以“寒郊”称唐诗人孟郊。⑤粗党：粗俗的朋党。

## 送林照磨之越[①]（节选）

鉴湖水涨陂间[②]稻，禹穴[③]云荒石上苔。土有茶芽方入贡，陵无麦饭[④]孰兴哀？

老犁注：①林：姓。照磨：官名。字面意思为“照刷磨勘”。《元典章·吏部八》：“明察曰照，寻究曰刷，复核曰磨，检点曰勘。”元朝始置，明清沿袭，为官署中的首领官，是中央及地方各官署中掌管案牍、管辖吏员，并协助长官处理政务的官员，统称照磨。之越：到越地（今浙江一带）去。②鉴湖：湖名。在绍兴。陂 bēi 间：池塘间。③禹穴：相传为夏禹的葬地，在绍兴会稽山上。④麦饭：用磨碎的麦煮成的饭。常用作祭祀的饭食。

## 赠达长司懋衡[①]（节选）

政尔扬舲[②]海潮上，忽然煮茶溪水滨。啅枝幽禽语留客，搀腊[③]野梅开向人。

老犁注：①长司：官名，即长官司长官。是元朝在西南地区诸溪洞所置长官司的职官。位达鲁花赤之下，掌司事。懋衡：这位长官司长官，姓达，字懋衡。②政尔：正当。扬舲 líng：犹扬帆。③搀腊：搀夺（抢夺）腊时。

## 赠日本僧（节选）

鱼翻春波迓鼓柁[①]，马嘶晚驿知扬旌[②]。荡茶榻前启沃[③]处，不让义夫[④]留大名。

老犁注：①迓鼓柁：迎接归舟。迓 yà：迎接。鼓柁 tuó：指摇动船舵。谓泛舟。②扬旌：高举军旗。指征战。③荡茶：犹泡茶。荡：摇动。启沃：谓竭诚开导。《书·说命上》："启乃心，沃朕心。"④不让：不亚于。义夫：讲义气的人。

## 除夕（节选）

安知节序[1]儿女情？不眠坐数长短更。但有榾柮煨砂瓶[2]，煮茗亦得尊前[3]倾。

老犁注：①节序：节令的顺序。②榾柮 gǔduò：木柴块，树根疙瘩。砂瓶：陶罐。③尊前：在酒樽之前。

---

**郑光祖**（1264~约 1328）：字德辉，平阳襄陵（今山西临汾市襄汾县）人。早年习儒为业，后来补授杭州路为吏，因而南居。一直屈沉下僚，未能得到升迁，难以施展抱负。《录鬼簿》称其"为人方直，不妄与人交，故诸公多鄙之，久则见其情厚，而他人莫之及也"。故他一生倾力从事杂剧创作，成为南方戏剧圈中的巨擘。所作杂剧在当时"名闻天下，声振闺阁，伶伦辈称'郑老先生'"，与关汉卿、马致远、白朴并列称为"元曲四大家"。明朱权《太和正音谱》称其词"如九天珠玉"。所作杂剧可考者 18 种，以《倩女离魂》最著名，散曲今存小令 6 首、套数 2 套。

---

## 【双调·蟾宫曲】二首其二·飘飘泊泊

飘飘泊泊船揽定沙汀，悄悄冥冥。江树碧荧荧，半明不灭一点渔灯。冷冷清清潇湘景晚风生，淅留淅零[1]暮雨初晴。皎皎洁洁照橹篷剔留团栾[2]月明，正潇潇飒飒和银筝失留疎剌[3]秋声。见希飚胡都[4]茶客微醒，细寻寻思思双生双生，你可闪下苏卿[5]？

老犁注：①淅留淅零：形容风雨、霜雪飘打的声音。②剔留团栾：也作剔留秃圞。滚圆的样子。③潇潇飒飒：风雨急骤发出飒飒声响。失留疎剌 là：象声词。风声、水声、琴声或物件飘落声。④希飚 biāo 胡都 dōu：形容神思迷迷糊糊。⑤闪下：撇下，丢下。苏卿：宋元时流传一个"双渐与苏卿"的爱情故事，其中女主人叫苏卿，也称苏小卿，男主人公叫双渐，也称双生。

---

**郑守仁**（？~1341 前后）：号蒙泉，天台黄岩（今浙江台州黄岩区）人。约元惠宗至正初前后在世。幼着道士服，长游京师，寓蓬莱坊之崇真宫，不事干谒，斋居万松间。一夕大雪填门，僵卧读书，不改其乐，京师号为独冷先生。至正间，出主白鹤观。善诗，有《蒙泉集》。诗多失传，仅见《玉山雅集》中。

---

## 登桑干岭迎达礼部[①]

晓发桑干岭，行行[②]路入云。众山皆在下，惟我独超群。

驿骑[③]天边出，杨花树杪[④]分。老僧邀茗供[⑤]，坐石共论文[⑥]。

老犁注：①桑干岭：又名长安岭，在今河北怀来县东北四十五里，北与赤城县相接。《方舆纪要》卷十八："长安岭本名枪竿岭，或曰桑干岭之讹也，永乐中改今名。"礼部：官署名。这里指一个姓达的礼部长官。②行行 hàng：刚强负气貌。③驿骑 jì：驿马。④杨花：指柳絮。树杪 miǎo：树梢。⑤茗供：煮茶供饮。⑥论文：评论文人及其文章。泛指谈论文章。

---

**郑奎妻**（生卒里籍不详）：元代女诗人，郑奎（生平不详）的妻子，《历代名媛诗词》录其作品《四时词》《掬水月在手》等。

---

## 春词

春风吹花落红雪[①]，杨柳阴浓啼百舌[②]。东家蝴蝶西家飞，前岁樱桃今岁结。

鞦韆蹴罢鬓鬖髿[③]，粉汗凝香沁绿纱[④]。侍女亦知心内事，银瓶[⑤]汲水煮新茶。

老犁注：①红雪：喻飘落的红花。②百舌：即乌鸫鸟，会学舌，样子似八哥。③鞦韆 qiūqiān：今写作秋千。蹴 cù：踩，踏。这里指荡。鬖髿 sānshā：毛发下垂貌。④粉汗：指妇女之汗。妇女面多敷粉，故云。沁：渗入。绿纱：绿色纱制衣服。⑤银瓶：白色瓷瓶。常比喻男女情事。这里运用双关的修辞方法。

---

**孟檠**（生卒不详）：字仲良，号九龙山樵，元无锡人，有先祖之茔在惠麓，因家焉，兄弟皆出仕，其独隐泉石事亲孝。

---

## 题惠麓复隐[①]图二首其二

频年[②]避地得生全，白发归来只自怜。栽树种田春雨后，试茶[③]重煮惠山泉。

老犁注：①惠麓：惠山山麓。复隐：重来隐居。②频年：多年。③试茶：品茶。

---

**贯云石**（1286~1324）：字浮岑，号成斋，疏仙，酸斋。祖籍西域北庭（今新疆吉木萨尔），元朝畏兀儿（今维吾尔族）人。精通汉文，出身高昌回鹘畏吾人贵胄，祖

父阿里海涯为元朝开国大将。出生于大都，原名小云石海涯，其母是精通汉学的维族名儒廉希闵的女儿，因父名贯只哥，遂以贯为姓。初因父荫袭为两淮万户府达鲁花赤，让爵于弟，北上从姚燧学。仁宗时拜翰林侍读学士、中奉大夫，知制诰同修国史。不久称疾辞官，隐于杭州，改名“易服”，在钱塘卖药为生，自号“芦花道人”。与杨朝英同游，对其说“我酸则子当澹”，从此杨果号“澹斋”。在诗、文、词、书法上皆能自称一家，亦为第一流散曲大家，元杨维桢、欧阳玄，明王世贞对其皆有高度赞许，明朱权《太和正音谱》谓其词“如天马脱羁”。民国任讷将其与徐再思的散曲合辑为《酸甜乐府》。今存小令70余首，套数8套。

## 【南吕·一枝花】离闷

【感皇恩】呀！则我这[①]春意阑珊，莺老花残。一帘风，三月雨，五更寒。闪的我[②]鸾孤凤单，枕剩衾寒。梨花院[③]，采茶歌，凭阑干[④]。

老犁注：①则我这：我这却（有正相反之意）。②闪的我：犹害得我。③梨花院：原指《西厢记》中普救寺的一个开有梨花的院落，是张生和崔莺莺私会的地方。后指男女幽会之地。④阑干：栏杆。

**贯石屏**（生卒不详）：此名仅见于《词林摘艳》，或为贯云石。

## 【仙吕·村里迓鼓】隐逸

【上马娇】鱼旋拿，柴旋打[①]。无事掩荆笆[②]，醉时节卧在葫芦架。咱，睡起时节旋去烹茶。

老犁注：①旋……旋……：犹“一边……一边……”。②荆笆：用荆条编的簟一样的农家用具，可以晒东西，也可用作篱笆，也可当小园的门。这里指园门。

**赵奕**（？~1351尚在世）：字仲光，号西斋，赵孟頫季子，元湖州人。约生活在成宗至惠宗年间。举茂才，不乐仕进。晚居吴兴与昆山，日以诗酒自娱。善画，工真行草书。玉山称其天资秀雅，如芝兰玉树，王谢佳子弟也。

## 玉山与郑九成自姑苏来吴兴僧可传邀余陪游弁山之黄龙洞时有紫霞同席遂分韵得花字[①]（节选）

遥天连岛屿，远水接蒹葭[②]。道士[③]来邀坐，仙童为煮茶。

老犁注：①标题断句及注释：玉山与郑九成，自姑苏来吴兴，僧可传邀余陪游弁山之黄龙洞，时有紫霞同席，遂分韵得花字。玉山：指顾瑛。他在昆山的玉山脚下筑有玉山草堂，并在此举行了著名玉山雅集，他既是东道主，又是首席诗人。郑九成：郑韶，字九成，元湖州吴兴人。慷慨有气节，不事奔竞，澹然以诗酒自乐。僧可传：僧人名可传。弁山：又名卞山，在浙江湖州城西北 9 公里，雄峙于太湖南岸，主峰名云峰顶。紫霞同席：紫色云霞伴着坐席。②蒹葭 jiānjiā：两种水草名。《诗经·秦风·蒹葭》中有"蒹葭苍苍，白露为霜。所谓伊人，在水一方。"之句，"蒹葭"成为了怀念故人的象征，后以"蒹葭"泛指思念异地友人。③道士：指僧人。

---

**赵涣**（生卒不详）：一名同麟，字季文，元常熟（今江苏苏州常熟市）人。由宪掾除湖州从事，历知富州。从政之暇，放情诗画，为时所重。与杨维桢、陆友、屠性、郑元祐等有诗文来往。

---

## 暇日同仲穆诸公游道场山[①]和东坡韵（节选）

仰瞻孤塔倚高汉[②]，俯听绝壑鸣飞湍[③]。老僧爱客煮茗出，暂与闲云分半席[④]。

老犁注：①暇日：空闲的日子。仲穆：赵雍，字仲穆，元湖州归安（归安县治就在湖州市区，民国时撤县并入湖州）人，号山斋。赵孟頫仲子。曾任海州知州，除集贤待制、同知湖州路总管府事。工书画，名重当世。道场山：在湖州市城南五公里，"道场晓霁"列"吴兴八景"之首。山顶有多宝塔。②高汉：霄汉。③飞湍：急流。④此句：暂时与山中闲云分得半席大的地方，用来在此饮茶。

---

**赵若槷**（生卒不详）：字顺之，号涧边。元崇安（今福建武夷山）人。宋宗室。元初屡荐不就。工诗词，能度曲，卒年 63 岁。著有《涧边集》20 卷。所辑其诗选自明喻政《茶集》卷之二。

---

## 武夷茶

和气满六合[1]，灵芽[2]生武夷。人间浑未觉，天上已先知。

石乳[3]沾馀润，云根石髓[4]流。玉瓯[5]浮动处，神入洞天游。

老犁注：①六合：指上下和四方，泛指天地或宇宙。②灵芽：茶叶的美称。③石乳：武夷岩茶中的一种，又有称石乳香。④云根：深山云起之处。石髓：钟乳石孔洞中累积的“凝膏”。因为泉水从这些孔洞中涌出，是这些石头中的精髓，因此石髓也就借指泉水。⑤玉瓯：茶瓯的美称。

---

**赵明道**（生卒不详）：又作赵明远、赵名远，大都（今北京）人。钟嗣成《录鬼簿》列其为“前辈已死名公才人”之内。庄一拂在《古典戏曲存目汇考》中推论赵氏“约元世祖至元中前后在世”。推其应参与关汉卿、马致远等在大都组织的“玉京书会”“元贞书会”等活动。今存杂剧《韩湘子三赴牡丹亭》《韩退之雪拥蓝关记》和《陶朱公范蠡归湖》第四折。《全元散曲》录其套数 3 套。明朱权《太和正音谱》言其词“如太华清云”。

---

## 【双调·夜行船】寄香罗帕[1]

【离亭煞】用工夫度线金针刺，无包弹撚锹[2]银丝细。气命儿般敬重看承[3]，心肝儿般爱怜收拾[4]，止不过包胆茶胧罗笠[5]，说不尽千般旖旎[6]。忙搦[7]在手儿中，荒笼[8]在袖儿里。

老犁注：①香罗帕：丝织方巾。女子随身用品。常用作男女定情物。②无包弹：无可指责；没的话说。包弹：批评；指责。宋仁宗时，监察御史包拯敢于弹劾权贵，因此朝野给包拯起了“包弹”的绰号。撚 niǎn：搓捻。锹 qiāo：撬起。③气命儿般：性命儿一样。气命：犹性命。看承：看待、对待。④收拾：整理。⑤此句：把罗帕当作包胆茶、制作罗笠之用。止不过：只当是，就当作是。胆茶：用嫩茶末制成的圆球样茶丸。胧罗笠：罩上罗帕做成的罗笠。胧通笼。⑥旖旎 yǐnǐ：柔和美丽。⑦搦 nuò：揉；捏。⑧荒笼：空藏。荒：空；虚。笼：在袖内藏东西。

---

**赵显宏**（？~1320 前后在世）：号学村，里籍不详，约元仁宗延祐末前后在世。与孙周卿同时。工散曲，善写景抒怀，曲文流丽，风格飘逸清秀。今存小令 20 首，套数 2 套。

---

## 【双调·殿前欢】闲居四首其三

去来兮，生平志不尚轻肥①。林泉疏散无拘系，茶药琴棋。听春深杜宇啼，瞻天表②玄鹤唳，看沙暖鸳鸯睡。有诗有酒，无是无非。

老犁注：①轻肥：取自《论语》，用以概括豪奢生活。“轻裘肥马”的省语。②天表：天的表面，即天外。

## 【南吕·一枝花】二首其一·行乐

【尾】栋梁才怎受衠钢剑①？经济手难拿桑木锨②。堪笑多情老双渐，江洪③茶价添。丑冯魁正忺④，见个年小的苏卿望风儿闪⑤。

老犁注：①衠 zhūn 钢剑：纯钢的宝剑。衠钢就是精钢，一般是做兵器的上等材料。衠：纯。②经济手：犹从商之人。桑木锨：桑木做柄的锨。锨 xiān：掘土和铲东西的农具名，似锹而较铲方阔，柄端无短拐。③江洪：江州（今九江）与洪州（今南昌），元时是江南地区茶叶的主要集散地。④冯魁：是“双渐与苏卿”爱情故事中夺人之爱的茶商。忺 xiān：高兴；快乐。⑤望风儿闪：暗地里偷看。望：观察。风儿：风声。闪：逃避开。

---

**荆干臣**（生卒不详）：家居兴中州东营（今辽宁朝阳）。虽生长豪族，但能折节读书。少年时游学于燕地（今河北、北京一带）。历参军、参议，以奉顺大夫出彰德路转运使，至元间曾随忻都等东征日本。其诗词曲均佳。元李庭在《寓庵集》中谓其“据幽发粹以昌其诗，语意天出，清新赡丽，无雕镌艰苦之态。”明朱权《太和正音谱》评其词“如珠帘鹦鹉”。今存套数 2 套，小令 1 首。

---

## 【黄钟·醉花阴】闺情

【四门子】玉容寂寞娇模样，饭不拈，茶不汤。一会家思，一会家想：你莫不流落在帝京①旅店上？一会家思，一会家想：你莫不名标在虎榜②？

老犁注：①帝京：指元大都，今北京。②虎榜：龙虎榜的简称，即进士榜。

## 【中吕·醉春风】红袖霞飘彩

【喜春来】茶不茶饭不饭恹恹害①，死不死活不活强强捱②，相思何日得明白。愁似海，烦恼早安排。

老犁注：①恹恹 yān 害：精神疲乏的发慌。害：害病。②强强捱：直挺挺的忍受、等待。捱：忍受。

**胡晋**（生卒不详）：元宛陵（今安徽宣城）人。其诗见于元汪泽民辑的《宛陵群英集》中。

## 和道士汪乐全[1]韵

矫矫餐霞子[2]，凝神志不分[3]。丹书[4]研晓露，仙服剪春云。

山水鸣琴悟[5]，松风[6]煮茗闻。时能吐佳句，艳雪[7]舞缤纷。

老犁注：①汪乐全：元宣城玄妙观道士。生平不详。②矫矫：超凡脱俗，不同凡响。餐霞子：得道成仙的人。③志不分：有成语“用志不分”，意思是一心不二用。出自《庄子·达生》。④丹书：泛指炼丹之书，道教经书。⑤此句：能弹出优美的琴声是领悟了山水的缘故。⑥松风：煮水发出的声响。⑦艳雪：美艳的雪。

**胡天游**（1288~1368）：名乘龙，字天游（以字行），号松竹主人，又号傲轩。元岳州平江（今湖南岳阳平江县）人。有俊才，七岁能诗。遭元季乱，隐居不仕，生活困顿，下田耕种，忍饥劳作。诗多苍凉悲壮，略少修饰，可与虞集、赵孟頫相媲美，“然长歌慷慨之中，能发乎情，止乎礼义”。有《傲轩吟稿》。

## 和禽言[1]四首其二·提葫芦

提葫芦[2]遍走，街头无酒垆[3]。田家米价贵，如玉斗酒十[4]。

千无处酤呜[5]，呼客来一笑。茶当酒迩来[6]，风尘[7]茶亦少。

老犁注：①禽言：诗体名。以禽鸟为题，将鸟名隐入诗句，象声取义，以抒情写态。②提葫芦：鸟名。也称提壶。有考证说是小杜鹃。宋王质在《山友辞·提葫芦》诗中有题注：“身麻斑，如鹞而小，嘴弯，声清重，初稍缓，已乃大激烈。”这里是双关用法，又指提着葫芦去买酒，以切禽言诗之矩。③酒垆 lú：卖酒处安置酒瓮的砌台。亦借指酒肆、酒店。④此句：酒已如玉一样贵，斗酒涨了十来倍（米贵带来所酿之酒自然也贵）。十：表示约数。犹言十来倍。⑤此句：千金无处买到酒而叹息。千无处，即千金无处。酤：一夜酿成的酒，泛指酒。呜：叹息。⑥迩来：近来。⑦风尘：纷乱的社会。

## 夏昼睡起一凉快甚（节选）

炎歊困亭午[①]，推枕目犹眩。檐光射茗碗，高壁走惊电[②]。

老犁注：①炎歊 xiāo：亦作“炎熇”，意思是暑热。亭午：正午。②高壁：高筑的墙壁。惊电：迅疾的闪电。后两句指下雷雨时屋内所见闪电光影的情形。

**柯九思**（1290~1343）：字敬仲，号丹丘生，元仙居（今浙江台州仙居县）人。在太学时，遇元文宗于潜邸，及即位，授典瑞院都事，迁奎章阁鉴书博士。天历间，与虞集、李泂诸公相唱和。文宗死，流寓江南，归老松江。时往来玉峰、吴阊，与玉山（顾瑛）诸君宴游，《草堂雅集》以其诗压卷。至正乙巳，得暴疾卒，年五十四。博学能诗文，善楷书，工画墨竹，能以书法为之。素有诗、书、画三绝之称。又善鉴识鼎彝古器。

## 题苏叔党[①]画竹石

别墅促煎茶，溪边路不赊[②]。蓝桥曾种玉[③]，春笋出仙家。

老犁注：①苏叔党：苏过，字叔党，号斜川居士，宋眉州眉山人。苏轼第三子。轼贬定武、岭南时随行奉侍，轼卒，葬汝州郏城小峨眉山，遂家颍昌小斜川，因以为号。历监太原府税，知郾城县，晚年权通判中山府。能文，善书画，人称“小坡”。②不赊：不远。③此句：指竹石间画有男女相会的场景。有“蓝田种玉”之典，相传未娶妻的杨伯雍，连续三年做义浆在路边施舍过往行人，太白金星化人来教其种玉，其种得白璧五双，后用之于聘，遂得妻而归。蓝桥：在蓝田东南的蓝溪之上，相传其地有仙窟，为唐时秀才裴航与仙女云英相遇的地方。后泛指男女约会之处。

## 宫词[①]十五首其十一

玉碗调冰涌雪花，金丝缠扇[②]绣红纱。彩笺[③]御制题端午，敕送皇姑[④]公主家。

老犁注：①宫词：古代的一种诗体，多写宫廷生活琐事，一般为七言绝句，唐代诗歌中多见之，如王建《宫词》。后世沿而作之者颇多。②扇：元王逢《梧溪集》所载此诗作“线”字。③彩笺：小幅彩色纸张。常供题咏或书信之用。④皇姑：元武宗的妹妹、元仁宗的姐姐、元文宗的姑姑兼岳母——鲁国大长公主祥哥剌吉。她是历史上一位著名的书画艺术品收藏家。据袁桷《鲁国大长公主图画记》记载：至治三年（1323）春在天宁寺，她召集了一次以女性为主的历史性雅集，酒阑，她拿出书画若干卷，让与会文人儒士各随其能题识于后。留下书跋的诗人有袁桷、魏必复、李静、张颢、赵严、杜禧、赵世延、王毅、冯子振、陈颢、陈庭实、吴全节、王观等 20 余人。其收藏的书画都留有“皇姊图书”或“图书珍玩”四字。

## 春直奎章阁[1]二首其一

旋拆黄封日铸茶[2]，玉泉新汲味幽嘉。殿中今日无宣唤[3]，闲卷珠帘看柳花[4]。

老犁注：①春直：谓春季在宫中值班。奎章阁：元文宗天历二年（1329）三月“建奎章阁于大内”，陈列珍玩，储藏书籍，是元大都皇宫内的重要宫殿。后在阁内设奎章阁学士院，汇集著名学者文士，成为学术艺术的殿堂。②旋拆：迅即拆除。黄封：贡茶上贴着的皇家封条。其色黄，故称。日铸茶：产自浙江绍兴日铸山。宋元时的名茶。③宣唤：帝王下令宣召、传唤。④柳花：指柳絮。

## 题雪泉三首其三

寒梅几树近山堂[1]，映雪临流[2]正吐芳。汲得泉归和雪煮，地炉[3]茶熟带清香。

老犁注：①山堂：隐士居所。②临流：临近泉流。③地炉：就地挖砌的火炉。

## 送王诚夫[1]赴无锡知州

黄金横带[2]烂辉光，出守宁辞[3]道路长。鹓序久陪苍水使[4]，凤池曾赴紫薇郎[5]。

双旌[6]坐镇清溪月，列戟看凝宴寝香[7]。肯汲惠山泉见寄[8]，青春煮茗当还乡。

老犁注：①王诚夫：人之姓名，生平不详。②黄金横带：黄金镶嵌的革带，唐时一般是三品官以上才配金带。镶嵌的玉和金数量从 13 块到 26 块不等，如唐有“十三銙带”。这里应是泛指为官者的华丽服饰。③出守：由京官出为太守。宁辞：平安辞归。④鹓 yuān 序：朝官站立的次序。鹓：古代中国传说中类似凤凰的鸟。鹓行（鹓鸟飞行，其群飞行列整齐，故用以比喻官员上朝的行列）、鹓班（即朝班）、鹓鸿（比喻朝官的班列）。苍水使：仙人的使者。《吴越春秋·卷六·越王无余外传》载：禹登衡岳，梦见赤绣衣男子，自称玄夷苍水使者，闻帝使文命于斯，故来候之。⑤凤池：禁苑中池沼。唐时多用以称呼宰相。紫微郎：唐代中书舍人的别称。这里借指朝官。⑥双旌：唐代节度领刺史者出行时的仪仗。泛指高官之仪仗。⑦列戟：宫庙、官府及显贵之府第陈戟于门前，以为仪仗。看凝：看是一般的观看，凝是盯着不放。宴寝：休息起居之室。⑧见寄：寄给我。

## 留题惠山

骑马东华[1]尘满道，山川如此不曾来。清泉白石[2]何年有，翠竹苍松古殿开。

幽人[3]试水尝春茗，过客题诗生雨苔。杖藜绝顶便疏旷[4]，日暮浮云天际回。

老犁注：①东华：华山之东。惠山古称华山，惠山之东是惠山的入口。②清泉白石：元无锡人倪瓒，好茶成癖，发明过一种清泉白石茶。明人顾元庆《云林遗事》里说："倪元镇性好茶，在惠山中，用核桃、松子肉和真粉成小块如石状，置于茶中饮之，名曰清泉白石。"③幽人：幽隐之人。④杖藜：柱杖。疏旷：豁达。

**钟嗣成**（约1279~约1360）：字继先，号丑斋，元汴梁（今河南开封）人，居杭州，自署古汴。年轻时曾热心功名，但屡试不第，遂杜门隐居，发愤苦读，致力于编剧和著述。钟嗣成社交比较广泛，在杭州曾拜才子邓善之、曹克明、刘声之为老师，和戏曲作家赵良弼、屈恭之、刘宣子是同窗好友，同时还和戏曲作家施惠、睢景臣、周文质等来往密切。他一生最大的成就是撰写了《录鬼簿》一书，该书记载了金元曲家152人，几使两代知名曲家，囊括殆尽；著录杂剧名目，达425种，占了现存五百可考元人杂剧剧目的80%以上。其所作杂剧7种均佚，仅存小令59首，套数1套，其中，有19支小令为吊宫大用等19位曲家而作，成为后人研究元曲的最重要的资料。明初朱权《太和正音谱》评其词"如腾空宝气"。

## 【南吕·骂玉郎过感皇恩采茶歌】二十首其二·四时佳兴·夏

清和天气逢初夏，更何处觅韶华！端阳过了炎威乍[①]。藤枕攲[②]，翠簟[③]铺，纱幮[④]挂。　住处清佳，绝去喧哗。近深林，烹嫩笋，煮新茶。披襟散发，沉李浮瓜。引莲莆[⑤]，斟竹叶[⑥]，看荷花。　羡归鸦，趁残霞，暮云呈巧月如牙。静夜凉生深院宇，熏风吹透碧窗纱。

老犁注：①炎威乍zhà：炎热威力忽见。乍：忽然。②攲yǐ：通倚，斜靠着。③翠簟diàn：青篾席。④纱幮chú：纱帐。室内张开用以遮隔或避蚊。⑤莆yǒng：。它是指莲蓬中的莲子，像蚕蛹，故称莲莆。虫类写成蛹，植物类写成莆。⑥竹叶：酒名。即竹叶青。亦泛指美酒。

**洪希文**（1282~1366）：字汝质，号去华山人，元兴化莆田（今福建莆田）人。元兵占领兴化时，大肆屠杀民众，其父（洪德章，字岩虎，兴化军教授）尚气节，愤而避居山中。父卒，嗣父在住地设馆受徒。后聘为郡学训导，以教书为业四十年。为人耿介刚直，能为民请命，七十岁时被罢官。卒八十五岁。其诗文激宕淋漓，为闽人之冠。有《续轩渠集》。

## 明皇太真[1]避暑安乐图

已副冰盆金粟瓜[2]，旋调雪水试凉茶[3]。宫娃[4]未解君恩暖，尚引青罂汲井花[5]。

老犁注：①明皇太真：唐玄宗庙号明皇。杨贵妃号太真。②副 pì：剖开、裂开。冰盆：也叫冰盘，盘内放置碎冰，上面摆列藕菱瓜果等食品，夏季用以解渴消暑。金粟瓜：龙王供王母享用的供果，有金色的外表还有粟米的香味。这里借指宫廷里用的瓜果。③旋：随即，立即。雪水：冰窖（古代宫廷中，于冬天藏冰于地窖，到夏天将冰取出用来消暑，为此还专门设置了“凌人”的官职，负责此项工作）中取冰块化成的水。凉茶：古代宫廷中一种解暑饮料。用茶水与果饮（或中药）相调制，再用冰水混合而成。据说唐明皇最喜欢品饮用甘蔗汁调配来的凉茶。④宫娃：宫女。⑤青罂：犹碧罂。青绿色的罂瓶。井花：井花水。清晨初汲的井水。

## 尝新橄榄（节选）

为味苦且涩，其气清以芳。侑酒[1]解酒毒，投茶助茶香。

老犁注：①侑 yòu 酒：为饮酒者助兴。侑：助，佐助。

## 煮土茶歌[1]

论茶自古称壑源[1]，品水无出中濡泉[2]。莆中苦茶[3]出土产，乡味自汲井水煎。器新火活[4]清味永，且从平地休登仙[5]。王侯第宅斗绝品，揣分不到山翁[6]前。临风一啜心自省，此意莫与他人传[7]。

老犁注：①原诗题注：龟山、石梯、蟹井各有土产，龟山味香而淡，石梯味清而微苦。壑源：地名，在今建瓯东峰镇。此地北靠宋朝贡茶产地北苑。壑源茶虽是私焙茶，但由于地域相近，且制茶方法和茶品质与北苑贡茶相当，故为当时人所追捧。②中濡泉：即中泠泉，在镇江金山寺下扬子江江心屿中，为唐鉴水名家刑部侍郎刘伯刍品评为天下第一泉。濡今写作泠。③莆中：莆田地域内。苦茶：原注“闽乡音以茶为荼，盖有荼苦之义”。④火活：即活火，有火焰的火。⑤登仙：成仙。⑥揣 zhuī 分：捶击分出。山翁：山中老者。⑦原诗最后有注：陆羽字鸿渐，善煎茶，次第水品，以扬子江中濡为第一（这里作者有误。陆羽品评的第一泉是庐山谷帘泉，而将中泠泉品评为第一泉的是唐刑部侍郎刘伯刍），常州无锡县惠山泉为第二。扬州竹西寺上有井，其水味如蜀江故，其山号为蜀冈，东坡尝于此取水，号为乡味。李约（字在博，号萧斋，宋州宋城人，唐朝宗室郑王李元懿玄孙，官任兵部员外郎，嗜茶，有画癖）嗜茶，曰：“茶须缓火炙，活火煎，活火谓炭之有燄（yàn 焰）者。”（这是温庭筠《采茶录》中，专门介绍李约煮茶技术的一段话）。

## 阮郎归·焙茶[①]

养茶火候不须忙，温温深盖藏[②]。不寒不暖要如常，酒醒闻箬香[③]。　　除冷湿，煦[④]春阳，茶家方法良。斯言所可得而详[⑤]，前头道路长[⑥]。

老犁注：①焙茶：烘制茶叶。②温温：不冷不热。盖藏：盖严掩藏。③闻箬香：闻到箬叶的香味。焙茶用的笼盖，用箬叶和篾编成。故焙茶时，能闻其味。箬 ruò：一种叶宽茎细的竹子。其叶可用来做竹笠和包粽子。④煦 xù：暖和。⑤所可得而详：如果可以得到细说。所：若。详：详说。语出《诗经·鄘风·墙有茨》“中冓（内室，借指宫中龌龊之事）之言，不可详也。所可详也，言之长也。”⑥此句：指为了探索正确的焙茶方法，走过的道路很长很长。前头：以前，过去的时间。

## 品令·试茶[①]

旋碾龙团[②]试。要着盏、无留腻[③]。矞云[④]献瑞，乳花[⑤]斗巧、松风[⑥]飘沸。为致中情[⑦]，多谢故人千里。　　泉香品异。迥[⑧]休把寻常比。啜过惟有[⑨]，自知不带、人间火气[⑩]。心许云谁，太尉党家有妓[⑪]。

老犁注：①试茶：品茶。试：尝试。②龙团：宋代贡茶名。饼状，上有龙纹，故称。③着盏：附着于盏。斗茶中所谓的“咬盏”，茶沫要附着于盏壁上，越久越好。腻：积聚的茶垢。指咬盏结束后盏壁上看不到茶垢的痕迹。④矞 yù 云：三色彩云，古代以为瑞征。后用以喻贤德而有地位的人。⑤乳花：烹茶时泛起的乳白色泡沫。⑥松风：喻煮水发出的声音。⑦致中情：谓表达我内心的真诚。⑧迥：远。⑨惟有：只有。⑩火气：欲火。⑪最后两句：表面说奢靡生活好但心里还是默许喝茶好，这人是谁呢？是太尉党进家的歌姬。出自“党姬烹茶”之典。心许：默许。

## 浣溪沙·试茶

独坐书斋日正中，平生三昧[①]试茶功。起看水火[②]自争雄。　　势挟怒涛翻急雪[③]，韵[④]胜甘露透香风。晚凉月色照青松。

老犁注：①平生：人生。三昧：是佛家一种去杂平心宁神的修行方法。借指事物的要领、真谛。②水火：烹茶中的水与火。语出韩愈《石鼎联句》“谬当鼎鼐间，妄使水火争。”③急雪：水开后急速翻腾的水花。④韵：茶韵，茶的韵味。

---

**姚文奂**（？～1350 前后在世）：字子章，号娄东生，昆山（今江苏苏州昆山市）人。聪敏好学，过目即成诵，博涉经史。辟浙东帅阃掾，虽公事旁午，不废吟咏，把酒论诗，意气豁如也。与郭翼（字羲仲）、郯韶（字九成）、顾瑛（字仲瑛）诸公相

唱和。家有书声斋、野航亭，人称为姚野航。有《野航亭稿》。

## 来鹤亭[1]得飞字韵（节选）

摘花散乱影，饮芳而食菲[2]。古香杂龙麝[3]，新茗试枪旂[4]。

老犁注：①来鹤亭：亭名，在昆山，由元昆山人吕诚所筑。吕诚，字敬夫。工诗词。名士咸与之交。家有园林，尝蓄一鹤，复有鹤自来为伍，因筑来鹤亭。有《来鹤亭诗》。②饮芳而食菲：饮食花草，或指品饮花草的芳香和美丽。芳菲：花草。③龙麝：龙涎香与麝香的并称。④旂 qí：同旗。枪旗：指茶叶的一芽一叶。

**袁泰**（生卒不详）：字仲长，别号寓斋，通甫（袁易）次子，元平江长洲（今江苏苏州）人。以文学世其家，为郡学教授。

## 次寿道[1]韵二首其一

桃花夹岸护溪庄，白发渔翁久坐忘。过客此时停短棹[2]，道人终日闭虚堂[3]。

雨沾弱柳垂垂[4]绿，风动新篁隐隐香。茗鼎忽聆烹蟹眼[5]，车声真用绕羊肠[6]。

老犁注：①寿道：干文传，字寿道，号仁里，元代吴县人，延祐二年进士，授昌国同知，历尹长洲、乌程两县，升知婺源、吴江两州。后擢集贤待制，以礼部尚书致仕。②短棹 zhào：划船用的小桨。泛指小船。③道人：有极高道德的人。虚堂：高堂。④垂垂：低垂貌。⑤茗鼎：烹茶的鼎。聆 líng：细听。蟹眼：水煮开时的小气泡。⑥此句：用车在羊肠道上碾出的声响来喻煮茶的声音。黄庭坚在《以小团龙及半挺赠无咎并诗用前韵为戏》中有“曲几团蒲听煮汤，煎成车声绕羊肠。”之句。

**袁士元**（1306~1366 尚在世）：又名宁老，字彦章，庆元鄞县（今浙江宁波鄞州区）人。幼嗜学，性至孝。42 岁前为一介布衣，至正十六年（1356 年）因征讨张士诚有功，故荐授鄞学教谕，后调鄮山书院山长，迁平江路学教授。再擢翰林国史院检阅官，不赴。筑城西别墅，种菊数百本，自号菊村学者。性格豪爽，喜交朋友，与樊天民、金子文等往来唱和，但大多诗章散佚。其诗清丽可喜，兴致高远。有《书林外集》。

## 题城西书舍次韵

自笑茅檐多野意[①]，水边栽柳翠成堆。鹤因无恙老犹健，燕若有情贫亦来。曲径斜穿花影入，小池低傍竹阴开。故人有意能相访，细啜茶瓯当酒杯。

老犁注：①野意：山野意趣。

## 夏日山居

疏帘拂拂飏南薰[①]，睡起茶舂[②]隔岸闻。蚕老已收松上雪，麦黄初涨陇头云[③]。

老犁注：①疏帘：指稀疏的竹织窗帘。拂拂：风吹动貌。飏：通扬。扬举。南薰：亦作南熏。指《南风》歌，相传为虞舜所作，歌中有"南风之薰兮，可以解吾民之愠兮"等句。借指从南面刮来的风。②茶舂：茶在臼中舂捣。③此两句：蚕成熟时松上雪就化了，麦收时冈上就开始涨落陇头云了。陇：山冈高地。陇头云：积雨云。因夏天强对流天气常常使得山冈上形成这样的云层。

---

**袁德裕**（生卒里籍不详）：元人。

---

## 沙亭杂咏其四

黄鹂才唤午眠醒，闲检茶经户半扃[①]。好是[②]昼长天气困，朦胧烟雨暗沙亭。

老犁注：①检：翻阅。扃 jiōng：门闩，引申为关门。②好是：正是。

---

**顾盟**（？~1338 前后）：字仲赘，甬东（今浙江舟山）人。约元惠宗至元中前后在世。高才好学，尝馆于杞菊轩，善诗，诗见《玉山雅集》，《元诗选》亦收其《仲赘集》诗。

---

## 寄学可[①]二首其二

石上一杯清泠[②]水，传是若冰小洞天[③]。借渠茗器[④]登山去，春雪正与梅争妍。

老犁注：①学可：人名，生平不详。②清泠：清凉寒冷。③若冰：指若冰洞，在无锡惠山第二泉旁。小洞天：道教是指神道居住的名山胜地，即地上的仙山，它由十大洞天、三十六小洞天构成。④渠：他。茗器：茶具。

**顾德润**（？~1320 前后）：字均泽（一作君泽），号九山（一作九仙），松江（今上海松江区）人。约元仁宗延佑末前后在世。与钟嗣成同辈。曾为杭州路吏，后迁平江。工曲，尝自刊《九山乐府》《诗隐》二集。明朱权《太和正音谱》评其词“如雪中乔木。”今存散曲小令 8 首，套数 2 套。

## 【仙吕·点绛唇】四友[①]争春

【油葫芦】天下湖山风月珑[②]，这一伙作业种[③]，莺俦燕侣[④]不相容。锦心绣腹[⑤]亲陪奉，月眉星眼[⑥]情搬弄。茶供过三两巡，涎割到五六桶[⑦]。攒[⑧]下些高谈阔论成何用，端的是风月两无功[⑨]。

老犁注：①四友：指花间四友（莺、燕、蜂、蝶）。常用来指风月场中的女子。明汤显祖《还魂记·冥判》：“那花间四友你差排，叫莺窥燕猜，倩蜂媒蝶采。”②珑：明朗美丽的样子。③业种：佛教谓恶业恶报，善业善报，如由种子得果实，故称。④莺俦燕侣：莺、燕喻女子。俦指伴侣。元关汉卿《鲁斋郎》第三折：“你自有莺俦燕侣，我从今万事不关心。”⑤锦心绣腹：亦作锦心绣口。指华丽的辞藻。元汤式《一枝花·冬景题情》套曲：“他有那锦心绣腹，我有那冰肌玉骨。”⑥月眉星眼：有“眉如弯月，眼似流星”之谓。形容女子容貌美丽。宋周紫芝《蓦山溪》词：“月眉星眼，阆苑真仙侣。”⑦此句：割下龙涎研粉配成香水使用，都配了五六桶了。涎：即龙涎香，也叫龙腹香，是抹香鲸肠胃内分泌物的干燥品。有奇香，且香气持久，是极名贵的香料。⑧攒 cuán：聚集。⑨端的是：的确是。风月：指男女间情爱之事。风月两无功：风和月两者都不会有功劳。

**徐再思**（约 1280~1330 后）：字德可，号甜斋，元嘉兴（浙江嘉兴）人。虽短暂任过嘉兴路吏，但几绝仕途。为人聪敏秀丽，交游高上文章士。习经书，看史鉴。元钟嗣成《录鬼簿》把他列为“方今才人相知者”一类，并谓“与小山（张可久）同时”。与贯云石齐名，民国任讷将二人散曲合集为《酸甜乐府》。其散曲多清丽俊秀，而怀古之作多悲凉沧桑。明朱权《太和正音谱》评其词“如桂林秋月”。今存小令 103 首。

## 【中吕·普天乐】吴江八景其三·龙庙甘泉[①]

养萍实[②]，分桃浪[③]。源通虎跑[④]，味胜蜂糖。可煮茶，堪供酿。第四桥边冰轮[⑤]上，浸一泓碧玉[⑥]流香。香消酒容[⑦]，芳腴[⑧]齿牙，冷渗诗肠[⑨]。

老犁注：①龙庙甘泉：为苏州吴江八景之一。在松陵镇（吴江县治地，故吴江亦称松陵）南石塘，塘上有桥，桥下有泉。元郑元祐在《甘泉祠祷雨记》："州之东行，涉江湖而为梁者相望。独第四桥之下，水最深，味最甘，唐陆羽所品第六水也。世传有龙居之，州人即桥北水中之沚，置祠亨焉，谓之甘泉祠，其来久矣。"②萍实：吉祥之物。集天地之精华而成，千年也难得一遇的吉祥之物。刘向《说苑·辨物》：楚昭王渡江，有物大如斗，直触王舟，止于舟中。昭王大怪之，遍问群臣，莫之能识。使聘问孔子。孔子曰："此名萍实，令剖而食之，惟霸者能获之，此吉祥也。"③桃浪：桃花浪省称。桃花盛开时泛起的波浪。④虎跑（páo 走兽用脚刨地）：杭州虎跑泉。⑤冰轮：月亮。⑥碧玉：喻桥下澄净泉水。⑦酒容：饮酒后的面色。⑧芳腴：芳香浓郁。⑨诗肠：诗思；诗情。

## 【双调·水仙子】惠山泉

自天飞下九龙涎①，走地流为一股泉，带风吹作千寻练②。问山僧不记年，任松梢鹤避青烟③。湿云亭上，涵碧④洞前，自采茶煎。

老犁注：①九龙涎：无锡惠山有九陇，九陇上流下来的水如九龙之涎。涎：口水。②寻：中国古代的一种长度单位，八尺为一寻。练：本义是把生丝煮熟。后指煮得柔而洁白的麻或织品。故白色丝织品常称为"白练"。③鹤避青烟：指松鹤躲避茶烟。此景多表现隐士淡泊闲暇的生活。④涵碧：形容水色碧绿深沉。

---

**高安道**（？~1321 前后）：字号里籍不详，约元英宗至治初前后在世。一生怀才不遇，混迹风尘，放浪形骸，为一穷愁潦倒文人。工曲，散布四方。元钟嗣成《录鬼簿》将其列于"方今才人闻名而不相知者"四人之中。明朱权《太和正音谱》将其列于"词林英杰"一百五十人之中。今存散曲套数 3 套。

---

## 【般涉调·哨遍】嗓淡行院①

暖日和风清昼②，茶馀饭饱斋时候③。自汉抱官囚④，被名缰⑤牵挽无休。寻故友，出来的衣冠济楚⑥，像儿端严⑦，一个个特清秀，都向门前等候。待去歌楼作乐，散闷消愁。倦游柳陌恋烟花⑧，且向棚阑玩俳优⑨。赏一会妙舞清歌，瞅一会皓齿明眸，躲一会闲茶浪酒⑩。

老犁注：①嗓淡：嗓音寡淡。通俗地说就是唱得不好听。行 háng 院：金、元时代指妓女或优伶的住所。也作衏衏 hángyuàn。②清昼：白天。③斋时候：斋时（佛家过午不食的起点时间叫斋时）；正午。④此句：自这个汉子做了官囚。抱官囚：做官有如囚犯。⑤名缰：功名的缰绳。⑥济 jǐ 楚：（衣着）整齐清洁。⑦像儿：容貌姿态。端严：端庄严谨。⑧柳陌、烟花：犹烟花柳巷，指妓院聚集之地。⑨棚阑：即棚栏。指乐棚勾栏。宋元说书、演戏、要杂技等的游艺场所。俳 pái 优：古代以乐舞谐戏为业的艺人。⑩闲茶浪酒：指风月场中的吃喝之事。

**高文秀**（生卒不详）：字号不详，元东平（今山东泰安东平县）人。为府学生。曾为山阴县尹。早卒。元初杂剧大家，有“小汉卿”之称，生活年代较关汉卿稍晚。剧作有32种，其中以梁山“黑旋风”为主角的有8种。现存《双献功》《渑池会》《襄阳会》等5种。多取材历史故事和小说中的武侠英烈，曲文朴素自然，雄浑爽朗。隋树森《全元散曲》录其套数2套。

## 【双调·行香子】丫髻环绦

丫髻环绦①，草履麻袍②，翠岩前盖座团标③。块石作枕，独木为桥。摘藤花，挑竹笋，采茶苗。

老犁注：①丫髻：古代，凡未成年或成年但未婚嫁的女子，多将头发集束于头顶两侧，编结成髻，左右各一，与树枝丫杈相似。故有“丫头”之称。环绦 tāo：指用丝编成的腰带。②草履：草鞋。麻袍：麻布做的袍子，指粗鄙的衣服。③翠岩：长满绿色植物的岩石。团标：即团焦。指圆形草屋。

**郭天锡**（1280～1335）：名畀 bì，字天锡（以字行世），号云山、退思，祖籍洺水（古县名，治所在今河北省曲周县东南），居于京口（今江苏镇江）。业承家学，擅长辩论，通晓蒙文，身材魁梧，蓄有长须，人称郭髯。累举不第，历鄱江书院山长，调吴江儒学教授，未赴。辟充江浙行省掾史。画学米南宫，师事高房山，得其笔法。尝往来锡山，与小21岁的倪瓒相交最久，倪曾题其画云：“郭髯余所爱，诗画总名家”。

## 三月十日寄了即休①

白水②起寒雾，苍林③腾湿烟。会心图已竟④，假⑤笔意难传。

一悟⑥空中色，相忘定外禅⑦。裹茶来竹院⑧，风雨落花前。

老犁注：①了即休：京口（今镇江）鹤林寺长老。见元萨都剌《寄京口鹤林寺长老了即休》。②白水：泛指清水。③苍林：青黑色的山林。④竟：完成。⑤假：借。⑥一悟：一旦参悟了。⑦相忘：彼此忘却。定外禅：指修禅的开始阶段。僧人打坐修禅，以静坐（即还没有入定）为入定的起步。⑧裹茶：携茶。竹院：指鹤林寺。唐玄宗开元、天宝年间，僧人元素任该寺住持，曾名该寺为古竹院。

**郭居敬**（？~1354）：字义祖，元漳州尤溪广平村（今属福建大田县广平镇）人。博学能文。性笃孝。亲殁，哀毁尽礼。尝取虞舜以下二十四人孝行事迹，序而诗之，以训童蒙。虞集、欧阳玄欲荐于朝，力辞不就，隐居乡里，以处士终。有《全相二十四孝诗选》《百香诗》。

## 百香诗其三十二·茶

东风买勇武夷乡，抽出先春第一枪[①]。战退眠魔[②]无避处，瓦瓯汹涌雪涛[③]香。

老犁注：①此两句：说这茶抽芽是东风招买兵勇而举着的枪。枪：茶枪，即茶芽。②眠魔：睡魔。③瓦瓯：陶制的小盆。指饮茶的杯具。雪涛：指冲泡起的鲜白的茶沫。

## 百香诗其八十三·夏

炎炎红镜[①]出东方，绿树阴浓白昼长。山酒[②]一樽棋一局，好风隔竹度茶香。

老犁注：①红镜：指红太阳。②山酒：山村所酿之酒。

**郯韶**（？~1354尚在世）：字九成，号云台散史、苕溪渔者。元吴兴（今浙江湖州）人。好读书，慷慨有气节。至正中，尝辟试漕府掾，不事奔竞，澹然以诗酒自乐。日往来于顾瑛玉山草堂，与诸君相唱和。素不善画，偶捉笔为山水图，辄烂熳奇诡，坐客咸啧啧称叹。与倪瓒友善。作诗务追开元、大历之盛，杨铁崖称其格力与北州李才辈（唐大历李端、卢纶等十才子）相上下。有《云台集》入《元诗选》。

## 寄南屏精舍[①]诸友

山中遗老彫零[②]尽，太息于今复[③]数谁？东郭幽人频曳履[④]，南冈诸子[⑤]总能诗。

夜窗灯影分书幌[⑥]，午榻茶烟飏鬓丝。何处令人发深省，永明[⑦]湖上立多时。

老犁注：①南屏精舍：指杭州西湖南屏山慧日峰下的净慈寺，该寺是五代吴越国钱弘俶为高僧永明禅师而建，原名永明禅院。②遗老：改朝换代后仍然效忠前朝的老年人。彫diāo零：凋零。③太息：大声长叹。复：还。④东郭：东边外城。幽人：幽隐之人；隐士。曳yè履：拖着鞋子。形容闲暇、从容。⑤南冈：指南屏山。诸子：诸位。⑥书幌：书帷。借指书房。⑦永明：指净慈寺的开山祖师永明禅师。

## 寄倪元镇[①]

幻仙昔过梁溪[②]上，之子清诗[③]日见称。讵有低头拜东野[④]，直须长啸答孙登[⑤]。

书来映雪[⑥]池头落，睡起朝暾[⑦]屋角升。欲酌山泉煮春茗，江干艇子[⑧]几时乘。

老犁注：①倪元镇：倪瓒，字元镇，号云林居士，元明间常州无锡人。强学好修，以书画名家。善水墨山水，逸笔草草，清远萧疏，于明清两代文人画者影响甚巨，与黄公望、吴镇、王蒙称“元四家”。有《清閟阁全集》《云林乐府》。②幻仙：指倪瓒，其别号幻霞生。梁溪：水名，为流经无锡市的一条重要河流，其源出于无锡惠山，北接运河，南入太湖。③之子：这个人。清诗：清新的诗篇。④讵 jù：岂，难道。东野：“齐东野人”的缩语。指道听途说之人。⑤孙登长啸：即“苏门长啸”。喻指高士啸傲豪情。《晋书．阮籍传》：“籍尝于苏门山遇孙登，与商略终古及栖神导气之术。登皆不应，籍因长啸而退。至半岭，闻有声若鸾凤之音，响乎岩谷，乃登之啸也。”⑥映雪：映射雪光。⑦朝暾 tūn：早晨初升的太阳。⑧江干 gān：江边；江岸。艇子：小船。

## 虎丘

春草青青绕阖庐[①]，山深石径转崎岖。空闻落日腾金虎[②]，无复三泉閟玉凫[③]。

陆羽井[④]深春雨歇，生公石[⑤]在白云孤。伤心莫问鱼肠剑，怨逐秋声上辘轳[⑥]。

老犁注：①阖 hé 庐：吴王阖闾的墓冢。阖闾也作阖庐。②腾金虎：传说阖闾葬后三日，有金精所化的白虎蹲在他的墓上。③无复：不再。三泉：唐代品泉家刘伯刍把虎丘石井泉评为“天下第三泉”。閟 bì：埋藏。玉凫：凫鸭形的玉雕。汉《越绝书・外传记吴地传》中记载，阖闾墓中有玉凫、扁诸剑、鱼肠剑等珍品陪葬。④陆羽井：传说虎丘第三泉为唐朝茶圣陆羽挖掘而成，故称。⑤生公石：指晋宋高僧竺道生（生公）在虎丘讲经时所遇到的一块石头。传说生公讲经至微妙处，此石会点头。⑥辘 lù 轳 lu：利用轮轴原理制成的井上汲水的吊桶装置。

---

**姬翼**（约 1297~1335 在世）：字子构，京兆（今西安）人。元成宗大德初至惠宗至元初之间在世。工诗，多奇句。年十七，赵孟頫惊叹其诗杂于唐人诗中不能辨。早亡。《元诗选》录有其《子构集》传世。

---

## 满江红慢・霞友相从

霞友[①]相从，云房会、笑谈真息[②]。正郁蒸天气[③]汗，静中难敌。冰玉旋敲新荐几④，玄冥⑤坐使寒生席。命月圆、时复泛金瓯⑥，鲸波吸⑦。　　除烦热，浇胸臆。功殊胜，神通力。笑玉川⑧风味，赵州⑨陈迹。法界澄澄⑩清可掬，灵空⑪浩浩光无极。问个中⑫、真味口难言，知端的⑬。

老犁注：①霞友：有“霞友云朋”之说，借指避世隐居者。②云房：僧道或隐者所居住的房屋。真息：真气，人体元气。③郁蒸天气：湿度大、气温高的天气。④冰玉：是“冰弦玉柱”的省称，是对筝瑟之类乐器的美称。敲：敲击，即弹拨。新荐几：新送来的茶几。⑤玄冥：水神。这里借指水气。⑥命月圆：命（仆人在）月圆时。时复：时常。金瓯：酒杯的美称。⑦鲸波吸：喻狂饮。⑧玉川：指卢仝，被后世喻为茶仙者。⑨赵州：指赵州和尚从谂，是禅宗“赵州茶”公案的由来者。⑩法界：佛法或道法所能及的境界，即宇宙万有一切事物。澄澄：清澈明洁貌。⑪灵空：指天空。⑫个中：此中。⑬端的：底细。

## 东风第一枝·咏茶

坼封缄、龙团辟①破，柏树机关②先见。玉童制、香雾轻飞，银瓶引、灵泉新荐③。成风④手段，虬髯奋、击碎鲸波⑤，仗此君、些子⑥功夫，琼花⑦细浮瓯面。　　这一则、全提公案⑧，宜受用，不烦宠劝⑨。涤尘襟、静尽⑩无余，开心月、清凉一片。群魔电扫⑪，莹中外、独露元真⑫，会玉川、携手蓬瀛⑬。留连水晶宫殿⑭。

老犁注：①坼chè：裂开。封缄：包封。龙团：宋贡茶。团形饼状，上有龙纹，故称。辟：开启。②柏树机关：指“庭前柏树子”中的禅机奥义。赵州和尚曾以“庭前柏树子”这一句话来接引弟子领悟禅机奥义。后以“庭前柏树子”指“去妄想重在自悟”的修禅典实。喝茶与参禅一样，奥义机关是要靠自己证悟的，而不是妄想。③新荐：新奉上。④成风：成为风气。⑤鲸波：喻鲸杯中的酒。⑥些子：少许。⑦琼花：喻泛起的白色茶沫。⑧一则：犹言一方面。全提公案：全部提及过往的公案。公案：禅宗祖师在接引学人时，留下的机锋（不明确的含蓄的语言，用以试验对方是否理解）、话头和语录等，是判断禅法是非的案例。⑨不烦宠劝：（喝茶是）不烦尊崇勉励的。⑩静尽：没有遗留。⑪电扫：像闪电划过。比喻迅速扫荡净尽。⑫莹中外：使内外都光洁。元真：真气。⑬玉川：茶仙卢仝的号。蓬瀛：蓬莱和瀛洲，亦泛指仙境。⑭水晶宫殿：传说中的月宫。

## 一剪梅·云水乡中

云水乡①中即是家。性耽②丘壑，志傲烟霞③。清虚已战胜纷华④。世事从他，扰扰如麻。　　客至何妨不点茶。相忘交结，冷淡生涯。坐中无物向人夸。唯有延生⑤，一粒丹砂。

老犁注：①云水乡：云水弥漫的清幽之地。多指隐者游居之地。②耽：喜好。③烟霞：云霞。泛指山水隐居地。④清虚：清净虚无。纷华：繁华。⑤延生：延年。

## 一剪梅·珠树瑶林

珠树瑶林[①]气象嘉。玉龙无力[②]，熟寝银霞[③]。青童旋拨贮琼花[④]。莹彻冰壶[⑤]，一色无瑕。　　宝鼎[⑥]初溶火渐加。浓烹团凤[⑦]，极品黄芽[⑧]。涂金[⑨]羔酒世情夸。此况谁知，物外[⑩]仙家。

老犁注：①珠树：神话传说中的仙树。瑶林：玉林。泛指仙境。②玉龙：喻雪。无力：轻飘无力的样子。③此句：雪夜里，人如睡在白色霞光里。熟寝：熟睡。④青童：仙童。琼花：喻雪花。⑤莹澈：莹洁透明。冰壶：盛冰雪之壶。⑥宝鼎：鼎的贵称。⑦团凤：凤团茶。宋时贡茶，团形饼状，上有凤纹，故称。⑧黄芽：道教称从铅里炼出的精华。泛指精华的东西。这里称凤团茶为极品茶。⑨涂金：用泥金封涂。⑩物外：世外。谓超脱于尘世之外。

## 一剪梅·薄暮余霞

薄暮余霞天际红。反关无俗[①]，指点山童。新泉活火煮云龙[②]。受用仙家，两腋清风[③]。　　千古埃霾雪山胸[④]。阴魔除扫，不敢形容。玉川携手水晶宫[⑤]。月里行歌，缥缈孤峰。

老犁注：①反关：指在门外关上门。源自卢仝在《走笔谢孟谏议寄新茶》中有“柴门反关无俗客，纱帽笼头自煎吃。”②活火：有焰的火，即指烈火、猛火。云龙：云龙茶。③两腋清风：源自卢仝《谢孟谏议寄新茶诗》“七碗吃不得也，唯觉两腋习习清风生”。④此句：千古的阴霾总是污染雪山一样的心胸。埃霾：尘埃和雾霾。这里做动词，指埃霾污染。⑤玉川：茶仙卢仝的号。水晶宫：传说中的月宫。

## 水调歌头·兴废阅青史

兴废阅青史[①]，荣辱梦黄粱。空华电影[②]踪迹，谩弄[③]恰如狂。分外为蛇添足，不省狙公赋芧[④]，忧喜两相忘。回首旧乡国[⑤]，风物尽荒凉。　　百年身，弹指顷[⑥]，鬓成霜。人间更莫理会，安稳处承当[⑦]。静夜月明风细，相对云朋霞友[⑧]，谈笑兴何长。一碗洗心茗，一瓣劫前香[⑨]。

老犁注：①青史：古代文字在竹简上写成，而竹简是竹子杀青后做成。因此古人用青史、汗青来借指史书。②空华：亦作“空花”，佛教语。隐现于病眼者视觉中的繁花状虚影。比喻纷繁的妄想和假相。电影：电光的影子。③谩弄：欺瞒搬弄。④不省 xǐng：不领悟；不明白。狙 jū 公赋芧 xù：狙公（养猕猴的老者）给猕猴栎实吃，朝三个暮四个，众猕猴怒；改成朝四个暮三个，众猕猴喜。典出《列子·黄帝》（后被《庄子·齐物论》所引用）。狙：猕猴。赋：给予。芧：栎树的子实。这个典故是告诫人们要注重实际，不要被花言巧语所蒙骗。⑤旧乡国：犹故乡。⑥弹指：捻弹手指作声。佛家多以喻时间短暂。顷：少顷，短时间。⑦此句：心安稳才能有所承担，意即心安方能面对繁扰的尘世。⑧霞友云朋：指与云霞为朋友的人，借指避世隐居者。⑨此两句：是指对现实的不满和无奈都可用一碗茗和一瓣心香来应对、缓释。劫前：指劫难来临之前长期安逸的境界。劫前香：指祈求安定的香。一瓣香：佛家所说的香，有眼睛看得见和看不见之分。现实中焚的香是看得见的香，而用诚心敬献上的香，是看不见的香，这种香叫心香。因香由心瓣构成，故心香可用“一瓣”的数量词来相称。

## 柳梢青·人静月明

人静月明时节。渐煮茗、炉中火灭。心宇灰寒①，古桐丝断②，烬花③凝结。惺惺梦及华胥④，迥表里、冰凝玉洁⑤。瑞气冲融⑥，丹云缥缈，五明宫阙⑦。

老犁注：①灰寒：灰已寒冷，即指死灰。喻心死。②此句：琴弦断了。古人削桐为琴，练丝为弦，故称。③烬 jìn 花：灯花。烬：指灯烬。④惺惺：清醒地记得。华胥：指理想的安乐和平之境，借指梦境。⑤迥表里：遥看（华胥境）内外。迥 jiǒng：遥远，此处作动词，指遥看。冰凝玉洁：形容（华胥境）如冰似玉般的美丽。⑥冲融：充溢弥漫貌。⑦五明宫阙：即五明宫。道教中真人讲道之所。

## 太常引·非僧非俗

非僧非俗不求仙。茅屋两三椽①。白石②与清泉。更谁问、桃源洞天。　一炉香火，一瓯春雪，浇灌净三田③。闲想谷神篇④。忽不觉、松梢月圆。

老犁注：①两三椽 chuán：两三间。椽：放在檩上架着屋顶的木条，代称房屋的间数。②白石：传说中神仙的粮食。③净 jìng：通净。洗净。三田：道家谓两眉间为上丹田，心为中丹田，脐下为下丹田，合称三丹田或三田。④谷神篇：元林辕撰写的气功内丹术著作。

---

**黄复圭**（？～约 1351）：字君瑞（一作均瑞），元饶州安仁（今江西鹰潭余江区）人。博学，与张仲举、危太朴以诗鸣于江右。至正间（1351）兵起，被陷贼庭，作诗大骂，贼怒，以刀剖其腹，复骂曰：腹可剖，赤心不可剖也！遂死之。清顾嗣立《元诗选》评其诗“铁心石肠人，偏解吐婉媚辞也。”

---

## 华处士别业①

迢迢去郭赊②，渺渺③入云斜。桑采三番④叶，桃开二色花⑤。

割溪鸥作主，分坞鹿为家[⑥]。时有巢居子[⑦]，相逢道吃茶。

老犁注：①华：姓。处士：本指有才德而隐居不仕的人，后亦泛指未做过官的士人。别业：与“旧业”或“第宅”相对而言，业主往往原有一处住宅，而后另营他宅，且多为野外土舍或田庐，称为别业。②去郭赊：离开外城很远。赊：远。③渺渺：渺茫广阔。④番：次、回。⑤二色花：双色桃花，学名叫二色桃，淡粉和粉红二色，是一种跳枝（花色深浅不一的花朵生长在同一树的不同部位上）现象。其是中国古老的桃花品种，最早出现于宋代。⑥割（溪）、分（坞）：分占。⑦巢居子：架屋为巢而居的人，泛指隐士。巢居：《韩非子·五蠹》：“上古之世，人民少而禽兽众，人民不胜禽兽虫蛇，有圣人作，构木为巢，以避群害，而民悦之，使王天下，号之曰‘有巢氏’。”

## 破帽

破帽多情却恋头，草残丝断素尘[①]浮。烟笼长是[②]煎茶日，风落多逾把菊秋[③]。

顶漏疏星窥短发，檐垂缺月露双眸[④]。桃尖楼子青罗辨[⑤]，相对宁知故旧愁[⑥]。

老犁注：①草残丝断：草缏 biàn（用麦秆之类编成的扁平的带子）和缝缀草缏的线都残破了。素尘：犹灰尘。②烟笼：烟雾笼罩。长是：时常。③此句：风吹落叶时，多经历了把赏菊花的秋天。逾：经历。④此两句：透过帽顶的破洞，稀疏的星光漏下来偷看我的短发，垂下的破帽檐像弯月一样挂着，下面露出一双眼睛。疏星：稀疏的星星。缺月：半月，不圆之月。⑤桃尖楼子：桃尖状层迭的帽尖。楼子：指层迭状之物。青罗辨：青色丝织物清晰可见（帽虽破但是用青罗缀成，说明家道中落了）⑥此句：相互面对时，那里知道老熟人会不会替我发愁呢？

---

**黄清老**（1290~1348）：字子肃，元邵武（今福建南平邵武市）路和平里人。笃志励学，好诗词文章，曾为建阳县学官，调三山书院山长，不就，隐居邵武福山寺翠微阁，以读书为乐。泰定四年进士，除翰林国史院典籍官，迁应奉翰林文字兼国史院编修。出为湖广儒学提举。至正八年卒于鄂，年五十九。时人重其学行，称樵水先生。与同乡黄镇成被后人并称为“诗人二黄”。为文驯雅，有《春秋经旨》《四书一贯》。诗有盛唐之风，有《樵水集》。

---

## 与索编修士岩访马学士伯庸于蓬莱馆因观藤花[①]

昔访蓬莱馆，春烹芍药牙[②]。重来寻竹径，久坐落藤花。

君欲鸣瑶瑟[③]，予将拾紫霞[④]。鹤吟知雨近，留宿白云家。

老犁注：①标题断句及注释：与索编修（士岩），访马学士（伯庸）于蓬莱馆，因观藤花。索编修：姓索的编修，字士岩。余不详。编修：翰林院中主要负责文献修撰工作的官员。马学士：指马祖常，字伯庸。元光州（今河南潢川县）人，色目人，先祖为汪古部人，仁宗延祐二年进士。曾任翰林直学士等职。文章宏赡精核，诗圆密清丽。蓬莱馆：指翰林院。藤花：紫藤的一种，花大，花冠紫色或深紫色，稍有香味，具有很高的观赏价值。②芍药牙：用芍药芽做成的茶。见黄溍《滦阳邢君隐于药市制芍药芽代茗饮号曰琼芽先朝尝以进御云》。③瑶瑟：用玉装饰的琴瑟。或对瑟的美称。④紫霞：紫色云霞。道家谓神仙乘紫霞而行。

---

**黄镇成**（1287~1362）：字元镇，号存存子、紫云山人、秋声子、学斋先生等，元邵武（今福建南平邵武县）人。自幼刻苦嗜学，笃志力行。初屡荐不就，遍游楚汉齐鲁燕赵等地达十余年，沿路写下大量诗作，为有元一代著名山水田园诗人，后人谓其诗有谢灵运诗风，与同乡黄清老被后人并称为“诗人二黄”。坐船“浮海而返”，筑南田耕舍，隐居著书。后授江南儒学提举，未上任而卒，年七十五，集贤院谥贞文处士。著有《秋声集》《尚书通考》。

---

## 春雨南田书事[①]二首其一

流水三椽舍[②]，桑阴五亩田。饭香分野碓，茶熟候山泉[③]。

石榻[④]看云坐，溪窗听雨眠。桃花川上路[⑤]，应有钓鱼船。

老犁注：①南田：在福建邵武城南。黄镇成中年返乡后，曾“筑南田耕舍，隐居著书”。书事：书写眼前所见的事物，即诗人就眼前事物抒写自己顷刻间的感受。②三椽舍：三根椽子的宽度相当于一张床的宽度，言这房子非常的小。佛家有“三条椽下”指禅床的说法。③此两句：饭香要用野碓中碾出的米做成，茶熟要等候山泉煮开才能沏成。野碓 duì：建在野外的碓。碓 duì：用于去除谷壳或把谷物锤碎的农具。在横木上安装石锤，锤下有承接石锤落下的石臼（盛放谷物），运用杠杆原理进行上下运动，人工脚踏驱动的称踏碓，水驱动的称水碓，为碓所建的房子称碓房。④石榻：狭长而矮的石床。⑤川上路：河上路，即水路。

## 登南山兰若[①]

开基[②]凌绝顶，居与鹿为群。一径落红叶，万山生白云。

石梁[③]秋藓合，茶灶午泉分[④]。此地多苓术[⑤]，长应侣隐君[⑥]。

老犁注：①南山：指福建邵武南边的山。兰若：梵语“阿兰若”的省称。意为寂净无苦恼烦乱之处。后借指寺院。②开基：开创基业。③石梁：天生石桥。④分：分茶。⑤苓术：茯苓和白术。古代隐士多以“黄精白术”“石髓茯苓”为食，以喻其食之稀少而精洁。⑥此句：可长期满足隐士们。长应：长期供应。

## 里墩[①]田家

去市二三里，居山八九家。雨馀[②]添菜荚，霜后出梅花。

谷稔冬饶[③]酒，泉甘日美茶。俗淳[④]人事简，容我傲烟霞。

老犁注：①里墩：地名。从此诗的第一句判断，此地应在福建邵武郊区二三里的地方。②雨馀：雨后。③稔 rěn：庄稼成熟。饶：多余。④俗淳：风俗淳朴。

## 社日

嶂隐层层树，溪流片片花。看云连石室，听雨满山家。

目短书疑字[①]，牙疏饭怯砂。日长初试水，分得社前茶[②]。

老犁注：①目短：目光短，即视力不佳。书疑字：书写时看不清字。②社前茶：社日前的茶，大体可等同于明前茶。社日：古时祭祀土神的日子，一般在立春、立秋后第五个戊日。推算结果，春社是在清明节回溯十一天的这个时段中的某一天。

## 南山[①]紫云山居

一衲紫云[②]间，幽居[③]丈室宽。无求尘世远，不语道身[④]安。

茗瀹[⑤]薪炉沸，瓜沉石井[⑥]寒。似君精进[⑦]力，得法谅[⑧]非难。

老犁注：①指福建邵武南边的山。②一衲：一位僧人。紫云：指紫云山居。③幽居：僻静的居处。④道身：具道之身。人本具道身，因自私或被欲望所蒙蔽而离开道，那他就只剩下了肉身。⑤茗瀹：茶放水里煮，即煮茶。⑥石井：穿石而成的井。⑦精进：在某方面一心进取。⑧谅：料想，认为。

## 春日行近山三首其二

门外山童扫落霞[①]，问师还只在山家。推窗引客云边坐，自扇风炉煮雪花[②]。

老犁注：①扫落霞：晚霞照地，扫地似扫落霞。②雪花：喻涌起的白色水花。

## 春雨书怀[①]

多忧每恐风摇竹，易感[②]还愁雨滞花。亦幸山房炉火在，春寒独自煮春茶。

老犁注：①书怀：书写情怀、抒发感想。②易感：易伤感。

## 山家四首其一

十里南田去郭赊[1]，不因无事却移家[2]。才分宿火[3]添香灶，又酌山泉煮茗华[4]。

老犁注：①南田：在福建邵武城南。黄镇成中年返乡后，曾“筑南田耕舍，隐居著书”。去郭赊：离开外城很远。②此句：一般是空闲时搬家，而我却不依这个习惯，想搬就搬。③宿火：隔夜未熄的火。④茗华：茶花。茶汤上涌起的茶沫。

## 金原先垄[1]之侧涌泉甘洁

山下流泉冷沁[2]冰，渫荒开甃[3]贮甘澄。穴通海眼鱼龙沸[4]，波溢田膏[5]雨雾蒸。
茶鼎夜寒分石乳[6]，药镵[7]春暖洗云层。寻幽有约烟霞伴[8]，万壑千岩拟共登。

老犁注：①金原：地名。又称金原营。见黄镇成《金原营小舍割山中田畀守者》。先垄：亦作先陇。祖先的坟墓。②沁：渗入。③渫 xiè：清污。开甃：开井。④海眼：泉眼。鱼龙沸：泉水如鱼和龙的眼睛一样往上冒。⑤田膏：田中肥水。⑥茶鼎：烹茶之鼎。石乳：石乳茶。⑦药镵 chán：捣药的锐器。洗云层：指药镵被春天的水气湿润得像在云层中洗过一般。⑧寻幽：寻求幽胜。烟霞伴：与烟霞为伴。

## 岁十有二月庚寅立春丁亥之春也[1]

生甲逢春六十周[2]，乾坤俯仰一虚舟。岁寒冰雪梅堪赋，物外烟霞鹤与俦[3]。
夜火流丹[4]烧药灶，午泉分乳试[5]茶瓯。吾心已定身何系，极目[6]闲云任去留。

老犁注：①标题断句及注释：岁十有二月庚寅立春，丁亥之春也。在年终十二月庚寅的这一天是立春日，从这一天开始就是丁亥（1347）年的春天了。②生甲：生辰。六十周：六十岁一个周回轮还。③烟霞：云霞。泛指山水隐居地。俦：chóu：伴侣。④流丹：流动着红色。形容色彩飞动。⑤分乳：乳指茶汤表面泛起的白色茶沫。分乳犹分茶。分茶原指宋元时一种在盏面上做成各种图案的制茶方法。后指烹茶待客之礼。试：尝试，品尝。⑥极目：纵目，用尽目力远望。

## 用鹫峰师韵送涧泉上人游方十首其九·峨眉[1]

峨眉楼阁现虚空，玉宇高寒上界[2]同。茶鼎夜烹千古雪，花幡晨动九天[3]风。
云连太白开中夏[4]，日绕重玄宅大雄[5]。师去想无登陟[6]远，祇应飞锡[7]验神通。

老犁注：①标题断句及注释：用鹫峰师韵，送涧泉上人游方。鹫峰、涧泉：皆是僧人的名号，余不详。游方：僧人云游四方。峨眉：山名。在四川峨眉县西南，因山势逶迤，有山峰相对如蛾眉，故名。是普贤菩萨的道场，是佛教四大名山之一。②玉宇：华丽的宫殿。上界：指天上神仙居住的地方。③花幡：华美的幡子。幡：

长方形而下垂的旗子。九天：天的最高处，形容极高。④太白：金星。中夏：盛夏。⑤重玄：天，天空。宅：住。大雄：释迦牟尼的尊号。⑥想无：想要没有。陟 zhì：登高。⑦祇 zhī：同只。飞锡：谓僧人执锡杖飞空，即指僧人游方。

## 宿富沙水西[①]

溪上千峰树羽旄[②]，溪滩漱玉[③]夜声豪。霜前鼓角凌风迥[④]，月下楼台隔水高。

北苑九重[⑤]传贡茗，东阳千日醉仙醪[⑥]。人间岁月棋边换[⑦]，归住山中学种桃。

老犁注：①富沙：指古建瓯县。水西：泛指水的西边。原诗题注：有玉清观，相传渔人入水，见宫殿匾曰玉清洞天，二人对弈，归家人无在，遂仙而去。②树羽旄 máo：（山峰像）插置着五彩羽毛的幢。旄：即幢，垂筒形、饰有羽毛的锦旗。③漱玉：谓泉流漱石，声若击玉。④迥 jiǒng：远。⑤北苑：在今福建建瓯东峰镇，曾是宋代贡茶建茶的产地。九重：九层、九道，泛指层层，一级一级。⑥东阳：东阳酒，即金华酒。金华曾名东阳郡。仙醪 láo：仙酒。原诗有注：北苑茶、东阳酝，土产云。⑦棋边换：即换边棋，是一款连棋类游戏。即指注①中仙人对弈之棋。

---

**萨都剌**（约 1272~约 1340）：字天锡，号直斋，“萨都剌”者，犹汉言“济善”也。蒙古化的色目人，本答失蛮氏，先世可能为突厥人。祖父以勋留镇云、代，遂为雁门（今山西忻州代县）人。出身将门，幼年家贫。有虎卧龙跳之才，人称雁门才子。登泰定丁卯进士第，应奉翰林文字，出为燕南经历。以弹劾权贵，左迁镇江录事，历闽海廉访司知事，进河北廉访经历。为官清廉，有政绩。好游佳山幽水，曾结庐司空山（在安徽安庆）太白台下。晚居杭州。善绘画，精书法，尤善楷书。诗清新流丽，词长于怀古，笔力雄健，后人誉之为“有元一代词人之冠”。有《雁门集》。

---

## 游梅仙山和唐人韵[①]四首其一

城郭千峰合，仙凡[②]一水分。颠崖悬鸟道，乱石聚羊群。

苔井分丹水[③]，茶炉煮白云[④]。肩舆[⑤]万松岭，有客访梅君[⑥]。

老犁注：①梅仙山：又名梅君山。在今福建建瓯市南二里。因云梅福炼药于此山而升仙，故名。唐人韵：指以唐朝某位诗人曾用过的诗韵写成的唱和诗。②仙凡：仙境与凡间。③苔井：不用或少人用的井中多生苔藓，故苔井多指废井或隐士所用之井。丹水：炼丹所取之水。④白云：喻煮茶时汤面泛起的白色茶沫。⑤肩舆：人力所抬的代步工具，类轿子。⑥梅君：梅福，字子真，西汉九江郡寿春（今安徽寿县）人。是东汉大隐士严光（字子陵）的老师和丈人。少年求学长安，是《尚书》

和《谷梁春秋》专家。西汉时曾任南昌县尉，不久挂冠而去。后在浙闽赣一带隐居，并留下诸多传说。南昌城南青云谱的梅湖，南昌西北的梅岭，会稽梅里（今属萧山区临浦镇）梅仙井，建瓯的梅仙山，都因其而名。

## 游梅仙山和唐人韵四首其四

洞天何处是，休日漫寻真①。老鹤来迎客，隔松长似人。

茶炉敲火急，丹井②汲泉新。风景秋过半，烟霞③晚更亲。

老犁注：①休日：休沐日，假日。漫：遍。寻真：寻求仙道。②丹井：炼丹取水之井。③烟霞：云霞。泛指山水隐居地。

## 用韵寄龙江①

之子金山②去，梅天雾气沉。海风吹浪急，江雨入楼深。

火尽无茶味，更长过烛心③。明朝好晴色，应是寄新吟④。

老犁注：①龙江：人名，余不详。②之子：这个人。金山：指镇江金山。③更（古读 jīng）长过烛心：悠长的打更声飘过烛心上方。④新吟：新诗。

## 题茶阳驿飞亭①

白云飞出山，怒擘②苍峡裂。幽谷湿晴云，绝壁洒飞雪③。

万折入沧海，龙宫水晶阙④。簸扬弄珠人⑤，冰帘⑥挂寒月。

老犁注：①茶阳驿：又名茶洋驿。在今福建南平市东南。飞亭：亭名。旁有飞瀑，故名。②怒擘 bò：愤怒地分开。擘：分开。③飞雪：喻瀑布洒下的水珠。④水晶阙：水晶宫殿。⑤此句：用鲛人的眼泪，喻瀑布洒下的水珠。簸扬：扬洒。弄珠人：指鲛人，又名泉客。有“鲛人泣珠”的成语。鲛人是中国古代神话传说中鱼尾人身的神秘生物，她的眼泪掉下即成珍珠。⑥冰帘：冰样的水帘，即瀑布。

## 白云答①

使君抑何忙②，宁不思故山③。茫茫天壤间，鸟倦犹知还。

石田紫芝④老，茶灶碧藓斑。胡不赋归来⑤，分子⑥屋半间。

老犁注：①白云答：白云的应答。作者曾写过《赠白云》一诗，其诗曰：“白云抑何闲，竟日不下山。时从修竹里，相伴一僧还。悠悠覆松顶，渺渺归岫间。奔走尘俗客，视君多厚颜（难为情）。”而此诗是将白云拟人化，借白云之口对《赠白云》一诗所做的应答。②使君：汉时称刺史为使君。后指对州郡长官的尊称，再后来也指对人的尊称。抑何忙：还有什么忙的。③宁：岂。故山：家山，家乡。④石田：多石而不可耕之地。紫芝：也称木芝，古人以为瑞草。⑤此句：何不辞官归来。胡：何。赋：陈告。赋归来：告归、辞官。⑥子：你。

## 题画

绿树阴藏野寺，白云影落溪船。遮却[1]青山一半，只疑僧舍茶烟。

老犁注：①遮却：遮掉。

## 云中过龙潭紫微观访道士不值[1]

道人已跨[2]龙潭鹤，童子能煎雀舌茶[3]。一夜山中满林雪，客来无处觅梅花。

老犁注：①云中：今山西大同一带。龙潭紫微观：地名和观名。在何处不详。不值：没有遇到。②跨：骑。③雀舌茶：茶名。形似雀舌，故称。

## 钓台夜兴

仙茶旋煮桐江水[1]，坐客遥分石壁灯[2]。风露满船山月上[3]，夜深独对[4]钓台僧。

老犁注：①旋：漫然，随意。桐江：富春江的上游段。即钱塘江流经桐庐县境内一段。严子陵钓台就在此段江畔。②坐客：坐在座上的客人，看客。遥分：远远地分得清。石壁灯：装置在石墙壁洞中的灯。③风露：风和露。山月上：在山月的上面。说的是船在水中的月亮上面。④独对：指山月独对钓僧。

## 端居书事答翟志道知事[1]见寄韵二首其二

瘦马春城曙色分[2]，长年奔走愧移文[3]。几时黄鹤山房[4]下，松火茶铛煮白云[5]。

老犁注：①端居：平居（平常居住）、安居。书事：书写眼前所见的事物，即诗人就眼前事物抒写自己顷刻间的感受。翟志道：元代人，生平不详。知事：官名。原指府州县的长官，到明清亦成为属官名，如廉访司、通政司、按察司、盐运司等司及各府皆置知事。②春城：春天里的城池。曙色分：晨色渐渐散开。喻自己就像每天踏着晨光早起的瘦马。③移文：致书。即致函，寄信。④黄鹤山房：养着黄鹤的山中房舍。⑤茶铛 chēng：似釜的煎茶器，深度比釜略浅，与釜的区别在于它是带三足且有一横柄。白云：喻煮茶时汤面泛起的白色茶沫。

## 谢人惠茶

送茶将军扣门[1]急，惊觉秋深梦一窗。半夜竹炉翻蟹眼[2]，只疑风雨下湘江。

老犁注：①将军扣门：卢仝《走笔谢孟谏议寄新茶》诗中有“军将打门惊周

公”之句。②竹炉：外表用竹篾编织起来的炉子。蟹眼：水煮开时冒起的小水泡。

## 次学士卢疏斋题赠句容唐别驾[1]

疏斋落落谪仙[2]才，句曲[3]名山数往来。日读茶经医酒病，春从邻舍觅花栽。
昔年奏对含鸡舌[4]，今日登临独凤台[5]。赖有闲居唐别驾，寻诗猿鹤[6]莫惊猜。

老犁注：①卢疏斋：卢挚，字处道，号疏斋，元涿州人。仕至翰林学士。博学有文思，元初散曲大家。句容：县名，在江苏镇江。别驾：官名，全称为别驾从事，州郡的佐官，隋唐时称长史。宋以后常称通判为别驾。②落落：犹磊落。常用以形容人的气质、襟怀。谪仙：谪居世间的仙人。常称誉才学优异的人。③句曲：今江苏句容茅山。④奏对：臣属当面回答皇帝提出的问题。鸡舌：鸡舌香，也叫丁香或者钉子香，是一种热带出产的香料，东汉时传入，成为了当时流行的“口香糖”。东汉尚书台尚书郎上朝奏事时，口中须含鸡舌香，这是为了使说话时气味芬芳。后用为咏郎官之典。⑤凤台：指华美的楼名。⑥猿鹤：猿和鹤，借指隐逸之士。

## 元统乙亥余除闽宪知事未行立春十日参政许可用惠茶赋此以谢[1]

春到人间才十日，东风先过玉川[2]家。紫薇书寄斜封印[3]，黄阁香分上赐茶[4]。
秋露有声浮薤叶，夜窗无梦到梅花[5]。清风两腋[6]归何处？直上三山看海霞[7]。

老犁注：①标题断句及注释：元统乙亥（1335），余除闽宪知事，未行。立春十日，参政许可用惠茶，赋此以谢。除：拜受官位。闽宪知事：指萨都刺担任的闽海福建道肃政廉访司（负责提点刑狱和代表朝廷考核官吏等事，也称宪司）知事（宪司最官长官）。许可用：即时任中书省参知政事的许有壬（字可用）。②玉川：指茶仙卢仝，其号玉川子。③紫微：亦作紫薇。唐开元元年改中书省为紫微省。后以紫微代指中书省。斜封印：卢仝《走笔谢孟谏议寄新茶》诗中有“口云谏议送书信，白绢斜封三道印”诗句。④此句：就如同在相府里分享到皇上赐的茶一样。黄阁：汉时丞相、太尉官署的门涂黄色（天子是朱门），唐时代指门下省。后代指宰相。参知政事相当于副宰相，故黄阁就指许有壬的官署。⑤此两句：耀眼的明珠名声再响，其实也与薤叶上的露珠差不了多少（汉有《薤 xiè 露歌》，借薤叶上露水易干叹人生之短暂），夜窗不会做梦但它能含着开放的梅花。大意是慨叹人生还不如薤叶上的露珠，只有窗梅还能给人生带来清欢。秋露：喻明珠。⑥清风两腋：卢仝《走笔谢孟谏议寄新茶》诗中有“七碗吃不得也，唯觉两腋习习清风生”。⑦三山：三座海上仙山，分别是方丈、蓬莱、瀛洲。海霞：古人认为仙人住在海上，海霞犹仙霞，即仙境中的霞光。

## 过鹅湖寺[1]

十里苍松对寺门，四围翠滴露纷纷。湖心水满通银汉[2]，山顶鹅飞[3]化白云。

玉井芙蓉天上露[4]，剑池雪浪月中闻[5]。石床茶灶如招隐[6]，还许闲人一半分。

老犁注：①鹅湖寺：也叫仁寿寺，是江西铅山县峰项寺（也叫大义寺、慈济寺）的附属寺。在江西铅山县鹅湖山北麓。此地先有鹅湖寺再有鹅湖书院。南宋淳熙二年（1175）朱熹、吕祖谦、陆九龄、陆九渊等会讲于鹅湖寺，史称“鹅湖之会”。四子殁（去世最晚的朱熹是1200年），信州刺史杨汝砺在鹅湖寺西侧筑“四贤祠”以资纪念。淳祐十年（1250），江西提刑蔡杭报请朝廷赐名改为“文宗书院”。之后鹅湖寺渐没，旧址成为书院一小部分。明代景泰年间（1450~1456），又重修扩建，并正式定名“鹅湖书院”。之后鹅湖书院历经多次重建，到清代康熙五十六年（1717）规模达到最大。②水满通银汉：水际接天如通银河一般。③山顶鹅飞：鹅湖山原名荷湖山，因山顶湖中多生莲荷。东晋龚氏于山顶湖中养鹅，鹅长大后复飞山下，故荷湖改为鹅湖，山亦因之。④玉井：井的美称。这里指鹅湖山南麓的石井。其井在石洞下。芙蓉：莲花的别称。这里指石井洞壁上天然生成的倒垂莲花。天上露：石莲花上水滴落下，有如天上垂露。⑤此句：剑池激起雪浪的声音，月宫中都可以听到。喻江西一带人才辈出声名远播。剑池：在今江西丰城市荣塘镇荣塘中学内。因此地剑气直冲斗牛，上彻于天，故有“丰城剑气”之说，用以赞美宝物或杰出人士。⑥石床：供人坐卧的石制用具。招隐：招人归隐。

## 送约上人归宜兴湖洑寺[1]

云水上人归兴[2]忙，棕鞋蒲扇葛衣[3]凉。过湖就得乡船便，入寺行穿茶树香。

晓趁钟声持木钵，夜随灯影认禅床[4]。定回却忆潜龙地[5]，曾住西廊第几房。

老犁注：①约上人：一个名号叫约的上人（对和尚的尊称）。湖洑 fú：今江苏宜兴市南五十里的湖汶镇。湖洑寺：寺址不存。原诗题注：一作送龙翔寺约上人之俗归宜兴湖洑寺。②云水：谓漫游。借指云游四方的僧道。归兴：归思；回归的兴致。③葛衣：用葛布制成的夏衣。④禅床：坐禅之床。⑤定回：出了定后回头（佛家以静心打坐为入定，打坐完毕为出定）。潜龙地：指龙翔寺是元文宗的旧藩邸。

## 次韵寄茅山张伯雨[1]二首其一

句曲[2]道人门不出，几时杖屦接殷勤[3]。春晴洗药分泉[4]去，午睡烹茶隔竹闻。

山脚客行惊犬吠，树皮苔老结龙文[5]。三层台[6]上月如水，半夜吹箫入紫云[7]。

老犁注：①茅山：在江苏句容，是著名的道教名山。张伯雨：张雨，字伯雨，道号贞居子，又自号句曲外史，元杭州钱塘人，好学，工书画，善诗词。年二十遍游诸名山，弃家为茅山道士。有《句曲外史》。②句曲：句曲山，即茅山。③接殷勤：承接（我）深厚的情意。④分泉：把泉水划开后舀起，即取水。⑤龙文：龙的纹理。⑥三层台：指茅山万寿台，现存最古老的建筑，分三层，是茅山历史上重要的道教建筑物之一。⑦紫云：紫色云。古以为祥瑞之兆。

## 酌桂芳庭[①]

桂枝秋露洗银瓶，醉里题诗记答曾[②]。接竹[③]池通丹井水，隔松人诵蕊珠经[④]。

茶香石鼎[⑤]烧红叶，酒渴冰盘破紫菱[⑥]。一带钟山青未了[⑦]，碧窗云气护龙亭[⑧]。

老犁注：①桂芳庭：庭院名。在何处不详。②记答曾：即曾记答。还曾记得以诗赋作答。③接竹：接水到池的竹管。④蕊珠经：道教经籍名。⑤石鼎：陶制的烹茶炉具。⑥冰盘：用来放置碎冰，冰上摆列藕菱瓜果等食品的盘子。夏季用以解渴消暑。紫菱：皮呈紫色的菱角。⑦一带：泛指某处和与它相连的地方。钟山：指南京紫金山。青未了：青山连绵不绝。⑧龙亭：元时建康钟山建有冶亭。元文宗在金陵时，因亭离行邸近，常游观，故称龙亭。

## 寄良常伯雨[①]

良常道士人不识，终岁看山不下楼。隔屋书香开酒瓮，卷帘树色入茶瓯。

云深石磴[②]麋鹿下，月黑花崖猿鹤愁。安得飘然出尘鞅[③]，长年送别若为游[④]。

老犁注：①良常：山名。在今江苏句容。原为句曲山的一部分。秦始皇三十一年登句曲山北陲，会群官，叹曰："巡狩之乐，莫过于山海。自今已往，良为常也。"于是改称句曲山北陲为良常山。伯雨：张雨，字伯雨。②石磴 dèng：石台阶。③尘鞅：世俗事务的束缚。鞅：鞅绊（拘系马腹和马脚的绳带），羁绊。④此句：一年到头忙着送别客人如同出游一样。

## 寄金山长老

老师[①]召对金銮殿，喜动龙颜坐赐茶。一日潮音起般若[②]，九重春色上袈裟。

高风已入三天竺[③]，妙果重开五色花[④]。渴想杨枝旧甘露，何时一到病人家[⑤]。

老犁注：①老师：指金山寺（在今江苏镇江长江边）长老（主持僧）。②般若：大乘佛教认为的最高智慧。③三天竺：杭州天竺山有上中下三座寺院，故称。④妙果：佛果，正果。五色花：绿、红、黄、白、黑，象征如来佛的五种法门"信、进、念、定、慧"。⑤此两句：作者把自己看作有病之人，渴望得到老禅师的杨枝水。杨枝甘露：佛教喻称能使万物复苏的甘露。也称杨枝水。《晋书·佛图澄传》："勒（石勒）爱子斌暴病死……乃令告澄。澄取杨枝沾水，洒而咒之，就执斌手曰：'可起矣！'因此遂苏。"

## 晓起

乌鸦哑哑霜树晴，纸窗泼眼[①]春雪明。野人[②]卧病睡方起，官街踏踏[③]闻马行。

矮窗小户坐终日，煮茶绕坐松风生。明朝呼儿刷[4]骏马，出门一笑青天横。

老犁注：①泼眼：指耀眼。②野人：泛指村野之人。③官街：都市中的大街。踏踏：象声词。马蹄声。④刷：冲洗。

## 次韵三首其一

之子慇勤[1]何处来，清谈煮茗不论杯。五更门外过风雨，四月街头买杏梅。

喜客[2]有情窗动竹，吟诗无兴砚生苔。君家白酒何时熟，病起应须[3]去不回。

老犁注：①之子：这个人。慇 yīn 勤：情意恳切。②喜客：使客人开心。③病起：病愈。应须：应该。

## 清明游鹤林寺[1]

青青杨柳啼乳鸦，满山烂开红白花。小桥流水过古寺，竹篱茅舍通人家。

潮声卷浪落松顶，骑鹤少年[2]酒初醒。若将何物赏清明，且伴山僧煮新茗。

老犁注：①鹤林寺：在今镇江市南郊。始建于晋代，宋祝穆《方舆胜览·镇江府》："鹤林寺，在黄鹤山，旧名竹林寺，宋高祖（刘裕）尝游，独卧讲堂前，上有五色龙章。即位，改名鹤林，今名报恩。"②骑鹤少年：犹指妄想少年。有"骑鹤上扬州"之典：南朝梁殷芸《小说》卷六："有客相从，各言所志，或愿为扬州刺史，或愿多赀财，或愿骑鹤上升。其一人曰：'腰缠十万贯，骑鹤上扬州。'欲兼三者。"后因以比喻欲集做官、发财、成仙于一身，或形容贪婪、妄想。

## 游吴山紫阳庵[1]

天风吹我登鳌峰，大山小山石玲珑。赤霞日烘紫玛瑙[2]，白露夜滴青芙蓉。

飘绡[3]云起穿石屋，石上凉风吹紫竹。挂冠何日赋归来，煮茗篝灯[4]洞中宿。

老犁注：①吴山：在今杭州西湖东南。又名胥山。俗称城隍山。紫阳庵：张岱《西湖梦寻》："紫阳庵在瑞石山。其山秀石玲珑，岩窦窈窕。宋嘉定间，邑人胡杰居此。元至元间，道士徐洞阳得之，改为紫阳庵。其徒丁野鹤修炼于此。"②紫玛瑙：指紫色的玛瑙杯。③飘绡：《本草纲目》云：螳螂"深秋乳子作房，粘着枝上，即螵蛸也。房长寸许，大如拇指，其内重重有隔房。每房有子如蛆卵，至芒种节后一齐出。"中医取其为药，因其药材以生于桑树上者为佳，其质地轻飘如绡，又名桑螵蛸。这里作动词，指轻飘之意。飘绡通螵蛸。飘绡一作飘飖。④篝灯：谓置灯于笼中。

## 送鹤林长老胡桃一裹茶三角[1]

胡桃壳坚乳肉[2]肥，香茶雀舌[3]细叶奇。枯肠无物不可用[4]，寄与说法谈禅师[5]。

竹龙吐雪[6]涧水活，茅屋烟吹树云薄。竹院深沉有客过，碎桃点茶亦不恶[7]。

老犁注：①鹤林长老：镇江鹤林寺的住持僧。一裹：犹一包。茶三角 jué：犹茶三罐。角是用来温酒和盛酒的饮器。形似爵而无柱与流，有盖。因其有盖，茶人们就用它来盛茶，方便实用。后来出现了“茶角”一词，就指贮茶罐。②乳肉：如乳般的胡桃肉。③雀舌：茶名。④此句：这是作者自谦的说法。意即对我这样没有才思的人是没用处的。枯肠：喻枯竭的文思。⑤谈禅师：谈说佛教教义的禅师。⑥竹龙：连接在一起的引水竹管。雪：喻水花。⑦碎桃：破碎胡桃。不恶：不坏，不赖。

## 登云际[1]题壁（节选）

寄语陆鸿渐[2]，我有武夷茶。令仆支铛僧[3]，扫叶鹤看家。不妨茶罢酣歌醉饮，直到日西斜。

老犁注：①云际：云的高处。②陆鸿渐：陆羽，字鸿渐，自号桑苎翁，嗜茶，精于茶道，被后人誉为茶圣，著有《茶经》。③此句：让仆人支起茶铛请来僧人。

## 拥炉夜酌嘲张友寄诗谢[1]（节选）

野人[2]饮不辞，饮尽杯中涸[3]。酒渴向茶烟，松风语幽壑[4]。

老犁注：①标题注释：在围炉取暖夜饮之时，想起张姓友人（指张雨）寄诗给我，我戏谑着作诗答谢。②野人：士人自谦之称。这里指作者自己。③涸 hé：枯竭。④松风：煮水发出的声响。语幽壑：像在深谷中回响。

## 快雪[1]轩（节选）

山阴夜冷沙棠[2]小，归来狂兴犹孤悄[3]。古春吹到矮茅茨[4]，香浮茗碗滋诗脾[5]。

老犁注：①快雪：轩名。在何处不详。②山阴：地名。指今绍兴。沙棠：木名。因其木材可造船，故常借指船。这里指王子猷“雪夜访戴”之典中所乘之船。③孤悄 qiāo：孤寂。④古春：春自古而然，故称。茅茨：茅屋。⑤诗脾：诗思。

## 【南吕·一枝花】妓女蹴鞠[1]

红香脸衬霞，玉润钗横燕[2]。月弯眉敛翠[3]，云亸鬓堆蝉[4]。绝色婵娟[5]，毕罢了歌舞花前宴，习学成齐云[6]天下圆。受用尽绿窗前饭饱茶余，拣择下粉墙内花阴日转。

老犁注：①蹴鞠：蹴就是踢，鞠就是外包皮革、内实米糠的球。故蹴鞠就是古人（宋最盛）以脚踢皮球的活动，犹今日足球。②钗横燕：钗横似燕。③眉敛翠：眉头竖起。打球时争强好胜的样子。翠：描在眉上的黛色。④云亸：黑发垂下。云：

青云，即黑发。亸 duǒ：下垂。蝉：蝉鬓。古代妇女的一种发式。两鬓薄如蝉翼，故称。⑤婵娟：形容女子。⑥齐云：宋代一个球戏（蹴鞠游戏）团体的名称。

**曹德**（生卒不详）：字明善，元衢州（今浙江衢州）人。曾任衢州路吏，山东宪吏。至元五年（1339），他愤作【清江引】二曲贴于京城午门，影射答纳失里皇后并讥刺太师伯颜，故受缉捕，乃南逃吴中僧舍避祸。伯颜事败，方再入京。他与任昱、薛昂夫等相交，并有曲相和。元钟嗣成《录鬼簿》将其入编“方今才人相知者”之列，是与张可久（1270~1348 后）同时期的散曲作者。其散曲多描写自然景物和抒发村居之乐，善于锤炼字句，对仗工整，风格清秀圆润。今存散曲小令 18 首。

## 【双调·沉醉东风】村居三首其一

新分下[①]庭前竹栽，旋笃得缸面茅柴[②]。嬎弹鸡[③]，和根菜[④]，小杯盘曾惯留客。活泼剌[⑤]鲜鱼米换来，则除了茶都是买。

老犁注：①新分 fèn 下：将一部分竹子从老竹丛中分出。分：整体中分出一部分。②旋笃 chōu 得：随即过滤出酒。笃：竹制的滤酒器，当动词用，指滤（酒）。缸面：缸中液体的表面。茅柴：亦作茆柴，对劣质酒的贬称。③嬎 fàn 弹鸡：即自家产的蛋和鸡。嬎：方言，指禽类下蛋。亦通娩 miǎn。弹：禽鸟的卵。通蛋。④和根菜：连着根的菜，意即非常新鲜。⑤活泼剌 là：充满活力貌。

**移剌迪**（生卒不详）：字蹈中，契丹人，元大宁路高州（治所在今内蒙赤峰元宝山区）人。元朝兴国公移剌元臣（至元十二年随伯颜平宋）的儿子。元统间（1333）为饶州路（治在今江西上饶鄱阳县）总管，至正七年（1347 年）累迁广西廉访使，后至中奉大夫、湖广宣慰使都元帅。《江阴季子祠碑刻记载》其为通议大夫、江阴郡侯，此应为卒后所赠赐。

## 留题惠山

参差楼阁古招提[①]，犹有唐人石上题。潭影空明天上下，藓痕生涩路高低。
泉香茗细僧清供[②]，竹密花深鸟乱啼。已负半生岩壑趣，马蹄羞践绿莎[③]泥。

老犁注：①招提：北魏太武帝造伽蓝，创招提之名，后遂为寺院的别称。②僧清供：僧人在佛像前摆设的香花和蔬果。③绿莎：绿色的莎草。后泛指绿草地。

**屠性**（生卒不详）：字彦德，元会稽馀姚（今浙江绍兴余姚）人。年少时与高明（字则诚，1305~约1371）同学于黄溍，生活年代约与高明相近。与常熟赵涣有交谊唱和。明《春秋》学，诗文严整有法度。顺帝至正间以乡荐为嘉定儒学经师。有《彦德集》。

## 和潘子弃[1]韵

云林精舍傍岩阿[2]，中有行吟十二窝[3]。陆羽泉[4]清童汲惯，潘郎[5]诗好客酬多。
茅山[6]猿鹤惊春晓，楚水鱼龙落夜波。归去不成千里别，抱琴重约听樵歌[7]。

老犁注：①潘子弃：人之姓名，生平不详。②云林：隐居之所。精舍：道士或僧人修炼居住之所。岩阿：山的曲折处。③行吟：边走边吟咏。十二窝：十二行窝（行窝指可以小住的安适之所），指当时仰慕者为接待邵雍（北宋大理学家）而仿其安乐窝而建的很多处行窝。邵雍死后，乡人挽诗有云：春风秋月嬉游处，冷落行窝十二家。十二：谓之多。④陆羽泉：在江西上饶广教寺内，今为上饶市第一中学。⑤潘郎：指潘子弃。⑥茅山：在江苏句容，是著名的道教名山。⑦《樵歌》是南宋末年著名琴师毛敏仲最有影响的两首（另一首是《渔歌》）作品之一。据《神奇秘谱》解题："此曲因元兵入临安，敏仲以时不合，隐迹岩壑不仕，故作歌以招同志归隐，自以为遁世无闷。"

**彭炳**（生卒不详）：字元亮，元建宁崇安（今福建南平武夷山市）人。留心经学，诗效陶潜、柳宗元。喜与海内豪杰游，历齐秦至都下，驸马乌谷孙事以师礼。顺帝至正中（约1353），征为端本堂说书，不就。有《元亮集》。

## 商州道中怀仲微[1]（节选）

松竹在窗户，驯鹤舞柔颈。兀兀[2]茅亭中，焚香瀹春茗。

老犁注：①商州：今商洛市，但辖境更大。仲微：常冲，字仲微，蓝田人。②兀兀 wù：不稳定的样子。

**彭寿之**（生卒字号里籍不详）：今存散曲套数1套。

## 【仙吕·八声甘州】平生放荡

【混江龙】知音幸遇，不由人重上欠排场[①]。花朝月夜，酒肆茶坊。相见十分相敬重，厮看承无半点厮隄防[②]。风流事赞之双美[③]，悔则俱伤。

老犁注：①重上欠排场：重新到了这损人的骄奢地方。欠：损人的。排场：铺张奢侈的场面。②厮看承：相互看待。厮隄防：相互提防。③双美：双方都好。

---

**董抟霄**（？~1358）：字孟起，元磁州（约今河北邯郸磁县、武安、涉县一带）人。由国子生辟陕西行台掾，历江西行省左右司郎中，迁浙东宣尉副使。顺帝至正间，除济宁路总管，攻红巾军，袭陷杭州，颇肆杀掠，杭城残伤几尽。十七年，升淮南行枢密院副使、兼山东宣慰使都元帅。十八年，奉命守长芦，至南皮，为毛贵兵所围，被杀。谥忠定。

---

## 游元霤山[①]

水色山光照眼明，隔溪遥见白云生。崖根冻雪留人迹，林外春风变鸟声。

梦草[②]得诗清入骨，煮茶听话淡忘情。飞来桥上归时晚，回首翠微[③]松鹤鸣。

老犁注：①元霤（liù 同溜）山：今余杭大涤山。②梦草：谢灵运族弟谢惠连十岁能属文，每有佳语。一日灵运作诗不成，忽梦见惠连，即得“池塘生春草”之句。后以“梦惠连”或“梦草池塘”为典，指创作诗文有神来之笔。③翠微：指青翠掩映的山腰幽深处。后泛指青山。

---

**傅若金**（1303~1342）：初字汝砺，后改与砺，元代新喻（今江西新余）人。家贫力学，为同郡范梈所知，得其诗法。以布衣至京师，词章传诵，士莫不倒屣而迎。虞集、宋褧以异材荐之，元顺帝三年（1335）以参佐出使安南（今越南），归后任广州路学教授。娶妻孙淑，新婚五月妻即卒。妻善诗，与砺集妻遗诗编成《绿窗遗稿》。虞集、揭傒斯对其诗皆大称赏。有《傅与砺诗文集》。

---

## 临湘[①]

宿雨[②]愁泥滑，长途畏日斜。黄[③]归幽径犊，青[④]聚古祠鸦。

野屋时依竹，山园各种茶。巴陵[⑤]看渐近，遥识故人家。

老犁注：①临湘：临近湖南。亦或指今岳阳的临湘市。②宿雨：夜雨。③黄：

黄牛犊。④青：青鸦，即乌鸦。⑤巴陵：今湖南岳阳。

## 覆舟叹（节选）

吴中富儿扬州客，一生射利[①]多金帛。去年贩茶湓浦[②]东，今年载米黄河北。

老犁注：①射利：谋取财利。射：谋求，逐取。②湓 pén 浦：即湓水。源出今江西省九江市瑞昌市西南的清湓山，东流穿过江西省九江市西部，北经湓浦口流入长江。

---

**释大圭**（1304~1362）：字恒白，号梦观道人，俗姓廖，元晋江（今福建泉州晋江市）人。遵父教，到泉州紫云寺（今开元寺）出家，拜广漩为师，为妙恩法嗣。顺帝至正中于泉州紫云寺之西筑梦观堂。自幼习儒，博极群书，由儒入释，贯通儒释两家。为文简严古雅，诗尤有风致。有《梦观集》《紫云开士传》。

---

## 简魏文宪[①]二首其二

林居长闭户[②]，无意傍青云[③]。此客人间少，杯茶松下分。

神山夸独步[④]，连率借多闻[⑤]。岁晚来同社[⑥]，匡时早策勋[⑦]。

老犁注：①简：书信。作动词，指寄简。魏文宪："文宪"一般用于谥号，但作者不可能向一位死去的人写信。故"魏文宪"应该是指一位叫魏文的宪司（掌刑狱和考核官吏等事的官员）。②林居：林间居住，借指下野闲居。闭户：关闭门户；借指人不预外事刻苦读书。③青云：喻高官显爵。④此句：栖居山中傲然独步。夸：大。这里有大气、傲然之意。⑤此句：各诸侯反而要到山中向他讨问多方面的见识。连率：即连帅。古代十国诸侯之长。⑥岁晚：年末。同社：志趣相同者结成的社。⑦匡时：匡正时世。策勋：将功勋记于策书之上。

## 赠徐山人别[①]

相看初下榻[②]，馀子漫如林[③]。人物南州士[④]，梅花岁晚心。

政[⑤]须同煮茗，何事即分襟[⑥]。后日[⑦]千峰里，无从[⑧]听鼓琴。

老犁注：①徐山人：一位姓徐的山人。山人：隐居在山中的士人。别：告别。②下榻：为客人特置一榻住下，指礼遇宾客。亦指住宿。③馀子：闲暇的人。漫如林：周遍都是。④人物：指才能杰出或声望卓著、有地位的人。南州士：南方的士人。⑤政：通正。⑥分襟：分袂，犹离别。⑦后日：日后；今后。⑧无从：不能随（你）。

## 示同袍[①]二首其一

天南为客度黄花[②]，一笑归来共岁华[③]。老我[④]不知身是病，自吹松火熟杯茶。

老犁注：①同袍：泛指朋友、同年、同僚、同学等。②度黄花：一年一度看着菊花凋谢。③岁华：年华，时光。④老我：老人的自称。

## 王丞石泉[①]

白石[②]丛丛屋上山，泉声一道碧云间。十分如练月同色，万古不痕天照颜[③]。

静夜竹斋知雨意，清秋茶鼎共僧闲。甘寒可濯功名念[④]，公子青袍鬓未斑[⑤]。

老犁注：①王丞石泉：一位姓王的丞官（府丞或县丞等）。字号为石泉。此诗借咏石泉来赞美王石泉。②白石：灰白的石头。③此两句：泉水与白练、月色十分相像，万古之久也不会有污痕，如同上天宝镜映照出的容颜一样。④甘寒：甘甜清凉。濯：洗却。⑤此句：无论是公子还是寒士，只要把功名洗却了人就不容易老（两鬓就不会斑白）。青袍：草色的袍子。多为低级官吏和寒士所穿，借指寒士。

## 南山隐者

独抱胸中五色霓[①]，南山高处乐幽栖[②]。瓦墙护竹凉书牖，砂井分泉润药畦[③]。

白日杯茶多过客，长年更漏一鸣鸡[④]。此身未得同君隐，回首杉松翠叶齐。

老犁注：①五色霓：霓指彩云。五色霓即五色云彩，古人以为祥瑞。②幽栖：幽僻的栖止之处。③分泉：把泉水划开后舀起，即取水。药畦：药圃。④更漏一鸣鸡：指在山中没有漏壶，只能靠鸡的一声啼鸣。更漏：漏壶。计时器。

## 用韵与史眉山[①]别

清啸[②]神山日未斜，独骑官马入桐花[③]。尽驱春意苏亭户[④]，不遣丹心[⑤]负帝家。

舄卤八州瞻幕府，风云万里接京华[⑥]。去时得路扬鞭阔，野衲相思自摘茶[⑦]。

老犁注：①史眉山：姓史的眉山人，生平不详。②清啸：清越悠长的啸鸣或鸣叫。③入桐花：从桐花中穿行。桐花在春天里开放，故借指在春天里骑行。④苏：唤醒。亭户：古代盐户之一种。唐将制盐民户编为特殊户籍，免其杂役，专制官盐。因煮盐地方称亭场，故亭场盐户就省称亭户。宋指向政府领取本金制产正盐（额盐）归公的盐户。⑤不遣：不让，不使。丹心：赤诚的心。⑥此两句：贫瘠土地上的百姓眼巴巴地看着官府来减轻税役，风云下的万里疆土可都是连着京城呐。舄卤 xìlǔ：同潟卤。指含有过多盐碱成分不适于耕种的土地。八州：我国自古有九州，除京畿而言，则为八州。也差不多指全国。幕府：本指将帅在外的营帐。后亦泛指军政大吏的府署。⑦此两句：仕途得志扬鞭催马，道路都显得比平时宽阔，而作为野僧的我，还是想念自由自在地摘茶。得路：指仕途得志。野衲：指山野中的僧徒。

## 送王国祥游吴[①]

南州[②]故人独可怜，轻别闾里何翩翩[③]。断发旧闻泰伯[④]国，扁舟初入鸱夷[⑤]天。

云连茶灶自随去，月在芦花相对眠。秖今老我[⑥]不得往，为传清梦到吴堧[⑦]。

老犁注：①王国祥：人之姓名，生平不详。吴：指吴地，今江浙一带。②南州：南方。③闾里：里巷。借指平民聚居处。翩翩：欣喜自得貌。④断发：泰伯奔吴后，为了融入当地文化，泰伯带领他的族人们决然断发文身，尊重地方的风俗，从而赢得了当地人民的尊敬。泰伯：吴国第一代国君。又称太伯。⑤扁舟：范蠡帮越王勾践雪耻后，乃乘扁舟泛于江湖。鸱 chī 夷：一作鸱彝。一种外形如鸱（鹰）的酒囊。裴骃集解引应劭曰："取马革为鸱夷。鸱夷，榼（外形如壶）形。"传伍子胥被吴王夫差赐死后，其尸体用鸱夷革裹着扔进江里。故鸱夷就借指伍子胥。后范蠡生怕自己的结局会和伍子胥一样，心想与其让越王用鸱夷革裹着扔进江里，不如自己主动做一个鸱夷子皮提前漂走，也不用越王整天疑心暗鬼的了。于是他泛于江湖，跑到齐国，自称鸱夷子皮。故鸱夷也成范蠡的省称。⑥秖 zhǐ 今：如今。秖通衹 zhī。老我：老人的自称。⑦吴堧：吴地。堧 ruán：俗作壖。余地，隙地。

## 孟上人兰若[①]

长松短草秋风早，野寺寥寥[②]古意存。老我独来呼圣佛，传家犹喜见玄孙[③]。

门前日落东湖[④]绿，舍北云寒古岳[⑤]尊。坐爱清游[⑥]归未得，多情煮茗荐盘飧[⑦]。

老犁注：①孟上人：一个叫孟的上人（对和尚的尊称）。兰若：梵语"阿兰若"的省称。意为寂净无苦恼烦乱之处。后借指寺院。②寥寥：空虚貌。③此两句：人老了我诚呼圣佛的心始终不渝，传家（衣钵的传承）最喜的是能培养出玄孙辈。④东湖：指泉州东湖。⑤古岳：古老的高山。⑥坐爱清游：因爱清雅游赏。⑦荐：进。盘飧 sūn：盘中之饭食。飧：晚上的饭食。简代饭食。

## 至北山[①]

何处人间清意[②]多，疏松白石散岩阿[③]。道人汲水煮新茗，念我攀云到碧萝[④]。

泉谷夕阴留杖屦[⑤]，林庐秋色入婆娑[⑥]。野猿声断青天外，便欲临风一浩歌。

老犁注：①北山：指泉州清源山，因居泉州北郊，故称。山上泉眼众多，故又别称泉山。②清意：意念纯净。③岩阿：山的曲折处。④攀云：攀向云际。指攀登之高。碧萝：女萝。一种绿色的寄生攀援植物。⑤夕阴：傍晚阴晦的气象。杖屦 jù：手杖与鞋子。⑥林庐：林中茅屋。多指隐居之所。婆娑：形容景色优美。

## 哀阮信道诗并序[①]（节选）

斯人已远令人思，向来相识惊暮迟。取泉雨后茗同煮，对竹云深诗旋为[②]。

老犁注：①阮信道：人之姓名，生平不详。原诗序：余欲作哀阮信道诗久矣，竟不复能作，而仲昭蒲君乃能作诗哀之，且言其母老子幼，而丧在殡者四年，于兹是可哀者。夫以阮之材，枉于时而穷，穷且死，死不能葬，而其母子又如君所言者。虽行道之，人亦哀之，况同志乎。然余以为徒哀之无益，必使其存殁有所济可也。今君以其哀之者，示诸人人，使入其言，阮其得所济矣，则是哀岂无益哉。余遂亦作哀阮诗次君韵。②旋为：常为。旋：屡次，常常。

**释大訢**（1284~1344）：俗姓陈，字笑隐，号蒲室，赐号为广智全悟大禅师，元代临济宗大慧派禅僧。江州（今江西九江）人，徙南昌。家世业儒，博通经典，旁及儒家道流百氏之说。九岁出家本郡之水陆院学佛，拜百丈山之诲机元熙，成其法嗣。历任湖州乌回寺、杭州报国寺、中天竺寺等住持。后文宗诏其住金陵大龙翔集庆寺，特赐三品文阶，授太中大夫，为集庆寺开山祖师。顺帝时受命校正《禅林清规》。其博学多闻，长于书画，尤擅诗文，与当时赵孟頫、袁桷诸先辈名士多有交游，虞集、黄溍有文字记述其生平行履。有《蒲室集》。

## 秋夜同太原张翥仲举永嘉李孝光季和龙翔寺[①]联句（节选）

燥吻茗屡沃（翥）[②]，苦心策[③]频探。焚膏续迅晷（光）[④]，卷帘纳霏岚（翥）[⑤]。

老犁注：①张翥：字仲举，号蜕庵，元晋宁（今山西临汾）人。豪放不羁，好蹴鞠，喜音乐。少时家居江南，以诗文名。以翰林承旨致仕。为诗格调甚高，词尤婉丽风流。永嘉：即今温州。李孝光：字季和，号五峰，元温州乐清人。少博学，笃志复古，隐居雁荡山五峰下，从学者众。曾任秘书监丞。以文名。龙翔寺：指南京龙翔集庆寺。②燥吻：干燥的嘴唇。沃：原意是把水从上往下浇。引申为饮，喝。③策：策问。设问试士。④焚膏：燃起膏火；点上灯。即夜间继续工作或学习。迅晷guǐ：迅速消逝的时光。⑤霏岚：弥漫的云气。

**释元长**（1284~1357）：字无明，号千岩，俗姓董，越州萧山（今浙江杭州萧山区）人。家世宗儒。幼构疾，母祷观音，倘子不死，令服洒扫役终身，祷已，汗出而愈。遂七岁出家，十九岁受具足戒，初习毗尼于武林灵芝寺律师，后传心印于中峰和尚。悟道后隐居天龙寺（杭州玉皇山南麓）之东庵，日有二蛇来绕法座，师为说三归五戒，蛇矫首低昂，作拜舞而去，自是声名藉甚。朝廷特降名香紫衣，赐"普应妙智弘辩禅师”之号。中州外国，咸尊仰之。后入婺州圣寿寺（义乌城西街道夏演村伏龙山）使之成为一代名刹。驻锡圣寿寺33年，延请宋濂、黄溍、方孝孺等名人雅士都到圣寿寺讲学论道，结为方外好友。临终说偈，投笔而逝，谥佛慧园鉴大元普济禅师。有《千岩和尚语录》。

## 示手知客[①]

平高就下老无明[②]，乌豆换他人眼睛[③]。唤汝将茶来吃了[④]，十分懞懂却惺惺[⑤]。

老犁注：①示手：犹挥手。把手抬至与头部差不多的高度，手心朝向施礼对象，保持短时不动，表示敬意、友好、或告别。知客：即知客僧，寺院中主管接待宾客的和尚。②平高就下：抑高就低，平抑高的来靠近低的。无明：自指。③此句：俗语有“乌豆换眼睛的地方”之说，比喻强人横行的凶险之地。④将茶来吃了：犹吃赵州茶。不点破，一切靠自参。⑤懞懂：糊涂。惺惺：清醒貌。

## 端午上堂[①]（节选）

今朝端午节，无酒又无肉。擎出一杯茶，满泛菖蒲玉[②]。

老犁注：①上堂：登法堂，指禅宗丛林中，住持上堂说法。②菖蒲玉：喻菖蒲根。新挖嫩菖蒲根，洁白似玉。故称。端午节中国人有剪菖蒲根浸酒并饮以避瘟气的习俗。这里僧人不能饮酒，故用茶代替。

## 示众（节选）

要眠时即眠，要起时即起。水洗面皮光，啜茶湿却[①]嘴。

老犁注：①却：助词，用在动词后，相当于“了”、“掉”、“去”。

## 送心知客[①]（节选）

不须更话《坐禅铭》[②]，何必更求无病药。一杯茶罢笑呵呵，咽了是谁曾吐却[③]。

老犁注：①心知客：一个叫心的知客。知客是寺院中主管接待宾客的和尚。②更话：再次说。《坐禅铭》：是唐代江西铅山鹅湖山峰顶寺和尚大义禅师创作的诗。③吐却：吐掉。

**释宗衍**（1309~1351）：字道原，元平江（今苏州）路人。顺帝至正初居石湖楞伽寺，一时名士多与游。与危素相知。洪武初住持嘉兴海盐当湖镇德藏寺，才辩闻望，倾于一时。年四十三而殁。工诗，善书法。诗清丽幽茂，博采汉魏以降，而以少陵为宗，取喻托兴，得风人之旨，有《碧山堂集》。

## 楞伽寺[1]

叠嶂来山尾[2]，平湖对寺门。登危逾近郭[3]，望迥[4]更连村。

客醉迷花畔，樵歌坐树根。不烦留煮茗，雨过井都浑[5]。

老犁注：①楞伽寺：苏州石湖楞伽寺。②山尾：山与平地交接处。③郭：古代城墙多筑两圈，内圈叫城，外圈叫郭。④望迥 jiǒng：望远。⑤浑：混浊。

**释祖柏**（？~1337 尚在世）：号子庭，元僧，庆元（今宁波）人，寓嘉定（今上海嘉定区）。约元惠宗至正初前后在世。幼从禅学，尝住慧聚寺，善画兰，与普明齐名。能口辨，有诗名。浪迹云游，乞食村落。所居名“不系舟子庭”。有《不系舟集》。

## 暮春雍熙寺访沈自诚[1]不遇

暇日远相问，古寺幽且深。青苔馀华落，双树一莺吟。

炉存散微篆[2]，茗熟独成斟。明当[3]持山酒，慰子客居心。

老犁注：①雍熙寺：在苏州。《姑苏志》：“雍熙寺，在城武状元坊内。本周瑜故宅。梁为陆襄太守宅，天监二年（503）舍以为寺。”沈自诚：沈性，字自诚，吴兴（今湖州）人，元朝书法家。工八分、小篆。②篆：篆香。③明当：明日。

**释清欲**（1288~1363）：号了庵，别号南堂遗老，俗姓朱，临海（今浙江台州临海市）人。9 岁丧父，16 岁从虎岩净伏禅师出家，得度径山。受希白明藏主之劝，往苏州开元寺参访古林清茂，遂契悟而嗣其法。后历任保宁寺、开元寺、本觉寺、及灵岩寺的住持，元顺帝曾御赐金线刺绣的袈裟及“慈云普济禅师”之号。日本镰仓时代晚期至南北朝时代，有多位日本僧人曾学于其门下。工书，其墨迹扬名海外。有《了庵清欲禅师语录》。

## 上堂[1]

今朝九月九[2]，万物随时候。满泛茱萸茶[3]，何用菊花酒。毕竟醉兀兀[4]，不似长醒醒[⑤]。

老犁注：①上堂：登堂。②九月九：重阳节。③茱萸茶：以山茱萸和茶为主材配成的茶饮品。茱萸辛辣芳香，性温热，可以治寒驱毒。古代人认为饮茱萸茶可隔瘟驱瘴，佩带茱萸可辟邪去灾。重阳节恰是茱萸果实成熟时，因此插茱萸、饮茱萸茶就成为重阳节的一种习俗。④兀兀 wū：摇晃貌。⑤醒醒：清楚；清醒。

## 常在家舍不离途中[①]

家舍途中同一辙[②]，不论空劫[③]与如今。鬼神茶饭休拈出[④]，南北东西意自深。

老犁注：①标题：意即无论是常在家还是在途中，修行都一刻不能放松。②此句：无论在家还是在外修行都一样。③空劫：谓世界灭坏之后至再造之前的空虚阶段。佛教宇宙观认为，一个世界之成立、持续、破坏，又转变为另一世界之成立、持续、破坏，其过程可分为成、住、坏、空四时期，称为四劫。空劫是这四劫一个轮回中的最后一劫。④此句：指修行要心诚，不要让杂念掺进来。拈出：拿出来。

## 次松月法兄韵送行宏二上人[①]

巧织吴姝[②]不用梭，鸳鸯掷出奈渠[③]何。郎君子弟争先看，个个齐穿水上靴[④]。

正愁吾道少人行，江上俄然见雨簦[⑤]。说与捧炉神着便，莫教翻却煮茶铛[⑥]。

老犁注：①松月法兄：松月是僧人的名号，法兄：作者的师兄。行宏二上人：行和宏两位僧人。上人：对和尚的尊称。②吴姝：吴地的美女。③鸳鸯：指铁鸳鸯。是一种铁制的用手摔掷的暗器。因外形好像一只浮水的鸳鸯，故名。铁鸳鸯掷出即把爱慕之心送出，有如西方人说的射出的丘比特之箭。渠：她。此句喻向吴姝示爱，但没得到回应。④此两句：佛法好，崇信之人自然个个皈依。用子弟穿雨靴涉水靠近争看吴姝的场景来比喻佛法的感召力。⑤簦 dēng：古代有柄的笠，类似现在的伞。⑥此两句：责怪捧炉神很轻松，伤害了朋友之心却不应该。宋圆悟克勤禅师《碧岩录》中记载的一则故事：一次招庆禅师请刚被罢官的王太傅品饮。把茶的朗上座不小心把茶釜（釜脚上铸有鬼样的兽类动物，称捧炉神）打翻，朗上座不说自己失手，反倒责怪捧炉神没守护好。王太傅见状便问，既然是捧炉神，它怎么能把茶釜打翻？朗上座说有如“当官千日，失在一朝”。王太傅气得当场拂袖而去。茶铛 chēng：似釜的煎茶器，深度比釜略浅，与釜的区别在于它是带三足且有一横柄。

## 灵澄和尚山居偈宝藏主求和[①]

西来无意于人言[②]，开到梅花自换年。三事坏衣殊称体[③]，一头华发任齐肩。

行收落叶供茶鼎。坐倚蒲团[④]对瀑泉。世出[⑤]世间都是梦，孰论身后与身前。

老犁注：①灵澄和尚：灵澄禅师，宋初云门宗禅师，余不详。山居偈：灵澄禅师留有一首偈诗《西来意颂》："因僧问我西来意，我话居山七八年。草履只栽三个耳，麻衣曾补两番肩。东庵每见西庵雪，下涧长流上涧泉。半夜白云消散后，一轮明月到床前（《五灯会元》卷一五）。宝藏主求和：一个名号叫宝的藏主，请我给这首偈诗作和诗。藏主：寺院中负责管理藏经楼（类似图书馆）的主管，又称知藏、藏司。为六头首之一。②此句：没有必要与人说祖师西来是干什么来的。西来意：是禅宗公案中问禅的话头，全句为"如何是祖师西来意"。③三事坏衣：三件僧衣。略称三衣。指僧人穿的三种衣服。一种叫僧伽梨，即大衣或名众聚时衣，在大众集会或行授戒礼时穿着；一种叫郁多罗僧，即上衣，礼诵、听讲、说戒时穿着；一种叫安陀会，日常作业和安寝时穿用，即内衣。坏衣：袈裟，泛指僧衣。僧尼衣服颜色避用五种正色和五种间色，故僧衣皆以坏色（非正色）染成，因名坏衣。殊称体：很合体，特别合体。④蒲团：用蒲草编织而成的圆形、扁平的座垫。又称圆座。是坐禅及跪拜时所用之物。⑤世出：应时出现。

## 祖忌拈香①

千灯续焰②，五叶芬葩③。明来震旦④，暗度流沙⑤。关空⑥锁梦年年事，一炷栴檀⑦一碗茶。

老犁注：①祖忌：祖师忌日。即达摩的忌日。拈香：一般指上香。是人与佛或先祖的一种沟通方式，上香礼佛的真实意义在于表达对佛陀的尊敬、感激与怀念。②续焰：接续灯焰。古代使用油灯照明，灯芯烧短灯光变暗，把灯芯往上拨，灯光就变亮，这个过程叫续焰。③五叶：指禅宗的五大支派。芬葩：香花盛美。④震旦：印度对中国的一种称呼。⑤流沙：江中流动的沙土。借指长江。这里指达摩因与梁武帝话不投机，就暗渡长江到了嵩山少林。⑥关空：三关破空。即指破关修禅。禅宗修禅可参究的方法，渐次为：修三观、破三惑、证三智、成三德、破三关、菩提涅盘。破三关为：第一关是破本参（生缘关，你、烦恼、世界等缘起哪里）；第二关是破重关（与佛差距关）；第三关是破牢关（跳出轮回关）。三关皆破始能真实达到佛的境地。⑦栴 zhān 檀：指栴檀香，用栴檀木制作的香。

## 妙智长老至上堂①（节选）

翻思百丈有三诀②，吃茶珍重归堂歇。末法③师僧几个知，茫茫弄巧翻成拙。

老犁注：①妙智长老：生平不详。至上堂：来到法堂。②翻思：回想；反复思考。三诀：宋代百丈寺（在江西奉新百丈山）道恒禅师据众多法师经典言教，凝聚众高僧智慧而成的"吃茶、珍重、歇"三诀。③末法：佛法共分为三个时期，即：正法时期、像法时期、末法时期。释迦牟尼佛入灭后，五百年为正法时期；此后一千年为像法时期；再后一万年就是末法时期。即进入"法灭尽"的时代。宋朝已是进入"末法时代"。对佛法实际修、行、证的人非常稀少，佛教逐渐沦为"求名闻利养”“求平安无灾无病”乃至“求升官发财”的法门，被严重世俗化了。

## 送永知客[①]（节选）

弹指八万四千岁[②]，日下[③]不用张孤灯。毕竟同途不同辙，客到吃茶珍重歇[④]。

老犁注：①永知客：一个名号叫永的知客。知客：寺院中主管接待宾客的和尚。②弹指：捻弹手指作声。佛家多以喻时间短暂。八万四千岁：佛家认为人的生命本有八万四千岁，因为人类心坏，所以大大减了寿命，成为现在这个样子。③日下：犹佛下。日：喻佛祖。④吃茶、珍重、歇：与赵州和尚用“吃茶去”来接引众僧一样，宋代百丈寺（在江西奉新百丈山）道恒禅师常以“吃茶、珍重、歇”这三个词来接引众僧。被称为“百丈三诀”。

## 送见书记归仰山[①]（节选）

相见已了[②]，烧香换茶。一语不发，彼此作家[③]。

老犁注：①见书记：一个名号叫见的书记。书记：寺院中的八大执事之一，也是西序的六头首之一。掌书翰文疏。通俗讲就是负责寺内文书的撰写、归档和往来。仰山：在江西宜春南。是禅宗沩仰宗的发源地。②相见已了：见面寒暄后。③作家：善作机锋之家，即佛教禅宗对善用机锋者之称呼。

## 听梦楼（节选）

风流输与老沩山[①]，二子[②]神通良不俗。面汤才去手巾来，一碗酽茶浓似粥[③]。

老犁注：①老沩山：指唐代沩仰宗始祖灵佑禅师。②二子：指灵佑禅师的两个弟子仰山慧寂和香严智闲。③最后两句：《景德传灯录》中记载了唐潭州沩山（今湖南宁乡）灵佑禅师接引两位徒弟的一则公案：灵佑禅师睡觉做了一梦，两个弟子仰山慧寂和香严智闲恰先后来到跟前问讯。仰山先来问讯，师便回面向壁。仰山云：和尚何得如此？师起云：我适来得一梦，尔试为我原看（还原回去看看，犹解梦、圆梦）。仰山取一盆水与师洗面。少顷，香严亦来问讯。师云：我适来得一梦。寂子（指仰山慧寂）为我原了。汝更与我原看。香严乃点一碗茶来。师云：二子见解，过于鹙子（佛陀十大弟子之一，以智慧第一著称的舍利弗）。面汤：洗脸的温水。手巾：洗脸的毛巾。

## 痴绝翁所赓白云端祖山居偈忠藏主求和[①]（节选）

闲居无事可评论，一炷清香自得闻。睡起有茶饥有饭，行看流水坐看云。

老犁注：①标题注释：痴绝翁接续《白云端祖山居偈》这首诗，是应忠藏主之邀而作的唱和诗。痴绝翁：从释清欲写的《痴绝和尚书应庵师祖法语》这件书法作品来判断，痴绝翁应是指释清欲本人。藏主：寺院中负责管理藏经楼（类似图书馆）的主管，又称知藏、藏司。为六头首之一。

## 性海赠明书记[①]（节选）

南堂五月松吹凉，茶瓯满泛毛孔香。客来问话莫启口，只有棒喝[②]无商量。

老犁注：①性海：指性海（真如之理性深广如海）之语。明书记：一个名号叫明的书记。书记：寺院中职掌书翰文疏的和尚。②棒喝：佛教禅宗接待参禅初学者的一种手段。即对于所问往往不作正面答复，或棒打或大喝一声，以暗示和启悟对方。有“德山棒，临济喝”之说。

## 送柔首座[①]（节选）

赵州茶，云门饼[②]，觌面当机须痛领[③]。转身拶倒石门关[④]，不妨亲到琴台顶[⑤]。

老犁注：①柔首座：一个名号叫柔的首座。首座：禅寺两序六头首（首座、书记、知藏、知客、知浴、知殿）之一，因居席之首端，处众僧之上，故名。地位仅次于住持和尚。由德业兼修者担任，其职统领全寺禅僧。原诗在标题后为柔首座注曰：字克中，以沤华室自榜。②云门饼、赵州茶：皆为禅宗公案。公案：多为佛教禅宗前辈祖师的言行范例，用以接引后学。云门宗祖师文偃和尚在回答“如何是超佛越祖之谈?”时云：“糊饼。”以此来引导弟子领悟禅机奥义。唐代赵州和尚以“吃茶去”一句话来引导弟子领悟禅机奥义。③觌 dí 面：见面。痛领：痛彻的领悟。④拶 zā 倒：犹推倒。拶：逼迫，推挤。禅宗有“一拶”之说，就是一句逼迫人的问话，是禅师堪验弟子的推逼谈话。石门关：关址在今宁夏固原市须弥山东麓的羊圈堡村。是西北通往长安及中原腹地的要冲，是西域到达长安最短路径的必经之地。隋代开始在此设立关口。西域佛法东来必经此关方能传入中原。《龟山晦庵光状元和尚语》说：鼓山立僧秉拂（手执拂尘，谓侍奉）云：瞻望石门关，如泰山北斗。一旦过关来，便鼓是非口。⑤琴台顶：在苏州灵岩山西绝顶，相传吴王常令西施焚香抚琴于此，在石上刻“琴台”二字。释清俗曾一度住灵岩山的灵岩寺。

## 次韵赠善上人阅经[①]（节选）

会则目前包裹[②]，不会别立生涯[③]。热即取凉寒向火，饥来吃饭困来茶。

老犁注：①善上人：一个名号叫善的上人（对持戒严格并精于佛学的僧侣之尊称）。②目前包裹：现在就包裹背上身。即肩负起责任。③别立生涯：另找法门。

**释惟则**（约1280~1350）：字天如，俗姓谭，元代高僧，吉安永新（今江西省吉安莲花县坪里乡桃岭村）人。得法于普应国师、中峰明本。辟吴城东北隅废圃为方丈，有竹万竿，多怪石，轩堂亭阁，冠绝一时。以中峰倡道天目师子岩，故名“师子”，识不忘也。又尝遁迹松江之九峰，道风日振，加号“佛心普济文惠大辨禅师”。他倡导禅净双修，为开宗立派的大师。善诗，著有《师子林别录》《天如集》《高僧摘要》等。

## 一峰云外庵和韵四景四首其二①

竹屋茶香满涧烟，绿杉深处响流泉。目前有法谁能说？落日微风一树蝉。

老犁注：①一峰云外庵：释惟则遁迹松江之九峰时写的诗，一峰指九峰中的一峰，山上有云外庵。因友人对此地写了四景诗，释惟则亦写四首和诗，此为第二首。

## 师子林①即景十六首其十一

蛙儿深夜诵莲花，月度墙西桧影斜；经罢②辘轳声忽动，汲泉自试雨前茶。

老犁注：①师子林：今写作“狮子林”。释惟则在苏州期间，辟吴城东北隅废圃为方丈，曰“师子林”。有竹万竿，竹外多怪石，轩堂亭阁，冠绝一时。是历史上著名的寺庙园林。②经罢：抄经或诵经结束。

## 师子林即景十六首其十五

有客来求警策①歌，歌成敛念人禅那②。茶童催我下楼去，楼下新来客更多。

老犁注：①警策：犹警句，指含义深刻并富有哲理性的语句。②敛念：收起念想。禅那：佛教的梵语音译。简称为禅。义为思修静虑。

## 天目纯上人①归万峰庵

瓦鼎②煎茶咽芋头，万峰茅屋记同游。开门赶出睡魔去，放入松萝③月一钩。

枯木岩前旧路头，松花满地没人收。丛林佛法无多子④，倒握乌藤⑤归去休。

老犁注：①天目纯上人：来自天目山一个叫纯的上人（对持戒严格并精于佛学的僧侣之尊称）。②瓦鼎：陶制有耳有足的炊器。③放入松萝：开门放松萝碎丝飘进来。松萝：深山的老树枝干或高山岩石上生长的丝状植物。④无多子：没有其他人。指在丛林里的人都是传承佛法的一路人。⑤乌藤：指藤杖。

## 杭州新到僧请益次[①]示众

人从江西来，接得湖南状。告报怀州[②]牛吃禾，益州[③]马腹胀。狮子林[④]下烧汤点茶，闲看茶童三马九乱。

老犁注：①请益次：向我再次请教时。②告报：告知。怀州：古代州名，治今河南沁阳，范围为今河南焦作、济源所辖地域。③益州：古州名，州治在今成都，范围包含今川渝云贵等地。④狮子林：是释惟则在苏州创建的著名寺庙园林。⑤三马九乱：三匹马九匹乱。夸张的说法，喻忙乱到极点。

## 新年示众（节选）

夜暗昼明，去是谁去。天高地阔，来是谁来。师林好个上堂[①]，被他抄前说了[②]，只落得打个问讯烧香吃茶。

老犁注：①师林：指狮子林里。好个上堂：好一个示法的讲堂。②此句：在我抄示前被他抢先说了。

## 示众（节选）

诸方大有奇特事，师子林下无足夸。地炉烧柏子[①]，蒿汤[②]当点茶。

老犁注：①地炉：就地挖砌的火炉。柏子：指柏子香。由柏树籽通过简单加工而制成的一种香或香丸，点燃可起到清神安心的作用。②蒿汤：蒿叶制作的汤饮。

## 吴门清上人游天台[①]（节选）

点茶莫认茶中花[②]，花前认取娘生面[③]。兴阑政在下山时，山水丝毫不可移[④]。

老犁注：①吴门清上人：一个来自苏州叫清的上人。天台：指浙江天台山。②茶中花：茶杯显现昙花。宋理宗时天台籍宰相贾似道在天台山的方广寺旁修建了一座亭子，亭成后，寺僧供茶，见昙花在茶杯中忽现即逝，于是就将亭子命名为“昙华亭”。③娘生面：娘生下你时的面目，即指人的本来面目。④此两句：大意是说贾似道你的风光是山下的官场，山上可不是你可以随心所欲的地方。兴阑：兴尽。

---

**童童学士**（生卒不详）：阿术之孙，卜怜吉歹之子，蒙古族，兀歹兀良孩氏。其祖其父皆河南王，武功显赫。童童弃武从文，官集贤侍讲学士、中奉大夫。泰定间出河南行省平章政事，迁江浙行省平章政事。至顺二年（1331）三月因被劾，先贬太

信宗禋使，九月又贬嘉兴府判。善诗文曲画，其作品表现了及时行乐的人生态度。明朱权《太和正音谱》将其列于“词林豪杰”一百五十人之中。今存散曲套数2套。

## 【双调·新水令】念远

【折桂令】好姻缘两意相答，你本是秋水无尘，我本是美玉无瑕。十字为媒，又不图红定黄茶[①]。我不学普救寺幽期调发[②]，你怎犯海神祠负意折罚[③]？生也因他，死也因他，恩爱人儿，欢喜冤家。

老犁注：①十字：将年、月、日、时，用天干地支中的每一字两两对应，组成生辰八字，用此八字来测定命运婚姻等。如果扩展到“刻”，那就有生辰十字了。十字为媒：就是比八字婚配更精准的婚配。红定：旧俗订婚时，男方送给女方的聘礼。黄茶：茶礼。茶礼既可以指茶的礼仪，如传统婚礼中“奉茶”“交杯茶”等仪式，称为“茶礼”；还可以指茶的礼品，旧时，男子托媒人向女方家送聘礼时，聘礼中必须要有茶叶，女子受聘叫“受茶”，所送聘礼即成茶礼，后来聘礼中不管有茶无茶，都习惯称之为“茶礼”。②普救寺：位于山西省运城市永济市，《西厢记》中讲述的“红娘月下牵红线，张生巧会崔莺莺”的爱情故事就发生在这里。调发：戏弄，调侃。③海神祠：此祠庙见于南宋光宗时南戏剧本《王魁负桂英》中，此剧本是今知最早的南戏作品之一。叙妓女焦桂英资助书生王魁读书赴考，王得中状元后弃桂英另娶，桂英愤而自杀，死后鬼魂活捉王魁。元杂剧亦有尚仲贤的《海神庙王魁负桂英》。负意：背弃情意。折罚：报应；惩罚。

**曾瑞**（约1261~1330后）：字瑞卿，自号褐夫。平州（今河北秦皇岛卢龙县）人，一说大兴（今北京市大兴区）人，因喜江浙人才风物而移家钱塘（今杭州）。元钟嗣成《录鬼簿》载他“临终之日，诣门吊者以千数”，可知他当时已有盛名。由于志不屈物，不解趋附奉承，所以终身不仕，优游市井，赖江淮一带熟人馈赠为生。与钟嗣成相友善。善绘画，学范宽。能作隐语小曲，散曲集有《诗酒馀音》，今佚。明朱权《太和正音谱》评其所撰为“杰作”，且云：“其词势非笔舌可能拟，真词林之英杰。”今存散曲小令95首，套数17套。

## 【中吕·红绣鞋】风情十首其七

口儿块特婪侃嗽[①]，脚儿勤推恋俳优[②]，每日家弄子里茶坊中紧相逐，为俺待的厚[③]，也煸气快要的恶也忒情熟[④]，因此上外人观恰便似[⑤]有。

老犁注：①口儿块：口儿大，即口气很大。特娄侃嗽：特贪图一时口快。侃嗽：瞎侃时发出的声音。②推恋：移情别恋。俳 pái 优：古代以乐舞谐戏为业的艺人。③此句：对我很厚待。④此句：我也只好性狭气快，索要过头一点，谁叫太过相熟呢。第一个“也”：承上一句而表示委婉（他对我那么优厚，我也就只好任性点），相当于“也只好”。第二个“也”：句中表示语气停顿，可不译。惼 biǎn 气快：性狭气快。惼：性情狭隘。恶：甚，很。忒情熟：太过相熟。⑤恰便似：正好像。

## 【商调·梧叶儿】赠喜温柔[①]十首其四

云归岫，月转楼，芳景去最难留。蝶寻对，莺唤友，劝[②]温柔。且饮彻闲茶浪酒[③]。

老犁注：①喜温柔：元代活跃于淮、浙的一位曹姓女艺人。事见于《青楼集》《青楼小名录》等。②劝：通欢。繁体字劝（勸）与欢（歡）字形相近，故抄写时有抄错的现象。③饮彻：饮透；喝个够。闲茶浪酒：指风月场中的吃喝之事。

## 【般涉调·哨遍】村居

【幺】量力经营，数间茅屋临人境，车马少得安宁。有书堂药室茶亭，甚齐整。鱼池内菱芡，溪岸上鸡鹅，壮观我乘高兴[①]。缫车[②]响蝉声相应，妻蚕女茧，婢织奴耕。陇头[③]残月荷锄歌，牛背夕阳短笛横，听农家野调山声。

老犁注：①壮观我：让我（心胸）宏伟可观。乘高兴：乘一时高兴。②缫 sāo 车：是指缫丝所用的器具。③陇头：田埂边。陇通垄，指田埂。

## 【双调·蝶恋花】闺怨

【乔牌儿】旧衣服陡恁[①]宽，好茶饭减多半。添盐添醋人撺断[②]，刚捱[③]了少半碗。

老犁注：①陡恁 dǒunèn：竟然这样。②撺 cuān 断：搬弄。③刚捱：勉强承受。

---

**谢宗可**（？~1330 前后在世）：字号等不详，金陵（今江苏南京）人。约元文宗至顺初前后在世，能诗，有《咏物诗百篇》传于世。汪泽民题其卷，以为“绮靡而不伤于华，平淡而不流于俗”。清顾嗣立《元诗选》录其诗于戊集之末，亦不知其当何代也。

---

## 茶筅[1]

此君一节莹无瑕，夜听松声漱玉华[2]。万缕引风归蟹眼[3]，半瓶飞雪起龙牙[4]。
香凝翠发云生脚，湿满苍髯浪卷花[5]。到手纤毫皆尽力，多因不负玉川家[6]。

老犁注：①茶筅 xiǎn：调茶竹具，约五寸长，类似刷帚，用以击拂茶汤成沫。②松声：煮水时发出的声响。漱玉华：击拂成白色的茶沫。玉华：精美的白花，这里指泛起的白沫。③万缕：指一缕缕（蒸腾的水气）。引风：引着松风声。蟹眼：水煮开时的小气泡。④半瓶：注满不能击拂，半瓶才好击拂。飞雪：击拂茶汤时泛起的白色茶沫。龙牙：涌起的白色大泡沫如龙的牙齿。有的说龙牙即龙芽，当时的一种名茶。但后者似乎很牵强。⑤此两句：形容击拂出茶沫后的观感。大意是茶香附着在如秀发般的茶筅上，击拂出的白色茶沫像云一样在碗脚（水在碗中的水际线）滋生，濡湿了如苍髯般的筅帚（茶筅由一根根篾丝扎成，如发又如髯。后一句的“纤毫”也是指茶筅的篾丝），茶沫花也不断的涌现。⑥玉川家：卢仝，号玉川子，因嗜茶，被后世誉为茶仙，玉川家也成了嗜茶之家的代名词。

## 茶烟

玉川炉[1]畔影沉沉，淡碧萦空杳[2]隔林。蚓窍[3]声微松火暗，凤团[4]香暖竹窗阴。
诗成禅榻[5]风初起，梦破僧房雪未深。老鹤归迟无俗侣，白云一缕在遥岑[6]。

老犁注：①玉川炉：卢仝的煮茶炉。②淡碧：淡淡的青白色（茶烟）。杳：深远。③蚓窍：旧误蚯蚓能鸣，其声发于孔窍。比喻微不足道的音响。蚓窍声：指煮水尚未开时的轻细声。④凤团：指宋代贡茶名，用上等茶末制成团状，印有凤纹；泛指好茶。⑤禅榻：禅僧坐禅用的坐具。⑥遥岑 cén：远处陡峭的小山崖。

## 雪煎茶

夜扫寒英煮绿尘[1]，松风[2]入鼎更清新。月团影落银河水，云脚香融玉树春[3]。
陆井有泉应近俗[4]，陶家无酒未为贫[5]。诗脾夺尽丰年瑞[6]，分付[7]蓬莱顶上人。

老犁注：①寒英：雪花。绿尘：本意指绿色尘末，喻茶叶末。②松风：指松风发出的声响。喻煮水声。③此两句：前句是说月团茶投入煮开的雪水中。用月团和银河水喻凤团茶和雪水。后句是指茶烟升腾让白雪覆盖的嘉树融化了，仿佛春天到了。云脚：茶的别称。玉树：白雪覆盖的树。④此句：陆羽井之水俗人也用，故其没雪水来得高洁。⑤此句：陶谷家哪怕就是没酒，那也应过着不错的生活。⑥诗脾：诗思；做诗的思路、情致。丰年瑞：南朝宋谢惠连《雪赋》：“盈尺则呈瑞于丰年，袤丈则表沴于阴德。”这两句意思是“雪厚盈尺是丰年征兆，雪深一丈则成灾害。”后以“丰年瑞”谓冬月所降之雪。⑦分付：付托；寄意。

## 煮茶声

龙芽香煖[①]火初红，曲几蒲团听未终[②]。瑞雪[③]浮江喧玉浪，白云迷洞响松风[④]。

蝇飞蚓窍[⑤]诗怀醒，车绕羊肠醉梦空。如诉苍生辛苦事，蓬莱好问玉川翁[⑥]。

老犁注：①龙芽：茶名。煖 nuǎn：同暖。②曲几：曲木几。多以天生屈曲的怪树制成，故称。蒲团：用蒲草编织而成的圆形、扁平的座垫。③瑞雪：水开后的水花。④白云：水煮开后水雾。松风：风吹松林的声音，喻煮水声。⑤蝇飞蚓窍、车绕羊肠（狭窄曲折小道）：皆喻煮水时的响声。⑥玉川翁：卢仝，号玉川子。其在《走笔谢孟谏议寄新茶》一诗中有"蓬莱山，在何处？玉川子乘此清风欲归去。"

## 半日闲

闲处光阴未有涯[①]，偶然一晌[②]到山家。坐看云起昼停午[③]，静听泉流日未斜。

槐影正圆初破睡，竹阴微转罢分茶[④]。也胜忙里风波客[⑤]，十二时中老鬓华[⑥]。

老犁注：①未有涯：无限。②一晌：短时间。一小会。③停午：正午。④罢：停止。分茶：宋元时一种泡茶技艺，亦称茶百戏。就是用筅击拂茶汤，使其表面涌起茶沫，然后将茶沫表面划开使之呈现出各种图案和文字。后泛指烹茶待客之礼。⑤也胜：还是胜过。风波客：飘泊之人。⑥十二时：一昼夜。鬓华：花白的鬓发。

## 瓶笙[①]

炉头莫为热中[②]鸣，且作松风[③]入耳清。火候抽添成别调，汤痕深浅变秋声[④]。

谁知冷煖[⑤]情难尽，自恨炎凉诉不平。何用绛唇吹玉管[⑥]，纤簧[⑦]低咽夜三更。

老犁注：①瓶笙：古时以瓶煎茶，微沸时发音如吹笙，故称。有宋代和明代两首同名的《瓶笙》诗：宋黄庚"热中竟日自煎烹，音节都从一气生。缓缓煮汤方蟹眼，微微聒耳忽蝇声。频惊清梦愁无寐，似诉羁情叹不平。却笑书生那解此，联诗石鼎羡弥明。"明郭登"大杓才添小器盈，啾啾唧唧似吹笙。儿童侧耳山翁笑，一任教他水火争。"②热中：炉内燥热。③松风：喻煮水发出的声响。④秋声：指秋天里自然界的声音，如落叶声、秋虫、鸟声、风刮枯枝声等。这里指瓶中水因深浅不同，发出各种不同声响，如同秋天里各种不同的声音。⑤煖：同暖。⑥何用绛唇：意指不用女伎。绛唇：红唇。玉管：亦作"玉琯"。玉制的古乐器，用以定律。泛指管乐器。⑦纤簧：纤小的铜簧。簧：铜簧，吹奏乐器中的铜制簧片。

---

**谢醉庵**（生卒字号里籍不详）：元人，今存词 4 首。

---

## 鹧鸪天·睡思才消

睡思才消赖有茶。老怀刚慰[①]奈无花。花随流水三春尽，柳疑东风一向斜。怜病久，怯春多。莫云庭院噪归[②]鸦。碧云草就[③]关心句，信[④]到吟诗解叹嗟。

老犁注：①刚慰：才觉欣慰。②噪归：喧噪而归。③碧云：喻远方或天边，多用以表达离情别绪。草就：草拟完成。④信：放任，随意。

---

**睢玄明**（生卒里籍不详）：元人。一说即睢景臣。工曲，明朱权《太和正音谱》将其列于“词林英杰”一百五十人之中。今存散曲套数2套。

---

## 【般涉调·耍孩儿】咏西湖

【四煞】步芳茵近柳洲[①]，选湖船觅总宜[②]，绣铺陈更有金妆饰。紫金罂满注琼花酿[③]，碧玉瓶偏宜[④]琥珀杯。排果桌随时置，有百十等异名按酒[⑤]，数千般官样茶食。

老犁注：①芳茵：茂美的草地。柳洲：有柳林的洲渚。②觅总宜：寻找大体适合的（船）。③紫金罂：紫金做的贮器；或指外面为紫金色的罂。紫金：一种珍贵的矿物。琼花酿：亦叫琼花露，扬州的一种美酒。借指美酒。④偏宜：特别适合。⑤按酒：也作案酒。用来下酒的肉菜。

---

**僧山**（生平不详）：元僧，《题惠山泉》一诗见于《元无锡县志·卷四诗词》。

---

## 题惠山泉

陆羽曾经次[①]，崖根小小池。饮从来者取，味有几人知。
清影凝秋色，寒腴是石滋[②]。老僧分茗[③]好，细瀹更相宜。

老犁注：①次：住宿。②寒腴：清腴，清寒美丽。石滋：石泉。③分茗：分茶。

---

**僧恩**（生平不详）：元僧，《留题惠山》一诗见于《元无锡县志·卷四诗词》。

---

## 留题惠山

方沼[①]不生千叶莲，石房[②]高下煮茶烟。春申遗庙客时过[③]，李卫绝邮[④]僧昼眠。

尘世岂知无锡义[⑤]，殿庐犹记大同[⑥]年。九江一棹东风便，更试庐山瀑布泉[⑦]。

老犁注：①方沼：方形池水，指涌出惠山泉的池子。②石房：石头砌成的房子。多为僧人或隐士所居。③春申：即春申君，战国楚人黄歇的封号。黄歇为战国四君子之一。④李卫：指李德裕，唐武宗时封卫国公。宋代唐庚在《斗茶记》中记载："唐相李卫公，好饮惠山泉，置驿传送不远数千里"。绝邮：停邮。指李德裕为送水建立的邮路早已经不通。⑤岂知无锡义：哪里知道无锡命名的含义。⑥殿庐：殿旁庐幕，为朝臣候朝及值宿之所。大同：南朝梁武帝萧衍的年号（535~546）。期间梁武帝大弘佛法，大建寺庙，惠山寺就建于梁武帝大同三年。⑦此两句：如果有东风吹送，一桨便可直通九江庐山，与瀑布泉（康王谷谷帘泉，被陆羽定为天下第一泉）来一试高下。这里是指惠山泉也不比谷帘泉差。

---

**黎伯元**（生卒不详）：字景初，号渔唱。元东莞（今广东东莞）人。元朝末年由岁贡历官连山教谕及德庆、惠阳教授，所至学者尊之，文风以振。明嘉靖《广东通志》卷五九作黎伯原，附于其子黎光（1330~1403，明监察御史）传中。著有《渔唱稿》，已佚。

---

## 花朝[①]二首其二

紫禁[②]青春入，曾看辇路[③]花。扰扰[④]逢世运，老大惜年华。

供馔[⑤]晨挑菜，分泉午试茶[⑥]。太平[⑦]应有日，归理[⑧]旧生涯。

老犁注：①花朝：指百花盛开的春晨。亦泛指大好春光。②紫禁：古以紫微垣比喻皇帝的居处，因称宫禁为"紫禁"。③辇 niǎn 路：天子车驾所经的道路。④扰扰：形容纷乱的样子。⑤供馔：指宴饮时所陈设的食品。⑥分泉：把泉水划开后舀起，即取水。试茶：品茶。⑦太平：泛指平静无事。⑧归理：归来整理。

---

**滕斌**（？~1323 后）：一作滕宾，字玉霄。元黄冈（今湖北黄冈市）人。主要活动于元武宗至大至英宗至治年间（1308~1323）。喜纵酒，其谈笑笔墨，为人传诵。至大年间任翰林学士，出为江西儒学提举，后弃家入天台为道士。《全元散曲》辑其散曲小令 15 首。有《玉霄集》。

---

## 【中吕·普天乐】十五首其十二·暮霞收

暮霞收，彤云[①]密。朔风凛冽，瑞雪纷飞。酒力微，茶烟湿。暖炕明窗绵绸被，侭前村开彻江梅[②]。日高未起，黑甜[③]睡足，归去来兮[④]。

老犁注：①彤云：即同云。一般用以指下雪前密布的阴云。②侭 jǐn 前：最前头。侭：最，用在方位词的前面。开彻：开彻底，开得完全没有遗留。江梅：一种生长在江边山涧等荒寒处的野梅，故称。也因此常被喻为天涯游子。③黑甜：酣睡。④归去来兮：出自陶渊明《归去来辞》。为辞官归隐之典，是归去归来的合称。归去是在外的人返回，归来是家人看你返回。

---

**潘纯**（？～1352后）：字子素，元庐州合肥（今安徽合肥市）人。风度高远，壮游京师，名公卿争相延致。尝著《辊卦》，以讽当世。文宗欲捕治之，乃亡走江湖间。至正十二年（1352）红巾军起，聘为行台御史高纳璘宾客，因告璘子安安有不法行为，遂受安安怨恨，后被安安借故杀害于萧山道中。喜为今乐府，歌诗秀丽清郁，其吊岳武穆一篇，尤为一时传诵。有《子素集》。

---

## 山行即事[①]

石子路三叉，居人八九家。绿分邻寺竹，红出矮墙花。

野老[②]能娱客，山泉自煮茶。茜裙谁氏子[③]，赤脚髻双丫。

老犁注：①即事：指以当前事物为题材写的诗。②野老：村野长者。③茜 qiàn 裙：绛红色的裙子。谁氏子：谁家女孩。

---

**薛汉**（？～1324）：字宗海，元永嘉（今浙江温州）人。幼力学，有令誉。以青田教谕，迁诸暨州学正，辟授休宁主簿。泰定帝时选充国子助教。工诗文，尤善于鉴辨古物。赵文敏公得古遗器书画，必宗海辨之乃定。与司业虞集、博士柳贯友善。有《宗海集》。

---

## 送柳汤佐[①]

太行盘踞势严严[②]，五马初行众具瞻[③]。他日去思应借寇[④]，此时来暮正歌廉[⑤]。

七贤旧竹风流在，万善新茶岁贡兼。莫谓名邦[⑥]天稍远，飞龙[⑦]曾向此中潜。

老犁注：①柳汤佐：元代人，生平不详。与张埜、薛汉间有诗词来往。②盘踞：占据。严严：庄严貌。③五马：汉时太守乘坐的车用五匹马驾辕，因借指太守的车驾。

亦代称太守。具瞻：谓为众人所瞻望。④去思：谓地方士民对离职官吏的怀念。借寇：《后汉书·寇恂 xún 传》载，建武七年寇恂随光武帝南征隗嚣，路过颍川（恂曾为颍川太守，颇著政绩），百姓遮道迎接，谓光武曰："愿从陛下复借寇君一年。"后因以"借寇"为地方上挽留官吏的典故。⑤来暮：本为东汉蜀郡百姓对太守廉范（字叔度）的颂辞，后用为赞扬地方官德政之典。也作"来何暮"。《后汉书·廉范传》记载，因成都街道狭窄，旧制禁百姓夜里用火，但百姓为了生计夜里偷着用火，禁令形同虚设。"范乃毁削先令，但严使储水而已。百姓为便，乃歌之曰：'廉叔度，来何暮？（何来晚。意即怎么不早点派来）不禁火，民安作。昔无襦，今五袴。'"（无襦 rú：没有短袄，形容衣服单薄。五袴 kù：也作五绔、五裤。昔无襦，今五袴：过去衣服单薄，现在连裤子都有五条。这就是历史上有名的《五袴歌》，后遂用"五袴"作为称颂地方官吏施行善政之词。）⑥名邦：指太行这一乡邦。⑦飞龙：飞翔的龙，喻天子。指太行是出皇帝的地方。

---

**薛昂夫**（约 1267~1359）：名超吾，字昂夫，号九皋，元回鹘（今维吾尔族）人。回鹘名薛超兀儿，以首字"薛"为姓，故唤薛超吾。汉姓马，故亦称马昂夫、马九皋。先世内迁，居怀孟路（治所在今河南沁阳县）。父、祖皆仕于南昌，俱封覃国公。历官江西省令史，佥典瑞院事，太平路总管，衢州路总管、达鲁花赤等职。至正十九年（1359），为朱元璋部攻克衢州时投水自尽。师事刘辰翁，善篆书，有诗名。元人王德渊称其诗词"新严飘逸，如龙驹奋进，有并驱八骏一日千里之想"。与虞集、萨都剌相唱和。诗作存于《皇元风雅后集》《元诗选》等集中。工散曲，《南曲九宫正始序》称其"词句潇洒，自命千古一人"，今存小令 65 首，套数 3 套。

---

## 【正宫·塞鸿秋】过太白祠谢公池[1]

谪仙祠下言诗志，谢公池顾影凝清思。笋舆沽酒青山市[2]，松枝煮茗白云寺[3]。听山鸟奏笙簧，共野叟[4]论文字，甚痴儿[5]了却公家事。

老犁注：①太白祠：纪念李白的祠宇。又称谪仙祠。谢公池：谢朓家的池塘。②笋舆：竹舆，竹轿。青山市：即今当涂青山街，在青山之南。青山，一名青林山。南朝诗人谢朓曾卜居于此，故又称谢公山。在今安徽省当涂县东南。青山主峰 372 米，李白墓处于青山西麓陇地上，墓前有太白祠。③白云寺：青山街东北约 3 公里，坐落青山东南麓。④野叟：村野老人。⑤甚痴儿：很痴迷（野隐生活）。

## 【正宫·端正好】闺怨

【二错煞】料忧愁一日加了十等，想茶饭三停里减了二停[1]。白日犹闲[2]，怕到黄昏睡卧不宁。则我这泪点儿安排下半枯井，也滴不到天明[3]。

老犁注：①停：成数。将总数分成几份，其中一份叫一停。这里指所吃的茶饭比原来减少了三分之二。②犹闲：尚可；还过得去。③此两句：哪怕我这泪水能安排下半枯井的量，怕也滴不到天明。谓半井的泪水都不够滴，喻闺怨之极。

---

**魏初**（1232～1292）：字太初，号青崖，元弘州顺圣（今河北张家口阳原县）人。好读书，尤长于《春秋》，为文简而有法。中统元年，辟为中书省掾吏，兼掌书记。寻辞归，隐居教授。起为国史院编修官，拜监察御史，以侍御史行御史台事于扬州，擢江西按察使，出为江南台御史中丞，卒于任上，时年六十一。有《青崖集》。

---

## 奉答廉公劝农[1]三首其一

小烘茶瓶带腊[2]，新封酒瓮迎和[3]。醉里西山南浦[4]，眼前仰岭高埚[5]。

老犁注：①廉公：一位姓廉的长者。生平不详。劝农：劝人耕种。原诗有序：廉君以御史弘道（一个字号叫弘道的御史）六言二诗见示，因次其韵，又作廿八字奉送吾同寮太原之行。②带腊：带入腊月。指进入年末吉庆之时。③迎和：迎来祥瑞。④西山：西面的山。南浦：南面的水边，常用称送别之地。⑤高埚 guō：高耸的如埚的山。埚：耐火材料制成用来熔化金属等物质的器皿。

## 嘉庆图[1]

小小瑶华楚楚[2]兰，茶芽瓶子荔枝盘[3]。太平三百年前[4]事，犹及江南画里看。

老犁注：①嘉庆图：犹清供图。清供图是以清供入画的画作，“清供”又称清玩，其发源于佛像前之插花。清供最早为香花蔬果，后来渐渐发展成为包括金石、书画、古器、盆景在内的一切可供案头赏玩的文雅物品。②瑶花：玉白色的花。有时借指仙花。楚楚：姣美貌。③茶芽瓶子：用来盛放茶叶的瓶子。荔枝盘：盛放荔枝的盘子。④太平三百年前：此画作于三百年前的宋太宗太平兴国时期。

## 出西乡[1]

人歌人笑上茶园，花淡花浓隔稻田。十日按行[2]秋色里，画图才出武陵川[3]。

老犁注：①西乡：地名，其地不详。或指西面的乡村。②按行：巡行；巡视。③武陵川：武陵源。指东晋陶渊明《桃花源记》中记载的避居之地。

## 挽李仲常运使[1]

剑门秋色记分司[2]，煮茗西湖晚诵诗。青眼[3]如君几人在，不因鞭策独伤时[4]。

老犁注：①李仲常：李庸，字仲常，号用中道人。元婺州东阳人。官江阴州知事。运使：水陆运使、转运使、盐运使等的简称。此诗说明李庸是在运使这个职位上去世的。②剑门：在今四川剑阁县北。分司：主衙署外的分衙署。③青眼：黑色的眼珠，喻正眼看人。跟“白眼”相对。④此句：不是你曾经鞭策过我，而让我为你感伤，而是你对我的珍重。

## 感皇恩·次商参政[1]韵

睡起独登临，不禁残酒[2]。楼上阑干压晴柳。好山凝望，良足慰余心友[3]。风烟春近也，平安否？　　画戟[4]朱门，谁堪炙手[5]。茶社诗盟要长久。年来和梦，无复东奔西走。麒麟新画像[6]，从渠有[7]。

老犁注：①商参政：商挺，字孟卿，号左山，元曹州济阴人。至元初拜参知政事，累官枢密副使、安西王相。卒谥文定。其善隶书，有诗千余篇。②不禁残酒：不由自主地喝起前些天所剩之酒。③良足：足以。心友：知心的朋友。④画戟：古兵器名。因有彩饰，故称。⑤炙手：烫手；比喻权势炽盛。⑥麒麟：指麒麟阁。汉代阁名，在未央宫中。汉宣帝时曾将霍光等十一功臣像画于阁上，以表扬其功绩。封建时代多以画像于“麒麟阁”表示卓越功勋和最高的荣誉。⑦从渠有：跟随他一起获得功名，在麒麟阁上留下画像。

## 鹧鸪天·室人降日以此奉寄[1]

去岁今辰却[2]到家。今年相望又天涯[3]。一春心事闲无处，两鬓秋霜细有华。
山接水，水明霞。满林残照见归鸦。几时收拾田园了，儿女团圞[4]夜煮茶。

老犁注：①室人：泛指家中人。这里指新生儿。降日：降到人间的日子，即生日。②却：恰，正。③天涯：天际。指离开家到了很远的地方。④团圞 luán：亦作团栾，圆貌。借指月亮正圆之夜。

## 浣溪纱·灯火看儿夜煮茶

灯火看儿夜煮茶，琴丝香饼[1]伴生涯。秋霜原不点宫鸦[2]。　　十月好风吹雪霁，一天春意入梅花。寿星人指是仙家。

老犁注：①琴丝：琴弦。亦指琴声。香饼：指用香料制成的小饼，可以佩带，也可以焚烧。②此句：秋霜原本不会把宫鸦的头点白了，但由于天寒使宫鸦鲜有飞动，飞雪竟把宫鸦的头点白。宫鸦：栖息宫中的乌鸦。

06

# 元末明初

JIN YUAN CHA SHI JI ZHU

**丁鹤年**（1335~1424）：字永庚，号友鹤山人，武昌籍色目人，吉雅谟丁从弟。元朝末，父马禄丁官武昌达鲁花赤，遂为武昌人。曾祖阿老丁与弟乌马儿皆元时巨商。元末避乱至四明，因方国珍歧视色目人，转徙逃匿，为童子师，或寄寓寺庙，或卖浆自给。明初还武昌。卒于明太宗永乐二十二年，终年九十岁。好学洽闻，精诗律，赋诗情辞悱恻，晚年学佛，结庐居父墓。有《海巢集》《鹤年诗集》。

## 送二僧往浣花草堂①度夏

吟遍赤城②霞，行行③入浣花。为人无芥蒂，留客有瓜茶。

寂寂先贤宅，堂堂古佛家。老怀因二妙④，亦欲制袈裟。

老犁注：①二僧：指济古舟（字济古，名舟）和新古铭（字新古，名铭）。原诗题注：济古舟、新古铭二公，皆浙东名僧也。浣花草堂：指杜甫草堂，在成都。②赤城：天台县有赤城山。③行行：刚强之貌。④老怀：老人的心怀。二妙：原指三国时两位书法家卫瓘和索靖。《晋书》卷三十六《卫瓘传》："瓘学问深博，明习文艺，与尚书郎敦煌索靖俱善草书，时人号为'一台二妙'。"这里借指二僧。

## 雨窗宴坐与表兄论作诗写字之法各一首①二首其一

南窗薄暮雨如丝，茗碗熏炉共论诗。天趣悠悠人意表②，忘言相对坐多时。

老犁注：①标题断句及注释：雨窗宴坐，与表兄论作诗、写字之法，各一首。宴坐：闲坐；安坐。②人意表：人的意愿、情绪得以表达。

## 寄见心长老①二首其二

上方借榻动经春②，道义交情久更亲。涤器每怜司马病③，卓锥不厌仰山贫④。

茶烟隔座论文夜，花雨⑤沾筵听法晨。一自天香通鼻观⑥，六根无处着纤尘⑦。

老犁注：①见心长老：一位名号叫见心的长老。长老：多对住持僧的尊称。亦用为一般僧人的尊称。原诗题注：时升住灵隐号天香老人。②上方：住持僧居住的内室。借指佛寺。动经春：一动就经过一春。③此句：每涤酒器之时就可怜那位生消渴病的司马相如。司马相如与卓文君私奔后买酒度日，文君当垆，"相如身自着犊鼻裈，与庸保杂作，涤器于市中。"④卓锥：立锥。也作置锥。有"无置锥之地"之典。仰山：江西宜春的一座山。唐代高僧禅宗沩仰宗始祖慧寂曾修行于此，并以此为号。⑤花雨：佛教语。诸天为赞叹佛说法之功德而散花如雨。后用为赞颂高僧颂扬佛法之词。⑥一自：自从。天香：自天上传来的香气。鼻观：鼻孔。指嗅觉。⑦六根：佛教语，谓眼、耳、鼻、舌、身、意。纤尘：比喻微细污垢。

## 假馆武当宫承舒庵赠诗次韵奉谢[1]二首其一

一归琳馆[2]即逍遥，无复驱驰混市嚣[3]。载酒每承文士[4]过，斗茶频赴羽人[5]邀。
三清[6]风露从天下，五色云霞匝地[7]飘。匡坐[8]不眠神益正，静听笙鹤度中宵[9]。

老犁注：①标题断句及注释：假馆武当宫，承舒庵赠诗，次韵奉谢。假馆：借用馆舍。舒庵：人之姓名，生平不详。②琳馆：仙宫。宫殿、道院的美称。③无复：不再，不会再次。市嚣：市井喧闹声。④文士：知书能文之士。⑤羽人：道家欲学仙升天，因称道士为羽人。⑥三清：三清境，道教所指玉清、上清、太清。⑦五色云霞：五色云彩。古人以为祥瑞。匝地：遍地。⑧匡坐：正坐。⑨笙鹤：汉刘向《列仙传》载：周灵王太子晋（王子乔），好吹笙，作凤鸣，游伊洛间，道士浮丘公接上嵩山，三十馀年后乘白鹤驻缑氏山顶，举手谢时人仙去。后以“笙鹤”指仙人乘骑之仙鹤。这里应指笙鹤之声。中宵：中夜，半夜。

## 送詹光夫之云南通海校官[1]

儒冠跋涉敢辞劳[2]，直以诗书化不毛[3]。盛世用文兴礼乐，黉宫接武贡英髦[4]。
密依坛杏登弦诵[5]，独对山茶设醴醪[6]。会见毓[7]才功第一，归来宫锦[8]赐新袍。

老犁注：①詹光夫：一位校官的姓名。之：到。云南通海：今云南玉溪通海县。校官：古代的学官。掌管学校的官员。②儒冠：古代儒生戴的帽子。借指儒生。敢辞劳：岂敢因劳累而退却。③不毛：不生植物。指荒瘠，有“不毛之地”之说。④黉 hóng 宫：学官。接武：步履相接。形容人多拥挤。英髦 máo：亦作英旄，谓俊秀杰出的人。⑤坛杏：即杏坛：相传为孔子聚徒授业讲学之处。泛指授徒讲学之处。弦诵：弦歌诵读。泛指吟哦诵读。⑥醴醪 lǐláo：美酒。⑦会见：将会见到。毓 yù：同育。⑧宫锦：宫中特制或仿造宫样所制的锦缎。

## 次义上人[1]韵

冥栖[2]九陇傍云松，茗碗熏炉取次[3]供。月满长空秋放鹤，雨昏大海昼降龙。
病中普施诸方食，定里长闻上界[4]钟。明哲[5]古来多玩世，不妨随处舞三筇[6]。

老犁注：①义上人：一个名号叫义的上人（对和尚的尊称）。②冥栖：犹隐居。③取次：挨次，一个挨一个。④定里：入定当中。上界：天界。⑤明哲：指明智睿哲的人。⑥舞三筇：用筇杖舞上很多遍。三是泛指，“很多”的意思。

## 送铁佛寺益公了庵朝京游浙[1]（节选）

相逢一笑即相亲，下榻东轩[2]忘主宾。薰炉茗碗坐清夜[3]，从容软语[4]温如春。

老犁注：①铁佛寺，位于今武汉汉阳区，距归元寺200米，曾是归元寺的下院。始建于前唐，寺内曾存放过一尊1.58米高的铁佛，上世纪五六十年代铁佛和寺院一并被毁。1999年在原址上恢复，现为三进寺院。益公了庵：当时铁佛寺的住持，名益，字了庵。朝京游浙：赴京并游浙江。②东轩：指东向的房子。③清夜：清静的夜晚。④软语：柔和而委婉的话语。

## 咏雪三十韵（节选）

阴窖孤忠苏武节[①]，空斋独冷广文毡[②]。羊羔已属将军饮，凤髓还归学士煎[③]。

老犁注：①阴窖：有“苏武窖”之典。《汉书》卷五十四《李广苏建列传》载：“单于愈益欲降之，乃幽武置大窖中，绝不饮食。”②广文：指广文馆。唐宋国子监下属补习性质的学校。在此做儒学教官的人就被称为“广文先生”，后“广文先生”就泛指清苦闲散的儒学教官。毡：毡垫。③此两句：化自“党姬烹茶”之典。羊羔：酒名。将军：指太尉党进。凤髓：茶名。学士：指翰林学士承旨陶谷。

---

**王行**（1331~1395）：字止仲，号淡如居士，又号半轩，亦号楮园，元明间苏州府吴县人。淹贯经史百家，议论踔厉。元末授徒齐门，与高启、徐贲、张羽等号十才子。富人沈万三延为家塾师。明洪武初，有司延为学官。旋谢去，隐于石湖。赴京探二子，凉国公蓝玉聘于家馆。蓝玉党案发，王行父子坐死。能书画，善泼墨山水，有《二王法书辨》，另有《楮园集》《半轩集》等。

---

## 师林十二咏其十·水壶井[①]

一泓碧澄甃[②]，寒沁玉壶[③]清。裹茗曾来试[④]，虚闻石井名。

老犁注：①师林：苏州狮子林。水壶井：在狮子林中。②甃 zhòu：以砖瓦砌的井壁。后借指井。③寒沁：寒气透入。玉壶：喻水壶井。④裹：携。试：品试。

## 过西山海云院[①]

苍崖压境竹缘[②]坡，疏雨苔花两屐过。童子候门施问讯，老僧入座说伽陀[③]。

茶屏[④]古翠连枝巧，萝屋[⑤]繁阴蔽暑多。百丈泉头借禅榻[⑥]，尧天安乐有行窝[⑦]。

老犁注：①西山：指苏州穹窿山，位于苏州西郊，故称西山。海云院：即今穹窿山宁邦寺，始建于梁代，唐以前称海云禅院。寺内曾有连理山茶，相传为宋朝名将韩世忠手植。原诗题注：院有连理山茶屏甚奇古。揣以院中山茶为样，刻之于屏。②压境：本谓敌军紧逼国境。这里指苍崖高耸压境的态势。缘：沿着。③伽陀：亦作伽他，为佛经十二部经之一。④茶屏：茶屏风。现今指一种小型屏风，形制为独扇式，屏心用红木、大理石、瓷片等做成各种图案。从桌屏、砚屏衍化而来。常置于茶室的几案之上，用作摆设观赏。⑤萝屋：被女萝类植物遮掩的屋子。⑥百丈泉：在穹窿山宁邦寺北约百米。禅榻：禅僧坐禅用的坐具。⑦尧天：用以称颂帝王盛德和太平盛世。行窝：北宋大儒邵雍名其居为“安乐窝”，好事者别作屋如雍所居，以候其至，名曰“行窝”。

## 与韩公望衍斯道游穹窿山次韵留题显忠寺[①]（节选）

翠微深处耸招提[②]，殿宇虚明敞窗牖[③]。到时少憩借禅床[④]，老衲[⑤]呼茶我需酒。

老犁注：①标题断句及注释：与韩公望、衍斯道游穹窿山，次韵留题显忠寺。韩公望：生平不详。衍斯道：从徐贲（与王行同为元明时苏州人）所作《寄衍斯道上人》一诗判断，衍斯道是一名僧人。穹窿山：位于苏州西郊，故称西山。显忠寺：清《吴县志》载：“穹窿禅寺，在穹窿山，旧名福臻禅院，相传为朱买臣故宅。梁天监二年创禅院，永乐初敕改显忠寺。明宣德初年间和民国年间两度重建。寺址位于穹窿山箬帽峰下，俗名茅蓬寺。文革期间殿宇与玉观音全毁，仅剩五间僧房，今被苏州市孙子兵法研究会辟为孙武苑。②翠微：青翠掩映的山腰幽深处，泛指青山。招提：指寺院。③虚明：空明。窗牖 yǒu：窗户。④少憩：稍稍休息。禅床：坐禅之床。⑤老衲：年老的僧人。

## 秋水晴霞[①]·写意

客里光阴，那更是、厌厌春雨有如许[②]。沾帷湿幔，洒窗飘户。十日晓寒添故絮[③]，一天暮色凄平楚[④]。待新晴，何处倚吟肩[⑤]，东楼柱。　　芳草际，烟横渚。修竹外，花连坞。便重整、酒壶茶具，诗豪[⑥]琴谱。狂似次公[⑦]从更醉，豪如谢掾[⑧]休夸舞。有情怀，只好共渔樵，为宾主。

老犁注：①秋水晴霞：王行的自度词牌。②厌厌：无聊；绵长貌。如许：这么多。③故絮：旧絮；败絮。④平楚：谓从高处远望，与丛林树梢齐平。⑤吟肩：诗人的肩膀。因吟诗时耸动肩膀，故云。⑥诗豪：诗人中出类拔萃者。⑦次公：汉盖宽饶，字次公。为官廉正不阿，刺举无所回避。平恩侯许伯治第新成，权贵均往贺，宽饶不行，请而后往，自尊无所屈。许伯亲为酌酒，宽饶曰：“无多酌我，我乃酒狂。”丞相魏侯笑道：“次公醒而狂，何必酒也？”见《汉书·盖宽饶传》。后因以“次公”称刚直高节之士或廉明有声的官吏。⑧谢掾 yuàn：指东晋时的谢尚，字仁祖，与谢安、谢玄为从兄弟。据《世说新语》载：王长史（王濛）、谢仁祖同为王公（王导）掾（属官）。长史云：“谢掾能作异舞。”谢便起舞，神意甚暇。王公熟视，谓客曰：“使人思安丰（竹林七贤中的安丰侯王戎）。”

## 行香子·和衍上人[1]见寄二首其二

时世推移，造化[2]难齐。几多般簸弄成亏[3]。鼠肝虫臂[4]，臭腐神奇[5]。却又何论，侏儒饱[6]，岁星[7]饥。　胸中磊磈[8]，眼底妍媸[9]，便将都付与希夷[10]。从前解事[11]，今已无知。但睡时茶，醒后酒，兴来诗。

老犁注：①衍上人：指王行《与韩公望衍斯道游穹窿山次韵留题显忠寺》一诗中的衍斯道。②造化：创造化育。③簸弄：在手里摆弄。成亏：盈与损；完备与缺失；成功与失败。④鼠肝虫臂：语出《庄子·大宗师》："伟哉造化，又将奚以汝为？将奚以汝适？以汝为鼠肝乎？以汝为虫臂乎？"原意为以人之大，亦可以化为鼠肝虫臂等微贱之物。后因以"鼠肝虫臂"比喻微末轻贱的人或物。⑤臭腐神奇：语出《庄子·知北游》："是其所美者为神奇，其所恶者为臭腐，臭腐复化为神奇，神奇复化为臭腐。故曰，通天下一气耳。"意谓同一事物，其是非美丑，随人之好恶而异。后以之谓化无用为有用；化废为宝。⑥朱儒饱：据《汉书卷六十五·东方朔列传》载，东方朔说侏儒与自己皆为"奉一囊粟"，"朱儒饱欲死，臣朔饥欲死。"⑦岁星：传东方朔为岁星在世，并在皇帝身边十八年。朔死后，上问太王公方知，故叹曰"东方朔生在朕旁十八年，而不知是岁星哉！"⑧磊磈 wěi：众石累积貌。亦喻胸中不平之气。⑨妍媸 chī：即妍蚩。美好和丑恶。⑩希夷：《老子》："视之不见名曰夷，听之不闻名曰希。"河上公注："无色曰夷，无声曰希。"后因以"希夷"指虚寂玄妙（之境）。⑪解事：通晓事理。

## 踏莎行·诜上人留宿[1]

高树颠风，疏篁啸雨。青山绕屋云来去。出林残磬讽经[2]馀，扑帘[3]轻雾烧香处。　闲客相过[4]，仙踪偶驻。山僧更解留人住。夜窗灯火茗瓯[5]宽，谈不尽，鸡声曙。

老犁注：①标题：在诜上人处留宿。诜上人：一个名号叫诜的上人（对和尚的尊称）。原诗题注：是日俞明府（姓俞的县令）鹤瓢道人（一位叫鹤瓢的道人）同访。②讽 fěng 经：诵经，念经。③扑帘：犹拂帘。轻轻吹动着窗帘。④相过：互相往来。⑤茗瓯：指茗瓯。茶杯。

**王佐**（1334~1377）：字彦举，元明间广东南海（民国前广州由番禺和南海两县组成，民国后才有广州市建制，而且范围很小，故民国前称番禺和南海就指今天的广州城）人。世本河东（今山西运城永济市），元末侍父宦南雄，经乱不能归，遂占籍南海。与孙蕡齐名，元至正十八年（1358）与孙蕡、赵介、李德、黄哲五人结诗社于南园（旧址在今广州图书馆南馆），为南园五先生之一。元末为何真掌书记，劝真降明。洪武六年征为给事中，以不乐枢要，居官二载，乞归。有《听雨轩集》《瀛洲集》。

## 龙山

韶江[1]西望是龙山，猿鹤曾闻响佩环[2]。草色映檐苍翠合，茶烟绕树白云闲。

陶潜笑傲羲皇上[3]，谢朓文章伯仲[4]间。松下石泉清似玉[5]，何由一掬[6]洗尘颜。

老犁注：①韶江：在今江西吉安万安县西北。是赣江的支流。②猿鹤：猿和鹤。借指隐逸之士。佩环：指玉质佩饰物。后多指妇女所佩的饰物。③笑傲：有洒脱，逍遥自在之意。羲皇上：（洒脱逍遥的程度）比伏羲氏还要更高。羲皇：伏羲氏。④谢朓：南朝齐时著名的山水诗人。东晋谢灵运称为“大谢”，其被称之为“小谢”。为李白所崇仰。伯仲：形容才能相当，不相上下者。⑤清似玉：清澈得如透明的玉石一样。⑥何由：从何处。一掬：一捧，两手合而捧起。

**王玠**（生卒不详）：字道渊，号混然子，江西南昌修水县人。元明间道士，以修内丹为主。其作品有《还真集》《道玄篇》等。明代龙虎山天师张宇初曾为王玠《还真集》做序。

## 沁园春·渔

不种田园，投闲[1]江海，远绝尘踪。保一家性命，扁舟为屋，随机应舵，逐浪乘风。九曲江头[2]，三元潭[3]里，直把银钩[4]堕水中。波深底，把金鳞[5]钓出，回棹[6]孤峰。　　三男三女和同[7]。向砂锅净洗热炉烘。或敲冰煮茗，渴饮一碗，得鱼换酒，共酌三钟。蓑衣解开，箬笠放下，醉唱升平月满篷。江天阔，看一篙点处，粉碎虚空[8]。

老犁注：①投闲：谓置身于清闲境地。②九曲：迂回曲折。江头：江边，江岸。③三元：有眼、耳、意念三元之说，有道家的天、地、水三元之说，还有精、气、神三元之说等等，是泛指万事万物等组成世界的各种元素。三元潭：潭名。这里似借指人的精、气、神。④银钩：鱼钩的美称。⑤金鳞：金色的鱼鳞。常借指鱼。⑥回棹 zhào：驾船返回。棹：桨。⑦三男三女：指天地间的世界。有“天地生六子，三男有三女”之说，即“地生三子‘震坎艮’，天生三女‘巽离兑’”。和同：是“和光同尘”的省称。和光：把所有的光中和在一起。同尘：与尘俗混同。后多指不露锋芒，与世无争的处世态度。⑧虚空：天空。这里指倒映在水里的天空。

**王祎**（1322～1373）：字子充，元明间浙江义乌莱山人。幼敏慧，幼从祖父王炎泽学，及长，师柳贯、黄溍，遂以文章名世。元末观时政衰敝，隐居义乌青岩山中，著书，名日盛。朱元璋取婺州，召见，用为中书省掾史。征江西，旋授江南儒学提举司校理。升侍礼郎，出南康府同知。以事忤旨，降漳州通判。洪武二年，召修《元史》，与宋濂同为总裁。书成，擢翰林待制，同知制诰兼国史院编修官，教皇太子经学。洪武五年，赍诏往云南，谕梁王归明，遇害。谥忠文。学有渊源，为文醇朴宏肆，浑然天成。有《大事记续编》《重修革象新书》《王忠文公集》。

## 临漳①杂诗十首其五

可是闽南徼②，阳多气候先。麦收正月尽，茶摘上元③前。
绿笋供春馔，黄蕉④入夏筵。南方吾所适，久值亦相便⑤。

老犁注：①临漳：福建漳州的别称有临漳、清漳、霞漳等。②徼 jiào：边界，边境。③上元：农历正月十五日为上元节，也叫元宵节。④黄蕉：芭蕉的果实成熟为黄色。⑤久值：长久当值；在一个地方长期任职。相便：相当方便；很便利。

## 雪夜与友人同赋四十韵（节选）

茶碗醒仍索，樽醪醉稍厌①。沈腰吟后瘦，潘鬓暗中添②。

老犁注：①此两句：醒了就想茶喝，而酒是稍醉就说够了。樽醪：杯酒。厌：满足，足够。②此两句：南朝梁沈约老病，百余日中，腰带数移孔。晋潘岳年始三十二岁即生白发。后因以“沈腰潘鬓”为形容身体消瘦，头发斑白之典。

## 国宾黄先生之官义乌主簿因赋诗奉赠义乌乃仆乡邑故为语不觉其过多然眷眷之情溢于辞矣①（节选）

邂逅展良晤②，游从获委蛇③。苦乏尊中物④，清茶瀹新磁⑤。

老犁注：①标题断句及注释：国宾黄先生之官义乌主簿，因赋诗奉赠。义乌乃仆乡邑，故为语不觉其过多，然眷眷之情溢于辞矣。标题大意：黄先生是前朝官员的后裔，他被派到义乌当主薄，因此我就赋诗相赠。义乌是我的故乡，因此我一写就不知不觉写多了。但我的眷眷之心充满在诗的言辞中。国宾：新王朝对旧王朝后裔的尊称。主薄：官名。主管文书，办理事务，参与机要，总领府事。是郡县僚属中最重要的佐官，相当于今天的政府秘书长。仆：谦称自己。相当于“我”。②良晤：犹欢聚。③游从：相随同游；交游。委蛇：雍容自得貌。④苦乏：困乏。尊中物：杯中之物，即酒。⑤瀹新磁：浸泡新的磁杯。瀹：浸渍，浸泡。

**王逢**（1319~1388）：字原吉，号最闲园丁、最贤园丁，又称梧溪子、席帽山人，元明间江阴（今江苏无锡江阴市）人。学诗于延陵陈汉卿，有才名，元至正中作《河清颂》，为世传诵。台臣举荐出仕，以病坚辞不就。后避兵祸于无锡梁鸿山。游松江，筑悟溪精舍于青龙江畔青龙镇（今上海青浦区）。至正二十六年（1366）移居乌泥泾（今上海龙华镇东湾）宾贤里。得宋张骥院故居，名其曰最闲园，居室为闲闲草堂。明洪武年间，以文学征召，谢辞。卒年七十。其诗得虞集之传，才力富健，尤工古歌行，抑扬顿挫，迈爽绝尘。有《梧溪诗集》七卷，记载宋元之际人才国事，多史家所未备。另著有《杜诗本义》《诗经讲说》二十卷。亦擅作行草，初非经意，大率具书家风范。

## 杂题三首其二

紫桐生乳竹含胎[①]，草细花幽石径回。独自去来人不觉，茶烟风扬过池台。

老犁注：①紫桐：小乔木，是优良的观赏植物。桐树因虫害或伤破，会有乳汁样的东西从树中渗出来或形成白色蜡丝。一说紫桐在江苏叫做后庭花，最早记载见于南朝陈叔宝的《玉树后庭花》。竹含胎：竹子内壁生出的一层薄膜状的东西。

## 排难行赠王子中[①]（节选）

遂令鸡鸣客[②]，远愧齐鲁连[③]。我时载茶具，荡漾五湖船[④]。

老犁注：①排难：排除危难。排难行：是歌行体的一种。歌行体音节、格律一般都比较自由，形式采用五言、七言、杂言的古体，富于变化。唐代出现的新乐府诗，虽用的是汉魏六朝乐府的旧题，但已不限于声律，此类诗歌都属歌行体。李白、杜甫等有大量创作。王子中：王度，字子中，明广东归善人。洪武中荐授监察御史。建文时燕王朱棣起兵，方孝孺与度书，誓死社稷，度悉心赞划防御。成祖即位，坐方孝孺党，谪戍贺州，又坐语不逊族诛。②鸡鸣客：战国齐国的孟尝君田文曾出使秦国，秦昭王欲杀之，孟尝君靠着两个“鸡鸣狗盗”的门客躲过秦昭王的追杀，逃回了齐国。③鲁连：指鲁连仲。战国时齐国高士也，曾帮助赵国平原君赵胜合纵逼退秦军从而解除邯郸之围。有“鲁连却秦”的典故。④五湖船：春秋越国大夫范蠡佐越王灭吴复国后，就变名易姓，乘舟入五湖，避免了被越王猜忌获罪的下场。后来“五湖船”就成了“功成身退”的典故。五湖最初当指太湖，以后又泛指太湖流域一带所有湖泊。

## 浦东[1]女（节选）

阿婴送茶相向[2]语，钜室[3]新为州府主。妻拜夫人婢亦荣，绣幰朱轮[4]照乡土。

老犁注：①浦东：水滨之东。②阿婴 mí：齐人对母亲的称呼。相向：面对面。③钜室：豪富之家。④幰 xiǎn：车上的帷幔。朱轮：古代王侯显贵所乘的车子。因用朱红漆轮，故称。

---

**王彝**（？~1374 年）：字常宗，号妫蜼子，元明间苏州嘉定（今上海嘉定区）人。先世东蜀人，本姓陈氏，后徙嘉定。少孤贫，读书天台山中，师事王贞文，得兰溪金履祥之传。洪武初以布衣召修《元史》，荐入翰林。以母老乞归后，常为苏州知府魏观作文，观得罪，连坐诛于南京。曾著论以“文妖”力斥杨维桢，其独立不惧之批判精神，开创了嘉定“渊源古学、不逐时好”的独特文风。有《三近斋稿》《王常宗集》。

---

## 鄞江渔者歌赠陈仲谦[1]（节选）

明朝拟入五湖[2]里，且载茶灶寻龟蒙[3]。君今出此鄞江画[4]，许我结网[5]来相从。

老犁注：①鄞江：在宁波鄞县（今鄞州区）。陈仲谦：人之姓名，生平不详。②五湖：最初当指太湖，以后又泛指太湖流域一带所有湖泊。春秋末越国大夫范蠡，辅佐越王勾践灭亡吴国，功成身退，乘轻舟以隐于五湖。见《国语·越语下》。后因以“五湖”指隐遁之所。③龟蒙：晚唐诗人陆龟蒙隐居松江甫里（今苏州甪直），以笔床茶灶为伴。④鄞江画：以鄞江为内容所画的画。⑤结网：织网。

---

**王翰**（约 1352~约 1412）：字时举，号山房，元明间祥符（河南开封祥符区）人。随父王仲文官夏县，父廉，既致仕，贫不能归，遂家夏县。学于郭枢。元末隐居中条山。洪武初，辟夏县训导，改平陆，迁鄢陵教谕。永乐初，入开封为周王橚长史，橚素骄，有异志，翰谏不纳，断指佯狂去。后起为翰林编修，谪廉州（今广西北海、钦州一带）教授。死于夷獠乱中。其方正不俗，俯仰以古圣贤为师法，临大变，无惧色。其诗蕴藉中特饶秀劲之色。有《敝帚集》《樵唱集》《梁园集》。

---

## 和体方游相国寺[1]

夷山宝刹[2]自唐家，石塔横空半欲斜。神鹿听经翻贝叶[3]，毒龙喷水出昙华[4]。

咒师碧眼浑如鹄[5]，老衲弓身曲似虾。知我登堂来问法，呼童先点赵州茶[6]。

老犁注：①体方：即黄体芳。据王翰《和黄体方伴读雪中即事》《和黄体方伴读新蝉韵》等诗判定。余不详。相国寺：在今河南省开封市内。本名建国寺，北齐天保六年建。唐睿宗时改名相国寺。②夷山宝刹：夷山脚下的佛寺。夷山：春秋时开封城是魏国首都，叫大梁城，大梁城东门外有一座夷山，故大梁东门也叫夷门。当年看夷门的一个老头叫侯瀛，他帮魏国公子信陵君“窃符救赵”，成就了一番事业。夷门因此而沾了侯瀛的光，后来夷门就成了开封的代名词。夷山在今开封东北角的铁塔公园一带，山已被黄河泥沙淤平。③神鹿听经：佛祖在鹿野苑第一次公开讲法时，其实没有一个听众，只有两只鹿认真地听他讲法。贝叶：古印度人用以写经的树叶。亦借指佛经。④毒龙：指佛。佛教中有毒龙成佛的故事。说佛本是大力毒龙，众生都受其毒害，但受戒以后，其忍受猎人剥皮，小虫食身，以至命终，后卒成佛。昙华：即优昙华，花名。意是灵瑞、瑞应的花。佛经中常用以喻难得的佛法。⑤咒师：负责诵念咒语的法师。碧眼：绿色的眼睛。借指胡人。浑似鹄：简直像一只大天鹅的眼睛。⑥赵州茶：唐代赵州和尚从谂均以“吃茶去”一句话来引导弟子领悟禅机奥义。

## 和黄体方伴读雪中即事[1]

凛凛阴风[2]卷暮霞，朝看庭树总开花。渔舟一叶迷烟渚[3]，猎骑[4]千群踏晚沙。

淡抹墙腰[5]疑月色，旋添池面结冰华[6]。乾坤万象俱清绝[7]，何问陶家与党家[8]。

老犁注：①即事：指以当前事物为题材写的诗。②凛凛：寒冷。阴风：朔风或阴冷之风。③烟渚：雾气笼罩的洲渚。④猎骑 jì：骑马狩猎的人。⑤墙腰：墙的中部。⑥旋：同时。冰华：池面结冰，雪花落在上面的样子。⑦清绝：形容美妙至极。⑧此句：意即何用问谁俗谁雅呢？源自“党姬烹茶”之典。《宋稗类钞·卷四·豪旷》记载：陶学士谷，买得党太尉故妓。取雪水烹团茶，谓妓曰：“党家应不识此。”妓曰：“彼粗人，安得有此。但能销金帐下，浅酌低唱，饮羊羔美酒耳。”陶愧其言。后“党家”喻为粗俗之家，“陶家”喻为风雅之家。

## 雪夜联诗[1]图

三子清标[2]骨已仙，要将大雅继唐贤。诗吟柳絮春风外，人在梅花夜月边。

光夺兰膏[3]微有晕，气凌茶灶湿无烟。想应一榻团栾[4]处，绝胜山阴访戴船[5]。

老犁注：①联诗：两人以上联句吟诗。②三子：原诗题注：指徐旭、杨景华、黄体方。徐旭：字孟昭，一字孟德，明饶州府乐平人。洪武十八年进士。授御史，改礼科给事中，累官国子祭酒。为人方正简默，清慎不阿。有文集。杨景华、黄体方：两人生平不详。清标：俊逸。即英俊洒脱，超群拔俗。③兰膏：古代用泽兰种子炼制的油脂，可以点灯。④一榻团栾：整个床榻被月光倾泻在上面。一榻：数量词，指整个床榻。团栾：圆月。⑤访戴船：有“雪夜访戴”的典故。东晋王子猷雪夜兴起想见剡溪的友人戴逵，立即乘舟从山阴（今绍兴）出发前往，到戴逵家门口了却不去登门拜访，说已兴尽就返回了。

## 再用夏日即事韵答丁志善[①]

端坐槐阴日欲斜，昼长多睡更思茶。山头雨过堆青翠[②]，天际风轻散暮霞。

割尽黄云人刈[③]麦，削开苍玉[④]客分瓜。赓酬共拟陶情思[⑤]，谁得佳章笔有华[⑥]。

老犁注：①即事：指以当前事物为题材写的诗。丁志善：人之姓名，生平不详。②青翠：鲜绿貌。③黄云：比喻成熟的稻麦。刈 yì：割。④苍玉：苍玉色。这里指瓜的颜色。⑤赓酬：谓以诗歌与人相赠答。陶情思：怡情悦性的思绪。⑥华：才华。

## 雪夜遣怀二首其二

山寒挟雪晚棱棱[①]，半树梅华瘦不胜[②]。几缕茶烟晨灶煖[③]，一炉松火夜窗明。

年光冉冉[④]壮心尽，世事纷纷客梦惊。拟买绿蓑归去好，五湖烟水一鱼罾[⑤]。

老犁注：①棱棱 léng：寒冷貌。②不胜 shēng：不尽。③煖：同暖。④冉冉：光亮闪动貌。⑤鱼罾 zēng：鱼网。

## 竹林寺[①]

来访山中古道场，憩眠聊借赞公[②]房。三生定水龙花供[③]，一味枯禅柏子香[④]。

风逗竹声[⑤]晴作雨，山含灏气[⑥]晚生凉。高僧茶罢跏趺坐[⑦]，愧我栖迟[⑧]两鬓霜。

老犁注：①原诗题注：金舌和尚道场。竹林寺：也称竹影寺。唐时终南山德悟禅师门下有一和尚，师满东行，来到中条山大通岭（今山西平陆县苏家沟），月光下见有竹影（此地因纬度高的关系，应该不长竹子）在地，遂在此结庐弘法。据传此和尚念经声如洪钟，声达长安而惊扰到唐睿宗，睿宗请其出山未遂，于是命割去其舌，扔入火中焚烧。不料其舌化为金舌，而无舌和尚念经照旧，且声音更大，更含混不清。睿宗不胜其烦，遂命还金舌。和尚将金舌入口，遂复如初。和尚圆寂后，皇帝赐其为“金舌和尚”，命在其结庐处建竹林寺。②憩眠：小憩而眠。聊借：暂借。赞公：唐代僧人，曾与杜甫相过从。后借指高僧。③三生：佛教语。指前生、今生、来生。定水：佛教语。澄静之水。喻禅定之心。龙花供：供献的龙华饭。龙华饭指牛乳制成的醍醐，佛家以为味中第一。④一味枯禅：枯寂的一味禅。一味禅：佛教谓不立文字语言、顿悟而明之禅。柏子香：香名。⑤风逗竹声：风戏弄竹子发出的声响。中条山无竹，这里所指的是金舌和尚在月光下见到的被风摇动的竹影。⑥灏气：弥漫在天地间的气。⑦跏趺坐：双足交迭而坐。⑧栖迟：游息，行止。

## 再用前韵[1]

北风吹雪正微茫，无间茅茨与画堂[2]。留得映书[3]遍莹洁，扫来煮茗更清香。

冻坚玉漏[4]应难滴，力劲雕弓不易张。只有灞桥驴背客[5]，敲诗搜遍九回肠[6]。

老犁注：①王翰曾写过一首《雪禁体》的诗："彤云垂地四茫茫，微霰初零集下堂。重压竹梢还欲折，密封梅蕊不能香。气凌杯酒浑无力，冻涩琴弦已不张。拟学欧公吟白战，挑灯痴坐恼诗肠。"这里就是按《雪禁体》的韵脚再作一首诗。雪禁体：是禁体诗的一种。就是写雪的诗里不能出现常用的状雪的字眼。据宋欧阳修《雪》诗自注、《六一诗话》及宋苏轼《聚星堂雪诗叙》所记，其禁例大略为：不得运用通常诗歌中常见的名状体物字眼，如咏雪不用"玉、月、梨、梅、练、絮、白、舞"等中的某字或某几字，意在难中出奇。参阅清赵翼《陔馀丛考·禁体诗》。②无间：没空隙。茅茨：茅草盖的屋顶。画堂：原指古代宫中有彩绘的殿堂。后泛指华丽的堂舍。③映书：指孙康"映雪读书"的典故。④玉漏：古代计时漏壶的美称。⑤此句：唐相国郑綮 qǐ 有"驴背敲诗"的典故。据宋孙光宪《北梦琐言》卷七载："或曰：'相国近有新诗否？'对曰：'诗思在灞桥雪中驴子上，此处何以得之？'盖言平生苦心也。"后用为苦吟的典故。⑥九回肠：肠子往复回绕无数次。用以形容诗肠（诗思）的回环往复，被遍搜殆尽。《汉书·卷六十二·司马迁〈报任安书〉》："是以肠一日而九回，居则忽忽若有所亡，出则不知所如往。"

## 雪晴斋居[1]（节选）

皓色射窗楮[2]，轻声碎轩竹[3]。雅琴无秦筝[4]，佳茗胜醽醁[5]。

老犁注：①雪晴：雪止天晴。斋居：指家居或闲居。②皓色：洁白的颜色。指雪反射起来的光。窗楮：即窗纸。楮 chǔ：楮树，叶似桑，皮可以造纸，故楮为纸的代称。③此句：指轩外竹上雪碎跌落的细小声音。④雅琴：古琴之一种。宋陈善《扪虱新话·琴操》："又琴，古人有谓之雅琴、颂琴者，盖古之为琴，皆以歌乎诗，古之雅颂，即今之琴操耳。"秦筝：古秦地的一种弦乐器。似瑟，传为秦蒙恬所造，故名。⑤醽醁 línglù：亦作醽渌，美酒名。

## 游上方寺和卞长史[1]韵（节选）

风幡生夙悟[2]，雷鼓报晨兴。延坐分奇茗[3]，登临挂瘦藤。

老犁注：①上方寺：上方寺全国有多处。此上方寺在何处不详。卞长史：一位姓卞的长史。生平不详。长史：职官名，其执掌事务不一，但多为幕僚性质的官员。②风幡：风中的旗幡。夙悟：早慧。③延坐：请坐。分奇茗：分享品饮珍奇之茶。

## 雪夜茗会①

岁月忽云徂②，倏尔值嘉令③。轩裳谢东缠④，蓬茅⑤养清静。溪合玄冰⑥积，阶平白雪盛。时惟朋侪⑦临，杖屦⑧造门径。开门延客入，拜揖须展敬⑨。土炉火新炽，石鼎安欲正⑩。寒井方及深，清泠绝泥泞。奇茗⑪畜时久，待此佳客命⑫。蝇声⑬响不歇，蟹目⑭乱无定。盏斝⑮涤已洁，槃托⑯拭更净。咽沃⑰肝肺清，漱袪齿牙病。坐觉昏睡除，言出清淡胜。幸拜高轩⑱临，愧乏珍馔饤⑲。郑重弥明仙⑳，聊为尽吟兴。

老犁注：①茗会：品茗聚会。②云徂 cú：云儿飞行向前。③倏 shū 尔：迅疾貌。亦形容时间短暂。值嘉令：适逢美好的日子。④轩裳：犹车服，车舆之礼服。通常有地位身份的人才有车服。代称有高位的人。东缠：好客的东家。缠：缠人。⑤蓬茅：蓬草和茅草。比喻低微、贫贱。常用作自谦之词。⑥玄冰：厚冰。⑦朋侪 chái：朋辈。⑧杖屦：拄杖漫步。⑨展敬：省候（探望问候）致敬。⑩石鼎：陶制的烹茶炉具。安欲正：哪里需要摆正。本来放置好的茶鼎，又生怕歪斜，再次去扶正。这是来客人时主人常有的心态。⑪奇茗：珍奇的茶叶。⑫命：用。⑬蝇声：煮水时的声响。⑭蟹目：水开泛起的水泡。⑮盏斝 jiǎ：泛指酒杯。这里借指茶杯。⑯槃 pán 托：盘托。⑰沃：饮，喝。⑱高轩：高车。贵显者所乘。亦借指贵显者。⑲饤 dìng：供陈设。⑳郑重：殷勤切至（恳切周至）。弥明仙：指韩愈《石鼎联名诗》中的轩辕弥明。这里借指来客都是作诗豪杰。

## 酒家①谣（节选）

青帘②白昼垂到地，书言美酒非为夸。座中多是江南客，卖茶贩盐为本业。

老犁注：①酒家：卖酒人家。②青帘：旧时酒店门口挂的幌子。多用青布制成。

---

**叶兰**（生卒不详）：字楚庭，号寓庵，又号醉渔，元明间饶州路鄱阳（今江西上饶鄱阳县）人。元末官太常礼仪院奉礼。入明，周伯琦（与叶兰同为鄱阳人，官江浙行省左丞）应召入金陵，兰以诗讽之。后伯琦以其名荐，兰投水死。有《寓庵诗集》。

---

## 送张允弼员外①

喜得斯文②共一家，见时清话兴无涯③。客逢陆绩暗怀果④，诗寄卢仝⑤善煮茶。华屋垂帘秋听雨，锦屏烧烛晚生霞。自怜陶令⑥归来后，终日看山懒坐衙⑦。

老犁注：①张允弼：人之姓名，生平不详。员外：本谓正员以外的官员，后世因此类官职可以捐买，故富豪皆称员外。②斯文：儒士；文人。③清话：高雅不俗的言谈。无涯：无穷尽。④陆绩暗怀果：有“陆氏怀橘”之典，《三国志·吴志·陆绩传》：“绩年六岁，于九江见袁术。术出橘，绩怀三枚，去，拜辞堕地，术谓曰：‘陆郎作宾客而怀橘乎?’绩跪答曰：‘欲归遗母。’术大奇之。”后因以“陆氏橘”为怀以遗母之物，作为孝亲之典。⑤卢仝：唐代诗人，好茶，被誉为茶仙。⑥陶令：指晋陶潜。陶潜曾任彭泽令，故称。⑦坐衙：谓官长坐在公堂上治事。

---

**叶颙**（1300~1374），字景南，自号云鶗天民。金华府（今浙江金华市）人。元末隐居不出，结庐城山东隅，名其地为“云鶗”，既而又移居山之西隅，从樵夫刍叟相往返其间。至正中自刻其诗，自序曰“以为薪桂老而云山高寒，音调古而岩谷绝响”，名《樵云独唱》。其诗闲适自得，胸次超然。七十岁时作七言长篇《樵云老人独唱歌》，七十五岁又作《云鶗天民独乐歌》，记其山林之乐。

---

## 雪水煎茶

雪水烹佳茗，寒江滚暮涛。春风和冻煮，霜叶带冰烧。

陶谷[①]声名旧，卢仝[②]气味高。党家宁[③]办此，羔酒醉清宵[④]。

老犁注：①陶谷：指“党姬烹茶”之典中的翰林学士承旨陶谷。其“扫雪烹茶”之雅兴常为后世文人所引用。②卢仝：唐代“七碗茶诗”的作者，为后人誉为“茶仙”。③党家：指“党姬烹茶”之典中的太尉党进家。因其家过着“销金帐下，浅斟低唱，饮羊羔美酒”的生活，后因以“党家”比喻粗俗的富豪人家。宁：岂，怎么。④清宵：清静的夜晚。

## 山庄小隐

茅屋小柴门，前峰烟树昏。夕阳芳草径，霁雨[①]落花村。

竹下安茶灶，山边置酒尊。吟翁常款曲[②]，佳句细评论。

老犁注：①霁 jì 雨：雨止。亦作雨霁。霁：雨雪停止，天放晴。②吟翁：吟诗的老人；诗翁。款曲：犹衷情，诚挚殷勤的心曲。款：诚恳，殷勤。

## 题溪翁隐居

小径入云斜，幽居魏野[①]家。庭轩环竹石，窗牖纳烟霞[②]。

户外经霜树，阶前浥露花[③]。童沽村店酒，妇煮石炉茶。

老犁注：①魏野：宋陕州陕县隐士，字仲先，号草堂居士。被荐不仕，自筑草堂，弹琴赋诗其中。与王旦、寇准友善，常往来酬唱。为诗精苦，有唐人风格，多警策句。这里借指隐居的溪翁。②烟霞：云霞。③浥 yì：湿润。露花：露水。

## 客至

有客过山家，停骖[①]暂脱车。旋呼徐邈酒[②]，新煮玉川茶[③]。

命子开东阁，呼童扫落花。殷勤话畴昔[④]，握手入烟霞[⑤]。

老犁注：①停骖：让驾车的三匹马停下，意即停车。驾一车的三匹马叫“骖”。②旋呼：来来回回的招呼。徐邈酒：因徐邈嗜酒，故徐邈酒或徐邈就是酒的代名词。徐邈是三国曹魏燕国蓟人，是一位志高行洁，忠心耿直，忧国忘家，治理有方的好官。但因嗜酒，且酒后言称自己是“中圣人”差点被曹操所杀，多亏度辽将军鲜于辅进言解释才得免死。因当时禁酒，怕说酒字，嗜酒之人便把清酒称为圣人，浊酒称为贤人。中（zhòng 遭受）圣人就是饮清酒而醉。后把饮酒而醉叫做“中圣人”，省称为“中圣”。③玉川茶：唐代诗人卢仝一生嗜茶，号玉川子，省称玉川。玉川茶就是茶的代名词。④畴昔：指往事或以往的情怀。⑤烟霞：云霞。泛指隐居地。

## 溪翁

渔唱杂樵讴[①]，茶铛[②]继酒瓯。醒吹云外笛，醉掉[③]月中舟。

潮驾千寻浪，风生两岸秋。古今多少事，睡醒蓼花洲[④]。

老犁注：①渔唱：渔人唱的歌。樵讴：樵歌。②茶铛 chēng：似釜的煎茶器，深度比釜略浅，与釜的区别在于它是带三足且有一横柄。③掉：疑为棹之误，棹是船桨，作动词，有“划船”的意思。④蓼花洲：长有蓼花的洲屿。借指隐居地。

## 兴怀[①]

泉石[②]兴方浓，功名梦已空。发缘[③]吟苦白，颜惜饮酣[④]红。

酒建和愁策[⑤]，茶成遣困[⑥]功。自惭无妙术，唯解醉春风。

老犁注：①兴怀：指因某事某物而引发感触。②泉石：指山水。③缘：因。④惜：爱惜。饮酣：喝到痛快。⑤酒建：酒酿成。和愁策：与愁唱和对答，意即可以借酒消愁。⑥遣困：把困倦之意送走。

## 野客清欢[①]三首其二

雨过晚峰[②]青，无人门自扃[③]。溪光浮竹几[④]，岚影落松屏[⑤]。

云满煎茶灶，春生贯酒[⑥]瓶。酣歌[⑦]天地里，醉卧秋风亭。

老犁注：①野客：村野之人。多借指隐逸者。清欢：清雅恬适之乐。②晚峰：傍晚时的山峰。③扃 jiōng：从外面关门的门闩。作动词，指关门。④竹几：即竹夫人。古代一种竹制的消暑用具。⑤松屏：画或刻有松树的屏风。⑥贳 shì 酒：赊酒。⑦酣歌：尽兴高歌。

## 野客清欢三首其三

石鼎[1]煮春茶，瑶杯斟紫霞[2]。豪歌声俊爽，欢舞影攲斜[3]。

酣醉眠芳草，颠狂藉[4]落花。醉来新月上，人笑忘还家。

老犁注：①石鼎：陶制的烹茶炉具。②瑶杯：玉制的酒杯。亦用作酒杯的美称。紫霞：犹流霞，美酒。③攲 qī 斜：歪斜不正。④藉 jiè：衬垫；坐卧其上。

## 晚兴[1]

谈笑策藜筇[2]，丘园[3]兴正浓。点书研竹露[4]，煮茗听松风[5]。

吟咏诗怀[6]爽，疎狂世虑[7]空。古今兴废迹，斜日落霞中。

老犁注：①晚兴：至晚未衰之兴致。②策藜筇：即柱着拐杖。③丘园：家园；乡村。④点书：圈点书籍。研竹露：用竹露（竹叶上的露水）研墨。⑤松风：喻煮水声。⑥诗怀：诗人的胸怀。⑦疎 shū 狂：豪放。亦作疏狂。世虑：俗念。

## 次韵周安道宪史仲春雨窗书怀[1]十首其三

茶鼎松涛[2]翻细浪，桃溪花雨涌香泉。旋寻[3]笋蕨春山下，不枉江南二月天。

老犁注：①周安道：人之姓名，生平不详。宪史：宪司（主刑宪、监察的衙门）中的佐官。书怀：书写情怀、抒发感想。②茶鼎：煮茶水的炉子。松涛：指松涛声，喻煮水的声音。③旋寻：来回左右寻找。

## 用前韵序山家幽寂之趣呈前人[1]十首其三

满盛煮茗春波月[2]，旋汲[3]浇花石涧泉。客至不妨频劝酒，醉开白眼[4]看青天。

老犁注：①前韵：指用《次韵周安道宪史仲春雨窗书怀十首其三》一诗的韵脚。序：叙述。山家：山野人家。多指隐士之家。前人：指周安道。②春波月：指春波上晃动的月影，即茶水上的月影。③旋汲：随即汲来。④醉开白眼：酒醉后就把厌恶尘世的眼睛打开。白眼：不用黑眼珠看，只剩眼白，表示鄙薄或厌恶。

## 丁酉仲冬即景十六首其一·雪水煎茶

枯枝旋拾[①]带冰烧，雪水茶香滚夜涛。党氏岂知风韵美，向人犹说饮羊羔[②]。

老犁注：①旋拾：来来回回的寻找拾取。②此两句：源自“党姬烹雪”之典。五代宋初时，翰林学士承旨陶谷之妾本太尉党进之家姬，一日下雪，谷命妾取雪水煎茶，问之曰：“党家有此景？”对曰：“彼粗人，安识此景？但能知销金帐下，浅斟低唱，饮羊羔美酒耳。”后因以“党家”喻粗俗的富豪人家。

## 丁酉仲冬即景十六首其六·梅屋[①]弹琴

琴张瓯茗[②]伴炉薰，三弄梅花[③]月下庭。香影孤高[④]音调古，空阶谁许鹤来听。

老犁注：①梅屋：梅树边的房子。②琴张：把琴打开。这是弹琴之前的准备动作。瓯茗：杯中茶水。③三弄梅花：指弹弄《梅花三弄》古曲。三弄：指一个音乐主题重复三遍。④香影：梅花的影子。孤高：孤特高洁。

## 丁酉仲冬即景十六首其十六·石鼎茶声

青山茅屋白云中，汲水煎茶火正红。十载不闻尘世事，饱听石鼎煮松风[①]。

老犁注：①石鼎：陶制的烹茶炉具。松风：喻煮水的声音。

## 再次前韵二律喜其寄傲僧庐深得幽寂之趣[①]二首其二

少日心存汉使槎[②]，老年诗到晚唐家。床前古鼎烹茶灶，头上凉巾漉酒纱[③]。
绕屋锄云[④]多种竹，凿池分溜[⑤]广浇瓜。空庭草色休频剪，留护阶除[⑥]鼓吹蛙。

老犁注：①标题断句及注释：再次前韵二律，喜其寄傲僧庐，深得幽寂之趣。前韵二律：指用前首诗的韵脚写了二首诗。作者曾写过《次李本存宦游困滞韵》：“天风吹落海门槎，一片归心未到家。空羡青衫萦紫绶，长惊白发岸乌纱。当年鸣凤曾栖竹，近日飞蝇遽集瓜。时世轻浮君已识，不须多笑子阳蛙。”寄傲：寄托旷放高傲的情怀。僧庐：僧寺，僧舍。②少日：数日。汉使槎：亦称博望槎。传说汉张骞奉命出使西域诸河源，乘槎经月，到一城市，见有一女子在室内织布，又见一男子牵牛饮河，后带回织女送给他的支机石。见南朝梁宗懔《荆楚岁时记》。被封为博望侯的张骞，其所乘之槎便称“博望槎”。③凉巾漉酒纱：指用头巾做漉酒巾。陶渊明好酒，曾用头巾滤酒，滤后又照旧戴回头上。④锄云：在云里挥锄，意指过着仙人一样的劳作生活，常用来指隐士的生活。有“锄云耕月”的说法。⑤分溜：用水槽分流。⑥阶除：台阶。

## 复次前韵述怀寄前人二首其一[①]

七尺长躯卧老槎[②]，白云飞处是吾家。虚窗竹影侵琴榻[③]，石鼎[④]茶香袭帽纱。
北阙[⑤]无书难献策，东门[⑥]有地易栽瓜。秋风半世空山梦，惊醒池塘月夜蛙。

老犁注：①此诗是作者按其《再次前韵二律喜其寄傲僧庐深得幽寂之趣》的诗韵又写了两首，这是其中的第一首。②老槎：旧船。③琴榻：放置琴的凳几。④石鼎：陶制的烹茶炉具。⑤北阙：古代宫殿北面的门楼。是臣子等候朝见或上书奏事之处。⑥东门：秦灭后，东陵侯召平（即邵平）成为布衣，曾种瓜于长安城东。

## 再次前韵凡三叠[①]其一

觌面[②]依然旧日人，祗[③]添尘土上衣襟。联床夜雨[④]思前话，十载春风老壮心。
松径任教[⑤]云满袖，宦途莫遣雪盈簪[⑥]。山家活计[⑦]还知否，诗卷茶瓶夜月琴。

老犁注：①凡：总共。三叠：重复一遍叫一叠，三叠就是重复三次。②觌 dí 面：见面。③祗：衹，只。④联床夜雨：有成语“联床风雨”，指朋友或兄弟相聚，将床联并到一起，以便更近距离地交谈。⑤任教：任意让。⑥莫遣：莫使。雪盈簪：白发环绕着头簪。⑦山家：山野人家。多指隐士之家。活计：生计，生活。

## 幽怀[①]

不染纤尘六十年，梦魂长是寄林泉[②]。闲拖竹杖云边坐，醉脱蓑衣石上眠。
涧水煮茶和月汲，地炉收叶带霜然[③]。平生湖海[④]知心少，惟[⑤]结山猿野鹤缘。

老犁注：①幽怀：隐藏在内心的情感。②林泉：山林与泉石。指隐居之地。③然：古同燃。④湖海：湖泊与海洋。泛指四方各地。⑤惟：用在句首，表希望。

## 庚子雪中十二律[①]其四

梨云梅月[②]苦纷纭，冻蝶寒蜂错认春。远近江山皆种玉[③]，东南天地正飞尘[④]。
烟蓑垂钓风标[⑤]远，石鼎[⑥]煎茶气味新。幸有千年佳趣在，老翁清赏未全贫[⑦]。

老犁注：①十二律：犹十二首。②梨云梅月：下雪寒冷的季节。梨云：梨花云。指梦中恍惚所见如云似雪的缤纷梨花。后用为状雪景之典。梅月：指梅开的季节，泛指寒冷季节。③种玉：形容落下的雪犹如种下的玉。喻雪景。④飞尘：飞舞的尘埃。喻雪。⑤风标：风度，品格。⑥石鼎：陶制的烹茶炉具。⑦清赏：谓清标可赏。未全贫：没有一贫如洗。指有清标的品格在就不算穷。

## 庚子雪中十二律其六

万顷银波细剪裁，缤纷飞下玉楼台[①]。初疑羽旆[②]空中举，犹想霓裳[③]月下来。
风紧有花飘岸柳，云深无树认江梅。地炉煮茗松涛[④]响，绝胜羊羔[⑤]饮酒杯。

老犁注：①此句：喻雪是玉楼台上飞下的玉屑。②羽旆 pèi：以羽毛为饰的旗帜。③霓裳：神仙的衣裳。相传神仙以云为裳。借指雪。④地炉：就地挖砌的火炉。松涛：喻煮水的声音。⑤绝胜：远远超过。羊羔：指羊羔酒。

## 庚子雪中十二律其九

疏疏密密复斜斜[①]，云满歌楼卖酒家。半夜孤兵奇李愬[②]，千年佳句笑刘叉[③]。
异常璀瑑元非玉，顷刻繁华不是花。安得风流陶学士[④]，松风[⑤]同煮竹炉茶。

老犁注：①此句：形容疏密有致正斜交错的样子。黄庭坚在《咏雪奉呈广平公》中对雪的描述有“夜听疏疏还密密，晓看整整复斜斜”。杜牧用此来写旗子，宋庠用此来写雨，陆游用此来写字迹。这里用来形容雪花飘落有直下和斜下交杂的样子。②李愬：字元直，唐陇右临洮人，有筹略，善骑射。元和中兵讨吴元济，沉勇长算，推诚待士，能用其卑弱之势，雪夜入蔡州，生擒元济。累官至太子少保。卒赠太尉，谥武。③刘叉：活动于唐代元和间的诗人。生卒年、字号、籍贯等均不详。他以任气孤傲著称，喜评论时人。韩愈接待天下士人，他慕名前往，赋《冰柱》《雪车》二诗，名声在卢仝、孟郊二人之上。后因不满韩愈为人写墓志铭，取走韩愈写墓志铭所得的酬金而去，回归齐鲁，不知所终。《冰柱》写冬天雪化所凝成的檐间冰柱。《雪车》写冬天里，一边饿民欲冻死，一边官家驱牛车盈道载雪(指取冰雪储藏，到夏天用来消暑)。④陶学士：指陶谷。五代宋初时，翰林学士承旨陶谷喜欢以“扫雪烹茶”为雅事。⑤松风：以松风声喻煮水声。

## 再次前韵三首其三[①]

深夜沉沉万象空，乾坤一色混西东。湿云冷浸琪花[②]月，冻雨晴飘玉树风。
老去更无擒蔡[③]术，困来犹有煮茶功。寄诗勿吝频敲户[④]，茅屋袁生[⑤]耳不聋。

老犁注：①作者写过《次韵张仲文雪中见寄》一诗，接着又次韵连写了三首，这是其中第三首。②琪花：仙境中玉树之花。也指莹洁如玉的花。③指唐代李愬曾在雪夜借助鹅声掩护，夜破蔡州，擒吴元济，平定蔡州叛乱。即“雪夜擒蔡”的典故。④寄诗：寄给他人的诗。频敲户：卢仝《走笔谢孟谏议寄新茶》诗中有“军将打门惊周公。口云谏议送书信”之句。⑤袁生：指东汉贤人袁安。有“袁安高卧”之典。一年洛阳大雪，人皆出门行乞，袁安却宁愿自己挨饿，坚持卧床不出。他不是听不到外面的乞讨声，而是不想再去打扰和为难他人了。

## 再题式之诗后石屏父子皆有诗名[1]

先生家世以诗鸣，久擅吟坛[2]老将名。前辈群贤闻必喜，晚唐诸子[3]见皆惊。

云幡碧海苍龙[4]影，风递青林紫凤[5]声。石鼎煮茶尤[6]韵美，松涛溅雪[7]暮潮生。

老犁注：①标题断句及注释：再题式之诗后，石屏父子皆有诗名。式之：戴复古，字式之，号石屏，宋台州黄岩南塘屏山（今温岭新河塘下）人。少孤，笃志于诗，从林宪、徐似道游，又登陆游之门。一生不仕，以诗游江湖间几五十年，是著名的江湖派诗人。其父戴敏才，自号东皋子，是一位“以诗自适，不肯作举子业，终穷而不悔”的硬骨头诗人，一生写了不少诗，但留下来的很少。②久擅：长期占据。吟坛：诗坛。③诸子：指众诗人。④幡：通翻。碧海：蓝色的海洋。苍龙：青龙。⑤青林：苍翠的树林。紫凤：传说中的神鸟。⑥石鼎：陶制的烹茶炉具。尤：尤其，更加。⑦松涛：喻煮水的声音。溅雪：喻水开泛起的白浪。

## 题王秉彝乐善[1]堂（节选）

窗前书万卷，膝上琴一张。客至亦不恶[2]，茗碗与酒觞[3]。

老犁注：①王秉彝：字好德，蜀之巴县人。成化三年（1467）以举人身份出任江阴县令，有惠政。曾为王恽写过《秋涧集后序》。其余不考。乐善：堂号。②不恶 è：谓不为恶声厉色（话难听脸难看）。③茗碗：茶碗。酒觞：酒杯。

## 古意[1]三首其一（节选）

扫花净石径，烹茶汲溪泉。神游三洞[2]云，耳洗千尺[3]渊。

老犁注：①古意：犹拟古、仿古。以古寄意为诗题。②三洞：指金华北山的双龙洞、水壶洞和朝真洞。元陈樵《金华通天洞》诗中有“三洞周围五百里，金堂石室尽仙都”之句。③千尺：极言其深。

## 雪中见寄[1]（节选）

无朋懒棹子猷船[2]，何人肯扣袁安[3]户。不愁僵卧酒杯空，石鼎烹茶试鹦鹉[4]。

老犁注：①见寄：看到他人寄给我（信、诗等）。②无朋：（高洁到）无可比拟，没人配得上。有如今天“美到没有朋友”之说，指非常之美。懒棹：懒得划桨。子猷船：有“雪夜访戴”的典故。东晋王子猷雪夜兴起想见友人戴逵，立即乘舟前住，到戴逵家门却不去登门拜访，说已兴尽就返回了。船 diāo：或作舠。吴船。③袁安：东汉洛阳贤人，字邵公。有“袁安高卧”之典。指身处困境仍坚持不去打扰为难他人的节操。④石鼎：陶制的烹茶炉具。鹦鹉：指鹦鹉杯。

## 山中游（节选）

躬耕[①]幽屿，独钓荒汀。酒船茶灶，诗卷棋枰[②]。

老犁注：①躬耕：亲身从事农业生产。②棋枰：棋盘，棋局。

## 樵云老人[①]独唱歌（节选）

瀑岩溜[②]断峡泉飞，茶鼎涛翻海波溢[③]。光寒孕出蚌腹珠[④]，声雄击碎鸿门璧[⑤]。

老犁注：①樵云老人：叶颙自称。其常与樵夫刍叟相往还其间，故以樵云老人自称。有诗集《樵云独唱》。原诗有注：注或问予曰：子何易易（简易地，轻易地）以诗言也？桧柏秀奇，喻诗之美，固佳矣。奈何以区区之顽石比之？子何易易以诗言也？予语之曰：费千金之财不能分寸移之，竭万夫之力不能丝毫动之。寒暑不能改其容，水霜不能变其节，齐天地之终始，阅汉唐之盛衰。遇狂澜则为砥柱，于中流而不倾；处峻险则耸孤标，于绝顶而不倚。水不得而漂，火不得而爇，斧斤不能琢其质，宠赉 lài（指帝王的赏赐）不能易其守。巍然不怠，岿然常存。置之渭水左右，严滩南东，傲睨青径，雄踞翠峰，俯瞰长流，仰揖乔松。芝兰围绕，莓苔裹封，延浩月纳清风，麛鹿聚猿鹤从。别有遗世高士，脱尘异翁，志气高迈，趣向雍容。慕其高杭，乐此幽奇，枢衣（犹提衣）宴坐，策杖追随，弹琴鼓瑟，饮酒赋诗，朝夕玩赏，顷刻弗违。在昔豪杰之辈同坐，狠石而谈世事；放达之士忘情，醉石以消岁时。英雄遗逸，今不复见此名。此石逾千载而靡堕，予将高蹈远引，遥绍于诸老不识，吾子（古时对人的尊称，可译为“您”）以为何如？于是客喜而笑，揖予而退，吾乃操觚引墨而书之。②溜：向下流动。③茶鼎：烹茶的炉鼎。涛翻海波溢：喻水开后的样子。④此句：在清冷的环境中蚌的肚子里才能孕育出珍珠。⑤此句：声音雄浑之人（有胆气之人）敢把鸿门宴上的璧玉击碎。刘邦参加鸿门宴向项羽谢罪，专门准备了一对白璧送给项羽，一对玉斗送给范增。但范曾看穿刘邦准备逃脱的计谋，奋起把玉斗击碎。

## 云巅天民[①]独乐歌（节选）

常呼晨雾锁松扃[②]，远引寒泉环竹户。困寻陆羽写茶经[③]，闲访陶潜抄菊谱[④]。

老犁注：①云巅 dǐng 天民：叶颙自号云巅天民。巅：同顶。②扃 jiōng：本义是指从外面关门的门闩。泛指门。③此句：困时就寻找并抄写陆羽的《茶经》。④此句：空闲时就寻找并抄写陶潜的《菊谱》。

---

**兰楚芳**（生卒不详）：也作蓝楚芳，西域人。官江西元帅。《录鬼簿续编》称其为

"丰神英秀，才思敏捷"。在武昌时常与刘庭信赓和乐章，人多以元、白拟之。明朱权《太和正音谱》评其词"如秋风桂子"。入明皈依佛门。

## 【南吕·四块玉】风情四首其四

双渐贫，冯魁富[1]。这两个争风做姨夫[2]，呆黄肇不把佳期误。一个有万引茶[3]，一个是一块酥[4]，搅的来无是处[5]。

老犁注：①双渐、冯魁、黄肇：宋元时流传庐州妓女苏小卿与书生双渐相爱的故事，相关素材常被元曲运用。冯魁是买走苏小卿并拆散其与双渐相爱的茶商。黄肇是对苏小卿有非分之想的小官吏，为达到占有目的他专门为苏小卿建造了一座丽春园，但却被冯魁抢了先。②争风：为男女风情而争竞。姨夫：当时的市语，是两男共狎一妓之称。③万引茶：一万引的茶，万泛指数量众多。茶引是贩运销售茶叶的凭证，商人凭引贩卖茶叶，是茶商财富的象征。④酥：牛羊乳制成的食品。喻书生双渐是一块美食。⑤来无是处：找不到想要的处所。指没了主意。

## 【中吕·粉蝶儿】思情

【红绣鞋】有他时一刻千金高价，有他时一世儿兴旺人家，有他时村的不村杀[1]。临风三劝酒，对月一烹茶，说蓬莱都是假。

老犁注：①村的不村杀：俗得不能再俗了。村：粗俗。村杀：谓极其粗俗。也作村煞。

**吕诚**（约1330~约1390）：字敬夫，后名肃，元明昆山之东沧（今隶江苏太仓）人。东沧之俗尚靡，独能去豪习，事文雅，名士咸与之交。家有园林，尝蓄一鹤，复有鹤自来为伍，因筑来鹤亭。学端识敏，且工为诗。不屑剽取古今人言，顾瑛称其"诗意清新，不为腐语"。又善作黄庭小楷，缮写其诗成集，得杨铁崖诗赞。洪武四年尝谪迁广东（缘何获谴不考），已而赦归。邑令聘为训导，不起。卒老于乡。有《来鹤亭诗》。

## 南海口号[1]六首其三

谁家女儿高髻妆，行春踏花屐齿香。留客不将茶当酒，铜盘蒌叶[2]进槟榔。

老犁注：①南海：古代指极南地区。口号：古诗标题用语。表示随口吟成，和"口占"相似。始见于南朝梁简文帝《仰和卫尉新渝侯巡城口号》诗。后为诗人袭用。②铜盘：泛指一般的铜质盘。蒌lóu叶：是吃槟榔时用来包裹槟榔的绿色叶子，这种叶子来源于胡椒科植物篓叶，它含有大量挥发油和多种微量元素，与槟榔搭配一起吃特别好。

## 南海口号六首其五

炎方物色异东吴[①]，桂蠹椰浆代酪奴[②]。十月煖寒开小阁[③]，张灯团坐打边炉[④]。

老犁注：①炎方：泛指南方炎热地区。物色：景象。东吴：泛指古吴地。大约相当于现在浙江和江苏长江以南地区。②桂蠹，汉代南方的一种特产。蠹为寄生在桂树上的虫，味辛，可蜜渍作为食物。南越王赵佗曾以此为贡品进献皇帝。酪奴：茶的别名。③煖nuǎn：同暖。小阁：小楼阁。④边炉：火锅的别称。

## 诃林光孝寺[①]方丈

斜日荒凉噪乳鸦[②]，菩提新叶小于茶。石廓[③]久雨无人到，落尽闲庭诃子[④]华。

老犁注：①诃hē林：地名。光孝寺：清王士禛《广州游览小志》："光孝寺，又名法性寺，在粤城西北，越王建德故宅也。孙吴虞翻居此，手植诃子，因名虞苑，又名诃林。"②乳鸦：幼鸦。③石廓：石头筑的城廓。④诃子：为使君子科植物的干果。秋、冬二季果实成熟时采收，除去杂质，晒干。形状为纺锤形，表面黄棕色或暗棕色，略具光泽，质坚实。味酸涩后甜。

## 游白云诸山[①]三首其一

半空苍翠薄层崖，万木森森碍日车[②]。八十老禅延客坐，九龙井[③]上试新茶。

老犁注：①白云诸山：指广州白云山周围众山。②日车：指太阳。太阳每天运行不息，故以"日车"喻之。③九龙井：广州白云山上原有白云寺，寺内有一九龙井（即今白云山山顶公园九龙泉）。

## 观刈[①]晚归

堪笑南塘野老[②]家，客来无酒只烹茶。池荒莲蛹[③]青房子，霜老鸡人绛帻花[④]。
海气东连瑶浦[⑤]暗，江流西绕玉山[⑥]斜。扶藜缓步归来晚，闲看污邪[⑦]载满车。

老犁注：①观刈：观看收割。刈yì：收割成熟的庄稼。②南塘：南面的湖或塘。多用作地名，如秦淮河南岸的横塘，古称南塘。野老：村野老人。③莲蛹：即莲子。南宋·杨万里《莲子》"蜂儿来自宛溪中，两翅虽无已是虫。不似荷花窠底蜜，方成玉蛹未成蜂。"故莲子又有白玉蛹的雅称。④鸡人：周时官名，掌供办鸡牲，凡举行大典，则报时以警夜。后指宫廷中专管更漏之人。这里指村里的打更人。绛帻：

红色头巾。花：绛帻上的霜花。⑤海气：江面上的雾气。瑶浦：犹银浦，天河的美称。⑥玉山：指今昆山马鞍山，古称玉山、玉峰山。⑦污邪：地势低下的田。

## 九日雨中杂兴四首其四

霜降海门[①]天气肃，无边落木[②]总缤纷。鸥眠[③]夜渡芙蓉雨，雁落秋田䆉稏[④]云。

未有诗篇酬令节[⑤]，只将茗碗对炉薰。月中桂子[⑥]飘人世，时有天香隔幔[⑦]闻。

老犁注：①海门：海口。内河通海之处。②落木：落叶。③鸥眠：鸥鸟息眠。④䆉稏 bàyà：稻多貌。通作罢亚。杜牧《郡斋独酌》诗："罢亚百顷稻，西风吹半黄。"⑤令节：节令。⑥桂子：桂花。神话传说谓月中有桂树。⑦天香：特指桂、梅、牡丹等花香。这里指桂花香。幔：为遮挡而悬挂起来的帐幕。

## 洪武庚申夏四月登玉山顶时雅上人适迁华藏于塔院历览终日而返是夕宿友人家灯前闻雨援笔有赋[①]（节选）

泛观[②]盛衰际，何物得修永[③]。道人出迎客，一笑具羞茗[④]。

老犁注：①标题断句及注释：洪武庚申夏四月，登玉山顶，时雅上人适迁华藏于塔院，历览终日而返。是夕，宿友人家，灯前闻雨，援笔有赋。玉山：今江苏昆山市内的马鞍山。华藏：指玉山上的华藏寺。塔院：原玉山顶（西山）建有塔院，院中有一凌霄塔。明洪武十三年（公元1380年，农历庚申年），释大雅将华藏寺从玉山北麓移建于西山之巅。雅上人：指当时华藏寺住持僧释大雅。援笔：执笔。②泛观：纵观。③修永：长久。④具羞茗：准备进献茶叶。具：准备。羞：进献。

## 和烹箨龙[①]诗韵（节选）

狞须逆鳞不复畏[②]，斯须[③]唯闻釜中泣。金杯苦酒五色光，玉版云腴乳花[④]湿。

老犁注：①箨 tuò 龙：竹笋的异名。②狞须：指笋壳（箨）上难看的须毛。逆鳞：指一张张笋壳如倒生的鳞片。不复畏：指去掉笋壳的竹笋不用再害怕扎手了。③斯须：须臾；片刻。④玉版：竹笋。云腴：茶。乳花：分茶时搅起的泡沫。

---

**朱升**（1299~1370）：字允升，号枫林，学者称枫林先生，朱熹五代孙，元明间徽州府休宁（安徽黄山休宁县）人。元顺帝至正五年举乡荐，为池州学正，避乱弃官隐居石门。龙凤三年（1357）朱元璋克徽州，因邓愈推荐，被召见问时务，献策："高筑墙，广积粮，缓称王。"吴元年（1367），授侍讲学士、知制诰、同修国史。明洪武元年（1368）为翰林学士。不久，请老辞归。与陶安、宋濂齐名，各种典制，多出其手。洪武三年卒，年七十二。于五经皆有旁注，而《易》尤详。诗以论理为本，以修辞为末，更易坦率，

往往脱然于诗法之外。有《枫林集》。

## 茗理[1]

一抑重教又一扬[2]，能从草质发花香[3]。神奇共诧天工妙，易简无令物性[4]伤。

老犁注：①茗理：指茶具有出天然又超乎天然的特性。茶本具有天理之性，但被草气之性所掩蔽，经过人工制作，它的草气之性被抑制，天理之性才得以激发出来。原诗题注：茗之带草气者，茗之气质之性也。茗之带花香者，茗之天理之性也。抑之则实，实则热，热则柔，柔则草气渐除。然恐花香因而太泄也，于是复扬之。迭抑迭扬，草气消融，花香氤氲，茗之气质变化，天理浑然之时也。漫成一绝。②此句：制茶过程是一个不断反复抑扬的过程。抑：把鲜茶叶按压紧实。扬：簸动茶叶，向上播散。③此句：能从茶的草气中激发出花的香味来。④易简：平易简约。物性：物质本来的天性。

**朱希晦**（1309~1386）：号云松，元明间乐清（今浙江温州乐清市）人。以诗名于元季，与四明吴主一、萧台赵彦铭游咏雁山中，称雁山三老。遭至正之乱，遍至名山胜境。顺帝至正末（1367），归隐居瑶川（今乐清虹桥镇瑶岙村），须发皓白，幅巾短策，徐行林壑，望者以为神仙中人也。明初，有荐于朝，命未至而卒。其诗清丽简亮，可振唐人遗响也。著有《云松巢集》，所居曰“云松巢”，集因以名。《四库总目》中章陬为其序，称其思致精深，词意丰赡。

## 戏简叔向陈先生朋南阮君[1]

名动竹林惟阮籍[2]，气吞湖海有元龙[3]。相逢一醉思茗饮，细故不留云梦胸[4]。

老犁注：①戏：用放松诙谐的语气作诗。有谦称自己说话不注重小节之意。简：寄诗（信）。叔向陈先生：陈叔向先生，生平不详。朋南阮君：阮朋南，生平不详。（古人称呼人，很注重礼节，常将字号放前面，然后加姓加上尊称。）“先生”是对长辈或老师的称呼，“君”是对同辈或小辈的称呼。②阮籍：三国魏陈留人。曾任散骑常侍、步兵校尉，世称阮步兵。好《老》《庄》，蔑视礼教。纵酒谈玄。擅长五言诗，风格隐晦。又工文。与嵇康齐名，为竹林七贤之一。后人辑有《阮步兵集》。③气吞湖海：犹气吞山河。元龙：陈登，字元龙，三国时人。刘备曾对他推崇备至。有人说陈登对客人（求田问舍之辈）很不礼貌，自己睡上床，客人睡下床。刘备反驳说，我要是遇上求田问舍之辈，我就自己睡在百尺楼上，让求田问舍之辈睡地下，床都不让他睡。这就是著名的“元龙百尺楼”“陈登豪气”之典。④细故：细小而不值得计较的事。云梦胸：如云梦泽一样大的胸怀。

## 简雪心安上人[1]

意行[2]无远近，得得[3]扣柴扉。鼎出金芽[4]细，盘堆紫蕨肥。

看云忘世虑[5]，指日悟禅机[6]。错比陶元亮[7]，重来尽醉归。

老犁注：①简：寄诗（信）。雪心是上人的字号，安是上人的名。上人：对和尚的尊称。②意行：犹信步。③得得：频频。④鼎：煮茶的炉鼎。金芽：金黄色的茶芽。⑤世虑：俗念。⑥禅机：佛家能发人深省富有意味的妙语、动作或事物。⑦错比：错杂排列。陶元亮：陶潜，字渊明（一说名渊明），又字元亮。

## 简子文林训导[1]（节选）

山房幽深市嚣[2]远，白日枕书眠碧霞[3]。崖高瀑布洒晴雪[4]，净筅石鼎[5]烹春茶。

老犁注：①简：寄诗（信）。子文林训导：一位叫林子文的训导官。训导：府、州、县儒学的辅助教职。②山房：山中的房舍。市嚣：市井喧闹声。③碧霞：青色的云霞。多用以指隐士或神仙所居之处。④晴雪：喻瀑布上洒下的白色水花。⑤净筅：洁净的茶筅。石鼎：陶制的烹茶炉具。

---

**华镆**（1287~1369）：字子亮，号桂隐，元明间无锡人。官承事郎涿州管民提举，善吟咏。

---

## 游惠山二首其二

百尺老龙卧山足[1]，口吐清泉声簌簌[2]。山灵守护几千载，存此方圆两丸玉[3]。朅来一酌漱甘芳[4]，洗尽凡心悦尘目。嗟嗟世无桑苎翁[5]，茶经水品谁能续。扪萝试与谒灵祠[6]，惟见苍苔锁茅屋。人亡物在是耶非[7]，长啸一声烟树绿。

老犁注：①山足：山脚。②簌簌 sù：象声词。流水声。③两丸玉：指惠山泉的两眼泉池。一呈八角形，略为圆形。由八根小巧的方柱嵌八块条石以为栏，池深三尺余。一呈四方形，水体清淡，别有风味。④朅 qiè 来：犹言来。漱：饮。甘芳：喻甜美的泉水。⑤嗟嗟 jiē：叹词。表示赞美。桑苎翁：唐茶圣陆羽，号桑苎翁，著《茶经》，曾对天下泉水进行品评排序。⑥扪萝：攀援葛藤。灵祠：神祠，神社。⑦是耶非："是耶非耶"的省略。

---

**刘嵩**（1321~1381）：一作刘崧，原名楚，字子高，号槎翁，元明间泰和（今江西吉

安泰和县）人。自幼博学，天性廉洁谨慎。元至正十六年举于乡。洪武三年举经明行修，授兵部职方司郎中，迁北平按察司副使。坐事谪输作，寻放归。十三年召拜礼部侍郎，擢吏部尚书。寻致仕归。次年，复征为国子司业，卒于官。谥恭介。博学工诗，为江右诗派的代表人物。其诗温柔典雅，不失正声。有《北平八府志》《槎翁诗文集》《职方集》。

## 寄范实夫主廪[1]赣先贤书院三首其一

乱后[2]今谁在，愁来想鬓华。公侯[3]能好客，风土[4]足为家。

翠玉[5]春携酒，廉泉[6]夜煮茶。相思一回首，烽火[7]暗天涯。

老犁注：①范实夫：生平不详。主廪：犹主政。原指金代宫中掌仓廪、出纳、薪炭等的官员。因有掌控官员俸禄的意思，故用来指书院的最高官员。先贤书院：白鹿洞书院内的第一个院落称先贤书院。②乱后：指元末明初的兵乱之后。③公侯：泛指有爵位的贵族和官高位显的人。④风土：指一方的气候和土地。⑤翠玉：指翠玉瓶。借指华美的酒瓶。⑥廉泉：指庐山谷廉泉。⑦烽火：指战争、战乱。

## 春日次萧鹏举[1]二首其二

闻说南溪[2]上，乱馀[3]春可怜。花开愁落日，草长记流年[4]。

赋拟传金谷[5]，茶应记玉川[6]。寻常西郭[7]路，思尔隔风烟。

老犁注：①萧鹏举：萧翀，字鹏举，明初江西泰和人。少孤，好学，从学于刘嵩，洪武十四年以贤良应制，赋《指佞草诗》，称旨。授苏州府同知，历山东盐运副使，以勤俭廉介称。②南溪：溪名，位何处不详。③乱馀：指元末明初的兵乱之后。④流年：如水般流逝的光阴、年华。⑤金谷：西晋石崇所筑的金谷园。园中常宾朋骚客云集，以吟诗作赋为乐，令赋诗不能者要罚酒三杯。石崇《金谷诗序》："遂各赋诗，以叙中怀，或不能者，罚酒三斗。"⑥玉川：唐诗人卢仝，号玉川子，写有著名的《走笔谢孟谏议寄新茶》，被后人誉为茶仙。⑦西郭：西边外城。

## 赋壁煤[1]

窗下煮茶久，烟煤半壁生。君看太玄[2]者，此岂一朝成。

光可敌玈[3]玉，坚疑铸铁城[4]。未黔嗟孔突[5]，恋恋愧吾情[6]。

老犁注：①壁煤：壁上的烟煤。烟煤：火烟凝结于建筑物上的烟尘。②太玄：深奥玄妙的道理。这里作者将烟煤形成的漫长过程，比作深奥道理的形成过程。③玈 lú：黑色。④此句：坚硬得似铸铁的城墙。谓烟煤凝结成为一种坚硬的固体物。⑤此句：叹孔子无黔突。有成语"孔突墨席"：《淮南子·修务训》作"孔子无黔突，墨子无暖席。”突，灶突，烟囱。黔，黑。席不暖，突不黔，是形容孔丘和墨翟为实现自己的政治主张，四外奔走游说，坐席未暖，灶突未黑即匆匆离去。后以此形容忙于世事，不暇安居。⑥此句：想想（想到孔子忙于世事，而我却久居家中饮茶）真是愧对了我想济世的情怀。恋恋：顾念。

## 秋怀七首其三

日下田田①草，霜馀岸岸②沙。江喧闻激硙③，烟白望烧畲④。

耕凿宁无术⑤，徵科苦未涯⑥。吾宁甘食蕨⑦，子莫恋栽茶。

老犁注：①田田：鲜碧貌。②霜馀：霜后。岸岸：每一处水岸。③激硙 wèi：水流击打着水磨。④烧畲：烧荒种田。⑤此句：哪里是耕种无术？宁：哪里。⑥徵科：征收赋税。苦未涯：苦楚没有边际。⑦甘食蕨：美美地吃着蕨菜。

## 水精葱①

芳烈②齐山茗，清名重水精③。生成推土物④，夸大著乡评⑤。

鸣齿冰丸脆⑥，通神雪汁⑦清。茗瓯端⑧有助，疏浅愧吾生⑨。

老犁注：①水精葱：今写作水晶葱，一种野生藠 jiào 头。块头比种植的藠头大，因其剥皮后晶莹剔透，故称为“水晶葱”。②芳烈：馥郁之香气。③清名：清美的声誉。重水精：大过水精。水精：即水晶。无色透明的结晶石英，是一种贵重矿石。④推土物：推选为本地的土产。⑤夸大：夸它个头长得大。著乡评：著称于百姓的口碑中。⑥此句：指咬水精葱能发出类似咬冰块时的脆响。鸣齿：牙齿咬松脆食物时发出的声响。冰丸：冰球，冰块。⑦雪汁：喻水精葱榨成的汁。⑧端：确实。⑨此句：茶的疏浅有愧我的要求。通俗地说就是茶不如水晶葱。疏浅：粗疏肤浅。

## 夜饮扁鹊观同魏炼师①坐竹林下

扁鹊观前清夜②游，青衣③隔竹送茶瓯。绿阴深巷凉如泻，坐听琼箫转玉楼④。

老犁注：①扁鹊观：道观名。位何处不详。魏炼师：一位姓魏的道士。炼师：原指德高思精的道士，后作一般道士的敬称。②清夜：清静的夜晚。③青衣：指穿青衣的人。这里指婢女或者侍童。④琼箫：玉箫。箫的美称。玉楼：华丽的楼。

## 题卢仝①煮茶图

沙泥拓额②最堪悲，纱帽笼头③又一时。可怜画史④寻常意，不写当年月蚀诗⑤。

老犁注：①卢仝：唐著名诗人、茶人。②拓额：涂抹在额头上。指为尘泥所污。③纱帽笼头：卢仝在《走笔谢孟谏议寄新茶》诗中有“柴门反关无俗客，纱帽笼头自煎吃”之句。④画史：犹画师。⑤后两句：作者认为画家画得太平常，而卢仝的《月蚀诗》比茶诗更重要，画家却没有去画。《月蚀诗》是卢仝写的一首“托事于物”的讽喻诗，借虾蟆食月的神话讽刺宦官弄权，切中中唐的政治之弊。

## 十一月十四日入叶坑[1]

山下泉车[2]尽日闻，山头茶树绿成云。几时荷叶陂头[3]住，学种山茶四十斤。

老犁注：①叶坑：产茶地，位何处不详。②泉车：用泉水的冲力做动力的旧式动力装置，可以带动石磨、风箱转动，或灌溉等。③陂 bēi 头：池塘里。

## 十二月十日出金原[1]道中

水南羁客[2]望春归，日暮茗园野烧稀。知有陂塘[3]应不远，一双野鹤傍山飞。

老犁注：①金原：地名，在何处不详。②水南羁客：刘嵩是江西泰和塘洲人，塘洲在赣水之南，故自称水南羁客。羁客：羁于旅途之人。③陂 bēi 塘：池塘。

## 遣送茶器与欧阳仲元[1]

金樽翠杓[2]非吾事，瓦缶瓷罂[3]也可怜。急送直愁冲[4]暮雨，远携应得注寒泉。

枯匏久厌山瓢[5]薄，冻芋空嘲石鼎[6]圆。扑[7]室栗香春酒醒，能忘敲火[8]事烹煎。

老犁注：①欧阳仲元：人之姓名，生平不详。②金樽：即金尊。金质酒尊。翠杓：嵌翡翠的舀酒器（多半球形，有柄）。③瓦缶瓷罂：陶质的缶，瓷质的罂。指粗陋的酒器。④直：竟。冲：冲淋。⑤匏 páo：匏瓜。一年生草本植物。果实比葫芦大，剖开可做水瓢。山瓢：山野中人所用的瓢。泛指粗陋的盛器或饮器。⑥冻芋：指芋艿。因秋熟后，常于冬天食用，故称。石鼎：陶制的烹茶炉具。颈联意为：我送的茶器有如枯匏讨厌瓢子，芋艿嘲笑陶鼎一样，爱显摆罢了，其实也是很简陋粗俗的器具。这是作者谦虚的说法。⑦扑：拂拭，轻扫。⑧敲火：敲击火石以取火。

## 承旷维宁寄诗并惠茶纻[1]依韵奉答

方叹残冬滞远游，忽承清贶[2]满床头。石泉煮处疑山雨[3]，野服成时称海鸥[4]。

梅崦雪消云拥棹[5]，华峰天净月窥楼[6]。明年西上[7]花如锦，载酒端期[8]破旅愁。

老犁注：①旷维宁：人之姓名，生平不详。纻 zhù：麻衣，即指苎麻织成的粗布衣。②清贶：敬辞。称对方清雅的赠与。③此句：指烧水煮茶时听到的类似山雨的声音。④此句：穿上用纻布做成的野服，做一只忘机的海鸥。野服：村野平民服装。海鸥：有“忘机鸥鹭”之典，借指心地纯朴，没有机心的人。这里自称自己是一只忘机的海鸥。⑤此句：喻烹茶时泛起白色茶沫的景象。梅崦 yān：犹梅山，梅峰。云拥棹：云拥着船。即船浮动在云中。⑥此句：在华山洁净的天空下，看着月亮偷窥着人间楼阁。华峰：华山。⑦西上：向西去。我国地势西高东低，故称上。由此判断，旷维宁其人在华山一带。⑧端期：端候，特别的期待。

## 春暮承刘子礼枉顾喜聆近作赋此奉酬[①]

故人远自山中至，三月风花正渺然[②]。高馆听莺怜白日[③]，画船载酒[④]忆当年。
泥涂早识璠玙[⑤]器，江海能传锦绣[⑥]篇。已觉愁怀剧倾写[⑦]，裹茶犹拟试[⑧]春泉。

老犁注：①标题断句及注释：春暮，承刘子礼枉顾，喜聆近作，赋此奉酬。刘子礼：曾任平阳推官。余不详。枉顾：屈尊看望。称人来访的敬辞。喜聆近作：高兴的听赏他最近写的诗。赋此奉酬：我写了此诗奉上予以酬答。②渺然：广远貌。即一片春景。③高馆：高大的馆舍。白日：人世间。④画船：装饰华美的游船。载酒：携酒，带着酒。常用来指登门求教。⑤泥涂：污泥。比喻卑下的地位。璠玙fányú：美玉名。比喻美德贤才。⑥江海：本义是江和海。泛指四方各地。锦绣：本义是花纹色彩精美鲜艳的丝织品。后用来比喻美丽或美好的事物。这里指华美的文章。⑦剧：疾速。倾写：同倾泻。⑧裹茶：携茶。犹拟：还打算。试：尝试，品尝。

## 触事[①]

眼见林樱坠赤珠[②]，愁随庭草积氍毹[③]。茶烟出户自明晦[④]，花雨拂檐时有无。
把笔只应酬笑咏[⑤]，杜门久已厌奔趋[⑥]。褵褷[⑦]一点林梢雪，怅怅[⑧]幽禽不受呼。

老犁注：①触事：犹遇事。②赤珠：红色的樱桃果。③氍毹qúshū：通氍毹。毛织的布或地毯。旧时演戏多用来铺在地上，故此“氍毹”或“红氍毹”常借指舞台。这里指春草长出如氍毹的样子。④明晦：明和暗。⑤把笔：执笔。借指写作。酬笑咏：写酬和诗并开心地吟咏。⑥杜门：闭门。奔趋：奔走。⑦褵褷líshī：也作离褷。羽毛初生时濡湿黏合貌。喻一点点未消的残雪。⑧怅怅：失意不快貌。

## 九月八日[①]述怀

九月登临拂帽纱，十年回首一长嗟。只今城郭多秋草，何处池台有菊花。
泽国雨垂龙影[②]断，海天风急雁行斜。清尊久覆无烦[③]问，拟折茱萸试[④]煮茶。

老犁注：①九月八日：农历重阳节的前一天。②泽国：水乡。龙影：喻雨幕。③清尊：清雅之尊，对酒尊的美称。无烦：无心烦忧。④茱萸：植物名。香气辛烈，可入药。古俗农历九月九日重阳节，折茱萸在腰上佩带，能袪邪辟恶。试：品试。

## 北斋晚凉即事[①]

高阁[②]微风不动帘，晚云时送雨纤纤。乌求坠子[③]窥深草，燕接飞虫[④]拂近檐。

碧碗行茶冰共进[5]，青盘[6]盛果酒频添。只惭素食承优渥[7]，已分清心[8]破酷炎。

老犁注：①北斋：北书房。晚凉：傍晚凉爽的天气。即事：指以当前事物为题材写的诗。②高阁：高大的楼阁。③乌求坠子：乌鸦在草丛中寻找掉落的种子。④燕接飞虫：谓燕子在空中接抓飞虫吃。⑤碧碗：用琉璃制作的茶碗。行茶：递送茶水。冰共进：在茶水中加入冰块共饮。古代皇宫和富豪之家在暑天取冰窖之冰用来解暑。⑥青盘：青瓷盘。⑦此句：惭愧我只能用素食来承担富人家那种优厚的生活了。优渥 wò：优厚，指待遇好。⑧分 fèn：料想。清心：清凉之心。

## 寄柬阜城张知县宗远[1]

阜城小县荒且幽，居人稀少棘林稠。县公[2]时向草间坐，野雉[3]日来庭下游。

椹子夏收供饭裹[4]，枣汤寒煮当茶瓯。怜君宦况[5]清如水，安得哦诗[6]尽日留。

老犁注：①寄柬：犹寄信（诗）。阜城：指阜城县，在河北省衡水市。张知县宗远：知县叫张宗远。其生平不详。②县公：指张宗远知县。③野雉 zhì：野鸡。④椹 shèn 子：同葚子。桑树的果实。饭裹：犹饭袋。盛饭的袋子。⑤宦况：做官的境况、情味。⑥哦诗：吟诗。

## 答定上人留楮陂隆福寺寄示[1]二首其一

城郭归来思采苓[2]，又闻飞锡[3]过江亭。水光净想禅心白[4]，山色遥瞻佛顶青[5]。

令节题诗蒲截简[6]，清宵[7]煮茗石支瓶。山房幽赏何由共[8]，长恨伤时醉未醒。

老犁注：①定上人：一位名号叫定的上人（对和尚的尊称）。楮陂 bēi（长有楮树的山坡）隆福寺：寺名，在何处不详。疑指北京隆福寺，因刘嵩曾任北平按察司副使。寄示：谓送给人看。②采苓：采茯苓。相传为伯夷、叔齐为不食周粟，采苓、采薇首阳山。后引为隐居生活。③飞锡：指僧人游方。④此句：净思水光使禅心愈发洁白。水光净想：倒装句，即净想水光。禅心：谓清静寂定的心境。⑤此句：遥看山色，佛顶山更加青翠。山色遥瞻：倒装句，即遥瞻山色。⑥令节：犹佳节。蒲截简：有“截蒲为牒”之典。指割取蒲草，编成蒲简，用来写书。⑦清宵：清静的夜晚。⑧何由共：通过什么途径与你在一起。何由：从何处，从什么途径。

## 春夕[1]有怀

竹炉瀹茗火初残，苔榭收书露未干。频剪烛花知夜久，偶拈酒斝[2]觉春寒。

社前[3]有客锄瓜地，乱后谁家理药栏[4]。不为闲情愁不寐，爱看明月过林端。

老犁注：①春夕：指暮春之时。②斝 jiǎ：古代中国先民用于温酒的酒器，也被用作礼器，通常用青铜铸造，三足，一鋬（耳），两柱，圆口呈喇叭形。商汤王打败夏桀之后，定为御用的酒杯，诸侯则用角。后泛指酒杯。③社前：古时先人多于立春后第五个戊日开展祭祀社神（土地神）的活动，这个祭祀活动叫春社。这一天之前的时间叫社前。④乱后：指元末明初的战乱之后。药栏：芍药之栏。泛指花栏。

## 同萧九川游菰塘龙城院赋赠象初上人[①]

天入龙城[②]涌地灵，横冈复岭似围屏。村原[③]过雨春泥紫，山崦含烟野烧青[④]。

火里莲花敷[⑤]宝座，云中杨树注青瓶[⑥]。何时煮茗长松下，听讲楞伽[⑦]一卷经。

老犁注：①标题断句及注释：同萧九川游菰塘龙城院，赋赠象初上人。萧九川：吉水嵩华（嵩华山，在江西吉安青原区富滩镇古富村的东北面）之阳人。好交游赋诗，刘嵩退归家乡后，曾为其诗稿写过《萧九川诗稿序》。菰塘：今江西泰和县万合镇菰塘村。龙城院：寺院名，今不存。赋赠象初上人：赋诗赠送给一个名号为象初的上人。②龙城：指龙城院。③村原：乡村原野。④山崦 yān：山坳。野烧青：野火燃起的青烟。⑤火里莲花：亦称火中莲或火中生莲。语出《维摩经·佛道品》："火中生莲华，是可谓希有。在欲而行禅，稀有亦如是。"后因以"火生莲"喻虽身处烦恼中而能解脱，达到清凉境界。而佛也常以坐莲花宝座示人。敷：铺开。⑥此句：指观音一手持杨柳枝，一手托青瓶（青色净瓶）。注：投，放入。⑦楞伽 qié：指《楞伽经》。

## 游金精夜宿桃阁[①]（节选）

月冷茶烹栗[②]，霜寒瓜剖琼[③]（刘嵩）。风从钟后息[④]，泉共醉时听（郑同夫）。

犁注：①这是一首联句诗。金精：月亮。桃阁：阁名，位在何处不详。因原标题太过冗长，删简为"游金精夜，宿桃阁"。原标题断句整理如下："游金精夜，宿桃阁。余与郑同夫张灯置酒，且饮且吟，命田仲颖书之。余二人饮益豪吟益奇，赵伯友从旁醉卧，闻喧笑声忽跃起，大呼：好句！好句！仲颖亦时时瞌睡不应，罗孟文从旁大笑不已。道士姜近竹以继烛（一支接一支地点燃蜡烛）不给先退矣。迨明缀之，得五十韵。"②此句：冷月下烹茶，寒意袭来。栗通溧，寒凉之意。③此句：白瓜剖开，如见琼玉。霜寒：寒霜，喻瓜色。④钟后息：钟楼的钟声响后风停了。

## 白云轩联句[①]（节选）

雄文三峡水，壮志九溟[②]鹍（刘嵩）。酒晕[③]开愁颊，茶香醒滞魂（黄肃）。

老犁注：①原诗有序（断句及注释如下）：至正丁酉夏五月二十有二日，大梁（今河南开封）常允让、盱 xū 江（今江西抚州南城县）黄肃，邀余访伍理于东湖之上。时暑雨初霁，绿阴正繁。坐白云轩中，酌酒论文，情兴洽甚。允让叹时事之方殷，感朋游之不偶，乃相属联句。得十二韵，宛转成篇，音韵谐适。仍命曾溯就景为图，图成录诗其上，非敢以夸时彦（当代贤俊）于方来（将来），亦将以识嘉会于斯日也。（常允让、黄肃、伍理、曾溯：皆人之姓名，生平不详。）②九溟：犹四海。③酒晕：饮酒后脸上泛起的红晕。

## 桃源（节选）

呼吏不及门[①]，征租少稽慢[②]。银坑[③]重茶赋，往往先月办[④]。

老犁注：①及门：到门。②稽慢：迟延怠慢。③银坑：产茶地，地址不详。④先月办：提前一个月办。

## 入苍山下岩寻曾子实先辈故居遗迹往往有题刻存焉[①]（节选）

题刻不复辨，莓苔见欹斜[②]。始经茶岩[③]幽，流泉注其窊[④]。

老犁注：①标题断句及注释：入苍山下岩，寻曾子实先辈故居遗迹，往往有题刻存焉。苍山：位于今江西宁都县北约5公里的翠微峰景区。下岩：地名。曾子实：曾原一，字子实，号苍山，宋赣州宁都人。理宗绍定间领乡荐，博学工诗。避乱钟陵（古县名，今江西进贤县东北部有钟陵乡），从戴石屏（戴复古，字式之，号石屏，浙江黄岩人）诸贤结江湖吟社。有《选诗衍义》《苍山诗集》。②欹 qī 斜：歪斜不正。③茶岩：生长茶叶的岩石地。④窊 wā：低，低洼。

## 旷伯逵移花竹石盆[①]（节选）

赏幽[②]君子心，席地频洒汛[③]。茗瓯既已陈，酒盏焉得摈[④]。

老犁注：①旷伯逵：旷逵，字伯逵。籍里失考。居官南昌，尝任南昌知事。以诗闻名江右。元末乱后隐居南昌，以授徒为业，未获明廷征聘，贫穷潦倒以终。原诗有序（断句及注释如下）：数日，暑酷甚。伯逵晨兴课家童，移阶下所植杂花竹石盆盎尽置庭中，秾青纤碧，高下隐映，洒然坐林泉而闻清吹也。伯逵亟命茗瓯酬此清赏，余因赋诗以寄兴，则壶觞之集（与酒有关的诗文）将不在兹乎。②赏幽：观赏清幽。③洒汛：洒扫。汛：洒。④摈 bìn：弃而不用。

## 长律十四韵送彭公权教授还永新[①]（节选）

此日衣冠还旧俗，他年图画[②]记斯今。茶园江馆[③]曾题句，松室山房[④]昔挂琴。

老犁注：①彭公权：人之姓名，生平不详。教授：明清府一级负责儒学的最高官员。永新：江西永新县。②图画：指家乡的景色。③江馆：江边客舍。④松室山房：是山中屋舍。泛指简陋的房子。

## 东园有梅一株为野棘蒙罥有年未有奇之者暇日因命童竖刊除之赋长短句一首[1]（节选）

极知[2]摧恶植善天所嘉，从有此卉木分正邪。野夫穷年[3]不出家，但携冻笔[4]煮苦茶，日日来看东园梅树花。

老犁注：①标题断句及注释：东园有梅一株，为野棘蒙罥有年，未有奇之者，暇日因命童竖刊除之，赋长短句一首。蒙罥 juàn：遮盖缠绕。罥：缠绕。童竖：小孩，指童仆。刊除：砍除。刊：砍。②极知：深知。③野夫：草野之人。用作自己的谦称。穷年：全年；一年到头。④冻笔：因寒冷而冻结的毛笔。

---

**刘永之**（生卒不详）：字仲修，号山阴道士，元明间临江清江（今江西宜春樟树市）人。少随父宦游归州，治《春秋》学，工诗文，善书法。至正间，四方兵起，日与杨伯谦、彭声之辈讲论风雅，当世翕然宗之。洪武初征至金陵，以重听（耳聋）辞归。有《山阴集》。

---

## 与何重容[1]

百尺长松不记年，石床攲帽午阴圆[2]。何郎[3]茅屋相怜住，为煮新茶汲涧泉。

老犁注：①与：写给。何重容：人之姓名，生平不详。②石床：供人坐卧的石制用具。攲 yǐ：通倚，斜靠着。午阴：中午的阴凉处。常指树荫下。圆：正午阳光正照大树上方，树冠投影在地呈圆形。③何郎：指何重容。

---

**刘庭信**（生卒不详）：原名廷玉，排行第五，身黑而长，人称“黑刘五”，益都（今山东潍坊青州市）人。为南台御史（一说湖藩大参）刘廷幹从弟。工散曲，多写闺情愁怨，曲辞活泼俊丽，刻画细腻，在元后期独树一帜。与兰楚芳友善，曾在武昌相唱和，人多以元、白拟之。《录鬼簿续编》说他“风流蕴藉，超出伦辈，风晨月夕，惟以填词为事。”

---

## 【正宫·醉太平】走苏卿[1]

聪明的志高，懵懂的愚浊。一船茶单换了个女妖娆[2]，豫章城趟[3]了。老卜儿接了鸦青钞[4]，俊苏卿受了金花诰[5]，俏双生披了绿罗袍[6]，村冯魁老曹[7]。

老犁注：①苏卿、双渐、冯魁：这三人分别是的“双渐与苏卿”故事中的妓女、书生和贩茶商。②茶单：换取茶叶的凭证。妖娆：指娇媚的女子。③�：见趯趯 zhuózhì，跳跃的样子。④老卜儿：指老妇人。借以俗称老鸨。宋元时“娘”字俗写成左“女”右“卜”，进而省作“卜”。鸦青钞，旧时纸币名。用鸦青纸印制，故称。⑤金花诰：指古代以金花绫罗纸书制的赐爵封赠的诰书。⑥绿罗袍：考中进士所穿的衣服。⑦村：粗俗。老曹：犹曹贼（曹操）。骂冯魁如曹贼一样。

## 【越调·寨儿令】戒嫖荡十五首其十

情意牵，使嫌钱[①]，论风流儿曾识窑变[②]。一缕顽涎[③]，几句狂言，又无三四只贩茶船。俏冤家[④]暗约虚传，狠虔婆[⑤]实插昏拳。羊尾子相古弄[⑥]，假意儿断缠绵，急切里到不的风月担儿[⑦]边。

老犁注：①使嫌钱：使用脏钱。因嫖钱让人觉得不干净。嫌：厌恶，嫌鄙（看不起）。②窑变：本指瓷器烧制中表面釉色发生不确定的自然变化。而元曲中，是指妓女从良为妾、为妇。窑：窑子，妓院。③顽涎：犹馋涎。比喻强烈的贪欲。④俏冤家：对所爱者、情人的昵称。元曲中常见。⑤虔婆：中国古代传统的女性职业“三姑六婆”中一种，指开设秦楼楚院、媒介色情交易的妇人，亦即“淫媒”。⑥羊尾子相古弄：犹瞎糊弄。羊尾没有虎尾、牛尾、马尾有力，再怎么摇摆也没用。古弄：犹鼓弄，蛊惑愚弄。⑦风月担儿：喻承载男女情事的地方。担儿：行担。本指匠人外出谋生所挑的工具担。这里的担儿不放工具放风月，倒是十分形象有趣。

## 【双调·折桂令】忆别十二首其十二

想人生最苦离别，愁一会愁得来昏迷，哭一会哭得来痴呆。喜蛛儿[①]休挂帘栊，灯花[②]儿不必再结，灵鹊儿空自干踅[③]。茶一时饭一时喉咙里千般哽噎，风半窗月半窗梦魂儿千里跋涉。交之厚念之频旧恨重叠，感之重染之深鬼病些些[④]，海之角天之涯盼得他来，膏之上肓之下害杀人也。

老犁注：①喜蛛儿：蟢子。是蜘蛛的一种，古人以为蟢子结网是喜庆的征兆。②灯花：古人有“灯花结，客人来”的说法，也是喜兆。③此句：喜鹊空鸣叫。灵鹊：喜鹊的别称。踅 xué：干枯。干踅：干枯地（叫），即空鸣叫。喜鹊鸣叫也是喜兆。④鬼病：相思病。些些：少许，有那么一点点。

## 【双调·水仙子】相思三首其二

虾须帘[①]控紫铜钩，凤髓茶[②]闲碧玉瓯，龙涎香冷泥金兽[③]。绕雕栏倚画楼，怕春归绿惨红愁[④]。雾濛濛丁香枝上，云淡淡桃花洞[⑤]口，雨丝丝梅子墙头。

老犁注：①虾须帘：一种用虾须织成的保护书卷或画卷的小帘。清王士禛《分甘馀话》卷二：“帘名虾须，……海中大虾也，长二三丈，游则坚其须，须长数尺，可为帘，故以为名。”②凤髓茶：茶名。《宋茶名录》中列有一种绿饼茶，名为“青凤髓”。也泛指名贵的茶。③龙涎香：是抹香鲸肠胃内分泌物的干燥品。点燃后有奇香，且香气持久，是极名贵的香料。泥金兽：用泥金漆成的兽形摆件。泥金：将打成薄片的金银箔碾成粉状，调入生漆后，即为泥金。④绿惨红愁：指妇女的种种愁恨。绿指黑鬓，红指红颜。⑤桃花洞：指男女幽会的仙境。

## 【双调·雁儿落过得胜令】二首其一·懒栽潘岳花

懒栽潘岳花[①]，学种樊迟稼[②]。心闲梦寝安，志满忧愁大。　　无福享荣华，有分受贫乏。燕度春秋社[③]，蜂喧早晚衙[④]。茶瓜，林下渔樵话。桑麻，山中宰相[⑤]家。

老犁注：①潘岳花：据晋潘岳《闲居赋》载，潘岳曾为河阳令，于县中满种桃李，后因以“潘花”为典，形容花美，或称赞官吏勤于政事，善于治理。②樊迟稼：《论语·子路》载：“樊迟请学稼。”后因以“樊迟稼”为弃仕务农之典。③此句：燕子春社前后来，秋社前后走。④此句：指蜂出和蜂归时间正恰衙门上班和下班时间。⑤山中宰相：南朝梁时陶弘景，隐居茅山，屡聘不出，梁武帝常向他请教国家大事，人们称他为“山中宰相”。后比喻隐居的高贤。

## 【南吕·一枝花】春日送别

【隔尾】江湖中须要寻一个新船儿渡，宿卧处多将些厚褥子儿铺。起时节迟些儿起，住时节早些儿住。茶饭上无人将你顾觑[①]，睡卧处无人将你盖覆，你是必早寻一个着实店房里宿。

老犁注：①顾觑 qù：照顾；照看。

---

**汤式**（约1343~约1422）：字舜民，号菊庄，元末明初象山（今浙江宁波象山）人。元末曾补本县县吏，后落魄江湖。入明不仕，但据说明成祖对他“宠遇甚厚”。为人滑稽，工散曲，今存套数68套，小令170首，有残缺钞本《笔花集》传世。作品工巧可读，且常以曲录史，拓展了散曲题材范围。关心百姓疾苦，开创了悼亡散曲之先。

---

## 【双调·新水令】春日闺思

【驻马听】妆点幽欢[①]，凤髓茶[②]温白玉碗；安排佳玩[③]，龙涎香袅紫金盘[④]。琼花露点滴水晶丸[⑤]，荔枝浆荡漾玻璃罐。日光酣[⑥]，天气暖，牡丹风吹不到芙蓉幔[⑦]。

老犁注：①幽欢：幽会的欢乐。②凤髓茶：茶名。《宋茶名录》中列有一种绿饼茶，名为“青凤髓”。也统指名贵的茶。③佳玩：最好的玩伴。借指情侣。④龙涎香：是抹香鲸肠胃内分泌物的干燥品。点燃后有奇香，且香气持久，是极名贵的香料。紫金：一种综合了金、铜、铁、镍等多种元素的合金。因矿物呈现紫色，所以称之为紫金。⑤琼花露：酒名。水晶丸：一种点心。圆形，色亮如水晶，清凉味美。⑥酣：充足。⑦芙蓉幔：上有芙蓉图案的帷幔。泛指华美的帷幔。

## 【双调·新水令】秋夜梦回有感

【风入松】相思一担我都挑，压损沈郎腰[①]，笋条般瘦损潘安貌[②]。这些时茶和饭懒待汤着[③]，几番待要觅尤云[④]寻取快乐，争奈被水淹蓝桥[⑤]。

老犁注：①压损：毁损，损坏。沈腰：南朝时，沈约与徐勉素善，遂以书陈情于勉，言己老病，“百日数旬，革带常应移孔，以手握臂，率计月小半分。以此推算，岂能支久?”后因以“沈腰”作为腰围瘦减的代称。也作“沈郎腰”。②瘦损：消瘦。潘安貌：潘岳，字安仁，俗称潘安，西晋文学家。相貌英俊出众，后世常以“潘安貌”形容美男子。③懒待汤着：懒得连汤都不想喝呢。懒待：懒得，不想。着：用在某些名词后，表示“呢”。④尤云：缠绵的云。有成语“尤云殢雨”，意思是缠绵于男女欢爱。⑤蓝桥：指唐代裴航遇仙女云英并喜结连理的地方，在今陕西省蓝田县西南蓝溪之上。后也指蓝桥驿亭这一交通要津。但史上有一则“尾生抱柱”而亡的故事（见《庄子·盗跖》），这则早一千多年发生在春秋时期的故事，其发生地被后世文人附会到了蓝桥。相传尾生与女子约定在桥梁相会，久候女子不到，水涨，乃抱桥柱而死。后因以“魂断蓝桥”为坚守爱情信约的典故。

## 【双调·风入松】题马氏吴山景卷

【离亭宴煞尾】李营丘曾写风流格[①]，苏东坡也捏疏狂怪[②]。韶光荡来，探春人车傍柳边行，贩茶客船从湖上舣[③]，偷香汉马向花前蓦[④]。笙歌步步随，罗绮丛丛隘[⑤]。三般儿[⑥]异哉：胭脂岭[⑦]高若舍身台，玛瑙坡宽如人鲊瓮[⑧]，珍珠池险似迷魂海。休言金谷园[⑨]，漫说铜驼陌[⑩]，知音的自裁[⑪]。待消身外十分愁，来看山头四时色。

老犁注：①李营丘：李成，字咸熙，先世为唐宗室，唐末战乱，他隐居到山东营丘，故人称李营丘。能诗，善琴书，尤善山水。为北宋初著名三大山水画家之一，甚至被视为“于时凡称山水者，必以成为古今第一”。风流格：指李成的画有高标的格调。②捏：假托，凭借。疏狂怪：狂放不受约束的怪客。③舣 yǐ：停船靠岸。④偷香汉：犹采花盗，强迫女性性行为的男子。蓦：骑。⑤罗绮丛丛隘：周围全是争相猎艳的富贵公子，要想抱得美人归，必须穿过一道道关口。罗绮：罗和绮。多借指丝绸衣裳，借指富贵人。⑥三般儿：犹百般。⑦胭脂岭、玛瑙坡、珍珠池：皆喻情欲之境。⑧人鲊 zhǎ 瓮：长江险滩之一。在今湖北秭归县西，瞿塘峡之下，号称峡下最险处。⑨金谷园，是西晋富豪石崇的别墅，遗址在今洛阳老城东北七里处的金谷洞内。⑩铜驼陌：即铜驼街，是隋唐东都洛阳城东城区内的一个里坊。它南襟洛水，西傍瀍河，北边隔一个里坊就是东都内三大热闹市场之一的北市。常借指繁华、游乐之区。⑪知音的自裁：真心相爱的反沦落到自裁的归宿。自裁：自杀。

## 【商调·集贤宾】友人爱姬为权豪所夺复有跨海征进之行故作此以书其怀[①]

【逍遥乐】六韬三略[②]，也则待制胜量敌[③]，却做了幽期密约。阵马咆哮，比贩茶船煞是[④]粗暴，将俺这软弱苏卿禁害倒[⑤]。统领着鸦青神道[⑥]，冲散蜂媒蝶使[⑦]，烘散燕子莺儿，拆散风友鸾交[⑧]。

老犁注：①标题断句及注释：友人爱姬为权豪所夺，复有跨海征进之行，故作此以书其怀。跨海征进：渡海征战。②六韬三略：是指中国古代重要的军事著作《六韬》和《三略》。后泛指兵书、兵法。③此句：照往常是要用来御敌制胜的。也则：照往常，依然。④煞是：极是。⑤禁害倒：牵累倒下。⑥鸦青神道：生钱的路子。鸦青：鸦青钞。元时一种纸币。神道：又称天道。⑦蜂媒蝶使：花间飞舞的蜂蝶，喻在男女双方居间撮合或传递书信的人。⑧风友鸾交：喻男女间情投意合。

## 【商调·集贤宾】客窗值雪[①]

【逍遥乐】客窗深闭，止不过香炷龙涎[②]，茶烹凤髓[③]，纸帐[④]低垂。早难道[⑤]翠倚红偎，冷暖年来只自知，捱不彻[⑥]凄凉滋味。鸳鸯无梦，鸿雁无音，灵鹊无依。

老犁注：①客窗值雪：住旅店遇见窗外下雪。②止不过：犹言大不了。龙涎：指龙涎香。③凤髓：茶名。④纸帐：以藤皮茧纸缝制的帐子。亦指粗陋的帐子，一般为清贫之家或隐士所用。⑤早难道：说什么。⑥捱 ái 不彻：心焦不尽。

## 【南吕·一枝花】劝妓女从良二首其二

【梁州】据标格是有那画阁兰堂的分福[①]，论娇羞怎教他舞台歌榭里淹留[②]。则落得闲茶浪酒相迤逗[③]。昨日逢故友柳边开宴，今日送行人花下停舟。这壁[④]急攘攘莺招燕请，那厢闹烘烘蝶趁蜂逐。恰则[⑤]待热心肠相和相酬，也合想业身躯无了无休。我劝你滑擦擦[⑥]舍身崖想个逃生，昏惨惨迷魂洞寻个罢手，碜可可[⑦]陷入坑觅个回头。二旬，左右。他则想春花秋月常依旧，试与恁[⑧]细穷究。我则索先盖座春风燕子楼[⑨]，省也么[⑩]叶落归秋。

老犁注：①标格：风度。画阁：指彩绘华丽的楼阁。兰堂：芳洁的厅堂。厅堂的美称。分福：分得福分、福气。②淹留：逗留。③则：只。闲茶浪酒，指风月场中的吃喝之事。迤逗 yǐdòu：意思是挑逗；引诱。④这壁：也称这壁厢。是指这里；

也指比较近的处所。⑤恰则：刚刚；刚才。⑥滑擦擦：滑溜貌，光滑貌。⑦碜 chěn 可可：意思是凄惨可怕的样子；亦作“碜磕磕”。⑧恁 nèn：那。⑨燕子楼：唐贞观元年间，朝廷重臣武宁军节度使张愔（张建封之子）镇守徐州时，在其府第中为爱妾关盼盼（曾是一位能歌善舞、精通管弦、工诗擅词的歌妓）特建的一座小楼，因其飞檐挑角，形如飞燕，且年年春天南来燕子多栖息于此，故名。⑩省：省得，免得。也么：衬词，无义，加重语气。

## 【南吕·一枝花】赠玉马杓①

【梁州】温石铫徒劳磨渲②，镔铁钩③枉费锤钳。似剜出一团酥更压着琼花艳。泼新醅分开绿蚁④，掬清波荡碎银蟾⑤。美声誉高如金斗⑥，秀名儿近似珠帘。富石崇犹兀自等等潜潜⑦，穷双渐⑧也则索让让谦谦。舀得些拔禾倈⑨家计空空，兜得些偷花汉劳心冉冉⑩，敲得些贩茶商睡思恹恹⑪。莫言，咱媚谄。丽春园⑫谁敢待争奢俭，漾不下⑬抱不厌。纵然道夏鼎商彝休将做宝贝呫⑭，也不似他情忺⑮。

老犁注：①玉马杓：用玉制作的一种盛舀食物的器具。②石铫 diào：陶制的小烹器。磨渲：磨治，调理。③镔铁钩：镔铁制作的钩。镔 bīn 铁：是古代的一种钢，南北朝时从波斯（今伊朗）等地传入。主要用来制作刀剑，镔铁剑极其锋利，有“吹毛可断”之誉。④新醅：新酿的酒。绿蚁：新酿的酒还未滤清时，酒面浮起的酒渣，色微绿。⑤银蟾：月亮。⑥金斗：金印。⑦石崇：西晋富豪。兀自：径自、还是。等等潜潜：静静地暗中等待。⑧双渐：是“苏卿与双渐”故事中的穷秀才。⑨拔禾倈 lái：庄稼汉。⑩偷花汉：犹采花盗，强迫女性性行为的男子。冉冉：柔软下垂的样子。⑪恹恹：精神委靡貌。⑫丽春园：“苏卿与双渐”故事中苏卿落脚的妓院。⑬漾不下：丢不下。⑭呫 diàn：惦念。⑮情忺 xiān：情欲。忺：欲。

## 【南吕·一枝花】嘲妓名佛奴

【尾声】张无尽气冲冲待打折了莺花寨①，韩退之嗔忿忿敢掀翻烟月牌②，赢得虚名满沙界③。风月所状责④，教坊司断革⑤，迭配⑥与金山寺江中贩茶客。

老犁注：①张无尽：张商英，北宋丞相。字天觉，号无尽，蜀州新津（今四川新津）人。打折 shé：打翻。莺花寨：妓院。②韩退之：唐代文学家，韩愈，字退之。嗔忿忿 fèn：气愤貌。烟月牌：妓院的招牌。借指妓院。③沙界：佛教语。谓多如恒河沙一样的世界。④风月所：即风月场。状责：犹供状，指书面的供词。⑤教坊司：前身为始于唐代的教坊，明代改为教坊司，隶属礼部，负责庆典及迎接贵宾演奏乐曲事务，同时也为官方妓院，拥有众多乐师和女乐（官妓）。断革：砍断皮革。借指了断。⑥迭配：更迭配搭。

## 【南吕·一枝花】赠儒医任先生归隐[①]

【尾声】清溪道士为宾主[②]，东里先生[③]问起居，谢却[④]红尘是非路。清茶自煮，浊醪旋沽[⑤]，日日高歌紫芝曲[⑥]。

老犁注：①原曲题注：先生善写竹。儒医：旧时称儒生之行医者。②清溪道士：亦作青溪道士。晋代诗人郭璞曾称战国时期的纵横家之师鬼谷子为“青溪道士”。后遂用为咏隐居的道术之士的典故。为宾主：以主人身份招待客人。③东里先生：指有才学的人。典出《列子·仲尼》：“郑之圃泽多贤，东里多才。”④谢却：婉谢。⑤浊醪 láo：浊酒。旋沽：刚刚买来。⑥紫芝曲：传说是秦朝末年，由隐居在商山的“商山四皓”所作。歌中有：“晔晔紫芝，可以疗饥”之句。

## 【南吕·一枝花】题友田老窝[①]

【梁州】破陆续[②]歇两肘疲童洒扫，烟剌答漏双肩老妪[③]供厨。主人自得其中趣。隔墙贳[④]酒，凿壁观书。拾薪煮茗，赁圃[⑤]栽蔬。雀堪罗忙煞[⑥]蜘蛛，鼠无踪闲煞狸狐。寂寞似莱芜县范史云琴堂[⑦]，虚敞似临邛市马相如酒垆[⑧]，潇洒似浣花溪杜子美[⑨]茅庐。坦然，自足。刬地里拨灰吟出惊人句[⑩]。想石崇在金谷[⑪]，止不过锦障春深醉绿珠[⑫]，今日何如？

老犁注：①友田：人之名号，生平不详。老窝：指隐居地。②破陆续：破烂貌。③烟剌答：形容疲软无力。老妪 yù：老妇人。④贳 shì：赊欠。⑤赁 lìn 圃：租借菜圃。⑥雀堪罗：雀可用网捕。忙煞：忙坏了。煞：含“极”义。⑦范史云：范丹，又作范冉，字史云，东汉名士，陈留（今开封东南陈留镇一带）外黄人也。曾任莱芜长却因母忧未赴任，汉灵帝时太尉、司徒、司空三公交相举荐，他坚辞不就。他“好违时绝俗”，不为官场所容，遂“推鹿车载妻子，捃 jùn 拾（拾取）自资，或寓息客庐，或依宿树荫。如此十余年，乃结草室而居焉。”闾里歌之曰：“甑中生尘范史云，釜中生鱼范莱芜。”故范史云被称为“范甑”，用以指代贫困而有操守的贤士。琴堂：琴室。⑧临邛市马相如酒垆：马相如即司马相如，因为了与前句相对仗，省略了“司”字。西汉时，司马相如与卓文君私奔，来到临邛（今四川邛崃）街市上当垆卖酒。⑨浣花溪：溪名，在成都杜甫草堂边。杜子美：杜甫，字子美。⑩刬 chǎn 地里：平白无故中，有“背地里”的意思。拨灰吟出惊人句：公公欲与儿媳偷情，就在灰塘（堆放灶灰的地方）中藏下诗文暗示，清理灰塘是儿媳每天要做的事，看到诗文后就回诗予以默许，遂成奸。⑪金谷：指东晋富豪石崇所筑的金谷园。后泛指富贵人家盛极一时但好景不长的豪华园林。⑫止不过：犹言大不了。锦障：即锦步障。西晋时，石崇和王恺两家斗富，“君夫（王恺）作紫丝布障碧绫裹（用碧绫做里子）四十里，石崇作锦步障五十里以敌之。”见《世说新语. 侈汰》。绿珠：有“绿珠坠楼”之典。绿珠是石崇的宠妾，而孙秀（西晋大臣）暗慕绿珠，为此孙秀和石崇翻脸，打算让赵王伦诛杀石崇，石崇对绿珠叹息说："我现在因为你而获罪。"绿珠就自己从楼上跳了下去摔死了。

## 【南吕·一枝花】送车文卿[①]归隐

【尾声】落红阶砌胭脂烂[②]，新绿门墙翡翠寒[③]，安乐窝随缘度昏旦[④]。伴几个知交撒顽[⑤]，寻一会渔樵调侃，终日家龙凤团香兔毫蘸[⑥]。

老犁注：①车文卿：人之姓名，生平不详。②胭脂烂：喻脂粉气消失了。③翡翠寒：喻珠光宝气的生活冷落了。④安乐窝：安逸的生活环境。昏旦：黄昏和清晨。⑤撒顽：恣意玩乐。⑥龙凤团：茶名。免毫蘸：一种表面有免毫纹的茶盏。

## 【双调·湘妃引】送友归家乡二首其二

高烧银蜡看锟鋙[①]，细煮金芽搅辘轳[②]，满斟玉斝倾醽醁[③]。离怀开肺腑，赤紧的世途难况味全殊[④]。麟脯行犀箸[⑤]，驼峰出翠釜[⑥]，都不如莼菜鲈鱼[⑦]。

老犁注：①锟 kūn 鋙 wú：古书上记载的山名，所出铁可造剑，因此宝剑也称"锟鋙"。亦作"昆吾"。②金芽：茶芽。辘轳 lùlu：利用轮轴原理在井上安装的一种起吊井桶的汲水工具。③玉斝 jiǎ：酒杯的美称。斝：古代青铜制的酒器，圆口，三足。醽醁 línglù：美酒名。④赤紧的：真是个；无奈，没奈何。况味全殊：境况和情味全不一样。⑤麟脯：麒麟肉干。犀箸：以犀角制成的筷子。⑥驼峰：骆驼背上的肉峰，内贮大量脂肪，可烹制成美味。与熊掌一样是古代一种珍贵的食品。翠釜：精美的炊器。杜甫的《丽人行》中有"紫驼之峰出翠釜，水精之盘行素鳞。"之句来揭露杨国忠兄妹骄奢淫逸的生活。⑦莼羹鲈脍：西晋张翰（字季鹰）在洛阳为官，因思吴中菰菜、莼羹、鲈鱼脍，遂驾而归隐。

## 【双调·湘妃引】山中乐四阕赠友人其三

龙洲低蘸乱云隈[①]，石笋高撑空翠里[②]，钓台横刺沧浪[③]内。筑楼居深遁迹[④]，展幽怀[⑤]别有新奇。宝篆香燃宝兽[⑥]，玉乳[⑦]茶浮玉杯，金盘露滴金罍[⑧]。

老犁注：①龙洲：沙洲名。低蘸：云贴水面。隈 wēi：水弯曲的地方。②空翠：碧空，苍天。③横刺：横插。沧浪：古水名。因在屈原《渔父》一诗中，渔父曾唱《孺子歌》："沧浪之水清兮，可以濯我缨；沧浪之水浊兮，可以濯我足。"后因以用作"咏归隐江湖"的典故。④遁迹：避世，隐居。⑤展幽怀：展露内心的情感。指展露退隐之心。⑥宝篆：篆形香的美称。宝兽：兽形香炉的美称。⑦玉乳：白色茶沫的美称。⑧金盘：承露用的金属盘。金罍 léi：饰金的大型酒器。泛指酒盏。

## 【双调·湘妃引】自述

龙涎香[①]喷紫铜炉，凤髓茶[②]温白玉壶，羊羔酒泛金杯绿[③]。暖溶溶锦绣窟[④]，也不问探花[⑤]风雪何如。一步一个走轮飞鞚[⑥]，一日一个繁弦脆竹[⑦]，一夜一个腻玉娇酥[⑧]。

老犁注：①龙涎香：是抹香鲸肠胃内分泌物的干燥品。点燃后有奇香，且香气持久，是极名贵的香料。②凤髓茶：茶名。《宋茶名录》中列有一种绿饼茶，名为“青凤髓”。后也泛称名贵的茶。③金杯绿：金杯中泛着绿色。自唐至宋，传统的酿造酒（包括浊酒和清酒）都呈绿色，故有“灯红酒绿”之说。④锦绣窟：衣锦披绣的窟穴。⑤探花：探寻梅花。⑥飞鞚：谓策马飞驰。鞚 kòng：带嚼子的马笼头。⑦繁弦脆竹：形容各种乐器同时演奏的热闹情景。弦：弦乐器。竹：指箫笛一类竹制乐器。⑧腻玉娇酥：形容年轻女子身体细腻润泽，娇艳酥软。

## 【双调·天香引】友人客寄南闽情缘眷恋代书此适意云[①]八首其三

望三山远似蓬壶[②]，捱到如今，提起当初。槟榔蜜涎吐胭脂[③]，茉莉粉香浮醽醁[④]，荔枝膏茶搅琼酥[⑤]。花掩映东墙外通些肺腑[⑥]，月朦胧西厢下用尽功夫。好事成虚，新变成疏[⑦]；生待何如，死待何如？

老犁注：①标题断句及注释：友人客寄南闽，情缘眷恋，代书此适意云。情缘眷恋：结下的情缘让他深深地留恋怀念。代书此适意云：代写书信说南闽还挺好的。②三山：福州的别称。借指友人所客寄的南闽。蓬壶：蓬壶仙山。③槟榔蜜涎：槟榔汁。吐胭脂：吃槟榔口水呈红色。④醽醁 línglù：美酒名。⑤膏茶：因茶压制后表面形成一层蜡质的膏体，故称。通常以团茶居多。琼酥：酒名。⑥肺腑：指肺腑之言。⑦新变：新近改变。成疏：造成了疏远分离。

## 【双调·湘妃游月宫】夏闺情[①]

冰盘贮果水晶[②]凉，石髓[③]和茶玉液香，碧筒[④]注饮葡萄酿。伤心也谁共赏，对良宵无限凄凉。藕花风轻翻纱帐，杨柳月微笼绣窗，梧桐露响滴银床[⑤]。　梧桐露响滴银床，脚步儿未离南轩[⑥]，魂灵儿已到东墙。屏闲也翡翠[⑦]蒙尘，簟冷也琉璃[⑧]失色，枕空也琥珀[⑨]无光。谁承望生折[⑩]了连枝树上凤凰，不隄防活刺[⑪]了并头花底鸳鸯。侭[⑫]今生难舍难忘，甜腻腻两字恩情，苦恹恹[⑬]几样思量。

老犁注：①【双调·湘妃游月宫】即【双调·水仙子过折桂令】。闺情：一般指闺怨。②冰盘：用来放置碎冰，冰上摆列藕菱瓜果等食品的盘子。夏季用以解渴消暑。水晶：指晶莹剔透的美食。③石髓：本指石灰岩受水侵蚀而排出的“凝膏”（含碳酸钙的水），其日积月累变成了钟乳石。而泉水多从石中流出，也与“凝膏”

相似，合了泉水是石中精华之意。故石髓也指泉水。④碧筒：指碧筒杯。将荷叶柄与荷叶心捣通，嘴通过荷叶柄吸饮装在叶面上的酒。⑤银床：银饰之床。喻华美之床。⑥南轩：南面的轩廊。⑦翡翠：镶嵌在屏上的翡翠。⑧琉璃：窗户上的琉璃。⑨琥珀：缀在枕头上的琥珀。⑩生折：生生地分开。⑪活剌：活活地伤害。⑫侭jǐn：极。今写作尽。⑬苦恹恹 yān：苦楚委靡貌。

## 【正宫·小梁州】扬子江阻风

【幺】他迎头儿便说干戈事[①]，待风流[②]再莫追思。塌了酒楼，焚了茶肆，柳营花市[③]，更说甚呼燕子唤莺儿[④]。

老犁注：①干戈事：战争的事。②风流：洒脱放逸；风雅潇洒。③柳营花市：妓院或妓院聚集之处。④燕子、莺儿：妓女名。

## 【正宫·醉太平】书所见

二八年艳娃[①]，五百载冤家，海棠庭院玩韶华，无褒弹[②]的俊雅。脸慵搽倚窗纱翠袖冰绡帕[③]，步轻踏涴尘沙锦靿凌波袜[④]，笑生花唤烹茶檀口玉粳牙[⑤]，美人图是假。

老犁注：①艳娃：美女。②无褒弹 bāodàn：无可指责。③冰绡帕：用薄而洁白的丝绸做成的手绢。④涴 wò：弄脏。靿 yào：靴或袜子的筒儿。凌波袜：美女的袜子。凌波：形容女子脚步轻盈，飘移如履水波。语出三国魏曹植《洛神赋》："凌波微步，罗韈（wā 古同袜）生尘。⑤檀口：指红艳的嘴唇，多形容女性嘴唇之美。檀：除指树外，也用来形容颜色。檀色，是指浅红色，浅绛色。玉粳 jīng：比喻女子细密洁白的牙齿。粳：稻的一种，米粒宽而厚，近圆形。

---

**许恕**（1323~1374）：字如心，号北郭生，元末明初江阴（今江苏江阴）人。性沉静，博学能文。顺帝至正中荐授澄江书院山长，不乐，即弃去。会天下乱，遁迹海上，与山僧野子为侣。诗得古体，思深旨远，论事多激昂，多感时伤乱之作。有《北郭集》。

---

## 题徐子舟[①]听松楼

长松落落拥旌幢[②]，怒奋龙髯[③]气莫降。万壑云涛翻石枕[④]，半空风雨度山窗。高居只许仙人独，清梦还同野鹤双。旋煮春茶燃柏子[⑤]，不须丝竹[⑥]酒盈缸。

老犁注：①徐子舟：人之姓名，生平不详。②落落：稀疏；零落。幢 chuáng：

与幢同。古代原指支撑帐幕、伞盖、旌旗的木竿，后借指帐幕、伞盖、旌旗。③怒奋：愤怒升起。龙髯 rán：龙之须。用以喻松叶。④石枕：石制的枕头。⑤柏子：即柏子香。用柏树籽加工而制成的一种香，或直接将柏子放火上烤出香气来。⑥丝竹：弦乐器与竹管乐器之总称。泛指音乐。

---

**贡性之**（生卒不详）：字友初，一作有初。师泰侄，元明间宣城（今安徽宣城）人。以胄子除簿尉，有刚直名。后补闽省理官。明洪武初，征录师泰后，大臣有以性之荐，乃避居山阴，更名悦。其从弟仕于朝者，迎归金陵、宣城，俱不往。躬耕自给，以终其身。门人私谥真晦先生。以世家宣城之南湖，世号南湖先生。工诗，善画梅竹。有《南湖集》。时会稽王元章善画梅，得其画者谓无贡南湖诗则不贵重，故集中多咏梅诗。

---

## 题画

窗户碧玲珑①，看山面面通。树涵云外②雨，凉度③水边风。

瀹茗嗔④童懒，挥毫对客雄⑤。笑谈如著⑥我，也入画图中。

老犁注：①碧玲珑：指画中苍翠的山峰。②云外：喻高山之上。③凉度：凉气越过。④瀹茗：煮茶。嗔：生气。⑤雄：雄放。⑥著 zhù：画，画图。

## 题画山水（节选）

采药时逢虎，看棋或遇仙。僧留题竹字①，鹤避煮茶烟②。

老犁注：①题竹字：在竹上题字。②鹤避煮茶烟：仙鹤有灵性，见主人煮茶燃起火烟，它会连忙避开，为的是保护洁白的羽毛。主人知隐，鹤知避烟。宋魏野《书逸人俞太中屋壁》有“洗砚鱼吞墨，烹茶鹤避烟”之句。

---

**李质**（1316~1380）：字文彬，号樵云，元明间广东德庆人。有材略，元末为何真府掾，起兵守封川、德庆等地。名士客岭南者，茶陵刘三吾、江右伯颜子中、羊城荪蕡、建安张智，皆往依焉。宋景濂所谓“荐绅之胜流，岩穴之处士，欢然称李公也。”洪武元年降明，为都督府断事。擢刑部侍郎，进尚书。寻出为浙江参政，以老召还京师，复起为靖江王相，坐法死。工诗，有《樵云集》。

---

## 和刘三吾[1]所寄

水馆曾留奉使槎[2]，至今粉壁灿天葩[3]。题诗旋擘[4]芭蕉叶，中酒常呼茉莉茶[5]。
夜月半窗怀旧雨，春风一榻[6]属谁家。人生百岁青槐梦[7]，莫向流年[8]空自嗟。

老犁注：①刘三吾：元茶陵人。客居岭南的名士，曾得到李质礼遇。②水馆：临水的馆舍或驿站。奉使槎：奉命出使的船。③粉壁：指宋元时张贴法令、书写告示的墙壁。天葩：非凡的花，常比喻秀逸的诗文。④旋擘：反复分开。擘 bò：分开。⑤中酒：醉酒。茉莉茶：茉莉薰制的茶叶。⑥一榻：犹一片。⑦青槐梦：犹槐安梦、南柯一梦。喻人生如梦，富贵得失无常。⑧流年：如水般流逝的光阴、年华。

---

**李延兴**（？～1394 尚在世）：初名守成，字继本，随父李士瞻（元末官至翰林学士承旨）占籍大都路东安州（治所在今河北廊坊市西），后徙居北平（今北京）。生平活动主要在元至正初至明洪武末。少以诗名。顺帝至正十七年（1357）进士，授太常奉礼，兼翰林检讨。元末兵乱，隐居不仕。河朔学者多从之，以师道尊于北方。入明，曾出典涞水、永清县学。善作长歌，有《一山文集》。《四库总目》言其诗文“俊伟疏达，能不失前人规范”。

---

## 雪二首其二

开门飞雪叠阶除[1]，宛宛[2]溪山画不如。野火远明喧猎骑[3]，茶烟半湿认僧居。
云深空谷难寻路，风急虚窗乱打书。坐待春阳回宇宙[4]，无边生意[5]满茅庐。

老犁注：①阶除：台阶。②宛宛：盘旋屈曲貌。③猎骑 jì：骑马行猎者。④春阳回宇宙：春天的阳光返回天地。犹春回大地。⑤无边生意：无限生机。

## 黄崖寺[1]

黄崖秀绝不可画，山际飞云如走马。东来无此好云林[2]，况逢野衲同清话[3]。
茶烟侵午客题诗，松籁吹凉僧结夏[4]。人间尘土诚[5]污人，何时息影[6]禅林下。

老犁注：①黄崖寺：在河北承德宽城县西南。②东来：东面过来。云林：隐居之所。这里指佛寺。③野衲：指山野中的僧徒。清话：高雅不俗的言谈。④松籁：风吹松树发出的自然声响。结夏：佛教僧尼自农历四月十五日起静居寺院九十日，不出门行动，谓之“结夏”。⑤诚：果真。⑥息影：亦作息景。语出《庄子·渔父》：“不知处阴以休影，处静以息迹，愚亦甚矣！”后因以“息影”谓归隐闲居。

## 渔阳客邸[①]

城外云山浓似绮，屋里琴书静如水[②]。石炉添火试松香，袅袅篆云[③]飞不起。

天涯倦客此停骖[④]，茶灶烟销犹隐几[⑤]。奚奴呼觉日平西[⑥]，一片秋声响窗纸。

老犁注：①渔阳：今天津市蓟县。客邸：旅舍。②静如水：如水一样平静。③篆云：犹篆烟，缭绕弯曲如篆字纹般的轻烟。④停骖：停车。⑤隐几：靠着几案，伏在几案上。⑥奚奴：奴仆。孙诒让《周礼正义》："奚为女奴，隶为男奴也。"平西：太阳在西方将落。

## 寄思温尹[①]六首其三

山斋[②]留客晚凉初，茗枕吹香清梦馀[③]。雨过云生松下石，月明风乱枕边书。

一家骨肉今无几，四海亲朋转见疏。张翰[④]秋来定归去，江湖随处是莼鱼。

老犁注：①思温：孛术鲁翀，元邓州顺阳（古县名，县治在今河南淅川县李官桥镇顺阳村）人，女真族。本名思温，字伯和，改名翀，字子翚。为官多年有惠政，累拜集贤直学士。官终江浙行省参知政事，卒谥文靖。为文法古，学者仰为表仪，与姚燧并称为"鲁姚"。尹：正官之长。如县尹、府尹、京兆尹。②山斋：山中居室。③清梦馀：美梦醒后。④张翰：字季鹰，西晋吴郡吴人。有"莼鲈之思"之典。张翰因不愿卷入晋室八王之乱，借口秋风起，思念家乡的菰菜、莼羹、鲈鱼，辞官回吴淞江畔，"营别业于枫里桥"。

## 福源精舍[①]（节选）

顿嫌城市多烦嚣，欲买田庐何处可。素几茶瓯吹碧香[②]，有客敲扉偶相过[③]。

老犁注：①精舍：学舍，校舍。福源精舍：在浙江上虞伏龙山下的夏盖湖（今湖已成田）边，为元代上虞人魏寿延所建。大诗人凌云翰在《福源精舍为魏仲远赋》、诗僧释宗泐在《短歌寄魏仲远》都写到了福源精舍。魏寿延，字仲远，学识渊博，尤其擅长诗词，是上虞敦交涛社的倡导者。与当时王冕、唐肃、宋濂、高明等众多诗人文友相交往。元代至正年间，魏仲远在福源精舍先后举办了多次诗会，遍邀各地文友相聚伏龙山下品酒咏诗，诗会诗作和往来诗柬辑成《敦交集》《名贤唱和集》刊印。②素几：不加雕饰的小案几。碧香：犹清香。③相过：互相往来。

---

**杨维桢**（1296~1370）：字廉夫，号铁崖，晚号东维子，元明间会稽诸暨（今浙江绍兴诸暨市）人。元泰定四年进士。授天台县尹，改钱清场盐司令，迁江西等处儒学提举，因忤上十年不获升迁。会兵乱，避地富春山，徙钱塘。张士诚累招不赴。以

忤达识帖睦迩丞相，再迁居松江。从此遨游山水，以声色自娱，东南才俊之士登门拜访者，殆无虚日。明洪武三年，召至京师，旋乞归，抵家即卒。维桢诗名擅一时，号铁崖体，被称为“一代诗宗”。参与顾瑛玉山草堂之会，推为盟主。善吹铁笛，自称铁笛道人。工书法，善行草书，笔法清劲遒爽，体势矫捷横发。有《东维子集》《铁崖先生古乐府》等。

## 大暑宴朱氏玉井香[①]赋诗（节选）

俗士不必来，佳朋来不拒。鬻茶[②]不无童，谋酒自有妇。

老犁注：①大暑：二十四节气之一。玉井香：水亭名。原诗有序：至正景午大暑，宴于朱氏玉井香，赋诗十有二韵。书似西枝、玉海、鹳台三才子，共和之云云。②鬻茶：卖茶。不无童：不能少了童仆。

## 题赵仲穆临黄筌秋山图[①]（节选）

蜀王宫殿牛羊下，鼓吹却入鸡豚社[②]。雪飞水磨[③]旧敲茶，春酿郫筒荷熟鲞[④]。

老犁注：①赵仲穆：赵雍，字仲穆，号山斋，元湖州归安人。赵孟頫仲子。以荫授海州知州，除集贤待制、同知湖州路总管府事。工书画，名重当世。黄筌quán：后蜀至宋初成都人，字要叔。事前蜀王衍为画院待诏，后蜀孟昶时累迁如京副使。入宋，隶图画院。善画花竹翎毛，兼工佛道人物、山川龙水。与南唐徐熙并号“黄徐”，为五代、两宋花鸟画之两大流派。②鸡豚社：古时祭祀土地神后乡人聚餐的交谊活动。③水磨：利用水力带动的石磨。④郫pí筒：竹制盛酒具。四川郫县人以竹筒盛美酒，号为郫筒。《华阳风俗录》：郫县有郫筒池，池旁有大竹，郫人刳其节，倾春酿于筒，苞以藕丝，蔽以蕉叶，信宿香达于竹外，然后断之以献，俗号郫筒酒。荷熟鲞：拿着蒸熟的鱼干。鲞xiǎng：干鱼。

## 蔡君俊五世家庆[①]图诗（节选）

樵青渔童侍两隅[②]，坐中有客皆鸿儒[③]。晴帘花吹引香篆[④]，午窗竹雨鸣茶炉。

老犁注：①蔡君俊：人之姓名，生平不详。五世：五代。家庆：指家中的喜庆之事。②樵青渔童：颜真卿《浪迹先生玄真子张志和碑》：“肃宗尝锡奴婢各一，玄真（张志和，字子同，初名龟龄，号玄真子）配为夫妻，名夫曰渔僮，妻曰樵青。”后因以指女婢、男奴。两隅：两旁。③鸿儒：大儒。泛指博学之士。④香篆：香名，形似篆文。

## 花游曲[①]（节选）

宝山枯禅[②]开茗碗，木鲸吼罢催花板[③]。老仙[④]醉笔石阑西，一片飞花落粉题[⑤]。

老犁注：①花游：指带歌妓出游。曲：指以古乐府为体裁写的诗。原诗有序：至正戊子三月十日，偕茅山贞居老仙（张雨）、玉山才子（顾瑛），烟雨中游石湖诸山。老仙为妓者璚英赋《点绛唇》词，已而午霁，登湖上山，歇宝积寺行禅师西轩。老仙题名轩之壁，璚英折碧桃花下山。予为璚英赋《花游曲》，而玉山和之。②宝山：对佛僧神道等所居之山的尊称。枯禅：枯坐参禅。③木鲸：木制的形如鲸鱼状的钟锤，用以撞钟。借指钟。花板：指绘有花纹的秋千踏板。④老仙：指茅山道士张雨，人称贞居老仙。⑤粉题：傅（涂）有白粉的前额。题，额头。

---

**杨景贤**（生卒不详）：原名暹，后改讷，字景贤，一字景言，元末明初人。本为蒙古人，祖上已移居浙江钱塘（今杭州），因从姐夫杨镇抚，人用杨姓称呼他。其与贾仲明（1343~1422后）相交五十年，生卒略与贾同。一生主要致力于杂剧的研究和创作，有杂剧18种，今存《刘行首》《西游记》2种。其中《西游记》是当时杂剧的宏篇巨制，且已具后来吴承恩同名小说故事的雏形。明朱权《太和正音谱》评其词“如雨中之花”。其善弹琵琶，好戏谑，擅长猜谜索隐之乐府隐语，为元代文人一代风尚。明永乐初，其与贾仲明、汤式同受宠遇，约在永乐年间卒于金陵。

---

## 元曲杂剧《马丹阳度脱刘行首》第二折上场诗[①]

教你当家不当家，及至当家乱如麻。早起开门七件事，柴米油盐酱醋茶。

老犁注：①此曲虽非散曲，但其反映了茶在民间的普及状况，故将其辑入。

---

**吴会**（？~1388）：字庆伯，号书山。元明间抚州金溪（今江西抚州金溪县）人。顺帝至正三年（1343）举乡荐第一。入明不仕。因一足病废，自称“独足先生”。卒于明太祖洪武二十一年。《四库总目提要》称其诗“雕缋有馀，而兴寄颇浅。在元末明初，尚未能独立一帜。”并名其诗为《独足雅言》，后经其裔孙尚絅所搜辑，改题曰《书山遗集》。

---

## 次韵奉题吴彦贞华林别业[①]

郡城南去有华亭[②]，花木成林竹绕汀。照影凤皇临月镜[③]，传声鹦鹉隔云屏[④]。

分栽柳入陶潜传，点校茶归陆羽经[5]。我亦延州老孙子[6]，对江相望乐清宁[7]。

老犁注：①吴彦贞：人之姓名，生平不详。华林别业：华林别墅。②华亭：华美的亭子。③凤皇：同凤凰。这里指凤形饰物。月镜：指月亮。④云屏：有云形彩绘的屏风。⑤此两句大义：学陶渊明门前栽柳，学陆羽点校《茶经》。⑥延州老孙子：季札的后代。延州：春秋时吴公子季札本封延陵（今江苏常州），复封州来（今安徽凤台），后因以“延州”（取两地首字合称）借指季札。季札品德高尚，远见卓识。三次让国，广交贤士。周游列国，提倡礼乐，宣扬儒家思想，对华夏文化的发展作出了贡献。⑦清宁：清净安宁。

**谷子敬**（？~1391后）：字号不详，元末明初金陵（今江苏南京）人。元末官至枢密院掾史。明洪武元年（1368）因是元代旧臣，充军源时，伤一足，终生悒郁。其多才多艺，明《周易》，通医道，口才捷利。所作杂剧5种，今仅存《吕洞宾三度城南柳》1种。明朱权《太和正音谱》推其曲为“昆山片玉”，并评曰：“其词理温润，如镠琳琅玕（金玉仙树），可荐为郊庙之用，诚美物也。”尚有2套散曲存世。

## 【商调·集贤宾】闺情

【梧叶儿】刀搅也似[1]柔肠断，爬推[2]也似泪点垂，似醉有如痴。笔砚上疏了工课，茶饭上减了饮食，针指[3]上罢了心机，怎对人言说这就里[4]！

老犁注：①也似：如同、一般。②爬推：比喻泪痕像杷齿一样多。也作扒推。③针指：指针线活。④就里：内部情况。犹心事。

**汪元亨**（生卒不详）：字协贞，号云林，又号临川佚老。元末明初饶州（今江西上饶鄱阳县）人。与贯仲明（1343~1422后）同时代。元至正间出仕浙江省掾，后徙居常熟。官至尚书。他生在元末乱世，散曲多为厌世逃避之作。代表作有《录鬼簿续编》《归田录》《警世》。现存小令100首，其中题名《警世》者20首，题作《归田》者80首。

## 【正宫·醉太平】警世二十首其六

门前山妥贴[1]，窗外竹横斜。看山光掩映树林遮，小茅庐自结。喜陈抟一榻[2]眠时借，爱卢仝七碗[3]醒时啜，好焦公五斗[4]醉时赊。老先生乐也。

老犁注：①妥贴：通妥帖。安稳之意。②陈抟 tuán 一榻：陈抟的一张床。陈抟：字图南，号扶摇子，赐号“白云先生”“希夷先生”，五代宋初时著名的道教人物，人称“陈抟老祖”。据《宋史·陈抟传》记载，他“每寝处，多百余日不起。”可见其善睡。③卢仝七碗：唐诗人卢仝嗜茶，其《走笔谢孟谏议寄新茶》中有“七碗吃不得也，唯觉两腋习习清风生”之句。④焦公五斗：焦公饮五斗酒方有醉意。焦公：指焦遂，唐朝人，平民，以嗜酒闻名，与贺知章、李琎 jìn、李适之、崔宗之、苏晋、李白、张旭等人为酒友，并称“饮中八仙”。杜甫《饮中八仙歌》称：“焦遂五斗方卓然（才精神振奋），高谈阔论惊四筵。”

## 【正宫·醉太平】警世二十首其十二

清泉沁齿颊，佳茗润喉舌。唤山童门户好关者，把琴书打叠。倚菊花香枕无兢业[①]，拥芦花絮被多窠犘[②]，入梅花纸帐[③]紧围遮。老先生睡也。

老犁注：①兢业：谨慎戒惧。②窠犘 kēyè：凹陷不平貌。③梅花纸帐：面上有梅花纹样的纸帐。纸帐：以藤皮茧纸缝制的帐子。一般为清贫之家或隐士所用。

## 【中吕·朝天子】归隐二十首其十九

访壶公[①]洞天，谒卢仝[②]玉川，住潘岳[③]河阳县。汉家陵寝草芊芊[④]，叹世事云千变。暮鼓晨钟，秋鸿春燕，随光阴闲过遣。结茅庐数椽[⑤]，和梅诗几篇，遂了俺平生愿。

老犁注：①壶公：“壶中天地”之典中的仙人。典出《后汉书·费长房传》载：长房见一个卖药的老翁，收摊即躲入随带的壶中，后老翁邀其入壶，而壶中却别有天地，后道家便称此壶为一壶天。犹“别有洞天”。②卢仝：唐诗人茶仙卢仝，号玉川子。③潘岳：字安仁，西晋文学家，古代第一美男子。曾任河阳县令。④芊芊：木茂盛貌。⑤数椽 chuán：数间。椽：椽子。也用于古代房屋间数的量词。

## 【双调·雁儿落过得胜令】归隐二十首其十一

时光几变迁，世事多谙练[①]。甘为驽钝[②]才，羞作麒麟楦[③]。　　老计向林泉，平地作神仙。茶药琴棋砚，风花雪月[④]天。休言，富贵非吾愿。随缘，箪瓢[⑤]乐自然。

老犁注：①谙 ān 练：熟练；有经验。②驽 nú 钝：才能低下愚钝，常用为自谦之辞。③麒麟楦 xuàn：亦称“楦麒麟”，指将楦头做成麒麟的样子。常将其喻指为虚有其表。楦头：旧时手工做鞋，新鞋做好后为穿脚舒适，通常会用木制模型放进鞋中撑挤一下，这个木制模型就叫楦头。④风花雪月：指四时的自然美景。“春有百花秋有月，夏有凉风冬有雪。”⑤箪 dān 瓢：盛饭食的箪和盛饮料的瓢。形容简朴辛苦的生活。《论语．雍也》：“贤哉！回也！一箪食，一瓢饮，在陋巷，人不堪其忧，回也不改其乐。”指颜回生活虽然清苦，却依旧不改乐道的志趣。

## 【双调·雁儿落过得胜令】归隐二十首其其十五

茶烹铛内云[①]，酒泛杯中月。耻随鸳鹭班[②]，笑结鸡豚社[③]。 举世怕干涉，掩卷慢伤嗟。楚霸[④]千钧力，苏秦[⑤]三寸舌。豪杰，人物都消灭。骄奢，光阴已断绝。

老犁注：①铛内云：喻茶铛中白色茶沫。②鸳鹭班：应作鹓鹭班。比喻朝官的行列。鹓 yuān：是古代中国传说中类似凤凰的鸟。其群飞行列整齐，故用以比喻官员上朝的行列。鹭：水鸟名。颈和腿细长，常静立水边捕食水生动物，故喻上朝时肃立的官员。③鸡豚社：古时祭祀土地神后乡人聚餐的交谊活动。④楚霸：指楚霸王项羽。⑤苏秦：战国时期著名的纵横家、外交家和谋略家。凭他的三寸不烂之舌，合纵六国，促成抗秦集团的形成。

## 【南吕·一枝花】闲乐

【梁州】取崖畔枯藤作杖，伐江皋[①]曲木为庐，主人素得林泉趣。烹茶扫叶，引水通渠。钩帘待月，俯槛[②]观鱼。耻于求自抱憨愚，厌[③]追陪懒混尘俗。傲慢似去彭泽弃职陶潜[④]，疏散如困夔府[⑤]豪吟杜甫，清高似老孤山不仕林逋[⑥]。岂浊[⑦]，不鲁[⑧]。处酸寒紧闭乾坤目[⑨]，躲风雷看乌兔[⑩]。静掩柴扉春日晡[⑪]，便休题黑漆似程途。

老犁注：①江皋 gāo：江岸，江边地。②槛：栏杆。③厌：嫌弃。④陶潜：东晋陶潜做过彭泽令，但不久辞归。⑤夔 kuí 府：夔州，州治在四川奉节。杜甫因心怀故园，离开成都，顺江而下，曾客居夔州两年。⑥林逋：北宋著名隐逸诗人，曾隐居杭州西湖的孤山。⑦岂浊：何况世间浑浊。⑧不鲁：不能与世一样粗俗。⑨乾坤目：看天地的眼睛。⑩乌兔：中国神话传说日中有乌，月中有兔，故合称日月为乌兔。后人常用乌兔来形容时间。⑪晡 bū：傍晚。

---

**宋濂**（1310~1381）：初名寿，字景濂，号潜溪，别号龙门子、玄真遁叟等，元明间婺州浦江（今浙江金华浦江县）人。自幼多病，家境贫寒。但聪明好学，曾受业于闻人梦吉、吴莱、柳贯、黄溍等人。元末辞朝廷征命，修道著书。朱元璋取婺州，与刘基、章溢、叶琛并征至应天，授江南儒学提举，被尊为“五经”师，为太子朱标讲经。主修《元史》，又预修日历等。迁国子司业、礼部主事，官至学士承旨知制诰。洪武十年（1377）以年老辞官还乡。洪武十三年，其长孙宋慎坐胡惟庸党案，帝欲置其案，赖皇后太子力救，乃全家谪茂州。途经夔州病逝，年七十二。与高启、刘基并称为“明初诗文三大家”，又与章溢、刘基、叶琛并称为“浙东四先生”。被明太祖朱元璋誉为“开国文臣之首”。以散文创作闻名，并称为“一代之

宗”。学者称其为太史公、宋龙门。明武宗正德中，追谥文宪。有《宋学士文集》。

## 游泾川水西寺简叶八宣慰刘七都事章卞二元师[1]（节选）

群羞未终荐[2]，三爵了不识[3]。汤饼银丝[4]嫩，园荈雪涛试[5]。

老犁注：①泾川：即泾溪。在安徽泾县西南。泾县水西山有水西寺。简：寄简，寄信（诗）。叶八、刘七：人名别称，八、七是指在家兄弟间排行的位次。宣慰、都事：官名。章卞二元师：姓章、姓卞的两位元师。元师即原师，掌四方地名的官员。②羞：同馐，美味。终荐：全部进献。③三爵：三杯酒。爵，雀形酒杯。了不：全不。④汤饼银丝：面条如银丝一样。⑤荈：茶。雪涛：喻白色茶沫。试：品试。

## 和刘先辈[1]忆山中韵（节选）

洞雪成浆烹日铸[2]，海苔为纸写风将[3]。举头便觉三山[4]近，小大俱冥[5]百虑忘。

老犁注：①刘先辈：一位姓刘的前辈。②洞雪成浆：泉洞中的浪花取来烧成热汤。日铸：绍兴日铸山所产之茶。③海苔：古纸名。晋王嘉《拾遗记·晋时事》：“南人以海苔为纸，其理纵横邪侧，因以为名。”写风将：将风写在（海苔纸上），这里借指风吹在窗纸上。④三山：传说中的海上三座神山，即方丈、蓬莱、瀛洲。⑤小大：小的和大的。犹云一切、所有。冥：幽暗。

**宋方壶**（生卒不详）：名子正，元末明初华亭（今上海市松江区）人。至正初年，曾客居钱塘（今浙江杭州），来往湖山之间。后海内兵变，便移居华亭，筑室莺湖，其室四面皆镂花之方窗，昼夜长明，像洞天一样，名之曰“方壶”，遂以为号。工散曲，曲材广泛，质朴流畅，格调旷达。明朱权《太和正音谱》将其列于“词林英杰”一百五十人之中。今存套数5套、小令13首。

## 【中吕·山坡羊】道情二首其一

布袍粗袜，山间林下，功名二字皆勾罢。醉联麻[1]，醒烹茶，竹风松月浑[2]无价。绿绮纹楸[3]时聚话。官，谁问他；民，谁问他！

老犁注：①醉联麻：醉眼模糊。也作“醉麻查”“醉眼麻搽”等。②浑：全部。③绿绮：古琴名。传闻汉代司马相如得“绿绮”，如获珍宝。司马相如精湛的琴艺使“绿绮”琴名噪一时。纹楸：围棋棋盘，也称为楸枰。

## 【双调·水仙子】隐者四首其一

青山绿水好从容，将富贵荣华撇过[①]梦中。寻着个安乐窝胜神仙洞，繁华景不同，忒快活别是个[②]家风。饮数杯酒对千竿竹，烹七碗茶靠半亩松，都强如相府王宫。

老犁注：①撇过：掠过。②忒 tuī：太。别是个：不一样。

## 【双调·雁儿落过得胜令】闲居

功名梦不成，富贵心勾罢。青山绿水间，茅舍疏篱下。　　广种邵平瓜[①]，细焙玉川茶[②]，遍插渊明柳[③]，多栽潘令花[④]。清佳，寻方外[⑤]清幽话；欢恰[⑥]，与亲朋闲戏耍。

老犁注：①邵平瓜：邵平，秦朝时期被封为东陵侯，负责看护管理始皇帝生母赵姬之陵寝。汉沦为布衣，于长安城东南霸城门外种瓜，瓜味鲜美，皮有五色，世称“邵平瓜”或“东陵瓜”。②玉川茶：唐诗人茶仙卢仝，号玉川子。故以玉川茶泛指茶。③渊明柳：陶渊明少有高趣，尝著《五柳先生传》以自况。④潘令花：潘岳任河阳县令时，在境内遍栽桃花。⑤方外：世俗之外；世外。⑥欢洽：欢乐和洽。

---

**张羽**（1333～1385）：字来仪，后以字行，更字附凤，元明间浔阳（今江西九江）人。元末避乱居湖州，领乡荐，为安定书院山长。再迁吴中，与高启等为诗友。明初，举贤良，不出。洪武四年，征至京师，廷对称旨，擢太常寺丞，兼翰林院同掌文渊阁事。以事谪岭南，中路召还，知不免，投水死。文章精洁有法。诗作笔力雄放俊逸，明初与高启、杨基、徐贲并称“吴中四杰”，以比拟“唐初四杰”。书法纤婉有异趣，隶效韩择木、楷临王羲之曹娥碑。画山水宗法米氏父子及高克恭，笔力苍秀。有《静居集》。

---

## 山居七咏题画送周伯阳其七·月潭[①]

春风试茶[②]处，潭上葛花开。去尽[③]同游伴，伤心此独来。

老犁注：①标题大义：在山居中作了七首诗，题在画上，送给周伯阳，这是其中的第七首，月潭。周伯阳：人之姓名，生平不详。月潭：潭名，潭在何处不详。②试茶：品茶。③去尽：都离开了。

## 月潭试茶

乞火[①]从山妇，临流煮涧芳[②]。怪来[③]泉味好，并带落花香[④]。

老犁注：①乞火：求取火种。②涧芳：山涧中的花香。③怪来：难怪。④落花香：因涧泉中落有花瓣，故带有花的香味。

## 方园杂咏十二首其十一·茶宴室[①]

园井汲寒绿[②]，当窗煮金屑[③]。应有山僧来，从君泛春雪[④]。

老犁注：①茶宴室：举办茶会的房子。茶宴：茶会。②寒绿：寒水中映出周围的绿色。③金屑：揉碎菊瓣。宋许棐《重阳乏酒》中有“带雨折来无用处，碎挼金屑和茶煎”之句。④春雪：茶沫的美称。

## 文心之访予山中[①]

远访孤峰顶，凉荒见道情[②]。别来多少事，话到二三更。

灯影摇空壁，茶香出破铛[③]。山中无一物，何以赠君行。

老犁注：①文心之：人之姓名，生平不详。②道情：修道者超凡脱俗的情操。③破铛：破损的茶铛。

## 陪方征君月游[①]

园景弄春韶[②]，曾来醉绿瓢[③]。谁知明月夜，尤胜艳阳朝。

竹碧茶烟度，池清蕙气[④]飘。预愁[⑤]城鼓动，独上木兰桡[⑥]。

老犁注：①方征君：一位姓方的征士。征君：对征士（指不接受朝廷征聘的隐士）的尊称。月游：月夜里游走。②春韶：春天的美景。③绿瓢：盛着绿蚁酒的酒瓢。④蕙气：蕙兰的香气。⑤预愁：谓在忧愁之中。⑥木兰：即指木兰舟，古人刻木兰为舟。后常用为船的美称，并非实指木兰木所制。桡 ráo：桨，楫。

## 游虎丘

春入翠微[①]深，春风吹客襟。相携木上座[②]，来礼石观音。

老树积古色，薄云生昼阴。林僧修茗供[③]，默坐契禅心[④]。

老犁注：①翠微：青绿的山色。②木上座：对木制手杖的戏称。《景德传灯录·杭州佛日和尚》：“佛日禅师见夹山，夹山问：‘什么人同行？’师举拄杖曰：‘唯有木上座同行耳！’”③修茗供：备茶供饮。修：置备。④契：合，符合。禅心：

谓清静寂定的心境。

## 登吴山西番大成寺[1]阁

境寂不生尘，僧多是北人。乐随天女仗[2]，花绕梵王轮[3]。

□室炉熏聚，清泉茗味新。无生端[4]可慕，只恐愧吾身。

老犁注：①吴山：在杭州市西湖东南。西番大成寺：藏传佛教寺院大成寺。西番：亦作西蕃、西藩。古代对西域及西部边境地区的泛称。大成寺：疑是今吴山上唯一的一座藏传佛教寺院宝成寺。此寺建于吴越国时。北宋熙宁间，苏轼第一次来杭任通判时，曾到过当时的宝成院，并题下了“宝成院赏牡丹”一诗。②天女仗：藏传佛教中有八大天女，阵仗强大。③梵王轮：梵王之法轮（说法不停滞，辗转传人，犹如车轮，故称法轮）。④无生：佛教语。谓没有生灭，不生不灭。端：的确。

## 访许文学[1]不遇

杖策[2]思寻半日闲，偶随流水过前山。林中不见童迎客，竹外惟闻犬护关。

道服自悬虚牖下[3]，茶巾[4]空挂夕阳间。到门不遇君携手，惆怅荒村暮独还。

老犁注：①许文学：一位姓许的儒生。文学：儒生。亦泛指有学问的人。《明史·隐逸传序》：“明太祖兴礼儒士，聘文学，搜求岩穴。”②杖策：拄杖。③道服：道士穿的服装。虚牖 yǒu：空窗。④茶巾：又称为茶布，用于擦去茶器上的水渍。

## 答山西杨宪副故旧见寄[1]

晋鄙遥山接太霞[2]，十年从仕鬓空华[3]。秋来有雁偏催客，腊尽无梅更忆家。

私属羊毛皆入税，边风马乳代烹茶。番思[4]共隐江南日，每为论诗到晚鸦[5]。

老犁注：①杨宪副：一位姓杨的宪副。宪副：官名，指省一级按察副使。明朝地方掌管一省司法的长官是按察使，又称宪台，其下设有按察副使，简称为宪副。故旧：旧友。见寄：对我寄来（信）。②晋鄙遥山：当年晋鄙观望的远山（赵国所在的山西一带，即指杨宪副从仕之地）。晋鄙：战国时“窃符救赵”事件中的魏国将军，因其屯兵观望，信陵君窃符后，派力士朱亥将其椎杀，使魏国军队发兵救赵。太霞：高空的云霞。③从仕：做官。鬓空华：鬓如雪花白。④番思：回忆；几番思念。⑤晚鸦：傍晚归巢的乌鸦。

## 送沈孝廉读书天屏山[1]（节选）

束书上堂告父母，云深独往无仆僮。林僧谷叟颇惊客，粗茶粝饭意甚忠[2]。

老犁注：①沈孝廉：一位姓沈的举人。孝廉：孝，指孝悌者；廉，指清廉之士。

两者皆是古代选拔人才的考察科目。始于汉代，后合为一科。在东汉尤为求仕者的必由之途，就是要做官，必先举孝廉，即通过这个科目的选拔，才能做为当官的后备人才。后亦指被推选的士人。到明清两代内涵起了变化，孝廉成了对举人的称呼。天屏山：亦称天门山，位于安徽省铜陵与青阳县交界处，距铜陵市区20多公里。②粝lì饭：糙米饭。意甚忠：（艰苦读书的）意愿很诚心。

---

**张昱**（约1289~约1371）：字光弼，号一笑居士，元明间庐陵（今江西吉安市）人。历官江浙行省左、右司员外郎，行枢密院判官。明太祖征至京，悯其老，曰："可闲矣!"厚赐遣归，因更号可闲老人。晚居西湖寿安坊，徜徉于西湖山水以终。诗学出于虞集，诗风皆苍莽雄肆，有沉郁悲凉之概。有《庐陵集》。

---

## 题大慈寺①僧房

老禅相见具袈裟②，旋汲③新泉自煮茶。笑问世间春几许，东风开遍石岩花。

老犁注：①大慈寺：在宁波东钱湖之东岸。南宋宰相史弥远葬慈母于此，故名"大慈山"。山麓有大慈寺，为史氏家庵。后史弥远亦葬于寺右。②具袈裟：全过程都穿着袈裟。明以后，袈裟专指僧尼披在外面的一种法衣，在重大活动或有贵客到来时穿着。这里指和尚对作者的到来十分敬重。③旋汲：随即取来。

## 辇下曲①一百二首有序其六十八

龙虎山②中有道家，上清剑履绚晴霞③。依时进谒棕毛殿④，坐赐⑤金瓶数十茶。

老犁注：①辇下曲：就是吟咏与京城有关的诗词。辇下：即辇毂niǎngǔ下：犹言在皇帝车舆之下。代指京城。②龙虎山：在江西鹰潭，为道教正一道发源地。③此句：上清宫中的剑履绚丽如霞。上清：指龙虎山中的上清宫。剑履：有"剑履上殿"之说，指经帝王特许，重臣上朝时可不解剑，不脱履，以示殊荣。晴霞：明霞；灿烂的云霞。④棕毛殿：元上都别殿的通称。又称椶（棕的异体字）殿，因用棕毛以代陶瓦，故称。⑤坐赐：封赐。

## 雪夜寄史左丞①

白雪相将②一尺深，碧油③窗合夜沉沉。党家④更有人如玉，犹道春寒入绣衾⑤。

老犁注：①史左丞：一位姓史的左丞。左丞：最高长官的副官，各级衙门皆有设。②相将：行将，很快。③碧油：青绿色的油布帷幕。④党家："党姬烹雪"之典中的太尉党进家。因其家过着"销金帐下，浅斟低唱，饮羊羔美酒"的生活，后因以“党家”比喻粗俗的富豪人家。⑤绣衾 qīn：绣花被子。

## 游云门寺同宝林别峰尊师[①]赋

东游好是[②]云门寺，况在若耶溪[③]水边！茶会诗传唐旧刻[④]，松坛[⑤]名重晋诸贤。
行云欲傍支郎[⑥]马，垂柳能维贺老[⑦]船。也当一场风月梦，为题名姓法堂[⑧]前。

老犁注：①云门寺：位于浙江绍兴柯桥区平水镇平江村，始建于东晋义熙三年。宝林：宝林山，在浙江绍兴城西。别峰尊师：一位叫别峰的法师。②好是：好在，妙在。③若耶溪：出绍兴市若耶山，北流入运河，相传为西施浣纱之地，云门寺就在此溪旁。④茶会：茶话会，一种备有茶水茶点的聚会。唐旧刻：唐代旧刻本。⑤松坛：松林中的讲坛。隐士多以松为伴，故松坛指文人隐士雅集之地。⑥支郎：指晋代高僧支遁。⑦贺老：唐代诗人贺知章的尊称。⑧法堂：寺中演说佛法的讲堂。

## 凝香阁[①]听雪

陡然寒重紫貂[②]轻，便觉高檐瓦有声。攲枕欲同蝉壳蜕[③]，开门唯恐鹤巢倾[④]。
数杯酒力春容[⑤]转，满盏茶香夜思清[⑥]。小玉[⑦]近床推不醒，袖笼檀板失天明[⑧]。

老犁注：①凝香阁：阁名。在何处不详。②紫貂：指貂裘衣物。③攲 yǐ：古通倚，斜靠着；倚靠。蝉壳蜕：蜕去蝉壳。喻睡觉脱衣。含有蜕去污浊、洁身自好的意思。④鹤巢倾：（积雪重压使）鹤巢倾覆，暗指因清高担心自己遭罪。孔融及儿子有“覆巢无完卵”之典。⑤酒力：酒的醉人力量。春容：青春的容貌，指酒后脸泛红的样子。⑥思清：思绪清明。⑦小玉：神话中仙人侍女名。后泛称侍女。⑧此句：衣袖还包着檀板，却把天亮错过了。檀板：乐器名。檀木制的拍板。

## 昔游[①]

春到名园总是花，都城无处不繁华。冠翘鹖尾朱袍[②]盛，马顿金羁玉面[③]斜。
骑吏[④]去忙官索酒，侯门[⑤]散晚妓留车。党家贱妾[⑥]粗豪惯，轻易[⑦]银瓶雪水茶。

老犁注：①昔游：从前之游历。②冠翘：翘指帽翘，作动词用，指振动帽翘的意思。与下句的“顿”字相对。鹖 hé 尾：鹖的尾羽，用作冠饰。朱袍：红色的袍子。③顿：叩头。金羁：金饰的马络头。玉面：白色的马脸。指玉花骢（一种青白杂毛的马）的脸。④骑吏：出行时随侍左右的骑马的吏员。⑤侯门：王侯之门。泛指显贵人家。⑥党家贱妾：即“党姬烹茶”典故中的党姬，她轻看陶谷以烹茶为雅的生活。⑦轻易：轻视，简慢。

## 听雪轩[①]

化机潜运[②]本无声，学士[③]情多睡未成。隐几欲同蝉壳蜕，开门惟恐鹤巢倾[④]。

花飞翠袖[5]寒光动，茶煮银瓶夜气[6]清。小阁下帘人似玉，舞衣制得五铢[7]轻。

老犁注：①听雪轩：轩名。在何处不详。②化机潜运：自然的机巧总在悄悄运转。化机：犹化工，自然形成的工巧。潜运：悄悄运转。③学士：指“扫雪烹茶”之典中的翰林学士承旨陶谷。④此两句：与张昱《凝雪阁听雪》中的颔联庶几相同，注释见前。隐几：靠着几案，伏在几案上。⑤翠袖：青绿色衣袖。泛指女子的装束。⑥夜气：夜间的清凉之气。⑦五铢：即五铢衣，亦称五銖服、五铣衣，传说古代神仙穿的一种衣服，轻而薄。

## 题大隐庵开士殊无别远翠楼[1]

坐来[2]未觉西山远，紫翠千重隔画阑[3]。此地岂容携酒到[4]，任谁只许卷帘看。

佛炉香共朝云散，客碗茶分雪乳[5]寒。一自得陪清论[6]后，此心不用倩师安[7]。

老犁注：①标题断句及注释：题大隐庵开士殊无，别远翠楼。大隐庵：庵名。在何处不详。开士：菩萨的异名。既能开悟自己，又能开悟他人，故称。后用作对僧人的敬称。殊无：僧人名。远翠楼：楼名。②坐来：犹本来；向来。③紫翠：紫色和绿色，常用以指代山色。画阑：亦作画栏。有画饰的栏杆。④岂容携酒到：哪里能让带酒来。正规佛寺皆禁酒。⑤雪乳：白色浓厚的浆液，借指茶水。⑥一自：犹言自从。清论：清雅的言谈。⑦不用倩师安：不用再请法师安坐。意即不用再打扰法师了。

## 晚归

左掖[1]归时日未斜，小园检校旧生涯[2]。染裙萱草才抽叶，破雪樱桃又着花。

玉斝试斟官给[3]酒，银煎重瀹贡馀茶[4]。西湖[5]水色春来好，说道风光似谢家[6]。

老犁注：①左掖：正门左边的小门。②小园检校：小衙门里的小官，作者自指。生涯：生计。③玉斝 jiǎ：玉制的酒器。官给：官方供给。④银煎：银制的煎水器。重瀹：一次一次地煮。贡馀茶：赐给官员的御茶。⑤西湖：杭州西湖。⑥谢家：指“谢家风光”之典。这里指柳树叶芽初生时的风光。谢灵运《登池上楼》中有“园柳变鸣禽”的佳句，后遂以“谢家风光”作为咏柳的典故。

## 百丈泉为及以中长老[1]赋

道人[2]手挽银河水，泻作空山百丈馀。当画大声喧醉枕[3]，长年倒影浸禅居。

玉虹挂石看不灭，红叶乘流画却如[4]。陆羽茶经知此味，可能日给[5]到吾庐？

老犁注：①百丈泉：位何处，不详（今嵊州有百丈瀑，黄山有百丈泉）。及以中：僧人的字号。长老：德长年老的僧人。②道人：长老。③当画：象声词，形容水声。醉枕：借指醉梦。④却如：恰如；好像。⑤日给：每天供给。

## 次雪鹤生诗韵[①]二首其二

雄鸠鸣雁即天涯[②]，未觉蓝桥去路赊[③]。夜枕不迷蝴蝶梦[④]，春衫深染石榴花[⑤]。

千钟纵意伯伦[⑥]酒，七碗清心谏议[⑦]茶。错向墙头窥宋玉[⑧]，风光元在鲁东家[⑨]。

老犁注：①雪鹤生：一位叫雪鹤的弟子。原诗有题注：咏海上归俗僧、新安失节妇。海上：海边，海岛。归俗：还俗。新安：地名。地域在古徽州（今黄山）和睦州（今淳安、建德等）这一带。失节：丧失节操。②此句：指雄鸟求偶追到很远的地方。雄鸠：即鹘鸠。鸣雁：《诗·邶风·匏有苦叶》："雝雝鸣雁，旭日始旦，士如归妻，迨冰未泮。"郑玄笺："雁者，随阳而处，似妇人从夫，故昏礼用焉。"后用"鸣雁"指嫁娶之事。③蓝桥：在陕西蓝田东南的蓝溪上。相传其地有仙窟，为唐时裴航遇仙女云英处。也有传是春秋时尾生与女相约处，女被父母囚而未至，尾生因水涨而抱桥梁淹死。后常用作男女约会之处。赊：远。④蝴蝶梦：比喻虚幻之事，迷离之梦。⑤春衫：指年少时穿的衣服。石榴花：染着石榴色的裙子。因石榴裙多为美女所穿，故成了美女的代名词。⑥千钟：千盅，千杯。极言酒多。纵意：任意。伯伦：竹林七贤之一的刘伶，字伯伦，嗜酒。⑦谏议：官名。指寄茶给唐诗人卢仝的孟谏议。卢仝为此写了著名的《走笔谢孟谏议寄新茶》一诗。后人称此诗为《七碗茶歌》。⑧墙头窥宋玉：有"东墙窥宋"之典，形容女子对男子的倾心爱慕。战国楚宋玉《登徒子好色赋》中记载："然此女登墙窥臣三年，至今未许也"。⑨元在：原在。鲁东家：也称东家丘，指孔子家。传说孔子的西邻不知孔子的才学和名望，故随口称之为："东家丘"。后遂用为不识贤者的典故。

## 冬青轩为天印上人[①]赋

冬青树老法王[②]家，得与维摩[③]共岁华。枝上蜡封经夏雪[④]，阶前雨积过春花[⑤]。

词人有兴从题壁[⑥]，童子何知[⑦]但煮茶？不下禅床迎送拙[⑧]，大千同是一袈裟[⑨]。

老犁注：①冬青轩：轩名。在何处不详。天印上人：一位名号为天印的上人（对和尚的尊称）。②法王：佛教对佛的尊称。后也引申为对菩萨、明王、阎王、高僧等的尊称。这里指天印上人。③维摩：指维摩诘，早期佛教著名居士、在家菩萨。④经夏雪：冬青树叶表有一层蜡质白膜，故喻其为夏天经历了雪的覆盖。⑤过春花：冬青树春末到夏初开花，故说它是经过春天的花。⑥从：顺从主人。题壁：谓将诗文题写于壁上。⑦何知：如何懂（壁上诗的意思）。⑧迎送拙：做迎来送往的拙事。⑨此句：大千世界都是在同一件袈裟里。指佛法之广大。

## 送隽侍者还永乐寺寄阐大猷尊师[①]

记乘官舫过明州[②]，永乐寺中曾一游。绕径凉云修竹晓，满池香露小荷秋。

松花酒贮山瓶送，雀舌茶烦蒻笼[3]收。尔隽[4]到家烦问询，旧题还刻在诗楼？

老犁注：①隽侍者：一位叫隽的侍者。侍者：佛门中侍候长老的随从僧徒。永乐寺：指明州永乐寺，在今宁波宁海县。阐大猷：尊师的字号。②记乘：将出游回忆记录下来。官舫：官船。明州：今宁波。③烦：烦请。蒻 ruò 笼，即用嫩蒲草编成的笼子。用来放焙好的茶。蒻：嫩蒲草。④尔隽：那位叫隽的侍者。尔：那。

## 黄冈寺赠朱质夫[1]

尚书宾客[2]唯予在，门下诸生独尔存。终有黄钟求贾铎[3]，肯于清庙少牺尊[4]？

茶瓜留客冈头寺，风雨题诗海上[5]村。莫问几时回马首，也须迎候出衡门[6]。

老犁注：①黄冈寺：寺院名，在何处不详。朱质夫：人之姓名，生平不详。原诗注：贡尚书门生。②尚书宾客：指贡尚书的客人。③黄钟求贾铎：钟为大器，铎为小器，但黄钟也有求得到小铎的时候。求贾：索求。贾：谋求。④清庙：即太庙。古代帝王的宗庙。牺尊：亦作牺樽，古代酒器。作牺牛形，背上开孔以盛酒。或说于尊腹刻画牛形。⑤海上：海边；海岛。⑥衡门：横木为门。指简陋的房屋。

## 水竹佳处为壶金子赋[1]

夏盖鱼龙旧两都[2]，风涛千顷与之俱。凤毛[3]终日在池上，云气有时生座隅[4]。

茶灶晚烟连翡翠，钓竿春雨拂珊瑚[5]。岂同六逸清狂[6]者，沉湎徂徕[7]作酒徒。

老犁注：①水竹佳处：有水有竹的胜景之处。壶金子：某人的号。②夏盖、鱼龙两湖像相互争辉的旧两都一样。夏盖：指夏盖湖，湖边有夏盖山，在今上虞。鱼龙：指鱼龙湖。两湖均堙废不存。③凤毛：凤凰的羽毛。有“凤凰池”之典，也作“荀令凤池”。晋代荀勖久任中书监令，因为中书监执掌机要，接近皇帝，易得宠幸，人称凤凰池。后来让他改任尚书令，有人祝贺他。他发怒说：“夺去了我的凤凰池，你们还来祝贺我吗?”后以“凤凰池”称中书省。这里指壶金子这个人在皇帝身边。④座隅：坐位的旁边。⑤此两句：喝茶伴翡翠杯，垂钓雨拂钓竿上镶嵌的珊瑚。这两句是说壶金子这个人生活很安逸奢华。⑥六逸：指竹溪六逸。《新唐书·文艺传中·李白》：“（李白）更客任城，与孔巢父、韩准、裴政、张叔明、陶沔居徂徕山，日沉饮，号‘竹溪六逸’。”清狂：放逸不羁。⑦徂徕 cúlái：指徂徕山，在山东泰安东南，是“竹溪六逸”相游饮酒的地方。

## 中酒[1]

连日醉头扶不起，记曾有说酒能医。知伤肺气终为患，不典春衣亦是痴[2]。

小阁留僧看斗茗[3]，矮床对雨教弹棋[4]。馀年有甚[5]唐人癖，稍得闲情便赋诗。

老犁注：①中酒：醉酒。②此句：醉得没把春衣典当掉也该算对酒很痴情了吧。

③斗茗：斗茶，即就茶的优劣进行比赛。④矮床：可卧可坐的坐具，犹今天的木制长沙发。弹棋：弈棋。⑤甚：超过、胜过。

## 题白云丈室[1]

空门[2]真足了吾生，一到翛然[3]万虑轻。下榻偶然清话[4]久，推窗唯见白云横。

银煎瀹茗沙弥[5]黠，宿火添香侍者[6]清。甚愧主僧[7]知我辈，碧纱新染待题名[8]。

老犁注：①白云：住持僧的名号。丈室：方丈室。②空门：泛指佛法。大乘以观空为入门，故称。③翛然：无拘无束貌。④清话：高雅不俗的言谈。⑤银煎：银制的煎茶器。瀹茗：煮茶。沙弥：初出家的男佛教徒。⑥侍者：佛门中侍候长老的随从僧徒。⑦主僧：佛寺的住持。⑧碧纱：有“碧纱笼”之典。唐朝宰相王播穷困时住在扬州惠昭寺木兰院里蹭吃蹭喝，和尚们非常厌恶这个家伙。常常吃完饭再敲钟，使得闻声而来的王播饿肚子。等到王播富贵以后，有一次回到这个寺里，发现自己当年的题壁诗被和尚用“碧纱幕其上”保护了起来。待题名：等待题上我写的诗句。最后两句大意是，主僧你对我像对待已成名的王播一样，我内心感到十分惭愧。

## 饮吴令[1]家

胶漆[2]相投古亦难，酒间何事惨无欢？苦愁海底量深浅，痛哭灯前出肺肝。

白首[3]既辞当世事，朱弦[4]何必向人弹？醉来渴甚[5]思吞海，无复天家小凤团[6]。

老犁注：①吴令：一位姓吴的县令。②胶漆：胶与漆。指黏结之物。比喻情谊极深，亲密无间。③白首：犹白发。表示年老。④朱弦：用熟丝制的琴弦。⑤渴甚：渴得厉害。⑥无复：没有。天家：指帝王家。小凤团：指凤团茶。

## 寄马孝常[1]

好是吴门[2]马孝常，百年俱是梦中忙。谩凭青鸟[3]往相问，说道白眉[4]今更长。

阳羡故人俱契阔[5]，鲸湖归棹又相将[6]。重来定及先春雨，要试陶家[7]雪水香。

老犁注：①马孝常：马治：字孝常，元明间常州府宜兴人。初为僧，能诗。元末，周履道（周砥，字履道）避地宜兴，治为具舟车，尽穷阳羡山溪之胜，以诗唱和，成《荆南倡和集》。洪武初，为内丘知县，终建昌知府。原诗题注：时新得妾。就是指马孝常刚讨了个小妾。②好是：正是。吴门：指苏州或苏州一带。为春秋吴国故地，故称。③谩凭：任凭；随意地依靠。青鸟：传说中为王母取食传信的神鸟。后遂指青鸟为信使。④白眉：《三国志·蜀志·马良传》：“‘马氏五常，白眉最良。’良眉中有白毛，故以称之。”后因以喻兄弟或侪辈中的杰出者。⑤契阔：相约。⑥鲸湖：鲸喻巨大，鲸湖即大湖。指今太湖。相将：相偕，相共。⑦陶家：“党姬烹茶”之典中以饮茶为雅事的翰林学士承旨陶谷的家。

---

**张宪**（生卒不详）：字思廉，因家住玉笥山，自号玉笥生，元明间山阴（今浙江绍兴）人。生平活动主要在元至正至明洪武年间。为杨维桢得意门生。少年时自负才高，浪迹不羁，到京师后，信口纵谈天下事，被视为狂生。晚年入张士诚幕，任太尉府参谋，稍后迁枢密院都事。元亡后，改姓名为佛家奴，周游四方，发誓不治产业，誓不娶妻、誓不归乡里，故年逾四十而犹独居。后游历到杭州，寄食报国寺，终日书不离手，以老终身。《四库全书总目提要》评其诗称：“磊落肮脏，豪气坌涌”。今存有《玉笥集》十卷。

---

## 寄天香[①]师

圆帽顶红毳[②]，方袍搭绛纱[③]。海龙邀早饭，山鹿进秋花[④]。

试墨探倭纸[⑤]，寻泉斗建茶。时抛红豆[⑥]粒，竹下唤频伽[⑦]。

老犁注：①天香：僧人的名号。②圆帽：僧人平时穿戴的一种圆形平顶帽。毳cuì：鸟兽的细毛。③方袍：僧人所穿的袈裟。因平摊为方形，故称。绛纱：红纱。④海龙、山鹿：前者是海里的神兽，后者是山中的神兽，这两句是比喻过着有神仙陪伴的生活。进：进奉。⑤倭纸：即日本纸。文献记载，有倭纸，出倭国，以蚕茧为之，细白光滑。⑥红豆：红豆作为佛教的供品，属于“十供养”之一的“果”，象征着佛果。红豆在民间代表相思，但佛教没有这种用意。⑦频伽：迦陵频伽的省称，一种鸟，即频伽鸟。此鸟鸣声清脆悦耳。佛经谓此鸟常在极乐净土。

## 送哲古心往吴江报恩寺[①]

兰若压江桥[②]，长廊昼寂寥。鸟啼春后树，龙起定中潮[③]。

花雨随风散，茶烟隔竹消。客程[④]他日路，清话[⑤]借通宵。

老犁注：①哲古心：僧人的名号。报恩寺：在今苏州寒山寺以东5公里处的人民路北首。今称北寺塔。②兰若：指寺院。江桥：苏州寒山寺门前的上塘河上有两座桥，一座曰江桥，另一座曰枫桥。③此句：初夏江南梅雨，正是僧人结夏禅定之时，这时恰江潮泛滥（古人认为是龙在水中作浪）。定中：是指身心处在收散乱而止于心的状态。④客程：旅程。⑤清话：高雅不俗的言谈。

## 大都即事[①]六首其三

小海[②]春如画，斜街[③]晓卖花。连钱[④]游子骑，斑竹美人家。

袄色摇红段[⑤]，鞶香斗蜡茶[⑥]。额黄[⑦]斜入鬓，侧髻半翻鸦[⑧]。

老犁注：①大都：元京城，今北京城内。即事：指以当前事物为题材写的诗。②小海：小湖泊。元明清时，北京有两处叫海子的地方。一是南海子，在今北京市南郊的南苑，是皇帝与贵族的游猎处。二是指北京城内的积水潭。③斜街：北京今有烟袋斜街，位于北京市地安门外大街鼓楼前，属西城区厂桥地界。民国前，街内以经营旱烟袋、水烟袋等烟具、古玩、书画、裱画、文具等。④连钱：连钱骢，马名。⑤红段：红缎子。段通缎。⑥鞶 pán：小囊。蜡茶：蜡面茶，宋时福建始产的一种名茶。⑦额黄：妇女施于额上的黄色涂饰。⑧翻鸦：翻飞的乌鸦。喻晃动的发髻。

---

**张端**（？~1383）：字希尹，号沟南，元明间江阴（今江苏无锡江阴市）人。博学好修，以荐授绍兴路和靖书院山长。历官海盐州判官、江浙行枢密院都事。人称为沟南先生。所著有《沟南漫存稿》。

---

## 白头母次徐孟岳[①]韵（节选）

丑非鸠盘茶[②]，妒悍裴谈[③]家。妍非张丽华[④]，解唱《后庭花》[⑤]。

老犁注：①白头母：白发老母。徐孟岳：元人，《归田诗话》有其《岳王墓》诗一首，余不详。②鸠盘茶：原写为“鸠盘荼”，是梵文（kumbhānda）的译音，指冬瓜。后被误写成“鸠盘茶”。中国古代有一种食人精气的鬼，形如瓮状，叫“冬瓜鬼”，后人们就以“鸠盘茶”代称“冬瓜鬼”。再后来人们（特别是文人）将长得矮胖丑陋的女子谑称为“鸠盘茶”。“鸠盘茶”与“茶茶”（对小女孩的昵称）一样，成为元代茶文化发展中的一种有趣现象。③妒悍：嫉忌而凶暴。裴谈：唐中宗时的刑部尚书，依附武三思，是当时有名的酷吏，为人不齿。④张丽华：南朝陈后主（陈叔宝）的贵妃，聪慧美丽，是古代有名的美人，隋灭陈，其因“祸水误国”被长史高颎下令斩杀。⑤《后庭花》：唐为教坊曲名。本名《玉树后庭花》，南朝陈后主制。其辞轻荡，而其音甚哀，故后多用以称亡国之音。

---

**张拗**（生卒不详）：字彦谦，号病叟，元末明初广东新会人。受业于罗蒙正。洪武初屡荐不起，留心经籍，知县为其建书堂于象山之麓，人称象山先生。其学以明理为要，诗文典雅。

---

## 初夏

何事愁春去，微薰[①]生日斜。梅黄初著雨[②]，莺老未残花。

便汲悬泉[③]水，闲烹废寺茶。逢僧谈五乘[④]，摩诘[⑤]已无家。

老犁注：①微薰：犹稍热。熏：烧灼，熏炙。②著 zhuó 雨：淋雨。“著”今写作“着”。③悬泉：高悬而下的泉水，即瀑布。④五乘：佛教中指运载众生到善处的五种法门。⑤摩诘：指与释迦牟尼同时代的大居士维摩诘。

---

**张宇初**（1359~1410）：字信甫，又字子璿，号正一、无为子、耆山，元明间江西贵溪（今江西鹰潭贵溪市）人。嗣汉天师张正常之子。洪武十年，袭为四十三代天师；十三年，敕受“正一嗣教道合无为阐祖光范大真人”，总领天下道教事。十六年命建斋设醮于南京紫金山。建文中，居乡咨肆不法，被撤印诰，遂构岘泉精舍于乡里。朱棣即位，诏令复职，入贺至阙。永乐八年羽化，藏蜕于岘泉。其文极论阴符上经之理，而参合于儒家。五言古诗意匠深秀，有三谢韦柳之遗响。善画墨竹兰及山水，以《秋林平远图》闻名。有《岘泉集》。

---

## 题王右丞雪霁江行图歌为陈无垢[①]作（节选）

客来扫雪开昼门[②]，冻叶滑屦篷檐温[③]。坐怀方薛[④]试春茗，故旧凋谢今谁存。

老犁注：①王右丞：指唐代王维。肃宗乾元中王维迁尚书右丞，故世称王右丞。雪霁江行图歌：是王维画的一幅画的画名。陈无垢：人之姓名，生平不详。②开昼门：打开白天所关之门。③屦 jù：用麻、葛等制成的单底鞋。后泛指鞋。篷檐温：升火烧饭，篷檐有烟气、蒸气出来，故有温度。④坐怀：因念。方薛：方形垫子。薛：莎草。可编成垫子和雨衣等。

## 次姚少师茶歌[①]韵

昔我云卧惟丹丘[②]，鹬冠既弊嗟狐裘[③]。聿来京国际真主[④]，绮食琼筵欢眷[⑤]留。当时故旧鲜知遇，客邸养痾空息喉[⑥]。王蒙[⑦]素谓有茶癖，累载忆别方从游[⑧]。夙闻[⑨]我师佐帏幄，六龙御极乘樛流[⑩]。中官持节诏趋辟[⑪]，象教顿使丛林[⑫]稠。金张接武肆清赏[⑬]，茗碗细涤莺花[⑭]柔。龙团洗翠逐风响[⑮]，蝉翼凝芬和露柚[⑯]。片甲分香顾渚外，酪奴衣彩灉湖头[⑰]。囊收馀沥倾玉兔[⑱]，乳面一扫浮云[⑲]收。陆羽尝为竟陵第[⑳]，上公况与联鸣球[㉑]。挥钱宁效季卿鄙[㉒]，盛世岂独高巢由[㉓]。颇僝樵青煮荻叶[㉔]，应怜陶谷羞银篝[㉕]。松风落雪响清籁[㉖]，竹雨澹烟吹薄飕[㉗]。谁夸何石[㉘]万钱费，肯比卜相[29]储金瓯。乳窟蒙阳[30]尽真味，著书自足消穷愁[31]。王公掎角每英杰[32]，何俟庖丁窥解牛[33]。应副华歆忽黄阁[34]，偏宜曹寿今琼楼[35]。辇毂时倍玉堂赐[36]，恩荣卓冠踰[37]神州。钟繇白首竟中辅[38]，窦固青眉[39]宜列侯。京畿异迹富灵液[40]，况汲扬江千丈湫[41]。愧我尝追后尘[42]末，天葩丽藻[43]知难酬。标格清雄岂阮谢[44]，词华逸迈过杨刘[45]。累承爱遇甚投辖[46]，矧被清光[47]多运筹。东归拂石藉林壑[48]，感仰漫使枯肠搜[49]。愿戴皇图广惠泽[50]，高骞奕世蒙天休[51]。

老犁注：①姚少师：原名姚天僖，字斯道，又字独闇，法名道衍，号独庵老人、逃虚子，赐名广孝。长洲（今苏州）人。明朝政治家、佛学家，文学家，朱棣的主要谋士，靖难之役的主要策划者。朱棣称帝后，出任僧录司左善世，拜其为太子少师，令其还俗，恢复姚姓，赐名广孝。朱棣对他极为恭敬，“帝与语，呼少师而不名。”姚拒绝还俗。入朝着朝服，回寺穿黑色僧衣，故有“黑衣宰相”之誉。姚广孝写有《茶歌》，今不存。②云卧：高卧于云雾缭绕之中。谓隐居。丹丘：神仙所居之地。③鶡 hé 冠：隐士之冠。既弊：已经坏了。狐裘：用狐皮制的外衣。④聿来：来到。聿，助词作发语词，起顺承作用。京国：京城；国都。际真主：适逢贤明的皇帝。⑤绮 qǐ 食：美盛的食品。琼筵：盛宴，美宴。欢眷 juàn：欢爱。⑥客邸：旅舍。养痾 kē：养疴；养病。空息喉：徒然地喘着喉咙；叹息。⑦王蒙：蒙是濛之误，指晋司徒长史王濛，字仲祖，好饮茶。性至通，而自然有节，与沛国刘惔 dàn 齐名友善，史称“王刘”，为当时风雅潇洒名士的典范。将茶比作“水厄”，则从其出。《太平御览卷八百六十七》引《世说新语》曰：“晋司徒长史王濛好饮茶，人至辄命饮之，士大夫皆患之，每欲往候，必云‘今日有水厄’”。⑧累载：累年。从游：与之相游处。谓交往。⑨夙闻：早知道。⑩六龙：天子车驾的代称。御极：即位。樛 jiū 流：犹周游。⑪中官：宫内、朝内之官。趋辟：谓走在前面驱赶行人，使之回避车驾。⑫象教：释迦牟尼离世，诸大弟子想慕不已，刻木为佛，以形象教人，故称佛教为象教。丛林：佛教指多数僧众聚居的处所。⑬金张：汉时金日磾 mìdī、张安世二人的并称。二氏子孙相继，七世荣显。后用为显宦的代称。接武：步履相接。肆清赏：摆设出清雅的赏品。⑭莺花：莺啼花开。泛指春日景色。⑮龙团：宋代贡茶名。饼状，上有龙纹，故称。洗翠：指用茶筅击拂起翠色的茶沫。风响：风声。⑯此句：美女凝聚的香气和奢侈的水果。蝉翼：借指蝉鬓。古代妇女的一种发式。两鬓薄如蝉翼，故称。亦借指妇女。露柚：经霜露催黄的柚子。李白《秋日登扬州西灵塔》中有“露浴梧楸白，霜催橘柚黄。”之句。柚子是南方的水果，运到北方只有达官贵人才消受得起。这跟杨贵妃吃荔枝有一拼。⑰此两句：想用茶让妻妾分享时，心思就飞到了顾渚外，想用茶孝敬父母时，心思就飞到了灉湖头。说白了就是用顾渚茶让妻妾享用，用灉湖茶让父母享用。片甲：犹芽甲。草木初生而未放的嫩叶。借指茶芽。分香：曹操有“分香卖履”典故，意思指临死不忘妻妾。顾渚、灉 yōng 湖：指顾渚茶、灉湖茶。酪奴：茶的别名。衣彩：指孝养父母。相传老莱子行年七十，父母犹在，常身穿“五色彩褊襴衣，弄鶵鸟于亲侧”。后为“孝养父母”的典故。⑱余沥：指酒的余滴，剩酒。倾玉兔：月亮都醉掉了。

玉兔：指月亮。⑲乳面：茶汤的表面。浮云：喻白色茶沫。⑳竟陵第：指在竟陵（今湖北天门）有第舍。即说陆羽家在竟陵。㉑上公：公爵的尊称，亦泛指高官显爵。联鸣球：一同来击响玉磬。鸣球：谓击响玉磬。暗指上公与陆羽都是知茶懂茶之人。㉒此句：挥霍钱财上，岂能效仿李季卿的浅薄。季卿：李季卿。曾任湖州刺史、御使大夫，曾看不起陆羽着野服的样子。但传说他与陆羽品鉴中泠水，并将陆羽所说泉水排名记录了下来。㉓岂独高巢由：难道只有清高的巢父和许由。巢父和许由相传皆为尧时隐逸的高士。㉔此句：很怀疑樵青煮茶烧薪用的是芦荻叶子。儗yí：通疑。樵青：张志和的女婢，负责烧火煮茶。㉕陶谷："党姬烹茶"之典中以饮茶为雅的翰林学士承旨陶谷。银篝：指银质的或银饰的熏笼。㉖此句：松风落雪的声响，是写煮茶声。清籁：犹清响。㉗此句：竹雨中的轻烟吹散开来，是写煮茶、泡茶时腾起的茶烟。澹烟：轻烟。飗liú：微风吹动的样子。㉘何石：什么样的奇石。㉙肯比：可比。卜相：选择相才。㉚乳窟：石钟乳丛生的洞穴。多生清泉。蒙阳：四川彭州市。陆羽《茶经·八之出》："剑南以彭州上"指的就是这里。㉛此句：有"穷愁著书"之典。虞卿为赵国上卿，为救魏齐弃官，并与魏齐投奔魏国信陵君，信陵君疑未决，魏齐愤而自杀，虞卿在魏国大梁也越来越不得志。窘困中他决定发奋著书立说，以刺讥国家得失，世传之曰《虞氏春秋》。这是暗讥陆羽穷困潦倒才去写《茶经》。㉜掎jǐ角：分兵牵制或夹击敌人。每：常常，经常。英杰：才智杰出的人。㉝何俟：俟何，等什么。庖丁窥解牛：有"庖丁解牛"之典。㉞应副：对待。华歆xīn：东汉人，曾为豫章太守，三国时又为孙权、曹操、曹丕所器重。忽：快速地（授予）。黄阁：汉代丞相、太尉和汉以后的三公官署避用朱门，厅门涂黄色，以区别于天子。后借指宰相。㉟偏宜：最宜；特别合适。曹寿：西汉沛人，曹参玄孙，从卫青出定襄击单于，卒谥恭。琼楼：形容华美的建筑物。㊱辇毂niǎngǔ：皇帝的车舆。代指皇帝。玉堂：豪贵的宅第。㊲恩荣：谓受皇帝恩宠的荣耀。卓冠：高超卓绝。踰：同逾。㊳钟繇yáo：东汉三国时人，魏明帝时官至太傅。工书，尤精隶楷，与张芝、王羲之齐名，并称钟张、钟王。白首：犹白发。表示年老。中辅：称三公（司马、司徒、司空或太师、太傅、太保）为中辅。㊴窦固：东汉三国时人，建武中元元年袭父封显亲侯。明帝时拜奉车都尉，击匈奴，通西域，各族民服其恩信。青眉：黑眉。表示年少。㊵灵液：对水的美称。指京畿富地自有好水。㊶扬江：扬子江。千丈湫：极深的泉池。北人呼水池为湫。㊷后尘：比喻在他人之后。㊸天葩：非凡的花，常比喻秀逸的诗文。丽藻：华丽的词藻。亦指华丽的诗文。㊹标格：楷模；风范。清雄：清峻雄浑。阮谢：阮籍和谢灵运。阮籍，三国时魏文学家，竹林七贤之一。谢灵运，南朝宋诗人，其诗以山水诗为主，开文学史上山水诗一派。㊺词华：辞藻华丽；言词的才华。逸迈：超逸豪放。杨刘：宋杨亿与刘筠的并称。两者相互唱和有《西崑集》发行，后进学者争效之，谓之西崑体。㊻累受：连续承受。爱遇：亲近礼遇。甚：超过。辖：车轴两端固定车轮的插键。投辖：将客人车辖投入井中，使客人无法离去。后以"投辖"指殷勤留客。㊼矧shěn：况且。被：蒙受。清光：清美的风彩。多喻帝王的容颜。㊽东归：指回故乡。因汉唐皆都长安，中原、江南人士辞京返里多言东归。拂石：佛经上有则故事：世间有磐石，方圆四十里，每过五百年，天人以衣袖拂扫磐石一次，直至磐石成灰，是为拂石劫。这里借指修行。藉：借的繁体字。林壑：山林涧谷。借指隐居之地。㊾感仰：感戴敬仰。漫使枯肠搜：让脑筋全部开动。漫使：遍使；全部让。枯肠搜：搜枯肠。形容动脑筋极力思索（多指写诗文）。㊿皇图：指皇位。惠泽：惠爱与恩泽。51高骞 qiān：高超不凡。奕世：谓累世；一代代。天休：指天子的恩庥 xiū（恩泽）。

---

**张鸣善**（生卒不详）：名择，字鸣善，号顽老子，元明间平阳（今属山西临汾）人，家在湖南，流寓扬州。元末至正二十六年（1366）他曾为夏伯和《青楼集》作序，与钟嗣成同辈。曾官至宣慰司令使、江浙提学。元灭后称病辞官，隐居吴江。所作杂剧和散曲集《英华集》皆佚。其散曲词藻丰赡，讽刺尖锐。今存套数 2 套，小令 13 首。

---

## 【中吕·普天乐】七首其四·雨才收

雨才收，花初谢。茶温凤髓[①]，香冷鸡舌[②]。半帘杨柳风[③]，一枕梨花月[④]。几度凝眸登台榭，望长安不见些些[⑤]。知他是醒也醉也，贫也富也，有也无也。

老犁注：①凤髓：茶名。②鸡舌：鸡舌香。即丁香，可治口气。古时三省郎官欲上殿奏事对答，常含此香。③杨柳风：舞动杨柳之清风，即指春风。④梨花月：形容如梨花布地的溶溶月色。⑤些些：些许；一点儿。

---

**陆居仁**（约 1300～1387）：字宅之，号巢松翁，又号云松野褐、瑁湖居士，元明间华亭（今上海松江）人。以《诗经》中泰定三年丙寅乡试第七名。不求仕进，隐居教授生徒以终。与杨惟桢、钱惟善游，及殁，同葬于干山（今松江天马山），号“三高士墓”。工诗文，有《云松野褐集》；擅书法，为松江书派先导。

---

## 玉山草堂[①]

同宗入洛称三俊[②]，累世[③]留吴尚几家？谷水千秋书有种[④]，昆山一片玉无瑕。
内台一笑金钗笋[⑤]，羽灶当携石鼎[⑥]茶。见说草堂开绿野[⑦]，何人分我白鸥沙[⑧]。

老犁注：①玉山草堂：亦称玉山佳处，为元昆山人顾瑛所建，毁于明初，今不存。顾瑛，一名德辉，又名阿瑛，字仲瑛，号金粟道人。年三十始折节读书。筑园池名玉山佳处，日夜与客置酒赋诗，四方学士咸至其家。园池亭榭之盛，图史之富，冠绝一时。尝举茂才，授会稽教谕，辟行省属官，皆不就。②同宗：同一宗族。洛：洛阳。三俊：指西晋建立不久进入洛阳为官的三位吴郡名士，顾荣（吴县人）和陆云、陆机兄弟（华亭人）。“八王之乱”中，两陆遇害并被灭族，顾荣得以善终。顾荣的善终使得吴郡顾氏香火得以延续。③累世：历代；接连几代。④谷水：松江的别名。有种：谓世代相传。⑤此句：对“乌台诗案”苏轼一笑了之，但却忘不了竹笋美味。这里指看破官场的倾轧，向往清淡自在的生活。内台：指御史台，宋时也称为乌台。金钗笋：形如古代金钗的竹笋。⑥羽灶：炼丹炉灶。石鼎：陶制的烹茶炉具。⑦见说：犹听说。绿野：绿野堂。指唐宪宗时，宰相裴度辞官后，在洛阳市南所建的别墅。这里指玉山草堂也跟绿野堂一样。⑧白鸥沙：白鸥栖息的沙滩。

---

**陈亮**（约 1335~1414 后）字景明，号拙修翁，别号沧洲狂客，元明间长乐（今福建福州长乐区）人。于学无所不窥，以元代儒生自居。明初累诏不出。作《读陈抟传》以见志，结沧洲草堂（在今闽江口湿地公园之南 4 公里的长乐区金峰镇陈垱头村，是闽中十才子经常聚会的场所），筑储玉楼，购四方古今图书藏度其中，此楼可登临一览山海田园之胜。唐宋文集日日吟诵，遂工于诗文。与林鸿等称闽中十才子，且为最年长者。永乐（1403~1424）中，年届八十。尝缔结三山耆彦为九老会。其诗冲淡有陶柳风。有《沧洲储玉斋集》。

---

## 夏日过石首简天石老禅[①]（节选）

深居行无取[②]，问语终不答。竹影覆经房[③]，茶烟绕禅榻[④]。

老犁注：①石首：地名。简：写诗给。天石老禅：一位叫天石的老禅师。②行无取：行动上无所求。③经房：放经书的房子。④禅榻：禅僧坐禅用的坐具。

---

**陈基**（1314~1370）：字敬初，元明间临海（今浙江台州临海市）人。受业于黄溍，敏而好学，精通《春秋》等儒家经典，德性端重，兄睦亲孝。至京师，授经筵检讨。尝为人草谏章，力陈顺帝并后之失，几获罪，引避归。奉母入吴，以教授诸生。张士诚据吴，召为江浙右司员外郎，参其军事，张称王基独谏止，张将杀之不果。后授其内史之职，迁学士院学士，书檄多出其手。明兴，太祖召修《元史》，赐金而还。洪武三年，卒于常熟寓舍。所居有夷白斋，故其稿名《夷白斋稿》。陈基能文善书，诗文操纵驰骋，自有雍容揖让之度。书法受李北海影响，上追二王，风格秀逸。

---

## 次韵答秦文仲郭羲仲联句见寄[①]

客路[②]寻常江海上，春光强半[③]雨声中。习池无酒醉山简[④]，莲社有心期远公[⑤]。

香烬旋温婆律[⑥]火，茶烟轻飏石楠[⑦]风。不因二仲[⑧]联诗至，安得从容一笑同。

老犁注：①秦文仲：秦约，字文仲，元末明初苏州府崇明人（今属上海）。洪武初应召，试文第一，擢礼部侍郎。以母老归。再征入京，授溧阳县学教谕。以老归卒。郭羲仲：郭翼，字羲仲，号东郭生，又号野翁，元江苏昆山人。工诗，精于《易》。以豪杰自负。尝献策张士诚，不用，归耕娄上。老得训导官，与时忤，偃蹇以终。联句见寄：两人联写的诗寄给我。②客路：外乡的路。③强半：过半。④习池："习家池"的省称。一名高阳池。亦省作"习家"。在湖北襄阳岘山南。《晋书·山简传》："简镇襄阳，诸习氏荆土豪族，有佳园池，简每出游嬉，多之池上，置酒辄醉，名之曰高阳池。"后多借指园池名胜。⑤莲社：佛教净土宗最初结成的盟社。晋代庐山东林寺高僧慧远，与僧俗十八贤结社念佛，因寺池有白莲，故称。远公：即慧远。⑥旋温：重新加热。意即前香烧尽，再点燃一支香。婆律：香名。即龙脑香，亦名冰片。⑦石楠：植物名。花供观赏。⑧二仲：指秦文仲、郭羲仲。

## 三月七日过三塔寺留别宽老[①]

轺车[②]来往每匆匆，此夕相看一笑同。轩外竹添千个翠，树头花吐万年红。

茶烹日铸龙分水[③]，榻近云巢鹤语风[④]。栀子雨肥蕉叶大，恨无好句续韩公[⑤]。

老犁注：①三塔寺：寺址在今嘉兴三塔公园。留别：指以诗文作纪念赠别。宽老：一位叫宽的老僧。②轺 yáo 车：一种马驾的轻便车。③日铸：日铸茶。龙分水：指煮茶的水是由龙生发并提供的。④云巢：高处的鸟窠，常用来借指隐居修道之处。鹤语风：鹤的鸣叫声在风里传送。⑤此两句：唐韩愈《山石》诗中有"升堂坐阶新雨足，芭蕉叶大栀子肥"之句。

## 次韵叔方寄沈仲说[①]（节选）

故人白雪[②]歌难和，孺子沧浪[③]曲自听。每厌狂夫谈酒谱[④]，还从处士授茶经[⑤]。

老犁注：①叔方：陈植，字叔方，号慎独叟，元平江路（今苏州）人。少负才气，性笃孝，刻苦力学。工诗。以琴书自娱，屡辟召皆不起。卒，私谥慎独处士。沈仲说：沈右，字仲说，号御斋，元平江路人，本吴中世家，能去豪习，刻志诗书。年四十无子，买一妾，知为故人女，即召其母择婿厚嫁之。②白雪：古琴曲名。传为春秋晋师旷所作。有成语"阳春白雪"，春秋时指艺术性较高，难度较大的歌曲。后来泛指高深的、不通俗的文学艺术。③沧浪：屈原《渔父》诗中有《孺子歌》："沧浪之水清兮，可以濯我缨；沧浪之水浊兮，可以濯我足。"后因以用作"咏归隐江湖“的典故。④狂夫：放荡不羁的人。酒谱：《宋史・艺文志》中有窦苹《酒谱》一卷，记载了饮酒习俗、趣闻等，是一本难得的研究酒史、酒文化的参考书。⑤茶经：为唐陆羽所写的世界上第一部茶学专著。唐代诗僧皎然称陆羽为陆处士。

**陈谟**（1305~1400）：字一德，号海桑，元明间泰和（今江西吉安泰和县）人。幼能诗文，尤精经学，旁及子史百家。屡试不中，遂隐居不仕，究心于经世之务。洪武初征至京师议礼，宋濂等请留为国学师，引疾辞。家居教授诸生。屡应聘为江广考试官。卒于明建文二年。学者称其为海桑先生。有《海桑集》。

## 次郊行韵

煮茗乐浓春[①]，看山日日新。遥知独醒者，却是太平人。

老犁注：①此句：煮茗乐在浓厚的春意里。

## 池上萱草

池上多萱草[①]，雨馀纷好华。乱榛[②]扶易直，轻燕掠[③]微斜。

爱欲移当背[④]，忧宜摘送茶。苕华[⑤]比颜色，同向国风夸[⑥]。

老犁注：①萱草：俗称金针菜、黄花菜。花漏斗状，橘黄色或桔红色，可作蔬菜，或供观赏。古人以为种植此草，可以使人忘忧，因称忘忧草。常用以借指母亲。②榛 zhēn：落叶灌木或小乔木。③掠：掠过。④移当背：移来当作北堂（母亲居所）。萱草也作谖草。《诗经・国风・伯兮》：“焉得谖草，言树之背。”汉・毛氏传：“谖草，令人忘忧。背，北堂也。”⑤苕 tiáo 华：美玉名。⑥国风夸：在《诗经・国风・伯兮》诗中有夸赞。

## 次参军[①]偶赋韵其一

花底壶蜂报午衙[②]，枕前庄蝶[③]未知家。惊人忽听尚书履[④]，唾玉长吟学士茶[⑤]。

老犁注：①参军：官名。谓参谋军事，简称“参军”。晋以后军府和王府置此官职。沿至隋唐，兼为郡官。明清称经略为参军。②花底：一般解释为花下。也有花前、花旁边等隐身含义。壶蜂：即胡蜂。午衙：午时官吏集于衙门，排班参见上司。故常借午间群蜂飞集蜂房之状来形象地代指午衙。③庄蝶：指庄周梦蝶。即梦中之蝶。④尚书履：尚书的脚步声。《汉书・郑崇传》：“每见曳革履，上笑曰：‘我识郑尚书履声。’”后以“尚书履”指尚书的官职。⑤唾玉：口吐珠玉。形容工于诗文。学士茶：“党姬烹茶”之典中的翰林学士承旨陶谷，其以饮茶为雅事。故有

“学士茶”一说。

## 次参军偶赋韵其二

燕莺好语傍南衙，樱笋谁人似故家。顿逊[1]并无花上酒，南华[2]还有贡馀茶。

老犁注：①顿逊：古代南海国名。②南华：华南，南中国。

## 次参军偶赋韵其三

老我犹堪屈宋衙[1]，才名苦忆建安[2]家。枯肠文字搜都涩[3]，恨杀松花雪乳茶[4]。

老犁注：①老我：老人自称。屈宋衙：让屈原、宋玉做自己的衙官（属官）。意即夸自己文章好。后也用以称赞别人的文采。《新唐书·杜审言传》：“吾文章当得屈、宋作衙官，吾笔当得王羲之北面。”屈宋：战国时楚辞赋家屈原、宋玉。②建安：东汉献帝刘协的年号（196~219），这期间以曹氏父子（曹操、曹丕、曹植）及建安七子为代表的作家，掀起了我国诗歌史上文人创作的第一个高潮。史称“建安文学”。③此句：卢仝《走笔谢孟谏议寄新茶》中有“三碗搜枯肠，惟有文字五千卷”之句。涩：迟钝不流畅。④松花：指松花酒。雪乳茶：因茶汤表面泛起一层白色茶沫，故称。

## 次王竹逸[1]韵

闻听爆竹知新岁，坐对瓶花忆舞筵[2]。隔屋马蹄归醉客，中宵环佩[3]起群仙。
道存竹简韦编[4]里，诗在茶瓯雪乳[5]边。送故迎新君莫笑，旅中别自一壶天[6]。

老犁注：①王竹逸：人之姓名，生平不详。②舞筵：舞蹈时铺地用的席子或地毯。③中宵：中夜，半夜。环佩：古人所系的佩玉。后多指女子所佩的玉饰。④韦编：竹简用皮绳编缀称“韦编”。⑤雪乳：烹茶时泛起的白色茶沫，借指茶水。⑥一壶天：有“壶中天地”之典。《后汉书·费长房传》载：长房见一个卖药的老翁，收摊即躲入随带的壶中，后老翁邀其入壶，而壶中却别有天地，后道家便称此壶为一壶天。犹“别有洞天”。

## 别曾秋月提点诸公[1]

暮年有意欲闻韶[2]，不计关河[3]去路遥。暂别玄都行紫陌[4]，回瞻玉树隔琅霄[5]。
丹成鼎内春难老，天入壶中[6]日易消。细袅炉烟频煮茗，绿阴浓处好珍调[7]。

老犁注：①曾秋月：人之姓名，生平不详。提点：官名。宋始置，寓提举、检点之意。掌司法、刑狱及河渠等事。诸公：犹各位。②闻韶：听帝王之乐或听美好乐曲。《论语·述而》：“子在齐闻《韶》，三月不知肉味。”《韶》，传为舜时的乐曲名，孔子推为尽善尽美。③关河：关山河川。④玄都：传说中神仙居处。紫陌：指京师郊野的道路。⑤玉树：神话传说中的仙树。琅霄：犹琅嬛。传说中的仙境。⑥天入壶中：有“壶中天地”之典。见上一首注释。⑦珍调：犹言保重调养。

## 别郭宗玉①还乡

故乡索寞②久离群，邂逅韶阳复论文③。缑岭喜逢王子晋④，灞陵谁识李将军⑤。来寻锦石看丹荔⑥，归钓清江卧碧云。应共高人川上乐，题诗煮茗到宵分⑦。

老犁注：①郭宗玉：人之姓名，生平不详。②索莫：寂寞无聊；失意消沉。亦作索寞。③韶阳：谓明媚的春光。论文：评论文人及其文章。④缑岭：即缑氏山，在河南省偃师县。王子晋：汉刘向《列仙传·王子乔》：“王子乔者，周灵王太子晋也。好吹笙，作凤凰鸣。游伊洛之间，道士浮丘公接以上嵩高山。三十余年后，求之于山上，见桓良曰：‘告我家：七月七日待我于缑氏山巅。’至时，果乘白鹤驻山头，望之不得到，举手谢时人，数日而去。”后因以为修道成仙之典。⑤有“灞陵夜猎”之典。《史记·李将军列传》：李广被贬为庶人，“家居数岁。广家，与故颍阴侯孙屏野，居蓝田南山中射猎。尝夜从一骑出，从人田间饮。还至霸陵亭，霸陵尉醉，呵止广。广骑曰：‘故李将军。’尉曰：‘今将军尚不得夜行，何乃故也!’止广宿亭下。”灞陵：本作霸陵，故址在今陕西省西安市东，汉文帝葬于此。⑥锦石：有美丽花纹的石头；美石。丹荔：荔枝。因色红，故称。⑦宵分：夜半。

## 和云壑熟食日韵并序别①（节选）

老树迷云叶②，危墙上土花③。榆烟④新出火，谷雨早分茶⑤。

老犁注：①云壑：人之名号。熟食日：寒食节这一天，一般指清明节的前一天。古代在这一天不用火，没有现做的热食，故吃的是预先做好的熟食。杜甫有《熟食日示宗文宗武》诗。浦起龙在《读杜心解》中引洙注：“熟食日，即寒食节也。秦人呼为熟食日，言预办熟物过节也。”序别：叙别，话别。②云叶：浓密的叶子。③土花：苔藓。④榆烟：燃烧榆木所产生的烟。古代每季改火，春季改烧用榆木。⑤分茶：宋元时一种泡茶技艺，亦称茶百戏。就是用茶筅击拂茶汤，使其表面涌起茶沫，然后将茶沫表面划开使之呈现出各种图案和文字。后泛指烹茶待客之礼。

## 乙巳正月携家自永丰萧原郑大中氏复归平川雪晴郊行分得数字因用述怀①（节选）

家人尚未还，宾主阙茗具②。升平亮可复③，篱落④勤遮护。

老犁注：①标题断句及注释：乙巳（元至正十五年，1365）正月，携家自永丰萧原郑大中氏复归平川，雪晴郊行，分得数字，因用述怀。永丰：指今江西吉安永丰县。萧原：地名，属永丰县，具体不详。郑大中：人之姓名，兵乱中作者投奔的朋友。复归：从永丰萧原回到平川。平川：（在赣州或吉安一带，具体不详）。元末兵乱时期，陈谟带家人先后在沙溪（今永丰县沙溪镇）、兴国（属赣州，与吉安永丰县毗邻）、永丰、平川、赣州、韶州、建业等地流徙，投靠亲友。②阙：同缺。茗具：饮茶的器具。③升平：太平。亮：通谅。料想。④篱落：即篱笆。

## 元日观灯复陪指挥巡城东同行诸公[①]（节选）

粉扇榴裙歌下里[②]，鸡皮鹤发舞寒胡[③]。花枝[④]插烛频频换，泉乳[⑤]浇茶细细娱。

老犁注：①元日：每年的第一天，旧指农历正月初一。指挥：军职名。明朝京城内外诸卫皆置指挥使。诸公：犹各位。②榴裙：红如榴花的裙子。多指衣着华丽的女子。下里：指民间歌谣。③鸡皮鹤发：皮肤起皱，头发变白。形容衰老。舞寒胡：跳胡人之舞。寒胡：胡人多居寒地，故称。④花枝：喻美女。⑤泉乳：泉水。

## 清江阻风访刘起东[①]茅庐中（节选）

阳春白雪何求和[②]，漆发[③]红颜似返童。鼎煮蒙山[④]云细细，杯倾桑落绿溶溶[⑤]。

老犁注：①清江：指清江县，县治在今江西宜春樟树市临江镇。刘起东：人之姓名，生平不详。②阳春白雪：喻指高深典雅的文辞。求和：邀请写唱和之诗。③漆发：黑发。④蒙山：蒙山茶。⑤桑落：桑落酒。绿：微绿色。溶溶：晃动貌。

---

**陈克明**（约1300~1375后）：元末明初临川（今江西抚州临川区）人。著有散曲集《环籁小稿》《一笑集》等。元明间其散曲以“风雅互鉴”见称，尤以《临川八咏》得到评价较高。明朱权《太和正音谱》评其词“如九畹芳兰”。

---

## 【中吕·粉蝶儿】怨别

【红绣鞋】愁寂寞萦牵肠肚，病恹恹[①]瘦损了身躯，则我这鬓云松意懒甚时[②]梳。茶饭上无些滋味，针指[③]上减了些工夫，尘蒙了七弦琴冷了雁足[④]。

老犁注：①病恹恹 yān：久病慵懒的样子。②则：连词，表示因果关系，前面两句是因，接着一句是果。可译作“就”，也可不译。鬓云：形容妇女鬓发美如乌云。松：松散。甚时：何时。③针指：针线活。④七弦琴：一般指古琴。雁足：琴乐器的部件，用于固定琴体和系缚琴弦。

---

**陈爱山**（生卒不详）：约元明时人。里籍有两说，其一，据在江浙为官多年的元诗

人曹伯启《送陈爱山教授归馀杭》一诗，其可能为馀杭（今杭州余杭区）人；其二，据黎澄《南翁梦录》载，陈爱山为越南陈氏宗室人氏，书中的《小诗丽句》讲述的就是陈爱山的诗才。

## 绝句二首其二

窗畔香云暗碧纱[①]，平分[②]午睡不禁茶。相思在望[③]登楼怯，一树木棉红尽[④]花。

老犁注：①畔：边。香云：喻青年妇女的头发。碧纱：青绿色纱帘。②平分：（相思）对半分。指相互思念。清李渔《怜香伴·遄发》："行来渐渐和他远，平分得相思一半。"③在望：谓盼望的事情即将到来。④红尽：红遍。

**邵亨贞**（1309~1401）：字复孺，号清溪，又号贞溪。元明间云间（今上海松江区）人。原籍严陵（浙江桐庐）。少从舅祖父曹知白（元代著名书画家）学，博学多能，雅爱山水，喜好交游。明洪武初曾任松江训导。常与王逢、陶宗义、黄公望、杨维桢、陶九成、钱惟善等好友流连诗酒、应答唱和。自洪武初年始的六年间，其长子怨死，次子充军死，女婿张宣死于被贬途中，使其心力交瘁，晚景凄惨。建文三年卒，年九十三。工篆隶书，善诗文词曲。生在战乱游离的元末明初，但终生不辍吟咏。其诗直面乱世，多慷慨悲凉之作，被文征明评为"杰然天下士"。其词题材广泛，有厚重之气，寄托遥深。有《野处集》《蚁术诗选》《蚁术词选》。

## 贞溪[①]初夏六首其三

巡檐燕子掠晴丝[②]，隔水茶烟出院迟。草色入帘人不到，午风吹暖梦回时。

老犁注：①贞溪：在今上海青浦练塘镇的小蒸古镇旁，贞溪从古镇穿过，这里是邵亨贞的故乡。②巡檐：来往于檐前。晴丝：虫类所吐的、在空中飘荡的游丝。

## 次韵孙果育先生海盐茶园道中作地名夹山有金粟寺试茶院钱南金曾约予游未果[①]

闻道夹山金粟寺，一如兜率净居[②]天。云藏衲子[③]煎茶屋，春著[④]山翁载酒船。
打破断碑何代始，种来高树百年前。钱郎[⑤]诗里曾相约，蜡屐[⑥]因循未了缘。

老犁注：①标题断句及注释：次韵孙果育先生《海盐茶园道中作》，地名夹山，有金粟寺试茶院，钱南金曾约予游未果。孙果育：孙华，又名孙华孙，字元实，号果育老人，元永嘉人，侨居华亭（今上海松江）。其诗流丽清远，意出天巧。清钱熙彦《元诗选补遗》收录其诗15首。海盐：县名。在浙江嘉兴。三国时西域高僧康僧会在海盐金粟山创建了金粟寺。金粟寺：三国赤乌年间，康僧会“游方至海盐金粟山，时值炎暑，构亭施茶以济渴，朝廷闻之，赐名茶院，已而建寺居焉。”（源自明代正统年间《重建金粟广慧禅寺记》碑文）。故其寺又被称为金粟寺试茶院。夹山：地名。金粟寺就在夹山附近。钱南金：钱应庚，字南金，元松江人。明经教授。②兜率：指兜率天。佛教谓天分许多层，第四层叫兜率天。它的内院是弥勒菩萨的净土，外院是天上众生所居之处。净居：清净地居住。③衲子：僧人。④著：显现。⑤钱郎：指钱应庚。⑥蜡屐：以蜡涂木屐。指悠闲、无所作为的生活。

## 太常引其二·次韵伯阳[①]雪中

销金帐底烛花偏，低唱拥婵娟[②]。遥夜酒杯传。几沉醉、琼林[③]洞天。　梅花如旧，竹窗犹在，留得煮茶烟。独欠钓鱼船。待归问、羊裘[④]故川。

老犁注：①伯阳：吴瓘，字伯阳，一字莹之，号知非、竹庄人，晚号竹庄老人。嘉善县魏塘镇人。多藏法书名画。善作窠石墨梅。师杨补之（宋词人书画家杨无咎，字补之）。②此两句：化自“党姬烹茶”之典。典中描述太尉党进家过着“销金帐下，浅斟低唱，饮羊羔美酒”的生活。婵娟：美人。③琼林：琼树之林。古人常以形容佛国、仙境的瑰丽景象。④羊裘：有“羊裘钓”之典。《后汉书·严光传》载：严光与刘秀同游学。及秀即帝位，光变姓名，披羊裘钓泽中。后以为隐居不慕荣禄之典。故川：犹故乡。

## 东风第一枝其二·乱雨敲窗[①]

乱雨敲窗，深灯晕壁，孤屏相对吟影。醉余梦蝶难寻，起来睡鸳[②]较冷。东风急处，又卷得残云催暝。奈暗愁、忽到梅边，夜半粉香熏醒。　门正掩、暮帘乍静。花未闹、小车预整[③]。斗茶尚忆分曹[④]，赋诗更联古鼎[⑤]。春衫慵试[⑥]，怕误了金鞍相并[⑦]。待小桃、开满前溪，且踏武陵[⑧]渔艇。

老犁注：①原诗有序：春来兼旬，寒气不减。旧腊正月廿二日，曹云翁（生平不详）招饮，听雨西窗，南金（钱应庚，字南金，元松江人）偶道及前作，翁欣然命笔次韵，故又口占为谢。②睡鸳：睡梦中的鸳鸯。与“梦蝶”相对。③预整：预备齐整。④分曹：分对。犹两两。⑤联古鼎：指韩愈的《石鼎联句诗》。⑥春衫：春衫：指年少时穿的衣服，代指年轻时的自己。慵试：懒得去尝试。⑦金鞍相并：指装饰华美的两匹马并排前行。⑧武陵：指陶渊明《桃花源记》中的武陵源。

---

**郏经**（？~1371后）：字仲谊（一作仲义），号玩斋，又号观梦道士、西清居士，元末明初维扬海陵（今江苏泰州）人，祖籍陇右。少时学明经，善持论，主华亭邵氏义塾。至正初，以《毛诗》举乡贡进士，至正十五年（1355）任苏州儒学学录。明

洪武四年（1371）为浙江考试官，侨居吴山下，往来于苏州松江间，自号“鹤巢”“借巢”。后家居杭州，不仕。与曲家钟嗣成、贾仲明等有深交，与诗坛耆宿范梈、顾瑛、凌云翰、杨维桢、杨基、邵亨贞等交厚。博闻强记，善著文，工诗曲，擅八分书，善琴操，能隐语，人称奇士。诗文有《观梦集》《玩斋集》，杂剧有《西湖三塔记》等4种，散曲仅存小令1首。

## 奉同谢雪坡次韵杨孟载[①]

紫薇花下月波凉，谢傅[②]风流锦作裳。况有凤团[③]新赐茗，犹馀鸡舌[④]旧含香。

仙槎[⑤]杳杳秋无际，宫漏[⑥]沉沉夜未央。答赠扬雄[⑦]诗句好，野人传诵下吴航[⑧]。

老犁注：①谢雪坡：人之姓名，生平不详。杨孟载：杨基，字孟载，号眉庵。苏州人。元末隐吴之赤山，明被起用，官至山西按察使。被诬夺官，卒于役所。与高启、张羽、徐贲并称“吴中四杰”。善诗文，兼工书画。有《眉庵集》。②谢傅：指东晋谢安。卒赠太傅，省称谢傅。此是把谢雪坡比作谢安。③凤团：宋贡茶名。用上等茶叶制成团状，印有凤纹。④鸡舌：即丁香。鸡舌香的省称。古代尚书或郎官上殿奏事，口含此香。⑤仙槎：指传说中能乘往天河的船筏。⑥宫漏：古代宫中滴漏计时器。⑦扬雄：一作杨雄。西汉蜀郡成都人，字子云。少好学，为人口吃，博览群书，长于辞赋。此是把杨孟载比作扬雄。⑧下吴航：驶向吴地的船。

**金涓**（1306~1382）：字德原，一字道原，号青村，元明间义乌（今浙江金华义乌市）人。本姓刘，先世避吴越武肃王钱镠（与刘谐）嫌名，改姓金，生于元季。淹贯经传，卓识过人。尝受经于许谦，又学文章于黄溍。为虞集、柳贯交荐于朝，皆辞不赴。至正十八年起，避乱隐居义乌蜀墅塘边青村，教授以终。明初州辟亦拒。与同乡王祎、宋濂相知。王祎尝赠诗云：“惜哉承平世，遗此磊落姿。”宋濂谓其文“气雄而言腴，雅健有奇气”。有集《湖西》《青村》。

## 和杨仲齐[①]韵四首其三

渴饮空中露，饥餐石上霞。夜茶烹玉液[②]，春酒酿松花[③]。

自谓得仙术，不知老岁华。请看梳栉[④]处，斑白照窗纱。

老犁注：①杨仲齐：人之姓名，生平不详。②玉液：喻清泉。③松花：松花酒。④梳栉：梳理头发。

## 乱中[1]自述四首其一

汩汩[2]兵犹竞，凄凄兴莫赊[3]。娇儿将学语，稚子惯烹茶。
乱后添新鬼，春归发旧花。十年湖海志[4]，羁思[5]满天涯。

老犁注：①乱中：元末明初的兵乱之时。②汩汩 gǔ：动荡不安貌。竞：竞斗。③凄凄：饥病貌。兴：发作。赊：长。④湖海志：隐居的志向。⑤羁思：羁旅之思。

## 秋夜

独自归来秋夜静，雨湿寒云小窗暝[1]。竹炉[2]无火渴思茶，隔树人家有灯影。

老犁注：①暝 míng：昏暗。②竹炉：外壳用竹篾编成的炉子。

## 寄王可宗[1]

石鼎[2]烹茶风绕林，小亭面水足清吟[3]。只今酒禁严如许[4]，谁信香醪[5]更可斟。

老犁注：①王可宗：人之姓名，生平不详。②石鼎：陶制的烹茶炉具。③清吟：清雅地吟诵。④酒禁：酿酒饮酒之禁。严如许：严厉成如此这样。酿酒需要粮食，故在歉收的年份常禁止酿酒和饮酒。⑤香醪 láo：美酒。

## 山庄值岁暮[1]

坐久那能笑口开，篆烟[2]烧尽石炉灰。山厨度腊[3]贫无肉，茅屋逢春富有梅。
冻鸟缩身依雪立，饥驴直耳望人来。窗前更展离骚读，消得茶瓯当酒杯。

老犁注：①值：遇。岁暮：岁末。②篆烟：盘香的烟缕。③山厨：山野人家的厨房。度腊：过腊月。

---

**周砥**（约 1340~1416 尚在世）：字履道，号匊溜生，又号东皋生，元明间平江路吴县（今苏州）人。幼家徙无锡，后游学吴门。博学工文辞，年少即以文名。其诗幽丽豪浪，无所不有。为小楷行草，略备诸家体。溢而为画，寓篆籀法，人罕得之。元末兵乱避宜兴，与马治俱主宜兴周氏家。周氏好学有贤行，为屋涧东西以馆之，属其子弟从之游，穷阳羡溪山之胜。与治交厚者多置酒招饮，砥厌之，一夕留书别治，夜半遁去。归吴，与高启、杨维桢、徐贲等交往。洪武年间曾为兴国州判官。后入会稽，殁于兵乱。有《荆南唱和集》。

---

## 次韵孝常《因昶公归简王云秀才》[1]

千岩春静一僧归，相送空林夕景[2]微。茶具等闲抛石阁[3]，钓竿行已卧苔矶[4]。

草生南浦[5]牵诗梦，沤下轻波识道机[6]。若见王乔[7]因借问，双凫何日向南飞。

老犁注：①孝常：马治，字孝常，常州府宜兴人。元末，周砥避地宜兴，与其有诗唱和。昶公、王云：人之尊号和姓名，生平皆不详。简：书札。此指寄信。②夕景：傍晚景象。③等闲：随随便便。石阁：石砌的楼房。④行已：行为结束。意即安排停当。苔矶：长有青苔的石矶。⑤南浦：南面的水边。常用称送别之地。⑥沤：浮沤，水泡。下：入。道机：出尘修道的灵机。⑦王乔：汉孝明帝时叶县令。汉应劭《风俗通·正失·叶令祠》："乔有神术，每月朔常诣台朝。帝怪其来数而不见车骑，密令太史候望之，言其临至时，常有双凫从东南飞来。因伏伺见凫 fú，举罗，但得一双舄 xì 耳。使尚方（制作赏赐物的官署）识视，四年中所赐尚书官属履也。"

## 闻马孝常在灵岩欲与周士行徒步往候信恐未真[1]

马卿一别四经春[2]，裋褐萧萧[3]入梦频。闻道东来犹未见，每因西望转伤神。

鬓丝禅榻[4]风流在，竹色茶烟夏景新。何惜灵岩与徒步，尚疑消息未应真。

老犁注：①标题断句及注释：闻马孝常在灵岩，欲与周士行徒步往候，信恐未真。灵岩：灵岩山，在苏州木渎镇西北。一名砚石山。春秋末吴王夫差建离宫于此，灵岩寺在其地。周士行：人之姓名，生平不详。徒步往候：走路前往等候。②马卿：指马孝常。四经春：经过了四个春天。③裋褐 hè：粗陋布衣。古代多为贫贱者所服。萧萧：简陋。④禅榻：禅僧坐禅用的坐具。

## 夏日同强二秀才过鉴公山房因游仁寿精舍[1]

寻僧直到梵王家[2]，便汲山泉为煮茶。阮籍[3]从来无礼法，汤休[4]何用着袈裟。

醉眠石阁听风树，步入松云扫涧花。与子归时仍并辔[5]，萧条墓道夕阳斜。

老犁注：①标题断句及注释：夏日，同强二秀才过鉴公山房，因游仁寿精舍。强二秀才：秀才姓强，排行老二，故称。据周砥《忆强恪秀才》和马治《次韵奉别兼柬范隐居强恪秀才杨在进士》这两首诗判断，强二秀才指强恪秀才。鉴公：一位叫鉴的长者。山房：山中房舍。因：顺着。仁寿：精舍名。精舍：僧人修行居所。②梵王家：指佛寺。③阮籍：魏晋竹林七贤之一，纵酒谈玄，好老庄，蔑视礼教。④汤休：南朝宋和尚。《宋书·徐湛之传》："时有沙门释惠休，善属文（撰写文章），辞采绮艳，湛之与之甚厚。世祖命使还俗。本姓汤，位至扬州从事史。"这里指有才的汤休不用遁入佛门。⑤子：你。并辔 pèi：辔，缰绳。谓并执马缰绳。犹言并驾齐驱。

## 玉山草堂[①]

忆汝草堂何许在，辟疆园[②]里玉山陲。方床石鼎高情[③]远，细雨茶烟清昼迟。
鸿雁来时曾会面，枇杷开后更题诗。山中容易年华暮[④]，书史娱人[⑤]总不知。

老犁注：①玉山草堂：是元末明初昆山著名诗人顾瑛（字仲瑛）的一处私家园林，亦称玉山佳处，大致范围为以今铁路阳澄湖站为中心，北起绰墩山，南至娄江，西起阳澄湖至界浦港一线，东至黄泥山村。这片地方大约30多平方公里。位在昆山的玉山（即玉峰山，今称马鞍山，高80.2米，在今亭林公园内）之西约13华里。②辟疆园：东晋时苏州吴县顾辟疆的花园。王献之曾路过不告而入，为顾所不齿而驱离，王竟泰然自若。后用为咏园林的典故。③方床：卧床。因程方形，故称。石鼎：陶制的烹茶炉具。高情：高雅的情致。④暮：年老。⑤娱人：戏弄人。

## 次韵介之梦山中[①]

松花金粉[②]落春晴，白鹤看棋如客行[③]。疏雨竹窗缘[④]是梦，隔林茶臼[⑤]只闻声。
繁华久困心何得，澹泊相遭[⑥]思亦清。不有鹿门高世[⑦]志，山中几日道能成。

老犁注：①标题及注释：次韵介之《梦山中》。介之：饶介，字介之，元临川人，倜傥豪放，工书能诗。自翰林应奉出佥江浙廉访司事。②金粉：黄色的花粉。③客行：离家远行，在外奔波。④缘：因。⑤茶臼：捣茶成末的工具，类大碗，内有糙纹，与手杵共用。⑥相遭：犹相遇。⑦鹿门：鹿门山之省称。在湖北省襄阳。后汉庞德公携妻子登鹿门山，采药不返。后因用指隐士所居之地。高世：超越世俗。

---

**周棐**（生卒不详）：字焕丈，后改名致尧，元明间崇德州石门镇（今浙江嘉兴桐乡市石门镇）人。其先世来自四明（今宁波）。生极颖异，读书一二过不遗，尝为宣公书院山长。明洪武初，与荐辟，不就，归隐梨林。著有《石门集》，淮海秦约序之，称其诗“不事雕饰，特以雅致为佳”云。曹学佺将其诗入《明诗初集》，题曰《山长集》。

---

## 至正辛丑秋七月十有三日憩龙渊景德禅院分韵得闲字[①]

善谑等高咏[②]，嘉言振幽孱[③]。岂无觞酌[④]欢，茗煎亦未悭[⑤]。

老犁注：①标题断句及注释：至正辛丑秋七月十有三日，憩龙渊景德禅院，分韵得闲字。龙渊景德禅院：指嘉兴茶禅寺（旧址在今三塔公园）。茶禅寺历史上先后有许多名称，先后称龙渊寺、保安禅院、景德寺、景德禅寺、茶禅寺，也叫三塔寺。三塔景德寺之东禅堂，有个煮茶亭，是后人为纪念苏轼三次来景德寺煮茶而建的。当年苏轼在寺院墙壁上题过《过景德禅院画竹子壁因题一绝》诗："闻说神仙郭恕先，醉中狂笔势澜翻。百年寥落何人在，只有华亭李景元。"②善谑：语出《诗·卫风·淇奥》："善戏谑兮，不为虐兮。"后因以"善谑"谓善于戏言，亦指笑谈的资料。高咏：好诗篇；佳作。③幽孱：幽微，微弱。④觞酌：亦作觞勺、觞杓。饮酒器。⑤悭：减省。

## 至正甲辰九日同牛谅伊甫陈世昌彦博徐一夔大章高巽志士敏释良琦元璞守良登东塔以杜少陵玉山高并两峰寒之句分韵赋诗得并字[①]（节选）

玉田[②]好开怀，何止供香茗[③]。幽轩赏佳菊，竟夕忘酩酊[④]。

老犁注：①标题断句及注释：至正甲辰九日，同牛谅伊甫、陈世昌彦博、徐一夔大章、高巽志士敏、释良琦元璞、守良（皆人的姓名及字号）登东塔，以杜少陵"玉山高并两峰寒"之句分韵赋诗，得并字。释良琦：天平山之龙门寺僧。守良：周守良，周棐同族人的字号，故省去姓，且放最后。其他四位不详。②玉田：对田园的美称。③此句：意指除了"供香茗"之外还有很多别的雅事。④竟夕：终夜；通宵。酩酊 mǐngdǐng：大醉貌。

---

**周巽**（？～1377后）：字巽亨，号巽泉，元明间吉安（今江西吉安市）人。约元惠宗至正初至洪武年间在世。明时尝参预平定道、贺二县（湖南广西交界的道县和贺县）瑶人起事，以功授永明主簿。著有《性情集》六卷，抒怀写景，颇近自然。

---

## 追和文山青原诗柬陈村民寄谢禅林诸友[①]二首其二

昔人吟咏处，醉草[②]动春蛇。岩石曾为供[③]，溪毛[④]可荐茶。

荆留千岁树，桂老九秋花[⑤]。欲结渊明[⑥]社，重来惠远[⑦]家。

老犁注：①标题断句及注释：追和文山青原诗《柬陈村民》，寄谢禅林诸友。文山：高僧名，生平不详。青原：指江西吉安的青原山。此山为唐禅宗六祖慧能弟子行思禅师修行之处。青原行思与衡岳怀让是禅宗慧能之后的两大高僧，禅宗所谓的"一花五叶"，即青原行思之下分出了曹洞宗、云门宗和法眼宗三家，南岳怀让之下分出沩仰宗、临济宗两家。柬：信札。这里指写信。陈村民：陈宗舜，字村民，元末明初江西吉安永新县禾川人，明洪武庚申（1380）年进士。当时的江右诗派代表人物刘嵩（江西泰和人）在《寄赠陈侯短歌并柬项性高陈宗舜二进士》一诗中，有"我有狂客陈村民，为言昔者长相亲"之句。②醉草：亦名睡草。由于它能发出一种迷人的香味，人闻后能醉倒在地，故称。花白如水仙，花期在五六月份。③供：供桌。这里指把岩石当成摆设供具的地方。④溪毛：溪涧中的野草。⑤此联：喻友情胜兄弟之情，如九秋桂花一样芳馨馥郁。上联含有“荆枝茂”之典，传说三兄弟欲分家，出门见到三棵荆树同株茂盛而改变了分家的打算。后遂用为咏兄弟和美之典。典出《艺文类聚》卷八十九·周景式《孝子传》。九秋：秋天。⑥渊明：指陶渊明。这里作者有误，陶渊明虽与惠远交往密切，但并没有加入东林白莲社。⑦惠远：东晋高僧慧远，居庐山东林寺，世人称为远公。净土宗和东林白莲社的创立者。与陶渊明（儒）、陆修静（道）有“虎溪三笑”之典。

---

**周伯琦**（1298~1369）：字伯温，号玉雪坡真逸，元明间饶州鄱阳（今江西省鄱阳县）人。以荫授南海县主簿，后转为翰林修撰。招识平江张士诚拜江浙行省左丞，留平江者十余年。伯琦仪观温雅，粹然如玉，虽遭时多艰，而善于自保（明太祖平吴，元臣多被诛，而其与陈敬初俱获免）。博学工文章，而尤以篆、隶、真、草擅名当时。尝著《六书正讹》《说文字原》二书及诗文稿若干卷。

---

## 夜坐偶成

清夜严城玉漏[①]迟，杏花疏影散书帷[②]。红尘不到扬雄[③]宅，石鼎焚香读楚词[④]。

老犁注：①清夜：清静的夜晚。严城：戒备森严的城池。玉漏：古代计时漏壶的美称。②书帷：书斋的帷帐。借指书斋。③扬雄：字子云，蜀郡郫县人，西汉时期辞赋家、思想家，是汉朝道家思想的继承和发展者。④石鼎：陶制的烹茶炉具。楚词：多称楚辞。本为楚地歌谣。战国楚屈原吸收其营养，创作出《离骚》等巨制鸿篇，后人仿效，名篇继出，成为一种有特点的文学作品，通称楚辞。西汉刘向编辑成《楚辞》集，东汉王逸又有所增益，分章加注成《楚辞章句》。

## 游金山寺

江心一簇翠夫容[①]，金碧晶荧殿阁重。隐士有缘来化鹤[②]，梵王[③]无语坐降龙。

钟声两岸占昏晓[④]，海眼中泠湛[⑤]夏冬。八十高僧供茗罢，细谈苏米[⑥]旧时踪。

老犁注：①一簇 cù：犹一丛。夫容：即芙蓉，荷花的别名。②化鹤：变成仙鹤，即成仙。③梵王：是大梵天王的省称，是佛教色界中初禅天的天主，天龙八部中天众之一。他统领大千世界，在古印度其地位等同中国远古时的盘古。④昏晓：晚和早。⑤海眼：泉眼。中泠：泉名，在江苏镇江金山寺下扬子江江心屿中。曾被唐刑部侍郎刘伯刍评为天下第一泉。湛：清澈透明。⑥苏米：北宋苏轼和米芾的并称。苏轼与金山寺住持佛印是故交，元祐八年苏轼曾在金山寺为其亡妻王闰之（其年染病在汴京去世）举办了一场水陆法会，当时邀请好友米芾参加，而米芾恰有脚疾不能前往，故写了《东坡居士作水陆于金山相招，足疮不能往，作此以寄之》以表歉意。

## 济渎祠[①]留题三首其一

覃怀[②]西上溯清源，叠嶂长冈缭翠垣[③]。膏沃连阡环乐土[④]，渊泠一勺泻高原[⑤]。
卢仝井在寒芜[⑥]合，裴相[⑦]庭空古树繁。闻说天坛[⑧]多异迹，昼鸣笙磬[⑨]夜啼猿。

老犁注：①济渎 dú 祠：即济渎庙，全称济渎北海庙，始建于隋开皇二年(582)，位于济源市西北 2 公里济水东源处庙街村，是古“四渎”中唯一一处保存下来的祭祀河神的庙祠。济渎：即指济水。渎：注海的大河。“四渎”指长江、黄河、淮水、济水。②覃 qín 怀：古地名，即怀州，治今河南省沁阳市，范围为今河南焦作、济源所辖地域。③缭 liáo：缠绕。翠垣：绿色城墙。垣 yuán：矮墙，也泛指墙。④膏沃：指肥沃之地。连阡：田埂相连。乐土：安乐的地方。⑤渊泠 líng：潭水清澈。泻高原：从高原倾泻下来。⑥卢仝井：指卢仝烹茶汲水的泉井，也称玉川泉，在济源泷水北岸的圣水庙（旧称玉泉祠）。卢仝：唐济源武山镇（今思礼村）人，自号玉川子，一生爱茶成癖，被后人誉为茶仙。写有著名的《走笔谢孟谏议寄新茶》一诗。寒芜：指寒秋的杂草。⑦裴相：裴休，字公美。河内济源人，唐朝中晚期名相、书法家。⑧天坛：在济源王屋山的绝顶，相传为黄帝礼天处。⑨笙磬：笙和磬。磬，乐器。以玉石或金属制成，形状如曲尺。

## 次韵成谊叔[①]尚书□□□田园作（节选）

长夏[②]晓冲深巷雨，高秋[③]暮抱远山云。笑谈会数清茶款[④]，酬唱情浓薄酒醺[⑤]。

老犁注：①成谊叔：成遵，字谊叔，元南阳穰县人。少丧父，家贫，勤苦力学，顺帝元统元年进士。历监察御史、工部尚书、中书左丞，所至有政声，被诬致死。②长夏：指夏日。因其白昼较长，故称。③高秋：天高气爽的秋天。④会数：集会众多。数：次数多。款：款待。⑤醺 xūn：酒醉。

---

**周霆震**（1292~1379）：字亨远，元明间吉州安福（今江西吉安安福县）人。以先世居石门田西，故自号石田子初，省称石初。两次科举不利，乃杜门授经，专意古文辞，尤为申斋、桂隐二刘（即同郡人刘岳申、刘诜）所识赏。晚遭至正之乱，东西奔走。明洪武十二年卒，时年八十八，门人私谥曰清节先生。生在乱世，其诗虽多哀怨之音，但不失沉着痛快、慷慨抑扬之声。庐陵晏壁葺其遗稿曰《石初集》，为《四库全书总目提要》目为（看作）元末之诗史。

---

## 除夜书怀[1]（节选）

地炉[2]熟春茶，明烛散郁纡[3]。忽忆孤山梦，风雪随吟驴[4]。

老犁注：①除夜：除夕夜。书怀：书写情怀、抒发感想。②地炉：就地挖砌的火炉。③郁纡 yū：忧思萦绕貌。④此两句：前句源自林逋的“孤山梅鹤”之典。后句源自孟浩然骑驴“踏雪寻梅”之典。

## 刘观复止足[1]轩（节选）

畏途留此示康庄[2]，戏写陶朱赞子房[3]。满院绿阴春雨歇，客来推户煮茶香。

老犁注：①刘观复：人之姓名，生平不详。止足：谓凡事知止知足，不要贪得无厌。这里作轩号。②畏途：艰险的道路。康庄：谓宽阔平坦，喻指心胸宽广。③陶朱：指春秋时越国大夫范蠡。蠡既佐越王勾践灭吴，以越王不可共安乐，弃官远去，居于陶，称朱公。以经商致巨富。子房：西汉开国谋臣张良，字子房。

---

**实禅师**（？~1331 前后）：字积中，号竹樵，元末明初姑苏（今江苏苏州）僧。约文宗至顺前后在世。能诗，时有大名。诗风清雅明快，颇有情致。作品惜多不传。此诗载于明人汪珂玉《珊瑚网》。

---

## 竹深处诗

修竹千竿一草堂，幽深偏爱水云乡。碧阴满地春帘湿，苍雪侵帏夏簟[1]凉。

诗刻粉�[2]，声传茶臼[3]远飘香。宦游[4]十载天南北，犹想园林[5]思不忘。

老犁注：①苍雪：指竹粉。竹子新长成时，脱去箨壳的竹子，在竹节处长有一层白色的粉末。夏簟 diàn：夏天的凉席。②粉�：即竹粉。解箨 tuò：脱去笋壳。③茶臼：捣茶成末的工具，类大碗，内有糙纹，与手杵共用。④宦游：旧谓外出求官或做官。⑤园林：指故乡。

---

**赵次进**（生卒不详）：元明间天台临海（今浙江台州临海市）人。曾官无锡县丞，累官至太仆寺卿。明宣德元年，曾组织重新刻制滁州《醉翁亭记碑》。

---

## 竹深处诗（节选）

新梢和露滴，旧叶迎风鸣。结屋[1]住深处，时见茶烟横。

老犁注：①结屋：构筑屋舍。

---

**胡用和**（生卒不详）：元明间天门山（今浙江宁波奉化区）人。庆元（今宁波）张仲深与其友善，曾诗《胡用和听雪窝》。今存散曲套数 2 套。

---

## 【南吕·一枝花】隐居

【梁州第七】兴到也吟诗数首，懒来时静坐观书。消闲几个知心侣：负薪樵子，执钓渔夫，烹茶石鼎[1]，沽酒葫芦。崎岖山几里平途，萧疏[2]景无半点尘俗。染秋光红叶黄花，铺月色清风翠竹，起风声老树苍梧。有如，画图。闲中自有闲中趣，看乌兔[3]自来去，百岁光阴迅指[4]无，甲子须臾[5]。

老犁注：①石鼎：陶制的烹茶炉具。②萧疏：空虚。③乌兔：古代指日月，比喻时间。④迅指：转眼，刹那。⑤甲子须臾：一个甲子年须臾间过去了。

---

**柴野愚**（生卒里籍不详）：与元明时浙江海宁人胡奎（约 1309~1381）有诗来往。今存小令 2 首。

---

## 【双调·枳郎儿】访仙家

访仙家，访仙家远远入烟霞[1]。汲水新烹阳羡茶[2]，瑶琴[3]弹罢，看满园金粉落松花[4]。

老犁注：①烟霞：云霞。泛指山水隐居地。②阳羡茶：秦汉时江苏宜兴称阳羡，唐代时这里产贡茶，叫阳羡茶，与产自浙江长兴的顾渚紫笋茶齐名。③瑶琴：用玉装饰的琴。后泛指琴的美称。④金粉落松花：即松花落金粉。金粉：指松花粉。

---

**顾瑛**（1310~1369）：一名德辉，又名阿瑛，字仲瑛，号金粟道人，元明间昆山（今江苏苏州昆山市）人。年三十始折节读书，尝举茂才，授会稽教谕，辟行省属官，皆不就。家业豪富，四十岁在昆山筑玉山草堂，园池亭馆 36 处，又建藏书楼“玉山佳处”，以藏古书、名画、彝鼎、古玩。四方学士咸至其家，日夜与客置酒赋诗，

声伎之盛，当时远近闻名。与元末当时诸多名士如杨维桢、郑元祐、柯九思等诗酒唱和，风流豪爽。顾瑛在玉山草堂发起组织的“玉山雅集”，是元代历史上规模最大、历时最久、创作最多的诗文雅集，与东晋的“兰亭雅集”、北宋的“西园雅集”同引为历代文坛佳话。其编撰的《玉山草堂雅集》十三卷收入《四库全书》，并被赞为“文采风流、照映一世”。元朝末年，天下纷乱，他尽散家财，削发为在家僧，自称金粟道人。洪武初，以元臣为元故官，例徙临濠。二年三月卒，年六十。有《玉山璞稿》。

## 虎丘十咏其十・陆羽井

雪霁春泉碧，苔侵石甃①青。如何陆鸿渐，不入品《茶经》②。

老犁注：①石甃 zhòu：石砌的井壁。②此两句：指陆羽客居虎丘很久，应对虎丘很了解，却没有把这口井写入《茶经》。如何：为什么。陆鸿渐：陆羽，字鸿渐。

## 和马孟昭①韵

凄风何处起，击柝报严更②。共此可怜夜，相看太瘦生③。

灯挑檐雨落，茶煮石泉鸣。犹有弥明④叟，联诗慰逸情⑤。

老犁注：①马孟昭：元朝人，工书。顾瑛《玉山璞稿》序云：“今夕之会诚不易得，赵善长秉笔作图，余索孟昭楷书以识。”这是在著名的玉山雅集时，赵善长（赵原，字善长，号丹林，元末明初画家）作画，顾瑛当场向马孟昭索要题字。②击柝：敲梆子巡夜。严更：夜间警戒行走的更鼓。③太瘦生：太瘦，很瘦。生，语助词。相当于“的人”。典出李白《戏杜甫》诗：“借问别来太瘦生，总为从前作诗苦。”④弥明：韩愈《石鼎联句诗》中的衡山道士轩辕弥明。⑤慰逸情：以慰闲情。

## 湖光山色楼口占①四首其四

紫茸香浮薝蔔树②，金茎③露滴芭蕉花。幽人④倚楼看过雨，山童隔竹煮新茶。

老犁注：①湖光山色楼：在昆山顾瑛所建的玉山草堂内。口占：随口赋诗。原诗有序：至正十年五月十八日，余与延陵吴水西、龙门僧元璞、匡山于外史避暑于楼中，时轻云过雨，霁光如秋。各占四绝句云。②紫茸：紫色细茸花。薝蔔 zhānbǔ：指栀子树。今简写作薝卜。③金茎：用以擎承露盘的铜柱。④幽人：幽隐之人。

## 夜宿三塔次陈元朗[①]韵

水落南湖[②]不露沙，又牵舫子[③]到僧家。春浮大斗娟娟[④]酒，寒隔虚棂薄薄纱。
半夜塔铃传梵语，一林江月照梅花。坐来诗句生枯吻[⑤]，指点银瓶索煮茶。

老犁注：①三塔：指嘉兴三塔寺。其寺历史上先后有许多名称，先后称龙渊寺、保安禅院、景德寺、景德禅寺、茶禅寺。寺之东禅堂，有个煮茶亭，是后人为纪念苏轼三次来寺煮茶而建的。当年苏轼在寺院墙壁上题过《过景德禅院画竹子壁因题一绝》诗："闻说神仙郭恕先，醉中狂笔势澜翻。百年寥落何人在，只有华亭李景元。"陈元朗：人之姓名。生平不详。②南湖：指嘉兴南湖。③舫子：小船。④大斗：酌酒的长柄勺。娟娟：同"涓涓"。缓流；细流。⑤枯吻：干燥的嘴唇。

## 渔庄以解钓鲈鱼有几人平声字分韵得人字[①]

芙蓉始花秋水新，小庄落日酒相亲。渔童樵青[②]解歌舞，茶灶笔床随主宾。
龙门山人碧玉麈[③]，会稽外史白纶巾[④]。莼羹鲈鲙[⑤]我所爱，吟对西风怀远人。

老犁注：①标题断句："渔庄以解钓，鲈鱼有几人"平声字分韵，得人字。原诗后附于彦成序云：至正庚寅七月十一日，饮酒渔庄（昆山玉山草堂内的一处景观）上，时雨初过，芙蓉始著数花，翡翠飞阑槛间，渔童举网，得二尺鲈，于是相与乐甚。主人分韵赋诗，主则玉山隐君（玉山草堂主人顾瑛）、客则琦龙门（苏州天平山龙门寺僧释良琦，又称龙门山人）、于匡庐（于立，字彦成，元南康庐山人，其曾学道会稽山中，故又号会稽外史），行酒者小璚英（侍女名），余则于彦成弁其首简（弁 biàn：放在前面。首简：犹序言）。②渔童樵青：唐张志和家的男奴和女婢。后泛指奴婢。③麈 zhǔ：麈尾。④纶 guān 巾：头巾。⑤莼羹鲈脍：西晋张翰在洛阳为官，因思吴中菰菜、莼羹、鲈鱼脍，遂驾而归隐。

## 次蒲庵长老[①]三首其二

无官身似一丝轻，闲却胸中十万兵[②]。为爱渊明能入社[③]，独怜灵运不逃名[④]。
敲门看竹[⑤]题诗遍，煮石[⑥]煎茶汲水清。廷尉雀罗[⑦]今可设，死生谁复见交情。

老犁注：①蒲庵：释来复，字见心，号蒲庵、竺昙叟，丰城（今江西宜春丰城市）人，俗姓黄。曾住灵隐寺。元末明初临济宗名僧，曾受明太祖朱元璋及诸藩王尊信，并赐金襴袈裟，封为僧官，荣宠一时。来复也是著名诗僧和书僧。后因牵涉"胡惟庸党案"，被朱元璋下旨凌迟处死，②胸中十万兵：犹言胸有甲兵。即指胸有韬略。③渊明：陶渊明。入社：加入慧远在庐山开创的白莲社。其实谢灵运和陶渊明都不是白莲社的十八贤之一，但由于他俩与慧远来往密切，后人常把他们算入白莲结社中的一员。④灵运：谢灵运。逃名：不停地逃避世间的名望与声誉。⑤敲门看竹：《世说新语·简傲》记载，王献之、王徽之皆喜欢竹子。兄弟俩性格相似，皆卓荦不羁，不拘礼法。他们分别有到别人家看竹的经历，来去都不与主人打招呼。但结果却截然相反，王献之被主人驱离，而王徽之却被主人关门留客，主宾相叙甚欢。后世诗文中因以“看竹”为名士超逸不拘礼法的典故。⑥煮石：煮白石。旧传神仙、方士烧煮白石为粮，后因借为道家修炼的典实。⑦廷尉雀罗：犹门可罗雀。西汉翟公担任廷尉时，宾客来满门庭，及到落职家居，大门外冷落得可以张开罗网捕捉麻雀。后以此典比喻人情冷暖，世态炎凉。

## 可诗斋[①]夜集联句（节选）

红泪泣风蜡[②]（张守中），翠烟[③]积春雾。鼎沸雀舌[④]烹（顾瑛），酒泻龙头[⑤]注（于立）。

老犁注：①可诗斋：在昆山顾瑛所建的玉山草堂内。原诗有附淮海秦约（文仲）序云：至正十四年冬十二月廿二日，余游吴中。属时寇攘，相君有南征之命。川涂修阻，舟楫艰难，遂假馆于仲瑛顾君之草堂，而雪霰交作，寒气薄人。翌日夜分，集于可诗斋，客有匡庐于彦成、汝阳袁子英、吴郡张大本，相与笑谈樽俎，情谊浃洽。酒半，诸君咸曰：今四郊多垒，膺厚禄者，则当致身报效，吾辈无与于世，得从文酒之乐，岂非幸哉！然友朋难必，每思草堂一时诸公，出处俱异，时郯君九成则执笔漕台。陆君良贵亦有漕事之冗。惟龙门琦公元璞，独占林泉之胜以自适。其性情，兴言若人，又不能不于斯集驰企也。因效石鼎故事以纪是集，凡若干韵，诗成，夜漏下三鼓矣。序其首者，淮海秦约文仲也。②红泪：美人泪。晋王嘉《拾遗记·魏》：“文帝所爱美人，姓薛名灵芸，常山人也……灵芸闻别父母，歔欷累日，泪下霑衣。至升车就路之时，以玉唾壶承泪，壶则红色。既发常山，及至京师，壶中泪凝如血。”风蜡：犹风烛。风中之烛易灭，喻指临近死亡或行将消灭的事物。③翠烟：青烟；烟霭。④雀舌：茶名。⑤龙头：如龙形的酒壶嘴。

## 次文质韵四叠前韵[①]（节选）

主人醉坐阑干[②]里，云影时看酒中起[③]。赏春不折背岩花[④]，烹茶自汲当门[⑤]水。

老犁注：①文质：朱斌，字文质，元吴江人。四叠前韵：次文质诗韵共写了四首，这是其中第四首。②阑干：栏杆。③酒中起：酒中泛起云影。④此句：因背岩在阴处花开不易，赏春似更应爱惜。唐刘长卿《宿双峰寺寄卢七李十六》诗中有“卧涧晓何迟，背岩春未发。”之句。⑤当门：对门。

## 书画舫夜集[①]（节选）

厨空尚有仙人酒，岁晏能来长者车[②]。汲涧绠寒[③]因煮茗，凿冰船发为叉鱼[④]。

老犁注：①书画舫：玉山草堂内一处景观。夜集：夜里雅集。夜里举办吟咏诗文的集会。原诗附郑明德（郑元祐，字明德，处州遂昌人，曾任平江儒学教授）序云：久以物景艰棘，不到界溪。溪之上，顾君仲瑛甫读书绩学，尊贤好士。当太平之时，无事不过从也，睽违几二年。近以嘉平之三日，扣君之扉，荷君留连，不忍言别。已而河东李君廷璧甫亦拿舟来访，遂置酒书画舫，夜参半，酒已酣，析杜律句“春水船如天上坐，老年花似雾中看”（源自杜甫《小寒食舟中作》）平声字为韵，人各赋诗。而俾遂昌郑元祐为序。②岁晏：一年将尽的时候。长者车：显贵者所乘之车。③汲涧绠寒：汲涧水用的绳子冰冷冻手。④叉鱼：用鱼叉子捕鱼。

## 清平乐·和石民瞻题桐花道人卷[①]

风箫声度[②]，十二瑶台[③]暮。开遍琼花千万树，才入谢家[④]诗句。　仙人酌我流霞[⑤]，梦中知在谁家？酒醒休扶上马，为君一洗筝琶[⑥]。

老犁注：①此词未涉茶，但在其序中提到了“藤茶”，故将其作为茶诗辑入。民瞻：石岩，字民瞻，号汾亭，元京口（今江苏镇江）人。工诗词，善书画。桐花道人：吴国良，号桐花道人，元宜兴人。工制墨，善吹萧，好与士大夫游，与倪瓒、顾瑛有来往。原诗有序：桐花道人吴国良，雪中自云林（倪瓒，号云林子）来，持所制桐花烟（一种烟墨）见遗。留玉山中数日，今日始晴，相与同坐雪巢（玉山草堂内一处景观），以铜博山，焚古龙涎，酌雪水，烹藤茶，出万壑雷琴，听清癯生陈维允（生平不详）弹石泉流水调，道人复以碧玉箫作清平乐，虚室生白（谓人能清虚无欲，则道心自生），尘影不动，清思不能已已。道人出所揣卷索和民瞻石先生所制清平乐词，予遂以紫玉池（砚台）试花烟，书以赠之，且邀座客郯云台（郯韶，字九成，元吴兴人）同和，时至正十年腊月二十二日也。藤茶：是指由藤本植物制作出来的茶。经古人尝试发现蛇葡萄属中许多植物都可用来做茶，今有青霜古藤茶、龙须茶等。《诗经·国风·豳风·七月》中有“六月食郁及薁”，这个薁 yù 就是指野生葡萄。这在唐朝医学家苏敬的《唐本草》和明朝李时珍的《本草纲目》中都有记载。用野生葡萄制成藤茶，始于何时不得而知，但从顾瑛这首词来判断，至少在元至正十年（1350）就有藤茶了。②凤箫：即排箫。比竹为之，参差如凤翼，故名。声度：犹声调。③十二瑶台：传说中的神仙居处。④谢家：谢灵运家。⑤流霞：泛指美酒。⑥一洗筝琶：耳朵被筝琶之声洗过一次。宋黄庭坚《寄题荣州祖元大师此君轩》诗中有“满堂洗尽筝琶耳，请师停手恐断弦。”

---

**钱惟善**（？~1379）：字思复，号白心道人，元明钱塘（今杭州）人。顺帝至正元年（1335），省试《罗刹江赋》，时锁院三千人，独惟善据枚乘《七发》，辨钱塘江为曲江，由是得名。故又自号曲江居士。以乡荐官至儒学副提举。张士诚据吴，退隐吴江筒川，后又迁居华亭。既殁，与杨维桢、陆居仁同葬干山（今松江天马山），

人称三高士墓。善《毛诗》，工诗文，有《江月松风集》；兼长书法，有《幽人诗帖》《田家诗帖》等。

## 九月晦日张机仲同宿明庆亨会堂上人房是夜读罗昭谏诗[①]

宝坊金碧近闾阎[②]，阁道沉沉警夜严[③]。万石华鱱[④]惊海兽，四檐铁凤语飞廉[⑤]。
伤时我岂同昭谏[⑥]，觅句师能及道潜[⑦]。一榻茶烟清梦熟[⑧]，因思松瀑洒冰帘[⑨]。

老犁注：①标题断句及注释：九月晦日，张机仲同宿明庆亨会堂上人房。是夜，读罗昭谏诗。晦日：农历每月最后的一天。张机仲：人之姓名，生平不详。明庆：指苏州明庆寺。亨会：嘉会，众美之会。这里做堂号。上人：对和尚的尊称。罗昭谏：罗隐，字昭谏，号江东生，馀杭人，唐诗人。②宝坊：对寺院的美称。闾阎：平民居住的地区。借指乡里。③阁道：复道。楼阁上下两重通道。沉沉：深邃的样子。警夜严：夜间警戒很严格。④万石 dàn 华鱱 qíng：一万石重的华彩的大海鱼。鱱：海中大鱼。可能就是鲸鱼。⑤铁凤：古代屋脊上的一种装饰物。铁制，形如凤凰。下有转枢，可随风而转。飞廉：亦作蜚廉，是中国古代神话中的神兽。也指风神。⑥伤时：因时世不如所愿而哀伤。同昭谏：与罗隐相同。⑦道潜：北宋诗僧。本姓何，字参寥，赐号妙总大师。於潜（今属浙江临安）浮村人。自幼出家。与苏轼诸人交好，轼谪居黄州时，他曾专程前去探望。元祐中，住杭州智果禅院。因写诗语涉讥刺，被勒令还俗。后得昭雪，复削发为僧。著有《参寥子诗集》。⑧一榻茶烟：在一张茶榻那么大的范围里升起的茶烟。清梦熟：犹美梦酣。⑨冰帘：冰样的水帘，即瀑布。

## 和季文山斋[①]早春二首其一

方壶元[②]不离人间，倚遍东风十二阑[③]。烟雨楼台春似画，水云窗户昼生寒。
遥知洗鼎煎茶待，定许敲门借竹看[④]。醉后石桥花烂熳，翠禽啁哳[⑤]在檐端。

老犁注：①季文：赵涣，字季文，江苏常熟人，官湖州从事，知富州。从政之暇，放情诗、画，为时所重。与杨维桢、陆友、屠性、郑元祐、许有壬等有诗文来往。山斋：山中居室。②方壶：东海仙山。一名方丈。元：通原。③十二阑：曲曲折折的栏杆。④此句：“王子猷看竹”之典中，子猷的作派是，来而不通报主人，看完亦不辞而去。这里反用此典，指他要先敲门通报再进来看竹，表示他对主人很敬重。⑤啁哳 zhāozhā：声音繁杂而细碎。

**倪瓒**（1301～1374）：字元镇，号云林居士等，自称懒瓒，人称倪迂，元明间无锡人。不事生产，强学好修，刻意文史，所居有云林堂、萧闲馆、清閟阁诸胜。一生未仕，有洁癖，家雄于财，四方名士日至其门。藏书数千卷，古鼎法书，名琴奇画陈列左右，幽迥绝尘。元顺帝至正初，忽散家财给亲故，未几兵兴，富家悉被祸，而瓒扁舟箬笠，往来太湖及松江三泖间。不受张士诚征召，逃渔舟以免。入明，黄冠野服，混迹编氓。洪武七年卒，年七十四。以书画名家，工书法，擅楷书，善水墨山水，意境幽深，以萧疏见长，与黄公望、王蒙、吴镇为“元四家”。其诗造语自然秀拔，不事雕琢，清隽淡雅，吴宽称其诗“能脱去元人之秾丽，而得陶柳恬澹之情”。有《清閟阁集》。

## 龙门茶屋图[①]

龙门秋月影，茶屋白云泉。不与世人赏，瑶草[②]自年年。

上有天池[③]水，松风舞沦涟[④]。何当蹑飞凫[⑤]，去采池中莲。

老犁注：①龙门：在苏州天平山白云泉西侧。《龙门茶屋图》亦称《龙门僧图》，是倪瓒画的一幅以苏州天平山龙门为背景的山水画。②瑶草：泛指珍美的草。③天池：苏州天池山因半山坳中有天池，故名。此山在天平山之西，两山近在咫尺且山体相连。④沦涟：谓水波起伏。⑤何当：犹何日。蹑：登。飞凫：借指轻舟。

## 送李徵君过荆溪访王司丞[①]

何处寻狂客[②]，故人王子猷[③]。花落庭前树，风吹溪上舟。

紫笋[④]生春雨，绿蘋满芳洲。心随酒船[⑤]发，怅望不能休。

老犁注：①李徵君：一位姓李的徵君。徵君：徵士。指不接受朝廷征聘的隐士。荆溪：江苏宜兴的古称。王司丞：一位姓王的司丞。司丞：明朝有些官署设置了司丞一职，如司农司、将作司、磨勘司、公主府。一般为其官署的副长官。②狂客：放荡不羁的人。③王子猷：王徽之，字子猷。王羲之第五子。生性高傲，放诞不羁。④紫笋：喻刚长出的茶芽。⑤酒船：供客人饮酒游乐的船。

## 双寺精舍新秋追和戎昱长安秋夕[①]

秋暑晚差凉，茗馀[②]眠独早。清风振庭柯[③]，寒蛩[④]吟露草。

晨兴面流水，西望吴门[⑤]道。不知人事剧[⑥]，但见青山好。

老犁注：①双寺精舍：在何处不详。精舍：这里指僧人修炼居住之所。戎昱：唐荆南（荆州一带）人，历辰、虔二州刺史，工诗书。戎昱《长安秋夕》原诗如下：“八月更漏长，愁人起常早。闭门寂无事，满院生秋草。昨宵西窗梦，梦入荆南道。远客归去来，在家贫亦好。”②茗馀：喝茶以后。③庭柯：庭园中的树木。④寒蛩 qióng：深秋的蟋蟀。⑤吴门：指苏州一带。⑥剧：疾速，变化大。

## 次张仲举①韵

秧畴莳②已遍，午馌休中林③。忽闻轺车④至，揽衣欣慨⑤深。

遂寻修竹下，共憩西涧阴。汲泉以煮茗，遐哉遗世⑥心。

老犁注：①张仲举：张翥，字仲举，元晋宁（今山西临汾）人，以翰林承旨致仕。为诗格调甚高，词尤婉丽风流。②秧畴：秧田。莳：栽种。③馌 yè：给在田间耕作的人送饭。中林：林中；林野。④轺 yáo 车：一马所驾之轻便车。通常指代朝廷使者。⑤揽衣：提起衣衫。欣慨：欣喜感慨。⑥遐哉：远了啊。遗世：超脱尘世。

## 题惠山

重过湛公宅①，因尝陆子泉②。佛香松叶里，僧饭石岩前。

市骏③惟怜马，池荒忆种莲。清心有妙契④。尘事久终捐⑤。

老犁注：①湛公宅：惠山寺的前身曾经是湛公居住的别墅。湛公：南朝刘宋时的司徒右长史湛挺，字茂之。②陆子泉：即惠山泉。因陆羽亲品其味，故名。③市骏：买骏马。有“千金市骏”之典。战国时燕昭王派人买千里马，买回来却只是千里马的骨头，但求购千里马的诚心已惊动四方，于是不出一年，“千里之马至者三”。④妙契：神妙的契合。⑤捐：舍弃。

## 题郭天锡①画

郭髯余所爱，诗画总名家。水际三叉路，毫端五色霞。

米颠②船每泊，陶令③酒能赊。犹忆相过处，清吟夜煮茶。

老犁注：①郭天锡：名畀，字天锡（以字行世），祖籍洺水，居于京口（今江苏镇江）。擅长辩论，通晓蒙文，身材魁梧，蓄有长须，人称郭髯。曾任江浙行省掾史。画学米南宫，与小 21 岁的倪瓒久相交往。②米颠：指北宋书画家米芾。③陶令：指曾任彭泽令的东晋诗人陶渊明。

## 舟过吴江第四桥①

松陵第四桥②前水，风急犹须贮一瓢。敲火煮茶歌白苎③，怒涛翻雪小停桡④。

老犁注：①原诗没有题目，为后人所加。此诗出自倪瓒一篇名为《题画》的小短文中，诗前有言曰：“正月十四日，舟过吴江第四桥，大风浪中贮水一瓢而去，乃赋小诗曰。”故后人将此诗名为“舟过吴江第四桥”。②松陵：吴淞江。因发源于吴江县，故亦做吴江县的别称。第四桥：在江苏吴江县，又称甘泉桥。此泉被唐鉴水专家刑部侍郎刘伯刍评为第六等泉，被茶圣陆羽评为第十六泉。③白苎：《唐书

·乐志》载："梁武帝令沈约改其辞为《四时白纻歌》。这是一首描写白纻歌舞及男女爱情的组诗。白纻：即白苎，白色的苎麻。④小停：暂时停止。桡：船桨或小船。

## 次韵曹都水[①]二首其一

水品茶经手自笺[②]，夜烧绿竹[③]煮山泉。莫留樵客看棋局，持斧归来几岁年[④]。

老犁注：①曹都水：一位姓曹的都水。都水：官名。主掌修护水利设施或收取渔税的官员。②水品：水的品级。这里指唐陆羽所撰的《水品》，今不存。手自笺：亲笔训释抄录。笺 jiān：注释的文字。这里指学陆羽这样专于茶事。③绿竹：竹象征有气节，故隐士烧竹煮茶被看成是一种雅好。④此两句：化自"烂柯观棋"之典。典出南朝梁·任昉《述异记》卷上。说一个叫王质的樵夫，入信安郡石室山（今衢州烂柯山）伐木，看两人在下棋，边上棋童给王质一枣核，"质含之，不觉饥。顷俄，童子谓曰：'何不去?'质起视，斧柯尽烂。既归，无复时人。"

## 次韵曹都水二首其二

萧闲[①]馆里挑灯宿，山罽[②]重敷六尺床。隐几[③]萧条听夜雨，竹林烟羃[④]煮茶香。

老犁注：①萧闲：萧洒悠闲。②山罽 jì：山民用毛制作的毡毯一类的织物。③隐几：靠着几案。④烟羃：烟雾迷漫遮挡。羃 mì：古同幂，覆盖。

## 己酉二月二十一日为清明日风雨凄然舟泊东林西浒步过伯琁徵君高斋焚香瀹茗出示燕文贵秋山萧寺图展玩良久因写是日所赋绝句其上[①]

野棠[②]花落过清明，春事匆匆梦里惊。倚棹微吟沙际[③]路，半江烟雨暮潮[④]生。

老犁注：①标题断句及注释：己酉二月二十一日为清明日，风雨凄然。舟泊东林西浒，步过伯琁徵君高斋，焚香瀹茗，出示燕文贵《秋山萧寺图》展玩，良久，因写是日所赋绝句其上。东林西浒：东林书院之西的水边（即无锡运河）。步过：步行到。伯琁：倪瓒的朋友，字伯琁。生平不详。徵君：指不接受朝廷征聘的隐士。高斋：对他人屋舍的敬称。燕文贵：又名燕文季，北宋吴兴人。善画山水人物及舟船盘车。所画山水自成一家，富于变化，人称燕家景致。②野棠：果木名。即棠梨。③倚棹：靠着船桨，犹泛舟。微吟：小声吟咏。沙际：沙洲边。④暮潮：晚潮。

## 题张元播[①]扇

听雨楼中也自凉，偶停笔砚静焚香。君来为煮稽山茗[②]，自洗冰瓯[③]仔细尝。

老犁注：①张元播：人之姓名，生平不详。②稽山茗：即日铸茶。产于今浙江绍兴会稽山日铸岭。③冰瓯：洁净的杯子。

## 北里[1]

舍北舍南来往少，自无人觅野夫[2]家。鸠鸣桑上还催种，人语烟中始焙茶。

池水云笼芳草气，井床[3]露净碧桐花。綀衣[4]挂石生幽梦，睡起行吟到日斜。

老犁注：①北里：北面的里巷。所居里巷的北边。②自无：自然没有。野夫：草野之人。常用作谦称。③井床：即井栏。④綀 shū 衣：粗麻衣。

## 送徐子素[1]

山馆[2]留君才一月，梅花无数倚霜晴[3]。垂帘幽阁团云影[4]，贮火茶炉作雨声。

深竹每容驯鹿卧，青山时与道人行。归舟载得梁溪[5]雪，惆怅邻鸡月四更。

老犁注：①徐子素：人之姓名，生平不详。②山馆：山中的宅舍。③霜晴：霜后的晴天。④幽阁：深闺。指旧时女子的卧房。云影：云的影像。比喻妇女的美发。⑤梁溪：在无锡城西，其源出于无锡惠山，北接运河，南入太湖。为无锡之别称。

## 过许生[1]茅屋看竹

舟过山西已夕曛[2]，许生茅屋远人群。凿池数尺通野水，开牖一规[3]留白云。

煮药烟轻冲灶出，碓茶声远隔溪闻。可怜也有王猷[4]兴，阶下新移少此君[5]。

老犁注：①许生：一位姓许的儒生。②夕曛：落日的余辉。③牖 yǒu：窗户。一规：一个圆形或圆弧形。④王猷：王子猷的省称。晋王徽之，字子猷。有“子猷看竹”之典。说其不顾主人洒扫等待，径直到主人园中看竹，看完竹子就走，害得主人关门才留住他。⑤此君：王子猷尝寄居空宅中，便令种竹。或问其故，徽之但啸咏，指竹曰：“何可一日无此君邪！”后因作竹的代称。

## 寄张德常[1]

身世萧萧[2]一羽轻，白螺杯里酌沧瀛[3]。逍遥自足忘鹏鴳[4]，漫浪[5]何须记姓名。

石鼎[6]煮云听夜雨，玉笙吹月和松声。凭君为问张公子[7]？曾到良常[8]梦亦清。

老犁注：①张德常：张经，字德常，元镇江路金坛人。张士诚据吴时署为吴县丞。历吴县尹、嘉定州同知、松江府判官，所至皆有惠政。②萧萧：萧洒。③白螺杯：用白色螺壳雕制而成的酒杯。沧瀛：沧海，大海。④鹏鴳 yàn：据《庄子·逍遥游》载：鹏高举九天，远适南海，蓬间斥鴳嘲笑之。后因以“鹏鴳”比喻物有大小，志趣悬殊。⑤漫浪：放纵而不受世俗拘束。⑥石鼎：陶制的烹茶炉具。⑦为问：借问；请问。张公子：指张经。⑧良常：山名。在今江苏金坛与句容交界，句曲山

（今茅山）的北陲，是句曲山的一部分。秦始皇三十一年登此，会群官，叹曰：“巡狩之乐，莫过于山海。自今已往，良为常也。”于是改称句曲山北陲为良常山。

## 秋林山色图[①]（节选）

寂寞栖德园[②]，清虚捐世[③]味。石灶有馀烟，未收煮茗器。

老犁注：①秋林山色图：这是倪瓒画的一幅画，画上有倪瓒的题诗。据明李日华《六研斋笔记》辑录所载：倪元镇秋林山色图，仿巨然笔意，上有悬壁，旁带远岭，逶迤出没，下方作平陆，高低四五层，各作丛树，参差点缀以分层数，亭屋居其隈，盖大入意匠者，非寂寥散笔也。题句云“寓馆风雨秋……未收煮茗器。八月二日，写秋林山色并诗以遗伯循（指元福州宁德人韩信同，字伯循，号古遗）文学。瓒。”②栖德园：园名，在何处不详。③捐世：犹弃世。

## 煮石山房[①]

汲涧煮白石[②]，云栖南涧隈[③]。敲石发新火，荆薪藉[④]馀灰。坐候升降[⑤]理，静观寒燠媒[⑥]。遂忘石鼎[⑦]沸，乍疑山雨来。丹成[⑧]同此术，鹤化讵能[⑨]猜。我亦餐金液[⑩]，清浅笑蓬莱[⑪]。

老犁注：①山房：山中的房舍。②煮白石：旧传神仙、方士烧煮白石为粮，后因借为道家修炼的典实。倪瓒好茶成癖，发明很多种饮茶方法，煮清泉白石茶就是其中一种。明人顾元庆《云林遗事》里说：“倪元镇性好茶，在惠山中，用核桃、松子肉和真粉成小块如石状，置于茶中饮之，名曰清泉白石。”③隈 wēi：山涧弯曲的地方。④藉 jiè：垫；衬。⑤升降：盛衰。⑥寒燠 yù 媒：冷热变化的媒介。寒燠：冷热。⑦石鼎：陶制的烹茶炉具。⑧丹成：炼成丹药。⑨鹤化：指“丁令威化鹤”之典。谓羽化登仙。讵 jù 能：岂能。⑩金液：古代方士炼的一种丹液。服之可以成仙。作者把白石茶比作丹液。⑪此句：有“蓬莱清浅”之典，犹“桑田沧海”。

## 春日云林斋居[①]（节选）

晴岚拂书幌[②]，飞花浮茗碗。阶下松粉[③]黄，窗间云气暖。

老犁注：①云林斋居：指倪瓒家中的云林堂。斋居：家居的房舍。清顾嗣立《元诗选》中对此作注：饶介之云：堂扁“云林”二字，云字正摹天台白云寺（疑指浙江天台山白云祠）额，林字摹庐山东林寺额，皆右军得意笔也。②晴岚：晴日山中的雾气。书幌：书斋的帷帐，借指书斋。③松粉：松花粉。春天开后落地。

## 夜泊芙蓉洲走笔寄张炼师[1]（节选）

因怀静默士[2]，竹林閟玄房[3]。煮茗汲寒涧，烧丹生夜光。

老犁注：①芙蓉洲：宁波月湖有芙蓉洲。张炼师：疑指茅山道士张雨。炼师：对道士的敬称。②静默士：隐居之士。③閟 bì：掩蔽。玄房：幽静的房舍。

## 醉歌行次韵酬李徵君[1]春日过草堂赋赠（节选）

李侯[2]神爽色不动，手中茶雪[3]落轻烟。逢君此乐诚草草[4]，便欲携君卧烟岛[5]。

老犁注：①徵君：对不接受朝廷征聘的隐士的尊称。②李侯：指李徵君。③茶雪：茶上浮起的白沫。④草草：匆忙仓促的样子。⑤烟岛：烟波中的岛屿。

## 春草堂[1]诗（节选）

二月水暖河豚肥，子苦留我我怀归。半铛雪浪熏香[2]茗，埽榻萧条[3]共掩扉。

老犁注：①春草堂：堂号。在何处不详。②铛 chēng：茶铛。雪浪：泛起的白色的茶沫。熏香：芬芳。③埽 sǎo：古同扫。萧条：犹逍遥。闲逸貌。

## 太常引·伤逝

门前杨柳密藏鸦，春事到桐花。敲火试新茶。想月佩、云衣[1]故家。　苔生雨馆，尘凝锦瑟[2]，寂寞听鸣蛙。芳草际天涯。蝶栩栩[3]、春晖梦华[4]。

老犁注：①月佩、云衣：有“月佩云裳”之说。指仙人以月为佩，以云为衣。②锦瑟：装饰华美的瑟。③栩栩 xǔ：生动貌。④梦华：谓追思往事恍如梦境。

**贾仲明**（1343~1422 后）：亦作贾仲名，自号云水散人。元明间淄川（今山东淄博市）人。聪明好学，博览群书，善吟咏，尤精于词曲、隐语。曾侍明成祖朱棣于燕王邸，甚得宠爱。交游甚广，与杨讷、汪元亨、邾经、陆进之、罗贯中等咸相为友。后徙官兰陵。其所作传奇戏曲、乐府甚多，骈丽工巧，明朱权《太和正音谱》评其词“如锦帷琼筵”。为 82 位戏曲作家写了数十曲【双调·凌波仙】挽词，对这些戏曲作家及其创作予以梳理、评论，其中有不少曲论评语较为中肯公允，被后人广泛征引。著有《云水遗音》《录鬼簿续编》，写有杂剧 16 种，现存《玉梳记》等 5 种。

## 【双调·凌波仙】吊赵明道[①]

钟公《鬼簿》应清朝[②]，《范蠡归湖》手段高。元贞年[③]里升平乐。□□章、歌汝曹[④]，喜丰登、雨顺风调。茶坊中嗑，勾肆里嘲，明明德道泰歌谣[⑤]。

老犁注：①赵明道：又作赵明远、赵名远，大都（今北京）人。生卒年及生平事迹均不详。钟嗣成《录鬼簿》列其为“前辈已死名公才人，有所编传奇行于世者”之内。今仅存杂剧《韩湘子三赴牡丹亭》和《陶朱公范蠡归湖》残本。②钟公《鬼簿》：指元钟嗣成著的《录鬼簿》。此书大约成书于元至顺元年（1330），记录了自金代末年到元朝中期的杂剧、散曲艺人等80余人。有生平简录、作品目录，甚至带有自己思想痕迹的简评。清朝：清明的朝廷。③元贞年：元成宗元贞年（1294~1297）。④汝曹：你们。⑤泰歌谣：太平歌谣。

## 【双调·凌波仙】吊李宽甫[①]

西台令史合肥官，局量胸襟怀抱宽。银鞭紫马驿蜚窜[②]，宴秦楼、宿谢馆[③]，肉屏风[④]、锦簇花攒。金叵罗[⑤]醉斟琼酿，青定瓯[⑥]茶烹凤团，红烧羊码磁犀盘。

老犁注：①李宽甫，生卒年均不详，约元世祖至元中前后在世。官刑部（别称西台）令史除庐州合肥县尹。所作杂剧有《汉丞相》《丙吉问牛喘》，已佚。②银鞭紫马：指高官或富贵子弟所用的马鞭和马匹。蜚窜：犹飞窜。追逐。③秦楼、谢馆：泛指寻欢作乐的场所。④肉屏风：一般指肉阵。唐玄宗时，外戚杨国忠当政，穷奢极欲，冬月常选婢妾肥大者，行列于前，令遮风，藉人气相暖。⑤金叵pǒ罗：金制酒器。⑥青定瓯：一种珍贵的定窑茶瓯。定窑釉色以白为主，但唐代定窑釉色白中泛青，故有青定一说；而宋以后因多改用烧煤，釉色变白泛黄。

## 【双调·凌波仙】吊陆仲良[①]

贞元始祖谥宣公，嗜著《茶经》桑苎翁[②]。父维扬典掾[③]清名重，改淮南、江浙同，住杭城、家道松□[④]。词诗歌唱，诗禅贯通，一代文风。

老犁注：①陆仲良：陆登善，字仲良，扬州人，家于杭。生卒年均不详，约元文宗至顺中前后在世。为人沉重简默。工曲，有乐府隐语。所作杂剧《包待制陈州粜米》《勘头巾》二种，今不存。②此两句：指陆仲良是名人陆贽、陆羽之后。贞元：为唐德宗年号（785~805）。宣公：指唐宰相陆贽，其谥号为“宣”。桑苎翁：是茶圣陆羽的号。③父维扬典掾：指陆仲良父亲官江淮行省（治扬州）典掾。④住杭城：陆仲良父亲移官举家赴杭，仲良遂为杭州人。道松□：地名，今不详。

**徐贲**（1335～1380）：字幼文，号北郭生，元明间苏州府长洲县（今苏州市）人。其先蜀人，徙常州，再徙吴。元末为张士诚掾属，谢去居湖州蜀山。张氏亡，谪临濠。洪武二年放归。后授给事中，改御史，巡按广东。官至河南左布政使。洪武十一年（1378）以征洮岷军过境，犒劳不时，下狱。洪武十三年（1380）处死。擅书画，为“明初十才子”。山水取法董源、巨然，笔墨清润，亦精墨竹；小楷法钟兼虞，秀整端慎，草书雄紧跌宕，出入旭、素。能诗，与高启、杨基、张羽合称“吴中四杰”。有《北郭集》。

## 客夜二首其一

客舍[①]卧常早，茶馀[②]人各归。独有榻前烛，犹能照解衣[③]。

老犁注：①客舍：旅外居所。②茶馀：茶后。③解衣：脱衣。

## 同黄本中山人衍略二释子会宿桐里宝师[①]房

小艇泊江浔[②]，同来宿梵林[③]。雨香茶榻[④]起，烟影竹垣[⑤]深。

幸得芳时[⑥]见，宁辞醉后吟[⑦]。欢娱当此夕，亦足慰离心[⑧]。

老犁注：①黄本中：人之姓名，生平不详。山人：隐居在山中的士人。衍略二释子：衍和略两位僧人。释子：僧徒的通称。桐里：地名或寺名，在何处不详。宝师：一位叫宝的法师。②江浔：江边。③梵林：佛寺。④雨香：雨落植物上发出的淡淡清香。茶榻：一种喝茶的用具。类似床，比床略小，三边有围栏，中间放个矮小的茶几用于摆放茶杯等。⑤竹垣：竹做的矮墙。⑥芳时：良辰；花开时节。⑦宁辞醉后吟：宁愿辞却（别的事情）也要来此醉后吟咏。⑧离心：别离之情。

## 题周伯阳[①]所居

山深独置家[②]，地带[③]竹林斜。花尽才收蜜，烟生正焙茶。

客来门放屦[④]，樵出路鸣车。不但成高隐，营生亦有涯[⑤]。

老犁注：①周伯阳：人之姓名，生平不详。应与张羽《山居七咏题画送周伯阳》一诗中的周伯阳为同一人，也是元末明初人。②置家：成家；安置好家。③带：萦带，环绕。④屦 jù：用麻、葛等制成的单底鞋。⑤营生：犹言生活。有涯：有边际；有底。

## 赵曹莫三助教留宿南斋①

南斋凉意足，夜景满柴关②。邻友将茶送，山人酌酒还。

星垂云影外，萤③出桂阴间。相值④艰难日，诸君岂易闲⑤。

老犁注：①赵曹莫：是三位助教的姓。助教：县学里所设的经学助教者。南斋：住室南面的书房。②柴关：柴门。借指寒舍。③萤：萤火虫。④相值：犹相遇。⑤岂易闲：哪里敢轻松安逸。

## 次韵答杨孟载池阁①晚坐四首其二

晚凉池阁静，蔼蔼绿阴②交。野燕将新子③，墙桑发旧苞。

药房因雨闭，茶臼④待晴敲。谁念孤吟客，绳床⑤坐岸坳。

老犁注：①杨孟载：杨基，字孟载，号眉庵，元明间苏州府吴县人。与高启、张羽、徐贲称吴中四杰。池阁：池苑中的楼阁。②蔼蔼：茂盛貌。绿阴：亦作绿荫。绿色的树荫。③将新子：将要孵化雏燕了。④茶臼：捣茶成末的工具，似大碗，内有糙纹，与手杵共用。⑤绳床：一种可以折迭的轻便坐具，用绳系木支架而成。

## 次韵答杨孟载池阁晚坐四首其四

习静消微恙①，惊时②念故交。花残红剩萼，蕉长绿成苞。

茶器晚犹设，歌壶③醒不敲。遥知凉思④足，行乐到林坳。

老犁注：①习静：谓习养静寂的心性。常指过幽静生活。微恙：小病。②惊时：触发时令变化。③歌壶：即击歌壶。有“唾壶击缺”之典。《北堂书钞》卷一二五晋裴启《语林》：“王大将军（指东晋王敦）每酒后，辄咏魏武帝《乐府歌》（即曹操《龟虽寿》）曰：‘老骥伏枥，志在千里；烈士暮年，壮心未已。’以铁如意击唾壶（一种小口巨腹的吐痰器皿）为节，壶尽缺。”后人因以“唾壶击缺”或“击缺唾壶”作为激赏诗文之词。④凉思：凄凉的思绪。

## 次韵如律侍者①

蚤悟空门②学，迷津得济涯③。逢人谈净业④，邀伴结长斋⑤。

瓶古泉滋莹，杯香茗味佳。定知趺坐⑥外，别自有吟怀⑦。

老犁注：①如律侍者：佛门中律师（佛教律宗称和尚为律师））的随从僧徒。②蚤：通早。空门：泛指佛法。大乘以观空为入门，故称。③得济涯：得以渡到岸边。④净业：清净的善业。一般指笃修净土宗之业。⑤长斋：谓佛教徒长期坚持过午不食。后多指长期素食。⑥趺坐：盘腿端坐。⑦别自：各自。吟怀：作诗的情怀。

## 题桂烛芳上人古香台[①]

花擅[②]秋时盛，根自月中分[③]。浥露何须折[④]，因风不待[⑤]闻。
茗瀹承芳气[⑥]，兰爇让幽芬[⑦]。心清归妙悟[⑧]，今古奚足云[⑨]。

老犁注：①桂烛：传说用从桂树中提取的桂膏制作的烛。晋王嘉《拾遗记·燕昭王》："取绿桂之膏，燃以照夜。"芳上人：一位叫芳的上人（对和尚的敬称）。香台：香烛之台。标题的意思是题芳上人古香台上的桂烛。②擅：善于，专门于。③此句：桂烛制作，在月中（月圆）之时，桂膏从桂树的根中提取。④浥 yì：湿润。折：折倒，熄灭。⑤因：凭借。不待：用不着。⑥此句：指桂烛的香气犹如煮茶时散发出的香气。⑦此句：指桂烛的香气犹如兰草燃烧时散发出的香气。兰爇 ruò：兰草烧起来。兰：这里指泽兰，其茎、叶、花都有微香，可制作成香料，是古代一种高贵薰香。⑧妙悟：犹言神悟。⑨奚足云：何足云。有何值得说的。

## 广州杂咏和刘主事子高[①]二首其一

鲉鱼潮退馀溪卤[②]，牡砺墙高结海沙[③]。红豆[④]桂花供酿酒，槟榔蒌叶[⑤]当呼茶。

老犁注：①刘主事子高：一位叫刘子高的主事。主事：官名。官署中属官的头领，以文牍杂务为主。②鲉鱼：此为何鱼不详。馀溪卤：退潮后小溪中留下的海水。③此句：退潮后长满牡蛎的礁石像一堵牡蛎墙，连接着整片海沙。④红豆：赤豆。⑤蒌 lóu 叶：是吃槟榔时用来包裹槟榔的绿色叶子，这种叶子来源于胡椒科植物篓叶，它含有大量挥发油和多种微量元素，与槟榔搭配一起吃。

## 题林下烧笋

石火[①]初敲竹下来，长镵手自斲[②]荒苔。为收残箨[③]烧新笋，更荐[④]春泉茗一杯。

老犁注：①石火：以石敲击，迸发出火花。其闪现极为短暂，古人用以引火。②镵 chán：古代的一种犁头，主要用于掘土、翻地。长镵：装有弯曲长柄的农具。明徐光启在《农政全书·卷二一·农器·图谱一》："踏田器（用脚踏的翻土农具）也。制为长柄，谓之长镵。柄长三尺余，后偃而曲（仰而弯曲），上有横木如拐，以两手按之，用足踏其镵柄后跟，其锋入土，乃捩（liè 扭转）柄起坺（fá 同垡，翻耕过的土块）也。"斲 zhuó：砍劈。③残箨 tuò：笋的枯壳。④荐：进奉。

## 晚过广福精舍访传上人[①]

水阴山色晚依微[②]，松映禅房竹映扉。幽鸟不缘留客语，闲僧方自施经[③]归。
移来片石安茶器，分得孤云补衲衣。杖屦[④]不嫌频过共，道心[⑤]久与世相违。

老犁注：①广福精舍：在何处不详。精舍：僧人的修炼场所。传上人：一位叫传的上人（对和尚的敬称）。②水阴：水的南岸。依微：隐约。③方自：才从。施经：传经。④杖屦 jù：手杖与鞋子。亦是对老者的敬称。⑤道心：悟道之心。

## 赠赵安道[1]

偶为行春[2]此访君，山围野墅宿晴云[3]。药田鹤守[4]耕相候，邻屋茶香饮见分。
林下看花多是杏，溪浔拾草始知芸[5]。每闻拚醉消长日[6]，谁复来题白练裙[7]。

老犁注：①赵安道：号西林，元代人。善画山水。余不详。②行春：泛指游春。③野墅：村舍；田庐。晴云：晴空飘浮的白云。④药田：犹仙圃。仙人种药草的园圃。借指隐居地。鹤守：养鹤守家。唐韦庄《访含弘山僧不遇留题精舍》有"池竹闭门教鹤守，琴书开箧任僧传。"之句。⑤浔：水边。芸：芸草。多年生草本植物，有香味，可供药用。⑥拚 pàn 醉：不顾惜喝醉。即任由喝醉。拚：同拚。舍弃，不顾惜。长日：整天、终日。⑦白练裙：白绢制的裙。有"书裙"之典。《南史·羊欣传》："欣年十二，时王献之为吴兴太守，甚知爱之。欣尝夏月着新绢裙昼寝，献之见之，书裙数幅而去。欣加临摹，书法益工。"后世诗文中多以"书裙"作为文士酬应的典故。

## 郑静思少监[1]山庄

秘书解绶[2]还山日，移得全家住白云[3]。闲里樵渔教子习，老来药茗赖僧分[4]。
双岩树合千层绿，百嶂霞明五色文[5]。此去石桥[6]原不远，钟声只在座中闻。

老犁注：①郑静思：人之姓名，生平不详。少监：朝廷或宫中相关官署（如秘书监、少府监、将作监）的副手。官署的长官称监或正监。②秘书：古代称掌管图书之官。如秘书监、秘书郎皆是。题目中的"少监"正是秘书监中的副职。解绶：解下印绶。谓辞免官职。③白云：喻归隐地。④赖僧分：指人老了还需有僧人朋友一起来与他饮茶。⑤五色文：五彩花纹。⑥石桥：浙江天台山石梁，旁有方广寺。

## 寄渭僧清远[1]

自喜幽居接上方[2]，风烟野墅[3]共相望。禅边梅老知僧腊[4]，经里莲芳悟性香[5]。
石为弹琴曾作荐[6]，屋缘藏茗别开房[7]。日长何处堪消暑，欲借山中竹下凉。

老犁注：①渭僧清远：僧名怀渭，字清远。刘基《寄赠怀渭上人》云"老僧怀渭字清远，胸蟠文史三千卷。"②上方：住持僧居住的内室。亦借指佛寺。③野墅：村舍；田庐。④僧腊：僧尼受戒后的年岁。⑤莲芳：指佛法芳香。佛界又称莲界。性香：本性、真性的香味。⑥荐：垫子。⑦缘：因。别开房：专开一个房间放茶叶。

## 题胡玄素[1]画山居图

几度寻幽到涧阿[2]，荒溪峻岭入烟萝[3]。白云九曲[4]人家少，黄叶千林虎迹多。试茗就当泉上饮，看花须向酒边歌。相逢重忆山中客，独对新图奈别何[5]。

老犁注：①胡玄素：画家名，生平不详。②涧阿：山涧弯曲处。③烟萝：草树茂密，烟聚萝缠。④九曲：迂回曲折。⑤奈别何：面对分别又能怎么样呢？

## 题王材东里[1]草堂（节选）

移家遂成隐[2]，结屋涧东隈[3]。野客分茶[4]送，邻舟载鹤来。

老犁注：①王材：字子难，号稚川。明代诗人，江西抚州黎川县人。嘉靖二十年进士，官致通政大夫。胸怀洒脱，礼贤下士，为人忠直。喜购奇书名画。及卒，身无寸金。因与首辅严嵩不合，受诬陷被罢官。他怡然归里，以诗书自娱。东里：古地名。原指春秋郑国大夫子产所居地，旧址在今河南新郑县城内。此地人才辈出。《列子·仲尼》："郑之圃泽多贤，东里多才。"王材归隐后，将其所居草堂名为"东里草堂"。②成隐：成隐士。③隈 wēi：山或水弯曲的地方。④野客：村野之人。多借指隐逸者。分茶：宋元时一种泡茶技艺，亦称茶百戏。后泛指烹茶待客之礼。

## 赋得石井赠虎丘蟾书记[1]

来款生公[2]室，因寻陆羽泉[3]。虚泓云液[4]静，阴甃土花[5]圆。竹引归香积[6]，瓶分供法筵[7]。虎跑[8]晴见迹，龙伏暖浮涎[9]。锡[10]影孤亭日，茶香小灶烟。师心如定水[11]，应悟赵州[12]禅。

老犁注：①赋得：摘取别人已经完成的句子来做诗。古人多在题首冠以"赋得"二字。如南朝梁元帝有《赋得兰泽多芳草》一诗，"兰泽多芳草"句出自汉佚名诗《涉江采芙蓉》中的第二句。后来，科举时代的试帖诗（命题诗），因试题多取成句，故题前均有"赋得"二字。再后来，亦应用于应制（应皇帝之诏）之作及诗人集会分题。后遂将"赋得"视为一种诗体。即景诗也往往以"赋得"为题。此诗是赋苏州虎丘石井的即景诗。蟾书记：指一位叫蟾的书记。书记：寺院内负责掌管文书往来的僧官。②款：到。生公：晋末高僧竺道生的尊称。相传生公曾于苏州虎丘寺立石为徒，讲《涅槃经》。至微妙处，石皆点头。③陆羽泉：相传陆羽见虎丘山泉清冽甘甜，嘱人于虎丘"千人石"西挖泉井一眼。后人称之为"陆羽泉""陆羽井"。标题中的"石井"即此井。④虚泓：犹虚井，空井。云液：犹玉浆，指泉水。⑤阴甃 zhòu：阴湿的井壁。土花：苔藓。⑥香积：佛教里有众香国，佛号香积，有香积佛。其国香气无比。维摩诘居士讲法时曾凭借神通，到遥远的香积佛国，向香积佛求来一钵香米饭，馥郁、清冽的饭香到处弥漫，使在场的听众都得以如愿满足，不少人因香而悟道。自此，寺院就把厨房取名为香积厨。后来又用“香积”借指寺庙。⑦法筵：讲经说法者的座席。⑧跑 páo：走兽用脚刨地。⑨涎：龙涎，借指泉水。⑩锡：锡杖。⑪定水：喻禅定之心如澄静之水。⑫赵州：指唐代赵州观音院（今河北赵县柏林禅寺）高僧从谂，世称“赵州和尚，简称“赵州”。禅门“吃茶去”公案就出自他。

## 蜀山[①]（节选）

客情卒难惬[②]，人性颇烦记[③]。时具茶果招[④]，或携酒肴馈[⑤]。

老犁注：①蜀山：原诗注：在吴兴弁山（在湖州城西北9公里，雄峙于太湖南岸）南十里。②客情：客旅的情怀。卒：终究。惬 qiè：满足。③颇烦记：偏记牢烦恼，即常生烦恼。④具：泛指准备，备办。招：招待。⑤馈：送，进奉（酒）。

## 题葛仙翁[①]移家图（节选）

先生自骑黄鹿行，僮仆提携子侄侍[②]。药瓢茶磨家具足，前驱牛骡后厖豕[③]。

老犁注：①葛仙翁：葛洪，字稚川，自号抱朴子，丹阳郡句容（今江苏句容）人，东晋道教理论家、著名炼丹家和医药学家，世称小仙翁。②子侄侍：子侄跟随。③厖豕 mángshǐ：狗和猪。厖：长毛狗，亦泛指犬。豕：猪。

## 渔父篇赠瞿敬夫[①]（节选）

往来不向州城住，朝泊西岩夜东渚[②]。笔床茶灶[③]何用将，篷底[④]惟留钓鱼具。

老犁注：①瞿敬夫：人之姓名，生平不详。②西岩：岩石的西边。东渚：水的东边。③笔床茶灶：笔床即笔架；茶灶即煮茶用的小炉。借指隐士淡泊脱俗的生活。出自唐人陆龟蒙事迹。④篷底：谓船篷之下。指船舱。

---

**高明**（约1305~约1371）：字则诚，号菜根道人。永嘉瑞安（今浙江温州瑞安）人，因永嘉郡亦称东嘉郡，故人称其为东嘉先生。出身书香门第，受业于名儒黄溍。至正五年中进士，先后任处州录事、江浙行省椽吏、福建行省都事等职，为官清明练达，官声颇佳。方国珍据浙东，欲留置幕下，不就，旅寓鄞县。晚年隐居鄞县栎社沈氏楼，以词曲自娱。明初，太祖闻其名，征召之，以老疾辞。作南戏传奇《琵琶记》，被称为“南曲之祖”，有《柔克斋集》。

---

## 题孟宗振惠麓小隐[①]

汴水[②]东边杨柳花，春风散入五侯家[③]。繁华一去江南远，闲汲山泉自煮茶。

老犁注：①孟宗振：原诗注：宗振，孟后之裔。惠麓：指无锡惠山之麓。小隐：谓隐居之所。②汴水：一条由西北流入并流经开封市的河流。这里指孟宗振原是汴梁人，后寓居无锡惠山。③五侯家：泛指权贵豪门。

## 西湖葛岭玛瑙寺僧芳洲有古琴二一名石上枯一名蕤宾铁为赋诗[①]二首其一（节选）

嵇心羊体妙相得[②]，有耳不听西湖歌。松窗茶屋梦初醒，别鹤凄凄怨烟岭[③]。

老犁注：①标题断句及注释：西湖葛岭玛瑙寺僧芳洲，有古琴二：一名石上枯；一名蕤宾铁。为赋诗。玛瑙寺：在杭州西湖葛岭。僧芳洲：僧人名芳洲。石上枯、蕤 ruí 宾（古乐十二律中之第七律）铁：两者皆为琴名。②此句：有成语“羊体嵇心”。羊盖和嵇元荣两人都为南朝宋人，都擅长弹琴，技艺相当高超，能传戴安道琴法。柳恽跟他俩学琴，曲尽其妙。齐国竟陵王萧子良称赞柳恽说：“卿巧越嵇心，妙臻羊体。”柳恽后来也成为一代琴师。③别鹤：指《别鹤操》，为周代商陵牧子所作，内容是伤叹夫妻别离的一首诗歌。后用为伤别离之典。烟岭：云烟缭绕的山岭。

## 题萧翼赚兰亭[①]图（节选）

人生万事空浮沤[②]，走舸复壁[③]皆堪羞。不如煮茗卧禅榻[④]，笑看门外长江流。

老犁注：①萧翼赚兰亭：指唐代萧翼从王羲之第七世孙智永和尚处骗得《兰亭序》献给唐太宗的事件。赚：诳骗；欺哄。②浮沤 ōu：水面上的泡沫。因其易生易灭，常比喻变化无常的世事和短暂的生命。③走舸：轻便快速的战船。复壁：重迭的石壁。④禅榻：禅僧坐禅用的坐具。

---

**高逊志**（1342~1402）：一作巽志，字士敏，号啬庵，徐州萧县（今安徽宿州萧县）人。从小好学，受业于贡师泰、周伯琦、郑元祐。至正乙未荐为郿山书院山长，因不愿事元，不久毅辞。庚子七月定居嘉兴新丰。洪武二年征修元史，授翰林编修，累迁试吏部侍郎，以事去官谪居朐山。建文初，复召为太常少卿，与董伦同主庚辰会试，得士王艮、胡靖等，皆为名臣。朱棣兵入南京，遁迹雁荡，壬午饿死山中，门人蒋兟葬其于芙蓉峰北。后为万历神宗追谥“文忠”。为文深纯典雅，成一家言；亦工诗，与高启等称“北郭十友”。有《啬庵集》。

---

## 次陈彦博博士寒斋四咏韵其二·炽炭烹茶[①]

霜寒阴始凝[②]，剥尽[③]阳来复。因观薪火[④]传，悟此道机[⑤]熟。

汲井烹露芽[⑥]，聊餍畸人欲[⑦]。涤虑荡尘昏，神清光溢目。

老犁注：①陈彦博博士：陈世昌，字彦博，元明间杭州钱塘人。顺帝至正初由布衣入为翰林编修，代祀海上，以战乱道阻，留居嘉兴，授徒养母。张士诚据吴，屡致不赴。明初征修礼书，授太常博士。博士：古代学官名。如太学博士、太常博士、太医博士、律学博士等，皆为教授官。寒斋：多用于谦称自己的书房。寒：卑微。炽炭：烧到火红的炭。②阴始凝：阴气开始凝结为霜。有成语“阴凝坚冰”。③剥尽：阴极到尽头。《易》二卦名。坤下艮上为剥，表示阴盛阳衰。震下坤上为复，表示阴极而阳复。④薪火：燃着的柴草。常喻学术或理念传授不绝。⑤道机：谓出尘修道的灵机。⑥露芽：茶名。⑦此句：只闲聊吃饭就偏离人的真实欲望。餍yàn：饱；吃饱。畸人欲：扭曲了人的欲望。

## 简蒲庵长老[①]

论交[②]犹忆自前朝，乱后[③]谁怜意气消。元亮归来依惠远[④]，少游客久遇参寥[⑤]。

山房黍熟供蔬甲[⑥]，石鼎茶香荐菊苗[⑦]。名胜[⑧]想无今古异，禅龛[⑨]容我避尘嚣。

老犁注：①简：寄信（诗）给。蒲庵：释来复，字见心，号蒲庵、竺昙叟，丰城（今江西宜春丰城市）人，俗姓黄。曾住灵隐寺。元末明初临济宗名僧，曾受明太祖朱元璋及诸藩王尊信，并赐金襕袈裟，封为僧官，荣宠一时。他是一位著名诗僧和书僧。后因牵涉“胡惟庸党案”，被朱元璋下旨凌迟处死。②论交：结交；交朋友。③乱后：元末明初的兵乱之后。④元亮：东晋诗人陶潜字元亮。惠远：东晋庐山东林寺高僧。惠远与陶潜是好朋友，陶潜辞官归来，与惠远往来密切。⑤少游：宋词人秦观，字少游。参寥：宋僧人。两人都与苏东坡往来密切。⑥山房：山中的寺宇。黍：稷、糜子。蔬甲：蔬菜的萌芽。⑦石鼎：陶制的烹茶炉具。菊苗：菊的嫩芽，古人采撷供食用。黄庭坚在《和曹子方杂言》一诗中有“菊苗煮饼深注汤”之句。⑧名胜：景致优美且著名的地方。这里借指避世之地。⑨禅龛：佛堂。

---

**郭钰**（1316~1376后）：字彦章，别号静思，元明间吉水（今江西吉安吉水县）人。元末隐居不仕。明初，以茂才征，辞疾不就。年愈六十，竟以贫死。其诗清丽有法，格律整严。生平转侧兵戈，流离道路，目击时事阽危之状，故诗多离乱穷愁之作，尤悽惋动人。其载战乱残破郡邑事实，言之确凿，尤足补史传之阙。有《静思集》。

---

## 重到山家[1]

红雨[2]长茶芽，东风吹柳花。行人[3]今日到，先自补窗纱。

老犁注：①山家：山野人家。②红雨：比喻落花。③行 xíng 人：遒人。古代帝王派出去了解民情的使臣。《汉书·食货志上》：“孟春之月，群居者将散，行人振木铎徇（xùn 巡行）于路，以采诗。”

## 壬寅正月十三日客退后书[1]

酒从前日尽，客又几人来。扫石俯流水，煮茶看落梅。

为儒生事拙[2]，会友好怀开。但得情无愧，妻孥[3]不用猜。

老犁注：①客退后书：客人走了后书写。②此句：作为儒者，须坚守儒家倡导的为人底线，在外人看来做事就显得迂腐。③妻孥 nú：亦作妻帑 tǎng，妻子和儿女。

## 野宿

谁谓归田[1]好，荒烟暗棘丛。边愁攒[2]战马，野宿逐征鸿[3]。

捆屦[4]山涵雨，煎茶竹送风。读书成濩落[5]，拟学六钧弓[6]。

老犁注：①归田：谓辞官回乡务农。②边愁：因边乱、边患引起的愁苦之情。攒 cuán：聚集。③野宿：在乡野过夜。征鸿：征雁，迁徙的雁，多指秋天南飞的雁。④捆屦 jù：编织扎牢鞋子，即编鞋。⑤濩 huò 落：谓沦落失意。⑥六钧弓：谓强弓。三十斤为一钧，张满弓要用力六钧，后因以指强弓。

## 花前

花前曾共饮离尊[1]，青鸟西归[2]减旧恩。双陆[3]细敲红日落，茶烟隔竹不开门。

老犁注：①离尊：饯别的酒杯。②青鸟西归：春天归去了。《春秋左传·昭公十七年》“青鸟氏司启者也。”晋杜预注：“青鸟，鸧鴳也。以立春鸣，立夏止。”③双陆：亦称双鹿，古代一种博戏。

## 别阮士瞻[1]

豆蔻[2]春梢着小花，玉人憔悴掩琵琶。阮郎[3]病起心情减，半榻松风自煮茶。

老犁注：①阮士瞻：人之姓名，生平不详。②豆蔻 kòu：又名草果。多年生草本植物。高丈许，秋季结实。种子可入药，产岭南。南方人取其尚未大开的花，称为含胎花，以其形如怀孕之身。诗文中常用以比喻少女。③阮郎：指阮士瞻。

## 晚过山庄

草满畲田[1]落照斜，溪行尽日少人家。自伤直性从干谒[2]，谁在穷途不怨嗟[3]。

香火氤氲王子庙，旌旗明灭长官衙[4]。主人问客知名姓，始肯开门唤煮茶。

老犁注：①畲 shē 田：火耕地，指粗放耕种的田地。②此句：伤感自己一个直性子的人，却要依从他人。自伤：自我伤感。从：依从。干谒 yè：对人有所求而请见。③怨嗟 jiē：怨恨叹息。④此两句：指山庄是冷清之地，既不是王子庙，也不是长官衙。氤氲：弥漫的烟气。明灭：忽隐忽现。

## 寄郭沛[1]

最忆山原[2]隐士家，朱帘[3]楼外卷飞霞。梅花清影斜侵案[4]，韭叶[5]寒香细入茶。

教弟旧书常共读，待宾新酒不须赊[6]。春来顿觉疏还往[7]，长遣[8]归心托暮鸦。

老犁注：①郭沛：人之姓名，生平不详。②山原：山陵与原野。③朱帘：红色帘子。④案：案几。⑤韭叶：指韭叶芸香草。这种草具有特异香气，可入药，制作汤济后可当茶喝，具有平喘镇咳作用。《三国演义》第八十九回中，诸葛亮率大军南征孟获，路遇瘴气，经一老者指点，得韭叶芸香草，命士兵口含一叶，则瘴气不染。⑥赊：赊欠。⑦还往：指亲朋间重新往来。⑧长遣：长久地遣送。

## 乙巳夏五月茶陵永新兵奄至遂走淦西暑雨涉旬米薪俱乏旅途苦甚因赋诗示诸同行[1]

白发遗民[2]真可哀，途穷犹望北兵[3]来。关河割据将成谶[4]，将相经纶[5]岂乏材。

足茧[6]荒山走风雨，腹饥深夜吼春雷。主翁清晓[7]催人发，又报烽烟逼楚台[8]。

老犁注：①标题断句及注释：乙巳夏五月，茶陵、永新兵奄至，遂走淦西，暑雨涉旬，米薪俱乏，旅途苦甚，因赋诗示诸同行。茶陵、永新兵：驻扎在茶陵、永新两地（在湘赣边界）的乱兵。奄至：急速来到。淦西：地名。指淦水（在今江西宜春樟树市西南，是赣江的支流）之西的地域。暑雨：夏季的雨。涉旬：经过十天。乏：没有，无。②遗民：亡国之民。③北兵：元兵。④关河：关山河川。犹说国内。谶 chèn：将要应验的预言、预兆。⑤经纶：整理丝缕、理出丝绪和编丝成绳，统称经纶。引申为治理国家的抱负和才能。⑥足茧：亦作足趼。脚掌因磨擦而生出的硬皮。喻指跋涉辛劳。⑦主翁：犹主人。与“仆人”相对。清晓：天刚亮时。⑧楚台：楚怀王梦遇神女之阳台。后多指男女欢会之处。这里是借指楚地。

## 和宋竹坡见寄[①]

闻君近住崆峒[②]下，俗客不来长闭关[③]。得句遍题青竹上，寄书曾到白云间。

微风欹[④]枕茶烟散，晴日卷帘花意闲。旧约许寻[⑤]须候我，月明骑鹤[⑥]过南山。

老犁注：①宋竹坡：人之姓名，生平不详。见寄：寄给我的诗。②崆峒：山名。在江西赣县南。③俗客：指不高雅的客人。闭关：闭门谢客，断绝往来。谓不为尘事所扰。④欹（同攲）：通倚 yǐ，斜靠着。⑤旧约：从前的约定。许寻：许我再想想。这里指对方约他去，他有一种举棋不定的心情。⑥骑鹤：谓仙家乘鹤云游。

## 三月十六日访宋竹坡不遇

门巷春阴绿树遮，重来不省[①]是君家。云封山馆半帘雨，水泛溪流万片花。

王戴[②]风流成故事，吴张[③]图画动中华。小童报主须留客，汤沸铜瓶旋煮茶。

老犁注：①不省：认不回。②王戴：指东晋王徽之和戴逵。王徽之“雪夜访戴”，乘舟到了戴逵家门，不去登门拜访，就兴尽返回了。③吴张：指唐时吴道子和张旭。有“三绝之观”之典。吴道子在洛阳遇裴旻（善剑）和张旭（善书）。裴旻以金帛请吴道子在天官寺为其亡父母作画超度，吴却不受谢金，曰“闻将军之名久矣！如能为我舞剑一曲，足抵当所赠。观其壮气，并可助我挥毫”。裴旻即翩翩挥剑起舞，吴道子奋笔作画，俄顷而就，有若神助。张旭也乘兴挥洒，一壁狂草龙飞凤舞，时论以为“一日之中，获三绝之观”，传为有唐一代佳话。

## 和酬李潜[①]

世路邅回[②]暮景移，老怀无托废题诗。朱颜[③]弃我辞杯满，青眼[④]看书下笔奇。

雨暝[⑤]茶烟侵竹润，春寒香雾出帘迟。地偏每恨交游少，何日能来慰所思。

老犁注：①和酬：以诗作酬答。李潜：人之姓名，生平不详。②邅 zhān 回：难行不进貌。③朱颜：脸红。形容酒醉的面容。④青眼：黑眼，借指眼力好或青春年少。⑤雨暝：下雨时天色昏暗。

## 过罗仁达[①]别墅（节选）

盘涡抟[②]落花，茶烟出幽竹。相对淡忘言，月明山下宿。

老犁注：①罗仁达：人之姓名，生平不详。②盘涡：水旋涡。抟 tuán：集聚。

## 赠峡江王巡检[1]（节选）

雕弓羽箭挂前除[2]，座中宾客多文儒[3]。煮茶烟细浮苍竹，把钓江清出白鱼。

老犁注：①峡江：指江西吉安市峡江县。因巴邱镇玉峡两岸群峰夹赣水，江面狭窄而得名。王巡检：一位姓王的巡检，生平不详。巡检：巡检使的省称。古代常在沿边、沿江、沿海等地设巡检司，负责关隘守卫、甲兵训练、安防巡逻等职责，巡检使是该官署的最高官员。②雕弓：刻绘花纹的弓。羽箭：箭。因尾部缀鸟羽，故称。前除：屋前台阶。③文儒：指讲求礼乐教化的儒生。

## 同宗弟文炳宴集余以病不能往中和仲简偕行且有登览之乐因事触兴形于咏歌俯仰之间余不能无憾焉聊复次韵[1]（节选）

歃盟惟待桑苎翁[2]，长向空山煮春茗。翻云覆雨胡不然[3]，抚事[4]从今梦初醒。

老犁注：①标题断句及注释：同宗弟文炳宴集，余以病不能往。中和、仲简偕行，且有登览之乐，因事触兴形于咏歌。俯仰之间，余不能无憾焉，聊复次韵。文炳：作者同宗弟弟的名字。宴集：宴饮集会。中和、仲简：两者皆人名，生平不详。登览之乐：登高揽胜之乐。兴形：兴奋的情形。俯仰：形容沉思默想。聊复：暂且当作。②歃 shà 盟：歃血为盟。桑苎翁：陆羽号桑苎翁。③胡不然：何不一样。④抚事：追思往事。

## 和酬李宪文[1]送茶

鳌山峭石攒碧空[2]，物性苦硬气所钟[3]。野老锄云种茶荈[4]，年深[5]获利盛农功。云蒸雾滃[6]春濛濛，一枪两旗[7]战东风。采掇[8]可以羞王公，西山白云将无同[9]。我家住近鳌山下，籴米[10]买薪日无暇。长夏饮水冬饮汤，风月交游足清话[11]。君年甚少甚潇洒，摘鲜分赠金同价。已看雀舌[12]堆满盘，况复骊珠动盈把[13]。读书窗深午烟微，竹炉石鼎[14]生光辉。玉川七碗吃不得[15]，以少为贵知音稀。君子浩荡不可羁，好追彩凤天门[16]飞。白玉堂[17]前春昼永，承恩拜赐龙团[18]归。

老犁注：①和酬：以诗作酬答。李宪文：人之姓名，生平不详。②鳌山：郭钰家附近的山名。攒 cuán：聚拢直插。碧空：青天。③物性：事物的本性。气：地中之气。钟：寄托。④野老：村野老人。茶荈 chuǎn：采摘时间较晚的茶。泛指茶。⑤年深：时间久长。⑥雾滃 wěng：云雾四起。⑦一枪两旗：茶叶新长出时的形状，中间一芽成细针状如枪，两叶已经展开形如旗。⑧采掇 duō：摘取。⑨西山：有"西山爽气"之典，指隐居者的闲情逸致。将无同：犹言莫非相同。⑩籴 dí 米：买米。⑪清话：高雅不俗的言谈。⑫雀舌：喻茶芽。⑬骊 lí 珠：喻珍贵的物品。这里指茶芽。盈把：满把。⑭石鼎：陶制的烹茶炉具。⑮此句：出自卢仝（号玉川子）

的《走笔谢孟谏议寄新茶》诗句“七碗吃不得也，唯觉两腋习习清风生。”⑯天门：天官之门。⑰白玉堂：指翰林院。⑱龙团：贡茶名。饼状，上有龙纹，故称。

**唐桂芳**（1308~1380）一名仲，字仲实，号白云、三峰，元明间歙县（今安徽黄山歙县）人。唐元之子。学者称“白云先生”“三峰先生”。少从洪焱祖学，勤奋苦学，名闻乡里。乡试不中，客金陵，名士大夫皆折节与交。元至正中，聘明道书院训导、集庆路学训导，未几，授崇安县教谕，秩满迁南雄路学正，以忧归。遂终老歙县槐塘，日以诗酒为乐，自号“酒狂”。朱元璋定徽州，召对称旨，命出仕，以瞽废辞。寻摄紫阳书院山长。文宗老苏，以气为主，容与逶迤。其诗清谐婉丽，颇合雅音。有《武夷小稿》《白云集》等。

## 五月十六夜汲扬子江心泉[①]煮武夷茶戏成一绝

三更无寐坐官航[②]，澹月[③]朦胧色似霜。扬子江心泉第一，何妨为煮建茶[④]香。

老犁注：①扬子江心泉：即中泠泉，在镇江金山寺下扬子江江心屿中。②官航：坐官船航渡扬子江。③澹月：清淡的月光。④建茶：指建州茶。原主产地在福建建瓯的北苑，元代开始，同属古建州的武夷山茶兴起，建茶亦转指武夷茶了。

## 载赓[①]游武夷韵二首其一

闽海人烟接岛夷[②]，仙家元在画桥[③]西。春风酒熟三姑市[④]，夜雨茶香九曲溪。

古洞设关闲铁锁，悬崖凿室上云梯。神呵鬼护龙蛇字[⑤]，他日重来觅旧题。

老犁注：①载赓：即赓载。谓相续而成。多用指诗词唱和。这里指作者上次写过游武夷的诗，这次接着写。②闽海：福建和浙江南部沿海地带。岛夷：古指我国东部近海一带及海岛上的居民。③元：原，原来。画桥：雕饰华丽的桥梁。④三姑市：三姑集市。在今福建武夷山九曲溪与崇安溪交汇处，这里是九曲溪景区入口，此地有一村名三姑村，人流往来使这里集市兴盛。⑤龙蛇字：指草书飞动圆转的笔势，指石壁上留下的书法文字。

## 国宝先生手疾未愈再用韵以赎疏慢之罪[①]

先生大笔真燕许[②]，绝学[③]从今得重观。钓掣鳌头[④]犹矍铄，杯除蛇影[⑤]便轻安。

刘伶可作尊拳[⑥]惧，石勒翻思毒手[⑦]难。往事悠悠付千古，煮茶聊沃[⑧]渴喉干。

老犁注：①标题断句及注释：国宝先生手疾未愈，再用韵，以赎疏慢之罪。国宝：人名，生平不详。疏慢：怠慢。②燕许：唐玄宗时名臣燕国公张说、许国公苏颂的并称。两人皆以文章显世，时号“燕许大手笔”。③绝学：谓造诣独到之学。④掣 chè：牵拉。鳌头：首位，第一人。⑤蛇影：有成语“蛇影杯弓”。杯除蛇影：借指怕病不好的疑虑消除了。⑥尊拳：谑称他人的拳头。《晋书·刘伶传》：“尝醉与俗人相忤。其人攘袂奋拳而往。伶徐曰：‘鸡肋不足以安尊拳。’其人笑而止。”⑦石勒：十六国时后赵建立者。翻思：回想。毒手：凶狠的殴打。《晋书·石勒载记下》：“初，勒与李阳邻居，岁常争麻地，迭相殴击。至是……勒与酣谑，引阳臂，笑曰：‘孤往日厌卿老拳，卿亦饱孤毒手。’”⑧聊沃：姑且润泽。

## 和偶题

百年光景只[①]春华，随处东风燕作家[②]。西寺题诗还可和，南城卖酒也能赊[③]。

晴天愁写弟兄雁[④]，老圃新生母子瓜[⑤]。不见陈蕃能下榻[⑥]，高情孤负白云茶[⑦]。

老犁注：①只：孤独。②作家：指燕子筑巢。③赊：赊欠。④弟兄雁：有“弟兄争雁”之典。弟兄射雁，还没射就争着是煮着吃还是烤着吃，争吵到族长那里，族长说一半煮一半烤，回来再射雁都飞没了。后成为“无休止争论而错过时机”之典。⑤老圃：旧园圃。母子瓜：唐代章怀太子李贤有《黄台瓜辞》一诗，是一首咏物托意的讽喻诗，写于其废为庶人前。诗中以一摘、再摘，采摘不已，最后必然是无瓜可摘，抱着一束藤蔓回来。喻武则天对亲子一味猜忌、过度杀戮，只会落得个“摘绝抱蔓归”的可悲结局。⑥陈蕃榻：《后汉书. 徐稚传》载：徐稚乃南昌高士，为太守陈蕃所礼重。陈蕃在郡不接宾客，唯稚来特设一榻，稚离去就把榻悬挂起来。后因以“陈蕃榻”为礼待贤士嘉宾的典故。⑦白云茶：白云中长生之茶。

## 二月六日偕善先罗照磨[①]游武夷舟中有作三首其一

溪水粼粼浅见沙，隔篱知是野人家。心忘浊世无过[②]酒，面对青山自啜茶。

三尺篷窗[③]低似屋，数株桃树烂如霞。武夷若许寻仙路，为借西风八月槎[④]。

老犁注：①善先罗照磨：即罗善先照磨。罗善先：人之姓名，生平不详。照磨：官名。字面意思为“照刷磨勘”。《元典章·吏部八》：“明察曰照，寻究曰刷，复核曰磨，检点曰勘。”元朝始置，明清沿袭，为中央及地方各官署属官中的首领官，掌管案牍、管辖吏员，并协助长官处理政务。②浊世：混乱的时世。无过：不外乎。③篷窗：犹船窗。④八月槎：指乘往天河的仙舟。晋张华《博物志》卷三：“旧说云天河与海通，近世有人居海渚者，年年八月有浮槎去来不失期。”

## 二月六日偕善先罗照磨游武夷舟中有作三首其二

笔势翩翩锥画沙[①]，相逢况是老诗家[②]。广文官[③]冷常无饭，使客神清[④]只爱茶。

苔蚀残碑忘岁月，树笼古洞隔烟霞。幔亭[⑤]宴罢无消息，欲驾张骞海上槎[⑥]。

老犁注：①笔势：书画的意态和气势。翩翩：行动轻疾貌。锥画沙：形容书家的藏锋笔法。②诗家：犹诗人。③广文官：广文馆中清苦闲散的儒学教官。广文馆：唐代国子监增开广文馆，设博士、助教等职，领国子学中修进士业者。据《新唐书·郑虔传》载，玄宗爱郑虔才，为置广文馆，以之为博士。所以史称郑虔为“广文先生”。④使客：使者。神清：谓心神清朗。⑤幔亭：用帐幕围成的亭子。《云笈七籤》卷九六：“武夷君，地官也，相传每于八月十五日大会村人于武夷山上，置幔亭，化虹桥通山下。”⑥张骞海上槎：传说汉张骞奉命出使，乘槎到了西域诸河的源头。后人就把张骞当作神通仙境的使者，其所乘之槎便称“海上槎”。

## 二月六日偕善先罗照磨游武夷舟中有作三首其三

梅花香月印溪沙，绝胜西湖处士家①。仙品②未餐丹鼎药，官租已课碧云茶③。

松窗不散连朝④雨，石屋犹栖太古⑤霞。春水断桥迷野渡⑥，一双幽鸟立枯槎⑦。

老犁注：①西湖处士：指北宋诗人林逋。其结庐西湖孤山，二十年足不及城市，号“西湖处士”。②仙品：仙界的果品食物。③官租：政府征收的租税。碧云茶：碧云中生长的茶。④连朝：犹连日。⑤太古：远古，上古。⑥断桥：指杭州西湖断桥。野渡：荒野或村野渡口。⑦幽鸟：幽静林中啼叫的鸟。枯槎：老树的枝杈。

## 伏读高昌佥宪公唐律十有二首爱其清新雄杰殆本天成非吟哦造次可得韩退之慕樊宗师文苏子瞻拟黄鲁直体惟其有之是以似之区区虽欲效颦第恐唐突西施耳十二首其七·和水西寺①

上方见说谪仙②游，雨挟风声误作秋。院院松篁山列障③，时时涧壑水鸣球④。

屠龙未展平生技⑤，驻马⑥聊为半月留。僧病懒披云水衲⑦，折梅和雪浸⑧茶瓯。

老犁注：①标题断句及注释：伏读高昌佥宪公唐律十二首，爱其清新雄杰，殆本天成，非吟哦造次可得。韩退之慕樊宗师文，苏子瞻拟黄鲁直体，惟其有之，是以似之区区，虽欲效颦，第恐唐突西施耳。十二首其七·和水西寺。伏读：谓恭敬地阅读。高昌佥宪公：指唐代在高昌（今吐鲁番）任佥宪的一位长者。佥宪：佥都御史的美称。古时称御史为宪台，其下设佥都御史。殆：几乎。造次：轻率；随便。樊宗师：字绍述。唐河中宝鼎（今山西运城市万荣县）人，官终谏议大夫。为文奇涩，不袭前人，时号“涩体”。韩愈尝荐其材。苏子瞻：苏轼，字子瞻。黄鲁直：黄庭坚，字鲁直。苏轼与黄庭坚有师徒情谊，据苏轼《送杨孟容》诗序曾言“自谓效黄鲁直体”。惟其有之：正因为有韩愈、苏轼的的榜样在。是以似之区区：所以模仿他们一点点。效颦：指东施效颦。第恐：只怕。唐突：冒犯；亵渎。水西寺：在安徽泾县。②上方：前人。见说：告知。谪仙：谪居世间的仙人。这里指李白，其号谪仙。③列障：即列嶂。相连的山峰。④鸣球：谓击响玉磬。喻水声。⑤屠龙技：《庄子．列御寇》："朱泙漫学屠龙于支离益，单（通殚，用尽）千金之家，三年技成，而无所用其巧。"后因以"屠龙技"指虽然高超而无实用价值的技艺。⑥驻马：使马停下不走。⑦云水衲：云游所穿之衲衣。云水者，喻行脚而言。⑧折梅和雪：折下带雪的梅花。浸茶瓯：泡在茶瓶里。

## 载效唐律二解兼寄弘甫夏君①二首其二

几回醉倚碧琅玕②，满袖清风客未还。买砚忽辞朱子里③，抱琴又入武夷山。

茶收暖焙园丁喜，布割寒机④村女闲。应想故园图画里，石榴花发小柴关⑤。

老犁注：①载效：接续仿效。唐律：唐律诗。二解："解"在诗歌中是单位名称，指长诗中的一个章节，相当于"章"。二解犹二章。弘甫夏君：指夏弘甫。其生平不详。君是对人尊称。②琅玕 lánggān：形容竹之青翠，亦指竹。③朱子里：朱熹故里，今武夷山五夫镇。④寒机：寒夜的织布机。⑤柴关：柴门。借指寒舍。

## 送汤君济赴广西宪幕①二首其二

皓月如银老桂秋，明朝催动孝廉舟②。江山迢递三千里，广海③东西四十州。

荔子输官供酒盏，槟榔留客当茶瓯。清心莫饮贪泉④窟，霜压黄茅瘴⑤已收。

老犁注：①汤君济：人之姓名，生平不详。宪幕：宪司（按察司）的幕僚。②孝廉舟：载着孝廉的船。孝廉：孝，指孝悌者；廉，指清廉之士。古代做官，常常要先进行推举，这些被推选出来的士人就叫孝廉。到了明清也指举人。③广海：两广及海南，指岭南地区。④贪泉：泉名。在广东南海县。《晋书．吴隐之传》载：吴隐之为广州刺史，"未至州二十里，地名石门，有水曰贪泉，饮者怀无厌之欲。"隐之"至泉所，酌而饮之，因赋诗曰：'古人云此水，一歃怀千金，试使夷齐饮，终当不易心。'及在州，清操逾厉。"后因以吴隐之酌贪泉的故事作为标榜官吏清廉的典故。所谓酌贪泉而不贪，就是这个意思。⑤黄茅瘴：亦称黄芒瘴。我国岭南地区秋季草木黄落时所生发的瘴气。

## 送李巨源幕宾①二十五韵（节选）

绳床纳晚飔②，竹下茶烟湿。公胡不少留③，六月行路热。

老犁注：①李巨源：人之姓名，生平不详。幕宾：指官署的参谋顾问人员。明清后亦以称幕友、幕僚。②绳床：一种可以折迭的轻便坐具。以木为架，用绳穿织架上而成。又称胡床、交床。飔 sī：凉。③胡：何。少留：暂时停留。

## 和谭茶运浙东行韵兼寄周运判父子[①]（节选）

迩来榷[②]茶税，地高称雄职[③]。身驰驿马尘，手倦鞭竿[④]力。深秋驾胥涛[⑤]，飞帆破江色[⑥]。清风瀹金芽[⑦]，便觉生羽翼[⑧]。

老犁注：①谭茶运：一位姓谭的茶运。茶运：官名。茶盐都转运使的简称。周运判：一位姓周的运判。运判：官名。茶盐都转运使下面的判官。运判始于宋代转运使、发运使下设的判官，其职位略低于副使，称转运判官、发运判官，简称“运判”。②迩来：近来。榷 què：专营、专卖。③此句：地位高配得上这个重要职位。雄职：重要职位。④竿 suàn：竹器。⑤胥涛：传说春秋时伍子胥为吴王所杀，尸投浙江，成为涛神。后人因称浙江潮为“胥涛”。亦泛指汹涌的波涛。⑥江色：江上景色。⑦瀹：煮。金芽：茶芽。⑧生羽翼：生出鸟翅，喻升仙。

## 九月十日命次儿文凤携琴谒张仲贤知县是晚宿澄塘兰若同吴德渊文凤联句以叙阳关别意云[①]（节选）

离鸾别鹤[②]遇知音，流水高山得真趣。老僧香焚螺甲烟[③]，小童茶瀹龙团[④]味。

老犁注：①标题断句及注释：九月十日，命次儿文凤携琴谒张仲贤知县，是晚宿澄塘兰若，同吴德渊、文凤联句，以叙阳关别意云。次儿文凤：文凤是唐桂芳的第二个儿子。张仲贤：知县姓名。生平不详。澄塘：地名，在何处不详。兰若：寺院。吴德渊：人之姓名，生平不详。阳关：在甘肃省敦煌市西南，是丝绸之路南路必经的关隘。唐王维《送元二使安西》：“劝君更尽一杯酒，西出阳关无故人。”后“阳关”就成别离之地的代名词。②离鸾别鹤：比喻分离的配偶。③螺甲烟：甲香燃出的烟。甲香为蝾螺科动物蝾螺（又名流螺）或其近缘动物的掩厣（yǎn 螺类介壳口圆片状的盖）制成的香。④龙团：宋贡茶名。饼状，上有龙纹，故称。

## 近闻叔器学正迁善府掾俱有海北乔迁喜而不寐为赋长短句二十一韵[①]（节选）

同里已盟胶漆久[②]，同道又联雁鹜来[③]。审知[④]公馀了无事，槟榔茶熟椰子杯。

老犁注：①标题断句及注释：近闻叔器学正迁善府掾，俱有海北乔迁。喜而不寐，为赋长短句二十一韵。叔器：姚叔器，生平不详。学正：官名。明朝州学设学正，掌教育所属生员。迁善：向好的一面迁移。意即提升。府掾：府署设置的僚属。俱有：一同又有。海北：朱海北，生平不详。乔迁：乔迁新居。②同里：同乡。胶漆：比喻情谊极深，亲密无间。③同道：志同道合的人。雁鹜来：如鹅鸭一样排队而来。④审知：审察而明白。亦指清楚地知道，确知。

## 题雪谷诗卷[1]（节选）

只今六月若坐甑[2]，安能飞度乘仙槎[3]。清冷恍踏层冰上，请师为试先春茶[4]。

老犁注：①原诗有注：雪谷二字，乃雪庵为恒阳王作，廉侯子有立，以饷予，予转贻允中姚师。雪庵：人之名号，生平不详。恒阳王：廉希宪，字善甫，号野云。元畏兀儿（今称维吾尔）人。自幼魁伟，举止不凡。成年后，爱好经史。十九岁时，入侍忽必烈藩邸，被称为“廉孟子”。辅佐忽必烈直到成为元世祖。累赠太师、上柱国、恒阳王，谥号“文正”。丞相伯颜曾赞其为“男子中真男子，宰相中真宰相”。廉侯子：廉希宪的儿子名叫有立。饷予：赠我。转贻：转送。允中姚师：姚允中先师。②若坐甑：如坐甑器中。甑 zèng：古代蒸饭的一种瓦器。底部有许多透蒸气的孔格，置于鬲上蒸煮。③仙槎：仙舟。④先春茶：早春茶。

## 代送汪彦文幛语[1]二首其一（节选）

溪流浅碧鱼可数，巨石赑屃[2]横为梁。纸光漆液[3]砚比玉，春风吹出金芽[4]香。

老犁注：①汪彦文：人之姓名，生平不详。幛语：挽幛用语。挽幛：题上字的一副布帛，作为庆吊时相送的礼物。②赑屃 bìxì：大而重貌。③漆液：如漆般的墨液。④金芽：茶芽。

---

**凌云翰**（1323~1388）：字彦翀，号柘轩、避俗翁，元明间仁和（今浙江杭州）人。师承婺源程文（字以文，号黟南生），博览群籍，通经史。元至正十九年（1359）举人，除平江路学正，不赴。洪武初授杭庠训导，此间与徐一夔、莫昌、张昱、钱惟善、王好问等相交唱和，其“贵真重趣”的主张，对元末佤靡诗坛注入了活力，使其成为杭州文坛的领袖。然其文名很盛，仕途却不显。洪武十四年（1381）荐授成都府学教授，后坐贡举乏人，谪南荒以卒。其诗有宋遗风，才情奔放，不可羁靮。有《柘轩集》。辑有《遗山乐府》，已佚。

---

## 挽卢处士[1]

吴山卢处士[2]，潇洒地行仙[3]。云卧怜丹壑[4]，茶歌慕玉川[5]。

盖棺方事定，刻石又名传。清逸重题号[6]，明经[7]有子贤。

老犁注：①原诗题注：伯庸（指卢伯庸，生平不详）之父。②吴山：在今杭州西湖东南。又名胥山。俗称城隍山。处士：本指有才德而隐居不仕的人，后亦泛指未做过官的士人。③地行仙：原为佛典中所记的一个长寿的神仙，后因以喻高寿或隐逸闲适的人。④丹壑：丹霞掩映下的沟壑。⑤玉川：唐卢仝，号玉川子。⑥此句：清新散脱地为自己重新书写雅号。⑦明经：通晓经术。又用以对贡生的尊称。

## 画七首其六

童子携瓶沽酒，仆夫[①]汲水煎茶。坐对青山扪虱[②]，不妨终老烟霞[③]。

老犁注：①仆夫：泛指供役使的人，犹言仆人。②扪虱 shī：穷人身上长虱子，痒时只能用手扪住虱子捏死。东晋大将桓温兵进关中时，前秦的王猛去谒见，王猛一面与桓温侃侃谈天下事，一面扪虱，旁若无人。见《晋书・王猛传》。后以"扪虱"形容放达从容，侃侃而谈。③烟霞：云霞。泛指云霞出没的山水隐居地。

## 墨竹三首其二[①]

山童偶敲茶臼[②]，野老闲歌竹枝[③]。明月不离襟袖[④]，好风都在蒲葵[⑤]。

老犁注：①原诗有题注：高士谦作，王好问、王志学有序，故三诗及之。高士谦：高让，字士谦，钱塘人。工诗文，善画竹，画竹法学于顾定之。洪武元年（1368）任西湖书院山长。高让与凌云翰、何敬，同为杭州府学训导，关系密切。王好问：王裕，字好问，元明山阴人。王志学：王桂，字志学，元明台州括苍人。读书仙都山中，后游钱塘。②茶臼：捣茶成末的工具，类大碗，内有糙纹，与手杵共用。③竹枝：指竹枝词。竹枝词本为巴（今川东）渝一带民歌，唐诗人刘禹锡据以改作新词，歌咏巴渝一带风光和男女恋情，盛行于世。后人所作也多咏各地风土或儿女柔情。其形式为七言绝句，语言通俗，音调轻快。④襟袖：衣襟衣袖。亦借指胸怀。⑤蒲葵：棕榈科蒲葵属乔木，叶阔如扇，嫩叶可编蒲葵扇。借指蒲葵扇。

## 龚翠岩[①]所画煎茶索句图

玉川和靖总清标[②]，煮茗吟梅共寂寥[③]。时世不同人物似，正如雪里见芭蕉。

老犁注：①龚翠岩：龚开，字圣予，号翠岩，一号龟城叟，南宋淮阴人，尝与陆秀夫同居广陵幕府。理宗景定间为两淮制置司监官。宋亡不仕，隐居吴中，以画自给。家甚贫，坐无几席。精于经术，工诗文、古隶，善画人物、山水。②玉川：唐诗人卢仝，自号玉川子。被后人称为茶仙。和靖：林逋，字君复，北宋末隐居杭州西湖的孤山，好种梅养鹤。去世后宋仁宗追赐他为"和靖先生"，故后人称之为林和靖。清标：俊逸；谓清美出众。③寂寥：空旷高远。

## 戊午七月六日书事[①]二首其二

伏日殊无可兴乘[②]，欲谈儒墨[③]重寻僧。茶瓜不解留佳客，笑杀成都杜少陵[④]。

老犁注：①书事：写眼前所见的事物，即诗人就眼前事物抒写自己顷刻间的感受。②伏日：三伏的总称，一年中最热的时候。古代亦指三伏中祭祀的一天。殊无：没有什么特别。可兴乘：可乘兴。③儒墨：儒家和墨家。④此句：南宋乾道年间，林谦之为国子监司业，与担任正字（官名，与校书郎同掌校正书籍）的彭仲举同游临安天竺寺，饮酒论诗，意趣风发。说到杜甫诗的妙处，彭仲举趁着微醺，忽地大声吼道："杜少陵可杀啊杜少陵可杀！"隔壁包厢的一个酒客乃平庸无知之人，听后大惊，赶紧四处告诉别人："不好啦，林司业与彭正字在天竺寺谋划杀人呢！"有人连忙问谋杀谁呢。答曰："我听到要杀杜少陵，但不知这个姓杜的是谁？"一旁的人听了都笑倒了。其实，彭正字所说的"可杀"，可，乃可意（合意；中意），杀同"煞"。表示极致，极甚，如"笑煞"。意思是杜少陵让人对他中意到极致了。

## 次韵范石湖田园杂兴[①]诗六十首其四·春日十二首之四

村扉寂寂掩荆柴[②]，雨阻清明客少来。自把新茶试新火[③]，喜看榆柳[④]变炉灰。

老犁注：①范石湖：范成大，字至能，晚号石湖居士，谥文穆。平江府吴县（今苏州市）人。南宋名臣、文学家，与杨万里、陆游、尤袤合称南宋"中兴四大诗人"，对后世影响很大。有《石湖集》等著作传世。田园杂兴：指范成大创作的大型组诗《四时田园杂兴》，按春日、晚春、夏、秋、冬，共分五个部分，每个部分有12首七言绝句，共60首诗。组诗描写了农村四季的景色和田园的生活。凌云翰次韵范成大也写了60首。②村扉：农家的门扇。荆柴：荆室柴门。③新火：相传古时随季节变化，要变换燃烧不同的木柴以防时疫，叫换新火。④榆柳：指用于春季换火燃烧的榆树和柳树。

## 次韵范石湖田园杂兴诗六十首其十五·晚春十二首之三

春色相将到楝花[①]，柴门深掩似山家。日长无事琴书罢，纱帽笼头自煮茶[②]。

老犁注：①相将：行将。楝 liàn 花：楝树花，暮春始开。清陈淏子在其所著的园艺学专著《花镜》上说："江南有二十四番花信风，梅花为首，楝花为终。"楝与恋同音，含有相思的寓意。②此句：化自卢仝《走笔谢孟谏议寄新茶》"柴门反关无俗客，纱帽笼头自煎吃"之句。

## 次韵范石湖田园杂兴诗六十首其五十八·冬日十二首之十

不眠吟苦爱更长，石鼎[①]煎茶满注汤。诗句欲成缘底事[②]，梅花隔屋暗吹香。

老犁注：①石鼎：陶制的烹茶炉具。②底事：何事。

## 钱塘十咏其五·孤山霁雪[①]

快雪时晴春尚悭[②]，梅花开遍旧孤山。入林僧舍浑[③]迷路，隔岸人家尽掩关。

茶鼎旋烹新水[④]活，钓舟空伴白鸥闲。因思李及[⑤]曾来日，童子开笼鹤未还[⑥]。

老犁注：①孤山：山名。在杭州宝石山下西湖边的一个小岛，山不高，但秀丽清幽。宋林逋曾隐居于此，喜种梅养鹤，世称孤山处士。霁雪：雪止放晴。②快雪：纵雪，纵情狂下的雪。春尚悭：春还不肯来到。悭 qiān：悭吝；小气。③浑 hùn：简直，完全如此。④旋烹：来回反复地（即不停地）烹煮。新水：新汲之水。⑤李及：字幼几，其先范阳（今河北涿州）人，后徙郑州（今属河南）。为人清高耿直。做杭州知州时，从不宴游。但一日微雪时，却到孤山与隐士林逋清谈去了，直到天黑才回来。⑥此句：指林逋外出，客有来访，童子便开笼放鹤，林逋见鹤而归。

## 己未端四复初以村居述怀及午日书事见示因次其韵[①]其一

池通细水树欹花[②]，似是荒村老杜[③]家。堂上每来如客燕，园中还产在官蛙[④]。

酒香昌歜欺松叶[⑤]，饭滑雕胡胜蕨芽[⑥]。石枕竹床凝[⑦]午梦，觉来消得一瓯茶。

老犁注：①标题断句及注释：己未端四，复初以村居述怀，及午日书事见示，因次其韵。端四：端午的前一天。复初：杨明，字复初，钱塘人，号村居。元末进士，洪武间卒于荆州知州任上。在元末明初与凌云翰、徐一夔等一道推动当时杭州诗文的复兴。午日：端午的当天。书事：诗人就眼前事物抒写自己顷刻间的感受。见示：拿给我看。②此句：化自杜甫《过南邻朱山人水亭》“幽花欹满树，小水细通池”。欹：通倚。③老杜：指杜甫，以别于杜牧（称小杜）。④在官蛙：晋惠帝秉性愚蒙，曾在华林园闻虾（蛤）蟆声，谓左右曰：“此鸣者为官乎？私乎？”侍臣贾胤对曰：“在官地为官虾蟆，在私地为私虾蟆。”令曰：“若官虾蟆，可给廪。”见《晋书·惠帝纪》。后用作对虾蟆的谑称。⑤昌歜 chù：即菖歜，菖蒲根的腌制品。传说周文王嗜昌歜，孔子慕文王而食之以取味。后以指前贤所嗜之物。用菖歜酿成的酒叫菖歜酒。端午节有食菖歜与饮菖歜酒的习俗。松叶：指松叶酒，在《备急千金要方》中有记载，用于治疗脚痛。⑥雕胡：茭白子实，即菰米。也指雕胡饭，即菰米煮成的饭。蕨芽：蕨的嫩芽，可食用。⑦凝：停止。

## 五月二十日寿洪时中广文用复初韵[①]

仙号洪崖是此翁，后身聊复寄黉宫[②]。春秋学外无馀子[③]，月旦评中有至公[④]。

清极[⑤]每憎茶七碗，衰来宁[⑥]羡粟千钟。今年两遇称觞[⑦]日，赖有葵榴接续红[⑧]。

老犁注：①这是作者用复初（指杨明，详见上一首诗）的诗韵，为一个叫洪时中（号洪崖）的广文先生（清苦闲散的儒学教官）祝寿而写的一首诗。②后身：后面的人生。聊复：暂且；暂时先。黉 hóng 官：学官；学校。③春秋学：解读《春秋》经义并研究与此相关的社会问题的学问。馀子：其余的人。④月旦评：东汉末年由汝南郡人许劭兄弟主持对当代人物或诗文字画等品评、褒贬的一项活动，常在每月初一发表，故称“月旦评”或者“月旦品”。无论是谁，一经品题，身价百倍，世俗流传，以为美谈。因而闻名遐迩，盛极一时。至公：至公：科举时代对主考官的敬称。这里指洪时中。⑤清极：清苦到极点了，指穷得没东西吃了。茶是瘦身的，喝茶对没饭吃的人来说自然是憎恶的。⑥衰来：衰老下来。宁：岂。⑦称觞：举杯祝酒。⑧葵榴：葵和榴。接续：后面接着前面。

## 听雪同张行中赋约以禁体[1]

黄昏微霰已垂垂[2]，侧耳还从静里知[3]。清讶松风[4]茶熟后，暗疑花雨[5]酒醒时。

黑甜[6]今夜浑无梦，白战[7]当年自有诗。侵晓[8]开窗何所见，飘然多在老梅枝。

老犁注：①张行中：人之姓名，生平不详。禁体：即禁体诗：一种遵守特定禁例写作的诗。据宋代欧阳修《雪》诗自注、《六一诗话》及宋代诗人苏轼《聚星堂诗叙》所记其禁例大略为，不得运用通常诗歌中常见的名状体物字眼，如咏雪不用玉、月、梨、梅、练、絮、白、舞等，意在难中出奇，或者是限定某些字必须入诗。②微霰 xiàn：微小的雪粒。垂垂：下落貌。③静里知：（微霰下落声）在无杂音的环境里才能听知。④清讶：明处惊讶。松风：煮水发出的声响。⑤暗疑：暗处怀疑。花雨：喻雪花。⑥黑甜：酣睡、熟睡。出自宋魏庆之《诗人玉屑》卷六引《西清诗话》：“南人以饮酒为软饱，北人以昼寝为黑甜”。浑：全。⑦白战：禁体诗始于宋代欧阳修而得名于苏轼，因苏轼写有“白战不许持寸铁”之句，意即“有如徒手相搏，不持寸铁。”故又被称为“白战体”。⑧侵晓：天色渐明之时；拂晓。

## 梅雪四律代张翚徐术陆平沈廉赋[1]其四

老干柔条被雪封，五花还与六花[2]重。从渠[3]易改清癯态，到底难藏冷淡容。

弄色[4]却非怜冻雀，收香[5]长是误寒蜂。何如[6]插向铜瓶里，煮水煎茶兴更浓。

老犁注：①标题断句及注释：梅雪四律（写梅雪的四首律诗），代张翚、徐术、陆平、沈廉（此四者指人的姓名）赋。②五花：梅花。六花：雪花。雪花结晶六瓣，故名。③从渠：随他（它）。④弄色：显现美色。⑤收香：把香收藏，意即梅花不在冬季里开放。长是：时常；老是。⑥何如：用反问的语气表示不如。

## 雪湖八景次瞿宗吉韵其二·冷泉[1]雪涧

下有流泉上有松，诸山罗列玉芙蓉[2]。垆头[3]又酿谁家酒，屐齿应嫌此处踪。

汲去煮茶随瓮抱，引来刳木[4]入厨供。涧边亭子无人宿，空使猿号[5]昨夜峰。

老犁注：①瞿宗吉：瞿祐，字宗吉，自号存斋，钱塘人。洪武初以荐历宜阳训导、迁周府长史。永乐间以诗祸谪戍保安，洪熙元年放归。冷泉：在杭州灵隐寺旁。②玉芙蓉：喻雪峰。③垆头：酒坊。④刳 kū 木：剖凿木头。⑤猿号：猿的长鸣声。

## 雪湖八景次瞿宗吉韵其五·西陵雪樵

湖曲风寒战齿牙[1]，不知高树已翻鸦[2]。远持斤斧黏冰片[3]，旋斫[4]柴薪带雪花。
市上淂钱沽斗酒[5]，担头悬笠插山茶。路人试问归何处，笑指西陵[6]是我家。

老犁注：①湖曲：湖边的弯曲处。风寒：冷风寒气。战齿牙：冷得牙齿上下打颤。②翻鸦：乌鸦在高树上翻飞。③斤斧：斧头。冰片：天冷在斧头上结起的片状薄冰。④旋斫：接着砍。⑤淂钱：（把柴薪卖了）获得钱。淂：同得。沽斗酒：买了一斗酒。⑥西陵：陵墓名。南朝齐钱塘名妓苏小小的墓。在杭州西湖西泠桥堍。

## 种菊庵为无锡钱子义[1]赋

绕庵种菊待秋先，不道春苗已厌尝[2]。酒效少陵拈重碧[3]，花怜惟演进姚黄[4]。
满城风雨重阳意，三径[5]荒芜几处香。况有惠山泉可试，拟同桑苎对幽芳[6]。

老犁注：①钱子义：名师义，字子义，号种菊，明无锡人。工诗，著有《种菊庵集》。②厌尝：饱尝。③此句：有一年杜甫（号少陵野老）来到宜宾，当地的最高长官杨使君在东楼，用当时宜宾最好的名酒“重碧春”款待杜甫，杜甫因此有了《宴戎州杨使君东楼》五律诗，其颈联为“重碧拈春酒，轻红擘荔枝。”④此句：北宋钱惟演在任西京（今洛阳）留守期间，非常重视牡丹，他创办了首个洛阳牡丹花会，即万花会，并将牡丹鲜花用驿马送到东京（今开封）皇宫。南宋胡仔《苕溪渔隐丛话》说：“钱惟演留守，始置驿贡花。议者鄙之曰：‘此宫妾爱君之意也。’故东坡诗：洛阳相公忠孝家，可怜亦进姚黄花。”姚黄：最好的牡丹花有“姚黄魏紫”的说法。姚黄是指千叶黄花牡丹，出于民间姚氏家；魏紫是指千叶肉红牡丹，出于魏相仁溥家。后就泛指洛阳牡丹。⑤三径：晋赵岐《三辅决录·逃名》：“蒋诩归乡里，荆棘塞门，舍中有三径，不出，唯求仲、羊仲从之游。”后因以“三径”指归隐者的家园。⑥桑苎：唐陆羽，号桑苧翁。幽芳：花的清香。喻高洁的德行。

---

**陶宗仪**（1329～1412 后）：字九成，号南村。黄岩下陶村（今属浙江台州路桥区）人。广览群书，学识渊博，工诗文善书画。至正八年参加进士试，遭主试者忌而未中，适寇岩于乡，遂宿留松江。入赘松江都漕运粮万户费雄家，与妻元珍筑草堂于泗泾南村，故号南村，开馆授课。从此弃科举和仕途。课余垦田躬耕，被誉为“立身之洁，始终弗渝，真天下节义之士。”耕学之暇，将所见所思所得，录于树叶，

贮于瓮，10年后整理抄录编为《南村辍耕录》。著述宏富，还有《南村诗集》《国风尊经》《沧浪棹歌》《书史会要》《四书备遗》《印章考》《淳化帖考》《兰亭帖目》《说郛》等。

## 次姚宪佥原礼韵简明上人古镜[①]六首其五

清寂山中景，逍遥物外[②]身。好茶留客煮，香茝课童纫[③]。

欲识空为了[④]，还知懒是真。释门推老宿[⑤]，佛法在弥纶[⑥]。

老犁注：①姚宪佥原礼：一位叫姚原礼的宪佥。宪佥：官名。指宪司（按察司）佥事。明上人：一位叫明的上人。古镜：明上人的字号。②逍遥物外：谓不受外界事物的拘束，自由自在。③茝 chǎi：古书上说的一种香草，即“白芷”。这里喻书香。课童：教授儿童。纫：连缀，接续。借指接受老师的知识和教诲。④此句：欲识佛法目的是为了找到归处。了：了结。⑤老宿：称释道中年老而有德行者。⑥弥纶：统摄；笼盖。唐孔颖达疏：“弥，谓弥缝补合。纶，谓经纶牵引。”

## 和郑南荣[①]韵

煮茶烧落叶，扫径动闲云。水涸溪痕见，林疏岫色分。

斋居[②]长自掩，麋鹿动成群。短屐相过数[③]，惟应郑广文[④]。

老犁注：①郑南荣：人之姓名，生平不详。②斋居：家居。③短屐：简陋的木底鞋。相过：相互往来。数：屡次，多次。④惟应：唯有，只有。郑广文：指郑南荣是一位清苦的儒学教官。广文：“广文先生”的简称。泛指清苦闲散的儒学教官。

## 十月廿六日喜雪分韵得同字

今年方见雪，欢喜万人同。觥巨醅浮绿[①]，窗明烛耀红。

煎茶移石鼎[②]，理棹[③]命溪童。黄竹[④]何须赋，休祥[⑤]兆岁丰。

老犁注：①觥 gōng：酒器。醅 pēi：未过滤的酒。浮绿：酒上浮起的微绿糟渣。②石鼎：陶制的烹茶炉具。③理棹：行船。④黄竹：传说周穆王曾作四言诗，哀风雪中受冻之民，以首句二字“黄竹”名篇。后为咏雪之典。⑤休祥：吉祥。

## 洪武丁卯腊月癸亥雪

六花凝瑞[①]白，已见腊前三[②]。寒色清[③]逾烈，羁怀[④]老不堪。

穷阴连漠朔[⑤]，丰稔[⑥]在江南。驴背[⑦]溪桥客，煎茶恐未谙[⑧]。

老犁注：①六花：雪花。雪花结晶六瓣，故名。凝瑞：凝结祥瑞。②腊前三：

腊前已三次下雪。③清：清冷。④羁怀：寄旅的情怀。⑤穷阴：指冬天过尽就是年终之时。漠朔：即朔漠。原指北方沙漠地带，也泛指北方。⑥丰稔 rěn：犹丰熟。⑦驴背：有“骑驴踏雪，诗思在灞桥”之典。⑧谙 ān：熟悉。

## 连日积雪酿寒晓起见雪腊月十一日也[1]

四野[2]话丰年，三番[3]见腊前。意从多日厚，色莹六葩[4]妍。
溪艇因思泛[5]，铛茶趁埽煎[6]。老翁无此兴，拥火醉陶然[7]。

老犁注：①标题断句及注释：连日积雪酿寒，晓起见雪，腊月十一日也。酿寒：谓逐渐酿成寒冷的天气。②四野：四方的原野。③三番：（雪下了）轮流三次。④六葩：雪的别称。雪花为六角，故名。⑤此句：指东晋王子猷“雪夜访戴”的典故。雪夜出访，见不见朋友无所谓，能尽兴就可以返回。⑥趁埽煎：趁着有雪扫来烹茶。埽 sǎo：同扫。古代文人隐士常以“扫雪烹茶”为雅事。⑦陶然：醉乐貌。

## 题倪元镇[1]云岫溪亭图

扁舟昔日惠山前，裹茗[2]来烹第二泉。清閟老仙[3]呼鹤处，冈头[4]亭子尚依然。

老犁注：①倪元镇：倪瓒，字元镇，号云林居士，元明间常州无锡人。其以诗书画名家，善水墨山水，与黄公望、吴镇、王蒙称“元四家”。②裹茗：携茶。③清閟 bì：清静幽邃。这里指倪瓒的清閟阁。老仙：指称倪瓒。④冈头：冈顶。

## 严寒次粟隐德上人韵[1]二首其一

雪留十日未都消，画閤[2]娱情遣寂寥。茶敌睡魔浮玉乳[3]，酒烘吟脸晕红潮。
雕盘异馔明妆[4]捧，宝鼎沉香烈火烧。应有穷途饥冻者，一般风景不同条[5]。

老犁注：①粟隐：不食周粟的隐士。后泛指隐士。德上人：一位名号叫德的上人。②閤 gé：通阁。③玉乳：对白色茶沫的美称。④雕盘：刻绘花纹的盘子。异馔：奇异的美食。明妆：（女子）明丽的妆饰。⑤此句：饥者与饱者，对寒冷景色的感受是截然不同的。不同条：不会同一个条目，指想不到一块。

## 题张惟德清逸轩[1]诗卷

结庐自爱南村[2]好，尽日萧闲遣兴[3]长。一榻松风茶在鼎，半帘溪雨酒盈觞。
遥岑[4]爽气朝来致，小径黄花晚节[5]香。闻道层轩[6]清且逸，我将过汝[7]共徜徉。

老犁注：①张惟德：人之姓名，生平不详。清逸轩：轩名。②南村：元末避兵，陶宗仪侨寓松江之南村，因以自号。③萧闲：萧洒悠闲。遣兴：抒发情怀。④遥岑：远处陡峭的小山崖。⑤黄花晚节：指菊花在晚秋中傲霜开放，喻人到晚年仍保持高尚的节操。⑥层轩：重轩。指层楼上的敞厅。⑦过汝：过来和你。

## 皆梦轩为陈汝嘉[1]赋

北窗高卧羲皇[2]上，不比南柯太守[3]衙。尘世蕉阴方覆鹿[4]，山童竹里自敲茶。

黄粱旅邸[5]空仙枕，春草池塘即谢家[6]。万事转头同一幻，怪来�管忽生花[7]。

老犁注：①皆梦轩：轩名。陈汝嘉：人之姓名，生平不详。②羲皇：伏羲氏。有“北窗卧羲皇”之典。晋陶潜《与子俨等疏》：“常言：五六月中，北窗下卧，遇凉风暂至，自谓是羲皇上人。”后以此典形容人生活闲散自适，心境安逸；也用以指睡眠，多指午睡。③不比：不同于。南柯太守：南柯梦中的太守。常用作浮生无常之典实。④蕉阴方覆鹿：有“覆鹿寻蕉”之典。比喻把真事看作梦幻而一再失误。⑤黄粱：有“黄粱一梦”之典，比喻虚幻不能实现的梦想。也指梦境。旅邸dǐ：旅馆。⑥春草池塘：南朝梁钟嵘《诗品》：“《谢氏家录》云：康乐（谢灵运）每对惠连（谢灵运族弟），辄得佳语。后在永嘉西堂，思诗竟日不就，寤寐间忽见惠连，即成‘池塘生春草’。”⑦筠管：竹管。亦用以指笔管、毛笔。生花：生花笔。五代王仁裕《开元天宝遗事·梦笔头生花》：“李太白少时，梦所用之笔头上生花，后天才赡逸，名闻天下。”因以“生花笔”喻杰出的写作才能。

## 次谢士英[1]韵

郊原十里非凡境，屋宇无多似瀼西[2]。新竹长来吟径小，绿杨缺处画桥低。

茶浮石鼎[3]儿新煮，诗满云笺[4]手自题。乘兴看山出林麓，短筇[5]一个影清溪。

老犁注：①谢士英：人之姓名，生平不详。②瀼 ráng 西：瀼水在今四川省奉节县境。分西瀼、东瀼。杜甫有《暮春题瀼西新赁草屋》诗五首，是他迁居瀼西时所写。③石鼎：陶制的烹茶炉具。④云笺：有云状花纹的纸。⑤短筇 qióng：短杖。

## 代梅荅[1]

向煖[2]南枝趁早开，让渠[3]独占百花魁。与时无竞缄[4]春在，感子[5]相思索笑来。

吹笛且休明月底，煮茶宜傍白云隈[6]。老予[7]不比桃和杏，直要鼕鼕羯鼓[8]催。

老犁注：①代梅花来回答。荅：通答。②煖 nuǎn：同暖。③渠：它。④缄 jiān：封，锁。⑤子：儿女。⑥隈 wēi：弯曲处。⑦老予：衰老的我。⑧鼕鼕 dōng：同冬冬。形容敲鼓的声音。羯 jié 鼓：古代打击乐器的一种。起源于印度，从西域传入，盛行于唐开元、天宝年间。由于唐玄宗喜欢羯鼓，自然大家也跟着喜欢，就如大家都喜欢桃和杏。而梅花是孤芳，不随众。自然不能和桃杏相比。

## 听雪为孙以贞[1]赋

瑶池阿母教飞瓗[2]，细捣冰花拥佩旌[3]。郭索行沙[4]林竹偃，吴蚕食叶[5]纸窗明。

短编清夜谁家读[6]，柔橹寒溪远处声[7]。闭户先生[8]俄侧耳，松涛沸起煮茶铛[9]。

老犁注：①孙以贞：人之姓名，生平不详。②瓗 qióng：古同琼，泛指美玉。这里指白色的琼花，喻雪。③佩旌：佩巾和旗子。这里喻雪花纷纷飘落。④郭索：螃蟹爬行貌。郭索行沙：喻下雪的声音。⑤吴蚕食叶：喻下雪的声音。⑥此句：化自“孙康映雪”之典。短编：小册子。⑦此句：化自“雪夜访戴”之典。柔橹：谓操橹轻摇。亦指船桨轻划之声。⑧闭户先生：指孙敬，字文宝，西汉信都人。性嗜学，闭户读书，困倦欲睡，乃以绳系头髻悬于梁。市人称为闭户先生。这里借指孙以贞。⑨茶铛 chēng：似釜的煎茶器。

## 又次冰雪翁[1]韵

碧空湛湛露华[2]清，万籁沉沉一鉴明[3]。节序[4]俄惊今夕是，光阴只使老怀[5]惊。

杯盘小酌双瓶尽，宾主高谈四坐倾。童子煮茶来报说，莲花漏[6]刻已三更。

老犁注：①冰雪翁：人之名号，生平不详。②露华：清冷的月光。③万籁：各种声响。沉沉：形容寂静无声。鉴明：镜面明净。指冰面。④节序：节令，节令的顺序。⑤老怀：老年人的心怀。⑥莲花漏：古代的一种计时器。

## 雪中偶成次书庄叟[1]韵

瑶池阿母试鸾刀[2]，剪碎冯夷[3]白战袍。琪树[4]千林清可揽，玉厓[5]万丈势弥高。

越笺[6]题句披蝉翼，建盏行茶沃兔毫[7]。却笑堆成狮子样[8]，街头便可怖儿曹[9]。

老犁注：①次书：再次写。庄叟：人之名号，生平不详。②鸾刀：刀环有铃的刀。古代祭祀时割牲用。③冯夷：传说中的黄河之神，即河伯。泛指水神。用剪碎的白战袍比喻雪。④琪树：仙境中的玉树。⑤玉厓：冰崖。⑥越笺：越地产的信笺。以蚕茧等为原料做成的纸，洁白且薄如蝉翼。⑦沃兔毫：指泛起的白色茶沫盖住了兔毫盏。⑧狮子样：雪堆成狮子模样。⑨怖儿曹：吓小孩。儿曹：儿辈。

## 松斋为玉峰秀上人[1]赋

上人远自海东[2]来，为爱青松到处栽。花落石床闲不扫，声和天籁定初回。

折将席上为谈柄[3]，留向山中具法材[4]。几欲裹茶[5]林下煮，高斋赋咏亦幽哉[6]。

老犁注：①松斋：指山林别墅或隐者房舍。玉峰：地名或寺名。秀上人：一个叫秀的上人（对和尚的尊称）。②海东：指海以东地带。常指日本。③折：返回。

谈柄：谈话的资料（原诗注：大明法师事。即他们谈的是唐朝大明法师事迹。大明法师为唐相州人，李延寿父，多识前世旧事。法师惜北人写南史或南人写北史，多有不实，其欲改写之，却未写而逝）。④具法材：准备讲法的材料。⑤裹茶：携茶。⑥高斋：高雅的书斋。常用作对他人屋舍的敬称。幽哉：隐逸快哉。

## 题颜近仁[1]清风卷

高栋曾轩頫涧阿[2]，此君挺挺翠骈罗[3]。写真缣素襟期[4]合，相与[5]冰霜节操多。

鸾牡遄归周甫[6]诵，蓬莱何处玉川[7]歌。门前应用开三径[8]，自有故人时一过[9]。

老犁注：①颜近仁：原诗注：近仁先朝进士能写竹。②高栋：高大的屋梁。曾轩：曾经轩昂。頫 fǔ：同俯。涧阿：山涧弯曲处。③此君：竹子的代称。挺挺：正直貌。翠骈罗：翠绿聚集罗列。骈 pián：本义两马并驾，引申为聚集。④写真：如实描绘事物。缣 jiān 素：细绢。襟期：襟怀。⑤相与：一同与。⑥鸾牡：雄性的鸟兽。遄 chuán 归：速归。周甫：字次山，晚号无碍老人，宋苏州常熟人，弃举子业，研究经史百家之书，精于汉史。所作《韩生传》《章华台记》《石头城歌》，皆脍炙人口。⑦玉川：唐朝卢仝，号玉川子。在其《走笔谢孟谏议寄新茶》一诗中有“蓬莱山，在何处？玉川子乘此清风欲归去。”之句。⑧应用：适应需要，以供使用。三径：晋赵岐《三辅决录·逃名》：“蒋诩归乡里，荆棘塞门，舍中有三径，不出，唯求仲、羊仲从之游。”后因以“三径”指归隐之所。⑨一过：走过一遍。

## 和董良史宪佥[1]西郊草堂杂兴八首其四

老来岁月去堂堂[2]，夙佩[3]君恩不敢忘。炎汉辞官容广受[4]，圣朝立极过轩唐[5]。

秫田[6]春雨租牛种，茗碗凉风对鹤尝。清兴[7]有时吟不了，天边罗立九山[8]苍。

老犁注：①董良史：董纪，字良史，洪武间上海人，词翰兼美，有《西郊笑端集》，清四库著录。宪佥：官名。指宪司（按察司）佥事。②堂堂：明亮。③夙佩：犹敬佩。④炎汉：汉自称以火德王，故称炎汉。广受：汉朝疏广和疏受叔侄，有“知足不辱，知止不殆”的故事。⑤立极：树立最高准则。轩唐：传说中的古代帝王轩辕、唐尧的并称。⑥秫 shú 田：种植黏粟之田。⑦清兴：清雅的兴致。⑧罗立：围环耸立。九山：指上海松江西北的九座山峰。

## 次韵答张林泉[1]五首其四

百年孤抱[2]岁寒心，不觉头颅雪满簪[3]。梧陌[4]鼎烟时瀹茗，石床衣露夜横琴[5]。

水云深处成真赏，风月良辰动苦吟。欲访郊居曾有约，桃花浪煖[6]一篙深。

老犁注：①张林泉：人之姓名，生平不详。②孤抱：无人理解的志向。③雪满簪：喻满头白发。④梧陌：长着梧桐的田野。陌：田野。⑤石床：供人坐卧的石制用具。横琴：谓抚琴，弹琴。⑥浪煖 nuǎn：温暖的浪花。煖：同煊，温暖。

## 赠乐安居士张彦载①

治世优游赋考槃②，葛衣藜杖笋皮冠③。清溪一曲居常乐，红日三竿睡正安。

花外雨窗篘蚁酝④，竹间风鼎瀹龙团⑤。到头浑是⑥清闲福，笑引儿孙种合欢⑦。

老犁注：①张彦载：号乐安居士，生平不详。②治世：太平盛世。优游：悠闲游乐。考槃：成德乐道。后以喻隐居生活。《诗经·卫风·考槃》："考槃在涧，硕人之宽。"汉·毛氏传："考，成。槃，乐也。"③笋皮冠：笋壳做的帽子。指斗笠。④篘蚁酝：滤出新酿的绿蚁酒。篘 chōu：竹制的滤酒器。⑤风鼎：风炉。瀹龙团：煮龙团茶。龙团：宋代贡茶名。饼状，上有龙纹，故称。⑥浑是：全是；简直是。⑦合欢：落叶乔木，其叶夜间成对相合，故俗称"夜合花"。

## 乐静草堂为卫叔静①赋

屋绕芙蓉九叠屏②，日长客去掩闲庭。岩花煖傍疏帘③落，阶草晴分汗简青④。

温火试香删旧谱，汲泉煮茗续遗经⑤。江南定有徵⑥贤诏，太史方占处士星⑦。

老犁注：①乐静：草堂名。卫叔静：人之姓名，生平不详。②九叠屏：位于江西省九江市的庐山，呈西北至东南走向，长约 700 米，相对高差 220 米，是庐山最为陡峭高大的一个悬崖绝壁，其下曾是李白隐居之地，留有"屏风九叠云锦张，影落明湖青黛光"的诗句。③煖 nuǎn：同暖。疏帘：指稀疏的竹织窗帘。④汗简青：汗简一样的青色。汗简：以火炙竹成简，后供书写所用。⑤遗经：指古代留传下来的经书（这里指《茶经》）。⑥徵：今作征。⑦太史：官名。西周、春秋时太史掌记载史事、编写史书、起草文书，兼管国家典籍和天文历法等，魏晋后专掌历法。处士星：少微星，借指隐士。《晋书·隐逸传·谢敷》："初，月犯少微，少微一名处士星，占者以隐士当之。"

## 万竹林为鹤砂于廷立①赋

渭川壤地②栽千亩，海上云林③长万竿。晋室一时人旷达④，尔家三径⑤日平安。

琅玕响激⑥秋声早，翡翠⑦阴团雨气寒。裹茗⑧敲门容借看，清风吟啸对檀栾⑨。

老犁注：①鹤砂于廷立：于廷立，号鹤砂，生平不详。②渭川：即渭水。亦泛指渭水流域。壤地：田地。③海上：湖边。云林：隐居之地。④晋室一时：晋皇朝这一时期。旷达：开朗，豁达。多形容人的心胸、性格。⑤三径：指归隐者的家园。⑥琅玕 lánggān：形容竹之青翠，借指竹子。响激：响声鼓动。⑦翡翠：形容竹之翠绿，借指竹子。⑧裹茗：携茶。⑨檀栾：秀美貌。多用以形容竹子。

## 次韵自述

飘零江海半生多，年少疏狂老益磨[①]。柳拂檐牙[②]儿手种，苔黏屐齿客来过。

雨窗吟苦偿诗债[③]，茗碗香清遣睡魔。亦欲躬耕南亩[④]上，饭牛[⑤]闲暇织农蓑。

老犁注：①疏狂：豪放，不受拘束。磨：磨难。②檐牙：屋檐边呈齿状，故称。③诗债：谓他人索诗或要求和作，未及酬答，如同负债。④南亩：谓农田。南坡向阳，利于农作物生长，古人田土多向南开辟，故称。⑤饭牛：喂牛，饲养牛。

## 次胡万山韵答陈祠部[①]

坐树疏梅[②]试一吟，纷纷霁雪落长林。鄭泉石鼎[③]烹山茗，温火金凫爇水沉[④]。

幽意[⑤]漫随寒日淡，故人遥住白云深。试看题寄新诗句，珠玉[⑥]篇篇有赏音。

老犁注：①胡万山：人之姓名，生平不详。陈祠部：一位姓陈的祠部郎中。祠部：古代官署的名称。主要掌祠祭、国忌、僧道簿籍等。隋后隶属于礼部。明初为礼部四属部之一，设郎中、员外郎，洪武间改名祠祭清吏司。亦指祠部郎中这一官名。②坐树：有“坐树不言”之典。《后汉书·冯异传》：“异为人谦退不伐……每所止舍，诸将并坐论功，异常独屏树下，军中号曰‘大树将军’。”后因以“坐树不言”谓功高而不自矜。疏梅：稀疏的梅花。③鄭 jū：舀水的器具，引申为舀取。相当于“挹”。石鼎：陶制的烹茶炉具。④金凫 fú：凫（野鸭）形香炉。爇 ruò：烧。水沉：用沉香制成的香。⑤幽意：幽闲的情趣。⑥珠玉：喻妙语或美好的诗文。

## 和张宾旸西畴[①]泛舟韵二首其二

潦水茫茫接淀湖[②]，人家如在辋川图[③]。日明练色涵青嶂[④]，风细鳞纹漾绿芜[⑤]。

打鼓踏车农事冗[⑥]，放船携酒客情娱。饮阑同叩邻姬户[⑦]，啜茗听讴直至晡[⑧]。

老犁注：①张宾旸：人之姓名，生平不详。西畴：西面的田畴，泛指田地。②潦 lǎo 水：雨后的积水。淀湖：上海青浦淀山湖。③辋川图：唐王维绘的名画。绘辋 wǎng 川别业二十胜景于其上，故名。后常借指风景幽胜之处。④练色：白色。青嶂：如屏障的青山。⑤鳞纹：鳞状的水波纹。绿芜 wú：丛生的绿草。⑥鼓：指耘鼓：亦称耘田鼓。古代农忙时挂在田头树上的鼓。鸣之以统一时间劳作。踏车：踏水车。冗 rǒng：繁忙。⑦阑：将尽。姬户：犹乐户。从事歌伎职业的人家。⑧讴：齐唱。晡 bū：申时，即午后三时至五时。泛指傍晚。

## 十一月廿七日雪赋禁体诗一首明日小寒[①]

九冥[②]裁剪密还稀，驴背旗亭[③]索酒时。剡水怀人乘逸兴[④]，梁园授简骋妍词[⑤]。

小寒纪节[⑥]欣相遇，瑞兆占年定可期。莫塑狮儿[⑦]供一笑，埽来煮茗快幽思[⑧]。

老犁注：①标题断句及注释：十一月廿七日雪，赋禁体诗一首，明日小寒。禁体诗：一种遵守特定禁例写作的诗。如咏雪诗不用玉、月、梨、梅、练、絮、白、舞等字眼，意在难中出奇。②九冥：犹九天，高空。③驴背：指唐朝宰相郑綮 qǐ 的“骑驴踏雪，诗思在灞桥”之典，常为咏雪诗所引用。旗亭：酒楼。悬旗为酒招，故称。④此句：化自王子猷在剡溪“雪夜访戴”的典故。⑤此句：指司马相如在梁园的“梁园赋雪”之事。西汉梁王于下雪时授简札于司马相如，要他作赋的事。后遂用为文士为君王赋作之典。梁园：即梁苑。西汉梁孝王的东苑。骋妍：展现华丽。⑥纪节：记录节令。⑦狮儿：指用雪塑成的雪狮子。⑧埽：通扫。快：快慰。幽思：郁结于心的思想感情。

## 题张渥[①]竹西草堂图

溪上人家多种竹，林西清意属诗翁。湘灵鼓瑟风来巽[②]，风鸟衔图[③]月在东。

一室萧闲淇澳[④]似，此君[⑤]贞节岁寒同。何当径造谈玄[⑥]处，静日敲茶试幼童。

老犁注：①张渥：字叔厚，淮南人，后居杭州。通文史，好音律，屡举不中，遂寄情诗画。擅长人物，线条刚劲飘逸，刻画生动，兼画梅竹亦潇洒有致。②湘灵鼓瑟：《楚辞·远游》中有“使湘灵鼓瑟兮，令海若舞冯夷”诗句，传说是舜帝死后葬在苍梧山，其妃往寻，泪染青竹，竹上生斑，因称“潇湘竹”或“湘妃竹”。其妃子因哀伤而投湘水自尽，变成了湘水女神，故称“湘灵”，她常常在江边鼓瑟，用瑟音表达自己的哀思。巽 xùn：指东南方。八卦中代表风。③衔图：有成语“衔环图报”。据晋干宝《搜神记》卷二十记载：汉时弘农杨宝救了一只为鸱枭所伤的黄雀，后来有黄衣童子以白环四枚与宝。后因以“衔环图报”指感恩图报。④萧闲：萧洒悠闲。淇澳 qíyù：指淇水弯曲处。淇：淇水；澳，隈也。这里是竹子生长的地方。《诗·卫风·淇奥》：“瞻彼淇澳，绿竹猗猗。”⑤此君：竹子的代称。⑥何当：何时是。径造：直接往访，谓不请人介绍而径自拜访。谈玄：谈论玄理。

## 郊居次韵张善初[①]（节选）

匪[②]敢异流俗，亦云道所存。纵酒破愁垒[③]，煮茶资诗魂[④]。

老犁注：①郊居：居住郊外。张善初：人之姓名，生平不详。②匪：假借为“非”，表示否定。③愁垒：愁苦的境地。④资：资助。诗魂：诗人的精神。

## 秋怀次戴景仁[①]韵（节选）

衰莲送馀馥，丛桂吐幽芳[②]。泉清茶鼎洁，簟细石床[③]方。

老犁注：①戴景仁：人之姓名，生平不详。②幽芳：清香。③簟 diàn：竹席或苇席。石床：供人坐卧的石制用具。

## 题霅上张元之[①]溪居卷（节选）

风前[②]高柳株株弱，沙上群鸥个个闲。煮茗汲清[③]童子小，引雏哺果鸟声蛮[④]。

老犁注：①霅 zhà 上：浙江湖州的别称。张元之：人之姓名，生平不详。②风前：风的前面、正面。③汲清：汲清泉。④哺果：喂野果。蛮：绵蛮，鸟鸣声。

## 南浦·如此好溪山[①]

如此好溪山，羡云屏[②]，九叠波影涵素[③]。暖翠隔红尘[④]，空明里、著我扁舟容与[⑤]。高歌鼓枻[⑥]，鸥边长是寻盟去[⑦]。头白江南，看不了何况，几番风雨。　画图依约[⑧]天开，荡清晖[⑨]、别有越中真趣。孤啸柘篷窗[⑩]，幽情远、都在酒瓢茶具。水荭[⑪]茫摇晚，月明一笛潮生浦[⑫]。欲问渔郎[⑬]无恙否，回首武陵何许[⑭]。

老犁注：①原诗有序：会波村，在松江城北三十里。其西九山离立，若幽人冠带拱揖状。一水兼九山，南过村外，以入于海。而沟塍畎浍，隐翳竹树间，春时桃花盛开，鸡犬之声相闻，殊有武陵风槩，隐者停云子居焉，一舟曰水光山色，时放乎中流，或投竿、或弹琴、或呼酒独酌、或哦咏陶谢韦柳诗，殆将与功名相忘。尝坐余舟中作茗供，襟抱清旷，不觉度成此曲，主人即谱入中吕调，命洞箫吹之，与童子棹歌相答，极鸥波缥缈之思云。②云屏：喻层迭之山峰。③九叠：九山相叠。涵素：形容水色洁净。涵。水泽众多。④暖翠：天气晴和时的青翠山色。红尘：指繁华之地。⑤空明：指空旷澄净的天空。容与：随水波起伏动荡貌。⑥高歌鼓枻：《楚辞·渔父》：渔父碰到被流放的屈原，劝其不要行为清高，要与世推移，但屈原却表示宁葬鱼腹也要抗拒世俗尘埃，保持清白。"渔父莞尔而笑，鼓枻而去，歌曰：'沧浪之水清兮，可以濯吾缨；沧浪之水浊兮，可以濯吾足。'"鼓枻 yì：亦作鼓栧。划桨。谓泛舟。⑦此句是"鸥盟"一词的化语。鸥盟：谓与鸥鸟为友，比喻隐退。鸥边：鸥鸟身边。长是：时常。寻盟：重温旧盟。⑧依约：仿佛；隐约。⑨清晖：明净的光辉、光泽，代称山水。⑩柘篷窗：甘蔗叶盖顶而成的船窗。柘 zhè：通蔗。篷窗：船窗。⑪水荭 hóng：即红蓼，多生在水旁湿地。⑫浦：水滨。⑬渔郎：打鱼的年轻男子。⑭武陵：指陶渊明《桃花源记》中的武陵源。何许：如何。

---

**黄哲**（？~1375）字庸之，元明间初广东番禺人。苦读书，通五经。往来罗浮、峡山、南华诸名胜。度庾岭，游吴、楚、齐、燕，一时湖海英豪皆与游焉。元末，何真据岭南，开府辟士，其与孙蕡、王佐、赵介、李德并受礼遇，称五先生。朱元璋建吴国，招徕名儒，拜翰林待制，入书阁侍太子读书，寻兼翰林典签。洪武初出为东阿知县，迁东平通判，以诖 guà 误（贻误）得罪，得释归，后仍追治，被杀。尝

构轩名听雪蓬，学者称雪蓬先生。工诗，有《雪蓬集》。

## 游黄陂[1]五十韵（节选）

林僧来问讯，野老亦逢迎。注碗金芽茗，充庖[2]玉笋羹。

老犁注：①黄陂：今湖北武汉黄陂区。②充庖：供给膳食。庖：庖膳。

**黄鲁德**（生卒不详）：名号不详，字鲁德，元明间嘉兴魏塘（今浙江嘉兴嘉善）人。元末老儒，有诗才，邑景多其题咏。善针灸，无嗣。门人徐中得其学。生活年代与松江邵亨贞（1309~1401）接近，并与其有诗词来往。

## 武塘十咏其一·景德泉[1]

幽澜远引曹溪水[2]，此是人间第几泉。一吸清凉除热恼，不妨频候煮茶烟。

老犁注：①武塘：浙江嘉善武塘（今魏塘镇。原分魏塘和武塘，两地隔河相邻，今合并为一镇）。景德泉：在今嘉善县魏塘街道小寺弄内。②幽澜：幽深的水波。曹溪水：传说禅宗六祖惠能曾在曹溪沐浴净身，一夜之间顿悟佛理，曹溪水因此而成为禅宗之源。

**曹文晦**（生卒不详）：字辉伯，号新山道人，元明间天台（今浙江台州天台县）人。生卒与刘基（1311~1375）相近。少从兄（曹文炳，字君焕，号霞间老人）学，颖悟多识，雅尚萧散，不乐仕进。至正八年（1348），乡友鄞邑令许广大聘其为儒学教谕，辞不赴。刘基曾登门请其出山同辅朱元璋，其亦献诗明志，婉言辞谢。在赤城山麓筑“新山别馆”读书。好吟咏，大有情致。清顾嗣立《元诗选》谓其“元季台人能诗者，以辉伯为首称云。”有《新山稿》。

## 和山居六韵其一

玉川家口[1]尽风流，绝爱长须不裹头[2]。拾菌断厓双屩雨[3]，捣茶破屋一灯秋[4]。
饥寒未得文章力，忠孝空遗简策[5]愁。何用枯肠五千卷[6]，无怀时节有书不[7]。

老犁注：①玉川：卢仝号玉川子。家口：家中人口，指奴婢。②绝爱：极其喜爱。长须：卢仝家有“奴一，长须，不裹头；婢一，赤脚，老无齿。”③断厓 yá：陡峭的山崖。通常写作“山崖”。双屩雨：两只草鞋在雨中。屩 juē：草履也。④一灯秋：秋夜里的一盏灯。⑤简策：竹简编成的书籍。泛指书籍、典籍。⑥枯肠五千卷：卢仝《走笔谢孟谏议寄新茶》诗中有“三碗搜枯肠，惟有文字五千卷。”⑦此句：人无追求时就没必要关心有没有书读了。无怀：无心怀大志。不 fǒu：通否。

## 新山别馆十景其九·石梁[①]雪瀑

山北山南尽白云，云中有水接天津[②]。两龙争壑[③]那知夜，一石横空不度人。

潭底怒雷生雨雹，松头飞雾湿衣巾。昙华亭[④]上茶初试，一滴曹溪恐未真[⑤]。

老犁注：①别馆：别墅。石梁：指浙江天台山的天然石梁。②天津：银河。③两龙争壑：在昙华亭依栏观景，石梁上面大兴溪和金溪两条山溪奔腾湍急，如两龙争壑而来，到中方广寺门左侧，两水合流后即横穿石梁奔泻而下，故云。④昙华亭：在天台石梁瀑布中方广寺前，系南宋理宗时天台籍宰相贾似道始建。据说，亭子落成后，寺僧点茶时在茶盏中现昙花，故此亭便命名为“昙华亭”。⑤曹溪：指曹溪水，亦称曹溪路。即指禅宗顿悟禅的源头。恐未真：恐怕不是真的。言此地茶水的禅味之重，连禅宗源头的水恐怕都比不过。

## 宿水车[①]田舍（节选）

水车山前溪月白，去年曾作寒夜客。主翁团坐竹炉红，老姥[②]烧茶多喜色。

老犁注：①水车：村名，在今浙江宁海市城东五公里处，这里原是东晋时的一个出海港，是天台山佛教开基的首刹白水庵（今寿宁寺）所在地。晋义熙元年（405）天竺僧人昙猷乘枫槎从海上渡此建寺，之后沿白溪进入天台山，陆续建了永福、石梁、赤城等众多寺院，成为天台佛宗的开山之祖。②老姥 mǔ：老妇人。

---

**梁寅**（1304～1390）：字孟敬，元明间江西新喻（今江西新余市）人。世代为农，家贫。自学不倦，贯通五经，博习百家言。累举不第。至正八年尝辟集庆路（治所在南京）儒学训导，居二年，辞归隐居教授。洪武元年以名儒就征，在礼局讨论各种礼制，议论精审，诸儒皆推服，《大明集礼》书成，继而参修《元史》，不受职，以老病辞归。洪武十年于家乡石门山修建石门书舍（后称石门书院。在今新余梁家村东的桥上水库，已被水淹没）讲学，四方士子多从之学，称其为石门先生。洪武二十三年（1390）卒于家，年八十七岁。一生著述甚富，于易、书、诗、春秋、周礼，皆有训释，故时人誉称其为“梁五经”。有《礼书演义》《周礼考注》《石门集》等。

---

## 和何彦正①春耕十一首其七

短笠②登山自种茶，萦林石径树边邪③。百金自可侔封邑④，千骑何劳拥鼓笳⑤。

老犁注：①何彦正：人之姓名，生平不详。②短笠：小的笠帽。③萦：绕。邪：古同斜。④百金：形容钱多。侔 móu：谋取。封邑：古时帝王赐给诸侯、功臣以领地或食邑。⑤鼓笳 jiā：鼓和笳。两种乐器，为出行时的仪仗。

## 天宁寺和曾得之兼呈彭声之及雪印①

经年②不到天宁寺，却喜春浓叩竹扃③。二水共明洲④外碧，千峰如削雨馀⑤青。
谩劳⑥山茗时时煮，自笑斋钟⑦日日听。垂白⑧饱闻高世论，岩栖空愧老穷经⑨。

老犁注：①天宁寺：位于南京江宁区上坊黄龙山西侧，建于北宋治平二年。几经兴废，文革中再次被毁。近几年在旧址处发现石龟趺、墓塔构件等残件。曾得之：曾鲁，字得之，元明间江西新淦人。博通古今，以文学闻于时。洪武时修《元史》，诏为总裁。授礼部主事，超擢礼部侍郎。命主京畿乡试。引疾归，道卒。著《大明集礼》《守约斋集》等。彭声之：彭镛，字声之，号清江酒民，又号匏庵道人，元清江人。少颖敏过人，读《春秋》，通大义。工诗，不仕。尝与同郡杨士宏等结诗社。雪印：僧人的名号，生平不详。②经年：经过一年或若干年。③竹扃 jiōng：竹门。④洲：水中的陆地。⑤雨馀：雨后。⑥谩劳：徒劳。指无益地耗费力气。谩，通漫。⑦斋钟：寺院到了用斋时间以敲钟为号。⑧垂白：白发下垂。谓年老。⑨岩栖：栖宿在山岩上。借指隐居。空愧：白白的愧对。老穷经：研究经籍的老者。

## 玉蝴蝶·闲居

天付林塘①幽趣，千章②云水，三径风篁③。虽道老来知足，也有难忘。旋移梅、要教当户，新插柳、须使依墙。更论量④，水田种秫，辟圃栽桑。　　荒凉。贫家有谁能顾，独怜巢燕，肯恋茅堂⑤。客到衡门⑥，且留煮茗对焚香。看如今、苍颜白发，又怎称、紫绶金章⑦。太痴狂。人嘲我拙，我笑人忙。

老犁注：①天付：天给予。林塘：树林池塘。②千章：千株大树。形容大树之多。章：大木材。③三径：有西汉隐士蒋诩的“舍中有三径”之典，借指归隐者的家园。风篁：谓风吹竹林。④论量：计较。⑤茅堂：草盖的屋舍。⑥衡门：横木为门。指简陋的房屋。⑦紫绶 shòu：紫色丝带。古代高级官员用作印组，或作服饰。金章：金质的官印。一说，铜印。因以指代官宦仕途。

## 谢池春慢·薄寒山阁

薄寒山阁①，当亭午、潇潇②雨。鸟静桃花林，水坐兰苕③渚。玉勒骢④稀出，油壁车[⑤]何处。欲簪花[⑥]、簪不住。花红发白，应笑人憔悴。　　春过一半，东去水、难西驻[⑦]。前半伤多病，后半休虚负。白醴匏尊[⑧]满，紫笋山殽[⑨]具。心无累，皆佳趣。自辞觞酌[⑩]，劝客须当醉。

老犁注：①薄寒：微寒。山阁：依山而筑的楼阁。②亭午：正午。潇潇：小雨貌。③坐：停留。兰苕 tiáo：兰花。④玉勒：玉饰的马嚼子。骢 cōng：青白杂毛的马。⑤油壁车：一种车壁用油涂饰的车子。⑥簪花：谓插花（于冠）；戴花。⑦难西驻：由于中国地理西高东低的原因，水流难于在西边停留，一般都东向归海。⑧白醴 lǐ：酒的一种。匏 páo 尊：亦作匏樽。匏制的酒樽。⑨紫笋：紫笋茶。山殽：山中野味。殽通肴。泛指山中各式菜肉。⑩觞酌 shāngzhuó：饮酒器。引申为饮酒。

---

**舒逊**（生卒不详）：字士谦，号可庵，元明间徽州绩溪（今安徽黄山绩溪县）人。其大哥舒頔（字道原，1304~1377）以诗文名家，与其二哥舒远（字仲修）皆从之游，得其源流。一时唱和，花萼相辉。所著曰《搜枯集》。

---

## 和谢宗可霜华花雾尘世诗三韵[①]其二

宿酒禁持[②]梦乍醒，阴阴[③]芳树鸟无声。轻笼翠色溶溶[④]晓，渐复红香淡淡晴。
误避茶烟跧[⑤]老鹤，惯藏柳影咽娇莺。东风却怕花神怪，卷起霏微幕[⑥]不成。

老犁注：①谢宗可，字号不详，元金陵（今南京）人。有咏物诗百篇传世。霜华花雾尘世：指谢宗可写的三首咏物诗《霜华》《花雾》《尘世》。原诗题缺漏“世”字，对照谢宗可的原诗补上。这首诗和的是第二首《花雾》，另两首和诗今不存。谢宗可的《花雾》诗：“倦紫酣红总未醒，暗薰芳泪滴无声。罗帏隐绣迷春色，绮縠笼香护晓晴。薄暝枝头留睡蝶，轻阴树底咽啼莺。东风卷到阑干曲，半湿游丝舞不成。”②宿酒：经夜仍未全醒的酒。禁持：摆布。③阴阴：幽暗貌。④溶溶：盛多貌。⑤跧 quán：同蜷。身体弯曲。⑥霏微：雾气、细雨弥漫貌。幕：覆盖。

---

**舒頔**（1304~1377）：字道原，号贞素，元明间徽州绩溪（今安徽黄山绩溪县）人。舒远、舒逊之哥。幼有志操，嗜学好义，淹贯诸史。顺帝至元中辟为池阳教谕。调京口丹徒校官，升台州路学正。入明，屡召不出。晚年结庐，名贞素斋，训课子孙。长于诗文，同里唐桂芳谓其诗盘桓苍古，不贵纤巧织纴之习。善篆隶，喜朴拙，识者曰宗汉隶，非八法也。有《贞素斋集》。

---

## 春雪

片片沾芳草，纷纷杂落花。篱寒春雀阵，檐冻午蜂衙[①]。

云密深藏树，溪浑不见沙。小窗风力恶[2]，呼婢莫烹茶。

老犁注：①午蜂衙：蜂聚有如午时衙官排班参见上司。②恶：猛。

## 至泰州书徐千户壁[1]二首其二

图书整整堆蓬荜[2]，剑戟森森拥柳营[3]。留客茶瓜话平昔，随缘妆点泰州城。

老犁注：①泰州：今江苏省泰州市。徐千户：一位姓徐的千户。千户：金元明的军队中设有“千夫之长”。明代的卫所兵制中，千户就是卫所的一所之长。壁：题诗之壁。②蓬荜：蓬门荜户的省称。③柳营：汉周亚夫为将军，治军谨严，驻军细柳，号细柳营。后因称严整的军营为“柳营”。

## 胡子坑[1]（节选）

尚闻好事薙[2]荒秽，直上绝顶峨新亭[3]。茗碗先春[4]煮碧涧，蓬窗酿腊酾[5]银瓶。

犁注：①胡子坑：原诗题注：属大鄣。在今浙赣皖边境的大障山。清乾隆《绩溪县志》：“绩溪之山莫尊于大鄣”，称为“诸山祖”，其中有海拔千米以上山峰30多座。②薙 tì：除草。③峨：高耸。新亭：新造的亭子。④先春：茶之别名。⑤蓬窗：草窗，意为破败的窗户。酿腊：酿于腊月。酾 shāi：滤（酒）。

---

**释无愠**（1309~1386）：字恕中，号空室，俗姓陈，元明间僧，自谓天台山（今浙江临海）人。壮年登径山，投元叟行端剃发，未久于昭庆律寺受具足戒。后历参杭州净慈寺灵石芝禅师、湖州资福寺一源灵禅师。复至四明天童山，侍奉平石如砥。后又至台州紫箨山参礼竺元妙道。得悟后，先后弘化于灵岩广福寺、瑞岩净土寺，晚居瑞岩太白山庵（与天童寺、阿育王寺毗邻），以道自娱，萧然一室，不蓄余长（zhàng 长物），学屦日填户外。设三问接禅，世称瑞岩三关。洪武十七年，日本国王慕名，奏请住持，太祖未许，留居天界寺。以老病辞，赐归天童，到鄞州翠岩山结草堂养老。世寿七十八。有《山庵杂录》。

---

## 谢静中过访[1]

扫迹千岩里[2]，柴门久不开。正逢新雨足，忽见故人来。

烧笋供茶碗，烹薇荐粥杯。欲留君共住，分石坐堆堆[3]。

老犁注：①谢静中：人之姓名，生平不详。过访：登门探视访问。②扫迹：扫除车轮痕迹。表示谢绝宾客。千岩里：很多岩石的山中。泛指山里。③堆堆：久坐不移貌。意即久久不肯离去。

## 赠山庵半云[①]

茅屋住来久，惟勤聚法财[②]。煮茶先滤水，啜粥旋烘苔[③]。

石藓成团吐，岩华[④]逐朵开。老年无别事，一念待金台[⑤]。

老犁注：①山庵：山中房舍。半云：隐士的名号。②法财：佛法之财。佛法如同财宝能利润众生。③旋：同时要先。烘苔：煮粥大锅长久不用会长青苔，到了腊八节重新拿出来煮粥，要先洗净烘干。④岩华：岩壁上植物开出的花。⑤金台：黄金台的省称。相传战国燕昭王置千金于台上，延请天下贤士。故喻延揽士人之处。

## 端午上堂[①]

五月五日端午节，竞渡江头歌管咽。衲僧共啜菖蒲茶[②]，无限馨香生颊舌[③]。

老犁注：①上堂：禅宗丛林中，住持来到法堂说法。②衲僧：和尚，僧人。菖蒲茶：端午习俗有插菖蒲、艾叶，饮菖蒲酒、菖蒲茶的习俗。僧人不能饮酒，故多饮菖蒲茶。菖蒲茶主要用菖蒲和茶配煮而成，有的还加入茉莉花等。③颊舌：口舌。

## 赠相士袁庭玉[①]（节选）

昨来过我松岩顶，相见无言心自领。吉凶悔吝[②]总休论，且与敲冰煮山茗。

老犁注：①相士袁庭玉：一个以谈命相为职业的人叫袁庭玉。②悔吝：灾祸。

## 谩次竹山圭公广郢州潼泉山洪禅师独孤标颂[①]四首之三（节选）

独孤标独孤标，床头藓壁悬茶瓢。天光日出睡正稳，一声窗外婆饼焦[②]。

老犁注：①标题断句及注释：谩次竹山圭公《广郢州潼泉山洪禅师独孤标颂》。漫次：谦称自己的次韵诗很散漫随性。竹山：古称上庸，今属湖北十堰市。圭公：一位名号叫圭的僧人。广：广布，向外传播。郢州潼泉山：在今湖北十堰京山。洪禅师独孤标：洪禅师他的姓名叫独孤标。传唐天祐中，有僧曰独孤标，卓庵潼泉山。尝语人曰：候门荻生当建寺，既跌坐而逝。留偈曰：独孤标时独孤标，东西南北任结交。生也任他随缘过，死后从他劫火烧。百年，果有大洪山主来建巨刹，后为野火所焚，其言皆验。②婆饼焦：鸟名。其鸣声如“婆饼焦”，故名。

## 送浙藏主[①]归乡（节选）

永嘉振锡到曹溪，一宿便回非孟浪[②]。更有圆悟归锦城，父老共置茶筵迎[③]。

老犁注：①浙藏主：一位名号叫浙的藏主。藏主：寺院中负责管理藏经楼（类似图书馆）的主管，又称知藏、藏司。为六头首之一。②此两句：指玄觉禅师（禅宗六祖慧能的五大弟子之一）从永嘉（今温州）到韶州曹溪（在广东省曲江县）六祖处学法，只住一夜，就学成而回了。人称“一宿觉”。（因此，凭玄觉的悟性，他要不是49岁就圆寂，禅宗的发展将是另外一种局面。）孟浪：鲁莽。③此两句：指圆悟克勤禅师回到四川时受到信众设茶筵欢迎。圆悟克勤：宋代高僧。四川崇宁（今成都郫县唐昌镇，北宋末年属彭州）人。先后弘法于四川、湖北等地，晚年住持成都昭觉寺。其弟子满天下，为临济宗杨岐派的发展奠定了雄厚的基础。锦城：成都。茶筵：又叫茶席，酒席开始前先设筵饮茶。

---

**释守仁**（？~1391）字一初，号梦观，元明间僧，浙江富阳人。少从杨维桢游，授之以《春秋》经史学，奇才有俊气，师友契合。元末兵兴，与释如兰潜于释。初入富阳永安山妙智寺，转四明延庆寺，后住持灵隐寺。与释宗泐（季潭）、释德祥（止庵）、释夷简（斯道）等苏杭名僧往来唱和，亦与张雨、倪瓒、唐珙等当世名流相交游。洪武十五年被征，授僧录司右讲经，升任右善世。洪武二十四年主南京天禧寺，示寂于寺。能诗，有《梦观集》。

---

## 石蟹泉[1]

神鳌驱水[2]到禅家，清出龙泓[3]味更佳。晴带浦云穿晓簖[4]，暗随山雨走寒沙。

玉脐圆映波心月[5]，琼沫香浮沼面花[6]，拟待春风招社客[7]，焚香来试九溪茶[8]。

老犁注：①石蟹泉：在何处不详。但明田汝成《西湖游览志馀卷十四》和明吴之鲸《武林梵志卷九》中都记载了此诗，且本诗最后一句写到了“九溪茶”，故这泓泉水大概率在杭州周边。②神鳌：中国神话传说中的海上有神力的大鳌。驱水：送水。③清出：清泉冒出。龙泓：犹龙渊。这里指泉池。④浦云：江河上的云。浦：水滨。晓簖：晨光中冒出水面的竹栅栏。簖 duàn：插在水里捕鱼蟹用的竹栅栏。⑤玉脐：喻蟹泉泉池的形状。脐：螃蟹腹部的厣，雌者的脐为圆形。波心：水中央。⑥琼沫：清泉泛起的水沫。沼面：池面。⑦社客：燕的别名。燕子为候鸟，江南一带每年以春社来，秋社去，故有此名。⑧九溪茶：指杭州九溪十八涧出产的茶。

---

**释如兰**（？~1403后）：字古春，号支离，俗姓陈，元明间僧，浙江富阳人。少与释守仁同乡，并一同受学于杨维桢，元末兵乱，两人皆潜于释。洪武丙子（1396）住持杭州天竺寺。永乐初召校经律论三藏。能诗，有《支离集》。

---

## 靖安[1]八咏其七·涌泉

神僧卓金锡[2]，抚掌涌泉地。突如沤点[3]圆，怒作汤鼎[4]沸。

初疑蚌蛤胎[5]，吐出蛟人泪[6]。陆羽或可招[7]，裹茶[8]试清味。

老犁注：①靖安：指上海静安寺。原诗题注：靖安，松江上海之古伽蓝，赤乌中所建也。寺僧寿宁、无为以歌诗名东南，倡为《靖安八咏》，一时名士皆属和，而东维子（元末明初杨维桢）为之序。②卓金锡：竖立金锡杖。卓：竖立。卓锡就是指僧人驻足停留。③沤点：泉水泛起的水泡。④汤鼎：煮水烹食之器。⑤蚌蛤胎：指蚌珠。蚌蛤：蚌和蛤只是因形状不同而造成称呼不同而已。外形显长者叫蚌，显圆者叫蛤。诗文中常混用以称蚌。⑥蛟（蛟通鲛）人：传说居于海底的人。其泪为鲛人珠，是传说中的一种奇异珍宝。⑦陆羽或可招：陆羽若知道有此涌泉，也许可以把他招引过来。⑧裹茶：携茶。

---

**释梵琦**（1296~1370）：字楚石，一字昙耀，晚号西斋老人，俗姓朱，浙江象山人。9岁出家于嘉兴海盐天宁永祚禅寺（省称天宁寺），受经于衲翁谟师。不久往湖州崇恩寺，依其从族祖晋翁询师。16岁赴杭州昭庆寺受戒。自是历览群经，学业大进。受印可于径山元叟行端。时英宗诏写金字《大藏经》，被选入京。天历元年住持海盐天宁寺，后至元三年重建该寺镇海塔。至正七年钦赐“佛日普照慧辨禅师”号。明洪武元年，诏举江南大浮屠十余人，作大法会于蒋山禅寺，升座说法，被尊为“明初第一流宗师”。明洪武三年（1370）示寂，年七十五。著有《楚石梵琦禅师语录》《慈氏上生偈》《北游凤山西斋》。禅宗之外，专志净业，所作西斋《净土诗》数百首，皆蕴含净土宗教义以劝世。

---

## 赠江南故人

煮茗爨羊酪[1]，看山驻马檛[2]。地椒[3]真小草，芭揽[4]有奇花。

塞月宵沉海[5]，边风昼起沙。登高望吴越，极目是云霞。

老犁注：①羊酪：羊奶。②檛 zhuā：马鞭。③地椒：我国北方一种蔓生草本植物。明李时珍《本草纲目·果四·地椒》：“地椒出北地，即蔓椒之小者，贴地生叶，形小，味微辛。土人以煮羊肉食，香美。”④芭榄：学名扁桃，即巴达木（或巴旦姆）。元耶律楚材在《西游录》中有载：“芭榄花如杏而微淡，叶如桃而差小。每冬季而华，夏盛而实，状类匾桃，肉不堪食，唯取其核。”其在《再用韵记西游事》一诗中有“亲尝芭榄宁论价，自酿蒲萄不纳官。”之诗句。⑤塞：边塞。宵：夜里。海：古人认为陆地四周皆为海，故用以指僻远地区。

## 漠北怀古十首其八[①]

每厌[②]冰霜苦，长寻水草居。控弦[③]随地猎，刳木[④]近河渔。

马酒[⑤]茶相似，驼裘[⑥]锦不如。健儿双眼碧[⑦]，惯读左行书[⑧]。

老犁注：①漠北：指蒙古高原大沙漠以北的地区。原诗题注：四首。西斋《漠北》《开平》诸诗，皆前元时作。②厌：憎恶。③控弦：拉弓；持弓。④刳 kū 木：剖凿木头（用以做舟）。⑤马酒：马奶酒。⑥驼裘：用驼绒制成的衣裳。⑦健儿：勇士；壮士。双眼碧：双眼呈碧色。为西域边民眼睛特征。⑧左行书：文字自右而左横写横排的形式。

## 送明禅人游天台[①]

五百声闻[②]不住山，何拘天上与人间。只消一盏黄茶水[③]，供罢依然旧路还。

老犁注：①明禅人：一个叫明的禅人。禅人：泛指修持佛学、皈依佛法的人。天台：指浙江天台县的天台山。②声闻：梵语“弟子”的意思。指听闻佛陀声教而证悟的出家弟子。常指罗汉。天台山是五百罗汉的根本道场，五百罗汉曾在石梁旁的古方广寺显真。③黄茶水：明朝后饮茶方式大变，饮茶以冲泡散茶为主，冲泡出来的茶汤多为浅黄色，故有黄茶水之称。

## 十二时颂之巳时[①]

巳时作务[②]也奇哉，门户支持[③]客往来。对坐吃茶相送出，虚空张口笑咍咍[④]。

老犁注：①十二时：十二个时辰。中国古人用十二地支（子丑寅卯辰已午未申酉戌亥）依序命名十二个时辰。颂：指以颂扬为目的的诗文。作者对十二个时辰都各写了一首颂诗，此首写的是巳时（上午九点到十一点）。②作务：劳作。③支持：对付，应付。④咍咍 hāi：欢笑貌。

## 送延寿梓知客老[①]

临济大师宾主句[②]，赵州见僧吃茶去[③]。旋风顶上屹然栖，走遍天下不移步。

九九从来八十一，寻常显元尤绵密[④]。撑天拄地丈夫儿，手眼通身赫如日[⑤]。

老犁注：①延寿梓：字延寿，名梓。知客：即知客僧，寺院中主管接待宾客的和尚。老：指僧中的老者。加在名号等后面表示敬重。②此句：临济义玄禅师是黄檗希运禅师的弟子。他们一次对话时，义玄挥拳打了老师，虽被黄檗禅师躲过，但外人看来这是忤逆不道的。黄檗却不以为忤，反而赞美临济。这就是禅宗接心传法，不在意弟子表面行为，而是看重弟子对禅语的正确理解。③此句：指赵州和尚不管接见谁都用“吃茶去”一句话来引导弟子领悟禅机奥义。④显元：显示本元。尤：尤其，更加。绵密：细致周密。⑤赫如日：显赫如日中天。

## 送僧住庵[1]九首之四

白云深护碧岩幽，成现生涯[2]免外求。一个衲衣聊[3]挂体，三间茅屋且遮头。

长松片石闲无事，淡饭粗茶饱即休。拈出舀溪长柄杓，不风流处也风流。

老犁注：①住庵：住进新庵舍。②成现生涯：成就眼前的生活。③聊：赖可。

## 三世[1]无碍

水中葫芦捺[2]得沉，非来非去亦非今。空花乱落随流水，石笋新抽出远林。

休把此言论妙道，待将何物比真心。永明老子轻饶舌[3]，输我西窗茗碗深[4]。

老犁注：①佛家以过去、现在、未来为三世。②捺：用手重按。③永明老子：五代杭州慧日永明寺（今净慈寺）智觉禅师，名延寿，字冲玄，号抱一子。净土宗六祖，法眼宗三祖。轻饶舌：佛教有“弥陀饶舌”的典故。永明延寿大师在世时，皇帝组织千僧打斋（指念经做法事），参加的大德高僧都很谦虚，互相推让，不肯坐上座。这时来了一位其貌不扬、穿得破烂的大耳朵僧人，直接坐到了上座。打斋之后，皇帝问永明延寿大师：“我今天供斋，有没有圣人来应供?”大师说：“有!那个大耳朵和尚是定光古佛再来。”皇帝派人尾随并在一个山洞里找到大耳和尚，并请他到宫廷应供。他说：“弥陀饶舌。”意思是阿弥陀佛多嘴，泄露了他的身份。他说完就圆寂了。皇帝派来的人转念一想，原来这永明延寿大师是阿弥陀佛啊！赶紧回去报告皇帝。皇帝正高兴时，有人来报告：永明延寿大师圆寂了。④此句：指连供养的茶汤都得不到了。输我：犹欠我。

## 送愚叟如西堂[1]（节选）

遇饭吃饭，遇茶吃茶。弟兄相见，丰俭随家。

老犁注：①愚叟：僧人名号，生平不详。如西堂：去他寺做西堂。如：去，往。西堂：指他山寺院来本院的退院僧人（卸职的住持）。一般来说年老的住持僧退下来后，并不恋栈原来的寺院，都要前往别的寺院退养。这是佛家的一种惯例。《禅林象器笺·称呼门》：“他山前住人（前住持僧），称西堂。盖西是位，他山退院人来此山，是宾客，故处西堂。”

## 送信首座参礼育王宝陀[1]（节选）

琼楼玉殿彩云间，正眼观来何足贵。手点昙华[2]亭上茶，最先勘破盏中花。

老犁注：①信首座：一位叫信的首座。首座：禅寺两序六头首之一。分前堂首座和后堂首座，选德业兼修者担任，其职统领全寺禅僧。参礼：参拜。育王宝陀：育王和宝陀是两座寺院名，都在宁波。②手点昙华：南宋理宗时，浙江天台籍宰相贾似道在方广寺前建昙华亭。据说亭子落成后，寺僧在点茶时，茶杯中出现昙花倏然即逝，于是就命名为“昙华亭”。

## 颂古·一物不为

一物不为[①]，合水和泥。千圣不识，随声逐色。无绳自缚数如麻，客至烧香饭后茶。

老犁注：①一物不为：这四个字表面上理解是“一事不做”，但它的真实含义指：为一物（即每做一事）无需考虑为与不为，利于佛道的事，广度众生的事，你只管做去好了。这体现佛家“无为”的哲学思想。佛教禅宗有一则药山禅师与希迁禅师师徒问答的公案：药山一日在石上坐次（坐的地方），石头（希迁禅师人称石头和尚）问曰：汝在这里作么？药山曰：一物不为。头曰：恁么即闲坐也。药山曰：若闲坐即为也。头曰：汝道不为，不为个甚么？药山曰：千圣亦不识。石头以偈赞曰：从来共住不知名，任运相将只么行。自古上贤犹不识，造次凡流岂可明？

## 送伊藏主游四明天台[①]（节选）

直饶茶盏现奇花[②]，也待众生心自肯。国清三圣谁不知[③]，兴发到处题新诗。

老犁注：①伊藏主：一位叫伊的藏主。藏主：寺院中负责管理藏经楼（类似图书馆）的主管，又称知藏、藏司。为六头首之一。四明天台：指四明山和天台山，在浙江绍兴、宁波、台州三地交界处，这一带佛教兴盛，名寺众多，高僧辈出。②直饶：直到茶水倒满。饶：足，满。茶盏现奇花：南宋理宗时，浙江天台籍宰相贾似道在方广寺前建一亭子。据说亭子落成后，寺僧在点茶时，茶杯中出现了被佛家视为祥瑞的昙花，于是就命名亭子为“昙华亭”。③此句：指阿弥陀佛、文殊菩萨、普贤菩萨分别化身丰干、寒山、拾得三法师，在国清寺为众生服务的故事。

## 送诸侍者游天台雁荡[①]（节选）

撑天拄地更有谁，往往示人人不识[②]。试点五佰罗汉茶[③]，一枚盏现一枝花[④]。

老犁注：①诸侍者：各位侍者。侍者：侍候长老的随从僧徒。天台雁荡：指天台山和雁荡山，前者在浙江天台，后者在浙江乐清。②此两句：指真佛（撑天拄地之人）是不示人的，化身示人时你却不认识。③五佰罗汉茶：天台山是五百罗汉的道场，人们用以供养罗汉的茶称之为罗汉茶。④此句：一只茶盏中就有一朵昙花显现。指天台方广寺昙华亭建成时，在茶盏中看到了昙花。一枚：犹一只。

## 三玄三要[1]之第一要

了无奇特并玄妙，未曾噇[2]饭肚皮空，久不吃茶唇舌燥。

老犁注：①三玄三要：佛教术语，临济义玄接引学人之方法。《临济录上堂（大四七·四九七上）》：师又云："一句语须具三玄门，一玄门须具三要，有权有用。"然临济并未明言道出三玄门与三要之内容。盖"一句语有玄有要"，其目的乃教人须会得言句中权实照用之功能。后之习禅者于此三玄三要各作解释。这里梵琦禅师对"三玄三要"也作了解释。梵琦禅师的"三玄三要"：第一玄：释迦弥勒有何传，人间天上来还去，古井茫茫把雪填。第二玄：未曾开口在言前，电光石火亲提得，鼻孔依然被我穿。第三玄：胡孙上树尾连颠，只因掣断黄金锁，便把心肝树上悬。第一要：了无奇特并玄妙，未曾噇饭肚皮空，久不吃茶唇舌燥。第二要：门外读书人来报，乌有先生作状元，子虚听得呵呵笑。第三要：只为慈悲成落草，非我非渠也大奇，蟭螟眼里山河绕。②噇 chuáng：吃。

## 送径山一藏主[1]（节选）

拈起凌霄峰[2]顶茶，却是洞庭湖上橘。三千世界庵摩勒[3]，放开捏聚谁能诘[4]。

老犁注：①径山：在杭州西北50公里处，上有径山寺。藏主：寺院中负责管理藏经楼（类似图书馆）的主管，又称知藏、藏司。为六头首之一。②凌霄峰：《舆地纪胜》卷25南康军：凌霄峰"在庐山昭德观之北。岩石玲珑，周回道左，巉岩万状，乔木干霄。前对五老峰如宾客。此山之绝致也。有朋真尼院，依岩而居"。③庵摩勒：果名。梵语音译。其味鲜食酸甜，酥脆而微涩，回味甘甜，故名余甘、余甘子。又名喉甘子、庵罗果、牛甘果等。宋黄庭坚《更漏子》词："庵摩勒，西土果，霜后明珠颗颗。"④捏聚：捏合聚拢。与"放开"相反。诘：问。

## 渔家傲·听说娑婆无量苦

听说娑婆无量[1]苦，茶盐坑冶仓场[2]务，损折课程遭箠楚[3]。赔官府，倾家卖产输儿女。　　口体将何充粒缕[4]，飘蓬未有栖迟[5]所，苛政酷于蛇与虎。争容诉[6]，劝君莫犯电霆怒。

老犁注：①娑婆：娑婆世界的省称，系释迦牟尼所教化的三千大千世界的总称。无量：不可计算。②茶盐：盐务与茶法。坑冶：唐宋以来称金属矿藏的开采与冶炼。仓场：官方收纳粮食或其他物资的场所。③损折：损伤；损失。课程：按税率交纳的赋税。箠 chuí 楚：本指棍杖之类，引申为拷打。箠：同棰。④口体：口和体。粒缕：谷粒和布缕，即吃和穿。⑤栖迟：滞留。⑥争容诉：怎么容许百姓申诉。

**释智及**（1311~1378）：字以中，号愚庵，又称西麓，元明间僧，苏州府吴县人，俗姓顾。出家于苏州海云寺，嗣法径山寂照行端。至正二年于浙江隆教禅寺开堂，其后历住普慈禅寺、杭州净慈报恩禅寺、径山兴圣万寿禅寺。洪武六年诏高僧集天界寺，智及居首，以病不及召对，赐还海云寺。十一年（1378）示寂，年六十八。赐号“明辨正宗广慧禅师”。有《愚庵智及禅师语录》。

## 举白云示众[1]

金蕊[2]丛丛带露新，采来烹茗赏佳辰。浮杯[3]何必须宜酒，但有清香自醉人。

老犁注：①这是智及禅师上堂时，以一位叫白云的厨僧（负责做饭的和尚）为例，写的一首偈诗。示众：告知众僧。②金蕊：茶芽的美称。③浮杯：满杯。

## 谢严子鲁左丞惠贡馀[1]新茶

枪旗不展策全勋[2]，占断江南第一春。除却金轮[3]圣天子，舌头具眼[4]是何人。

老犁注：①严子鲁：人之姓名，生平不详。左丞：官署中最高长官的副官。惠：惠赠。贡馀：御膳赐及民间者谓贡馀。这里指赏赐给官员的贡茶。②此句：指茶芽未长好就采摘下来去邀功了。枪旗：喻茶的顶芽与展叶。策全勋：把所有的功勋记在策书上。③除却：除去。金轮：代指皇帝的金饰车舆。④具眼：谓有眼力的人。

## 次韵答寄昭明才无学藏主[1]

锦峰山[2]下千年寺，横翠[3]堂中一老身。昼夜心源常湛寂[4]，冰霜戒检[5]独清新。

弥陀见在忘形友[6]，慈氏当来入幕宾[7]。愿与赵州同甲子[8]，裹茶聊寄雨前春[9]。

老犁注：①昭明才：拥有南朝梁昭明太子萧统的才华。无学藏主：一位名号叫无学的藏主。藏主：寺院中负责管理藏经楼（类似图书馆）的主管。②锦峰山：在今苏州马涧路最西头。③横翠：堂号。④心源：犹心性。佛教视心为万法之源。湛寂：沉寂。⑤冰霜：形容冷酷。戒检：戒律之检点约束。⑥弥陀：阿弥陀佛。见在：尚存。忘形友：忘形交。不拘身份、形迹的知心朋友。⑦慈氏：指慈氏菩萨，即为弥勒菩萨。入幕宾：指去做参与机密的幕僚。这里指弥勒常化身普通人去为信众服务。⑧赵州：指赵州和尚。他以“吃茶去”一句话来引导弟子领悟禅机奥义。同甲子：相同年份出生。⑨裹茶：携茶。雨前春：指谷雨前茶。

## 答苏昌龄编修[1]病中索茶

东土西干老净名[2]，经秋不见渴尘生[3]。每怀取饭香积国[4]，未暇问疾毗耶城[5]。

剧谈直欲离言[6]说，安眠岂有间[7]心情。赵州道个吃茶去，瞎却几多人眼睛[8]。

老犁注：①苏昌龄：苏大年，字昌龄，号西坡，人称苏学士，元真定人，寓扬州。硕学鸿才，不受辟举。文辞翰墨，皆绝出时辈。又工画竹石窠木。顺帝至正间为翰林编修。因避兵至平江。张士诚据平江，用为参谋。编修：翰林院中主要负责文献修撰工作的官员。②东土：古称中国。相对西方而言。西干：西方。净名：维摩诘，又称净名居士。③渴尘生："渴心生尘"之典的省称。指多次访友不遇，心情如被尘埃遮住一样，想见一面的心情更加迫切。唐卢仝《访含曦上人》诗有"辘轳无人井百尺，渴心归去生尘埃，"后用为"想望旧友"之典。④香积国：指佛教中的众香国，维摩诘曾向其求过一钵香米饭。后来寺院就把厨房名为香积厨。⑤毗耶城：古印度城名。这里发生过"文殊问病"的故事。维摩诘一次在丈室故意"示疾"，文殊菩萨听闻后，率诸菩萨大弟子前往毗耶城探望。这段佛经故事后常用以咏生病或探病。⑥剧谈：畅谈。离言：指离别时说的话。⑦安眠：安然熟睡。间：嫌隙或不满。⑧此两句：赵州和尚说了句"吃茶去"，让很多人看不明白。

## 格首座[1]归日本次韵（节选）

不用说心说性[2]，何须象席打令[3]，问讯烧香吃茶，分明如镜照镜[4]。

老犁注：①格首座：一位叫格的首座（日本来华的僧人）。首座：禅寺两序六头首之一。分前堂首座和后堂首座，选德业兼修者担任，其职统领全寺禅僧。②此句：不用说出心和性。禅宗倡导明心见性，顿悟成佛。③象席打令：在象席上行酒令。象席：用象牙篾丝编成的席子。象牙很硬很脆，只有高超的技艺才能编成，所以象席是很奢侈的用品，一般皇家才配拥有。④如镜照镜：如镜子照着镜子。

## 恩禅人参方[1]（节选）

遇饭即饭，遇茶即茶。可行即行，可止即止。

老犁注：①恩禅人：一位叫恩的禅人。禅人：泛指修持佛学、皈依佛法的人。参方：外出到各地寻师问道。参：谒见师家以问道。方：十方。指世界，天下。

---

**释善学**（1307～1370）：字古庭，元明间僧，俗姓马，吴郡（今江苏苏州市）人。17岁出家大觉寺，受《华严经》于林屋清公，精研贤首疏钞。学问精深，融贯诸家，是极负盛名的元明两代华严宗高僧。后主江苏吴县龟山光福寺。洪武初，因本

寺输赋违期而流徙江西赣州，行至安徽池阳马当山时病逝。归葬光福寺，大学士宋濂为之作塔铭。

## 山宇[①]吟三首其二

山云水石道人家，方寸常开不夜花[②]。风味与人真个[③]异，夜深拨火[④]自烹茶。

老犁注：①山宇：山中的房屋。②此句：指修行诚心换来真谛。方寸：指心。常开不夜花：喻指佛性得到永久的开示。③真个：真的，确实。④拨火：拨旺炉火。

**曾朴**（生卒不详）：字彦鲁，元明间燕山（今北京和河北北部一带）人。与郝经相交，与其曾游苏州虎丘。

## 次仲谊韵呈居中长老[①]

阖闾[②]冢上见新城，无复游人载酒行。山雉听经依塔影，树鸦争食乱钟声。

剑池龙去泉空洌[③]，茶灶僧闲火独明。我欲投簪营小隐[④]，佛香终日祝升平[⑤]。

老犁注：①仲谊：郝经，字仲谊，元扬州海陵（今泰州）人。元末乡贡进士，明初为浙江考试官。后居杭州，不仕。善著文，工诗曲。居中长老：指苏州虎丘上一个名号为居中的住持僧。长老是对住持僧的敬称。郝经的原诗为《奉陪吕志学曾彦鲁刘仲原同登虎丘赋呈居中长老》“虎丘山前新筑城，虎丘寺里断人行。胡僧自识灰千劫，蜀魄时飘泪一声。渐少松杉围窣堵，无多桃李过清明。向来游事夸全盛，曾对春风咏太平。”②阖闾：吴国国君，夫差的父亲。③空洌：幽寂清洌。④投簪：丢下固冠用的簪子。喻弃官。营小隐：谋求到山林中隐居。营：谋求。小隐：隐居山林。有“小隐隐于山，中隐隐于市，大隐隐于朝”之说。⑤升平：太平。

**谢应芳**（1296~1392）：字子兰，号龟巢老人，元明间常州府武进（今江苏常州武进区）人。笃志好学，潜心理学，为人耿介尚节义。至正初便隐居于武进白鹤溪，筑小室曰龟巢，教授子弟，被尊称为龟巢先生，常州府曾聘为教授。至正初，江浙行省举其为三衢清献书院山长，兵阻未就，避地吴中。先居葑门，后筑室松江之旁。教授之暇，以诗酒自娱。洪武初，归隐武进芳茂山。年八十，应郡守邀，出修《续毗陵志》。洪武二十五卒，年九十七。诗词散曲皆有涉猎，诗文雅丽蕴藉，词作自然老成。有《辨惑编》《龟巢稿》等。

## 次韵言怀二首其一

风冷柴门闭，斋居[①]缩似蜗。小桥平陆[②]里，识字老农家。

野饭[③]常留客，村醪[④]颇胜茶。早梅溪上折，斜插胆瓶[⑤]花。

老犁注：①斋居：家居的房舍。②平陆：平原；陆地。③野饭：指粗淡的农家饭食。④村醪 láo：村酒。⑤胆瓶：长颈大腹的花瓶，因形如悬胆而名。

## 四月二日林自琗城归写呈迁居诗四首因以述怀并记时事其三

僦[②]得山居凿井新，客来不厌[③]煮茶频。屋头蓦地颠风[④]起，狼藉[⑤]桃花满树春。

老犁注：①标题断句及注释：四月二日，林自琗城归，写呈迁居诗四首，因以述怀并记时事。林：谢应芳的次子，谢林，字璠树，洪武十年，以郡府所举至京师，授开封新郑县学教谕卒。琗城：古地名，在何处不详。琗，古地名用字，读音不详。写呈：写并呈上。因以：因此以（儿子呈上来的四首诗）。②僦 jiù：租赁。③不厌：不嫌。④蓦地：出乎意料地；突然。颠风：狂风。⑤狼藉：纵横散乱貌。

## 寄径山颜悦堂长老[①]

每忆城南隐者家，昆山石火[②]径山茶。年年春晚重门闭，怕听阶前落地花。

老犁注：①径山：指杭州径山寺。颜悦：堂号。长老：对住持僧的尊称。原诗题注：时退居昆山州城之南，扁其室曰“城南小隐”。②昆山石火：昆山产的燧石。石火：以燧石敲击出火花，用以引火。径山茶：杭州径山产的茶。

## 陈伯大先辈偕郏中义陈容斋张子毅见过酒边以茶瓜留客迟分韵得茶字[①]

白鹤溪清水见莎[②]，溪头茅屋野人[③]家。柴门净扫迎来客，薄酒留迟当啜茶。

林响西风桐陨[④]叶，雨晴南亩[⑤]稻吹花。北窗几个青青竹，题遍新诗日未斜。

老犁注：①标题断句及注释：陈伯大先辈偕郏中义、陈容斋、张子毅见过，酒边以茶瓜留客，迟分韵得茶字。陈伯大、郏中义、陈容斋、张子毅：皆人之姓名，生平皆不详。偕：偕同。见过：谦辞，犹来访。迟：迟晚，到结束的时候。分韵：指分韵作诗。②白鹤溪：在江苏武进。北通运河，南入滆湖。为谢应芳的隐居地，所居室名“龟巢”。莎：莎草，多生长在潮湿处或沼泽地。③野人：泛指村野之人。④陨 yǔn：坠落。⑤南亩：谓农田。古人田土多向南开辟，故称。

## 答徐伯枢见寄[①]二首其二

杜宇[②]催归不绝声，知君归计[③]正留情。东胶[④]茶焙春烟暖，西堠[⑤]花村夕照明。
音信尚烦黄耳[⑥]寄，交情不负白鸥盟[⑦]。明年筑室相邻住，儿辈求田与力耕[⑧]。

老犁注：①徐伯枢：人之姓名，生平不详。见寄：寄信（诗）给我。②杜宇：杜鹃鸟。③归计：回家乡的打算。④东胶：东胶、西序本为夏、周之小学、大学，后用以泛指兴教化、养耇老的场所。⑤西堠 hòu：西边瞭望的土堡。堠：古代瞭望敌方情况的土堡。⑥黄耳：犬名，晋陆机所饲养。因帮在京师的陆机送信至老家，而被喻为信使。⑦白鸥：鸟名，鸥的一个品种，因羽毛色白，故名。鸥盟：谓与鸥鸟为友，比喻隐退。⑧与力耕：相互一起努力耕作。

## 叔正过访传恢书记寄声作诗寄之[①]

茶泽归来王子猷[②]，问君知与对沧洲[③]。一湾流水市尘[④]远，两岸人家烟树幽。
客至白云分半榻[⑤]，兴来明月载孤舟。如何不到淞江上，卧看芦花雪色[⑥]秋。

老犁注：①标题断句及注释：叔正过访，传恢书记寄声，作诗寄之。叔正：疑指缪侃。缪侃，字叔正，元江苏常熟人。诗工玉台小体，书善楷隶。家有述古堂，贮法书古物。过访：登门探视访问。恢书记：一位叫恢的书记。书记：寺院中掌书翰文疏的僧人。寄声：托人传话。寄之：寄给恢书记。②茶泽：今武进市嘉泽镇，曾称茶泽。此地东临滆湖，地处水陆交通要道，是苏北商人经常歇脚的地方，当地人就在街上开出许多茶摊店和点心小吃店。故此地就被称之为“茶食镇”或者“茶泽镇”。是一个因茶而兴的地方。王子猷：东晋名士，生性高傲，放诞不羁。这里指从茶泽归来就跟王子猷一样放诞不羁。③沧洲：非地名的沧州，注意“州”和“洲”一字之差。沧洲是指滨水的地方，古时常用以称隐士的居处。三国魏阮籍《为郑冲劝晋王笺》：“临沧洲而谢支伯，登箕山以揖许由。”④市尘：喻指城市的喧嚣。⑤白云分半榻：隐居之人有“卧白云”之说。故所卧之榻便曰“白云榻”，客人来了，把白云榻分半榻给他，表示两人亲密无间。⑥雪色：白色。

## 过显庆寺[①]

六载重来释氏家，一瓯新啜赵州茶[②]。杏花风后春何冷，柏子庭前[③]日未斜。
拄杖赖能扶潦倒[④]，阙文烦为补楞伽[⑤]。要听说法频来往，且喜平桥[⑥]路不赊。

老犁注：①显庆寺：寺址在常州城内。该寺始建于唐显庆年间，明洪武年间重建，清咸丰十年宇毁于兵火。②赵州茶：赵州和尚从谂均以“吃茶去”一句话来引导弟子领悟禅机奥义。后借指寺院招待的茶水。③柏子庭前：这是赵州和尚另一则的禅修公案。有僧问从谂禅师“如何是祖师西来意?”师云：“庭前柏树子。”云：

“和尚莫将境示人。”师云：“我不将境示人。”这段话的意思是说明：不光柏树子，其实任东西都有佛性，都可从中悟出禅意。关键看自悟，无须专注某一事物（祖师西来意）而妄想。不可能也没必要把每件事都弄清楚。你就立足当前，潜心修禅，尽管艰苦，但终会修禅成功的一天。后以“庭前柏树子”指“去妄想重在自悟”的修禅典实。也用以借指禅院。④潦倒：颠倒。⑤阙文：原指有疑暂缺的字。后亦指有意存疑而未写出的文句。楞伽：指《楞伽经》。⑥平桥：没有弧度的桥。

## 慧山泉①

此山一别二十年，此水流出山中船②。人言近日绝可喜，不见流船但流水。

老夫来访旧烟霞③，僧铛试瀹赵州茶④。惜哉泉味美如故，不比世味如蒸沙⑤。

老犁注：①慧山泉：即无锡惠山泉，世称天下第二泉。②此句：二十年前，这里泉水汇集的小河是可以通船的。③烟霞：云霞。泛指山水隐居地。④赵州茶：寺院招待的茶水。⑤蒸沙：蒸煮沙子。沙子再怎么蒸煮终归不可食。楞严经六曰：“是故阿难若不断淫修禅定者，如蒸沙石欲其成饭，经百千劫只名热沙。何以故？此非饭本沙石成故。”喻世间看似热热闹闹，却事无所成。

## 阳羡茶①

南山茶树化劫灰②，白蛇无复③衔子来。频年雨露养遗蘖④，先春粟粒珠含胎⑤。

待看茶焙春烟起，蒻笼封春⑥贡天子。谁能遗我小团月⑦，烟火肺肝令一洗⑧。

老犁注：①阳羡茶：产自阳羡（今江苏宜兴）的茶，唐朝时成为贡茶。②南山：阳羡之南的山。劫灰：谓劫火后的余灰。多指战乱或大火毁坏后的残迹或灰烬。③白蛇：阳羡茶传说由白蛇衔籽而来始生。无复：不再，不会再次。④频年：连年，多年。蘖 niè：被砍去或倒下的树木再生的枝芽。⑤此句：早春中茶芽如珠子含在苞衣中。粟粒：粟粒状之物，喻茶芽。⑥蒻 ruò 笼：用蒲席与竹篾合制成的笼子。蒻：细蒲席。封春：把春天封包。喻把春茶封装起来。⑦小团月：宋代精制贡茶，因为外形呈圆形，且比原来的团茶更小更精致，故称。⑧烟火：烹茶生起的烟火。肺肝令一洗：使肺肝如洗过一般。

## 次韵答许君善①

小径迂回草欲迷，村居如在瀼东西②。为煎新茗频敲火，自扫残花恐污泥。

白首十年吴下③客，伤心千古越来溪④。群贤何日能相顾，重为湖山一品题⑤。

老犁注：①许君善：人之姓名，生平不详。②瀼东西：瀼水在今四川省奉节县境。分西瀼、东瀼；西瀼又称大瀼。杜甫曾在这里客居。③吴下：泛指吴地。④越来溪：春秋战国时期，越国为了攻打吴国，一夜之间开凿了一条运送军队的水道，越国的军队就通过这条水道攻入了吴国都城苏州城。后来人们称这条水道为“越来溪”。⑤一品题：来一次品题。品题：此谓评论湖山高下。

## 寄题无锡钱仲毅煮茗轩①

聚蛟金谷任荤膻②，煮茗留人也自贤③。三百小团阳羡月④，寻常新汲惠山泉。
星飞白石⑤僮敲火，烟出青林⑥鹤上天。莫怪坐无齐赵⑦客，玉川茅屋小如船⑧。

老犁注：①钱仲毅：人之姓名，生平不详。煮茗：轩名。②聚蛟：聚集蛟龙。喻聚集贤人才俊。金谷：园名，晋代石崇所建，园址在今河南省洛阳市西北。当时一帮文人墨客常聚集于此，豪饮赋诗。金谷园是中国文人最早的雅集活动地。荤膻shān：指荤菜。即含腥味的牛羊肉。借指美味佳肴。③自贤：自认为贤达。④小团阳羡月：做成小团月形状的阳羡茶。⑤星飞白石：使火星飞溅的是灰白的燧石。⑥青林：苍翠的树林。⑦齐赵：指齐赵之地，泛指今天山东、山西、河北一带。⑧玉川：唐诗人卢仝，号玉川子。最后两句一作“午梦觉来汤欲沸，松风吹响竹炉边。”

## 简无锡华景彰①

百书不如一见面，此语信然胡未然②。灯花有约③半年久，桂子④已落中秋前。
东门种瓜⑤抱溪瓮，西斋瀹茗斞山泉⑥。少游乡里乐如此⑦，应笑鸢飞瘴海天⑧。

老犁注：①华景彰：人之姓名，生平不详。②信然胡未然：的确如此啊！为什么不是如此呢？(疑问否定句表肯定。言外之意是绝对如此，“胡未然”是“信然”的再次肯定)。③灯花有约：指朋友夜聚的邀约。南宋赵师秀有《约客》诗中有“有约不来过夜半，闲敲棋子落灯花”之句。④桂子：桂花。⑤东门种瓜：秦故东陵侯邵平，秦灭后为布衣，在长安东门外隐居种瓜。溪瓮：水瓮。⑥西斋：指文人的书斋。斞jū：舀水的器具，引申为舀取。相当于“挹”。⑦此句：化自汉马援“少游乡里”“念马少游语”的典故。此典用为“不必求高官厚禄、自讨辛苦，要通达知足”的典故。⑧鸢飞瘴海天：飞鸢遇瘴气而堕入海天。这是“少游乡里”之典中，马援说的一个场景，指环境险恶、处境艰难。

## 卢知州宜兴秩满以避乱久寓无锡视同故乡今知昆山必有怀二州风物之美赠诗言情并致颂祷①二首其一

我思阳羡茶②，初生如粟粒。州人岁入贡③，雷霆未惊蛰。天荒地老经几年，春归又闻啼杜鹃。山中灵草化④荆棘，白蛇⑤何处藏蜿蜒。玉川先生一寸铁，欲刳妖蟆救明月⑥。丹霄路⑦断肝肠热，还忆茶瓯饮冰雪。

老犁注：①原诗题：一作“与子叙旧言怀，良有感慨，作二诗贻之”。标题断句及注释：卢知州宜兴秩满，以避乱久寓无锡，视同故乡。今知昆山，必有怀二州风物之美，赠诗言情并致颂祷。卢知州：一位姓卢的知州。宜兴秩满：在宜兴任职到期。今知昆山：今天又到昆山一带任知州。颂祷：赞美祝福。②阳羡茶：阳羡（今江苏宜兴）所产茶，为唐贡茶。③岁入贡：每年都入贡。④灵草：仙草，瑞草。这里指对茶叶的美称。化：改变。⑤白蛇：阳羡茶传说由白蛇衔籽而来始生。⑥此二句：卢仝（号玉川子，人称玉川先生）《月蚀诗》中有“臣心有铁一寸，可刳妖蟆痴肠。”之句。刳 kū：剖开。妖蟆：指吃食明月的蟾蜍。常喻为居中作祟的坏人。痴肠：疯狂的心肠。痴：癫狂。⑦丹霄路：去京都的路。

## 卢知州宜兴秩满以避乱久寓无锡视同故乡今知昆山必有怀二州风物之美赠诗言情并致颂祷二首其二

我思惠山泉，长流无古今。瓶罂[①]走千里，煮茗清人心。向来劫火炎锡谷[②]，神焦鬼烂势莫扑[③]。池边堕石亦灰飞[④]，此水泠泠泻寒玉[⑤]。高人饮泉五六年，一襟[⑥]清气清于泉。好为吴侬[⑦]洗烦热，乘风归报蓬莱仙。

老犁注：①瓶罂：泛指小口大腹的陶瓷容器。这里指唐宰相李德裕用来运惠山泉的容器。②劫火：指兵火。锡谷：惠山泉所在的山谷。③神焦鬼烂：形容残破毁坏达到极点。势莫扑：这种态势是谁也无法阻拦的。扑：击退，引申为阻拦。④灰飞：像灰一样消失了。⑤泠泠 líng：清凉貌。寒玉：喻泉水清冷雅洁。⑥一襟：犹满怀。⑦吴侬：指吴人。

## 雪巢为马仲良[①]赋（节选）

蓝关策马官远谪[②]，居延牧羝毡尽齧[③]。何如雪饮乐巢居[④]，更与党家风味[⑤]别。

老犁注：①雪巢：轩室名。在昆山顾瑛所建的玉山草堂内。马仲良：人之姓名，生平不详。②蓝关：即蓝田关。唐韩愈《左迁至蓝关示侄孙湘》诗：“云横秦岭家何在？雪拥蓝关马不前。”远谪：贬到边远的地方。③居延：指汉代张掖郡居延都尉府，在今内蒙阿拉善盟额济纳旗和甘肃省酒泉市金塔县境内。居延海地处于今额济纳旗北部50公里处。苏武牧羊的北海有居延海和贝加尔湖之争，贝加尔湖则在俄罗斯境内。牧羝 dī：放牧公羊。匈奴单于为胁迫苏武投降，把他流放到“北海上无人处，使牧羝，羝乳乃得归。”羝根本不会产乳，以此来断绝他回汉的希望。苏武在匈奴坚持了十九年，“及归，须发皆白”。齧 niè：同啮，啃、咬。④巢居：树上筑巢而居。借指隐居。⑤党家风味：指“扫雪烹茶”之典中党进家的奢侈生活。

## 水龙吟·曹德祥水居[①]

旧家金谷[②]园林，尽随海变桑田了。一湾流水，一林修竹，菟裘[③]将老。潇洒轩窗，波光隐映，笔床茶灶[④]。但溪无六逸[⑤]，林无诸阮[⑥]，谁相与，论怀抱。　　不用沧洲洗耳[7]，听风前、此君清啸[8]。黄金台[9]上，尽教[10]尘土，聘车争道[11]。鱼鸟情亲，渔樵邂逅，不时谈笑。看古来行路难行，真个是闲居好。

老犁注：①曹德祥：人之姓名，生平不详。水居：建在水上的房子。②金谷：原指西晋富豪石崇所筑的金谷园。后泛指富贵人家盛极一时但好景不长的豪华园林。多含讽喻义。③菟裘：春秋时，鲁国的羽父（公子挥）向隐公请杀子允（后来的鲁桓公），以谋求为相。隐公不肯，说他将把国政授予子允，自己则要到菟裘之地退隐。后用此典指谋地告老归隐。④笔床茶灶：笔床即笔架；茶灶即煮茶用的小炉。借指隐士淡泊脱俗的生活。出自唐人陆龟蒙事迹。⑤六逸：指竹溪六逸。《新唐书·文艺传中·李白》："（李白）更客任城，与孔巢父、韩准、裴政、张叔明、陶沔居徂 cú 徕山，日沉饮，号'竹溪六逸'。"⑥诸阮：指西晋阮籍家族。据南朝刘义庆《世说新语·任诞》载："诸阮皆能饮酒"，指他们多为任性放达之人。也指"竹林七贤"中的阮籍、阮咸。⑦沧洲：非地名的沧州，注意"州"和"洲"一字之差。沧洲是指滨水的地方，古时常用以称隐士的居处。三国魏阮籍《为郑冲劝晋王笺》："临沧洲而谢支伯，登箕山以揖许由。"洗耳：表示厌闻污浊之声。据《高士传·许由》载："尧又召为九州长，由不欲闻之，洗耳于颍水滨。时其友巢父牵犊欲饮之，见由洗耳，问其故。对曰：'尧欲召我为九州长，恶闻其声，是故洗耳。'巢父曰：'子若处高岸深谷，人道不通，谁能见子。子故浮游，欲闻求其名誉，污吾犊口。'牵犊上流饮之。"⑧此君：指竹子。清啸：清越悠长的啸鸣。⑨黄金台：古台名。又称金台、燕台。故址在今河北易县东南，北易水南。相传战国燕昭王筑，置千金于台上，延请天下贤士，故名。⑩尽教：听凭，不管。⑪聘车争道：（到黄金台来）应聘的车辆争抢车道。

## 西江月·老大无人青眼[1]

老大无人青眼，凄凉奈尔黄花[2]。秋来杯勺断流霞[3]，兀[4]对江山如画。　梦里去寻东老[5]，觉来欲唤西家[6]。山童若说未能赊[7]，报道点茶[8]来也。

老犁注：①此词有序：秋暮，简友人索酒。老大：年纪大。青眼：黑眼。与"白眼"相对。指用正眼相看。喻对人喜爱或器重。②奈尔：怎奈此。黄花：菊花。③流霞：传说中天上神仙的饮料。泛指美酒。④兀：独立，独自。⑤东老：指宋人沈思。其隐于浙江省东林山，自号"东老"。⑥西家：西边邻居家。⑦赊：指西家的酒不赊欠。⑧报道：告知。点茶：犹泡茶。

## 沁园春·竹与梅花[1]

竹与梅花，偃蹇[2]冰霜，堪称二难[3]。我依梅傍竹，借人茅舍，吟风弄月，坐个蒲团。梅样精神，竹般标致，遮莫清臞[4]未是寒。柴门外，一湖春水，似拍银盘[5]。

昔人恨橘多酸。我只笑青松也拜官[6]。每醉时低唱，沧浪一曲[7]，闲时高卧，红日三竿。儿辈前来，老夫说与，梅要新诗竹问安。余无事，只粗茶淡饭，尽有余欢。

老犁注：①此词有序：屋东老梅一株，邻家有竹百余个相近，雪窗抚玩，复自和此曲。②偃蹇 yǎnjiǎn：骄傲；傲视。③二难：谓梅与竹，似兄弟皆佳，难分高低。④遮莫：莫非；大约。清臞：清瘦。⑤拍：抚慰；拍惜（温柔地抚弄）。银盘：喻月亮。⑥青松也拜官：泰山中天门面前有五松亭，亭边有秦始皇封的“五大夫松”。拜官：授官。⑦沧浪：古水名。在屈原《渔父》一诗中，因渔父曾唱《孺子歌》：“沧浪之水清兮，可以濯我缨；沧浪之水浊兮，可以濯我足。”后因以用作“咏归隐江湖”的典故。

## 沁园春·寄询讲主[①]

每忆岩房[②]，端石玄云[③]，宣毫紫霜[④]。想笔端风雨，不时萧飒[⑤]，胸中渊海[⑥]，无底潢洋[⑦]。枫落寒江，草生春梦，欲说天机[⑧]话甚长。知音者，有真能入室，好与连床[⑨]。　梅花窗下茶觞[⑩]。小团月[⑪]、烹来宝乳香。览吴淞夜月，珠江莹洁，昆山□□，□滚淋浪[⑫]。不出门庭，那知世态，金玉家家要满堂。长安市，似遗腥蝇聚[⑬]，采□□□。

老犁注：①询讲主：一位叫询的讲主。讲主：指升座讲经说法的高僧。②岩房：石室。③端石：端石砚。玄云：黑云，喻墨。④宣毫：宣城所产毛笔。紫霜：指紫霜豪，亦称紫毫。笔锋用野山兔项背之黑紫毫制成，故称。⑤萧飒：潇洒自然。⑥渊海：深渊和大海。⑦潢 huáng 洋：水深貌。⑧天机：天之机密，犹天意。⑨连床：并榻或同床而卧。多形容情谊笃厚。⑩茶觞：茶杯。⑪小团月：宋代精制贡茶，因为外形呈圆形，且比原来的团茶更小更精致，故称。⑫淋浪：流滴不止貌。形容尽情，畅快。⑬遗腥蝇聚：留下的腥臭招来苍蝇集聚。

## 摸鱼儿·早春作

看东风、柳摇金缕，精神顿美如许。独怜老我双蓬鬓[①]，无复少年张绪[②]，桃叶渡[③]。任山水清妍，可奈非吾土[④]。借人茅屋，但有客相过，清茶淡话，闲与论今古。　伤心处，客去卧听鼙鼓[⑤]，看花浑[⑥]在烟雾。姑苏台[⑦]榭笙歌散，麋鹿又如前度，谁恁[⑧]误。教无限苍生，命堕颠崖苦。蒹葭洲渚，赖有个扁舟，一竿钓竹，相伴闲鸥鹭。

老犁注：①蓬鬓：蓬乱的鬓发。②无复：不再有。少年张绪：指俊美潇洒的后生。张绪：南朝宋、齐时人，字思曼，祖籍吴郡吴县（今苏州）。少以清简寡欲知名。“吐纳风流，听者皆忘饥疲……武帝以植（蜀柳）于太昌灵和殿前，常赏玩咨嗟，曰：‘此杨柳风流可爱，似张绪当年时。’载于《南史·张裕列传·张绪》。③桃叶渡：渡口名。在今江苏南京秦淮河畔。相传因晋王献之在此送其爱妾桃叶而得名。④可奈：怎奈，可恨。非吾土：不是我的乡土。汉王粲《登楼赋》：“虽信美而非吾土兮，曾何足以少留!”⑤鼙 pí 鼓：小鼓和大鼓。古代军队所用。犹战鼓。⑥浑：浑杂。⑦姑苏台：《史记. 淮南王传》：“王坐东宫，召伍被与谋，曰：‘将军上。’被怅然曰：‘上宽赦大王，王复安得此亡国之语乎！臣闻子胥谏吴王，吴王不用，乃曰：‘臣今见麋鹿游姑苏之台也’。今臣亦见宫中生荆棘，露沾衣也。”西汉淮南王刘安有谋反意，伍被引用伍子胥对吴王说过的话进谏。“麋鹿游姑苏台”意谓胜地衰败，比喻亡国。后用为典。前度：上一回。⑧恁 nèn：如此，这样。

## 沁园春·寄昆山友人并自述

泉石膏肓①，尘土驱驰，还家鬓霜。想吟边茗碗，清风习习②，醉中琴操，流水洋洋③。口不雌黄④，眼无青白⑤，凫鹤从教自短长⑥。闲居好，有溪篷钓具，林馆书床⑦。　春风宾主壶觞⑧。坐慈竹⑨轩中挹翠香。尽剧谈⑩千古，神游混沌⑪，高歌一曲，兴在沧浪⑫。老我牛衣⑬，怀人马帐⑭，谁似彭宣到后堂⑮。都传语，问鱼书⑯久绝，兔颖⑰何忙。

老犁注：①泉石膏肓 huāng：谓爱好山水成癖，如病入膏肓。②清风习习：饮茶后两腋生风的感觉。卢仝《走笔谢孟谏议寄新茶》诗有“七碗吃不得也，唯觉两腋习习清风生”之句。③流水：有“流水琴”即“高山流水”之典。洋洋：形容声音响亮。④雌黄：妄加评论。⑤青白：黑眼和白眼，喻高看或轻看。⑥从教：（凫鹤）听从引导。自短长：自我感知短与长。⑦林馆书床：林园馆宇和书架。⑧壶觞：饮器。⑨慈竹：竹名。又称义竹、慈孝竹、子母竹。这里用作轩名。⑩剧谈：畅谈。⑪混沌：浑然一体。⑫沧浪：古水名。在屈原《渔父》诗中渔父曾唱《孺子歌》：“沧浪之水清兮，可以濯我缨；沧浪之水浊兮，可以濯我足。”后因以用作”咏归隐江湖“的典故。⑬老我：老人自称。牛衣：供牛御寒用的披盖物。如蓑衣之类。喻贫寒。亦指贫寒之士。⑭怀人马帐：怀念昆山友人，希望能到他的马帐中。马帐：《后汉书·马融传》：“融才高博洽，为世通儒，教养诸生，……常坐高堂，施绛纱帐，前授生徒，后列女乐，弟子以次相传，鲜有入其室者。”后因以“马帐”指通儒的书斋或儒者传业授徒之所。⑮彭宣到后堂：有“彭宣不到后堂”之典。戴崇和彭宣是张禹的两位学生，思想学问上禹与宣契合，生活上禹对崇亲，禹与崇经常在后堂饮酒赏乐，而宣从未进过老师的后堂。后常反用这个典故，作“彭宣到后堂”，意指本属一般关系的友人，亦破格受到热情友好之接待。见《汉书. 张禹传》。⑯鱼书：《乐府诗集·相和歌辞十三·饮马长城窟行之一》：“客从远方来，遗我双鲤鱼。呼儿烹鲤鱼，中有尺素书。”后因称书信为“鱼书”。⑰兔颖：兔毛制的笔。亦泛指毛笔。

---

**蓝仁**（1315~1386后）：字静之，自号蓝山拙者，与弟蓝智同为元末明初诗人，崇安将村里（今福建武夷山市星村镇）人。哥俩早年跟随福州名儒林泉生学《春秋》，跟武夷山隐士杜本学《诗经》，又得受浙江四明任士林（松卿）的诗法。其无意科举，潜

心诗艺，傲啸山林，“杖履遍武夷”，过着闲适的田园生活。后辟武夷书院山长，迁邵武尉，不赴。明初内附，例徙濠梁，数月放归，自此隐于闾里。后人评价他与其弟的诗风类似盛唐，兼有中晚唐诗人优点，既学唐人，又不失自己的个性。他一生写诗不辍，著作有《蓝山集》6卷，有诗600余首。

## 又人日[①]怀云松

七日始为人，寒风未似春。长吟呵笔[②]久，独坐拥炉频。

仙茗烹松雪[③]，山醅漉葛巾[④]。如何[⑤]巷南北，偪侧[⑥]不相亲。

老犁注：①又：又作一首。指已经作了一首诗，现在以同样的内容再作一首。人日：旧俗以农历正月初七为人日。东方朔《占书》曰：岁正月一日占鸡，二日占狗，三日占羊，四日占猪，五日占牛，六日占马，七日占人，八日占谷。皆晴明温和，为蕃息安泰之候，阴寒惨烈，为疾病衰耗。”云松：人名，余不详。②长吟：吟咏，吟诵。呵笔：天寒笔冻，嘘气使解。③松雪：谓松上积雪。用作煮茶。④山醅：山民酿的土酒。泛指酒。漉葛巾：用葛巾（葛布做的头巾）漉酒。《宋书·隐逸传·陶潜》：“郡将候潜，值其酒熟，取头上葛巾漉酒，毕，还复著之。”⑤如何：为何。为什么。⑥偪侧：逼仄。意为拥挤、狭窄。不相亲：不相来往亲近。

## 送茶与朱孟舒[①]

仙草灵芽出洞天[②]，封题千里附归鞭[③]。月明记得相寻处，曾试林间第一泉[④]。

老犁注：①朱孟舒：人之姓名，生平不详。②仙草灵芽：喻茶芽。洞天：本指道教称神仙的居处，这里借指风景优美的产茶地。③封题：新茶封装妥善后，在封口处题签。附：搭附，搭乘。归鞭：回程的车马。④林间第一泉：指庐山谷帘泉。

## 病中三首其二

杖策[①]儿扶村舍翁，一樽花下卧春风。社前雷动催茶笋[②]，兴[③]入千岩万壑中。

老犁注：①杖策：拄杖。②社前：春社前。春社：古时于春耕前（多于立春后第五个戊日）祭祀土神，以祈丰收。茶笋：指茶和笋。③兴：高兴的心情。

## 怀张兼善[①]

社酒[②]醒来曾送客，秋山望断未还家。雨声门巷萧萧[③]叶，霜信园林采采花[④]。

念我草堂初伐木[⑤]，候君松径自煎茶。角巾藜杖[⑥]随诗兴，十里青山日未斜。

老犁注：①张兼善：人之姓名，生平不详。②社酒：旧时于春秋社日祭祀土地神，饮酒庆贺，称所备之酒为社酒。③萧萧：雨打在叶上的声音。④霜信：霜期来临的消息。采采：茂盛，众多貌。⑤伐木：《诗·小雅·伐木》有“伐木丁丁，鸟鸣嘤嘤……嘤其鸣矣，求其友声。”之句，后因以“伐木”为表达朋友间深情厚谊的典故。⑥角巾：方巾，有棱角的头巾。为古代隐士冠饰。藜杖：用藜的老茎做的手杖。质轻而坚实。

## 寄刘仲祥索贡馀茶①

春山一夜社前②雷，万树旗枪渺渺③开。使者④林中征贡入，野人⑤日暮采芳回。
翠流石乳千山迥⑥，香簇金芽五马⑦催。报道卢仝酣昼寝，扣门军将几时来⑧。

老犁注：①刘仲祥：人之姓名，生平不详。索：索要。贡馀茶：御茶赐给官员或民间者谓贡馀茶。②社前：春社前。③旗枪：喻新长的茶叶。顶芽称枪，展叶称旗。渺渺：本形容水势浩大的样子。这里借指一座座连片茶山长出嫩芽的浩大场面。④使者：征收贡茶的使者。⑤野人：泛指村野之人。这里指茶农。⑥翠流：翠色流动。指茶叶在晃动。石乳：贡茶名。宋顾文荐《负暄杂录·建茶品第》：“聚生石崖，枝叶尤茂。至道初，有诏造之，别号石乳。”迥 jiǒng：高。⑦金芽：茶芽。五马：催收贡茶的太守。汉时太守乘坐的车用五匹马驾辕，故以“五马”代称太守。⑧最后两句：化自卢仝《走笔谢孟谏议寄新茶》的诗句。大意是卢仝要睡午觉了，军将几时扣门送茶来。报道：告知。昼寝：午睡。

## 谢卢石堂①惠白露茶

武夷山里谪仙人②，采得云岩第一春③。丹灶④烟轻香不变，石泉火活⑤味逾新。
春风树老旗枪⑥尽，白露芽生粟粒⑦匀。欲写微吟报佳惠⑧，枯肠搜尽兴空频⑨。

老犁注：①卢石堂：人之姓名，生平不详。②谪仙人：谪居世间的仙人。常用以称誉才学优异的人。③云岩：高峻的山。第一春：开春第一荐新茶。④丹灶：炼丹用的炉灶。这里借指焙茶的炉灶。⑤石泉：山石中的泉流。火活：活火，即烈火。⑥旗枪：喻新长的茶叶。顶芽称枪，展叶称旗。⑦白露芽：白露茶，当时一种名茶。粟粒：喻细圆的茶芽。⑧微吟：小声吟咏。佳惠：指卢石堂惠赠的白露茶。⑨枯肠搜尽：才思枯竭。兴空频：高兴劲表达不出来的样子。

## 求河泊刘昌期贡馀茶①二首其一

苍颜白发未投闲②，祇讶名兼吏隐难③。月校舟缗④留渡口，春催茶贡住林间。
何年天禄然藜杖⑤，旧日霜台借铁冠⑥。圣代⑦于今偏敬老，几人半俸⑧卧柴关。

老犁注：①河泊：指河泊所的长官，即河泊所大使。元代在建康、安庆、池州等沿江各处设置了掌收鱼税的官署。明代广为设置，洪武十五年，全国有河泊所二百五十二处。刘昌期：人之姓名，时任河泊所大使，余不详。贡馀茶：御茶赐给官员或民间者谓贡馀茶。②投闲：找清闲。③此句：只怪“得名声又能兼做吏隐”这样太难。祇讶：只讶。只怪。吏隐：谓不以利禄萦心，虽居官而犹如隐者。④月校舟缗：指每月去渔船上校查渔税。月校：每个月的查验校核。舟缗：钓鱼船。缗mín：钓鱼绳。⑤天禄：天赐的福禄。然藜杖：然是燃的本字，今作燃。汉刘向夜遇太乙之精，太乙之精吹藜杖头而燃，照着刘向，并授《五行洪范》之文。后以“青藜照阁”指勤学夜读，精于学问。⑥霜台：御史台的别称。御史职司弹劾，为风霜之任，故称。铁冠：古代御史所戴的法冠。⑦圣代：旧时对自己所处朝代的谀称。⑧半俸：一半的俸禄。

## 求河泊刘昌期贡馀茶二首其二

河官[①]暂托贡茶臣，行李[②]山中住数旬。万指入云[③]频采绿，千峰过雨自生春。

封题上品输天府[④]，收拾馀芳寄野人[⑤]。老我[⑥]空肠无一字，清风两腋[⑦]愿轻身。

老犁注：①河官：在河泊官署任职的官员。这里指诗题中提到的刘昌期。②行李：任使者。③万指入云：指众人入山。④封题上品：把上等的好茶封口签题。天府：指朝廷。⑤野人：泛指村野之人；农夫。⑥老我：老人自称。⑦清风两腋：卢仝《走笔谢孟谏议寄新茶》诗有“七碗吃不得也，唯觉两腋习习清风生”之句。

## 次韵云松西山[①]春游五首其四

城南竹院似丹丘[②]，风雨遥知客独留。花映洞门春寂寂[③]，茶分石鼎夜悠悠[④]。

苏耽井[⑤]近观遗迹，徐孺亭[⑥]空怅旧游。不待山灵嘲俗驾[⑦]，题诗翠壑共赓酬[⑧]。

老犁注：①云松：人名。生平不详。西山：崇安（今武夷山市）西面之山。即今武夷山景区一带。《次韵云松西山春游五首其五》中有“偶读君诗如在眼，梦魂飞绕白云庵。”白云庵今称白云禅寺，在今九曲溪白云岩下。②丹丘：传说中神仙所居之地。③寂寂：寂静无声貌。④石鼎：陶制的烹茶炉具。悠悠：久长。⑤苏耽井：苏耽，传说中的仙人。他升仙前，为了不让母亲因他走后而挨饿，他告诉母亲，说来年必有瘟疫，到时请母亲用家里的井水和院中桔树上的桔叶给人治瘟病，这样就可以不愁吃穿了。⑥徐孺亭：为东汉贤士徐孺建的亭子，亭址在南昌。杜牧《中丞业深韬略志在功名再奉长句》诗中有“滕王阁上柘枝鼓，徐孺亭西铁轴船”之句。徐孺：东汉时豫章太守陈藩设有一榻，专为徐孺造访时使用，徐孺一走就悬挂起来。后因以成“敬贤礼士”之典。⑦山灵：山神。俗驾：世俗人。驾，车驾，借指驾车的人。⑧赓酬：谓以诗歌与人相赠答。

## 寄林信夫[①]

一官江北佐鸣弦[②]，消息时因过客传[③]。不信阮生悲失路[④]，自甘陶令赋归田[⑤]。

榕窗[6]茶熟烟栖屋，荔浦[7]帆归月在船。忆昔过门惭二仲[8]，苍苍[9]风景旧山川。

老犁注：①林信夫：蓝仁一位在外做官的朋友，生平不详。②鸣弦：《论语·阳货》："子（孔子）在武城，闻弦歌之声。"原谓孔子周游以礼乐为教，故邑人皆弦歌。后以"鸣弦"泛指官吏治政有道，百姓生活安乐。③此句：音信随时间流逝而靠行旅传过来。时因：因时；随着时间。④阮生：魏晋阮籍。《晋书. 阮籍传》：阮籍"时率意独驾，不由径路，车迹所穷，辄恸哭而反。"魏晋之际，政局混乱，阮籍因不满意司马氏政权，心情愤懑，为遣怀适意，常独自驾车到外面纵游，每逢车到不辙之处，便恸哭而回，这正是因为触景生情，伤感于世道之穷、人生道路艰难的缘故。后以"穷途哭"用为伤感人生世道艰难的典故。失路：迷失道路。借指不得志。⑤陶令赋归田：陶渊明有《归去来兮辞》赋。后以"赋归去"为辞官归隐之典。⑥榕窗：榕树掩隐的窗户。⑦荔浦：长有荔枝林的江边。⑧过门：登门。二仲：指汉羊仲、裘仲。有"三径"之典。《初学记》卷十八引汉赵岐《三辅决录》："蒋诩字元卿，舍中有三径，唯羊仲、裘仲从之游。二仲皆推廉逃名。"后用以泛指廉洁隐退之士。⑨苍苍：茂盛；众多。

## 期云松会宿[1]不至

松轩[2]会宿兴难乘，坐听城头转二更。北斗忽高当静夜，南风不起又悭晴[3]。
鼎中茶熟思清话，囊里诗成欲细评。相对白头宜一笑，百年几度入山城[4]。

老犁注：①云松：人名。生平不详。会宿：聚宿；同住。②松轩：植有松树的住所。③悭 qiān 晴：缺少晴天。④山城：建在山地上的房子，四周筑有类似城墙的围墙。指相约会宿崇安（今武夷山市）山上的房子。

## 雨中会云松无善宿西山[1]

清宵那得酒如川[2]，共听檐声吼涧泉[3]。茅屋闭门惭旧隐[4]，松窗下榻[5]集群贤。
茶瓯款话[6]更深后，诗卷分题[7]烛影前。归思纵忙犹阻水[8]，竹床布被且同眠。

老犁注：①云松、无善：两者皆人之名号。生平不详。西山：崇安（今武夷山市）西面之山。②清宵：清静的夜晚。那得：怎得；怎能比得上。酒如川：兴致很高时喝酒的速度快得如川流。指畅快的喝酒。③吼涧泉：发出巨响的山涧流泉。④惭旧隐：愧对了昔时的隐士。⑤下榻：住宿。东汉时豫章太守陈藩设有一榻，专为贤士徐孺造访时使用，徐孺一走就悬挂起来。故"下榻"不光有住宿之意，还隐含有礼贤下士的意思。⑥款话：恳谈。⑦分题：诗人聚会，分探（分头求取）题目而赋诗。⑧纵忙：纵然急迫。犹阻水：还是被水阻隔。

## 寄余炼师居玉蟾丹室[1]

湖海归来挂一瓢[2]，玉蟾丹灶[3]待重烧。内经黄帝留针诀[4]，三品神农[5]辩药苗。

枫叶渔舟波澹澹[6]，茶烟禅榻鬓萧萧[7]。高秋拟借峰头鹤[8]，共尔吹笙溯泬寥[9]。

老犁注：①余炼师：一位姓余的道士。玉蟾：月亮的别名。这里用做丹室名。丹室：炼丹的丹房。②湖海：湖泊与海洋。泛指四方各地。一瓢：《论语·雍也》："贤哉，回（颜回）也！一箪食，一瓢饮，在陋巷，人不堪其忧，回也不改其乐。"后因以喻生活简单清苦。③丹灶：炼丹用的炉灶。④内经黄帝：黄帝内经。是中国最早的医学典籍。针诀：针灸歌诀。⑤三品神农：《神农本草经》将365种药物，按毒性和服用时长，分为上、中、下三个品级。⑥澹澹：荡漾貌。⑦禅榻：禅僧坐禅用的坐具。萧萧：稀疏。⑧高秋：天高气爽的秋天。峰头鹤：遨翔在峰顶的鹤鸟。⑨溯：探求。泬 jué 寥：指晴朗的天空。

## 送蜜与兰室[1]

松花崖蜜[2]古方传，久服轻身更引年[3]。爱伴茶炉烹雪水，懒随桂酒酿山泉。

清涵渴肺醒司马[4]，润入枯肠笑玉川[5]。亦有小诗呈巨眼[6]，烦将真味别中边[7]。

老犁注：①兰室：芳香高雅的居室。多指妇女的居室。②松花：松树的花。崖蜜：山崖间野蜂所酿的蜜。③引年：延长年寿。④清涵：清泽滋润。渴肺：干渴之肺。司马：指汉文学家司马相如，其有口渴病（今糖尿病）。饮茶能消渴，故司马相如的口渴病经常出现在茶诗中。⑤玉川：卢仝号玉川子。其《走笔谢孟谏议寄新茶》诗中有"三碗搜枯肠，惟有文字五千卷"之句。⑥巨眼：喻指锐利的鉴别能力。⑦中边：佛教《四十二章经》："佛所言说，皆应信顺，譬如食蜜，中边（中间和边沿）皆甜，吾经亦尔。"佛家因以"中边"指中观与边见。这句诗的意思是：麻烦你尝一下确认这蜂蜜是否是真味，辨别中间和边沿的味道是不是一样。这里一语双关。面上是让人尝蜜，其实是让对方辨别一下作者的真心。

## 至梅村别业再用前韵寄云壑[1]二首其二

世情只益[2]老年悲，秋气[3]先从病骨知。高卧且寻愚谷[4]僻，旷怀唯入醉乡[5]宜。

田园著处[6]征徭急，风雨孤村获敛[7]迟。拟约道人云壑[8]外，茶铛[9]煮瀑共谈诗。

老犁注：①梅村：武夷山城东有梅溪，梅溪旁有两个古村，居上游者叫上梅村，居下游者叫下梅村。一般所说的梅村是指下梅村，它距武夷山市区约6公里，是"中国历史文化名村"。别业：别墅。本宅外另建的园林住宅。云壑：人名，生平不详。②世情：世态人情。益：更加。③秋气：指秋日凄清、肃杀之气。借指衰老之气。④愚谷：指愚公谷，在山东省淄博市西。汉刘向《说苑·政理》记载齐桓公出猎时到了一山谷，向一老者打听谷名。老者说：我养的母牛生了头小牛，我拿市上卖了换回一匹小马，一少年说牛不能生小马，于是把我的小马抢走了。傍邻听说后，笑我为愚，故名此谷为愚公之谷。后因以"愚公谷"借指隐居地。⑤旷怀：豁达的襟怀。醉乡：指醉酒后神志不清的境界。⑥田园著处：田园已登记在册上的。著：

著籍，登记在籍册上。⑦获敛：收割聚积。⑧道人：有极高道德的人。云壑：这里用了双关修辞的方法，一是指云气遮覆的山谷；一是指“云壑”这个人。⑨茶铛 chēng：似釜的煎茶器，深度比釜略浅，与釜的区别在于它是带三足且有一横柄。

## 春日忆章屯[①]故居二首其一

衰年长愧北山灵[②]，春日题诗忆翠屏[③]。茆屋[④]也从人借住，柴门不为客来扃[⑤]。

林阴岚湿[⑥]藏书架，炉冷苔侵煮茗瓶。惆怅闲窗巾帨[⑦]在，孤坟宿草[⑧]已青青。

老犁注：①章屯：人之姓名，生平不详。②衰年：衰老之年。北山灵：钟山（今南京紫金山）山神。南朝齐孔稚圭在《北山移文》中，假山灵之口，讽刺了周颙弃隐出仕（曾隐居北山，而应诏到浙江海盐任县令）的行为。后来周颙提拔赴任北上，欲路过钟山，北山灵为不让北山再受周颙的玷污，就把北山移走了。③翠屏：形容峰峦排列的绿色山岩。④茆 máo 屋：茅屋。茆同茅。⑤扃 jiōng：关门。⑥岚湿：山间雾气潮湿。⑦巾帨 shuì：手巾。⑧宿草：隔年的草。借指人已死多时。

## 云松云壑会宿翁源别后追赋[①]

三日篮舆[②]到处行，云深只讶[③]野猿惊。稍寻僧舍侵林影，偶听樵歌出谷声。

野老[④]扫门霜叶满，山童瀹茗石泉清。诗囊[⑤]一夜谈无厌，共笑鸡鸣梦不成。

老犁注：①云松、云壑：两者皆人之名号。会宿：聚宿；同住。翁源：地名。追赋：追忆而作。②篮舆：古代供人乘坐的交通工具，一般以人力抬着行走，类似后世的轿子。③只讶：只怪。④野老：村野老人。⑤诗囊：贮放诗稿的袋子。

## 再次前韵二首其二

僦[①]得篮舆冒雪行，林峦[②]相映月华明。应同栈道经西岭[③]，又似飞沙抵北京[④]。

擎[⑤]重更看危木在，号寒[⑥]偏听野猿清。开窗瀹茗题诗句，谁与山翁共此情。

老犁注：①僦 jiù：租赁。②林峦：树林与峰峦。泛指山林。③栈道：在险绝处傍山架木而成的一种道路。西岭：西边的山岭。④北京：元首都。⑤擎 qíng：举。⑥号寒：寒冷而哭叫。

## 白雪歌（节选）

高士[①]轩中爱煮茶，将军帐下催斟酒。种石辛勤璧在田[②]，照书烂漫珠盈斗[③]。

老犁注：①高士：志行高洁之士（或隐居修行者）。②此句：化自成“蓝田种玉”之典。晋朝干宝《搜神记》卷十一所记载，杨伯雍因心善救了一个劳累过度的老人（太白金星的化身），后太白金星送了一把可种出玉石的碎石，后来杨伯雍在蓝田的无终山果然种出了一斗玉石，后用玉石做了5双白璧当聘礼，娶了一位善良贤慧的徐姑娘。后因以“蓝田种玉”比喻为缔结良缘创造条件。李商隐《锦瑟》诗有“沧海月明珠有泪，蓝田日暖玉生烟”之句。这里用“璧玉在田”来形容看到的雪。③此句：化自“映雪读书”之典。晋人孙康，家境贫寒，冬夜无钱买灯烛，便映雪光读书。烂漫：形容雪光映射。珠盈斗：白玉珠盈斗。喻雪。

---

**蓝智**（约1321~1373）：字明之，一作性之，与哥蓝仁同为元末明初诗人，崇安将村里（今福建武夷山市星村镇）人。哥俩早年跟随福州名儒林泉生学《春秋》，跟武夷山隐士杜本学《诗经》，又得受浙江四明任士林（松卿）的诗法。蓝智于明洪武十年荐授广西按察司佥事，任三年，以清廉仁惠著称，客殁他乡。其诗清新婉约，与兄齐名，他俩效法盛唐诗作，一改元末纤弱的诗体，在明初产生一定的积极影响。成就在以林鸿为首的明代十才子之上。有《蓝涧集》。

---

## 溪上

青裙[①]妇女采茶苦，白发老人烧笋甘。松寺雨晴宜晚步，杏花风暖重春酣[②]。

老犁注：①青裙：青布裙子。古代平民妇女的服装。②重 zhòng：沉重；沉甸甸。花开到最大时最沉，即花开得最闹的时候。杜甫在《春夜喜雨》中有“晓看红湿处，花重锦官城”之句。春酣：春天最盛美的时候。

## 游东林寺[①]

隔溪兰若[②]有云住，背郭[③]草堂无酒赊。秋色琅玕[④]亭外竹，天香薝蔔[⑤]坐中花。

千年龙象当[⑥]山殿，八月鲈鱼上钓槎[⑦]。一二老僧皆旧识，松根敲火[⑧]试春茶。

老犁注：①东林寺：在九江庐山。②兰若：寺院。③背郭：背靠城郭。④琅玕 lánggān：形容竹之青翠，亦指竹。⑤薝蔔 zhānbǔ：今简写作薝卜。栀子花。⑥龙象：水行中龙力大，陆行中象力大，故佛氏用以喻诸阿罗汉中修行勇猛有最大能力者。借指罗汉。当：在。⑦钓槎 chá：钓舟。⑧敲火：敲击火石以取火。

## 九日建安开元寺登高得微字韵[①]

古木寒溪入翠微[②]，西风九日扣禅扉[③]。金银宫阙[④]生秋草，锦绣山河下夕晖。

陆羽泉[⑤]荒龙已去，吕蒙祠[⑥]古鸟空归。诸公且尽登临兴，莫叹尊前往事非[⑦]。

老犁注：①建安：今福建建瓯市。开元寺：唐开元年间，玄宗令天下州郡各建一大寺，皆以年号开元为名。这是全国各地多有开元寺的原因。建州（元明时称建宁府，建安为治所）的开元寺建在建瓯城南云际山麓，今不存。得微字韵：诗人们分韵作诗，作者分得“微”字。②翠微：青翠掩映的山腰幽深处。③九日：农历九月初九，即重阳节。禅扉：佛寺之门。④金银宫阙：据《史记·封禅书》记载，海上仙山的宫殿是用金银建造的。这里泛指华丽的佛殿。⑤陆羽泉：在苏州虎丘，由陆羽嘱人所挖，故称。⑥吕蒙祠：孙权为吕蒙在孱陵县（县域辖今湖北公安、石首、监利、松滋和湖南的安乡、津市、澧县、南县、华容等地，县城在今公安柴林街）所建，后废。⑦往事非：陆羽泉，吕蒙祠，一个“已去”，一个“空归”，我们就登好山喝好酒，往事的是与非就不要去评说了。

## 感旧答倪子原（节选）

今子[②]来山中，茆斋[③]暮春候。扪萝石磴[④]滑，煮茗山泉溜[⑤]。

老犁注：①感旧：怀念故旧。倪子原：人之姓名，生平不详。②子：你。③茆斋：茅屋。犹寒舍。④扪萝：攀援葛藤。石磴：石级；石台阶。⑤溜：液体向下流。

---

**鲍恂**（约1303~1382后）：字仲孚，号环中老人，元明间浙江崇德（浙江古县名，今并入桐乡市）人。元末进士。从吴澄学《易》。元顺帝至正中，以荐授温州路学正。明洪武初，召为会试同考官；试事毕，辞去。十五年，召拜文华殿大学士，以老病固辞。学者称西溪先生。有《学易举隅》《西溪漫稿》。

---

## 至正辛丑秋七月十有三日唱和诗得过字[①]（节选）

俯涧漱寒溜[②]，陟磴[③]扪翠萝。瀹茗佐芳醑[④]，玄谈间商歌[⑤]。

老犁注：①此诗为分韵诗，参加分韵者共十人，此诗为第二首。总标题为：至正辛丑秋七月十有三日，永嘉曹睿以休假出西郭，憩景德寺，诸公携酒相慰藉，环坐，以唐人“因过竹院逢僧话，又得浮生半日闲”之句分韵赋诗。云海师裒集成什以志，一时之良会云。②寒溜：寒冷的水流。③陟磴 zhìdèng：登石阶。④芳醑 xǔ：美酒。⑤玄谈：汉魏以来以老庄之道和《周易》为依据而辨析名理的谈论。商歌：悲凉的歌。商声凄悲，故称。因宁戚在桓公前唱商歌，后以“商歌”喻自荐求官。

---

**戴良**（1317~1383）：字叔能，号九灵山人、云林，元明间浦江（今浙江金华浦江县）人。通经史百家暨医、卜、释、老之说。初习举子业，寻弃去，学古文于黄溍、柳贯、吴莱。学诗于余阙。元顺帝至正十八年，朱元璋取金华，召之讲经史，旋授学正，与宋濂、刘基、章溢、叶琛同尊为“五经”师。不久逃去。顺帝授以淮南江北等处儒学提举。后避地吴中，依张士诚。见士诚将败，挈家泛海，抵登、莱。

欲行归元军，道梗，侨寓昌乐。元亡，南还，变姓名，隐四明山。明太祖物色得之，召至京师，试以文，欲官之，以老疾固辞，忤旨。逾年卒于狱中（或说系自裁而逝）。其为诗风骨高秀，眷怀宗国，多磊落抑塞之音。有《九灵山房集》《春秋经传考》《和陶诗》等。

## 次韵游宝华寺①

失脚江湖鬓欲华②，寻僧姑啜赵州茶③。卓泉不复闻飞锡④，说法空传见雨花⑤。

水乐隔林迷梵呗⑥，云衣⑦入户乱袈裟。同游赖有兰台客⑧，时出新诗斗彩霞⑨。

老犁注：①宝华寺：全国有多处。戴良是金华浦江人。而金华范围内的宝华寺，是在金华婺城区的雅畈镇。②失脚：举步不慎而跌倒。喻受挫折或犯错误。华：灰白。③姑：暂切。赵州茶：赵州和尚从谂以“吃茶去”一句话来引导弟子领悟禅机奥义，故称。后借指寺院招待的茶水。④卓，植立。飞锡：佛教语。谓僧人执锡杖飞空。后将僧侣游行嘉称飞锡。⑤雨花：《维摩诘所说经·观众生品》载，时维摩诘室有一天女，见诸大人闻所说法便现其身，即以天华散诸菩萨大弟子身上。⑥水乐：指流泉所发出的悦耳声响。梵呗：佛教谓作法事时的歌咏赞颂之声。⑦云衣：云气。⑧兰台客：在兰台为官的人。兰台：宫廷藏书处。汉设御史台，唐设秘书省，故兰台客指朝廷中枢机关中的高官。⑨綵霞：彩霞。

## 甲辰元日对雪联句（节选）

土融①偏润麦（戴），水活②最便茶。不雨③檐常滴（徐），当阴砌或遮④（蔡）。

老犁注：①土融：冻土融化。②水活：雪水流下来。活：活动，流动。便：方便，利于。③不雨：不下雨。④当阴：在阴处。砌或遮：台阶或被覆盖。（另外两位，徐姓和蔡姓诗人，原诗没有注出名字）

## 出游联句（节选）

兴挟康乐①高，志激孟贲②勇（良）。笔床黄帽赍，茶灶苍头捧（翰）③。

老犁注：①康乐：南朝宋文学家谢灵运，曾袭封康乐公。②孟贲：战国时卫国人，一说齐国人。勇力之士，与夏育齐名。相传孟贲水行不避蛟龙，陆行不避虎兕，怒时发直目裂，气势逼人。行路涉水者莫敢与之争先。③此两句：笔床即笔架；茶灶即煮茶用的小炉。笔床茶灶，借指隐士淡泊脱俗的生活。出自唐陆龟蒙事迹。黄帽：黄色的帽子，通常为船夫所戴，故借指船夫。赍 jī：携带。苍头：苍白头。借指老奴仆或奴仆。（翰：名叫翰的诗人，原诗没有注出姓）